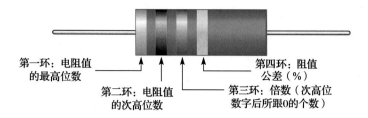

第一环：电阻值
的最高位数

第二环：电阻值
的次高位数

第三环：倍数（次高位
数字后所跟0的个数）

第四环：阻值
公差（%）

图 2-27　四色环电阻示例

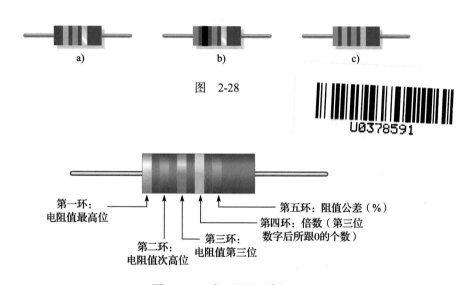

a)　　　　　　b)　　　　　　c)

图　　2-28

U0378591

第一环：
电阻值最高位

第二环：
电阻值次高位

第三环：
电阻值第三位

第四环：倍数（第三位
数字后所跟0的个数）

第五环：阻值公差（%）

图 2-29　五色环电阻示例

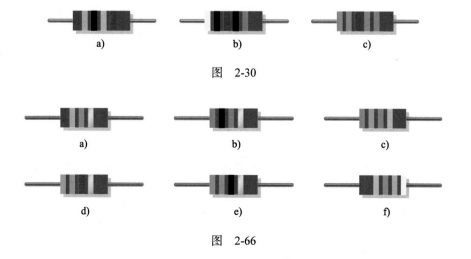

a)　　　　　　b)　　　　　　c)

图　　2-30

a)　　　　　　b)　　　　　　c)

d)　　　　　　e)　　　　　　f)

图　　2-66

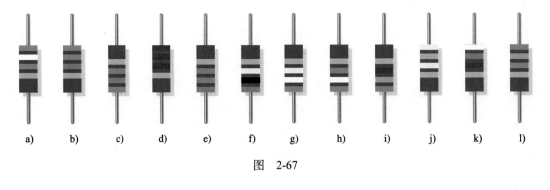

图 2-67

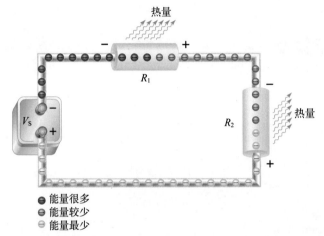

能量很多

能量较少

能量最少

图 4-11 当电子（电荷）流过电阻时会损失能量并产生电压降，因为电压等于能量除以电荷

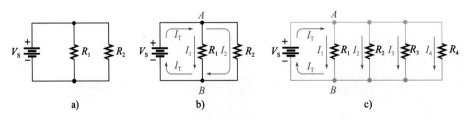

图 6-1 并联电路中的电阻

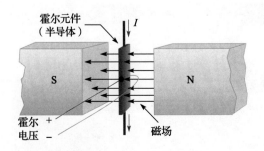

图 10-9 霍尔效应。在霍尔元件上感应到霍尔电压。为了展示，正极侧显示为红色，负极侧显示为蓝色

国外电子与电气工程技术丛书

电路原理

（原书第10版）

[美] 托马斯·L. 弗洛伊德（Thomas L. Floyd） 著
大卫·M. 布奇拉（David M. Buchla）

陈希有 章艳 齐琛 王宁 牟宪民 译

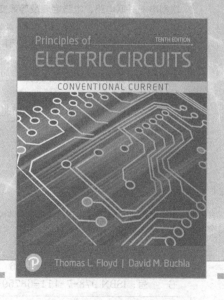

Principles of
Electric Circuits
Conventional Current
Tenth Edition

机械工业出版社
CHINA MACHINE PRESS

图书在版编目（CIP）数据

电路原理：原书第 10 版 /（美）托马斯·L. 弗洛伊德（Thomas L. Floyd），（美）大卫·M. 布奇拉（David M. Buchla）著；陈希有等译 . -- 北京：机械工业出版社，2021.7（2025.1 重印）

（国外电子与电气工程技术丛书）

书名原文：Principles of Electric Circuits: Conventional Current, Tenth Edition

ISBN 978-7-111-68759-7

I. ①电…　II. ①托…　②大…　③陈…　III. ①电路理论　IV. ①TM13

中国版本图书馆 CIP 数据核字（2021）第 145595 号

本书版权登记号：图字　01-2020-1330

Authorized translation from the English language edition, entitled *Principles of Electric Circuits*: *Conventional Current*, *Tenth Edition*, ISBN: 9780134879482, by Thomas L. Floyd and David M. Buchla, published by Pearson Education, Inc., Copyright © 2020, 2010, 2007 by Pearson Education, Inc.

All rights reserved. No part of this book may be reproduced or transmitted in any form or by any means, electronic or mechanical, including photocopying, recording or by any information storage retrieval system, without permission from Pearson Education, Inc.

Chinese simplified language edition published by China Machine Press, Copyright © 2021.

本书中文简体字版由 Pearson Education（培生教育出版集团）授权机械工业出版社在中华人民共和国境内（不包括香港、澳门特别行政区及台湾地区）独家出版发行。未经出版者书面许可，不得以任何方式抄袭、复制或节录本书中的任何部分。

本书封底贴有 Pearson Education（培生教育出版集团）激光防伪标签，无标签者不得销售。

本书介绍电路原理与应用的入门知识，起点低、内容广、实用性强，符合工程教育理念。本书分为 21 章，主要内容包括：测量单位与记数法，电压、电流和电阻，欧姆定律，能量与功率，串联、并联和串 - 并联电路，电路定理及等效变换，支路法、回路法、节点法，磁和电磁，交流电流和电压概述，电容、电感和变压器，RC、RL 及 RLC 正弦交流电路，无源滤波器，交流电路分析中的电路定理，含电抗元件电路的时间响应，电力应用中的三相系统等。本书涵盖大量的应用案例，故障排查与计算机仿真贯穿教材始终，步骤详细的例题、形式多样的练习便于学生自学。本书还严格使用物理量单位，可帮助读者养成好的学术表达习惯。此外，各类温馨小贴士让教材内容更加鲜活，精美的插图增强了教材的美感。

本书可作为普通高等学校电路原理、电工学、电工电子技术等课程的教材或参考书。

出版发行：机械工业出版社（北京市西城区百万庄大街 22 号　邮政编码：100037）

责任编辑：姚　蕾　张梦玲		责任校对：马荣敏	
印　刷：北京建宏印刷有限公司		版　次：2025 年 1 月第 1 版第 6 次印刷	
开　本：185mm×260mm　1/16		印　张：44.25　插　页：1	
书　号：ISBN 978-7-111-68759-7		定　价：149.00 元	

客服电话：(010) 88361066　68326294

版权所有·侵权必究

封底无防伪标均为盗版

译 者 序

本书是一部介绍电路原理与应用的入门教材，其内容、写作方法、结构等，对我国时下普通高等院校的教学有较高的参考价值。书中除了介绍电路原理的基本内容外，还通过大量篇幅联系工程实际，恰逢其时地介绍安全、经济、职业规划等相关内容，这些都符合当前人才培养的工程教育理念。我们在翻译过程中，始终能感受到作者的独具匠心之处，现将这些感受梳理如下，希望帮助读者快速了解本书的特色。

1. 丰富的前言

本书在较长的前言中，除了按惯例介绍新增内容、本版特色外，还着重介绍与之配合使用的学生资源和教师资源等内容；说明了章节安排；给出了教学内容的取舍建议；指出了学生应如何阅读、如何完成各种检测与习题等；郑重地强调了学好基础理论的重要性，因为有了坚实的理论基础，用人单位才能对读者进行专门培训；温馨地介绍了与电子技术相关的职业规划，如维修车间技术员、工业制造技术员、实验室技术员、现场服务技术员、科技写作员、销售技术员等。

在介绍电子技术发展历程中，展现了电子技术日新月异的变化。电子管、晶体管、印制电路、集成电路、个人计算机、手持计算器、智能手机、互联网等，让读者感觉电子技术就在身边，从而使读者认识到电路及相关课程的重要性和实用性。

2. 注重量纲、单位和记数法

本书开篇介绍国际单位制、科学记数法、工程记数法概念，以及公制词头之间的转换，为科学表达奠定必要基础。本书非常重视物理量单位的用法。无论是在计算结果中，还是在计算过程中，都会恰当地使用物理量单位。这也是工程技术人员必须具备的意识和能力，因为量值和单位共同表达了物理量的大小。较大的数要用较大的单位，较小的数要用较小的单位。下面是出现在本书中的表达式示例：

$$I = \frac{V}{R} = \frac{50 \text{ kV}}{100 \text{ M}\Omega} = \frac{50 \times 10^3 \text{ V}}{100 \times 10^6 \text{ }\Omega} = 0.5 \times 10^{-3} \text{ A} = 0.5 \text{ mA}$$

$$P_r = I^2 X_L = (4.47 \text{ mA})^2 \times 2 \text{ k}\Omega = 40.0 \text{ mvar}$$

$$X_C = \frac{1}{2\pi f C} = \frac{1}{2\pi \times 10 \text{ kHz} \times 0.01 \text{ }\mu\text{F}} = 1.59 \text{ k}\Omega$$

本书还明确指出，用量纲平衡原则可以判断方程的正确性。与众不同地介绍了四舍五入中的"配偶规则"，在保留有效数字的过程中，并不能一概地四舍五入。

3. 偏低的物理起点和数学起点

本书面向零起点的读者，有高中知识即可学习。在物理方面，本书从原子模型（原子核、电子层、电子轨道、电子能级）讲到正电荷与负电荷的由来、自由电子与束缚电子的区别等；尤其详细地介绍了铜原子结构的特殊性，它决定了铜导电的优越性。这些内容在我国的课程体系中，一般都是在物理、化学课程中介绍，并且会在高中阶段完成。此外，本书对电源、电容、电感、互感、变压器等电路元器件，花了很多篇幅介绍它们的实际物理构造，而不是简单地人为定义或用元件符号抽象表示；对于串联分压、并联分流、磁畴、磁滞、电磁感应、右手螺旋法则等，都一一地从最基本的起点讲起，因此没有上过大学的学生也可以顺利学习本书。与众不同之处还有，本书按照电荷、电压、电流的顺序讲授电路变量，原理是原子失去或者获得电子之后便有了电性（即净电荷），电荷之间存在作用力，因此移动电荷需要做功，由此引入电压的概念。电荷在电压的作用下定向流动，又引出电流的概念。

本书在数学方面的起点也偏低，详细介绍了指数及其运算，三角函数中角度的计量，指数函数的运算，复数的运算，求解代数方程的代入法、消元法、行列式法等。本书不涉及微分方程的求解。

这些偏低的起点，一方面是为了符合读者定位，另一方面也是为了方便读者自学，并对知识求根溯源。

4. 各类温馨小贴士

本书中还有许多小贴士。在人物小贴士中，介绍了库仑、法拉第、欧姆、伏特、安培、特斯拉、瓦特、焦耳、基尔霍夫、戴维南、麦克斯韦、赫兹、爱迪生等科学家和发明家。一方面介绍了与他们相关的历史事件；另一方面也表现出对科学家们的敬重。在安全小贴士中，介绍了如何安全更换熔断器，强调不要带戒指操作电路，刚断电时不要触碰电阻等。在技术小贴士中，指出不要同时使用新旧电池，不要使用不同型号的电池；说明如何拆卸和安装汽车上的电池；强调测量电阻时，手指不要碰到电阻引线以免影响测量值；讨论示波器上交流耦合与直流耦合的区别，以便正确选择……这些随手写来的小贴士，读起来格外温馨。

5. 细腻阐述主要内容

在直流电路部分，串联电路、并联电路、串-并联电路各占一章。作者对这些电路结构的阐述十分细腻，包括如何在面包板和电路图上识别这些电路连接。在交流电路部分，RC 电路、RL 电路、RLC 电路各占一章，每章又划分为串联、并联、以及串-并联连接。分别在直流电路和交流电路两部分阐述电路定理，体现两种电路下电路定理的联系和区别。分别针对单个脉冲输入和重复脉冲输入，阐述积分电路和微分电路的响应。在每种输入下，又分时间常数较小和时间常数较大两种情况，以便简化计算。针对欧姆定律，分三节介绍了电压、电流与电阻的计算。针对瓦特定律(本书将 $P=VI$ 称为瓦特定律)也是如此。详细阐述了能量的单位千瓦·时($kW·h$)，以及表明电池容量的单位安·时($A·h$)。在应用叠加定理时，对分析步骤分解得十分详细，针对每步都绘制出等效电路，哪怕电路之间只有小小的区别。

6. 带有培训内容的应用案例

丰富多样的应用案例是本书的突出特色，几乎每章都包含与本章内容相关的应用案例。比如认识面包板，小型风扇的转速控制，设计调光电路，制作电容箱与电阻箱，使用电阻分压来提供 5 种电压，惠斯通电桥用于温度控制，超外差收音机原理，滤波器的降滚特性，等等。在这些应用案例中，不单单是介绍一种具体应用，更重要的是留给读者许多启发与思考，让读者通过参与来完成未尽事项。例如，设计一个电阻箱时，如何考虑整个电阻箱的成本，如何检查所完成的设计是否合理，等等。

7. 贯穿全书的故障排查

贯穿全书的故障排查是本书的又一突出特色。作者通过排查故障的过程强调理论基础的重要性，并努力提高读者的好奇心和参与意识。在排查故障时，多次用到"分析、规划和测量"的方法(简称 APM 法)，以及判断某些电路故障的"半分割法"，在实际工作中，这些都是很实用的方法。所排查的故障包括串联电路、并联电路、串-并联电路、直流电路、交流电路中的元器件开路故障和短路故障等，例如电阻虚焊、焊料飞溅、电阻烧断、电容漏电、电容开路、电容短路、电感开路等。

8. 贯穿全书的安全意识

用电安全问题始终体现在作者的笔墨间。除了通过安全小贴士给出温馨提示外，还用专门章节以及应用案例等及时加以介绍。例如，2.8 节详细介绍了触电的原因，分析了电流通过人体的几种路径，介绍了电流对人体的影响，列出 20 余条用电安全注意事项。

9. 形式多样的练习题

为了使读者保持新鲜感，实现对基本内容的反复练习，本书编写了风格各异的练习题。这些练习包括：与例题相伴随的同步练习，仿照例题就可以完成的任务；每节末的学习效果检测；具有选择题性质的自我检测；对/错判断；按节安排的分节习题等。最有特色的是电路行为变化趋势判断，它利用已经出现的电路图，让某个条件发生变化，然后判断某个结果是增大、减小还是保持不变，就像做游戏一样来展开。这比单纯的数值计算更能加深读者对电路概念的理解。

10. 耳目一新的结构

本书的章节由多个部分组成。各章大多以教学目标、应用案例预览和引言开始，以本章总结、重要公式、多种练习、参考答案结束。另外，书中的大多数例题都伴随着同步练习。这样的结构使人耳目一新。

11. 学以致用的工程观点

本书除了在应用案例中加强理论与实践的联系外，在正文中，也不失时机地联系工程实际。例如：电阻的色环编码、参数标签；实际电阻的类型，电阻的标称值；导线规格，电阻和额定电流的关系；电磁阀、扬声器和表头等多种电磁设备；直流发电机、交流发电机的工作原理；汽车照明系统，住宅电气系统……这些联系工程实际的内容，使理论内容达到了学以致用的效果。

12. 其他方面

本书用带有方向的复平面矢量表示复阻抗和交流电路功率，这一点与我国教材的书写习惯不同；本书中相位角的概念非常广，可以是相对参考相量的相位，也可以是相对另一相量的相位（我国称为相位差），也可以是阻抗角等，阅读时要根据上下文来理解；本书没有过多地强调基尔霍夫定律的应用，因为所涉及的电路都是简单电路；本书经常使用第二人称来叙述，可使读者产生亲切感，像是作者与读者直接交谈；计算机仿真内容贯穿始终，以培养学生使用计算工具的能力；许多图片都给出了具体来源，说明得到了作品持有者的许可，体现了对版权的尊重。

参加本书翻译的人员有：齐琛（第 1～4 章）、刘惠（第 5～7 章）、李冠林（第 8 章）、牟宪民（第 9、10、21 章）、王宁（第 11～14 章）、章艳（第 15～18 章）、陈希有（第 19、20 章）、刘蕴红（前言、附录）。全书由陈希有统稿。尽管大部分译者都从事电路课程教学，并有双语教学能力和国外进修经历，但面对内容如此广泛的教材，翻译欠准之处仍恐难免，敬请读者雅正，这也是对本书的最佳爱护。意见请直接发送至译者邮箱：chenxy@dut.edu.cn。

感谢机械工业出版社引进这部优秀教材，并将翻译工作交给本书的译者们。

译者
于大连理工大学
2020 年 2 月

　　自本书上一版出版以来，技术方面发生了许多变化。为了适应这些变化，本版包含了最新的测试仪器和计算机仿真方面的内容，例如介绍了使用 Multisim 和 LTSpice 进行仿真的一般方法，但电路基本定律和基本元器件仍然是本书的重点。本版的另一个重要变化是，介绍了使用图形计算器求解联立方程和复杂数学问题的步骤。图形计算器的功能强大、价格便宜，是学习基础电学课程的非常有用的工具。此外，以前版本的主要特色得到了保留和扩展，包括基本概念的实际应用、故障排查和仪器使用等。

　　本版对所有内容都进行了改善和更新，对每个例题都进行了重新复核。使用计算器计算时，中间过程的计算结果一直保留较高的精度，直到最后一步才四舍五入到小数点后三位，从而改善了以前版本的舍入误差。为了提高本书的可读性和清晰度，对全文进行了复审和必要的修改。我们一直致力于将最好的基础电学教材奉献给大家。

本版新增内容

- 新增许多利用 TI-84 Plus CE 图形计算器进行逐步求解的例题，这些例题包括图形绘制、代数方程组求解以及复数运算等。
- 介绍许多新的电子仪器。通过拓展讨论和具体应用，帮助学生了解多种仪器的使用方法，例如任意函数发生器（AFG）、任意波形发生器（AWG）、示波器及其探头、高斯计、LCR 表、热成像仪，以及电流脉冲发生器和特性曲线图示仪等。
- 介绍新型器件与设备的应用，例如磁阻随机存储器（MRAM）、磁流体（MHD）发电机，以及电力线载波通信（PLCC）中的陷波器等。
- 许多例题都提供 Multisim 和 LTSpice 两种仿真结果。
- 通过具体实例说明量纲分析的内容和方法。
- 针对表面贴装式电阻器、电阻器的额定功率、电池、热成像、铁氧体磁珠、接触器和电动机起动器等，都做了进一步讨论。
- 增加了一些例题、安全小贴士、技术小贴士、人物小贴士、自我检测、插图和修改后的习题。
- 拓展了术语表和著名人物介绍。

本版特色

- 每章开篇大多包括教学目标、应用案例预览和引言等。
- 大多数章的末尾都有应用案例内容。
- 插图丰富。
- 充实的安全小贴士、人物小贴士和技术小贴士。
- 例题丰富，每个例题都配有同步练习，部分配有 Multisim 和 LTSpice 仿真练习。
- 每节的学习效果检测的答案直接在每章的末尾给出。
- 多数章包含电路故障排查方面的内容。
- 每章末尾都有本章总结和重要公式内容。
- 每章末尾基本都有对/错判断、自我检测，以及电路行为变化趋势判断方面的题目，答案在每章的末尾给出。
- 每章都有按节安排的习题，较难的题目用星号加以标注，本书末尾还给出了奇数题的答案。

- 本书末尾的术语表涵盖书中出现的所有重要术语。
- 本书使用传统的电流方向，即将正电荷的运动方向规定为电流的真实方向。

学生资源

电路仿真（www. pearsonhighered. com/careersresources/）在线文件包括部分例题的 Multisim 14 和 LTSpice IV 仿真电路、故障排查电路，以及故障问题的文字描述等。具有前缀 E 的文件是例题中的电路，具有前缀 P 的文件是习题中的电路。所有电路均使用 Multisim 或 LTSpice 软件创建。所提供的这些仿真电路是课堂学习和实验室学习的优秀教学资源。

Multisim 和 LTSpice 所显示的答案是电路仿真的实际结果，不像其他答案那样采用了四舍五入。

若要使用 Multisim 电路文件，必须在计算机上安装 Multisim 软件。Multisim 仿真电路文件可以作为课堂学习、教材和实验研究的有益补充，但对于掌握本书的内容并非必不可少。

Experiments in Basic Circuits，Tenth Edition（ISBN 10 为 0134879988，ISBN 13 为 9780134879987，作者为 David M. Buchla）（www. pearsonhighered. com/careersresources/）。该实验手册中的实验练习题与本书内容配套，并在教师资源手册中提供相关习题答案。

教师资源⊖

教师资源包括教学 PPT、各章习题的答案、应用案例部分的解决方案、测试项目文件、Multisim 电路文件摘要，以及实验手册的习题答案等。

章节特色

章开篇　每章开篇大多包含教学目标、应用案例预览、引言等。

详细的例题和同步练习　每章中大量例题的详解有助于阐明基本概念和分析问题的步骤。每个例题结束后，都有对应的同步练习，学生通过求解与例题类似的问题可以加深对问题的理解。多数例题都有配套的 Multisim 电路仿真练习，相当一部分还配有 LTSpice 电路仿真练习。

学习效果检测　每小节的结尾都有一组由问题或练习组成的学习效果检测，这些问题或练习重点强调了该节涉及的主要概念。学习效果检测的答案在该章的末尾给出。

应用案例　每章（除第 1 章和第 21 章外）都介绍了该章涉及的电路内容的实际应用。在每个应用案例中，学生将该章涉及的概念应用于实际问题。应用案例涉及将电路板布局与电路原理图加以比较，分析实际电路，通过测量来确定具体电路的工作过程，有时还会开发简单的测试步骤。

故障排查　根据所涉及内容，许多章设计了故障排查部分，重点培养学生的逻辑推理能力和系统化思维方法——APM 法，即"分析、规划和测量"（Analysis, Planning and Measurement）的系统分析方法，尤其介绍了在故障排查时如何恰当运用半分割法来高效地寻找故障位置。

每章结尾部分（包含以下全部或部分）
- 本章总结
- 重要公式

⊖ 关于教辅资源，仅提供给采用本书作为教材的教师作课堂教学、布置作业、发布考试等用途。如有需要的教师，请直接联系 Pearson 北京办公室查询并填表申请。联系邮箱：Copub. Hed@pearson. com。——编辑注

- 对/错判断
- 自我检测
- 电路行为变化趋势判断
- 分节习题
- 学习效果检测答案、同步练习答案、对/错判断答案、自我检测答案，以及电路行为变化趋势判断答案

本书使用建议

根据课程重点灵活选择　本书内容主要用于分两个学期开设的课程，其中第一学期完成与直流（DC）相关的章节（第 1~10 章），第二学期完成与交流（AC）相关的章节（第 11~21 章）。如果需要在一个学期完成直流和交流两个部分的教学，则需要对章节加以选择并缩减有关章节的内容。

如果课程受时间或内容的限制，通常情况下，有几部分可以作为选讲的内容，见下面的介绍。这并不意味着这些内容没有其他章节重要，只是针对某些专业，该部分内容不像其他基础部分内容那样需要重点掌握。由于课程重点、难易程度和可用时间各不相同，教师可根据课程的情况对所选内容进行省略或缩略处理。以下建议仅供参考。

1. 可以选讲或略讲的章节有第 8~10 章、第 18~21 章。

2. 应用案例和故障排查部分可以略去不讲，这不会影响学生对其他内容的学习。

3. 其他章节的选择和缩略可以由教师自行决定。授课时各章节的顺序也可以由教师自行安排。例如，电容和电感（第 12 章和第 13 章）可以在第一学期的直流电路课程结束后讲授，但需要将这两章中与交流有关的小节（例如 12.6 节、12.7 节、13.5 节和 13.6 节）留到第二学期讲授。另一种处理方法是，将第 12 章和第 13 章都放到第二学期讲授，但在第 12 章之后提前讲授第 15 章，同样在第 13 章之后提前讲授第 16 章。

应用案例　这些应用案例对于提高学生的兴趣、增强学生对基本概念的理解以及掌握元器件的具体应用非常有用。讲授这部分的建议如下：

- 把这部分作为章节的有机组成，以说明理论概念和元器件的实际具体应用。
- 可以作为额外加分的作业内容。
- 可以作为课堂教学活动的一部分以促进讨论和互动，有利于学生理解学习相关理论知识的目的和意义。

含电抗元件电路的教学选择　第 15~17 章提供两种讲授含电抗元件的电路的方法。

第一种方法是按照电路的组成类型来讲授。也就是说，首先讲第 15 章的全部内容，然后讲第 16 章的全部内容，最后讲第 17 章的全部内容。

第二种方法是按照电路的连接类型来讲授。也就是说，首先讲与串联电路相关的所有章节，然后讲与并联电路相关的所有章节，最后讲与串-并联电路相关的所有章节。为了方便教师使用第二种方法授课，这三章都被分为以下部分："第一部分：串联电路""第二部分：并联电路""第三部分：串-并联电路""第四部分：特殊专题"。例如：针对串联电路，按顺序讲授每章的第一部分；针对并联电路，按顺序讲授第二部分；针对串-并联电路，按顺序讲授第三部分；最后讲授第四部分（即特殊专题）。

致学生

任何职业训练都需要努力，电气/电子领域也不例外。学习新知识的最好方法是阅读、思考和实践。本书就是这样设计的，定能助你一臂之力。

仔细阅读本书的每一部分，并认真思考所读的内容。有时你可能需要多次阅读同一部分。按照解题步骤一步一步地认真完成每道例题，之后再尝试求解与例题相关的同步练习。学完每节之后，完成该节的学习效果检测。

利用每章的总结、重要公式对各章进行复习。完成对/错判断题、自我检测题和电路行为变化趋势判断题，相关答案在各章末尾给出。最后求解各章的分节习题，并与本书末尾提供的奇数题答案进行对照，检查是否正确。

一定要充分理解本书所涵盖的电学基本原理，其重要性怎么强调都不过分。大多数用人单位更愿意雇用那些既有基础知识又有实践能力，而且渴望掌握新概念和新技术的人。如果你在基础知识方面已经接受过良好的训练，用人单位就会根据分配给你的具体工作，对你进行更加专业的培训。

与电子学相关的职业规划

电工和电子领域具有复杂和多样化的特点，在很多领域都有就业机会。接受过电工和电子技术培训的人员，能够有资格从事的行业和工作类型有很多。下面简要介绍一些最常见的工作岗位。

维修车间技术员 此类技术员对经销商返回的商用和家用电子设备进行维修和调试。具体领域包括家用电器和计算机等。因为有了维修这样的一技之长，所以该领域还提供了自谋业的机会。

工业制造技术员 此类技术员从事装配线上的电工和电子产品测试，也可能从事用于产品测试和制造的电气、电子、机电系统的维护和故障排查。实际上，对于各种类型的制造厂，无论生产何种产品都会用到电气自动化设备。

实验室技术员 这些技术员在研究和开发实验室工作，工作内容包括设计产品初期的面包板、原型电路板，测试新的或改进的电子系统。他们通常在产品研发阶段与工程师密切合作。

现场服务技术员 现场服务技术员到客户所在地检修和维护电子设备，例如计算机系统、雷达装置、银行自动化设备和安保系统等。

工程师助理 此类人员与工程师密切合作，负责设计思想的具体实施，以及电工和电子系统的基本设计和开发。工程师助理往往参与从项目的最初设计到早期生产阶段的各个流程。

科技写作员 科技写作员编辑和整理技术信息，并利用这些信息编写和制作操作手册和视听资料。他们广泛了解特定系统，可清楚地解释其工作原理，熟练掌握操作过程，这些能力对于从事科技写作方面的工作是至关重要的。

技术销售员 对于高科技产品，非常需要经过技术培训的人员从事销售工作。能够理解技术概念并将产品的技术层面信息传达给潜在客户是非常关键的。在这方面，与科技写作一样，口头和书面表达能力至关重要。也就是说，他们能够在任何类型的技术工作中进行良好的沟通，因为他们能够清楚地记录数据、解释流程、得出结论和采取行动，以便让其他人轻松地了解他们在做什么。

电子技术发展历程

让我们简要介绍一下电子技术发展至今的一些重要事件。许多早期的电学和电磁学先驱的名字就是我们熟悉的物理量单位，例如欧姆、安培、伏特、法拉、亨利、库仑、特斯拉、高斯和赫兹等。富兰克林和爱迪生等则因为他们在电学发展历史中所做出的卓越贡献而更加广为人知。在本书多个章节的人物小贴士部分，我们会简要介绍一些先驱的主要生平事迹。

电子学的起源 早期的电子学实验涉及真空管中的电流，海因里希·盖斯勒（Heinrich Geissler，1814—1879）在实验中发现，如果抽出玻璃管中的大部分空气，让电流通过该玻璃管，玻璃管就会发光。后来，威廉·克鲁克斯（William Crookes，1832—1919）发现真空管中的电流似乎是由粒子组成的。托马斯·爱迪生（Thomas Edison，

1847—1931)用带电极的碳丝灯泡做实验，发现有电流从灼热的灯丝流到正极。他为此申请了专利，但是从未使用过。

其他早期实验人员则致力于测量真空管中粒子流的属性。其中，约瑟夫·汤普森(Joseph Thompson，1856—1940)测出了这些粒子的性质，该粒子后来被称为电子。

虽然无线电报通信的历史可以追溯到 1844 年，但电子学起源于真空管放大器的发明，可以说是 20 世纪的概念。早期的真空管只允许电流朝一个方向流动，这种真空管是由约翰·A. 弗莱明(John A. Fleming)于 1904 年创造出来的，叫作弗莱明阀(Fleming valve)，是真空二极管的前身。1907 年，李·德弗雷斯特(Lee deForest)在真空管中增加了一个栅极，这种新器件叫作音频管(audiotron)，能够放大微弱的信号。通过在真空管中增加控制元件，德弗雷斯特开创了电子学的先河。这个新型器件经改进后，使横贯美国大陆的电话业务和无线电通信成为可能。并且在 1912 年，美国加利福尼亚州圣何塞市的一名无线电广播业余爱好者开始定期播放音乐！

1921 年，美国商务部长赫伯特·胡佛(Herbert Hoover)向广播电台签发了第一张许可证。在接下来的两年内又签发了 600 多张许可证。到 20 世纪 20 年代末，无线电广播在许多家庭中得到普及。埃德温·阿姆斯特朗(Edwin Armstrong)还发明了一种新型无线电收音机(即超外差收音机)，它解决了高频通信的问题。1923 年，美国研究员弗拉基米尔·兹沃里金(Vladimir Zworykin)发明了第一台电视机的显像管。1927 年，费罗·T. 法恩斯沃斯(Philo T. Farnsworth)为他的一整套电视系统申请了专利。

20 世纪 30 年代，无线电领域经历了许多发展，包括金属壳二极管、自动增益控制和定向天线等。在这 10 年中，第一台电子计算机的开发也拉开了序幕。现代计算机的起源可以追溯到艾奥瓦州立大学的约翰·安塔纳索夫(John Atanasoff)所做的工作。1937 年年初，他构想了一种能够完成复杂数学运算的二进制机器。到 1939 年，他和研究生克利福德·贝瑞(Clifford Berry)一起组装了一台计算机，起名为 ABC(Atanasoff Berry Computer)，它利用真空管实现逻辑运算，用电容器作为存储器。1939 年，亨利·布特(Henry Boot)和约翰·兰德尔(John Randall)在英国发明了磁控管，这是一种微波振荡器。同年，拉塞尔(Russell)和西格德·瓦里安(Sigurd Varian)在美国发明了调速微波管。

在第二次世界大战期间，电子学得到了快速发展。磁控管和速调微波管使雷达和甚高频通信成为可能。阴极射线管经过进一步改进应用于雷达中。计算机的研究工作在战争期间仍在继续。1946 年，约翰·冯·诺依曼(John von Neumann)在宾夕法尼亚大学发明了第一台存储程序的计算机，即 Eniac。晶体管的发明是这 10 年也是迄今为止最重大的发明之一。

固态电子学 早期收音机中使用的晶体检波器是现代固态设备的前身。然而，固态电子时代始于 1947 年贝尔实验室发明的晶体管。晶体管的发明者是沃尔特·布兰坦(Walter Brattain)、约翰·巴丁(John Bardeen)和威廉·肖克利(William Shockley)。1947 年推出了印制电路(Printed Circuit，PC)板，同年，晶体管被发明了出来。但直到 1951 年，晶体管才在美国宾夕法尼亚州阿伦敦市投入大规模商业化生产。

20 世纪 50 年代最重要的发明是集成电路。1958 年 9 月 12 日，德州仪器公司的杰克·科尔比(Jack Kilby)发明了第一个集成电路。集成电路的发明真正开启了现代计算机时代，使通信业、制造业、医药业和娱乐业发生了翻天覆地的改变。自那以后，已生产了数十亿块"芯片"(集成电路也被称为芯片)。

20 世纪 60 年代，空间竞赛的开始促进了小型化和计算机的发展。空间竞赛是引起电子学发生重大改变的主要驱动力。1965 年，仙童半导体(Fairchild Semiconductor)公司的鲍勃·维德拉(Bob Widlar)研制成功第一个"运算放大器"。这个运算放大器叫作μA709，尽管它很成功，但是存在闩锁效应以及一些其他问题。之后，仙童半导体公司又推出了曾经风靡一时的运算放大器 μA741。该运算放大器成为行业标准，并且多年来一直影响着运算放大器的设计。

1971 年，来自仙童半导体公司的一组人员创立了一个新公司并推出了第一个微处理器。这个新公司就是 Intel 公司，而这个新产品就是 4004 芯片，它与 Eniac 计算机具有相同的处理能力。同年晚些时候，Intel 公司宣布了第一个 8 位处理器的诞生，即 8008。1975 年，Atair 公司推出了第一台个人计算机，*Popular Science* 杂志在 1975 年 1 月版的封面上刊登了它，并进行了专题报道。20 世纪 70 年代，出现了袖珍计算器，光集成电路 (Optical Integrated Circuit) 领域也有了新的发展。一台 HP-65 可编程手持计算器于 1975 年被送入太空，作为阿波罗-联盟号对接过程中航向修正的备用计算工具。

到了 20 世纪 80 年代，一半以上的美国家庭都在使用有线电视网，而不再使用电视天线。在整个 20 世纪 80 年代，电子学在可靠性、速度和小型化等方面不断改进，包括 PC 板的自动测试和校准。计算机成为仪器的一部分，同时出现了虚拟仪器技术。计算机已经成为工作台上的标准工具。

到了 20 世纪 90 年代，互联网得到了广泛应用。在 1993 年有 130 个网站，而现在有近 20 亿个网站。各家公司争先恐后地建设主页，互联网的发展与无线电广播的早期发展极为相似。在 1995 年，美国联邦通信委员会 (FCC) 为一种叫作数字音频无线电业务 (Digital Audio Radio Service) 的新业务分配了频谱空间。1996 年，FCC 采纳了数字电视标准，将其作为美国的下一代广播电视标准。柯达于 1991 年推出了第一款具有 130 万像素传感器的数码相机。

21 世纪是在 2001 年 1 月开始的（尽管许多人在一年前庆祝它）。21 世纪前 10 年的主要技术大事之一是互联网的爆炸性增长。无线宽带的接入极大地推动了这一增长势头，路由器和无线连接的新发展和标准也有目共睹。计算机的处理速度继续提高。另一个技术进步是数字存储设备，包括改进的光盘存储技术，例如用于高清视频存储的蓝光技术。2007 年，苹果计算机公司的史蒂夫·乔布斯 (Steve Jobs) 宣布推出苹果手机 iPhone，这也成为 21 世纪前 10 年最重要的技术进步之一。除了常见的手机通信功能，第一代 iPhone 还具有互联网接入、音乐播放和 200 万像素摄像等其他功能。自 iPhone 推出以来，智能手机逐渐为人所知，目前几乎无处不在。

21 世纪的第二个 10 年，科技持续发展和创新。电子学的新发展包括印制电子学、聚合物电子学和有机电子学，这些技术可以用于产生和制造有源和无源元器件。可印制电子产品，包括电子和光学元器件，这些元器件的出现使生产生物医学腕带和曲面 OLED 电视等产品成为可能。此外，对可再生能源的持续追求，大大促进了对蓄电池、太阳能电池、燃料电池、风能和其他技术领域的深入研究和开发利用。

致谢

很多人参与了本书的修订工作，对其内容和准确性进行了彻底的审阅和检查。Gary Snyder 在准确性检查方面做得非常出色，并针对本书的措辞提出了许多建议。他的准确性检查包括对每个例题进行演算，并在通读本书的过程中，提出了很多建设性意见。他还完成了本版 Multisim 和 LTSpice 仿真电路文件的创建。还要感谢 Tom Floyd 对本次修订所提出的建议。Tom 非常渴望这本书能够成为电子学方面顶尖的基础教材。遗憾的是，他没能亲眼看到本书的出版。

非常感谢来自 Pearson 的 Andrew Gilfillan、Faraz Sharique Ali 和 Deepali Malhotra，以及来自 Integra 的 Philip Alexander 的贡献。还要感谢本版的审稿人：来自新墨西哥州立大学的 Paul Furth，来自沃恩航空技术学院的 Rex Wong，来自塔尔萨社区学院的 Thomas Henderson，以及来自孟菲斯大学的 Jerry Newman。

感谢本书之前版本审稿人的贡献。他们是：来自开普菲尔社区学院的 Eldon E. Brown，来自新河社区学院的 Montie Fleshman，来自南内华达州社区学院的 James Jennings，来自俄克拉荷马大学的 Ronald J. LaSpisa，来自玛丽恩技术学院的 E. Ed Margaff，来自哈钦森社区学院的 David Misner，来自迈阿密戴德社区学院的 Gerald Schickman。

David M. Buchla

目录

第 1 章

测量单位与记数法

▶ **教学目标**

- 阐述国际单位制
- 使用科学记数法(10 的幂)表示物理量
- 使用工程记数法和公制词头表示不同大小的物理量
- 掌握公制词头之间的转换
- 用恰当的有效数字表示测量值

▶ **引言**

你必须熟悉电子电路中使用的测量单位,并知道如何使用公制词头以多种方式表示被测电气量。无论你使用计算机、计算器,还是人工计算,科学记数法和工程记数法是必不可少的记数手段。

⚠ **安全小贴士**

当你不得不带电操作时,必须始终把安全放在首位。全书都在提醒安全的重要性,并提供了确保安全的若干个小贴士。第 2 章专门介绍了基本的安全保护措施。

1.1 测量单位

在 19 世纪,测量单位主要涉及商业活动。随着科技进步,科学家和工程师们认识到制订测量单位国际标准的必要性。1875 年,来自 18 个国家的代表在法国开会,并制订了单位制的国际标准。今天,所有的工程师和科学家都在使用这一标准的改进版,即国际单位制,缩写为 SI。

学完本节内容后,你应该能够掌握国际单位制,具体就是:

- 说明国际单位制中的基本(基础)单位。
- 说明辅助单位。
- 解释导出单位。

基本单位和导出单位

国际单位制包括 7 个基本单位(或称为基础单位)和 2 个辅助单位。所有测量值的单位都可以用基本单位和辅助单位的组合来表示。表 1-1 列出了基本单位,表 1-2 列出了辅助单位。

电气电子科学的基本单位是安[培],它是电流的单位。用字母 I 表示电流(强度),用符号 A 表示安[培]。安[培]在其定义中使用了时间的基本单位(秒)。其他电和磁单位(如电压、功率和磁通量)在其定义中,都使用了基本单位的组合,这些组合称为导出单位。

例如,对于电压,它的单位为伏[特](V),属于导出单位,可以用基本单位的组合来定义,即 $m^2 \cdot kg \cdot s^{-3} \cdot A^{-1}$。可见,基本单位的组合往往笨重且不实用。因此,电压主要使用导出单位。

表 1-1 国际单位制中的基本单位

物理量	单位	符号	物理量	单位	符号
长度	米	m	热力学温度	开[尔文]	K
质量	千克	kg	发光强度	坎[德拉]	cd
时间	秒	s	物质的量	摩[尔]	mol
电流	安[培]	A			

表 1-2 辅助单位

物理量	单位	符号	物理量	单位	符号
[平面]角	弧度	r	立体角	球面度	sr

物理量及其单位均使用字母来表示。前一个字母用于表示物理量名称，后一个字母用于表示该物理量的单位。例如，斜体字母 P 表示功率，非斜体字母 W 代表功率的单位，即瓦[特]。又如电压，使用同一个字母代表物理量和单位。斜体字母 V 代表电压，而非斜体字母 V 代表电压的单位，即伏[特]。一般来说，斜体字母代表物理量，非斜体(罗马)字母代表物理量的单位。

表 1-3 列出了最重要的电气量及其国际单位制中的导出单位。表 1-4 列出了电磁量及其国际单位制中的导出单位。

表 1-3　电气量及其国际单位制中的导出单位

电气量	电气量符号	SI 单位	单位符号	电气量	电气量符号	SI 单位	单位符号
电容	C	法[拉]	F	电感	L	亨[利]	H
电荷	Q	库[仑]	C	功率	P	瓦[特]	W
电导	G	西[门子]	S	电抗	X	欧[姆]	Ω
能[量]	W	焦[耳]	J	电阻	R	欧[姆]	Ω
频率	f	赫[兹]	Hz	电压	V	伏[特]	V
阻抗	Z	欧[姆]	Ω				

表 1-4　电磁量及其国际单位制中的导出单位

电磁量	电磁量符号	SI 单位	单位符号	电磁量	电磁量符号	SI 单位	单位符号
磁场强度	H	安[培]·匝/米	A·t/m	磁动势	F_m	安[培]·匝	A·t
磁通[量]	ϕ	韦[伯]	Wb	磁导率	μ	韦[伯]/安[培]·匝·米	Wb/(A·t·m)
磁感应强度	B	特[斯拉]	T	磁阻	$\mathscr{R}$	安[培]·匝/韦[伯]	A·t/Wb

除了表 1-3 所示的常用电气量单位外，国际单位制还包括许多用基本单位定义的其他单位。1954 年，根据国际协议，米、千克、秒、安[培]、开[尔文]度和坎[德拉]被当作国际基本单位(开[尔文]度后来改称为开[尔文])。1971 年又增加了表示物质的量的单位(摩尔，缩写为 mol)。以 3 个基本单位(米-千克-秒，MKS)为基础，构成了导出单位，并几乎被所有科学家和工程师所接受。较早的测量单位制为 CGS 制，采用的是厘米、克和秒作为基本单位。目前，仍然有许多常用单位是基于 CGS 单位制给出的。例如，高斯就是基于 CGS 单位制定义的磁感应强度的单位。除非另有说明，本书首选米-千克-秒作为单位制。

学习效果检测⊖

1. 基本单位与导出单位有何不同？
2. 电气量的基本单位是什么？
3. SI 表示什么？
4. 勿参考表 1-3，尽可能多地列出电气量，包括它们的符号、单位和单位的符号。
5. 勿参考表 1-4，尽可能多地列出电磁量，包括它们的符号、单位和单位的符号。

1.2 科学记数法

在电气电子领域，无论是非常小的还是非常大的数值都是很常见的。例如，电流值通

⊖　学习效果检测题的答案都在对应章的末尾。

常只有千分之几甚至百万分之几安[培]，电阻值可以达到几千或几百万欧[姆]。

学完本节后，你应该能够掌握表示量值的科学记数法，具体就是：

- 使用 10 的指数幂表示量值。
- 使用 10 的指数幂进行量值运算。

科学记数法提供了一种表示和计算量值的便捷方法，此值可大可小。在科学记数法中，一个量值表示为 1 到 10 之间的一个数（以下称为系数）乘以 10 的指数幂。例如，150 000 用科学记数法可表示为 1.5×10^5，0.000 22 可表示为 2.2×10^{-4}。

1.2.1　10 的指数幂

表 1-5 列出了 10 的指数幂，包括正指数幂和负指数幂，以及对应的十进制数。10 的**指数幂**的底数为 $10(10^x)$。**指数**是指位于底数右上角的数字 x，表示小数点向右或向左移动的位数。对于正指数幂，小数点向右移动。例如 10^4 为：

表 1-5　10 的不同指数幂及对应的十进制数

$10^6 = 1\ 000\ 000$	$10^{-6} = 0.000\ 001$
$10^5 = 100\ 000$	$10^{-5} = 0.000\ 01$
$10^4 = 10\ 000$	$10^{-4} = 0.000\ 1$
$10^3 = 1\ 000$	$10^{-3} = 0.001$
$10^2 = 100$	$10^{-2} = 0.01$
$10^1 = 10$	$10^{-1} = 0.1$
$10^0 = 1$	

$$10^4 = 1 \times 10^4 = 1.0000. = 10\ 000$$

对于负指数幂，小数点向左移动。例如 10^{-4} 为：

$$10^{-4} = 1 \times 10^{-4} = .0001. = 0.0001$$

例 1-1　使用科学记数法表示下列量值。

(a)200　　　　　　　　(b)5 000　　　　　　　　(c)85 000　　　　　　　　(d)3 000 000

解　将小数点向左移动适当的位数，并确定指数。注意被乘数（函数）大于 1 且小于 10。

(a)$200 = 2 \times 10^2$　　　　　　　　　　　　(b)$5\ 000 = 5 \times 10^3$

(c)$85\ 000 = 8.5 \times 10^4$　　　　　　　　　　(d)$3\ 000\ 000 = 3 \times 10^6$

同步练习⊖　用科学记数法表示 4 750。

例 1-2　用科学记数法表示下列数值。

(a)0.2　　　　　　　　(b)0.005　　　　　　　　(c)0.000 63　　　　　　　　(d)0.000 015

解　将小数点向右移动适当的位置，并确定指数。

(a)$0.2 = 2 \times 10^{-1}$　　　　　　　　　　　(b)$0.005 = 5 \times 10^{-3}$

(c)$0.000\ 63 = 6.3 \times 10^{-4}$　　　　　　　(d)$0.000\ 015 = 1.5 \times 10^{-5}$

同步练习　用科学记数法表示 0.007 38。

例 1-3　将下列数值表示为常规十进制数。

(a)1×10^5　　　　　　(b)2×10^3　　　　　(c)3.2×10^{-2}　　　　　(d)2.5×10^{-6}

解　根据指数幂，将小数点向右或向左移动。

(a) $1 \times 10^5 = 100\ 000$　　　　　　　　(b) $2 \times 10^3 = 2000$

(c) $3.2 \times 10^{-2} = 0.032$　　　　　　　(d) $2.5 \times 10^{-6} = 0.000\ 002\ 5$

同步练习　将 9.12×10^3 表示为常规十进制数。

1.2.2　带有指数幂的计算

科学记数法的优点在于，便于实现非常小和非常大数值之间的四则运算。

加法　按照以下步骤进行加法运算：

1. 将各个加数表示为同幂指数。
2. 系数部分相加。
3. 用相加后的系数乘以上述同幂指数。

⊖　同步练习的答案都在对应章的末尾。

例 1-4　将 2×10^6 和 5×10^7 相加，并用科学记数法表示。

解　1. 将各个加数表示为同幂指数，即 $(2\times10^6)+(50\times10^6)$。

　　　2. 系数部分相加，即 $2+50=52$。

　　　3. 用相加后的系数乘以同幂指数，结果为 $52\times10^6=5.2\times10^7$。

同步练习　计算 3.1×10^3 与 5.5×10^4 的和。

减法　按照以下步骤进行减法运算：

1. 将被减数和减数表示为同幂指数。

2. 系数部分相减。

3. 用相减后的系数乘以上述同幂指数。

例 1-5　将 7.5×10^{-11} 与 2.5×10^{-12} 相减，并用科学记数法表示。

解　1. 将被减数和减数表示为同幂指数，即 $(7.5\times10^{-11})-(0.25\times10^{-11})$。

　　　2. 系数部分相减，即 $7.5-0.25=7.25$。

　　　3. 用相减后的系数乘以上述同幂指数，结果为 7.25×10^{-11}。

同步练习　计算 2.2×10^{-5} 减去 3.5×10^{-6} 的值。

乘法　按照以下步骤进行乘法运算：

1. 系数相乘。

2. 指数部分的幂相加。

例 1-6　将 5×10^{12} 与 3×10^{-6} 相乘，并用科学记数法表示。

解　系数相乘，幂相加。

$(5\times10^{12})\times(3\times10^{-6})=5\times3\times10^{12+(-6)}=15\times10^6=1.5\times10^7$。

同步练习　计算 3.2×10^6 乘以 1.5×10^{-3} 的值。

除法　按照以下步骤进行除法运算：

1. 系数相除。

2. 指数部分的幂相减。

例 1-7　令 5.0×10^8 除以 2.5×10^3，并用科学记数法表示。

解　用分子和分母形式把除法问题写成

$$\frac{5.0\times10^8}{2.5\times10^3}$$

系数相除，幂相减（8 减去 3）。

$$\frac{5.0\times10^8}{2.5\times10^3}=2\times10^{8-3}=2\times10^5$$

同步练习　计算 8×10^{-6} 除以 2×10^{-10} 的值。

学习效果检测

1. 科学记数法使用以 10 为底的指数幂。（对或错）

2. 用 10 的指数幂表示 100。

3. 用科学记数法表示以下数值：

　(a) 4350　　　　　(b) 12 010　　　　　(c) 29 000 000

4. 用科学记数法表示以下数值：

　(a) 0.760　　　　(b) 0.000 25　　　　(c) 0.000 000 597

5. 完成以下计算：

　(a) $(1\times10^5)+(2\times10^5)$　　　　(b) $(3\times10^6)\times(2\times10^4)$

　(c) $(8\times10^3)\div(4\times10^2)$　　　　(d) $(2.5\times10^{-6})-(1.3\times10^{-7})$

1.3 工程记数法和公制词头

工程记数法是科学记数法的一种特殊形式，在技术领域中广泛应用于表示较大和较小的量值。在电气领域，例如电压、电流、功率、电阻、电容、电感和时间量值常用工程记数法表示。公制词头与工程记数法一起使用，公制词头彼此相差 1000 倍。

学完本节内容后，你应该能够使用工程记数法和公制词头表示较大和较小的电气量，具体就是：

- 列出公制词头。
- 将工程记数法中 10 的指数幂改为公制词头。
- 使用公制词头表示电气量。
- 将一个公制词头转换为另一个公制词头。

1.3.1 工程记数法

工程记数法与科学记数法相似。然而，在**工程记数法**中，一个数的小数点左边可以有 $1 \sim 3$ 位数字，指数部分须是 3 的倍数。例如，在工程记数法中，33 000 表示为 33×10^3，而在科学记数法中，它表示为 3.3×10^4。另一个例子是，在工程记数法中，0.045 表示为 45×10^{-3}，而在科学记数法中，它表示为 4.5×10^{-2}。

例 1-8 使用工程记数法表示下列数值。

(a) 82 000 　　　　　(b) 243 000 　　　　　(c) 1 956 000

解 在工程记数法中，

(a) 82 000 表示为 82×10^3。

(b) 243 000 表示为 243×10^3。

(c) 1 956 000 表示为 1.956×10^6。

同步练习 使用工程记数法表示 36 000 000 000。

例 1-9 使用工程记数法表示下列数值。

(a) 0.002 2 　　　　　(b) 0.000 000 047 　　　　　(c) 0.000 33

解 在工程记数法中，

(a) 0.002 2 表示为 2.2×10^{-3}。

(b) 0.000 000 047 表示为 47×10^{-9}。

(c) 0.000 33 表示为 330×10^{-6}。

同步练习 使用工程记数法表示 0.000 000 000 005 6。

1.3.2 公制词头

公制词头即度量单位的前缀，代表该单位用 10 的指数幂表示的倍数。在工程记数法中，电子和电气工程中使用 10 种**公制词头**。表 1-6 列出了最常用的公制词头、符号和相应的 10 的指数幂。

公制词头仅添加于计量单位符号之前，如伏[特]、安[培]和欧[姆]。例如，0.025 A 可以用工程记数法表示为 25×10^{-3} A，该数值使用公制词头可表示为 25 mA，读作 25 毫安。注意，公制词头 m 已经代替了 10^{-3}。另一个例子是 10 000 000 欧姆可以表示为 10×10^6 Ω，使用公制词头表示时，为 10 MΩ，读作 10 兆欧。前缀 M 替换了 10^6。

表 1-6　电子和电气工程中常用的公制词头和相应的 10 的指数幂

公制词头名称	符号	10 的指数幂	公制词头名称	符号	10 的指数幂
皮[可]	p	10^{-12}	千	k	10^3
纳[诺]	n	10^{-9}	兆	M	10^6
微	μ	10^{-6}	吉[咖]	G	10^9
毫	m	10^{-3}	太[拉]	T	10^{12}

例 1-10 用公制词头表示下列电气量。

(a) 50 000 V　　　　　(b) 5 000 000 Ω　　　　(c) 0.000 036 A

解　(a) 50 000 V＝$50×10^3$ V＝50 kV

　　　(b) 5 000 000 Ω＝$5×10^6$ Ω＝5 MΩ

　　　(c) 0.000 036 A＝$36×10^{-6}$ A＝36 μA

同步练习　使用公制词头表示下列电气量：

(a) 56 000 Ω　　　　　(b) 0.000 470 A

1.3.3　计算器小贴士

所有的科学计算器和图形计算器都提供多种格式的数字输入和显示功能。科学记数法和工程记数法均是以 10 为底的指数形式。大多数计算器都有一个 EE(或 EXP)键，用于输入数字的指数部分。要以指数方式输入数字，先输入底数(包括符号)，然后按 EE 键，再输入指数部分(包括它的符号)。

科学计算器和图形计算器都可以显示指数部分。一些计算器将 10 的指数部分显示为右上角的数字，例如：

$$47.0^{03}$$

其他计算器则在显示的指数前面加上一个大写 E，例如：

$$47.0E03$$

请注意，底数 10 一般不显示，它是由 E 表示或隐含的。当写下数字的时候，需要包括底数 10。上面显示的数字用工程记数法可以写成 $47.0×10^3$。

某些计算器使用诸如 SCI 或 ENG 这样的二级或三级功能来设置成科学或工程表示法模式。当以常规十进制形式输入数字时，计算器会自动将它们转换为恰当的格式。其他一些计算器则凭借菜单来提供模式选择。

使用计算器时一定要查看用户手册，确定如何使用指数记数法。

学习效果检测

1. 用工程记数法表示以下数字：

　(a) 0.0056　　　　　　　　　　(b) 0.000 000 028 3

　(c) 950 000　　　　　　　　　　(d) 375 000 000 000

2. 列出以下指数幂的公制词头：

$$10^6，10^3，10^{-3}，10^{-6}，10^{-9}和10^{-12}$$

3. 用适当的公制词头表示 0.000 001 A。

4. 用适当的公制词头表示 250 000 W。

1.4　公制词头之间的转换

有时为了方便，需要将某一公制词头转换为另一个公制词头，例如从毫安(mA)转换为微安(μA)。公制词头转换即向左边或右边移动数字中的小数点。

学完本节内容后，你应该掌握公制词头之间的换算关系，具体就是：

- 在毫、微、纳和皮之间转换公制词头。
- 在千和兆之间转换公制词头。

以下规则适用于公制词头之间的转换：

1. 从较大单位向较小单位转换时，向右边移动小数点。

2. 从较小单位向较大单位转换时，向左边移动小数点。

3. 通过找出 10 的指数幂的差值来确定移动小数点的位数。

例如，当从毫安(mA)向微安(μA)转换时，小数点向右边移动 3 位，因为幂的差值为

3(mA 为 10^{-3}A，μA 为 10^{-6} A)。注意，当单位变小时，相应的数字变大，反之亦然。下面举例说明。

例 1-11　将 0.15 mA 转化为以μA 为单位的数值。

解　小数点向右移动 3 位。

$$0.15 \text{ mA} = 0.15 \times 10^{-3} \text{A} = 150 \times 10^{-6} \text{ A} = 150 \text{ μA}$$

同步练习　将 1 mA 转化为以μA 为单位的数值。

例 1-12　将 4500 μV 转化为以 mV 为单位的数值。

解　小数点向左移动 3 位。

$$4500 \text{ μV} = 4500 \times 10^{-6} \text{ V} = 4.5 \times 10^{-3} \text{ V} = 4.5 \text{ mV}$$

同步练习　将 1000 μV 转化为以 mV 为单位的数值。

例 1-13　将 5000 nA 转化为以μA 为单位的数值。

解　小数点向左移动 3 位。

$$5000 \text{ nA} = 5000 \times 10^{-9} \text{A} = 5 \times 10^{-6} \text{A} = 5 \text{ μA}$$

同步练习　将 893 nA 转化为以μA 为单位的数值。

例 1-14　将 47 000 pF 转化为以μF 为单位的数值。

解　小数点向左移动 6 位。

$$47\ 000 \text{ pF} = 47\ 000 \times 10^{-12} \text{ F} = 0.047 \times 10^{-6} \text{ F} = 0.047 \text{ μF}$$

同步练习　将 10 000 pF 转化为以μF 为单位的数值。

例 1-15　将 0.000 22 μF 转化为以 pF 为单位的数值。

解　小数点向右移动 6 位。

$$0.000\ 22 \text{ μF} = 0.000\ 22 \times 10^{-6} \text{ F} = 220 \times 10^{-12} \text{ F} = 220 \text{ pF}$$

同步练习　将 0.0022 μF 转化为以 pF 为单位的数值。

例 1-16　将 1800 kΩ 转化为以 MΩ 为单位的数值。

解　小数点向左移动 3 位。

$$1800 \text{ kΩ} = 1800 \times 10^{3} \text{ Ω} = 1.8 \times 10^{6} \text{ Ω} = 1.8 \text{ MΩ}$$

同步练习　将 2.2 kΩ 转化为以 MΩ 为单位的数值。

当具有不同公制词头的电气量进行加减运算时，需将某个电气量的公制词头转换成与另一个电气量相同的公制词头。

例 1-17　将 15 mA 与 8000 μA 相加，结果的单位为毫安。

解　将 8000 μA 转换为 8 mA，然后相加，

$$15 \text{ mA} + 8000 \text{ μA} = 15 \times 10^{-3} \text{A} + 8000 \times 10^{-6} \text{A}$$
$$= 15 \times 10^{-3} \text{A} + 8 \times 10^{-3} \text{A} = 15 \text{ mA} + 8 \text{ mA} = 23 \text{ mA}$$

同步练习　将 2873 mA 与 10 000 μA 相加，结果单位为毫安。

学习效果检测

1. 将 0.01 MV 转换为以 kV 为单位的数值。
2. 将 250 000 pA 转换为以 mA 为单位的数值。
3. 将 0.05 MW 和 75 kW 相加，结果的单位为 kW。
4. 将 50 mV 与 25 000 μV 相加，结果的单位为 mV。
5. 2000 pF 和 0.02 μF，哪个大？

1.5　准确性与数字取舍

无论何时测量一个量，受所用仪器的限制，结果都存在不准确性。当测量所得的数值为

近似值时，已知正确的数字称为有效数字。显示测量结果时，应保留的位数为有效位数。

学完本节内容后，你应该能够运用适当的有效数字表示测量结果，具体就是：

- 定义准确度、误差和精度。
- 恰当地进行舍入。

1.5.1 误差、准确度和精度

测量结果的准确度取决于测试设备的精度和测量条件。为了正确显示测量结果，应考虑与测量相关的误差。实验误差不应被认为是一种错误。所有的测量值都是真实值的近似。**误差**是指某个量的真实或最佳可接受值与测量值之差。如果误差很小，就说测量是准确的。**准确度**指示测量误差的范围，衡量测量值是否符合标准。例如，如果用测微计测量厚度为 10.00 mm 的标准量块，发现测量结果为 10.8 mm，则认为读数是不准确的，因为该量块被认为是测量的标准。如果测量结果为 10.02 mm，则读数较准确，因为它与标准更相近。

与测量值相关的另一个术语是精度。**精度**是对某个测量值的重复性（或一致性）的考量。可能有一组读数相差不远的精确测量值，但由于仪器的误差，每次测量结果都是不准确的。例如，仪表可能没校准，产生的测量结果虽然是不准确的但却是一致（精确）的。因此，除非仪器也很准确，否则不可能得到正确的测量结果。

1.5.2 有效数字

被测数值中已知是正确的数字被称为**有效数字**。大多数测量仪器能够显示有效数字，有些仪器还可以显示非有效数字，由用户决定如何使用非有效数字。当测量仪器存在负载效应时，就会发生这种情况。测量仪器可能在某种程度上会改变真实读数。重要的是要意识到，什么时候读数可能是不准确的，不要使用已被认为是不准确的数字。

关于有效数字的另一个问题出现在数学运算时。计算结果中的有效位数不得超过原始测量值中的有效位数。例如，如果 1.0 V 除以 3.0 Ω，计算器将显示 0.33333333。因为原来的数字都包含两个有效数字，所以答案应为 0.33 A，有效位数应相同。

确定数字是否有效的规则是：

1. 非零数总被认为是有效位。
2. 非零数字左边的零是无效位。
3. 非零数之间的零总是有效位。
4. 小数点右边的零是有效位。
5. 小数点左边的零是否有效取决于测量结果。例如，数值 12 100 Ω 可以有 3 个、4 个或 5 个有效数字。为了明确有效数字，应使用科学记数法（或公制词头）。例如，12.10 kΩ，它有 4 位有效数字。

当显示测量值时，可以保留 1 位不确定数字，其他不确定数字应丢弃。为了找出有效数字位数，先忽略小数点，然后从第一个非零数字开始从左到右数出数字的位数，到右边最后一个数字结束。除了数字右端的零（它可能是有效的，也可能是无效的），其余都是有效数字。在没有其他信息的情况下右边零的意义是不确定的。一般来说，零是占位符，而不是有效部分，对测量来说并不重要。如果必须显示有效数字，应使用科学或工程记数法，以免混淆。

例 1-18 将测量结果 4300 表示为 2 位、3 位和 4 位有效数字。

解 小数点右边的 0 是有效位。因此，要显示 2 位有效数字，应写为：4.3×10^3

要显示 3 位有效数字，应写为：4.30×10^3

要显示 4 位有效数字，应写为：4.300×10^3

同步练习 如何使用 3 位有效数字显示 10 000？

例 1-19　在以下每个测量值的有效数字下面划线。

(a) 40.0　　　(b) 0.3040　　　(c) 1.20×10^5　　　(d) 120 000　　　(e) 0.005 02

解　(a) 40.0，具有 3 位有效数字，见规则 4。

(b) 0.3040，具有 4 位有效数字，见规则 2 和 3。

(c) 1.20×10^5，具有 3 位有效数字，见规则 4。

(d) 120 000，至少有 2 位有效数字。尽管它与(c)中的数值一样，但本例中的 0 是不确定的，请参见规则 5。不推荐使用这种表示方法，应使用科学记数法或者公制词头，见例 1-18。

(e) 0.005 02，具有 3 位有效数字，见规则 2 和 3。

同步练习　测量值 10 和 10.0 有什么区别？　　　　　　　　　■

1.5.3　四舍五入

测量结果总是近似的，测量值只能显示有效数字再加上不超过一位的不确定数字。所显示的数字的位数代表了测量精度。因此，应该对测量值进行**四舍五入**，即在最后一个有效数字的右边去掉一个或多个数字。根据保留的有效位数来决定如何舍入。四舍五入的规则是：

1. 如果保留 n 位有效数字，且第 $n+1$ 位数字大于 5，那么向第 n 位数字进 1。

2. 如果保留 n 位有效数字，且第 $n+1$ 位数字小于 5，那么就舍掉。

3. 如果保留 n 位有效数字，且第 $n+1$ 位数字等于 5，后面数字全为 0，那么视以下情况而定——此时若第 n 位数字为偶数，就舍掉后面的数字；若第 n 位数字为奇数，就加 1；若第 $n+1$ 位数字等于 5 且后面还有不为 0 的数字，那么无论第 n 位数字是奇数还是偶数都加 1。这个规则叫作"配偶规则"。

例 1-20　四舍五入下列数值，并保留 3 位有效数字。

(a) 10.071　　　　　　(b) 29.961　　　　　　(c) 6.3948　　　　　　(d) 123.52

(e) 122.5　　　　　　(f) 328.52

解　(a) 10.071 近似为 10.1。　　　　　　(b) 29.961 近似为 30.0。

(c) 6.3948 近似为 6.39。　　　　　　(d) 123.52 近似为 124。

(e) 122.5 近似为 122。　　　　　　(f) 328.52 近似为 329。

同步练习　使用"配偶规则"将 3.285 0 保留到 3 位有效数字。　　　　　■

在大多数电气和电子工程中，元器件的公差大于 1%（一般为 5% 和 10%）。大多数测量仪器的精度规格都比这更好，但超过千分之一的测量精度是不常见的。出于这样的原因，除了最严格的工程，在其他工程中使用 3 位有效数字代表测量值是合适的。如果你求解带有许多中间结果的习题，那么在计算过程中，在计算器上应保留所有数字，但在给出最终答案时，采用四舍五入规则保留 3 位有效数字为宜。

学习效果检测

1. 小数点右边显示零的规则是什么？

2. 什么是"配偶规则"？

3. 在电路图上，经常会看到一个 1000 Ω 的电阻写为 1.0 kΩ，这个电阻值意味着什么？

4. 如果需要将电源设置为 10.00 V，那么对测量仪器所需精度意味着什么？

5. 在测量中，如何用科学记数法或工程记数法来表示测量中有效数字的正确位数？

本章总结

- SI 是国际单位制的缩写，是一种标准化的单位制。

- 基本单位是一组国际单位，由它们可以导出其他国际单位。有 7 个基本单位和 2 个辅助单位。
- 科学记数法是一种将非常大和非常小的数字表示为 1～10 的数(小数点左边只有一位)再乘以 10 的幂的记数方法。
- 工程记数法是科学记数法的一种修改形式，用小数点左边的 1、2 或 3 位数字乘以 10 的幂表示数值，其中幂是 3 的整数倍。
- 公制词头表示数值中 10 的多少次幂。在电子工程中，词头代表工程记数中 10 的多少次幂。
- 被测物理量的不确定程度取决于测量的准确度和精度。
- 数学运算结果中的有效位数不得超过原始数字中的有效位数。

对/错判断 (答案在本章末尾)

1. 国际单位制中的导出单位在其定义中使用了基本单位。
2. 国际单位制中，伏[特]是基本电气单位。
3. 辅助国际单位制用于角度测量。
4. 数字 3 300 用科学记数法和工程记数法均可写成 3.3×10^3。
5. 用科学记数法表示的负数总是具有负的指数部分。
6. 当你把两个数字(用科学记数法表示)相乘时，指数必须是相同的。
7. 当将两个数字(用科学记数法表示)相除时，从分子的指数中减去分母的指数。
8. 公制词头中的微等于 10^6。
9. 56×10^6 使用公制词头表示为 56 M。
10. 0.047 μF 等于 47 nF。
11. 0.010 μF 等于 10 000 pF。
12. 10 000 kW 等于 1 MW。
13. 0.010 2 的有效位数为 3。
14. 使用 3 位有效数字表示 10 000，结果为 10.000×10^3。
15. 当应用"配偶规则"将 26.25 舍入到 3 位有效数字时，结果是 26.3。
16. 如果一系列的测量是精确的，它们也必然是准确的。
17. 电气领域的基本国际单位是安[培]。

自我检测 (答案在本章末尾)

1. 下面哪个不是电气量？
   (a)电流　　　　　(b)电压
   (c)时间　　　　　(d)功率
2. 电流的单位是：
   (a)伏[特]　　　　(b)瓦[特]
   (c)安[培]　　　　(d)焦[耳]
3. 国际单位制中基本单位的数量是：
   (a) 3　　　　　　(b) 5
   (c) 6　　　　　　(d) 7
4. 米–千克–秒制测量单位的特点是：
   (a) 可以表示为米、千克和秒的组合
   (b) 在其定义中使用辅助单位
   (c) 始终是基本单位
   (d) 在其定义中包含所有基本单位
5. 在国际单位制中，前缀 k 表示乘以：
   (a) 100　　　　　(b) 1000
   (c) 10 000　　　 (d) 1 000 000
6. 15 000 W 与下列哪个值相同？
   (a)15 mW　　　 (b) 15 kW
   (c)15 MW　　　 (d) 15 μW
7. 4.7×10^3 与下列哪个数相同？
   (a) 470　　　　　(b) 4 700
   (c) 47 000　　　 (d) 0.0047

8. 56×10^{-3} 与下列哪个数相同？
   (a) 0.056　　　　(b) 0.560
   (c) 560　　　　　(d) 56 000
9. 3 300 000 使用工程记数法可表示为：
   (a) 33×10^5　　　(b) 3.3×10^{-6}
   (c) 3.3×10^6　　 (d) 330×10^4
10. 10 毫安可表示为：
    (a) 10 MA　　　 (b) 10 μA
    (c) 10 kA　　　　(d) 10 mA
11. 5 千伏可表示为：
    (a) 5 000 V　　 (b) 5 MV
    (c) 5 kV　　　　(d) (a)或(c)
12. 20 毫欧可表示为：
    (a) 20 mΩ　　　 (b) 20 MW
    (c) 20 MΩ　　　 (d) 20 μΩ
13. 0.1050 的有效位数为：
    (a) 2　　　　　　(b) 3
    (c) 4　　　　　　(d) 5
14. 当报告测量值时，可以包括：
    (a) 计算器上显示的整个结果
    (b) 一位不确定数字
    (c) 小数点右边两位数
    (d) 小数点右边三位数

分节习题(较难的问题用星号(＊)表示，奇数题答案在本书末尾)

1.2 节

1. 用科学记数法表示下列数值：
   (a) 3000　　　　　(b) 75 000
   (c) 2 000 000

2. 用科学记数法表示下列数值：
   (a) 1/500　　　　　(b) 1/2000
   (c) 1/5 000 000

3. 用科学记数法表示下列数值：
   (a) 8400　　　　　(b) 99 000
   (c) 0.2×10^6

4. 用科学记数法表示下列数值：
   (a) 0.000 2　　　　(b) 0.6
   (c) 7.8×10^{-2}

5. 用科学记数法表示下列数值：
   (a) 32×10^3　　　　(b) 6800×10^{-6}
   (c) 870×10^8

6. 用常规十进制数表示下列数值：
   (a) 2×10^5　　　　(b) 5.4×10^{-9}
   (c) 1.0×10^1

7. 用常规十进制数表示下列数值：
   (a) 2.5×10^{-6}　　　(b) 5.0×10^2
   (c) 3.9×10^{-1}

8. 用常规十进制数表示下列数值：
   (a) 4.5×10^{-6}　　　(b) 8×10^{-9}
   (c) 4.0×10^{-12}

9. 计算下列和值：
   (a) $(9.2 \times 10^6) + (3.4 \times 10^7)$
   (b) $(5 \times 10^3) + (8.5 \times 10^{-1})$
   (c) $(5.6 \times 10^{-8}) + (4.6 \times 10^{-9})$

10. 计算下列差值：
    (a) $(3.2 \times 10^{12}) - (1.1 \times 10^{12})$
    (b) $(2.6 \times 10^8) - (1.3 \times 10^7)$
    (c) $(1.5 \times 10^{-12}) - (8 \times 10^{-13})$

11. 计算下列乘积：
    (a) $(5 \times 10^3) \times (4 \times 10^5)$
    (b) $(1.2 \times 10^{12}) \times (3 \times 10^2)$
    (c) $(2.2 \times 10^{-9}) \times (7 \times 10^{-6})$

12. 计算下列除法：
    (a) $(1.0 \times 10^3) \div (2.5 \times 10^2)$
    (b) $(2.5 \times 10^{-6}) \div (5.0 \times 10^{-8})$
    (c) $(4.2 \times 10^8) \div (2 \times 10^{-5})$

13. 进行下列运算：
    (a) $(8 \times 10^4 + 4 \times 10^3) \div 2 \times 10^2$
    (b) $(3 \times 10^7) \times (5 \times 10^5) - 9 \times 10^{12}$
    (c) $(2.2 \times 10^2 \div 1.1 \times 10^2) \times (5.5 \times 10^4)$

1.3 节

14. 从 10^{-12} 开始，用工程记数法按递增顺序列出 10 的幂。

15. 用工程记数法表示下列数值：
    (a) 89 000　　　　(b) 450 000
    (c) 12 040 000 000 000

16. 用工程记数法表示下列数值：
    (a) 2.35×10^5　　　(b) 7.32×10^7
    (c) 1.333×10^9

17. 用工程记数法表示下列数值：
    (a) 0.000 345　　　(b) 0.025
    (c) 0.000 000 001 29

18. 用工程记数法表示下列数值：
    (a) 9.81×10^{-3}　　(b) 4.82×10^{-4}
    (c) 4.38×10^{-7}

19. 将下列数值相加，并用工程记数法表示：
    (a) $(2.5 \times 10^{-3}) + (4.6 \times 10^{-3})$
    (b) $(68 \times 10^6) + (33 \times 10^6)$
    (c) $(1.25 \times 10^6) + (250 \times 10^3)$

20. 将下列数值相乘，并用工程记数法表示：
    (a) $(32 \times 10^{-3}) \times (56 \times 10^3)$
    (b) $(1.2 \times 10^{-6}) \times (1.2 \times 10^{-6})$
    (c) $100 \times (55 \times 10^{-3})$

21. 将下列数值相除，并用工程记数法表示：
    (a) $50 \div (2.2 \times 10^3)$
    (b) $(5 \times 10^3) \div (25 \times 10^{-6})$
    (c) $(560 \times 10^3) \div (660 \times 10^3)$

22. 将问题 15 中各数用欧[姆]表示并使用公制词头。

23. 将问题 17 中各数用安[培]表示并使用公制词头。

24. 用公制词头表示下列电气量：
    (a) 31×10^{-3} A　　(b) 5.5×10^3 V
    (c) 20×10^{-12} F

25. 用公制词头表示下列电气量：
    (a) 3×10^{-6} F　　(b) 3.3×10^6 Ω
    (c) 350×10^{-9} A

26. 用公制词头表示下列电气量：
    (a) 2.5×10^{-12} A　(b) 8×10^9 Hz
    (c) 4.7×10^3 Ω

27. 把下列公制词头转换为 10 的指数幂的形式：
    (a) 7.5 pA　　　　(b) 3.3 GHz
    (c) 280 nW

28. 用工程记数法表示下列数值：
    (a) 5 μA　　　　(b) 43 mV
    (c) 75 kΩ　　　　(d) 10 MW

1.4 节

29. 进行下列转换：
    (a) 5 mA 转换至以 μA 为单位的数值
    (b) 3200 μW 转换至以 mW 为单位的数值

(c) 5000 kV 转换至以 MV 为单位的数值

(d) 10 MW 转换至以 kW 为单位的数值

30. 计算下列问题：

    (a) 1 微安等于多少毫安

    (b) 0.05 千伏等于多少毫伏

    (c) 0.02 千欧等于多少兆欧

    (d) 155 毫瓦等于多少千瓦

31. 计算下列加法：

    (a) 50 mA+680 μA

    (b) 120 kΩ+2.2 MΩ

    (c) 0.02 μF+3 300 pF

32. 完成下列运算：

(a) 10 kΩ÷(2.2 kΩ+10 kΩ)

(b) 250 mV÷50 μV

(c) 1 MW÷2 kW

1.5 节

33. 下列数字的有效位数是多少？

    (a) $1.00×10^3$ (b) 0.0057

    (c) 1 502.0   (d) 0.000 036

    (e) 0.105   (f) $2.6×10^2$

34. 对下列数字进行四舍五入：

    (a) 50 505   (b) 220.45

    (c) 4 646   (d) 10.99

    (e) 1.005

参考答案

学习效果检测答案

1.1 节

1. 用基本单位定义导出单位。

2. 安[培]。

3. SI 是国际单位制的缩写。

4. 参考表 1-3。

5. 参考表 1-4。

1.2 节

1. 对

2. 10^2

3. (a) $4.35×10^3$ (b) $1.201×10^4$

   (c) $2.9×10^7$

4. (a) $7.6×10^{-1}$ (b) $2.5×10^{-4}$

   (c) $5.97×10^{-7}$

5. (a) $3×10^5$ (b) $6×10^{10}$

   (c) $2×10^1$ (d) $2.37×10^{-6}$

1.3 节

1. (a) $5.6×10^{-3}$ (b) $28.3×10^{-9}$

   (c) $950×10^3$ (d) $375×10^9$

2. M、k、m、μ、n、p

3. 1 μA

4. 250 kW

1.4 节

1. 0.01 MV=10 kV

2. 250 000 pA=0.000 25 mA

3. 0.05 MW+75 kW=50 kW+75 kW=125 kW

4. 50 mV+25 000 μV=50 mV+25 mV=75 mV

5. 0.02 μF

1.5 节

1. 只有当零很重要时才保留它们，因为它们被显示出来，就意味着它们是重要的。

2. 如果需要考虑的进位数字是 5(后面全是零)，并且前一位数字是偶数，那就舍去 5；否则

进上 1 位。

3. 小数点右边的零意味着电阻有接近 100 Ω (0.1 kΩ)的准确度。

4. 仪器必须精确到 4 位有效数字。

5. 科学和工程记数可以在小数点右边显示任意数字。小数点右边的数字总是有效数字。

同步练习答案

1-1	$4.75×10^3$	1-2	$7.38×10^{-3}$
1-3	9120	1-4	$5.81×10^4$
1-5	$1.85×10^{-5}$	1-6	$4.8×10^3$
1-7	$4×10^4$	1-8	$36×10^9$
1-9	$5.6×10^{-12}$		
1-10	(a)56 kΩ	(b) 470 μA	
1-11	1000 μA		
1-12	1 mV		
1-13	0.893 μA		
1-14	0.01 μF	1-15	2200 pF
1-16	0.0022 MΩ	1-17	2883 mA
1-18	$10.0×10^3$		
1-19	数字 10 有 2 位有效数字；数字 10.0 有 3 位有效数字。		
1-20	3.28		

对/错判断答案

1. T	2. F	3. T	4. T
5. F	6. F	7. T	8. T
9. T	10. T	11. T	12. F
13. T	14. F	15. F	16. F
17. T			

自我检测答案

1. (c)	2. (c)	3. (d)	4. (a)
5. (b)	6. (b)	7. (b)	8. (a)
9. (c)	10. (d)	11. (d)	12. (c)
13. (c)	14. (b)		

第 2 章

电压、电流和电阻

- 描述原子基本结构
- 解释电荷的概念
- 阐述电压并讨论其特性
- 阐述电流并讨论其特性
- 阐述电阻并讨论其特性
- 描述基本电路
- 打好电路测量基础
- 认识电气危害，用安规指导操作

▶ **应用案例预览**

在本应用案例中，你将看到如何将本章介绍的电路理论应用到汽车的实际电路中，该电路模仿汽车仪表板照明系统的一部分。汽车灯是简单的实际电路。当你打开汽车前照灯和尾灯时，就是把灯连接到了电池，电池提供电压并产生流过每个灯的电流，电流便使灯发光。灯本身有电阻，它限制了电流的大小。大多数汽车仪表板的照明灯是可以调节亮度的。转动旋钮，改变电路中的电阻，电路中的电流就发生变化，灯的亮度也随之而变。

▶ **引言**

本章介绍了电流、电压、电阻的概念。你将学习如何使用合适的单位来表示这些量，以及如何测量这些量。本章也介绍了构成电路的基本元件，以及如何将它们连接起来。

本章内容还涉及能够产生电压和电流的设备。从中你将了解到多种可以向电路中引入电阻的元器件，讨论了熔断器、断路器等保护装置的工作原理，简述了电路中常用的机械开关。此外，你还将学习如何使用实验室仪器测量电压、电流和电阻。

电压在任何电路中都是必不可少的，它是电路工作所需要的电荷势能。电流也是电路工作所必需的，但产生电流需要电压。电流就是电子在电路中的有序流动。电路中的电阻限制了电流的大小。水系统可以作为简单电路的类比。电压可以看作迫使水通过水管所需要的压力，通过电线的电流可以类比为流过水管的水流，电阻可以看作通过调节阀门而产生的对水流的阻力。

2.1 原子结构

所有的物质都是由原子组成的，原子又由电子、质子和中子组成。在本节中，你将了解原子的结构，包括电子层和轨道、价电子、离子和能级。原子中电子的分布结构是决定导体或半导体材料导电性能的关键因素。

学完本节内容后，你应该能够描述原子的基本结构，具体就是：

- 描述原子核、质子、中子和电子。
- 说明原子序数。
- 描述电子层。
- 解释是什么价电子。

- 描述电离。
- 解释什么是自由电子。
- 说明导体、半导体和绝缘体。

原子是体现**元素**特性的最小粒子。不能用化学方法分解成更简单形式的物质称为**元素**。现在已知元素的数量是 118 种，其中 94 种是自然生成的。已知元素的原子均不相同，即每个元素都有一个独特的原子结构。根据经典的玻尔模型，原子被视为一种行星结构：由一个位于中心的原子核和周围环绕它的电子组成，如图 2-1 所示。**原子核**由质子和中子组成，**质子**带有正电荷，**中子**呈中性。**电子**带有负电荷，围绕着原子核运动。质子上的正电荷和电子上的负电荷是可以彼此孤立存在的最小电荷。

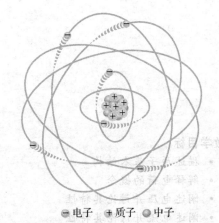

⊖ 电子　⊕ 质子　⊙ 中子

图 2-1　原子的玻尔模型，显示了在圆形轨道上围绕原子核运动的电子。电子拖着的"尾巴"表明它们在运动

┊人物小贴士┊

尼尔斯·玻尔（Niels Bohr）　丹麦著名物理学家，他在 1913 年的论文中首次描述了原子的行星结构模型，并因此而闻名于世。他提出的原子模型（经过一些改进）至今仍是解释元素化学性质和物理性质的有用工具。玻尔于 1922 年获得诺贝尔奖。为了表示纪念，以玻尔的名字命名了第 107 号元素（Bohrium, Bh）。

每种元素的原子中都有不同的质子数，据此不同元素之间得以区分。例如，最简单的原子是氢原子，它有一个质子和一个电子，如图 2-2a 所示。另一个例子是氦原子，如图 2-2b 所示，它由原子核中的两个质子和两个中子，以及围绕原子核运行的两个电子构成。

2.1.1　原子序数

所有元素都按照**原子序数**有序地排列在元素周期表中。原子序数等于原子核中的质子数。例如，氢的原子序数为 1，氦的原子序数为 2。在正常（或中性）状态下，质子和电子的数量是相同的，正、负电荷抵消，整个原子呈电中性。

2.1.2　电子层、轨道和能级

正如在玻尔模型中所看到的，电子在离原子核有一定距离的特定轨道上绕着原子核运行。每一条轨道被称为一个**电子层**，对应原子内的不同能级。电子用 1、2、3 等来标注，其中 1 层最靠近原子核，电子越远离原子核，它的能级越高。

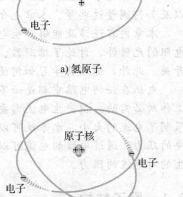

原子核
+
电子

a) 氢原子

原子核
++
电子
电子

b) 氦原子

图 2-2　两个最简单的原子：氢和氦

原子的玻尔模型解释了氢原子的线状光谱，该光谱表明电子只能吸收或辐射特定大小的能量，该能量的大小为不同能级之间的能量差。图 2-3 说明了氢原子内的能级。最底层（$n=1$）称为基态，对于单电子原子（氢原子）而言，仅有一个电子位于第一层时是最稳定的。如果这个电子通过吸收光子而获得一定的能量，那么它可以提升到某个更高的能级。在这个更高的能级下，它可以发射出与所吸收光子具有相同能量的光子，并且回到基态。能级间的跃迁解释了我们在电子学中看到的各种现象，例如发光二极管发出的光的颜色。

在玻尔的研究之后，薛定谔（Erwin Schroedinger，1887—1961）提出了一种原子数学模型，该模型可以解释更复杂的原子。他认为电子具有类似波的性质，且认为最简单的情况是由振动引起的三维驻波图形。薛定谔的理论认为球形电子的驻波只能有特定的波长。原子的波动力学模型给出了与玻尔模型相同的氢电子能方程，但在波动力学模型中，更加复杂的原子可以用球体以外的形状来解释。这两种理论都认为靠近原子核的电子比远离原子核的电子具有更少的能量，这是关于能级的基本概念。

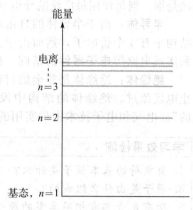

图 2-3　氢原子中的能级

原子内离散能级的概念仍然是理解原子的基础，而波动力学模型在预测各种原子的能级方面非常成功。原子的波动力学模型在能量方程中使用了主量子数（即电子层序数）的概念，并通过其他 3 个量子数描述原子内的每一个电子。一个原子内的所有电子对应着一组特定的量子数。

当一个原子是一个大集合的一部分时，如在晶体中，每个离散能级将扩展为一个能带，这是固态电子学的一个重要概念。这个能带还可以用于区分导体、半导体和绝缘体。

2.1.3　价电子

离原子核较远的轨道上的电子能量较高，与离原子核较近的电子相比，它们与原子的结合不那么紧密。这是因为随着与原子核之间距离的增加，带负电荷的电子与带正电荷的原子核之间的吸引力将减小。具有最高能级的电子存在于原子的最外电子层，与原子的结合相对松散。最外电子层被称为**价电子**层，这个层中的电子被称为**价电子**。这些价电子在一定程度上决定了材料的化学反应性质和材料的电学性能。

2.1.4　能级和电离能

如果一个电子吸收了一个具有足够能量的光子，它就会从原子中逃逸出来，成为一个可以在电场或磁场影响下运动的**自由电子**，对应于图 2-3 中的电离能级。如果一个原子或一组原子带净电荷（正负电荷数目不等），则称其为**离子**。当一个电子从中性的氢原子（记为 H）逸出时，该原子就带一个净正电荷，于是变成一个正离子（记为 H^+）。另一方面，一个原子或一组原子也可以获得一个或多个额外的电子，在这种情况下，称其为**负离子**。

2.1.5　铜原子

铜是**电气**技术中最常用的金属。铜原子有 29 个围绕原子核运行的电子，且这些电子排布在 4 个电子层上。每个电子层上可容纳的电子数为 $2N^2$ 个，其中 N 是电子层序数。任何原子的第 1 个电子层最多可以有两个电子，第 2 层最多可以有 8 个电子，第 3 层最多可以有 18 个电子，第 4 层最多可以有 32 个电子。

铜原子的结构如图 2-4 所示。注意第 4 层（最外层）或者说价电子层，只有 1 个价电子。内部的电子层称为核。当铜原子最外层的价电子获得足够的热能时，它就可以脱离所属原子而成为自由电子。室温下，一块铜材料中存在诸多自由电子。这些电子不与某个特定的原子结合，可以在铜材料中自由移动。这些自由电子使铜成为极好的导体。

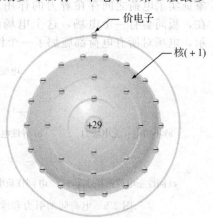

图 2-4　铜原子

2.1.6　材料类别

电子工业中使用的材料有 3 种：导体、半导体和绝缘体。

导体：导体是容易传导电流的材料。它们有大量的自由电子，导体结构中有1～3个价电子。大多数金属都是良导体。银是最好的导体，其次是铜。铜是使用最广泛的导电材料，因为它的价格比银低。铜线是电路中常用的导线。

半导体： 由于半导体的自由电子比导体少，因此其载流能力弱于导体。半导体的原子结构中有4个价电子，然而由于其独特的性能，某些半导体材料成为诸如二极管、晶体管和集成电路等**电子器件**的基础。硅和锗是常见的半导体材料。

绝缘体： 绝缘体是非金属材料，是电的不良导体。它们被用在不需要电流的地方以防止电流流过。绝缘体的结构中没有自由电子，价电子被原子核束缚，且不被视作"自由的"。电气和电子技术中最实用的绝缘体是玻璃、陶瓷、聚四氟乙烯和聚乙烯等化合物。

学习效果检测

1. 负电荷的基本粒子是什么？　　2. 解释原子的含义。
3. 原子是由什么组成的？　　　　4. 给出原子序数的定义。
5. 所有元素都有相同类型的原子吗？　6. 什么是自由电子？
7. 原子结构中的电子层是什么？　　8. 请说出两种导电材料。

2.2　电荷

电子是最小的带负电荷的粒子。当物质中存在过量的电子时，该物质就带负的净电荷；当电子不足时，就带正的净电荷。

学完本节内容后，你应该能够解释电荷的概念，具体就是：

- 了解电荷的单位。
- 了解电荷的种类。
- 认识引力和斥力。
- 对给定的电子数能计算出电荷量。

电子和质子的电荷量相等，但极性相反。**电荷**是由于物质中电子过剩或不足而存在的电学性质，用字母 Q 表示。静电是指物质中净的正电荷或负电荷的一种表现。每个人都受过静电的影响，例如，当你试图触摸金属表面或另一个人时，又或当烘干机里的衣服黏在一起的时候。

正如迈克尔·法拉第（Michael Faraday）最初提出的那样，每个电荷周围都有一个电场，这个电场自电荷起沿径向而减弱。任何进入该电场的其他电荷都将受到一个由此电荷产生的力的作用。同样，第二个电荷也有自己的电场，于是也会对第一个电荷施加一个力。物理学家将某一点的电场强度定义为被测电荷所受的力除以所带电荷量。电场强度是一个矢量，这意味着它同时有方向和大小。

极性相反的电荷相互吸引，极性相同的电荷相互排斥，如图2-5所示。吸引和排斥现象证实了电荷之间存在着力的作用。考虑两个带相反电荷的极板，由于极板上电荷的存在，板间会有一个电场，这个电场的方向用从正极板到负极板的箭头表示。如图2-6所示，电场对所有电荷都施加了一个作用力。

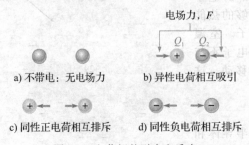

图 2-5　电荷间的引力和斥力

图 2-6　带相反电荷极板间的电场，带箭头的线条表示电场线

库仑定律　两个点电荷(Q_1，Q_2)之间存在一个力(F)，该力与两电荷所带电荷量的乘积成正比，与两电荷之间距离(d)的平方成反比。

┊人物小贴士┊

查利·奥古斯丁·库仑(Charles Augustin Coulomb，1736—1806)
库仑出生于法国，曾多年从事军事工程师的工作。由于健康状况不佳而退休后，他便投身于科学研究。他在电和磁方面的研究最为著名，正是他发现了两个电荷之间力的平方反比规律，为了纪念库仑，人们将他的名字用作电荷的单位。(图片来源：Leaflet on COULOMB by H. Volkringer-Research Director at CNRS。)

2.2.1　库仑：电荷的单位

电荷(Q)的多少是以库[仑]为单位来计量的，库[仑]的符号是 C。

1 库[仑]等于 6.25×10^{18} 个电子所带的电荷总量。

1 库[仑]是非常大的电荷量。一个电子所带的电荷仅为 1.6×10^{-19} C$^\ominus$。对于给定数目的电子，其所带电荷量可表示为(以库[仑]为单位)：

$$Q = \frac{\text{电子总数目(个)}}{6.25 \times 10^{18}/C} \tag{2-1}$$

2.2.2　正电荷与负电荷

考虑一个中性原子，也就是说它有相同数量的电子和质子，没有净电荷。当一个价电子由于能量的作用从原子中被抽离时，原子就会带一个正的净电荷(质子数多于电子数)，变成正离子。如果一个原子在它的最外层获得一个额外的电子，它就带一个负的净电荷，变成负离子。

释放出一个价电子所需的能量与价电子层中电子的数量有关。一个原子最多可以有 8 个价电子，价电子层越完整，原子就越稳定，因此需要更多的能量来移除一个电子。图 2-7 说明了当一个氢原子把它的单个价电子让给一个氯原子形成气态氯化氢(HCl)时，正离子和负离子的形成过程。当气态氯化氢溶于水时，就形成盐酸。

 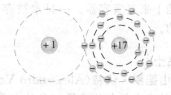

氢原子　　　　　　　氯原子
(1个质子、1个电子)　(17个质子、17个电子)

a) 中性氢原子只有1个价电子　　　b) 两原子通过共用价电子结合
　　　　　　　　　　　　　　　　　形成气态氯化氢(HCl)

正氢离子　　　　　　　负氯离子
(1个质子、无电子)　　(17个质子、18个电子)

c) 当氯化氢溶于水时，它会分解成带正电的氢离子和带负电的氯离子，
氯原子保留了氢原子给出的电子，在同一溶液中形成正离子和负离子

图 2-7　正、负离子形成过程的示例

⊖　这里未考虑电子电荷的极性。类似的地方同理。

例 2-1 93.8×10^{16} 个电子代表多少库[仑]电荷?

解 $Q = \dfrac{\text{电子总数目}}{6.25 \times 10^{18}/C} = \dfrac{93.8 \times 10^{16}}{6.25 \times 10^{18}/C} = 15 \times 10^{-2}C = 0.15C$

同步练习 3C 电荷对应于多少个电子?

学习效果检测

1. 电荷的符号是什么?
2. 电荷的单位是什么? 此单位的符号是什么?
3. 正电荷和负电荷是如何产生的?
4. 10×10^{12} 个电子有多少库[仑]的电荷?

2.3 电压

正电荷和负电荷之间存在着吸引力, 必须以做功的形式施加一定的能量来克服吸引力, 才能使正、负电荷分开一定的距离。所有极性相反的电荷由于它们之间的距离而具有一定的势能。电荷之间的势能之差就称为电位差或**电压**。电压有时来自电动势, 电动势是电路中的驱动力, 是产生电流的来源。

学完本节内容后, 你应该能够阐述电压并讨论其特性, 具体就是:

- 说明电压的计算公式。
- 说出并定义电压的单位。
- 阐明基本的电压源。

电压用 V 表示, 定义为单位电荷的能量或功。

$$V = \frac{W}{Q} \tag{2-2}$$

其中, 电压 V 的单位是伏[特](V), 能量 W 的单位是焦[耳](J), 电荷 Q 的单位是库[仑](C)。有时也用 E 来代表电压, 但本书中将使用 V。

打个比方, 假设一个水箱放在离地几英尺的地方, 则必须以功的形式施加一定的能量以便将水抽上来充满容器。一旦水被存储在容器里, 它就有一定的势能, 如果释放出来, 就可以做功。

人物小贴士

亚历山德罗·伏特(Alessandro Volta, 1745—1827) 意大利人, 他发明了一种产生静电的装置。伏特也是发现甲烷气体的人。伏特研究了不同金属之间的反应, 并在 1800 年研制出了第一块电池。电位通常被称为电压, 而电压的单位伏[特], 就是以他的名字命名的。(图片来源: AIP Emilio SegreVisual Archives, Lande Collection。)

2.3.1 伏特

电压的单位是伏[特], 用 V 表示。

如果将 1 C 电荷从一点移动到另一点所需要的能量恰好为 1 J, 那么这两点之间的电位差(电压)就是 1 V。

例 2-2 如果移动 10C 电荷需要 50J 的能量, 则对应的电压是多少?

解

$$V = \frac{W}{Q} = \frac{50 \text{ J}}{10 \text{ C}} = 5 \text{ V}$$

同步练习 当两点之间的电压是 12 V 时，从一点移动 50 C 的电荷到另一点需要多少能量？

2.3.2 电压源

电压源可提供电能或电动势(工程上，通常也将电动势称为电压)。电压可以通过化学能、光能或磁能与机械运动相结合的方式来产生。

理想电压源 无论电路需要多大的电流，理想电压源都可以为电路提供恒定的电压。理想电压源并不存在，但在实际中是可以接近的。为便于分析，除非特别说明，本书假定电压源为理想电压源。

a) 直流电压源　　b) 交流电压源

图 2-8　电压源的符号

电压源包括直流电压源和交流电压源。它们的通用符号如图 2-8a、b 所示，本书后半部分将使用交流电压源。

理想直流电压源的电压与电流关系如图 2-9 所示。无论电源输出的电流是多大(在一定范围内)，其输出电压总是保持恒定。对于连接在电路中的实际电压源，电压将随着电流的增加而轻微降低，如图中虚线所示。当负载(如电阻)与电压源相连时，电路中的电流总是从电压源流出。

2.3.3　直流电压源的类型

电池 电池是一种电压源，将化学能直接转化为电能。如前述，移动单位电荷所做的功(或转化的能量)是电压的基本单位，而电池为每单位电荷充以能量。"给电池充电"

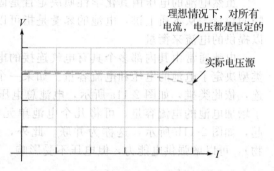

图 2-9　电压源的输出电压与电流关系

这种说法似乎有点用词不当，因为电池不存储电荷，而是存储化学能。所有的电池都涉及一种特殊的化学反应，称为氧化还原反应。在这种类型的反应中，电子从一种反应物转移到另一种反应物。如果反应中使用的化学物质被分离，就有可能使电子在电池外部的电路中移动，从而产生电流。与此同时，电池内部由于离子运动也将产生电流，这个电流与外电路的电流是相等的。离子通过电池中的导电溶液(电解质)进行运动。只要电池外部也存在可供电子运动的路径，反应就能进行，存储的化学能就能转化为电能。如果路径被破坏，反应就会停止，电池就处于平衡状态。在电池中，提供电子的电极有多余的电子，称为**负极**；获得电子的电极具有正电位，称为**正极**。

图 2-10 表示一个不可充电的铜锌电池单元，我们用它来解释电池的工作原理。铜锌电池

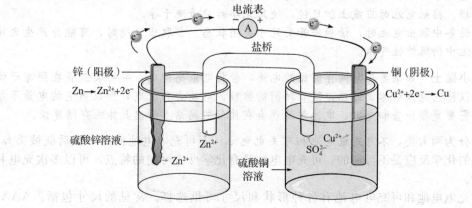

图 2-10　铜锌电池。只有为电子提供外部路径时，化学反应才会发生，随着反应的进行，锌电极被腐蚀，Cu^{2+} 离子与电子结合在正极上形成铜金属

结构简单，具有所有不可充电电池的共同特点。锌电极和铜电极浸在硫酸锌($ZnSO_4$)和硫酸铜($CuSO_4$)溶液中，硫酸铜和硫酸锌被盐桥隔开以防止 Cu^{2+} 离子直接与锌金属发生反应。锌金属电极向溶液中提供 Zn^{2+} 离子，并向外部电路提供电子，因此随着反应的进行，该电极不断被腐蚀。盐桥允许离子通过它来维持电池单元内的电荷平衡。因为溶液中没有自由电子，所以电子的外部路径是通过电流表(本例中)或其他负载提供的。在正极一侧，锌失去的电子与溶液中的铜离子结合形成铜金属，沉积在铜电极上，化学反应(如图2-10所示)发生在电极上。不同类型的电池有不同的化学反应，但都涉及外部电路中的电子转移。

单个电池单元有一定的固定电压。在铜锌电池中，电压是 1.1 V。在汽车上使用的铅酸电池单元中，正、负极之间的电位差约为 2.1 V。任何电池的电压都取决于电池的化学性质。镍镉电池的电压约为 1.2 V，而锂电池的电压可高达 4 V。电池的化学特性也决定了电池的保质期和放电特性。例如，锂二氧化锰电池的保质期通常是碳锌电池的5倍。

虽然电池的电压由其化学性质决定且是固定的，但容量是可变的，取决于电池中反应物的数量。从本质上讲，电池的容量是指可以从电池中获得的电子数，并用一段时间内可以提供的电流来衡量。

电池通常由其内部多个具有电气连接的电池单元组成，电池单元的连接方式和电池的类型决定了电池的电压和电流容量。如果一个电池单元的正极与另一个电池单元的负极相连，依此类推，如图2-11a所示，电池总电压就是单个电池电压的总和，这称为串联。为了增加电池的电流容量，可将几个电池单元的正极连接在一起，所有的负极也连接在一起，如图2-11b所示，这称为并联。此外，通过使用更大体积的电池(内部有更多反应物)，可以增强供电能力，但电压不受影响。

a) 串联以增大电压   b) 并联以增大电流

图2-11 由电池单元连接成的电池组

⚠ **安全小贴士**

铅酸电池具有危险性，因为硫酸具有很强的腐蚀性，电池中的气体(主要是氢气)具有爆炸性。电池中的酸性物质如果接触眼睛，则会造成严重的眼部损伤，还会导致皮肤灼伤或衣服破损。接触电池时应戴上护目镜，使用完毕后应清洗干净。

当从设备中取出电池时，请确保开关处于关闭状态。当取出电缆时，可能会产生火花并点燃电池中的爆炸性气体。

技术小贴士 如果要长时间存储铅酸电池，应将电池充满电，并将其放置在阴凉干燥的地方，以防止电池结冰或过热。随着时间的推移，电池会自放电，所以当它的电量不足70%时，需要定期检查和充电。电池制造商会在他们的网站上给出具体的存储建议。

电池分为两大类，不可充电电池和可充电电池。不可充电电池使用一次后就被丢弃，因为它们的化学反应是不可逆的。可充电电池具有化学反应可逆的特点，可以多次充电和重复使用。

不可充电电池和可充电电池有各种形状和尺寸可供选择。常见的尺寸包括：AAA、AA、C、D 和 9 V，还有许多不太常见的尺寸。电池也是根据化学组成来分类的。以下是几种常见的不可充电电池和可充电电池。

- **碱性二氧化锰电池** 不可充电电池,通常用于掌上电脑、照相设备、玩具、收音机和录音机。
- **碳锌电池** 不可充电电池,主要用于手电筒和小家电。
- **铅酸电池** 可充电电池,通常用于汽车、船舶和其他类似的场合。
- **锂离子电池** 可充电电池,可用于所有类型的便携式电子产品。这种类型的电池越来越多地被用于国防、航空航天和汽车。
- **锂二氧化锰电池** 不可充电电池,通常用于摄影和电子设备、烟雾报警器、个人记事本、数据备份存储和通信设备。
- **镍氢电池** 可充电电池,通常用于便携式电脑、手机、便携式摄像机和其他便携式消费电子产品。
- **氧化银电池** 不可充电电池,通常用于手表、照相设备、助听器和需要大容量电池的电子产品中。
- **锌空气电池** 不可充电电池,通常用于助听器、医疗监控仪器、寻呼机。

燃料电池 燃料电池是将电化学能直接转换成直流电压的装置。燃料电池由燃料(通常是氢气)和氧化剂(通常是氧气)构成。在氢燃料电池中,氢和氧发生反应生成水,这是唯一的副产品。这个过程清洁、安静,比燃烧更有效率。燃料电池和电池的相似之处在于,它们都是通过氧化还原反应来产生电能的电化学装置。电池是一个封闭的系统,所有的化学物质都存储在里面。而在燃料电池中,化学物质(氢气和氧气)不断地流入电池,在那里发生反应从而产生电能。

氢燃料电池通常根据其工作温度和使用的电解质类型来分类。有些类型很适合在发电厂使用,有些类型则适用于小型便携设备或为汽车提供动力的场合。例如,汽车行业中最有前景的燃料电池是质子交换膜燃料电池(PEMFC),它也属于氢燃料电池。图 2-12 是其简化的原理图,现根据图 2-12 说明其基本工作原理。

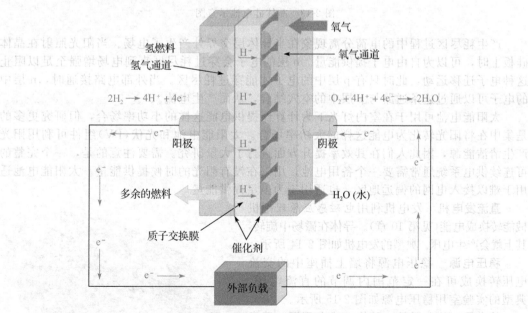

图 2-12 燃料电池的简化原理图

输气管道将加压的氢气和氧气均匀地散布在催化剂表面,以促进氢气和氧气的反应。当 H_2 分子与燃料电池负极侧的铂催化剂接触时,它分裂成两个 H^+ 离子和两个电子(e^-)。氢离子通过质子交换膜(PEM)到达正极,电子通过负极进入外部电路产生电流。

当 O_2 分子与正极侧的催化剂接触时,它就会分解成两个氧离子。这些离子所带的负电荷通过电解质膜吸引两个 H^+ 离子，并与来自外部电路的电子结合形成水分子（H_2O），它作为副产品从电池单元中排放出去。在单个燃料电池单元中，这种反应只产生约 0.7V 的电压，为了获得更高的电压，可将多个燃料电池单元串联起来。

目前，燃料电池的研究重点是为汽车和其他应用开发体积更小、经济性更强且可靠的组件。想要普及燃料电池，还需要研究如何获得并提供品质足够好的氢燃料。氢的潜在来源包括利用太阳能、地热能或风能来分解水，也可以通过分解富含氢的煤或天然气分子来获得。

太阳能电池　太阳能电池的工作基于**光伏效应**，即光能直接转化为电能。最常见的太阳能电池是晶体硅电池，如图 2-13 所示。简单地说，它是由两层不同类型的半导体材料构成的"三明治"，这两层半导体分别连接到顶部的导电网格和底部的导电层。制造过程中，通过在晶体结构中加入某些杂质使这两层半导体具有独特的性能。顶层称为 n 层，其结构中有多余的电子。底层称为 p 层，其结构中存在着空穴。当两层连接时，在边界处形成一个称为耗尽区的区域。来自 n 层的自由电子穿越边界进入 p 层以填充靠近边界的空穴，使 n 层带正电。这个过程产生了一个屏障，使得其余电子越来越难以通过，于是这个过程就停止了。

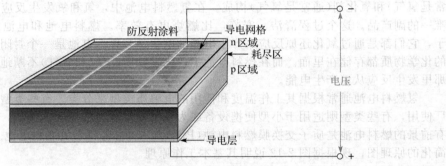

图 2-13　晶体硅电池示意图

产生耗尽区过程中的电荷分离现象在半导体层交界处产生了电场。当阳光照射在晶体硅板上时，可以为自由电子提供能量。n 层的电子会穿过耗尽区直到电场增强至足以阻止这种电子迁移运动，此时只有 p 层中的电子才能穿过耗尽区。当外部电路接通时，n 层中的电子可以通过这条通路与 p 层中的空穴结合，从而产生电流。

太阳能电池可用于在室内灯光下为计算器提供电能这样的小功率场合，但研究更多的是集中在将阳光转化为电能这样的大功率场合。太阳能电池和光伏（PV）组件可利用阳光产生清洁能源，因此人们在其效率提升方面进行了大量研究。需要注意的是，一个完整的可连续供电系统通常需要一个备用电池，用以在没有阳光的时候提供能量。太阳能电池适用于难以接入电网的偏远地区，也适用于为卫星提供能量。

直流发电机　发电机利用电磁感应原理把机械能转换成电能（见第 10 章）。导体在磁场中旋转，其上就会产生电压。典型的发电机如图 2-14 所示。

稳压电源　稳压电源将墙上插座中的交流电压转换成可在一定范围内调节的直流电压。典型的实验室用稳压电源如图 2-15 所示。

热电偶　热电偶是一种热电式电压源，通常用于感知温度。两种不同金属的交界处就是一个热电偶，其工作原理基于**塞贝克效应**，该效应将金属交界处产生的电压描述为温度的函数。

标准热电偶的特征是使用特定的金属来描述的。在一定温度范围内，标准热电偶能产生

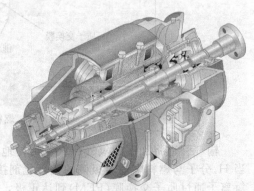

图 2-14　直流发电机剖视图

可预测的输出电压。最常见的是由镍铬合金和镍铝合金制成的 K 型热电偶，其他类型的热电偶还有 E 型、J 型、N 型、B 型、R 型和 S 型。多数热电偶都有导线和探头两种形式。

压电传感器　这些传感器可看作电压源，其工作原理基于**压电效应**。当压电材料在外力作用下发生机械变形时就会产生电压，石英和陶瓷是两种常见的压电材料。压电传感器广泛应用于压力传感器、力传感器、加速度计、传声器、超声波装置等场合中。

图 2-15　稳压电源（由 B+K Precision 提供）

学习效果检测

1. 给出电压的定义。
2. 电压的单位是什么？
3. 移动 10 C 电荷所需的能量为 24 J，则对应的电压有多大？
4. 说出 6 种电压源。
5. 电池和燃料电池所共有的化学反应是什么？

2.4　电流

电压为电子提供能量，使它们能够在电路中运动。在金属导体中，电子的运动就是电流，电流的存在意味着在电路中存在着做功的过程。

学完本节内容后，你应该能够描述电流并讨论其特性，具体就是：

- 解释电子的运动。
- 说明电流的计算公式。
- 给出电流单位的定义。

自由电子存在于导体和半导体中。这些处于价电子层上的电子可以从材料内部的一个原子迁移到另一个原子，并且随机地向各个方向漂移，如图 2-16 所示。这些电子与材料中带正电的金属离子松散地结合在一起，但由于热能的作用，它们可以自由地在金属的晶体结构中移动。

图 2-16　材料中自由电子的随机运动

如果在导体或半导体材料上施加电压，则材料的一端为正极，另一端为负极，如图 2-17所示。左端负电压产生的排斥力使自由电子（负电荷）向右移动；右边正电压产生的吸引力把自由电子拉向右边。其结果是自由电子从材料的负极向正极净移动，如图 2-17 所示。

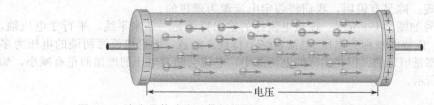

电压

图 2-17　当在导体或半导体材料两端施加电压时，电子从负极向正极流动

这些自由电子从导体材料的负端到正端的运动，称为电流，用 I 表示。

电流就是电荷流动的速率。

金属材料中的电流由单位时间内流过一个观察面的电子数(电荷量)来计算。

$$I = \frac{Q}{t} \tag{2-3}$$

其中，电流 I 的单位为安[培](A)，电荷 Q 的单位为库[仑](C)，时间 t 的单位为秒(s)。

┊**人物小贴士**┊

安德烈·玛丽·安培(André Marie Ampère，1775—1836)　在 1820 年，法国人安培发展了电磁理论，该理论是 19 世纪电磁领域的基础。安培也是第一个制造出测量电流仪器的人，电流的单位就是以他的名字命名的。(图片来源：AIP Emilio Segrè Visual Archives。)

---

1 安[培](1 A)是指在一秒钟(1 s)时间内，总电荷为 1 库[仑](1 C)的电子穿过给定横截面时所产生的电流。

如图 2-18 所示，请记住 1 库[仑]即为 6.28×10^{18} 个电子所携带的电荷量。

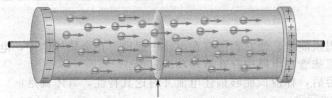

当总电荷为1C的电子在1s内通过横截面积时，电流为1 A

图 2-18　材料中 1 A 电流(1 C/s)的图示

例 2-3　10 C 电荷在 2 s 内流过了导线中的某个观察面，那么该电流为多少安[培]？

解
$$I = \frac{Q}{t} = \frac{10 \text{ C}}{2 \text{ s}} = 5 \text{ A}$$

同步练习　如果灯丝上的电流为 2 A，那么 1.5 s 内流过灯丝的电荷为多少库[仑](C)？

一般来说，我们认为自由电子是电流的载体，但电荷也有其他的移动方式。在电池中，当电子在外部电路中流动时，离子在电池内部移动以平衡电子移动所产生的电荷，这就是由带电离子形成的电流。带电离子形成电流的另一种情况是在等离子体中。等离子体是一种失去电子的高温气体，其中流动的气体离子和自由电子共同形成了电流。

电流源

理想电流源　一个理想电压源可以为任何负载提供恒定的电压，类似地，**理想电流源**可以在任何负载下提供恒定的电流。与电压源的情况一样，理想电流源并不存在，但在实际中可以近似实现。除另有说明，我们将假定电流源为理想的。

电流源的符号如图 2-19a所示。理想电流源的输出特性是一条水平线，平行于电压轴，如图 2-19b所示。该特性被称为电压-电流(伏安)特性。注意，无论电流源两端的电压为多少，其输出电流都是恒定的。但在实际的电流源中，电流会随着电压的增加而稍有减小，如图 2-19b 中虚线所示。

⚠ 安全小贴士

为了向负载提供恒定的电流，电流源会改变其输出电压。例如，同一个仪表校准器在测试不同的被测仪表时，其输出电压可能不同。切忌接触电流源的引线，因为引线上的电压可能很高，并会导致电击，特别是在负载为高电阻或断开（电流源开路）的情况下。

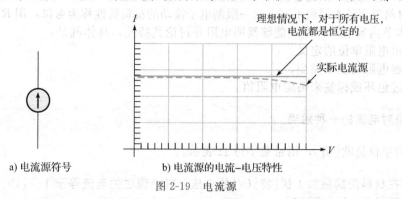

a) 电流源符号   b) 电流源的电流-电压特性

图 2-19 电流源

实际电流源 电源通常被认为是电压源，因为它们是实验室中最常见的电源。然而，电流源是另一种类型的电源。电流源可以作为独立的仪器，也可以与其他仪器（如电压源、数字万用表（DMM）或函数发生器）组合。图 2-20 中的"电源-测量设备"就是组合仪器的一种形式，图中的设备可以设置为电压源或电流源，并内置了一个数字万用表以及其他仪器。图 2-20 中的设备主要用于测试晶体管和其他半导体器件。

在大多数晶体管电路中，晶体管都被看作电流源，这是因为其电压-电流特性曲线的一部分是平行于电压轴的，如图 2-21 所示。特性曲线的水平段表示晶体管电流在一定电压范围内是恒定的，此恒流区可用于形成恒流源。

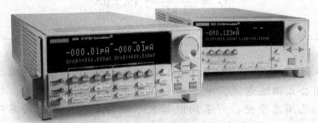

图 2-20 典型的电源-测量设备组合（图片由 Keithley Instruments 提供）

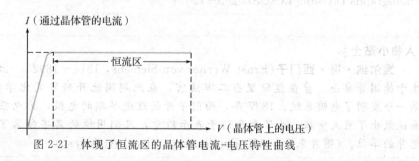

图 2-21 体现了恒流区的晶体管电流-电压特性曲线

学习效果检测

1. 给出电流的定义并说出它的单位。
2. 多少个电子才能组成 1 C 的电荷量？
3. 20 C 的电荷在 4 s 内流过导线中的某一观察面，则对应的电流是多少？
4. 理想电流源的定义是什么？

2.5　电阻

当固体导体中有电流时，自由电子在该材料中运动，有时会与原子发生碰撞。这些碰撞使电子失去一些能量，因此它们的运动会受到限制。碰撞越多，电子的流动就越受限制。这一限制因材料类型的不同而不同。这一限制电子流动的材料特性称为电阻，用 R 表示。

学完本节内容后，你应该能够阐明电阻并讨论其特性，具体就是：

- 给出电阻单位的定义。
- 了解电阻的基本类型。
- 通过色环或标签来确定电阻值。

电阻是对电流的一种阻碍。

电阻的单位是欧[姆]，用希腊字母 Ω 表示。

如果在材料两端施加 1 伏[特](V)的电压，其上流过的电流等于 1 安[培](A)，则该材料的电阻就是 1 欧[姆](Ω)。

电阻的符号如图 2-22 所示。

电导　电阻的倒数就是**电导**，用符号 G 表示，是衡量通过电流难易程度的指标。电导的定义为：

图 2-22　电阻的符号

$$G = \frac{1}{R} \tag{2-4}$$

电导的单位是**西[门子]**，用 S 表示。例如，一个 22 kΩ 电阻的电导为：

$$G = \frac{1}{22 \text{ k}\Omega} = 45.5 \text{ μS}$$

⫶人物小贴士⫶

乔治·西蒙·欧姆（Georg Simon Ohm，1787—1854）　生于德国巴伐利亚州。为了用公式描述电流、电压和电阻的关系，他努力数载。该公式（即欧姆定律）已闻名于世，为了向欧姆表示敬意，人们用他的名字命名了电阻的单位。（图片来源：Library of Congress Prints and Photographs Division[LC-USZ62-40943]。）

⫶人物小贴士⫶

维尔纳·冯·西门子（Ernst Werner von Siemens，1816—1892）　出生于德国普鲁士。曾在监狱里当二审法官，在此期间他开始研究化学，第一个发明了电镀系统。1837 年，西门子开始改进早期的电报，为电报系统做出了巨大贡献。为了向西门子表示敬意，人们用他的名字命名了电导的单位。（图片来源：AIP Emilio Segrè Visual Archives。）

电阻器

专门设计成具有一定电阻值的元件称为**电阻器**。电阻的主要用途是限制电路中的电流、分压，以及在某些情况下产生热量。虽然电阻有多种形状和尺寸，但它们都可以归于两个主要类别：固定电阻和可变电阻。

固定电阻　固定电阻有非常多种阻值可供选择，这些阻值是在制造过程中设定的，不易改变。固定电阻的制造方法和所用材料各异，图 2-23 列出了几种常见类型，图中上面一行是单个的固定电阻，下一行是阵列电阻。图 2-23a 是两个固定阻值的表面贴装式（SMD）金属薄膜电阻。表面贴装式电阻是印制电路板上最常用的固定电阻类型。表面贴装式电阻具有体积小的优点，并且具有广泛的可选阻值和额定功率。它们可被机械装置非常迅速地贴装到印制电路板上，而不需要钻孔。另一种常见的固定电阻是碳膜电阻，如图 2-23b 所示。这些电阻具有可以弯曲并插入印制电路板上孔洞的引脚。还有一些电阻具有无须弯折就可以直接插入印制电路板孔洞的引脚，如图 2-23c 所示。图 2-23d、e 和 f 中的电阻是阵列电阻，这些电阻器在一个封装中都集成了多个单电阻。在某些情况下，阵列电阻会有一个共用引脚。阵列电阻是加快电路焊制的另一种有效方式，因为一次焊接相当于在电路板上放置了多个电阻。

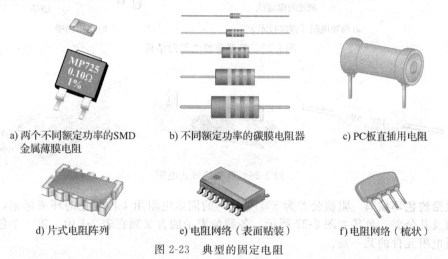

a) 两个不同额定功率的SMD
　金属薄膜电阻　　　　　b) 不同额定功率的碳膜电阻器　　　c) PC板直插用电阻

d) 片式电阻阵列　　　　e) 电阻网络（表面贴装）　　　f) 电阻网络（梳状）

图 2-23　典型的固定电阻

　　两种常见类型电阻的结构如图 2-24 所示。图 2-24a 中是一个表面贴装式金属膜电阻。端盖形成与电阻膜的连接点，电阻膜安装在基板上并覆盖一层绝缘玻璃层。电阻值是由薄膜的电阻率和物理尺寸决定的。对于精密电阻，薄膜采用激光进行加工。图 2-24b 是一种碳膜复合电阻，它由精细研磨的碳、绝缘填料和树脂黏合剂混合制成。碳与绝缘填料的比例决定了阻值。碳膜复合电阻呈棒状且带有导电引脚，整个电阻器被封装在绝缘保护涂层中。

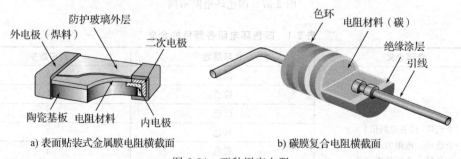

防护玻璃外层　　　　　　　　　　色环　　电阻材料（碳）
外电极（焊料）　　　　二次电极　　　　　　　　　绝缘涂层
　　　　　　　　　　　　　　　　　　　　　　　　引线
陶瓷基板　电阻材料　内电极

a) 表面贴装式金属膜电阻横截面　　　　　b) 碳膜复合电阻横截面

图 2-24　两种固定电阻

　　其他类型的固定电阻包括碳膜、金属膜和绕线式电阻。在薄膜电阻中，电阻材料均匀地沉积在高档陶瓷棒上。电阻膜的材质可以是碳（碳膜）或镍铬（金属膜）。在薄膜电阻的制造工艺中，可以通过螺旋式地去除部分电阻材料来获得所需的阻值，如图 2-25a 所示。用这种方法可以获得非常接近**公差**的电阻（非常精密的电阻值）。薄膜电阻也有电阻网络的形式，如图 2-25b 所示。

　　绕线式电阻由绕在绝缘棒上的电阻丝构成，然后再密封起来。绕线式电阻通常用于需要更高额定功率的场合。因为薄膜电阻和绕线式电阻都是由线圈构成的，具有较大的电感，所以不适合用于高频场合（电感将在第 13 章讨论）。一些典型的绕线式电阻如图 2-26 所示。

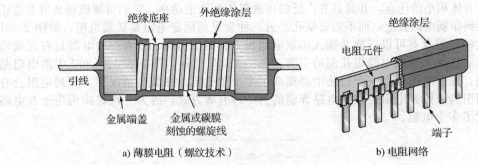

a) 薄膜电阻（螺纹技术）　　b) 电阻网络

图 2-25　典型薄膜电阻的结构

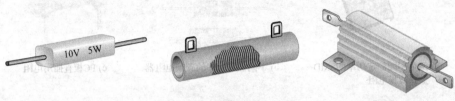

图 2-26　典型绕线式电阻

电阻的色环编码　阻值公差为 5% 或 10% 的固定电阻用 4 种颜色的环来标记，用以表示阻值及其公差。色环如图 2-27 所示，各颜色表示的含义列在表 2-1 中。第一个色环总是更靠近电阻元件的某一端。

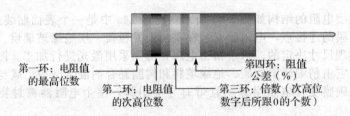

第一环：电阻值的最高位数　　第四环：阻值公差（%）
第二环：电阻值的次高位数　　第三环：倍数（次高位数字后所跟 0 的个数）

图 2-27　四色环电阻示例

表 2-1　四色环电阻各颜色的含义

色环含义	色环颜色	对应数字
前三个色环（代表电阻值） 第一个色环：电阻值最高位 第二个色环：电阻值次高位 第三个色环：倍数（次高位数字 后所跟 0 的个数）	黑色	0
	棕色	1
	红色	2
	橙色	3
	黄色	4
	绿色	5
	蓝色	6
	紫色	7
	灰色	8
	白色	9
第四个色环：阻值公差范围	金色	±5%
	银色	±10%

色环所代表的含义如下：

1. 从靠近电阻某一端的色环开始，第一个色环是电阻值的最高位数字。如果不清楚哪边的色环离电阻端更近，就从非金色色环或银色色环的那一端开始。

2. 第二个色环代表电阻值的次高位数字。

3. 第三个色环对应的数字代表次高位数字后面 0 的个数，或者说代表着倍数。这个倍数实际上是 10 的乘方数，因此，第三个色环如果是黑色，则表示将前两个色环构成的数字乘以 10^0 或 1。

4. 第四个色环代表阻值的公差（%），一般是金色或银色。

例如，5% 的公差意味着实际电阻值处于根据色环读出电阻值的 ±5% 公差内，因此，公差为 ±5% 的 100 Ω 电阻，其实际阻值处于 95～105 Ω。

对于阻值小于 10 Ω 的电阻，第三个色环是金色或者银色的。金色表示乘以 0.1，银色表示乘以 0.01。例如，色环为红、紫、金、银，则代表该电阻为公差 ±10% 的 2.7 Ω 的电阻。标准电阻值列于附录 A。

例 2-4 写出图 2-28 中各色环电阻的阻值及公差范围。

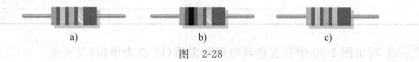

a)   b)   c)

图 2-28

解 a) 中第一环为红色代表数字 2，第二环为紫色代表数字 7，第三环为橙色代表次高位后跟着 3 个 0，第四环为银色代表 ±10% 的公差，所以，

$$R = 27\ 000\ Ω ± 10\%$$

b) 中第一环为棕色代表数字 1，第二环为黑色代表数字 0，第三环为棕色代表次高位后跟着 1 个 0，第四环为银色代表 ±10% 的公差，所以，

$$R = 100\ Ω ± 10\%$$

c) 中第一环为绿色代表数字 5，第二环为蓝色代表数字 6，第三环为绿色代表次高位后跟着 5 个 0，第四环为金色代表 ±5% 的公差，所以，

$$R = 5\ 600\ 000\ Ω ± 5\%$$

同步练习 某电阻的第 1～4 个色环依次为黄色、紫色、红色和金色，给出该电阻的阻值及其公差。 ∎

五色环电阻 某些公差为 2%、1% 或者更小的精密电阻通常采用 5 个色环来表示，如图 2-29 所示。从最靠近某一端的色环开始。第一个色环代表电阻值的最高位数字，第二个色环代表电阻值的次高位数字，第三个色环代表电阻值的第三位数字，第四个色环代表倍数（第三位数字后所跟 0 的个数，或者说 10 的次幂），第五个色环表示电阻值公差（%）。表 2-2 列出了五色环电阻中各颜色的含义。

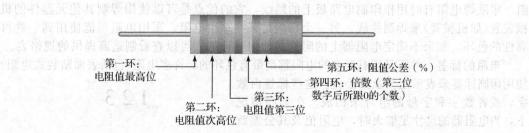

第一环：电阻值最高位 第五环：阻值公差（%）
第二环：电阻值次高位 第四环：倍数（第三位数字后所跟0的个数）
第三环：电阻值第三位

图 2-29　五色环电阻示例

表 2-2　五色环电阻各颜色的含义

色环含义	色环颜色	对应数字
前四个色环(代表电阻值) 第一个色环：电阻值最高位 第二个色环：电阻值次高位 第三个色环：电阻值第三位 第四个色环：倍数(第三位数字后所跟 0 的个数)	黑色	0
	棕色	1
	红色	2
	橙色	3
	黄色	4
	绿色	5
	蓝色	6
	紫色	7
	灰色	8
	白色	9
第四个色环：倍数(倍数<1 的情况)	金色	0.1
	银色	0.01
第五个色环：阻值公差	红色	±2%
	棕色	±1%
	绿色	±0.5%
	蓝色	±0.25%
	紫色	±0.1%

例 2-5　写出图 2-30 中各五色环电阻的阻值(以 Ω 为单位)及公差。

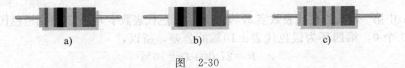

a)　　　　　　　　b)　　　　　　　　c)

图　2-30

解　a)第一环为红色代表数字 2；第二环为紫色代表数字 7；第三环为黑色代表数字 0；第四环为金色代表乘以 0.1；第五环为红色代表±2% 的公差。所以，

$$R=270\times0.1\pm2\%=27\ \Omega\pm2\%$$

b)第一环为黄色代表数字 4；第二环为黑色代表数字 0；第三环为红色代表数字 2；第四环为黑色代表第三位数字后跟着 0 个 0；第五环为棕色代表±1% 的公差。所以，

$$R=402\ \Omega\pm1\%$$

c)第一环为橙色代表数字 3；第二环为橙色代表数字 3；第三环为红色代表数字 2；第四环为橙色代表第三位数字后跟着 3 个 0；第五环为绿色代表±0.5% 的公差。所以，

$$R=332\ 000\ \Omega\pm0.5\%$$

同步练习　某电阻的第 1~5 个色环依次为黄色、紫色、绿色、金色和红色，给出该电阻的阻值(以 Ω 为单位)及其公差。■

特例　对于某些颜色的色环可能代表着一些特例，比如只有一个黑色色环的零欧姆电阻。零欧姆电阻有时用作印制电路板上的跳线，它的优点是可以使用焊制其他元器件的机械装置(如机械臂)来焊制跳线。另一个特例是某些军用电阻，军用电阻可能使用到一些可靠性的色环。如果不确定电阻器上的阻值是如何标记的，可以查看制造商提供的规格表。

电阻的标签　并不是所有类型的电阻都是带有色环的。许多电阻(包括表面贴装式电阻)使用印刷标签来表示阻值及其公差。这些标签由数字，或者数字和字母的组合来构成。在某些情况下，当电阻器的尺寸足够大时，电阻值及其公差就以标准形式完整地印在其上。

只包含数字的标签使用 3 个数字来表示阻值，如图 2-31 所示。前两位数字表示阻值的最高位和

图 2-31　标签为 3 位数字的电阻

次高位，第三位数字表示前两位数字后面所跟 0 的个数，或者说是倍数(乘以 10 的次幂，第三位数字即表示该乘方的次幂)。这种表示方式仅适用于 10 Ω 或更高的阻值。例如，标签 100 代表阻值 10 Ω；标签 101 代表阻值 100 Ω。

　　另一种常见的类型是同时使用数字和字母的标签，由 3 或 4 个数字与字符的组合来构成。这种标签包括 3 种形式：仅包含 3 个数字；包含 2 个数字和 1 个字母；包含 3 个数字和 1 个字母。可能用到的字母包括 R、K 和 M。字母用来表示倍数，且字母的位置表示小数点的位置。字母 R 表示的倍数为 1(数字后面没有 0)，K 表示的倍数为 1 000(数字后面有 3 个 0)，M 表示的倍数为 1 000 000(数字后面有 6 个 0)。在这种格式的标签中，阻值 100～999 由 3 个数字组成，无须字母。表面贴装式电阻中也有零欧姆电阻，用作跨越印制电路板上走线的一种方法。图 2-32 给出了这类电阻标签的 4 个例子。

图 2-32　同时带有数字和字母的电阻标签

例 2-6　以下电阻标签分别代表多大的电阻值？

(a)470　　　　　　(b)471　　　　　　(c)68 K　　　　　　(d)10 M　　　　(e)5R6

解　(a)470＝47 Ω　(b)471＝470 Ω　(c)68 K＝68 kΩ　(d)10 M＝10 MΩ

　　　(e)5R6＝5.6 Ω

同步练习　"1K25"的电阻标签代表多大的电阻？

　　还有一种使用字母 F、G 和 J 表示电阻值公差的标签体系，即

$$F＝\pm 1\% \quad G＝\pm 2\% \quad J＝\pm 5\%$$

　　例如，620F 表示公差为 ±1% 的 620 Ω 电阻；4R6G 表示公差为 ±2% 的 4.6 Ω 电阻；56KJ 代表公差为 ±5% 的 56 kΩ 电阻。虽然这些表示规则在行业内是通用的，但不同制造商采用的标记方法可能存在差异。如果不确定标签的含义，可以与制造商联系。

　　可变电阻　为了使电阻的阻值可以很轻松地改变，人们设计了可变电阻。可变电阻的两种基本用途是分压和控制电流。用来分压的可变电阻叫作**电位器**，用来控制电流的可变电阻叫作**变阻器**，其符号如图 2-33 所示。电位器为三端元件，如图 2-33a 所示，引脚 1、2 之间阻值固定(即总电阻)，引脚 3 连接着一个移动触点。通过移动触点可以改变引脚 3 与引脚 1 之间，或引脚 3 与引脚 2 之间的电阻。

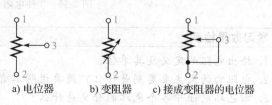

a) 电位器　　b) 变阻器　　c) 接成变阻器的电位器

图 2-33　电位器和变阻器的符号

　　由图 2-33b 可知变阻器为双端元件，图 2-33c 表示将电位器的引脚 3 与其引脚 2 或引脚 1 相连，从而当作一个变阻器来使用。图 2-33b、c 所示符号是等效的。一些典型的电位器如图 2-34 所示。

　　电位器和变阻器可以分为线性和非线性两类，如图 2-35 所示，图中以一个总电阻为 100 Ω 的电位器为例。如图 2-35a 所示，在线性电位器中，任意端子与动触

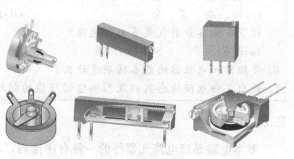

图 2-34　典型的电位器及其结构图

点之间的电阻随动触点位置线性变化。例如，触点处于总行程的中间位置时，电位器的阻值等于总阻值的一半；触点与某端点的距离为总行程的 3/4 时，这两点间的阻值为总阻值的 3/4，此时，触点与另一端点间的阻值为总阻值的 1/4。

在**非线性**电位器中，因为电阻随动触点的位置呈非线性变化，所以总行程的一半不一定对应着总电阻的一半，如图 2-35b 所示，图中的非线性值是任意给出的。

通常将电位器当作电压控制设备使用，因为当其两端电压固定时，调整动触点的位置就能在两端点与动触点之间获得可变电压；而变阻器通常被用作电流控制设备，因为改变动触点的位置就能调整流过它的电流大小。

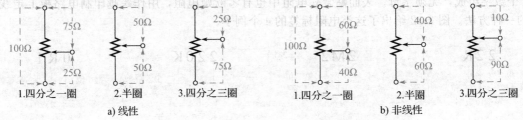

图 2-35　线性、非线性电位器示例

可变电阻传感器　许多传感器根据可变电阻的概念工作，往往是某个物理量的变化改变了电阻值。根据传感器和测量要求，可以直接或间接地利用"电压或电流的变化"来确定电阻的变化。

电阻传感器的实例包括：阻值随着温度变化而变化的**热敏电阻**，阻值随着光强变化而变化的**光敏电阻**，以及在受力时阻值发生变化的**应变片**。应变片广泛应用于天平以及需要测量机械运动的应用场合。所用的测量仪器需要非常灵敏，因为实际应用中电阻的变化很小。图 2-36 给出了这些电阻传感器的符号。

图 2-36　3 种电阻传感器的符号

学习效果检测

1. 给出电阻的定义及其单位。
2. 电阻的两大主要类别是什么？简要说明二者的区别。
3. 四色环电阻中各个色环的含义是什么？
4. 给出以下 4 种色环排列对应的电阻值及其公差。
    (a) 黄、紫、红、金　　　　　　　　(b) 蓝、红、橙、银
    (c) 棕、灰、黑、金　　　　　　　　(d) 红、红、蓝、红、绿
5. 以下各标签分别代表多大的电阻？
    (a) 33R　　　　　(b) 5K6　　　　　(c) 900　　　　　(d) 6M8
6. 变阻器和电位器的基本区别是什么？
7. 说出 3 种电阻传感器以及影响它们阻值的物理量。

2.6　电路

基本电路是指电路元器件的一种有序排列，从而形成电流的通路以实现某种功能，用电压、电流、电阻描述电路的性能。

学完本节内容后，你应该能够描述基本电路，具体就是：

- 将原理图与实物电路联系起来。
- 说明开路和闭合电路。
- 描述各种类型的保护设备。
- 描述各种类型的开关。
- 解释导线尺寸与其规格之间的关系。
- 描述地或公共点。

2.6.1　电流的方向

在发现电之后的几年里，人们认为所有的电流都是由移动的正电荷组成的。然而，在19 世纪 90 年代，电子被公认为是固体导体中的电荷载体。

今天，关于电流的方向有两种公认的说法。第一种说法认为电子的流动方向为电流的方向，这种说法在电气和电子技术领域颇受推崇。出于分析的目的，这种说法假定电流从电压源的负极流出，通过电路进入电压源的正极。另一种是传统的电流方向，传统说法假定电流从电压源的正极流出，通过电路进入电压源的负极。沿着传统说法所认为的电流方向跨越电源时，电源上的电压是上升的（从负向正）；而沿着相同的方向跨越电阻时，电阻上的电压是下降的（从正向负）。

由于我们实际上看不见电流而只能看到它的各种效应，因此只要在分析过程中自始至终都奉行同一种说法，这样我们选用哪一种说法其实都是可以的。电路分析的结果不受假定电流方向的影响。分析过程中采用的电流方向在很大程度上取决于个人偏好，每种说法都有许多支持者。

传统的电流方向在电子技术领域中也有使用。本书采用的就是传统的电流方向。

⚠ **安全小贴士**

为了避免触电，不要触碰已连接到电压源的电路。如果你要移除或更换电路中的一个元器件，首先要确保电压源已经被断开。

2.6.2　基本电路

一般说来，**电路**是由电压源、负载，以及电压源和负载之间电流路径组成的。图 2-37 是一个基本电路的示例：一个电池用两根导线（电线）连接到灯泡上。电池即为电压源，灯是电池的**负载**，因为它从电池中获取电流。两根电线提供电流流动的路径，电流从电池的正极流向灯泡，然后再回到电池的负极。电流流过灯丝（灯丝有电阻），使灯丝发出可见光。电池发出的电流是通过化学作用产生的。

在许多实际情况中，电池的一端连接到一个公共点或接地点。例如，在大多数汽车中，电池的负极端子连接到汽车的金属底盘上。底盘就是汽车电气系统中的"地"，也是闭合电路中的一部分导体。

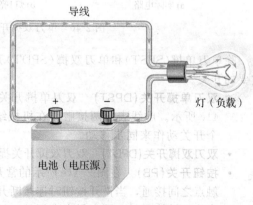

图 2-37　基本电路示例

电路原理图　可以用各元器件的标准符号将电路表示为**原理图**，图 2-37 中基本电路的原理图如图 2-38 所示。原理图以一种有组织的方式表示了一个给定电路中各个元器件是如何相互连接的，从而可以分析电路的工作原理。

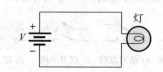

图 2-38　图 2-37 中基本电路的原理图

2.6.3 电流控制与保护

图 2-37 中的电路是一个**闭合电路**，即具有完整回路的电路。如果完整的回路被破坏，那么这个电路就是一个开路电路。

机械开关 开关通常用于控制电路的闭合或断开。例如，图 2-39 中的开关用于点亮或熄灭电灯，图中对于每个实物电路都给出了相应的原理图。所用的开关是一个单刀单掷拨杆开关。所谓"**刀**"是指开关机械结构中的活动臂，"**刀**"的数量决定了开关可以控制的独立电路的数量。所谓"**掷**"指的是一个"刀"可以闭合（不同时闭合）的触点数。

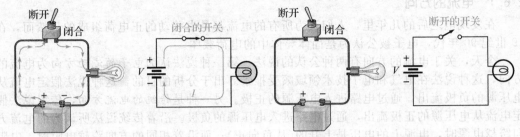

a) 闭合电路有完整的通路（开关处于闭合状态），所以其中存在着电流。本书基本上总是使用箭头表示电流

b) 开路电路没有完整的通路（开关处于断开状态），所以其中不存在电流

图 2-39 闭合电路和开路电路示例（基于单刀单掷开关）

图 2-40 显示了使用单刀双掷开关来控制两盏不同灯泡的稍微复杂的电路。当一盏灯亮时，另一盏灯灭，反之亦然，如图 2-40b、c 所示，每幅图对应着一个开关位置。

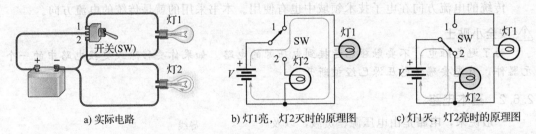

a) 实际电路

b) 灯1亮，灯2灭时的原理图

c) 灯1灭，灯2亮时的原理图

图 2-40 单刀双掷开关控制两盏灯的示例

除单刀单掷（SPST）和单刀双掷（SPDT）开关（图 2-41a、b 是它们的符号），还有如下重要的开关。

- **双刀单掷开关（DPST）** 双刀单掷开关允许同时闭合或断开两对触点。符号如图 2-41c 所示。虚线表示两接触臂在机械结构上是连接在一起的，因此它们可通过同一个开关动作来同步移动。
- **双刀双掷开关（DPDT）** 双刀双掷开关提供对两组中一个触点的连接。如图 2-41d 所示。
- **按钮开关（PB）** 在图 2-41e 所示的常开按钮开关（NOPB）中，当按钮被按下时，两个触点之间接通，当松开按钮时连接断开。在图 2-41f 所示的常闭按钮开关（NCPB）中，当按钮被按下时，两个触点之间的连接断开，松开按钮时两触点重新接通。
- **旋钮开关** 在旋钮开关中，一个触点和其他几个触点之间的连接是通过转动一个旋钮来实现的。一个简单的 6 挡旋钮开关的符号如图 2-41g 所示。

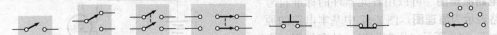

a) 单刀单掷 b) 单刀双掷 c) 双刀单掷 d) 双刀双掷 e) 常开按钮开关 f) 常闭按钮开关 g) 单刀旋钮开关（6挡）

图 2-41 常见开关符号

图 2-42 列出了几种机械开关，图 2-43 给出了一个典型拨杆开关的结构图。

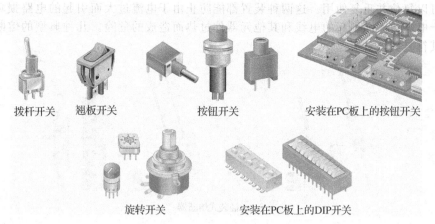

拨杆开关　　翘板开关　　　　　　　按钮开关　　　安装在PC板上的按钮开关

旋转开关　　　　安装在PC板上的DIP开关

图 2-42　几种典型的机械开关

技术小贴士　如果在焊接时施加过多的热量，则小的电子元器件很容易被烧坏。小型开关通常由塑料制成，因而会熔化并使开关失效。制造商通常会提供可以在不损坏元器件的情况下施加的最高温度和持续时间。为了安全焊接，可以在施加焊料的位置和电子元器件的敏感区之间，临时连接一个小的散热器。

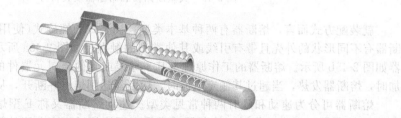

图 2-43　典型拨杆开关的结构图

半导体开关　在许多领域都使用晶体管作为开关。晶体管可用作单刀单掷开关的等效元器件。控制晶体管的状态就可以接通或断开电路。图 2-44 中给出了两种晶体管的符号及其等效的机械开关。

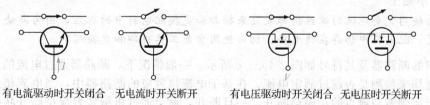

有电流驱动时开关闭合　无电流时开关断开　　有电压驱动时开关闭合　无电压时开关断开

a) 双极型晶体管　　　　　　　　　　　　b) 场效应晶体管

图 2-44　晶体管开关

图 2-44 中开关的工作过程可简单描述为：双极型晶体管是由电流控制的，当某一特定端子有电流时，晶体管相当于闭合的开关；当该端子处没有电流时，晶体管相当于断开的开关，如图 2-44a 所示。场效应晶体管是由电压控制的，当某一特定端子上有电压时，晶体管相当于闭合的开关；当该端子上没有电压时，晶体管相当于断开的开关，如图 2-44b 所示。

保护器件　熔断器和断路器用于在电路产生故障或其他异常情况导致电流超过规定的电流时断开电路。例如，一个 20A 的熔断器或断路器在电路中的电流超过 20A 时，就会断开电路。

　　熔断器和断路器的基本区别是，当熔断器"熔断"后，必须更换熔体，但当断路器断开时，它可以复位并重复使用。这两种装置都能防止由于电流过大而引起的电路损坏，或者防止由于电流过大而引起的电线和其他元器件过热而造成的危险。几种典型的熔断器和断路器及其符号如图 2-45 所示。

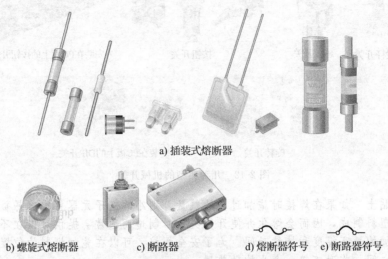

a) 插装式熔断器

b) 螺旋式熔断器　　　　c) 断路器　　　　d) 熔断器符号　　　e) 断路器符号

图 2-45　典型断路器和熔断器及其符号

　　就装配方式而言，熔断器有两种基本类型：插装式和螺旋式（使用螺钉安装）。插装式熔断器有不同形状的外壳且带有引线或其他类型的触点，如图 2-45a 所示。典型的螺旋式熔断器如图 2-45b 所示。熔断器的工作原理是基于导线或其他金属元器件的熔化温度，当电流增加时，熔断器发热，当超过其额定电流时，熔断器达到熔点并断开，从而使电路断开。

　　熔断器可分为速动和延时两种常见类型。速动熔断器又称 F 型熔断器，延时熔断器又称 T 型熔断器。正常工作时，熔断器经常受到可能超过额定电流的间歇电流的冲击，就比如接通电路电源时。久而久之，就降低了熔丝承受短时冲击，甚至额定电流的能力。与典型的速动熔断器相比，延时熔断器能够承受更大、持续时间更长的电流冲击。熔断器符号如图 2-45d 所示。

⚠ 安全小贴士

　　务必使用完全绝缘的熔丝拆卸装置来拆卸和更换配电箱中的熔丝，因为即使开关处于断开位置，配电箱中仍存在线电压。切勿使用金属工具拆卸和更换熔丝。

　　典型的断路器及其符号如图 2-45c、e 所示。一般情况下，断路器通过电流的热效应或产生的磁场来检测是否超过额定电流。在基于电流热效应的断路器中，当电流超过额定值时，双金属弹簧与触点的接触会断开。一旦断开，就会通过机械装置保持断开状态，直到手动复位。在基于磁场的断路器中，超过额定值的电流会产生足够大的电磁力将触点断开，断开后必须用机械方法才能复位。

⚠ 安全小贴士

　　熔断器和断路器应该接在电路的相线中，而不是中性线或接地端，这样的配置使得熔断器或断路器断开后，电路不再受到电源电压的作用，因此减小了触电的危险。虽然这种危险已被减小，但并未完全消除，因为电路中的某些元器件在电源断开后仍能存储电荷。

2.6.4　导线

　　导线是电气应用中最常见的导电材料。导线的直径各不相同，并根据规格标准进行编号，即美国线规(American Wire Gauge，AWG)。随着规格数字的增加，导线的直径越来越小。导线的尺寸根据其横截面积来确定，如图 2-46 所示。导线横截面积的计量单位是**圆密耳**(circular mil)，缩写为 CM。1 圆密耳指的是直径为 0.001in(1in＝0.0254m)(1 密耳，或 1 mil)的导线面积。将导线直径表示为以(1/1000)in(mil)为单位的形式，那么，直径的平方就等于导线横截面积，即：

$$A = d^2 \qquad (2-5)$$

其中，A 是导线横截面积，单位为圆密耳(CM)；d 是导线直径，单位为 mil。表 2-3 列出了 AWG 中的导线尺寸及其对应的横截面积和电阻，电阻单位是 Ω/1000ft(1ft＝0.3048m)，温度为 20℃。

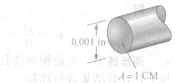

图 2-46　导线的横截面积

例 2-7　直径为 0.005in 的导线，其横截面积是多大？

解

$$d = 0.005 \text{ in} = 5 \text{ mil}$$
$$A = d^2 = 5^2 = 25 \text{ CM}$$

同步练习　直径为 0.0015 in 的导线，其横截面积是多大？

表 2-3　美国线规(AWG)中的导线尺寸及其电阻值(针对圆形铜导线)

AWG 编号	横截面积 (CM)	电阻值 (Ω/1000 ft, 20℃)	AWG 编号	横截面积 (CM)	电阻值 (Ω/1000 ft, 20℃)
0000	211 600	0.0490	19	1288.1	8.501
000	167 810	0.0618	20	1021.5	10.15
00	133 080	0.0780	21	810.10	12.80
0	105 530	0.0983	22	642.40	16.14
1	83 694	0.1240	23	509.45	20.36
2	66 373	0.1563	24	404.01	25.67
3	52 634	0.1970	25	320.40	32.37
4	41 742	0.2485	26	254.10	40.81
5	33 102	0.3133	27	201.50	51.47
6	26 250	0.3951	28	159.79	64.90
7	20 816	0.4982	29	126.72	81.83
8	16 509	0.6282	30	100.50	103.2
9	13 094	0.7921	31	79.70	130.1
10	10 381	0.9989	32	63.21	164.1
11	8234.0	1.260	33	50.13	206.9
12	6529.0	1.588	34	39.75	260.9
13	5178.4	2.003	35	31.52	329.0
14	4106.8	2.525	36	25.00	414.8
15	3256.7	3.184	37	19.83	523.1
16	2582.9	4.016	38	15.72	659.6
17	2048.2	5.064	39	12.47	831.8
18	1624.3	6.385	40	9.89	1049.0

导线电阻　虽然铜线导电极好，但它仍有一定的电阻。除特殊的极低温超导体，所有导体都有电阻。导线的电阻取决于 3 个物理特性：导线材料、导线长度、横截面积。另外，温度也会影响电阻。

每种导电材料都有一个称为电阻率(即 ρ)的特性。在给定温度下，每种材料的电阻率是一个常数。长度为 l，横截面积为 A 的导线的电阻计算公式为：

$$R = \frac{\rho l}{A} \qquad (2-6)$$

式(2-6)表明电阻值与电阻率和长度成正比，与横截面积成反比。为了使计算出的电阻值以 Ω 为单位，应取长度单位为英尺(ft)，横截面积的单位为圆密耳(CM)，电阻率的单位为 CM·Ω/ft。

例 2-8 已知铜的电阻率为 10.37 CM·Ω/ft。某段铜导线长 100 ft，横截面积为810.1 CM，求该段导线的电阻值。

解

$$R = \frac{\rho l}{A} = \frac{(10.37\ \text{CM·Ω/ft}) \times (100\ \text{ft})}{810.1\ \text{CM}} = 1.280\ \Omega$$

同步练习 某段铜导线长 100 ft，横截面积为 810.1 CM，查表 2-3 获得其电阻值，并与上述计算结果进行比较。

例 2-8 说明了如何计算 100 ft 长的 AWG21 导线的电阻。查表 2-3 可知，AWG21 导线的电阻为 12.80 Ω/1000 ft。利用表 2-3 也可以获得 100 ft 铜导线的电阻值。注意，100 ft 为 1000 ft 的 10%，因此，100 ft AWG21 导线的电阻是 1.280 Ω。

如上所述，表 2-3 给出了各种标准线规导线在 20℃下每 1000 ft 长的电阻值。例如，1000 ft 的 AWG14 导线的电阻为 2.525 Ω，1000 ft 的 AWG22 导线的电阻为 16.14 Ω。相同长度下，导线横截面积越小电阻越大。因此，相同电压下，横截面积较大的导线能承载更大的电流。

2.6.5 地

地是电路中的参考点。接地一词源于这样一个事实，电路中通常有一段导体与一根接入大地的 8 ft 金属棒相连。今天，这种连接被称为接地。在家用电线中，地线通常为绿色导线或裸铜线。为了安全起见，地线通常连接到金属配电箱或设备的金属底座上。实际中并非所有设备都进行了接地，如果金属底座没有接地，就会造成安全隐患。在对仪器或设备进行任何操作之前，最好先确认其金属底座是否处于地电位。

另一种地称为参考地。**参考地**通常是指电路中用来测量电压的一个公共点。某点的电压总是相对于另一点规定的，如果没有明确说明，则默认该点为参考地。参考地为电路定义了 0 V。参考地可能与大地的电位完全不同，可以有很高的电位。参考地也被称为**公共地**，并记为 COM 或 COMM，因为它代表着一个公共导体。当在实验室里给一个电路板布线时，通常会为这个公共导体预留一条母线(一条沿着电路板长度方向的导线)。

图 2-47 给出了 3 种接地符号，可惜的是目前并没有区分大地和参考地的符号。图 2-47a 中的符号既可以表示大地也可以表示参考地，图 2-47b 表示设备底座接地，图 2-47c 是一个备用的符号，通常在电路中有多个不同的公共连接(比如同一电路中的模拟地和数字地)时使用。本书采用的是图 2-47a 中的符号。

图 2-48 给出了一个简单的接地电路。电流从 12V 电源的正极出发流过电灯，再通过地流回到电源的负极。因为所有接地点从电气角度而言都是同一个点，所以接地为电流返回电源提供了一条路径。电路正极相对地面的电压是 +12V。

图 2-47 常用的接地符号

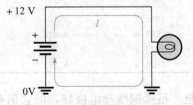

图 2-48 接地电路示例

学习效果检测

1. 组成电路的基本元器件有哪些？　　2. 什么是开路电路？
3. 什么是闭合电路？　　4. 熔断器和断路器的区别是什么？
5. 对于 AWG3 和 AWG22，哪种导线的直径较大？　6. 什么是电路中的地？

2.7　基本电路的测量

在进行电气或电子电路相关的工作时，需要经常测量电压、电流和电阻，因此需要掌握正确且安全的测量方法。

学完本节内容后，你应该能够对电路进行基本的测量，具体就是：

- 正确测量电压。
- 正确测量电流。
- 正确测量电阻。
- 正确设置测量设备并正确读数。

我们常常需要对电压、电流和电阻进行测量。用来测量电压的仪器是**电压表**，用来测量电流的仪器是**电流表**，用来测量电阻的仪器是**欧姆表**。通常，这 3 种仪器被集成到一个称为**万用表**的仪器中。在万用表中，可以通过开关选择特定的功能从而测量相应的物理量。

2.7.1　电表的符号

在本书中，某些符号将在电路中用来表示仪表，如图 2-49 所示。图中的 4 种符号都可以用于表示电压表、电流表、欧姆表中的任意一种。电路中使用这 4 种符号的哪一种，取决于哪种符号能最有效地传达所需的信息。数字式仪表符号用于在电路中表示具体的数值；柱状图仪表符号(有时也用模拟电表符号)用于对比测量或者观测某个量的变化(而非具体数值)；模拟式仪表符号通过表盘上的箭头来指示一个变化量的增大或减小。通用电表符号用在不需要显示数值或数值变化时，指示电表在电路中的位置。

　　a) 数字式仪表　　　b) 柱状图仪表　　　c) 模拟式仪表　　d) 仪表通用符号

图 2-49　本书使用的电表符号。每个符号都可以用于表示电压表(V)、电流表(A)、欧姆表(Ω) 中的任意一种

2.7.2　测量电流

图 2-50 说明了如何使用电流表测量电流。图 2-50a 中是一个简单的电路，欲测量通过电阻的电流。首先确定电流表的量程设置，使其大于预期的电流，然后按照图 2-50b 所示先断开电路，再按照图 2-50c 所示方法接入电流表，这种连接方法是串联。仪表的极性必须使电流在正端输入，在负端输出。

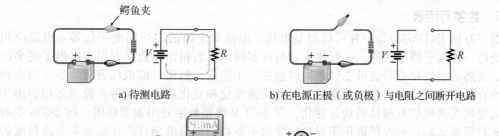

　　　　a) 待测电路　　　　　　　　　　　b) 在电源正极(或负极)与电阻之间断开电路

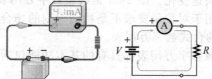

c) 接入电流表(极性正对正，负对负)

图 2-50　电流表在简单电路中测量电流的示例

⚠️ **安全小贴士**

在电路工作时，不要戴戒指或其他任何金属饰品。这些物品可能会意外地接触到电路，造成触电或损坏电路。对于高能量电源(如汽车电池)，造成短路的珠宝(或手表、戒指)会迅速变热，导致严重烧伤。

2.7.3 测量电压

将电压表并联到要测量电压的元件上即可进行测量。电压表的负极必须接在电路的负极上，电压表的正极必须接在电路的正极上。图 2-51 所示为连接在电阻器上测量电压的电压表。

2.7.4 测量电阻

要测量电阻，首先关闭电源，将电阻的一端或者两端从电路中断开，然后在电阻两端接上欧姆表。图 2-52 表示了这一过程。

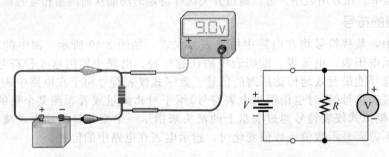

图 2-51 电压表接在简单电路中测量电压的示例

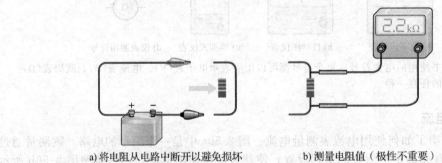

a) 将电阻从电路中断开以避免损坏　　　　　b) 测量电阻值(极性不重要)
　 仪表以及不正确的测量

图 2-52 用欧姆表测量电阻的示例

2.7.5 数字万用表

数字万用表(DMM)是一种可以测量电压、电流和电阻的多功能电子仪器，也是应用最广泛的一种电子测量仪器。一般说来，与许多模拟仪表相比，数字万用表提供了更多的功能、更高的精度和更高的可靠性，同时也更易于读数。然而，模拟仪表与数字万用表相比至少有一个优点：它们可以跟踪被测量的快速变化和变化趋势，而许多数字万用表由于速度太慢而无法响应被测量的快速变化。图 2-53 是典型数字万用表实物图。图 2-53a 中的万用表是便携式的，可方便地用于对测量要求不是特别苛刻的场合。在需要非常高精度的情况下，应使用图 2-53b 所示的台式数字万用表。

数字万用表的功能　大多数数字万用表都具有的基本功能包括：

- 测量电阻
- 测量直流电压和电流
- 测量交流电压和电流

图 2-53　典型数字万用表实物图（图片由 B＋K Precision 提供）

许多数字万用表还提供附加功能，包括测量电感或电容、测量温度或频率、测试晶体管或二极管、测量功率和音频放大器的分贝值。有些类型的数字万用表需要手动选择某功能下的量程，而另外许多类型具有自动量程选择功能。

⚠ **安全小贴士**

制造商使用 CE 标志来表明其产品符合欧洲健康和安全条例的所有基本要求。例如，符合 IEC 61010-1 标准的数字万用表就是符合这些基本要求的，可以在其上使用 CE 标志。CE 标志也被用在许多国家的各种产品上，就像我们熟知的源于美国的 UL（Underwriters Lab，担保人实验室，是美国一个负责日用电器产品安全检验的公司）标志那样。

数字万用表的显示屏　数字万用表可与 LCD（液晶显示屏）、LED（发光二极管）或 VFD（真空荧光显示器）三者之一配合使用。LCD 是电池供电设备中最常用的显示屏，因为它的工作电流非常小。一种典型的电池供电的数字万用表带有一个 9V 电池供电的 LCD 显示屏，该显示屏可以持续使用几百小时到 2000 小时，甚至更久。LCD 的缺点是：①在环境光较弱条件下显示效果差；②对被测量变化的响应相对较慢，尤其是在低温条件下。一些数字万用表通过使用背光显示屏来克服 LCD 的低亮度问题。LED 和 VFD 的功耗比 LCD 大得多，因此其通常局限于台式数字万用表，但也具有坚固、亮度高等优势。LED 和 VFD 具有非常快的响应时间，并且在非常低的温度下也能正常工作。此外，LED 在黑暗环境中也能正常显示，而且对测量值的变化反应迅速。

数字万用表显示屏多数采用七段显示格式。在标准的七段显示中，每个数字由 7 个独立的段组成，如图 2-54a 所示。每个十进制数字都是通过激活适当的段来实现显示的，如图 2-54b 所示。除了 7 个段，还带有小数点。

图 2-54　七段显示格式

分辨率　数字万用表的分辨率是指所能测量到的被测量的最小增量，能测量到的增量越小，分辨率越好。决定数字万用表分辨率的一个因素是显示屏上的数字位数。

因为许多数字万用表有 3½ 位显示数字，所以我们将基于这种情况进行说明。在 3½ 位数字万用表中 3 位可以表示 0～9 的任意一个数字，还有 1 位只能表示 0 或 1。后者称为半位数，它总是显示最值得注意的数字。例如，假设数字万用表的读数为 0.999 V，如图 2-55a 所示。如果电压再增加 0.001 V 到 1 V，显示屏上能正确显示 1.000 V，如图 2-55b 所示。1.000 V 中的"1"就是半位数。因此，3½ 位显示数字的数字万用表可以观察到 0.001 V 的变化，0.001 V 即为分辨率。

现在，假设电压增加到 1.999 V，该值显示在显示屏上，如图 2-55c 所示。如果电压再增加 0.001 V 到 2 V，由于半位数显示不出 2，因此显示屏上显示为 2.00。如图 2-55d 所示，半位数被隐藏，只有 3 位数字是有效的，所以分辨率为 0.01 V，而非 0.001 V。分辨率保持为 0.01 V 直至电压上升为 19.99 V。当读数为 20.0～199.9 V 之间时，分辨率为 0.1 V。在 200 V 时，分辨率变为 1 V，以此类推。

数字万用表的分辨率也取决于内部电路和采样速率。除了 3½ 位显示数字，4½～8½ 位显示数字的万用表也都存在。

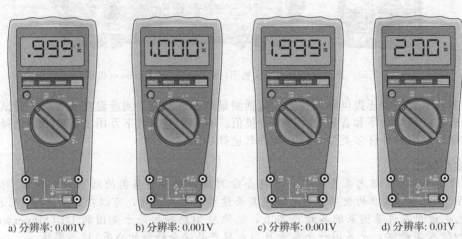

a) 分辨率: 0.001V   b) 分辨率: 0.001V   c) 分辨率: 0.001V   d) 分辨率: 0.01V

图 2-55　不同显示位数下的分辨率（以 3½ 位显示数字的数字万用表为例）

精度　精度表示测量值与被测量的真实值或可接受值的近似程度。数字万用表的精度是由其内部电路和校准严格确定的。对于典型的数字万用表，精度范围为 0.01%～0.5% 不等，一些实验室级数字万用表的精确度可达 0.002%。

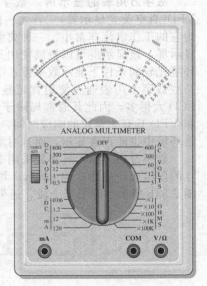

图 2-56　典型模拟万用表

数字万用表的类别　国际电工委员会（International Electrotechnical Commission，IEC）为万用表制造商制定了 4 类万用表的详细标准。第 1 类是最低等级的，涵盖了大多数标准的低功率电路，如电子设备中的大多数电路。第 2 类包括用于家用电器、便携设备和其他类似设备测量的万用表。第 3 类包括用于测量大型建筑中的三相配电电路和其他配电电路的万用表。第 4 类是最高等级的，包括在户外使用的万用表，以及用于测量市电和大型工业电机的万用表。所选用的万用表应该与被测电路属于同一类别，或者高于被测电路所属类别。

⚠ **安全小贴士**

使用测量仪表时有许多安全条列。尤为重要的是，务必不要一人单独操作。在使用仪器进行测量之前，如有可能，一定要断开电路。如果不能断开电路，请务必使用保护性设备，例如绝缘工具、安全眼镜和绝缘手套，避免在电路运行时手握仪表。为了避免瞬变电压带来的危险，最好将仪表悬挂起来或者将其放在静止的地方。在使用仪表之前，请花点时间熟悉设备的使用限制和制造商给出的安全建议。更多安全小贴士见 2.8 节。

2.7.6 模拟万用表

虽然数字万用表是万用表的主要类型，但偶尔也可能需要使用模拟万用表。典型的模拟万用表如图 2-56 所示。这种特殊的仪器既可以测量直流电电路也可以测量交流电电路，同时还能测量电阻值。大多数模拟万用表都有 4 挡可选功能：直流伏特挡、直流毫安挡、交流伏特挡和欧姆挡。

每挡功能下又分为几种量程，量程值标于功能选择开关的四周。例如，直流伏特挡有 0.3 V、3 V、12 V、300 V、600 V 这 5 种量程，也就是说 0.3～600 V 的直流电压都可以用此表测量。对于直流毫安挡，可以测量 0.06～120 mA 的直流电流。对于欧姆挡，有 ×1、×10、×100、×1 K、×100 K 这几种倍数可供选择。

欧姆挡刻度 欧姆挡刻度标于表盘最上部，这些刻度是非线性的，也就是说每两条刻度线之间的宽度所代表的阻值随着刻度线在表盘上的位置变化而变化。在图 2-56 中，从右到左，两条刻度线之间的宽度代表的阻值越来越大。

读取电阻值时，注意把指针所指的数字乘以开关所选的倍数。例如，当开关选择 ×100 而指针指向 20 时，读数应为 20 Ω×100＝2000 Ω。

另外一个例子是，假设开关选择 ×10 且指针位于 1 和 2 刻度线之间的第 7 个小格，也就是读数为 17 Ω（即 1.7 Ω×10）。万用表仍接在同一电阻的两端，而将开关旋至 ×1 挡，那么指针会摆动到 15～20 刻度线之间的第 2 个小格，当然，读数仍然为 17 Ω。这表明往往有不止一种量程来测量同一个电阻。但是每次改变量程后，都应该将万用表的两支表笔短接，并调整指针归零，也就是所谓的调零。

刻度表盘上从上往下数的第 2、3、4 组刻度（标着"AC"和"DC"）是直流伏特挡和交流伏特挡共用的。第 2 组刻度（表盘数字为 0～300）的量程为 0.3、3 和 300。例如，当选择开关指向直流伏特挡的 3 V 量程时，表盘上的数字 300 就代表着 3 V；如果选择开关指向为 300 V 的量程，则数字"300"就代表着 300 V。第 3 组刻度（表盘数字范围为 0～60）的量程为 0.06、60 和 600。例如，当选择开关指向直流伏特挡的 60 V 量程时，表盘上的数字"60"就代表着 60 V。第 4 组刻度（表盘数字为 0～12）的量程为 1.2、12 和 120。直流毫安挡的读数规则与此相同。

例 2-9 结合图 2-57，以下 3 种情况测量的分别是什么量（电压、电流或电阻），其读数分别是多少？

(a) 选择开关指向直流伏特挡的 60 V 量程。

(b) 选择开关指向直流毫安挡的 12 mA 量程。

(c) 选择开关指向欧姆挡的 ×1 K 倍数。

解 (a) 测量直流电压，按表盘上第 3 组刻度读数，可知电压为 18 V。

(b) 测量直流电流，按表盘上第 4 组刻度读数，可知电流为 3.8 mA。

(c) 测量电阻，按表盘上第 1 组刻度读数，可知电阻为 10 kΩ。

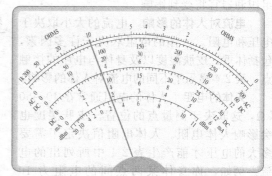

图 2-57

同步练习 在图 2-57 中，假设仍然测量 (c) 中的电阻，而突然将选择开关转到"×100"的倍数上，则指针会如何动作？

学习效果检测

1. 说出用于测量电压、电流、电阻的仪表名称。
2. 如果要用两个电流表测量图 2-40 中两个灯泡各自的电流，应该如何连接电流表（注意电流表的正负极）？如何用一个电流表实现此测量？
3. 如果要测量图 2-40 中灯泡 2 的电压，应如何连接电压表？
4. 说出两种常见的数字万用表显示屏，并讨论其优缺点。
5. 什么是数字万用表的分辨率？
6. 如果将图 2-56 中的模拟万用表设置为 3V 量程用以测量直流电压。指针指在"AC-DC"刻度的"150"刻度线处，被测电压是多少？

2.8 电气安全

用电时，安全是第一位的。触电或烧伤的可能性总是存在的，所以要始终保持谨慎。当电压施加在你身体上的两点时，你的身体相当于提供了一个电流路径，这就是触电。电子元器件工作时通常温度较高，所以接触它们时皮肤会被灼伤。此外，电的存在也会造成潜在的火灾危险。

学完本节内容后，你应该能够认识到电气的危险性，并采取适当的安全措施，具体就是：
- 了解触电的原因。
- 列出几种电流通过人体的路径。
- 了解电流对人体的影响。
- 列出用电时应该注意的安全事项。

2.8.1 触电

电流（而非电压）通过你的身体是**触电**的原因。当然，需要有电压施加在有电阻的物体上才能产生电流。当你身体上的一个点与电压接触，而另一个点与不同的电压或与地面接触（如金属底座），就会有电流通过你的身体。电流的路径取决于产生电位差的两点。触电的严重程度取决于电压的大小和电流通过你身体的路径。电流流过身体的路径决定了哪些组织和器官将受到影响。

电流对人体的影响　电流的大小取决于电压和电阻。人体的电阻取决于许多因素，包括体重、皮肤湿度以及身体与电压的接触点。表 2-4 显示了不同的电流对人体的影响。

人体的电阻　人体的电阻通常在 $10\sim50$ kΩ，这取决于测量点的位置。皮肤湿度也会影响人体电阻。人体电阻值决定了需要多大的电压才能产生表 2-4 中所列出的电流。例如，你身体某两点间的电阻为 10 kΩ，则需要在这两点间施加 90 V 的电压才能产生足够大的电流（9 mA）从而引起具有痛感的触电。

表 2-4　电流对人体的影响（数值随体重变化而不同）

电流(mA)	对人体的影响
0.4	稍有感觉
1.1	可明显察觉
1.8	没有痛感，不会抽搐
9	有痛感，不会抽搐
16	有痛感，肌肉抽搐
23	有严重痛感，肌肉收缩，呼吸困难
75	心室颤动
235	心室颤动，通常持续 5s 或更长时间
4000	心脏麻痹（无心室颤动）
5000	人体组织燃烧

2.8.2 市电

我们倾向于认为市电是比较安全的，但它们可以是也一直是致命的。最好小心任何电压（即使是低电压也会造成严重的灼伤）。一般说来，你应该避免在任何通电的电路上进行操作，并使用功能正常的仪表检查电源是否断开。大多数教学实验室使用的是低电压，但你仍然应该避免接触任何通电的电路。如果你要将操作的电路连接到市电，应断开电气连接，并在该电路或者切断市电的地方放置告示牌，同时应使用挂锁防止有人不小心接通电源。这个过程被称为锁定/挂牌，在工业中被广泛采用。美国职业安全与卫生条例（Occupational Safety and Health Act，OSHA）和某些行业标准对锁定/挂牌做出了详细规定。

大多数实验室设备都连接到市电（交流电）上，在北美，市电的有效值为 120V（有效值的概念将在 11.3 节中讨论）。一个有故障的设备可能会导致相线外露，因此应该经常检查电线是否外露、设备是否缺失外壳及其他安全隐患。家庭和电气实验室中用的单相市电线路使用 3 种绝缘线，分别称为相线（黑色或红色线）、中性线（白色线）和地线（绿色线）。相线和中性线上有电流，但绿色的地线在正常运行时不应该有电流。地线应连接到设备的金属外壳，以及插座的金属外壳和集线管上。图 2-58a 显示了这 3 种线在标准插座上的位置，注意，中性线的插孔比相线的大一些。

地线应位于插座面板的中间，仪器、设备的金属底座都应接地。如果相线和地线之间发生了短路，产生的大电流应触发断路器或使熔断器熔断以消除危险。然而，如果地线本身就是断开的或者缺失地线，那么在发生上述短路时是不会产生电流的，但是如果此时我们误触地线就会产生电流，即发生触电。为了避免这种危险，在装卸插座时务必确保其内部线路完好。

有些电路还配有额外的保护措施，称为接地故障断路器（Ground-Fault Circuit Interrupter，GFCI，有时称为 GFI）。在带有接地故障断路器的电路中，如果发生故障，传感器就会检测到中性线和相线上的电流不相等（正常情况下应该相等），于是触发断路器。接地故障断路器的动作速度快于主面板上的断路器，常用于湿度较大因而存在较大触电危险的场合，游泳池、浴室、厨房、地下室和车库都应该有 GFCI 插座。图 2-58b 是一个带有复位和测试按钮的 GFCI 插座，按下测试按钮后，应立即断开电路，复位按钮则用于恢复供电。

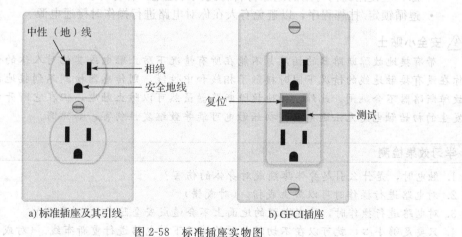

中性（地）线 　相线 　安全地线 　复位 　测试

a) 标准插座及其引线　　　　b) GFCI插座

图 2-58　标准插座实物图

技术小贴士　插座测试仪可用于测试特定类型的插座，包括专用插座。这些测试仪可以查明故障原因，如开路、电线接错或极性颠倒。其测试结果通过 LED 或霓虹灯显示。也有一些专门用于测试接地故障断路器的测试仪器。

2.8.3　安全保护措施

当你使用电气和电子设备时，需要经常动手进行操作，以下列出了在操作过程中需要注意的安全保护措施。
- 避免接触任何电源。当需要接触电路部件时，务必先关闭电源。
- 不要独自工作。应该有一部电话用于应急。
- 疲劳时或服用会使人昏昏欲睡的药物后不要工作。

- 工作时，请摘下戒指、手表和其他金属首饰。
- 在你掌握正确操作程序并明确潜在危险之前，不要在设备上工作。
- 确保电源线处于良好状态，接地引脚没有缺失或弯曲。
- 维护好你的工具。确保金属工具上的绝缘处于良好状态。
- 正确使用工具，保持工作区域整洁。
- 必要时戴上护目镜，特别是在焊接和夹线的时候。
- 在接触电路的任何部分之前，请务必关闭电源并对电容器进行放电。电容器可以用一种特殊的电容器放电工具以可控方式进行放电。
- 知道紧急断电开关和紧急出口的位置。
- 不要擅自改动安全装置，如联锁开关。
- 对电路进行操作时，必须穿鞋并保持鞋子干燥，不要站在金属或潮湿的地板上。如果可能的话，最好站在橡胶垫上。
- 如果你的手是湿的，千万不要触摸仪器。
- 不要想当然地以为电路是断电的。在操作之前，用一个功能正常的仪表反复检查。
- 在电源上设置限流器，以防止电流过大（超过被测电路所需的电流）。
- 接线时，电压最高的点应等到最后一步再连。
- 避免接触电源端子。
- 务必使用带绝缘的电线，接线时务必使用带绝缘护罩的接线器或夹子。
- 使电缆和电线尽可能短，接线时注意元器件、设备的极性。
- 了解并遵守工作场所和实验室的所有规定，不要在设备附近饮食。
- 如果有人触电了且不能自主松开通电的导体，应立即切断电源。如果无法切断电源，应使用任何可用的绝缘材料将此人与通电导体分开。
- 遵循锁定/挂牌程序，以避免有人在你对电路进行操作时接通电源。

⚠ 安全小贴士

　　带有接地故障断路器的插座并不能在所有情况下防止触电或其他对人体的伤害。如果你在没有接触地线的情况下同时接触了相线和中性线，则传感器检测不到接地故障，接地故障断路器不会跳闸。此外，接地故障断路器虽然可以防止触电，但在它断开电路之前所发生的初始触电是无法避免的。初始触电可能导致继发性伤害，如摔倒。

学习效果检测
1. 触电时，是什么引起身体疼痛或对身体的伤害？
2. 对电路进行操作时可以戴上戒指。（对或错）
3. 对电路进行操作时，站在潮湿的地面上不会造成安全隐患。（对或错）
4. 只要足够小心，就可以在不切断电源的情况下对电路进行重新布线。（对或错）
5. 触电可造成非常大的痛苦，甚至可以致命。（对或错）
6. GFCI 代表什么意思？

应用案例

　　在本应用案例中，电路由一个直流电压源供电，从而在一盏灯上产生电流进而发光，你将看到电阻是如何控制电流的。该电路模拟了一个可调光的仪表面板照明电路。

　　仪表面板照明电路由一个 12 V 电池（电压源）供电。该电路使用了一个接成变阻器形式的电位器，该电位器由仪表面板上的一个旋钮控制以调节通过灯的电流，进而调节仪表面板的照明亮度。灯的亮度随着通过灯的电流的增加而增加。电路中的开关用于闭合或断开电路。电路中还接入了一个熔丝，以防备短路的发生。

图 2-59 给出了该照明电路的原理图，图 2-60 是对应面包板上的电路。实验室中，用直流电源代替实际的电池。图 2-60 中的面包板在教学实验中是十分常用的。

实验台

图 2-60 中包括了面包板电路、直流电源和数字万用表。直流电源接入电路以提供 12 V 电压，万用表用于测量电路中的电流、电压和电阻。

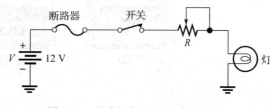

图 2-59　基本面板照明电路原理图

1. 识别电路中的各个元器件，并检查图 2-60 中的面包板电路，确保其按照图 2-59 所示的原理图进行连接。

2. 解释电路中每个元器件的用途。

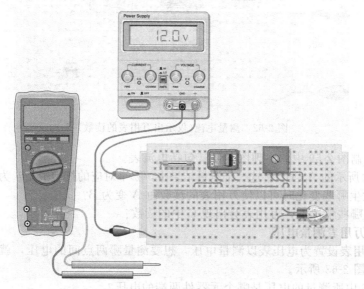

图 2-60　面板照明电路的配置

如图 2-61 所示，典型的面包板由成列的小插孔组成，元器件引脚和导线可以插入其中。在这种特殊的配置中，每一列的所有 5 个插孔都连接在一起，也就是说在电气上这 5 个点是等效的（即等电位点），如面包板背面视图所示。从背面视图还能看出面包板上边缘的一行插孔也是等电位点，下边缘的一行插孔与之类似。

正面视图　　　　　　　　底面视图（已去除外壳）

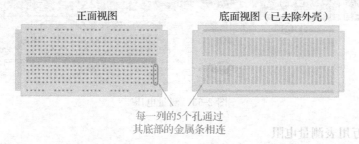

每一列的5个孔通过
其底部的金属条相连

图 2-61　典型面包板的结构

使用数字万用表测量电流

将数字万用表设置为电流表以测量电流，为了完成电流表的串联，必须先断开电路，如图 2-62 所示。

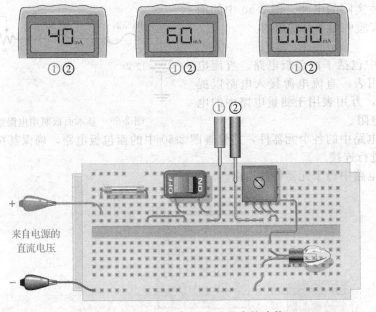

图 2-62　测量电流(仅示出万用表的读数)

3. 重新绘制图 2-59 中的原理图，使其包括电流表。

4. 图 2-62 所示的 A、B、C 这 3 个测量结果中，哪个对应的灯泡最亮？为什么？

5. 电路发生哪些变化时可以使万用表的读数由 A 变为 B？

6. 电路在哪些情况下，万用表会出现 C 中的读数？

使用数字万用表测量电压

将数字万用表设置为电压表以测量电压，想要测量哪两点间的电压，就将电压表接到哪两点上，如图 2-63 所示。

7. 图 2-63 中所测量的电压是哪个元器件两端的电压？

8. 重新绘制图 2-59 中的原理图，使其包含电压表。

9. 图 2-63 所示的 A、B 这两个测量结果中，哪个对应的灯泡更亮？为什么？

10. 电路发生哪些变化时可以使万用表的读数由 A 变为 B？

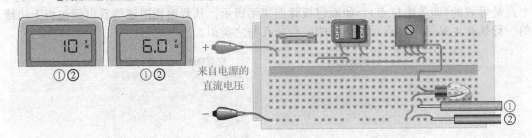

图 2-63　测量电压

使用数字万用表测量电阻

将数字万用表设置为欧姆表以测量电阻。测量电阻前必须将被测电阻与电路断开。在断开任何元器件之前，记住先关闭电源，如图 2-64 所示。

11. 图 2-64 中万用表测量的是哪个元件的电阻？

12. 图 2-64 所示的两个测量结果中，哪个测量对应的灯泡更亮(电阻被接回电路且重新上电后)？为什么？

检查与复习

13. 如果该仪表面板照明电路中的直流电源电压降低，灯泡亮度会受到怎样的影响？为什么？

14. 为了使灯泡更亮，电位器的电阻应该调大还是调小？

 Multisim 仿真

打开 Multisim 软件，创建上述仪表面板照明电路。仿真器运行，改变开关状态和变阻器阻值，观察仿真现象。

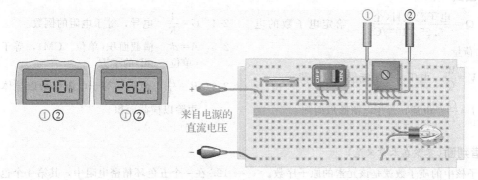

图 2-64　测量电阻

本章总结

- 原子是体现所属元素性质的最小粒子。
- 当原子最外层轨道上的电子(价电子)脱离时，这些电子就成为自由电子。
- 自由电子是形成电流的基础。
- 同性电荷相斥，异性电荷相吸。
- 电路必须施加电压才能产生电流。
- 电阻能限制电流的大小。
- 电路一般由电源、负载，以及它们之间的载流通路组成。
- 开路电路是指电流通路被破坏的电路。
- 闭合电路是具有完整电流通路的电路。
- 电流表使用时应串联接入电路中。
- 电压表使用时应跨接于电路中。
- 欧姆表使用时跨接于电阻两端(电阻必须与电路断开)。
- 1 C 是 6.25×10^{18} 个电子的总电荷量。
- 如果把 1 C 的电荷从一点移到另一点所需要的能量为 1 J，则这两点间的电位差(电压)即为 1 V。
- 如果 1 C 电荷在 1 s 内通过了某一给定的横截面，则产生的电流即为 1 A。
- 在材料两端施加 1 V 电压时，如果产生的电流为 1 A，则该材料的电阻为 1 Ω。
- 图 2-65 给出了本章中介绍的电气符号。
- 标准电源插座包括相线、中性线和地线。
- GFCI 检测相线和中性线中的电流，如果电流不相等则触发断路器，以表明发生了接地故障。

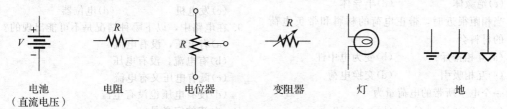

图 2-65　用于原理图的电气符号

常开按钮开关　常闭按钮开关　单刀单掷开关　单刀双掷开关　双刀单掷开关　双刀双掷开关　旋钮开关

熔断器　　断路器　　电压表　　电流表　　欧姆表

图 2-65 （续）

重要公式

2-1 $Q=\dfrac{\text{电子总数目（个）}}{6.25\times10^{18}/C}$　给定电子数的电荷量

2-2 $V=\dfrac{W}{Q}$　电压，等于能量除以电荷

2-3 $I=\dfrac{Q}{t}$　电流，等于电荷除以时间

2-4 $G=\dfrac{1}{R}$　电导，等于电阻的倒数

2-5 $A=d^2$　横截面积（单位：CM），等于直径（单位：mil）的平方

2-6 $R=\dfrac{\rho l}{A}$　电阻，等于电阻率乘以导体长度再除以横截面积

对/错判断（答案在本章末尾）

1. 原子核中的质子数就是该元素的原子序数。
2. 原子的最外电子层含有价电子。
3. 硅和锗属于绝缘体。
4. 电荷的单位是安[培]。
5. 同种电荷相互排斥。
6. 库仑定律揭示了两个电荷之间的能量关系。
7. 电池可存储电荷。
8. 无论电路需要的电流有多大，理想电压源都能为电路提供恒定的电压。
9. 伏[特]可定义为单位电荷所具有的能量。
10. 燃料电池利用燃料和氧化剂进行发电。
11. 电流的单位是库[仑]。
12. 在一个五色环精密电阻中，其第 4 个色环表示阻值的公差。
13. 只有一个黑色色环的电阻为 0 Ω。
14. 标签为"0R1"的电阻是 1 Ω。
15. 变阻器与电位器功能相同。
16. 应变片所受的力不同，电阻值也不同。
17. 所有电路都必须有完整的电流通路。
18. 圆密耳是面积的单位。
19. 数字万用表的 3 个基本功能是测量电压、电流和功率。
20. 如果 GFCI 检测到相线和中性线的电流不相等，则断路器应该动作。

自我检测（答案在本章末尾）

1. 原子序数为 3 的中性原子有多少个电子？
   (a)1 　　　　　　　(b)3
   (c)0 　　　　　　　(d)取决于原子的类型

2. 电子运动的轨道称为什么？
   (a)电子层 　　　　　(b)原子核
   (c)波 　　　　　　　(d)化学价

3. 当施加电压时没有电流的材料称为？
   (a)滤波器 　　　　　(b)导体
   (c)绝缘体 　　　　　(d)半导体

4. 当相距很近时，带正电荷的材料和带负电荷的材料会
   (a)互相排斥 　　　　(b)变为电中性
   (c)互相吸引 　　　　(d)交换电荷

5. 一个电子所带的电荷量为
   (a)6.25×10^{-18} C 　(b)1.6×10^{-19} C
   (c)1.6×10^{-19} J 　(d)3.14×10^{-6} C

6. 电位差又被称为
   (a)能量 　　　　　　(b)电压
   (c)电子与原子核之间的距离
   (d)电荷

7. 能量的单位是
   (a)瓦[特] 　　　　　(b)库[仑]
   (c)焦[耳] 　　　　　(d)伏[特]

8. 以下哪一种不属于电源？
   (a)电池 　　　　　　(b)太阳能电池板
   (c)发电机 　　　　　(d)电位器

9. 在电路中，以下哪种情况是不可能出现的？
   (a)有电压，没有电流
   (b)有电流，没有电压
   (c)既有电压又有电流
   (d)没有电压也没有电流

10. 电流的定义是？
    (a)电阻的倒数

(b)电荷流动的速率

(c)移动电荷所需要的能量

(d)一定数量自由电子所带的电荷

11. 什么情况下电路中没有电流?

(a)开关闭合

(b)开关断开

(c)电路中没有电压

(d)选项(a)和(c)都对

(e)选项(b)和(c)都对

12. 电阻的主要作用是

(a)增大电流 (b)限制电流

(c)发热 (d)阻碍电流变化

13. 导线的电阻取决于

(a)材料类型 (b)导线长度

(c)横截面积 (d)以上所有

14. 电位器和变阻器属于

(a)电压源 (b)可变电阻器

(c)固定电阻器 (d)断路器

15. 给定电路中的电流不超过 22 A,哪个额定值的熔断器最好?

(a)10 A (b)25 A

(c)20 A (d)没必要使用断路器

16. 交流市电的中性线应该

(a)没有电流

(b)与地线电流相等

(c)与地线各分走一部分相线上的电流

(d)与相线电流相等

分节习题(较难的问题用星号(*)表示,奇数题答案在本书末尾)

2.2 节

1. 铜原子的原子核有多少库[仑]电荷?

2. 氯原子的原子核有多少库[仑]电荷?

3. 50×10^{31} 个电子带有多少库[仑]电荷?

4. 产生 80 μC(微库仑)电荷需要多少个电子?

2.3 节

5. 计算下列情况下的电压。

(a)10 J/C (b)5 J/2 C

(c)100 J/25 C

6. 使 100 C 电荷通过一个电阻所需的能量为 500 J,则该电阻两端的电压为多少?

7. 某电池移动 2 C 电荷通过一个电阻所需的能量为 24 J,则该电池的输出电压为多少?

8. 一个 12 V 电池将 2.5 C 电荷从其正极沿着电路移动到负极需要多少能量?

9. 如果一个电阻上的电流为 20 mA,该电阻在 60 s 内将 12 J 的电能转化为热能,那么电阻上的电压是多少?

10. 列举出 4 种常见的电压源。

11. 发电机基于什么原理进行发电?

12. 电子电源与其他类型的电压源有何区别?

2.4 节

13. 某一电流源为 1 kΩ 负载提供 100 mA 电流,如果负载电阻减小到 500 Ω,则负载上的电流为多大?

14. 计算下列情况下的电流。

(a)75 C/s (b)10 C/0.5 s

(c)5 C/2 s

15. 3 s 内有 0.6 C 电荷通过了某观测面,则电流为多少安[培]?

16. 流过某观测面的电流为 5 A,则 10 C 电荷流过该观测面需要多长时间?

17. 流过某截面的电流为 1.55 A,则 0.1 s 时间内有多少电荷流过了该截面?

18. 5.74×10^{17} 个电子在 250 ms 内流过导线某横截面,则电流为多少?

2.5 节

19. 以下电阻对应的电导为多大?

(a)5 Ω (b)25 Ω

(c)100 Ω

20. 以下电导对应的电阻为多大?

(a)0.1 S (b)0.5 S

(c)0.02 S

21. 识别以下 4 个四色环电阻的阻值及其公差。

(a)红、紫、橙、金 (b)棕、灰、红、银

(c)棕、红、棕、金 (d)橙、蓝、红、银

22. 上一问题中 4 个电阻各自可能的最大阻值和最小阻值分别是多少?(考虑阻值公差)

23. 给出以下 5 个四色环电阻的色环颜色,阻值为 330 Ω、2.2 kΩ、56 kΩ、100 kΩ、39 kΩ(公差均为±5%)。

24. 给出以下 3 个四色环电阻的阻值及其公差。

(a)棕、黑、黑、金 (b)绿、棕、绿、银

(c)蓝、灰、黑、金

25. 给出图 2-66 中各电阻的阻值及其公差。

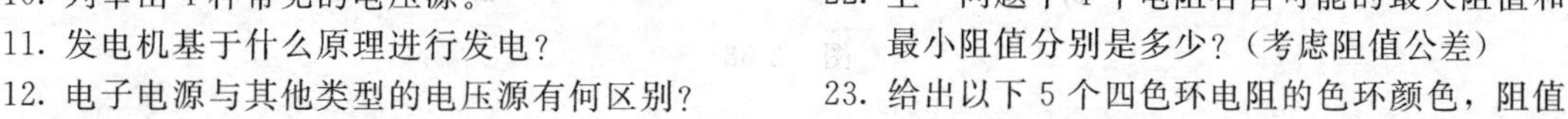

图 2-66

26. 从图 2-67 中找出电阻值为 330 Ω、2.2 kΩ、56 kΩ、100 kΩ、39 kΩ 的电阻。

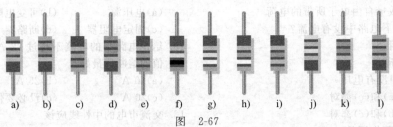

图 2-67

27. 给出以下 3 个四色环电阻的色环颜色(公差均为 ±5%)。
    (a)0.47 Ω　　　　　(b)270 kΩ
    (c)5.1 MΩ

28. 给出以下 3 个五色环电阻的阻值及其公差。
    (a)红、灰、紫、红、棕
    (b)蓝、黑、黄、金、棕
    (c)白、橙、棕、棕、棕

29. 给出以下 3 个五色环电阻的色环颜色(公差均为 ±1%)。
    (a)14.7 kΩ　　　　(b)39.2 Ω
    (c)9.76 kΩ

30. 一个线性电位器的触点位于其可调范围正中心，如果该电位器总电阻为 1000 Ω，则此时触点与电位器两端之间的电阻为多大？

31. 标签"4K7"代表多大的电阻？

32. 给出以下电阻标签所表示的电阻值及其公差。
    (a)27RJ　　　　　(b)5602M
    (c)1501F　　　　　(d)0R5

2.6 节

33. 画出图 2-68a 中的开关在触点 2 处闭合时的电路图。

34. 对于图 2-68d，画出所有可能的开关闭合位置对应的电路图，电路中应包括一个熔断器(起到过电流保护的作用)。

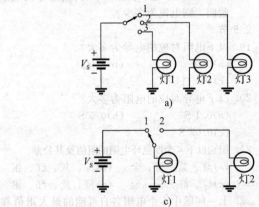

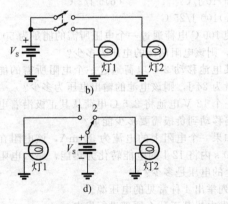

图 2-68

35. 在图 2-68 所包含的所有开关的闭合位置中，只有一个位置能同时点亮开关所在电路的所有灯泡，指出这是哪一种情况？

36. 图 2-68 中哪个电路(如果有)的开关为单刀双掷开关？

37. 图 2-68 中哪个电路(如果有)的开关为双刀单掷开关？

38. 图 2-69 中哪个电阻上总有电流(无论开关在哪个位置闭合)？

39. 设计一种开关装置，使得两个电压源(V_{S1} 和 V_{S2})可以同时与两个电阻(R_1 和 R_2)中的一个相连，即：

V_{S1} 与 R_1 相连的同时 V_{S2} 与 R_2 相连，或 V_{S1} 与 R_2 相连的同时 V_{S2} 与 R_1 相连。

40. 只使用一个旋钮开关，如何实现光盘播放器(内置一个调幅调谐器和一个调频调谐器)与功放之间的连接？(任意时刻只有一个调谐器与功放相连。)

2.7 节

41. 如果想要测量图 2-70 所示电路的电流和电源电压，应该把电压表和电流表接在什么位置？

42. 应该如何测量图 2-70 中的电阻 R_2？

43. 在图 2-71 中，当开关处于位置 1 时，每个电压表指示的电压是多少？在位置 2 时呢？

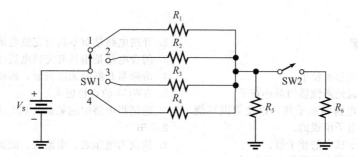

图　2-69

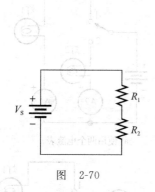

图　2-70

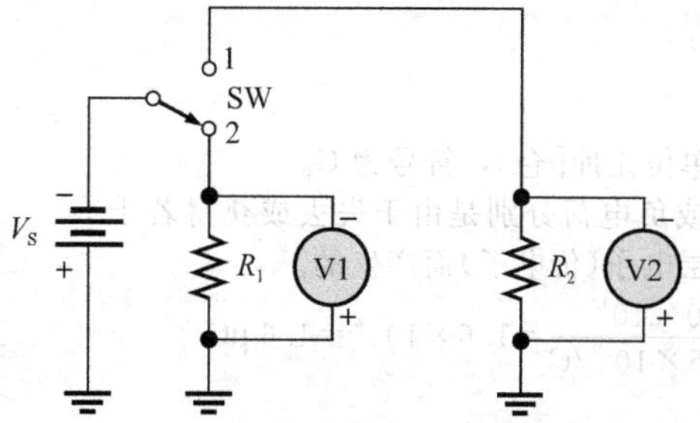

图　2-71

44. 在图 2-71 中，将电流表接在什么位置才能实现无论开关处于什么位置都能测量到电压源的电流？

45. 在图 2-69 中，如果想要测量每一个电阻上的电流以及电池输出的电流，应如何连接电流表（可用多个电流表）？

46. 在图 2-69 中，如果想要测量每一个电阻上的电压，应如何连接电压表（可用多个电压表）？

47. 图 2-72a 中电压表的示数是多少？

48. 图 2-72b 中欧姆表所得的电阻是多少？

49. 以下 3 种欧姆表的示数和倍数所表示的电阻值分别是多少？

(a) 指针指向 2，倍数为 ×10

(b) 指针指向 15，倍数为 ×100 000

(a) 指针指向 45，倍数为 ×100

50. 有 4½ 位显示数字的数字万用表的最高分辨率是多少？

51. 在使用图 2-72b 所示的数字万用表测图 2-73 所示电路中的以下量时，应如何接线？并说明每次测量应选择的挡位。

(a) 电阻 R_1 上的电流

(b) 电阻 R_1 上的电压

(c) 电阻 R_1 的阻值

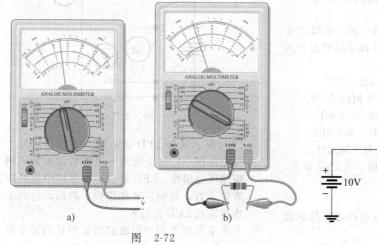

a)　　　b)

图　2-72

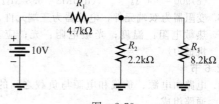

图　2-73

参考答案

学习效果检测答案

2.1 节

1. 电子是负电荷的基本粒子。
2. 原子是体现所属元素性质的最小粒子。
3. 原子是由带正电荷的原子核,以及周围环绕着轨道运行的电子组成的。
4. 原子序数是原子核中的质子数。
5. 不是,每个元素都有不同类型的原子。
6. 自由电子是脱离所属原子后的外层电子。
7. 电子层是电子围绕原子核运动的能带。
8. 铜和银。

2.2 节

1. Q。
2. 电荷的单位是库[仑],符号为 C。
3. 正电荷或负电荷分别是由于失去或获得若干个最外层电子(价电子)而产生的。
4. $Q=\dfrac{10\times10^{12}}{6.25\times10^{18}/C}=1.6\times10^{-6}=1.6\ \mu C$

2.3 节

1. 电压是单位电荷具有的能量。
2. 电压的单位是伏[特]。
3. $V=W/Q=24\ J/10\ C=2.4\ V$。
4. 电池、燃料电池、太阳能电池、发电机、电子电源、热电偶。
5. 氧化还原反应

2.4 节

1. 电流是电荷流动的速率,单位为安[培](A)。
2. 6.25×10^{18}
3. $I=Q/t=20\ C/4\ s=5\ A$
4. 无论负载多大都能提供恒定电流。

2.5 节

1. 电阻是对电流的阻碍作用,单位为欧[姆](Ω)。
2. 固定电阻和可变电阻,前者阻值不可变,后者阻值可变。
3. 第一环:电阻值最高位;第二环:电阻值次高位;第三环:倍数(次高位数字后所跟 0 的个数);第四环:阻值公差。
4. (a)4700 Ω±5%　　(b)62 kΩ±10%
   (c)18 Ω±10%　　(d)22.6 kΩ±0.5%
5. (a)33R=33 Ω　　(b)5K6=5.6 kΩ
   (c)900=900 Ω　　(d)6M8=6.8 MΩ
6. 变阻器为双端元件,电位器为三端元件。
7. 热敏电阻:温度;光敏电阻:光;应变片:机械力。

2.6 节

1. 电路由电源、负载和电源与负载之间的载流通路组成。

2. 开路电路是指不具有完整电流通路的电路。
3. 闭合电路是指具有完整电流通路的电路。
4. 熔断器开断后无法恢复,而断路器可以。
5. AWG3 的直径更大。
6. 地是指电路中的某个公共点或参考点。

2.7 节

1. 依次为电压表、电流表、欧姆表。
2. 见图 2-74。

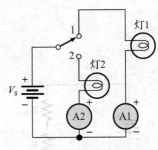

a) 使用两个电流表

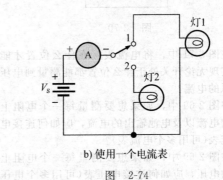

b) 使用一个电流表

图 2-74

3. 见图 2-75。

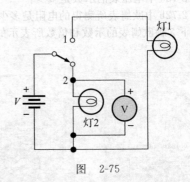

图 2-75

4. LCD 显示屏和 LED 显示屏。LCD 显示屏工作电流很小,但在弱光下很难看清示数,响应速度也很慢。LED 显示屏在黑暗中也可以看清示数,且响应速度很快,然而,它的工作电流比 LCD 大得多。
5. 分辨率是指万用表可测到的被测量的最小增

　量值。

6. 1.5V。

2.8 节

1. 电流。	2. 错。
3. 错。	4. 错。
5. 对。	6. 接地故障断路器。

同步练习答案

2-1　1.88×10^{19} 个电子

2-2　600 J

2-3　3.0 C

2-4　4700 Ω±5%

2-5　47.5 Ω±2%

2-6　1.25 kΩ

2-7　2.25 CM

2-8　1.280 Ω，与计算结果相同。

2-9　指针会向左运动到"100"刻度线处。

对/错判断题答案

1. T	2. T	3. F	4. F
5. T	6. F	7. F	8. T
9. T	10. T	11. F	12. F
13. T	14. F	15. F	16. T
17. T	18. T	19. F	20. T

自我检测题答案

1. (b)	2. (a)	3. (c)	4. (c)
5. (b)	6. (b)	7. (c)	8. (d)
9. (b)	10. (b)	11. (e)	12. (b)
13. (d)	14. (b)	15. (c)	16. (d)

第 3 章

欧 姆 定 律

▶ **教学目标**
- 解释欧姆定律
- 计算电流
- 计算电压
- 计算电阻
- 描述故障排查的基本方法

▶ **应用案例预览**

在本应用案例中,你将看到在实际电路中如何使用欧姆定律。该电路包括一组阻值不同的电阻,由开关来选择,用于控制风扇的转速。根据风扇电动机参数和欧姆定律,计算这些电阻。一旦完成设计,就将制订具体测试程序。

▶ **引言**

第 2 章介绍了电压、电流、电阻,还有一种基本电路。本章将讲解电压、电流和电阻之间的相互关系,还将讲解如何分析一些简单电路。

欧姆定律也许是电路分析中最简单且最重要的定律,因此必须知道如何应用它。

1826 年,乔治·西蒙·欧姆(Georg Simon Ohm)发现了电流、电压和电阻是以一种特定的、可预测的关系联系在一起的。欧姆用一个公式来表示这种关系,今天称其为欧姆定律。本章将学习欧姆定律及其在解决电路问题中的应用,还介绍了如何使用分析、规划和测量(APM)方法进行故障排查。

3.1 电压、电流与电阻的关系

欧姆定律从数学上描述了在电阻上电压、电流和电阻值之间的关系。根据待求变量,欧姆定律可以表述成 3 种等价形式。如之前所学,在电阻中电流和电压成正比,而电流和电阻成反比。

学完本节内容后,你应该能够掌握欧姆定律,具体就是:
- 描述电阻上的电压、电流和电阻值之间的关系。
- 把 I 表示为 V 和 R 的函数。
- 把 V 表示为 I 和 R 的函数。
- 把 R 表示为 V 和 I 的函数。
- 用图形显示 I 和 V 的正比关系。
- 用图形显示 I 和 R 的反比关系。
- 解释为什么 I 和 V 成线性比例关系。

通过实验欧姆发现,如果电阻上的电压增加,那么流经电阻的电流也增加;反之,如果电压减小,电流也减小。例如,如果电压加倍,则电流也加倍;如果电压减半,电流也减半。这种关系如图 3-1 所示,其中电压和电流通过相应的仪表来指示。

欧姆还发现,如果电压保持不变,则电阻越小电流越大;电阻越大,则电流越小。例如,电阻减半,则电流加倍;电阻加倍,则电流减半。图 3-2 中仪表的读数说明了这一现象。

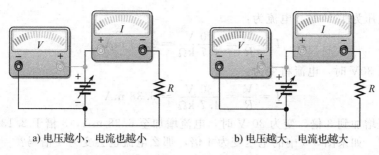

a) 电压越小，电流也越小   b) 电压越大，电流也越大

图 3-1 当电阻固定时，改变电压对电流的影响

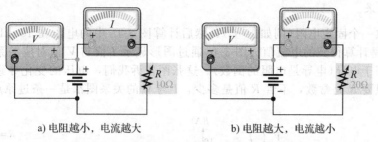

a) 电阻越小，电流越大   b) 电阻越大，电流越小

图 3-2 当电压固定时，改变电阻对电流的影响

欧姆定律指出：电流与电压成正比，与电阻成反比。数学上，如果两个变量**成正比**，则它们的比值等于常数。图 3-1 和图 3-2 中的电路说明了欧姆定律，其公式如下：

$$I = \frac{V}{R} \tag{3-1}$$

其中，I 是电流，单位为安［培］（A）；V 是电压，单位为伏［特］（V）；R 是电阻，单位为欧［姆］（Ω）。当 R 为定值时，如果 V 增加，则 I 增加；如果 V 减小，则 I 减小。当 V 不变时，如果 R 增大，则 I 减小；如果 R 减小，则 I 增大。

如果已知电压和电阻，可以使用式（3-1）计算电流。根据式（3-1），还可以获得电压和电阻的表达式。

$$V = IR \tag{3-2}$$

$$R = \frac{V}{I} \tag{3-3}$$

根据式（3-2），由电流和电阻可以计算出电压。根据式（3-3），由电压和电流可以计算电阻。

式（3-1）、式（3-2）和式（3-3）是等价的。简单地说，它们是欧姆定律的 3 种表述形式。

3.1.1 电压与电流之间的线性关系

数学上，**线性**指的是变量之间的关系在图形上是一条直线。线性方程所对应的直线可以通过或不通过原点$^\ominus$。当直线通过原点时，变量间成正比关系，方程的形式是 $y = kx$。

在电阻电路中，电流和电压成正比。假设电阻不变，如果其中一个变量增加或减少一定的百分比，那么另一个也将增加或减少相同的百分比。例如，如果电阻上的电压变为 3 倍，电流也会变为原先的 3 倍。

例 3-1 在图 3-3 所示电路中，请说明如果电压增加到当前值的 3 倍，则电流也变为当前值的 3 倍。

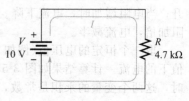

图 3-3

$\ominus$ 严格说来，线性是指过原点的直线。——译者注

解 当电压为 10V 时，电流为：

$$I = \frac{V}{R} = \frac{10\ V}{4.7\ k\Omega} = 2.13\ mA$$

当电压增加至 30V 时，电流将变为：

$$I = \frac{V}{R} = \frac{30\ V}{4.7\ k\Omega} = 6.38\ mA$$

显然，当电压增加到 3 倍，变为 30 V 时，电流增加至 6.38 mA，3 倍于 2.13 mA。

同步练习 如果图 3-3 中的电压变为 4 倍，那么电流也会变为 4 倍吗？

使用 Multisim 文件 E03-01 验证本例的计算结果，并核实你对同步练习的计算结果。

让我们取一个固定电阻(例如 10 Ω)，然后计算图 3-4a 中的电压在 10～100 V 时的电流。图 3-4b 是计算得到的电流值。图 3-4c 通过图形显示 I 值与 V 值对应关系。它是一条直线，斜率等于电导(电导是电阻的倒数)。这张图告诉我们，电压的变化导致电流按线性比例变化。只要 R 是常数，不管 R 值是多少，I 与 V 的关系图都是一条过原点的直线。

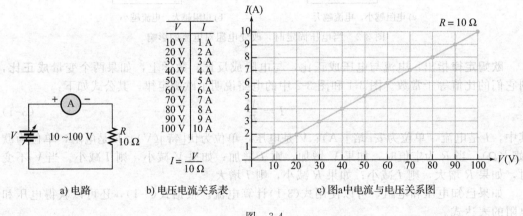

a) 电路   b) 电压电流关系表   c) 图a中电流与电压关系图

图 3-4

例 3-2 假设在一个工作电压为 25 V 的电阻电路中测量电流，电流表读数为 50 mA。后来发现电流下降到 40 mA。假设电阻没有改变，可以断定电压已经改变。问新的电压是多少？

解 电流从 50 mA 降到 40 mA，是原来的 80%。新电压必须是原电压的 80%。

$$新电压 = 0.80 \times 25\ V = 20\ V$$

注意，不需要根据电阻值来计算新电压。

同步练习 在本例所述的相同条件下如果电流降到 10 mA，电压是多少？

3.1.2 电流与电阻的反比例关系

如你所见，欧姆定律指出，电流与电阻成反比，即 $I = V/R$。当电阻减小时，电流上升；当电阻增加时，电流下降。例如，如果电源电压保持恒定，电阻减半，电流加倍；电阻加倍，电流减半。

取一个恒定的电压值(例如 10 V)，然后计算图 3-5a 中在 10～100 Ω 范围内几个电阻值下的电流。计算结果如图 3-5b 所示。I 与 R 的关系如图 3-5c 所示。当两个变量成反比时，这两个变量的乘积是常数，方程的形式是 $xy = k$。

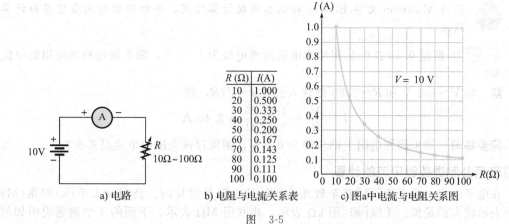

a) 电路　　　　b) 电阻与电流关系表　　　c) 图a中电流与电阻关系图

图 3-5

学习效果检测

1. 欧姆定律描述了 3 个电气量之间的关系，这些量是什么？
2. 写出计算电流的欧姆定律公式。
3. 写出计算电压的欧姆定律公式。
4. 写出计算电阻的欧姆定律公式。
5. 如果一个定值电阻上的电压增加了 3 倍，电流是增加还是减少，电流改变多少？
6. 如果一个固定电阻上的电压减半，电流会改变多少？
7. 电阻上的电压固定，测得电流是 1A。替换成 2 倍的电阻后，测量的电流是多少？
8. 在某电路中，电压加倍，并且电阻减半，那么电流是增加还是减少，如果电流发生改变，那么怎么改变？
9. 在某电路中，$V=2\ V$，$I=10\ mA$。如果 V 变为 $1\ V$，I 将等于多少？
10. 在一定电压下，$I=3\ A$，如果电压加倍，电流会是什么情况？

3.2　电流的计算

本节举例说明欧姆定律公式 $I=V/R$ 的使用方法。

学完本节内容后，你应该能够计算电路中的电流，具体就是：

- 当知道电压和电阻时，用欧姆定律计算电流。
- 使用带有公制词头的单位表示电压和电阻时，计算电流。

测量电流通常需要在被测电路中串入电流表，操作不便。为避免此问题，通常采用间接测量方法，即测量已知电阻两端的电压，然后应用欧姆定律计算出电流。在某些情况下，该已知电阻是人为放入的低阻值精密电阻，产生很小的电压。当然，还有很多其他通过测量已知电阻的电压来确定电流的例子。以下示例中，已知电压和电阻，使用公式 $I=V/R$ 计算电流。当电压的单位为伏[特]，电阻的单位为欧[姆]时，电流的单位为安[培]。

例 3-3　图 3-6 所示电路中有多少安[培]的电流？

解　使用公式 $I=V/R$，并将 100 V 和 220 Ω 分别代入 V 和 R，得：

$$I=\frac{V}{R}=\frac{100\ V}{220\ \Omega}=0.455\ A$$

同步练习　如果图 3-6 中的电阻 R 变为 330 Ω，那么电流是多少？

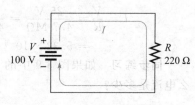

图 3-6

使用 Multisim 文件 E03-03 验证本例的计算结果，并检验你对同步练习的计算结果。

例 3-4 假设 $0.50\ \Omega$ 的精密检测电阻两端电压为 $1.20\ \text{V}$，那么流过检测电阻的电流是多少？

解 将 $V=1.2\ \text{V}$ 和 $R=0.50\ \Omega$ 代入公式 $I=V/R$，得，

$$I=\frac{V}{R}=\frac{1.20\ \text{V}}{0.50\ \Omega}=2.40\ \text{A}$$

同步练习 如果检测电阻上的压降为 $0.8\ \text{V}$，则流过该电阻的电流是多少？

单位带有公制词头时电流的计算

在电子学中，数千欧[姆]甚至数兆欧[姆]的电阻是常见的。公制词头千（k）和兆（M）用于表示较大的量值。千欧[姆]用 $k\Omega$ 表示，兆欧用 $M\Omega$ 表示。下面的 4 个例题说明如何使用 $k\Omega$ 和 $M\Omega$ 来计算电流。伏[特]（V）除以千欧[姆]（$k\Omega$）等于毫安（mA）。伏[特]（V）除以兆欧（$M\Omega$）得到微安（μA）。一般来说，如果计算结果不在 $1\sim1000$ 范围内，应使用相应公制词头来转换计算结果。

例 3-5 计算图 3-7 中的电流。

解 记住 $1.0\ k\Omega$ 和 $1\times10^{3}\ \Omega$ 是一样的。将 50V 和 $1\times10^{3}\ \Omega$ 代入公式 $I=V/R$，得：

$$I=\frac{V}{R}=\frac{50\ \text{V}}{1.0\ k\Omega}=\frac{50\ \text{V}}{1\times10^{3}\ \Omega}=50\times10^{-3}\ \text{A}=50\ \text{mA}$$

同步练习 如果 R 变为 $10\ k\Omega$，再计算图 3-7 中的电流。

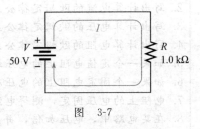

图 3-7

在例 3-5 中，$50\times10^{-3}\ \text{A}$ 表示 50 mA。当用伏[特]电压除以千欧电阻时，得到的电流单位用毫安来表示，这样更方便，如例 3-6 所示。

例 3-6 图 3-8 所示电路中有多少毫安电流？

解 当伏[特]电压除以千欧电阻时，得到的电流单位是毫安。

$$I=\frac{V}{R}=\frac{30\ \text{V}}{5.6\ k\Omega}=5.36\ \text{mA}$$

同步练习 如果电阻 R 变为 $2.2\ k\Omega$，以毫安为单位的电流是多少？

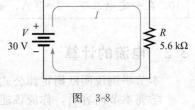

图 3-8

 使用 Multisim 文件 E03-06 验证本例的计算结果，并核实你对同步练习的计算结果。

如果伏[特]电压除以兆欧电阻，则电流单位为微安（μA），如例 3-7 和例 3-8 所示。

例 3-7 计算图 3-9 所示电路中的电流。

解 记住 $4.7\ M\Omega$ 和 $4.7\times10^{6}\ \Omega$ 是一样的。将 25 V 和 $4.7\times10^{6}\ \Omega$ 代入欧姆定律，得：

$$I=\frac{V}{R}=\frac{25\ \text{V}}{4.7\ M\Omega}=\frac{25\ \text{V}}{4.7\times10^{6}\ \Omega}$$
$$=5.32\times10^{-6}\ \text{A}=5.32\ \mu\text{A}$$

同步练习 如果图 3-9 中的 25 V 增加到 100 V，那么电流是多少？

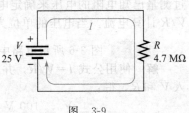

图 3-9

例 3-8 将图 3-9 中电阻 R 更改为 $1.8\ M\Omega$，那么电流为多少？

解 当伏[特]电压除以兆欧电阻，得到的电流是微安。

$$I = \frac{V}{R} = \frac{25 \text{ V}}{1.8 \text{ M}\Omega} = 13.9 \text{ μA}$$

同步练习 如果图 3-9 中的电阻 R 加倍，那么电流为多少？

远低于 50 V 的电压通常为小电压，常见于半导体电路中。不过，偶尔也会遇到大电压。例如，一些老式电视接收机的供电电压约为 20 000 V(20 kV)。电力公司产生的输电电压可能高达 765 000 V(765 kV)。下面的两个例子说明了如何使用千伏范围内的电压值来计算电流。

例 3-9 12 kΩ 电阻上施加 24 kV 电压可以产生多大电流？

解 千伏电压除以千欧电阻，词头相约。因此，电流是以安[培]为单位的。

$$I = \frac{V}{R} = \frac{24 \text{ kV}}{12 \text{ k}\Omega} = \frac{24 \times 10^3 \text{ V}}{12 \times 10^3 \text{ }\Omega} = 2 \text{ A}$$

同步练习 施加 1 kV 电压，27 kΩ 电阻产生的电流是多少毫安？

例 3-10 当施加 50 kV 电压时，通过 100 MΩ 电阻的电流是多少？

解 用 50×10^3 V 代替 50 kV，用 100×10^6 Ω 代替 100 MΩ。

$$I = \frac{V}{R} = \frac{50 \text{ kV}}{100 \text{ M}\Omega} = \frac{50 \times 10^3 \text{ V}}{100 \times 10^6 \text{ }\Omega} = 0.5 \times 10^{-3} \text{ A} = 0.5 \text{ mA}$$

记住，50 除以 100 得到 0.5，分子中 10 的次幂减去分母中 10 的次幂(即次幂 3 减去次幂 6)，得到 10^{-3}。

同步练习 当施加 10 kV 电压时，通过 6.8 MΩ 电阻的电流是多少？

学习效果检测

对于问题 1~4，计算电流。

1. $V = 10$ V，$R = 5.6$ Ω。
2. $V = 100$ V，$R = 560$ Ω。
3. $V = 5$ V，$R = 2.2$ kΩ。
4. $V = 15$ V，$R = 4.7$ MΩ。
5. 如果一个 4.7 MΩ 的电阻两端有 20 kV 的电压，流过该电阻的电流有多大？
6. 2.2 MΩ 电阻两端有 10 kV 电压，会产生多大电流？

3.3 电压的计算

本节举例说明使用欧姆定律公式 $V = IR$ 计算电压的方法。

学完本节内容后，你应该能够计算电路中的电压，具体就是：

- 已知电流和电阻时，用欧姆定律求电压。
- 当用带有公制词头的单位表示电流和电阻时，计算电压。

以下示例使用公式 $V = IR$。当电流 I 单位为安[培](A)、电阻 R 单位为欧[姆](Ω)时，电压单位为伏[特](V)。

例 3-11 在图 3-10 所示的电路中，产生 5 A 电流需要多大电压？

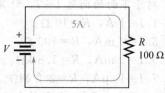

图 3-10

解 将 5 A 电流 I 和 100 Ω 电阻 R 代入公式 $V = IR$，得：

$$V = IR = 5 \text{ A} \times 100 \text{ }\Omega = 500 \text{ V}$$

因此，若在 100 Ω 电阻上产生 5 A 电流，需要施加 500 V 电压。

同步练习 在图 3-10 中，产生 2.0 A 电流需要多大电压？

单位带公制词头时电压的计算

毫安（mA）和微安（μA）电流在电子电路中很常见。以下两个示例说明如何使用毫安（mA）和微安（μA）等级的电流计算电压。

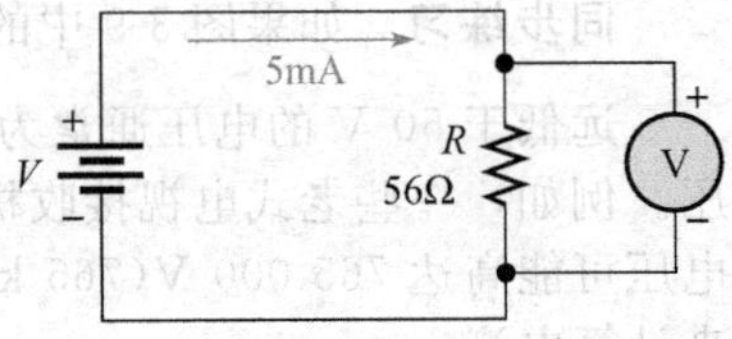

 例 3-12 在图 3-11 所示电阻上测量的电压是多少？

解 5 mA 等于 5×10^{-3} A。将电流 I 和电阻 R 的数值代入公式 $V = IR$，得：

$$V = IR = 5 \text{ mA} \times 56 \text{ }\Omega = 5 \times 10^{-3} \text{ A} \times 56 \text{ }\Omega$$
$$= 280 \times 10^{-3} \text{ V} = 280 \text{ mV}$$

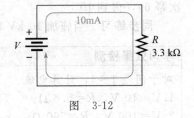

图 3-11

同步练习 在图 3-11 中，如果 $R = 33 \text{ }\Omega$、$I = 1.5 \text{ mA}$，R 两端测量的电压是多少？

使用 Multisim 文件 E03-12 验证本例的计算结果，并核实你对同步练习的计算结果。

例 3-13 假设太阳电池接入 $100 \text{ }\Omega$ 电阻时产生 $180 \text{ }\mu\text{A}$ 电流，则电阻两端电压有多少？

解 $180 \text{ }\mu\text{A}$ 等于 180×10^{-6} A。将电流 I 和电阻 R 的数值代入公式 $V = IR$，得：

$$V = IR = 180 \text{ }\mu\text{A} \times 100 \text{ }\Omega = 180 \times 10^{-6} \text{ A} \times 100 \text{ }\Omega = 18 \times 10^{-3} \text{V} = 18 \text{ mV}$$

同步练习 如果通过 $47 \text{ }\Omega$ 电阻的电流为 $3.2 \text{ }\mu\text{A}$，电阻两端的电压是多少？

下面的两个例子说明了如何用千欧（kΩ）和兆欧（MΩ）的电阻值计算电压。

例 3-14 图 3-12 中的电流为 10 mA，电压是多少？

解 10 mA 等于 10×10^{-3}A，$3.3 \text{ k}\Omega$ 等于 $3.3 \times 10^{3} \text{ }\Omega$。将这些数值代入公式 $V = IR$，得：

$$V = IR = 10 \text{ mA} \times 3.3 \text{ k}\Omega$$
$$= 10 \times 10^{-3} \text{ A} \times 3.3 \times 10^{3} \text{ }\Omega = 33 \text{ V}$$

注意 10^{-3} 和 10^{3} 相乘结果为 $10^{-3+3} = 10^{0} = 1$。因此，当毫安电流和千欧电阻相乘时，结果为伏[特]电压。

图 3-12

同步练习 如果图 3-12 中的电流是 25 mA，那么电压是多少？

使用 Multisim 文件 E03-14 验证本例的计算结果，并核实你对同步练习中的计算结果。

 例 3-15 如果通过 $4.7 \text{ M}\Omega$ 电阻的电流为 $50 \text{ }\mu\text{A}$，那么电压是多少？

解 $50 \text{ }\mu\text{A}$ 等于 50×10^{-6}A，$4.7 \text{ M}\Omega$ 等于 $4.7 \times 10^{6} \text{ }\Omega$。将这些数值代入公式 $V = IR$，得：

$$V = IR = 50 \text{ }\mu\text{A} \times 4.7 \text{ M}\Omega = 50 \times 10^{-6} \text{ A} \times 4.7 \times 10^{6} \text{ }\Omega = 235 \text{ V}$$

注意：当微安电流和兆欧电阻相乘时，结果为伏[特]电压。

同步练习 如果 $450 \text{ }\mu\text{A}$ 电流通过 $3.9 \text{ M}\Omega$ 电阻，那么电压是多少？

学习效果检测

对于下面的问题 1~7，计算电压。

1. $I = 1 \text{ A}$，$R = 10 \text{ }\Omega$。　　　　　2. $I = 8 \text{ A}$，$R = 470 \text{ }\Omega$。

3. $I = 3 \text{ mA}$，$R = 100 \text{ }\Omega$。　　　　4. $I = 25 \text{ }\mu\text{A}$，$R = 56 \text{ }\Omega$。

5. $I = 2 \text{ mA}$，$R = 1.8 \text{ k}\Omega$。　　　　6. $I = 5 \text{ mA}$，$R = 100 \text{ M}\Omega$。

7. $I = 10 \text{ }\mu\text{A}$，$R = 2.2 \text{ M}\Omega$。

8. 通过 $4.7 \text{ k}\Omega$ 电阻的电流为 100 mA，该电阻两端电压是多少？

9. 在 $3.3 \text{ k}\Omega$ 电阻两端施加多少电压才能产生 3 mA 的电流？

10. 电池接以 $6.8 \text{ }\Omega$ 电阻负载，产生 2 A 电流，电池电压是多少？

3.4 电阻的计算

本节举例说明使用欧姆定律公式 $R=V/I$ 计算电阻的方法。

学完本节内容后,你应该能够计算电路中的电阻,具体就是:

- 当已知电压和电流时,用欧姆定律计算电阻。
- 当用带有公制词头的单位表示电压和电流时,计算电阻。

下面的例子使用公式 $R=V/I$。当电压 V 的单位为伏[特],电流 I 的单位为安[培]时,电阻 R 的单位为欧[姆]。

例 3-16 在图 3-13 所示的电路中,电阻为多少时,电池的电流才为 3.08 A?

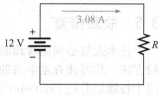

图 3-13

解 将 12V 电压和 3.08 A 电流代入公式 $R=V/I$,得:

$$R = \frac{V}{I} = \frac{12\ V}{3.08\ A} = 3.90\ \Omega$$

同步练习 在图 3-13 中,若电流为 5.45 A,R 必须改变到什么值?

例 3-17 用欧姆定律计算某车后窗除霜器格栅的电阻。当它连接到 12.6 V 电压时,它从电池中吸收 15.0 A 电流。求除霜器格栅电阻是多少?

解

$$R = \frac{V}{I} = \frac{12.6\ V}{15.0\ A} = 0.84\ \Omega$$

同步练习 如果一根栅格导线断开,电流降到 13.0 A,则新的电阻是多少?

单位带公制词头时电阻的计算

以下两个例子说明了如何使用毫安(mA)和微安(μA)等级的电流值计算电阻。

例 3-18 假设图 3-14 中的电流表读数为 4.55 mA,并且电压表的读数是 150 V。电阻 R 的值是多少?

解 4.55 mA 等于 4.55×10^{-3} A。将电压和电流数值代入公式 $R=V/I$,得:

$$R = \frac{V}{I} = \frac{150\ V}{4.55\ mA} = \frac{150\ V}{4.55 \times 10^{-3}\ A}$$
$$= 33 \times 10^3\ \Omega = 33\ k\Omega$$

当伏[特]电压除以毫安电流时,电阻的单位为千欧。

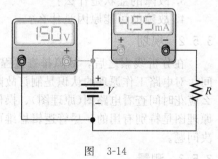

图 3-14

同步练习 如果电流表读数为 1.10 mA,电压表读数为 75 V,那么电阻 R 是多少?

 使用 Multisim 文件 E03-18 验证本例的计算结果,并核实你对同步练习的计算结果。

例 3-19 假设图 3-14 中的电阻值改变了。如果电池电压仍为 150 V,电流表读数为 68.2 μA,那么新的电阻值是多少?

解 68.2 μA 等于 68.2×10^{-6} A。将电压和电流数值代入公式求电阻 R,得:

$$R = \frac{V}{I} = \frac{150\ V}{68.2\ \mu A} = \frac{150\ V}{68.2 \times 10^{-6}\ A} = 2.2 \times 10^6\ \Omega = 2.2\ M\Omega$$

同步练习 如果在图 3-14 中改变电阻值,使电流表读数为 48.5 μA,那么新的电阻值是多少?假设 $V=150$ V。

学习效果检测

对于下面的问题 1～5，计算电阻 R。

1. $V=10$ V，$I=2.13$ A。　　　　2. $V=270$ V，$I=10$ A。

3. $V=20$ kV，$I=5.13$ A。　　　　4. $V=15$ V，$I=2.68$ mA。

5. $V=5$ V，$I=2.27$ μA。

6. 有一个电阻，测量其两端电压为 25 V，电流表显示电流为 53.2 mA。电阻值是多少千欧，多少欧[姆]？

3.5　故障排查

技术人员必须能够诊断和维修发生故障的电路。本节通过简单示例学习故障排查的一般方法。故障排查是本书的一个重要内容，可以在许多章节中找到故障排查的内容，包括用于技能培养的 Multisim 仿真电路。

学完本节内容后，你应该能够描述故障排查的基本方法，具体就是：

- 列出故障排查的 3 个步骤。
- 解释什么是半分割法。
- 讨论并比较电压、电流和电阻的基本测量方法。

故障排查是运用逻辑思维，结合对电路或系统运行的全面了解来纠正故障。故障排查的基本方法包括 3 个步骤：分析、规划和测量，将这三步方法称为 APM。

3.5.1　分析

排查电路故障的第一步是分析故障的线索或症状。分析可以从确定某些问题的答案开始：

1. 电路工作过吗？
2. 如果电路曾经工作过，那么它在什么条件下发生故障？
3. 故障的症状是什么？
4. 故障的可能原因是什么？

3.5.2　规划

在分析线索之后，故障排查过程的第二步是逻辑性的规划。适当的规划可以节省很多时间。对电路工作原理的认识是制订故障排查规划的先决条件。如果不确定电路如何工作，那么应花时间查看电路图（原理图）、操作说明和其他相关信息。在不同测试点标记适当电压的原理图是特别有用的。尽管逻辑思维可能是故障排查中最重要的工具，但它很少能够单独解决问题。

3.5.3　测量

第三步是通过仔细测量来缩小可能的故障范围。这些测量通常可以确定在解决问题时所采取的方向，或者它们可以指向应该采取的新方向。偶尔也可能会发现一个完全出乎意料的结果。

3.5.4　APM 实例

可以用一个简单的例子说明 APM 方法的部分过程。假设有一组 8 个 12 V 的装饰灯泡串联到一个 120 V 电源上，如图 3-15 所示。假设这个电路某次被移到一个新的地方后就停止了工作。再接通时，灯不亮。如何着手排查故障？

分析过程　在分析情况时可能会这样想：

- 因为电路在移动之前能够工作，所以问题可能是移动后没有电压。
- 可能是电线松了，移动时被拉开了。
- 灯泡的灯座可能松动或灯丝被烧坏了。

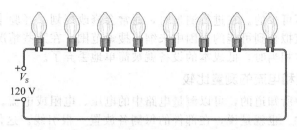

图 3-15 与电压源相连的一串灯泡

这个推理已经考虑了可能发生故障的原因。分析过程仍可继续：

• 电路一旦已工作过，就排除了原电路接线不当的可能性。
• 如果故障是由于开路造成的，不太可能有一个以上的开路，可能是连接不良或灯泡烧坏。

现在已经分析了问题，并准备好规划和查找电路中的故障。

规划过程 规划过程的第一步是测量移动到新位置后的电压。如果电压存在，则问题出在串联的灯中。如果电压不存在，则检查室内配电箱中的断路器。复位断路器之前，应考虑断路器可能跳闸的原因。假设电压存在。这意味着问题出在一连串的灯上。

规划过程的第二步是测量串联灯中的电阻或者灯泡上的电压。决定是测量电阻还是电压是个问题，可以根据测试的容易程度来决定。很少有一个故障排查规划可以制订得很完整，以至于包括了所有可能的意外事件。在进行过程中，经常需要修改规划。

测量过程 继续执行规划过程的第一步，使用万用表检查移动到新位置后的电压。假设测量显示电压为 120 V。现在已经排除了没有电压的可能性。知道已有电压施加在串联灯泡上，且没有电流，则必定存在开路。灯泡烧坏了、灯座的连接断了，或者电线断了，都可能导致开路。

接下来，用万用表测量电阻来确定断路发生的位置。运用逻辑思维，决定测量每半根线的电阻，而不是测量每个灯泡的电阻。通过一次测量一半灯泡的电阻，通常可以减少找到开路点所需的工作量。这种技术被称为**半分割法**。

一旦确定了发生开路的那一半线（如电阻为无穷大），则在有故障的那一半线上再次使用半分割法继续测量，直到将故障缩小到灯泡或连接点为止。该过程如图 3-16 所示，为便于说明，假设第七个灯泡被烧坏。

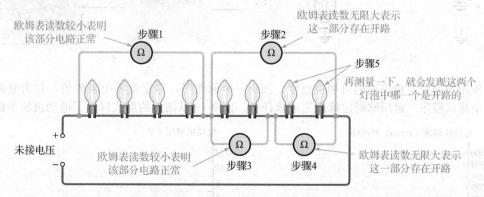

图 3-16 说明故障排查中的半分割法。步骤序号表示万用表从一个位置移到另一个位置的顺序

在这种特殊情况下，半分割法最多需要 5 次测量就能确定灯泡是否开路。如果逐个测量每个灯泡，并从左边开始，则需要 7 次测量。半分割法有时可以节省步骤，有时又不节省。所需步骤的数量取决于你在哪里进行测量，以及按什么顺序进行测量。

不幸的是，大多数故障排查都比这个例子难。然而，分析和规划对于任何情况下的有效排查故障都是必不可少的。在进行测量时，通常会修改规划。经验丰富的故障排查人员通过将症状和测量值拟合到可能的原因中来缩小搜索范围。在某些情况下，当故障排查和维修成本与更换成本相当时，低成本的设备就被简单地丢弃了。

3.5.5 电压、电阻和电流的测量比较

正如在 2.7 节中所知道的，可以测量电路中的电压、电阻或电流。要测量电压，将电压表并联至被测部件。也就是说，在部件的每侧各放置一根引线。这使得电压测量成为 3 种测量中最简单的一种。

要测量电阻，将欧姆表连接到被测部件上。但是，必须首先断开电源，通常还必须将部件的一端从电路上拆下，使其与电路其他部分隔离。因此，电阻测量通常比电压测量要困难一些。

要测量电流，将电流表与被测部件串联。为此，在连接电流表之前，必须先断开部件或导线。这通常使电流测量最难进行。

学习效果检测
1. 请说出 APM 故障排查方法中的 3 个步骤。 2. 解释半分割法的基本思想。 3. 为什么测量电压比测量电流更容易？

应用案例

在本应用案例中，开发了一种电阻电路，用于控制小型直流电动机的转速以驱动风扇。该装置安装在机柜中，用于冷却电子设备。控制直流电动机转速的一种方法是将电阻连接到电动机上，如图 3-17 所示。电阻减小了电动机的电流，因此降低了电动机的转速。这种方法只推荐在小型电动机中使用，因为电阻会浪费能量，使整体效率较低。

本应用需要一个允许选择 4 种电动机转速的电路。如图 3-18 所示，控制电路安装在一个小盒子中，该盒子将连接到机柜上，以控制风扇电动机的转速。

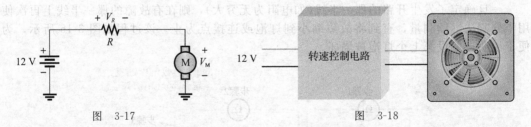

图 3-17   图 3-18

应用中需要 4 种不同的可切换速度。画出一个原理图，确定所需电阻的值，并为电路准备一个测试程序。运用欧姆定律来完成该任务。图 3-19 以图形的形式提供了电动机的参数。

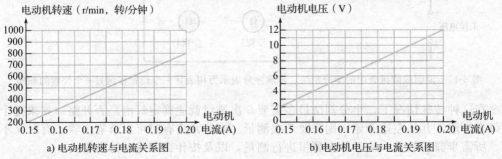

a) 电动机转速与电流关系图   b) 电动机电压与电流关系图

图 3-19

规格要求

- 通过旋转开关选择电阻值，每次只有一个电阻连接到电动机上。
- 4 个近似转速设定值分别为 800 r/min、600 r/min、400 r/min 和 200 r/min。
- 电动机在 800 r/min 时最大额定电压为 12 V。
- 电路板应连接至 12 V 直流电源和风扇电动机上，并在机柜内进行布线。

电阻的计算

电阻箱已标明速度值，PCB 如图 3-20 所示。

1. 使用图 3-19 中的电动机参数和欧姆定律来计算最接近所需标准的电阻大小。提示：为了计算电阻上的电压 V_R，只需从 12V 中减去电动机电压 V_M。

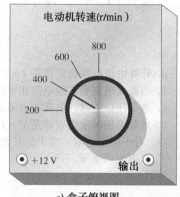
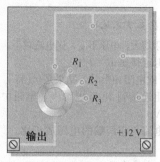

a) 盒子俯视图　　　　　　　　b) 电路板

图　3-20

原理图

2. 根据要求和电路板布局，设计电路原理图。

3. 在每个电阻旁边标明其标准值。

测试过程

4. 在电阻箱搭建好后，列出确保其正常工作的步骤。

5. 列出在测试中要用到的仪器。

故障排查

针对以下问题，请描述在电路板上最可能的故障原因：

6. 当连接在 +12 V 端子和输出端子之间时，在 600 r/min 位置，欧姆表读取的电阻值为无穷大。

7. 当连接在 +12 V 端子和输出端子之间时，在所有开关位置，欧姆表读取的电阻值都为无穷大。

8. 所有电阻的测量读数都比列出的值高 10%。

检查与复习

9. 解释如何将欧姆定律应用到此问题。

10. 描述电流和电动机转速之间的关系。

本章总结

- 电阻的电压和电流成正比。
- 欧姆定律给出了电压、电流和电阻的关系。
- 电阻元件中电流与电阻成反比。
- kilohm（kΩ）是千欧。
- megohm（MΩ）是兆欧。

- microampere（μA）是一百万分之一安。
- milliampere（mA）是一千分之一安。
- 用 $I=V/R$ 计算电流。
- 用 $V=IR$ 计算电压。
- 用 $R=V/I$ 计算电阻。
- APM 是三步故障排查法，包括分析、规划和测量。
- 半分割法是一种故障排查技术，用于减少发现问题所需的测量次数。

重要公式

3-1　$I=\dfrac{V}{R}$，计算电流的欧姆定律形式。

3-2　$V=IR$，计算电压的欧姆定律形式。

3-3　$R=\dfrac{V}{I}$，计算电阻的欧姆定律形式。

对/错判断（答案在本章末尾）

1. 如果电路的总电阻增大，电压不变，则电流减小。
2. 计算电阻的欧姆定律是 $R=I/V$。
3. 当毫安电流和千欧电阻相乘时，结果是伏[特]。
4. 如果 10 kΩ 电阻连接到 10 V 电源上，电阻中的电流将为 1 A。
5. 固定电阻中的电流与它两端的电压成正比。
6. 计算电流的欧姆定律是 $I=V/R$。
7. 当微安电流和兆欧电阻相乘时，结果是微伏。
8. 当电压恒定时，电流与电阻成反比。
9. 计算电压的欧姆定律是 $V=I/R$。
10. 对于固定电阻，当 I 是 V 的函数时，直线的斜率表示电导。

自我检测（答案在本章末尾）

1. 欧姆定律指出
   - (a) 电流等于电压乘以电阻
   - (b) 电压等于电流乘以电阻
   - (c) 电阻等于电流除以电压
   - (d) 电压等于电流二次方乘以电阻
2. 当电阻上的电压加倍时，电流将变为
   - (a)3 倍　(b)减半　(c)加倍　(d)不变
3. 当在 20 Ω 电阻上施加 10 V 电压时，电流为
   - (a)10 A　　　　　(b)0.5 A
   - (c)200 A　　　　 (d)2 A
4. 当通过 1.0 kΩ 电阻的电流为 10 mA 时，电阻上的电压为
   - (a)100 V　　　　 (b)0.1 V
   - (c)10 kV　　　　 (d)10 V
5. 如果在电阻上施加 20 V 电压，并且电流为 6.06 mA，则电阻为
   - (a)3.3 kΩ　　　　(b)33 kΩ
   - (c)330 kΩ　　　　(d)3.03 kΩ
6. 通过 4.7 kΩ 电阻的电流为 250 μA，电阻上产生的电压降为
   - (a)53.2 V　　　　(b)1.18 mV
   - (c)18.8 V　　　　(d)1.18 V
7. 1 kV 电源连接到 2.2 MΩ 电阻上，产生的电流约为
   - (a)2.2 mA　　　　(b)0.455 mA
   - (c)45.5 μA　　　　(d)0.455 A
8. 将 10 V 电池的电流限制在 1 mA，需要串联多大电阻？
   - (a)100 Ω　　　　 (b)1.0 kΩ
   - (c)10 Ω　　　　　(d)10 kΩ
9. 电加热器的电源为 110 V，电流为 2.5 A。加热元件的电阻为
   - (a)275 Ω　　　　 (b)22.7 mΩ
   - (c)44 Ω　　　　　(d)440 Ω
10. 通过手电筒灯泡的电流为 20 mA，电池总电压为 4.5 V。灯泡的电阻为
    - (a)90 Ω　　　　　(b)225 Ω
    - (c)4.44 Ω　　　　(d)45 Ω

电路行为变化趋势判断（答案在本章末尾）

1. 如果通过固定电阻的电流从 10 mA 变为 12 mA，那么电阻电压将
   - (a)增大　　　　(b)减小　　　　(c)保持不变
2. 如果固定电阻上的电压从 10 V 变为 7 V，那么通过电阻的电流将
   - (a)增大　　　　(b)减小　　　　(c)保持不变
3. 一个可变电阻的电压为 5 V，如果降低电阻值，那么通过它的电流将
   - (a)增大　　　　(b)减小　　　　(c)保持不变
4. 如果电阻上的电压从 5 V 增加到 10 V，电流从 1 mA 增加到 2 mA，那么电阻将
   - (a)增大　　　　(b)减小　　　　(c)保持不变

参见图 3-4

5. 如果施加更大的电压并在同一个图上绘制结果，那么直线的斜率将
   (a)增大　　　　(b)减小　　　　(c)保持不变

6. 如果在同一张图上绘制较大电阻值的伏安特性曲线，那么该直线的斜率将
   (a)增大　　　　(b)减小　　　　(c)保持不变

参见图 3-14

7. 如果电压表读数变为 175V，那么电流表的读数将
   (a)增大　　　　(b)减小　　　　(c)保持不变

8. 如果 R 变大，电压表读数保持为 150V，那么电流表的读数将
   (a)增大　　　　(b)减小　　　　(c)保持不变

9. 如果将电阻从电路上拆下，变为开路，那么电流表的读数将
   (a)增大　　　　(b)减小　　　　(c)保持不变

10. 如果将电阻从电路上拆下，变为开路，那么电压表的读数将
    (a)增大　　　　(b)减小　　　　(c)保持不变

参见图 3-25

11. 如果调节变阻器以增加电阻，那么通过加热元件的电流将
    (a)增大　　　　(b)减小　　　　(c)保持不变

12. 如果调节变阻器以增加电阻，那么电源电压将
    (a)增大　　　　(b)减小　　　　(c)保持不变

13. 如果熔丝断开，那么加热元件上的电压将
    (a)增大　　　　(b)减小　　　　(c)保持不变

14. 如果电源电压升高，那么加热元件上的电压将
    (a)增大　　　　(b)减小　　　　(c)保持不变

15. 如果将熔丝换成额定值更高的熔丝，那么通过变阻器的电流将
    (a)增大　　　　(b)减小　　　　(c)保持不变

参见图 3-27

16. 如果灯熄灭(开路)，那么电流将
    (a)增大　　　　(b)减小　　　　(c)保持不变

17. 如果灯熄灭了，那么它上面的电压将
    (a)增大　　　　(b)减小　　　　(c)保持不变

分节习题(较难的问题用星号(＊)表示，奇数题答案在本书末尾)

3.1 节

1. 在由电压源和电阻组成的电路中，描述下列情况下电流的变化。
   (a)电压增加 3 倍　　　　(b)电压降低 75%
   (c)电阻加倍　　　　　　(d)电阻降低 35%
   (e)电压加倍，电阻减半
   (f)电压加倍，电阻加倍

2. 当 V 和 R 的值已知时，说明用于计算 I 的公式。

3. 当 I 和 R 的值已知时，说明用于计算 V 的公式。

4. 当 V 和 I 的值已知时，说明用于计算 R 的公式。

5. 可变电压源与图 3-21 所示电路相连。从 0 V 开始，以 10 V 步进至 100 V。确定每个电压点的电流，并绘制 V 与 I 的关系图。该关系图是否为直线？图上显示的是什么？

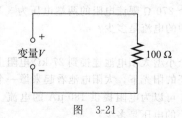

图　3-21

6. 在某一电路中，当 V＝1 V 时，I＝5 mA。计算同一电路中下列各电压对应的电流：
   (a)V＝1.5 V　　　　(b)V＝2 V
   (c)V＝3 V　　　　　(d)V＝4 V

   (e)V＝10 V

7. 图 3-22 是 3 个电阻的电流与电压的关系图。计算 R_1、R_2 和 R_3。

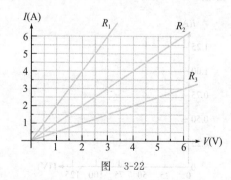

图　3-22

8. 绘制四色环电阻的电流-电压关系图，色环为灰色、红色、红色、金色。

9. 用色环为棕色、绿色、灰色、棕色、红色绘制五色环电阻的电流-电压关系图。

10. 计算图 3-23 中每个电路的电流。

＊11. 正在测量一个由 10 V 电池供电的电路中的电流。电流表读数为 50 mA，后来发现电流降到了 30 mA。排除了电阻变化的可能性，得出了电压已经改变的结论。问电池电压变化了多少？它的新值是多少？

＊12. (a)如果希望通过改变 20 V 电源电压，将电阻中的电流从 10 mA 增加到 15 mA，那

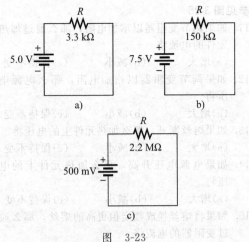

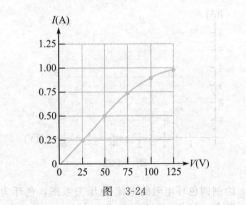

图　3-23

么电压应该改变多少？（b）电源电压的新值是多少？（c）电阻的阻值是多少？

13. 为以下每一个电阻绘制步进为 10 V 且范围为 10～100 V 的电流与电压关系图：
    (a)1.0 Ω　　　　　　(b)5.0 Ω
    (c)20 Ω　　　　　　 (d)100 Ω

14. 问题 13 中的图表是否表示电压和电流之间的线性关系？请解释。

15. 图 3-24 显示了某个灯泡的伏安曲线。从图表上看，随着电压的增加，电阻会发生什么变化？

I(A)

图　3-24

16. 对于图 3-24 所示的灯泡，当电压为 25V 时，电阻是多少？

3.2 节

17. 计算下列每种情况下的电流：
    (a)$V=5$ V，$R=1.0$ Ω
    (b)$V=15$ V，$R=10$ Ω
    (c)$V=50$ V，$R=100$ Ω
    (d)$V=30$ V，$R=15$ kΩ
    (e)$V=250$ V，$R=5.6$ MΩ

18. 计算下列每种情况下的电流：
    (a)$V=9$ V，$R=2.7$ kΩ

(b)$V=5.5$ V，$R=10$ kΩ
(c)$V=40$ V，$R=68$ kΩ
(d)$V=1$ kV，$R=2.2$ kΩ
(e)$V=66$ kV，$R=10$ MΩ

19. 假设 200 mV 电压施加在 330 mΩ 的电流检测电阻上，那么通过电阻器的电流是多少？

20. 某个电阻器有以下颜色的色环：橙色、橙色、红色、金色。当 12 V 电源连接到该电阻上时，计算测量到的可能的最大和最小电流。

21. 一个四色环电阻连接在 25 V 电源的两端。如果色环颜色是黄色、紫色、橙色、银色，计算电阻中的电流。

22. 一个五色环电阻连接在 12 V 电源的两端。如果色环颜色是橙色、紫色、黄色、金色、棕色，计算电流值。

23. 如果问题 22 中的电压加倍，0.5 A 熔丝会熔断吗？解释你的答案。

24. 某后窗除霜器的电阻为 1.4 Ω。当连接到电压为 12.6 V 的蓄电池上时，电流是多少？

*25. 如果问题 24 中的蓄电池电压降至 10.5 V，则除霜器中的电流有什么变化？

*26. 在图 3-25 中，变阻器用于控制加热元件的电流，并连接至电位器。当变阻器调整到 8 Ω 或更低的值时，加热元件可能烧坏。如果加热元件在最大电流时电压为 100 V，变阻器上的电压是加热元件电压和电源电压之差，那么保护电路所需的熔丝额定值是多少？

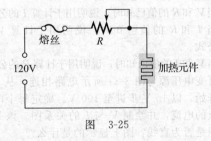

图　3-25

27. 一个 270 Ω 限流电阻的两端电压为 3 V，电阻中的电流是多少？

3.3 节

28. 一个小型太阳电池连接到 27 kΩ 电阻上。在明亮的阳光下，太阳电池看起来像一个电流源，可以为电阻提供 180 μA 的电流。问电阻上的电压是多少？

29. 计算下列每组 I 和 R 条件下的电压：
    (a)$I=2$ A，$R=18$ Ω
    (b)$I=5$ A，$R=56$ Ω
    (c)$I=2.5$ A，$R=680$ Ω

(d)I=0.6 A，R=47 Ω

(e)I=0.1 A，R=560 Ω

30. 计算下列每组 I 和 R 条件下的电压：

(a)I=1 mA，R=10 Ω

(b)I=50 mA，R=33 Ω

(c)I=3 A，R=5.6 kΩ

(d)I=1.6 mA，R=2.2 kΩ

(e)I=250 μA，R=1.0 kΩ

(f)I=500 mA，R=1.5 MΩ

(g)I=850 μA，R=10 MΩ

(h)I=75 μA，R=47 Ω

31. 电压源连接 27 Ω 的电阻，测量的电流为 3 A，电源产生多少电压？

32. 为图 3-26 所示电路中的每个电源分配一个电压值，以获得所指示的电流。

*33. 6 V 电源通过 2 根 12 ft 长的 18 号铜线连接到 100 Ω 的电阻器上。总电阻包括 100 Ω 电阻和 2 根导线上的电阻。计算以下值：

(a)电流

(b)电阻电压降

(c)每段导线的电压降

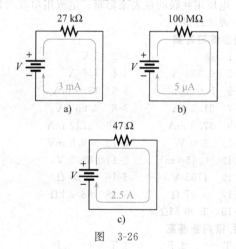

图 3-26

3.4 节

34. 计算下列每组 V 和 I 值下的变阻器电阻：

(a)V=10 V，I=2 A

(b)V=90 V，I=45 A

(c)V=50 V，I=5 A

(d)V=5.5 V，I=10 A

(e)V=150 V，I=0.5 A

35. 计算下列每组 V 和 I 值下的变阻器电阻：

(a)V=10 kV，I=5 A

(b)V=7 V，I=2 mA

(c)V=500 V，I=250 mA

(d)V=50 V，I=500 μA

(e)V=1 kV，I=1 mA

36. 在电阻上施加 6 V 电压，测量电流为 2 mA。电阻值多少？

37. 图 3-27a 电路中的灯丝具有一定的电阻，可用图 3-27b 中的等效电阻来表示。如果灯在电压为 120 V 和 0.8 A 电流下工作，在灯亮时灯丝的电阻是多少？

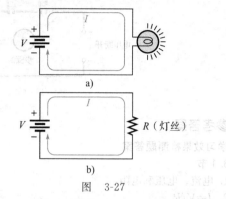

图 3-27

38. 某电气设备有未知电阻。目前有一个 12 V 的电池和一个电流表，如何确定这个未知电阻值？画出必要的电路连接。

39. 通过改变图 3-28 所示电路中的变阻器(可变电阻)，可以改变电流的大小。

(a)若使电流为 50 mA，变阻器的电阻应该是多少？

(b)要将电流调整到 100 mA，变阻器的电阻又应该是多少？

(c)此电路有什么问题？

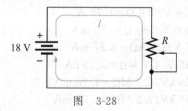

图 3-28

3.5 节

40. 在图 3-29 所示的照明电路中，根据一系列欧姆表的读数确定故障灯泡的位置。

41. 假设有 32 个灯泡串联，其中一个灯泡烧坏了。使用半分割法并从电路的左半部分开始检测，如果故障灯泡位于左侧第 17 位，则需要测量多少个电阻才能找到它？

故障排查

这些问题需要使用 Multisim 仿真软件。

42. 打开文件 P03-42，确定 3 个电路中的哪一个工作不正常。

43. 打开文件 P03-43，测量电阻器的电阻值。

44. 打开文件 P03-44，确定电流和电压值。

45. 打开文件 P03-45，确定电源电压值和电阻值。

46. 打开文件 P03-46，找到电路的故障。

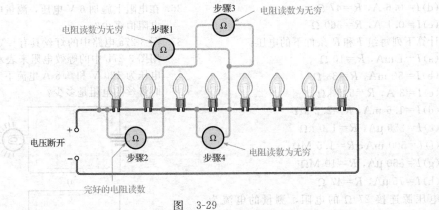

图 3-29

参考答案

学习效果检测题答案

3.1 节

1. 电流、电压和电阻。

2. $I = V/R$

3. $V = IR$

4. $R = V/I$

5. 当电压增加 3 倍时，电流也增加 3 倍。

6. 当电压减半时，电流减小到原值的一半。

7. 0.5 A

8. 如果电压加倍，电阻减半，那么电流将增加 4 倍。

9. $I = 5$ mA

10. $I = 6$ A

3.2 节

1. $I = 10 \text{ V}/5.6 \text{ } \Omega = 1.79$ A

2. $I = 100 \text{ V}/560 \text{ } \Omega = 179$ mA

3. $I = 5 \text{ V}/2.2 \text{ k}\Omega = 2.27$ mA

4. $I = 15 \text{ V}/4.7 \text{ M}\Omega = 3.19$ μA

5. $I = 20 \text{ kV}/4.7 \text{ M}\Omega = 4.26$ mA

6. $I = 10 \text{ kV}/2.2 \text{ M}\Omega = 4.55$ mA

3.3 节

1. $V = 1 \text{ A} \times 10 \text{ } \Omega = 10$ V

2. $V = 8 \text{ A} \times 470 \text{ } \Omega = 3.76$ kV

3. $V = 3 \text{ mA} \times 100 \text{ } \Omega = 300$ mV

4. $V = 25 \text{ μA} \times 56 \text{ } \Omega = 1.4$ mV

5. $V = 2 \text{ mA} \times 1.8 \text{ k}\Omega = 3.6$ V

6. $V = 5 \text{ mA} \times 100 \text{ M}\Omega = 500$ kV

7. $V = 10 \text{ μA} \times 2.2 \text{ M}\Omega = 22$ V

8. $V = 100 \text{ mA} \times 4.7 \text{ k}\Omega = 470$ V

9. $V = 3 \text{ mA} \times 3.3 \text{ k}\Omega = 9.9$ V

10. $V = 2 \text{ A} \times 6.8 \text{ } \Omega = 13.6$ V

3.4 节

1. $R = 10 \text{ V}/2.13 \text{ A} = 4.7 \text{ } \Omega$

2. $R = 270 \text{ V}/10 \text{ A} = 27 \text{ } \Omega$

3. $R = 20 \text{ kV}/5.13 \text{ A} = 3.9 \text{ k}\Omega$

4. $R = 15 \text{ V}/2.68 \text{ mA} = 5.6 \text{ k}\Omega$

5. $R = 5 \text{ V}/2.27 \text{ μA} = 2.2 \text{ M}\Omega$

6. $R = 25 \text{ V}/53.2 \text{ mA} = 0.47 \text{ k}\Omega = 470 \text{ } \Omega$

3.5 节

1. 分析、规划和测量。

2. 半分割法通过连续分割剩余电路的一半电路来识别故障。

3. 电压用并联的仪表来测量；电流用串联的仪表来测量。

同步练习答案

3-1	是	3-2	5 V
3-3	0.303 A	3-4	1.6 A
3-5	5.0 mA	3-6	13.6 mA
3-7	21.3 μA	3-8	2.66 μA
3-9	37.0 mA	3-10	1.47 mA
3-11	200 V	3-12	49.5 mV
3-13	0.150 mV	3-14	82.5 V
3-15	1755 V	3-16	2.20 Ω
3-17	0.97 Ω	3-18	68.2 kΩ
3-19	3.09 MΩ		

对/错判断答案

1. T		2. F		3. T		4. F	
5. T		6. T		7. F		8. T	
9. F		10. T					

自我检测题答案

1. (b)		2. (c)		3. (b)		4. (d)	
5. (a)		6. (d)		7. (b)		8. (d)	
9. (c)		10. (b)					

电路行为变化趋势测判断答案

1. (a)	2. (b)	3. (a)	4. (c)
5. (c)	6. (b)	7. (a)	8. (b)
9. (b)	10. (c)	11. (b)	12. (c)
13. (b)	14. (a)	15. (c)	16. (b)
17. (c)			

能量与功率

▶ **教学目标**
- 表述能量和功率
- 计算电路中的功率
- 基于功率值选择合适的电阻
- 解释电能转换与电压降
- 讨论稳压电源与电池的输出特性

▶ **应用案例预览**

在本应用案例中,你将看到本章所学的理论如何在电阻箱中得到体现。电阻箱作为测试对象,所有电阻的最大电压为 $5V$。你将确定每个电阻的额定功率,制订具体测试程序,并估算成本和列出零件清单。

▶ **引言**

第 3 章介绍了电流、电压和电阻的关系,即欧姆定律。电路中这 3 个物理量的存在会产生第四个基本物理量,称为功率。功率与 I、V 和 R 之间存在特定关系。

能量定义为做功的能力,功率是能量的变化率。电流携带电能通过电路。当自由电子通过电路中的电阻时,会与电阻材料中的原子发生碰撞,并释放出能量,所释放的电能被转换成热能。一般来说,电能转化为热能的速率就是电路消耗的功率。电能也可以转换成其他形式的能量,如声波或电磁波(光或无线电波)。

4.1 概述

当电流通过电阻时,电能被转换成热能或其他形式的能量,比如光能。一个常见的例子就是白炽灯泡,因为灯丝有电阻,所以通过灯丝的电流不仅会产生光,也会产生不必要的热量,使白炽灯泡变得太热而无法触摸。

学完本节内容后,你应该能够表述能量和功率,具体就是:
- 用能量表示功率。
- 表述功率的单位。
- 表述能量的单位。
- 计算能量和功率。

> 能量定义为做功的能力,功率定义为能量的变化速率。

功率(P)定义为在一定时间(t)内所消耗的能量(W),表示如下:

$$P = \frac{W}{t} \tag{4-1}$$

其中,P 表示功率,单位为瓦[特](W);W 表示能量,单位为焦[耳](J);t 表示时间,以秒(s)为单位。注意能量用斜体字母 W 表示,功率单位的瓦[特]用非斜体字母 W 表示。焦[耳](J)是能量的国际单位。

以焦[耳]为单位的能量,除上以秒为单位的时间,得到以瓦为单位的功率。例如,在 $2s$ 内消耗 $50J$ 的能量,则功率为 $50J/2s = 25W$。定义:

> 若在 $1s$ 时间内消耗 $1J$ 能量,则产生的功率为 $1W$。

因此，在 1 秒钟内消耗多少焦耳的能量便产生多少瓦[特]的功率。例如，在 1 s 内消耗 75 J 的能量，则功率为 $P = W/t = 75\ \text{J}/1\ \text{s} = 75\ \text{W}$。

在电子领域，远小于 1 W 的功率是很常见的。与表示非常小的电流值和电压值的方法一样，非常小的功率值也使用公制词头。因此，在某些应用中通常会见到毫瓦(mW)和微瓦(μW)。

在电力领域，千瓦(kW)和兆瓦(MW)是常用单位。包括广播(广播电台和电视台)、雷达，甚至空间通信在内的各种类型的发射机均使用大功率来传输信号，因此在这些领域通常使用千瓦和兆瓦来表示功率水平。描述大功率值的另一个常用单位是**马力**。大型电动机的额定功率通常用马力(hp)作为单位，其中 1 hp = 746 W。

如式(4-1)所示，功率是消耗能量的速率，即功率表示一段时间内所消耗的能量。以瓦[特]为单位的功率乘以以秒为单位的时间，会得到以焦[耳]为单位的能量，用符号 W 表示。

$$W = Pt$$

人物小贴士

詹姆斯·瓦特(James Watt, 1736—1819)　苏格兰发明家，他对蒸汽机进行了改进使其在工业中得以实用而闻名。瓦特获得了多项发明专利，包括旋转引擎。功率单位是以他的名字命名的。(图片来源：美国国会图书馆。)

例 4-1　100 J 的能量若在 5 s 内消耗掉，那么功率是多少瓦？

解

$$P = \frac{能量}{时间} = \frac{W}{t} = \frac{100\ \text{J}}{5\ \text{s}} = 20\ \text{W}$$

同步练习　如果 100 W 的功率持续 30 s，用焦[耳]表示的能量是多少？

例 4-2　使用适当的公制词头表示以下功率值：

(a) 0.045 W　　　　(b) 0.000 012 W　　(c) 3500 W　　　　(d) 10 000 000 W

解　(a) 0.045 W = 45 mW　　　　　　(b) 0.000 012 W = 12 μW

(c) 3500 W = 3.5 kW　　　　　　　　(d) 10 000 000 W = 10 MW

同步练习　表示以下功率(单位为瓦[特])，不带公制词头：

(a) 1 mW　　　　　(b) 1800 μW　　　　(c) 1000 mW　　　　(d) 1 μW

人物小贴士

詹姆斯·普雷斯科特·焦耳(James Prescott Joule, 1818—1889)　英国物理学家，他因对电和热力学的研究而闻名。他提出的一种关系式是导体中电流产生的热能与导体的电阻和时间成正比。能量单位以他的名字命名。(图片来源：美国国会图书馆。)

能量的千瓦·时(kW·h)单位

焦[耳]被定义为能量的单位，还有另一种表述能量的方式。由于功率的单位用瓦[特]来表示，时间的单位用秒来表示，因此可以使用瓦·秒(W·s)、瓦·时(W·h)和千瓦·时(kW·h)来作为能量的单位。

当你付电费时，是根据你使用的能量而不是功率来收费的。由于电力公司经营的能源数量巨大，最实用的单位是千瓦·时。当 1 kW 功率使用 1 h 时，你就用了 1 kW·h 的能

量。例如，一个 100 W 的灯泡点亮 10 h，它便消耗 1 kW·h 的能量，即

$$W = Pt = 100\ \text{W} \times 10\ \text{h} = 1\ 000\ \text{W} \cdot \text{h} = 1\ \text{kW} \cdot \text{h}$$

例 4-3　工厂里一台 10 hp(马力)的电动机每天满负载运转 16 h，用了多少 kW·h 的电？

解

$$W = Pt = \frac{10\ \text{hp} \times 746\ \text{W/hp} \times 16\ \text{h}}{1\ 000\ \text{W/kW}} = 119\ \text{kW} \cdot \text{h}$$

同步练习　一台 2 hp 的电动机每天连续运转 24 h，一周的用电量是多少 kW·h？

例 4-4　确定以下能耗的千瓦·时数：

(a)1400 W，1 h　　　　(b)2500 W，2 h　　(c)100 000 W，5 h

解　(a)1400 W=1.4 kW

$$W = Pt = 1.4\ \text{kW} \times 1\ \text{h} = 1.4\ \text{kW} \cdot \text{h}$$

(b)2500 W=2.5 kW

$$W = 2.5\ \text{kW} \times 2\ \text{h} = 5\ \text{kW} \cdot \text{h}$$

(c)100 000 W=100 kW

$$W = 100\ \text{kW} \times 5\ \text{h} = 500\ \text{kW} \cdot \text{h}$$

同步练习　一台 1/2 hp 的电动机连续运转 8 h 需要多少 kW·h 的电力？

学习效果检测

1. 阐述功率。
2. 写出功率与能量和时间的关系式。
3. 阐述瓦特。
4. 用最合适的单位表示下列功率值：
　　(a)68 000 W　　　　(b)0.005 W　　　　(c)0.000 025 W
5. 如果 100 W 的电用了 10 h，你用了多少电能(kW·h)？
6. 把 2000 W·h 转换成 kW·h。
7. 将 360 000 W·s 转换为 kW·h。
8. 1 hp 代表多少瓦？

4.2　电路中的功率

　　电能转换成热能所产生的热量，通常是电流通过电路中的电阻而产生的不必要的副产品。然而，在某些情况下，产生热量是电路的主要目的，例如，电阻式加热器。无论如何，你会经常涉及电气和电子电路中的功率问题。

　　学完本节内容后，你应该能够计算电路中的功率，具体就是：

- 当你知道 I 和 R 时计算功率。
- 当你知道 V 和 R 时计算功率。
- 当你知道 V 和 I 时计算功率。

　　当有电流通过电阻时，电子的碰撞会因电能的转换而产生热量，如图 4-1 所示。电路中消耗的功率大小取决于电阻的大小和电流的大小，如下式所示：

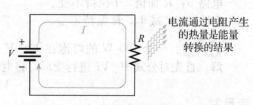

图 4-1　电路中消耗的功率导致电阻释放热能

$$P = I^2 R \tag{4-2}$$

其中，P 代表功率(W)；I 代表电流(A)；R 代表电阻(Ω)。用 V 代替 IR 可以得到与电压和电流有关的功率表达式。

$$P = I^2 R = (I \times I)R = I(IR) = (IR)I$$

$$P = VI \tag{4-3}$$

其中，P 的单位为瓦[特]；V 的单位是伏[特]；I 的单位是安[培]。从量纲的角度来看，式(4-3)是合理的。注意，伏[特]又是焦[耳]/库[仑]，安[培]又是库[仑]/秒。因此，

$$P = VI = \left(\frac{焦[耳]}{库[仑]}\right)\left(\frac{库[仑]}{秒}\right) = \frac{焦[耳]}{秒} = 瓦[特]$$

上式对单位的核实称为量纲分析，它可以有效检验你所做的推导工作。

用 V/R 代替 I（欧姆定律）可以得到另一个等价表达式。

$$P = VI = V\left(\frac{V}{R}\right)$$

$$P = \frac{V^2}{R} \tag{4-4}$$

功率与电流、电压和电阻之间的关系如前面的公式所示，它称为瓦特定律。在每个公式中，I 的单位须是安[培]，V 的单位须是伏[特]，R 的单位须是欧[姆]。要计算电阻中的功率，可以使用 3 个功率公式中的任何一个，具体取决于所掌握的信息。例如，假设你知道了电流和电压，可以使用 $P = VI$ 来计算功率。如果知道 I 和 R，可以使用 $P = I^2R$ 来计算功率。如果知道 V 和 R，可以使用 $P = V^2/R$ 来计算功率。

例 4-5 计算图 4-2 中每个电路的功率。

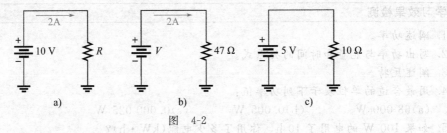

图 4-2

解 在电路 a 中，已知 V 和 I。因此，使用式(4-3)。

$$P = VI = 10\ \text{V} \times 2\ \text{A} = 20\ \text{W}$$

在电路 b 中，已知 I 和 R。因此，使用式(4-2)。

$$P = I^2R = (2\ \text{A})^2 \times 47\ \Omega = 188\ \text{W}$$

在电路 c 中，已知 V 和 R。因此，使用式(4-4)。

$$P = \frac{V^2}{R} = \frac{(5\ \text{V})^2}{10\ \Omega} = 2.5\ \text{W}$$

同步练习 在发生以下变化后，计算图 4-2 中每个电路的 P：

电路 a：I 加倍，V 保持不变。

电路 b：R 加倍，I 保持不变。

电路 c：V 减半，R 保持不变。

例 4-6 一个 100 W 的灯泡在 120 V 电压下工作，它需要多少电流？

解 首先对公式 $P = VI$ 进行变形，将电流写在方程左侧以得到电流方程，再来求解 I。

$$VI = P$$

变形为：

$$I = \frac{P}{V}$$

将 100 W 代入 P，120 V 代入 V，得：

$$I = \frac{P}{V} = \frac{100\ \text{W}}{120\ \text{V}} = 0.833\ \text{A} = 833\ \text{mA}$$

同步练习 一个灯泡从 120 V 的电源中吸取 545 mA 的电流，它消耗的功率为多少？

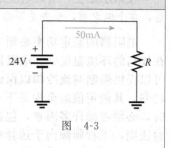

学习效果检测

1. 如果一个电阻上有 10 V 的电压，并且电流为 3 A，那么消耗的功率是多少？

2. 图 4-3 中的电源产生多少功率？电阻器的功率是多少？这两个值相同吗？为什么？

3. 如果通过 56 Ω 电阻的电流为 5 A，则功耗是多少？

4. 20 mA 的电流通过 4.7 kΩ 电阻，消耗多少功率？

5. 在 10 Ω 电阻器上施加 5 V 电压，功耗是多少？

6. 一个 8 V 的 2.2 kΩ 电阻消耗多少功率？

7. 75 W 灯泡中流过的电流为 0.5 A，则灯泡的电阻是多少？

图 4-3

4.3 电阻的额定功率

如你所知，当有电流通过电阻器时，它会发热。电阻所能发出的热量的极限是由其额定功率规定的。

学完本节内容后，你应该能够基于功率值来选择合适的电阻，具体就是：

- 解释额定功率。
- 解释电阻器的物理特性如何决定其额定功率。
- 用数字万用表（DMM）和模拟伏欧表（VOM）测量电阻值。

额定功率是一个电阻器可以消耗的最大功率，且保证其不会被过多的热量损坏或改变其阻值。额定功率与电阻值无关，主要由电阻的材料成分、物理尺寸和形状决定。在其他条件相同的情况下，电阻的表面积越大，它所能消耗的功率就越大。圆柱形电阻器的表面积等于长度（l）乘以周长（c），如图 4-4 所示。不包括末端区域。

金属膜电阻器的标准额定功率为 1/8 W～1 W，如图 4-5 所示。其他类型电阻器的额定功率值各不相同。例如，线绕电阻器的额定功率为 225 W 或更高。图 4-6 显示了其中一些电阻器。

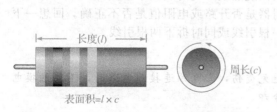

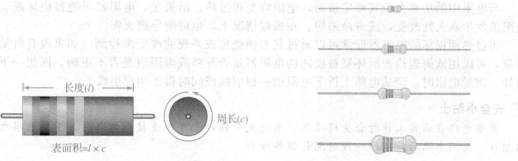

图 4-4 电阻器的额定功率与其表面积直接相关

图 4-5 标准额定功率为 1/8 W、1/4 W、1/2 W 和 1 W 的金属膜电阻器的相对尺寸

a) 轴向线绕电阻器　　b) 可调线绕电阻器　c) 印制电路板（PC板）直插式径向线绕电阻器

图 4-6 具有高额定功率值的典型电阻器

技术小贴士　有时电阻过热是由于电路中的某个故障造成的。更换被热量损坏的电阻器后，在上电之前，检查是否存在可能导致电流过大的可预见故障，例如两个导体之间的短路。

电阻器的额定功率必须大于它所处理的最大功率。通常，电阻器的环境温度为70 ℃。在较高的环境温度下，电阻器的额定功率根据制造商提供的降额曲线会降低。电路设计者可以提供强制对流冷却以保证安全温度。例如，如果电阻器在电路应用中消耗0.75 W的功率，其额定值应至少是下一个更高的标准值，即1 W。工程师在指定电阻器额定功率时，必须考虑许多因素，包括电阻间的间距、气流、环境温度、海拔和散热器等。根据经验法则，工程师倾向于选择电阻器的额定功率至少是计算功耗的两倍以提高部件的可靠性，除非有其他约束条件。对于最小值，选择比实际功率值大些的值以保证一定余量。

例 4-7　为图4-7中的金属膜电阻选择最小额定功率(1/8 W、1/4 W、1/2 W或1 W)。

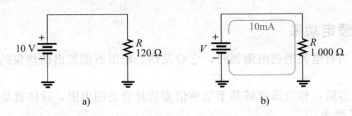

图　4-7

解　在图4-7a中，实际功率是：

$$P = \frac{V^2}{R} = \frac{(10 \text{ V})^2}{120 \text{ }\Omega} = \frac{100 \text{ V}^2}{120 \text{ }\Omega} = 0.833 \text{ W}$$

因此选择额定功率为1 W的电阻器。

在图4-7b中，实际功率是：

$$P = I^2R = (10 \text{ mA})^2 \times (1\,000 \text{ }\Omega) = (10 \times 10^{-3} \text{ A})^2 \times (1\,000 \text{ }\Omega) = 0.1 \text{ W}$$

因此在这种情况下，至少应使用1/8 W(0.125 W)电阻器。

同步练习　若某个电阻需要消耗0.25 W的功率，应使用额定功率是多少的电阻？■

当电阻中的功率大于其额定值时，电阻将变得过热。结果是，电阻器可能被烧坏或其电阻值发生永久性改变，或寿命缩短。在极端情况下，也可能导致火灾。

由过热而损坏的电阻器通常可以通过其表面烧焦或外观的改变来检测。如果没有可见迹象，可以用欧姆表检查所怀疑被损坏的电阻器是否开路或电阻值是否不正确。回想一下可知，测量电阻时，应从电路上拆下电阻的一根引线或同时拆下两根引线。

⚠ **安全小贴士**

某些电阻在正常工作时会变得很热。为避免烫伤，当电源连接到电路时，不要触摸电路组件。关闭电源后，留出一段时间让组件冷却。

4.3.1　用数字万用表(DMM)测量电阻

数字万用表(如图4-8a所示)是最常用的测量电阻的设备。大的旋转开关用于选择要测量的功能(本例中为欧姆功能)。将要测量的电阻与其他组件隔离，并将探头接触(或连接)到电阻上。你不应该握住电阻的两端，否则身体电阻将包括在测量中。仪表将自动定位小数位置以显示电阻读数，必要时会显示正确的公制词头。

图4-8b所示的仪表为手动型，其操作与自动型万用表类似，但小数点不能自动定位。用户使用选择开关来选择功能和量程。在欧姆位置有几个10的倍数量程可供选择。最好的分辨率应该是选择的测量量程刚好大于电阻的阻值。如果选择的量程太小，仪表通常会显示1，后面有空白。选择下一个更大的量程，然后重试。如果量程设置过大，则读数将

缺少有效数字。选择一个较小的量程，以获得更好的测量分辨率。在图 4-8b 中，它被设置为 2 kΩ 的量程。

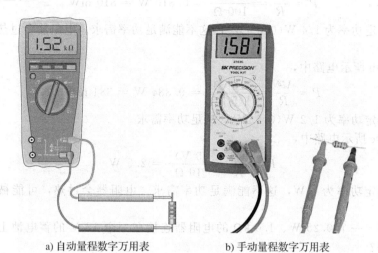

a) 自动量程数字万用表   b) 手动量程数字万用表

图 4-8　使用具有欧姆功能的典型万用表测量电阻

4.3.2　用模拟伏欧表测量电阻

图 4-9 显示了一个模拟伏欧表（称为 VOM）。显示的仪表型号是辛普森 260-8 型，这是一个经典的仪表，在低功率的测量中仍然被许多人所喜欢和使用。260-8 型模拟伏欧表在前面板左侧有一个小功能开关和一个中央挡位开关，用于选择一个可用挡位。为了测量电阻，将功能开关设置在 +DC 或 −DC 位置，并将测试引线连接到公共线和 + 插孔中。将挡位开关旋转到适当的挡位，并将表笔对接在一起。旋转电阻调零旋钮，直到指针指示为 0。将表笔连接到电路中时，必须首先切断电源，并且必须隔离被测的电阻。随着被测电阻值的增加，指针向左移动，在顶部刻度上可以读取电阻值。电阻读数需要乘以量程开关上指示的倍数。例如，如果指针在欧姆刻度上为 50，而量程开关设置为 $R \times 10$，则测量的电阻为 $50 \times 10\ \Omega = 500\ \Omega$。如果电阻已断开，则无论量程开关设置如何，指针都将保持在最左刻度（符号"∞"表示无穷大）处。

图 4-9　辛普森 260-8 型伏欧表（图片由辛普森电气公司提供）

例 4-8　确定图 4-10 中每个电阻是否可能因过热而被损坏。

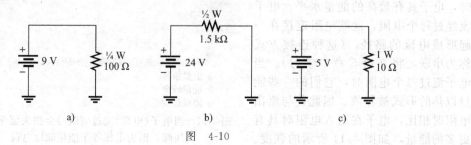

图　4-10

解 在图 4-10a 所示电路中，

$$P = \frac{V^2}{R} = \frac{(9\ \text{V})^2}{100\ \Omega} = 0.810\ \text{W} = 810\ \text{mW}$$

电阻的额定功率为 1/4 W(0.25 W)，这不能满足功率需求。电阻器会过热，可能被烧坏，使其开路。

在图 4-10b 所示电路中，

$$P = \frac{V^2}{R} = \frac{(24\ \text{V})^2}{1.5\ \text{k}\Omega} = 0.384\ \text{W} = 384\ \text{mW}$$

电阻的额定功率为 1/2 W(0.5 W)，满足功率需求。

在图 4-10c 所示电路中，

$$P = \frac{V^2}{R} = \frac{(5\ \text{V})^2}{10\ \Omega} = 2.5\ \text{W}$$

电阻的额定功率为 1 W，这不能满足功率需求。电阻器会过热，可能被烧坏，使其开路。

同步练习 一个 0.25 W、1.0 kΩ 的电阻器连接在一个 12 V 的蓄电池上，它的额定功率是否足够？

学习效果检测

1. 说出与电阻器相关的两个重要值。
2. 电阻的物理尺寸如何决定它能处理的功率？
3. 列出金属膜电阻器的标准额定功率。
4. 若一个金属膜电阻必须能处理 0.3 W 的功率，则该电阻的最小额定功率应该为多少？
5. 当不超过额定功率时，可施加于 1/4 W 的 100 Ω 电阻的最大电压为多少？
6. 如果指针位于 30 且选择了 $R \times 10\ 000$ 量程，VOM 显示的电阻阻值是多少？

4.4 能量转换与电阻的电压降

正如你所知，当电流通过电阻时，电能转化为热能。这种热是由电阻材料原子结构中的自由电子碰撞引起的。当碰撞发生时，产生热量，而电子在通过该材料时会释放出一些能量。

学完本节内容后，你应该能够解释能量转换和电压降，具体就是：

- 明白电路中能量转换的原因。
- 解释电压降。
- 解释能量转换和电压降之间的关系。

图 4-11 以电子作为电荷进行举例说明，电子从电池的负极流过电路，然后流回正极。当它们从负极出来时，电子具有最高的能量水平。电子流经过每个电阻，这些电阻连接在一起形成电流的路径。（这种连接方式称为串联，将在第 5 章中学习）。当电子流过每个电阻时，它们的一些能量以热的形式被释放。因此，与流出电阻时相比，电子在进入电阻时具有更多的能量，如图 4-11 所示的强度。

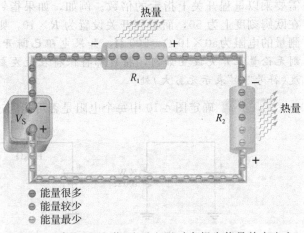

- 能量很多
- 能量较少
- 能量最少

图 4-11 当电子(电荷)流过电阻时会损失能量并产生电压降，因为电压等于能量除以电荷

当电子穿过电路回到电池的正极时，电子处于最小的能量水平。

回想一下可知，电压等于单位电荷的能量$(V = W/Q)$，电荷是电子的一种性质。根据电池的电压，一定量的能量被传递给从电池负极流出的所有电子。在整个电路的每个点上流动的电子的数量是相同的，但是它们的能量随着通过电路的电阻而减少。

在图 4-11 中，R_1 的左端电压等于 W_{enter}/Q，R_1 右端的电压等于 W_{exit}/Q。进入 R_1 的电子与流出 R_1 的电子数量是相同的，因此 Q 是恒定的。然而，能量 W_{exit} 小于 W_{enter}。因此，R_1 右端的电压小于其左端的电压。由于能量损失，电阻两端的电压降低被称为**电压降**。R_1 右端的电压（负的）比左端的电压（正的）小。电压降用-和＋符号表示（＋表示正的电压）。

电子在 R_1 中损失了一些能量，因此它们进入 R_2 时能量降低了。当它们流过 R_2 时，会损失更多的能量，导致 R_2 上也产生电压降。

学习效果检测

1. 电阻中能量转换的基本原因是什么？
2. 什么是电压降？
3. 与传统的电流方向相联系，电压的极性是什么？

4.5　稳压电源与电池

回想一下，在第 2 章中我们简单地将稳压电源和电池视作电压源中的一种。一般来说，电源是将能量从一种形式转换为另一种形式并用于负载的装置。通常，它将电网中的交流电压转换为直流电压，从而满足几乎所有电子电路和传感器的需要。除稳压电源，电池也能提供直流电。事实上，许多系统（如笔记本电脑），既可以使用稳压电源（电源适配器），也可以由内部电池供电。本节将对这两种类型的电压源（即稳压电源和电池）进行描述。

学完本节内容后，你应该掌握稳压电源与电池的输出特性，具体就是：

- 描述对实验室典型稳压电源的调节。
- 在给定输入和输出功率的情况下，确定稳压电源的效率。
- 解释电池的容量（安·时数）。

电网采用交流电形式将电能从发电站传输给用户，这是因为交流电易于转换成适宜传输的高压和终端用户使用的低压。在远距离传输时，采用高电压传输的效率和效益要高得多。对于给定的功率，较高的电压意味着较小的电流，因此，电力线中的电阻损耗会大大降低。在美国，提供给用户使用的标准电压为 60 Hz、120 V 或 240 V，但是在欧洲和其他国家，用户使用的标准电压为 50 Hz、240 V。

几乎所有的电子系统都需要稳定的直流电才能使集成电路和其他器件正常工作。稳压电源通过将交流电转换成稳定的直流电来实现这一功能，通常内置在产品中。许多电子系统都有一个嵌入式保护开关，允许内部电源使用 120 V 或 240 V 电压。必须正确设置该开关，否则会严重损坏设备。一些 AC/DC 适配器是自动切换的，因此无须选择正确的电压。

一些电路是在实验室里开发和测试的。通常，测试电子电路时需要实验室**稳压电源**，以便将交流电压转换为被测电路所需的直流电。在某些情况下，电池可以提供必要的直流电。测试电路可以是简单的电阻网络，也可以是复杂的放大器或逻辑电路。为了满足对恒定电压的要求，实验室稳压电源不仅几乎没有噪声或纹波，还必须是**自动调节**的。这意味着如果输出电压由于线路电压或负载的变化而试图改变，则稳压电源会不断地感知这些变化并自动做出调整以维持几乎不变的输出电压。

许多电路需要多个电压源，并且它们能够设置为精确的电压值或少量改变，以便用于测试。因此，实验室稳压电源通常有两个或三个相互独立的输出通道，它们可以单独控制。输出量显示通常是实验室稳压电源的必备部分，用于设置和监测输出电压或电流。控制方式包括精细和粗略的控制或数字输入来设置精确的电压。

图 4-12 显示了三输出工作台使用的稳压电源,许多电子实验室都有类似的电源。图 4-12 所示型号有两个 0～30 V 独立电源和一个 4～6.5 V 输出电压,它能够输出较大电流,通常称为逻辑电源。电压可以通过粗细调节来精确设置。0～30 V 电源具有浮动输出,这意味着它们都不连接参考地。这允许用户将其设置为正、负极性的电源,或将其串联以获得高达 60 V 的输出电压,或将其并联以获得更大的输出电流,甚至将其连接到另一个外部电源上。它们还可以设置为跟踪其他电源的变化,这对于需要正电压和负电压的电路是一个很有用的功能。这种电源的另一个特点是,它可以被设置为电流源,具有恒定电流的最大电压。

图 4-12　三输出稳压电源(图片由 B+K Precision 提供)

与许多稳压电源一样,0～30 V 电源有 3 个输出插孔。输出在红色(正极)和黑色端子之间。绿色插孔指的是底盘,是接地的,可以连接到红色或黑色插孔。此外,电流和电压可以通过内置的数字仪表进行监控。

电源输出的功率是电压绝对值和电流绝对值的乘积。例如,如果电源在 3.0 A 时提供 −15.0 V 的电压,则提供的功率为 45 W。对于三输出电源,3 路电源提供的总功率是每个电源单独提供的功率之和。

例 4-9　如果输出电压和电流如下所示,则三路输出电源的总功率是多少?

电源 1:18 V,2.0 A
电源 2:−18 V,1.5 A
电源 3:5.0 V,1.0 A

解　从每个电源输出的功率是电压和电流的乘积(忽略符号)。

电源 1 路:$P_1 = V_1 I_1 = 18\ V \times 2.0\ A = 36\ W$
电源 2 路:$P_2 = V_2 I_2 = 18\ V \times 1.5\ A = 27\ W$
电源 3 路:$P_3 = V_3 I_3 = 5.0\ V \times 1.0\ A = 5.0\ W$
电源总功率为, $P_T = P_1 + P_2 + P_3 = 36\ W + 27\ W + 5.0\ W = 68\ W$

同步练习　如果电源 1 的输出电流增加到 2.5 A,则总输出功率将如何变化?

4.5.1　稳压电源的效率

稳压电源的一个重要指标是工作效率。**效率**是输出功率与输入功率之比,即:

$$效率 = \frac{P_{OUT}}{P_{IN}} \tag{4-5}$$

效率通常以百分数形式来表示。例如,如果输入功率为 100 W,输出功率为 50 W,则效率为 (50 W/100 W)×100% = 50%。

所有的稳压电源都需要输入电能,因此,它们被认为是能量转换器。例如,稳压电源通常使用墙壁插座的交流电源作为输入,它的输出通常是一个可调节的直流电压。输出功率总是小于输入功率,因为在它内部必须使用部分功率来操作电源中的电路。这种内部功耗通常称为功率损耗。输出功率是输入功率减去功率损耗。

$$P_{OUT} = P_{IN} - P_{LOSS} \tag{4-6}$$

高效率意味着在电源中消耗很少的功率,或者说对于给定的输入功率,输出功率占比更高。

例 4-10　某个稳压电源需要 25 W 的输入功率，它能产生 20 W 的输出功率。它的效率是多少，功率损耗是多少？

解

$$效率 = \frac{P_{OUT}}{P_{IN}} = \frac{20 \text{ W}}{25 \text{ W}} = 0.8$$

以百分比表示为：

$$效率 = \left(\frac{20 \text{ W}}{25 \text{ W}}\right) \times 100\% = 80\%$$

功率损耗是：

$$P_{LOSS} = P_{IN} - P_{OUT} = 25 \text{ W} - 20 \text{ W} = 5 \text{ W}$$

同步练习　电源的效率为 92%，如果 P_{IN} 是 50 W，那么 P_{OUT} 是多少？

4.5.2　电池的容量

电池把存储的化学能转换成电能。它们被广泛用于为小型设备供电（如笔记本电脑和手机），以提供所需的稳定直流电。这些小型设备中使用的电池通常是可充电的，这意味着外部能源可以逆转电池的化学反应。电池的容量以安·时（A·h）数为单位来计量。对于可充电电池，**额定安·时数**是需要充电前的容量，决定了电池在额定电压下输出一定电流能维持的时间长度。它是电池的一个基本指标，放电温度和深度等因素会影响电池的额定容量。

当额定容量为 1A·h，意味着电池可以在额定电压下向负载平均输送 1 A 电流，并持续 1 h。如果电流超过某个极限，安·时数就会降低。随着电流的增加，安·时数的时间就会下降。在实践中，电池的额定值通常是在规定的输出电流和输出电压下计量的。例如，12 V 汽车用铅酸蓄电池在 5 A 时的额定容量为 100 A·h，这意味着它在额定电压下能平均输出 5 A 电流，并持续 20 h。大多数铅酸蓄电池的额定值是基于 20 h 的电流而消耗的。如果负载电流大于额定电流，则蓄电池的容量会降低，使其无法再提供 100 A·h 的输出。所有的铅酸蓄电池都有这一特点，较高的放电率会缩短电池寿命。

例 4-11　一个 70 A·h 的电池输出电流为 2 A，则该电池可以供电多长时间？

解　安·时数是电流与时间 x（小时）的乘积。

$$70 \text{ A·h} = 2 \text{ A} \times x \text{ h}$$

解得，

$$x = \frac{70 \text{ A·h}}{2 \text{ A}} = 35 \text{ h}$$

同步练习　某电池输出电流为 10 A，可持续供电 6 h，该电池的容量为多少？

学习效果检测

1. 当负载从电源中汲取的电流增大时，这种变化是否代表电源所带的负载变大或变小？
2. 电源的输出电压为 10 V，如果该电源向某负载提供的电流为 0.5 A，那么负载上的功率是多少？
3. 如果一个电池的容量是 100 A·h，它向负载提供 5 A 的电流能有多长时间？
4. 如果问题 3 中的电池输出电压为 12 V，则它向负载提供 5 A 电流时的输出功率是多大？
5. 实验室使用的稳压电源的输入功率为 14 W，输出功率可达 10 W，它的效率是多少？计算该条件下的功率损耗。
6. 实验室稳压电源上的绿色插孔有什么用途？

应用案例

在本应用案例中，你将要设计一个电阻箱，该电阻箱用于最高5.0 V的测试电路。所需电阻范围为10 Ω~4.7 kΩ。你的工作是确定所需电阻的额定功率、列出一份零件清单、确定零件的成本、绘制原理图，并给出该电路的测试步骤。完成本任务的过程中需要运用瓦特定律。

规格要求

- 通过旋转开关可以选择电阻箱中的任意一个电阻，因此在同一时间只有一个电阻连接在电阻箱的输出端子上。
- 电阻值范围为10 Ω~4.7 kΩ。每个电阻的阻值都大约是前一个（从小到大排列）的两倍。为了使用标准阻值的电阻，所选的电阻为：10 Ω、22 Ω、47 Ω、100 Ω、220 Ω、470 Ω以及1.0 kΩ、2.2 kΩ和4.7 kΩ，阻值公差均为±5%，最小额定功率为1/4 W（大于所需功率）。小功率（小于1/2 W）电阻都是碳复合电阻，较大功率（大于1/2 W）的电阻都是金属氧化物电阻。
- 电阻箱可以承受的最大电压是5 V。
- 电阻箱有两个用以连接内部电阻的接线端子。

额定功率

电阻箱上已经丝印了内部各电阻的阻值，其电路板背面示于图4-13中。

1. 通过瓦特定律和指定的电阻值来计算所需电阻的额定功率。表4-1列出了各种额定功率电阻的零售成本。

a) 密封盒的表面视图

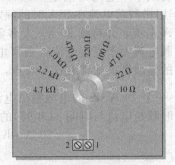
b)印制电路板的背面视图

图　4-13

表　4-1

零件	单价（美元：$）	零件	单价（美元：$）
1/4 W电阻（碳复合电阻）	0.08	旋钮外壳	3.30
1/2 W电阻（碳复合电阻）	0.09	电阻箱外壳(4 in×4 in×2 in，铝质)	8.46
1 W电阻（金属氧化物电阻）	0.09	螺栓接线端（一对）	0.20
2 W电阻（金属氧化物电阻）	0.10	接线端帽	1.78
5 W电阻（金属氧化物电阻）	0.33	印制电路板	1.78
单刀9挡旋钮开关	10.30	考虑各种意外情况的附加成本	0.50

材料清单和项目总成本的估算

2. 根据所需要的电阻，准备一份完整的材料清单，包括数量和成本。

3. 估计此项目的总成本，不考虑人工成本。

原理图

4. 根据要求和电路板布局，绘制电路原理图。

5. 在原理图中标出各电阻的阻值及其额定功率。

测试过程

6. 对于做好的电阻箱，要如何确保它能正常使用？给出测试步骤。

7. 给出上述测试过程中可能用到的仪器设备。

故障排查

以下异常情况最可能的原因是什么？如何验证你的猜想？

8. 旋钮开关选择 10 Ω 时，欧姆表在 1、2 接线端之间测得的阻值为无穷大。

9. 无论旋钮开关在什么位置，欧姆表在 1、2 接线端间测得的阻值都是无穷大。

10. 所有电阻的测量值都比预期高 10%。

检查与复习

11. 瓦特定律是如何应用于本问题的？

12. 你所选用的这些电阻可用于输出电压为 7 V 的电路吗，为什么？

本章总结

- 电阻的额定功率决定了它能安全消耗的最大功率。
- 与表面积较小的电阻相比，表面积较大的电阻能以发热的形式消耗更多的功率。
- 电阻器的额定功率应该高于其在电路中可能产生的最大功率。
- 额定功率与电阻值无关。
- 电阻器过热或失效时通常会造成开路。
- 能量是做功的能力，等于功率乘以时间。
- 千瓦·时是能量的单位。
- 1 kW·h 等于以 1 kW 的功率持续工作 1 h 所消耗的电能，或者是任何其他功率(kW)和用电时间(h)的组合，只要两者的乘积是 1。
- 电源将能量从一种形式转换成另一种形式以提供给负载。
- 电池是一种将化学能转化为电能的电源。
- 稳压电源将市电(电力公司提供的交流电)转换成不同电压值的稳定直流电压。
- 电源的输出功率等于输出电压乘以输出电流。
- 负载是一种从电源中吸取电流的装置。
- 电池的容量是用安·时(A·h)数来计量的。
- 1 A·h 等于以 1 A 的电流持续工作 1 h 所消耗的电量，或者是任何其他电流值(A)和用电时间(h)的组合，只要两者的乘积是 1。
- 对于电池来说，放电速率越快，所能释放的能量就越少。
- 效率高的电路比效率低的电路的功率损耗百分比小。

重要公式

4-1　$P=\dfrac{W}{t}$　功率等于能量除以时间

4-2　$P=I^2R$　功率等于电流的平方乘以电阻

4-3　$P=VI$　功率等于电压乘以电流

4-4　$P=\dfrac{V^2}{R}$　功率等于电压的平方除以电阻

4-5　效率$=\dfrac{P_{OUT}}{P_{IN}}$　电源的效率

4-6　$P_{OUT}=P_{IN}-P_{LOSS}$　输出功率等于输入功率减去功率损耗

对/错判断(答案在本章末尾)

1. 千瓦·时是功率的单位。

2. 1 W 等于每秒 1 J。

3. 0.050 W 等于 50 mW。

4. 电阻器中的功率损耗可由电压降乘以电阻来得到。

5. 千瓦和马力都是能量的单位。

6. 电阻器的额定功率应小于电阻器实际消耗的功率。

7. 电阻器所能散发的热量与其表面积成正比。

8. 如果电阻上的电压增加一倍，其功率也会增加一倍。

9. 瓦特定律指出，功率等于电压乘以电流。

10. 如果通过电阻的电流增加一倍，功率就会增加为原来的 4 倍。

11. 在一定范围内，即使负载发生变化，稳压电源也能自动保持输出电压恒定。

12. 电源的效率可以用输出功率除以输入功率来表示。

13. 具有负输出电压的电源从负载中吸收能量。

14. 电池的额定安·时数是它能提供能量多少的一个指标。

15. 在分析电路问题时，你应该考虑到它可能无法正常工作的条件。

自我检测(答案在本章末尾)

1. 功率可被定义为
   (a)能量
   (b)热量
   (c)能量消耗的速率
   (d)消耗能量所需的时间

2. 200 J 能量在 10 s 内被消耗完，则功率为
   (a)2000 W　(b)10 W　(c)20 W　(d)2 W

3. 如果消耗 10 000 J 能量所花费的时间为 300 ms，则功率为
   (a)33.3 kW
   (b)33.3 W
   (c)33.3 mW

4. 50 kW 等于
   (a)500 W
   (b)5000 W
   (c)0.5 MW
   (d)50 000 W

5. 0.045 W 等于
   (a)45 kW
   (b)45 mW
   (c)4500 μW
   (d)0.000 45 MW

6. 电压为 10 V，电流为 50 mA，则功率为
   (a)500 mW
   (b)0.5 W
   (c)5 000 000 μW
   (d)以上都对

7. 一个 10 kΩ 电阻上流过的电流为 10 mA，则功率为
   (a)1 W
   (b)10 W
   (c)100 mW
   (d)1000 μW

8. 一个 2.2 kΩ 电阻上耗散的功率为 0.5 W，则电流为
   (a)15.1 mA
   (b)0.227 mA
   (c)1.1 mA
   (d)4.4 mA

9. 一个 330 Ω 电阻上耗散的功率为 2 W，则电压为
   (a)2.57 V
   (b)660 V
   (c)6.6 V
   (d)25.7 V

10. 如果以 500 W 的功率用电 24 h，则消耗的电能为
    (a)0.5 kW·h
    (b)2400 kW·h
    (c)12 000 kW·h
    (d)12 kW·h

11. 如果以 75 W 的功率用电 10 h，则消耗的电能为
    (a)75 W·h
    (b)750 W·h
    (c)0.75 W·h
    (d)7500 W·h

12. 一个 100 Ω 电阻上可能流过的最大电流为 35 mA，则它的额定功率至少为
    (a)35 W
    (b)35 mW
    (c)123 mW
    (d)3500 mW

13. 可以承受的最大功率为 1.1 W 的电阻的额定功率应为
    (a)0.25 W
    (b)1 W
    (c)2 W
    (d)5 W

14. 两个额定功率均为 0.5 W 的电阻并联到 10 V 电源两端，一个阻值为 22 Ω，另一个阻值为 220 Ω，哪个电阻会过热？
    (a)22 Ω
    (b)220 Ω
    (c)两个都会
    (d)两个都不会

15. 如果模拟万用表的指针指向无穷大，则被测电阻
    (a)过热　(b)短路　(c)开路　(d)反接

16. 一个 12 V 电池连接到 600 Ω 负载上，电池容量为 50 A·h，则它能向该负载供电多长时间？
    (a)2500 h
    (b)50 h
    (c)25 h
    (d)4.16 h

17. 某电源能以 8 A 电流供电 2.5 h，则该电源的额定容量为
    (a)2.5 A·h
    (b)20 A·h
    (c)8 A·h

18. 某电源的输入功率为 0.6 W，输出功率为 0.5 W，其效率为
    (a)50%
    (b)60%
    (c)83.3%
    (d)45%

电路行为变化趋势判断(答案在本章末尾)

1. 如果某固定电阻上的电流从 10 mA 变为 12 mA，那么该电阻上的功率将
   (a)增大　(b)减小　(c)保持不变

2. 如果某固定电阻两端的电压从 10 V 变为 7 V，那么该电阻上的功率将
   (a)增大　(b)减小　(c)保持不变

3. 某可变电阻两端的电压为 5 V，如果减小该
   电阻的阻值，那么该电阻上的功率将
   (a)增大　　(b)减小　　(c)保持不变

4. 如果电阻上的电压从 5 V 增加到 10 V，电流
   从 1 mA 增加到 2 mA，那么该电阻上的功
   率将
   (a)增大　　(b)减小　　(c)保持不变

5. 如果连接到电池的负载电阻增加，那么电池
   的供电时间将
   (a)增大　　(b)减小　　(c)保持不变

6. 如果一个电池可向负载供电的时间缩短，说
   明该电池的额定安·时数将
   (a)增大　　(b)减小　　(c)保持不变

7. 如果电池向负载供电的电流增大，那么电池
   的寿命将
   (a)增大　　(b)减小　　(c)保持不变

8. 如果电池上不接负载，那么它的额定安·时
   数将
   (a)增大　　(b)减小　　(c)保持不变

9. 如果电源的输出电压增大，那么恒定负载上
   的功率将
   (a)增大　　(b)减小　　(c)保持不变

10. 对于输出电压恒定的电源，如果向负载供
    电的电流下降，那么负载上的功率将
    (a)增大　　(b)减小　　(c)保持不变

11. 对于输出电压恒定的电源，如果负载的电
    阻增大，那么负载上的功率将
    (a)增大　　(b)减小　　(c)保持不变

12. 如果将负载从电源两端断开，那么理想情
    况下，电源的输出电压将
    (a)增大　　(b)减小　　(c)保持不变

分节习题(较难的问题用星号(*)表示，奇数题答案在本书末尾)

4.1 节

1. 证明功率的单位(瓦[特])等于 1 伏[特]×1
   安[培]。

2. 试说明 1kW·h 等于 $3.6×10^6$ J。

3. 当能量以 350 J/s 的速率消耗时，功率为
   多大？

4. 7500 J 能量在 5 h 内被耗尽，则功率为多大？

5. 1000 J 能量在 50 ms 内被耗尽，则功率为
   多大？

6. 将以下各项转换为 kW：
   (a)1000 W　　　(b)3750 W
   (c)160 W　　　 (d)50 000 W

7. 将以下各项转换为 MW：
   (a)1 000 000 W　(b)$3.6×10^6$ W
   (c)$15×10^7$ W　 (d)8700 kW

8. 将以下各项转换为 mW：
   (a)1 W　　　　(b)0.4 W
   (c)0.002 W　　(d)0.0125 W

9. 将以下各项转换为 μW：
   (a)2 W　　　　(b)0.0005 W
   (c)0.25 mW　　(d)0.006 67 mW

10. 将以下各项转换为 W：
    (a)1.5 kW　　　(b)0.5 MW
    (c)350 mW　　　(d)9000 μW

11. 某电子设备的功率为 100 mW，该设备运行 24
    h 所消耗的电力为多少？

* 12. 如果某 300 W 的灯泡连续工作了 30 天，
    则它消耗的电能为多少千瓦·时？

* 13. 31 天的总用电量为 1500 千瓦·时，则日
    均用电量是多少？

14. 将 $5×10^6$ W·min 转换为 kW·h。

15. 将 6700 W·s 转换为 kW·h。

16. 在 47 Ω 的电阻上通以 5 A 的电流，需要多
    长时间(以秒为单位)该电阻消耗的电能才能
    达到 25 J？

4.2 节

17. 如果一个 75 V 的电源以 2 A 的电流向某负
    载供电，则该负载的电阻为多少？

18. 如果某电阻上的电压为 5.5 V，电流为 3 mA，
    则它的功率为多少？

19. 电热器的工作电压为 120 V，电流为 3 A，
    它的功率为多少？

20. 如果 4.7 kΩ 电阻上流过的电流为 500 mA，
    则其功率为多少？

21. 如果 10 kΩ 电阻上流过的电流为 100 μA，则
    其功率为多少？

22. 如果 680 Ω 电阻上的电压为 60 V，则其功率
    为多少？

23. 一个 56 Ω 的电阻接在一个 1.5 V 电池的两
    端，则该电阻消耗的功率为多少？

24. 某电阻上的电流为 2 A，消耗的功率为 100 W，
    则该电阻的阻值是多少？

25. 一个 12 V 电源接在一个 10 kΩ 电阻两端，则
    (a)2 min 内将消耗多少能量？
    (b)如果在 1 min 时将电阻从电路中断开，
       则在这 1 min 内电阻上的功率与 2 min 内
       (上一小问的情况)的功率相比，是较大、
       较小还是相等？

4.3 节

26. 参考第 3 章中的应用案例，确定电动机调速

27. 电阻上的最大电压为 1 V、最大电流为 1 A，应该选用 1 W 还是 2 W 的电阻？为什么？

28. 电路中一个 6.8 kΩ 电阻烧坏了，你必须用另一个阻值相同的电阻来代替它。如果电阻上的电流为 10 mA，它的额定功率应该是多少？假设所有标准额定功率的电阻都可以选择。

29. 某种类型的电阻有以下额定功率值：3 W、5 W、8 W、12 W、20 W。现在需要一个可以处理约 8 W 功率的电阻，要求所用电阻的额定功率至少要有 20% 的安全裕度，你会选择哪一种电阻？为什么？

4.4 节

30. 对图 4-14 所示的各电路，为电阻的电压降标注出正确极性。

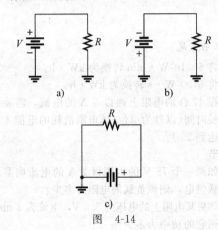

图　4-14

4.5 节

31. 50 Ω 负载上消耗的功率为 1 W，则电源的

32. 假设一个碱性 D 型电池能以 1.25 V 的平均电压向一个 10 Ω 的负载供电 90 h，直至电量耗尽。在电池的使用寿命中，向负载供电的平均功率是多少？

33. 在问题 32 中电池在 90 h 内输出的总能量是多少焦[耳]？

34. 一块电池能在 24 h 内提供 1.5 A 的平均电流，它的额定容量是多少？

35. 一个 80 A·h 的电池能以多大的平均电流持续放电 20 h？

36. 一个 650 mA·h 的电池能以多大的平均电流持续放电 48 h？

37. 如果输入功率为 500 mW，输出功率为 400 mW，则功率损耗为多大？此电源的效率是多少？

38. 如果输入功率为 5 W，电源必须产生多大的输出功率才能以 85% 的效率运行？

*39. 某电源以 60% 的效率向负载持续提供 2 W 的功率，在 24 h 内，该电源消耗的能量是多少千瓦·时？

 Multisim 问题排查与分析

以下问题需要用到 Multisim。

40. 打开文件 P04-40，测量电流、电压和电阻，并利用测量值计算功率。

41. 打开文件 P04-41，测量电流、电压和电阻，并利用测量值计算功率。

42. 打开文件 P04-42，测量灯泡上的电流，测量值与根据灯泡的功率和额定电压算出的电流值是否一致？

参考答案

学习效果检测答案

4.1 节

1. 功率是能量消耗的速率

2. $P = W/t$

3. 瓦[特]是功率的单位，1 J 能量在 1 s 内被消耗完，其功率即为 1 W。

4. (a)68 000 W＝68 kW

(b)0.005 W＝5 mW

(c)0.000 025 W＝25 μW

5. $W = 0.1 \text{ kW} \times 10 \text{ h} = 1 \text{ kW·h}$

6. 2000 Wh＝2 kW·h

7. 360 000 W·s＝0.1 kW·h

8. 746 W

4.2 节

1. $P = 10 \text{ V} \times 3 \text{ A} = 30 \text{ W}$

2. $P = 24 \text{ V} \times 50 \text{ mA} = 1.2 \text{ W}$；1.2 W；这两个值是相同的，因为电源产生的所有能量都被电阻消耗了。

3. $P = (5 \text{ A})^2 \times (56 \text{ Ω}) = 1400 \text{ W}$

4. $P = (20 \text{ mA})^2 \times (4.7 \text{ kΩ}) = 1.88 \text{ W}$

5. $P = (5 \text{ V})^2 / (10 \text{ Ω}) = 2.5 \text{ W}$

6. $P = (8 \text{ V})^2 / (2.2 \text{ kΩ}) = 29.1 \text{ mW}$

7. $R = 75 \text{ W} / (0.5 \text{ A})^2 = 300 \text{ Ω}$

4.3 节

1. 电阻值与额定功率。

2. 电阻的表面积越大，能够消耗的功率也越大。

3. 0.125 W，0.25 W，0.5 W，1 W

4. 0.5 W

5. 5 V

6. 300 000 Ω

4.4 节

1. 电阻器中的能量转换是由自由电子与材料中

原子的碰撞引起的。

2. 电压降是电子通过电阻时，由于能量损耗造成的电压下降的数值。

3. 沿着电流方向，电压降由正到负。

4.5 节

1. 电流增大意味着负载增大。

2. $P=10\text{ V}\times0.5\text{ A}=5\text{ W}$

3. $t=100\text{ A}\cdot\text{h}/5\text{ A}=20\text{ h}$

4. $P=12\text{ V}\times5\text{ A}=60\text{ W}$

5. 效率 $=(10\text{ W}/14\text{ W})\times100\%=71\%$；功率损耗 $=14\text{ W}-10\text{ W}=4\text{ W}$

6. 连接到设备底座。

同步练习答案

4-1　3000 J

4-2　(a)0.001 W　(b)0.0018 W
　　　(c)1 W　　　(d)0.000 001 W

4-3　3.73 kW

4-4　2.98 kW·h

4-5　(a)40 W　(b)376 W　(c)625 mW

4-6　65.4 W

4-7　0.5 W

4-8　是

4-9　77 W

4-10　46 W

4-11　60 A·h

对/错判断答案

1. F	2. T	3. T	4. F
5. F	6. F	7. T	8. F
9. T	10. T	11. T	12. T
13. F	14. T	15. T	

自我检测答案

1. (c)	2. (c)	3. (a)	4. (d)
5. (b)	6. (d)	7. (a)	8. (a)
9. (d)	10. (d)	11. (b)	12. (c)
13. (c)	14. (a)	15. (c)	16. (a)
17. (b)	18. (c)		

电路行为变化趋势测试答案

1. (a)	2. (b)	3. (a)	4. (a)
5. (a)	6. (c)	7. (b)	8. (c)
9. (a)	10. (b)	11. (b)	12. (c)

第 5 章

串 联 电 路

▶ **教学目标**
- 识别串联电阻电路
- 计算串联电路的总电阻
- 计算串联电路的电流
- 在串联电路中应用欧姆定律
- 确定串联电压源的总作用效果
- 应用基尔霍夫电压定律
- 用串联电路设计分压器
- 计算串联电路中的功率
- 测量接地电压
- 故障排查

▶ **应用案例预览**

在此应用案例中，你将评估一个连接到 12 V 电池的分压电路板，以给电子设备提供固定的参考电压。

▶ **引言**

在第 3 章已经学习了欧姆定律，在第 4 章又学习了电阻的功率。在本章，这些概念要应用于串联电阻电路。

电阻电路可以有两种基本形式：串联和并联。本章介绍串联电路，第 6 章介绍并联电路，第 7 章介绍串联电阻和并联电阻的组合。在这一章中，你将看到欧姆定律是如何在串联电路中得到应用的；还将学习另一个重要的电路定律，即基尔霍夫电压定律。此外，还介绍了串联电路的几种应用，包括分压器。

在串联电阻电路上施加电压时，电流只有一个通路。因此，通过串联电路中每个电阻的电流都相同。所有串联电阻加在一起形成总电阻。每个电阻上的电压相加，可得到整个串联电路的总电压。

5.1 电阻的串联

当若干电阻串联时，这些电阻形成一个"串"，只有一条电流通路。

学完本节内容后，你应该能够：
- 辨别串联电阻电路。
- 将电阻的物理排列转换为原理图。

图 5-1a 展示了串联于 A 点和 B 点之间的 2 个电阻。图 5-1b 和图 5-1c 分别展示了 3 个和 4 个电阻相串联的情况。当然，串联电路中可以有任意数量的电阻。

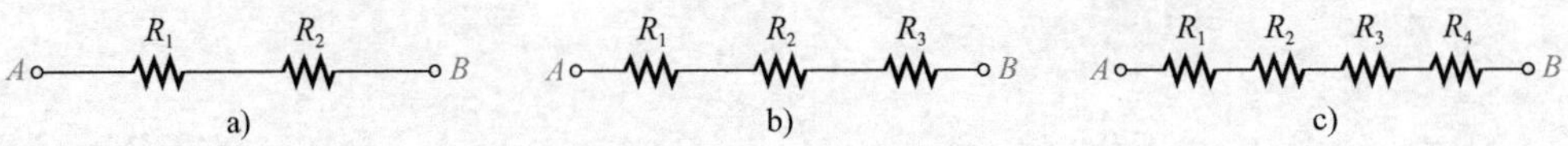

图 5-1 串联电阻

对于图 5-1 所示各电路，当电压源连接在 A 点和 B 点之间时，电流从一个点到达另一个点的唯一方法是逐个通过每个电阻。以下是串联电路特性：

串联电路在两点之间仅提供一条电流通路，因此通过每个串联电阻的电流是相同的。

在实际电路图中，串联电路可能并不总是像图 5-1 所示那样容易识别。例如对于图 5-2 所示各种情况，其中展示了以其他方式绘制的串联电阻。注意，如果两点之间只有一条电流通路，那么不论以何种形式绘制电路，这两点之间的电阻都是串联的。

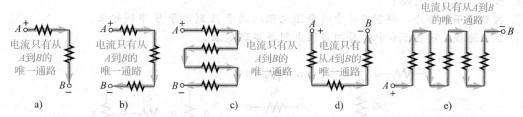

图 5-2 串联电路的一些例子。请注意，因为电流只有一条通路，所以各处电流相同

例 5-1 对于图 5-3 所示电路，假设面包板电路上有 5 个电阻。将它们串联在一起，要求从正极（＋）开始，依次是 R_1、R_2、R_3，等等。画出串联原理图。

解 电路连线装配图如图 5-4a 所示，电路原理图如图 5-4b 所示。注意，原理图不必像装配图那样显示电阻的实际物理排列。电路原理图表示的是各元件的电气连接关系；而装配图表示元件的物理安放位置及相互连接关系。

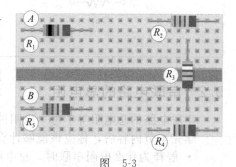

图 5-3

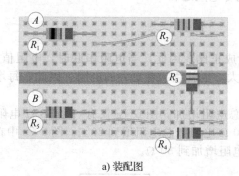

a) 装配图

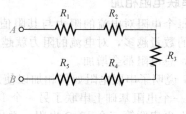

b) 原理图

图 5-4

同步练习 *

(a) 如何重新布线，以便在图 5-4a 中先连接奇数电阻，后连接偶数电阻？

(b) 根据电阻的色环编码，识别每个电阻的阻值。

例 5-2 描述图 5-5 中印制电路（PC）板上的电阻是如何相连的，并识别每个电阻的阻值。

解 电阻 $R_1 \sim R_7$ 彼此串联，然后连接在 PC 板上的引脚 1 和 2 之间。电阻 $R_8 \sim R_{13}$ 也是串联的，然后连接在引脚 3 和 4 之间。根据电阻的色环编码，这些电阻值分别为 $R_1 = 2.2\ \text{k}\Omega$、$R_2 = 3.3\ \text{k}\Omega$、$R_3 = 1.0\ \text{k}\Omega$、$R_4 = 1.2\ \text{k}\Omega$、$R_5 = 3.3\ \text{k}\Omega$、$R_6 = 4.7\ \text{k}\Omega$、$R_7 = 5.6\ \text{k}\Omega$、

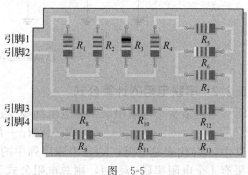

图 5-5

$R_8 = 12$ kΩ、$R_9 = 68$ kΩ、$R_{10} = 27$ kΩ、$R_{11} = 12$ kΩ、$R_{12} = 82$ kΩ、$R_{13} = 270$ kΩ。

同步练习 若连接图 5-5 中的引脚 2 和引脚 3，电路会发生怎样变化？

学习效果检测

1. 在串联电路中，电阻是如何连接的？
2. 如何识别串联电路？
3. 按数字下标顺序，将图 5-6 中的每组电阻从端子 A 到端子 B 串联起来。
4. 画出连线，将图 5-6 中的每组串联电阻再串联起来。

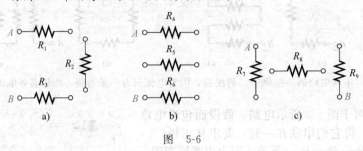

图 5-6

5.2 串联电路的总电阻

串联电路的总电阻等于每个电阻的阻值之和。

学完本节内容后，你应该能够计算串联电路的总电阻，具体就是：

- 解释为什么电阻串联时，总电阻是各电阻之和。
- 应用串联电路的总电阻计算公式。

5.2.1 串联电阻相加

由于每个电阻对电流的阻力与其阻值成正比，因此，当电阻串联时，电阻值要相加。串联电阻的数量越多，对电流的阻力就越大，也就意味着更大的电阻。因此，每增加一个串联电阻，总电阻都会增加。

图 5-7 说明了串联电阻如何相加以使总电阻增加。图 5-7a 仅有一个 10 Ω 电阻。图 5-7b 中在第一个电阻基础上串联了另一个 10 Ω 电阻，总电阻增到 20 Ω。图 5-7c 中在前两个电阻基础上再串联第三个 10 Ω 电阻，总电阻增加到 30 Ω。

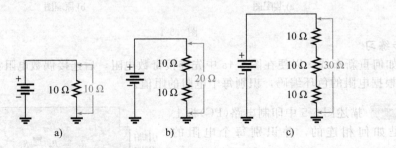

图 5-7 总电阻随串联电阻数目的增加而增加

5.2.2 串联电阻的计算公式

不论多少个电阻串联，总电阻都等于这些串联电阻的阻值之和。

$$R_T = R_1 + R_2 + R_3 + \cdots + R_n \tag{5-1}$$

其中，R_T 代表总电阻；R_n 是串联序列中的最后一个电阻（n 是串联电阻的个数）。例如，如果有 4 个电阻串联（$n=4$），则总电阻公式为：

$$R_T = R_1 + R_2 + R_3 + R_4$$

如果有 6 个电阻串联（$n=6$），则串联总电阻公式为：

$$R_T = R_1 + R_2 + R_3 + R_4 + R_5 + R_6$$

下面以图 5-8 为例，阐明串联总电阻的计算过程，图中 V_S 是电压源。电路中有 5 个串联电阻。要得到总电阻，只需累加即可。

$$R_T = 56\ \Omega + 100\ \Omega + 27\ \Omega + 10\ \Omega + 47\ \Omega = 240\ \Omega$$

请注意，在图 5-8 中，串联电阻的顺序并不重要，你可以改变它们的物理位置，这不影响总电阻或电流。

例 5-3 将图 5-9 中的电阻串联起来，并根据色环计算总电阻 R_T。

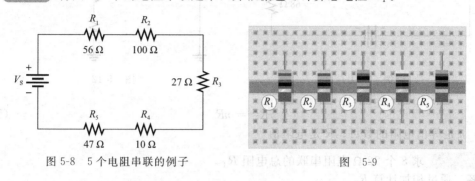

图 5-8 5 个电阻串联的例子   图 5-9

解 按图 5-10a 所示顺序连接各电阻。把所有电阻的阻值相加，可得到总电阻。

$$R_T = R_1 + R_2 + R_3 + R_4 + R_5 = 33\ \Omega + 68\ \Omega + 100\ \Omega + 47\ \Omega + 10\ \Omega = 258\ \Omega$$

同步练习 如果 R_2 和 R_4 位置互换，再计算图 5-10a 所示电路的总电阻。

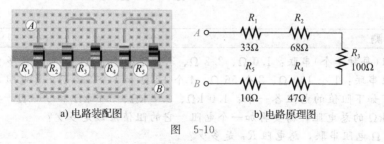

a) 电路装配图   b) 电路原理图

图 5-10

例 5-4 图 5-11 所示电路的总电阻是多少？

解 将所有阻值相加就是总电阻，即：

$$R_T = 39\ \Omega + 100\ \Omega + 47\ \Omega + 100\ \Omega + 180\ \Omega + 68\ \Omega = 534\ \Omega$$

同步练习 下列电阻串联后的总电阻是多少：$1.0\ k\Omega$、$2.2\ k\Omega$、$3.3\ k\Omega$ 和 $5.6\ k\Omega$？

例 5-5 计算图 5-12 所示电路中的 R_4 值。

解 从欧姆表读数可知，串联电路的总电阻是 $R_T = 17.9\ k\Omega$。因为

$$R_T = R_1 + R_2 + R_3 + R_4$$

所以

$$R_4 = R_T - (R_1 + R_2 + R_3) = 17.9\ k\Omega - (1.0\ k\Omega + 2.2\ k\Omega + 4.7\ k\Omega) = 10\ k\Omega$$

同步练习 如果图 5-12 中欧姆表的读数是 $14.7\ k\Omega$，那么 R_4 是多少？

5.2.3 等值电阻的串联

当电路中有多个阻值相等的电阻串联时，计算总电阻的快速方法是：用该电阻值乘以等值电阻的数目。例如，5 个 $100\ \Omega$ 电阻串联，总电阻为 $5 \times 100\ \Omega = 500\ \Omega$。一般公式为：

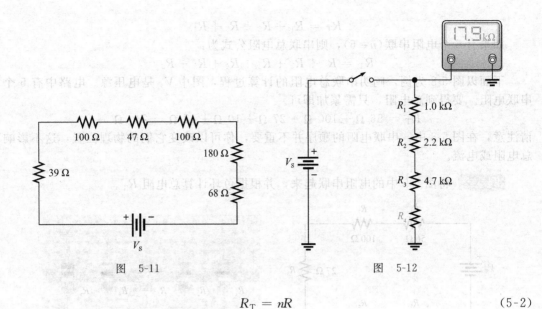

图 5-11

图 5-12

$$R_{\mathrm{T}} = nR \qquad\qquad (5-2)$$

其中，n 是等值电阻的数目；R 是电阻值。

例 5-6 求 8 个 22 Ω 电阻串联的总电阻 R_{T}。

解 通过相加计算 R_{T}。

$$R_{\mathrm{T}} = 22\ \Omega + 22\ \Omega + 22\ \Omega + 22\ \Omega + 22\ \Omega + 22\ \Omega + 22\ \Omega + 22\ \Omega = 176\ \Omega$$

用乘法可以更容易地得到相同的结果。

$$R_{\mathrm{T}} = 8 \times 22\ \Omega = 176\ \Omega$$

学习效果检测

1. 下列电阻（每种 1 个）串联：1.0 Ω、2.2 Ω、3.3 Ω 和 4.7 Ω，总电阻是多少？
2. 下列电阻串联：1 个 100 Ω、2 个 56 Ω、4 个 12 Ω 和 1 个 330 Ω，总电阻是多少？
3. 假设你有如下阻值的电阻各一个：1.0 kΩ、2.7 kΩ、5.6 kΩ 和 560 Ω，要得到近似为 13.8 kΩ 的总电阻，需要再加一个电阻。它的阻值应该是多少？
4. 12 个 56 Ω 电阻串联，总电阻 R_{T} 是多少？
5. 20 个 5.6 kΩ 电阻和 30 个 8.2 kΩ 电阻串联，总电阻 R_{T} 是多少？

5.3 串联电路的电流

串联电路中流经各处的电流都相同，即流经每个电阻的电流与流经其他所有电阻的电流相同。

学完本节内容后，你应该能够求解串联电路的电流，具体就是：

· 说明串联电路中各处电流都相同。

图 5-13 是 3 个电阻串联后，再连接到直流电压源的电路。在该电路的任何一点，流入该点的电流必然等于流出该点的电流，电流的方向如箭头所示。注意，因为没有任何地方可以流走部分电流，所以每个电阻的流出电流必然等于流入电流。因此，电路各部分的电流与其他部分的电流一定相同。从电源的正极（＋）到负极（－），电流只有一条通路。

假设图 5-13 中的电池向串联电阻提供 1.82 mA 的电流。当电流表连接到电路中的多个位置时，每个表的读数均为 1.82 mA，如图 5-14 所示。

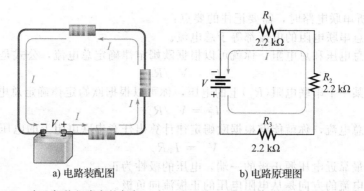

图 5-13　对于串联电路中的任何一点，流入该点的电流都等于从该点流出的电流

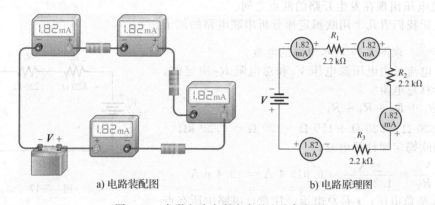

图 5-14　串联电路中所有点的电流都相同

学习效果检测

1. $100\ \Omega$ 的电阻和 $47\ \Omega$ 的电阻串联在电路中，流经 $100\ \Omega$ 电阻的电流为 $20\ \text{mA}$，那么流经 $47\ \Omega$ 电阻的电流是多少？

2. 在图 5-15 中，A 点和 B 点之间连接着一个毫安表，它的读数为 $50\ \text{mA}$。如果移动电流表，将其连接到 C 点和 D 点之间，那么它的读数将是多少？连接到 E 和 F 之间呢？

3. 在图 5-16 所示电路中，安培表 A1 的读数是多少？安培表 A2 的读数又是多少？

4. 描述串联电路的电流。

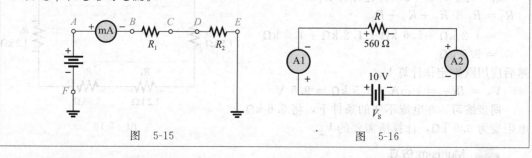

图　5-15　　　　　　　　　　　　　　　　　图　5-16

5.4　欧姆定律的应用

　　串联电路的基本概念和欧姆定律可以应用于串联电路的分析中。

　　学完本节内容后，你应该能够在串联电路中应用欧姆定律，具体就是：

- 求解串联电路中的电流。
- 求解串联电阻上的电压。

以下是分析串联电路时，需要记住的要点：

1. 通过任意串联电阻的电流都等于总电流。

2. 若知道总电压和总电阻，你就可以根据欧姆定律确定总电流，公式是：
$$I_T = V_T / R_T$$

3. 若知道某一个串联电阻(R_x)上的电压，你可以根据欧姆定律确定总电流，公式是：
$$I_T = V_x / R_x$$

4. 若知道总电流，你就能够根据欧姆定律计算出任意串联电阻上的电压，公式是：
$$V_x = I_T R_x$$

5. 电阻上最靠近电压源正极的一端，电压的极性为正。

6. 电阻中电流的方向是从电阻电压的正极流向负极。

7. 串联电路中的开路处将电流截断。因此，这时每个串联电阻上的电压降都为零。总电压出现在发生开路的两点之间。

现在让我们看几个用欧姆定律分析串联电路的例子。

 5-7 求图 5-17 所示电路的电流。

解 电流是由电压源电压 V_S 和总电阻 R_T 决定的。首先，计算总电阻。
$$R_T = R_1 + R_2 + R_3 + R_4$$
$$= 820\ \Omega + 220\ \Omega + 150\ \Omega + 100\ \Omega = 1.29\ \text{k}\Omega$$
然后，用欧姆定律计算电流。
$$I = \frac{V_S}{R_T} = \frac{25\ \text{V}}{1.29\ \text{k}\Omega} = 0.019\ 4\ \text{A} = 19.4\ \text{mA}$$
其中，V_S是总电压，I是总电流。注意，电路中所有点处的电流都相同。于是，流经每个电阻的电流都是 19.4 mA。

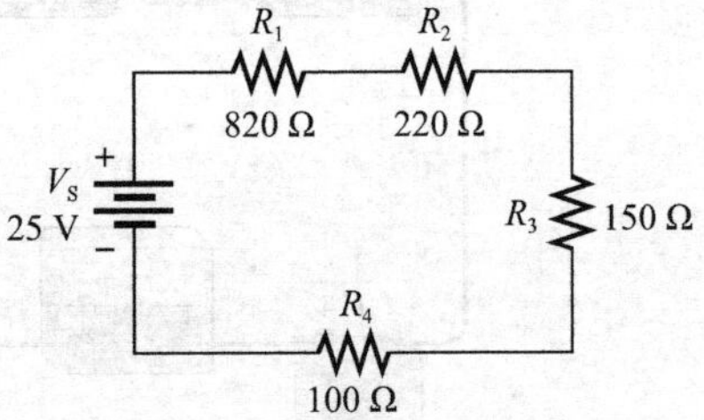

同步练习 如果图 5-17 所示电路中 R_4 变为 200 Ω，那么电路中的电流为多少？

MultiSim 仿真
使用 Multisim 文件 E05-07 来验证这个例子的计算结果，并检验你对同步练习的计算结果。

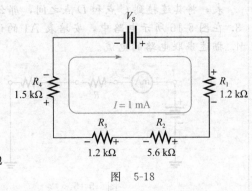

图 5-17

 5-8 在图 5-18 所示电路中，电流为 1 mA。要获得该电流，总电压 V_S 应为多少？

解 为了计算 V_S，首先计算 R_T。
$$R_T = R_1 + R_2 + R_3 + R_4$$
$$= 1.2\ \text{k}\Omega + 5.6\ \text{k}\Omega + 1.2\ \text{k}\Omega + 1.5\ \text{k}\Omega$$
$$= 9.5\ \text{k}\Omega$$
然后应用欧姆定律计算 V_S。
$$V_S = I R_T = 1\ \text{mA} \times 9.5\ \text{k}\Omega = 9.5\ \text{V}$$
同步练习 在电流不变的条件下，将 5.6 kΩ 电阻变为 3.9 kΩ，计算所需要的 V_S。

图 5-18

MultiSim 仿真
使用 Multisim 文件 E05-08 来验证本例的计算结果，并检验你对同步练习的计算结果。

5-9 计算图 5-19 中每个电阻两端的电压，并求 V_S 的值。如果增加 V_S 使电流为 5 mA，V_S 的最大值是多少？

解 根据欧姆定律，每个电阻两端的电压等于它的电阻值乘以流经它的电流。注意，通过每个串联电阻的电流是相同的。R_1 两端的电压为：
$$V_1 = IR_1 = 1 \text{ mA} \times 1.0 \text{ k}\Omega = 1 \text{ V}$$

R_2 两端电压为：
$$V_2 = IR_2 = 1 \text{ mA} \times 3.3 \text{ k}\Omega = 3.3 \text{ V}$$

R_3 两端电压为：
$$V_3 = IR_3 = 1 \text{ mA} \times 4.7 \text{ k}\Omega = 4.7 \text{ V}$$

为求 V_S 的值，首先计算 R_T：
$$R_T = 1.0 \text{ k}\Omega + 3.3 \text{ k}\Omega + 4.7 \text{ k}\Omega = 9 \text{ k}\Omega$$

电压源 V_S 等于电流乘以总电阻：
$$V_S = IR_T = 1 \text{ mA} \times 9 \text{ k}\Omega = 9 \text{ V}$$

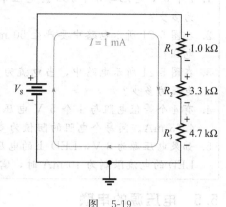

图 5-19

注意，如果你将所有电阻上的电压相加，总电压是 9 V，它必然等于电源电压。

如果增加 V_S 使电流 $I = 5$ mA，那么 V_S 的最大值计算如下：
$$V_{S(\max)} = IR_T = 5 \text{ mA} \times 9 \text{ k}\Omega = 45 \text{ V}$$

同步练习 如果 $R_3 = 2.2$ kΩ，I 维持在 1mA，重新计算 V_1、V_2、V_3、V_S 和 $V_{S(\max)}$ 的值。

 Multisim 仿真

使用 Multisim 文件 E05-09A、E05-09B 和 E05-09C 验证本例的计算结果，并检验你对同步练习的计算结果。

例 5-10 串联电阻常用于限流。例如，为了防止发光二极管（LED）烧坏，必须限制流经 LED 中的电流。图 5-20 是一个基本限流电路，其中 LED 作为指示器是整个电路中稍复杂电路的一部分。接入变阻器是为了在不同的环境条件下使 LED 有不同的亮度。我们将重点讨论图中的两个限流电阻。

当 LED 处在正常工作范围时，它的电压为 +1.7 V 左右。电源提供的剩余电压将加在另外两个串联电阻上，所以变阻器和固定电阻的总电压是 3.3 V。

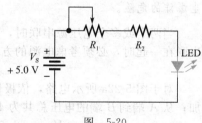

图 5-20

假如你要使 LED 中的电流从最小的 2.5 mA（对应最暗）变化到最大的 10 mA（对应最亮），则 R_1 和 R_2 的值应该选择多少？

解 从变阻器电阻为 0 Ω 时 LED 最亮开始分析。在这种情况下，R_1 没有电压，3.3 V 的剩余电压全部加在 R_2 上。由于电阻是串联的，因此通过 R_2 和 LED 的电流相同，于是有：
$$R_2 = \frac{V}{I} = \frac{3.3}{10 \text{ mA}} = 330 \text{ } \Omega$$

现在计算将电流限制为 2.5 mA 时所需要的总电阻。这里的总电阻为 $R_T = R_1 + R_2$，R_T 上的电压是 3.3 V。由欧姆定律可得：
$$R_T = \frac{V}{I} = \frac{3.3 \text{ V}}{2.5 \text{ mA}} = 1.32 \text{ k}\Omega$$

R_1 的值等于从总电阻中减去 R_2 的值。
$$R_1 = R_T - R_2 = 1.32 \text{ k}\Omega - 330 \text{ } \Omega = 990 \text{ } \Omega$$

选择一个标称值为 1.0 kΩ 的变阻器作为最接近所需电阻的标准电阻。

同步练习 如果 LED 的最大电流为 12 mA，R_2 应为多少？

学习效果检测

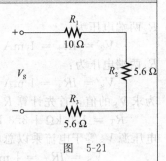

1. 1 个 6 V 电池与 3 个 100 Ω 电阻串联，通过每个电阻的电流为多少？
2. 在图 5-21 所示电路中要产生 50 mA 电流，需要施加多大的电压？
3. 在图 5-21 所示电路中，当电流为 50 mA 时，每个电阻上的电压为多少？
4. 有 4 个等值电阻与 1 个 5 V 电压源串联，测量到的电流为 4.63 mA。问每个电阻的阻值为多少？
5. 如果电压源为 3 V，LED 上的电压为 1.7 V，那么在将一个 LED 的电流限制为 10 mA 时，需要串联一个多大阻值的限流电阻？

图 5-21

5.5 电压源的串联

回想一下，理想电压源是为负载提供恒定电压的能量源。电子稳压电源、干电池、经变换后的太阳能电池等，都是直流电压源的实际例子。

学完本节内容后，你应该能够确定串联电压源的总效果，具体就是：
- 确定电压源以相同方向串联后的总电压。
- 确定电压源以相反方向串联后的总电压。

技术小贴士　当更换便携式电子设备上的电池时，最好使用相同类型的新电池，不要将旧电池与新电池混合使用。特别地，不要将碱性电池与非碱性电池混合使用。不正确使用电池会使得电池内部生成氢气，并导致外壳破裂。更糟糕的是，氢气和氧气混合后有发生爆炸的危险。

当两个或多个电压源串联时，总电压等于各电压源的代数和。代数和意味着当电压源串联在一起时，必须考虑电源的方向或极性。方向相反的电压源，其电压符号也相反。

$$V_{S(tot)} = V_{S1} + V_{S2} + \cdots + V_{Sn}$$

对于图 5-22a 所示电路，依极性顺序而言，所有电压源的电压方向都相同，各电压相加；从 A 端到 B 端的电压总共为 4.5 V，且 A 端比 B 端电位高。

$$V_{AB} = 1.5\ V + 1.5\ V + 1.5\ V = +4.5\ V$$

电压的双下标 AB 表示从 A 端到 B 端的电压。

在图 5-22b 中，中间电压源与另外两个电压源的方向相反，因此与其他电压源相加时它的电压符号是相反的。此时从 A 端到 B 端的总电压为：

$$V_{AB} = +1.5\ V - 1.5\ V + 1.5\ V = +1.5\ V$$

A 端比 B 端的电位高 1.5 V。

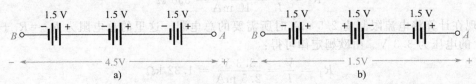

图 5-22　串联电压源的电压代数和。若一电压源反接，如图 b 所示，则从其他电压源的总电压中减去该电压。这不是电池的正常安装

电压源串联的一个常见例子是手电筒电路。当你在手电筒中放入两节 1.5 V 的电池时，它们是串联的，总电压是 3 V。当通过串联电池或其他电压源以增加总电压时，总要从一个电源的正(＋)端连接到另一个电源的负(－)端。连接关系如图 5-23 所示。

另一个实际例子是太阳能电池板的连接方式，太阳能电池板可以产生不同的电压。在标准条件下，小型电池板能产生 12 V 直流电压。若要增加输出电压，就需要将多个电池板串联起来。例如，要获得 48 V 的直流电压，就需要将 4 块 12 V 的电池板串联起来。

例 5-11 对于图 5-24 所示电路，假设将 3 块 24 V 太阳能电池板串联在一起，那么图 5-24 中的总电压($V_{S(tot)}$)为多少?

解 每个电源的极性顺序相同(电源在电路中以相同的电流方向顺序连接)。把这 3 个电压加起来即可得到总电压。

$$V_{S(tot)} = V_{S1} + V_{S2} + V_{S3} = 24\ V + 24\ V + 24\ V = 72\ V$$

可以用一个 72 V 的电源等效替代这 3 个电源的串联，其极性如图 5-25 所示。

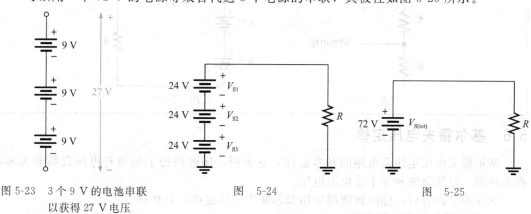

图 5-23　3 个 9 V 的电池串联　　　　　图　5-24　　　　　　　　图　5-25
　　　　　以获得 27 V 电压

同步练习 如果图 5-24 中的 V_{S3} 被意外地反向安装，则总电压为多少? ■

Multisim 仿真
使用 Multisim 文件 E05-11 验证本例中的计算结果，并检验你对同步练习的计算结果。

例 5-12 许多电路使用正、负电源供电。图 5-26 所示电源有两个独立的输出。说明如何连接电源的两个 12 V 输出，才能同时获得一个正极性输出电压和一个负极性输出电压。假设输出 A 和输出 B 是"浮地的"——它们没有被连接到公共地。

解 连接方法如图 5-27 所示。首先将一个电源的正极与第二个电源的负极相连，然后将接地端子与这一点相连。强制使 A 输出对地为负，B 输出对地为正。(注意，此方法仅适用于内部未与地连接的双路电源情况。)

同步练习 画出图 5-27 所示的电路原理图。

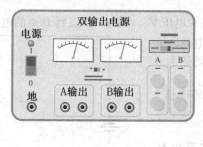
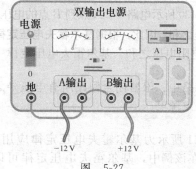

图　5-26　　　　　　　　　　　　　图　5-27

Multisim 仿真
使用 Multisim 文件 E05-12 验证双电源供电的连接，这将导致 A 和 B 分别输出负电压和正电压。

学习效果检测

1. 4 节 1.5 V 手电筒电池按正负顺序串联，4 节电池的总电压是多少？
2. 用多少节 12 V 的电池串联起来才能产生 60 V 的电压？画电池连接的原理图。
3. 图 5-28 中的电阻电路用于偏置晶体管放大器。演示如何连接两个 15 V 电源以便为两串联电阻提供 30 V 电压。
4. 确定图 5-29 所示电路的总电源电压。
5. 手电筒中，若 4 节 1.5 V 电池中的 1 节意外反方向安装，则灯泡上的电压为多少？

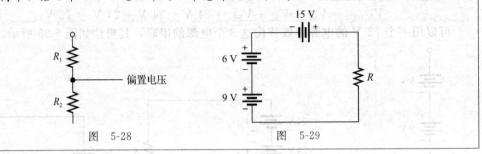

图　5-28　　　　　　　　　图　5-29

5.6　基尔霍夫电压定律

基尔霍夫电压定律是电路的基本定律，它表明：闭合路径上的所有电压代数和为零，换句话说，电压降的和等于总电源电压。

学完本节内容后，你应该能够应用基尔霍夫电压定律，具体就是：

- 阐述基尔霍夫电压定律。
- 通过电压降相加来确定电源电压。
- 求解未知的电压降。

在电路中，电阻上的电压（即电压降）总是具有与电源电压方向相反的特性。例如在图 5-30 中，当沿着顺时针方向环绕电路时，你可以观察到，经过电压源时是从电压的负极到正极，而经过每个电阻时，则是从电压的正极到负极。各电阻的电压分别为 V_1、V_2 等。

在图 5-30 中，根据定义可知，电流从电源的正极流出，依箭头所示流经电阻。电流从每个电阻的正极流入，从负极流出。电阻消耗能量产生电位差（或电压），它与电流方向相同。

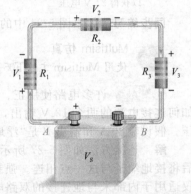

图 5-30　说明闭合电路中电压的极性

在图 5-30 所示电路中，A 点到 B 点的电压为电源电压 V_S。同时，A 点到 B 点的电压也为串联电阻电压之和。因此，根据**基尔霍夫电压定律**，电源电压等于 3 个电阻电压之和。基尔霍夫电压定律一般陈述为

> 在电路中，沿着闭合回路所有电压降之和等于该回路的总电源电压。

图 5-31 所示为基尔霍夫电压定律应用于串联电路的实例。在该例中，基尔霍夫电压定律可以用式(5-3)来表示，即：

$$V_S = V_1 + V_2 + V_3 + \cdots + V_n \qquad (5\text{-}3)$$

其中，下标 n 表示电压的个数。

闭合回路中的所有电压降相加，然后从电源电压中

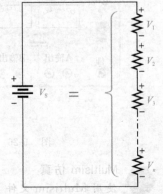

图 5-31　n 个电压降的和等于电源电压

减去这些电压的和，结果为零。显然，这一结果源于电压降的总和应等于电源电压。

人物小贴士

古斯塔夫·罗伯特·基尔霍夫（Gustav Robert Kirchhoff，1824—1887） 德国物理学家，致力于电路基本原理、光谱学和受热物体的黑体辐射方面的研究。在电路理论和热辐射中，都有用他的名字命名的基尔霍夫定律，以表纪念。1845 年，时为大学生的基尔霍夫就发现了电路的基本规律，该规律至今仍在电气工程和技术中得到普遍使用。他是作为师生学术研讨会的练习完成这一研究的。后来这一研究内容又成为他的博士论文。（图片来源：柏林摄影协会。courtesy AIP Emilio Segre Visual Archives，W. F. Meggers Collection，Brittle Books Collection，Harvard University Collection.）

在单个闭合回路中，所有电压的代数和（包括电源电压和电阻电压）为零。

因此，基尔霍夫电压定律的另一种方程形式为：

$$V_S - V_1 - V_2 - V_3 - \cdots - V_n = 0$$

通过连接一个电路并测量每个电阻上的电压和电源电压，你可以验证基尔霍夫电压定律，如图 5-32 所示。当电阻上的电压相加时，它们的和等于电源电压。电路中可以添加任意数量的电阻，定律依然成立。

例 5-13 计算图 5-33 中的电源电压 V_S，其中两个电压已给定。注：熔丝上没有电压。

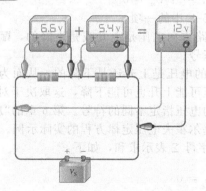

图 5-32 基尔霍夫电压定律的实验验证

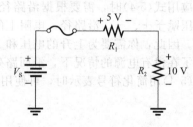

图 5-33

解 根据基尔霍夫电压定律（即式（5-3）），电源电压（外加电压）必然等于电阻电压之和，即：

$$V_S = 5\ \text{V} + 10\ \text{V} = 15\ \text{V}$$

同步练习 如果 V_S 增加到 30 V，试计算两个电阻上的电压。如果熔丝被烧断，那么每个电阻及熔丝两端的电压是多少？

 Multisim 仿真

打开 Multisim 文件 E05-13A 和 E05-13B，验证本例的计算结果，并检验你对同步练习的计算结果。

例 5-14 求出图 5-34 中 R_4 的值。

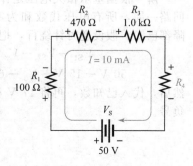

图 5-34

解 在这个问题中，你会同时用到欧姆定律和基尔霍夫电压定律。首先，利用欧姆定律计算每个已知电阻上的电压。

$$V_1 = IR_1 = 10 \text{ mA} \times 100 \ \Omega = 1.0 \text{ V}$$
$$V_2 = IR_2 = 10 \text{ mA} \times 470 \ \Omega = 4.7 \text{ V}$$
$$V_3 = IR_3 = 10 \text{ mA} \times 1.0 \text{ k}\Omega = 10 \text{ V}$$

接下来，依据基尔霍夫电压定律求 V_4，即未知电阻两端的电压。

$$V_S - V_1 - V_2 - V_3 - V_4 = 0 \text{ V}$$
$$50 \text{ V} - 1.0 \text{ V} - 4.7 \text{ V} - 10 \text{ V} - V_4 = 0 \text{ V}$$
$$34.3 \text{ V} - V_4 = 0 \text{ V}$$
$$V_4 = 34.3 \text{ V}$$

现在已经知道了 V_4，利用欧姆定律就可计算 R_4。

$$R_4 = \frac{V_4}{I} = \frac{34.3 \text{ V}}{10 \text{ mA}} = 3.43 \text{ k}\Omega$$

考虑到 3.43 kΩ 在 3.3 kΩ 的公差范围内（±5%），R_4 最有可能的色环编码值为 3.3 kΩ。

同步练习 当 $V_S = 25$ V、$I = 10$ mA 时，再计算图 5-34 中 R_4 的值。

 Multisim 仿真

使用 Multisim 文件 E05-14 验证本例的计算结果，并确认你对同步练习的计算结果。

到目前为止，你已经看到基尔霍夫电压定律如何应用于一个有电压源的串联电路。此外，它还可以应用于其他类型的电路。例如，在某些情况下，即使在给定的闭合回路中没有电源，基尔霍夫电压定律仍然适用。这就引出了一个更一般的公式：

$$V_1 + V_2 + V_3 + \cdots + V_n = 0 \tag{5-4}$$

如果存在电压源，则只需简单地将其视为式(5-4)中的一项。

在将电压数值代入式(5-4)时，根据沿回路方向电压是上升或是下降的，赋予每个电压一个代数符号，上升时为负号，下降时为正号。

在应用式(5-4)时，需要根据沿路径方向的电压是上升还是下降的，从而为路径中的每个电压赋予 +、−。沿路径，电阻上的电压可能上升也可能下降，这取决于对路径方向的选择。因此，你需要为上升的电压和下降的电压指定不同的符号。第 6 章的"应用案例"中给出了在没有电源的情况下，沿回路列写基尔霍夫电压定律方程的实际示例。

式(5-4)用简化符号表示时，可使用希腊字母 Σ 表示求和，如下：

$$\sum_{i=1}^{n} V_i = 0$$

该数学表达式等价于式(5-4)，表示从第一个($i=1$)到最后一个($i=n$)电压相加。

例 5-15 求解图 5-35 中未知电压 V_3。

解 根据基尔霍夫电压定律(见式(5-4))可知，绕行回路一周，所有电压代数和为零。除 V_3 外，每个电压降都已知。假设逆时针绕行，把这些值代入方程，可得：

$$V_{S1} - V_{S2} - V_3 - V_2 - V_1 = 0$$
$$50 \text{ V} - 15 \text{ V} - V_3 - 6 \text{ V} - 12 \text{ V} = 0$$

然后，代入已知数，再将 17 V 移至方程右边，两边消去负号。

$$17 \text{ V} - V_3 = 0 \text{ V}$$
$$-V_3 = -17 \text{ V}$$
$$V_3 = 17 \text{ V}$$

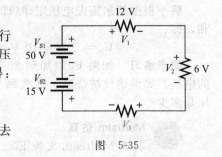

图 5-35

R_3 两端电压降为 17 V，其极性如图 5-35 所示。

同步练习　如果将图 5-35 中 V_{S2} 的极性颠倒一下，试计算 V_3。

学习效果检测

1. 用两种方法阐述基尔霍夫电压定律。
2. 一个 50 V 电源连接到一个串联电阻电路中，该电路的电压之和为多少？
3. 在串联的多个灯泡电路中，有一处被断开，并接入一 120 V 的电压源。问断开处的电压为多少？
4. 在接有 25 V 电源的串联电路中，有 3 个电阻，其中 1 个电压是 5 V，另 1 个是 10 V。问第 3 个电阻电压为多少？
5. 串联电路的各部分电压分别为 1 V、3 V、5 V、8 V、7 V。问施加到串联电路的总电压是多少？

5.7　分压器

串联电路可以用来分压，这称为分压器。分压器是串联电路的一个重要应用。使用分压公式，你可以在不计算电流的情况下求出电阻两端的电压。

学完本节内容后，你应该能够使用串联电路作为分压器，具体就是：

- 应用分压公式。
- 使用电位器作为可调节分压器。
- 描述一些分压器的应用。

由一系列串联电阻组成的串联电路与电压源相连，可以起到**分压器**的作用。图 5-36 是两个电阻串联的电路，当然电阻的数量可以是任意的。有两个电阻电压：一个电压跨在 R_1 两端，另一个跨在 R_2 两端，电压降分别为 V_1 和 V_2，如图 5-36 所示。由于串联电阻流过相同的电流，因此电压与电阻成正比。例如，如果 R_2 是 R_1 的两倍，那么 V_2 就是 V_1 的两倍。

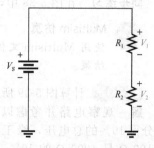

图 5-36　两个电阻组成的分压器

串联电路的总电压分配在各串联电阻上，各电阻上的电压与其阻值成正比。在图 5-36 中，如果 V_S 为 10 V、R_1 为 50 Ω、R_2 为 100 Ω，由于 R_1 是总电阻 150 Ω 的 1/3，那么 V_1 便是总电压的 1/3，即 3.33 V。同样，V_2 为总电压的 2/3，即 6.67 V。

5.7.1　分压公式

通过少量步骤，你就可以推导出一个公式，以计算串联电阻间的电压分配。假设 n 个电阻串联，如图 5-37 所示，其中 n 可以是任意数。

设 V_x 表示任意一个电阻上的电压，R_x 表示该电阻的阻值。根据欧姆定律，R_x 上的电压可以表示为：

$$V_x = IR_x$$

流经电路的电流等于电源电压除以总电阻，即 $I = V_S/R_T$。在图 5-37 所示电路中，总电阻为 $R_1 + R_2 + R_3 + \cdots + R_n$。在 V_x 的表达式中，用 V_S/R_T 替代 I，得到：

$$V_x = \left(\frac{V_S}{R_T}\right)R_x$$

整理后又得到：

$$V_x = \left(\frac{R_x}{R_T}\right)V_S \qquad (5\text{-}5)$$

式 (5-5) 为一般分压公式，可以描述为：

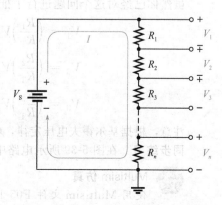

图 5-37　由 n 个电阻组成的分压器

在串联电路中，任意电阻上的电压等于该电阻与总电阻之比，再乘以电源电压。

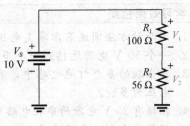

图 5-38

例 5-16 对于图 5-38 所示分压器，求解 V_1 和 V_2。

解 使用分压公式求解 V_1，$V_x = (R_x/R_T) \times V_S$，其中 $x = 1$。

总电阻为：

$$R_T = R_1 + R_2 = 100\ \Omega + 56\ \Omega = 156\ \Omega$$

R_1 为 $100\ \Omega$，V_S 为 $10\ \text{V}$。将这些值代入分压公式中，得到：

$$V_1 = \left(\frac{R_1}{R_T}\right)V_S = \left(\frac{100\ \Omega}{156\ \Omega}\right) \times 10\ \text{V} = 6.41\ \text{V}$$

求 V_2 有两种方法：基尔霍夫电压定律或分压公式。如果使用基尔霍夫电压定律（$V_S = V_1 + V_2$），则将 V_S 和 V_1 的值代入：

$$V_2 = V_S - V_1 = 10\ \text{V} - 6.41\ \text{V} = 3.59\ \text{V}$$

若使用分压公式来求解 V_2，则有：

$$V_2 = \left(\frac{R_2}{R_T}\right)V_S = \left(\frac{56\ \Omega}{156\ \Omega}\right) \times 10\ \text{V} = 3.59\ \text{V}$$

同步练习 在图 5-38 中，如果 R_2 变为 $180\ \Omega$，再求 R_1 和 R_2 两端的电压。

 Multisim 仿真

使用 Multisim 文件 E05-16 验证本例的计算结果，并检验你对同步练习的计算结果。

例 5-17 计算图 5-39 所示分压器中各电阻上的电压。

解 观察电路并考虑以下问题：总电阻为 $1000\ \Omega$，R_1 分得 10% 的总电压，缘于它的电阻为总电阻的 10%，即 $100\ \Omega$ 是 $1000\ \Omega$ 的 10%。同样，R_2 分得 22% 的总电压，因为它的电阻是总电阻的 22%。最后，R_3 两端的电压降为总电压的 68%，因为它的电阻是总电阻的 68%。

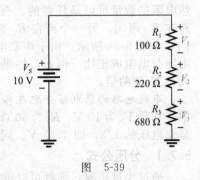

图 5-39

因为这个问题中的电阻值非常简单，所以很容易用心算出电压：$V_1 = 0.10 \times 10\ \text{V} = 1\ \text{V}$，$V_2 = 0.22 \times 10\ \text{V} = 2.2\ \text{V}$，$V_3 = 0.68 \times 10\ \text{V} = 6.8\ \text{V}$。通常情况并非如此，但有时稍加思考就能有效地求出结果，并节约一些计算过程。这也是一种估算结果的好方法，这样你就能从计算结果中发现不合理的答案。

虽然你已经对这个问题进行了推算，但是利用公式进行计算将能够验证这个结果。

$$V_1 = \left(\frac{R_1}{R_T}\right)V_S = \left(\frac{100\ \Omega}{1000\ \Omega}\right) \times 10\ \text{V} = 1.0\ \text{V}$$

$$V_2 = \left(\frac{R_2}{R_T}\right)V_S = \left(\frac{220\ \Omega}{1000\ \Omega}\right) \times 10\ \text{V} = 2.2\ \text{V}$$

$$V_3 = \left(\frac{R_3}{R_T}\right)V_S = \left(\frac{680\ \Omega}{1000\ \Omega}\right) \times 10\ \text{V} = 6.8\ \text{V}$$

注意，根据基尔霍夫电压定律，电阻电压之和等于电源电压。这是验证结果的好方法。

同步练习 在图 5-39 所示电路中，如果 R_1 和 R_2 改为 $680\ \Omega$，则电压各为多少？

 Multisim 仿真

使用 Multisim 文件 E05-17 验证本例的计算结果，并检验你对同步练习的计算结果。

例 5-18 对于图 5-40 所示分压器，确定下列各点之间的电压：

(a) A 到 B (b) A 到 C (c) B 到 C

(d) B 到 D (e) C 到 D

解 首先计算 R_T。

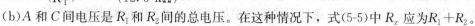

$$R_T = R_1 + R_2 + R_3 = 1.0 \text{ k}\Omega + 8.2 \text{ k}\Omega + 3.3 \text{ k}\Omega$$

$$= 12.5 \text{ k}\Omega$$

然后使用分压公式计算每个待求电压。

(a) A 和 B 间电压是 R_1 两端的电压：

$$V_{AB} = \left(\frac{R_1}{R_T}\right)V_S = \left(\frac{1.0 \text{ k}\Omega}{12.5 \text{ k}\Omega}\right) \times 25 \text{ V} = 2.0 \text{ V}$$

图 5-40

(b) A 和 C 间电压是 R_1 和 R_2 间的总电压。在这种情况下，式(5-5)中 R_x 应为 $R_1 + R_2$。

$$V_{AC} = \left(\frac{R_1 + R_2}{R_T}\right)V_S = \left(\frac{9.2 \text{ k}\Omega}{12.5 \text{ k}\Omega}\right) \times 25 \text{ V} = 18.4 \text{ V}$$

(c) B 和 C 间电压为 R_2 两端电压：

$$V_{BC} = \left(\frac{R_2}{R_T}\right)V_S = \left(\frac{8.2 \text{ k}\Omega}{12.5 \text{ k}\Omega}\right) \times 25 \text{ V} = 16.4 \text{ V}$$

(d) B 和 D 间电压是 R_2 和 R_3 间的总电压。在这种情况下，式(5-5)中 R_x 为 $R_2 + R_3$。

$$V_{BD} = \left(\frac{R_2 + R_3}{R_T}\right)V_S = \left(\frac{11.5 \text{ k}\Omega}{12.5 \text{ k}\Omega}\right) \times 25 \text{ V} = 23 \text{ V}$$

(e) 最后，C 和 D 间的电压是 R_3 两端电压：

$$V_{CD} = \left(\frac{R_3}{R_T}\right)V_S = \left(\frac{3.3 \text{ k}\Omega}{12.5 \text{ k}\Omega}\right) \times 25 \text{ V} = 6.6 \text{ V}$$

如果你连接了此分压器，则可以使用电压表来验证计算出的每个电压。

同步练习 如果 V_S 加倍，再计算例题中的每个电压。

Multisim 仿真

使用 Multisim 文件 E05-18 验证本例的计算结果，并检验你对同步练习的计算结果。

5.7.2 将电位器作为可调节分压器

回顾第 2 章内容，电位器是一个有 3 个端子的可变电阻器。与电压源连接的线性电位器如图 5-41a 所示，其原理图见图 5-41b。两个固定端子分别标记为 1 和 2，可调或称作滑动触点的端子标记为 3。电位器的作用是作为一个分压器将总电阻分成两部分，如图 5-41c 所示。端子 1 和端子 3 之间的电阻(R_{13})是一部分，端子 3 和端子 2 之间的电阻(R_{32})是另一部分。所以这个电位器相当于一个双电阻分压器，可以手动调节获得 0 V~V_S 的任意输出电压。

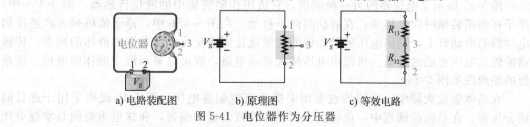

a) 电路装配图   b) 原理图   c) 等效电路

图 5-41 电位器作为分压器

图 5-42 显示了滑动触点发生移动时的情况。在图 5-42a 中，滑动触点正好居中，两边电阻相等。如果按电压表极性测量端子 3 至 2 之间的电压，则能得到总电压读数的一半。在图 5-42b 中，当滑动触点向上移动时，端子 3 和端子 2 之间的电阻增大，对应的电压也成比例地增大。在图 5-42c 中，当滑动触点向下移动时，端子 3 和端子 2 之间的电阻减小，对应电压也成比例地减小。

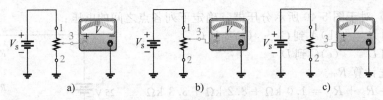

图 5-42 可调节分压器

5.7.3 分压器的应用

无线电接收机的音量控制就是电位器用作分压器的常规应用。由于声音的强弱依赖于音频信号电压的大小，因此通过调节电位器可以增加或减小音量，接收机上的音量控制旋钮就是电位器。图 5-43 说明在典型的接收机中如何通过调节电位器来控制音量。

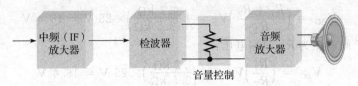

图 5-43 用于无线电接收机上音量控制的可调分压器

除此之外，分压器通常还用于运算放大器电路中的增益控制。**运算放大器**是一种应用广泛的高增益放大器，是许多模拟电路的基本器件。图 5-44a 所示运算放大器有两个输入，分别是同相输入（＋）和反相输入（－），以及一个输出。在图 5-44b 所示的同相放大器中，分压器将输出电压（V_{out}）的一部分返回给反相输入端，这叫作负反

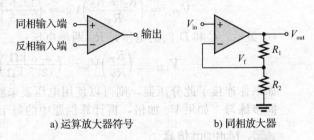

a) 运算放大器符号   b) 同相放大器

图 5-44 用于运算放大器中的分压器

馈，R_2 上分得的电压称为反馈电压 V_f。你将在学习电子技术课程中遇到反馈概念，反馈电压的量值决定了增益的大小。对于图 5-44b 中的放大器，可以应用分压公式得到 V_f：

$$V_x = \left(\frac{R_x}{R_T}\right)V_s$$

$$V_f = \left(\frac{R_2}{R_1 + R_2}\right)V_{out}$$

图 5-45 展示了电位器的另一种应用，它被用作储液罐中的液位传感器。图 5-45a 中，浮子在油箱装油时向上移动，在放油时向下移动。在图 5-45b 中，浮子依机械方式连接到电位器的滑动臂上，输出电压随滑动臂的位置成比例地变化。随着罐内液体的减少，传感器的输出电压也随之降低。将输出电压接入显示电路，就可以显示罐中液体的液位。该系统的原理图见图 5-45c。

在晶体管放大器中，分压器也常用来提供直流偏置电压。图 5-46 说明了用于此目的的分压器。在后面的课程中，你将会学习晶体管放大器和偏置，在这里重要的是掌握分压器的相关知识。

分压器还用于将电阻传感器的变化转换为电压的变化。电阻传感器在第 2 章中进行了描述，包括热敏电阻、光敏电阻和应变片等。为了将电阻的变化转换为输出电压的变化，可以用电阻传感器替换分压器中的一个电阻。

例 5-19 假设你有一个图 5-47 所示的光敏电阻，使用 3 节 AA 电池作为电压源（4.5

V)。黄昏时分，光敏电阻的阻值从低电阻上升到 90 kΩ。其输出电压可触发逻辑电路，即 V_{OUT} 大于 1.5 V 时打开电灯。当光敏电阻为 90 kΩ 时，串联电阻 R 为何值时才能产生 1.5 V 的输出电压？

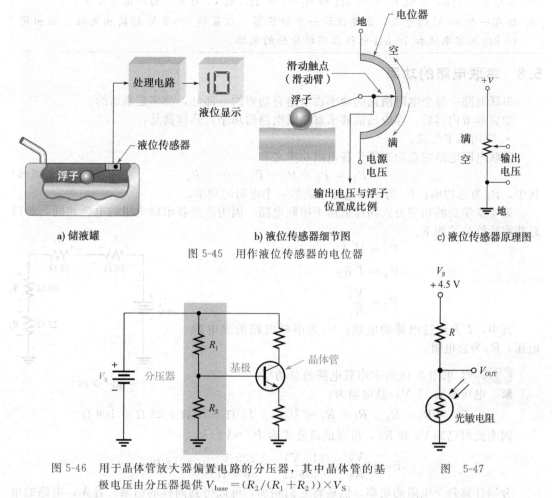

a) 储液罐　　　　　　　　　　**b) 液位传感器细节图**　　　　　　　**c) 液位传感器原理图**

图 5-45　用作液位传感器的电位器

图 5-46　用于晶体管放大器偏置电路的分压器，其中晶体管的基
极电压由分压器提供 $V_{\text{base}} = (R_2/(R_1 + R_2)) \times V_S$

图　5-47

解　注意，1.5 V 的阈值电压是电源电压的三分之一，这样你就相当于知道了 90 kΩ 为总电阻的三分之一。因此，总电阻为：

$$R_{\text{T}} = 3 \times 90 \text{ k}\Omega = 270 \text{ k}\Omega$$

产生 $V_{\text{OUT}} = 1.5$ V 所需的电阻 R 为：

$$R = R_{\text{T}} - 90 \text{ k}\Omega = 270 \text{ k}\Omega - 90 \text{ k}\Omega = 180 \text{ k}\Omega$$

同步练习　从式(5-5)入手，证明当光敏电阻为 90 kΩ 时，产生 1.5 V 的输出电压所需要的串联电阻 R 为 180 kΩ。

串联电路的另一个应用是分摊功耗。在测试高功率发射机时，有必要将功率消耗在电阻性负载上，而不是从天线辐射出去，该负载叫作虚拟负载。虚拟负载可以由多个电阻串联组成，每个电阻分摊总功率的一部分，因此只需较低的额定功率。

学习效果检测

1. 什么是分压器？
2. 写出通用的分压公式。
3. 如果在 10 V 的电源上串联两个等值电阻，那么每个电阻两端的电压是多少？

4. 47 kΩ 的电阻和 82 kΩ 的电阻连接为一个分压器，电源电压是 10 V，画出电路，并求每个电阻上的电压。

5. 参照图 5-44b，假设 $R_1 = 10$ kΩ 和 $R_2 = 680$ Ω，则 V_f 与 V_{out} 的比值为多少？

6. 你有一个 10 V 的电源，需要设计一个分压器，以获得 0～5 V 的输出电压。画出用 10 kΩ 固定电阻和 10 kΩ 电位器实现分压的电路。

5.8 串联电路的功率

串联电路中每个电阻消耗的功率占电路总功率的一部分，功率是累加的。

学完本节内容后，你应该能够求解串联电路的功率，具体就是：

- 应用功率公式。

串联电阻电路的总功率等于各电阻功率之和：

$$P_T = P_1 + P_2 + P_3 + \cdots + P_n \tag{5-6}$$

其中，P_T 为总功率；P_n 为串联电路中最后一个电阻的功率。

第 4 章学到的功率公式同样适用于串联电路。因为流经各串联电阻的电流相同，所以总功率计算公式如下：

$$P_T = V_S I$$
$$P_T = I^2 R_T$$
$$P_T = \frac{V_S^2}{R_T}$$

其中，I 为流过电路的电流；V_S 为串联电路的总电源电压；R_T 为总电阻。

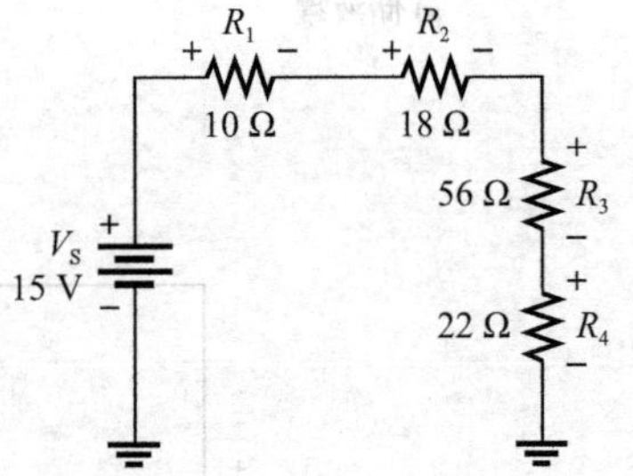

图 5-48

例 5-20 求图 5-48 所示串联电路的总功率。

解 电压源为 15 V，总电阻为：

$$R_T = R_1 + R_2 + R_3 + R_4 = 10\ \Omega + 18\ \Omega + 56\ \Omega + 22\ \Omega = 106\ \Omega$$

因为此时已知 V_S 和 R_T，所以最简公式为 $P_T = V_S^2 / R_T$。

$$P_T = \frac{V_S^2}{R_T} = \frac{(15\ \text{V})^2}{106\ \Omega} = \frac{225\ \text{V}^2}{106\ \Omega} = 2.12\ \text{W}$$

分别计算每个电阻的功率，然后将它们相加，可以得到同样的结果。首先，电路的电流为：

$$I = \frac{V_S}{R_T} = \frac{15\ \text{V}}{106\ \Omega} = 142\ \text{mA}$$

接下来，使用 $P = I^2 R$ 计算每个电阻的功率。

$$P_1 = I^2 R_1 = (142\ \text{mA})^2 (10\ \Omega) = 220\ \text{mW}$$
$$P_2 = I^2 R_2 = (142\ \text{mA})^2 (18\ \Omega) = 360\ \text{mW}$$
$$P_3 = I^2 R_3 = (142\ \text{mA})^2 (56\ \Omega) = 1.12\ \text{W}$$
$$P_4 = I^2 R_4 = (142\ \text{mA})^2 (22\ \Omega) = 441\ \text{mW}$$

于是，将上述所有功率相加，得到总功率为：

$$P_T = P_1 + P_2 + P_3 + P_4 = 200\ \text{mW} + 360\ \text{mW} + 1.12\ \text{W} + 441\ \text{mW} = 2.12\ \text{W}$$

这个结果与之前由公式 $P_T = V_S^2 / R_T$ 求解的总功率结果完全相同。

同步练习 如果图 5-48 中的 V_S 增加到 30 V，则电路的功率为多少？ ■

电阻的功率大小非常重要，因为电阻的额定功率必须足够高以应对电路中的可能功率。下面的例子说明了串联电路中与功率有关的实际考虑事项。

例 5-21 在图 5-49 中，各电阻额定功率均为 1/2 W，开关闭合后，计算各电阻的功率，每个电阻是否能够承受电路实际提供的功率。如果不能，请给出所需的最低额定功率。

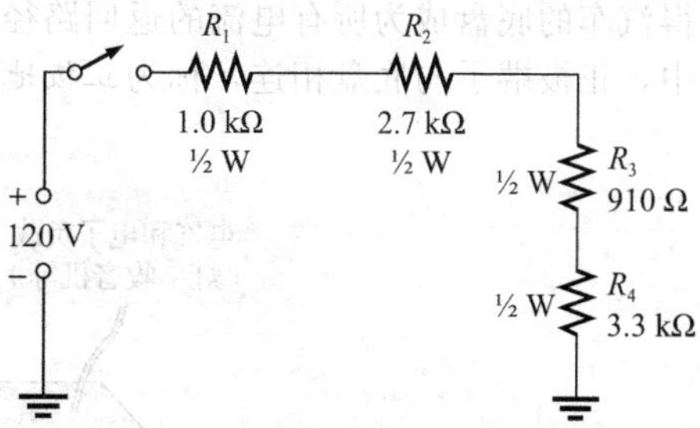

解 首先计算总电阻：

$$R_T = R_1 + R_2 + R_3 + R_4$$
$$= 1.0\ k\Omega + 2.7\ k\Omega + 910\ \Omega + 3.3\ k\Omega$$
$$= 7.91\ k\Omega$$

接下来计算电流：

$$I = \frac{V_S}{R_T} = \frac{120\ V}{7.91\ k\Omega} = 15\ mA$$

图 5-49

然后计算每个电阻的功率：

$$P_1 = I^2R_1 = (15\ mA)^2(1.0\ k\Omega) = 225\ mW$$
$$P_2 = I^2R_2 = (15\ mA)^2(2.7\ k\Omega) = 608\ mW$$
$$P_3 = I^2R_3 = (15\ mA)^2(910\ \Omega) = 205\ mW$$
$$P_4 = I^2R_4 = (15\ mA)^2(3.3\ k\Omega) = 743\ mW$$

R_2 和 R_4 的额定功率低于实际功率，即这两个电阻的实际功率都超过 1/2 W，因此开关闭合时它们可能会被烧坏。这两个电阻应使用额定功率 1 W 的电阻来替换。

同步练习 如果电源电压增加到 240 V，再计算图 5-49 中每个电阻所需的最小额定功率。

学习效果检测

1. 如果你知道串联电路中每个电阻的功率，如何求出总功率？
2. 串联电路中各电阻消耗的功率为 2 W、5 W、1 W 和 8 W，那么电路的总功率为多少？
3. 某电路有 3 个电阻串联，阻值分别是 100 Ω、330 Ω 和 680 Ω，流经电路的电流为 1 A，那么电路的总功率为多少？

5.9　电压的测量

第 2 章介绍了参考地的概念，并将参考地指定为电路的 0V 参考点。注意，电压总是相对于电路中的另一点来测量的。本节将更详细地讨论接地问题。

学完本节内容后，你应该能够测量相对于大地的电压，具体就是：

- 阐述参考地这个术语。
- 解释用单、双下标表示电压的用法。
- 在电路中识别接地端。

术语地一词源于电话系统，在该系统中将大地本身作为一个导体。这个术语也被用于早期的无线电接收天线（称为天线），天线的一部分连接到接地的金属管上。今天，地的含义不同，不一定代表与地球处于相同的电位。回忆一下，参考地在 2.8 节中定义为电路中的一个公共点，常以这个公共点作为测量电压的参考点。通常，参考地是承载电流回路的导体。大多数电子线路板的接地导电表面积都较大。对于多层电路板来说，接地面是一个单独的内部层，被称为接地平面。

第 2 章讨论了北美标准电线的基本概念。注意，中性导体只在建筑物的入口处与大地相连。中性点是电路的一部分，承载负载的返回电流，但接地是出于安全目的而设计的，并将金属盒、外壳等连接到建筑物的地。正常运行时，接地点与中性点电位相同，中性点可作为参考地。

参考地的概念也应用于汽车电气系统。大多数汽车电气系统中，汽车的底盘是参考地。

在几乎所有的现代汽车中，蓄电池的负极柱与底盘之间都用一个坚固的低电阻来连接。这使得汽车的底盘成为所有电流的返回路径，图 5-50 所示为简化的原理示意图。在一些老式汽车中，正极端子与底盘相连，称为正极地。在这两种方式中，底盘都代表参考地。

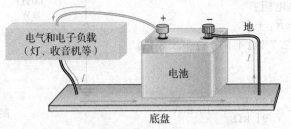

图 5-50　汽车底盘作为各电路中电流的返回路径

⚠ 安全小贴士

当从汽车上拆卸蓄电池时，首先要拆卸电池的参考地线。如果操作工具不小心与汽车底盘和正极端子接触，这样做可以避免产生火花。因为没有返回路径，就不会有电流。安装蓄电池时，应该最后安装参考地。

相对于地的电压测量

当测量相对于地的电压时，用单个字母的下标来表示，例如 V_A 表示 A 点相对于地的电压。图 5-51 中的电路包括 3 个 $1.0\,\text{k}\Omega$ 的串联电阻和 4 个用字母标识的点。参考地表示其电势为 0 V。图 5-51a 中，参考地为 D 点，其余所有点的电压相对于 D 点均为正。图 5-51b 中，参考地为电路中的 A 点，其他所有点的电压相对于 A 点均为负。

如前所述，许多电路同时使用正电压和负电压，其电流的返回路径被指定为参考地。图 5-51c 表明了相同的电路用两个 6 V 电压源替换之前 12 V 电压源的情况。在这种情况下，参考点被指定为两个电压源的连接点。这 3 个电路中电流完全相同，但是现在电压以新的接地点作为参考。从这些例子中可以看出，参考地是可以任意指定的，但它不会改变电路中的电流。

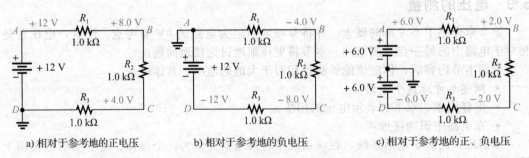

a) 相对于参考地的正电压　　　b) 相对于参考地的负电压　　　c) 相对于参考地的正、负电压

图 5-51　接地点不会影响电路中的电流或电阻的电压降

并不是所有的电压都是相对于地来测量的。如果你想表示一个未接地电阻两端的电压，可以用该电阻作为电压符号的下标，或者使用两个下标。当使用两个下标时，电阻的电压即表示这两点间的电位差，例如 V_{BC} 代表 $V_B - V_C$。在图 5-51 中，你可以通过减法运算来检验 V_{BC} 在 3 个电路中都是相同的，都是 +4.0 V。另一种表示 V_{BC} 的方法是将其简单地记作 V_{R_2}。

还有一种常用的借助下标来表示电压的方法。电源电压通常用双字母下标表示，参考点是地或公共点。例如，标识为 V_{CC} 的电压是相对于地的正电源电压。其他常见的电源电压符号还有 V_{SS}（正）、V_{EE}（负）。

用数字电压表测量电压时，仪表引线可以连接于任意两点，电压表将显示该两点间的电压，该值可以是正的也可以是负的。仪表的基准插孔被标记为"COM"（通常为黑色）。这只适用于仪表，不适用于电路。图 5-52 显示了使用 DMM 测量不接地电阻 R_2 上的电压，以实现浮地电压的测量。该电路与图 5-51b 相同，为负电源。它可能是在实验室中搭建的。注意，仪表指示负电压，这意味着仪表的 COM 引线处电位高。如果你想测量相对于电路参考地的电压，可以将仪表上的 COM 端连接到电路参考地。此时，仪表将会显示相对于参考地的电压。

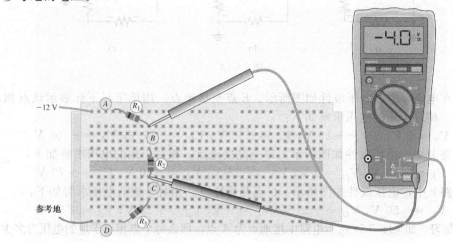

图 5-52　DMM 有一"浮动"公共点，因此它可以连接到电路中的任何点，以读取两个引线之间的确切电压

　　如果使用模拟仪表进行电路测量，则必须将仪表的公共引线连接到电路中的最低电位处；否则，仪表指针将反向偏转。（有些仪表可以通过开关改变指针偏转方向。）如果你不能确定电压的极性，则请把仪表调到最高量程，再确定仪表偏转的方向。然后选择一个能产生合理偏转量的量程，并在测量前将该量程上的指针归零。图 5-53 为用模拟仪表测量前述电路的情况，这里特别注意仪表的引线与之前的连接相反。要测量 R_2 两端电压，必须正确连接引线使指针正向偏转。注意仪表上的正极引线需与电路中较高电位点相连。在本例中，电路的接地点是高电位端。当记录读数时，用户需要在读数前加负号。

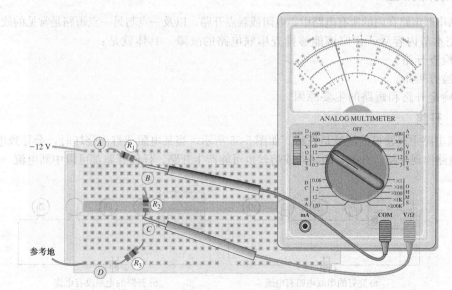

图 5-53　模拟仪表测量电压时，需将正极引线接至电路高电位点

例 5-22 求图 5-54 所示各电路中每个指示点的对地电压，假设所有电阻值都相等，并且每个电阻两端电压都为 25 V。

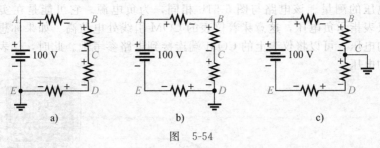

图 5-54

解 在电路 a 中，电压极性如图所示。E 点是接地点。用单字母下标表示该点相对于地的电压。相对于地的电压求解如下：

$$V_E = 0\ V,\ V_D = +25\ V,\ V_C = +50\ V,\ V_B = +75\ V,\ V_A = +100\ V$$

在电路 b 中，电压极性如图所示。D 点是接地点。相对于地的电压求解如下：

$$V_E = -25\ V,\ V_D = 0\ V,\ V_C = +25\ V,\ V_B = +50\ V,\ V_A = +75\ V$$

在电路 c 中，电压极性如图所示。C 点是接地点。相对于地的电压求解如下：

$$V_E = -50\ V,\ V_D = -25\ V,\ V_C = 0\ V,\ V_B = +25\ V,\ V_A = +50\ V$$

同步练习 如果图 5-54 所示电路中接地点为 A 点，那么每个点相对于地的电压为多少？ ■

 Multisim 仿真

使用 Multisim 文件 E05-22 验证此例的计算结果，并检验你对同步练习的计算结果。

学习效果检测
1. 电路中的参考点被称为什么？
2. 电路中的电压通常是以地为参考的。（T 或 F）即（对或错）
3. 外壳或机箱常用作参考地。（T 或 F）即（对或错）
4. 如果电路中 V_{AB} 为 +5.0 V，那么 V_{BA} 为多少？

5.10 故障排查

包括串联电路在内的所有电路中，电阻或触点开路，以及一点与另一点短路是常见的故障。

学完本节内容后，你应该能够排查串联电路的故障，具体就是：

- 检查开路。
- 检查短路。
- 确定开路和短路的主要原因。

5.10.1 开路

串联电路中最常见的故障是开路。如图 5-55 所示，当某电阻或灯泡烧坏时，会导致电流中断，使电路出现开路。开关、断路器或熔丝也可能产生开路。任何开路都可以中断电流。

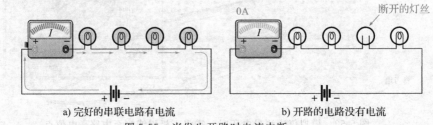

a) 完好的串联电路有电流　　　　　　　b) 开路的电路没有电流

图 5-55 当发生开路时电流中断

> 串联电路中的开路会截断电流。

开路故障排查 在第 3 章中，我们介绍了用于故障排查的分析、规划和测量（APM）的方法，还了解了半分割法，并看到了使用欧姆表进行测量的实际案例。现在，用同样的原理将电阻测量扩展至电压测量。如你所知，电压测量是最容易操作的，因为你不需要断开任何连接。

作为第一步，在分析之前，最好先目测一下故障电路。偶尔，你可能会发现一个烧焦的电阻、一个断掉的灯丝、一根松动的电线，或松动的连接等。然而，有时可能会看到没有明显损坏迹象的断路电阻或元器件，此种情况可能更为常见。当没有目测出故障时，就需要使用 APM 方法进行排查了。

当串联电路中发生开路时，所有电源电压都加在开路处。原因是开路阻断了电流通过串联电路。没有电流，其余所有电阻（或其他元器件）两端都不可能有电压。由于 $IR = (0\,\text{A}) \times R = 0\,\text{V}$，因此无故障电阻两端的电压都等于零。于是在图 5-56 中，因为电路其他部分没有电压，所以加在串联电路上的电压会全部加在开路处。根据基尔霍夫电压定律，电源电压将加在开路的两端：

$$V_S = V_1 + V_2 + V_3 + V_4 + V_5 + V_6$$
$$V_4 = V_S - V_1 - V_2 - V_3 - V_5 - V_6 = 10\,\text{V} - 0\,\text{V} - 0\,\text{V} - 0\,\text{V} - 0\,\text{V} - 0\,\text{V}$$
$$V_4 = V_S = 10\,\text{V}$$

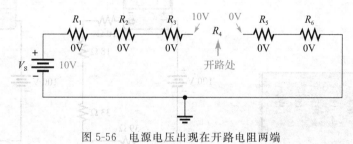

图 5-56 电源电压出现在开路电阻两端

技术小贴士 当测量电阻时，请确保你的手指不要接触到仪表探头或电阻引线。如果你的手指握住某高阻值电阻的两端和电表的探头，那么受人体电阻的影响测量将不准确。当人体电阻与高阻值电阻并联时，测得的电阻值将小于实际值。

使用电压测量的半分割法示例 假设某电路有 4 个电阻串联，通过分析发现电源有电压，而电路没有电流。这样，你便可以肯定其中有一个电阻发生了开路。于是，你计划利用电压表使用半分割法来寻找开路的电阻。图 5-57 说明了该示例的一系列测量结果。

步骤 1：测量 R_1 和 R_2 两端电压（电路的左半部分）。0 V 的读数表明这两个电阻都没有开路。

步骤 2：将电表移至 R_3 和 R_4 两端进行测量，读数为 10 V。这表明开路处位于电路的右半部分，即 R_3 或 R_4 为有故障的电阻（假设连接没有断开）。

步骤 3：将电表移至 R_3 两端进行测量。在 R_3 上测量到 10 V 的电压，即可以确定它是开路电阻。若你测量 R_4，得到 0 V 也能确定 R_3 有问题，因为它将是唯一承载 10 V 电压的电阻。

5.10.2 短路

有时两个导体接触或有异物（如焊料或剪掉的导线）会将电路中的两部分连接在一起，就会发生意外短路。这种情况可能会发生在元件密度高的电路中。图 5-58 所示的 PC 板说明了几种可能的短路原因。

如图 5-59 所示，当发生**短路**时，部分串联电阻被绕过（所有电流直接通过短路处），于是总电阻减小。注意，短路会导致电流增大。

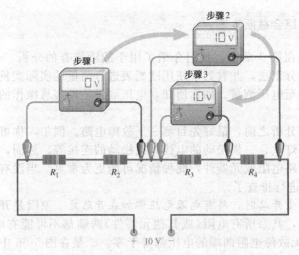

图 5-57　使用半分割法对串联电路中的开路故障进行排查

> 串联电路中的短路会引起电流异常增大。

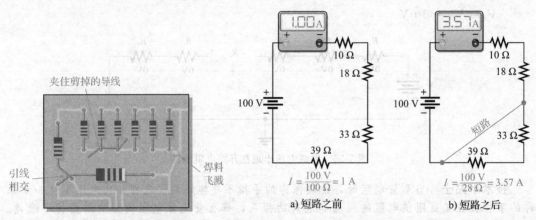

图 5-58　PC 板发生短路的实例　　　　图 5-59　串联电路中产生短路影响的实例

短路故障排查　短路故障很难排查。在任何故障排查中，最好都目测一下故障电路。在短路故障中，通常的罪魁祸首是夹线、焊料飞溅或引线短接。就元件故障而言，多数元件发生短路故障比发生开路故障的机会要少。此外，短路会引起电流增大从而可能导致另一部分过热。于是，开路和短路两种故障可能会同时发生。

当串联电路发生短路时，短路部分基本上没有电压。虽然有时会出现阻值较大的短路，但是通常短路时阻值为零或接近于零，这被称为电阻性短路。为便于说明，假设所有短路时，电阻均为零。

为了排查短路故障，需要测量每个电阻两端的电压，直到发现读数为 0 V 的那个电阻。这是一种直接的逐个测量方法，而没有使用半分割法。

若要应用半分割法，必须知道电路中每点处的正确电压，并将其与测量值进行比较。例 5-23 说明了如何使用半分割法来查找短路故障。

例 5-23　假设你已经发现电路的实际电流大于正常值，因而可以肯定在 4 个串联电阻中一定存在短路。而且你也知道电路正常工作时，每点相对于电源负极的电压，如图 5-60 所示。试找出短路位置。

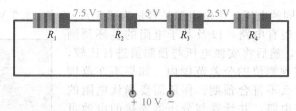

图 5-60 串联电路的正常电压(无短路)

解 应用半分割法对短路进行故障排查。

步骤 1：用电压表测量 R_1 和 R_2 串联部分的总电压，如图 5-61 的步骤 1 所示。电表读数为 6.67 V，高于正常电压(应为 5 V)，而不是低于正常值，因此故障不在这里。还需要搜寻低于正常值的电压。

步骤 2：移动电压表，测量 R_3 和 R_4 串联部分的总电压，如图 5-61 的步骤 2 所示。读数为 3.33 V，低于正常电压(应该是 5 V)。这表明短路发生在电路的右半部分，即 R_3 或 R_4 短路。

步骤 3：再次移动电压表，测量 R_3 两端电压，读数为 3.3 V，如图 5-61 的步骤 3 所示。现在可以肯定 R_4 发生了短路，因为 R_4 上的电压为 0 V。图 5-61 给出了这种故障排查方法。

同步练习 假设图 5-61 中 R_1 短路，步骤 1 中的电压测量值为多少？

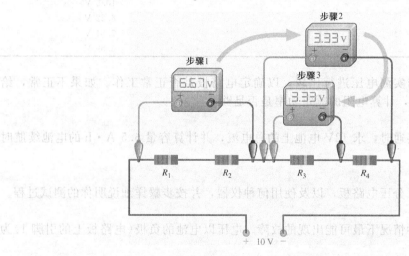

图 5-61 使用半分割法排查串联电路中的短路故障

学习效果检测

1. 定义短路。
2. 定义开路。
3. 当串联电路开路时会发生什么情况？
4. 列举两例，说明实际应用中可能产生开路的情况，什么原因可能导致短路？
5. 当一个电阻发生故障时，通常是开路。(T 或 F)即(对或错)
6. 串联电阻的总电压为 24 V。如果其中一个电阻开路，则它两端的电压是多少？其余无故障电阻两端的电压是多少？

应用案例

本应用案例为你提供了一个分压电路板，对其进行检查和评估。该电路板的目的是为其他电路提供 5 种不同的电压，供电电源是容量为 6.5 A·h 的 12.0 V 电池。

你的工作是检查现有电路，以及基于电阻的色环预测每个引脚的输出电压，然后将实测电压与预测值进行比较，确定这些电压是否在预测值的公差范围内。如果不在范围内，那么就说明为什么不符合预期。你还需要确认电阻的额定功率是否适合该电路，并计算与分压器连接的电池可以使用多长时间。

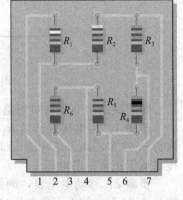

原理图

1. 依据图 5-62 所示的色环确定各电阻值，并画出分压电路的原理图。板上所有电阻的额定功率均为 1/4 W。

电压

2. 将 12.0 V 电源连接在分压电路板的引脚 1 和 3 之间。完成表 5-1，填入预期电压值。

图 5-62

表 5-1 分压电路板的电压

引脚	预期电压	测量电压
1	0 V	0 V
2		2.75 V
3	12.0 V	12.0 V
4		10.5 V
5		8.22 V
6		7.31 V
7		6.59 V

3. 将预期电压与实测电压进行比较，以确定电路板是否正常工作。如果不正常，给出可能的原因。此外，计算电阻的额定功率是否足够。

电池

4. 当分压电路接通时，求 12V 电池上的总电流，并计算容量 6.5 A·h 的电池续航时间为多少天？

测试过程

5. 确定如何测试分压电路板，以及使用何种仪器，并按步骤详细说明你的测试过程。

故障排查

6. 分析下列每种情况下最可能出现的故障。电压以电池的负极（电路板上的引脚 1）为参考点。

- 电路板上的任何一个引脚都没有电压。
- 引脚 3 和 4 上的电压均为 12 V，而其余所有引脚上的电压都是 0 V。
- 除引脚 1 上的电压为 0 V，其余所有引脚上的电压均为 12 V。
- 引脚 6 上的电压为 12 V，引脚 7 上的电压为 0 V。
- 引脚 2 上的电压为 3.3 V。

检查与复习

7. 在图 5-62 中，12 V 电池供电条件下，分压器消耗的总功率是多少？

8. 如果 6 V 电池的正极连接到引脚 3，负极连接到引脚 1，那么分压器的输出电压是多少？

9. 当分压电路板连接到电路中以提供正电压时，板上哪个引脚应该连接到电路的参考地？

 Multisim 分析

应用 Multisim，按照应用案例的第 1 步连接电路，并验证第 2 步给定的输出电压。设置第 6 步的各项故障，并验证测量的电压值。

本章总结

- 串联电路中各处电流相同。
- 串联电路中总电阻为所有电阻之和。
- 串联电路中任意两点之间的电阻等于这两点间所有电阻之和。
- 若串联电路中的所有电阻阻值相等，那么总电阻就是电阻个数乘以该阻值。
- 串联电路中电压源以代数和形式相加。
- 基尔霍夫电压定律：在闭合回路中，所有电压降之和等于该回路的总电源电压。
- 基尔霍夫电压定律：巡行闭合路径一周，所有电压(包括电源电压和各电压降)的代数和为零。
- 沿闭合回路，电路中的电阻电压降总是与总电源电压极性相反。
- 电流方向通常规定为从电源的正极流出，从负极流入。
- 电流方向通常还规定为从每个电阻的高电位端流入，从低电位端流出。
- 电压降是由于电阻能量消耗引起的。
- 分压器是连接到电压源上的电阻串联装置。
- 分压器之所以称为分压器，是因为串联电路中任意电阻的电压都以与其阻值成正比例的方式分配总电压。
- 电位器能够用作可调节分压器。
- 串联电阻电路的总功率是所有电阻消耗功率之和。
- 参考地(公共点)是零电位点。
- 负接地是电源负极接地时所使用的术语。
- 正接地是电源正极接地时所使用的术语。
- 串联电路中开路元件的电压始终等于电源电压。
- 短路元件的电压始终为 0 V。

重要公式

5-1 $R_T = R_1 + R_2 + R_3 + \cdots + R_n$　n 个电阻串联的总阻值

5-2 $R_T = nR$　n 个等值电阻串联的总阻值

5-3 $V_S = V_1 + V_2 + V_3 + \cdots + V_n$　基尔霍夫电压定律

5-4 $V_1 + V_2 + V_3 + \cdots + V_n = 0$　基尔霍夫电压定律的另一种表示

5-5 $V_x = \left(\dfrac{R_x}{R_T}\right)V_S$　分压公式

5-6 $P_T = P_1 + P_2 + P_3 + \cdots + P_n$　总功率计算公式

对/错判断(答案在本章末尾)

1. 串联电路可以有多于一条的电流通路。
2. 串联电路的总电阻可以小于该电路中最大的电阻。
3. 如果两个串联电阻大小不同，则电阻越大，电流越大。
4. 如果两个串联电阻大小不同，则电阻越大，分压越多。
5. 如果使用 3 个等值电阻组成分压器，则每个电阻上的电压将是电源电压的 1/3。
6. 在安装手电筒电池时，如果没有得到正确的电压，那么一定是电池的方向不同。
7. 基尔霍夫电压定律只有在回路中含有电压源时才成立。
8. 分压公式可以写成 $V_x = (R_x/R_T)V_S$。
9. 串联电路中所有电阻消耗的总功率与电源提供的功率相等。
10. 若电路中 A 点的对地电压是 $+10$ V，B 点的对地电压是 -2 V，那么 V_{AB} 就是 $+8$ V。

自我检测(答案在本章末尾)

1. 两个等值电阻串联，流入第一个电阻的电流为 2 mA，那么流出第二个电阻的电流是
   - (a)等于 2 mA
   - (b)小于 2 mA
   - (c)大于 2 mA

2. 为了测量由 4 个电阻组成的串联电路中第三个电阻的电流，可以放置一个电流表于
   - (a)第三和第四个电阻之间
   - (b)第二和第三个电阻之间
   - (c)在电源的正端
   - (d)在电路的任意点

3. 在两个电阻串联的电路中，再增加第三个串联电阻，则总电阻

(a)保持不变   (b)增加

(c)减少   (d)增加 1/3

4. 若从含有 4 个串联电阻的电路中取出一个电阻，并重新连接电路，则电流
  (a)减小量等于被移除电阻的电流
  (b)减少 1/4
  (c)增加 4 倍
  (d)增加

5. 串联电路中 3 个电阻的阻值分别为 100 Ω、220 Ω、330 Ω，则总电阻为
  (a)小于 100 Ω
  (b)各电阻的平均值
  (c) 550 Ω
  (d)650 Ω

6. 9 V 电池连接在 68 Ω、33 Ω、100 Ω、47 Ω 4 个电阻的串联组合上，则电流为
  (a) 36.3 mA   (b) 27.6 A
  (c) 22.3 mA   (d) 363 mA

7. 当你在一个手电筒里放置 4 节 1.5 V 电池时，你偶然把其中 1 节放反了。那么，灯泡两端的电压将是
  (a) 6 V   (b) 3 V
  (c) 4.5 V   (d) 0 V

8. 如果你测量到一个串联电路中所有的电压降和电源电压，并依极性把它们相加在一起，你会得到
  (a)电源电压   (b)总电压降
  (c)零

9. 某串联电路有 6 个电阻，每个电阻两端电压都为 5 V。那么电源电压为
  (a)5 V   (b) 30 V
  (c)取决于电阻值 (d)取决于电流

10. 某含有 4.7 kΩ、5.6 kΩ 和 10 kΩ 这 3 个电阻的串联电路，两端电压最大的电阻为
  (a)4.7 kΩ   (b)5.6 kΩ
  (c) 10 kΩ
  (d) 从给定的信息中无法确定

11. 下列哪个串联组合在连接 100 V 电源时消耗的功率最大？
  (a) 1 个 100 Ω 电阻
  (b) 2 个 100 Ω 电阻
  (c) 3 个 100 Ω 电阻
  (d) 4 个 100 Ω 电阻

12. 某电路总功率为 1 W，由 5 个等值电阻串联组成，每个电阻消耗的功率为
  (a) 1 W   (b) 5 W
  (c) 0.5 W   (d) 0.2 W

13. 当你将电流表接入串联电路，并打开供电压源时，电流表读数为零。你应该检查
  (a)断线   (b)短路电阻
  (c)开路电阻   (d)答案 (a) 和 (c)

14. 在检查串联电阻电路时，你发现实际电流比预期值大。你应该寻找
  (a)开路   (b)短路
  (c)低阻值   (d)答案(b)和(c)

电路行为变化趋势判断（答案在本章末尾）

参见图 5-68

1. A 点和 B 点间接入一个 10 V 的电压源，当开关从 1 号位置拨到 2 号位置时，电源的总电流将
  (a)增大 (b)减小 (c) 保持不变

2. 在问题 1 描述的条件下，通过 R_3 的电流将
  (a)增大 (b)减小 (c)保持不变

3. 当开关位于 1 号位置，且 R_3 发生短路时，通过 R_2 的电流将
  (a)增大 (b)减小 (c) 保持不变

4. 当开关位于 2 号位置，且 R_3 发生短路时，通过 R_5 的电流将
  (a)增大 (b)减小 (c) 保持不变

参见图 5-69

5. 如果其中一个毫安表的读数增加，那么另两个毫安表的读数将
  (a)增大 (b)减小 (c) 保持不变

6. 如果电源电压降低，那么每个毫安表显示的读数将
  (a)增大 (b)减小 (c) 保持不变

7. 如果用不同的电阻替换 R_1 使流经 R_1 的电流增加，那么每个毫安表的读数将
  (a)增大 (b)减小 (c) 保持不变

参见图 5-73

8. 如果开关从 A 位置切换到 B 位置，那么电流表读数将
  (a)增大 (b)减小 (c) 保持不变

9. 如果开关从 B 位置切换到 C 位置，那么 R_4 上的电压将
  (a)增大 (b)减小 (c) 保持不变

10. 如果开关从 C 位置切换到 D 位置，那么通过 R_3 的电流将
  (a)增大 (b)减小 (c) 保持不变

参见图 5-82b

11. 如果 R_1 变为 1.2 kΩ，那么 AB 间的电压将
  (a)增大 (b)减小 (c) 保持不变

12. 如果 R_2 和 R_3 交换位置，那么 AB 间的电压将
    (a)增大　(b)减小　(c)保持不变
13. 如果电源电压从 8 V 增至 10 V，那么 AB 间的电压将
    (a)增大　(b)减小　(c)保持不变

参见图 5-89

14. 如果把 9 V 电源减至 5 V，那么电路中的电流将
    (a)增大　(b)减小　(c)保持不变
15. 如果将 9 V 电源反接，那么 B 点相对于地的电压将
    (a)增大　(b)减小　(c)保持不变

分节习题(较难的问题用星号(＊)表示，奇数题答案在本书末尾)

5.1 节

1. 将图 5-63 所示各电路中 A 点和 B 点之间的电阻串联起来。

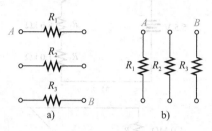

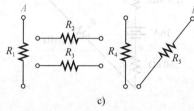

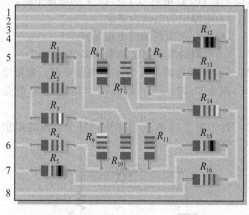

图　5-63

2. 对于图 5-64 所示电路板，找出串联的电阻组合。如何连接引脚才能将所有电阻串联起来？

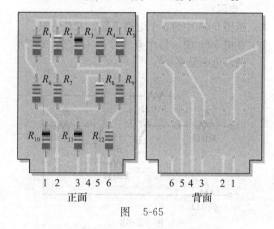

图　5-64

3. 在图 5-64 中，确定电路板上引脚 1 和引脚 8 之间的各电阻标称值。
4. 在图 5-64 中，确定电路板上引脚 2 和引脚 3 之间的各电阻标称值。

5. 对于图 5-65 所示的双面 PC 板，识别每组串联电阻。注意，从板的正面到背面有许多互连焊点。

5.2 节

6. 以下电阻(每种一个)连接成串联电路：1.0 Ω、2.2 Ω、5.6 Ω、12 Ω、22 Ω。计算总电阻。
7. 求下列每组串联电阻的总电阻：
   (a) 560 Ω 和 1000 Ω
   (b) 47 Ω 和 56 Ω
   (c) 1.5 kΩ、2.2 kΩ 和 10 kΩ
   (d) 1.0 MΩ、470 kΩ、1.0 kΩ 和 2.2 MΩ

正面　　　　　背面
图　5-65

8. 计算图 5-66 中每个电路的总电阻 R_{T}。

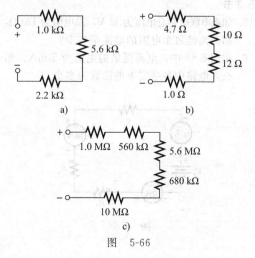

图　5-66

9. 12 个 5.6 kΩ 的电阻串联后，总电阻为多少？

10. 6 个 56 Ω 电阻、8 个 100 Ω 电阻和 2 个 22 Ω 电阻串联在一起，总电阻为多少？

11. 若图 5-67 所示电路的总电阻为 17.4 kΩ，那么 R_5 的阻值为多少？

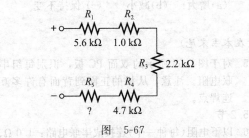

图 5-67

* 12. 实验室无限量提供以下电阻：10 Ω、100 Ω、470 Ω、560 Ω、680 Ω、1.0 kΩ、2.2 kΩ、5.6 kΩ，同时，其他所有标准电阻都缺货了。你正在进行的项目需要一个 18 kΩ 的电阻，如何串联上述电阻来获得所需要的电阻？

13. 若图 5-66 中的 3 个电路串联，求总电阻。

14. 在图 5-68 中，每个开关位置对应的 AB 间的总电阻是多少？

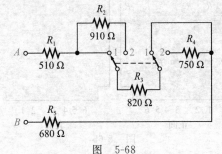

图 5-68

5.3 节

15. 如果串联电路总电压为 12 V，总电阻为 120 Ω，那么流经每个电阻的电流是多少？

16. 在图 5-69 中，电源提供的电流为 5 mA。那么，电路中各毫安表的读数为多少？

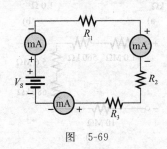

图 5-69

17. 在图 5-64 中，如何将电压源和电流表连接到 PC 板上以测量流经 R_1 的电流。这个装置还可以测量流经哪些电阻中的电流？

* 18. 使用多节 1.5 V 电池、1 个开关和 3 盏灯设计一个电路，以便给 1 盏灯、2 盏串联的灯，或 3 盏带有单控制开关的串联灯施加 4.5 V 电压。画出原理图。

5.4 节

19. 在图 5-70 中，每个电路的电流是多少？

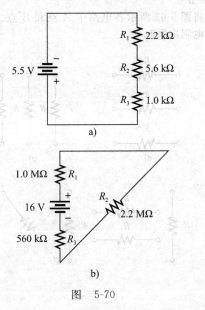

图 5-70

20. 对于图 5-70 所示电路，求每个电阻两端的电压。

21. 3 个 470 Ω 电阻与 1 个 48 V 的电源串联。
（a）电路中的电流为多少？
（b）每个电阻两端的电压是多少？
（c）电阻的最小额定功率是多少？

22. 4 个等值电阻与 1 节 5 V 电池串联，测得电流为 2.23 mA。那么每个电阻的阻值是多少？

23. 对于图 5-71 所示电路中，每个电阻的阻值是多少？

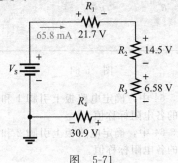

图 5-71

24. 对于图 5-72 所示电路，计算 V_{R1}、R_2 和 R_3。

25. 对于图 5-73 所示电路，当开关置于 A 位置时，电流表读数为 7.84 mA。

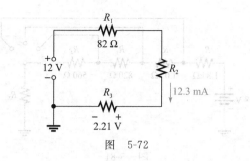

图 5-72

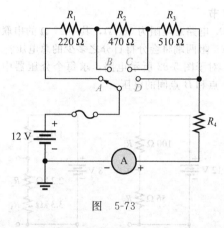

图 5-73

(a) R_4 的阻值是多少？

(b) 开关置于位置 B、C 及 D 时，电流表读数各为多少？

(c) 在开关的任何位置，1/4 A 的熔丝都会被烧毁吗？

26. 对于图 5-74 所示电路，试确定联动开关在各个位置处电流表的读数。

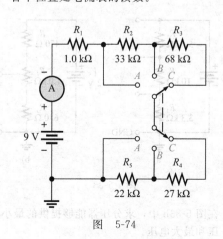

图 5-74

27. 参照图 5-75，假设 LED 在点亮时两端电压

为 2.0 V。LED 流过的最大电流设置为 10 mA，最小电流设置为 2.0 mA。选择满足这些要求的 R_1 和 R_2 的值。

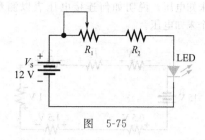

图 5-75

28. 参照图 5-76。假设 LED 两端电压为 2.0 V。

(a) 开关打开时，流经 LED 的电流为多少？

(b) 开关闭合时，流经 LED 的电流又为多少？

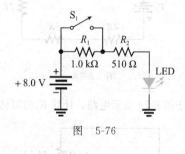

图 5-76

5.5 节

29. 同向串联是一个术语，用来描述相同方向的电压源串联。如果 5 V 和 9 V 电源以这种方式连接，那么总电压为多少？

30. 反向串联一词是指电源以相反方向串联。如果 12 V 和 3 V 电池以这种方式串联，那么总电压是多少？

31. 对于图 5-77 所示电路，计算每个电路的总电源电压。

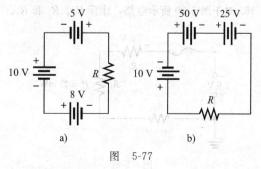

图 5-77

5.6 节

32. 3 个电阻串联，测得每个电阻两端的电压分别为：5.5 V、8.2 V 和 12.3 V。求为该串联电阻供电的电源电压值为多少？

33. 某 20 V 电源为 5 个串联电阻供电。其中 4 个电阻两端的电压分别为 1.5 V、5.5 V、

3 V 和 6 V，那么第 5 个电阻两端的电压为多少？

34. 对于图 5-78 所示电路，计算每个电路中的未知电压。说明如何连接电压表以测量每个未知电压。

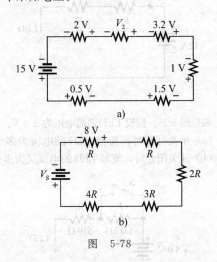

图 5-78

35. 对于图 5-79 所示电路，计算 R_4 的阻值。

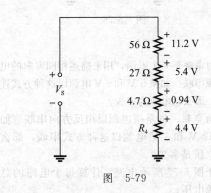

图 5-79

36. 对于图 5-80 所示电路，计算 R_1、R_2 和 R_3。

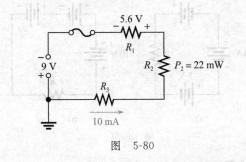

图 5-80

37. 对于图 5-81 所示电路，计算开关于各位置时 R_5 两端的电压。开关处于各位置时，电流如下：A 位置时为 3.35 mA，B 位置时为 3.73 mA、C 位置时为 4.50 mA、D 位置时为 6.00 mA。

38. 对于图 5-81 所示电路，使用问题 37 的结果，计算开关处于各位置时各电阻两端的电压。

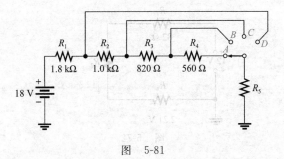

图 5-81

5.7 节

* 39. 电路总电阻为 560 Ω，其中 27 Ω 的串联电阻两端将会分得百分之多少的总电压？

40. 对于图 5-82 所示电路，求每个分压器中 A 点和 B 点间的电压。

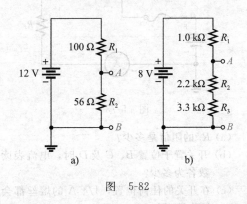

图 5-82

41. 在图 5-83a 中，以地为参考点，求点 A、B 和 C 的输出电压。

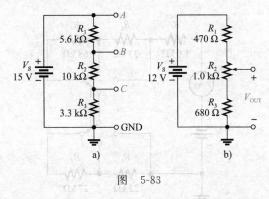

图 5-83

42. 在图 5-83b 中，求分压器能够提供的最小电压和最大电压。

* 43. 在图 5-84 中，每个电阻两端的电压为多

少? 其中 R 是阻值最小的电阻, 其他电阻
都是该阻值的整数倍。

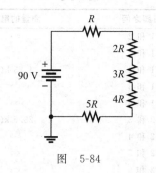

图　5-84

44. 在图 5-85 中, 以电池负极作为参考点, 确
定各标注点的电压。

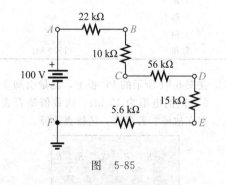

图　5-85

45. 在图 5-86 中, 若 R_1 两端的电压为 10 V, 那
么其余电阻两端的电压为多少?

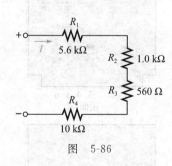

图　5-86

*46. 根据附录 A 提供的标准电阻值表设计分
压器。在 30 V 电源供电条件下, 以地
为参考点提供如下近似电压: 8.18 V、
14.7 V 和 24.6 V。电源电流不得超过
1 mA。必须指定电阻的数量、阻值和
额定功率, 必须提供电路布线图和电阻
排布原理图。

*47. 设计一个可调节分压器。在 1~120 V 电
源供电下, 提供从最小 10 V 至最大 100 V
且误差在 ±1% 范围内的可调输出电压。

最大电压必须设置在电位器最大电阻处,
最小电压必须设置在电位器最小电阻(零)
处, 电流为 10 mA。

5.8 节

48. 5 个串联电阻中每个电阻消耗的功率为
50 mW, 总功率是多少?

49. 若电阻两端的电压增加 1 倍, 功率会增加
多少?

50. 若电路总电阻减半, 功率会发生什么变化?

51. 对于图 5-86 所示电路, 在问题 45 计算结果
基础上, 计算电路的总功率。

52. 以下 1/4 W 电阻串联: 1.2 kΩ、2.2 kΩ、
3.9 kΩ 和 5.6 kΩ。在不超过额定功率的情
况下, 加在串联电阻两端的最大电压是多
少? 如果电压过高, 哪个电阻会首先被
烧坏?

53. 对于图 5-87 所示电路, 计算总电阻 R_T。

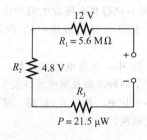

图　5-87

54. 某串联电路含有一个 1/2 W 电阻、一个
1/4 W 电阻和一个 1/2 W 电阻, 总电阻为
2400 Ω。若各电阻工作在最大功耗状态,
求解如下量: (a) I; (b) V_T; (c)每个电阻
的阻值。

5.9 节

55. 对于图 5-88 所示电路, 计算各点相对于地
的电压。

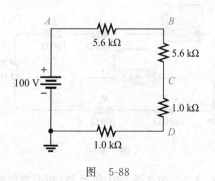

图　5-88

56. 对于图 5-89 所示电路, 不将电压表直接跨

在电阻 R_2 上，如何测量 R_2 两端的电压？

出可能存在的故障。

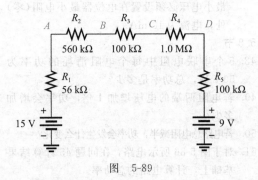

图 5-89

57. 对于图 5-89 所示电路，计算各点相对于地的电压。

58. 图 5-89 中，V_{AC} 是多少？

59. 图 5-89 中，V_{CA} 是多少？

5.10 节

60. 5 个电阻串联的电路由 1 个 12 V 电池供电。除 R_2 外，测得其余所有电阻两端的电压均为零。电路中有何故障？R_2 两端电压是多少？

61. 在图 5-90 中，观察电压表读数，分析各电路发生了何种故障及哪些元件发生了故障？

62. 在图 5-90b 中，若仅 R_2 短路，那么你会测到多大电流？

表 5-2

引脚之间	测量的电阻
1 和 2	∞
1 和 3	∞
1 和 4	4.23 kΩ
1 和 5	∞
1 和 6	∞
2 和 3	23.6 kΩ
2 和 4	∞
2 和 5	∞
2 和 6	∞
3 和 4	∞
3 和 5	∞
3 和 6	∞
4 和 5	∞
4 和 6	∞
5 和 6	19.9 kΩ

* 64. 在图 5-91 所示的 PC 板上，测量引脚 5 和 6 之间的电阻为 15 kΩ。该数值是否表明存在故障？若存在，请排查故障。

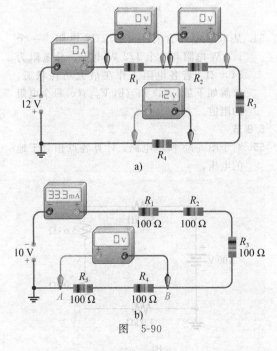

图 5-90

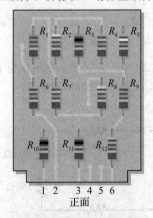

正面

背面

图 5-91

* 63. 表 5-2 为在图 5-91 所示 PC 板上测得的阻值。这些结果是否正确？若不正确，请找

* 65. 在图 5-91 中，检查 PC 板，测得引脚 1 和 2 间的电阻为 17.83 kΩ。同时，测得引脚 2 和 4 间的电阻为 13.6 kΩ。该数值是否表明 PC 板存在故障？若存在，请找出故障。

* 66. 在图 5-91 中，若将引脚 2 与引脚 4、引脚 3 与引脚 5 连接，能够串联 PC 板上的 3 组电阻，从而形成单一串联电路。引脚 1 和引脚 6 间连接电压源，并将一电流表串联至电路中。当提高电源电压时，可观察到电流相应增加。突然，电流降到零，同时闻到了烟味。所有电阻的额定功率为 1/2W。

(a) 发生了什么故障？

(b) 具体来说，你该如何找到该故障？

(c) 在多大的电压下发生了故障？

Multisim 故障排查和分析

下面这些问题需要借助 Multisim 来完成。

67. 打开文件 P05-67，并测量串联总电阻。

68. 打开文件 P05-68，通过测量分析是否存在开路电阻。若存在，为哪个电阻？

69. 打开文件 P05-69，计算未知电阻。

70. 打开文件 P05-70，计算未知的电源电压。

71. 打开文件 P05-71，分析是否存在短路电阻，若存在，请找出来。

参考答案

学习效果检测答案

5.1 节

1. 串联电阻以"串"的形式端到端顺序连接，每个电阻的各引脚与其他电阻连接。

2. 串联电路仅有一条电流通路。

3. 见图 5-92。

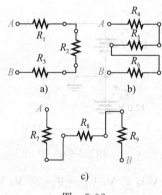

图 5-92

4. 见图 5-93。

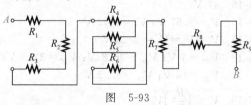

图 5-93

5.2 节

1. $R_T = 1.0\ \Omega + 2.2\ \Omega + 3.3\ \Omega + 4.7\ \Omega = 11.2\ \Omega$

2. $R_T = 100\ \Omega + 2 \times 56\ \Omega + 4 \times 12\ \Omega + 330\ \Omega = 590\ \Omega$

3. $R_5 = 13.8\ k\Omega - (1.0\ k\Omega + 2.7\ k\Omega + 5.6\ k\Omega + 560\ \Omega) = 3.94\ k\Omega$

4. $R_T = 12 \times 56\ \Omega = 672\ \Omega$

5. $R_T = 20 \times 5.6\ k\Omega + 30 \times 8.2\ k\Omega = 358\ k\Omega$

5.3 节

1. $I = 20\ mA$

2. 毫安表在 C 和 D 之间测得 50 mA 的电流，在 E 和 F 之间测得 50 mA 的电流。

3. $I = 10\ V/560\ \Omega = 17.9\ mA$；17.9 mA。

4. 串联电路中，流经各点的电流相同。

5.4 节

1. $I = 6\ V/300\ \Omega = 20\ mA$

2. $V_S = 50\ mA \times 21.2\ \Omega = 1.06\ V$

3. $V_1 = 50\ mA \times 10\ \Omega = 0.5\ V$；$V_2 = 50\ mA \times 5.6\ \Omega = 0.28\ V$；
$V_3 = 50\ mA \times 5.6\ \Omega = 0.28\ V$

4. $R = \frac{1}{4}(5\ V/4.63\ mA) = 270\ \Omega$

5. $R = 130\ \Omega$

5.5 节

1. $V_T = 4 \times 1.5\ V = 6.0\ V$

2. 60 V/12 V = 5；见图 5-94。

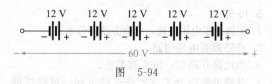

图 5-94

3. 见图 5-95。

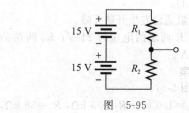

图 5-95

4. $V_{S(tot)} = 9\ V + 6\ V + 15\ V = 30\ V$

5. 3.0 V

5.6 节

1. (a) 基尔霍夫定律表明巡行闭合路径一周，所有电压降的代数和为零。

   (b) 基尔霍夫定律表明电压降之和等于电源总电压。

2. $V_T = V_S = 50$ V

3. 120 V

4. $V_3 = 25$ V-10 V-5 V$=10$ V

5. $V_S = 1$ V$+3$ V$+5$ V$+8$ V$+7$ V$=24$ V

5.7 节

1. 分压器是由两个或两个以上电阻串联组成的电路，其中任何电阻或电阻组合所分得的电压与该电阻阻值成正比。

2. $V_x = (R_x/R_T)V_S$

3. $V_R = 10$ V$/2 = 5$ V

4. 0.0637

5. 见图 5-96。

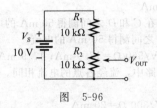

图 5-96

5.8 节

1. 将各电阻消耗的功率相加可以获得总功率。

2. $R_T = 2$ W$+5$ W$+1$ W$+8$ W$=16$ W

3. $P_T = (1$ A$)^2(1\ 100\ \Omega) = 1\ 100$ W

5.9 节

1. 电路中的参考点被称为地或公共点。

2. 正确

3. 正确

4. $V_{BA} = -5.0$ V

5.10 节

1. 短路是零电阻支路，它会旁路部分电路。

2. 开路截断电流通路。

3. 当电路开路时，电流被截止。

4. 开路可能由开关或元件故障引起。短路可能由开关引起，也可能是无意中的夹线或焊料飞溅造成的。

5. 正确，电阻通常发生开路故障。

6. 开路电阻 R 两端的电压为 24 V；R_S 两端的电压为 0 V。

同步练习答案

5-1 (a) 见图 5-97。

   (b) $R_1 = 1.0$ kΩ, $R_2 = 33$ kΩ, $R_3 = 39$ kΩ,
   $R_4 = 470$ Ω, $R_5 = 22$ kΩ

5-2 板上所有电阻串联。

5-3 258 Ω

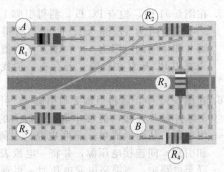

图 5-97

5-4 12.1 kΩ

5-5 6.8 kΩ

5-6 4 440 Ω

5-7 18.0 mA

5-8 7.8 V

5-9 $V_1 = 1$ V, $V_2 = 3.3$ V, $V_3 = 2.2$ V; $V_S = 6.5$ V; $V_{S(max)} = 32.5$ V

5-10 $R_2 = 275$ Ω

5-11 24 V

5-12 见图 5-98。

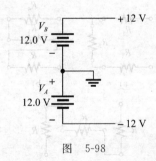

图 5-98

5-13 10 V 与 20 V；$V_{fuse} = V_S = 30$ V；$V_{R1} = V_{R2} = 0$ V

5-14 930 Ω

5-15 47 V

5-16 $V_1 = 3.57$ V；$V_2 = 6.43$ V

5-17 $V_1 = V_2 = V_3 = 3.33$ V

5-18 $V_{AB} = 4$ V；$V_{AC} = 36.8$ V；$V_{BC} = 32.8$ V；$V_{BD} = 46$ V；$V_{CD} = 13.2$ V

5-19 $V_x = \left(\dfrac{R_x}{R_T}\right)V_S$

$$\dfrac{V_x}{V_S} = \dfrac{R_x}{R_T} = \dfrac{R_x}{R + R_x}$$

$$\dfrac{1.5\text{ V}}{4.5\text{ V}} = \dfrac{90\text{ k}\Omega}{R + 90\text{ k}\Omega}$$

$$1.5\text{ V} \times (R + 90\text{ k}\Omega) = 4.5\text{ V} \times 90\text{ k}\Omega$$

$$1.5R = 270\ \Omega$$

$$R = 180\ \Omega$$

5-20　8.49 W

5-21　$P_1=0.92$ W（1 W）；$P_2=2.49$ W（5 W）；
　　　$P_3=0.838$ W（1 W）；$P_4=3.04$ W（5 W）

5-22　$V_A=0$ V；$V_B=-25$ V；$V_C=-50$ V；
　　　$V_D=-75$ V；$V_E=-100$ V

5-23　3.33 V

对/错判断答案

1. F　　2. F　　3. F　　4. T

5. T　　6. T　　7. F　　8. T

9. T　　10. F

自我检测答案

1. (a)　　2. (d)　　3. (b)　　4. (d)

5. (d)　　6. (a)　　7. (b)　　8. (c)

9. (b)　　10. (c)　　11. (a)　　12. (d)

13. (d)　　14. (d)

电路行为变化趋势判断答案

1. (b)　　2. (b)　　3. (c)　　4. (a)

5. (a)　　6. (b)　　7. (a)　　8. (a)

9. (a)　　10. (b)　　11. (b)　　12. (c)

13. (a)　　14. (a)　　15. (b)

第 6 章

并联电路

▶ **教学目标**

- 辨认并联电阻电路
- 计算并联电路中各支路电压
- 应用基尔霍夫电流定律
- 计算并联电路的总电阻
- 在并联电路中应用欧姆定律

- 求解电流源并联的总效果
- 应用并联电路设计分流器
- 计算并联电路的功率
- 描述并联电路的基本应用
- 并联电路的故障排查

▶ **应用案例预览**

在本章的应用案例中，将对面板式电源进行改造，通过增加毫安表来显示负载的输出电流。利用并联（分流）电阻来扩展电流表量程，使用选择开关来选择电流表量程。阐述开关接触电阻给测量带来的影响。提出了一种减小接触电阻影响的方法。最后，连接电源，完成电流表电路的设计。在本章学到的并联电路和电流表的基本知识，加上对欧姆定律和分流器的理解，都将得到很好的应用。

▶ **引言**

第 5 章介绍了串联电路以及如何应用欧姆定律和基尔霍夫电压定律，还学习了如何将串联电路用作分压器，以便从单个电源电压中获得多个特定电压。此外，还介绍了开路和短路对串联电路的影响。

在本章，你将看到欧姆定律是如何用在并联电路中的，并将学习基尔霍夫电流定律。本章还介绍了并联电路在汽车照明、住宅布线、梯形控制电路、模拟电流表的内部布线等方面的应用。还将学习如何计算并联电路的总电阻，以及如何排查并联电路中的开路故障。

当电阻并联并有电压施加在并联电路两端时，各电阻为电流提供了单独的通道。并联电路的总电阻随着并联电阻个数的增加而减小。各并联电阻两端的电压等于施加在整个并联电路两端的电压。

6.1 并联电阻

当两个或多个电阻各自连接在电路中的两个独立点（节点）之间时，它们便彼此并联。并联电路包含两点间的电压源，以及其他多条电流的通路。

学完本节内容后，你应该能够分析并联电阻电路，具体就是：

- 将并联电阻的物理排列转化为电路原理图。
- 计算并联电路总电阻。
- 定义节点。

电路中每个电流的通路都称为一条**支路**，因此**并联**电路有多条支路。图 6-1a 为由一个电源供电的两个并联电阻。根据图 6-1b 所示，电源电流（I_T）到达 A 点时分流，其中 I_1 流经 R_1，I_2 流经 R_2。图 6-1c 说明，如果存在另外的电阻与这两个电阻并联，则在点 A 和点 B 之间会存在更多的电流通路。上半部分所有蓝色点与 A 点的电气性质相同，而底部所有绿色点与 B 点的电气性质相同，其中 A 点和 B 点都称为节点。**节点**是电路中两个或多个元器件连接的点或结。并联电路就是恰好有两个节点的电路，其所有元器件都连接在这两个节点之间。

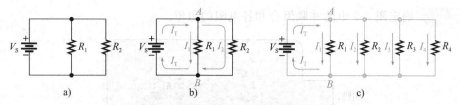

图 6-1 并联电路中的电阻

在图 6-1 中，电阻的并联关系显而易见。通常，在实际电路中，并联关系并不是很明显的。因此学习在各种情况下如何识别并联电路非常重要。

识别并联电路的规则如下：

> 若两个独立节点间存在不止一个电流通路（支路），且加在这两节点间所有支路的电压相等，则这两节点间的电路即为并联电路。

图 6-2 显示了 A 和 B 两点间以不同方式绘制的并联电阻。值得注意的是，每种情况下，电流都有两条从 A 流到 B 的路径，并且这些电阻都连接在两个相同节点之间。因此，每个电阻两端的电压都相等。虽然这些实例仅展示了含有两条并联路径的情况，但是可以推广至有任意多个电阻并联的情况。

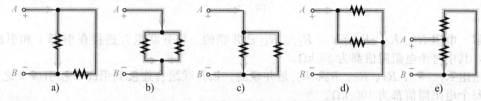

图 6-2 含两条并联路径的电路实例

例 6-1 如图 6-3 所示，5 个电阻被放置在一个原型电路板上。画出在 A 和 B 间并联所有电阻所需要的接线。绘制并联电阻的电路原理图，并标出各电阻的阻值。

解 接线方式如图 6-4a 所示。电路原理图如图 6-4b 所示。请注意，电路原理图中不一定要显示电阻的实际物理排列。电路原理图只显示了这些电阻元件是如何进行电气连接的。

同步练习 如果去掉电阻 R_2，如何简化电路的布线？

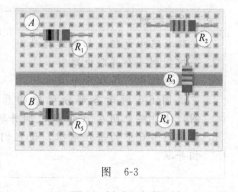

图 6-3

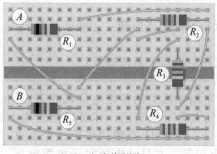

a) 电路装配图

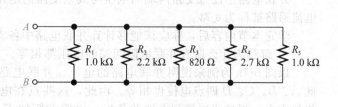

b) 电路原理图

图 6-4

例 6-2 确定图 6-5 中的并联组合和各电阻的阻值。

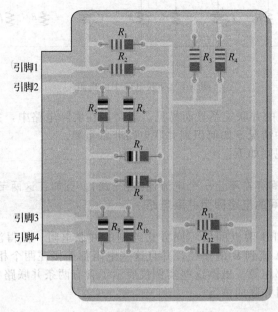

图 6-5

解 电阻 R_1、R_2、R_3、R_4、R_{11}、R_{12} 是并联的。该并联组合连接在引脚 1 和引脚 4 之间，其中每个电阻阻值都为 56 kΩ。

电阻 R_5、R_6、R_7、R_8、R_9、R_{10} 是并联的。该并联组合连接到引脚 2 和引脚 3 之间，其中每个电阻阻值都为 100 kΩ。

同步练习 如何将图 6-5 中的所有电阻并联到一起？

学习效果检测

1. 并联电路中电阻是如何连接的？
2. 如何判别一个并联电路？
3. 并联电路中有多少个节点？
4. 完成图 6-6 所示各部分电路的原理图，使这些电阻在 A 和 B 之间并联。
5. 连接图 6-6 中的每组电阻，使它们互相并联。

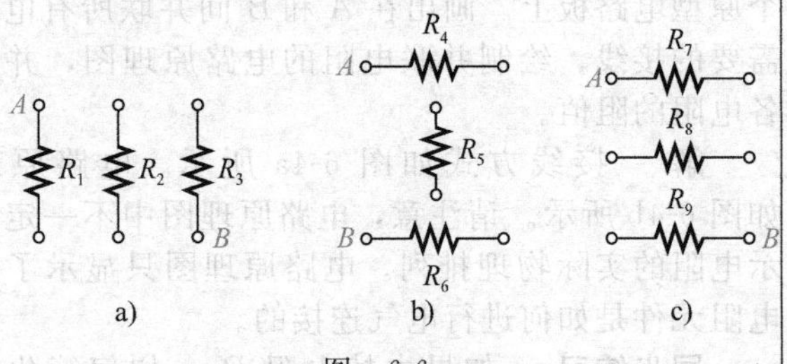

a)   b)   c)

图 6-6

6.2 并联电路的电压

并联电路中任意支路两端的电压与其余支路的电压相等。如你所知，并联电路中的各电流通路被称为支路。

学完本节内容后，你应该能够计算并联电路中各支路的电压，具体就是：

• 解释为什么所有并联电阻两端的电压都相等。

以图 6-7a 为例来说明并联电路的电压。并联电路左侧导线上的各处电位都相等，因此 A、B、C、D 四点电位也相等。由此，这些点在电气上为一个节点。你可以把这些点想象为由一根导线连接到电池的负极。电路右侧的 E、F、G 和 H 点组成了第二个节点，并且电位与电池的正极相等。因此，各并联电阻的电压相等，并且该电压等于电源电压。注意，图 6-7 中的并联电路类似于梯子，其中梯子的左右栏杆是并联电路的两个节点。

图 6-7b 是与图 6-7a 相同的电路，只是以稍微不同的方式进行绘制。在图 6-7b 中，每个电阻的左端都连接到一个点，即电池的负极。每个电阻的右端都连接到另一个点，即电池的正极。电阻仍然全部并联在电源上，且正好仅有两个节点。

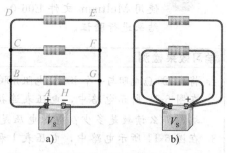

在图 6-8 中，某 12 V 电池给 3 个并联电阻供电。当测量电池和每个电阻两端的电压时，各仪表读数相等。正如所见，并联电路中，各支路两端的电压与电源电压都相等。

图 6-7 说明并联支路中两端电压相等

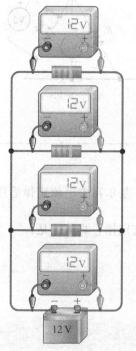

a) 电路示意图

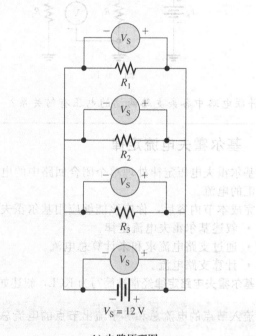

b) 电路原理图

图 6-8 并联电路中各电阻两端电压都相同

例 6-3 求解图 6-9 中每个电阻两端的电压。

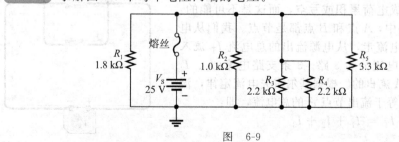

图 6-9

解 图中 5 个电阻为并联，因此每个电阻两端的电压都与电源电压相等。由于熔丝上没有电压，因此各电阻两端的电压均为：

$$V_1 = V_2 = V_3 = V_4 = V_5 = V_S = 25 \text{ V}$$

同步练习 如果从电路中移除 R_4，则 R_3 两端的电压为多少？

Multisim 仿真

使用 Multisim 文件 E06-03 来检验本例中的计算结果，并对同步练习中的计算结果进行验证。

学习效果检测

1. 将某 220 Ω 电阻与一个 100 Ω 电阻并联后连接到 5 V 电压源上，每个电阻两端的电压为多少？

2. 在图 6-10 所示电路中，电压表连接在 R_1 两端，读数为 118 V。如果把它连接到 R_2 两端，那么读数是多少？电源电压是多少？

3. 在图 6-11 所示电路中，电压表 1 和电压表 2 显示的电压值各为多少？

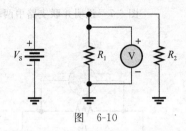

图 6-10

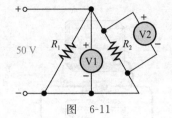

图 6-11

4. 并联电路中各条支路两端的电压有何关系？

6.3 基尔霍夫电流定律

基尔霍夫电压定律处理单个闭合回路中的电压，基尔霍夫电流定律适用于处理多条支路交汇的电流。

完成本节内容后，你应该能够应用基尔霍夫电流定律，具体就是：

- 叙述基尔霍夫电流定律。
- 通过支路电流求和来计算总电流。
- 计算支路电流。

基尔霍夫电路定律经常被简写为 KCL，叙述如下：

> 流入节点的电流总和等于流出节点的电流总和。

直觉上，该定律显然成立。节点是电流交汇处，而电流是在一段时间内流过的净电荷与这段时间之比，即 $I=Q/t$。如果流入节点的电流不等于流出节点的电流，则必会在该节点处造成电荷累积或亏空，而这是不可能的。在图 6-12 所示电路中，A 点和 B 点都是节点。我们从电源的正极开始顺着电流走，从电源流出的总电流 I_T 流入节点 A，该点处总电流分为 3 路。3 条支路电流（I_1、I_2 和 I_3）都是从节点 A 流出的。根据基尔霍夫电流定律，流入节点 A 的总电流等于流出节点 A 的总电流，即：

$$I_T = I_1 + I_2 + I_3$$

技术小贴士 基尔霍夫电流定律适用于电气系统中的任何负载。例如，对于供电母线的电力连接情况，从这个母线中流出的电流等于电源提供给母线的电流。同样，流入建筑物相线的电流与中性线返回的电流是相等的。正常情况下，流出电源的电流与返回电源的电流总相等。

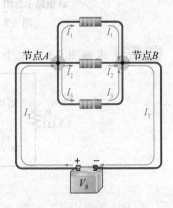

图 6-12 基尔霍夫电流定律：流入某节点的电流等于流出该节点的电流

由图 6-12 可见，流过 3 条支路的电流又汇聚到节点 B。电流 I_1、I_2 和 I_3 流入节点 B，I_T 从节点 B 流出，所以在 B 点的基尔霍夫电流公式和 A 点是相同的，即：

$$I_T = I_1 + I_2 + I_3$$

图 6-13 展示了基尔霍夫电流定律的一般情况，其数学关系式为：

$$I_{IN(1)} + I_{IN(2)} + I_{IN(3)} + \cdots + I_{IN(n)}$$
$$= I_{OUT(1)} + I_{OUT(2)} + I_{OUT(3)} + \cdots + I_{OUT(m)} \quad (6-1)$$

将右边的项移到左边，整理后可以得到如下等价方程：

$$I_{IN(1)} + I_{IN(2)} + I_{IN(3)} + \cdots + I_{IN(n)} - I_{OUT(1)} - I_{OUT(2)} - I_{OUT(3)} - \cdots - I_{OUT(m)} = 0$$

该方程表明：

所有流入与流出某节点的电流代数和为零。

基尔霍夫电流定律的等效写法可以用数学求和的简写形式来表示，即：

$$\sum_{i=1}^{n} I_i = 0$$

为配合该公式表达基尔霍夫电流定律，所有流入与流出的电流都被分配一个下标序号(1、2、3，依此类推)，其中流入节点的电流为正，流出节点的电流为负。

如图 6-14 所示，你可以通过连接电路并测量每条支路的电流和来自电源的总电流，以此来验证基尔霍夫电流定律。当支路电流全部相加时，它们的和等于总电流。这条规则适用于任意多支路电路。

下面 4 个例子是基尔霍夫电流定律的应用实例。

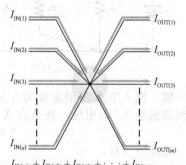

图 6-13 广义节点形式下的基尔霍夫电流定律

例 6-4 对于图 6-15 所示电路，试求流入节点 A 的总电流和流出节点 B 的总电流。

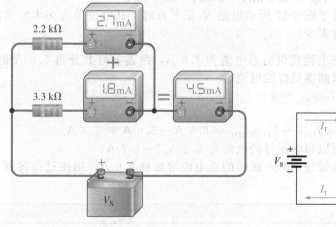

图 6-14 基尔霍夫电流定律的示例

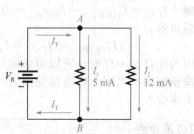

图 6-15

解 流出节点 A 的总电流是两条支路电流的和，即流入节点 A 的总电流为：

$$I_T = I_1 + I_2 = 5 \text{ mA} + 12 \text{ mA} = 17 \text{ mA}$$

流入节点 B 的总电流是这两条支路电流的和，所以流出节点 B 的总电流为：

$$I_T = I_1 + I_2 = 5 \text{ mA} + 12 \text{ mA} = 17 \text{ mA}$$

同步练习 如果在图 6-15 中添加第三条支路，其支路电流为 3 mA，则此时流入节点 A 和流出节点 B 的总电流各是多少？

例 6-5 试求图 6-16 中流经电阻 R_2 的电流 I_2。

解 流入 3 条支路连接节点的总电流为 $I_T = I_1 + I_2 + I_3$。图 6-16 中已知了总电流和流经电阻 R_1 与电阻 R_3 的电流，因此电流 I_2 为：

$$I_2 = I_T - I_1 - I_3 = 100 \text{ mA} - 30 \text{ mA} - 20 \text{ mA} = 50 \text{ mA}$$

同步练习 如果在图 6-16 所示电路中添加第四条支路，且其支路电流为 12 mA，试求 I_1 和 I_2。

例 6-6 在图 6-17 中，使用基尔霍夫电流定律求电流表 A3 和 A5 测量的电流值。

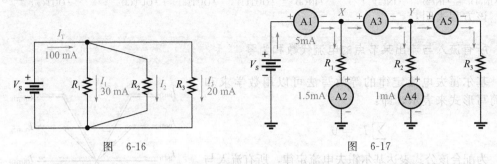

图 6-16　　　　　　　图 6-17

解 流入节点 X 的电流为 5 mA，流出节点 X 的电流包括：流经电阻 R_1 的 1.5 mA 电流和流经 A3 的电流，在节点 X 应用基尔霍夫电流定律，得到：

$$5 \text{ mA} - 1.5 \text{ mA} - I_{A3} = 0$$

整理后可得：

$$I_{A3} = 5 \text{ mA} - 1.5 \text{ mA} = 3.5 \text{ mA}$$

流入节点 Y 的总电流为 $I_{A3} = 3.5$ mA，流出节点 Y 的电流包括：流经电阻 R_2 的 1 mA 电流和流经 A5 与电阻 R_3 的电流。在 Y 节点应用基尔霍夫电流定律，得到：

$$3.5 \text{ mA} - 1 \text{ mA} - I_{A5} = 0$$

整理后可得：

$$I_{A5} = 3.5 \text{ mA} - 1 \text{ mA} = 2.5 \text{ mA}$$

同步练习 当电流表置于图 6-17 所示电路 R_3 正下方时，其电流值为多少？当放置在电源负极下面，其电流值为多少？

例 6-7 假设已知汽车电池提供的总电流为 8.0 A，两盏前灯共分得 5.6 A 的电流，利用基尔霍夫电流定律，求两盏尾灯的电流。

解 $I_{BAT} - I_{T(HEAD)} - I_{T(TAIL)} = 0$

整理后可得：

$$I_{T(TAIL)} = I_{BAT} - I_{T(HEAD)} = 8.0 \text{ A} - 5.6 \text{ A} = 2.4 \text{ A}$$

因为尾灯是一样的，所以每盏尾灯的电流为 2.4 A/2＝1.2 A。

同步练习 当刹车灯也被使用时，此时的总电流增加到 9.0 A，则流过每盏刹车灯的电流为多少？

学习效果检测

1. 用两种方式表述基尔霍夫电流定律。
2. 流入某节点的总电流为 2.5 mA，流出该节点的电流分别流入 3 条并联支路，则这 3 条支路的电流之和为多少？
3. 100 mA 和 300 mA 都流入同一个节点，则流出该节点的电流为多少？
4. 拖车上的两盏尾灯各分得 1 A 电流，两盏刹车灯各分得 1 A 电流。当所有灯都点亮时，拖车需要的总电流为多少？
5. 某地下泵的相线中有 10 A 电流，则中性线上的电流应该为多少？

6.4 并联电路的总电阻

当电阻并联时，电路中的总阻值会减少。并联电路中的总电阻总是小于最小的电阻。比如，如果某个 10 Ω 电阻和一个 100 Ω 电阻并联，并联后的总电阻会小于 10 Ω。

学完本节内容后，你应该能够计算并联电路的总电阻，具体就是：

- 解释为什么电阻并联后总电阻会减小。
- 应用并联电阻计算公式。

如你所知，电阻并联时，电流会有不止一条通路。电流通路的数量与并联支路一样多。

图 6-18a 所示为串联电路，仅有一条电流通路，即为流过电阻 R_1 的电流 I_1。如果将电阻 R_2 与电阻 R_1 并联，如图 6-18b 所示，就会出现另外一条通路，它是流经电阻 R_2 的电流 I_2。由于 $I_1=V_s/R_1$，而 V_s 和 R_1 都没有变，因此 I_1 的值也不变。于是，来自电源的总电流将由于并联了电阻而增加。假设电源电压恒定，电路中总电流的增加意味着总电阻减小，这符合欧姆定律。继续并联电阻，进一步减小总电阻，同时增大总电流。

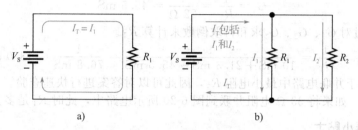

图 6-18　增加并联电阻会降低总电阻但增大总电流

6.4.1 并联总电阻的计算公式

图 6-19 是含有 n 个并联电阻的电路（n 是大于 1 的任意整数），由基尔霍夫电流定律可知，总电流为：

$$I_T = I_1 + I_2 + I_3 + \cdots + I_n$$

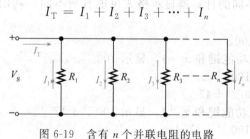

图 6-19　含有 n 个并联电阻的电路

由于 V_s 为各并联电阻两端的电压，由欧姆定律可知，$I_1=V_s/R_1$、$I_2=V_s/R_2$，依此类推至 I_n，然后将其带入总电流公式中得：

$$\frac{V_s}{R_T} = \frac{V_s}{R_1} + \frac{V_s}{R_2} + \frac{V_s}{R_3} + \cdots + \frac{V_s}{R_n}$$

等式两侧同时消去 V_s 得：

$$\frac{1}{R_T} = \frac{1}{R_1} + \frac{1}{R_2} + \frac{1}{R_3} + \cdots + \frac{1}{R_n}$$

电阻的倒数（$1/R$）称为电导，用符号 G 表示，单位为西[门子]（S）。因此含 $1/R_T$ 的公式可以由电导表示为：

$$G_T = G_1 + G_2 + G_3 + \cdots + G_n$$

对方程两边同时取倒数，可以求解 R_T：

$$R_T = \cfrac{1}{\left(\cfrac{1}{R_1}\right) + \left(\cfrac{1}{R_2}\right) + \left(\cfrac{1}{R_3}\right) + \cdots + \left(\cfrac{1}{R_n}\right)} \qquad (6-2)$$

式(6-2)解释了如何求解并联总电阻，即将所有 $1/R$（或电导 G）相加，然后再取倒数，即：

$$R_T = \frac{1}{G_T}$$

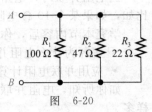

图 6-20

例 6-8 计算图 6-20 所示电路中 A 点和 B 点间的并联总电阻。

解 当知道单个电阻时，要计算并联总电阻，首先要计算电导，也就是电阻的倒数。

$$G_1 = \frac{1}{R_1} = \frac{1}{100\ \Omega} = 10\ \text{mS}$$

$$G_2 = \frac{1}{R_2} = \frac{1}{47\ \Omega} = 21.3\ \text{mS}$$

$$G_3 = \frac{1}{R_3} = \frac{1}{22\ \Omega} = 45.5\ \text{mS}$$

然后，通过对 G_1、G_2、G_3 求和再取倒数来计算 R_T。

$$R_T = \frac{1}{G_T} = \frac{1}{10\ \text{mS} + 21.3\ \text{mS} + 45.5\ \text{mS}} = \frac{1}{76.8\ \text{mS}} = 13.0\ \Omega$$

由于 R_T 小于并联电路中最小电阻 R_3，因此可以对答案进行快速查验。

同步练习 如果将 33 Ω 电阻并联到图 6-20 所示电路中，此时 R_T 是多少？

6.4.2 计算器小贴士

借助计算器依据式(6-2)求解并联总电阻是很容易的。一般步骤是：输入 R_1 的值，再按 x^{-1} 键取其倒数。（倒数在某些计算器上为第二功能键）然后按＋键。之后输入 R_2 的值，并用 x^{-1} 键取其倒数，再按＋键。重复这个过程，直至输入所有的电阻值。然后按回车键（在某些计算器上，应按＝键）。最后一步是按下 x^{-1} 键和回车键以得到 R_T，此时并联总电阻显示在计算器上。不同的计算器显示格式可能有所不同。利用计算器对示例 6-7 进行计算，所需的步骤如下：

1. 输入 100，显示 100。
2. 输入 x^{-1}（或第二功能键和 x^{-1}），显示 100^{-1}。
3. 输入＋键，显示 $100^{-1}+$。
4. 输入 47，显示 $100^{-1}+47$。
5. 输入 x^{-1}（或第二功能键和 x^{-1}），显示 $100^{-1}+47^{-1}$。
6. 输入＋键，显示 $100^{-1}+47^{-1}+$。
7. 输入 22，显示 $100^{-1}+47^{-1}+22$。
8. 输入 x^{-1}（或第二功能键和 x^{-1}），显示 $100^{-1}+47^{-1}+22^{-1}$。
9. 按下回车键，显示结果为 $76.7311411992\text{E}^{-3}$。
10. 输入 x^{-1}（或第二功能键和 x^{-1}），然后按下回车键，显示结果为 $13.0325182758\text{E}0$。

步骤 10 中显示的值为最终的总电阻，约等于 13.0 Ω。

6.4.3 两个电阻并联的情况

式(6-2)为并联电路中计算任意多个电阻并联的总电阻公式。在练习中经常会遇到只有两个电阻并联的情况。此外，任意数量的电阻并联也可以拆成成对电阻并联，以作为求电阻的另一种方法。根据式(6-2)，两个并联电阻的总电阻公式为：

$$R_T = \cfrac{1}{\left(\cfrac{1}{R_1}\right) + \left(\cfrac{1}{R_2}\right)}$$

整理可得:

$$R_T = \frac{1}{\left(\dfrac{R_1 + R_2}{R_1 R_2}\right)}$$

继续整理可得:

$$R_T = \frac{R_1 R_2}{R_1 + R_2} \qquad (6\text{-}3)$$

式(6-3)可以表述为

> 两电阻并联时,并联总电阻等于两电阻的乘积除以两电阻之和。这个公式有时被称为"积以和除"公式。

例 6-9 如图 6-21 所示,计算连接到电压源上的总电阻。

解 使用式(6-3)可得:

$$R_T = \frac{R_1 R_2}{R_1 + R_2} = \frac{680\ \Omega \times 330\ \Omega}{680\ \Omega + 330\ \Omega} = \frac{224\ 400\ \Omega^2}{1010\ \Omega} = 222\ \Omega$$

同步练习 如果用一个 220 Ω 的电阻替换图 6-21 中的 R_1,再求 R_T。

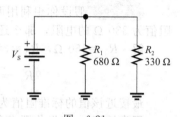

图 6-21

6.4.4 等值电阻并联的情况

并联电路中的另一种特殊情况是几个阻值相同的电阻并联,这时有计算 R_T 的捷径方法。

若所有的并联电阻阻值相等,则可以将其用 R 来表示。比如,$R_1 = R_2 = R_3 = \cdots = R_n = R$。利用式(6-2),可以得到求解 R_T 的特殊形式。

$$R_T = \frac{1}{\left(\dfrac{1}{R}\right) + \left(\dfrac{1}{R}\right) + \left(\dfrac{1}{R}\right) + \cdots + \left(\dfrac{1}{R}\right)}$$

注意,在分母中,具有 n(n 是等值并联电阻的数目)个相同项 $1/R$。因此,公式可以写成:

$$R_T = \frac{1}{n/R} \qquad \text{或} \qquad R_T = \frac{R}{n} \qquad (6\text{-}4)$$

式(6-4)表明,当任意数量(n)的等值电阻并联时,R_T 等于电阻阻值除以并联电阻数目。

例 6-10 将 4 个 8 Ω 的扬声器并联到放大器的输出端,则放大器输出端的总电阻为多少?

解 4 个 8 Ω 的电阻并联到一起,使用式(6-4)可得:

$$R_T = \frac{R}{n} = \frac{8\ \Omega}{4} = 2\ \Omega$$

同步练习 如果移除两个扬声器,此时总电阻为多少?

例 6-11 如图 6-22 所示,车后窗除霜器的基本电路可以用并联电阻来表示。假设某些车除霜器的总电阻为 1.0 Ω,电源电压为 12 V,由 6 根阻值相等的加热电线并联,求每根加热线的电阻值。

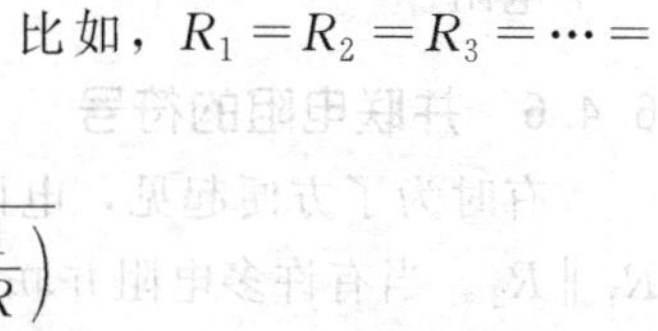

解 利用式(6-4),可得:

$$R_T = \frac{R}{n}, R = nR_T = 6 \times 1.0\ \Omega = 6.0\ \Omega$$

同步练习 如果其中一根加热线开路,则此时总电阻为多少?

图 6-22

6.4.5 求解一个未知的并联电阻

有时,你需要为获得所需的总电阻求解要并联多大的电阻。例如,你使用两个电阻并联来获得特定的总阻值。如果给定(或任选)一个电阻,那么可使用式(6-3)计算两并联电阻中另一电阻的阻值。求解未知电阻 R_x 的推导过程为:

$$\frac{1}{R_T} = \frac{1}{R_A} + \frac{1}{R_x}$$

$$\frac{1}{R_x} = \frac{1}{R_T} - \frac{1}{R_A}$$

$$\frac{1}{R_x} = \frac{R_A - R_T}{R_A R_T}$$

$$R_x = \frac{R_A R_T}{R_A - R_T} \tag{6-5}$$

其中 R_x 是未知的电阻, R_A 是已知的电阻。

例 6-12 假设你想利用两个电阻并联得到尽可能接近 150 Ω 的电阻。目前已有一个阻值为 330 Ω 的电阻,那么还需要另一阻值为多少的电阻?

解 $R_T = 150\ \Omega$, $R_A = 300\ \Omega$,因此

$$R_x = \frac{R_A R_T}{R_A - R_T} = \frac{330\ \Omega \times 150\ \Omega}{330\ \Omega - 150\ \Omega} = 275\ \Omega$$

最接近该值的标准阻值为 270 Ω。

同步练习 如果你要获得 130 Ω 的总电阻,应该利用多大的电阻与 330 Ω 和 270 Ω 电阻进行并联?提示:首先获得 330 Ω 电阻与 270 Ω 电阻并联后的阻值,然后将其看成一个电阻。

6.4.6 并联电阻的符号

有时为了方便起见,电阻并联由两个平行的垂直线表示。如 R_1 与 R_2 并联可以写为 $R_1 \parallel R_2$。当有许多电阻并联时,也可以用该符号表示,如:

$$R_1 \parallel R_2 \parallel R_3 \parallel R_4 \parallel R_5$$

这表示电阻 $R_1 \sim R_5$ 都是并联的。

这种表示也可以用于电阻值,如:

$$10\ k\Omega \parallel 5\ k\Omega$$

这表示 10 kΩ 的电阻与 5 kΩ 的电阻并联。

学习效果检测

1. 并联电阻数目越多,总电阻值是越大还是越小?
2. 并联总电阻总是小于什么值?
3. 任意数量电阻并联时,求解 R_T 的通式。
4. 写出两个电阻并联时,总电阻的计算公式。
5. 写出任意数量的等值电阻并联时,总电阻的计算公式。
6. 计算图 6-23 中的 R_T。
7. 计算图 6-24 中的 R_T。

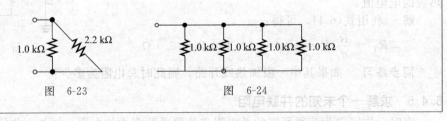

图 6-23　　　　　　　　　图 6-24

6.5 欧姆定律的应用

欧姆定律可应用于并联电路分析。

学完本节内容后，你应该能够在并联电路分析中应用欧姆定律，具体就是：

- 求并联电路的总电流。
- 在并联电路中求解各支路电流。
- 求并联电路的电压。
- 求并联电路的电阻。

下面的一些例子说明了如何利用欧姆定律来求解并联电路的总电流、支路电流、电压和电阻。

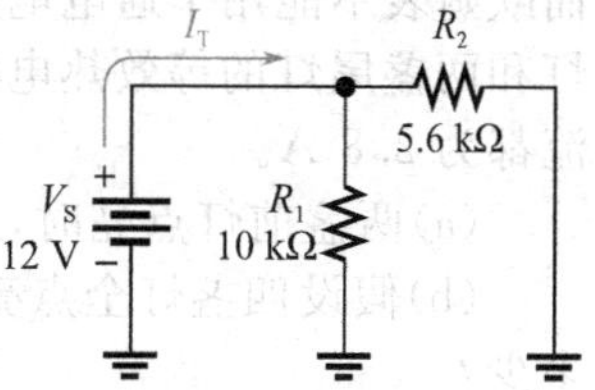

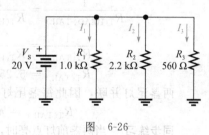
图 6-25

例 6-13 求图 6-25 所示电路中由电池提供的总电流。

解 电池"看到"了一个并联的总电阻，这个电阻决定了它所产生的电流大小。首先，计算 R_T：

$$R_T = \frac{R_1 R_2}{R_1 + R_2} = \frac{10 \text{ k}\Omega \times 5.6 \text{ k}\Omega}{10 \text{ k}\Omega + 5.6 \text{ k}\Omega} = \frac{56 \text{ k}\Omega^2}{15.6 \text{ k}\Omega} = 3.59 \text{ k}\Omega$$

电池的电压为 12 V，使用欧姆定律来求 I_T：

$$I_T = \frac{V_S}{R_T} = \frac{12 \text{ V}}{3.59 \text{ k}\Omega} = 3.34 \text{ mA}$$

同步练习 在图 6-25 中，如果 R_2 变为 12 Ω，此时的 I_T 是多少？此时流过电阻 R_1 的电流是多少？

 Multisim 仿真

使用 Multisim 文件 E06-13 检验该例的计算结果，并对同步练习中的计算进行验证。

例 6-14 图 6-26 所示为并联电路，求解流过各电阻的电流大小。

解 每个电阻（支路）上的电压都与电源电压相等，都为 20 V。各电阻流过的电流如下所示：

$$I_1 = \frac{V_S}{R_1} = \frac{20 \text{ V}}{1.0 \text{ k}\Omega} = 20 \text{ mA}$$

$$I_2 = \frac{V_S}{R_2} = \frac{20 \text{ V}}{2.2 \text{ k}\Omega} = 9.09 \text{ mA}$$

$$I_3 = \frac{V_S}{R_3} = \frac{20 \text{ V}}{560 \text{ k}\Omega} = 35.7 \text{ mA}$$

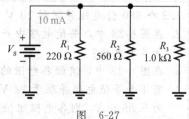
图 6-26

同步练习 如果在图 6-26 中额外并联一个 910 Ω 的电阻，试求此时各支路电流。

 Multisim 仿真

使用 Multisim 文件 E06-14 来检验该例的计算结果，并对同步练习中的计算进行验证。

例 6-15 求图 6-27 所示并联电路中的电压 V_S。

解 并联电路的总电流为 10 mA。如果确定了总电阻，就能通过欧姆定律得到电源电压。总电阻为：

图 6-27

$$R_T = \frac{1}{G_1 + G_2 + G_3} = \frac{1}{\left(\frac{1}{R_1}\right) + \left(\frac{1}{R_2}\right) + \left(\frac{1}{R_3}\right)} = \frac{1}{\left(\frac{1}{220 \text{ } \Omega}\right) + \left(\frac{1}{560 \text{ } \Omega}\right) + \left(\frac{1}{1.0 \text{ k}\Omega}\right)}$$

$$= \frac{1}{4.55 \text{ mS} + 1.79 \text{ mS} + 1 \text{ mS}} = \frac{1}{7.34 \text{ mS}} = 136 \text{ } \Omega$$

因此，总电压为：

$$V_S = I_T R_T = 10 \text{ mA} \times 136 \text{ } \Omega = 1.36 \text{ V}$$

同步练习　如果图 6-27 中的 R_3 减小为 680 Ω，I_T 仍为 10 mA 时，此时的电源电压是多少？

 Multisim 仿真

用 Multisim 文件 E06-15 来验证本例中的计算结果和同步练习的计算结果。

例 6-16　有时难以直接测量电阻，例如，钨丝灯泡在通电后会变热，导致电阻增加。而欧姆表不能用于通电电路中，因此它只能测量冷电阻。假设你想知道一辆汽车中两盏前灯和两盏尾灯的等效热电阻。已知两盏前灯的正常工作电压为 12.6 V，每盏灯流经的电流都为 2.8 A。

(a) 两盏前灯点亮时，等效的总热电阻是多少？

(b) 假设四盏灯全点亮，前灯和尾灯的总电流为 8.0 A，这时每盏尾灯的等效电阻是多少？

解　(a) 使用欧姆定律计算一盏前灯的等效电阻：

$$R_{\text{HEAD}} = \frac{V}{I} = \frac{12.6 \text{ V}}{2.8 \text{ A}} = 4.5 \text{ } \Omega$$

因为两盏前灯为并联，并且阻值相同，所以：

$$R_{\text{T(HEAD)}} = \frac{R_{\text{HEAD}}}{n} = \frac{4.5 \text{ } \Omega}{2} = 2.25 \text{ } \Omega$$

(b) 使用欧姆定律计算当两盏前灯和两盏尾灯都点亮时电路的总电阻。

$$R_{\text{T(HEAD+TAIL)}} = \frac{12.6 \text{ V}}{8.0 \text{ A}} = 1.58 \text{ } \Omega$$

应用并联电阻公式求出只有两盏尾灯时的电阻。

$$\frac{1}{R_{\text{T(HEAD+TAIL)}}} = \frac{1}{R_{\text{T(HEAD)}}} + \frac{1}{R_{\text{T(TAIL)}}}$$

$$\frac{1}{R_{\text{T(TAIL)}}} = \frac{1}{R_{\text{T(HEAD+TAIL)}}} - \frac{1}{R_{\text{T(HEAD)}}} = \frac{1}{1.58 \text{ } \Omega} - \frac{1}{2.25 \text{ } \Omega}$$

$$R_{\text{T(TAIL)}} = 5.25 \text{ } \Omega$$

两盏尾灯并联，因此每盏尾灯的电阻为：

$$R_{\text{T(TAIL)}} = n R_{\text{T(TAIL)}} = 2 \times 5.25 \text{ } \Omega = 10.5 \text{ } \Omega$$

同步练习　当两盏前灯点亮时，流经每盏灯的电流为 3.15 A，则此时的总电阻为多少？

学习效果检测

1. 3 个 680 Ω 电阻并联到 10 V 电池上，则电池提供的总电流为多少？

2. 在图 6-28 中，若使电路中产生 20 mA 的电流，需要施加多大电压？

3. 在图 6-28 中，流经各电阻的电流为多少？

4. 有 4 个等值电阻并联于 12 V 电源上，电源流出的电流为 5.85 mA，则各电阻阻值是多少？

5. 某 1.0 kΩ 电阻和一个 2.2 kΩ 电阻并联，流经并联组合的总电流为 100 mA，则电阻两端电压为多少？

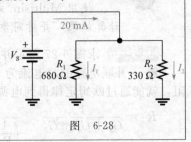

图 6-28

6.6　电流源的并联

正如第 2 章中讲到的，电流源提供能量，为负载提供恒定的电流，即使负载阻值发生变化，提供的电流仍为恒定值。在某些条件下，晶体管或运算放大器相当于电流源。因此，电流源在电路中起着重要作用。

虽然对晶体管和运算放大器的研究超出了本书的范围，但你还是应该了解一下电流源是如何在并联电路中工作的。

学完本节内容后，你应该能够确定并联电流源的总作用效果，具体就是：
- 计算同向并联电流源的总电流。
- 计算反向并联电流源的总电流。

在电流源并联的电路中，电流源产生的总电流等于各电流源电流的代数和。代数和的意思是当对并联电流源求和时，必须考虑该电流的方向。例如，在图 6-29a 中，3 个并联电流源提供了相同方向的电流(均流入节点 A)，因此流入节点 A 的总电流为：
$$I_T = 1\,A + 2\,A + 2\,A = 5\,A$$

在图 6-29b 中，1 A 的电流源提供了与其他两个电流源方向相反的电流，此时流入节点 A 的总电流为：
$$I_T = 2\,A + 2\,A - 1\,A = 3\,A$$

例 6-17　在图 6-30 中，计算流过电阻 R_L 的电流。

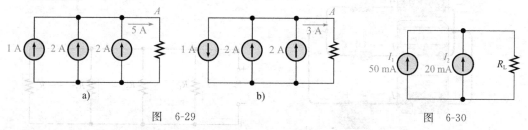

图　6-29　　　　　　　　　　　　　　　　　图　6-30

解　由于两个电流源方向相同，因此流过电阻 R_L 的电流为：
$$I_{R_L} = I_1 + I_2 = 50\,mA + 20\,mA = 70\,mA$$

同步练习　若 I_2 反向，再计算流过 R_L 的电流。

学习效果检测

1. 4 个相同方向的 0.5 A 电流源并联，它们可为负载提供多大电流？

2. 用多少个 100 mA 的电流源并联才能输出 300 mA 的电流？画出连接电流源的示意图。

3. 如图 6-31 所示，在某些晶体管放大器电路中，可以用 10 mA 电流源替代晶体管。设有两个晶体管并联，则通过电阻 R_E 的电流是多少？

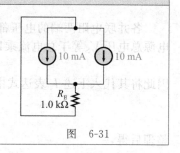

图　6-31

6.7　分流器

并联电路中流入并联节点的电流被分成许多独立支路中的电流，因此并联电路起着分流器的作用。

学完本节内容后，你应该能够应用并联电路作为分流器，具体就是：
- 应用分流公式。
- 求解未知支路中的电流。

并联电路中，流入节点的总电流被分流到各支路中。因此，并联电路实际充当了**分流器**。图 6-32 所示为分流

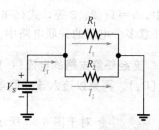

图 6-32　总电流被分配到两条支路中

器的原理，两支路并联，总电流 I_T 的一部分流过 R_1，另一部分流过 R_2。

由于各并联电阻两端的电压相等，因此支路电流与电阻阻值成反比。例如，如果 R_2 为 R_1 的两倍，那么 I_2 就是 I_1 的一半。换句话说，

并联电路中，总电流按反比于电阻的关系被分流到各电阻中。

根据欧姆定律可知，电阻越大的支路其电流越小；电阻越小的支路其电流越大。若所有支路的电阻相同，则它们分得的电流也相同。

图 6-33 用具体数值说明了如何按照支路电阻值进行分流。注意在该例中，上边支路的电阻是下边支路电阻的 1/10，所以上边支路的电流是下边支路电流的 10 倍。

6.7.1 分流公式

根据图 6-34 所示，可以通过一个公式来计算如何给任意数量的并联电阻分配电流，其中 n 是电阻的总数。

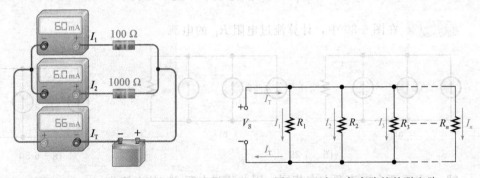

图 6-33 小电阻支路多分电流，大电阻支路少分电流　　图 6-34 有 n 条支路的并联电路

设流经各并联电阻的电流为 I_x，其中 x 代表并联电阻的序号（1，2，3…）。利用欧姆定律，可以将图 6-34 中流经各并联电阻的电流表示为：

$$I_x = \frac{V_S}{R_x}$$

各并联电阻两端的电压都是电源电压 V_S，R_x 表示并联电路中的任意一个电阻。由于电源总电压 V_S 等于总电流乘以总电阻，即：

$$V_S = I_T R_T$$

因此将其代入上述 I_x 表达式中得到：

$$I_x = \frac{I_T R_T}{R_x}$$

整理后得，

$$I_x = \left(\frac{R_T}{R_x}\right) I_T \qquad\qquad (6\text{-}6)$$

其中，$x=1$、2、3 等，式(6-6)是通用的分流公式，可以应用于含有任意多个电阻的并联电路中。

流经任意支路的电流(I_x)等于并联总电阻(R_T)除以该支路电阻(R_x)，再乘以流入该并联电路节点处的总电流(I_T)。

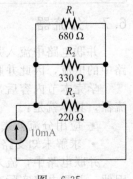

例 6-18 对于图 6-35 所示电路，计算流过各电阻的电流。

解 首先计算并联总电阻。

图 6-35

$$R_T = \frac{1}{\left(\frac{1}{R_1}\right) + \left(\frac{1}{R_2}\right) + \left(\frac{1}{R_3}\right)} = \frac{1}{\left(\frac{1}{680\ \Omega}\right) + \left(\frac{1}{330\ \Omega}\right) + \left(\frac{1}{220\ \Omega}\right)} = 111\ \Omega$$

总电流为 10 mA，使用式（6-6）计算各支路的电流：

$$I_1 = \left(\frac{R_T}{R_1}\right)I_T = \left(\frac{111\ \Omega}{680\ \Omega}\right) \times 10\ \text{mA} = 1.63\ \text{mA}$$

$$I_2 = \left(\frac{R_T}{R_2}\right)I_T = \left(\frac{111\ \Omega}{330\ \Omega}\right) \times 10\ \text{mA} = 3.35\ \text{mA}$$

$$I_3 = \left(\frac{R_T}{R_3}\right)I_T = \left(\frac{111\ \Omega}{220\ \Omega}\right) \times 10\ \text{mA} = 5.02\ \text{mA}$$

同步练习　移除 R_3 后，再计算图 6-35 中流经各电阻的电流。

6.7.2　两条支路并联的分流公式

图 6-36 是实际中常见的两个电阻并联电路，由式（6-3）可得总电阻：

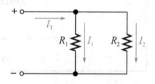

$$R_T = \frac{R_1 R_2}{R_1 + R_2}$$

图 6-36　并联电阻的分流

根据式（6-6）中的通用分流公式，I_1 和 I_2 可以分别表示为：

$$I_1 = \left(\frac{R_T}{R_1}\right)I_T \quad 和 \quad I_2 = \left(\frac{R_T}{R_2}\right)I_T$$

以 $\frac{R_1 R_2}{R_1 + R_2}$ 代替 R_T，可得：

$$I_1 = \frac{\left(\frac{R_1 R_2}{R_1 + R_2}\right)}{R_1}I_T \quad 和 \quad I_2 = \frac{\left(\frac{R_1 R_2}{R_1 + R_2}\right)}{R_2}I_T$$

于是得到两个电阻并联的分流公式：

$$I_1 = \left(\frac{R_2}{R_1 + R_2}\right)I_T \tag{6-7}$$

$$I_2 = \left(\frac{R_1}{R_1 + R_2}\right)I_T \tag{6-8}$$

需要特别注意，式（6-7）和式（6-8）表明，一条支路的电流等于另一条支路的电阻除以两个电阻之和，再乘以总电流。应用分流公式时，必须知道流入并联支路的总电流。

例 6-19　对于图 6-37 所示电路，求 I_1 和 I_2。

解　利用式（6-7）求 I_1。

$$I_1 = \left(\frac{R_2}{R_1 + R_2}\right)I_T = \frac{47\ \Omega}{147\ \Omega} \times 100\ \text{mA}$$

$$= 32.0\ \text{mA}$$

利用式（6-8）确定 I_2。

$$I_2 = \left(\frac{R_1}{R_1 + R_2}\right)I_T = \frac{100\ \Omega}{147\ \Omega} \times 100\ \text{mA}$$

$$= 68.0\ \text{mA}$$

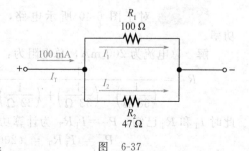

图 6-37

同步练习　若在图 6-37 中 $R_1 = 56\ \Omega$、$R_2 = 86\ \Omega$，且 I_T 不变，则各支路电流为多少？

Multisim 仿真

计算图 6-37 中的电源电压。打开 Multisim 文件 E06-19，并在电路中添加一个电压源，验证计算结果。

学习效果检测

1. 写出通用的分流公式。
2. 写出两条支路并联时各支路的分流公式。
3. 电路中有如下并联电阻（220 kΩ、100 kΩ、82 kΩ、47 kΩ、22 kΩ），它们再与电压源并联，问哪个电阻中的电流最大？哪个电阻中的电流最小？
4. 对于图 6-38 所示电路，求 I_1 和 I_2。
5. 对于图 6-39 所示电路，计算流经 R_3 的电流。

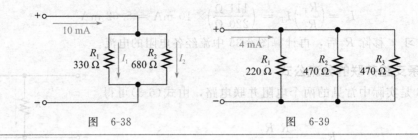

图 6-38 　　　　　　　　图 6-39

6.8 并联电路的功率

并联电路的总功率与串联电路相同，通过对电路中各电阻的功率求和而得到。

学完本节内容后，你应该能够：

- 求解并联电路的功率。

式（6-9）是求任意数目电阻并联的总功率公式。

$$P_T = P_1 + P_2 + P_3 + \cdots + P_n \tag{6-9}$$

其中，P_T 为总功率；P_n 为并联电路中最后一个电阻的功率。并联电路总功率的计算方法与串联电路的一样，都是各个功率相加求和得总功率。

将第 4 章的功率公式直接应用于并联电路中，可得总功率 P_T 的计算公式：

$$P_T = VI_T$$
$$P_T = I_T^2 R_T$$
$$P_T = \frac{V^2}{R_T}$$

其中，V 是并联电路两端的电压；I_T 是流入并联电路的总电流；R_T 是并联电路的总电阻。例 6-20 和例 6-21 说明了如何计算并联电路总功率。

例 6-20 对于图 6-40 所示电路，计算并联电路总功率。

解 总电流为 200 mA，总电阻为：

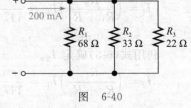

图 6-40

$$R_T = \frac{1}{\left(\frac{1}{68\ \Omega}\right) + \left(\frac{1}{33\ \Omega}\right) + \left(\frac{1}{22\ \Omega}\right)} = 11.1\ \Omega$$

此时 I_T 和 R_T 已知，$P_T = I_T^2 R_T$ 为计算功率的最简公式。

$$P_T = I_T^2 R_T = (200\ mA)^2 \times 11.1\ \Omega = 442\ mW$$

下面来验证一下。通过计算各电阻的功率，然后求和是否可以得到相同的结果。首先求得各支路电压。

$$V = I_T R_T = 200\ mA \times 11.1\ \Omega = 2.21\ V$$

并联电路中各支路两端电压相等。

然后利用 $P = V^2/R$ 计算各电阻消耗的功率。

$$P_1 = \frac{(2.22\ \text{V})^2}{68\ \Omega} = 71.8\ \text{mW}$$

$$P_2 = \frac{(2.22\ \text{V})^2}{33\ \Omega} = 148\ \text{mW}$$

$$P_3 = \frac{(2.22\ \text{V})^2}{22\ \Omega} = 222\ \text{mW}$$

求和得到总功率：

$$P_{\text{T}} = 71.8\ \text{mW} + 148\ \text{mW} + 222\ \text{mW} = 442\ \text{mW}$$

上述结果说明分别计算各电阻功率再求和得到的总功率，等于直接求得的总功率。

同步练习 在图 6-40 中，若电压增加 1 倍，再求总功率。

例 6-21 在图 6-41 中，立体声系统的单通道放大器驱动两个扬声器。若扬声器最大电压[⊖]为 15 V，那么放大器必须向扬声器提供多大的功率？

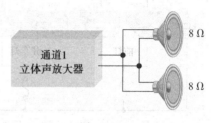

图 6-41

解 放大器驱动的两个扬声器为并联形式，它们两端的电压相等。因此，每个扬声器的最大功率为：

$$P_{\text{max}} = \frac{V_{\text{max}}^2}{R} = \frac{(15\ \text{V})^2}{8\ \Omega} = 28.1\ \text{W}$$

放大器需要提供给扬声器组合的总功率为各扬声器功率之和，即单个扬声器功率的 2 倍。

$$P_{\text{T(max)}} = P_{\text{(max)}} + P_{\text{(max)}} = 2P_{\text{(max)}} = 56.2\ \text{W}$$

同步练习 若放大器最大能够提供 18 V 的电压，则扬声器获得的最大功率是多少？

学习效果检测

1. 若已知并联电路中各电阻的功率，如何求总功率？
2. 并联电路中各电阻消耗的功率分别为：238 mW、512 mW、109 mW 和 876 mW，那么电路的总功率为多少？
3. 某并联电路中含有 1.0 kΩ、2.7 kΩ 和 3.9 kΩ 电阻各一个，并联电路总电流为 10 mA，那么总功率为多少？
4. 通常，电路使用的熔丝电流至少为 120% 的最大预期电流以保护电路，那么，额定功率为 100 W 的汽车后窗除霜器应使用何种额定功率的熔丝？假设 $V = 12.6\ \text{V}$。

6.9 并联电路的应用

几乎所有电子系统中都有并联电路的身影。在许多这类应用中，元器件间的并联关系可能并不明显，需要你进行后续高级课程的学习才能了解到。现在，让我们看看并联电路的一些常见和熟悉的应用实例。

学完本节内容后，你应该能够描述并联电路的基本应用，具体就是：

- 讨论汽车照明系统。
- 讨论住宅布线。
- 解释多量程电流表的工作原理。

6.9.1 汽车照明系统

相对于串联电路，并联电路具有当某支路开路时其他支路不受影响的优点。例如，图 6-42 所示的汽车照明系统。当汽车的某前大灯熄灭时，由于各灯并联，因此并不会导

⊖ 该情况中电压为交流电，然而稍后将看到对于求解电阻的功率（有功功率），交流电路和直流电路具有相同的求解方法。

致其他灯熄灭。

注意，刹车灯独立于前灯和尾灯单独控制。只有当司机踩下制动踏板来闭合刹车灯开关时，它们才会亮起。当车灯开关闭合时，前灯和尾灯都可以被点亮。如图中虚线所示的开关关系，当前灯点亮时，驻车灯关闭，反之亦然。倒车挡起动时，倒车灯点亮。如果任何一盏灯熄灭，其他灯中仍然可以有电流。

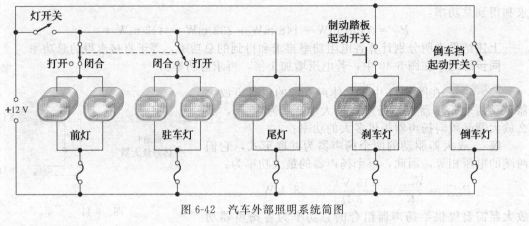

图 6-42　汽车外部照明系统简图

并联电路在汽车上的另一个应用是后窗除霜器，见前述例 6-11。众所周知，功率以热能的形式在电阻中耗散。当通电时，电阻加热玻璃以除去霜冻。常规除霜器在窗户上会消耗超过 100 W 的功率。虽然电阻加热不像其他形式的热能那么高效率，但在该应用中它具有简单和经济的优势。

6.9.2　住宅电气系统

并联电路的另一个常见用途是用在住宅电气系统中。家里所有的灯和电器设备都是并联的。图 6-43 显示了一个典型的房间布线，是一个由两个开关控制灯和三个墙壁插座组成的并联电路。

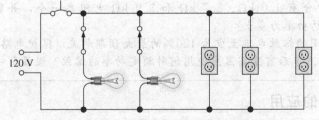

图 6-43　住宅布线中使用并联电路的例子

6.9.3　逻辑控制电路

许多控制系统使用并联电路或等效电路来控制和监视工业过程，如生产线。大多数复杂的控制应用程序是在被称为内置了可编程逻辑控制器（PLC）的专用计算机上实现的。PLC 展示了一个可以在计算机屏幕上显示的等效并联电路。在内部，电路只能以计算机代码形式存在，这是用计算机编程语言编写的。然而，显示的电路在原理上可以用硬件构建。这些电路可以绘制成类似于梯子的形状——横挡表示负载（和电源），轨道（母线）表示两个基本节点。例如，图 6-43 所示电路的一侧类似于梯子，灯和墙壁插座作为负载。并联控制电路使用梯形图，但是添加了额外的控制元素：开关、继电器、定时器等。添加控制元素后会形成一个逻辑图，被称为梯形图。梯形图易于理解，因此在工业环境（如工厂或食品加工厂）中很受欢迎，用以显示控制逻辑。虽然有许多关于梯形逻辑的书籍，然而梯形图（并联电路）是所有梯形逻辑的核心，其中最重要的原因是梯形逻辑以易于阅读的形式阐述了电路的基本功能。

6.9.4 模拟安培表(电流表)

在模拟(指针型)安培表或毫安表(统称电流表)中也使用了并联电路。尽管如今模拟仪表不像以前那么常见,但在某些应用中,它们仍然用作面板仪表。另外,模拟万用表仍然在使用。并联电路是模拟电流表的重要组成部分,因为它们能够调整不同的量程以测量不同的电流值。

电流表中使指针与电流成比例偏转的机构称为表头,它基于稍后将学习的磁性原理。现在,只要知道给定的表头具有一定的电阻和最大允许电流就足够了。该最大允许电流称为全量程偏转电流,它使指针指向最大刻度。例如,某表头有 50Ω 电阻和 1 mA 的全量程偏转电流。那么,具有该表头的仪表可以测量图 6-44a 和 b 所示的 1 mA 或更小的电流。大于 1 mA 的电流会导致指针指向限位杆,它略高于满刻度,如图 6-44c 所示,这可能会损坏电表。

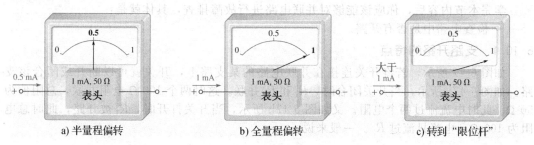

a) 半量程偏转 b) 全量程偏转 c) 转到"限位杆"

图 6-44 1 mA 模拟电流表

图 6-45 所示为一个简单的电流表,包括一个与 1 mA 表头并联的电阻,该电阻称为分流电阻。其目的是旁路一部分表头处的电流,以扩大可测量的电流范围。图中具体显示了通过分流电阻的电流为 9 mA,通过表头的电流为 1 mA。因此,这个电流表可以测量高达 10 mA 的电流。在确定实际电流值时,只需将表头刻度盘上的读数乘以 10 即可。

多量程安培表具有量程开关,可以选择不同的全量程偏转电流。在每个开关挡位处,都有一定的电流被并联的电阻旁路,旁路电流的大小由并联电阻决定。在多量程例子中,仍假设流经表头的电流不能大于 1 mA。

图 6-46 展示了一个具有 3 种量程的电流表:1 mA、10 mA 和 100 mA。当量程开关置于 1 mA 挡时,流入电表的所有电流都流经了表头。而在 10 mA 挡位处,多达 9 mA 的电流通过 R_{SH1};在 100 mA 挡位处,高达 99 mA 的电流通过 R_{SH2}。3 种情况下,流过表头的最大电流都只有 1 mA。

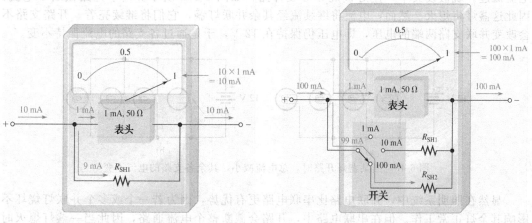

图 6-45 10 mA 模拟电流表   图 6-46 3 种量程的模拟电流表

电流表的读数要配合电表量程挡位。例如在图 6-46 中，若测量 50 mA 的电流，刻度盘上的指针会在 0.5 处，此时必须将 0.5 乘以 100mA 才能得到当前值。在这种情况下，有 0.5 mA 电流通过了表头（半量程偏转），而 49.5 mA 的电流通过了旁路电阻 R_{SH2}。

学习效果检测

1. 与模拟表头并联的电阻作用是什么？
2. 分流电阻的阻值小于还是大于表头的电阻？为什么？

6.10 故障排查

回顾一下，开路是指电流通路被截断而没有电流的电路。本节将研究并联电路中某支路开路会发生什么问题。

学完本节内容后，你应该能够对并联电路进行故障排查，具体就是：

- 检查电路中是否有开路。

6.10.1 支路开路的特点

如图 6-47 所示，若将开关连接在并联电路的某支路上，开关就可以断开或闭合该支路。如图 6-47a 所示，当开关闭合时，R_1 和 R_2 并联。这时两个 100 Ω 电阻并联，总阻值为 50 Ω。此时电流流过两个电阻。又如图 6-47b 所示，当开关打开时，R_1 被开路，此时总电阻为 100 Ω，电流只流过 R_2。一般来说，

> 当并联电路中某支路开路时，总电阻增加，总电流减小，其余各并联支路电流大小不变。

总电流的减少量等于先前在该开路支路中流过的电流，其余支路电流保持不变。

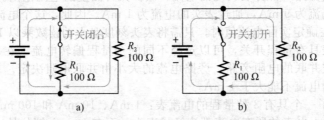

图 6-47 当开关打开时，总电流减小，流过 R_2 的电流不变

考查图 6-48 所示的照明电路，4 盏灯与 12 V 电源并联。在图 6-48a 中，每盏灯都有电流流过。现假设其中一盏灯被烧坏形成开路，如图 6-48b 所示。由于开路截断了电流，因此这盏灯将熄灭。然而，电流将继续流经其余并联灯盏，它们将继续亮着。开路支路不会改变并联支路两端的电压，即电压仍保持在 12 V，于是通过各支路的电流保持不变。

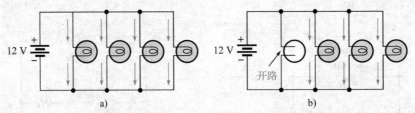

图 6-48 当某盏灯开路时，总电流减小，其余各支路的电流不变

显然在照明系统中，并联电路比串联电路更有优势，因为若一个或多个并联灯烧坏不影响其余灯正常工作。但在串联电路中，开路会截断整个电流通路，因此当一盏灯熄灭时其余灯也将全部熄灭。

当并联电路中的电阻开路时，由于各支路两端电压相等，因此不能通过测量各支路两端的电压来确定哪个电阻开路。如图 6-49 所示，正常电阻与开路电阻总是具有相同的电压(注意中间电阻开路)。

若目测没有发现开路电阻，则必须通过测量电流来确定开路电阻的位置。现实中，必须把电流表串联到电路中才能测量电流，因此测量电流比测量电压要困难得多。为了串联电流表，通常必须切断或断开电线或 PC 板的连接，或将元器件的一端从电路板上取下。然而，测量电压时并不需要这个过程，因为电压表引线仅简单地并联于元器件两端。

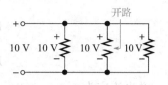

图 6-49　并联支路(不论是否开路)两端电压相等

代替接入电流表的另一种方法是，使用数字脉冲发生器和被称为电流跟踪器的另一种传感仪器。脉冲发生器向导体上注入一系列数字脉冲。电流跟踪器可以感应脉冲发生器产生的磁场，并跟踪电流通路。这种方法对于寻找开路或短路故障都特别有用。

6.10.2　通过测量电流来诊断开路支路

若怀疑并联电路中含有开路支路，则可以通过测量总电流来确认开路。当某并联电阻开路时，总电流 I_T 总是小于它的正常值。若总电流和支路电压已知，而各并联电阻阻值又各不相同，则通过简单计算就能确定开路电阻。

图 6-50a 所示为含两条并联支路的电路。若其中一个电阻开路，则总电流将等于正常那个电阻中流过的电流。利用欧姆定律很快就能得出各电阻中的正常电流应该为多少。

$$I_1 = \frac{50 \text{ V}}{560 \text{ }\Omega} = 89.3 \text{ mA}$$

$$I_2 = \frac{50 \text{ V}}{100 \text{ }\Omega} = 500 \text{ mA}$$

$$I_T = I_1 + I_2 = 589.3 \text{ mA}$$

若 R_2 开路，则总电流为 89.3 mA，如图 6-50b 所示。若 R_1 开路，则总电流为 500 mA，如图 6-50c 所示。

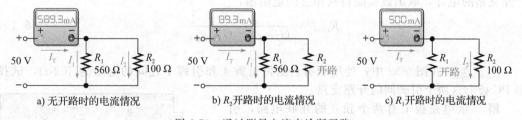

a) 无开路时的电流情况　　　b) R_2 开路时的电流情况　　　c) R_1 开路时的电流情况

图 6-50　通过测量电流来诊断开路

上述故障排查过程可以扩展到含任意多个不同电阻值并联的电路中。如果各并联电阻值相等，则必须检查每条支路的电流，直到找到没有电流即含开路电阻的支路为止。

例 6-22　在图 6-51 中，总电流为 31.09 mA，并联支路两端电压为 20 V。试诊断该电路是否含有开路电阻。若有，判定哪个电阻开路?

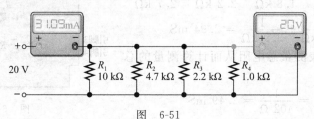

图　6-51

解 计算各支路电流。

$$I_1 = \frac{V}{R_1} = \frac{20\,\text{V}}{10\,\text{k}\Omega} = 2\,\text{mA}$$

$$I_2 = \frac{V}{R_2} = \frac{20\,\text{V}}{4.7\,\text{k}\Omega} = 4.26\,\text{mA}$$

$$I_3 = \frac{V}{R_3} = \frac{20\,\text{V}}{2.2\,\text{k}\Omega} = 9.09\,\text{mA}$$

$$I_4 = \frac{V}{R_4} = \frac{20\,\text{V}}{1.0\,\text{k}\Omega} = 20\,\text{mA}$$

总电流应为:

$$I_T = I_1 + I_2 + I_3 + I_4 = 2\,\text{mA} + 4.26\,\text{mA} + 9.09\,\text{mA} + 20\,\text{mA} = 35.35\,\text{mA}$$

实际测量出的电流只有 31.09 mA,比正常电流小 4.26 mA,即电流为 4.26 mA 的支路开路,也即**含有电阻 R_2 的支路开路**。

同步练习 在图 6-51 中,若 R_4 而非 R_2 开路,那测得的总电流为多少?

6.10.3 通过测量电阻来诊断开路支路

若可以将与待检查并联电路相连的电压源和可能相连的其余电路断开,则可通过测量电路总电阻来定位开路支路。

回顾一下,电导 G 是电阻的倒数,单位是西[门子](S)。并联电路的总电导是所有电导之和。

$$G_T = G_1 + G_2 + G_3 + \cdots + G_n$$

通过以下步骤来定位开路支路。

1. 由各电阻计算相应的总电导。

$$G_{T(\text{calc})} = \frac{1}{R_1} + \frac{1}{R_2} + \frac{1}{R_3} + \cdots + \frac{1}{R_n}$$

2. 用欧姆表来测量总电阻,并计算对应的总电导。

$$G_{T(\text{meas})} = \frac{1}{R_{T(\text{meas})}}$$

3. 从步骤 1 计算得到的总电导中减去由步骤 2 测量到的总电导。此时获得的差值就是开路支路的电导,取倒数就能得到相应的电阻值:

$$R_{\text{open}} = \frac{1}{G_{T(\text{calc})} - G_{T(\text{meas})}} \tag{6-10}$$

例 6-23 在图 6-52 中,使用欧姆表测得引脚 4 和引脚 1 之间的电阻为 402 Ω,试找出 PC 板上这两个引脚间的开路支路。

解 该电路板上有两个独立的并联电路,引脚 1 和引脚 4 之间的电路可以通过以下步骤排查(假设其中有一个电阻开路):

1. 由各电阻计算总电导。

$$G_{T(\text{calc})} = \frac{1}{R_1} + \frac{1}{R_2} + \frac{1}{R_3} + \frac{1}{R_4} + \frac{1}{R_{11}} + \frac{1}{R_{12}}$$

$$= \frac{1}{1.0\,\text{k}\Omega} + \frac{1}{1.8\,\text{k}\Omega} + \frac{1}{2.2\,\text{k}\Omega} + \frac{1}{2.7\,\text{k}\Omega}$$

$$+ \frac{1}{3.3\,\text{k}\Omega} + \frac{1}{3.9\,\text{k}\Omega} = 2.94\,\text{mS}$$

2. 使用欧姆表测量总电阻从而计算测量的总电导。

$$G_{T(\text{meas})} = \frac{1}{402\,\Omega} = 2.49\,\text{mS}$$

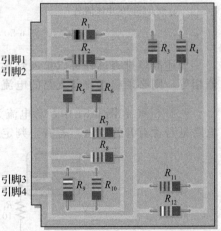

图 6-52

3. 从步骤 1 计算得到的总电导值中减去由步骤 2 测量得到的电导值，得到开路支路的电导，通过取其倒数得到电阻值。

$$G_{\text{open}} = G_{\text{T(calc)}} - G_{\text{T(meas)}} = 2.94 \text{ mS} - 2.49 \text{ mS} = 0.45 \text{ mS}$$

$$R_{\text{open}} = \frac{1}{G_{\text{open}}} = \frac{1}{0.45 \text{ mS}} = 2.2 \text{ k}\Omega$$

该值对应 R_3 的电阻值，说明 R_3 开路，必须被替换。

同步练习　在图 6-52 所示 PC 板中，使用欧姆表测得引脚 2 和引脚 3 之间的电阻为 9.6 kΩ。试判断这个结果是否正常。若不正常，哪个电阻开路？

6.10.4　支路短路故障

若并联电路中的某支路发生短路，则电流会增至过高值，从而导致熔丝熔断或断路器断开。由于很难隔离短路的支路，因此这是一个棘手的故障排查问题。

如前所述，脉冲发生器和电流跟踪器是经常用于检测电路短路故障的工具。它们不仅用于数字电路，也可以用于其他任何类型的电路中。脉冲发生器是一种笔形工具，脉冲应加载于电路中选定的点，使电流脉冲流过短路路径。电流跟踪器也是一种笔形工具，可以感应电流脉冲。通过跟踪电流，可以判别当前路径是否存在短路。

6.10.5　热成像

热成像是一种非接触的电路检测方法。热成像使用特殊的相机来捕捉红外线能量，并将温差转换成图像。相机根据温差的不同为图像分配不同的颜色。热成像广泛用于检查建筑物的热损耗，也应用于电气中以发现电气故障，但主要用于电流通常较大的工业环境中。热成像用于展示温差，而不是测量实际温度。对于并联电阻，热成像上会显示过热或过冷的电阻，以指示可能出现的问题。

短路支路有时可以借助带限流功能的电压源来将电流限在较低且相对安全的范围内。红外摄像机可以在不必断开电路的情况下，通过捕捉热信号来发现短路。图 6-53 中的 FLIR ONE Pro 就是一个低成本的红外传感器，它可以将智能手机转换成热成像摄像机。

图 6-53　FLIRONE Pro 红外摄像机正在查看某电子断路器箱(图片由 FLIR Systems, Inc. 提供)

学习效果检测

1. 若某并联支路开路，假设并联电路两端由电压源供电，那么该电路的电压和电流会发生什么变化？
2. 若一条并联支路开路，那么总电阻会发生什么变化？
3. 若几盏灯泡并联在一起，其中一盏灯泡开路(烧坏了)，其余灯泡还会正常点亮吗？
4. 并联电路中各支路都流过 100 mA 的电流。若某支路开路，其余分支中的电流是多少？
5. 无故障时，3 条支路的电流分别为：100 mA、250 mA 和 120 mA。若测得总电流为 350 mA，则哪条支路存在开路故障？

应用案例

在此应用案例中，用一个三量程电流表来改装一台直流电源以显示流经负载的电流。如你所知，并联电阻可以扩大电流表的测量范围。这些称为分流器的并联电阻，可以旁路表头的电流，从而使电流表能够有效测量远超过表头最大电流的电流。

稳压电源

图 6-54 所示为台式稳压电源。电压表显示输出电压，通过电压调节旋钮的控制，输出电压能够从 0 V 调整至 10 V。该电源可为负载提供高达 2 A 的电流。稳压电源的基本组成框图如图 6-55 所示。它由一个整流电路和一个稳压电路组成，整流电路将墙上插座中的交流电压转换成直流电压，稳压电路使输出电压保持在一个恒定的值。

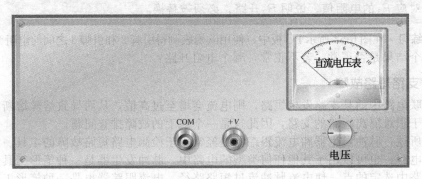

图 6-54　台式稳压电源的前面板视图

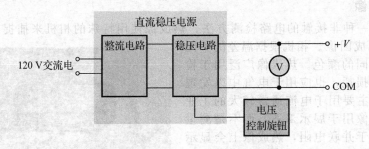

图 6-55　直流稳压电源基本组成框图

给稳压电源增加一个三量程电流表，其可选电流量程分别为 25 mA、250 mA 和 2.5 A。为实现该要求，需要使用两个分流电阻，每个电阻都可以通过旋转开关与表头并联。只要分流电阻的阻值不是太小，这种方法就可以很好地工作。然而，若要求分流电阻非常小，就会存在一些问题，下面将解释其原因。

分流电路

如图 6-56 所示，选择一个全量程偏转电流为 25 mA、电阻为 60 Ω 的表头。此外还必须增加两个分流电

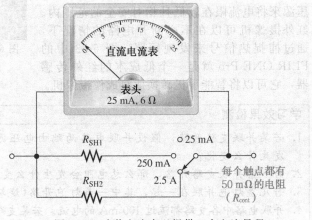

图 6-56　改装电流表以提供 3 个电流量程

阻，一个用于扩充至 250 mA 量程，一个用于扩充至 2.5 A 量程。电流表内部的表头只提供 25 mA 量程。量程选择由一个接触电阻为 50 mΩ 的单刀三掷旋转开关完成。开关的接触电阻的动态范围为小于 20～100 mΩ。开关的接触电阻会随温度、电流和使用情况而发生变化。因此，不能指望其始终保持在规定值的合理公差范围内。此外，这种开关是先合后断类型的，这意味着在与新位置接触之前，与前一个位置的接触不会断开。

下面计算 2.5 A 量程中使用的分流电阻。表头两端电压为：

$$V_{\mathrm{M}} = I_{\mathrm{M}} R_{\mathrm{M}} = 25 \text{ mA} \times 6 \ \Omega = 150 \text{ mV}$$

满量程偏转时，通过分流电阻的电流为：

$$I_{\mathrm{SH2}} = I_{\mathrm{FULLSCALE}} - I_{\mathrm{M}} = 2.5 \text{ A} - 25 \text{ mA} = 2.475 \text{ A}$$

因此，总分流电阻为：

$$R_{\mathrm{SH2(tot)}} = \frac{V_{\mathrm{M}}}{I_{\mathrm{SH2}}} = \frac{150 \text{ mV}}{2.475 \text{ A}} = 60.6 \text{ m}\Omega$$

从不同制造商那里可以得到 1 mΩ～10 Ω 的低阻值精密电阻。

请注意，如图 6-56 所示，开关带来的接触电阻 R_{CONT} 与 R_{SH2} 串联。由于总分流电阻为 60.6 mΩ，因此，实际分流电阻 R_{SH2} 为：

$$R_{\mathrm{SH2}} = R_{\mathrm{SH2(tot)}} - R_{\mathrm{CONT}} = 60.6 \text{ m}\Omega - 50 \text{ m}\Omega = 10.6 \text{ m}\Omega$$

虽然可以找到该阻值或接近该阻值的电阻，但问题是开关的接触电阻几乎是 R_{SH2} 的 5 倍，若接触电阻有任何改变，都会导致电表存在明显误差。因此，上述方法不适用于需要很小分流电阻的情况。

改进方法

图 6-57 所示为标准分流电阻电路的变形。借助双刀三掷旋转开关，在使用两个较高量程挡位时，分流电阻 R_{SH} 并联于电路中，而对应 25 mA 量程时 R_{SH} 与电路断开连接。该电路通过使用相对于开关接触电阻更大的电阻，从而降低了开关接触电阻对测量精度的影响。这种电路的缺点是，它需要更复杂的开关，且并联电路两端与之前的分流电路相比存在更高电压。

对 250 mA 量程，表头全量程偏转时流过它的电流为 25 mA，两端电压为 150 mV。

$$I_{\mathrm{SH}} = 250 \text{ mA} - 25 \text{ mA} = 225 \text{ mA}$$

$$R_{\mathrm{SH}} = \frac{150 \text{ mV}}{225 \text{ mA}} = 0.667 \ \Omega = 667 \text{ m}\Omega$$

R_{SH} 的值远大于开关接触电阻，大约是接触电阻期望值 50 mΩ 的 13 倍，这大大降低了接触电阻对测量的影响。

对于 2.5 A 量程，表头全量程偏转时流过它的电流仍为 25 mA，与流过 R_1 的电流相等。

$$I_{\mathrm{SH}} = 2.5 \text{ A} - 25 \text{ mA} = 2.475 \text{ A}$$

从 A 至 B 的电压为：

$$V_{AB} = I_{\mathrm{SH}} R_{\mathrm{SH}} = 2.475 \text{ A} \times 667 \text{ m}\Omega = 1.65 \text{ V}$$

应用基尔霍夫电压定律和欧姆定律，求表头串联的电阻 R_1。

$$V_{R1} + V_{\mathrm{M}} = V_{AB}$$

$$V_{R1} = V_{AB} - V_{\mathrm{M}} = 1.65 \text{ V} - 150 \text{ mV} = 1.50 \text{ V}$$

$$R_1 = \frac{V_{R1}}{I_{\mathrm{M}}} = \frac{1.50 \text{ V}}{25 \text{ mA}} = 60 \ \Omega$$

这一电阻也远大于开关的接触电阻。

思考以下问题：

1. 确定图 6-57 中 R_{SH} 在各量程下消耗的最大功率。

2. 在图 6-57 中，当开关设置到 2.5 A 量程，且电流为 1 A 时，A 到 B 的电压是多少？

3. 电流表读数为 250 mA。若开关从 250 mA 挡位旋至 2.5 A 挡位，则从 A 至 B 的变化过程中整个电流表电路的电压变化了多少？

4. 假设表头电阻为 4 Ω 而不是 6 Ω，图 6-57 电路要进行哪些修改？

稳压电源改造的实现

一旦确定了适当的分流阻值，就可以将这些电阻安置在一块板上，然后安装在稳压电源中。如图 6-58 所示，电阻和量程开关都与电源连接。电流表电路连接在整流电路和稳压器电路之间，以减小电流表电路的电压对输出电压的影响。在一定范围内，即使电流表电路发生的改变会导致稳压器输入端电压也发生改变，但输出电压仍可由稳压电路保持恒定。

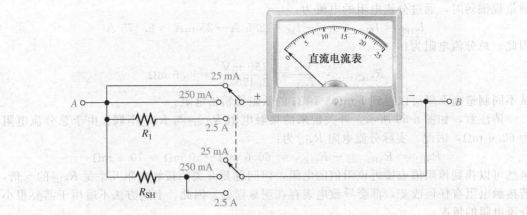

图 6-57　重新设计的电流表电路，以消除或最小化开关接触电阻的影响。开关为双刀三掷旋转开关

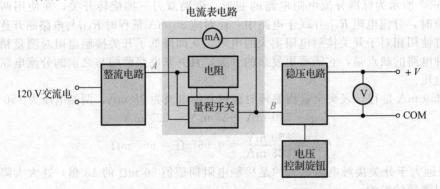

图 6-58　带有三量程电流表的直流电源组成框图

图 6-59 显示安装了旋转量程开关和毫安表的改进电源的前面板。刻度尺中短弧线部分表示 2.5 A 范围的过量电流，为了安全运行，电源的最大电流为 2 A。

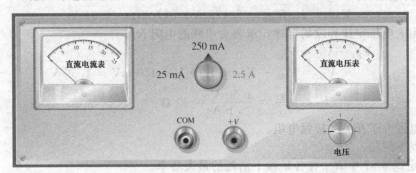

图 6-59　附加了电流表和量程选择开关的直流稳压电源

检查与复习

5. 当电流表设定在 250 mA 量程时，哪个电阻上通过的电流最大？

6. 在图 6-57 中，求 3 个电流量程各自对应的电流表电路中 A 至 B 的总电阻。

7. 解释为什么使用图 6-57 所示电路而不是图 6-56 所示电路。

8. 如果量程设置为 250 mA，指针指于 15，则对应电流为多少？

9. 对应图 6-57 所示的 3 个量程，图 6-60 中的电流表读数分别为多少?

本章总结

直流电流表

图　6-60

- 电阻并联即在相同的两点(节点)之间连接电阻。
- 并联组合具有多条电流通路。
- 并联总电阻小于最小的支路电阻。
- 并联电路中各支路两端的电压相等。
- 并联电流源总电流等于它们的代数和。
- 基尔霍夫电流定律:流入节点的电流之和(总流入电流)等于流出该节点的电流之和(总流出电流)。
- 流入或流出同一节点的所有电流代数和为零。
- 并联电路之所以被称为分流器,是因为流入节点的总电流被分配到各支路中。
- 若并联电路中各支路电阻相等,那么流过各支路的电流也相等。
- 并联电阻电路的总功率是各并联电阻的功率之和。
- 并联电路的总功率可由总电流、总电阻或总电压代入功率公式计算得到。
- 若并联电路中某支路开路,则总电阻增加,因此总电流减小。
- 若并联电路中某支路开路,则其余支路的电流不会发生变化。

重要公式

6-1　$I_{\text{IN}(1)} + I_{\text{IN}(2)} + \cdots + I_{\text{IN}(n)} = I_{\text{OUT}(1)} + I_{\text{OUT}(2)} + \cdots + I_{\text{OUT}(m)}$　基尔霍夫电流定律

6-2　$R_{\text{T}} = \dfrac{1}{\left(\dfrac{1}{R_1}\right) + \left(\dfrac{1}{R_2}\right) + \left(\dfrac{1}{R_3}\right) + \cdots + \left(\dfrac{1}{R_n}\right)}$　总并联电阻

6-3　$R_{\text{T}} = \dfrac{R_1 R_2}{R_1 + R_2}$　两个电阻并联的总电阻

6-4　$R_{\text{T}} = \dfrac{R}{n}$　n 个等值电阻并联的总电阻

6-5　$R_x = \dfrac{R_A R_{\text{T}}}{R_A - R_{\text{T}}}$　求未知并联电阻

6-6　$I_x = \left(\dfrac{R_{\text{T}}}{R_x}\right) I_{\text{T}}$　分流通用公式

6-7　$I_1 = \left(\dfrac{R_2}{R_1 + R_2}\right) I_{\text{T}}$　两支路分流公式

6-8　$I_2 = \left(\dfrac{R_1}{R_1 + R_2}\right) I_{\text{T}}$　两支路分流公式

6-9　$P_{\text{T}} = P_1 + P_2 + P_3 + \cdots + P_n$　总功率

6-10　$R_{\text{open}} = \dfrac{1}{G_{\text{T(cale)}} - G_{\text{T(meas)}}}$　被开路的支路电阻

对/错判断(答案在本章末尾)

1. 为求并联电阻的总电导,可以将各电阻的电导相加。
2. 并联电阻的总电阻总是小于最小电阻。
3. 积以和除的规则适用于任意数量的电阻并联。
4. 并联电路中,阻值较大的电阻两端电压较大,阻值较小的电阻两端电压较小。
5. 当一条新支路并联到已存在的并联电路中时,总电阻增加。
6. 当一条新支路并联到已存在的并联电路中时,总电流增加。
7. 当一条新支路并联到已存在的并联电路中时,

总电导增加。
8. 流入节点的总电流总是等于流出该节点的总电流。
9. 在分流公式 $I_x = (R_{\text{T}}/R_x) I_{\text{T}}$ 中,R_{T}/R_x 是一个分数,它不会大于 1。
10. 当两个电阻并联时,电阻越小消耗的功率越少。
11. 并联电阻消耗的总功率可大于电源提供的功率。
12. 分流电阻可用于扩展电流表的量程。

自我检测(答案在本章末尾)

1. 并联电路中,每个电阻有
   (a)相同的电流　　(b)相同的电压
   (c)相同的功率　　(d)以上都成立

2. 一个 1.2 kΩ 的电阻与一个 100 Ω 的电阻并联,总电阻
   (a)大于 1.2 kΩ

(b)大于 100 Ω 小于 1.2 kΩ

(c)小于 100 Ω 大于 90 Ω

(d)小于 90 Ω

3. 330 Ω、270 Ω 和 68 Ω 电阻各一个并联在一起，总电阻接近于

(a)668 Ω   (b)47 Ω

(c)68 Ω   (d)22 Ω

4. 3 个等值电阻并联，与其中一个电阻相比，总阻值

(a)为 3 倍   (b)相同

(c)为 2/3   (d)为 1/3

5. 将一个额外电阻并联于现有并联电路中，此时的总阻值会

(a)减少   (b)增加

(c)不变

(d)增加了与这个额外电阻相同的阻值

6. 假设有 3 个 1.0 kΩ 的电阻并联，总电导为

(a)3 mS   (b)1 mS

(c)(1/3) mS   (d)以上都不是

7. 500 mA 和 300 mA 电流共同流入某节点，则流出该节点的总电流为

(a)200 mA   (b)300 mA

(c)500 mA   (d)800 mA

8. 已知以下电阻 390 Ω、560 Ω 和 820 Ω 并联到电压源两端，则流过电流最小的电阻为

(a)390 Ω   (b)560 Ω

(c)820 Ω

(d)不知道电压不能确定

9. 流入某并联电路的总电流突然减小，可能表明：

(a)短路   (b)某电阻开路

(c)电压减小   (d)(b)或(c)

10. 4 个支路并联的电路中，每个支路都有 10 mA 的电流，如果其中一个支路开路，则其余各支路上的电流变为

(a)13.3 mA   (b)10 mA

(c)0 A   (d)30 mA

11. 含有 3 条支路的某并联电路中，正常工作时，流经 R_1 的电流为 10 mA，流经 R_2 的电流为 15 mA，流经 R_3 的电流为 20 mA。测量发现电路总电流为 35 mA，那么你可以说

(a)R_1 开路   (b)R_2 开路

(c)R_3 开路   (d)电路工作正常

12. 若流入含 3 条支路的某并联电路的总电流为 100 mA，其中两条支路的电流分别为 20 mA 和 40 mA，则第三条支路的电流为

(a)60 mA   (b)20 mA

(c)160 mA   (d)40 mA

13. PC 板上 5 个并联电阻中有一个发生短路，最可能导致的后果是

(a)短路电阻被烧毁

(b)一个或更多个其余电阻被烧毁

(c)电源熔丝被烧断

(d)电阻值会变化

14. 4 个电阻并联，其中每个电阻消耗的功率都为 1 W，则消耗的总功率为

(a)1 W   (b)4 W

(c)0.25 W   (d)16 W

电路行为变化趋势判断(答案在本章末尾)

参见图 6-64

1. 开关位置如图所示，若 R_1 开路，则 A 点相对于参考地的电压将

(a)增大   (b)减小   (c)保持不变

2. 若开关从 A 扳到 B，总电流将

(a)增大   (b)减小   (c)保持不变

3. 开关置于 C 处，若 R_4 开路，则总电流将

(a)增大   (b)减小   (c)保持不变

4. 开关置于 B 处，若 B 和 C 间短路，则总电流将

(a)增大   (b)减小   (c)保持不变

参见图 6-70b

5. 如果 R_2 开路，那么流过 R_1 的电流将

(a)增大   (b)减小   (c)保持不变

6. 如果 R_3 开路，那么它两端的电压将

(a)增大   (b)减小   (c)保持不变

7. 如果 R_1 开路，那么它两端的电压将

(a)增大   (b)减小   (c)保持不变

参见图 6-71

8. 如果增加变阻器 R_2 的电阻值，那么流过 R_1 的电流将

(a)增大   (b)减小   (c)保持不变

9. 如果熔丝开路，那么 R_2 上的电压会

(a)增大   (b)减小   (c)保持不变

10. 如果变阻器 R_2 的滑动触头和地间发生了短路，那么流过它的电流将

(a)增大   (b)减小   (c)保持不变

参见图 6-75

11. 开关置于 C 处，如果 2.25 mA 的电源开路，那么流过 R 的电流将

(a)增大   (b)减小   (c)保持不变

12. 开关置于 B 处，如果 2.25 mA 的电源开路，那么流过 R 的电流将

(a)增大   (b)减小   (c)保持不变

参见图 6-83

13. 如果引脚 4 和引脚 5 被短路，那么引脚 3 和
    引脚 6 之间的电阻将
    （a）增大　　（b）减小　　　（c）保持不变

14. 如果 R_1 底部与 R_5 顶部短路，那么引脚 1 和

引脚 2 之间的电阻将
    （a）增大　　（b）减小　　　（c）保持不变

15. 如果 R_7 开路，那么引脚 5 和引脚 6 之间的电
    阻将
    （a）增大　　（b）减小　　　（c）保持不变

分节习题（较难的问题用星号（＊）表示，奇数题答案在本书末尾）

6.1 节

1. 如图 6-61a 所示，如何将图中所有电阻并联
   后加在电池两端。

2. 如图 6-61b 所示，确定印制电路（PC）板中所
   有电阻是否都并联在一起。

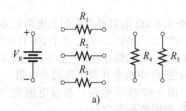

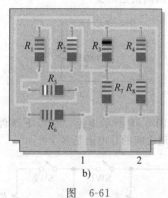

图　6-61

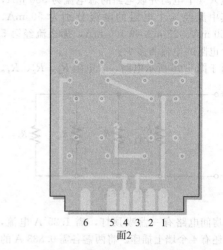

图 6-62　（续）

6.2 节

4. 4 个等值电阻并联，已知总电压为 12 V，总
   电阻为 550 Ω，求各并联电阻两端的电压和
   流过它们的电流各为多少？

5. 在图 6-63 中，电源电压为 100 V，各电压表
   的读数为多少？

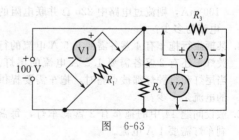

图　6-63

＊3. 根据图 6-62，找出双面 PC 板上并联的电阻
    组合。

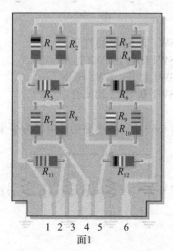

面1

图　6-62

6. 对于图 6-64 所示电路，从电压源看去，开关
   在各位置处时电路的总电阻是多少？

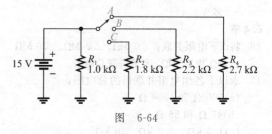

图　6-64

7. 对于图 6-64 所示电路，求开关在每个位置

处，各电阻两端的电压为多少？

8. 对于图 6-64 所示电路，求开关在每个位置处，电压源提供的总电流为多少？

6.3 节

9. 在 3 条支路并联的电路中，按相同的方向测得以下电流：250 mA、300 mA 和 800 mA，那么流入并联节点的总电流为多少？

10. 流入 5 个电阻并联电路的总电流为 500 mA，其中流经 4 个电阻的电流分别为 50 mA、150 mA、25 mA 和 100 mA，那么流经第 5 个电阻的电流为多少？

11. 对于图 6-65 所示电路，求电阻 R_2、R_3、R_4。

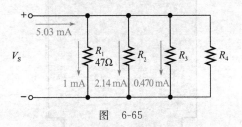

图　6-65

*12. 房间电路有一盏吸顶灯，需 1.25 A 电流，还有 4 个墙上插座。将两盏各需 0.833 A 的台灯插入两个插座中，并将一台需要 10 A 的电加热器连接到第三个插座。当所有这些家用电器工作时，房间总线的供电电流应是多少？如果总线由一个 15 A 的断路器保护，则还能从第四个插座引出多少电流？画出房间布线的原理图。

*13. 并联电路的总电阻是 25 Ω。如果总电流为 100 mA，则流过电路中 220 Ω 并联电阻的电流为多少？

14. 某辆旅行拖车有 4 盏各需要 0.5 A 电流的行驶灯，还有 2 盏需要 1.2 A 电流的尾灯。当尾灯和行驶灯都被点亮时，拖车需要提供的电流是多少？

15. 假设问题 14 中的拖车有 2 盏刹车灯，每盏刹车灯需要 1 A 电流。
   (a)当所有灯都点亮时，拖车要供应的电流是多少？
   (b)在这种情况下，拖车的接地返回电流是多少？

6.4 节

16. 将以下电阻并联：1.0 MΩ、2.2 MΩ、5.6 MΩ、12 MΩ 和 22 MΩ，计算并联总电阻。

17. 求以下各组电阻并联后的总电阻：
   (a)560 Ω 和 1000 Ω
   (b)47 Ω 和 56 Ω
   (c)1.5 kΩ、2.2 kΩ、10 kΩ
   (d)1.0 MΩ、470 kΩ、1.0 kΩ、2.7 MΩ

18. 对于图 6-66 所示电路，计算各电路的 R_T。

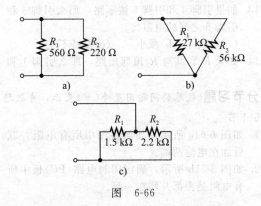

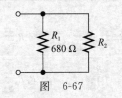

图　6-66

19. 12 个 6.8 kΩ 电阻并联后的总电阻是多少？

20. 5 个 470 Ω、10 个 1000 Ω、2 个 100 Ω 电阻，分 3 组并联，则每组并联后的总电阻是多少？

21. 求问题 20 中整个并联电路的总电阻。

22. 对于图 6-67 所示电路，若总电阻为 389 Ω，则 R_2 的阻值是多少？

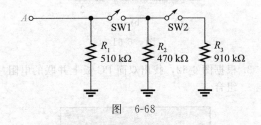

图　6-67

23. 对于图 6-68 所示电路，在以下条件下，A 点与地之间的总电阻是多少？

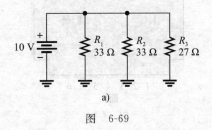

图　6-68

   (a)SW1 和 SW2 均打开
   (b)SW1 闭合，SW2 打开
   (c)SW1 打开，SW2 闭合
   (d)SW1 和 SW2 均闭合

6.5 节

24. 在图 6-69 中，各电路的总电流为多少？

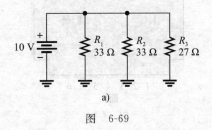

a)

图　6-69

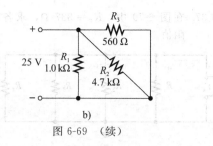

图 6-69 （续）

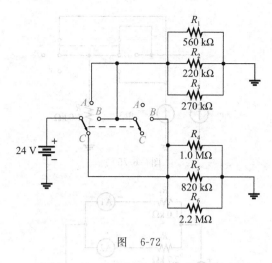

图 6-72

25. 1盏 60 W 灯泡的热电阻大约是 240 Ω。当 3 盏灯泡并联在一个 120 V 的电路中工作时，电源的总电流是多少？

26. 4个等值电阻并联，在并联电路两端施加 5 V 电压，测得从电源流出 1.11 mA 电流。求各电阻的阻值。

27. 许多装饰灯都是并联的。如果一组灯被连接到 110 V 电源两端，且每盏灯泡灯丝的热电阻为 2.2 kΩ，则流经每盏灯泡的电流为多少？为什么把这些灯泡并联比串联好？

28. 计算图 6-70 所示电路中的未知电阻（用红色标识）的阻值。

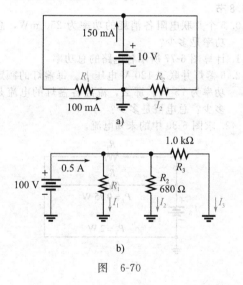

a)

b)

图 6-70

29. 在图 6-71 中，在 0.5 A 熔丝熔断之前，100 Ω 变阻器可以调整到的最小值为多少？

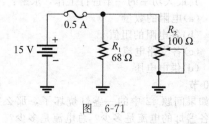

图 6-71

30. 对于图 6-72 所示电路，计算开关在各位置处时，电源提供的总电流和流经各电阻的电流。

31. 对于图 6-73 所示电路，求出各未知电量（即 I_T、I_2、I_3、R_1、R_2）的具体数值。

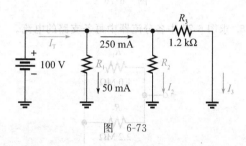

图 6-73

6.6 节

32. 对于图 6-74 所示电路，计算各电路中通过 R_L 的电流。

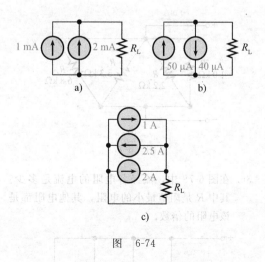

图 6-74

33. 对于图 6-75 所示电路，求组合开关处于各位置时，流过电阻的电流。

6.7 节

34. 在图 6-76 中，各电流表的读数为多少？

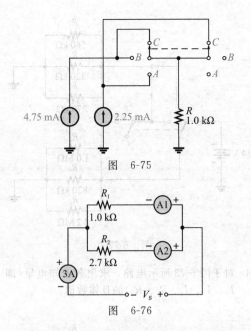

图 6-75

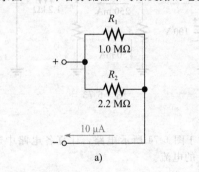

图 6-76

35. 求图 6-77 中各分流器中每条支路的电流。

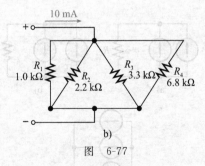

a)

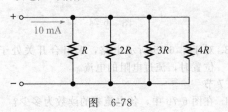

b)

图 6-77

*36. 在图 6-78 中，流经各电阻的电流是多少？其中 R 是阻值最小的电阻，其他电阻都是该电阻的倍数。

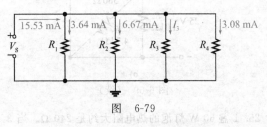

图 6-78

*37. 在图 6-79 中，$R_T = 337\ \Omega$，求各电阻的阻值。

图 6-79

*38. (a)如果在图 6-45 中，表头的电阻为 50 Ω，计算分流电阻 R_{SH1}。
   (b)求图 6-46 所示电表电路中 R_{SH2} 的阻值，设 $R_M = 50\ \Omega$。

*39. 在大电流测量中，制造商可以提供电压为 50 mV 的特殊分流电阻。一个满量程 50 mV，内阻为 10 kΩ 的电压表与分流电阻并联进行测量。
   (a)在 50 A 测量应用中，使用 50 mV 电压时，电表需要多大的分流电阻？
   (b)通过电表的电流为多少？

6.8 节

40. 5 个并联电阻各消耗的功率为 250 mW，总功率是多少？

41. 计算图 6-77 所示各电路的总功率。

42. 6 盏灯并联于 120 V 电压上。每盏灯的额定功率为 75 W。那么，流经各盏灯的电流是多少？总电流是多少？

*43. 求图 6-80 中的未知电流。

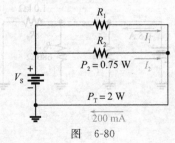

图 6-80

*44. 某并联电路仅包含½ W 的电阻，总电阻为 1.0 kΩ，总电流为 50 mA。如果各电阻以其最大功率的一半进行工作，求解：
   (a)电阻的数量
   (b)各电阻的阻值
   (c)各支路电流
   (d)供电电压

6.10 节

45. 如果问题 42 中的一盏灯烧坏了，那么剩余各盏灯的电流是多少？总电流是多少？

46. 图 6-81 显示了电流和电压的测量值。该电路是否有电阻开路？若有，是哪个电阻开路？

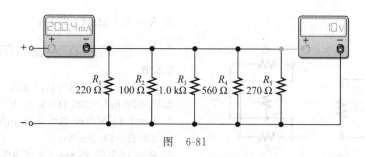

图 6-81

47. 图 6-82 所示电路存在什么故障？

48. 如果图 6-82 中的电表读数为 5.55 mA，那么电路有何故障？

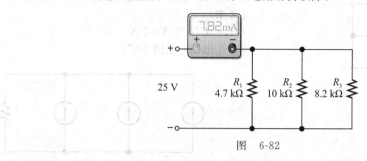

图 6-82

* 49. 对于图 6-83 所示电路板，要求开发一个测试程序来检查该电路板是否存在开路元件。执行此测试时不能从板上移除元件。请列出详细步骤。

* 50. 对于图 6-84 所示电路板，若引脚 2 和引脚 4 间短路，求以下引脚间电阻：
   (a)1 和 2 　　　(b)2 和 3
   (c)3 和 4 　　　(d)1 和 4

* 51. 对于图 6-84 所示电路板，若引脚 3 和引脚 4 间短路，求以下引脚间电阻：
   (a)1 和 2 　　　(b)2 和 3
   (c)2 和 4 　　　(d)1 和 4

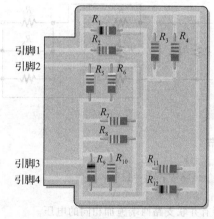

图 6-84

用 Multisim 排查故障

下面这些问题需要借助 Multisim 来完成。

52. 打开文件 P06-52，测量并联总电阻。

53. 打开文件 P06-53，通过测量判断是否有开路电阻，若有，是哪个？

54. 打开文件 P06-54，求未知电阻阻值。

55. 打开文件 P06-55，求未知电源的电压。

56. 打开文件 P06-56，若存在故障，则进行排查。

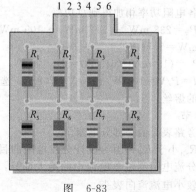

图 6-83

参考答案

学习效果检测答案

6.1 节

1. 并联电阻连接在同一对节点之间。

2. 并联电路在两个给定点之间具有多个电流通路。

3. 2。

4. 参见图 6-85。

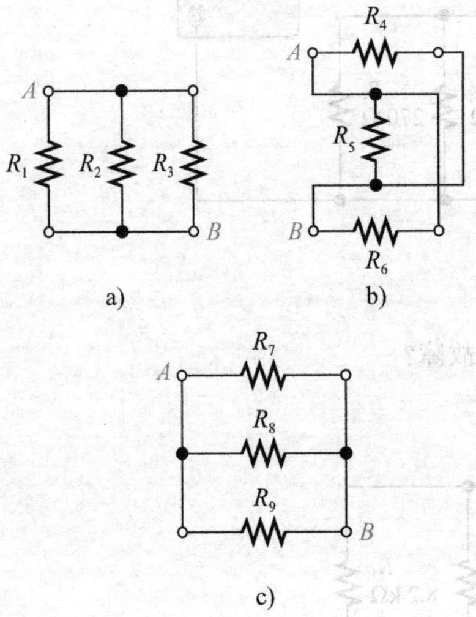

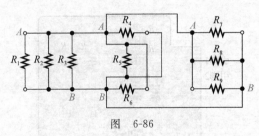

图 6-85

5. 参见图 6-86。

图 6-86

6.2 节

1. $V_{100\ \Omega} = V_{220\ \Omega} = 5.0$ V
2. $V_{R2} = 118$ V；$V_S = 118$ V
3. $V_{R1} = 50$ V，$V_{R2} = 50$ V
4. 所有并联支路两端施加相同的电压。

6.3 节

1. 基尔霍夫电流定律：对任何节点，所有电流的代数和为零；流入节点的电流之和等于流出该节点的电流之和。
2. $I_1 = I_2 = I_3 = I_T = 2.5$ mA
3. $I_{OUT} = 100$ mA + 300 mA = 400 mA
4. 4 A
5. 10 A

6.4 节

1. 随着更多电阻的并联，R_T 减小。
2. 并联总电阻小于最小支路电阻。
3. $R_T = \dfrac{1}{(1/R_1) + (1/R_2) + \cdots + (1/R_n)}$
4. $R_T = R_1 R_2 / (R_1 + R_2)$
5. $R_T = R/n$
6. $R_T = 1.0$ kΩ×2.2 kΩ/3.2 kΩ = 688 Ω

7. $R_T = 1.0$ kΩ/4 = 250 Ω
8. $R_T = \dfrac{1}{(1/47\ \Omega) + (1/150\ \Omega) + (1/100\ \Omega)} = 26.4$ Ω

6.5 节

1. $I_T = 10$ V/22.7 Ω = 44.1 mA
2. $V_s = 20$ mA×222 Ω = 4.44 V
3. $I_1 = 4.44$ V/680 Ω = 6.53 mA；$I_2 = 4.44$ V/330 Ω = 13.5 mA
4. $R_T = 12$ V/5.85 mA = 2.05 kΩ；$R = 2.05$ kΩ×4 = 8.21 kΩ
5. $V = 100$ mA×688 Ω = 68.8 V

6.6 节

1. $I_T = 4×0.5$ A = 2 A
2. 3 个电源，见图 6-87。

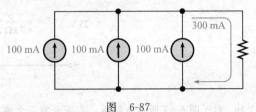

图 6-87

3. $I_{R_g} = 10$ mA + 10 mA = 20 mA

6.7 节

1. $I_x = (R_T/R_x)/I_T$
2. $I_1 = \left(\dfrac{R_2}{R_1 + R_2}\right) I_T$　　$I_2 = \left(\dfrac{R_1}{R_1 + R_2}\right) I_T$
3. 22 kΩ 电阻流过最大电流；220 kΩ 电阻流过最小电流。
4. $I_1 = (680\ \Omega/1010\ \Omega) × 10$ mA = 6.73 mA；$I_2 = (330\ \Omega/1010\ \Omega) × 10$ mA = 3.27 mA
5. $I_3 = (114\ \Omega/470\ \Omega) × 4$ mA = 967 μA

6.8 节

1. 各电阻功率相加得到总功率。
2. $P_T = 238$ mW + 512 mW + 109 mW + 876 mW = 1.74 W
3. $P_T = (10\ \text{mA})^2 (615\ \Omega) = 61.5$ mW
4. $I = P/V = 100$ W/12.6 V = 7.9 A。选择 10 A 的熔丝

6.9 节

1. 旁路表头的一部分电流。
2. R_{SH} 小于 R_M，因为设计分流电阻的目的是使分流电阻流过总电流中的绝大部分，而允许较小电流流向表头。

6.10 节

1. 当某支路开路时，电压不变，总电流减小。
2. 如果支路开路，则并联总电阻增加。
3. 剩余灯泡仍然点亮。
4. 所有剩余支路电流均为 100 mA。

5. 120 mA 支路被开路。

同步练习答案

6-1　见图 6-88。

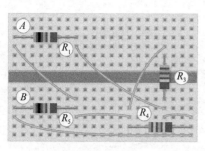

图 6-88

6-2　连接引脚 1 和引脚 2，引脚 3 和引脚 4。

6-3　25 V

6-4　20 mA 流入节点 A，并且流出节点 B

6-5　$I_T = 112$ mA，$I_2 = 50$ mA

6-6　2.5 mA；5 mA

6-7　0.5 A

6-8　9.33 Ω

6-9　132 Ω

6-10　4 Ω

6-11　1.2 Ω

6-12　1 044 Ω

6-13　2.2 mA；1.2 mA

6-14　$I_1 = 20$ mA；$I_2 = 9.09$ mA；
　　　$I_3 = 35.7$ mA，$I_4 = 22.0$ mA

6-15　1.28 V

6-16　2.0 Ω

6-17　30 mA

6-18　$I_1 = 3.27$ mA；$I_2 = 6.73$ mA

6-19　$I_1 = 59.4$ mA；$I_2 = 40.6$ mA

6-20　1.77 W

6-21　81.0 W

6-22　15.3 mA

6-23　不正确，R_{10}(68 kΩ)一定开路。

对/错判断答案

1. T	2. T	3. F	4. F
5. F	6. T	7. T	8. T
9. T	10. F	11. F	12. T

自我检测答案

1. (b)	2. (c)	3. (b)	4. (d)
5. (a)	6. (a)	7. (d)	8. (c)
9. (d)	10. (b)	11. (a)	12. (d)
13. (c)	14. (b)		

电路行为变化趋势判断答案

1. (c)	2. (a)	3. (c)	4. (a)
5. (c)	6. (c)	7. (c)	8. (c)
9. (b)	10. (c)	11. (b)	12. (c)
13. (b)	14. (c)	15. (a)	

第 7 章
串-并联电路

▶ 教学目标
- 识别串-并联关系
- 分析串-并联电路
- 分析有载分压器
- 分析电压表对电路产生的影响
- 分析梯形网络
- 分析和应用惠斯通电桥
- 排查串-并联电路的故障

▶ 应用案例预览

在本章的应用案例中，你会看到如何将惠斯通电桥和热敏电阻用于温度控制设计中。此设计用于打开或关闭加热元器件，以便将储液罐中液体的温度保持在期望值。

▶ 引言

第 5 章和第 6 章分别学习了串联电路和并联电路。在本章中，将串联和并联电路组合成串-并联电路。在许多实际应用中，同一个电路往往既有串联又有并联。前面学过的串联电路和并联电路的分析方法同样适用于串-并联电路。

本章介绍了几种重要的串-并联电路，这些电路包括有载分压器、梯形网络和惠斯通电桥。本章使用理想电路元器件，包括电压源、电流源和线性电阻，它们能够组成实际电路的等效电路。本章使用理想元器件建立的分析方法可以拓展应用于后续更复杂的实际电路中。

分析串-并联电路需要使用欧姆定律、基尔霍夫电压定律和电流定律，以及前两章学习的总电阻和总功率的计算方法。分析有载分压器是一个非常重要的课题，因为这种电路在实际应用中经常遇到，例如在晶体管放大器的分压偏置电路中。梯形网络有许多重要的应用领域，比如将在数字电路课程中学习的数模转换器模型。惠斯通电桥用于许多测量系统，包括常用的电子秤。

7.1 识别串-并联关系

串-并联电路由串联和并联电路组合构成。能够识别出电路中元器件的串-并联关系至关重要。

学完本节内容后，你应该能够识别串-并联关系，具体就是：
- 识别给定电路中各电阻与其余电阻之间的连接关系。
- 识别印制电路板（PCB）上元器件的串-并联关系。

图 7-1a 所示电路为一个简单的电阻串-并联的例子。注意，从 A 点到 B 点，连接电阻为 R_1。从 B 点到 C 点，连接电阻为 R_2 和 R_3 的并联。在图 7-1b 中，A 点到 C 点的总电阻为 R_1 与 R_2 和 R_3 并联电阻的串联。术语点可以指节点，也可以指端点。例如，在图 7-1a 中，A 点是端点；B 是节点，因为它是两个或多个元器件的连接点；C 点既是端点，又是节点。因此，术语点有时用来表示其中之一，有时表示二者。

当将图 7-1a 所示电路连接到电源上时，如图 7-1c 所示，总电流通过 R_1，在 B 点处分流至两条并联支路。后面这两条并联支路中的电流重新汇合，总电流如图所示流入电源负极。

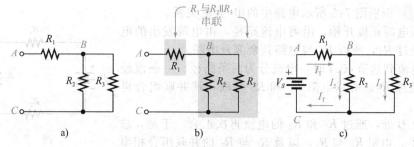

图 7-1　一个简单的电阻串-并联电路

　　为了进一步说明串-并联关系，让我们在图 7-1a 基础上，逐渐增加复杂度。在图 7-2a 所示电路中，新增电阻 R_4，它与 R_1 串联。此时 A 点和 B 点之间的电阻是 $R_1 + R_4$，该串联组合与 R_2 和 R_3 的并联组合再串联，总体连接关系如图 7-2b 所示。

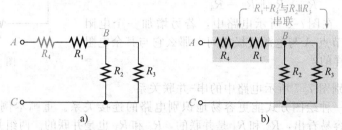

图 7-2　添加 R_4 到电路中并与 R_1 串联

　　在图 7-3a 所示电路中，R_5 和 R_2 串联，再与 R_3 并联。它们的串-并联组合与 R_1 和 R_4 的串联组合再串联，总体连接关系如图 7-3b 所示。

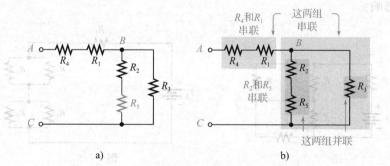

图 7-3　添加 R_5 到电路中与 R_2 串联

　　在图 7-4a 所示电路中，R_6 与 R_1 和 R_4 的串联组合并联。R_1、R_4、R_6 的串-并联组合又与 R_2、R_3、R_5 的串-并联组合串联，总体连接关系如图 7-4b 所示。

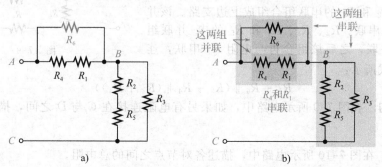

图 7-4　添加 R_6 到电路中并与 R_1 和 R_4 的串联组合并联

例 7-1 识别图 7-5 所示电路中的串-并联关系。

解 从电源正极开始，沿着电流路径，由电源发出的电流都必须经过 R_1，所以 R_1 与电路其余部分串联。

当总电流到达节点 A 时，电流分为两条路径。一条流经 R_2，一条流经 R_3。所以电阻 R_2 和 R_3 并联，该并联组合再与 R_1 串联。

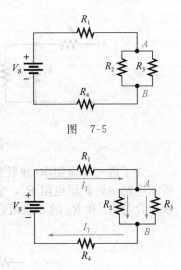

图 7-5

在节点 B 处，通过 R_2 和 R_3 的电流再次汇合。于是，总电流通过 R_4。电阻 R_4 与 R_1，以及 R_2 与 R_3 的并联组合相串联。各电流流向如图 7-6 所示，其中 I_T 为总电流。

综上所述，R_2 和 R_3 的并联组合与 R_1、R_4 串联。从优先级来说，R_2 和 R_3 首先并联，然后与 R_1 和 R_4 串联，连接关系记为以下表达式：

$$R_1 + R_2 \parallel R_3 + R_4$$

同步练习* 在图 7-6 所示电路中，若另增加一个电阻 R_5，将其连接到节点 A 与电源负极之间，那么它与其余电阻之间的关系是怎样的？∎

图 7-6

例 7-2 识别图 7-7 所示电路中的串-并联关系。

解 有时换一种绘图方式能更容易地识别电路的连接关系。重画本例电路的原理图，如图 7-8 所示。容易看出，R_2 和 R_3 是并联的，R_4 和 R_5 也是并联的。两组并联组合再与 R_1 串联，连接关系表达式如下：

$$R_1 + R_2 \parallel R_3 + R_4 \parallel R_5$$

同步练习 在图 7-8 所示电路中，如果另有电阻从 R_3 底端连接至 R_5 顶端，则它对电路会有什么影响？∎

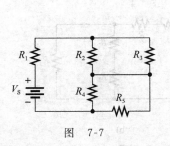

图 7-7

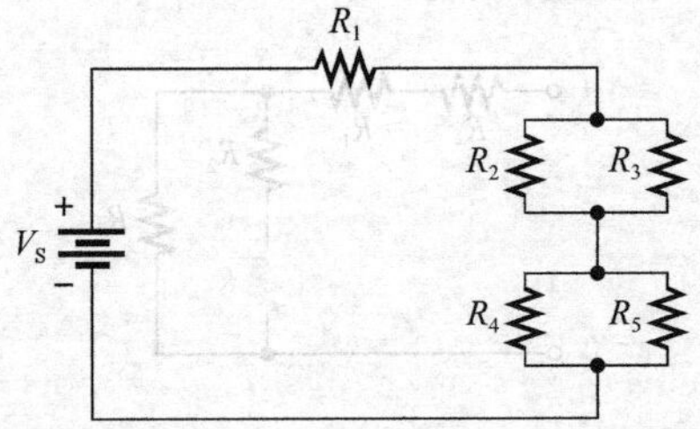

图 7-8

例 7-3 描述图 7-9 所示电路中 A 点和 D 点之间的串-并联关系。

解 节点 B 和 C 之间有两条支路并联。R_4 组成下边支路，R_2 和 R_3 的串联组合组成上边支路。该并联组合与 R_5 串联。R_2、R_3、R_4 和 R_5 的串-并联组合又与 R_6 并联。之后该组合再与电阻 R_1 串联，连接关系如下式所示：

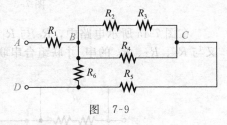

图 7-9

$$R_1 + R_6 \parallel (R_5 + R_4 \parallel (R_2 + R_3))$$

同步练习 在图 7-9 所示电路中，如果另有电阻连接在 C 与 D 之间，描述它的并联关系。∎

例 7-4 在图 7-10 所示电路中，描述各对节点之间的总电阻。

解 1. 从 A 到 B：R_2 和 R_3 为串联，它们的组合再与 R_1 并联。

$$R_1 \parallel (R_2 + R_3)$$

2. 从 A 到 C：R_3 与 R_1 和 R_2 的串联组合并联。

$$R_3 \parallel (R_1 + R_2)$$

3. 从 B 到 C：R_2 与 R_1 和 R_3 的串联组合并联。

$$R_2 \parallel (R_1 + R_3)$$

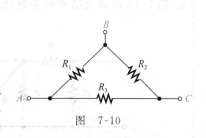

图 7-10

同步练习 在图 7-10 所示电路中，如果另有新电阻 R_4 连接在 C 点和地之间，描述此时各节点和地之间的总电阻。现有电阻都不直接接地。

通常，印制电路板（PCB）或原型板上各元器件的物理排列与实际关系并不相似。通过追踪电路连接，并将元器件以易于识别的形式重新绘制到纸上，就可以识别它们的串–并联关系。

例 7-5 对于图 7-11 所示电路，识别 PCB 上各电阻之间的连接关系。

解 在图 7-12a 中，原理图中的电阻排列与电路板中的相同。图 7-12b 重新排列了电阻的位置，使得它们的串–并联关系更加明显。

电阻 R_1 与 R_4 串联；$R_1 + R_4$ 与 R_2 并联；R_5 和 R_6 的并联组合再与 R_3 串联。

R_3、R_5 和 R_6 的串–并联组合与 R_2、$R_1 + R_4$ 的串–并联组合并联。上述串–并联组合又与 R_7 串联。

图 7-12c 所示电路说明了上述关系，总结成方程的形式就是：

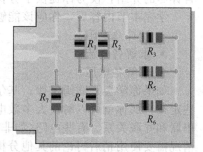

图 7-11

$$R_{AB} = (R_5 \parallel R_6 + R_3) \parallel R_2 \parallel (R_1 + R_4) + R_7$$

同步练习 如果从电路中删除 R_5，则 R_3 和 R_6 的连接关系如何？

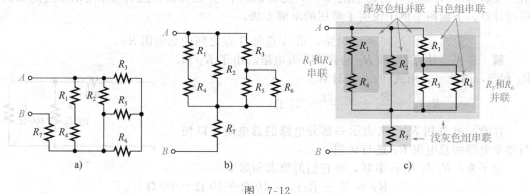

图 7-12

学习效果检测

1. 定义电阻的串–并联。
2. 某串–并联电路描述为：R_1 和 R_2 并联，之后该并联组合与 R_3 和 R_4 的并联组合串联。画出相应的电路图。
3. 在图 7-13 所示电路中，描述电阻之间的串–并联关系。
4. 在图 7-14 所示电路中，哪些电阻是并联的？
5. 描述图 7-15 所示电路中的串–并联关系。

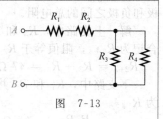

图 7-13

6. 图 7-15 所示电路中的并联组合间是串联吗？

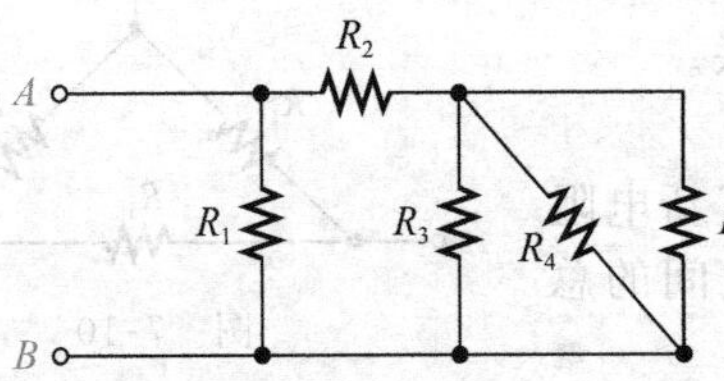

图 7-14

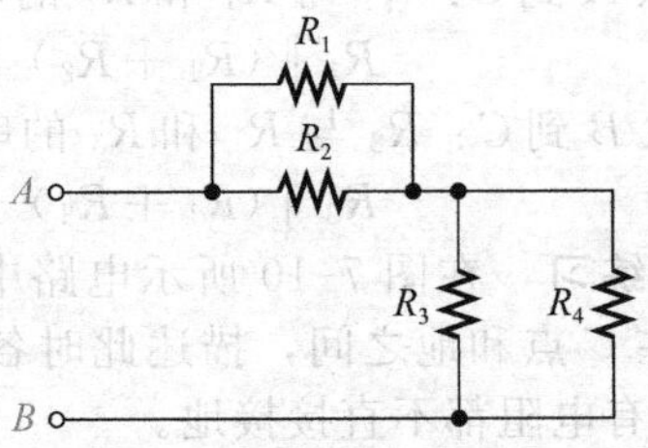

图 7-15

7.2 串-并联电路分析

依据待求内容和已知电路参数，串-并联电路有多种分析方式。本节的示例并没有包含详尽的介绍，仅为你提供了分析串-并联电路的一般思路。

学完本节内容后，你应该能够分析串-并联电路，具体就是：

- 计算总电阻。
- 求解各电流。
- 求解各电压。

如果你学会了欧姆定律、基尔霍夫定律、分压公式和分流公式，还学会了如何应用这些定律，那你就可以解决大多数电阻电路的分析问题。当然，前提是能够识别出电路中的串联和并联关系。有些电路(如非平衡惠斯通电桥)，并非是基本的串联和并联组合。这类情况需要使用稍后讨论的其他分析方法。

7.2.1 总电阻的计算

第 5 章学习了如何求解串联电路的总电阻。第 6 章学习了如何求解并联电路的总电阻。要求解串-并联组合的总电阻(R_T)，先要识别串-并联关系，然后利用之前学过的知识进行计算。下面两个例子说明了常用的求解方法。

例 7-6 对于图 7-16 所示电路，求 A 点与 B 点之间的总电阻 R_T。

解 首先，计算 R_2 和 R_3 的并联等效电阻。由于 R_2 和 R_3 相等，因此可以用式(6-4)来计算。

$$R_{2\parallel 3} = \frac{R}{n} = \frac{100\ \Omega}{2} = 50\ \Omega$$

注意，此处用 $R_{2\parallel 3}$ 来表示一部分电路的总电阻，以便与整个电路的总电阻 R_T 进行区别。

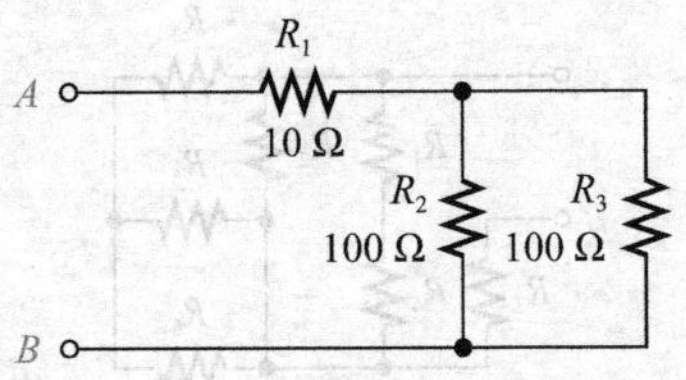

接下来，R_1 与 $R_{2\parallel 3}$ 串联，将它们的值求和如下：

$$R_T = R_1 + R_{2\parallel 3} = 10\ \Omega + 50\ \Omega = 60\ \Omega$$

图 7-16

同步练习 若图 7-16 所示电路中 R_3 变为 82 Ω，再求解 R_T。

例 7-7 对于图 7-17 所示电路，求电源正极和负极之间的总电阻。

解 上支路中，R_2 和 R_3 串联，该串联组合记为 R_{2+3}，阻值等于 $R_2 + R_3$。

$$R_{2+3} = R_2 + R_3 = 47\ \Omega + 47\ \Omega = 94\ \Omega$$

下支路中，R_4 和 R_5 并联，该并联组合记为 $R_{4\parallel 5}$。

$$R_{4\parallel 5} = \frac{R_4 R_5}{R_4 + R_5} = \frac{68\ \Omega \times 39\ \Omega}{68\ \Omega + 39\ \Omega} = 24.8\ \Omega$$

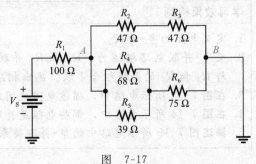

图 7-17

R_4 和 R_5 的并联组合再与 R_6 串联，该串–并联组合记为 $R_{4\parallel5+6}$。
$$R_{4\parallel5+6} = R_6 + R_{4\parallel5} = 75\ \Omega + 24.8\ \Omega = 99.8\ \Omega$$
图 7-18 所示电路为原电路的简化形式。

现在你可以计算 A 和 B 间的等效电阻，即 R_{2+3} 与 $R_{4\parallel5+6}$ 并联，计算公式如下：

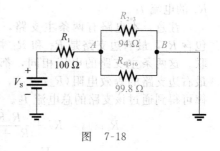

$$R_{AB} = \cfrac{1}{\cfrac{1}{R_{2+3}} + \cfrac{1}{R_{4\parallel5+6}}} = \cfrac{1}{\cfrac{1}{94\ \Omega} + \cfrac{1}{99.8\ \Omega}} = 48.4\ \Omega$$

最后，总电阻为 R_1 与 R_{AB} 串联。
$$R_T = R_1 + R_{AB} = 100\ \Omega + 48.4\ \Omega = 148.4\ \Omega$$

同步练习 在图 7-17 所示电路中，如果从 A 到 B 再并联一个 $68\ \Omega$ 的电阻，计算此时的 R_T。

图 7-18

7.2.2 总电流的计算

一旦获得了总电阻并已知了电源电压，就可以运用欧姆定律来求电路中的总电流。总电流为电源电压除以总电阻。

$$I_T = \frac{V_S}{R_T}$$

例如，在例 7-7 所示电路中，假设电源电压为 $10\ V$，则总电流为（见图 7-17）：

$$I_T = \frac{V_S}{R_T} = \frac{10\ V}{148.4\ \Omega} = 67.4\ mA$$

7.2.3 支路电流的计算

应用分流公式、基尔霍夫电流定律、欧姆定律或这些公式的组合，就可以求解串–并联电路中任意支路的电流。在某些情况下，可能需要反复应用这些公式才能求解出指定的电流。下面两个例子将帮助你理解该求解过程。（注意，电流（I）的下标与 R 的下标要匹配；例如，流过 R_1 的电流记为 I_1。）

例 7-8 求图 7-19 所示电路中流过 R_2 和 R_3 的电流。

解 首先，识别电路的串–并联关系。下一步，求解流入节点 A 的电流，即电路总电流。要计算该电流，必须知道 R_T。

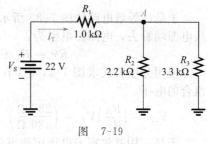

$$R_T = R_1 + \frac{R_2 R_3}{R_2 + R_3} = 1.0\ k\Omega + \frac{2.2\ k\Omega \times 3.3\ k\Omega}{2.2\ k\Omega + 3.3\ k\Omega}$$
$$= 1.0\ k\Omega + 1.32\ k\Omega = 2.32\ k\Omega$$
$$I_T = \frac{V_S}{R_T} = \frac{22\ V}{2.32\ k\Omega} = 9.48\ mA$$

图 7-19

对两条支路并联应用第 6 章的分流公式来求 R_2 中的电流。

$$I_2 = \left(\frac{R_3}{R_2 + R_3}\right) I_T = \left(\frac{3.3\ k\Omega}{5.5\ k\Omega}\right) \times 9.48\ mA = 5.69\ mA$$

于是，应用基尔霍夫电流定律可以求流过 R_3 的电流。
$$I_T = I_2 + I_3$$
$$I_3 = I_T - I_2 = 9.48\ mA - 5.69\ mA = 3.79\ mA$$

同步练习 图 7-19 所示电路中，如果另有 $4.7\ k\Omega$ 电阻与 R_3 并联，计算通过新电阻的电流。

Multisim 仿真
用 Multisim 文件 E07-08 来验证本例的计算结果，并检验你对同步练习的计算结果。

例 7-9 在图 7-20 所示电路中，如果 $V_S=5\text{ V}$，计算流过 R_4 的电流。

解 首先，计算流入节点 B 的电流 (I_2)。一旦解出这个电流，利用分流公式就可以求出流过 R_4 的电流 I_4。

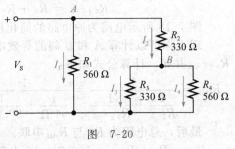

图 7-20

注意，本电路有两条主支路，最左边支路只包含 R_1，最右边支路是 R_3 和 R_4 并联后与 R_2 串联。这两条主支路的电压相同，都为 5 V。计算最右边支路的等效电阻 ($R_{2+3\parallel4}$)，再应用欧姆定律可得到通过该支路的总电流 I_2。

$$R_{2+3\parallel4} = R_2 + \frac{R_3R_4}{R_3+R_4} = 330\text{ }\Omega + \frac{330\text{ }\Omega \times 560\text{ }\Omega}{890\text{ }\Omega} = 538\text{ }\Omega$$

$$I_2 = \frac{V_S}{R_{2+3\parallel4}} = \frac{5\text{ V}}{538\text{ }\Omega} = 9.30\text{ mA}$$

采用两电阻分流公式计算 I_4。

$$I_4 = \left(\frac{R_3}{R_3+R_4}\right)I_2 = \left(\frac{330\text{ }\Omega}{890\text{ }\Omega}\right) \times 9.30\text{ mA} = 3.45\text{ mA}$$

同步练习 如果图 7-20 所示电路中的 $V_S=2\text{ V}$，计算流过 R_1 和 R_3 的电流。 ■

7.2.4 电压的计算

要求解串-并联电路中某部分的电压，可以使用第 5 章给出的分压公式、基尔霍夫电压定律、欧姆定律或者它们的组合。下面 3 个例子说明了如何使用这些公式。(V 的下标与 R 的下标对应，如 V_1 为 R_1 两端的电压；V_2 为 R_2 两端的电压；以此类推。)

例 7-10 计算图 7-21 所示电路中节点 A 到地的电压，然后求 R_1 两端的电压 (V_1)。

解 注意，电路中 R_2 和 R_3 并联。由于两电阻阻值相同，因此从节点 A 到地的等效电阻为：

$$R_A = \frac{560\text{ }\Omega}{2} = 280\text{ }\Omega$$

于是，等效电路如图 7-22 所示，R_1 与 R_A 串联。从电源端看去，电路总电阻为：

$$R_T = R_1 + R_A = 150\text{ }\Omega + 280\text{ }\Omega = 430\text{ }\Omega$$

图 7-21

使用分压公式求图 7-21 中 (节点 A 与地之间) 的并联组合的电压。

$$V_A = \left(\frac{R_A}{R_T}\right)V_S = \left(\frac{280\text{ }\Omega}{430\text{ }\Omega}\right) \times 80\text{ V} = 52.1\text{ V}$$

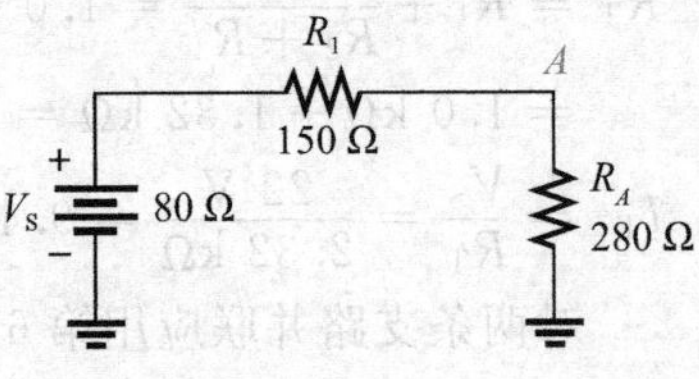

于是，用基尔霍夫电压定律可求得 V_1。

$$V_S = V_1 + V_A$$

$$V_1 = V_S - V_A = 80\text{ V} - 52.1\text{ V} = 27.9\text{ V}$$

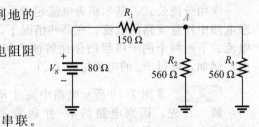

图 7-22

同步练习 如果在图 7-21 中，R_1 改为 220 Ω，计算 V_A 和 V_1。 ■

Multisim 仿真

使用 Multisim 文件 E07-10 来验证该例的计算结果，并检验你对同步练习的计算结果。

例 7-11 计算图 7-23 所示电路中各电阻两端的电压。

解 电源电压未知，但图中给出了总电流。由于 R_1 和 R_2 是并联的，因此它们的电压相等。流过 R_1 的电流是：

$$I_1 = \left(\frac{R_2}{R_1 + R_2}\right)I_T = \left(\frac{2.2 \text{ k}\Omega}{3.2 \text{ k}\Omega}\right) \times 1 \text{ mA} = 688 \text{ μA}$$

R_1 和 R_2 两端的电压是:

$$V_1 = I_1 R_1 = 688 \text{ μA} \times 1.0 \text{ k}\Omega = 688 \text{ mV}$$

$$V_2 = V_1 = 688 \text{ mV}$$

R_4 和 R_5 的串联组合形成电阻 R_{4+5}。应用分流公式计算流过 R_3 的电流。

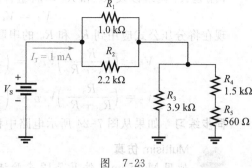

图 7-23

$$I_3 = \left(\frac{R_{4+5}}{R_3 + R_{4+5}}\right)I_T = \left(\frac{2.06 \text{ k}\Omega}{5.96 \text{ k}\Omega}\right) \times 1 \text{ mA}$$

$$= 346 \text{ μA}$$

R_3 两端的电压是:

$$V_3 = I_3 R_3 = 346 \text{ μA} \times 3.9 \text{ k}\Omega = 1.35 \text{ V}$$

R_4 和 R_5 串联,因此流过它们的电流相同。

$$I_4 = I_5 = I_T - I_3 = 1 \text{ mA} - 346 \text{ μA} = 654 \text{ μA}$$

计算 R_4 和 R_5 两端的电压。

$$V_4 = I_4 R_4 = 645 \text{ μA} \times 1.5 \text{ k}\Omega = 981 \text{ mV}$$

$$V_5 = I_5 R_5 = 645 \text{ μA} \times 560 \text{ Ω} = 366 \text{ mV}$$

同步练习 在图 7-23 电路中,电压源 V_S 是多少?

 Multisim 仿真

使用 Multisim 文件 E07-11 来验证这个例子的计算结果,并检验你对同步练习的计算结果。

例 7-12 计算图 7-24 所示电路中各电阻两端的电压。

解 由于图中电路的总电压已知,因此可以使用分压公式进行求解。首先,将各并联组合简化为等效电阻。由于 R_1 和 R_2 在 A 和 B 间并联,因此将它们组合起来得到:

$$R_{AB} = \frac{R_1 R_2}{R_1 + R_2}$$

$$= \frac{3.3 \text{ k}\Omega \times 6.2 \text{ k}\Omega}{9.5 \text{ k}\Omega} = 2.15 \text{ k}\Omega$$

由于在 C 和 D 之间 R_4 与 R_5 和 R_6 的串联组合(R_{5+6})并联,因此将它们组合起来得到:

$$R_{CD} = \frac{R_4 R_{5+6}}{R_4 + R_{5+6}}$$

$$= \frac{1.0 \text{ k}\Omega \times 1.07 \text{ k}\Omega}{2.07 \text{ k}\Omega} = 517 \text{ Ω}$$

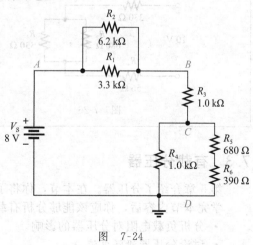

图 7-24

等效电路如图 7-25 所示。电路总电阻为:

$$R_T = R_{AB} + R_3 + R_{CD} = 2.15 \text{ k}\Omega + 1.0 \text{ k}\Omega + 517 \text{ Ω} = 3.67 \text{ k}\Omega$$

接下来,使用分压公式求解等效电路中的电压。

$$V_{AB} = \left(\frac{R_{AB}}{R_T}\right)V_S = \left(\frac{2.15 \text{ k}\Omega}{3.67 \text{ k}\Omega}\right) \times 8 \text{ V} = 4.69 \text{ V}$$

$$V_{CD} = \left(\frac{R_{CD}}{R_T}\right)V_S = \left(\frac{517 \text{ Ω}}{3.67 \text{ k}\Omega}\right) \times 8 \text{ V} = 1.13 \text{ V}$$

$$V_3 = \left(\frac{R_3}{R_T}\right)V_S = \left(\frac{1.0 \text{ k}\Omega}{3.67 \text{ k}\Omega}\right) \times 8 \text{ V} = 2.18 \text{ V}$$

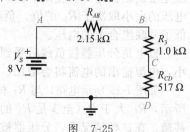

图 7-25

参见图 7-24，V_{AB} 等于 R_1 和 R_2 两端的电压。

$$V_1 = V_2 = V_{AB} = 4.69 \text{ V}$$

V_{CD} 是 R_4 两端以及 R_5 和 R_6 串联组合的电压。因此：

$$V_4 = V_{CD} = 1.13 \text{ V}$$

现在将分压公式应用到 R_5 和 R_6 的串联组合中，以得到 V_5 和 V_6。

$$V_5 = \left(\frac{R_5}{R_5 + R_6}\right)V_{CD} = \left(\frac{680\ \Omega}{1\ 070\ \Omega}\right) \times 1.13 \text{ V} = 716 \text{ mV}$$

$$V_6 = \left(\frac{R_6}{R_5 + R_6}\right)V_{CD} = \left(\frac{390\ \Omega}{1\ 070\ \Omega}\right) \times 1.13 \text{ V} = 411 \text{ mV}$$

同步练习 如果从图 7-24 所示电路中移去 R_2，再计算 V_{AB}、V_{BC} 和 V_{CD}。

Multisim 仿真
使用 Multisim 文件 E07-12 来验证这个例子的计算结果，并检验你对同步练习的计算结果。

学习效果检测

1. 列出分析串–并联电路时 4 个必要的电路定律和公式。
2. 对于图 7-26 所示电路，求 A 和 B 之间的总电阻。
3. 对于图 7-26 所示电路，计算流过 R_3 的电流。
4. 对于图 7-26 所示电路，求 R_2 两端的电压。
5. 对于图 7-27 所示电路，从电源端"看去" R_T 和 I_T 各为多少？

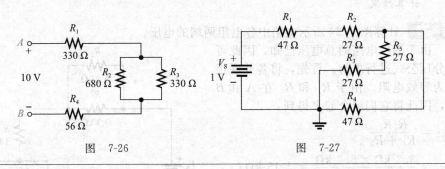

图 7-26　　　　　　　　　图 7-27

7.3　有载分压器

第 5 章介绍了分压器。在本节，你将了解负载电阻如何影响分压器。

学完本节内容后，你应该能够分析有载分压器，具体就是：

- 分析负载电阻对分压器的影响。
- 讨论分压器泄漏电流。

图 7-28a 所示为分压器，由于两个电阻阻值相等，因此输出电压（V_{OUT}）为 5 V。该电压是空载输出电压。在图 7-28b 所示电路中，当负载电阻 R_L 从输出端连接到地时，输出电压的大小取决于 R_L 的值。负载电阻与 R_2 并联，减小了节点 A 到地的电阻，因此也降低了并联组合上的电压。

以上是分压器接负载后受到的一个影响。接负载的另一个影响是，由于电路总电阻减小，电源输出的电流将会增加。

如图 7-29 所示电路，与 R_2 相比，R_L 越大，输出电压与空载输出电压越接近。如图 7-29c 所示，R_L 大于 R_2（至少是 R_2 的 10 倍）时，负载影响较小，输出电压与空载输出电压差别甚微。在这种情况下，分压器被称为**刚性分压器**。

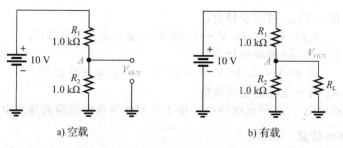

a) 空载　　　　　　　b) 有载

图 7-28 空载与有载分压器

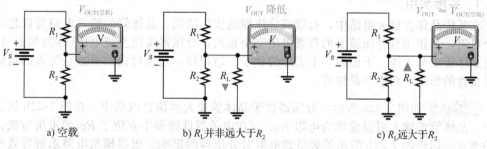

a) 空载　　　　　b) R_L 并非远大于 R_2　　　　　c) R_L 远大于 R_2

图 7-29 负载电阻对分压的影响

例 7-13 (a)在图 7-30 所示电路中，求解空载时分压器的输出电压。

(b)计算图 7-30 所示分压器分别接以下两个负载电阻时的输出电压各为多少：$R_L = 10$ kΩ 和 $R_L = 100$ kΩ。

解 (a)空载输出电压

$$V_{OUT(空载)} = \left(\frac{R_2}{R_1 + R_2}\right)V_S = \left(\frac{10 \text{ k}\Omega}{14.7 \text{ k}\Omega}\right) \times 5 \text{ V} = 3.40 \text{ V}$$

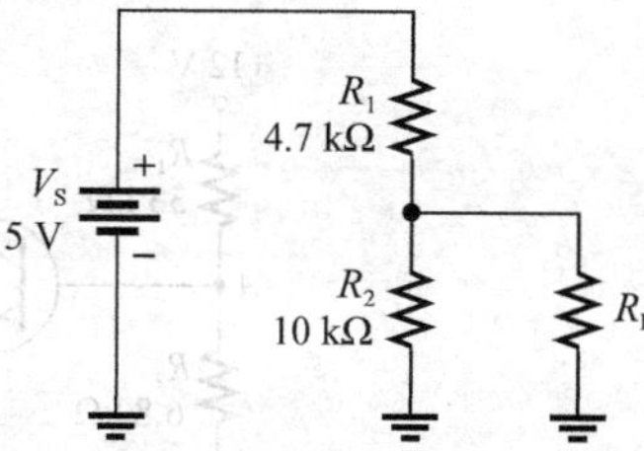

(b)接 10 kΩ 负载电阻时，R_L 并联于 R_2，有：

$$R_2 \parallel R_L = \frac{R_2 R_L}{R_2 + R_L} = \frac{100 \text{ M}\Omega}{20 \text{ k}\Omega} = 5 \text{ k}\Omega$$

等效电路如图 7-31a 所示。有载输出电压为：

$$V_{OUT(空载)} = \left(\frac{R_2 \parallel R_L}{R_1 + R_2 \parallel R_L}\right)V_S = \left(\frac{5 \text{ k}\Omega}{9.7 \text{ k}\Omega}\right) \times 5 \text{ V} = 2.58 \text{ V}$$

接 100 kΩ 负载时，从输出点到地的电阻为：

$$R_2 \parallel R_L = \frac{R_2 R_L}{R_2 + R_L} = \frac{10 \text{ k}\Omega \times 100 \text{ k}\Omega}{110 \text{ k}\Omega} = 9.1 \text{ k}\Omega$$

等效电路如图 7-31b 所示。有载输出电压为：

$$V_{OUT(有载)} = \left(\frac{R_2 \parallel R_L}{R_1 + R_2 \parallel R_L}\right)V_S = \left(\frac{9.1 \text{ k}\Omega}{13.8 \text{ k}\Omega}\right) \times 5 \text{ V} = 3.30 \text{ V}$$

图 7-30

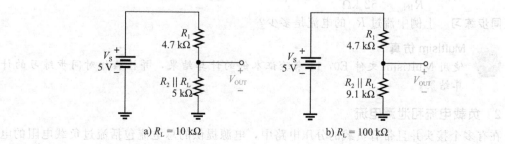

a) $R_L = 10$ kΩ　　　　　　b) $R_L = 100$ kΩ

图 7-31

对于较小的 R_L，V_{OUT} 的减少量为：

$$3.40 \text{ V} - 2.58 \text{ V} = 0.82 \text{ V} \quad \text{输出电压降低 } 24\%$$

对于较大的 R_L，V_{OUT} 的减少量为：

$$3.40 \text{ V} - 3.30 \text{ V} = 0.10 \text{ V} \quad \text{输出电压降低 } 3\%$$

该例说明了了 R_L 对分压器的负载效应。

同步练习 求解图 7-30 所示电路中，接 $1.0 \text{ M}\Omega$ 负载电阻时的输出电压。

 Multisim 仿真

使用 Multisim 文件 E07-13 验证本例的计算结果，并检验你对同步练习的计算结果。

7.3.1 实际应用

在某些晶体管放大电路中，有带载分压器的实际应用。晶体管的输入电路可以建模为一个电阻，其作用与分压器上的负载电阻完全相同。分压器提供直流电压（称为偏置电压）以使晶体管正常工作。下面为一个实际的例子。请记住，这里讨论的重点是等效的电阻负载对偏置的影响，而不是晶体管。

例 7-14 如图 7-32a 所示，分压器位于晶体管放大器偏置网络中。在图 7-32b 所示电路中，晶体管的输入可以建模为电阻 R_{IN}。（在电子器件课程中介绍了 R_{IN} 的求解方法。）此处的重点是讨论图 7-32b 所示等效负载电阻对分压器的影响。根据模型电路求解等效电路中 A 点相对地的电压和流入晶体管的电流 I_{IN}。

解 注意，R_{IN} 与并联 R_2，该并联组合的电阻为 $R_{(IN+2)}$：

$$R_{(IN+2)} = \cfrac{1}{\cfrac{1}{R_{IN}} + \cfrac{1}{R_2}} = \cfrac{1}{\cfrac{1}{52 \text{ k}\Omega} + \cfrac{1}{6.8 \text{ k}\Omega}} = 6.01 \text{ k}\Omega$$

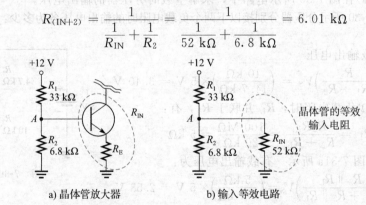

a) 晶体管放大器　　　b) 输入等效电路

图 7-32

该等效电阻与 R_1 串联，因此用分压公式可以得到 V_A：

$$V_A = \left(\frac{R_{(IN+2)}}{R_{(IN+2)} + R_1} \right) V_S = \left(\frac{6.01 \text{ k}\Omega}{6.01 \text{ k}\Omega + 33 \text{ k}\Omega} \right) \times 12 \text{ V} = 1.85 \text{ V}$$

$$I_{IN} = \frac{V_A}{R_{IN}} = \frac{1.85 \text{ V}}{52 \text{ k}\Omega} = 35.6 \text{ μA}$$

同步练习 上例中流过 R_1 的电流是多少？

 Multisim 仿真

使用 Multisim 文件 E07-14 来验证本例的计算结果，并检验你对同步练习的计算结果。

7.3.2 负载电流和泄漏电流

在有多个接头并且带有负载的分压电路中，电源提供的总电流包括流过负载电阻的电流（称为负载电流）和流过分压电阻的电流。图 7-33 所示电路中有两个输出电压或称为接头的分压器。注意，流过 R_1 的总电流 I_T 进入节点 A，之后分流为流过 R_{L1} 的 I_{RL1} 和流过 R_2 的 I_2。在节点 B 处，电流 I_2 分为流过 R_{L2} 的 I_{RL2} 和流过 R_3 的 I_3。电流 I_3 称为**泄漏电流**，是电路总电流减去总负载电流后剩下的电流。

$$I_{BLEEDER} = I_T - I_{RL1} - I_{RL2} \qquad (7-1)$$

例 7-15　如图 7-33 所示，在两接头负载分压器中，求解负载电流 I_{RL1}、I_{RL2} 和泄漏电流 I_3。

解　从节点 A 到地的等效电阻为 R_3 和 R_{L2} 并联组合后与 R_2 串联，再与 $100\text{ k}\Omega$ 电阻 R_{L1} 并联。首先求解等效电阻。R_3 与 R_{L2} 并联，记为 R_B，得到的等效电路如图 7-34a 所示。

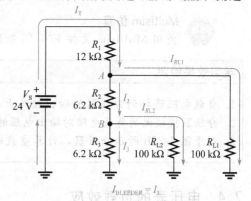

图 7-33　带两个接头的分压器中的电流

$$R_B = \frac{R_3 R_{L2}}{R_3 + R_{L2}} = \frac{6.2\text{ k}\Omega \times 100\text{ k}\Omega}{106.2\text{ k}\Omega} = 5.84\text{ k}\Omega$$

R_2 与 R_B 串联记为 R_{2+B}，得到的等效电路如图 7-34b 所示。

$$R_{2+B} = R_2 + R_B = 6.2\text{ k}\Omega + 5.84\text{ k}\Omega = 12.0\text{ k}\Omega$$

R_{L1} 与 R_{2+B} 并联后的电阻为 R_A，得到的等效电路如图 7-34c 所示。

$$R_A = \frac{R_{L1} R_{2+B}}{R_{L1} + R_{2+B}} = \frac{100\text{ k}\Omega \times 12.0\text{ k}\Omega}{112\text{ k}\Omega} = 10.7\text{ k}\Omega$$

R_A 为节点 A 到地的总电阻。因此，电路的总电阻为：

$$R_T = R_A + R_1 = 10.7\text{ k}\Omega + 12\text{ k}\Omega = 22.7\text{ k}\Omega$$

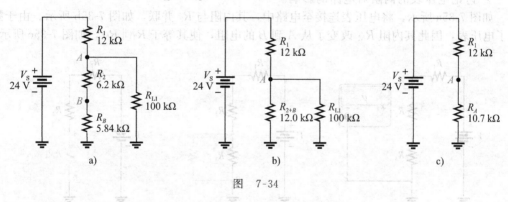

图　7-34

利用图 7-34c 所示的等效电路，求解 R_{L1} 两端的电压如下：

$$V_{RL1} = V_A = \left(\frac{R_A}{R_T}\right)V_S = \left(\frac{10.7\text{ k}\Omega}{22.7\text{ k}\Omega}\right) \times 24\text{ V} = 11.3\text{ V}$$

流过 R_{L1} 的负载电流为：

$$I_{RL1} = \frac{V_{RL1}}{R_{L1}} = \frac{11.3\text{ V}}{100\text{ k}\Omega} = 113\text{ μA}$$

借助图 7-34a 中的等效电路和节点 A 的电压，计算节点 B 的电压。

$$V_B = \left(\frac{R_B}{R_{2+B}}\right)V_A = \left(\frac{5.84\text{ k}\Omega}{12.0\text{ k}\Omega}\right) \times 11.3\text{ V} = 5.50\text{ V}$$

流过 R_{L2} 的负载电流为：

$$I_{RL2} = \frac{V_{RL2}}{R_{L2}} = \frac{V_B}{R_{L2}} = \frac{5.50\text{ V}}{100\text{ k}\Omega} = 55\text{ μA}$$

泄漏电流为：

$$I_3 = \frac{V_B}{R_3} = \frac{5.50\text{ V}}{6.2\text{ k}\Omega} = 887\text{ μA}$$

同步练习 如果 R_{L1} 断开，R_{L2} 的负载电流会发生什么变化。

 Multisim 仿真

使用 Multisim 文件 E07-15 验证本例的计算结果。

学习效果检测

1. 负载电阻连接到分压器的输出接头上，它对该接头的输出电压有什么影响？
2. 分压器接较大的负载电阻对输出电压的影响小于接较小的负载电阻。（对或错）
3. 对于图 7-32b 所示分压器，计算空载时相对于地的输出电压。

7.4 电压表的负载效应

如你所知，电压表必须与被测电阻并联才能测得电阻两端的电压。由于电压表有内阻，所以当它接入电路时，内阻作为负载在一定程度上会影响被测电压。到目前为止，一直认为电压表的内阻非常大，以至于该负载对被测电压的影响可忽略不计。但是，如果电压表的内阻并非远大于它所并联的电阻，该负载效应将导致测得的电压小于它的实际值。你应该时刻注意电压表的这种负载效应。

学完本节内容后，你应该能够分析电压表的负载效应，具体就是：
- 解释电压表为什么可以成为电路的负载。
- 讨论电压表的内阻对电路的影响。

如图 7-35a 所示，将电压表连接至电路中，其内阻与 R_3 并联，如图 7-35b 所示。由于接入了电压表，因此其内阻 R_M 改变了从 A 到 B 的电阻，使其等于 $R_3 \parallel R_M$，如图 7-35c 所示。

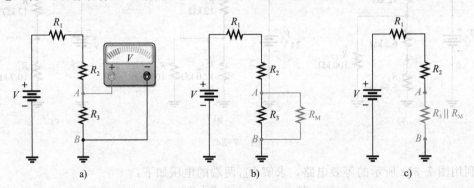

图 7-35　电压表的负载效应

如果 R_M 远大于 R_3，则 A 到 B 间的电阻变化就很小，电压表读数近似为实际电压。如果 R_M 并非远大于 R_3，则 A 到 B 间的电阻会显著减小，R_3 两端的电压会因电压表的负载效应而改变。对于故障排查，一个很好的经验是，如果负载效应小于 10%，则按照所需精度的要求通常可以忽略该影响。

大多数电压表是多功能仪表的一部分，如第 2 章讨论的数字万用表（DMM）或模拟万用表。DMM 中的电压表通常会有 10 MΩ 或更大内阻，所以只在被测电阻非常大的电路中，DMM 的内阻对电路的影响才是需要考虑的。由于 DMM 输入端连接到内部固定的分压器上，因此它在所有挡位上都有固定的内阻。而模拟万用表的内阻取决于测量所选择的量程挡位。要确定负载效应，你需要知道电压表的灵敏度，该值通常由制造商在电压表上或用户手册上给出。灵敏度通常以 Ω/V 为单位给出，典型的灵敏度大约为 20 000 Ω/V。用灵敏度乘以所选量程的最大电压，就可以得到内部的串联电阻。例如，一个灵敏度为 20 000 Ω/V 的电压表，在 1 V 量程挡位有 20 000 Ω 内阻，在 10 V 量程挡位有 200 000 Ω 内阻。正如上述所讲，模拟万用表中高电压量程的负载效应比低电压量程的负载效应要小。

例 7-16 计算图 7-36 所示各电路中电压表的读数？假设各电压表内阻（R_M）均为 10 MΩ。

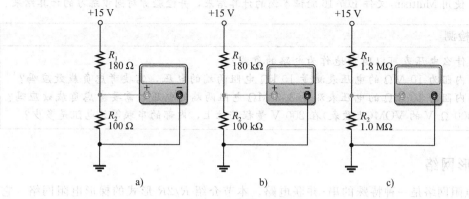

图 7-36

解 为了更清楚地显示微小差异，本例的计算结果用 3 位以上有效数字表示。额外的数字虽没有意义，但为了显示微小的负载效应仍予以保留。

（a）参见图 7-36a 所示电路，在分压器电路中，R_2 两端的空载电压为：

$$V_2 = \left(\frac{R_2}{R_1 + R_2}\right)V_S = \left(\frac{100\ \Omega}{280\ \Omega}\right) \times 15\ V = 5.357\ V$$

电压表与 R_2 并联后的电阻是：

$$R_2 \parallel R_M = \frac{R_2 R_M}{R_2 + R_M} = \frac{100\ \Omega \times 10\ M\Omega}{10.0001\ M\Omega} = 99.999\ \Omega$$

电压表实际测量的电压是：

$$V_2 = \left(\frac{R_2 \parallel R_M}{R_1 + R_2 \parallel R_M}\right)V_S = \left(\frac{99.999\ \Omega}{279.999\ \Omega}\right) \times 15\ V = 5.357\ V$$

电压表没有明显表现出负载效应。

（b）参见图 7-36b 所示电路。

$$V_2 = \left(\frac{R_2}{R_1 + R_2}\right)V_S = \left(\frac{100\ k\Omega}{280\ k\Omega}\right) \times 15\ V = 5.357\ V$$

$$R_2 \parallel R_M = \frac{R_2 R_M}{R_2 + R_M} = \frac{100\ k\Omega \times 10\ M\Omega}{10.1\ M\Omega} = 99.01\ k\Omega$$

电压表实际测量的电压是：

$$V_2 = \left(\frac{R_2 \parallel R_M}{R_1 + R_2 \parallel R_M}\right)V_S = \left(\frac{99.01\ k\Omega}{279.01\ k\Omega}\right) \times 15\ V = 5.323\ V$$

电压表的负载效应很微小，电压只降低了一点点。

（c）参见图 7-36c 所示电路。

$$V_2 = \left(\frac{R_2}{R_1 + R_2}\right)V_S = \left(\frac{1.0\ M\Omega}{2.8\ M\Omega}\right) \times 15\ V = 5.357\ V$$

$$R_2 \parallel R_M = \frac{R_2 R_M}{R_2 + R_M} = \frac{1.0\ M\Omega \times 10\ M\Omega}{11\ M\Omega} = 909.09\ k\Omega$$

实际测量的电压是：

$$V_2 = \left(\frac{R_2 \parallel R_M}{R_1 + R_2 \parallel R_M}\right)V_S = \left(\frac{909.09\ k\Omega}{2.709\ M\Omega}\right) \times 15\ V = 5.034\ V$$

电压表的内阻使被测电阻的电压显著降低。正如你所看到的，被测电压的电阻阻值越大，电压表的负载效应就越明显。

同步练习 在图 7-36c 所示电路中，如果电压表内阻为 20 MΩ，再计算 R_2 两端的电压。

Multisim 仿真
使用 Multisim 文件 E07-16 验证本例的计算结果，并检验你对同步练习的计算结果。

学习效果检测

1. 解释为什么电压表可以隐形地作为电路的负载？
2. 如果用内阻为 10 MΩ 的电压表测量 10 kΩ 电阻两端的电压，需要考虑负载效应吗？
3. 如果用内阻为 10 MΩ 的电压表测量 3.3 MΩ 电阻两端的电压，需要考虑负载效应吗？
4. 某 20 000 Ω/V 的 VOM(伏欧表) 在 200 V 量程挡位上，内部的串联等效电阻是多少？

7.5 梯形网络

梯形电阻网络是一种特殊的串-并联电路。本节介绍 $R/2R$ 形式的梯形电阻网络。它通常用于给一组二进制输入电压加权(给每位乘以不同的系数)，以便进行数模(数字量到模拟量)转换。整个电路包括一个运算放大器(简称运放)，它决定最大输出电压。本节只介绍电路的 $R/2R$ 梯形网络部分。

学完本节内容后，你应该能够分析梯形网络，具体就是：

- 求解三级梯形网络的电压。
- 分析一个 $R/2R$ 梯形网络。

如图 7-37 所示，分析梯形网络的一种方法是一次简化一级，并从离电源最远的一级开始分析。该方法可以求解任意支路中的电流或任意节点处的电压。

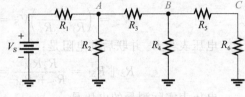

图 7-37 三级梯形网络

图 7-37 所示的梯形网络可以用来提供特定的参考电压。请试着不看下面的解题步骤计算出图中的 V_A、V_B 和 V_C。

例 7-17 在图 7-38 所示的梯形网络中，计算通过各电阻的电流和各节点相对于地的电压。

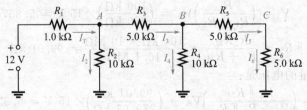

图 7-38

解 为求解各电阻中流过的电流，必须知道总电流(I_T)。要得到 I_T，必须计算从电源端"看去"的总电阻。

从电路图的右侧开始，逐步求解 R_T。首先，应观察到 R_5 和 R_6 串联后与 R_4 并联。暂时不考虑节点 B 左边的电路，那么节点 B 对地的电阻为：

$$R_B = \frac{R_4(R_5 + R_6)}{R_4 + (R_5 + R_6)} = \frac{10\ \mathrm{k\Omega} \times 10\ \mathrm{k\Omega}}{20.0\ \mathrm{k\Omega}} = 5.0\ \mathrm{k\Omega}$$

用 R_B 可以绘制图 7-39 所示的等效电路。

接下来，暂时不考虑节点 A 左边的电路。节点 A 对地的电阻(R_A)为 R_3 和 R_B 串联组合后与 R_2 的并联。计算电阻 R_A。

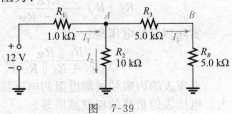

图 7-39

$$R_A = \frac{R_2(R_3 + R_B)}{R_2 + (R_3 + R_B)} = \frac{10 \text{ k}\Omega \times 10 \text{ k}\Omega}{20 \text{ k}\Omega} = 5.0 \text{ k}\Omega$$

使用 R_A 可以进一步化简图 7-39 所示电路,如图 7-40 所示。

最后,从电源端"看去"的总电阻为 R_1 与 R_A 串联。

$$R_T = R_1 + R_A = 1.0 \text{ k}\Omega + 5.0 \text{ k}\Omega = 6.0 \text{ k}\Omega$$

因此,电路总电流为:

$$I_T = \frac{V_S}{R_T} = \frac{12 \text{ V}}{6.0 \text{ k}\Omega} = 2.00 \text{ mA}$$

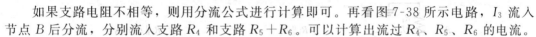

图　7-40

回到图 7-39 所示电路,I_T 流入节点 A 后分流,流入 R_2 和 $R_3 + R_B$ 的支路。在本例中两支路的电阻相等,因此总电流的一半流过 R_2,另一半进入节点 B。于是,流过 R_2 和 R_3 的电流分别为:

$$I_2 = 1.00 \text{ mA}$$
$$I_3 = 1.00 \text{ mA}$$

如果支路电阻不相等,则用分流公式进行计算即可。再看图 7-38 所示电路,I_3 流入节点 B 后分流,分别流入支路 R_4 和支路 $R_5 + R_6$。可以计算出流过 R_4、R_5、R_6 的电流。

$$I_4 = \left(\frac{R_5 + R_6}{R_4 + (R_5 + R_6)}\right)I_3 = \left(\frac{10 \text{ k}\Omega}{20 \text{ k}\Omega}\right) \times 1.00 \text{ mA} = 0.50 \text{ mA}$$

$$I_5 = I_6 = I_3 - I_4 = 1.00 \text{ mA} - 0.50 \text{ mA} = 0.50 \text{ mA}$$

应用欧姆定律计算 V_A、V_B 和 V_C。

$$V_A = I_2 R_2 = 1.00 \text{ mA} \times 10 \text{ k}\Omega = 10.0 \text{ V}$$
$$V_B = I_4 R_4 = 0.50 \text{ mA} \times 10 \text{ k}\Omega = 5.00 \text{ V}$$
$$V_C = I_6 R_6 = 0.50 \text{ mA} \times 5.0 \text{ k}\Omega = 2.50 \text{ V}$$

同步练习　在图 7-38 所示电路中,如果 R_1 增加到 5.0 kΩ,重新计算 V_A、V_B 和 V_C。 ■

 Multisim 仿真

　　使用 Multisim 文件 E07-17 验证本例的计算结果,并检验你对同步练习的计算结果。

R/2R 梯形网络

　　图 7-41 是 R/2R 梯形网络的一般形式。正如你所看到的,网络的名称源于电阻阻值之间的关系。R 代表一组电阻的阻值,另外一组电阻的阻值是该阻值的两倍。这种梯形网络可用于将数字信号转换为语音、音乐或其他类型的模拟信号,例如用于数字记录与再现。这种应用称为数模(D/A)转换。

　　让我们使用图 7-42 中的四级梯形电路来理解 R/2R 梯形网络的工作原理。在后续数字电路基础课程中,还将学习如何在 D/A 转换中使用该电路。

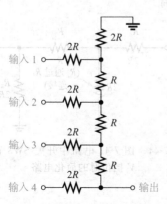

图 7-41　四级 R/2R 梯形网络

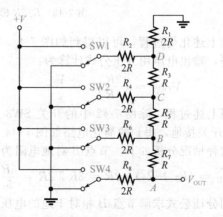

图 7-42　带开关的 R/2R 梯形网络,用开关组
合模仿双电平(即数字)编码

本例中使用开关来模仿输入数字信号的两个电平。各开关一挡与地（0 V）相连；另一挡连接到电源正极（V）。分析如下：首先假设图 7-42 所示的开关 SW4 置于 V 挡，其余开关接地，即如图 7-43a 所示的输入数字代码。

求解节点 A 至地的总电阻。首先 R_1 和 R_2 并联在节点 D 与地之间，等效电路如图 7-43b 所示，图中：

$$R_1 \parallel R_2 = \frac{2R}{2} = R$$

节点 C 到地为 $R_1 \parallel R_2$ 与电阻 R_3 串联，如图 7-43c 所示，图中：

$$R_1 \parallel R_2 + R_3 = R + R = 2R$$

接下来，从节点 C 到地为上述组合与电阻 R_4 并联，如图 7-43d 所示。

$$(R_1 \parallel R_2 + R_3) \parallel R_4 = 2R \parallel 2R = \frac{2R}{2} = R$$

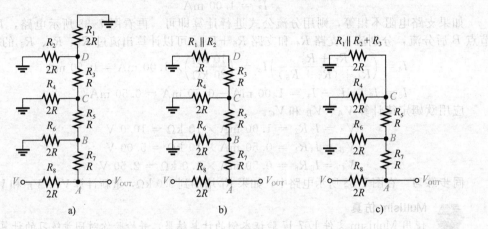

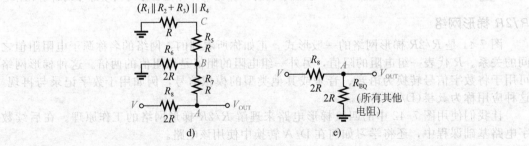

图 7-43 R/2R 梯形网络的化简

继续上述化简过程，可以得到如图 7-43e 所示的等效电路，输出电压用分压公式计算为：

$$V_{\text{OUT}} = \left(\frac{2R}{4R}\right)V = \frac{V}{2}$$

仿照上述过程，除图 7-42 中的开关 SW3 连接到 V，其余开关接地，得到的简化电路如图 7-44 所示。

对这种情况分析如下。节点 B 对地电阻为：

$$R_B = (R_7 + R_8) \parallel 2R = 3R \parallel 2R = \frac{6R}{5}$$

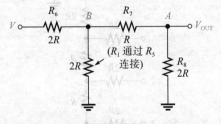

图 7-44 图 7-42 电路中开关 SW3 置于
V 挡位时的简化电路

利用分压公式求解节点 B 相对于地的电压为：

$$V_B = \left(\frac{R_B}{R_6 + R_B}\right)V = \left(\frac{6R/5}{2R + 6R/5}\right)V = \left(\frac{6R/5}{10R/5 + 6R/5}\right)V = \left(\frac{6R/5}{16R/5}\right)V = \left(\frac{6R}{16R}\right)V = \frac{3V}{8}$$

于是，输出电压为：

$$V_{\text{OUT}} = \left(\frac{R_8}{R_7 + R_8}\right)V_B = \left(\frac{2R}{3R}\right) \times \left(\frac{3V}{8}\right) = \frac{V}{4}$$

注意，该情况下输出电压为 $V/4$，是开关 SW4 与 V 连接时输出电压 $V/2$ 的一半。

对图 7-42 所示电路中其余各开关输入进行类似的分析。SW2 连接到 V，其余开关接地，输出电压为：

$$V_{\text{OUT}} = \frac{V}{8}$$

SW1 接 V，其余开关接地，输出电压为：

$$V_{\text{OUT}} = \frac{V}{16}$$

当有多个输入连接到 V 时，根据 8.4 节介绍的叠加定理，总输出是上述单个开关接电源时产生输出的总和。在 $R/2R$ 梯形网络应用中，这种不同开关组合对应的输入和输出电压的关系，对数模转换是非常重要的。

学习效果检测

1. 绘制一个四级梯形网络。
2. 计算图 7-45 所示电路从电源端看去的梯形网络的总电阻。
3. 图 7-45 所示电路的总电流是多少？
4. 在图 7-45 所示电路中，流过 R_2 的电流是多少？
5. 在图 7-45 所示电路中，节点 A 相对于地的电压是多少？

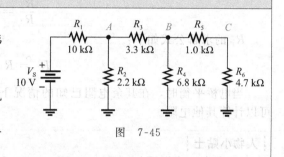

图 7-45

7.6 惠斯通电桥

用惠斯通电桥可以精确测量电阻。然而，惠斯通电桥更多的是用来连接传感器，以测量某些物理量，如应变、温度和压力等。**传感器**能够感知物理参数的变化，并将这种变化转换成电阻或其他电学量的变化。例如，应变片在受到诸如推力、压力或位移等机械因素的作用时，其电阻会发生变化。热敏电阻的阻值随温度变化而变化。惠斯通电桥在平衡或不平衡状态下都可以得到应用，具体情况取决于应用的类型。

学完本节内容后，你应该能够分析并应用惠斯通电桥，具体就是：

- 确定电桥何时平衡。
- 用平衡电桥求解未知电阻。
- 判断电桥何时不平衡。
- 讨论使用不平衡电桥的测量方法。

惠斯通电桥通常采用"菱形"结构绘制，如图 7-46a 所示，它包含 4 个电阻和 1 个跨在"菱形"上、下顶点之间的直流电压源。输出电压位于"菱形"的左、右顶点 A 和 B 之间。图 7-46b 是电桥的另一种等效画法，可以更清楚地表示电阻之间的串-并联关系。

7.6.1 惠斯通平衡电桥

对于图 7-46 所示惠斯通电桥，当 A 与 B 间的输出电压（V_{OUT}）为零时，称为**平衡**，即：

$$V_{\text{OUT}} = 0 \text{ V}$$

当电桥平衡时，R_1 和 R_2 两端的电压相等，即 $V_1 = V_2$；R_3 和 R_4 两端的电压也相等，即 $V_3 = V_4$。因此，电压比可以写成：

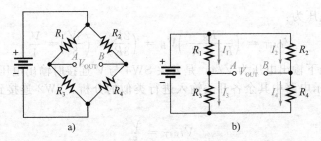

图 7-46 惠斯通电桥，电桥形成了两个背对背的分压器

$$\frac{V_1}{V_3} = \frac{V_2}{V_4}$$

根据欧姆定律用 IR 代替 V，得到：

$$\frac{I_1 R_1}{I_3 R_3} = \frac{I_2 R_2}{I_4 R_4}$$

由于 $I_1 = I_3$ 和 $I_2 = I_4$，所有电流项都被约掉，只留下电阻之比，因此平衡条件是：

$$\frac{R_1}{R_3} = \frac{R_2}{R_4}$$

R_1 的求解公式如下：

$$R_1 = R_3 \left(\frac{R_2}{R_4}\right)$$

当电桥平衡时，在其余电阻已知的情况下，用该公式可以计算电阻 R_1。类似地，也可以计算其他电阻。

| 人物小贴士 |

查尔斯·惠斯通(Sir Charles Wheatstone 1802—1875) 英国科学家和发明家。他有诸多技术突破，包括英格兰六角手风琴、立体镜(一种显示三维图像的设备)和密码技术。惠斯通最著名的贡献是发展了最初由塞缪尔·亨特·克里斯蒂(Samuel Hunter Christie)发明的电桥。另外他也是促进电报发明的主要人物。惠斯通电桥充分体现了克里斯蒂的发明。但由于惠斯通在开发和应用电桥方面的卓越工作，因此该电桥被称为惠斯通电桥。(图片来源：AIP Emilio Segre 视觉档案，Brittle Books 收藏。)

使用平衡的惠斯通电桥求解未知电阻 假设图 7-46 所示电路中 R_1 未知，记为 R_X。电阻 R_2 和 R_4 固定不变，因此它们的比值 R_2/R_4 也固定不变。由于 R_X 可能是任何值，因此必须调整 R_3 使 $R_1/R_3 = R_2/R_4$，以达成平衡即输出为零的条件。零测量是一种非常精确的比照法测量，是利用桥臂间零电位差进行测量的。于是，R_3 作为可变电阻，称为 R_V。当 R_X 被连接到电桥上时，调整 R_V 直到电桥平衡，即显示输出电压为零。于是，未知电阻的计算公式如下：

$$R_X = R_V \left(\frac{R_2}{R_4}\right) \tag{7-2}$$

其中，R_2/R_4 是比例因子。测量精度仅取决于电桥电阻和杂散布线电阻的准确度，任何负载效应都可以忽略不计。

有一种称为检流计的较老测量仪器可以连接在输出端 A 和 B 之间，以检测电桥是否平衡。检流计本质上是一种非常灵敏的模拟安培表，能感知两个方向上的电流。与普通电流表不同，上述检流计中心刻度点为零点。使用现代仪表时，当连接至电桥两端的仪器放大器的输出为 0 V 时，电桥也处于平衡状态。通常，放大器采用运算放大器(简称运放)，它可以显著提高电桥的灵敏度，这点在本章的应用案例中可以找到。在灵敏度要求高的应用中，可以使用高精度的微调电阻。微调电阻可以在制造过程中对电桥电阻进行细微调整。这样的电桥可用于医疗传感器、天平和精密测量。

由式(7-2)可知，电桥平衡时 R_V 的值乘以比例因子 R_2/R_4 为 R_X 的实际阻值。如果 $R_2/R_4=1$，则 $R_X=R_V$；如果 $R_2/R_4=0.5$，则 $R_X=0.5R_V$；依此类推。在实际的电桥电路中，R_V 的值可以用刻度或其他显示方法进行校准，以显示 R_X 的实际值。

例 7-18 在图 7-47 所示电路中，计算平衡电桥的 R_X。

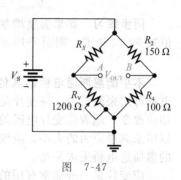

解 比例因子为：

$$\frac{R_2}{R_4}=\frac{150\ \Omega}{100\ \Omega}=1.5$$

当 R_V 调整为 1200 Ω 时，电桥平衡(输出电压为 0 V)，因此未知电阻为：

$$R_X=R_V\left(\frac{R_2}{R_4}\right)=1200\ \Omega\times1.5=1800\ \Omega$$

同步练习 在图 7-47 所示电路中，如果 R_V 必须调整到 2.2 kΩ 电桥才能平衡，那么 R_X 为多少？

图 7-47

Multisim 仿真

使用 Multisim 文件 E07-18 验证本例的计算结果，并检验你对同步练习的计算结果。

7.6.2 不平衡的惠斯通电桥

当 V_{OUT} 不等于零时，称为**不平衡电桥**。不平衡电桥可用于测量几种类型的物理量，如机械应变、温度或压力。这可以通过将传感器连接至电桥的某条臂上来实现，如图 7-48 所示。传感器的阻值随所测变量的变化而成比例地变化。如果已知电桥在某点平衡，则输出电压偏离平衡的幅度就反映了被测参数的变化量。于是，被测参数的值可以由电桥的不平衡程度即输出电压来获得。

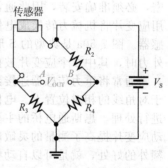

用电桥测量温度 如果要测量温度，可以使用热敏电阻作为传感器，它是一种对温度敏感的电阻。热敏电阻随温度的变化而发生可预测的变化。温度变化会引起热敏电阻阻值的变化，从而使电桥变得不平衡，于是有相应的输出电压。
输出电压与温度成正比；因此，既可以用连接在输出端的电

图 7-48 使用传感器测量物理参数的桥式电路

压表(已校准)来显示温度，也可以将输出电压放大并转换成数字信号来显示温度。

可以设计一种用于测量温度的桥式电路，使其在参考温度下处于平衡状态，在其他温度下处于不平衡状态。例如，假设电桥在 25℃ 时保持平衡。25℃ 时热敏电阻的阻值已知。为了简单起见，假设电桥的其他 3 个电阻都等于 25℃ 时热敏电阻的阻值，即 $R_{therm}=R_2=R_3=R_4$。在这种情况下，输出电压的改变(ΔV_{OUT})与 R_{therm} 的改变可以用下式表示：

$$\Delta V_{OUT}\approx\Delta R_{therm}\left(\frac{V_S}{4R}\right) \tag{7-3}$$

变量前面的 Δ(希腊字母 delta)表示变化量。该公式只适用于电桥平衡时所有电阻相等的情况，推导过程见附录 B。请记住，只要 $R_1=R_2$、$R_3=R_4$(见图 7-46)电桥就可以平衡，但 ΔV_{OUT} 的计算公式会稍微复杂。

例 7-19 在图 7-49 所示电路中，热敏电阻在 25℃ 时阻值为 1.0 kΩ，如果将其置于 50℃ 环境中，试计算测温桥式电路的输出电压。假设热敏电阻的阻值在 50℃ 时降到 900 Ω。

解

$$\Delta R_{\text{therm}} = 1.0 \text{ k}\Omega - 900 \ \Omega = 100 \ \Omega$$

$$\Delta V_{\text{OUT}} \approx \Delta R_{\text{therm}} \left(\frac{V_S}{4R} \right) = 100 \ \Omega \times \left(\frac{12 \text{ V}}{4 \text{ k}\Omega} \right) = 0.3 \text{ V}$$

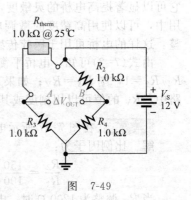

因为在 25℃ 时电桥平衡，即 $V_{\text{OUT}} = 0$，当温度升为 50℃ 时变化了 0.3 V，所以输出电压为：

$$V_{\text{OUT}} = 0.3 \text{ V}$$

同步练习 如果温度增加到 60℃，致使热敏电阻的阻值减少到 850 Ω，则图 7-49 所示电路的输出电压为多少？

图 7-49

不平衡惠斯通电桥的其他应用 带有应变片的惠斯通电桥可用来测量力。应变片是一种传感器件，当它受到外力的挤压或拉伸时，电阻会发生相应改变。随着应变片电阻的改变，原先平衡的电桥变得不平衡，产生输出电压，于是可以用来测量应力的大小。应变片阻值的变化非常微小，但这种微小的变化可以使高灵敏度的惠斯通电桥失去平衡。

应变片是一种非常有用的电阻式传感器，可以将对细导线施加的拉伸或压缩外力转换成电阻阻值的变化。当施加外力使应变片中导线伸长时，导线阻值会小幅度增加；当导线被压缩时，它的阻值会减小。

从称量小零件的秤到称量大型卡车的秤，应变片广泛应用于诸多类型的称量中。通常，应变片安装在一块特殊的铝块上，当秤上有重物时，铝块会发生形变。应变片非常精密，必须准确安装，因此通常将整个组件作为一个重力传感器单元来使用。**重力传感器**使用应变片将机械力转换成电信号。根据应用的不同，制造商提供各种形状和大小的重力传感器。图 7-50a 是典型的 S 形重力传感器，侧面图 7-50b 所示，它有 4 个应变片。当施加外力时，其中 2 个应变片被拉伸（张力），另 2 个应变片则被压缩。

通常将重力传感器连接到惠斯通桥上，如图 7-50c 所示。应变片拉力（T）和压力（C）位于对角线的相对位置上。电桥的输出通常被转化成数字信号，以显示读数或发送到计算机进行处理。惠斯通电桥的主要优点是它能够精确地测量非常微小的电阻变化。使用 4 个主动应变片提高了测量的灵敏度，使电桥成为很理想的仪用测量电路。惠斯通电桥还有一个额外的好处，就是可以自动补偿温度变化和连接线电阻对测量带来的影响，否则这些都会引起测量误差。

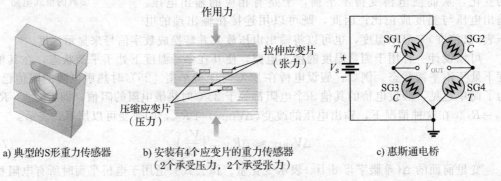

a) 典型的S形重力传感器　　　b) 安装有4个应变片的重力传感器　　　c) 惠斯通电桥
（2个承受压力，2个承受张力）

图 7-50 用于称重的惠斯通电桥

除了称重，应变片结合惠斯通电桥还可用于其他类型的测量，包括压力、位移和加速度等。在压力测量中，应变片与弹性膜相连，当压力施加到传感器上时膜片被拉伸。拉伸的程度与压力有关，从而将压力转化为微小的阻值变化。

1. 画一个基本的惠斯通电桥。
2. 电桥的平衡条件是什么?
3. 在图 7-47 中,当 $R_V = 3.3\ \text{k}\Omega$、$R_2 = 10\ \text{k}\Omega$、$R_4 = 2.2\ \text{k}\Omega$ 时,未知电阻是多少?
4. 如何应用不平衡的惠斯通电桥?
5. 何为重力传感器?

7.7 故障排查

众所周知,故障排查是识别和定位电路故障的过程。在串联电路和并联电路中,我们已经讨论了一些故障排查技术和判断方法。故障排查的一个基本前提是,在成功排查电路故障之前,你必须知道要检查什么。

学完本节内容后,你应该能够排查串-并联电路故障,具体就是:

- 分析开路对电路的影响。
- 分析短路对电路的影响。
- 确定开路和短路的故障位置。

开路和短路是电路中最常见的故障。如第 5 章所述,如果电阻烧坏了,它通常会开路。焊料连接不良、导线断裂和接触不良也可能是开路的原因。某些焊料飞溅物和电线绝缘层断裂,会导致电路短路。短路被认为是两点之间的零电阻路径。

除了完全开路或短路,部分开路或短路也可能在电路中发生。部分开路会产生比正常电阻阻值大很多的阻值,但并不是无限大。部分短路会产生比正常电阻小很多的阻值,但也不会为零。

下面 3 个例子说明了串-并联电路的故障排查过程。

例 7-20 根据图 7-51 所示电路中的电压表读数,应用 APM 方法确定电路是否存在故障。如果有故障,判断其为短路还是开路。

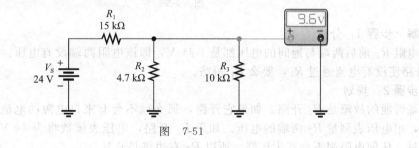

图 7-51

解 **步骤** 1:分析

先计算正常情况下电压表的读数。由于 R_2 和 R_3 并联,因此它们并联组合的总电阻为:

$$R_{2\|3} = \frac{R_2 R_3}{R_2 + R_3} = \frac{4.7\ \text{k}\Omega \times 10\ \text{k}\Omega}{14.7\ \text{k}\Omega} = 3.20\ \text{k}\Omega$$

用分压公式计算并联组合的电压。

$$V_{2\|3} = \left(\frac{R_{2\|3}}{R_1 + R_{2\|3}}\right)V_S = \left(\frac{3.2\ \text{k}\Omega}{18.2\ \text{k}\Omega}\right) \times 24\ \text{V} = 4.22\ \text{V}$$

这表明,电压表的读数应该是 4.22 V。然而,图中显示 $R_{2\|3}$ 两端的电压为 9.6 V。该电压值比它预期的值要大,显然电路存在故障,即 R_2 或者 R_3 可能开路了。如此推断是因为如果这两个电阻中有一个开路,那么电压表所跨电阻就会比预期值大。电阻越大,该段电路的电压也就越大。

还可以用其他方法来分析这个问题。例如,可以应用欧姆定律,根据 R_1 两端的电压求出电路的总电流，由此分析出 $R_2 \parallel R_3$ 的总电阻应为 10 kΩ，该值与 R_3 一致。因此说明 R_2 一定是开路了。

步骤 2：规划

通过假设 R_2 开路来检查开路电阻。如果真是 R_2 开路，则 R_3 两端的电压应为：

$$V_3 = \left(\frac{R_3}{R_1 + R_3}\right)V_S = \left(\frac{10 \text{ k}\Omega}{25 \text{ k}\Omega}\right) \times 24 \text{ V} = 9.6 \text{ V}$$

由于测量的电压也是 9.6 V，因此由计算结果表明 R_2 应该为开路。

步骤 3：测量

断开电源，移除 R_2，测量它的电阻，进一步确认它是否真正开路。如果不是，则检查 R_2 周围的连线、焊料或连接以寻找开路位置。

同步练习　在图 7-51 中，如果 R_3 开路，则电压表读数为多少？如果 R_1 开路呢？　■

Multisim 仿真

打开 Multisim 文件 E07-20，移除 R_2 来模拟开路并观察电压表读数，验证本例的计算结果。

例 7-21　在图 7-52 所示电路中，假设电压表读数为 24 V。判断电路是否有故障？如果有，请排查故障。

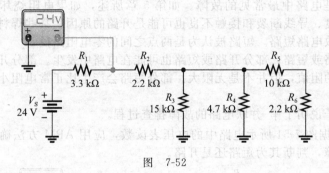

图　7-52

解　步骤 1：分析

电阻 R_1 前后两端与地间的电压都是 +24 V，即该电阻两端没有电压。这说明要么是 R_2 开路使没有电流通过 R_1，要么 R_1 短路。

步骤 2：规划

最可能的故障是 R_2 开路。如果它开路，那么就不会有来自电源的电流。为了验证这一点，用电压表测量 R_2 两端的电压。如果 R_2 开路，电压表读数将为 24 V，因为没有电流流过，任何电阻都不会产生压降，所以 R_2 右边将是 0 V。

步骤 3：测量

验证 R_2 是否开路的测量结果如图 7-53 所示。

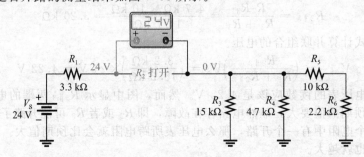

图　7-53

同步练习 对于图 7-52 所示电路，如果没有其他故障仅 R_5 开路，那么 R_5 两端的电压为多少？

Multisim 仿真

打开 Multisim 文件 E07-21，验证测量到的故障。

例 7-22 两个电压表的读数如图 7-54 所示。运用电路知识，确认电路中是否有开路或短路故障。如果有，它们位于何处？

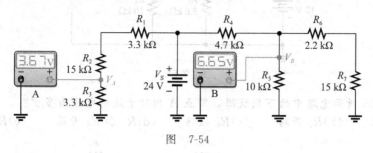

图 7-54

解 步骤 1:

确定电压表 A 的读数是否正确。R_1、R_2 和 R_3 分压，计算 R_3 两端的电压(V_A):

$$V_A = \left(\frac{R_3}{R_1 + R_2 + R_3}\right)V_S = \left(\frac{3.3 \text{ k}\Omega}{21.6 \text{ k}\Omega}\right) \times 24 \text{ V} = 3.67 \text{ V}$$

电压表 A 读数正确。这表明 R_1、R_2 和 R_3 部分没有故障。

步骤 2:

检查电压表 B 的读数是否正确。$R_6 + R_7$ 与 R_5 并联，该串-并联组合再与 R_4 串联。计算 R_5、R_6 和 R_7 串-并联组合的电阻:

$$R_{5\parallel(6+7)} = \frac{R_5(R_6 + R_7)}{R_5 + R_6 + R_7} = \frac{10 \text{ k}\Omega \times 17.2 \text{ k}\Omega}{27.2 \text{ k}\Omega} = 6.32 \text{ k}\Omega$$

$R_{5\parallel(6+7)}$ 和 R_4 构成分压器，电压表 B 测量 $R_{5\parallel(6+7)}$ 两端的电压，计算如下:

$$V_B = \left(\frac{R_{5\parallel(6+7)}}{R_4 + R_{5\parallel(6+7)}}\right)V_S = \left(\frac{6.32 \text{ k}\Omega}{11 \text{ k}\Omega}\right) \times 24 \text{ V} = 13.8 \text{ V}$$

实际测量的电压值 6.65 V 与期望值不符。下面需要进行分析以找到故障。

步骤 3:

R_4 没有开路，因为如果它开路，那么电压表读数必是 0 V。另外，如果 R_4 短路，那么电压表读数必是 24 V。由于实际测量的电压远低于它的预期值，因此 $R_{5\parallel(6+7)}$ 一定小于计算值 6.32 kΩ。最有可能的故障是 R_7 短路。如果从 R_7 顶部到地短路，则实际上 R_6 与 R_5 并联。

$$R_5 \parallel R_6 = \frac{R_5 R_6}{R_5 + R_6} = \frac{10 \text{ k}\Omega \times 2.2 \text{ k}\Omega}{12.2 \text{ k}\Omega} = 1.80 \text{ k}\Omega$$

因此，V_B 为:

$$V_B = \left(\frac{1.80 \text{ k}\Omega}{6.5 \text{ k}\Omega}\right) \times 24 \text{ V} = 6.65 \text{ V}$$

此时 V_B 的计算值与电压表 B 的读数一致，因此确定是 R_7 短路。如果这是一个真实的电路，那么应该试着找出短路的物理原因。

同步练习 如果图 7-54 所示电路中仅有 R_2 短路，那么电压表 A 和电压表 B 的读数各是多少？

Multisim 仿真

使用 Multisim 文件 E07-22 验证本例的故障排查。

学习效果检测

1. 说出两种常见的电路故障。

2. 电路如图 7-55 所示,其中某电阻开路。根据电压表读数,试确定哪个电阻开路。

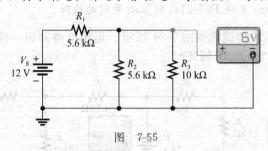

图　7-55

3. 对于图 7-56 所示电路中的下列故障,节点 A 相对于地的电压为多少?
　(a)无故障　　(b)R_1 开路　　(c)R_5 短路　　(d)R_3 和 R_4 开路　　(e)R_2 开路

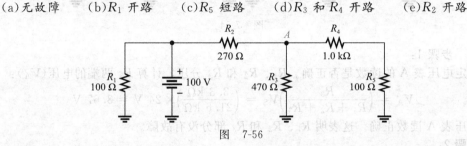

图　7-56

应用案例

惠斯通电桥广泛应用于测量中,借助传感器将非电的物理参数转换为电阻变化,进而实现对非电气量的测量。现代惠斯通电桥都已自动化。它使用智能接口模块,可以调节输出并将其转换为任何需要的单位,进行显示或处理(例如,称重中以磅为单位进行显示)。

惠斯通电桥提供了零点测量法,这大大提高了它的灵敏度。对于电阻测量来说,它能够自动补偿温度变化,特别是当传感器的电阻变化非常微小的时候,这种优势尤其显著。通常,电桥的输出电压要通过放大器进行放大,以便使负载效应最小。

温度控制器

在本应用案例中,温度控制器采用惠斯通桥式电路。其传感器采用热敏电阻,它的阻值随温度变化而改变。热敏电阻有正温度特性与负温度特性之分。该电路中的热敏电阻虽然是惠斯通电桥中的电阻,但却不在电路板上,而是在离电路板较近的地方以感知电路板外某点的温度。输出阈值电压的改变由 $10\ k\Omega$ 电位器 R_3 来控制。

运算放大器(741C)和 LED 仅用于辅助惠斯通电桥,并不是电路中的重点。本电路将运算放大器连接成一个比较器,用来比较电桥的输出电压和另一参考电压间的大小关系。

比较器的优点是,它对不平衡电桥非常敏感。当电桥不平衡时,它会产生很大的输出。事实上,因为它过于敏感,所以使得电桥几乎不可能调整到完美的平衡。即使是最微小的不平衡也会导致输出电压接近可能的最大值或最小值(即电源电压)。这有利于调控基于温度测量的加热器或类似设备;然而,这种电路有一个缺点。运算放大器的高灵敏度会使其围绕触发点(输出电压等于比较电压处)不断振荡。对于本应用案例,我们假设该问题不重要。在后续有关课程中,你将学到解决这个问题的简单方法。

控制电路

本应用案例有一个储液罐,需要将液体保存在温暖的温度下,如图 7-57a 所示。温度控制器的电路板如图 7-57b 所示。当温度过低时，电路板控制加热元器件进行加热（通过接口，图中没有显示）。位于储液罐中的热敏电阻连接在放大器的输入端与地之间。运算放大器有两个输入、一个输出，以及与电源正负极连接的引脚。它与发光二极管（LED）连接的电路原理图如图 7-58 所示。当运算放大器输出正电压时，红色 LED 灯亮，表示正在加热。当输出为负电压时，绿色 LED 灯亮，表示停止加热。

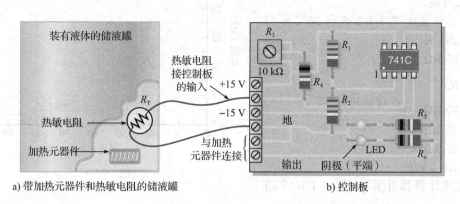

图 7-57

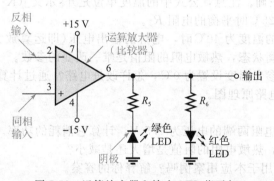

图 7-58 运算放大器和输出 LED 指示灯

1. 参照电路板，绘制图 7-58 所示的电路原理图。运算放大器的输入端连接到惠斯通电桥，并请标识所有电阻的阻值。

热敏电阻

热敏电阻是两种金属氧化物的混合物，其阻值随温度的改变有较大变化。温度控制器电路中的热敏电阻置于电路板外靠近储液罐的测温点，被连接于控制板的输入端与地之间。

热敏电阻的特性可以借助非线性的阻值-温度曲线来表示，用指数函数表示为：

$$R_T = R_0 e^{\beta(\frac{T_0 - T}{T_0 T})}$$

其中，R_T 为给定温度下的电阻；R_0 为参考温度下的电阻；T_0 为开［尔文］（K）单位下的参考温度，一般为 298 K，即 25℃；T 为开［尔文］温度；β 为制造商提供的常数（K）。

该指数公式可以很容易地用科学计算器来计算。指数方程将在第 12 章和第 13 章进行介绍。

此应用案例中的热敏电阻是温度计 RL2006-13.3K-140-D1 中的热敏电阻，它在 25℃ 时阻值为 25 kΩ，β 为 4615 K。该热敏电阻的阻值和温度的函数关系如图 7-59 所示。注意，斜率为负表示该热敏电阻具有负温度系数（NTC），即阻值随着温度的升高而减小。在

第 8 章的应用案例中，会使用带绘图功能的计算器绘制该热敏电阻的曲线。

以计算 $T = 50℃$ 时的电阻为例。首先，将 50℃ 转换至以 K 为单位的值。

$T = $ 参考温度（℃）$+ 273 = 50℃ + 273$

$\quad = 323\ K$

也可以写成：

$T_0 = $ 参考温度（℃）$+ 273 = 25℃ + 273$

$\quad = 298\ K$

$R_0 = 25\ k\Omega$

$R_T = R_0\,e^{\beta\left(\frac{T_0 - T}{T_0 T}\right)}$

$\quad = 25\ k\Omega \times e^{4615\left(\frac{298 - 323}{298 \times 323}\right)}$

$\quad = 25\ k\Omega \times e^{-1.198}$

$\quad = 25\ k\Omega \times (0.302)$

$\quad = 7.54\ k\Omega$

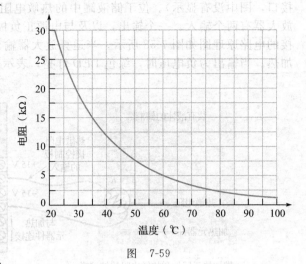

图 7-59

先用计算器计算 $\beta(T_0 - T)/(T_0 T)$

的值，然后计算 $e^{\beta\left(\frac{T_0 - T}{T_0 T}\right)}$，最后乘以 R_0，e^x 是第二功能键。

2. 用指数公式计算热敏电阻在 40℃时的阻值，并将计算结果与图 7-59 中的数据进行比较，验证计算是否正确。注意，公式中的温度单位是开［尔文］(K＝参考温度℃＋273)。

3. 计算使电桥在 25℃时平衡的电阻 R_3。

4. 计算热敏电阻的温度为 40℃时，电桥的输出电压（即运算放大器的输入电压）。假设电桥在 25℃处于平衡状态，热敏电阻的阻值是唯一改变的参数。

5. 如果你需要将参考温度设置为 0℃，怎样改进电路？通过计算检验你的改进是否有效，并绘制修改后的电路原理图。

检查与复习

6. 25℃时，热敏电阻两端的电压为 7.5 V，计算它消耗的功率。

7. 随着温度升高，热敏电阻的阻值是增大还是减小？

8. ⅛W 电阻可以用于本应用案例吗？解释你的答案。

9. 为什么每次输出只有一个 LED 发亮？

本章总结

- 串-并联电路是串联和并联电流通路的组合。
- 为了计算串-并联电路中的总电阻，首先要识别串联和并联的连接关系，然后应用第 5 章和第 6 章中串联电阻和并联电阻的计算公式。
- 要计算总电流，需应用欧姆定律，用总电压除以总电阻。
- 要计算支路电流，可以应用分流公式、基尔霍夫电流定律和欧姆定律。有针对性地分析各电路中的问题，以选择最合适的方法。
- 要计算串-并联电路中各部分的电压，需要使用分压公式、基尔霍夫电压定律和欧姆定律。有针对性地分析各电路中的问题，以选择最合适的方法。
- 当负载电阻连接到分压器输出端时，输出电压会降低。
- 负载电阻应比其所并联的电阻大许多，以便将负载效应降到最低。
- 求梯形网络的总电阻时，从离电源最远的点开始，逐步计算等效电阻。
- 平衡的惠斯通电桥可以用来测量未知的电阻。
- 惠斯通电桥的输出电压为零时，处于平衡状态。电桥平衡时，若其输出端连接负载，则流过负载的电流也为零。
- 借助不平衡的惠斯通电桥并结合传感器可以测量多种物理量。
- 开路和短路是典型的电路故障。

重要公式

7-1　$I_{BLEEDER} = I_T - I_{RL1} - R_{RL2}$　泄漏电流

7-2　$R_X = R_V \left(\dfrac{R_2}{R_4} \right)$　惠斯通电桥中的未知电阻

7-3　$\Delta V_{OUT} \approx \Delta R_{therm} \left(\dfrac{V_S}{4R} \right)$　惠斯通电桥中热敏电阻的输出电压的变化量

对/错判断（答案在本章末尾）

1. 并联电阻总是连接在同一对节点之间。
2. 如果某电阻与并联组合串联，那么该串联电阻的电压总是比并联组合的电压大。
3. 在串-并联组合电路中，流经并联电阻的电流总相等。
4. 负载电阻越大，负载效应对分压器的影响就越小。
5. 通常情况下，接入 DMM 对电路的影响很小。
6. 当测量直流电压时，DMM 的任何量程对电路的等效电阻都相等。
7. 当测量直流电压时，模拟万用表的任何量程对电路的等效输入电阻都相等。
8. $R/2R$ 梯形网络用于数模转换中。
9. 当输出电压为负时，惠斯通电桥处于平衡状态。
10. 测量未知电阻的平衡惠斯通电桥是一个零测量（输出电压为零）的例子。
11. 应变片是一种常用的重力传感器。
12. 重力传感器就是应变片。

自我检测（答案在本章末尾）

1. 关于图 7-60 所示电路，下列陈述哪个是正确的？
   (a)R_1 和 R_2 与 R_3、R_4 和 R_5 是串联的。
   (b)R_1 和 R_2 串联。
   (c)R_1 和 R_3 并联。
   (d)以上皆错

2. 图 7-60 电路中的总电阻可以用下列哪个公式求出？
   (a)$R_1 + R_2 + R_3 \parallel R_4 \parallel R_5$
   (b)$R_1 \parallel R_2 + R_3 \parallel R_4 + R_5$
   (c)$(R_1 + R_2) \parallel (R_3 + R_4 + R_5)$
   (d)上述都不对

3. 如果图 7-60 所示电路中所有电阻阻值都相等，那么当 A 和 B 之间施加电压时，那么
   (a)R_5 中的电流最大
   (b)R_3、R_4 和 R_5 中的电流最大
   (c)R_1 和 R_2 中的电流最大
   (d)所有电阻中的电流相同

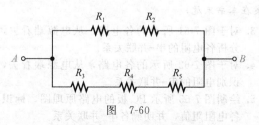

图　7-60

4. 两个 $1.0\ \text{k}\Omega$ 电阻串联，该串联组合又与 $2.2\ \text{k}\Omega$ 电阻并联。若其中一个 $1.0\ \text{k}\Omega$ 电阻两端的电压是 6 V，则 $2.2\ \text{k}\Omega$ 电阻两端的电压为：
   (a)6 V　　　　　(b)3 V
   (c)12 V　　　　(d)13.2 V

5. $330\ \Omega$ 电阻和 $470\ \Omega$ 电阻的并联组合与 4 个 $1.0\ \text{k}\Omega$ 电阻的并联组合相串联。若电路由 100 V 电源供电，则电流最大的电阻为
   (a)$1.0\ \text{k}\Omega$　　(b)$330\ \Omega$　　(c)$470\ \Omega$

6. 对于问题 5 中描述的电路，两端电压最大的电阻为
   (a)$1.0\ \text{k}\Omega$　　(b)$330\ \Omega$　　(c)$470\ \Omega$

7. 在问题 5 中，流过任意一个 $1.0\ \text{k}\Omega$ 电阻的电流占电路总电流的百分比为
   (a)100%　　　　(b)25%
   (c)50%　　　　(d)31.3%

8. 某分压器无负载时输出电压为 9 V。当接入负载时，输出电压
   (a)增加　　　　(b)减少
   (c)不变　　　　(d)为零

9. 某分压器由两个 $10\ \text{k}\Omega$ 电阻串联组成。该分压器接下列哪个负载时对输出电压影响最大？
   (a)$1.0\ \text{M}\Omega$　　(b)$20\ \text{k}\Omega$
   (c)$100\ \text{k}\Omega$　　(d)$10\ \text{k}\Omega$

10. 当负载电阻连接到分压器的输出端时，电源端流出的电流
    (a)减少　　　　(b)增加
    (c)保持不变　　(d)切断

11. 在梯形网络中，等效简化应该从哪里开始？
    (a)电源　　　　(b)离电源最远的电阻
    (c)中心　　　　(d)离电源最近的电阻

12. 某四级 $R/2R$ 梯形网络中，最小的电阻为 $10\ \text{k}\Omega$，那么最大的电阻为
    (a)不能确定　　(b)$20\ \text{k}\Omega$
    (c)$80\ \text{k}\Omega$　　(d)$160\ \text{k}\Omega$

13. 平衡惠斯通电桥的输出电压
    (a)等于电源电压
    (b)等于零
    (c)取决于电桥上所有的电阻值
    (d)取决于未知电阻的阻值

14. 当惠斯通电桥平衡时,可变电阻 $R_V = 8$ kΩ,另两个电阻 $R_2 = 680$ Ω 和 $R_4 = 2.2$ kΩ。那么未知电阻为

(a)2.47 kΩ　　　　(b)25.9 kΩ
(c)187 Ω　　　　　(d)2.89 kΩ

15. 相对于地测量某大电阻的电压时,发现测量值比它的实际值略低。这可能是因为
    (a)一个或多个电阻断开
    (b)电压表的负载效应
    (c)电源电压太低
    (d)上述答案都对

电路行为变化趋势判断(答案在本章末尾)

参见图 7-61b

1. 如果 R_2 开路,那么总电流将
   (a)增大　　(b)减小　　(c)保持不变

2. 如果 R_3 开路,那么 R_2 中的电流将
   (a)增大　　(b)减小　　(c)保持不变

3. 如果 R_4 开路,那么它两端的电压将
   (a)增大　　(b)减小　　(c)保持不变

4. 如果 R_4 短路,那么总电流将
   (a)增大　　(b)减小　　(c)保持不变

参见图 7-63

5. A 和 B 间施加 10 V 电压,如果 R_{10} 开路,那么总电流将
   (a)增大　(b)减小　　(c)保持不变

6. A 和 B 间施加 10 V 电压,如果 R_1 开路,那么 R_1 两端的电压将
   (a)增大　　(b)减小　　(c)保持不变

7. 如果将 R_3 左端和 R_5 下端短路,那么 A 和 B 间的总电阻将
   (a)增大　　(b)减小　　(c)保持不变

参见图 7-67

8. 如果 R_4 开路,那么 C 点的电压将
   (a)增大　　(b)减小　　(c)保持不变

9. 如果 D 到地间短路,那么 A 到 B 间的电压将
   (a)增大　　(b)减小　　(c)保持不变

10. 如果 R_5 开路,那么流过 R_1 的电流将

(a)增大　　(b)减小　　(c)保持不变

参见图 7-73

11. 如果 10 kΩ 负载电阻连接到输出端 A 和 B 间,那么输出电压将
    (a)增大　　(b)减小　　(c)保持不变

12. 如果将问题 11 中提到的 10 kΩ 电阻替换为 100 kΩ 电阻,那么输出电压 V_{OUT} 将
    (a)增大　　(b)减小　　(c)保持不变

参见图 7-74

13. 如果开关的 V_2 和 V_3 间短路,那么 V_1 相对于地的电压将
    (a)增大　　(b)减小　　(c)保持不变

14. 如果开关置于图中所示的位置,且 V_3 对地短路,那么 R_L 两端的电压将
    (a)增大　　(b)减小　　(c)保持不变

15. 如果开关置于图中所示的位置,且 R_4 开路,那么 R_L 两端的电压将
    (a)增大　　(b)减小　　(c)保持不变

参见图 7-79

16. 如果 R_4 开路,那么 V_{OUT} 将
    (a)增加　　(b)减少　　(c)保持不变

17. 如果 R_7 到地短路,那么 V_{OUT} 将
    (a)增加　　(b)减少　　(c)保持不变

分节习题(较难的问题用星号(∗)表示,奇数题答案在本书末尾)

7.1 节

1. 绘制以下串-并联电路:
   (a)R_1 与 R_2 和 R_3 的并联组合相串联。
   (b)R_1 与 R_2 和 R_3 的串联组合相并联。
   (c)R_2 与 4 个电阻的并联组合串联,然后又与 R_1 并联。

2. 绘制以下串-并联电路:
   (a)3 条支路并联,其中每条支路包含两个串联电阻。
   (b)3 个并联电路串联,其中每个并联电路包含两个电阻。

3. 对于图 7-61 所示的各电路,从电源端看去,分析各电阻的串-并联关系。

4. 对于图 7-62 所示的各电路,从电源端看去,识别电阻的串-并联关系。

5. 绘制图 7-63 所示 PC 板的电路原理图,标识各电阻阻值,并明确各串-并联关系。

∗6. 绘制图 7-64 所示双面 PC 板的原理图,并标记各电阻的阻值。

∗7. 为图 7-62c 所示电路设计 PC 板,电池安置到 PC 板的外部。

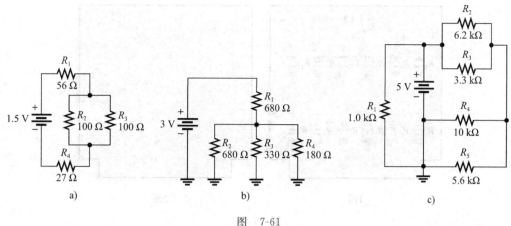

图　7-61

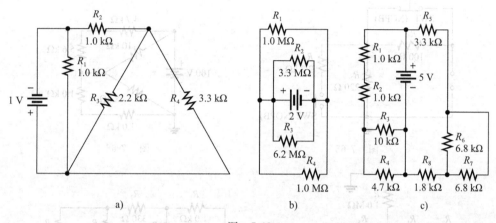

图　7-62

7.2 节

8. 某电路由两个并联电阻组成，总电阻为 667 Ω。其中一个电阻为 1.0 kΩ，那么另一个电阻为多少？

9. 对图 7-61 所示的各电路，从电源端看，计算总电阻。

10. 对图 7-62 所示的各电路，从电源端看，计算总电阻。

11. 对图 7-61 所示的各电路，计算流过每个电阻的电流，以及每个电阻两端的电压。

12. 对图 7-62 所示的各电路，计算流过每个电阻的电流，以及每个电阻两端的电压。

13. 对于图 7-65 所示电路，计算开关所有可能组合情况下对应的 R_T。

14. 移除电源后，计算图 7-66 所示电路中 A 和 B 间的电阻。

15. 计算图 7-66 电路中各节点相对于地的电压。

16. 计算图 7-67 电路中各节点相对于地的电压。

17. 在图 7-67 所示电路中，不直接在电阻两端连接电压表，如何测量到 R_2 两端的电压？

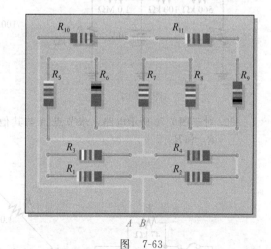

图　7-63

18. 计算图 7-66 电路中从电压源看去的电阻。

19. 计算图 7-67 电路中从电压源看去的电阻。

20. 电路如图 7-68 所示，计算电压 V_{AB}。

*21. 电路如图 7-69 所示，(a)求 R_2 的值；(b)计算 R_2 消耗的功率。

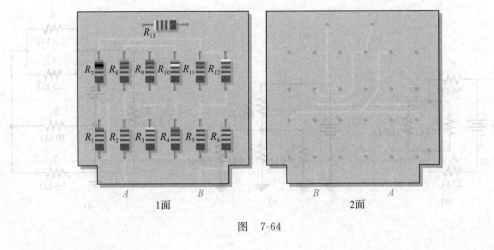

图 7-64

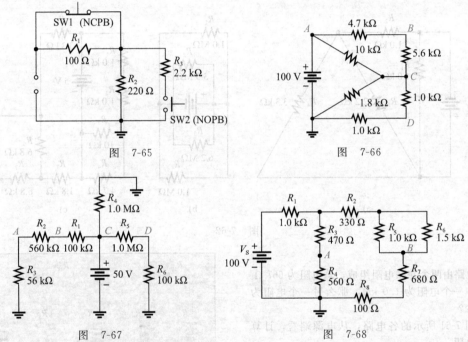

图 7-65

图 7-66

图 7-67

图 7-68

* 22. 对于图 7-70 所示电路，求节点 A 与其他每个节点之间的电阻，即 R_{AB}、R_{AC}、R_{AD}、R_{AE}、R_{AF} 和 R_{AG}。

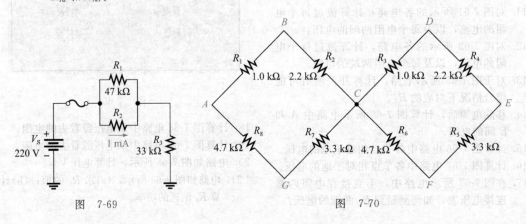

图 7-69

图 7-70

*23. 在图 7-71 所示电路中，计算下列节点对之间的电阻：AB、BC 和 CD。

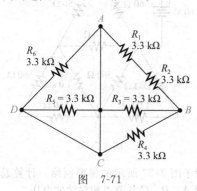

图 7-71

*24. 计算图 7-72 所示电路中各电阻的阻值。

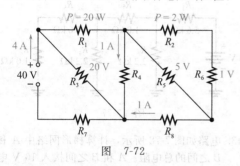

图 7-72

7.3 节

25. 某分压器由两个 56 kΩ 电阻和一个 15 V 电源组成。计算空载时的输出电压。如果将 1.0 MΩ 电阻连接到输出端，输出电压将会如何？

26. 12 V 电池被分为两个输出电压。3 个 3.3 kΩ 电阻用来提供这两个电压挡位。试计算输出电压。如果一个 10 kΩ 负载连接到较高的电压输出端，则其输出电压为多少？

27. 10 kΩ 负载和 47 kΩ 负载分别接入分压器，哪种情况会使输出电压的变化最小？

28. 在图 7-73 所示电路中，计算空载时的输出电压。若 A 与 B 间连接一个 100 kΩ 的负载电阻，则输出电压是多少？

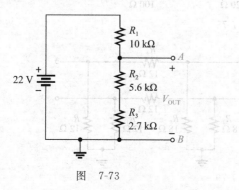

图 7-73

29. 在图 7-73 所示电路中，当 A 和 B 间连接 33 kΩ 负载时，计算输出电压？

30. 在图 7-73 所示电路中，计算空载时电源提供的电流。当接 33 kΩ 负载时，从该电阻中流过的电流是多少？

*31. 试计算分压器各电阻阻值，以满足下列要求：空载时，电源产生的电流不得超过 5 mA。电源电压为 10 V，所需输出电压为 5 V 和 2.5 V。绘制电路图。如果 1.0 kΩ 负载依次连接到各输出端，求该电阻对各输出电压的影响。

32. 图 7-74 所示电路中的分压器接一个开关，开关连接着负载。计算开关位于各挡位时对应的输出电压，即 V_1、V_2 和 V_3。

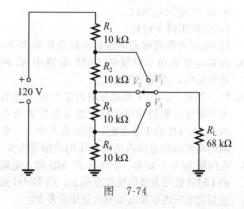

图 7-74

*33. 图 7-75 所示电路为场效应晶体管放大器的直流偏置电路。偏置常用于设置放大器正常运行所需的特定直流电压。虽然你还不熟悉晶体管放大器，但是可以用已经学过的方法来分析电路中的直流电压和电流。

(a) 计算 V_G 和 V_S

(b) 计算 I_1、I_2、I_D、I_S

(c) 计算 V_{DS} 和 V_{DG}

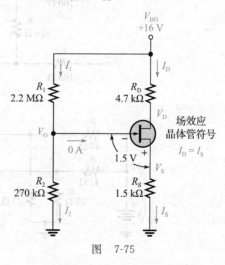

图 7-75

*34. 设计一个分压器，使其可以提供 6 V 空载输出电压，并且当接入 1.0 kΩ 负载时最低仍有 5.5 V 输出电压，电源电压为 24 V，空载时电流不超过 100 mA。

7.4 节

35. 下列哪个电压表量程会对电路有最小的影响？
    (a)1 V   (b)10 V
    (c)100 V   (d)1000 V

36. 计算 20 000 Ω/V 电压表设置为以下量程时的内阻。
    (a)0.5 V   (b)1 V
    (c)5 V   (d)50 V
    (e)100 V   (f)1000 V

37. 当问题 36 中描述的电压表用于测量图 7-61a 中 R_4 两端的电压时，
    (a)应使用哪个量程？
    (b)电压表所测得的电压比实际电压低多少？

38. 如果电压表用于测量图 7-61b 电路中 R_4 两端的电压，重复问题 37。

39. 将一个 10 000 Ω/V 模拟万用表置于 10 V 量程来测量分压器的输出电压。如果分压器含有两个 100 kΩ 的串联电阻，那么在其中一个电阻两端测得的电压占电源电压的比值是多少？

40. 在问题 39 中，如果一个含有 10 MΩ 输入电阻的 DMM 被用来替代模拟万用表，则 DMM 测量到的电压占电源电压的百分比是多少？

7.5 节

41. 在图 7-76 所示的电路中，计算以下参数：
    (a)加在电源两端的总电阻
    (b)电源提供的总电流
    (c)流过 910 Ω 电阻的电流
    (d)A 到 B 的电压

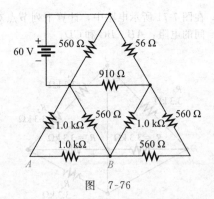

图 7-76

42. 对于图 7-77 所示的梯形网络，计算总电阻和 A、B、C 各节点相对地的电压。

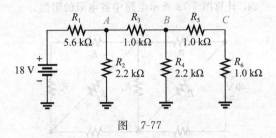

图 7-77

*43. 电路如图 7-78 所示，计算梯形网络中 A 和 B 之间的总电阻。A 和 B 之间接入 10 V 电压源时，计算各条支路中的电流。

44. 当 A 和 B 间施加 10 V 电压时，图 7-78 所示电路中各电阻两端的电压是多少？

*45. 求图 7-79 所示电路中的 I_T 和 V_{OUT}。

46. 计算图 7-80 所示的 R/2R 梯形网络在下列条件下的 V_{OUT}：
    (a)开关 SW2 接 +12 V 电源，其余开关接地
    (b)开关 SW1 接 +12 V 电源，其余开关接地

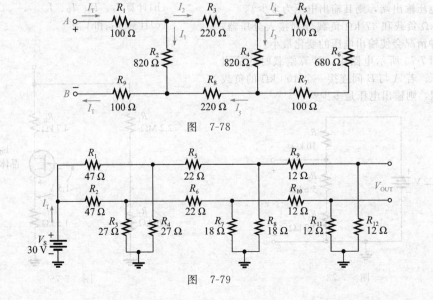

图 7-78

图 7-79

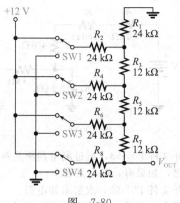

图 7-80

47. 在下列情况下重复问题 46：
(a) SW3 和 SW4 接 +12 V 电源，SW1 和 SW2 接地
(b) SW3 和 SW1 接 +12 V 电源，SW2 和 SW4 接地
(c) 全部开关接至 +12 V 电源

7.6 节

48. 某未知电阻连接到惠斯通桥式电路，如图 7-47 所示。电桥平衡时各参数如下：
$R_V = 18$ kΩ，$R_2/R_4 = 0.02$。R_X 是多大？

49. 重力传感器有 4 个相同的应变片，无拉伸时各应变片的阻值均为 120.000 Ω（标准值）。当加入重力负载时，应变片的阻值发生改变。被拉伸的应变片的阻值增加 60 mΩ，达到 120.060 Ω；被压缩的应变片的阻值减小 60 mΩ，达到 119.940 Ω，如图 7-81 所示。计算加入重力负载时的输出电压。

50. 当温度为 60℃ 时，计算图 7-82 所示不平衡电桥的输出电压，其中热敏电阻在不同温度下的阻值特性曲线如图 7-59 所示。

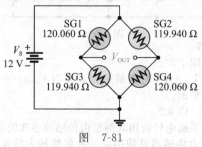

图 7-81

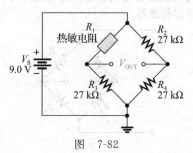

图 7-82

7.7 节

51. 在图 7-83 所示电路中电压表的读数是否正确？

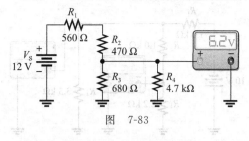

图 7-83

52. 在图 7-84 所示电路中电压表的读数是否正确？

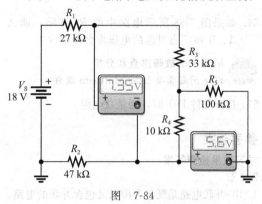

图 7-84

53. 在图 7-85 所示电路中存在一个故障。请根据电压表读数确定该故障。

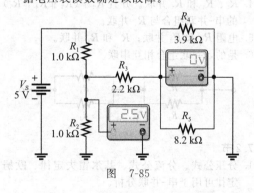

图 7-85

54. 检查图 7-86 所示电路中电压表的读数，判断电路是否有故障。如果有，请找出故障所在位置。

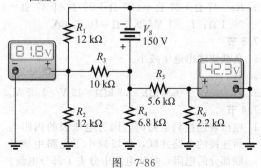

图 7-86

55. 检查图 7-87 所示电路中的电压表读数，找出可能存在的故障。

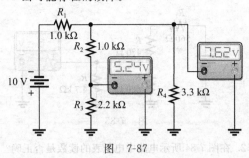

图 7-87

56. 如果图 7-88 所示电路中的 R_2 开路，那么 A、B 和 C 点对地的电压将会是多少？

Multisim 故障排查和分析
以下问题需要使用 Multisim 软件。

57. 打开文件 P07-57，测量总电阻。

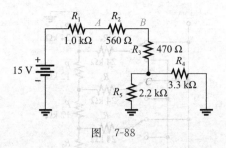

图 7-88

58. 打开文件 P07-58，通过测量判断是否有电阻开路，如果有，确定是哪个。

59. 打开文件 P07-59，求解未知电阻。

60. 打开文件 P07-60，确定负载电阻对各电阻两端电压的影响。

61. 打开文件 P07-61，确定是否有电阻短路，如果有，请找出该电阻。

62. 打开文件 P07-62，调整 R_X 的值，直到电桥接近平衡。

参考答案

学习效果检测答案

7.1 节

1. 串-并联电路是既包含串联又包含并联的电路。
2. 见图 7-89。
3. 电阻 R_1、R_2 与 R_3 和 R_4 的并联组合再串联。
4. R_3、R_4 和 R_5 并联。并且 $R_2 + (R_3 \parallel R_4 \parallel R_5)$ 的串-并联组合与 R_1 并联。
5. 电阻 R_1 和 R_2 并联；R_3 和 R_4 并联。
6. 是的，并联组合相互串联。

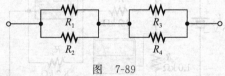

图 7-89

7.2 节

1. 分压公式、分流公式、基尔霍夫定律、欧姆定律可用于串-并联分析。
2. $R_T = R_1 + R_2 \parallel R_3 + R_4 = 608 \ \Omega$
3. $I_3 = [R_2/(R_2 + R_3)]I_T = 11.1 \ \text{mA}$
4. $V_2 = I_2 R_2 = 3.65 \ \text{V}$
5. $R_T = 47 \ \Omega + 27 \ \Omega + (27 \ \Omega + 27 \ \Omega) \parallel 47 \ \Omega = 99.1 \ \Omega$；$I_T = 1 \ \text{V}/99.1 \ \Omega = 10.1 \ \text{mA}$

7.3 节

1. 负载使输出电压减小。
2. 对。
3. $V_{\text{OUT(unloaded)}} = (6.8 \ \text{k}\Omega/39.8 \ \text{k}\Omega) \times 12 \ \text{V} = 2.05 \ \text{V}$。

7.4 节

1. 电压表连接到电路时，因为电压表的内阻与所连接的电路并联，所以减小了电路中该并联部分的电阻，并从电路中分去了部分电流。

2. 不，因为电压表内阻远远大于 $1.0 \ \text{k}\Omega$。
3. 是的。
4. $40 \ \text{M}\Omega$

7.5 节

1. 见图 7-90。
2. $R_T = 11.6 \ \text{k}\Omega$
3. $I_T = 10 \ \text{V}/11.6 \ \text{k}\Omega = 859 \ \mu\text{A}$
4. $I_2 = 640 \ \mu\text{A}$
5. $V_A = 1.41 \ \text{V}$

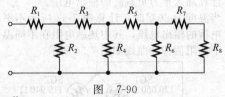

图 7-90

7.6 节

1. 见图 7-91。
2. 当 $V_A = V_B$ 时电桥平衡，即当 $V_{\text{OUT}} = 0$ 时电桥平衡。
3. $R_X = 15 \ \text{k}\Omega$。
4. 不平衡电桥被用来测量由传感器感知的参数。
5. 重力传感器是使用应变片将机械力转换为电信号的传感器。

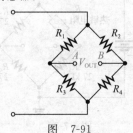

图 7-91

7.7 节

1. 常见的电路故障是开路和短路。

2. 10 kΩ 电阻(R_3)开路。

3. (a)V_A＝55 V　　　　(b)V_A＝55 V
　(c)V_A＝54.2 V　　　(d)V_A＝100 V
　(e)V_A＝0 V

同步练习答案

7-1　新电阻并联于 $R_4+R_2 \parallel R_3$。

7-2　因为电阻短路，不起作用。

7-3　新电阻与 R_5 并联。

7-4　A 到地：$R_T=R_4+R_3 \parallel (R_1+R_2)$
　　B 到地：$R_T=R_4+R_2 \parallel (R_1+R_3)$
　　C 到地：$R_T=R_4$

7-5　R_3 和 R_6 串联。

7-6　55.1 Ω

7-7　128.3 Ω

7-8　2.38 mA

7-9　$I_1=3.57$ mA；$I_3=2.34$ mA

7-10　$V_A=44.8$ V；$V_1=35.2$ V

7-11　2.04V

7-12　$V_{AB}=5.48$ V；$V_{BC}=1.66$ V；$V_{CD}=0.86$ V

7-13　3.39 V

7-14　0.308 mA

7-15　电流会增加到 59 μA

7-16　5.19 V

7-17　$V_A=6.0$ V，$V_B=3.0$ V，$V_C=1.5$ V

7-18　3.3 kΩ

7-19　0.45 V

7-20　5.73 V；0 V

7-21　9.46 V

7-22　$V_A=12$ V；$V_B=13.8$ V

对/错判断答案

1. T　　2. F　　3. F　　4. T
5. T　　6. T　　7. F　　8. T
9. F　　10. T　　11. T　　12. F

自我检测答案

1.(b)　2.(c)　3.(c)　4.(c)
5.(b)　6.(a)　7.(b)　8.(b)
9.(d)　10.(b)　11.(b)　12.(b)
13.(b)　14.(a)　15.(d)

电路行为变化趋势判断答案

1.(b)　2.(a)　3.(a)　4.(a)
5.(b)　6.(a)　7.(b)　8.(c)
9.(c)　10.(c)　11.(b)　12.(a)
13.(b)　14.(b)　15.(a)　16.(a)
17.(a)

第 8 章
电路定理及等效变换

▶ **教学目标**

- 描述直流电压源特性
- 描述电流源特性
- 进行电源等效变换
- 应用叠加定理分析电路
- 应用戴维南定理化简电路
- 应用诺顿定理化简电路
- 应用最大功率传输定理
- 进行星形和三角形等效变换

▶ **应用案例预览**

在应用案例中，将使用第 7 章所学过的惠斯通桥式电路检测和控制温度。将利用戴维南定理和其他的方法来分析这个电路。

▶ **引言**

在前面的章节中，已经会用欧姆定律和基尔霍夫定律来分析各种电路。但是，一些电路很难利用这些基本定律来分析，需要一些其他的方法来简化分析。

本章学习的电路定理和各种等效变换方法将会使一些电路的分析变得简单。但是，这些方法不能完全替代欧姆定律和基尔霍夫定律，它们通常和这些定律结合在一起使用，这样会更加高效。

因为所有电路都包含电压源或者电流源，所以理解这些电源的特性是很重要的。叠加定理可以帮助你分析包含多个电源的电路。戴维南定理和诺顿定理提供了化简电路的方法。当需要知道一个给定电路可以向负载提供的最大功率时，我们可以使用最大功率传输定理。这里有一个音频放大器向扬声器提供最大功率的例子，这个例子说明了最大功率传输定理的应用。当分析含有桥式电路的系统时，在星形和三角形电路之间进行等效变换是很有用的，这些系统中通常会有一些物理量需要测量，比如温度，压力或者张力等。

8.1 直流电压源

正如在第 2 章所学的，直流电压源是电子电路中电源的基本形式之一，因此理解它的特性非常重要。直流电压源可以在负载电阻发生变化时，给负载提供理想的定值电压。

学完本节内容后，你将能够描述直流电压源的特性，具体就是：

- 比较实际电压源和理想电压源。
- 讨论负载对实际电压源的影响。

图 8-1a 是一个较为熟悉的理想直流电压源的符号。无论输出端所接的负载如何变化，端子 A 和 B 之间的电压都将保持恒定。图 8-1b 是电压源连接负载电阻 R_L 的情况。电源的全部电压 V_S 都降落在负载 R_L 上。理想情况下，R_L 可以是除零以外的任何值，电压都是固定不变的。理想电压源的内阻为零。

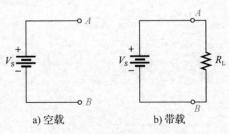

a) 空载　　　　b) 带载

图 8-1　理想直流电压源

在实际应用中，理想电压源是不存在的。然而，当稳压电源工作在规定的输出电流范围内时，它的输出可以非常接近理想电压源。由于物理和化学方面的原因，所有电压源都存在一定的内阻，因此可以用一个电阻串联一个理想电压源来表示实际电压源，如图 8-2a 所示。R_S 是电压源内阻，V_S 是电压源电压。空载时，输出电压(A 和 B 之间的电压)就是 V_S。这个电压有时被称为开路电压。

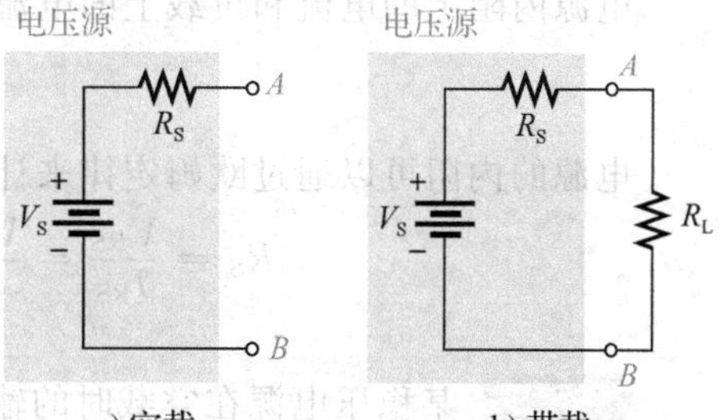

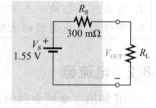

a) 空载   b) 带载

图 8-2   实际电压源

8.1.1   电压源接负载

当一个负载电阻连接到实际电压源的输出端时，如图 8-2b 所示，电源电压并没有全都施加到 R_L 上。一部分电压降落在 R_S 上，因为 R_S 和 R_L 是串联的。R_S 上的电流会引起电源发热。当电流比较大时，电源发热情况会很严重。

和 R_L 比，如果 R_S 非常小的话，那么电压源就接近于理想情况，因为几乎所有电源电压 V_S 都加在比较大的电阻 R_L 上，只有很小一部分电压加在内阻 R_S 上。如果改变 R_L，只要 R_L 比 R_S 大很多，那么大部分电源电压都加在了输出端。因此，输出电压变化很小。与 R_S 相比，R_L 越大，输出电压的变化就越小。例 8-1 说明了当 R_L 比 R_S 大很多时，R_L 的变化对输出电压的影响。

例 8-1   某电池的输出电压为 1.55 V，内阻为 300 mΩ，如图 8-3 所示。计算负载分别为 5 Ω、10 Ω 和 100 Ω 时的输出电压。

解   当 $R_L = 5$ Ω 时，输出电压是：

$$V_{OUT} = \left(\frac{R_L}{R_S + R_L}\right)V_S = \left(\frac{5.0\ \Omega}{5.3\ \Omega}\right) \times 1.55\ V = 1.46\ V$$

当 $R_L = 10$ Ω 时：

$$V_{OUT} = \left(\frac{10\ \Omega}{10.3\ \Omega}\right) \times 1.55\ V = 1.50\ V$$

当 $R_L = 100$ Ω 时：

$$V_{OUT} = \left(\frac{100\ \Omega}{100.3\ \Omega}\right) \times 1.55\ V = 1.55\ V$$

图 8-3

注意，当负载 R_L 变化时，输出电压的变化范围在电压源电压 V_S 的 10% 以内，这是因为 R_L 至少是 R_s 的 10 倍。

同步练习   如果图 8-3 中的电源内阻是 150 mΩ，并且 $R_L = 5$ Ω，再计算输出电压 V_{OUT}。

Multisim 仿真

使用 Multisim 文件 E08-01 验证本例的计算结果，并确定你对同步练习的计算结果。

前面例子表明，当负载电阻和内阻相比变得较小时，输出电压下降显著。某些用于电子技术中的电源确实是这样的，但是对于比较好的稳压电源，电源内阻远远小于 1 Ω。对电池而言，输出电压的下降，以及电源内阻的上升还和电池的使用时间有关。

8.1.2   确定电压源的内阻

不能直接测量电压源的内阻，但是可以用非直接的方法计算出来。为了确定电源内阻，首先要测量空载时的输出电压 V_{NL}。然后在输出端接入一个已知电阻 R_L。(R_L 不能太小，以确保输出电流不能超过电源的最大电流。)测量有载时的输出电压 V_L。V_{NL} 和 V_L 之间的差值就是降落在电源内阻上的电压 V_{RS}。也就是：

$$V_{RS} = V_{NL} - V_L$$

电源内阻上的电流和负载上的电流相等：

$$I_{RS} = \frac{V_L}{R_L}$$

电源的内阻可以通过欧姆定律来计算。

$$R_S = \frac{V_{RS}}{I_{RS}} = \frac{V_{NL} - V_L}{\frac{V_L}{R_L}} = R_L \left(\frac{V_{NL} - V_L}{V_L} \right)$$

例 8-2 某稳压电源在空载时的输出电压是 5.00 V，当把 5.10 Ω 的负载电阻连接到输出端时，电压下降到 4.98 V。这个电源的内阻是多少？

解

$$R_S = R_L \left(\frac{V_{NL} - V_L}{V_L} \right) = 5.10 \ \Omega \times \left(\frac{5.00 \ V - 4.98 \ V}{4.98} \right) = 20.5 \ m\Omega$$

同步练习　如果电源在空载时的输出电压是 1.55 V，加上负载时的输出电压是 1.45 V，负载电阻与例 8-2 中的相同。计算这个电源的内阻。

学习效果检测

1. 理想电压源的符号是什么？
2. 画出实际的电压源。
3. 理想电压源的内阻是多少？
4. 负载怎样影响一个实际电压源的输出电压？
5. 为什么不能用欧姆表测量电压源的内阻？

8.2　电流源

正如第 2 章所学到的，电流源是另外一种形式的电源，理想情况下它能够提供不变的电流，此电流与负载无关(开路除外)。电流源的概念在一些晶体管电路中非常重要。

学完本节内容后，你应能够描述电流源的特性，具体就是：

- 比较理想电流源和实际电流源。
- 讨论负载对实际电流源的影响。

图 8-4a 是理想电流源的符号。箭头代表电流 I_S 的方向。无论负载电阻是多少(开路除外)，理想电流源都能够提供不变的电流。这个概念在图 8-4b 中进行了说明，图中一个负载电阻接了电流源的 A 和 B 两端之间。理想电流源相当于有一个无限大的内阻并联于电流源两端。

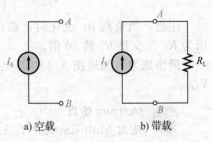

a) 空载　　　　b) 带载

图 8-4　理想电流源

晶体管基本上可以看作一个电流源，因此电流源的概念很重要。以后你将会看到晶体管的电路模型中包含一个电流源。

尽管在许多电路分析中都可以使用理想电流源，但实际的电流源都不是理想的。实际的电流源如图 8-5 所示，图中内阻和理想电流源并联。

如果电流源内阻 R_S 远远大于负载电阻，那么实际的电流源便接近于理想电流源。原因在图 8-5 所示的实际电流源中进行了说明。电流 I_S 的一部分流过了 R_S，而另一部分流过了 R_L。内阻 R_S 和负载电阻

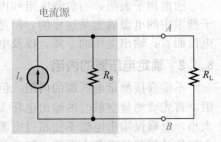

图 8-5　带负载的实际电流源

R_L 类似分流器一样工作。如果 R_S 远远大于 R_L，那么大部分电流会通过 R_L，很少一部分流过 R_S。只要 R_L 一直远远小于 R_S，那么无论 R_L 如何变化，通过 R_L 的电流基本上都是常数。

如果一个电流源的输出是常量，就可以认为 R_S 远远大于负载电阻，从而忽略 R_S 的存在。这样就可以将其简化为理想电流源，使分析更加容易。

例 8-3 表明了当 R_L 远远小于 R_S 时，改变 R_L 对负载电流不会产生明显影响。一般说来，如果一个电源被看作电流源的话，那么 R_S 至少应该比 R_L 大 10 倍，即 $R_S \geqslant 10R_L$。

例 8-3　如图 8-6 所示，当 R_L 分别是 $1\ \text{k}\Omega$、$5.6\ \text{k}\Omega$ 和 $10\ \text{k}\Omega$ 时，计算负载电流 I_L。

解　当 $R_L = 1\ \text{k}\Omega$ 时，负载电流为：

$$I_L = \left(\frac{R_S}{R_S + R_L}\right)I_S = \left(\frac{100\ \text{k}\Omega}{101\ \text{k}\Omega}\right) \times 1\ \text{A} = 990\ \text{mA}$$

当 $R_L = 5.6\ \text{k}\Omega$ 时，负载电流为：

$$I_L = \left(\frac{100\ \text{k}\Omega}{105.6\ \text{k}\Omega}\right) \times 1\ \text{A} = 947\ \text{mA}$$

当 $R_L = 10\ \text{k}\Omega$ 时，负载电流为：

$$I_L = \left(\frac{100\ \text{k}\Omega}{110\ \text{k}\Omega}\right) \times 1\ \text{A} = 909\ \text{mA}$$

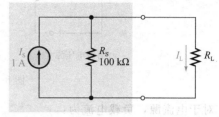

图　8-6

请注意，因为在每种情况下 R_S 都比 R_L 至少大 10 倍，所以对于每一个 R_L，负载电流 I_L 的变化都在电流源电流的 10% 以内。

同步练习　对图 8-6 所示电路，当 R_L 为何值时，负载电流等于 $750\ \text{mA}$？

学习效果检测

1. 理想电流源的符号是什么？
2. 画出实际的电流源。
3. 理想电流源的内阻是多少？
4. 负载怎样影响实际电流源的输出电流？

8.3　电源等效变换

在电路分析中，有时将电压源转化为等效的电流源是非常有用的，反之亦然。

学完本节内容后，你应该能够对电源进行等效变换，具体就是：

- 将电压源转换为电流源。
- 将电流源转换为电压源。
- 理解端子等效。

8.3.1　将电压源转换为电流源

用电压 V_S 除以内阻 R_S，得到等效电流源电流。

$$I_S = \frac{V_S}{R_S}$$

电压源和电流源的 R_S 值是相同的。如图 8-7 所示，箭头的方向由电压的负极指向正极。等效的电流源是理想电流源与 R_S 并联。可以发现，等效电流源的电流与负载短路时的电流相同。

两个电源等效的含义是，如果将任意负载电阻连接到这两个电源上，将产生相同的负载电压和负载电流。这个概念叫作**端子等效**。

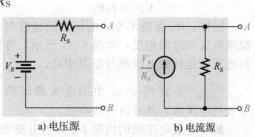

a) 电压源　　　　　b) 电流源

图 8-7　将电压源等效为电流源

将图 8-7 所示电路中等效的电压源和电流源分别连接相同阻值的负载电阻，如图 8-8 所示，然后计算负载电流。对于电压源，负载电流为：

$$I_L = \frac{V_S}{R_S + R_L}$$

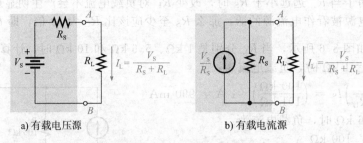

a) 有载电压源　　　　　　　　b) 有载电流源

图 8-8　连接负载的等效电源

对于电流源，负载电流为：

$$I_L = \left(\frac{R_S}{R_S + R_L}\right)\frac{V_S}{R_S} = \frac{V_S}{R_S + R_L}$$

你可以发现这两个表达式中的 I_L 是相同的。就负载或输出端子而言，这些表达式说明两个电源是等效的。

例 8-4　将图 8-9 所示电路中的电压源转换为等效的电流源，并画出等效电路。

解　等效电流源的内阻 R_S 等于电压源的内阻。而等效电流为：

$$I_S = \frac{V_S}{R_S} = \frac{100\ \text{V}}{47\ \Omega} = 2.13\ \text{A}$$

等效电路如图 8-10 所示。

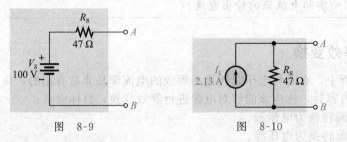

图　8-9　　　　　　　　　图　8-10

同步练习　电压源电压 $V_S = 12$ V，内阻 $R_S = 2\ \Omega$，求等效电流源的 I_S 与 R_S。

8.3.2　将电流源等效为电压源

用电流 I_S 乘以内阻 R_S，得到等效电压源电压。

$$V_S = I_S R_S$$

同样，R_S 保持不变。电压源的极性与电流源电流的方向相反，如图 8-11 所示，等效的电压源是理想电压源与电阻串联。

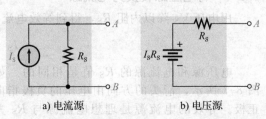

a) 电流源　　　　　b) 电压源

图 8-11　将电流源等效为电压源

例 8-5　将图 8-12 中的电流源转换为等效的电压源，并画出等效电路。

解　等效电压源的内阻 R_S 等于电流源的内阻。而等效电压为：

$$V_S = I_S R_S = 10\ \text{mA} \times 1.0\ \text{k}\Omega = 10\ \text{V}$$

等效电路如图 8-13 所示。

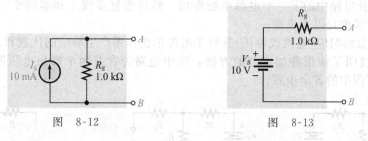

图 8-12   图 8-13

同步练习 电流 $I_S = 500$ mA，内阻 $R_S = 600$ Ω，求与之等效的电压源的 V_S 与 R_S。 ■

学习效果检测

1. 写出将电压源等效为电流源的公式。
2. 写出将电流源等效为电压源的公式。
3. 电路如图 8-14 所示，将电压源等效为电流源。
4. 电路如图 8-15 所示，将电流源等效为电压源。

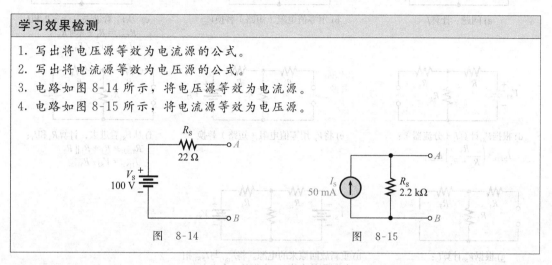

图 8-14   图 8-15

8.4 叠加定理

有些电路中含有多个电压源或电流源。例如，大多数放大器有两个电压源：一个交流电压源和一个直流电压源。此外，某些放大器工作时需要一个正的和一个负的直流电压源。当一个电路中使用多个电源时，叠加定理提供了一种行之有效的分析方法。

学完本节内容后，你应该能够运用叠加定理分析电路，具体就是：

- 表述叠加定理。
- 列出运用该定理的一般步骤。

叠加定理依次分析每个电源对电路的作用效果，然后再算出它们的代数和，从而计算含有多个电源电路的电压和电流。回忆一下，理想电压源的内阻为零，理想电流源的内阻为无限大。非理想电源可以用理想电源加上内阻来替换。为了简化分析，我们运用叠加定理时，所有电源都视为是理想的。

叠加定理陈述如下：

> 在含有多个电源的线性电路中，任意支路的电压和电流都可以通过如下方法来计算，即让每个电源分别单独作用，其他电源用它们的内阻来替代，然后计算出此时的支路电流和电压。该支路的总电流或总电压等于所有电源单独作用时，在该支路上产生的电流或电压(响应)的代数和。

运用叠加定理的步骤如下。

步骤 1：在电路中保留一个电压源(或电流源)，其他电源用其内阻代替。对于理想的电源，用短路代替零值内阻，用开路代替无穷大内阻。

步骤2：假设电路中只有一个电源，然后计算要求解的特定的电流(或电压)。

步骤3：让电路中的下一个电源单独作用，然后重复步骤1和步骤2。对于电路中的每一个电源，都重复以上步骤。

步骤4：总的响应(电流或电压)是每个电源单独作用产生响应的代数和。

图8-16说明了使用叠加定理的方法，图中电路为含有两个理想电压源的串-并联电路。研究一下图中的各个步骤。

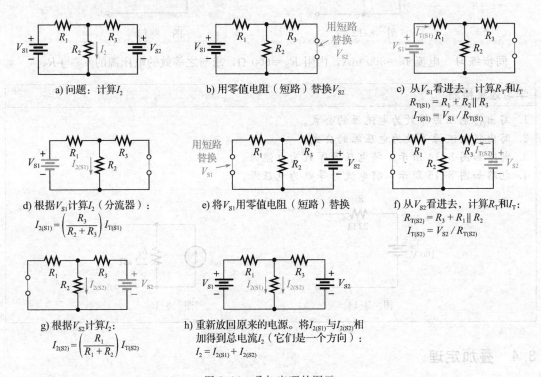

a) 问题：计算 I_2

b) 用零值电阻(短路)替换 V_{S2}

c) 从 V_{S1} 看进去，计算 R_T 和 I_T：
$$R_{T(S1)} = R_1 + R_2 \| R_3$$
$$I_{T(S1)} = V_{S1} / R_{T(S1)}$$

d) 根据 V_{S1} 计算 I_2 (分流器)：
$$I_{2(S1)} = \left(\frac{R_3}{R_2 + R_3} \right) I_{T(S1)}$$

e) 将 V_{S1} 用零值电阻(短路)替换

f) 从 V_{S2} 看进去，计算 R_T 和 I_T：
$$R_{T(S2)} = R_3 + R_1 \| R_2$$
$$I_{T(S2)} = V_{S2} / R_{T(S2)}$$

g) 根据 V_{S2} 计算 I_2：
$$I_{2(S2)} = \left(\frac{R_1}{R_1 + R_2} \right) I_{T(S2)}$$

h) 重新放回原来的电源。将 $I_{2(S1)}$ 与 $I_{2(S2)}$ 相加得到总电流 I_2 (它们是一个方向)：
$$I_2 = I_{2(S1)} + I_{2(S2)}$$

图8-16 叠加定理的图示

例 8-6 对于图8-17所示电路，用叠加定理计算流过 R_2 和 R_3 的电流。

解 单独计算每个电源产生的电流和电压，再将它们相加从而解决这个问题。如果你从电源共同作用的总电压开始计算，然后应用欧姆定律求出电流也是可以的。在本例中，对这两种方法都进行了说明。

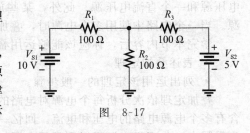

图 8-17

方法一

步骤1：电路如图8-18所示，将 V_{S2} 用短路代替，计算由 V_{S1} 在 R_2 两端产生的电压 V_{R2}。可以发现，R_2 和 R_3 是并联的。由 V_{S1} 在 R_2 两端产生的电压 V_{R2} 可以立刻由分压公式得出：
$$V_{R2} = V_{S1} \left(\frac{R_2 \| R_3}{R_2 \| R_3 + R_1} \right) = 10 \text{ V} \times \left(\frac{100 \ \Omega \| 100 \ \Omega}{100 \ \Omega \| 100 \ \Omega + 100 \ \Omega} \right) = 3.33 \text{ V}$$

步骤2：电路如图8-19所示，将 V_{S1} 用短路代替，计算由 V_{S2} 在 R_2 两端产生的电压 V_{R2}。可以发现，R_2 和 R_1 是并联的。由 V_{S2} 在 R_2 两端产生的电压 V_{R2} 可以立刻由分压公式得出：
$$V_{R2} = V_{S2} \left(\frac{R_1 \| R_2}{R_1 \| R_2 + R_3} \right) = 5.0 \text{ V} \times \left(\frac{100 \ \Omega \| 100 \ \Omega}{100 \ \Omega \| 100 \ \Omega + 100 \ \Omega} \right) = 1.67 \text{ V}$$

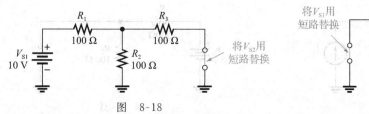

图 8-18

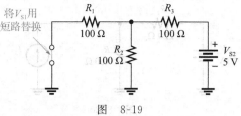

图 8-19

步骤 3：上面计算的两个电压极性相同，将它们相加得到：

$$V_{R2(\text{tot})} = V_{2(\text{S1})} + V_{2(\text{S2})} = 3.33\ \text{V} + 1.67\ \text{V} = 5.0\ \text{V}$$

再运用欧姆定律得到电流：

$$I_{R2(\text{tot})} = \frac{V_{R2(\text{tot})}}{R_2} = \frac{5.0\ \text{V}}{100\ \Omega} = 50\ \text{mA}$$

也可以分别计算每个电源在 R_3 上产生的电流，然后求出 I_3。这就是下面的方法二。

方法二

步骤 1：电路如图 8-18 所示，将 V_{S2} 用短路代替，在 V_{S1} 作用时，求出总电流和总电阻。

V_{S1} 作用时，从 V_{S1} 看进去的总电阻为：

$$R_{\text{T(S1)}} = R_1 + R_2 \| R_3 = 100\ \Omega + 100\ \Omega \| 100\ \Omega = 150\ \Omega$$

V_{S1} 产生的电流为：

$$I_{\text{S1}} = \frac{V_{\text{S1}}}{R_{\text{T(S1)}}} = \frac{10\ \text{V}}{150\ \Omega} = 66.7\ \text{mA}$$

运用分流公式求出由 V_{S1} 产生的电流 I_3（注意电流方向）。

$$I_{3(\text{S1})} = \left(\frac{R_2}{R_2 + R_3}\right) I_{\text{T(S1)}} = \left(\frac{100\ \Omega}{100\ \Omega + 100\ \Omega}\right) \times 66.7\ \text{mA} = 33.3\ \text{mA}$$

由 V_{S1} 产生的电流 I_3 在 R_3 上由左指向右。

步骤 2：电路如图 8-19 所示，将 V_{S1} 用短路代替，在 V_{S2} 作用时，求出总电流（电源电流）和总电阻。

V_{S2} 作用时，总电阻为：

$$R_{\text{T(S2)}} = R_3 + R_1 \| R_3 = 100\ \Omega + 100\ \Omega \| 100\ \Omega = 150\ \Omega$$

V_{S2} 单独作用产生的总电流为：

$$I_{\text{T(S2)}} = \frac{V_{\text{S2}}}{R_{\text{T(S2)}}} = \frac{5.0\ \text{V}}{150\ \Omega} = 33.3\ \text{mA}$$

这个电流就是流经 R_3 的电流（为负值）。因此，$I_{3(\text{S2})} = -I_{\text{T(S2)}} = -33.3\ \text{mA}$，电流方向从右向左。因为这个电流方向和步骤 1 中的电流方向相反，所以前面带有负号。

步骤 3：将步骤 1 和步骤 2 求出的电流相加：

$$I_{3(\text{S1})} + I_{3(\text{S2})} = 33.3\ \text{mA} + (-33.3\ \text{mA}) = 0\ \text{mA}$$

可见，实际通过 R_3 的电流为零。这是因为，V_{S1} 作用的结果就是在 R_2 两端产生一个 5 V 的电压，这个电压的极性与 V_{S2} 相反。故 R_3 两端电位相等，流经 R_3 的电流为零。

同步练习　如果图 8-17 所示电路中 V_{S2} 的极性发生改变，再计算流过 R_2 的总电流。∎

Multisim 仿真

使用 Multisim 文件 E08-06 校验本例的计算结果，并核实你对同步练习的计算结果。

例 8-7　电路如图 8-20 所示，计算流经 R_2 的电流。

解　步骤 1：电路如图 8-21 所示，将 I_{S} 用开路代替，在 V_{S} 作用下，计算流经 R_2 的电流。从 V_{S} 看进去，

$$R_{\text{T}} = R_1 + R_2 = 320\ \Omega$$

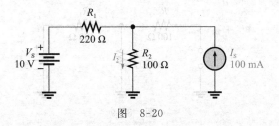

图 8-20

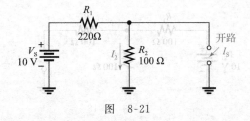

图 8-21

由 V_S 引起的流经 R_2 的电流为：

$$I_{2(V_S)} = \frac{V_S}{R_T} = \frac{10\text{ V}}{320\text{ }\Omega} = 31.2\text{ mA}$$

R_2 中的电流方向向下。

步骤 2：电路如图 8-22 所示，将 V_S 用短路代替，在 I_S 作用下，计算流经 R_2 的电流。

使用分流公式计算流经 R_2 的电流：

$$I_{2(I_S)} = \left(\frac{R_1}{R_1+R_2}\right)I_S = \left(\frac{220\text{ }\Omega}{320\text{ }\Omega}\right) \times 100\text{ mA}$$
$$= 68.8\text{ mA}$$

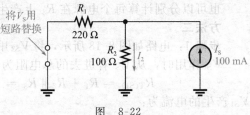

图 8-22

R_2 中的电流方向同样也是向下的。

步骤 3：两次计算的电流方向相同，因此相加即可得到总电流。

$$I_{2(\text{tot})} = I_{2(V_S)} + I_{2(I_S)} = 31.2\text{ mA} + 68.8\text{ mA} = 100\text{ mA}$$

同步练习 如果改变图 8-20 所示电路中 V_{S2} 的极性，对 I_S 的值有何影响？

例 8-8 电路如图 8-23 所示，计算流经 $100\text{ }\Omega$ 电阻的电流。

解 步骤 1：电路如图 8-24 所示，将 I_{S2} 用开路代替，在 I_{S1} 作用下，计算流经 $100\text{ }\Omega$ 电阻的电流。可以发现，10 mA 电流全部流经 $100\text{ }\Omega$ 电阻，并且方向向下。

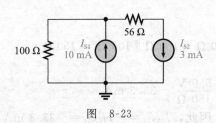

图 8-23

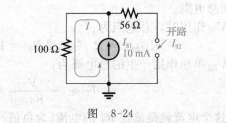

图 8-24

步骤 2：电路如图 8-25 所示，将 I_{S1} 用开路代替，在 I_{S2} 作用下，计算流经 $100\text{ }\Omega$ 电阻的电流。可以发现，3 mA 电流全部流经 $100\text{ }\Omega$ 电阻，但方向向上。

步骤 3：因为以上两个电流方向相反，为了得到流经 $100\text{ }\Omega$ 电阻的总电流，要用大的电流减去小的电流。总电流的方向和电源 I_{S1} 作用时得到的较大电流的方向一致。

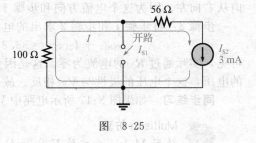

图 8-25

$$I_{100\text{ }\Omega(\text{tot})} = I_{100\text{ }\Omega(I_{S1})} - I_{100\text{ }\Omega(I_{S2})} = 10\text{ mA} - 3\text{ mA} = 7\text{ mA}$$

最后得到的总电流的方向是向下的。

同步练习 如图 8-23 所示，如果将 $100\text{ }\Omega$ 的电阻改为 $68\text{ }\Omega$，则流经这个电阻的电流是多少？

例 8-9 电路如图 8-26 所示，计算流经 R_3 的电流。

解 **步骤 1**：电路如图 8-27 所示，将 V_{S2} 用短路代替，在 V_{S1} 作用下，计算流经 R_3 的电流。

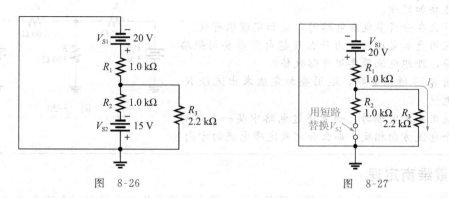

图 8-26

图 8-27

从 V_{S1} 看进去，

$$R_{T(S1)} = R_1 + \frac{R_2 R_3}{R_2 + R_3} = 1.0 \text{ k}\Omega + \frac{1.0 \text{ k}\Omega \times 2.2 \text{ k}\Omega}{3.2 \text{ k}\Omega} = 1.69 \text{ k}\Omega$$

$$I_{T(S1)} = \frac{V_{S1}}{R_{T(S1)}} = \frac{20 \text{ V}}{1.69 \text{ k}\Omega} = 11.8 \text{ mA}$$

应用分流公式，得出由电源 V_{S1} 单独作用产生的流经 R_3 的电流。

$$I_{3(S1)} = \left(\frac{R_2}{R_2 + R_3}\right) I_{T(S1)} = \left(\frac{1.0 \text{ k}\Omega}{3.2 \text{ k}\Omega}\right) \times 11.8 \text{ mA} = 3.70 \text{ mA}$$

这个电流是从上向下流过 R_3 的。

步骤 2：如图 8-28 所示，将 V_{S1} 用短路代替，在 V_{S2} 作用下，计算 I_3。
从 V_{S2} 看进去，

$$R_{T(S2)} = R_2 + \frac{R_1 R_3}{R_1 + R_3} = 1.0 \text{ k}\Omega + \frac{1.0 \text{ k}\Omega \times 2.2 \text{ k}\Omega}{3.2 \text{ k}\Omega}$$

$$= 1.69 \text{ k}\Omega$$

$$I_{T(S2)} = \frac{V_{S2}}{R_{T(S2)}} = \frac{15 \text{ V}}{1.69 \text{ k}\Omega} = 8.89 \text{ mA}$$

应用分流公式求出由 V_{S2} 产生的流经 R_3 的电流。

$$I_{3(S2)} = \left(\frac{R_1}{R_1 + R_3}\right) I_{T(S2)} = \left(\frac{1.0 \text{ k}\Omega}{3.2 \text{ k}\Omega}\right) \times 8.89 \text{ mA} = 2.78 \text{ mA}$$

这个电流是从下向上流过 R_3 的。

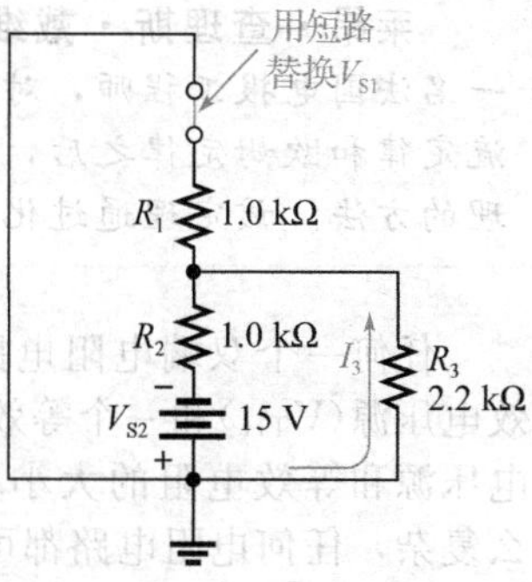

步骤 3：计算流经 R_3 的总电流。

$$I_{3(\text{tot})} = I_{3(S1)} - I_{3(S2)} = 3.70 \text{ mA} - 2.78 \text{ mA} = 0.926 \text{ mA} = 926 \text{ μA}$$

图 8-28

这个电流是从上向下流过 R_3 的。

同步练习 电路如图 8-26 所示，如果 V_{S1} 变为 12 V，并改变 V_{S1} 的极性，再计算 $I_{3(\text{tot})}$。 ∎

 Multisim 仿真
使用 Multisim 文件 E08-09 校验本例的计算结果，并确定同步练习的计算结果。

虽然直流稳压电源已接近理想电压源，但许多交流电源却不是这样的。例如，函数发生器通常有 50 Ω 或 600 Ω 的内阻，可以把它看成一个电阻与理想电源串联。新电池可以看成理想电源，但是，随着使用时间的增加，它的内阻会变大。在应用叠加定理时，要知道什么时候电源不是理想的，并利用它的等效内阻替代它。

电流源不像电压源那么常见，当然也不总是理想的。如果电流源不是理想的，那么在应用叠加定理时，要用等效内阻替代它。

学习效果检测

1. 陈述叠加定理。
2. 为什么在分析多电源电路时，叠加定理很有效？
3. 在应用叠加定理时，为什么理想电压源要用短路代替，理想电流源要用开路代替？
4. 如图 8-29 所示电路，运用叠加定理求出流经 R_1 的电流。
5. 在应用叠加定理时，如果通过电路中某一支路的两个电流方向相反，那么如何确定净电流的方向？

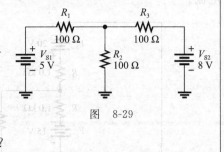

图 8-29

8.5 戴维南定理

戴维南定理提供了一种化简电路的方法，将电路等效化简为具有两个输出端子的标准等效形式。这个定理可以用来简化复杂的线性电路。

学完本节内容后，你应该能够应用戴维南定理分析电路，具体就是：

- 描述戴维南等效电路的形式。
- 计算戴维南等效电压源。
- 计算戴维南等效电阻。
- 在戴维南定理中解释端子等效。
- 将一部分电路化成戴维南等效电路。
- 将惠斯通电桥进行戴维南等效变换。

┊**人物小贴士**┊

　　莱昂·查理斯·戴维南(Léon Charles Thevenin，1857—1926)　是一名法国电报工程师，对电路测量问题充满兴趣。在学习了基尔霍夫电流定律和欧姆定律之后，于 1882 年，他提出了一种现在被称为戴维南定理的方法。该定理通过化简来分析复杂电路。

　　任何一个双端电阻电路的戴维南等效电路，包括一个等效电压源(V_{TH})和一个等效电阻(R_{TH})，如图 8-30 所示。等效电压源和等效电阻的大小取决于被等效电路的参数。无论多么复杂，任何电阻电路都可以这样被简化。

等效电压 V_{TH} 是整个戴维南等效电路的一部分，另一部分是 R_{TH}。

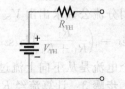

图 8-30　戴维南等效电路的一般形式是一个电压源串联一个电阻

戴维南等效电压(V_{TH})是电路中输出端子两端的开路(空载)电压。

连接在这两个端子之间的任何元器件，都可以"看到"与 R_{TH} 串联的 V_{TH}。再根据戴维南定理的叙述可知：

戴维南等效电阻(R_{TH})是所有电源都用它们的内阻代替后，两个端子之间的总电阻。

虽然戴维南等效电路和原电路是不同的，但它们输出的电压与电流却是相同的。看一下图 8-31 给出的解释。将任何复杂的电阻电路放置在盒子中，只露出两个输出端子。然后将与其等效的戴维南电路也放置在相同的盒子中，同样只露出两个输出端子。在每个盒子的输出端子上连接相同的负载电阻。在图 8-31 中，连接了电压表和电流表，用于测量负载电压和电流。由于对应表的测量值是相同的(忽略容许公差)，因此你无法根据测量值来确定哪一个是原始电路，哪一个是戴维南等效电路。也就是说，从电气测量结果看，这两个电路似乎是相同的。这种情况在以前已经被定义为端子等效，这是因为，当给定负载连接到这两个电路的输出端子上时，这两个电路产生的效果完全相同。

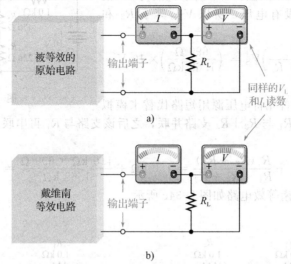

图 8-31　哪一个是原始电路，哪一个是戴维南等效电路？你无法通过仪表的读数来判断

要获得任何电路的戴维南等效电路，就要从输出端子看，分别得到等效电压 V_{TH} 和等效电阻 R_{TH}。图 8-32 给出了一个求 A、B 端戴维南等效电路的方法。

在图 8-32a 中，端子 A 和 B 之间的电压为戴维南等效电压。在这个特殊的电路中，因为没有电流流过 R_3，R_3 两端没有电压，所以 A、B 之间的电压和 R_2 两端的电压相同。这个电压如下所示：

$$V_{TH} = \left(\frac{R_2}{R_1 + R_2} \right) V_S$$

在图 8-32b 中，将电压源用短路(零值内阻)代替，A、B 之间的电阻就是戴维南等效电阻。在这个电路中，等效电阻就是 R_1 与 R_2 并联之后再与 R_3 串联的电阻。因此，R_{TH} 的表达式如下：

$$R_{TH} = R_3 + \frac{R_1 R_2}{R_1 + R_2}$$

戴维南等效电路如图 8-32c 所示。

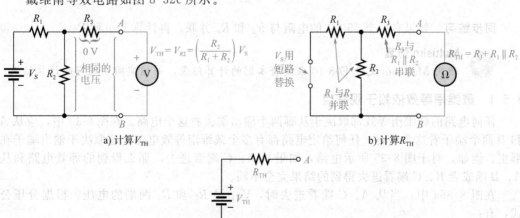

图 8-32　用戴维南定理简化电路的例子

例 8-10 求图 8-33 中 A、B 两端的戴维南等效电路。

解 首先去掉 R_L。如图 8-34a 所示，因为 R_4 没有电流，R_4 两端也没有电压，所以 V_{TH} 等于 R_2 和 R_3 两端电压之和。

$$R_{TH} = \left(\frac{R_2 + R_3}{R_1 + R_2 + R_3}\right)V_S = \left(\frac{690\ \Omega}{1.69\ k\Omega}\right) \times 10\ V$$
$$= 4.08\ V$$

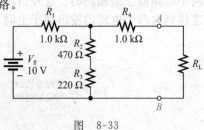

图 8-33

为了计算 R_{TH}，首先将电压源用短路代替来模拟零欧姆内阻。然后，R_1 与 $R_2 + R_3$ 支路并联，之后该支路与 R_4 再串联，如图 8-34b 所示。得到 R_{TH} 为：

$$R_{TH} = R_4 + \frac{R_1(R_2 + R_3)}{R_1 + R_2 + R_3} = 1.0\ k\Omega + \frac{1.0\ k\Omega \times 690\ \Omega}{1.69\ k\Omega} = 1.41\ k\Omega$$

最后得到的戴维南等效电路如图 8-34c 所示。

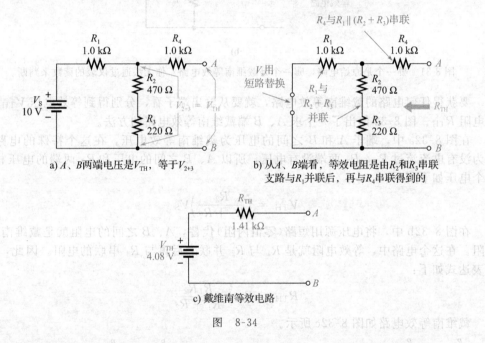

a) A、B 两端电压是 V_{TH}，等于 V_{2+3}

b) 从 A、B 端看，等效电阻是由 R_2 和 R_3 串联支路与 R_1 并联后，再与 R_4 串联得到的

c) 戴维南等效电路

图 8-34

同步练习 如果有一个 560 Ω 的电阻与 R_2 和 R_3 并联，再计算 V_{TH} 和 R_{TH}。

Multisim 仿真

使用 Multisim 文件 E08-10 来校验本例的计算结果，并核实同步练习的计算结果。

8.5.1 戴维南等效依赖于观察点

任何电路的戴维南等效都取决于从哪两个输出端去看这个电路。在图 8-33 中，应从 A 和 B 两个端子看这个电路。任何给定电路都有多个戴维南等效电路，这取决于输出端子在哪里。例如，对于图 8-35 所示电路，如果从 A、C 端看进去，那么得到的等效电路和从 A、B 端或者 B、C 端看进去得到的结果完全不同。

在图 8-36a 中，当从 A、C 端看进去时，V_{TH} 是 R_2 和 R_3 两端的电压，根据分压公式，有：

$$V_{TH(AC)} = \left(\frac{R_2 + R_3}{R_1 + R_2 + R_3}\right)V_S$$

同样，在图 8-36b 中，A、C 两端的等效电阻是 R_2 和 R_3 串联再与 R_1 并联(电压源用短路代替），表达式为：

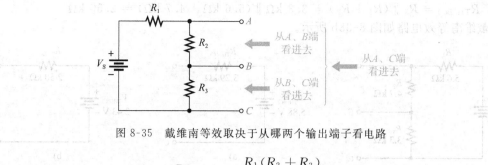

图 8-35　戴维南等效取决于从哪两个输出端子看电路

$$R_{\mathrm{TH}(AC)} = \frac{R_1(R_2 + R_3)}{R_1 + R_2 + R_3}$$

戴维南等效电路如图 8-36c 所示。

当从 B、C 端看进去，如图 8-36d 所示，V_{TH} 是 R_3 两端的电压，可以表示为：

$$V_{\mathrm{TH}(BC)} = \left(\frac{R_3}{R_1 + R_2 + R_3}\right)V_S$$

BC 端的等效电阻是 R_1 和 R_2 串联再与 R_3 并联，如图 8-36e 所示。

$$R_{\mathrm{TH}(BC)} = \frac{R_3(R_1 + R_2)}{R_1 + R_2 + R_3}$$

戴维南等效电路如图 8-36f 所示。

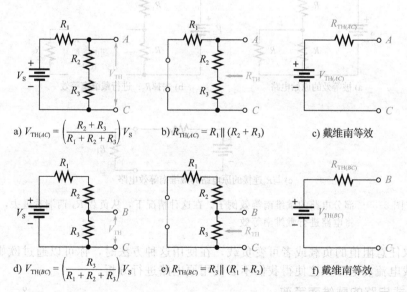

a) $V_{\mathrm{TH}(AC)} = \left(\dfrac{R_2 + R_3}{R_1 + R_2 + R_3}\right)V_S$　　b) $R_{\mathrm{TH}(AC)} = R_1 \| (R_2 + R_3)$　　c) 戴维南等效

d) $V_{\mathrm{TH}(BC)} = \left(\dfrac{R_3}{R_1 + R_2 + R_3}\right)V_S$　　e) $R_{\mathrm{TH}(BC)} = R_3 \| (R_1 + R_2)$　　f) 戴维南等效

图 8-36　对同一个电路从两对不同的端子上看进去进行戴维南等效的例子。图 a、b 和 c 说明了一对
　　　　　端子的情况，图 d、e 和 f 说明了另一对端子的情况。每一种情况下，V_{TH} 和 R_{TH} 都是不同的

例 8-11　(a)电路如图 8-37 所示，从 A、C 端看，求出戴维南等效电路。

　　　　　　(b)电路如图 8-37 所示，从 B、C 端看，求出戴维南等效电路。

解

$$(a)\, V_{\mathrm{TH}(AC)} = \left(\frac{R_2 + R_3}{R_1 + R_2 + R_3}\right)V_S = \left(\frac{4.7\ \mathrm{k\Omega} + 3.3\ \mathrm{k\Omega}}{5.6\ \mathrm{k\Omega} + 4.7\ \mathrm{k\Omega} + 3.3\ \mathrm{k\Omega}}\right) \times 10\ \mathrm{V} = 5.88\ \mathrm{V}$$

$$R_{\mathrm{TH}(AC)} = R_1 \| (R_2 + R_3) = 5.6\ \mathrm{k\Omega} \| (4.7\ \mathrm{k\Omega} + 3.3\ \mathrm{k\Omega}) = 3.29\ \mathrm{k\Omega}$$

戴维南等效电路如图 8-38a 所示。

$$(b) V_{TH(BC)} = \left(\frac{R_3}{R_1 + R_2 + R_3}\right) V_S = \left(\frac{3.3 \text{ k}\Omega}{5.6 \text{ k}\Omega + 4.7 \text{ k}\Omega + 3.3 \text{ k}\Omega}\right) \times 10 \text{ V} = 2.43 \text{ V}$$

$$R_{TH(BC)} = R_3 \parallel (R_1 + R_2) = 3.3 \text{ k}\Omega \parallel (5.6 \text{ k}\Omega + 4.7 \text{ k}\Omega) = 2.50 \text{ k}\Omega$$

戴维南等效电路如图 8-38b 所示。

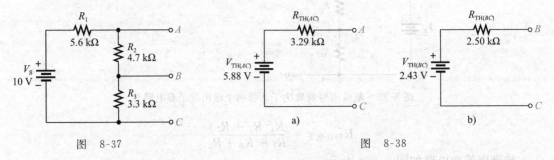

图 8-37　　　　　　　　　　　　　　　　　　　图 8-38

同步练习　电路如图 8-37 所示，从 A、B 端看，求出戴维南等效电路。

8.5.2 部分电路的戴维南等效

在许多情况下，只需要将电路的某一部分进行戴维南等效。例如，当你需要知道从电路中的一个电阻两端看进去的等效电路时，你可以把这个电阻去掉，然后把戴维南定理应用于从这个电阻看进去的剩下部分。图 8-39 说明了部分电路的戴维南等效。

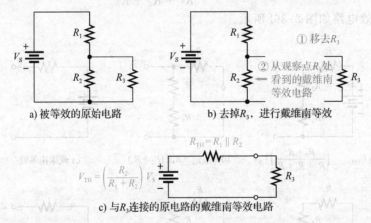

a) 被等效的原始电路　　　　　b) 去掉 R_3，进行戴维南等效

c) 与 R_3 连接的原电路的戴维南等效电路

图 8-39　部分电路的戴维南等效例子。在这种情况下，从负载 R_3 两端看进去，
将电路进行戴维南等效

对于取任意阻值的负载或者可变负载，在使用这种方法时，你可以通过欧姆定律轻易地算出负载电流和电压。这使得我们不必使用原电路进行分析。

8.5.3 桥式电路的戴维南等效

将戴维南定理应用于惠斯通电桥时，更能体现它的实用性。例如，当惠斯通电桥的输出端连接电阻时，如图 8-40 所示，因为它不是一个简单的串-并联电路，所以电路分析起来很困难。这个电路中没有一个电阻与其他电阻是串联或并联的。

使用戴维南定理，从负载电阻端看进去，你可以将桥式电路逐步化简，如图 8-41 所示。仔细研究图中的步骤。一旦找到电桥的等效电路，便可以很容易地求出当负载电阻为任意值时，负载上的电流和电压。

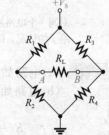

图 8-40　输出端连接电阻的惠斯通电桥，它不是一个简单的串-并联电路

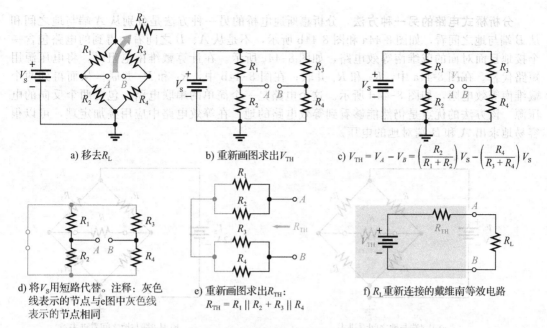

a) 移去R_L

b) 重新画图求出V_{TH}

c) $V_{TH} = V_A - V_B = \left(\dfrac{R_2}{R_1 + R_2}\right)V_S - \left(\dfrac{R_4}{R_3 + R_4}\right)V_S$

d) 将V_S用短路代替。注释：灰色
线表示的节点与e图中灰色线
表示的节点相同

e) 重新画图求出R_{TH}：
$R_{TH} = R_1 \| R_2 + R_3 \| R_4$

f) R_L重新连接的戴维南等效电路

图 8-41　用戴维南定理化简惠斯通电路

例 8-12　电路如图 8-42 所示，求出桥式电路中
负载电阻R_L两端的电压和电流。

解　步骤1：去掉R_L。

步骤2：从A、B端看，将电桥进行戴维南等效，
如图 8-41 所示，首先求出V_{TH}。

$$V_{TH} = V_A - V_B = \left(\frac{R_2}{R_1 + R_2}\right)V_S - \left(\frac{R_4}{R_3 + R_4}\right)V_S$$

$$= \left(\frac{680\ \Omega}{1010\ \Omega}\right) \times 24\ V - \left(\frac{560\ \Omega}{1240\ \Omega}\right) \times 24\ V$$

$$= 16.16\ V - 10.84\ V = 5.32\ V$$

图　8-42

步骤3：求出R_{TH}。

$$R_{TH} = \frac{R_1 R_2}{R_1 + R_2} + \frac{R_3 R_4}{R_3 + R_4}$$

$$= \frac{330\ \Omega \times 680\ \Omega}{1010\ \Omega} + \frac{680\ \Omega \times 560\ \Omega}{1240\ \Omega} = 222\ \Omega + 307\ \Omega = 529\ \Omega$$

步骤4：将V_{TH}和R_{TH}串联，得到戴维南等效电路。

步骤5：在等效电路的A、B端连接负载电阻，如
图 8-43 所示，求出负载电压和电流。

$$V_L = \left(\frac{R_L}{R_L + R_{TH}}\right)V_{TH} = \left(\frac{1.0\ k\Omega}{1.529\ k\Omega}\right) \times 5.32\ V = 3.48\ V$$

$$I_L = \frac{V_L}{R_L} = \frac{3.48\ V}{1.0\ k\Omega} = 3.48\ mA$$

惠斯通电桥的
戴维南等效

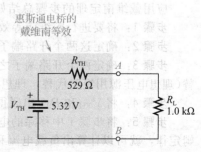

图　8-43

同步练习　对于惠斯通电桥，当$R_1 = 2.2\ k\Omega$、$R_2 =$
$3.3\ k\Omega$、$R_3 = 3.9\ k\Omega$、$R_4 = 2.7\ k\Omega$时，求电流I_L。■

Multisim 仿真

使用 Multisim 文件 E08-12A 和 E08-12B 校验本例的计算结果，并核实你对同步练
习的计算结果。

分析桥式电路的另一种方法　分析惠斯通电桥的另一种方法是分别从 A 端与地之间和从 B 端与地之间看，如图 8-44a 和图 8-44b 所示，不是从 A、B 之间看。得到的电路包含一个接地且面对面的戴维南等效电路，如图 8-44c 所示。在计算戴维南电阻时，将电压源用短路代替。在图 8-44a 中，R_3 和 R_4 并联；在图 8-44b 中，R_1 和 R_2 并联。从而得到两个戴维南等效电阻，如图 8-44d 所示。这个电路是一个简单的串联电路，包含两个反向的电压源。该方法的优点是仍然能够看到等效电路的地。在等效电路中应用叠加定理，可以很容易地求出 A 和 B 端对地的电压。

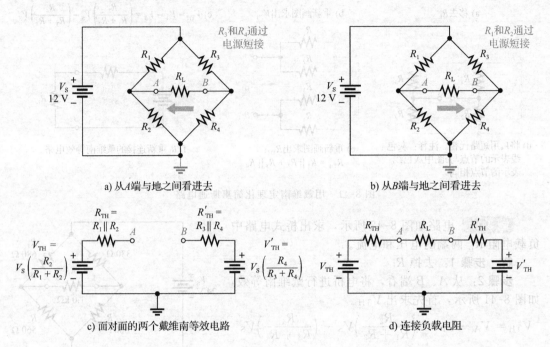

a) 从 A 端与地之间看进去　　　　　　　　　　b) 从 B 端与地之间看进去

c) 面对面的两个戴维南等效电路　　　　　　　　d) 连接负载电阻

图　8-44

8.5.4　戴维南定理总结

记住，不管被等效的原始电路是什么形式的，戴维南等效电路都是一个等效电压源串联一个等效电阻。戴维南定理的意义在于，等效电路在任何负载下都可以代替原始电路。任何连接在戴维南等效电路两端的负载，都和它连接到原电路一样，即具有相同的负载电流和电压。

应用戴维南定理的步骤总结如下。

步骤 1：将要进行戴维南等效的两个端子开路(去掉任何负载)。

步骤 2：确定这两个开路端子之间的电压(V_{TH})。

步骤 3：确定两个开路端子之间的电阻(R_{TH})，此时要将所有电源都用它们的内阻代替(理想电压源用短路代替，理想电流源用开路代替)。

步骤 4：将 V_{TH} 和 R_{TH} 串联得到原电路的戴维南等效电路。

步骤 5：将步骤 1 中移除的电阻重新接在戴维南等效电路的两端。接下来仅需利用欧姆定律，就可以计算出负载电流和电压。它们的值与在原电路中的值完全相同。

8.5.5　V_{TH} 和 R_{TH} 的测量方法

戴维南定理在很大程度上是一种简化分析方法。采用以下通用测量技术，你可以从实际电路中找到戴维南等效电路。这些步骤如图 8-45 所示。

步骤 1：在电路的输出端去掉负载。

步骤 2：测量开路端电压。所用电压表的内阻必须比 R_{TH} 大 10 倍以上，这样它对开路电压的影响（即负载效应）便可以忽略不计。V_{TH} 实际就是开路电压。

步骤 3：在输出端连接上可变电阻（变阻器）。把它调到最大值，这个最大值必须大于 R_{TH}。

步骤 4：调节变阻器，直到其端电压等于 $0.5\,V_{TH}$。在这点，变阻器的阻值等于 R_{TH}。

步骤 5：将变阻器从端子上断开，用欧姆表测量其电阻，这个电阻便等于 R_{TH}。

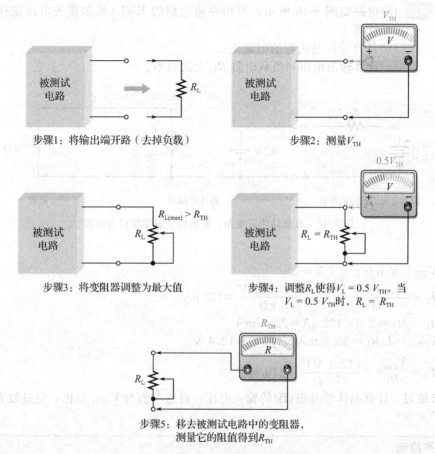

图 8-45 通过测量来确定戴维南等效电路

这种确定 R_{TH} 的方法与理论方法不同，因为在实际电路中，除非电源在外部，否则用短路或开路代替电源都是不切实际的。外部电源可用其内阻代替。此外，在测量 R_{TH} 时，要确保电路能给可变负载提供所需的电流，同时该可变电阻能够承受对应的功率。如果电路不能提供足够的电流以使 $R_{TH}=R_L$，你可以通过测量较大负载电阻 R_L 上的电压，从而间接地确定出 R_{TH}。例如，如果负载电压降到开路电压的 90%，那么 R_L 比 R_{TH} 大 9 倍。因为在这种情况下，输出电压的 10% 加在了 R_{TH} 上，所以得出 90%/10% =9 倍。

8.5.6 实际应用的例子

虽然你还没有学过晶体管电路，但是可以用一个基本放大器来说明戴维南等效电路的实用性。晶体管电路的模型可以使用基本电路元器件来构建，包括一个受控的电流源和一个戴维南等效电路。建模过程通常是将一个复杂的电路进行数学简化，只保留电路中最重要的部分，去除次要部分。

典型的晶体管直流模型如图 8-46 所示。这种晶体管（双极结型三极管）有 3 个端子，记为基极（B）、集电极（C）和发射极（E）。在这种情况下，发射极既是输入端又是输出端，因此它是公共端。受控电流源(用菱形符号表示)由基极电流 I_B 控制。在本例中，受控电流源中的电流是基极电流的 200 倍，表示为 βI_B，β 是晶体管的增益参数(在本例中 $\beta=200$)。

晶体管是直流放大电路的一部分，你可以使用基本模型来预测输出电流。输出电流大于输入电路本身能够提供的电流。电源可以表示一个小的换能器，例如，一个带有6.8 kΩ内阻的太阳能电池。该电池表示为一个等效的戴维南电压和戴维南电阻。负载可以是任何一个设备，该设备需要的电流大于电源直接提供的电流。

例 8-13 (a)电路如图 8-46 所示，写出左边电路的 KVL(基尔霍夫电压定律)方程，计算 I_B。

(b)计算受控电流源的电流 I_C。

(c)计算输出电压和负载电阻 R_L 上的功率。

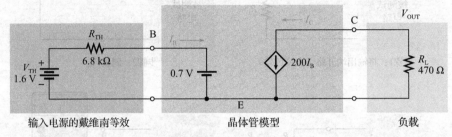

图 8-46 直流晶体管电路，菱形符号表示受控电流源

解

(a)$V_{TH}-R_{TH}I_B-0.7\ \text{V}=0$

$$I_B=\frac{V_{TH}-0.7\ \text{V}}{R_{TH}}=\frac{1.6\ \text{V}-0.7\ \text{V}}{6.8\ \text{kΩ}}=132\ \mu\text{A}$$

(b)$I_C=\beta I_B=200\times132\ \mu\text{A}=26.5\ \text{mA}$

(c)$V_{OUT}=I_CR_L=26.5\ \text{mA}\times470\ \text{Ω}=12.4\ \text{V}$

$$P_L=\frac{V_{OUT}^2}{R_L}=\frac{(12.4\ \text{V})^2}{470\ \text{Ω}}=329\ \text{mW}$$

同步练习 计算晶体管基极(B)的输入电压。将这个值与 V_{OUT} 相比，经过放大后，电压增加了多少？

学习效果检测

1. 戴维南等效电路中的两个组成部分是什么？
2. 画出一般形式的戴维南等效电路。
3. V_{TH} 是如何定义的？
4. R_{TH} 是如何定义的？
5. 假设你想通过观察负载效应来确定 R_{TH}。当连接负载时，输出电压是空载时的 75%，此时的负载电阻比 R_{TH} 大多少？
6. 原电路如图 8-47 所示，从 A、B 两个输出端子看进去，画出戴维南等效电路。

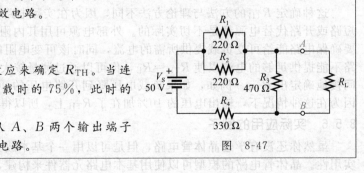

图 8-47

8.6 诺顿定理

与戴维南定理一样，诺顿定理提供了一种将复杂电路转化为更简单等效形式的方法。与戴维南定理的基本区别是，诺顿定理的形式是一个电流源和一个电阻并联。

学完本节内容后，你应该能够应用诺顿定理简化电路，具体就是：

- 描述诺顿等效电路的形式。
- 计算诺顿等效电流源。
- 计算诺顿等效电阻。

诺顿定理是化简电路的另一个方法，它将一个双端线性电路简化为只有电流源与电阻并联的等效电路。诺顿等效电路的形式如图 8-48 所示。无论原来的双端电路多么复杂，它都可以转化为这种等效形式。等效电流源记为 I_N，等效电阻记为 R_N。要想应用诺顿定理，你必须知道如何计算 I_N 和 R_N。一旦你知道了给定电路中的这两个参量，那么就可以把它们并联起来，得到完整的诺顿等效电路。

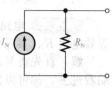

图 8-48　诺顿等效电路的形式

8.6.1　诺顿等效电流(I_N)

> 诺顿等效电流(I_N)是电路中两个输出端之间的短路电流。

从连在这两个端子之间的任何元件看过去是一个电流源(I_N)并联一个电阻(R_N)。举例说明如下。对于图 8-49a 所示电路，假设两个输出端子之间有电阻(R_L)。要想得到诺顿等效，你需要从 R_L 两端看进去。根据图 8-49b，要想得

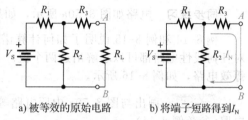

a) 被等效的原始电路　　b) 将端子短路得到 I_N

图 8-49　计算诺顿等效电路中的电流 I_N

到 I_N，需要将 A、B 端短路来计算短路电流。例 8-14 说明了如何计算电流 I_N。

例 8-14　如图 8-50a 所示，计算灰色区域的诺顿等效电流 I_N。

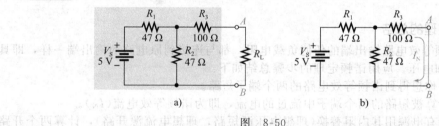

图 8-50

解　电路如图 8-50b 所示，将 A、B 端短路，I_N 是短路线电流。首先，从电压源端去看总电阻为：

$$R_T = R_1 + \frac{R_2 R_3}{R_2 + R_3} = 47\ \Omega + \frac{47\ \Omega \times 100\ \Omega}{147\ \Omega} = 79\ \Omega$$

流过电源的总电流为：

$$I_T = \frac{V_S}{R_T} = \frac{5\ \text{V}}{79\ \Omega} = 63.3\ \text{mA}$$

应用分流公式求出 I_N（即流过短路处的电流）。

$$I_N = \left(\frac{R_2}{R_2 + R_3}\right) I_T = \left(\frac{47\ \Omega}{147\ \Omega}\right) \times 63.3\ \text{mA} = 20.2\ \text{mA}$$

这就是诺顿等效电路中电流源的值。

同步练习　电路如图 8-50a 所示，如果将 R_2 的值加倍，再求诺顿等效电流 I_N。

 Multisim 仿真
使用 Multisim 文件 E08-14 校验本例的计算结果，并核实你对同步练习的计算结果。

8.6.2　诺顿等效电阻(R_N)

诺顿等效电阻(R_N)的定义方式和戴维南等效电阻 R_{TH} 相同。

> 诺顿等效电阻 R_N 是给定电路中所有电源都用它们的内阻替换后，两个端子之间的总电阻。

例 8-15 说明了如何求出 R_N。

例 8-15 电路如图 8-50a 所示，计算阴影区域的诺顿等效电阻 R_N（参考例 8-14）。

解 首先将 V_S 用短路代替，如图 8-51 所示。从 A、B 端看进去，你可以发现总电阻是 R_1 和 R_2 并联后，再和 R_3 串联。因此：

$$R_N = R_3 + \frac{R_1}{2} = 100\ \Omega + \frac{47\ \Omega}{2} = 124\ \Omega$$

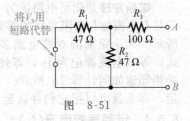

将 V_S 用短路代替

图 8-51

同步练习 电路如图 8-50a 所示，如果 R_2 的值加倍，求诺顿等效电阻 R_N。

例 8-14 和例 8-15 说明了如何计算诺顿等效电路中的两个等效参量 I_N 和 R_N。记住，对任何线性电路都可以求解出这两个值。一旦知道了这些值，将它们并联就可以得到诺顿等效电路，如例 8-16 所示。

例 8-16 画出与图 8-50a 中原电路等效的完整的诺顿等效电路（参考例 8-14）。

解 在例 8-14 和例 8-15 中，已经求出 $I_N = 20.2$ mA、$R_N = 124\ \Omega$。诺顿等效电路如图 8-52 所示。

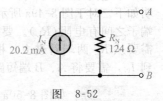

图 8-52

同步练习 如果所有电阻值都加倍，求图 8-50a 所示电路的等效电阻 R_N。

8.6.3 诺顿定理的总结

连接到诺顿等效电路输出端的任何负载电阻，都与连接到原电路的输出端一样，即具有相同的电流和电压。应用诺顿定理的步骤总结如下：

步骤 1：将你想得到诺顿等效电路的两个端子短路。

步骤 2：计算被短路的两个端子中流过的电流，即为诺顿等效电流（I_N）。

步骤 3：所有电源用其内阻替换（理想电压源短路，理想电流源开路），计算两个开路端子之间的电阻（R_N）。（注：$R_N = R_{TH}$）

步骤 4：并联 I_N 和 R_N，得到与原电路等效的完整的诺顿等效电路。

使用 8.3 节中讨论的电源等效变换方法，诺顿等效电路也可以由戴维南等效电路得出。

人物小贴士

爱德华·劳里·诺顿（Edward Lawry Norton，1898—1983） 1922 年，诺顿开始在西部电气公司工作，成为一名电气工程师，这个公司在 1925 年更名为贝尔实验室。诺顿定理基本上是戴维南定理的延伸，是在 1926 年被提出的，并且被记录在贝尔实验室的内部技术报告中。一名德国通信工程师哈斯·迈尔（Hans Mayer），在同月发表了与诺顿技术备忘录同样的结果。因此，在欧洲这个定理也被称为迈尔-诺顿等效定理。（照片资料来源：由 AT&T 档案和历史中心提供。）

8.6.4 实际应用的例子

在这个例子中，使用诺顿等效电路和一个受控电压源对数字照度计中的电压放大器进行建模。该照度计的框图如图 8-53 所示。照度计使用光电管作为传感器。光电管是一种电流源，产生的电流与入射光强成正比，但电流很小。因为它是一个电流源，所以诺顿等效电路可以用来建模光电管。来自光电管的电流被转化成 R_N 两端的小电压，并作为放大器的输入电压。用一个直流放大器将这个小电压提高到足以驱动模拟-数字转换所需的电压。

图 8-53 照度计框图

在这个应用中，我们只对照度计示意图中的前两个模块感兴趣。这些器件被建模为图 8-54 所示形式。光电管已经在输入端被建模为诺顿等效电路。诺顿电路的输出端接到放大器的输入电阻，它把电流 I_N 转化为一个小的电压 V_{IN}。放大器将这个电压提高 20 倍来驱动模拟-数字转换器。为简单起见，将模拟-数字转换器等效为负载电阻 R_L。20 是这个专用放大器的增益（即放大倍数）。

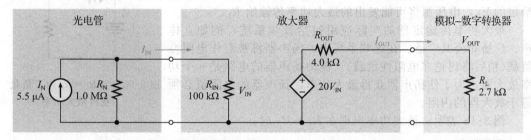

图 8-54 光电管和放大器模型，菱形符号表示受控电压源

例 8-17 参考图 8-54。

(a) 对诺顿电路的输入端应用分流公式，求电流 I_N。
(b) 使用欧姆定律计算 V_{IN}。
(c) 计算受控电压源的电压，其中增益为 20。
(d) 应用分压公式计算 V_{OUT}。

解

(a) $I_{IN} = I_N \left(\dfrac{R_N}{R_N + R_{IN}} \right) = 5.5 \ \mu A \times \left(\dfrac{1.0 \ M\Omega}{1.1 \ M\Omega} \right) = 5 \ \mu A$

(b) $V_{IN} = I_{IN} R_{IN} = 5 \ \mu A \times 100 \ k\Omega = 0.5 \ V$

(c) $20 V_{IN} = 20 \times 0.5 \ V = 10.0 \ V$

(d) $V_{OUT} = (20 V_{IN}) \left(\dfrac{R_L}{R_L + R_{OUT}} \right) = 10.0 \ V \times 0.403 = 4.03 \ V$

同步练习 如果光电管的诺顿等效电阻变为 20 MΩ，其电流不变，那么输出电压是多少？

学习效果检测

1. 诺顿等效电路的两个组成部分是什么？
2. 画出诺顿等效电路。
3. I_N 是如何定义的？
4. R_N 是如何定义的？
5. 从 R_L 端看进去，求出图 8-55 所示电路的诺顿等效电路。

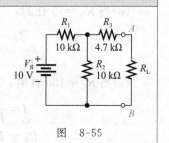

图 8-55

8.7 最大功率传输定理

当你需要知道负载多大时，电源传输给负载的功率为最大，这时最大功率传输定理就显得很重要了。

学完本节内容后，你应该能够应用最大功率传输定理，具体就是：
- 描述最大功率传输定理。
- 计算传输最大功率时的负载电阻。

最大功率传输定理陈述如下：

> 对于给定的电压源，当负载电阻等于电源内阻时，电源为负载提供了最大功率。

这里的电源内阻 R_S，是从输出端看到的戴维南等效电阻。最大功率传输定理假定电源内阻是固定的，不能改变。连接了负载的戴维南等效电路如图 8-56 所示。当 $R_L = R_S$ 时，对于给定的 V_S，电压源将可能发出的最大功率传输给 R_L。

最大功率传输定理的实际应用包括音频系统，例如立体声、广播和公共广播。在这些系统中，扬声器将被看作电阻性负载(稍后将讨论非电阻性负载)。驱动扬声器的电路是一个功率放大器。为了使扬声器获得最大功率，扬声器的电阻值必须等于放大器的内阻。

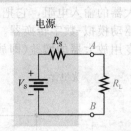

图 8-56 当 $R_L = R_S$ 时，负载获得最大功率

例 8-18 表明，最大功率出现在 $R_L = R_S$ 时。

例 8-18 图 8-57 中的电源具有 75 Ω 的内阻。当负载电阻为下列值时，求出负载功率。
(a) 0 Ω   (b) 25 Ω   (c) 50 Ω   (d) 75 Ω   (e) 100 Ω   (f) 125 Ω
绘制负载功率与负载电阻的关系图。

解 对每一个电阻值，用欧姆定律 ($I = V/R$) 和功率公式 ($P = I^2 R$) 来计算负载功率 P_L。

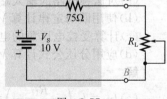

图 8-57

(a) 当 $R_L = 0$ Ω 时：
$$I = \frac{V_S}{R_S + R_L} = \frac{10 \text{ V}}{75 \text{ Ω} + 0 \text{ Ω}} = 133 \text{ mA}$$
$$P_L = I^2 R_L = (133 \text{ mA})^2 \times (0 \text{ Ω}) = 0 \text{ mW}$$

(b) 当 $R_L = 25$ Ω 时：
$$I = \frac{V_S}{R_S + R_L} = \frac{10 \text{ V}}{75 \text{ Ω} + 25 \text{ Ω}} = 100 \text{ mA}$$
$$P_L = I^2 R_L = (100 \text{ mA})^2 \times (25 \text{ Ω}) = 250 \text{ mW}$$

(c) 当 $R_L = 50$ Ω 时：
$$I = \frac{V_S}{R_S + R_L} = \frac{10 \text{ V}}{125 \text{ Ω}} = 80 \text{ mA}$$
$$P_L = I^2 R_L = (80 \text{ mA})^2 \times (50 \text{ Ω}) = 320 \text{ mW}$$

(d) 当 $R_L = 75$ Ω 时：
$$I = \frac{V_S}{R_S + R_L} = \frac{10 \text{ V}}{150 \text{ Ω}} = 66.7 \text{ mA}$$
$$P_L = I^2 R_L = (66.7 \text{ mA})^2 \times (75 \text{ Ω}) = 333 \text{ mW}$$

(e) 当 $R_L = 100$ Ω 时：
$$I = \frac{V_S}{R_S + R_L} = \frac{10 \text{ V}}{175 \text{ Ω}} = 57.1 \text{ mA}$$
$$P_L = I^2 R_L = (57.1 \text{ mA})^2 \times (100 \text{ Ω}) = 327 \text{ mW}$$

(f) 当 $R_L = 125$ Ω 时：

$$I = \frac{V_S}{R_S + R_L} = \frac{10 \text{ V}}{200 \text{ }\Omega} = 50 \text{ mA}$$

$$P_L = I^2 R_L = (50 \text{ mA})^2 \times (125 \text{ }\Omega) = 312 \text{ mW}$$

注意到当 $R_L = 75$ Ω 时，负载功率最大，此时负载电阻和电源内阻相等。当负载电阻大于或小于这个值时，功率都会下降，如图 8-58 的曲线所示。

如果你有一个像 TI-84 Plus CE 这样的图形计算器，就可以很容易地绘制本例中的功率曲线图，并用 Trace 功能在图上查找最大值。方法是：输入方程，让功率随负载电阻变化。

$$P_L = I^2 R_L$$

$$P_L = \left(\frac{V_S}{R_S + R_L}\right)^2 R_L = \left(\frac{V_S^2}{R_S^2 + 2R_S R_L + R_L^2}\right) R_L$$

对于 TI-84 Plus CE 计算器，电压源（V_S）用 V 表示，电源内阻（R_S）用 R 表示。负载功率（P_L）为因变量，标记为 Y_1，负载电阻（R_L）为自变量。方程和曲线如图 8-59 所示。输入方程后，按下 y= 键后，方程会在图中显示。再按下 graph 键后，TI-84Plus CE 计算器会显示曲线。通过 window 键，你可以设置图像的取值范围。为了找到最大功率，按 2nd trace 键，然后选择 4：最大值。这样就会在曲线上显示最大值，对应 X 的值显示在图的下面。

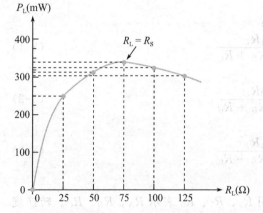

图 8-58 曲线显示最大功率出现在 $R_L = R_S$ 时

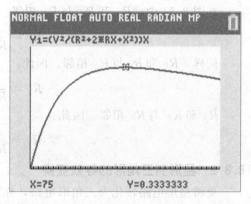

图 8-59 在图形计算器上绘制最大功率曲线

同步练习 如果图 8-57 所示电路中电压源的内阻为 600 Ω，那么它可以给负载提供的最大功率是多少？

 Multisim 仿真

打开 Multisim 文件 E08-18，然后测量每个负载电阻中的电流，验证本例中的计算结果。

学习效果检测

1. 陈述最大功率传输定理。
2. 假设电源的戴维南等效电阻值不变，从电源到负载的传输功率何时为最大？
3. 给定电源内阻为 50 Ω，负载电阻为多少时，电源可以给它提供最大的功率？

8.8 三角形（△）与星形（Y）的等效变换

在研究一些特定的三端电路时，星形和三角形之间的相互等效变换是有用的。一个典型的例子就是分析带负载的惠斯通电桥。

学完本节内容后，你应该能够进行△-Y 和 Y-△的等效变换，并在桥式电路中应用△-Y 变换。

电阻性三角形（△）电路是一个三端结构的电路，如图 8-60a 所示，星形（Y）电路如图 8-60b 所示。注意，字母下标用来标记三角形电路中的电阻，而数字下标用来标记星形电路中的电阻。

8.8.1 三角形到星形的等效变换

很容易想到，将星形放在三角形内部，如图 8-61 所示。要将三角形变换为星形，就需要用 R_A、R_B、R_C 表示 R_1、R_2、R_3。变换规则如下：

星形电路中的每个电阻都等于与其相邻的 2 个三角形支路电阻的乘积除以三角形的 3 个电阻的和。

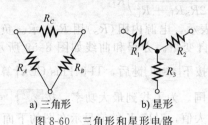

a) 三角形　　　b) 星形

图 8-60　三角形和星形电路

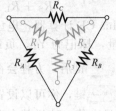

图 8-61　用"在三角形内部的星形"辅助得到变换公式

在图 8-61 中，R_A 和 R_C 与 R_1 相邻。因此：

$$R_1 = \frac{R_A R_C}{R_A + R_B + R_C} \tag{8-1}$$

同样，R_B 和 R_C 与 R_2 相邻。因此：

$$R_2 = \frac{R_B R_C}{R_A + R_B + R_C} \tag{8-2}$$

R_A 和 R_B 与 R_3 相邻。因此：

$$R_3 = \frac{R_A R_B}{R_A + R_B + R_C} \tag{8-3}$$

8.8.2 星形到三角形的等效变换

要将星形电路转化为三角形电路，你需要用 R_1、R_2、R_3 表示 R_A、R_B、R_C。转换规则如下：

三角形电路中的每个电阻都等于将星形电路中所有可能的两个电阻乘积求和后，再除以与之相对的星形电路中的电阻。

在图 8-61 中，R_2 和 R_A 相对，因此：

$$R_A = \frac{R_1 R_2 + R_1 R_3 + R_2 R_3}{R_2} \tag{8-4}$$

同样，R_1 和 R_B 相对，所以：

$$R_B = \frac{R_1 R_2 + R_1 R_3 + R_2 R_3}{R_1} \tag{8-5}$$

而且 R_3 和 R_C 相对，所以：

$$R_C = \frac{R_1 R_2 + R_1 R_3 + R_2 R_3}{R_3} \tag{8-6}$$

例 8-19 将图 8-62 所示的三角形电路等效变换为星形电路。

解　使用式(8-1)、式(8-2)和式(8-3)。

$$R_1 = \frac{R_A R_C}{R_A + R_B + R_C} = \frac{220\ \Omega \times 100\ \Omega}{220\ \Omega + 560\ \Omega + 100\ \Omega} = 25\ \Omega$$

$$R_2 = \frac{R_B R_C}{R_A + R_B + R_C} = \frac{560\ \Omega \times 100\ \Omega}{880\ \Omega} = 63.6\ \Omega$$

$$R_3 = \frac{R_A R_B}{R_A + R_B + R_C} = \frac{220\ \Omega \times 560\ \Omega}{880\ \Omega} = 140\ \Omega$$

得到的星形电路如图 8-63 所示。

同步练习 将三角形电路转化为星形电路,其中 $R_A = 2.2\ \text{k}\Omega$、$R_B = 1.0\ \text{k}\Omega$、$R_C = 1.8\ \text{k}\Omega$。

例 8-20 将图 8-64 所示的星形电路转化为三角形电路。

解 使用式(8-4)、式(8-5)和式(8-6)。

$$R_A = \frac{R_1 R_2 + R_1 R_3 + R_2 R_3}{R_2}$$

$$= \frac{1.0\ \text{k}\Omega \times 2.2\ \text{k}\Omega + 1.0\ \text{k}\Omega \times 5.6\ \text{k}\Omega + 2.2\ \text{k}\Omega \times 5.6\ \text{k}\Omega}{2.2\ \text{k}\Omega} = 9.15\ \text{k}\Omega$$

$$R_B = \frac{R_1 R_2 + R_1 R_3 + R_2 R_3}{R_1}$$

$$= \frac{1.0\ \text{k}\Omega \times 2.2\ \text{k}\Omega + 1.0\ \text{k}\Omega \times 5.6\ \text{k}\Omega + 2.2\ \text{k}\Omega \times 5.6\ \text{k}\Omega}{1.0\ \text{k}\Omega} = 20.1\ \text{k}\Omega$$

$$R_C = \frac{R_1 R_2 + R_1 R_3 + R_2 R_3}{R_3}$$

$$= \frac{1.0\ \text{k}\Omega \times 2.2\ \text{k}\Omega + 1.0\ \text{k}\Omega \times 5.6\ \text{k}\Omega + 2.2\ \text{k}\Omega \times 5.6\ \text{k}\Omega}{5.6\ \text{k}\Omega} = 3.59\ \text{k}\Omega$$

得到的三角形电路如图 8-65 所示。

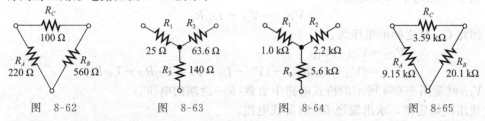

图 8-62　　　　图 8-63　　　　图 8-64　　　　图 8-65

同步练习 将星形电路转化为三角形电路,其中 $R_1 = 100\ \Omega$、$R_2 = 330\ \Omega$、$R_3 = 470\ \Omega$。

8.8.3 △-Y变换应用于桥式电路

在 8.5 节,学习了如何用戴维南定理简化桥式电路。现在你将看到如何用△-Y变换,将桥式电路变换为串-并联的形式,以简化分析。

图 8-66 说明了如何将由 R_A、R_B 和 R_C 组成的三角形电路变换为星形电路,进而得到一个等效的串-并联电路。在这个变换过程中用到了式(8-1)、式(8-2)和式(8-3)。

在桥式电路中,负载接在 C 和 D 之间。如图 8-66a 所示,R_C 是负载电阻。当在 A、B 之间施加电压时,C、D 之间的电压(V_{CD})可以利用图 8-66c 所示的等效串-并联电路来计算。A、B 之间的总电阻为:

$$R_T = \frac{(R_1 + R_D)(R_2 + R_E)}{(R_1 + R_D) + (R_2 + R_E)} + R_3$$

那么,

$$I_T = \frac{V_{AB}}{R_T}$$

在图 8-66c 中,并联部分的电阻为:

$$R_{T(p)} = \frac{(R_1 + R_D)(R_2 + R_E)}{(R_1 + R_D) + (R_2 + R_E)}$$

通过左侧支路的电流为:

$$I_{AC} = \left(\frac{R_{T(p)}}{R_1 + R_D}\right) I_T$$

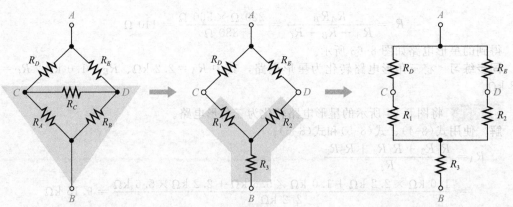

a) R_A、R_B和R_C构成三角形　　　　b) R_1、R_2和R_3构成等效的星形　　　c) 重新画出图b部分，形成串–并联电路

图 8-66　桥式电路到串–并联结构的转化

通过右侧支路的电流为：

$$I_{AD} = \left(\frac{R_{T(p)}}{R_2 + R_E}\right) I_T$$

端子 C 相对于 A 的电压：

$$V_{CA} = V_A - I_{AC}R_D$$

端子 D 相对于 A 的电压：

$$V_{DA} = V_A - I_{AD}R_E$$

因此 C、D 之间的电压为：

$$
\begin{aligned}
V_{CD} &= V_{CA} - V_{DA} \\
&= (V_A - I_{AC}R_D) - (V_A - I_{AD}R_E) = I_{AD}R_E - I_{AC}R_D
\end{aligned}
$$

V_{CD} 就是图 8-66a 所示的桥式电路中负载（R_C）两端的电压。

使用欧姆定律，求出流经 R_C 的负载电流。

$$I_{R_C} = \frac{V_{CD}}{R_C}$$

例 8-21　在图 8-67 所示的桥式电路中，计算负载电阻两端的电压，以及流经负载的电流。

解　首先将 R_A、R_B、R_C 形成的三角形电路变换为星形电路。

$$R_1 = \frac{R_A R_C}{R_A + R_B + R_C} = \frac{2.2\ \text{k}\Omega \times 18\ \text{k}\Omega}{2.2\ \text{k}\Omega + 2.7\ \text{k}\Omega + 18\ \text{k}\Omega} = 1.73\ \text{k}\Omega$$

$$R_2 = \frac{R_B R_C}{R_A + R_B + R_C} = \frac{2.7\ \text{k}\Omega \times 18\ \text{k}\Omega}{22.9\ \text{k}\Omega} = 2.12\ \text{k}\Omega$$

$$R_3 = \frac{R_A R_B}{R_A + R_B + R_C} = \frac{2.2\ \text{k}\Omega \times 2.7\ \text{k}\Omega}{22.9\ \text{k}\Omega} = 259\ \Omega$$

得到等效的串–并联电路，如图 8-68 所示。

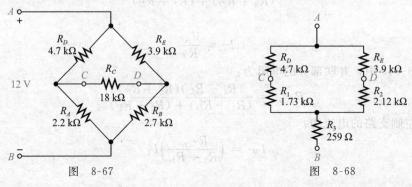

图 8-67　　　　　　　　　　　图 8-68

下一步，计算图 8-68 中的 R_T 和各支路电流。

$$R_T = \frac{(R_1 + R_D)(R_2 + R_E)}{(R_1 + R_D) + (R_2 + R_E)} + R_3$$

$$= \frac{6.43 \text{ k}\Omega \times 6.02 \text{ k}\Omega}{6.43 \text{ k}\Omega + 6.02 \text{ k}\Omega} + 259 \text{ }\Omega = 3.11 \text{ k}\Omega + 295 \text{ }\Omega = 3.37 \text{ k}\Omega$$

$$I_T = \frac{V_{AB}}{R_T} = \frac{12 \text{ V}}{3.37 \text{ k}\Omega} = 3.56 \text{ mA}$$

电路中并联部分的总电阻 $R_{T(P)}$ 是 3.11 kΩ。

$$I_{AC} = \left(\frac{R_{T(p)}}{R_1 + R_D}\right) I_T = \left(\frac{3.11 \text{ k}\Omega}{1.73 \text{ k}\Omega + 4.7 \text{ k}\Omega}\right) \times 3.56 \text{ mA} = 1.72 \text{ mA}$$

$$I_{AD} = \left(\frac{R_{T(p)}}{R_2 + R_E}\right) I_T = \left(\frac{3.11 \text{ k}\Omega}{2.12 \text{ k}\Omega + 3.9 \text{ k}\Omega}\right) \times 3.56 \text{ mA} = 1.84 \text{ mA}$$

C 和 D 之间的电压为：

$$V_{CD} = I_{AD}R_E - I_{AC}R_D = 1.84 \text{ mA} \times 3.9 \text{ k}\Omega - 1.72 \text{ mA} \times 4.7 \text{ k}\Omega$$

$$= 7.18 \text{ V} - 8.08 \text{ V} = -0.926 \text{ V} = -926 \text{ mV}$$

V_{CD} 就是图 8-67 中桥式电路的负载 (R_C) 两端的电压。流经 R_C 的负载电流为：

$$I_{R_C} = \frac{V_{CD}}{R_C} = \frac{-926 \text{ mV}}{18 \text{ k}\Omega} = -51.3 \text{ }\mu\text{A}$$

同步练习 计算图 8-67 所示电路中的负载电流 I_{R_C}，电阻值如下：$R_A = 27$ kΩ、$R_B = 33$ kΩ、$R_D = 39$ kΩ、$R_E = 47$ kΩ 和 $R_C = 100$ kΩ。

 Multisim 仿真

使用 Multisim 文件 E08-21 校验本例的计算结果，并核实你对同步练习的计算结果。

学习效果检测

1. 画一个三角形电路。
2. 画一个星形电路。
3. 写出三角形到星形的等效变换公式。
4. 写出星形到三角形的等效变换公式。

应用案例

惠斯通电桥已经在第 7 章中介绍过了，本章进一步对这个电路进行了拓展，介绍了如何使用戴维南定理来分析它。在第 7 章中，在桥式电路的一个桥臂上使用了热敏电阻来感知温度。这个桥是用来比较热敏电阻与变阻器电阻的阻值的，用变阻器设定了一个温度值。当温度发生变化时，电桥的输出将会变为相反的极性，从而打开或关闭液体的加热器电源。在本应用案例中，你将使用一个类似的电路，不过这一次用它来监测水槽内的温度，并通过直观显示表明温度在一个特定的范围内。

温度监控器

温度监控器的基本测量电路是惠斯通电桥加上一个电流表和一个串联电阻作为负载。电流表是模拟面板仪表，灵敏度是 50 μA。惠斯通电桥测温电路如图 8-69a 所示。仪表盘如图 8-69b 所示。

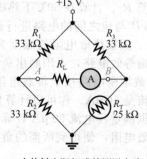

a) 由热敏电阻组成的测温电路　　b) 仪表盘

图 8-69

热敏电阻

这个热敏电阻与第 7 章使用的热敏电阻相同，是 RL2006-13.3k-140-D1 型热敏电阻。它在 25℃时，电阻为 25 kΩ，β值为 4615 K。β是一个常数，由生产厂家提供，用于表明温度-电阻特性曲线的形状。和第 7 章给出的形式一样，热敏电阻的阻值近似为：

$$R_T = R_0 e^{\beta\left(\frac{T_0 - T}{T_0 T}\right)}$$

其中，R_T 是在特定温度下的电阻值；R_0 是在参考温度下的电阻；T_0 是在热力学温度下的参考温度(典型值为 298 K，就是 25℃)；T 是热力学温度(K)；β是由生产厂家提供的常数。

该方程的图形在图 7-59 中已经给出。利用这个图形，你可以确认一下，在现在这个电路中，热敏电阻的计算值是合理的。

如果你有一个图形计算器，比如 TI-84 Plus CE，那么在按 y= 键后输入方程，你就可以很容易地画出图形。图 8-70 给出了在 TI-84 Plus CE 计算器上显示的热敏电阻值。方程显示在图的顶部。R 表示在参考温度(R_0)下的电阻值(单位为 Ω)，T 表示参考温度(单位为 K)，B 表示β(单位为 K)。按下 trace 键，你可以沿图形定位光标来读取数值。读取数值的另一种方法是按下 2nd trace 键，调出另一个表。图 8-71 所示表中自变量变化的起始值、终止值和增量值，可以通过 2nd window 菜单来设置。该表中变量的起始值是 298、增量值是 5。图 8-71 给出了温度在 323 K 时的电阻值。为了方便观察温度值，用摄氏度表示温度值，在输入第二个方程时输入($Y_2 = X - 273$)，从而可以生成以摄氏度表示的温度表格。

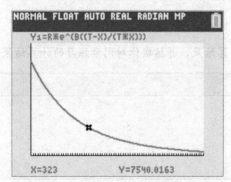

图 8-70　热敏电阻与温度的函数关系

X	Y1	Y2
298	25000	25
303	19362	30
308	15121	35
313	11902	40
318	9439.3	45
323	7540	50
328	6064.3	55
333	4909.4	60
338	3999.4	65
343	3277.6	70
348	2701.5	75

Y1=7540.0162731075

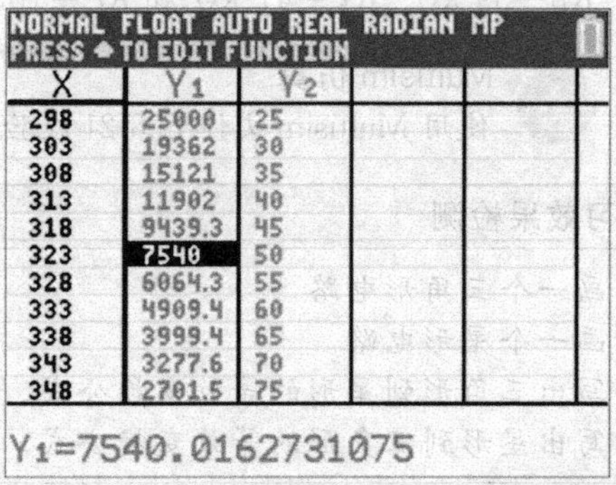

图 8-71　温度与电阻值关系表，其中 Y_1 列为计算的电阻值，Y_2 列为摄氏度

温度测量电路

设计的惠斯通电桥在 20℃时保持平衡。在这个温度下，热敏电阻的阻值近似为 32.6 kΩ。你可以把温度(以 K 为单位)带入方程来确定 R_T，记住单位 K 是℃+273。

1. 带入方程计算 R_T。计算在 50℃下热敏电阻的阻值，这是仪表全量程偏转的温度。

2. 分别对 A 和 B 与地之间的电路进行戴维南等效，得到两个面对面的戴维南等效电路，如图 8-44 所示。假设热敏电阻的温度为 50℃，其电阻值为先前计算出来的值。画出这个温度下的戴维南等效电路，不用画出负载。

3. 给你所画的戴维南电路接上负载电阻。负载是与电流表串联的电阻，电流表在满量程(50℃)时的电流是 50 μA。你可以计算出所需负载的电阻值，方法是：对两个电压源应用叠加定理，根据满量程电流 50 μA 计算出回路总电阻(利用欧姆定律)，再从总电阻中减去两个戴维南等效电阻，便得到所需的负载电阻。忽略仪表电阻，给出在戴维南电路中计算的值。

4. 计算较低和较高温度(30℃和 40℃)对应的热敏电阻。对应每个温度，求出戴维南等效电路，计算通过负载的电流。

仪表量程

要求在温度监控器仪表盘上标记 3 个色带，以表明温度在期望的范围内。理想的范围是 30～40℃。当温度在 20～30℃ 时，仪表应该显示过冷；在 30～40℃ 时显示正常；在 40～50℃ 时显示过热。仪表的最大量程设置为 50℃。

5. 请说明你将如何在仪表上标记才能够快速地看到水槽中的温度指示。

检查与复习

6. 在 35℃ 时，电流表显示的电流是多少？

7. 如果用 100 μA 的电流表代替 50 μA 的电流表，那么需要做出哪些改变？

本章总结

- 理想电压源内阻为零。它提供一个恒定的电压，这个电压值不受负载电阻的影响。
- 实际电压源的内阻不为零。
- 理想电流源的内阻为无穷大。它提供一个恒定的电流，这个电流值不受负载电阻的影响。
- 实际电流源的内阻是有限的。
- 叠加定理在多电源电路中非常有用。
- 戴维南定理可以简化任意线性双端电阻电路，将其等效为一个电压源和一个电阻串联的形式。
- 戴维南定理和诺顿定理中的等效，是指当一个给定的负载电阻连接到等效电路时，将产生和连接到原电路时一样的电压和电流。
- 诺顿定理可以简化任意线性双端电阻电路，将其等效为一个电流源和一个电阻并联的形式。
- 当负载电阻等于电源内阻时，负载能够从电源（内阻值固定）那里获得最大功率。

重要公式

△-Y的变换公式

8-1 　$R_1 = \dfrac{R_A R_C}{R_A + R_B + R_C}$

8-2 　$R_2 = \dfrac{R_B R_C}{R_A + R_B + R_C}$

8-3 　$R_3 = \dfrac{R_A R_B}{R_A + R_B + R_C}$

Y-△的变换公式

8-4 　$R_A = \dfrac{R_1 R_2 + R_1 R_3 + R_2 R_3}{R_2}$

8-5 　$R_B = \dfrac{R_1 R_2 + R_1 R_3 + R_2 R_3}{R_1}$

8-6 　$R_C = \dfrac{R_1 R_2 + R_1 R_3 + R_2 R_3}{R_3}$

对/错判断（答案在本章末尾）

1. 直流电压源的内阻非常大。
2. 直流电流源的内阻非常大。
3. 叠加定理可以用于多电源电路。
4. 使用叠加定理时，所有的电源都用它们的内阻代替。
5. 戴维南等效电路包括一个电压源和一个并联电阻。
6. 当不同电源对不同的负载产生相同的功率时，这时它们是端子等效的。
7. 戴维南电压等于电路的开路电压。

8. 诺顿等效电路包括一个电流源和一个串联电阻。
9. 诺顿等效电路中的电流等于电路输出端的短路电流。
10. 戴维南等效电路的电阻和诺顿等效电路的电阻相同。
11. 最大传输功率发生在负载电阻和电源内阻不等时。
12. 分析惠斯通桥式电路时可以使用△-Y等效变换。

自我检测（答案在本章末尾）

1. 将 100 Ω 负载电阻连接到理想电压源两端，已知 $V_S = 10$ V，负载两端的电压为
   (a)0 V　　　　　(b)10 V
   (c)100 V

2. 将 100 Ω 负载电阻连接到电压源两端，已知

$V_S = 10$ V、$R_S = 25$ Ω。负载两端的电压为
   (a)10 V　　　　　(b)0 V
   (c)9.09 V　　　　(d)0.909 V

3. 某电压源 $V_S = 25$ V、$R_S = 5$ Ω，与其等效的电流源是

(a)5 A，5 Ω　　　　(b)25 A，5 Ω

(c)5 A，125 Ω

4. 某电流源 I_S＝3 μA、R_S＝1.0 MΩ，与其等效的电压源是

(a)3 μV，1.0 MΩ　　(b)3 V，1.0 MΩ

(c)1 V，3.0 MΩ

5. 在两个电源的电路中，一个电源单独作用时，在一个给定的支路上产生 10 mA 的电流。另一个电源单独作用时，在相同支路上产生一个相反方向的 8 mA 的电流。通过这条支路的实际电流是

(a)10 mA　　　　　(b)18 mA

(c)8 mA　　　　　(d)2 mA

6. 戴维南定理将电路变换成的等效形式包括

(a)一个电流源和一个串联电阻

(b)一个电压源和一个并联电阻

(c)一个电压源和一个串联电阻

(d)一个电流源和一个并联电阻

7. 对于一个给定电路，为了得到戴维南等效电压，可以

(a)将输出端短路

(b)将输出端开路

(c)将电压源短路

(d)去掉电压源，用一根导线代替

8. 一个电路的输出端开路电压是 15 V，当输出端连接 10 kΩ 负载电阻时，其端电压是 12 V。这个电路的戴维南等效电路是

(a)15 V 电压源和 10 kΩ 电阻串联

(b)12 V 电压源和 10 kΩ 电阻串联

(c)12 V 电压源和 2.5 kΩ 电阻串联

(d)15 V 电压源和 2.5 kΩ 电阻串联

9. 下列哪种情况下电源向负载传输的功率为最大？

(a)负载电阻非常大时

(b)负载电阻非常小时

(c)负载电阻是电源内阻的 2 倍时

(d)负载电阻和电源内阻相同时

10. 对于问题 8 所示的电路，最大传输功率给了

(a)10 kΩ 负载

(b)2.5 kΩ 负载

(c)一个无限大的负载电阻

电路行为变化趋势判断（答案在本章末尾）

参见图 8-74

1. 如果将 R_4 短路，那么 R_5 两端的电压将

(a)增大　　(b)减小　　(c)保持不变

2. 如果将 2 V 电压源开路，那么 R_1 两端的电压将

(a)增大　　(b)减小　　(c)保持不变

3. 如果 R_2 开路，那么流经 R_1 的电流将

(a)增大　　(b)减小　　(c)保持不变

参见图 8-82

4. 如果 R_L 开路，那么输出端相对于地的电压将

(a)增大　　(b)减小　　(c)保持不变

5. 如果其中一个 5.6 kΩ 的电阻被短路，那么流经负载电阻的电流将

(a)增大　(b)减小　(c)保持不变

6. 如果其中一个 5.6 kΩ 的电阻被短路，那么流经电源的电流将

(a)增大　　(b)减小　　(c)保持不变

参见图 8-84

7. 如果放大器的输入端对地短路，那么两个电压源产生的电流将

(a)增大　　(b)减小　　(c)保持不变

参考图 8-87

8. 如果 R_1 由 10 kΩ 变为 1.0 kΩ，那么 A、B 之间的电压将

(a)增大　　(b)减小　　(c)保持不变

9. 如果在 A、B 之间连接一个 10 MΩ 的电阻，那么 A、B 之间的电压将

(a)增大　　(b)减小　　(c)保持不变

10. 如果将 R_4 短路，那么 A、B 之间的电压将

(a)增大　　(b)减小　　(c)保持不变

参见图 8-89

11. 如果将 220 Ω 电阻开路，那么 V_{AB} 将

(a)增大　　(b)减小　　(c)保持不变

12. 如果将 330 Ω 电阻短路，那么 V_{AB} 将

(a)增大　　(b)减小　　(c)保持不变

参见图 8-90d

13. 如果将 680 Ω 电阻开路，那么流经 R_L 的电流将

(a)增大　　(b)减小　　(c)保持不变

14. 如果将 47 Ω 电阻短路，那么 R_L 两端的电压将

(a)增大　　(b)减小　　(c)保持不变

分节习题（较难的问题用星号（*）表示，奇数题答案在书末尾）

8.3 节

1. 某一电压源有 V_S＝300 V、R_S＝50 Ω，将其等效为电流源。

2. 将图 8-72 所示电路中的实际电压源变换为等效的电流源。

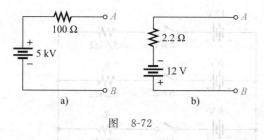

图 8-72

3. 一个崭新的 D 型电池可以提供 1.6 V 的输出电压，在很短的时间内，短路电流可以达到 8.0 A。这个电池的内阻是多少？

4. 画出问题 3 中的电压源和电流源的等效电路。

5. 某一电流源有 $I_S=600$ mA、$R_S=1.2$ kΩ，将其等效为电压源。

6. 将图 8-73 所示电路中的实际电流源变换为等效的电压源。

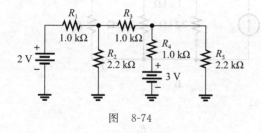

图 8-73

8.4 节

7. 使用叠加定理，计算图 8-74 所示电路中流经 R_5 的电流。

8. 电路如图 8-74 所示，使用叠加定理计算 R_2 的电流和电压。

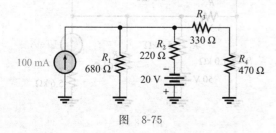

图 8-74

9. 电路如图 8-75 所示，计算流经 R_4 的电流。

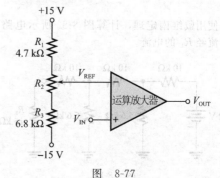

图 8-75

10. 电路如图 8-75 所示，计算流经 R_2 的电流。

11. 使用叠加定理，计算图 8-75 所示电路中流经 R_3 的电流。

12. 使用叠加定理，计算图 8-76 所示各电路中的负载电流。

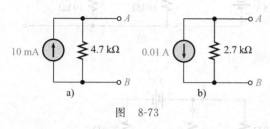

图 8-76

13. 电压比较器的电路如图 8-77 所示。输入电压 V_{IN} 和参考电压 V_{REF} 相比，如果 $V_{REF} > V_{IN}$，则输出电压为负；否则输出电压为正。电压比较器的两个输入端都没有负载效应。如果 $R_2=1.0$ kΩ，则参考电压的变化范围是多少？

14. 如果 $R_2=10$ kΩ，则问题 13 中参考电压的变化范围是多少？

*15. 计算图 8-78 所示电路中 A 点到 B 点的电压。

16. 在图 8-79 中，开关依次闭合，SW1 先闭合。在每个开关闭合时，计算流经 R_4 的电流。

*17. 图 8-80 展示了两个梯形网络。当两个 A 点相连，且两个 B 点也相连时，计算每个电池提供的电流。

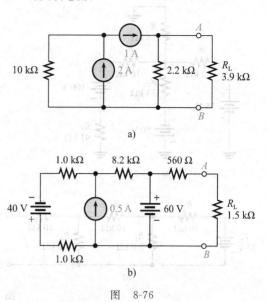

图 8-77

8.5 节

18. 对于图 8-81 中的每个电路，求从 A、B 端看进去的戴维南等效电路。

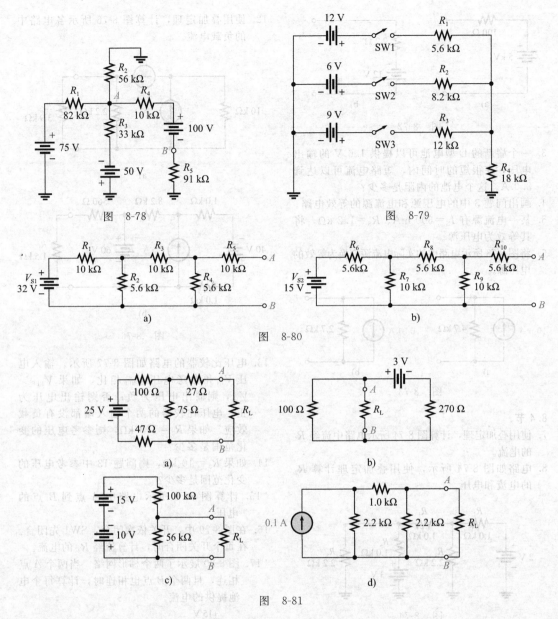

图 8-78

图 8-79

图 8-80

图 8-81

19. 使用戴维南定理，计算图 8-82 所示电路中流经 R_L 的电流。

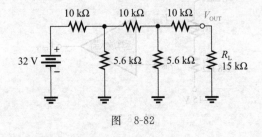

图 8-82

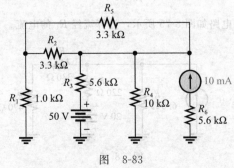

图 8-83

*20. 使用戴维南定理，计算图 8-83 所示电路中 R_4 两端的电压。

21. 在图 8-84 中，求出放大器以外电路的戴维南等效电路。

22. 在图 8-85 中，当 R_8 分别是 1.0 kΩ、5 kΩ 和 10 kΩ 时，计算流向 A 点的电流 I。

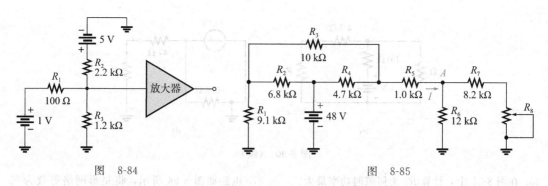

图 8-84

图 8-85

*23. 在图 8-86 所示的桥式电路中计算流经负载电阻的电流。

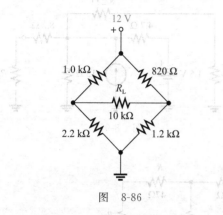

图 8-86

24. 在图 8-87 中，求出从 A、B 端看进去的戴维南等效电路。

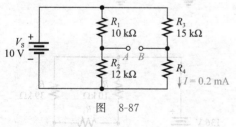

图 8-87

8.6 节

25. 对于图 8-81 所示的每个电路，求出从 R_L 看进去的诺顿等效电路。

26. 使用诺顿定理，计算图 8-82 中流经负载 R_L 的电流。

*27. 使用诺顿定理，计算图 8-83 中 R_5 两端的电压。

28. 使用诺顿定理，计算在图 8-85 中当 $R_8 = 8$ kΩ 时，流经 R_1 的电流。

29. 在图 8-86 中，若移去 R_L，求出电桥的诺顿等效电路。

30. 电路如图 8-88 所示，将 A、B 端简化为诺顿等效电路。

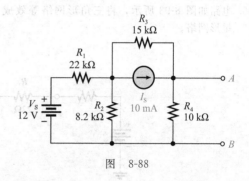

图 8-88

31. 应用诺顿定理化简图 8-89 所示电路。

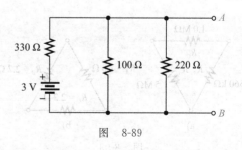

图 8-89

8.7 节

32. 对于图 8-90 所示的每个电路，要求将最大功率传输到 R_L。计算在每种情况下 R_L 的值。

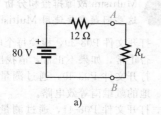

a)

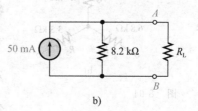

b)

图 8-90

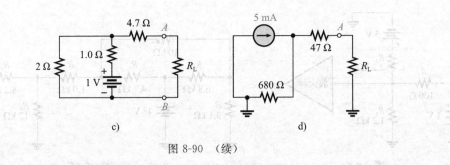

图 8-90 （续）

33. 在图 8-91 中，计算 R_L 为何值时功率最大。

*34. 电路如图 8-91 所示，当 R_L 比最大功率时的电阻值大 10% 时，求多大功率传输到负载？

*35. 对于图 8-92 所示梯形电路，当从戴维南电路向梯形电路传输的功率为最大时，问 R_4 和 R_{TH} 的值分别是多少？

8.8 节

36. 电路如图 8-93 所示，将三角形网络等效成星形网络。

37. 电路如图 8-94 所示，将星形网络等效为三角形网络。

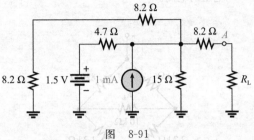

图　8-91

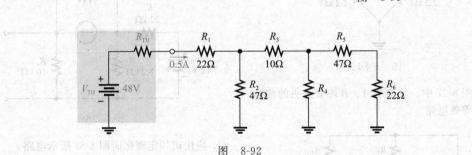

图　8-92

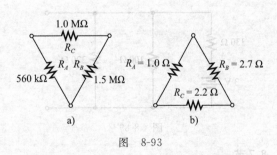

图　8-93

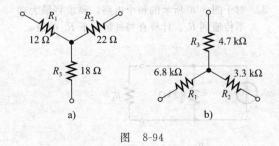

图　8-94

*38. 计算图 8-95 中所有支路电流。

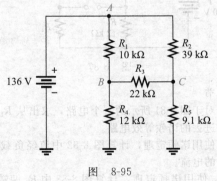

图　8-95

Multisim 故障排查和分析

这些问题需要使用 Multisim 仿真软件。

39. 打开文件 P08-39，检验每个电阻中的电流是否正常，如果不正常，请找出故障。

40. 打开文件 P08-40，通过测量确定从 A 端到地的戴维南等效电路。

41. 打开文件 P08-41，通过测量确定从 A 端到地的诺顿等效电路。

42. 打开文件 P08-42，如果有故障，请查找故障所在。

参考答案

学习效果检测答案

8.1 节

1. 理想电压源如图 8-96 所示。

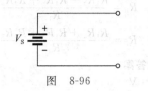

图 8-96

2. 实际电压源如图 8-97 所示。

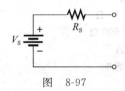

图 8-97

3. 理想电压源的内阻为零。
4. 电压源的输出电压与负载电阻的变化趋势相同，即电阻越大，输出电压也越大。
5. 使用欧姆表测量电阻时，要求被测电阻与其他元器件隔离。

8.2 节

1. 理想电流源如图 8-98 所示。

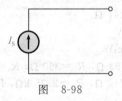

图 8-98

2. 实际电流源如图 8-99 所示。

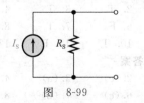

图 8-99

3. 理想电流源的内阻无限大。
4. 电流源的输出电流与负载电阻的变化趋势相反，即电阻越大，输出电流越小。

8.3 节

1. $I_S = V_S/R_S$
2. $V_S = I_S R_S$
3. 见图 8-100。
4. 见图 8-101。

43. 打开文件 P08-43，为了传输最大功率，A、B 端连接的负载电阻应该是多少。

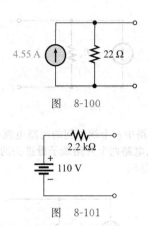

4.55 A   22 Ω

图 8-100

2.2 kΩ   110 V

图 8-101

8.4 节

1. 叠加定理指出，在一个多电源线性电路中，任何支路的电流都等于各电源单独作用时产生的电流的代数和，不作用的电源要用它们的内阻来代替。
2. 叠加定理允许单独计算每个电源作用于电路上的效果。
3. 短路模拟的是理想电压源的内阻；开路模拟的是理想电流源的内阻。
4. $I_{R1} = 6.67$ mA，方向为从左到右。
5. 净电流的方向是较大电流的方向。

8.5 节

1. 戴维南等效电路包括 V_{TH} 和 R_{TH}。
2. 戴维南等效电路的一般形式如图 8-102 所示。

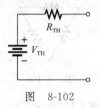

R_{TH} V_{TH}

图 8-102

3. V_{TH} 是电路两端的开路电压。
4. R_{TH} 是所有电源被内阻代替后，从电路两端看进去的总电阻。
5. 大 3 倍。
6. 见图 8-103。

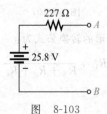

227 Ω A

25.8 V

B

图 8-103

8.6 节

1. 诺顿等效电路包括 I_N 和 R_N。
2. 诺顿等效电路的一般形式如图 8-104 所示。

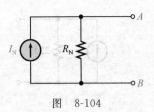

图　8-104

3. I_N 是电路中两个端子间的短路电流。
4. R_N 是从电路两个开路端子看进去的总电阻。
5. 见图 8-105。

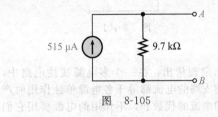

515 μA　9.7 kΩ

图　8-105

8.7 节

1. 对于给定的电压源，最大功率传输定理说明了当负载电阻等于电源内阻时，从电源传输给负载的功率最大。
2. 当 $R_L = R_S$ 时，传输到负载的功率为最大。
3. $R_L = R_S = 50\ \Omega$。

8.8 节

1. 三角形电路如图 8-106 所示。

图　8-106

2. 星形电路如图 8-107 所示。

图　8-107

3. 三角形到星形的转换公式为：

$$R_1 = \frac{R_A R_C}{R_A + R_B + R_C}$$

$$R_2 = \frac{R_B R_C}{R_A + R_B + R_C}$$

$$R_3 = \frac{R_A R_B}{R_A + R_B + R_C}$$

4. 星形到三角形的转化公式为：

$$R_A = \frac{R_1 R_2 + R_1 R_3 + R_2 R_3}{R_2}$$

$$R_B = \frac{R_1 R_2 + R_1 R_3 + R_2 R_3}{R_1}$$

$$R_C = \frac{R_1 R_2 + R_1 R_3 + R_2 R_3}{R_3}$$

同步练习答案

8-1　1.50 V
8-2　352 mΩ
8-3　33.3 kΩ
8-4　1.2 A；10 Ω
8-5　300 V；600 Ω
8-6　16.6 mA
8-7　I_S 不受影响
8-8　7 mA
8-9　5 mA
8-10　2.36 V；1240 Ω
8-11　$V_{TH(AB)} = 3.16$ V；$R_{TH(AB)} = 3.05$ kΩ
8-12　1.17 mA
8-13　0.7 V；在基极（B）V_{OUT} 是 17.7 V 大于 V_{IN}
8-14　25.4 mA
8-15　131 Ω
8-16　$R_N = 247\ \Omega$
8-17　6.97 V
8-18　41.7 mW
8-19　$R_1 = 792\ \Omega$，$R_2 = 360\ \Omega$，$R_3 = 440\ \Omega$
8-20　$R_A = 712\ \Omega$，$R_B = 2.35$ kΩ，$R_C = 500\ \Omega$
8-21　−302 nA

真/假判断答案

1. F　　2. T　　3. T　　4. F
5. F　　6. F　　7. T　　8. F
9. T　　10. T　　11. F　　12. T

自我检测答案

1. (b)　　2. (c)　　3. (a)　　4. (b)
5. (d)　　6. (c)　　7. (a)　　8. (d)
9. (d)　　10. (b)

电路行为变化趋势判断答案

1. (a)　　2. (b)　　3. (b)　　4. (a)
5. (b)　　6. (a)　　7. (a)　　8. (a)
9. (b)　　10. (a)　　11. (a)　　12. (a)
13. (a)　　14. (a)

第 9 章

支路法、回路法、节点法

- 讨论求解联立方程组的 3 种方法
- 使用支路电流法求解电路中的未知量
- 使用回路电流求解电路中的未知量
- 使用节点电压法求解电路中的未知量

▶ 应用案例预览

在应用案例中，你将使用本章介绍的方法分析一个放大器电路。

▶ 引言

上一章已经学到了叠加定理、戴维南定理、诺顿定理、最大功率传输定理，以及几个典型的电路等效变换方法。这些定理和变换方法对于求解各种类型的直流和交流电路都非常有效。

本章将介绍另外 3 种分析方法。这些方法基于欧姆定律和基尔霍夫定律，在分析含有两个或两个以上电压源或电流源的多回路电路时特别有用。这些方法可以单独使用，也可以与前面章节提到的方法结合使用。根据经验，通过学习，对于一个特定的电路问题，你能够判断使用哪一种方法是最好的，或许你也可能偏好其中的某一种方法。

在支路电流法中，将使用基尔霍夫定律求解多回路电路中各个支路的电流。回路是电路中的闭合路径。使用回路电流法，求得的是回路电流而不是支路电流。对于节点电压法，将求得电路中独立节点的电压。如你所知，节点就是两个或者两个以上元器件的连接点。

9.1 电路分析中的联立方程组

本章介绍的分析方法可以通过求解联立方程来获得两个或多个未知电流或电压。这些分析方法(包括支路电流法、回路电流法、节点电压法)由一组数量等于未知量的独立方程组成。本节讨论范围仅限于 2 个或 3 个未知数的方程组。这些方程组可以使用本节介绍的某个方法进行求解。

学完本节内容后，你应该能够讨论 3 种求解联立方程组的方法，具体就是:

- 写出联立方程组的标准形式。
- 使用代入法求解联立方程组。
- 使用行列式求解联立方程组。
- 使用计算器求解联立方程组。

联立方程组由一组包含 n 个未知数的 n 个等式组成，其中 n 是值为 2 或更大的数。方程组中独立等式的数量一定等于未知数的个数。例如，要求解两个未知变量，必须有两个独立的等式；要求解 3 个未知变量，你必须有 3 个独立的等式，等等。独立的等式是不能从方程组的任何其他等式中通过代数方法推导出的等式。例如，等式 $2x-3y=4$ 和 $6x-9y=12$ 不是线性无关的，因为第二个等式是第一个等式的倍数。因此，等式 $6x-9y=12$ 没有比等式 $2x-3y=4$ 提供更多的关于 x 和 y 的信息。

9.1.1 联立方程组的标准形式

本章的线性方程是一种代数方程，其中每一项是常数或常数乘以指数为 1 的变量。线性方程的图形总是直线。线性方程在电子电路分析中很常见。变量通常是未知的电流或电压。对于有两个未知数(x_1 和 x_2)的情况，一定存在以标准形式表示的包含这两个变量的两个独立方程。

在方程的标准形式中，变量 x_1 位于每个等式的第一个位置，变量 x_2 位于每个等式的第二个位置。变量和它们的系数位于等式的左侧，而常数位于等式的右侧。这样，以标准形式列出的两个联立方程组是：

$$a_{1,1}x_1 + a_{1,2}x_2 = b_1$$
$$a_{2,1}x_1 + a_{2,2}x_2 = b_2$$

在这些联立方程中，"a"是变量 x_1 和 x_2 的系数，它们通过电路元件（如电阻）的参数值计算得到。请注意，系数的下标包含两个数字。例如，$a_{1,1}$ 作为 x_1 的系数出现在第一个等式中，$a_{2,1}$ 作为 x_1 的系数出现在第二个等式中。"b"是常数，对应电路中的电压源。当你使用计算器求解方程组时，这种表示法会非常高效。

例 9-1 假设以下两个等式描述了具有两个未知电流 I_1 和 I_2 的特定电路。系数是电阻值，常数是电路中的电压。写出方程式的标准形式。

$$2I_1 = 8 - 5I_2$$
$$4I_2 - 5I_1 + 6 = 0$$

解 按标准形式重新排列方程：

$$2I_1 + 5I_2 = 8$$
$$-5I_1 + 4I_2 = -6$$

同步练习 将下面的两个等式转换为标准形式：

$$20x_1 + 15 = 11x_2$$
$$10 = 25x_2 + 18x_1$$

在某些情况下，会有 3 个未知的电压或电流。为了求解变量 x_1、x_2 和 x_3，必须有一组包含这些变量的 3 个独立方程。用标准形式列出的 3 个联立方程的一般形式是：

$$a_{1,1}x_1 + a_{1,2}x_2 + a_{1,3}x_3 = b_1$$
$$a_{2,1}x_1 + a_{2,2}x_2 + a_{2,3}x_3 = b_2$$
$$a_{3,1}x_1 + a_{3,2}x_2 + a_{3,3}x_3 = b_3$$

例 9-2 假设以下 3 个等式描述了具有 3 个未知电流 I_1、I_2 和 I_3 的电路。系数是电阻值，常数是电路中的已知电压。写出方程的标准形式。

$$4I_3 + 2I_2 + 7I_1 = 0$$
$$5I_1 + 6I_2 + 9I_3 - 7 = 0$$
$$8 = 1I_1 + 2I_2 + 5I_3$$

解 重新排列得到如下标准形式：

$$7I_1 + 2I_2 + 4I_3 = 0$$
$$5I_1 + 6I_2 + 9I_3 = 7$$
$$1I_1 + 2I_2 + 5I_3 = 8$$

同步练习 将以下 3 个等式转换为标准形式。

$$10V_1 + 15 = 21V_2 + 50V_3$$
$$10 + 12V_3 = 25V_2 + 18V_1$$
$$12V_3 - 25V_2 + 18V_1 = 9$$

9.1.2 联立方程组的求解

可以通过代入法、消元法或使用矩阵代数（行列式）来求解联立方程。

代入法 可以对标准形式的方程组通过变量替换（代入）求解。首先利用其他变量求解其中一个变量。由于这个求解过程可能会非常冗长，因此我们将此方法限定为二元方程组。考虑以下一组联立方程：

$$2x_1 + 6x_2 = 8 \quad （等式 1）$$
$$3x_1 + 5x_2 = 2 \quad （等式 2）$$

解　**步骤 1**：根据等式 1，用 x_2 表示 x_1，结果是：

$$2x_1 = 8 - 6x_2$$
$$x_1 = 4 - 3x_2$$

步骤 2：将 x_1 的结果代入到等式 2 中，求解 x_2

$$3x_1 + 5x_2 = 2$$
$$3(4 - 3x_2) + 5x_2 = 2$$
$$12 - 9x_2 + 5x_2 = 2$$
$$-4x_2 = -10$$
$$x_2 = \frac{-10}{-4} = 2.50$$

步骤 3：将 x_2 的结果代入步骤 1 关于 x_1 的等式中，求解 x_1。

$$x_1 = 4 - 3x_2 = 4 - 3(2.50) = 4 - 7.50 = -3.50$$

消元法　消元法可以看作代入法求解联立方程的另一种形式。我们将再次使用与代入法相同的两个等式来求解。使用消元法求解含有两个以上变量的方程组是很复杂的，因此我们将讨论局限于两个未知数。要使用消元法，需要使两个方程中的一个变量具有相同的系数。你可以通过从一个方程中减去另一个方程来消除该变量。重写这两个等式：

$$2x_1 + 6x_2 = 8 \quad （等式 1）$$
$$3x_1 + 5x_2 = 2 \quad （等式 2）$$

步骤 1：将等式 1 乘以 3/2，得：

$$3x_1 + 9x_2 = 12 \quad （等式 1 \times 3/2）$$
$$3x_1 + 5x_2 = 2 \quad （等式 2）$$

步骤 2：变换后的等式 1 减去等式 2，得：

$$3x_1 + 9x_2 = 12 \quad （等式 1 \times 3/2）$$
$$3x_1 + 5x_2 = 2 \quad （等式 2）$$
$$\overline{}$$
$$4x_2 = 10$$

所以：

$$x_2 = 2.50$$

与代入法相同，将 x_2 的值代回到等式 1 中，求得 x_1。

$$2x_1 + 6(2.50) = 8 \quad （等式 1）$$
$$2x_1 = 8 - 15 = -7$$
$$x_1 = -3.50$$

行列式法　行列式法是矩阵代数的一部分，可用于求解具有两个或更多个变量的联立方程组。**矩阵**是一个数表，**行列式**是矩阵的一个特定值。二阶行列式是 2×2 矩阵的一个特定值，而三阶行列式是 3×3 矩阵的一个特定值。二阶行列式用于求解 2 个变量，三阶行列式用于求解 3 个变量。使用行列式求解时，方程组必须是标准形式。

为了说明两个联立方程的行列式求解方法，让我们使用下面的标准方程，系数是以欧［姆］为单位的电阻值，常数是以伏［特］为单位的电压。

$$10I_1 + 5I_2 = 15$$
$$2I_1 + 4I_2 = 8$$

首先，用未知电流的系数矩阵构造行列式，即系数行列式。行列式中的第一列由 I_1

的系数组成，第二列由 I_2 的系数组成。由此获得的行列式是：

第一列 ——↓   ↓—— 第二列

$$\begin{vmatrix} 10 & 5 \\ 2 & 4 \end{vmatrix}$$

计算行列式的值需要 3 个步骤。

步骤 1：用第一列中的第一个数字乘以第二列中的第二个数字。

$$\begin{vmatrix} 10 & 5 \\ 2 & 4 \end{vmatrix}$$ 中灰色部分的值为 $10 \times 4 = 40$

步骤 2：用第一列中的第二个数字乘以第二列中的第一个数字。

$$\begin{vmatrix} 10 & 5 \\ 2 & 4 \end{vmatrix}$$ 中灰色部分的值为 $2 \times 5 = 10$

步骤 3：从步骤 1 的乘积中减去步骤 2 的乘积，结果是：

$$40 - 10 = 30$$

这个差值就是系数行列式的值。

接下来，将行列式的第一列（即 I_1 的系数）替换为等式右侧的常数，得到另一个行列式：

↓ 用等式右侧的
常数替换 I_1 的系数

$$\begin{vmatrix} 15 & 5 \\ 8 & 4 \end{vmatrix}$$

计算这个关于 I_1 的行列式。

$$\begin{vmatrix} 15 & 5 \\ 8 & 4 \end{vmatrix}$$ 中灰色部分的值为 $15 \times 4 = 60$

$$\begin{vmatrix} 15 & 5 \\ 8 & 4 \end{vmatrix} = 60 - (8 \times 5) = 60 - 40 = 20$$

行列式的值为 20。

现在可以用关于 I_1 的行列式除以系数行列式来求解 I_1：

$$I_1 = \frac{\begin{vmatrix} 15 & 5 \\ 8 & 4 \end{vmatrix}}{\begin{vmatrix} 10 & 5 \\ 2 & 4 \end{vmatrix}} = \frac{20}{30} = 0.667 \text{ A}$$

为了求解 I_2，用方程右侧的常数替换系数行列式的第二列（即 I_2 的系数），构造另一个行列式。

↓ 用等式右侧的
常数替换 I_2 的系数

$$\begin{vmatrix} 10 & 15 \\ 2 & 8 \end{vmatrix}$$

用上述行列式的值除以先前获得的系数行列式的值，求得 I_2。

$$I_2 = \frac{\begin{vmatrix} 10 & 15 \\ 2 & 8 \end{vmatrix}}{30} = \frac{(10 \times 8) - (2 \times 15)}{30} = \frac{80 - 30}{30} = \frac{50}{30} = 1.67 \text{ A}$$

例 9-3 求以下方程组的未知电流：

$$2I_1 - 5I_2 = 10$$
$$6I_1 + 10I_2 = 20$$

解 假设系数以欧[姆]为单位且常数以伏[特]为单位，则系数行列式计算如下：

$$\begin{vmatrix} 2 & -5 \\ 6 & 10 \end{vmatrix} = 2 \times 10 - (-5) \times 6 = 20 - (-30) = 20 + 30 = 50$$

求解 I_1 得：

$$I_1 = \frac{\begin{vmatrix} 10 & -5 \\ 20 & 10 \end{vmatrix}}{50} = \frac{10 \times 10 - (-5) \times 20}{50} = \frac{100 - (-100)}{50} = \frac{200}{50} = 4 \text{ A}$$

求解 I_2 得：

$$I_2 = \frac{\begin{vmatrix} 2 & 10 \\ 6 & 20 \end{vmatrix}}{50} = \frac{2 \times 20 - 6 \times 10}{50} = \frac{40 - 60}{50} = -0.4 \text{ A}$$

带负号的结果表示实际电流的方向与指定的参考方向相反。

同步练习 求解以下方程组中的 I_1：

$$5I_1 + 3I_2 = 4$$
$$I_1 + 2I_2 = -6$$

可以扩展以上方法用于计算三阶行列式。我们用下面的方程来说明这个方法。

$$1I_1 + 3I_2 - 2I_3 = 7$$
$$0I_1 + 4I_2 + 1I_3 = 8$$
$$-5I_1 + 1I_2 + 6I_3 = 9$$

该方程组的系数行列式的第一列由 I_1 的系数组成，第二列由 I_2 的系数组成，第三列由 I_3 的系数组成，如下所示。

$$\begin{vmatrix} 1 & 3 & -2 \\ 0 & 4 & 1 \\ -5 & 1 & 6 \end{vmatrix}$$

计算系数行列式的值需要以下步骤。

步骤 1：重写行列式的前两列至右侧。

$$\begin{vmatrix} 1 & 3 & -2 \\ 0 & 4 & 1 \\ -5 & 1 & 6 \end{vmatrix} \begin{matrix} 1 & 3 \\ 0 & 4 \\ -5 & 1 \end{matrix}$$

步骤 2：找到 3 组系数的每一个向下对角线。

$$\begin{vmatrix} 1 & 3 & -2 \\ 0 & 4 & 1 \\ -5 & 1 & 6 \end{vmatrix} \begin{matrix} 1 & 3 \\ 0 & 4 \\ -5 & 1 \end{matrix}$$

步骤 3：将每个对角线中的数字相乘并将乘积相加。

$$\begin{vmatrix} 1 & 3 & -2 \\ 0 & 4 & 1 \\ -5 & 1 & 6 \end{vmatrix} \begin{matrix} 1 & 3 \\ 0 & 4 \\ -5 & 1 \end{matrix}$$

$$1 \times 4 \times 6 + 3 \times 1 \times (-5) + (-2) \times 0 \times 1 = 24 + (-15) + 0 = 9$$

步骤 4：对 3 个系数的 3 个向上对角线重复步骤 2 和 3。

$$\begin{vmatrix} 1 & 3 & -2 \\ 0 & 4 & 1 \\ -5 & 1 & 6 \end{vmatrix}\begin{matrix} 1 & 3 \\ 0 & 4 \\ -5 & 1 \end{matrix}$$

$$(-5)\times 4\times(-2)+1\times 1\times 1+6\times 0\times 3=40+1+0=41$$

步骤5：从步骤3的结果中减去步骤4中的结果，便得到系数行列式的值，即：

$$9-41=-32$$

接下来，用等式右边的常数替换行列式中 I_1 的系数，构造另一个行列式。

$$\begin{vmatrix} 7 & 3 & -2 \\ 8 & 4 & 1 \\ 9 & 1 & 6 \end{vmatrix}$$

使用前面步骤中描述的方法计算此行列式的值。

$$\begin{vmatrix} 7 & 3 & -2 \\ 8 & 4 & 1 \\ 9 & 1 & 6 \end{vmatrix}\begin{matrix} 7 & 3 \\ 8 & 4 \\ 9 & 1 \end{matrix}$$

$$=[7\times 4\times 6+3\times 1\times 9+(-2)\times 8\times 1]-[9\times 4\times(-2)+1\times 1\times 7+6\times 8\times 3]$$
$$=(168+27-16)-(-72+7+144)=179-79=100$$

将该行列式除以系数行列式得到 I_1。结果中的负号表明实际电流方向与最初假设的方向相反。

$$I_1=\frac{\begin{vmatrix} 7 & 3 & -2 \\ 8 & 4 & 1 \\ 9 & 1 & 6 \end{vmatrix}}{\begin{vmatrix} 1 & 3 & -2 \\ 0 & 4 & 1 \\ -5 & 1 & 6 \end{vmatrix}}=\frac{100}{-32}=-3.125\ A$$

使用类似的方式求得 I_2 和 I_3。

例 9-4 假设系数以欧[姆]为单位，且等式右边的常数以伏[特]为单位，根据以下方程组计算 I_2 的值：

$$2I_1+0.5I_2+1I_3=0$$
$$0.75I_1+0I_2+2I_3=1.5$$
$$3I_1+0.2I_2+0I_3=-1$$

解 系数矩阵行列式的计算过程如下：

$$\begin{vmatrix} 2 & 0.5 & 1 \\ 0.75 & 0 & 2 \\ 3 & 0.2 & 0 \end{vmatrix}\begin{matrix} 2 & 0.5 \\ 0.75 & 0 \\ 3 & 0.2 \end{matrix}$$

$$=[2\times 0\times 0+0.5\times 2\times 3+1\times 0.75\times 0.2]-[3\times 0\times 1+0.2\times 2\times 2+0\times 0.75\times 0.5]$$
$$=(0+3+0.15)-(0+0.8+0)=3.15-0.8=2.35$$

I_2 对应的行列式的计算过程如下：

$$\begin{vmatrix} 2 & 0 & 1 \\ 0.75 & 1.5 & 2 \\ 3 & -1 & 0 \end{vmatrix}\begin{matrix} 2 & 0 \\ 0.75 & 1.5 \\ 3 & -1 \end{matrix}$$

$$=[2\times 1.5\times 0+0\times 2\times 3+1\times 0.75\times(-1)]-[3\times 1.5\times 1+(-1)\times 2\times 2+0\times 0.75\times 0]$$
$$=[0+0+(-0.75)]-[4.5+(-4)+0]=-0.75-0.5=-1.25$$

最后，两个行列式相除，求得 I_2。

$$I_2 = \frac{-1.25}{2.35} = -0.532 \text{ A} = -532 \text{ mA}$$

同步练习　求解本例方程组中 I_1 的值。

使用计算器求解矩阵　许多科学计算器都有内置函数，使得求解联立方程变得更加容易。与"手算"方法一样，在计算器上输入数据之前，首先将方程转换为标准形式是非常重要的。

图 9-1 给出了将特定方程组中的数据输入计算器的典型序列，其中的 3 个联立方程用标准形式给出。

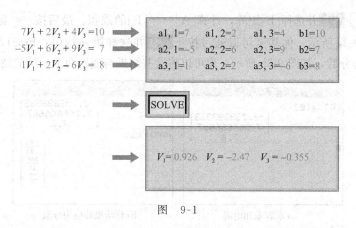

$$7V_1 + 2V_2 + 4V_3 = 10$$
$$-5V_1 + 6V_2 + 9V_3 = 7$$
$$1V_1 + 2V_2 - 6V_3 = 8$$

a1, 1=7	a1, 2=2	a1, 3=4	b1=10
a2, 1=-5	a2, 2=6	a2, 3=9	b2=7
a3, 1=1	a3, 2=2	a3, 3=-6	b3=8

SOLVE

$$V_1 = 0.926 \quad V_2 = -2.47 \quad V_3 = -0.355$$

图　9-1

在图 9-1 所示的通用示例中，你可以将 3 个方程视为由 3 个矩阵组成：[A] 表示系数矩阵，[B] 表示常数矩阵，[X] 表示未知数矩阵。联立方程组的简写形式是 [A][X]=[B]。（矩阵用大写字母并用方括号括起来或使用粗斜体大写字母表示。将两边乘以 $[A]^{-1}$，我们得到 $[X]=[A]^{-1}[B]$。）（注意，$[A]^{-1}[A]$ 的乘积是一个单位矩阵 [I]。）

例 9-5 中给出了 TI-84 Plus CE 计算器的操作过程。如果你有 TI-86 或 TI-89，则使用这些计算器的步骤见例 9-6 和例 9-7。其他计算器可能有不同的求解联立方程的方法，请参阅计算器用户手册。

例 9-5　使用 TI-84 Plus CE 计算器求解以下联立方程组。

$$8I_1 + 4I_2 + 1I_3 = 7$$
$$2I_1 - 5I_2 + 6I_3 = 3$$
$$3I_1 + 3I_2 - 2I_3 = -5$$

解　按下 [2nd] [x^{-1}]，打开矩阵菜单。第一个矩阵自动命名为 [A]。使用箭头键，选择顶部的编辑功能，然后按 [enter] 键，打开矩阵编辑器。首先输入系数矩阵，本例为 3×3 的矩阵。你可以选择矩阵的大小并输入数值，使用箭头键选择单元格并使用键盘和 [enter] 键输入系数值。要输入负值，请按 [(-)] 键，然后按数字键。图 9-2a 显示了已经输入完毕的矩阵 [A]。检查数字无误后，按下 [2nd] [mode] 键返回主屏幕。

输入系数矩阵后，再按下 [2nd] [x^{-1}]，然后使用箭头键选择编辑功能和常数矩阵 [B]。将矩阵的大小设置为 3×1（3 行，1 列），并在数组中输入常数。图 9-2b 显示了输入完毕的矩阵 [B]。

要求解未知数，请按 [2nd] [x^{-1}]，然后从名称功能中选择 [A] 并按 [enter] 键。（你必须从矩阵菜单中选择矩阵的名称，不能使用字母。）你应该在显示屏上看到 [A]。按 [x^{-1}] 计算 [A] 的逆矩

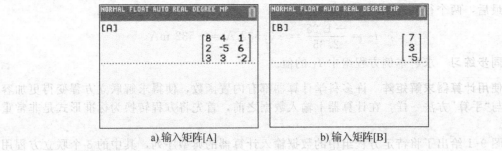

a) 输入矩阵[A]　　　　　　　　b) 输入矩阵[B]

图　9-2

阵。按 X 2nd X⁻¹ 并选择[B]矩阵，计算[A]⁻¹×[B]的乘积。最后按 enter 键求得 I_1、I_2 和 I_3 的解，如图 9-3a 所示。你甚至可以通过按下 math 并选择第一行(1：Frac)，再按 enter 两次来将结果显示为分数，如图 9-3b 所示。你可以将这些结果与随后两个示例的结果进行比较 。

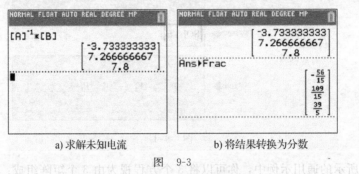

a) 求解未知电流　　　　　　　　b) 将结果转换为分数

图　9-3

同步练习　如果方程被修改成如下形式，求解未知数。

$$8I_1 - 3I_2 + 1I_3 = 7$$
$$2I_1 - 5I_2 + 2.5I_3 = 3$$
$$3I_1 + 3I_2 + 2I_3 = 9$$

例 9-6　使用 TI-86 计算器求解例 9-5 中给出的联立方程。

$$8I_1 + 4I_2 + 1I_3 = 7$$
$$2I_1 - 5I_2 + 6I_3 = 3$$
$$3I_1 + 3I_2 - 2I_3 = -5$$

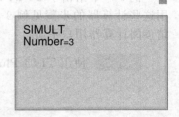

解　按下 2nd 键，然后按 SIMULT 键输入方程组的等式数，如图 9-4 所示。

图　9-4

输入数字 3 并按 ENTER 键后，将出现关于第一个方程的屏幕。键入系数 8、4、1 和常数 7，每键入一个按下 ENTER 键，如图 9-5a 所示。输入最后一个数字并按 ENTER 键后，将出现关于第二个等式的屏幕。输入系数 2、−5、6 和常数 3，结果如图 9-5b 所示(输入负值时首先按(−)键)。最后输入第三个等式的系数 3、3、−2 和常数−5，结果如图 9-5c 所示。

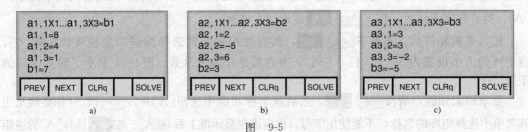

a)　　　　　　　　　　b)　　　　　　　　　　c)

图　9-5

按下 SOLVE 键（即 F5 键）将得到图 9-6 所示的结果，其中 X1 就是 I_1、X2 就是 I_2、X3 就是 I_3。

同步练习 编辑方程式将 $a_{1,2}$ 从 4 变为 -3，$a_{2,3}$ 从 6 变为 2.5，b_3 从 -5 变为 8，并求解修改后的方程组的解。 ■

例 9-7 使用 TI-89 Titanium 计算器求解例 9-5 中给出的联立方程组。

$$8I_1 + 4I_2 + 1I_3 = 7$$
$$2I_1 - 5I_2 + 6I_3 = 3$$
$$3I_1 + 3I_2 - 2I_3 = -5$$

解 在主屏幕中选择联立方程式图标。

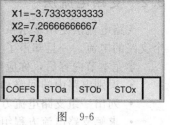

图 9-6

按 ENTER 键，选择 3：New，然后再次按 ENTER 键。接下来，指定等式数和变量数，然后按 ENTER 键。在联立方程屏幕上输入系数和常数，如图 9-7a 所示。输入每个数字后需按 ENTER 键。

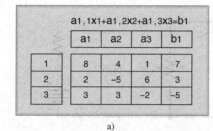

图 9-7

输入系数和常数后，按 F5 键求解。结果如图 9-7b 所示，以分数显示。结果和使用 TI-84 Plus CE 和 TI-86 以小数形式显示的结果相同。

同步练习 使用 TI-89 重复例 9-6 中的同步练习。 ■

学习效果检测

1. 计算下面行列式的值。

(a) $\begin{vmatrix} 0 & -1 \\ 4 & 8 \end{vmatrix}$ (b) $\begin{vmatrix} 0.25 & 0.33 \\ -0.5 & 1 \end{vmatrix}$ (c) $\begin{vmatrix} 1 & 3 & 7 \\ 2 & -1 & 7 \\ -4 & 0 & -2 \end{vmatrix}$

2. 建立以下联立方程组的系数行列式：

$$2I_1 + 3I_2 = 0$$
$$5I_1 + 4I_2 = 1$$

3. 求解问题 2 中的电流 I_2。

4. 使用计算器求解以下联立方程组中的 I_1、I_2、I_3 和 I_4。

$$100I_1 + 220I_2 + 180I_3 + 330I_4 = 0$$
$$470I_1 + 390I_2 + 100I_3 + 100I_4 = 12$$
$$120I_1 - 270I_2 + 150I_3 - 180I_4 = -9$$
$$560I_1 + 680I_2 - 220I_3 + 390I_4 = 0$$

5. 修改问题 4 中的方程，将第一个等式中的常数改为 8.5，第二个等式中 I_3 的系数改为 220，第四个等式中 I_1 的系数改为 330，求解新的方程组。

9.2 支路电流法

支路电流法使用基尔霍夫电压定律和电流定律来构造联立方程组，进而求解电路中每个支路的电流。一旦知道了支路电流，就可以确定电压。

学完本节内容后，你应能够使用支路电流法求解电路中的未知量，具体就是：

- 识别电路中的回路和节点。
- 列出一组支路电流方程。
- 求解支路电流方程组。

图 9-8 中所示的电路，将在本章作为基本的电路模型加以讨论，用来说明 3 种不同的电路分析方法。在这个电路中，只有两个独立回路。**回路**是电路中的闭合路径。可以将一组独立回路视为一组"窗口"或"网孔"，其中每个"窗口"代表一个独立回路。此外，电路有 4 个节点，如字母 A、B、C 和 D 所示。节点是连接两个或多个元器件的连接点。支路电流法规定的支路是电流相同的一段路径。在图 9-8 中电路有 3 个支路：分别包含 R_1、R_2、R_3。（术语"支路"也用于描述两个节点之间的路径。）**支路电流法**是一种依赖于欧姆定律和基尔霍夫定律来求解未知电流的分析方法。

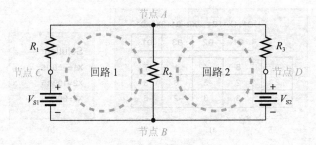

图 9-8 标明节点和回路的电路

以下是使用支路电流法的一般步骤。

步骤 1：为每个支路电流指定参考方向。

步骤 2：根据指定的支路电流方向确定电阻电压的极性。

步骤 3：对每一个独立回路使用基尔霍夫电压定律（电压的代数和等于零）。

步骤 4：对每一个独立节点使用基尔霍夫电流定律，以便包括所有支路电流（节点处的电流代数和等于零）。

步骤 5：求解步骤 3 和 4 中得到的方程组，得出支路电流值。

借助图 9-9 说明这些步骤。第一步，箭头所示方向为支路电流 I_1、I_2 和 I_3 的参考方向，不必关心电流的实际方向。如果参考方向与实际方向相反，计算结果会是负值。第二步，根据指定的电流方向在图中标示 R_1、R_2 和 R_3 两端电压的极性。第三步，对两个回路使用基尔霍夫电压定律，得到以下等式，其中电阻值是未知电流的系数：

$$R_1 I_1 + R_2 I_2 - V_{S1} = 0 \quad 回路 1$$
$$R_2 I_2 + R_3 I_3 - V_{S2} = 0 \quad 回路 2$$

第四步，对节点 A 使用基尔霍夫电流定律，它包括所有支路电流，方程如下：

$$I_1 - I_2 + I_3 = 0$$

负号是因为 I_2 流出节点 A。第五步也是最后一步，求解上面的联立方程，得到 3 个支路电流 I_1、I_2 和 I_3。例 9-8 说明了使用代入法求解方程组的过程。

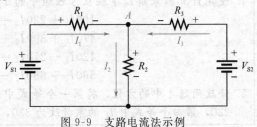

图 9-9 支路电流法示例

例 9-8　使用支路电流法求解图 9-10 中的支路电流。

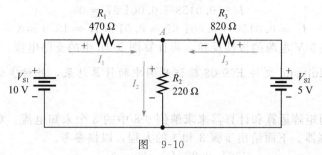

图　9-10

解　步骤 1：指定支路电流的参考方向，如图 9-10 所示。你可以假设任何方向，如果电流的实际方向与参考方向相反，则最终结果会存在一个负号。

步骤 2：根据指定的电流参考方向标记电阻电压的极性，如图 9-10 所示。

步骤 3：对左边回路应用基尔霍夫电压定律，有：

$$470I_1 + 220I_2 - 10 = 0$$

对右边回路，有：

$$220I_2 + 820I_3 - 5 = 0$$

其中所有电阻值均以欧[姆]为单位，电压值以伏[特]为单位。为简单起见，等式中没有包括单位。

步骤 4：对节点 A，应用基尔霍夫电流定律有：

$$I_1 - I_2 + I_3 = 0$$

步骤 5：使用代入法求解方程组。首先，根据 I_2 和 I_3 得到 I_1。

$$I_1 = I_2 - I_3$$

在左边回路方程中用 $I_2 - I_3$ 替换 I_1。得到：

$$470(I_2 - I_3) + 220I_2 = 10$$
$$470I_2 - 470I_3 + 220I_2 = 10$$
$$690I_2 - 470I_3 = 10$$

接下来，对右边回路方程用 I_3 表示 I_2。

$$220I_2 = 5 - 820I_3$$
$$I_2 = \frac{5 - 820I_3}{220}$$

将此式代入 $690I_2 - 470I_3 = 10$ 中。

$$690 \times \left(\frac{5 - 820I_3}{220}\right) - 470I_3 = 10$$
$$\frac{3450 - 565\,800I_3}{220} - 470I_3 = 10$$
$$15.68 - 2571.8I_3 - 470I_3 = 10$$
$$-3041.8I_3 - 5.68$$
$$I_3 = \frac{5.68}{3041.8} = 0.001\,87 \text{ A} = 1.87 \text{ mA}$$

现在，将 I_3 代入右边回路的方程中。

$$220I_2 + 820 \times 0.001\,87 = 5$$

求得 I_2。

$$I_2 = \frac{5 - 820 \times 0.001\,87}{220} = \frac{3.47}{220} = 0.001\,58 = 15.8 \text{ mA}$$

将 I_2 和 I_3 的值代入节点 A 的电流等式中，得到：

$$I_1 - 0.0158 + 0.00187 = 0$$
$$I_1 = 0.0158 - 0.00187 = 0.0139 \text{ A} = 13.9 \text{ mA}$$

同步练习　将 5 V 电源的极性反转，再计算图 9-10 中的支路电流。

 使用 Multisim 文件 E09-08 验证此例中的计算结果，并核实你对同步练习的计算结果。

例 9-9　使用矩阵运算和计算器来求解例 9-8 中的 3 个未知电流。对于此例，将使用 TI-94 Pro CE 计算器。下面给出步骤 3 和 4 的方程，以供参考。

$$470I_1 + 220I_2 - 10 = 0$$
$$220I_2 + 820I_3 - 5 = 0$$
$$I_1 = I_2 - I_3$$

解　以标准形式重写方程组：

$$470I_1 + 220I_2 + 0 = 10$$
$$0 + 220I_2 + 820I_3 = 5$$
$$I_1 - I_2 + I_3 = 0$$

按下 [2nd] [x^{-1}] 打开矩阵菜单。这次我们选择符号[C]作为系数矩阵。选择 Edit 和[C] 后，输入系数，如图 9-11a 所示。使用键盘和 [enter] 键输入数值。检查无误后，按 [2nd] [mode] 返回主屏幕。重新打开矩阵菜单并将矩阵[D]设置为 3×1 矩阵，然后输入常量，如图 9-11b 所示。

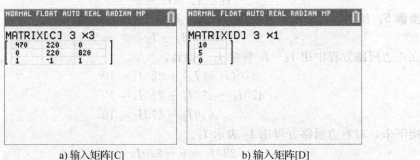

a) 输入矩阵[C]　　　　　　b) 输入矩阵[D]

图　9-11

要求解未知数，请按 [2nd] [x^{-1}]，然后从 Name 功能中选择[C]并按 [enter] 键。你应该在屏幕上看到[C]。按 [x^{-1}] 求解[C]的逆矩阵。按 [X] [2nd] [x^{-1}] 选择[D]矩阵并计算 $[C]^{-1} \times [D]$ 的乘积。最后按 [enter] 键求得 I_1、I_2 和 I_3 的解，结果如图 9-12 所示，其中电流以安[培]为单位。

同步练习　将 5 V 电源的极性反转，再计算各支路电流。

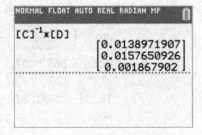

图 9-12　求解后得到未知数的值

学习效果检测

1. 支路电流法中使用了哪些基本电路定律？
2. 指定支路电流时，应与实际方向一致。（对或错）
3. 什么是回路？
4. 什么是节点？

9.3 回路电流法

在回路电流法(也称为网格电流方法)中,将使用回路电流而不是支路电流。放置在支路中的电流表测量的是该支路的电流。与支路电流不同,回路电流是一个计算量,不一定是实际存在的物理电流,用回路电流分析电路会比用支路电流更容易。

学完本节内容后,你应能够使用回路电流法求解电路,具体就是:

- 指定回路电流。
- 对每个回路应用基尔霍夫电压定律。
- 列出回路电流方程。
- 求解回路电流方程。

回路电流法是分析电路的一种系统化方法,它将基尔霍夫电压定律应用于闭合回路。列出的方程可以根据不同方法求解出电流。我们使用图 9-13 所示的与支路电流法中相同电路,给出回路电流法的基本步骤。

步骤 1:虽然可以任意指定回路电流的方向,但为了保持一致,我们都指定顺时针方向。这可能不是电流的实际方向,但这并不重要。回路电流的个数必须足以包括电路中所有元件的电流。

步骤 2:根据指定的电流方向标示出每个元件的电压极性。

步骤 3:对每个回路应用基尔霍夫电压定律。当多个回路电流通过一个元件时,使用各自的电压。每个回路得到一个等式。

步骤 4:使用代入法或行列式法,求解前面用回路电流法得到的方程组。

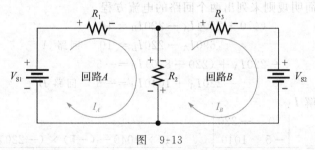

图 9-13

对图 9-13 所示电路,有如下步骤。

步骤 1:指定**回路电流** I_A 和 I_B 的参考方向为顺时针方向,如图 9-13 所示。也可以在最外回路指定回路电流,但这是多余的(不独立的),因为 I_A 和 I_B 已经通过所有元件了。

步骤 2:基于回路电流的方向,标出 R_1、R_2 和 R_3 两端电压的极性。请注意,由于 R_2 存在于两个回路中,并且 I_A 和 I_B 经过 R_2 的方向相反。因此,标出了两个电压极性。实际上,流过 R_2 的电流并不能分成两部分。但请记住,回路电流仅仅是用于分析的数学变量。R_2 中的实际电流是两个回路电流的叠加。电压源的极性是固定的,不受回路电流的影响。

步骤 3:对两个回路应用基尔霍夫电压定律,得到以下两个等式:

$$R_1 I_A + R_2(I_A - I_B) = V_{S1} \quad 回路\ A$$
$$R_3 I_B + R_2(I_B - I_A) = -V_{S2} \quad 回路\ B$$

注意在回路 A 中 I_A 是正的,在回路 B 中 I_B 是正的。

步骤 4:合并方程中的相同项,并重新排列成标准形式以便于求解,使得它们在每个方程中位于正确的位置,即 I_A 是第一项,I_B 是第二项。方程式重新排列成以下形式。一旦求解得到回路电流,就可以确定所有支路电流。

$$(R_1 + R_2)I_A - R_2 I_B = V_{S1} \quad 回路\ A$$
$$-R_2 I_A + (R_2 + R_3)I_B = -V_{S2} \quad 回路\ B$$

注意，在支路电流法中需要 3 个方程来求解电路中的变量，在回路电流法中仅需要 2 个方程，并且遵循一种特定的形式，使回路分析变得更加容易。观察这两个方程，对于回路 A，第一项是回路中的总电阻 $R_1 + R_2$ 乘以 I_A（即回路电流）。第二项是两个回路的公共电阻 R_2 乘以另一个回路电流 I_B，并用第一项减去第二项。回路 B 的方程也存在类似形式。根据这些观察，步骤 1～4 的简明规则如下：

（回路中电阻之和）乘以（回路电流）减去（两个回路的公共电阻）乘以（相邻回路电流）等于（回路中的源电压）。

例 9-10 给出了该规则在回路电流法中的应用。

例 9-10 使用回路电流法求解图 9-14 中的支路电流。

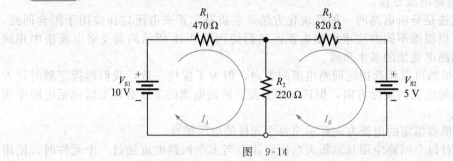

图 9-14

解 指定回路电流 I_A 和 I_B，如图 9-14 所示。电阻值以欧［姆］为单位，电压值以伏［特］为单位。使用简明规则来列出两个回路的电流方程。

$$(470 + 220)I_A - 220I_B = 10$$
$$690I_A - 220I_B = 10 \quad 回路 A$$
$$-220I_A + (220 + 820)I_B = -5$$
$$-220I_A + 1040I_B = -5 \quad 回路 B$$

使用行列式求解 I_A。

$$I_A = \frac{\begin{vmatrix} 10 & -220 \\ -5 & 1040 \end{vmatrix}}{\begin{vmatrix} 690 & -220 \\ -220 & 1040 \end{vmatrix}} = \frac{10 \times 1040 - (-5) \times (-220)}{690 \times 1040 - (-220) \times (-220)}$$

$$= \frac{104\,000 - 1100}{717\,600 - 48\,400} = \frac{102\,900}{669\,200} = 13.9 \text{ mA}$$

求解 I_B。

$$I_B = \frac{\begin{vmatrix} 690 & 10 \\ -220 & -5 \end{vmatrix}}{669\,200} = \frac{690 \times (-5) - (-220) \times 10}{669\,200}$$

$$= \frac{-3450 - (-2200)}{669\,200} = -1.87 \text{ mA}$$

I_B 的负号表示其参考方向与实际方向相反。

现在求解实际的支路电流。由于 I_A 是通过 R_1 的唯一电流，因此它也是支路电流 I_1。

$$I_1 = I_A = 13.9 \text{ mA}$$

由于 I_B 是通过 R_3 的唯一电流，因此它也是支路电流 I_3。

$$I_3 = I_B = -1.87 \text{ mA}$$

负号表示与 I_B 的参考方向相反。回路电流 I_A 和 I_B 以相反的方向通过 R_2，因此支路电流 I_2 是 I_A 和 I_B 的差。

$$I_2 = I_A - I_B = 13.9 \text{ mA} - (-1.87 \text{ mA}) = 15.8 \text{ mA}$$

请记住，一旦得到了支路电流，就可以使用欧姆定律计算相应的电压。本例计算结果与使用支路电流法的例 9-8 的结果相同。

同步练习 使用计算器求解本例中的两个回路电流。

 使用 Multisim 文件 E09-10 验证本例的计算结果，并核实你对同步练习的计算结果。

具有两个以上回路的电路

回路电流法可以系统地应用于具有任意多个回路的电路。当然，回路越多，求解越困难，但计算器大大简化了求解联立方程的难度。本书中大多数电路不会超过 3 个回路。请记住，回路电流不是实际的物理电流，是为分析电路而引入的计算量。

惠斯通电桥是你已经遇到的且被广泛使用的电路。惠斯通电桥最初是为独立的测量仪器而设计的，但现在这些仪器已被其他仪器所取代。然而惠斯通电桥却被广泛用于工业和其他测量仪器中。

求解桥式电路的一种方法是写出电桥回路方程，直接求解桥臂电流和负载电流。图 9-15 显示了具有 3 个回路的惠斯通电桥。例 9-11 说明了如何求解电桥中的所有电流。

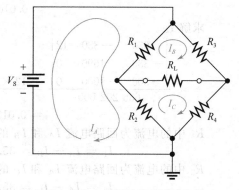

图 9-15 具有 3 个回路的惠斯通电桥

例 9-11 对于图 9-16 中的惠斯通电桥，使用回路电流法求流过每个电阻的电流。

解 选择 3 个顺时针的回路电流 I_A、I_B 和 I_C，如图 9-16 所示。列出回路电流方程。

回路 A：$-12 + 330(I_A - I_B) + 300(I_A - I_C) = 0$

回路 B：$330(I_B - I_A) + 360I_B + 1000(I_B - I_C = 0)$

回路 C：$300(I_C - I_A) + 1000(I_C - I_B) + 390I_C = 0$

改写成标准形式。

回路 A：$630I_A - 330I_B - 300I_C = 12 \text{ V}$

回路 B：$-330I_A + 1690I_B - 1000I_C = 0$

回路 C：$-300I_A - 1000I_B + 1690I_C = 0$

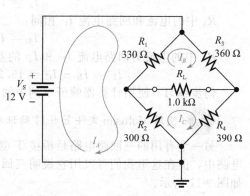

图 9-16 具有 3 个回路的惠斯通电桥

你可以用代入法来求解这些方程，但 3 个未知数很繁琐。采用行列式法或直接用计算器求解会更简单。直到最后才给出了单位。

计算系数行列式的值。

$$\begin{vmatrix} 630 & -330 & -300 \\ -330 & 1690 & -1000 \\ -300 & -1000 & 1690 \end{vmatrix} \begin{matrix} 630 & -330 \\ -330 & 1690 \\ -300 & -1000 \end{matrix}$$

$$= [630 \times 1690 \times 1690 + (-330) \times (-1000) \times (-300) + (-300) \times (-330) \times (-1000)]$$
$$- [(-300) \times 1690 \times (-300) + (-1000) \times (-1000) \times 630 + 1690 \times (-330) \times (-330)]$$
$$= 635\ 202\ 000$$

求解 I_A。

$$\frac{\begin{vmatrix} 12 & -330 & -300 \\ 0 & 1690 & -1000 \\ 0 & -1000 & 1690 \end{vmatrix}}{635\ 202\ 000} = \frac{12 \times 1690 \times 1690 - 12 \times (-1000) \times (-1000)}{635\ 202\ 000}$$

$$= 0.0351\ \text{A} = 35.1\ \text{mA}$$

求解 I_B。

$$\frac{\begin{vmatrix} 630 & 12 & -300 \\ -330 & 0 & -1000 \\ -300 & 0 & 1690 \end{vmatrix}}{635\ 202\ 000} = \frac{12 \times (-1000) \times (-300) - (-330) \times 12 \times 1690}{635\ 202\ 000}$$

$$= 0.0162\ \text{A} = 16.2\ \text{mA}$$

求解 I_C。

$$\frac{\begin{vmatrix} 630 & -330 & 12 \\ -330 & 1690 & 0 \\ -300 & -1000 & 0 \end{vmatrix}}{635\ 202\ 000} = \frac{12 \times (-330) \times (-1000) - (-300) \times 1690 \times 12}{635\ 202\ 000}$$

$$= 0.0158\ \text{A} = 15.8\ \text{mA}$$

R_1 中的电流为回路电流 I_A 和 I_B 的差：
$$I_1 = I_A - I_B = 35.1\ \text{mA} - 16.2\ \text{mA} = 18.8\ \text{mA}$$
R_2 中的电流为回路电流 I_A 和 I_C 的差：
$$I_2 = I_A - I_C = 35.1\ \text{mA} - 15.8\ \text{mA} = 19.3\ \text{mA}$$
R_3 中的电流和回路电流 I_B 相同：
$$I_3 = I_B = 16.2\ \text{mA}$$
R_4 中的电流和回路电流 I_C 相同：
$$I_4 = I_C = 15.8\ \text{mA}$$
R_L 中的电流为回路电流 I_B 和 I_C 的差：
$$I_L = I_B - I_C = 16.2\ \text{mA} - 15.8\ \text{mA} = 0.4\ \text{mA}$$

同步练习 使用计算器验证本例中的回路电流。

 使用 Multisim 文件 E09-11 验证本例的计算结果，并核实你对同步练习的计算结果。

另一个有用的三回路电路是桥接 T 型电路。虽然该电路主要用于含电抗元件的滤波器电路中，但在这里我们可以用它说明三回路电路的求解过程。带载的电阻性桥接 T 型电路如图 9-17 所示。

电阻通常以 kΩ（甚至 MΩ）为单位，因此如果在待求解的联立方程用 Ω 为单位，则方程系数的数值将变得非常大。为简单起见，通常的做法是在方程式中用 kΩ 作为电阻的单位，用伏[特]作为电压的单位，那么电流的单位就是 mA。以下示例说明了这一方法。

例 9-12 图 9-18 给出了具有 3 个回路的桥接 T 型电路。列出回路电流方程的标准形式。用计算器求解方程组；求解每个电阻中的电流。

解 选择 3 个顺时针回路电流 I_A、I_B 和 I_C，如图 9-18 所示。写出回路电流方程，电阻以 kΩ 为单位，电流则以 mA 为单位。

回路 A $22(I_A - I_B) + 15I_A + 7.5(I_A - I_C) = 0$
回路 B $-12 + 22(I_B - I_A) + 8.2(I_B - I_C) = 0$
回路 C $8.2(I_C - I_B) + 7.5(I_C - I_A) + 10I_C = 0$

改写成标准形式：
回路 A $44.5I_A - 22I_B - 7.5I_C = 0$
回路 B $-22I_A + 30.2I_B - 8.2I_C = 12$

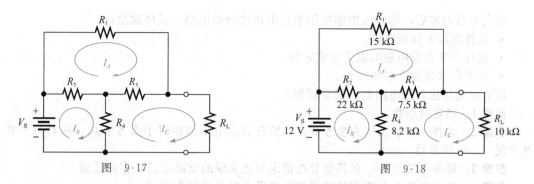

图 9-17　　　　　　　　　　　　　　　　图 9-18

回路 C 　　　　　　　　　$-7.5I_A - 8.2I_B + 25.7I_C = 0$

计算器求解：TI-84 Plus CE 已经用于求解例 9-5 和例 9-9 中的矩阵问题。回顾一下，在这些示例中，通过按下 2nd x^{-1} 进入矩阵菜单，输入矩阵的维数和方程系数。然后返回到矩阵菜单，再输入常量数组。最后用系数矩阵的逆乘以常数数组来获得方程的解。

对于 TI-86 和 TI-89 计算器，该方法需要输入方程的个数、方程的系数和等号右边的常数。按下计算器的 SOLVE 功能得到答案，如图 9-19 所示。由于电阻的单位为 $k\Omega$，因此回路电流的单位为 mA。求解每个电阻中的电流：R_1 中的电流等于 I_A。

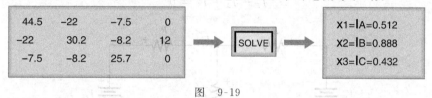

图 9-19

$$I_1 = 0.512 \text{ mA}$$

R_2 中的电流等于回路电流 I_A 和 I_B 的差。

$$I_2 = I_A - I_B = 0.512 \text{ mA} - 0.888 \text{ mA} = -0.0376 \text{ mA}$$

负号代表 I_2 的方向与 I_A 相反，电阻电压的参考正极在右边。

R_3 中的电流等于回路电流 I_A 和 I_C 的差。

$$I_3 = I_A - I_C = 0.512 \text{ mA} - 0.432 \text{ mA} = 0.079 \text{ mA}$$

R_4 中的电流等于回路电流 I_B 和 I_C 的差。

$$I_4 = I_B - I_C = 0.888 \text{ mA} - 0.432 \text{ mA} = 0.455 \text{ mA}$$

R_L 中的电流就是回路电流 I_C。

$$I_L = I_C = 0.432 \text{ mA}$$

同步练习　求解每个电阻上的电压。

　使用 Multisim 文件 E09-12A 和 E09-12B 验证本例的计算结果，并确认你对同步练习的计算结果。

学习效果检测

1. 回路电流是否必须代表支路中的实际电流？
2. 当你使用回路法求解电流并得到负值时，负值的含义是什么？
3. 回路电流法中使用了什么电路定律？

9.4　节点电压法

另一种分析多回路电路的方法称为节点电压法。它基于基尔霍夫电流定律求解电路中每个节点的电压。所谓节点，就是两个或多个元器件的连接点。

学完本节内容后，你应该能够使用节点电压法分析电路，具体就是：

- 选择电压未知的节点。
- 在每个节点应用基尔霍夫电流定律。
- 列出和求解节点电压方程。

用节点电压法分析电路的一般步骤如下。

步骤 1：确定节点数。

步骤 2：选择一个节点作为参考节点，所有节点电压都相对于参考节点，并对每个节点分配一个电压符号。

步骤 3：除参考节点外，在其他节点指定与之关联的支路电流，方向任意。

步骤 4：将基尔霍夫电流定律应用于除参考点之外的每个节点。

步骤 5：通过欧姆定律，用电压表示各支路电流，对节点列出基尔霍夫电流定律方程。

我们将使用图 9-20 所示电路来说明节点电压法的一般步骤。第 1 步，明确节点。在本电路中有 4 个节点，如图 9-20 所示。第 2 步，以节点 B 为参考点，把它想象成电路的参考地。节点 C 和 D 的电压是对应的电压源电压，是已知的。节点 A 的电压是唯一未知的，设它为 V_A。第 3 步，如图 9-20 所示，在节点 A 任意指定支路电流的方向。第 4 步，列出节点 A 的基尔霍夫电流定律方程。

$$I_1 - I_2 + I_3 = 0$$

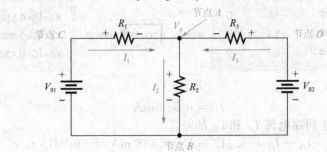

图 9-20 说明节点电压法的电路

第 5 步，借助欧姆定律用电压表示上式中的各个电流。

$$I_1 = \frac{V_1}{R_1} = \frac{V_{S1} - V_A}{R_1}$$

$$I_2 = \frac{V_2}{R_2} = \frac{V_A}{R_2}$$

$$I_3 = \frac{V_3}{R_3} = \frac{V_{S3} - V_A}{R_3}$$

将这些项代入节点 A 的电流方程中，得到：

$$\frac{V_{S1} - V_A}{R_1} - \frac{V_A}{R_2} + \frac{V_{S2} - V_A}{R_3} = 0$$

唯一的未知量是 V_A，所以通过重新排列方程各项来求解这个方程。一旦知道节点电压，就可以计算所有的支路电流。例 9-13 进一步说明了这种方法的过程。

例 9-13 求解图 9-21 中的节点电压 V_A，并计算支路电流。

解 指定 B 为参考节点。未知节点电压是 V_A，如图 9-21 所示，这是唯一未知的电压。在节点 A 处指定支路电流。用基尔霍夫电流定律列出的方程为：

$$I_1 - I_2 + I_3 = 0$$

借助欧姆定律用电压表示上式中的电流。

$$\frac{10 - V_A}{470} - \frac{V_A}{220} + \frac{5 - V_A}{820} = 0$$

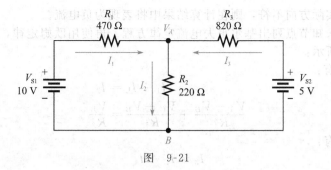

图 9-21

重写上式，得到：

$$\frac{10}{470} - \frac{V_A}{470} - \frac{V_A}{220} + \frac{5}{820} - \frac{V_A}{820} = 0$$

$$-\frac{V_A}{470} - \frac{V_A}{220} - \frac{V_A}{820} = -\frac{10}{470} - \frac{5}{820}$$

求解 V_A。

$$\frac{1804V_A + 3854V_A + 1034V_A}{847\ 880} = \frac{820 + 235}{38\ 540}$$

$$\frac{6692V_A}{847\ 880} = \frac{1055}{38\ 540}$$

$$V_A = \frac{1055 \times 847\ 880}{6692 \times 38\ 540} = 3.47\ \text{V}$$

现在可以计算各支路电流。

$$I_1 = \frac{10\ \text{V} - 3.47\ \text{V}}{470\ \Omega} = 13.9\ \text{mA}$$

$$I_2 = \frac{3.47\ \text{V}}{220\ \Omega} = 15.8\ \text{mA}$$

$$I_3 = \frac{5\ \text{V} - 3.47\ \text{V}}{820\ \Omega} = 1.87\ \text{mA}$$

这些结果与使用支路电流法和回路电流法的例 9-8、例 9-10 和例 9-12 的结果一致。

同步练习 将 5 V 电压源反向，再求节点 A 处的电压 V_A。

 使用 Multisim 文件 E09-13 验证本例的计算结果，并确认你对同步练习的计算结果。

例 9-13 说明了节点电压法的一个明显优点。支路电流法需要 3 个方程，有 3 个未知电流。回路电流方法减少了方程的数量，但需要额外的步骤将虚拟的回路电流转换为实际电流。而图 9-21 所示电路中的节点电压法将方程个数减少为 1 个，其中所有电流均用一个未知节点的电压来表示。节点电压法还具有易于求解未知电压的优点，电压比电流更容易直接测量。

9.4.1 利用节点电压法求解惠斯通电桥

节点电压法可应用于分析惠斯通电桥。惠斯通电桥如图 9-22 所示，图中指定了节点和支路电流。通常选择 D 作为参考节点，这样 A 的节点电压等于电源电压，因此只需对节点 B 和 C 列写方程。首先指定支路电流的方向。R_L 中电流的实际方向取决于电桥各电阻的大小关系。如

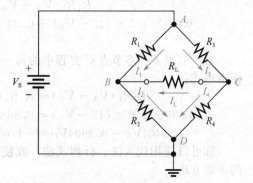

图 9-22 指定了节点的惠斯通电桥

果指定的方向与实际方向不符，则在计算结果中将表现为负电流。

然后为每个未知节点列出基尔霍夫电流定律方程。再使用欧姆定律，用节点电压表示每个电流，如下所示：

对于节点 B 有：

$$I_1 + I_L = I_2$$

$$\frac{V_A - V_B}{R_1} + \frac{V_C - V_B}{R_L} = \frac{V_B}{R_2}$$

对于节点 C 有：

$$I_3 = I_L + I_4$$

$$\frac{V_A - V_C}{R_3} = \frac{V_C - V_B}{R_L} + \frac{V_C}{R_4}$$

以上方程可以改写成标准形式，并使用你学到的任何方法求解。以下示例给出了已经在例 9-11 中用回路方程求解过的惠斯通电桥。

例 9-14 对于图 9-23 中的惠斯通电桥，求解 B 和 C 的节点电压。节点 D 为参考点，节点 A 处的电压与电源电压相同。

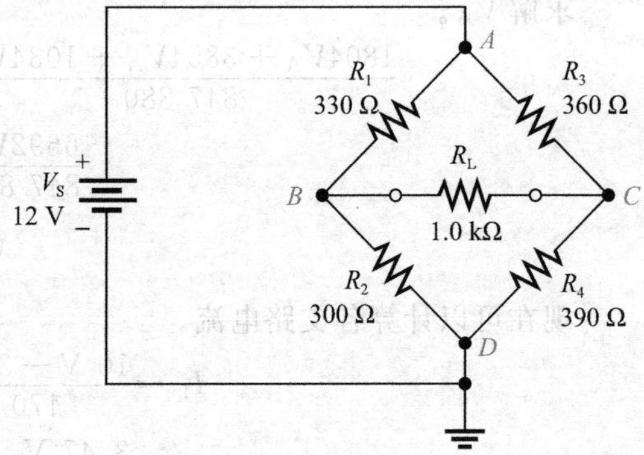

解 根据节点电压法，在节点 B 和节点 C 处应用基尔霍夫电流定律。为了使方程系数更易于处理，所有电阻均以 $k\Omega$ 为单位，电流以 mA 为单位。

对于节点 B，有：

$$I_1 + I_L = I_2$$

$$\frac{V_A - V_B}{R_1} + \frac{V_C - V_B}{R_L} = \frac{V_B}{R_2}$$

$$\frac{12 - V_B}{0.33\ k\Omega} + \frac{V_C - V_B}{1.0\ k\Omega} = \frac{V_B}{0.30\ k\Omega}$$

对于节点 C，有：

$$I_3 = I_L + I_4$$

$$\frac{V_A - V_C}{R_3} = \frac{V_C - V_B}{R_L} + \frac{V_C}{R_4}$$

$$\frac{12\ V - V_C}{0.36\ k\Omega} = \frac{V_C - V_B}{1.0\ k\Omega} + \frac{V_C}{0.39\ k\Omega}$$

图 9-23

将每个节点的方程重写为标准形式。为简单起见，省略了 $k\Omega$。

对于节点 B，将节点 B 方程中的每一项乘以 $R_1 R_2 R_L$，然后合并同类项，便可得到如下标准形式：

$$R_2 R_L (V_A - V_B) + R_1 R_2 (V_C - V_B) = R_1 R_L V_B$$

$$0.30 \times 1.0 \times (12 - V_B) + 0.33 \times 0.30 \times (V_C - V_B) = 0.33 \times 1.0 \times V_B$$

$$0.729 V_B - 0.099 V_C = 3.6$$

对于节点 C：将节点 C 方程中的每一项乘以 $R_3 R_4 R_L$，然后合并同类项，可得到如下标准形式：

$$R_4 R_L (V_A - V_C) = R_3 R_4 (V_C - V_B) + R_3 R_L V_C$$

$$0.39 \times 1.0 \times (12 - V_C) = 0.36 \times 0.39 \times (V_C - V_B) + 0.36 \times 1.0 \times V_C$$

$$0.1404 V_B - 0.8904 V_C = -4.68$$

你可以使用代入法、行列式法，或使用计算器来求解联立方程。下面介绍使用行列式的求解方法。

$$0.729 V_B - 0.099 V_C = 3.6$$

$$0.1404 V_B - 0.8904 V_C = -4.68$$

$$V_B = \frac{\begin{vmatrix} 3.6 & -0.099 \\ -4.68 & -0.8904 \end{vmatrix}}{\begin{vmatrix} 0.729 & -0.099 \\ 0.1404 & -0.8904 \end{vmatrix}} = \frac{3.6 \times (-0.8904) - (-0.099) \times (-4.68)}{0.729 \times (-0.8904) - 0.1404 \times (-0.099)} = 5.78 \text{ V}$$

$$V_C = \frac{\begin{vmatrix} 0.729 & 3.6 \\ 0.1404 & -4.68 \end{vmatrix}}{\begin{vmatrix} 0.729 & -0.099 \\ 0.1404 & -0.8904 \end{vmatrix}} = \frac{0.729 \times (-4.68) - 0.1404 \times 3.6}{0.729 \times (-0.8904) - 0.1404 \times (-0.099)} = 6.17 \text{ V}$$

同步练习 使用欧姆定律,计算每个电阻中的电流。将结果与例 9-11 中使用回路电流法的结果进行比较。

 使用 Multisim 文件 E09-14 验证本例的计算结果,并确认你对同步练习的计算结果。

9.4.2 使用节点电压法求解桥接 T 形电路

将节点电压方法应用于桥接 T 形电路也会出现含两个未知数的方程。与惠斯通电桥的情况一样,它有 4 个节点,如图 9-24 所示。节点 D 是参考节点,节点 A 处的电压是电压源节点,因此两个未知电压在节点 C 和 B 处。负载电阻对电路的影响通常是最重要的问题,因此节点 C 处的电压是关注的焦点。为分析负载变化带来的影响,可以使用简化的联立方程,并用计算器方法求解,因为当负载变化时,只有节点 C 处的方程受到影响。例 9-15 说明了这个想法。

例 9-15 图 9-25 中的电路与例 9-12 中的电路相同。
(a) 使用节点电压法和计算器求解 R_L 两端的电压。
(b) 当负载电阻变为 15 kΩ 时,求出负载电压。

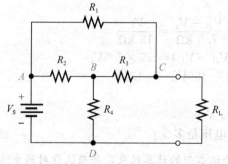

图 9-24 指定了节点的桥接 T 形电路

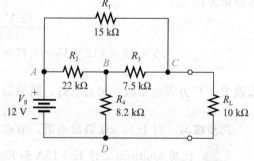

图 9-25

解 (a) 根据节点电压法,在节点 B 和 C 处应用基尔霍夫电流定律。
节点 B:

$$I_2 = I_3 + I_4$$

$$\frac{V_A - V_B}{R_2} = \frac{V_B - V_C}{R_3} + \frac{V_B}{R_4}$$

$$\frac{12 - V_B}{22 \text{ k}\Omega} = \frac{V_B - V_C}{7.5 \text{ k}\Omega} + \frac{V_B}{8.2 \text{ k}\Omega}$$

节点 C:

$$I_1 + I_3 = I_L$$

$$\frac{V_A - V_C}{R_1} + \frac{V_B - V_C}{R_3} = \frac{V_C}{R_L}$$

$$\frac{12 \text{ V} - V_C}{15 \text{ k}\Omega} + \frac{V_B - V_C}{7.5 \text{ k}\Omega} = \frac{V_C}{10 \text{ k}\Omega}$$

将每个节点的方程写为标准形式。为简单起见,将省略单位 kΩ。

对于节点 B，将节点 B 方程中的每一项乘以 $R_2 R_3 R_4$，然后合并同类项，可得到如下标准形式：

$$R_3 R_4 (V_A - V_B) = R_2 R_4 (V_B - V_C) + R_2 R_3 V_B$$
$$7.5 \times 8.2 \times (12 - V_B) = 22 \times 8.2 \times (V_B - V_C) + 22 \times 7.5 \times V_B$$
$$406.9 V_B - 180.4 V_C = 738$$

对于节点 C，将节点 C 方程中的每一项乘以 $R_1 R_2 R_3$，然后合并同类项，可得到如下标准形式：

$$R_3 R_L (V_A - V_C) + R_1 R_L (V_B - V_C) = R_1 R_3 V_C$$
$$7.5 \times 10 \times (12 - V_C) + 15 \times 10 \times (V_B - V_C) = 15 \times 7.5 V_C$$
$$150 V_B - 337.5 V_C = -900$$

计算器方法：标准形式的两个方程如下所示。

$$406.9 V_B - 180.4 V_C = 738$$
$$150 V_B - 337.5 V_C = -900$$

对于 TI-86 和 TI-89 计算器，为求解 V_B 和 V_C 应输入方程的数量、系数及常数，如图 9-26 所示。作为检查，请注意该电压意味着负载电流为 0.432 mA，这与例 9-12 中的回路电流法得到的结果一致。

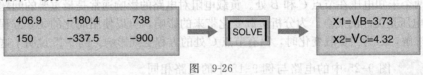

图 9-26

(b) 使用 15 kΩ 负载电阻计算负载电压，请注意节点 B 处的公式不受影响。节点 C 等式修正为：

$$\frac{12\ \text{V} - V_C}{15\ \text{k}\Omega} + \frac{V_B - V_C}{7.5\ \text{k}\Omega} = \frac{V_C}{15\ \text{k}\Omega}$$
$$7.5 \times 15 \times (12 - V_C) + 15 \times 15 \times (V_B - V_C) = 15 \times 7.5 V_C$$
$$225 V_B - 450 V_C = -1350$$

修改节点 C 方程的系数，然后求解，结果是：

$$V_C = V_L = 5.02\ \text{V}$$

同步练习　对于 15 kΩ 负载电阻，节点 B 处的电压是多少？　　　　■

　使用 Multisim 文件 E09-15A 和 E09-15B 验证本例的计算结果，并确认你对同步练习的计算结果。

学习效果检测

1. 节点电压法的理论基础是哪个电路定律？
2. 什么是参考节点？

应用案例

第 8 章介绍了受控电源，并将其应用到了晶体管和放大器的电路模型中。在本应用案例中，你将了解如何使用本章介绍的方法，对特定类型的放大器进行建模和分析。这里的关键不是了解放大器的工作原理，因为这超出了本书范围，这部分内容将在后面的课程中介绍。本案例的重点是介绍电路分析方法在电路模型中的应用，而不是放大器本身。放大器仅用作示例，说明如何将分析方法应用于实际电路。

运算放大器是一种集成电路器件，广泛用于模拟电子技术，比如信号处理。运算放大器的符号如图 9-27a 所示，等效的受控源模型如图 9-27b 所示。受控源的增益（A）可以是正的，也可以是负的，具体取决于放大器的连接方式。

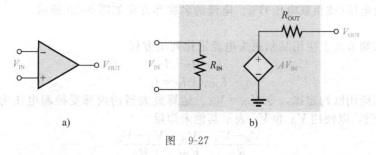

图　9-27

假设你需要详细计算运算放大器对作为输入的传感器的影响。一些传感器（例如 pH 计），表现为具有大串联内阻的小电压信号源。这里显示的传感器被建模为一个小的戴维南直流电压源，串联的内阻为 10 kΩ。

实际放大器电路使用带外部元器件的运算放大器模型。图 9-28a 显示了放大器的一种配置，包括戴维南电路以及另外两个外部电阻，其中 R_S 代表戴维南等效电阻，R_L 作为负载将运算放大器输出端连接到地。R_F 作为反馈电阻从输出端连接到输入端。大多数运算放大器电路中都使用反馈。反馈具有许多优点，你将在以后的课程中学习。

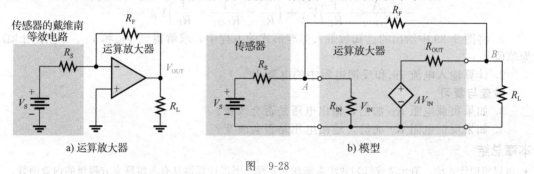

图　9-28

图 9-28b 是我们将用于分析的电路模型，包括信号源的等效电路模型、运算放大器和负载。受控源的内部增益（用运算放大器模块上的字母 A 表示）为负，因为它是反相放大器（输出与输入极性相反）。虽然内部增益非常高，但是对于连接外部元器件以后的电路，实际增益要低得多，因为实际增益是由外部元器件而不是内部增益决定的。

本应用中电路的具体数值在图 9-29 中给出，并指定了电流方向。所有电阻值均以 kΩ 为单位，以简化方程的系数。虽然运算放大器电路具有简单有效的近似分析方法来求解输出电压，但有时你可能想知道确切的输出。这时，你可以将本章的知识应用到电路中，求得准确的输出电压。

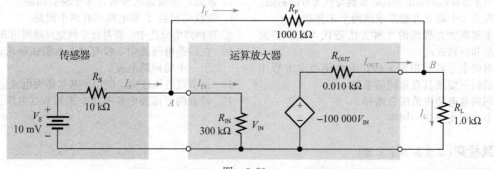

图　9-29

使用节点电压法可以很容易地分析图 9-29 中的放大器模型，因为只有两个节点 A 和 B 上的电压是未知的。节点 A 处的电压与运算放大器的输入 (V_{IN}) 相同。节点 B 处的电压同时也是输出电压(或负载电压)V_L。电流的名称和方向如图 9-29 所示。

分析

在每个未知节点上应用基尔霍夫电流定律列出方程。

节点 A：$\qquad\qquad\qquad\qquad I_S = I_F + I_{IN}$

节点 B：$\qquad\qquad\qquad\qquad I_{OUT} + I_F = I_L$

接下来，应用欧姆定律，令 $V_{IN} = V_A$。运算放大器的内部受控源电压为 AV_{IN}，因此将其写为 AV_A，以便用 V_A 和 V_B 表示其他未知量。

节点 A：$\qquad\qquad\qquad \dfrac{V_S - V_A}{R_S} = \dfrac{V_A}{R_{IN}} + \dfrac{V_A - V_B}{R_F}$

节点 B：$\qquad\qquad\qquad \dfrac{AV_A - V_B}{R_{OUT}} + \dfrac{V_A - V_B}{R_F} = \dfrac{V_B}{R_L}$

重写为标准形式。

节点 A：

$$-\left(\dfrac{1}{R_S} + \dfrac{1}{R_{IN}} + \dfrac{1}{R_F}\right)V_A + \left(\dfrac{1}{R_F}\right)V_B = -\left(\dfrac{1}{R_S}\right)V_S$$

节点 B：

$$-\left(\dfrac{A}{R_{OUT}} + \dfrac{1}{R_F}\right)V_A + \left(\dfrac{1}{R_L} + \dfrac{1}{R_{OUT}} + \dfrac{1}{R_F}\right)V_B = 0$$

1. 将图 9-29 中给出的已知数带入标准形式的方程中，求解得到 V_{IN} 和 V_L。(电阻用 kΩ 为单位。)

2. 计算输入电流 I_{IN} 和反馈电阻中的电流 I_F。

检查与复习

3. 如果负载电阻 R_L 加倍，输出电压是否会改变？

4. 如果反馈电阻 R_F 加倍，输出电压是否会改变？

本章总结

- 可以使用代入法、消元法或行列式法求解联立方程。图形计算器具有求解联立方程组的内置函数。
- 独立方程的数量必须等于未知数的个数。
- 通过计算交叉乘积的和来求解二阶行列式的值。
- 三阶行列式用扩展方法来计算。
- 支路电流法基于基尔霍夫电压定律和基尔霍夫电流定律。
- 回路电流法基于基尔霍夫电压定律。
- 回路电流不一定是支路中的实际电流。
- 节点电压法基于基尔霍夫电流定律。

对/错判断(答案在本章末尾)

1. 对于方程组的标准形式，系数写在等号的右边。

2. 需要 3 个联立方程来求解两个未知数。

3. 求解联立方程组的 3 种方法是代入法、消元法和行列式法。

4. 对两个方程使用消元法，需要使两个方程中的同一变量具有相同的系数。

5. 回路是电路中的闭合路径。

6. 节点和支路是一回事。

7. 带载的惠斯通电桥包含 3 个独立回路。

8. 带载的桥接 T 型电路只有两个回路。

9. 在回路电流法中，要对每个独立回路列出方程。

10. 在回路电流法中，没有哪个电阻能够流过多于一个的回路电流。

11. 在节点电压法中，应用了基尔霍夫电流定律。

12. 带载的惠斯通电桥有 4 个未知节点电压。

自我检测(答案在本章末尾)

1. 假设图 9-8 中的电压源已知，则存在

(a)3 个独立回路

(b)1 个未知节点

(c)2 个独立回路

(d)2 个未知节点

(e)答案(b)和(c)都对

2. 在指定支路电流方向时，

    (a)这些方向是很关键的

    (b)它们必须都是同一个方向

    (c)它们必须都指向一个节点

    (d)这些方向并不关键

3. 支路电流法使用

    (a)欧姆定律和基尔霍夫电压定律

    (b)基尔霍夫电压定律和基尔霍夫电流定律

    (c)叠加定理和基尔霍夫电流定律

    (d)戴维南定理和基尔霍夫电压定律

4. 两个联立方程的系数行列式具有

    (a)2 行和 1 列　　　(b)1 行和 2 列

    (c)2 行和 2 列

5. 某行列式的第一行的数字是 2 和 4，第二行的数字是 6 和 1，这个行列式的值是

    (a)22　　　　　　　(b)2

    (c) -22　　　　　(d)8

6. 用于计算行列式的扩展方法是

    (a)对二阶行列式是好用的

(b)对二阶和三阶行列式都好用

(c)对任何阶次的行列式都好用

(d)比使用计算器更容易

7. 回路电流方法基于

    (a)基尔霍夫电流定律

    (b)欧姆定律

    (c)叠加定理

    (d)基尔霍夫电压定律

8. 节点电压法基于

    (a)基尔霍夫电流定律

    (b)欧姆定律

    (c)叠加定理

    (d)基尔霍夫电压定律

9. 在节点电压法中，

    (a)在每个节点都要指定支路电流

    (b)在参考节点处也要指定支路电流

    (c)电流方向是任意指定的

    (d)仅在电压未知的节点处指定支路电流

    (e)答案(c)和(d)都对

10. 一般情况下，在节点电压法中

    (a)方程个数多于回路电流法

    (b)方程个数少于回路电流法

    (c)方程个数与回路电流法相同

电路行为变化趋势判断(答案在本章末尾)

参见图 9-30

1. 如果 R_2 开路，那么流过 R_3 的电流将

    (a)增大　　(b)减小　　(c)保持不变

2. 如果 6 V 电源用短路代替，那么 A 点相对于参考地的电压将

    (a)增大　　(b)减小　　(c)保持不变

3. 如果 R_2 与地断开，那么 A 点相对于地的电压将

    (a)增大　　(b)减小　　(c)保持不变

参见图 9-31

4. 如果电流源失效变成开路，那么流过 R_2 的电流将

    (a)增大　　(b)减小　　(c)保持不变

5. 如果 R_2 开路，那么流过 R_3 的电流将

    (a)增大　　(b)减小　　(c)保持不变

参见图 9-34

6. 如果 R_1 开路，那么 A 和 B 之间的电压将

    (a)增大　　(b)减小　　(c)保持不变

7. 如果 R_3 被 10 Ω 电阻代替，那么 V_{AB} 将

    (a)增大　　(b)减小　　(c)保持不变

8. 如果 B 点与电源的负极短路，那么 V_{AB} 将

    (a)增大　　(b)减小　　(c)保持不变

9. 如果电源的负极侧接地，那么 V_{AB} 将

    (a)增大　　(b)减小　　(c)保持不变

参见图 9-36

10. 如果电压源 V_{S2} 失效变成开路，那么 A 点相对于地的电压将

    (a)增大　　(b)减小　　(c)保持不变

11. 如果 A 点对地短路，那么流过 R_3 的电流将

    (a)增大　　(b)减小　　(c)保持不变

12. 如果 R_2 开路，那么 R_3 上的电压将

    (a)增大　　(b)减小　　(c)保持不变

分节习题(较难的问题用星号(＊)表示，奇数题答案在本书末尾)

9.1 节

1. 使用代入法求解以下方程组中的 I_1 和 I_2。

$$100I_1 + 50I_2 = 30$$
$$75I_1 + 90I_2 = 15$$

2. 计算以下行列式：

(a) $\begin{vmatrix} 4 & 6 \\ 2 & 3 \end{vmatrix}$　　　　(b) $\begin{vmatrix} 9 & -1 \\ 0 & 5 \end{vmatrix}$

(c) $\begin{vmatrix} 12 & 15 \\ -2 & -1 \end{vmatrix}$　　　(d) $\begin{vmatrix} 100 & 50 \\ 30 & -20 \end{vmatrix}$

3. 使用行列式法求解下列方程组：

$$-I_1 + 2I_2 = 4$$
$$7I_1 + 3I_2 = 6$$

4. 计算下列行列式的值。

(a) $\begin{vmatrix} 1 & 0 & -2 \\ 5 & 4 & 1 \\ 2 & 10 & 0 \end{vmatrix}$

(b) $\begin{vmatrix} 0.5 & 1 & -0.8 \\ 0.1 & 1.2 & 1.5 \\ -0.1 & -0.3 & 5 \end{vmatrix}$

5. 计算下列行列式的值。

(a) $\begin{vmatrix} 25 & 0 & -20 \\ 10 & 12 & 5 \\ -8 & 30 & -16 \end{vmatrix}$

(b) $\begin{vmatrix} 1.08 & 1.75 & 0.55 \\ 0 & 2.12 & -0.98 \\ 1 & 3.49 & -1.05 \end{vmatrix}$

6. 求解例 9-4 中的 I_3。

7. 使用行列式法求解以下方程组中的 I_1、I_2、I_3。

$$2I_1 - 6I_2 + 10I_3 = 9$$
$$3I_1 + 7I_2 - 8I_3 = 3$$
$$10I_1 + 5I_2 - 12I_3 = 0$$

*8. 使用计算器求解以下方程组中的 V_1、V_2、V_3 和 V_4：

$$16V_1 + 10V_2 - 8V_3 - 3V_4 = 15$$
$$2V_1 + 0V_2 + 5V_3 + 2V_4 = 0$$
$$-7V_1 - 12V_2 + 0V_3 + 0V_4 = 9$$
$$-1V_1 + 20V_2 - 18V_3 + 0V_4 = 10$$

9. 使用计算器求解问题 1 中的二元联立方程。

10. 使用计算器求解问题 7 中的三元联立方程。

9.2 节

11. 对图 9-30 中的节点 A 列出基尔霍夫电流方程。

12. 求解图 9-30 中的每个支路电流。

13. 求解图 9-30 中每个电阻上的电压，并指出它们的真实极性。

*14. 求解图 9-31 中流过每个电阻的电流。

15. 在图 9-31 中，计算电流源两端的电压（从 A 点到 B 点）。

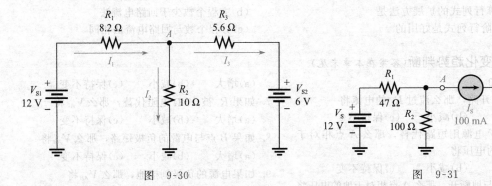

图 9-30

图 9-31

9.3 节

16. 写出下面方程的系数行列式：

$$0.045I_A + 0.130I_B + 0.066I_C = 0$$
$$0.177I_A + 0.0420I_B + 0.109I_C = 12$$
$$0.078I_A + 0.196I_B + 0.029I_C = 3.0$$

17. 使用回路电流法求解图 9-32 中的回路电流。

18. 求解图 9-32 中的支路电流。

19. 计算图 9-32 中每个电阻上的电压，指出电压的极性。

20. 写出图 9-33 所示电路的回路电流方程。

21. 使用计算器求解图 9-33 中的回路电流。

22. 求解图 9-33 中流过每个电阻的电流。

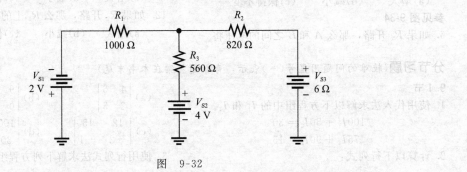

图 9-32

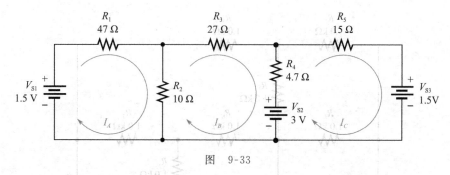

图 9-33

23. 计算图 9-34 中开路端子 A 和 B 之间的电压。

24. 如图 9-34 所示，当在端子 A 到端子 B 之间连接 10 kΩ 电阻时，流过它的电流是多少？

25. 对图 9-35 所示的桥接 T 形电路写出标准形式的回路电流方程。

26. 求解图 9-35 中流过 R_L 的电流。

*27. 图 9-35 中 R_3 上的电压是多少？

9.4 节

28. 在图 9-36 中，使用节点电压法求 A 点相对于地的电压。

29. 图 9-36 中的支路电流是多少？指出每个支路电流的真实方向。

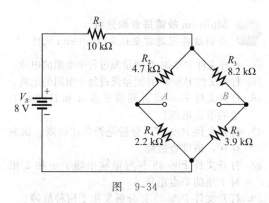

图 9-34

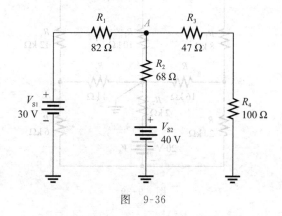

图 9-36

30. 写出图 9-33 所示电路的节点电压方程。使用计算器求解节点电压。

31. 使用节点电压法计算图 9-37 中 A 点和 B 点相对于地的电压。

*32. 求解图 9-38 中 A、B 和 C 点的节点电压。

*33. 使用节点电压法、回路电流法或任何其他方法，计算图 9-39 中所有支路电流和节点电压。

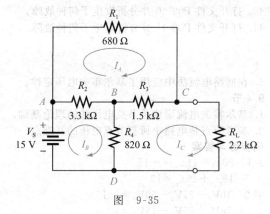

图 9-35

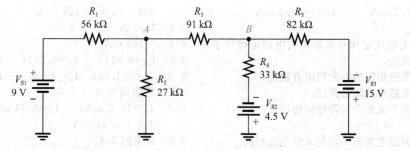

图 9-37

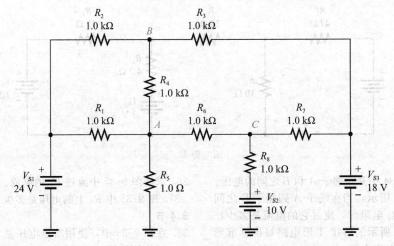

图 9-38

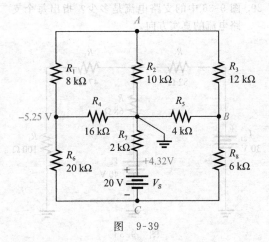

图 9-39

Multisim 故障排查和分析

分析这些问题需要使用 Multisim 软件。

34. 打开文件 P09-34 并测量流过每个电阻的电流。
35. 打开文件 P09-35 并测量流过每个电阻的电流。
36. 打开文件 P09-36 并测量节点 A 和 B 相对于地的节点电压。
37. 打开文件 P09-37,分析是否存在故障。如果存在,请排查故障。
38. 打开文件 P09-38 并测量输出端子 1 和 2 相对于地的节点电压。
39. 打开文件 P09-39 并分析发生了何种故障。
40. 打开文件 P09-40 并分析发生了何种故障。
41. 打开文件 P09-41 并分析发生了何种故障。

参考答案

学习效果检测答案

9.1 节

1. (a)4　　　　(b)0.415　　　　(c)−98
2. $\begin{vmatrix} 2 & 3 \\ 5 & 4 \end{vmatrix}$
3. −0.286 A=−286 mA
4. $I_1=−38.9$ mA　　$I_2=84.1$ mA
   $I_3=41.9$ mA　　$I_4=−67.2$ mA
5. $I_1=−56.3$ mA　　$I_2=72.2$ mA
   $I_3=65.7$ mA　　$I_4=−41.1$ mA

9.2 节

1. 基尔霍夫电压定律和基尔霍夫电流定律用于支路电流法。
2. 错误,按照指定的方向列出方程组。
3. 回路是电路中的闭合路径。
4. 节点是两个或多个元器件的连接点。

9.3 节

1. 不对,回路电流不一定与支路电流相同。
2. 负值表示实际方向与参考方向相反。

3. 在回路电流法中应用了基尔霍夫电压定律。

9.4 节

1. 基尔霍夫电流定律是节点电压法的理论基础。
2. 参考节点是电路中所有节点电压的基准点。

同步练习答案

9-1　$20x_1−11x_2=−15$
　　　$18x_1+25x_2=10$

9-2　$10V_1−21V_2−50V_3=−15$
　　　$18V_1+25V_2−12V_3=10$
　　　$18V_1−25V_2+12V_3=9$

9-3　3.71 A

9-4　−298 mA

9-5　$I_1=0.911$;　$I_2=0.761$;　$I_3=1.99$

9-6　$I_1=−1.76$;　$I_2=−18.5$;　$I_3=−34.5$

9-7　答案同 9-6。

9-8　$I_1=17.2$ mA;　　$I_2=8.74$ mA;
　　　$I_3=−8.44$ mA

9-9　答案同 9-8。

9-10　$I_1=X_1=0.013\ 897\ 190\ 675(≈13.9$ mA);

$I_2 = X_2 = -0.001\ 867\ 901\ 972(\approx -1.87\ \text{mA})$

9-11　正确。

9-12　$V_1 = 7.68\ \text{V}$, $V_2 = 8.25\ \text{V}$, $V_3 = 0.6\ \text{V}$, $V_4 = 3.73\ \text{V}$, $V_L = 4.32\ \text{V}$

9-13　1.92 V

9-14　$I_1 = 18.8\ \text{mA}$, $I_2 = 19.3\ \text{mA}$, $I_3 = 16.2\ \text{mA}$, $I_4 = 15.8\ \text{mA}$, $I_L = 0.4\ \text{mA}$

9-15　$V_B = 4.04\ \text{V}$

对/错判断答案

1. F　　2. F　　3. T　　4. T

5. T　　6. F　　7. T　　8. F

9. T　　10. F　　11. T　　12. F

自我检测答案

1. (e)　2. (d)　3. (b)　4. (c)

5. (c)　6. (b)　7. (d)　8. (a)

9. (e)　10. (b)

电路行为变化趋势判断答案

1. (a)　2. (b)　3. (a)　4. (a)

5. (c)　6. (b)　7. (a)　8. (a)

9. (c)　10. (b)　11. (b)　12. (b)

第10章
磁和电磁

▶ **教学目标**

- 解释磁场的原理
- 解释电磁原理
- 描述几种电磁装置的工作原理
- 解释磁滞
- 讨论电磁感应原理
- 解释直流发电机的工作原理
- 解释直流电动机的工作原理

▶ **应用案例预览**

在应用案例中，你将学习如何在安全报警系统中使用电磁继电器，并且将设计一个检查报警系统的流程。

▶ **引言**

本章不同于直流电路部分，介绍了磁和电磁的概念。诸如继电器、螺线管和扬声器之类的设备，都是基于磁或电磁原理工作的。电磁感应原理在电感或线圈中非常重要，这是第13章的主题。

有两种类型的磁铁，分别是永磁铁和电磁铁。永磁铁在其两极之间保持恒定的磁场且不需要外部电流激励。而电磁铁只有在电流通过时，才会产生磁场。电磁铁的基本组成是缠绕在磁心材料上的线圈。

本章最后介绍了直流发电机和直流电动机。

10.1 磁场

永磁铁周围存在磁场。**磁场**是一种可视化**力线**，在大气中它从北极（N极）指向南极（S极），再通过磁性材料返回到北极。

学完本节内容后，你应该能够解释产生磁场的原理，具体就是：

- 定义磁通量。
- 定义磁通密度。
- 讨论材料的磁化方式。
- 说明磁性开关的工作原理。

永磁铁（如图10-1所示的条形磁铁）的周围存在磁场。所有的磁场都起源于运动电荷，这些电荷在固体材料中是由运动电子引起的。在某些材料（例如铁）中，原子可以对齐，以至于电子运动被强化，从而形成伸展在三维空间中的可测量场。甚至一些绝缘体也可能表现出这种行为，例如陶瓷（也称为铁氧体）也能够制成性能非常优良的磁体，但它却是电的绝缘体。它们用于许多场合，包括硬盘读/写磁头、传感器、磁共振成像和电动机等。

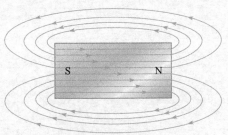

封闭曲线仅表示众多磁力线的一小部分

图10-1 环绕一个条形磁铁的磁力线

　　为了说明磁场，常用"力线"或通量线来表示看不见的场。通量线被广泛用于场的描述，显示场的强度和方向。通量线永远不会交叉。当通量线密集时，说明场很强；当其稀疏时，说明场较弱。在外部空间，通量线总是从磁极的北极（N）指向南极（S）。即使在弱磁体中，基于数学定义的磁力线的数量也是非常大的，因此为了清楚起见，在磁场图中通常仅画出少数几条线。

　　当永磁铁的两个异性磁极相互靠近时，它们产生相互吸引的力，如图 10-2a 所示；当两个同性磁极相互靠近时，它们产生相互排斥的力，如图 10-2b 所示。

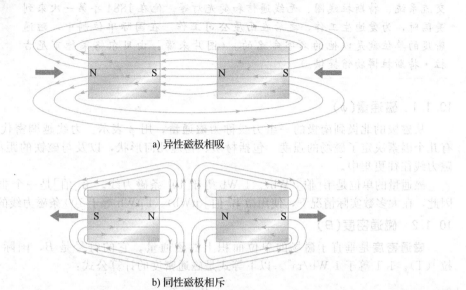

a) 异性磁极相吸

b) 同性磁极相斥

图 10-2　磁极的吸引与排斥

　　当非磁性材料（如纸、玻璃、木材或塑料）放置在磁场中时，磁力线分布不变，如图 10-3a 所示。然而，当铁磁材料放置在磁场中时，磁力线倾向于改变路线，并且穿过铁磁材料而不穿过周围的空气。这是因为铁磁材料比空气更容易传导磁力线。图 10-3b 说明了这个原理。磁力线倾向通过铁或其他材料的这一事实，是磁屏蔽设计中的一个考虑因素，可防止杂散磁场影响敏感电路。

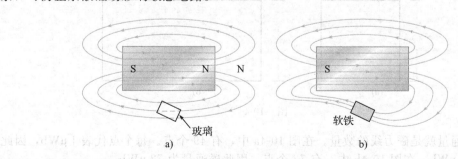

图 10-3　非铁磁材料和铁磁材料对磁场的影响

人物小贴士

　　威廉·爱德华·韦伯（Wilhelm Eduard Weber，1804—1891）　德国物理学家，职业生涯后期与高斯合作密切。他独立建立了绝对电气单位制，并且还做了对光的电磁理论后续发展至关重要的工作。磁通量单位就是以他的名字命名的。（照片来源：美国国会图书馆。）

许多强磁铁非常脆，在撞击时会破碎。使用强磁铁时，应始终佩戴护目镜。强磁铁不是玩具，不应交给儿童。佩戴心脏起搏器的人应该远离强磁铁。

人物小贴士

　　尼古拉·特斯拉（Nikola Tesla，1856—1943）　出生于克罗地亚（当时的奥-匈帝国）。他是一名电气工程师，发明了交流感应电动机、多相交流系统、特斯拉线圈、无线通信和荧光灯等。他在 1884 年第一次来到美国时，为爱迪生工作，之后在西屋公司工作。在国际单位制中，磁通密度的单位就是以他的名字命名的。（图片来源：由贝尔格莱德市尼古拉·特斯拉博物馆提供。）

10.1.1　磁通量(φ)

　　从磁极的北极到南极的一组力线称为**磁通量**，用 φ 表示。力线越稠密代表磁场越强。有几个因素决定了磁场的强度，包括材质、物理几何形状，以及与磁铁的距离。在磁极处磁力线往往更集中。

　　磁通量的单位是韦[伯](Wb)。1 Wb 等于 10^8 条磁力线。韦[伯]是一个非常大的单位，因此，在大多数实际情况下，使用微韦[伯](μWb)。1 μWb 等于 100 条磁力线的磁通量。

10.1.2　磁通密度(*B*)

　　磁通密度是垂直于磁场的单位面积上的磁通量。它的符号是 *B*，国际单位是特[斯拉](T)。1 T 等于 1 Wb/m²。以下等式是磁通密度的计算公式：

$$B = \frac{\phi}{A} \tag{10-1}$$

其中，φ 是磁通量，单位是韦[伯](Wb)；*A* 是横截面积，单位是平方米(m²)。

　　例 10-1　比较图 10-4 所示两个磁心中的磁通和磁通密度。该图表示磁化材料的横截面。假设每个点代表 100 条磁力线或 1 μWb。

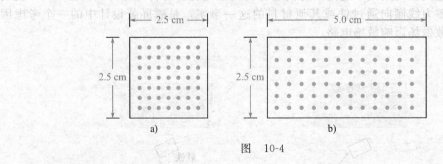

图　10-4

　　解　磁通量就是磁力线的数量。在图 10-4a 中，有 49 个点。每个点代表 1 μWb，因此磁通量为 49 μWb。在图 10-4b 中，有 72 个点，因此磁通量为 72 μWb。

　　要计算图 10-4a 中的磁通密度，首先以 m² 为单位计算面积。

$$A = l \times w = 0.025 \text{ m} \times 0.025 \text{ m} = 6.25 \times 10^{-4} \text{ m}^2$$

对于图 10-4b，面积为：

$$A = l \times w = 0.025 \text{ m} \times 0.050 \text{ m} = 1.25 \times 10^{-3} \text{ m}^2$$

使用式(10-1)计算磁通密度。对于图 10-4a，磁通密度为：

$$B = \frac{\phi}{A} = \frac{49 \text{ μWb}}{6.25 \times 10^{-4} \text{ m}^2} = 78.4 \times 10^{-3} \text{ Wb/m}^2 = 78.4 \times 10^{-3} \text{ T}$$

对于图 10-4b，磁通密度为：

$$B = \frac{\phi}{A} = \frac{72\ \mu\text{Wb}}{1.25 \times 10^{-3}\ \text{m}^2} = 57.6 \times 10^{-3}\ \text{Wb/m}^2 = 57.6 \times 10^{-3}\ \text{T}$$

表 10-1 中的数据比较了两个磁心。注意，具有最大通量的磁心不一定具有最大的磁通密度。

表　10-1

	磁通量(μWb)	截面积(m^2)	磁通密度(T)
图 10-4a	49	6.25×10^{-4}	78.4×10^{-3}
图 10-4b	72	1.25×10^{-3}	57.6×10^{-3}

同步练习　如图 10-4a 所示，相同的磁通量位于 5.0 cm×5.0 cm 的磁心中，磁通密度会发生什么变化？

例 10-2　如果某种磁性材料中的磁通密度为 0.23 T，且材料面积为 0.38 in^2，那么通过材料的磁通量是多少？

解　首先，0.38 in^2 必须转换为平方米（39.37 in＝1 m），因此，

$$A = 0.38\ \text{in}^2 \times [1\ \text{m}^2/(39.37\ \text{in})^2] = 245 \times 10^{-6}\ \text{m}^2$$

通过材料的磁通量为：

$$\phi = BA = (0.23\ \text{T}) \times (245 \times 10^{-6}\ \text{m}^2) = 56.4\ \mu\text{Wb}$$

同步练习　如果 A＝0.05 in^2 且 ϕ＝1000 μWb，重新计算 B。　■

高斯　虽然特［斯拉］(T)是磁通密度的 MKS(米-千克-秒)国际标准单位，但人们也经常使用另一个称为**高斯(G)** 的单位，它来自 CGS(厘米-克-秒)系统(10^4 G＝1 T)。事实上，用于测量磁通密度的仪器被称作高斯计。典型的高斯计如图 10-5 所示。这种特殊的高斯计是一个便携式装置，具有 4 个量程，可以测量像地球磁场(约 0.5 G，但因位置而变化很大)这样的小磁场，也可以测量比如 MRI(磁共振成像，约 10 000 G 或 1 T)等强磁场。高斯这个单位一直被广泛使用，所以你应该像熟悉特［斯拉］一样熟悉它。

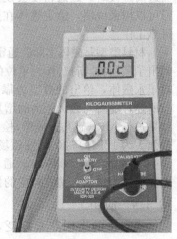

要使用图 10-5 所示的高斯计，用户首先需要通过归零来校准仪表。为了获得最佳效果，将探头插入"零高斯"的磁暗室，以保护传感器免受包括地球磁场在内的杂散磁场的影响。零点设置的控制部分将读数调整为零，然后将探头置于磁场中并定向以读取磁场。图 10-5 中所示的探头是径向探头。为了测量磁铁的强度，应将探头平放在靠近尖端的磁铁上。

图 10-5　直流高斯计(图片由 Less EMF Inc. 提供)

人物小贴士

卡尔·弗里德里希·高斯(Karl Friedrich Gauss，1777—1855)　德国数学家，驳斥了许多 18 世纪的数学理论。后来，他与韦伯密切合作，建立了用于系统观测地磁的全球系统站。他们在电磁学方面的最重要成果是其他人后来开发的电报。CGS 单位中的磁通密度以他的名字命名。(图片来源：由 Steven S. Nau 提供。)

10.1.3 材料如何被磁化

铁、镍和钴等铁磁材料在置于磁场中时会被磁化。我们都看到了永磁铁拾取的东西，如回形针、钉子和铁屑。在这种情况下，物体在永磁场的影响下会被磁化（它实际上也变成了磁铁），并被吸引到磁铁上。当从磁场中移除时，物体趋于失去其磁性。

铁磁材料在其原子结构内有微小的磁畴。这些磁畴可被视为具有北极和南极的非常小的条形磁铁。当材料没有暴露在外部磁场中时，磁畴是随机取向的，如图 10-6a 所示。当材料置于磁场中时，这些磁畴的方向如图 10-6b 所示，它们趋于对齐。因此，物体本身被有效地磁化变成磁铁。

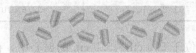 

a) 磁畴在未被磁化的材料中随机取向 　　b) 当磁性材料被磁化时，磁畴对齐排列

图　10-6

磁性材料对磁场的影响　磁性材料不仅影响磁极处的磁通密度，而且还影响磁通密度随着与磁极距离的增加而下降的方式。其物理尺寸也会影响磁通密度。例如，两个由铝镍钴合金制成的磁盘，其极点附近具有非常相似的磁通密度。当距离磁极较远时，较大的磁铁具有更高的磁通密度，如图 10-7 所示。请注意，当远离磁极时，磁通密度会迅速下降。这种类型的图形可以用来说明，给定磁体在规定的工作距离内能否可靠工作。

材料类型是磁体实际磁通密度的重要参数。表 10-2 列出了采用特[斯拉]作为单位的典型磁场的磁通密度。对于永磁体，给出的数字为靠近磁极测量的结果。如前所述，随着与磁极距离的增加，这些值会迅速下降。如果进行 MRI（磁共振成像）检查，大多数人将体验到最强大约 1 T(10 000 G)的磁场。最强的市售永磁体是钕-铁-硼复合物（NdFeB），通常缩写为 NIB。如果使用高斯作为单位，请将对应的值乘以 10^4。

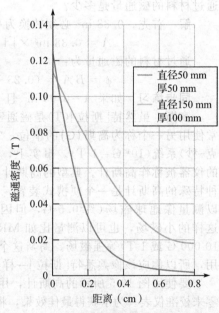

图 10-7　作为距离函数的两个铝镍钴磁体磁盘的磁通密度变化示例。上侧的曲线代表较大的磁铁

10.1.4 应用

永磁铁的应用非常广泛，例如无刷电动机（在 10.7 节中讨论）、磁分离器、扬声器、传声器、汽车，以及在电子制造、物理学研究和某些医疗设备中使用的离子束设备等。永磁铁也常用作开关，例如图 10-8 所示的常闭开关。当磁铁靠近开关机构时，如图 10-8a 所示，开关闭合。当磁铁移开时，如图 10-8b 所示，弹簧拉动触臂使开关断开。磁性开关广泛用于安全系统。

表 10-2　不同情况下的磁通密度

来　　源	典型磁通密度(T)	来　　源	典型磁通密度(T)
地磁场	4×10^{-5}（因地点而异）	钕磁铁	$0.3\sim0.52$
小"冰箱贴"的磁铁	$0.08\sim0.1$	磁共振成像	1
陶瓷磁铁	$0.2\sim0.3$	在实验室中曾实现的最强稳定磁场	45
Alnico 5（铝镍钴）簧片开关磁铁	$0.1\sim0.2$		

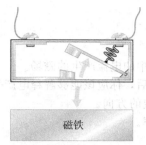

a) 磁铁接近时触点闭合   b) 当磁铁移开时，触点打开

图 10-8　磁开关的动作

永磁体的另一个重要应用场合是霍尔效应传感器。**霍尔效应**是在磁场中薄的载流导体或半导体（霍尔元件）的相对侧上能够产生小电压（几个μV）的现象。霍尔元件两端出现的电压称为霍尔电压，如图 10-9 所示。该电压与磁通密度 B 成比例。霍尔电压产生的原因是电子穿过磁场时受到了力的作用，导致霍尔元件一侧的电荷过剩。尽管是在导体中首先注意到的这种效应，但在半导体中这种效应更为明显，它们通常用于霍尔效应传感器。请注意，磁场、电流和霍尔电压是彼此垂直的。该电压被放大后，可用于检测磁场的存在。磁场检测在传感器中是非常有用的。

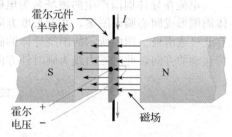

图 10-9　霍尔效应。在霍尔元件上感应到霍尔电压。为了展示，正极侧显示为红色，负极侧显示为蓝色

霍尔效应传感器因其体积小、价格低廉而且没有移动部件而被广泛使用。此外，它们是非接触式传感器，因此它们可以进行持续数十亿次的重复操作，这明显优于可能磨损的接触式传感器。霍尔效应传感器可以通过检测磁场来检测附近磁铁的存在。因此，它们可用于位置测量或感知运动。它们与其他传感器结合使用可以测量电流、温度或压力等。

霍尔效应传感器有很多应用。在汽车中，霍尔效应传感器用于测量各种参数，例如节气门角度、曲轴和凸轮轴位置、分配器位置、转速计、电动座椅和后视镜位置。作为电流传感器，它们用于电动机控制（参见 10.7 节）、开关电源和负载控制。使用霍尔传感器的电流传感器的实例是 Allegro ACS723。霍尔传感器的其他一些应用包括测量旋转设备的参数，例如钻头、风扇、流量计中的叶片和转盘速度的检测。

人物小贴士

埃德温·赫伯特·霍尔（Edwin Herbert Hall，1855—1938）　于 1879 年在约翰霍·普金斯大学写物理学博士论文时发现了霍尔效应。霍尔的实验过程如下：将玻璃板上的薄金箔暴露在磁场中，并在金属叶片的长度方向上设置分接点。在为金箔施加电流后，在分接点上观察到一个微小的电压。（照片来源：Voltiana，意大利科莫，1927 年 9 月 10 日，由 AIP Emilio Segre Visual Archives 提供。）

学习效果检测

1. 当两个磁铁的北极靠近时，它们会排斥还是吸引？
2. 磁通量和磁通密度有什么区别？
3. 表征磁通密度的两个单位是什么？
4. 当 $\phi = 4.5\ \mu\text{Wb}$ 且 $A = 5 \times 10^{-3}\ \text{m}^2$ 时，磁通密度是多少？
5. 霍尔效应如何用于检测物体的接近程度？

10.2 电磁

电磁是由导体中的电流产生的磁场。

学完本节内容后，你应该能够解释电产生磁的原理，具体就是：

- 确定磁力线的方向。
- 描述磁导率。
- 定义磁阻。
- 解释磁动势。
- 描述基本电磁规律。

电流在导体周围产生的磁场名为**电磁场**，如图 10-10 所示。磁场中不可见的磁力线在导体周围形成同心圆形图案，并沿长度方向连续分布。与条形磁铁不同，导线周围的磁场不具有北极或南极。图中所示的围绕导体的磁力线方向，适用于传统意义上的电流方向，即正电荷运动的方向，此时磁力线为顺时针方向。当电流反向时，磁力线会变成逆时针方向。

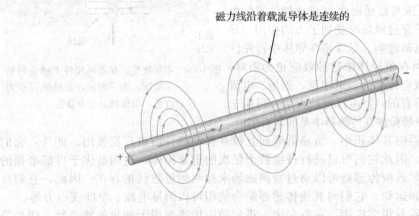

磁力线沿着载流导体是连续的

图 10-10　载流导体周围的磁场。导体中的箭头表示传统意义上的电流方向

虽然无法看到磁场，但它能够产生可见的效果。例如，如果载流导线沿垂直方向穿过一张纸，则放置在纸张表面的铁屑沿着同心环中的磁力线排列，如图 10-11a 所示。图 10-11b 说明放置在磁场中的指南针北极将指向磁力线方向。越靠近导体磁场越强，远离导体磁场变弱。

右手定则有助于记住磁力线的方向，如图 10-12 所示。想象一下，你用右手抓住导体，用拇指指向电流方向，你的其余手指便指向磁力线方向。

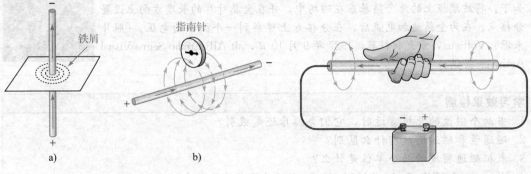

铁屑

指南针

a)　　　　　　b)

图 10-11　磁场的可见效果

图 10-12　右手定则图示。右手定则用于指示传统意义上的电流方向

10.2.1 电磁特性参数

与电磁场有关的几个重要特性参数如下。

磁导率(μ) 给定材料中建立磁场的容易程度用材料的**磁导率**来表述。磁导率越大，磁场越容易建立。

磁导率的符号是 μ，其值取决于材料的种类。真空磁导率(μ_0)为 $4\,\pi \times 10^{-7}$ Wb/At·m (韦伯/安匝·米)并用作参考值。铁磁材料通常具有比真空大几百倍的磁导率，这表明在这些材料中可以相对容易地建立磁场。铁磁材料包括铁、钢、镍、钴及其合金。

材料的相对磁导率(μ_r)是其绝对磁导率与真空磁导率(μ_0)之比。

$$\mu_r = \frac{\mu}{\mu_0} \tag{10-2}$$

因为 μ_r 是磁导率的比值，所以它是无量纲的。典型的磁性材料(例如铁)具有数百的相对磁导率。高磁导率材料可具有高达 100 000 的相对磁导率。

磁阻($\mathscr{R}$) 阻碍在材料中建立磁场的量被称为磁阻。磁阻大小与磁路的长度(l)成正比，与磁导率(μ)和材料的横截面积(A)成反比，如下式所示：

$$\mathscr{R} = \frac{l}{\mu A} \tag{10-3}$$

磁路中的磁阻类似于电路中的电阻。磁阻的单位可以使用长度 l(单位为 m)、面积 A(单位为 m^2)和 μ(Wb/At·m)得出，如下所示：

$$\mathscr{R} = \frac{l}{\mu A} = \frac{m}{(Wb/At \cdot m)(m^2)} = \frac{At}{Wb}$$

At/Wb 读作安匝/韦伯。

式(10-3)类似于用于计算导线电阻的式(2-6)，式(2-6)为：

$$R = \frac{\rho l}{A}$$

电阻率(ρ)的倒数是电导率(σ)。用 $1/\sigma$ 代替 ρ，可以将式(2-6)写成：

$$R = \frac{l}{\sigma A}$$

将上述导体电阻的计算公式与式(10-3)进行比较。长度(l)和面积(A)在两个等式中具有相同的含义。电路中的电导率类似于磁路中的磁导率(μ)。此外，电路中的电阻(R)类似于磁路中的磁阻($\mathscr{R}$)，两者是相对应的。通常，磁路的磁阻为 50 000 At/Wb 或更高，这取决于材料的尺寸和类型。

例 10-3 计算由低碳钢制成的圆环(圆环形磁心)的磁阻。圆环的内半径为 1.75 cm，圆环的外半径为 2.25 cm。假设低碳钢的磁导率为 2×10^{-4} Wb/At·m。

解 在计算面积和长度之前，必须将厘米转换为米。根据给定的尺寸，厚度(直径)为 0.5 cm=0.005 m。因此，横截面积是：

$$A = \pi r^2 = \pi \times (0.0025)^2 = 1.96 \times 10^{-5}\ m^2$$

长度等于在平均半径 2.0 cm 或 0.020 m 处测量的环面周长。

$$l = C = 2\pi r = 2\pi \times 0.020\ m = 0.125\ m$$

将值代入式(10-3)得磁阻为：

$$\mathscr{R} = \frac{l}{\mu A} = \frac{0.125\ m}{(2 \times 10^{-4}\ Wb/At \cdot m) \times (1.96 \times 10^{-5}\ m^2)} = 32.0 \times 10^6\ At/Wb$$

同步练习 如果用磁导率为 5×10^{-4} Wb/At·m 的铸钢代替铸铁心，那么磁阻会发生什么变化？

例 10-4 低碳钢的相对磁导率为 800，计算长度为 10 cm、横截面为 1.0 cm×1.2 cm 的低碳钢心的磁阻。

解 首先，确定低碳钢的磁导率。

$$\mu = \mu_0 \mu_r = (4\pi \times 10^7 \text{ Wb/At} \cdot \text{m}) \times 800 = 1.00 \times 10^{-3} \text{ Wb/At} \cdot \text{m}$$

接下来，将长度单位转换为米，将面积单位转换为平方米。

$$l = 10 \text{ cm} = 0.10 \text{ m}$$
$$A = 0.010 \text{ m} \times 0.012 \text{ m} = 1.2 \times 10^{-4} \text{ m}^2$$

将值代入式(10-3)得磁阻为：

$$\mathscr{R} = \frac{l}{\mu A} = \frac{0.10 \text{ m}}{(1.00 \times 10^{-3} \text{ Wb/At} \cdot \text{m}) \times (1.2 \times 10^{-4} \text{ m}^2)} = 8.29 \times 10^5 \text{ At/Wb}$$

同步练习　如果磁心是由78坡莫合金制成，相对磁导率为4000，那么磁阻会发生什么变化？

磁动势(mmf)　如你所知，导体中的电流会产生磁场。产生磁场的原因就是**磁动势(mmf)**。磁力是一种误称，因为在物理意义上，磁动势实际上并不是一种力，而是电荷运动(电流)的直接结果。

磁动势的单位为**安匝(At)**，是基于单回路(匝)中的电流建立的。计算磁动势的公式是：

$$F_m = NI \tag{10-4}$$

其中，F_m 是磁动势；N 是导线的匝数；I 是以安[培]为单位的电流。

图10-13说明了用磁性材料作为心柱，缠绕多匝线圈，线圈通以电流产生磁动势，磁动势建立了通过磁路的磁力线。磁通量取决于磁动势的大小和材料的磁阻，如下式所示：

$$\phi = \frac{F_m}{\mathscr{R}} \tag{10-5}$$

式(10-5)被称为磁路的欧姆定律，因为磁通(ϕ)类似于电流，磁动势(F_m)类似于电压，磁阻($\mathscr{R}$)类似于电阻。像科学技术中的其他现象一样，磁通量是一种结果，磁动势是一个原因，而磁阻是一种阻碍作用。在磁路中，磁通量的原因是电流(和匝数)，而在电路中，电流的原因是电压。

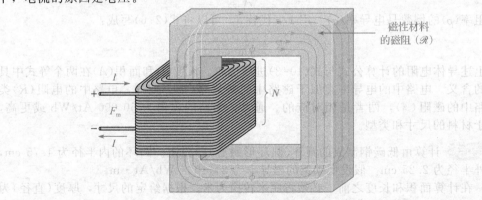

图10-13　一个基本磁路

电路和磁路之间的一个重要区别在于，对于磁路，式(10-5)仅在磁性材料饱和(磁通量达到最大值)之前有效。当你查看10.4节中的磁化曲线时，将能够体会到这一点。已经注意到的另一个不同之处是，磁通量确实可以发生在没有磁动势的永磁铁中。在永磁铁中，磁通量是由内部电子运动而不是外部电流引起的。在电路中没有相同的效果。

例 10-5　如果材料的磁阻为2.8×10^5 At/Wb，则在图10-14所示的磁路中能够产生多少磁通量？

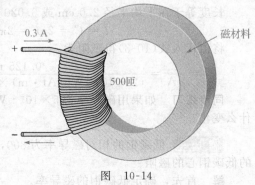

图 10-14

解

$$\phi = \frac{F_m}{\mathcal{R}} = \frac{NI}{\mathcal{R}} = \frac{500 \text{ t} \times 0.300 \text{ A}}{2.8 \times 10^5 \text{ At/Wb}} = 536 \text{ μWb}$$

同步练习 如果磁阻为 7.5×10^3 At/Wb、匝数为 300、电流为 0.18 A，则在图 10-14 所示的磁路中能够产生多少磁通量？

例 10-6 通过 400 匝的线圈有 0.1 A 的电流。

(a)磁动势是多少？

(b)如果产生的磁通量为 250 μWb，那么磁阻是多少？

解 (a) $N = 400$ 并且 $I = 0.1$ A $F_m = NI = 400 \text{ t} \times 0.1 \text{ A} = 40 \text{ At}$

(b)

$$\mathcal{R} = \frac{F_m}{\phi} = \frac{40 \text{ At}}{250 \text{ μWb}} = 1.60 \times 10^5 \text{ At/Wb}$$

同步练习 若本例中 $I = 85$ mA 和 $N = 500$，产生的磁通量为 500 μWb，重复以上计算。

在许多磁路中，磁心不是连续的。例如，如果在磁心中存在气隙，则会增加磁路的磁阻。这意味着需要更多电流来建立与之前相同的磁通量，因为气隙对磁通量会产生显著的阻碍。这种情况类似于串联电路。磁路的总磁阻是磁心磁阻和气隙磁阻之和。在磁心中存在气隙的原因有很多种。例如，一个原因是防止磁心饱和，对于带有气隙的磁路，线圈电流的增加不会导致磁通量的过大增加。

广泛使用的磁心材料由铁氧体材料构成。**铁氧体**是由氧化铁和其他材料组成的结晶化合物，可以根据所需特性进行选择。硬铁氧体广泛用于制造永磁铁。另一类铁氧体被称为软铁氧体，特别适合电感器、高频变压器、天线和其他电子元器件。（电感器在第 13 章讨论；变压器在第 14 章讨论。）

10.2.2 电磁铁

电磁铁基于刚刚学到的特性。基本电磁铁很简单，在铁心材料上缠绕一组线圈，通电后铁心材料可以容易地被磁化。

电磁铁的形状可被设计用于各种用途。例如，图 10-15 显示了 U 型磁心。当线圈连接到电池上并且有电流时，如图 10-15a 所示，便建立了如图所示的磁场。如果电流反向，如图 10-15b 所示，磁场的方向也反向。北极和南极越接近，它们之间的气隙越小，磁阻越小，越容易建立磁场。

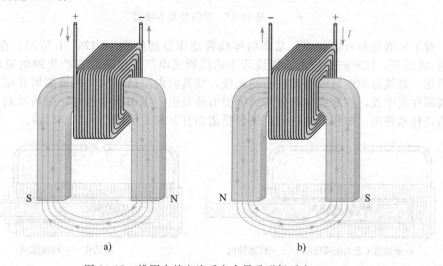

a)   b)

图 10-15 线圈中的电流反向会导致磁场反向

学习效果检测

1. 解释磁和电磁之间的区别。
2. 当通过线圈的电流反向时,电磁铁中的磁场会发生什么变化?
3. 陈述磁路中的欧姆定律。
4. 将问题 3 中的每个物理量与电路中的对应物理量进行比较。
5. 如果增加气隙,磁心的磁阻会发生什么变化?

10.3 电磁设备

许多有用设备,例如磁存储设备、电动机、扬声器、螺线管和继电器都是基于电磁原理工作的。

学完本节内容后,你应该能够解释电磁设备的工作原理,具体就是:

- 描述几种电磁设备的工作原理。
- 讨论螺线管及其工作方式。
- 讨论继电器和接触器的工作原理。
- 讨论扬声器的工作原理。
- 讨论基本模拟仪表的表头。
- 解释磁盘和磁带读/写操作。
- 解释磁阻随机存储器的基本操作。

10.3.1 螺线管

螺线管是一种电磁装置,具有可移动的铁心,称为柱塞。该铁心的运动取决于电磁场和机械弹簧力的大小关系。螺线管的基本结构如图 10-16 所示。它的圆柱形线圈缠绕在内部空心的非磁性材料上。静铁心固定在轴端而动铁心(柱塞)通过弹簧连接到静铁心上。

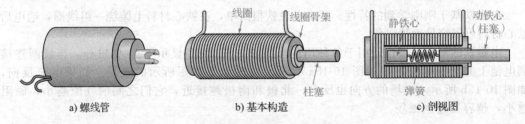

a) 螺线管　　　　　　b) 基本构造　　　　　　c) 剖视图

图 10-16　螺线管基本结构

对于未通电和通电状态,基本的螺线管动作分别如图 10-17a、b 所示。在静止(或未通电)状态下,柱塞向外伸出。螺线管中的线圈通电产生电流,它产生的电磁场将两个铁心磁化。静铁心的南极吸引动铁心的北极,使其向内滑动,从而柱塞缩回并压缩弹簧。只要线圈存在电流,柱塞就会被磁场的吸引力所吸引。当切断电流时,磁场减弱,压缩弹簧的力将柱塞弹出。螺线管的应用范围包括诸如打开和关闭阀门和汽车门锁。

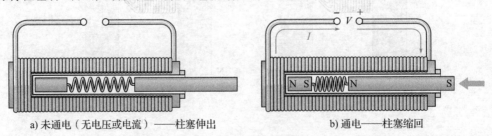

a) 未通电(无电压或电流)——柱塞伸出　　　　b) 通电——柱塞缩回

图 10-17　基本螺线管的动作

电磁阀 在工业控制中，电磁阀广泛用于控制空气、水、蒸汽、油、制冷剂和其他流体的流量。电磁阀用于气动(空气)和液压(油)系统中，通常出现在机械控制中。电磁阀在航空航天和医疗领域也很常见。电磁阀可以通过移动柱塞来打开或关闭阀门，或者可以将阻挡片旋转到固定位置。

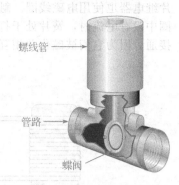

电磁阀由两个功能单元组成：螺线管(提供磁场，也就是提供打开或关闭阀门所需的运动)，阀体(通过防漏密封与线圈组件隔离，包括管和蝶阀)。图 10-18 是一种电磁阀的剖视图。当电磁阀通电时，蝶阀转动打开常闭(NC)阀门或关闭常开(NO)阀门。

电磁阀可提供多种配置，包括常开或常闭阀门。它们适用于不同类型的流体(例如气体或水)、压力、通路数量、尺寸等。同一个电磁阀可以有多个螺线管，可以控制多个管线。

图 10-18　一种基本的电磁阀结构

10.3.2　继电器

继电器使用螺线管的机械运动来打开和关闭电气触点。图 10-19 显示了带有一个常开(NO)触点和一个常闭(NC)触点(单刀双掷)的衔铁式继电器的基本操作。当线圈中没有电流时，衔铁通过弹簧保持与上触点接触，从而提供从端子 1 到端子 2 的电气连接，如图 10-19a 所示。当线圈流过电流时，衔铁被电磁场的吸引力拉下，并与下触点接触以提供从端子 1 到端子 3 的电气连接，如图 10-19b 所示。典型的衔铁式继电器如图 10-19c 所示，电路符号如图 10-19d 所示。

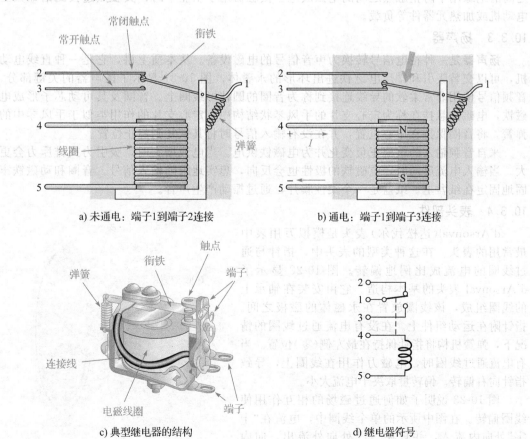

a) 未通电：端子1到端子2连接　　　　b) 通电：端子1到端子3连接

c) 典型继电器的结构　　　　d) 继电器符号

图 10-19　单刀双掷衔铁式继电器的基本结构

另一种广泛使用的继电器是簧片继电器，如图 10-20 所示。与衔铁式继电器一样，簧片继电器也使用电磁线圈。触点是薄的由磁性材料制成的簧片，通常位于线圈内部。当线圈中没有电流时，簧片处于打开位置，如图 10-20b 所示。当有电流通过线圈时，簧片会接通，因为它们被磁化并相互吸引，如图 10-20c 所示。

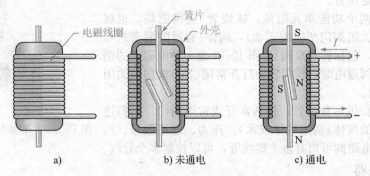

图 10-20　簧片继电器的基本结构

与继电器密切相关的是**接触器**，它是功能类似于继电器的一种电控开关，但设计用于将更大的电流(15 A 或更大)连接到负载。对于接触器，负载直接连接到触点，因此需要设计特殊的触点，以便最大限度地减少电弧放电问题。通常，接触器具有较大的接触点，而继电器被设计成快速打开和闭合以便最小化电弧加热触点的时间。在高压应用中，触点之间的绝缘用于防止触点之间的电弧放电。接触器用于工业中时，其触点连接到诸如大型电动机或加热元器件等负载。

10.3.3　扬声器

扬声器是一种将电信号转换为声音信号的电磁设备。从本质上讲，它是一种直线电动机，可以交替吸引和排斥电磁铁进出环形的永磁体。图 10-21 显示了扬声器的关键部分。音频信号使用非常柔软的导线连接到称为音圈的圆柱形线圈上。音圈及其可动芯子形成电磁铁，电磁铁悬挂在称为定心支片的手风琴状结构中。定心支片的作用类似于手风琴中的弹簧，将音圈保持在中心位置，并在没有输入信号时将其恢复到静止位置。

来自音频输入的电流正负变化并为电磁铁供电。当电流增大时，吸引力或排斥力会更大。当输入电流反向时，电磁铁的极性也会反向，忠实地跟随输入信号。音圈和动磁铁牢固地固定在纸盆上。纸盆是一个柔性膜片，通过振动产生声音。

10.3.4　表头部件

d'Arsonval(达松伐尔)表头是模拟万用表中最常用的表头。在这种类型的表头中，指针与通过线圈的电流成比例地偏转。图 10-22 显示了 d'Arsonval 表头的基本构造。它由安装在轴承上的线圈组成，该线圈放置在永磁体的磁极之间。指针附在运动组件上。在没有电流通过线圈的情况下，弹簧机构将指针保持在最左侧(零)位置。当有电流通过线圈时，电磁力作用在线圈上，导致指针向右偏转。偏转量取决于电流大小。

图 10-23 说明了如何通过磁场的相互作用使线圈偏转。在图中所示的单个线圈中，电流在"十字"处向内流入，并且在"点"处向外流出。向内流入的电流产生顺时针电磁场，增强了其上方的

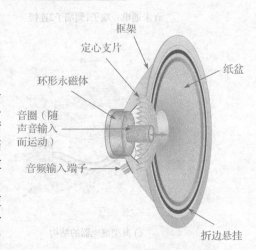

图 10-21　扬声器的关键部分(剖视图)

永久磁场。结果是在右侧线圈上产生向下的力。向外流出的电流产生逆时针电磁场，强化了其下方的永久磁场。结果是在左侧线圈上产生向上的力。这些力使线圈顺时针旋转，并与弹簧机构的转矩相反。指针的力和弹簧力在某位置处达到平衡。当电流消失后，弹簧力将指针拉回到零位置。

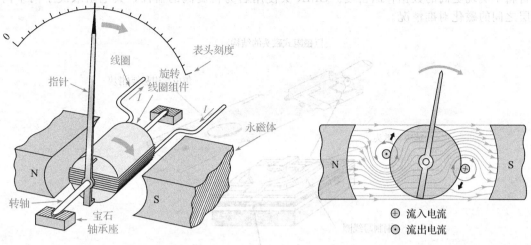

图 10-22　d'Arsonval 表头

⊕ 流入电流
⊙ 流出电流

图 10-23　当电磁场与永久磁场相互作用时，电磁力施加在旋转线圈上，使其顺时针旋转，从而带动指针偏转

10.3.5　磁盘和磁带读/写磁头

　　磁盘或磁带表面的读/写操作的简化放大图如图 10-24 所示。当数据位（1 或 0）随写磁头移动时，通过表面微小部分的磁化，数据位（1 或 0）将写在磁表面上。磁力线的方向由线圈中电流脉冲的方向来控制，如图 10-24a 所示。在写磁头中的气隙处，磁通量通过存储装置磁表面的较低磁阻路径。这会在磁场方向上将磁表面上的一个小点磁化。一种极性的磁化点表示为二进制 1，而相反极性则表示为二进制 0。多年来，磁化点的尺寸急剧减小，导致更高的存储密度。位密度由读/写磁头定位磁场的能力来决定。如今，消费者可以使用具有 20 TB 存储容量的硬盘驱动器。

　　在较旧的读磁头中，磁化点在读磁头下方飞行并产生一个磁通量，该磁通量沿着包含读磁头的低磁阻路径分布，如图 10-24b 所示。感应电流的方向取决于磁化点的方向。一些较旧的读/写磁头是组合在一起的，但目前的读和写磁头通常是分开的。

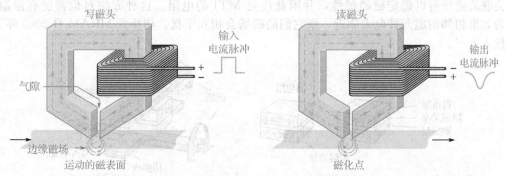

a) 来自写磁头的磁通量通过磁表面的低磁阻路径　　　b) 当读磁头经过磁化点时，输出端会出现感应电压

图 10-24　磁表面上的读/写功能

现代硬盘中的读磁头使用磁阻头，它比使用线圈产生电流的方式更加灵敏。磁阻式读磁头使用一种特殊材料，在磁场存在的情况下其电阻可以发生改变。电阻取决于磁场的方向。使用特殊传感器可以将电阻值转换成写在介质上的数据位。图10-25显示了与硬盘驱动器配合使用的磁阻式读磁头。这种类型的磁头（称为巨磁阻式磁头或GMR）可以在磁性材料中实现更高的数据存储密度。GMR头使用名为自旋阀的器件，其电阻取决于两个内层之间的磁化对准情况。

巨磁阻式磁头的结构

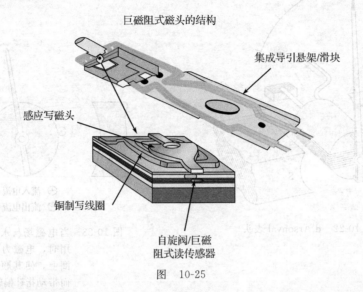

集成导引悬架/滑块

感应写磁头

铜制写线圈

自旋阀/巨磁
阻式读传感器

图 10-25

10.3.6 磁阻随机存储器

磁阻随机存储器（MRAM）是一种将二进制状态（0或1）存储在与硅电路集成的铁氧体中的新技术。因为它是磁性的，所以在断电时能够保持存储的数据，这是它的重要优点。数据位存储在用磁隧道结作为存储单元的阵列中。两个磁性层由隧道势垒的极薄绝缘层隔开，形成磁隧道结（MTJ）的夹层，如图10-26a所示。底层是固定的永磁层，在生产时已制造好；顶层是自由磁层。自由磁层中磁极的极性可以改变胞元的电阻（高电阻或低电阻），这决定了存储了1还是0。当断电时，该电阻不会改变，这意味着数据是非易失性的。这是这类存储器的重要优势。

目前，存在两种写入每个磁存储单元极性的技术。如图10-26b所示，在"切换式"MRAM中，通过垂直交叉处的电流方向来控制数据的写入。两条线都必须处于活动状态才能写入给定的胞元，这种技术源于20世纪50年代的旧式核心存储器。与两条写入线的写入电流相关联的磁场可以确定磁的极性，并因此决定MTJ的电阻。这种方法对位密度有限制，因为如果相邻的胞元彼此太靠近，则它们的磁场会相互干扰。切换式MRAM自2003年开始投入生产。

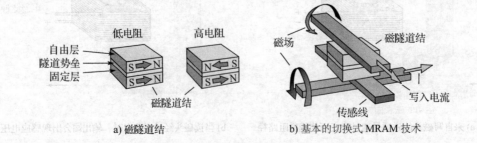

低电阻　　高电阻

自由层
隧道势垒
固定层

磁隧道结

磁场

磁隧道结

传感线

写入电流

a) 磁隧道结　　　　　　　b) 基本的切换式MRAM技术

图 10-26

被称为自旋转矩(ST)的第二代技术利用电子的自旋状态来读取或写入存储胞元，并克服了切换式 MRAM 的一些缺点。自旋是电子(或其他电荷载体)的特性，类似于微型陀螺，因此可以承载角动量。通常电流是两种自旋混合体，一半自旋向上，一半自旋向下。在极化自旋电流中，大多数载流子具有相同的自旋方向。极化的自旋电流具有翻转胞元磁状态的能力。因为磁干扰大大减少，所以该技术允许在切换式 MRAM 中有更高的密度。目前正在对 ST-MRAM进行重大的研究，最终它可能成为理想的存储器。目前，许多制造商正在从事相关研究。

为了读取 MRAM 胞元中存储的数据，作为胞元一部分的晶体管需要被激活。胞元的电阻取决于自由层中磁极的极性。如果该极性与固定层的极性相匹配，则电阻低；否则电阻很高。MRAM 有许多优点。除了非易失性，它还具有快速、可靠、低功耗等优点，并且因为没有移动部件所以没有磨损。

学习效果检测

1. 解释电磁阀和继电器之间的区别。
2. 电磁阀的可动部分叫什么？
3. 继电器的可动部分叫什么？
4. d'Arsonval 表头的基本原理是什么？
5. 扬声器中定心支片的功能是什么？
6. 描述 MRAM 的基本存储胞元。

10.4 磁滞

当磁化力施加到材料上时，材料中的磁通密度会以某种方式发生变化。

学完本节内容后，你应该能够解释磁滞，具体就是：

- 叙述磁场强度的公式。
- 讨论磁滞回线。
- 定义剩磁。

10.4.1 磁场强度

材料中的**磁场强度**(也称为**磁化力**)被定义为材料中每单位长度(l)上的磁动势(F_m)，如下式所示。磁场强度(H)的单位是每米安[培]匝数(At/m)。

$$H = \frac{F_m}{l} \qquad (10\text{-}6)$$

其中，$F_m = NI$。注意，磁场强度取决于线圈的匝数(N)、通过线圈的电流(I)和材料的长度(l)。它不取决于材料的类型。因为 $\phi = F_m / \mathcal{R}$，所以随着 F_m 的增加，磁通量也增加，磁场强度(H)也增加。回想一下，磁通密度(B)是每单位横截面积上的磁通量($B = \phi / A$)，因此，B 也相应增加。显示 B和 H 相互关系的曲线称为 B-H 曲线或磁滞回线。影响 B 和 H 的参数如图 10-27 所示。

10.4.2 磁滞回线和剩磁

磁滞是磁性材料的重要特征，就是磁化(也可以说是磁通密度)的变化滞后于所加磁场强度的变化。通过改变线圈的电流，可以

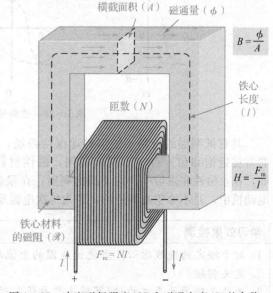

图 10-27 决定磁场强度(H)和磁通密度(B)的参数

很容易地增加或减小磁场强度(H)，并且可以通过给线圈施加反向电压来使磁场强度(H)反向。

图 10-28 说明了磁滞回线的形成过程。让我们首先假设磁心是非磁化的，因此 $B=0$。当磁场强度(H)从零增加时，磁通密度(B)起初也按比例增加，如图 10-28a 所示。当 H 达到某个值时，B 开始趋于平稳。当 H 继续增加到值(H_{sat})时，B 达到饱和值(B_{sat})，如图 10-28b 所示。一旦达到饱和，H 的进一步增加将不会使 B 增加。

现在，如果 H 减小到零，B 将沿着不同的路径回落到剩余值(B_R)，如图 10-28c 所示。这表明即使磁场强度为零($H=0$)，材料仍保持被磁化状态。材料在没有磁场强度的情况下继续保持磁化状态的能力称为**剩磁**。材料的剩磁表示在材料被磁化至饱和之后可以保留的最大磁通量，用剩磁系数即 B_R 与 B_{sat} 的比值表示。

磁场强度的反向由曲线上 H 的负值表示，可以通过改变线圈中的电流方向来使磁场强度反向。如图 10-28d 所示，在负方向上，当 H 增加到最大负值($-H_{sat}$)时，磁通密度达到反向饱和。

当去除磁场强度($H=0$)时，磁通密度达到负剩余值($-B_R$)，如图 10-28e 所示。从 $-B_R$ 值开始，磁通密度按照图 12-28f 所示的曲线回到最大正值，这时磁场强度等于正方向上的 H_{sat}，

完整的 B-H 曲线如图 10-28g 所示，称为磁滞回线。使磁通密度为零所需的磁场强度称为矫顽力(H_C)。

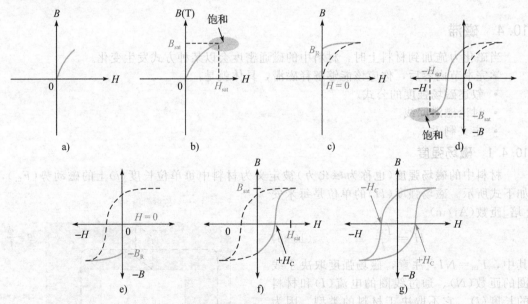

图 10-28 磁滞回线的形成过程

具有低剩磁的材料不能很好地保持磁场，而对于具有高剩磁的材料，它的剩磁值 B_R 非常接近饱和值。对于不同的应用，磁性材料中的剩磁可能是优点，也可能是缺点。例如，在永磁铁和磁带中，需要高的剩磁；在录音机读/写磁头中，低剩磁是必要的。在交流电动机中，是不希望有剩磁的，因为每次电流反向时都必须克服剩磁场，这会浪费能量。

学习效果检测

1. 对于给定的绕线磁心，当流过线圈的电流增加时，它如何影响磁通密度？
2. 定义剩磁。
3. 为什么磁带录音机的读/写磁头需要低剩磁材料？但磁带需要高剩磁材料？

10.5 电磁感应

本节介绍电磁感应。电磁感应原理使变压器、发电机和许多其他设备的使用成为可能。学完本节内容后，你应该能够讨论电磁感应的原理，具体就是：

- 解释在磁场中，导体如何感应出电压。
- 确定感应电压的极性。
- 讨论磁场中导体的受力。
- 陈述法拉第定律。
- 陈述楞次定律。
- 解释曲轴位置传感器的工作原理。

10.5.1 相对运动

当直导体垂直于磁场运动时，导体和磁场之间便存在相对运动。同样，当磁场移过固定导体时，也存在相对运动。在任何一种情况下，这种相对运动都会在导体两端产生**感应电压(v_{ind})**，如图 10-29 所示。该原理称为**电磁感应**。小写字母 v 代表瞬时电压。仅当导体"切断"磁力线时才会感应出电压。感应电压(v_{ind})的大小取决于磁通密度(B)、导体暴露于磁场中的长度(l)，以及导体和磁场相对移动的速度(v)。相对速度越快，感应电压越大。直导体中感应电压的计算公式是：

$$v_{ind} = B_{\perp} \, l v \tag{10-7}$$

其中，v_{ind} 是感应电压；$B_{\perp}$ 是磁通密度与运动方向垂直的分量(以 T 为单位)；l 是暴露于磁场中的导体的长度(以 m 为单位)，v 是相对速度(以 m/s 为单位)。

10.5.2 感应电压的极性

如果图 10-29 中的导体首先在磁场中向一个方向移动，然后再向另一个方向移动，将观察到感应电压的极性发生反转。当导体向下移动时，感应电压的极性如图 10-30a 所示。当导体向上移动时，极性如图 10-30b 所示。

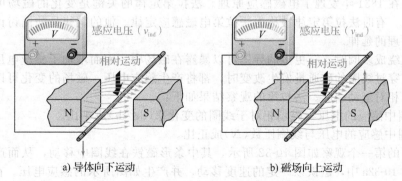

a) 导体向下运动　　　　　　　　b) 磁场向上运动

图 10-29　直导体和磁场之间的相对运动

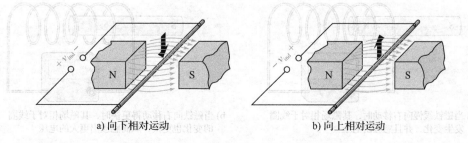

a) 向下相对运动　　　　　　　　b) 向上相对运动

图 10-30　感应电压的极性取决于导体运动方向

例 10-7 假设图 10-30 中的导体长 10 cm，磁铁的极面宽 5.0 cm，磁通密度为 0.5 T，导体以 0.8 m/s 的速度向上移动。导体中感应出的电压是多少？

解 虽然导体长度为 10 cm，但磁场中只有 5.0 cm（即 0.05 m），因为磁极面宽 5 cm。因此，$v_{ind} = B_\perp lv = 0.5\ \text{T} \times 0.05\ \text{m} \times 0.8\ \text{m/s} = 20\ \text{mV}$。

同步练习 如果速度加倍，那么感应电压是多少？

10.5.3 感应电流

当负载电阻连接到图 10-30 中的导体两端时，磁场中相对运动引起的感应电压将在负载中产生电流，如图 10-31 所示。该电流称为**感应电流**（i_{ind}）。小写字母 i 代表瞬时电流。

使导体在磁场中移动而在负载中产生电压和电流，这是发电机的工作基础。单个导体产生的感应电流较小，因此实际的发电机使用非常多匝数的线圈。这有效地增加了暴露于磁场中的导体

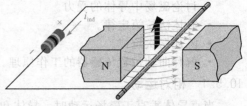

图 10-31　当导体穿过磁场时，在负载中感应出电流

的长度。当导体和磁场之间存在相对运动时，在导体中产生电动势的特性是电路中电感的基础。

｜人物小贴士｜

麦克尔·法拉第（Michael Faraday，1791—1867）　英国物理学家和化学家，因对电磁学的贡献而著名。他发现，通过在线圈内移动磁铁可以产生电，从而制造出了第一台发电机。后来，他还建造了第一台电磁发电机和变压器。今天，电磁感应原理被称为法拉第定律。此外，电容单位就是以他的名字命名的。（图片来源：美国国会图书馆。）

10.5.4 法拉第定律

法拉第在 1831 年发现了电磁感应原理。法拉第定律的关键是变化的磁场可以在导体中产生电压。有时法拉第定律被称为法拉第电磁感应定律。他的定律是前面讨论的直导体电磁感应原理的延伸。

当导体绕成多圈时，有更多的导体可以暴露在磁场中，因而增加了感应电压。当通过任何方式使穿过线圈的磁通量发生改变时，都将产生感应电压。磁场的变化可以由磁场和线圈之间的相对运动引起。法拉第的观察结果如下：

1. 线圈中感应的电压与磁场相对于线圈的变化率（$d\phi/dt$）成正比。

2. 线圈中感应的电压与线圈匝数（N）成正比。

法拉第的第一个观察如图 10-32 所示，其中条形磁铁在线圈中移动，从而产生变化的磁场。在图 10-32a 中，磁铁以一定的速度移动，并产生如图所示的感应电压。在图 10-32b 中，磁铁以更快的速度移动，产生更大的感应电压。

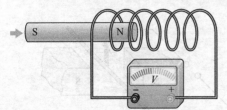

a) 当磁铁缓慢向右移动时，其磁场相对于线圈发生变化，并且感应出电压

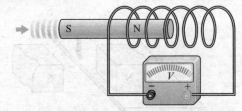

b) 当磁铁向右移动得更快时，其磁场相对于线圈的变化也更快，从而感应出更大的电压

图 10-32　法拉第第一个观察的演示：感应电压的大小与磁场相对于线圈的运动速度成正比

法拉第的第二个观察如图 10-33 所示。在图 10-33a 中，磁铁通过线圈，并感应出如图所示的电压。在图 10-33b 中，磁铁以相同的速度通过具有更多匝数的线圈。匝数越多，产生的感应电压越大。

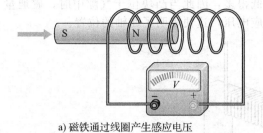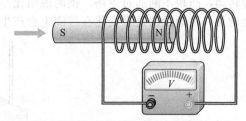

a) 磁铁通过线圈产生感应电压

b) 磁铁以相同的速度通过匝数更多的线圈，产生更大的感应电压

图 10-33　法拉第第二个观察的演示：感应电压的大小与线圈的匝数成正比

法拉第定律表述如下：

> 在线圈上产生的感应电压，等于线圈中的匝数乘以磁通量的变化率。

法拉第定律的公式表示为：

$$v_{ind} = N\left(\frac{\mathrm{d}\phi}{\mathrm{d}t}\right) \tag{10-8}$$

其中，v_{ind} 是感应电压；N 是线圈的匝数；$\mathrm{d}\phi/\mathrm{d}t$ 是磁通量的变化率，单位为 Wb/s。

例 10-8　应用法拉第定律，求 500 匝线圈中的感应电压，该线圈位于磁场中，其磁通量的变化率为 8000 μWb/s。

解

$$v_{ind} = N\left(\frac{\mathrm{d}\phi}{\mathrm{d}t}\right) = (500\ \mathrm{t}) \times (8000\ \mathrm{\mu Wb/s}) = 4.0\ \mathrm{V}$$

同步练习　在变化率为 50 μWb/s 的磁场中，求 250 匝线圈上的感应电压。

磁场和线圈之间的任何相对运动都将产生变化的磁场，该磁场将在线圈中感应出电压，甚至可以通过在电磁铁上施加交流电来感应变化的磁场，这就像磁场在运动一样。这种类型的变化磁场是交流电路中变压器工作的基础，你将在第 14 章中学习。

10.5.5　楞次定律

法拉第定律指出，变化的磁场会在线圈中感应出电压，该电压与磁场的变化率和线圈中的匝数成正比。**楞次定律**表述了感应电压的极性或方向。

> 当通过线圈的电流发生变化时，由于电磁场的变化会产生感应电压，并且感应电压的极性总是阻碍电流的变化。

人物小贴士

　　海因里希 . F . E · 楞次(Heinrich F. E. Lenz，1804—1865)　楞次出生于爱沙尼亚（当时的俄罗斯），圣彼得堡大学的教授。他在法拉第的领导下进行了许多实验，用公式描述了电磁原理，指出了线圈中感应电压的极性。该原理以他的名字命名。（图片来源：AIP Emilio Segré Visual Archives，E. Scott Barr Collection。）

10.5.6　电磁感应的应用

在汽车中，必须知道曲轴的位置以控制正确的点火时刻，有时也需要根据曲轴位置调

节燃料混合物。如前所述，霍尔效应传感器是确定曲轴（或凸轮轴）位置的一种方法。另一种被广泛使用的方法是，当金属片通过磁路中的气隙时，通过检测磁场的变化来确定曲轴的位置。基本原理如图 10-34 所示。具有凸出部分的钢盘连接到曲轴的端部，随着曲轴一起转动，凸块不断通过磁场。钢的磁阻比空气低得多，因此当凸块位于气隙中时，磁通量会增加。磁通量的这种变化在线圈上会产生感应电压，这便表明了曲轴的位置。

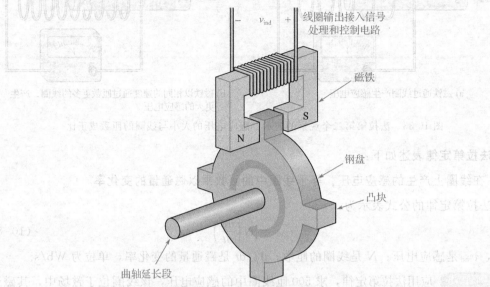

图 10-34　曲轴位置传感器，当凸块穿过磁铁的气隙时产生电压

┊人物小贴士┊

詹姆斯·克拉克·麦克斯韦（James Clerk Maxwell，1831—1879）
苏格兰物理学家。他用包括 4 个方程的方程组统一了电、光和磁，这些显而易见的不同领域。他的方程为 20 世纪的物理学奠定了基础，包括狭义相对论和量子力学。他的方程开始于法拉第和高斯的工作，但他走得更远，并且证明了光由振荡的电场和磁场组成。这项工作被认为是 19 世纪物理学上最伟大的成就。

10.5.7　磁场中载流导体上的力（电动机动作）

让两个条形磁铁彼此相邻放置，当相同磁极靠近时，磁体相排斥。否则，相互吸引。在电动机中，当电流流过导体时，它会产生一个圆形磁场，其方向由右手定则决定，如图 10-35a、b 所示。

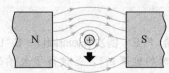

a）向上力：上方磁场弱，下方磁场强　　b）向下力：上方磁场强，下方磁场弱
⊙ 流出电流
⊕ 流入电流

图 10-35　在磁场中载流导体受到力的作用（电动机动作）

在图 10-35a 中，通过导体的电流穿过了页面并产生了逆时针方向的磁场。注意，导体上方的磁通量方向与固定磁场的方向相反，因此它们之间的力吸引导体，就像具有相反磁极的

条形磁铁一样。相反，导体下方的磁通量方向与固定磁场的方向相同，因此它们之间的力排斥导体，就像相同磁极的条形磁铁一样。在这两种情况下，施加在导体上的力都是向上的。

在图 10-35b 中，情况正好相反。通过导体的电流进入页面并产生顺时针方向的磁场。导体上方的磁通量方向与固定磁场的方向相同，因此它们之间的力排斥导体；导体下方的磁通量方向与固定磁场的方向相反，因此它们之间的力吸引导体。在这两种情况下，施加在导体上的力都是向下的。

载流导体上的力由下式给出：

$$F = BIl \ \sin \theta \tag{10-9}$$

其中，F 是以牛[顿]为单位的力；B 是以特[斯拉]为单位的磁通密度；I 是以安[培]为单位的电流；l 是以米为单位暴露于磁场中的导体长度；θ 是导体与磁场之间的角度。当导体和磁场之间的角度是 90°时，$\sin \theta = 1$，该公式可以简化为 $F = BIl$。（图 10-35 中的导体就是这种情况。）

例 10-9 假设磁极面是端面为 3.0 cm 的正方形。如果导体垂直于磁场且磁通密度为 0.35 T，求当流过导体的电流为 2 A 时，导体的受力大小。

解 因为导体垂直于磁场，故 $\sin \theta = 1$ 且 $F = BIl$。暴露于磁场中的导体长度为 3.0 cm，即 0.030 m。因此，

$$F = BIl = 0.35 \text{ T} \times 2.0 \text{ A} \times 0.03 \text{ m} = 0.21 \text{ N}$$

同步练习 如果磁场向上（沿 y 轴）并且电流向内（沿着 z 轴），确定力的方向。

尽管例 10-9 中的力相对较小，但可以简单地通过缠绕，使更长的导体处于磁场中，这样便可使受力增加许多倍。

学习效果检测
1. 固定磁场中固定导体上的感应电压是多少？
2. 当导体通过磁场的速度增加时，感应电压是增加、减少还是保持不变？
3. 当电流流过磁场中的导体时，会发生什么？
4. 如果曲轴位置传感器中的钢盘在磁铁气隙中停止运动，那么感应电压是多少？

10.6 直流发电机

直流发电机产生的电压与磁通量和电枢的转速成正比。

学完本节内容后，你应该能够解释直流发电机的工作原理，具体就是：
- 为自励、并励直流发电机绘制等效电路。
- 说明直流发电机的各个部分。

图 10-36 是一个简化的直流发电机模型，由位于永磁场中的单个线圈组成。请注意，线圈的每一端都连接到开口环片上。该导电金属环称为换向器。当线圈在磁场中旋转时，彼此分离的换向器环也旋转。开口环的每一半都与固定触点通过滑动摩擦相接触，固定触点称为电刷，电刷将线圈连接到外部电路。

当线圈在磁场中旋转时，它会以不同的角度切割磁通线，如图 10-37 所示。在位置 A 时，线圈运动方向与磁场平行。因此，切割磁通线的速度为零。当线圈从位置 A 向位置 B 转动时，它切割磁通线的速度不断增加。在位置 B 处，转动方向与磁场方向垂直，这时每单位时间切割磁通线的速度为最大。当从位置 B 向位置 C 转动时，它切割磁通线的速度开始不断减小，在 C 处减小到最小值（零）。从位置 C 向位置 D 转动时，线圈切割磁通线的速度又逐渐增大，在 D 处达到最大，然后在 A 处再次回到最小值。

如你所知，当导线穿过磁场时，会产生电压。根据法拉第定律，感应电压的大小与导线的匝数和磁场的相对移动速度成正比。因为导线穿过磁通线的速度取决于运动的角度，所以导线相对于磁通线移动的角度，决定了感应电压的大小。

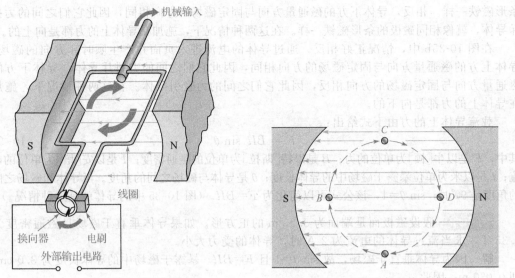

图 10-36 直流发电机简化模型

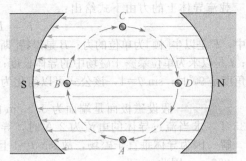

图 10-37 切割磁场的线圈端部视图

图 10-38 说明了当单个线圈在磁场中旋转时,在外部电路中如何感应出电压。假设线圈开始时处于水平位置,因此感应电压为零。当线圈继续旋转时,感应电压在位置 B 增加到最大值,如图 10-38a 所示。然后,当线圈从 B 继续旋转到 C 时,电压在位置 C 处减小到零,如图 10-38b 所示。

在旋转的后半部分,如图 10-38c 和 d 所示,电刷切换到另一换向器上,因此输出电压的极性保持相同。故当线圈从位置 C 旋转到位置 D 然后再回到位置 A 时,电压从零增加到 D 处的最大值,并且在 A 处再回到零。

图 10-39 显示了直流发电机中感应电压如何随着线圈位置的变化而变化。该电压是直流电压,因为其极性不会改变。但是,电压在零和其最大值之间脉动,也称为脉动直流电压。

在实际的发电机中,有多个线圈被压入铁心的槽中。整个组件称为**转子**,与轴连接并在磁场中旋转。图 10-40 给出了不带线圈的转子铁心。换向器被分成多段和多对,每对被连接到相应线圈的两个端点。对于更多的线圈,将会有来自更多线圈的电压被组合起来,因为电刷可以同时接触一个以上的换向器片。线圈不会同时达到最大电压,因此输出的脉动电压比前面只有一个线圈的情况要平滑得多。使用滤波器可以进一步平滑输出电压的变化,以产生几乎恒定的直流输出。(滤波器将在第 18 章中讨论。)

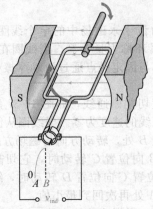

位置B:线圈垂直于磁通线移动,
感应电压最大
a)

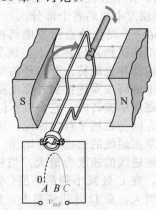

位置C:线圈平行于磁通线移动,
感应电压为零
b)

图 10-38 直流发电机的基本工作过程

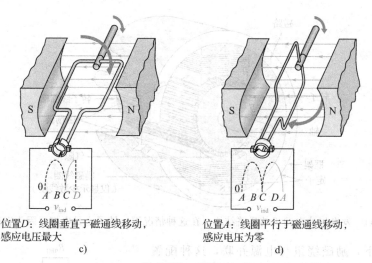

位置D：线圈垂直于磁通线移动，
感应电压最大

c)

位置A：线圈平行于磁通线移动，
感应电压为零

d)

图 10-38　（续）

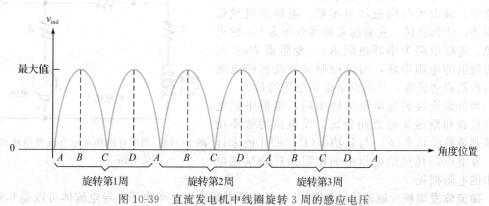

图 10-39　直流发电机中线圈旋转 3 周的感应电压

大多数发电机使用电磁铁来提供所需的磁场，
而不是永磁铁。其中的一个优点是可以控制磁通密
度，从而控制发电机的输出电压。用于电磁铁的绕
组（称为励磁绕组）需要电流来产生磁场。

励磁绕组中的电流可以由单独的电压源提供，
但这是一个缺点。更好的方法是使用发电机本身为
电磁铁提供电流，这被称为**自励发电机**。发电机能
够起动的原因是磁场中通常存在足够的剩磁，剩磁
会引起很小的初始磁场，以允许发电机产生起动电
压。在发电机长时间未使用的情况下，则可能需要
为励磁绕组提供外部电源才能起动发电机。

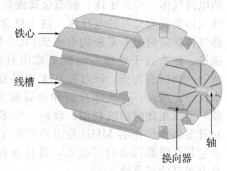

图 10-40　简化的转子铁心。线圈被压入槽
中并连接到换向器

发电机（或电动机）的静止部分包括所有不动的部
件，称为**定子**。图 10-41 显示了一个简化的带有磁路的双极直流发电机，其中端盖、轴承和
换向器未显示。注意，框架是磁路的一部分。为了使发电机效率更高，气隙要保持尽可能
小。**电枢**是发电部件，可以在转子或定子上。在前面描述的直流发电机中，电枢是转子，因
为电能在移动的导体中产生，通过换向器从转子中输出。

直流发电机的等效电路

自励发电机可以用直流等效电路来表示。带有励磁绕组和机械输入的发电机等效电路
如图 10-42 所示。还有其他类型的直流发电机，但图 10-42 所示电路代表了一种常见情况。

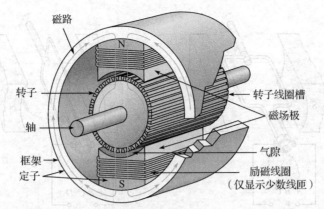

图 10-41　发电机或电动机的磁路结构。在这种情况下，转子也是电枢，因为它产生电能

在这种情况下，励磁绕组与电源并联，这种配置称为并励发电机。励磁绕组的电阻为 R_F。在等效电路中，该电阻与励磁绕组串联。电枢由机械输入驱动，使其旋转。它看起来就像电压为 V_G 的电压源。电枢电阻为串联电阻 R_A。变阻器 R_{REG} 与励磁绕组的电阻串联，通过控制励磁绕组的电流从而控制磁通密度，达到调节输出电压的目的。

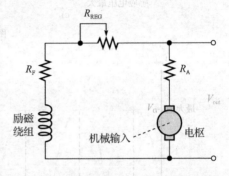

图 10-42　用于自励和并励直流发电机的等效电路

当负载连接到发电机的输出时，电枢中的电流在负载和励磁绕组之间分流。发电机的效率用输送到负载的功率(P_L)与总功率(P_T)的比值来计算。发电机损耗包括电枢中的电阻损耗和励磁电路中的电阻损耗。

磁流体发电机　磁流体(MHD)发电机从导电流体中产生电压，导电流体可以是非常热的电离气体、等离子体、液态金属或盐水。该气体足够热以便电离气体中的原子，这意味着该气体会成为良好的电导体。这个概念如图 10-43 所示。热气体横向通过非常强的电磁铁(几个特[斯拉]强度)的磁场。在垂直于磁场的电极上输出直流电，如图 10-43 所示。到目前为止，该过程在大规模发电中并不具有成本优势。然而，在流体控制和金属加工中存在 MHD 现象，可以在此时加以利用。政府、学术界和研究实验室对开发高性价比的 MHD 发电机产生了浓厚的兴趣，由于它具有降低污染的可能性，并且没有运动部件，因此具有很高的可靠性。

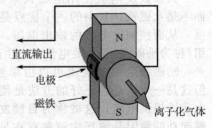

图 10-43　磁流体发电机

　　MHD 发电机的一个潜在应用是将其与集束式太阳能发电站(CSP)相结合。集束式太阳能发电站将太阳能聚焦在接收器上，产生非常高的温度，足以提供 MHD 发生器所需的电离温度。MHD 发电机可以使用 CSP 来获得更高的效益。

学习效果检测
1. 发电机的运动部件叫什么?
2. 换向器的作用是什么?
3. 发电机励磁绕组中的较大电阻如何影响输出电压?
4. 什么是自励发电机?

10.7　直流电动机

电动机利用磁场中的载流导体受到力的作用原理，将电能转换为机械运动。直流电动机由直流电源供电，可以使用电磁铁或永磁铁提供磁场。

学完本节内容后，你应该能够解释直流电动机的工作原理，具体就是：

- 为串励和并励直流电动机绘制等效电路。
- 讨论反电动势及其如何降低电枢电流。
- 讨论电动机的额定功率。

10.7.1　基本工作原理

与发电机一样，电动机的运动是磁场相互作用的结果。在直流电动机中，转子磁场与定子磁场相互作用。所有直流电动机中的转子都包含电枢绕组，该电枢绕组产生磁场。由于异性磁极相吸，同性磁极相斥，因此转子开始转动，如图 10-44 所示。转子由于其北极与定子的南极相吸引而发生移动，反之亦然。当两极彼此靠近时，转子电流的极性突然被换向器切换方向，从而使转子的磁极调转。换向器作为机械开关用来使电枢中的电流反向，就像不同的磁极彼此靠近一样，转子便连续旋转。

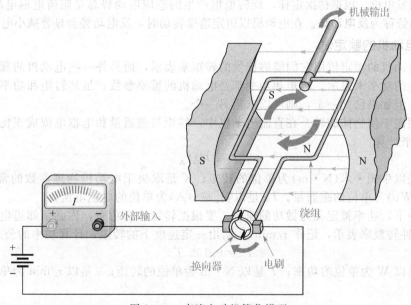

图 10-44　直流电动机简化模型

10.7.2　无刷直流电动机

许多直流电动机不使用换向器来改变电流的方向。它不向转动的电枢提供电流，而是使用电力变换器在定子绕组中产生旋转磁场。电力变换器将直流输入变换成交流输出，施加到励磁绕组中，励磁绕组的电流周期性地反向。这就在定子中产生了旋转磁场。永磁转子按照与旋转磁场相同的方向转动，以便跟上旋转磁场。常采用霍尔效应传感器来检测旋转磁场的位置，为的是给控制器提供位置信息。无刷电动机比传统的有刷电动机具有更高的可靠性，因为它们不需要定期更换电刷，但电力电子变换器增加了复杂性。图 10-45 给出了无刷直流电动机的剖视图。

10.7.3　反电动势

首次起动直流电动机时，励磁绕组会产生磁场。电枢电流产生另一个磁场，该磁场与励磁绕组中的磁场相互作用，并使电动机开始转动。这时电枢绕组在现有磁场中旋转，因此会

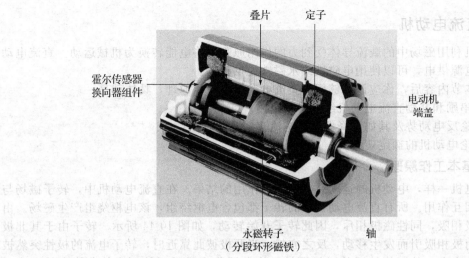

图 10-45　无刷直流电动机的剖视图（图片由 Bodine Electric Company 提供）

发电，类似发电机。根据楞次定律，旋转电枢产生的感应电动势总是阻碍电枢电流的变化。该感应电动势称为**反电动势**。在电动机以恒定速度转动时，反电动势会显著减小电枢电流。

10.7.4　电动机的额定值

有些电动机的额定值用它们能够提供的转矩来表示，而另外一些电动机的额定值，则用它们产生的功率来表示。转矩和功率都是电动机的重要参数。虽然转矩和功率是不同的物理参数，但如果已知一个，则可以求得另一个。

转矩倾向于使物体旋转。在直流电动机中，转矩与磁通量和电枢电流成正比。可以用式(10-10)来计算：

$$T = K\phi I_A \tag{10-10}$$

其中，T 是以牛顿·米(N·m)为单位的转矩；K 是取决于电动机物理参数的常数；ϕ 是以韦[伯](Wb)为单位的磁通量；I_A 是以安[培](A)为单位的电枢电流。

回想一下，功率被定义为做功的速率。要根据转矩计算功率，你必须知道电动机的转速(用每分钟转数来表示，记作 r/min)。给出一定速度下的转矩，计算功率的公式是：

$$P = 0.105\, Ts \tag{10-11}$$

其中，P 是以 W 为单位的功率；T 是以 N·m 为单位的转矩；s 是以 r/min 为单位的电动机转速。

例 10-10　当转矩为 3.6 N·m 时，电动机以 350 r/min 的转速旋转产生的功率是多少？

解　代入式(10-11)得：

$$P = 0.105\, Ts = 0.105 \times 3.6\ \text{N·m} \times 350\ \text{r/min} = 132\ \text{W}$$

同步练习　如果转矩 $T=5$ N·m，且转速 $s=1000$ r/min，计算电动机产生的功率。　◼

技术小贴士　直流电动机的一个特征是，如果允许它们在没有负载的情况下运行，转矩可能导致电动机"逃逸"到超出制造商设计的额定转速。因此，直流电动机应始终在有负载的情况下运行，以防自毁。

10.7.5　串励直流电动机

串励直流电动机的励磁线圈与电枢线圈是串联的，如图 10-46a 所示。内电阻通常很小，由励磁线圈电阻、电枢电阻和电刷电阻组成。与发电机的情况一样，直流电动机也可以包含极间绕组，如图所示，它可以限制电流，进而控制转速。极间绕组是辅助绕组，用以克服电枢电抗的影响。在串励直流电动机中，电枢电流、励磁电流和电源电流都是相同的。

　　如你所知，磁通量正比于线圈电流。由于是串联的，由励磁绕组产生的磁通量与电枢电流成比例。因此，当电动机起动时，由于没有反电动势，很大的起动电流意味着很大的磁通量。回想一下式(10-10)，直流电动机的转矩与电枢电流和磁通量成正比。因此，当电流很大时，串励电动机将产生非常大的起动转矩，因为磁通量和电枢电流都很大。当需要大的起动转矩时(例如汽车中的起动电动机)，宜使用串励直流电动机。

　　串励直流电动机的转矩和转速曲线如图 10-46b 所示。起动转矩是转矩的最大值。在低速时，转矩仍然很高，但随着速度的增加它会急剧下降。如你所见，如果负载转矩较小，转速可能会非常高。因此，串励直流电动机应始终带载运行。

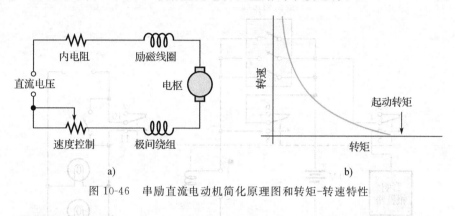

图 10-46　串励直流电动机简化原理图和转矩-转速特性

10.7.6　并励直流电动机

　　并励直流电动机的励磁线圈与电枢并联，如图 10-47a 中的等效电路所示。在并励电动机中，励磁线圈由恒压源供电，因此励磁线圈产生的磁场是恒定的。由电枢中的发电机动作产生的反电动势和电枢电阻决定了电枢电流。

　　并励直流电动机的转矩-转速特性与串励直流电动机的完全不同。当施加负载时，并励电动机将要减速，导致反电动势减小和电枢电流增加。电枢电流的增加又倾向于通过增加电动机的转矩来补偿所增加的负载。虽然电动机由于额外负载而减速，但转矩-转速特性几乎是直线，如图 10-47b 所示。满载时，并励直流电动机仍具有大转矩。

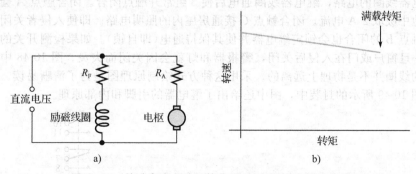

图 10-47　并励直流电动机简化原理图和转矩-转速特性

学习效果检测
1. 什么导致了反电势？
2. 当电动机转速增加时，反电动势如何影响电枢电流？
3. 什么类型的直流电动机具有最高的起动转矩？
4. 无刷电动机相对于有刷电动机的主要优势是什么？

应用案例

继电器是一种常见的电磁装置，用于许多类型的控制系统。借助继电器，可以使用较低的电压(例如来自电池的电压)来切换较高的电压(例如来自交流电源插座的 120 V 电压)。在本应用案例中，你将看到如何在安全报警系统中使用继电器。

图 10-48 中的原理图显示了一个简化的入侵报警系统，该系统使用继电器打开音响报警器(警笛)和灯光。系统采用 9 V 电池供电，即使关闭房间的电源，音响报警器仍然可以有效工作。

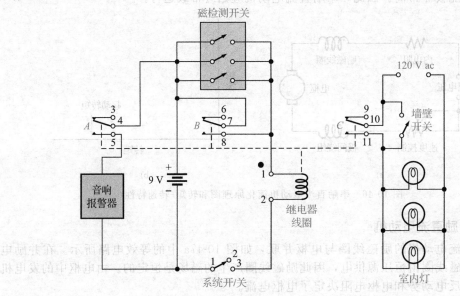

图 10-48　简易防盗报警系统

检测开关是常开(NO)磁开关，它们并联于门窗中。继电器是三刀双掷器件，其线圈电压为 9 V 直流电压，电流约为 50 mA。当发生入侵时，并联开关中的某个开关闭合并接通从电池到继电器线圈的电路，继电器线圈通电后使 3 组常开触点闭合。闭合触点 A 会打开警报器，从电池中吸取 2 A 电流。闭合触点 C 接通房屋内的照明电路。即使入侵者关闭了进入的门或窗，触点 B 的闭合也会锁定继电器并使其保持通电(即自锁)。如果检测开关的触点未与 B 并联，一旦窗户或门在入侵后关闭，警报器和灯就会因关闭而失灵。图 10-48 中的继电器触点和它的线圈并不是物理上远离的。采用这种方式绘制原理图是为了清晰易读。整个继电器安装在图 10-49 所示的封装中，图中还给出了继电器的引脚和内部原理。

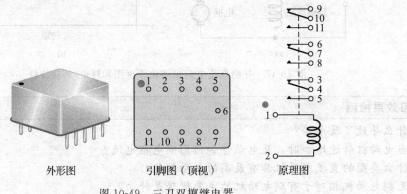

外形图　　　　引脚图（顶视）　　　　原理图

图 10-49　三刀双掷继电器

系统互连

1. 根据图 10-48 所示的报警系统原理图，创建连接框图和点对点的连线列表来连接图 10-50 中的各个组件。组件上的连接点均用字母表示。

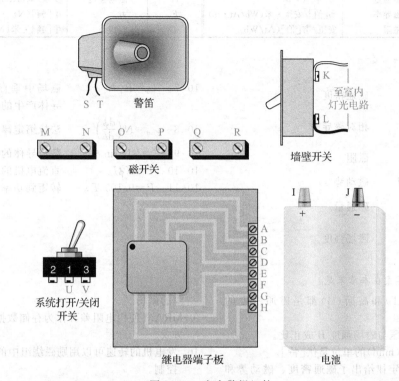

图 10-50 安全警报组件

测试过程

2. 制订详细的程序，检查安全报警系统的完整线路。

检查与复习

3. 检测开关的用途是什么？

4. 在图 10-48 中继电器触点 B 的作用是什么？

本章总结

- 异性磁极相互吸引；同性磁极相互排斥。
- 可磁化的材料称为铁磁材料。
- 当有电流通过导体时，会在导体周围产生磁场。
- 使用右手定则可以确定导体周围的磁力线方向。
- 电磁铁本质上就是围绕磁心的线圈。
- 当导体在磁场内移动时，或磁场相对于导体移动时，导体上会感应出电压。
- 导体与磁场之间的相对运动越快，感应电压越大。
- 表 10-3 总结了本章中使用的物理量和它们的单位。
- 霍尔效应传感器使用电流来感知磁场。
- 直流发电机将机械能转换为直流电能。
- 发电机或电动机的运动部分称为转子，静止部分称为定子。
- 直流电动机将电能转换为机械能。
- 无刷直流电动机使用永磁体作为转子，定子是电枢。

表 10-3 本章涉及的物理量及其单位

符　号	物理量	国际单位	符　号	物理量	国际单位
B	磁通密度	特[斯拉](T)	F_m	磁动势	安匝(At)
ϕ	磁通量	韦[伯](Wb)	H	磁场强度	安匝/米(At/m)
μ	磁导率	韦[伯]/安匝·米(Wb/At·m)	F	力	牛[顿](N)
$\mathscr{R}$	磁阻	安匝/韦[伯](At/Wb)	T	转矩	牛[顿]·米(N·m)

重要公式

10-1　$B = \dfrac{\phi}{A}$　　磁通密度

10-2　$\mu_r = \dfrac{\mu}{\mu_0}$　　相对磁导率

10-3　$\mathscr{R} = \dfrac{l}{\mu A}$　　磁阻

10-4　$F_m = NI$　　磁动势

10-5　$\phi = \dfrac{F_m}{\mathscr{R}}$　　磁通量

10-6　$H = \dfrac{F_m}{l}$　　磁场强度

10-7　$v_{ind} = B_\perp lv$　　磁场中垂直移动长直
　　　　　　　　　　　导体产生的感应电压

10-8　$v_{ind} = N\left(\dfrac{d\phi}{dt}\right)$　　法拉第定律

10-9　$F = BIl\sin\theta$　　载流导体的受力

10-10　$T = K\phi I_A$　　直流电机的转矩

10-11　$P = 0.105\,T\,s$　　转矩到功率的转换

对/错判断(答案在本章末尾)

1. 特[斯拉](T)和高斯(G)都是磁通密度的
单位。

2. 霍尔效应电压与磁场强度 B 成正比。

3. 测量磁动势(mmf)的单位是伏[特]。

4. 磁路的欧姆定律给出了磁通密度、磁动势和
磁阻之间的关系。

5. 螺线管是一种电磁开关,可以打开和关闭机
械触点。

6. 磁滞回线是磁通密度(B)与磁场强度(H)的函
数曲线图。

7. 使磁通密度为零所需的磁场强度称为矫顽力。

8. 为了在线圈中产生感应电压,可以改变其周

围的磁场。

9. MRAM 使用电阻差异作为存储数据位的基本
方式。

10. 发电机的转速可以用励磁绕组中的变阻器来
控制。

11. 自励直流发电机通常在励磁铁心中具有足够
的剩磁,以便在首次运行时能够起动发电机。

12. 电动机产生的功率与其转矩成正比。

13. 在无刷电动机中,磁场由永磁体提供。

14. 无刷直流电动机使用缠绕在铁心上的线圈来
产生转子中的磁场。

自我检测(答案在本章末尾)

1. 当两个条形磁铁的南极靠近时,二者之间将有
(a)吸引力　　　　　(b)排斥力
(c)向上的力　　　　(d)没有力

2. 磁场产生
(a)正负电荷　　　　(b)磁畴
(c)磁通线　　　　　(d)磁极

3. 磁场方向是从
(a)北极到南极　　　(b)南极到北极
(c)从磁铁内到磁铁外 (d)从前向后

4. 磁路中的磁阻类似于
(a)电路中的电压　　(b)电路中的电流
(c)电路中的功率　　(d)电路中的电阻

5. 磁通量的单位是
(a)特[斯拉]　　　　(b)韦[伯]

(c)安匝　　　　　　(d)安匝/韦[伯]

6. 磁动势的单位是
(a)特[斯拉]　　　　(b)韦[伯]
(c)安匝　　　　　　(d)安匝/韦[伯]

7. 磁通密度的单位是
(a)特[斯拉]　　　　(b)韦[伯]
(c)安匝　　　　　　(d)电子伏特

8. 可动轴的电磁运动是(　　)的工作基础。
(a)继电器　　　　　(b)断路器
(c)磁性开关　　　　(d)螺线管

9. 当有电流通过放置在磁场中的导线时,
(a)导线会过热　　　(b)导线会被磁化
(c)一个力施加在导线上 (d)磁场将被消除

10. 线圈放置在变化的磁场中。如果线圈的匝数

增加，则线圈上的感应电压将

 (a)保持不变　　　　(b)减小

 (c)增加　　　　　　(d)过量

11. 如果导体以恒定频率在恒定磁场中来回移动，导体中感应的电压将

 (a)保持恒定　　　　(b)反转极性

 (c)减小　　　　　　(d)增加

12. 在图 10-34 所示的曲轴位置传感器中，线圈的感应电压是由(　　)产生的。

 (a)线圈中的电流　　(b)钢盘旋转

 (c)通过磁场的凸块　(d)钢盘旋转的加速度

13. 换向器在发电机或电动机中的作用是

 (a)在转子旋转时改变转子绕组中的电流方向

 (b)改变定子绕组中的电流方向

 (c)支撑电动机或发电机的轴

 (d)为电动机或发电机提供磁场

14. 在电动机中，反电动势用于

 (a)增加电动机的功率

 (b)增加磁通量

 (c)增加励磁绕组中的电流

 (d)减小电枢中的电流

15. 电动机的转矩与(　　)成比例。

 (a)磁通量　　　　　(b)电枢电流

 (c)上述所有　　　　(d)以上都不是

分节习题(较难的问题用星号(＊)表示，奇数题答案在本书末尾)

10.1 节

1. 磁性材料的横截面积增加，但磁通量保持不变。磁通密度是增加还是减少？

2. 在某一磁场中，横截面积为 $0.5\ m^2$，磁通量为 $1500\ \mu Wb$。磁通密度是多少？

3. 当磁通密度为 $2500 \times 10^{-6}\ T$，并且横截面积为 $150\ cm^2$ 时，磁性材料中的磁通量是多少？

4. 在给定位置，假设地球的磁通密度为 0.6 G。用特[斯拉]表示这个磁通密度。

5. 非常坚固的永久磁铁具有 100 000 μT 的磁场，用高斯表示这个磁通密度。

10.2 节

6. 当通过导体的电流反向时，图 10-11 中的指南针会发生什么情况？

7. 绝对磁导率为 $750 \times 10^{-6}\ Wb/At \cdot m$ 的铁磁材料的相对磁导率是多少？

8. 如果绝对磁导率为 $150 \times 10^{-7}\ Wb/At \cdot m$，计算长度为 0.28 m、横截面积为 $0.08\ m^2$ 的材料的磁阻。

9. 当有 3 A 电流通过时，50 匝线圈中产生的磁动势是多少？

10.3 节

10. 通常，当电磁阀起动时，柱塞是伸出还是缩回？

11. (a)当电磁阀起动时，什么力使柱塞移动？(b)什么力导致柱塞返回静止位置？

12. 如图 10-51 所示，当开关 1(SW1)闭合时，解释图中电路的各事件发生顺序。

13. 当有电流通过线圈时，是什么原因导致 d'Arsonval 表头中的指针偏转？

10.4 节

14. 如果铁心长度为 0.2 m，问题 9 中的磁化力是多少？

15. 如何改变图 10-52 中的磁通密度却不改变磁心的几何参数？

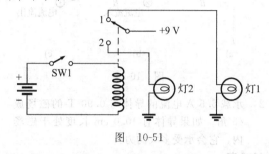

图　10-51

16. 在图 10-52 中，线圈有 500 匝。计算(a)H，(b)ϕ，(c)B。

17. 根据图 10-53 中的磁滞回线确定哪种材料具有最大的剩磁。

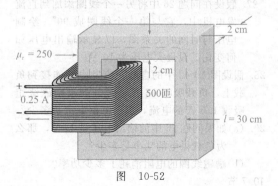

图　10-52

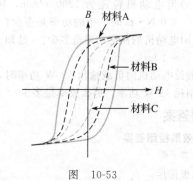

图　10-53

10.5 节

18. 根据法拉第定律，如果磁通量的变化率加倍，则给定线圈上的感应电压会发生什么变化？

19. 当导体垂直于磁场运动时，决定其产生的感应电压的 3 个因素是什么？

20. 磁场以 3500×10^{-3} Wb/s 的速率变化。放置在磁场中的 50 匝线圈会产生多少电压？

21. 楞次定律是如何补充法拉第定律的？

22. 在图 10-34 中，为什么钢盘不旋转时没有感应电压？

23. 分析图 10-54 中每个部件的受力方向。

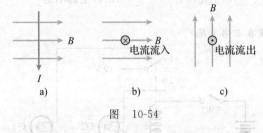

图 10-54

24. 承载 6.5 A 电流的导体与 0.90 T 的磁场成 45°角。如果导体有 10.0 cm 长度处于磁场内，它会承受多大的力？

10.6 节

25. 解释图 10-36 所示电路中换向器和电刷的用途。

*26. 单线圈直流发电机以 60 r/s 的速度旋转。输出电压每秒有多少次达到峰值（达到最大值）？

*27. 假设在问题 26 中将另一个线圈添加到直流发电机中，它与第一个线圈成 90°。绘制电压与时间的关系图，以显示输出电压如何变化。设最大电压为 10 V。

28. 假设图 10-42 中的自励直流发电机连接到负载上，负载吸收 12 A 电流。如果励磁绕组吸收 1.0 A 的电流，那么电枢电流是多少？

29. (a)如果问题 26 中的输出电压是 14 V，那么为负载供电的功率是多少？
    (b)励磁线圈的电阻消耗了多少功率？

10.7 节

30. (a)当电动机转速为 1200 r/min，转矩为 3.0 N·m 时产生的功率是多少？
    (b)电动机的额定功率是多少？（已知 746 W = 1 hp）

31. 假设电动机向负载输出 50 W 功率时，内部消耗 12 W 功率，那么效率是多少？

参考答案

学习效果检测答案

10.1 节

1. 北极排斥。

2. 磁通量是构成磁场的一组力线。磁通密度是磁通量稠密程度的度量。

3. 高斯和特[斯拉]

4. $B = \phi/A = 900$ μT

5. 传感器两端的感应电压与磁铁的距离成正比。

10.2 节

1. 电磁是电流通过导体产生的，只有在有电流时才存在电磁场，而永磁体则独立于电流存在(指线圈电流)。

2. 当电流反向时，磁场的方向也会反向。

3. 磁通(ϕ)等于磁动势(F_m)除以磁阻($\mathscr{R}$)。

4. 磁通：电流。磁动势：电压。磁阻：电阻。

5. 磁阻增加了。

10.3 节

1. 螺线管仅产生运动。继电器提供电气触点的闭合与开断控制。

2. 螺线管的可动部分是柱塞。

3. 继电器的可动部分是衔铁。

4. d'Arsonval 表头是基于磁场相互作用的。

5. 定心支片作为弹簧使线圈返回，并支撑线圈处于静止位置。

6. 胞元是两个磁性层的夹层，由隧道势垒的极薄绝缘层隔开。

10.4 节

1. 电流的增加会使磁通密度增加。

2. 剩磁是材料在去除磁化力后保持磁化的能力。

3. 去除磁化力后，磁头不应保持磁化，但磁带应该保持。

10.5 节

1. 感应电压为零。

2. 感应电压增加。

3. 当有电流时，力施加在导体上。

4. 感应电压为零。

10.6 节

1. 转子

2. 换向器改变旋转线圈中电流的方向。

3. 更大的电阻会降低磁通量，导致输出电压下降。

4. 励磁绕组从发电机输出端获得励磁电流。

10.7 节

1. 反电动势是电动机电枢产生的电压，因为转子转动时存在发电机动作。它阻碍电源电压。

2. 反电动势可降低电枢电流。

3. 串励电动机。

4. 更高的可靠性，因为没有电刷磨损。

同步练习答案

10-1 磁通量密度会降低。

10-2　31.0 T

10-3　磁阻减小到 12.8×10^6 At/Wb。

10-4　1.66×10^5 At/Wb

10-5　7.2 mWb

10-6　(a)$F_m = 42.5$ At

　　　(b)$\mathcal{R} = 85 \times 10^3$ At/Wb

10-7　40 mV

10-8　12.5 mV

10-9　方向沿负 x 轴。

10-10　525 W

真/假判断答案

1. T	2. T	3. F	4. F
5. F	6. T	7. F	8. F
9. T	10. F	11. T	12. T
13. F	14. F		

自我检测答案

1. (b)	2. (c)	3. (a)	4. (d)
5. (b)	6. (c)	7. (a)	8. (d)
9. (c)	10. (c)	11. (b)	12. (c)
13. (a)	14. (d)	15. (c)	

第 11 章
交流电流和电压概述

10₂₋₄Ṣ₁. 0. T.
10₋3. 1. (b)Ω BHₓ; ₀-₀₁₁₂.₃₂×10⁻⁶ A/Wb.
11₋1. 1. 80×10⁻⁴ A/Wb.
10. 9. 2. 3 mWb.
10₋5. (c)μₜ, -32. A;
(b)ℜ=7×10⁻⁶ A/Wb.
-10 mV
11. (a. 12. 5 mV.
10₋9. 3 mmₐₘₙₐ; 极
10₋12. 525 W

▶ **教学目标**

- 认识正弦波形并度量其特性
- 确定正弦波电压和电流的各种量值
- 描述正弦波的相位角关系
- 对正弦波进行数学分析
- 用相量表示正弦波
- 在交流电阻电路中应用电路基本定律
- 描述交流发电机如何发电
- 解释交流电动机如何将电能转换为旋转运动
- 识别非正弦波形的基本特征
- 使用示波器测量电压与电流波形

▶ **应用案例预览**

在应用案例中，你将学习使用示波器测量调幅（AM）接收机中的电压信号。

▶ **引言**

在前面的章节中，学习了电阻电路，其中电压和电流都是直流量。本章将导论性地介绍交流电路，其中电压和电流都是随时间而变化的电信号，重点介绍随时间按正弦波变化的交流电路。所谓电信号，是指随时间以某种方式而变化的电压或电流。

交流电压是以一定速率改变极性的电压，而交流电流是以一定速率改变流向的电流。正弦波形（简称正弦波）是最常见和最基本的交流信号，其他所有类型的周期性波形都可以分解为不同频率正弦波的组合。本章还将讨论用相量表示正弦波的方法。

由于正弦波在交流电路分析中的重要性，因此对它重点加以研究。为联系实际，将介绍产生正弦波的交流发电机以及靠正弦交流电工作的交流电动机。除了正弦波以外，还介绍其他类型的非正弦周期波形，包括脉冲波、三角波和锯齿波等。为提高实验技能，介绍示波器在波形显示和测量中的应用。

11.1 正弦波形

正弦波形（正弦波）基于数学中的正弦三角函数，但在电气工程中被定义为交流电流（ac）或交流电压，也称为正弦曲线。电力公司提供的电源是正弦电压和正弦电流。此外，其他类型的非正弦**周期性**波形可以分解为许多不同频率的正弦波的组合，它们的频率是整数倍关系。本节我们将重点介绍正弦波。

学完本节内容后，你应该能够识别正弦波形并度量其特性，具体就是：

- 确定周期。
- 计算频率。
- 将周期和频率联系起来。
- 描述两种电子信号发生器。

有两种方式产生正弦电压：旋转电机（交流发电机）和电子振荡电路。电子振荡电路制作成仪器后通常被称为电子信号发生器，或称为函数发生器。任何正弦电压源的电路符号均用

图 11-1 来表示。11.7 节介绍交流发电机,本章末介绍电子信号发生器和函数发生器。

图 11-2 为**正弦波**的一般形状,可以代表交流电流或交流电压。纵轴显示电压(或电流),横轴显示时间(t),注意观察电压(或电流)如何随时间变化。从零开始,电压(或电流)增加到正的最大值(峰值),再返回到零。然后反向增加到负的最大值(峰值),再次返回到零,从而完成一个完整的循环。完整的波形由两个符号不变的部分组成,正值部分和负值部分。

图 11-1 正弦电压源的电路符号   图 11-2 正弦波在一个周期内的波形

11.1.1 正弦波的极性

如上所述,正弦波在零值处改变极性,也就是说,它在正值和负值之间交替。如图 11-3a 所示,当正弦电压源(V_s)作用在电阻上时,就会产生交流正弦电流。当电压极性改变时,如图 11-3b 所示,电流方向也随之改变。

在电压 V_s 为正的期间,电流沿图 11-3a 所示的方向流动;在电压为负的期间,电流方向相反,如图 11-3b 所示。正、负交替组合,构成正弦波的一个周期。

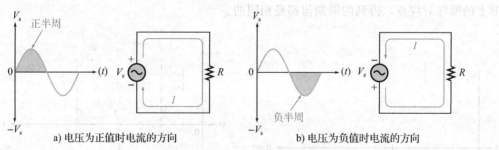

a) 电压为正值时电流的方向   b) 电压为负值时电流的方向

图 11-3 交流电流和电压

11.1.2 正弦波的周期

> 正弦波完成一个完整循环所需的时间称为周期(T)。

图 11-4a 表示正弦波的一个周期。图 11-4b 表示以相同的周期不断重复的正弦波。因为正弦波在所有周期内波形都是相同的,所以它的周期是固定值。正弦波的周期指从一个循环的任意点到下一个循环相应点的时间间隔。

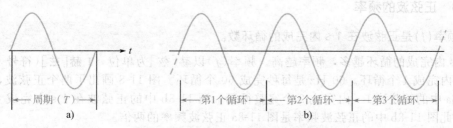

图 11-4 每个循环正弦波的周期相同

例 11-1 图 11-5 中正弦波的周期是多少?

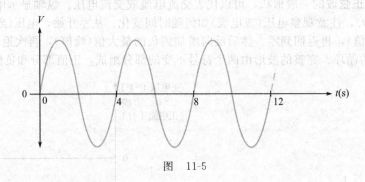

图　11-5

解 在图 11-5 中,完成每个循环需要 4 s,所以周期是 4 s,记作:
$$T = 4 \text{ s}$$

同步练习 如果正弦波在 12 s 内经过了 5 个循环,那么周期是多少?

例 11-2 用图 11-6 说明度量正弦波周期的 3 种可能方法,图中波形包含多少个循环?

解 正弦波的周期可以用下面的 3 种方法来度量。

方法 1: 从一个过零点到下一个循环相应的过零点(过零点的斜率必须相同)。

方法 2: 从一个循环的正峰值到下一个循环的正峰值。

方法 3: 从一个循环的负峰值到下一个循环的负峰值。

上述度量方法如图 11-7 所示,图中画出了**正弦波的两个循环**。请记住,无论使用波形上的哪些对应点,得到的周期值都是相同的。

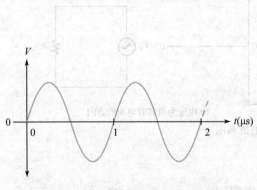

图　11-6

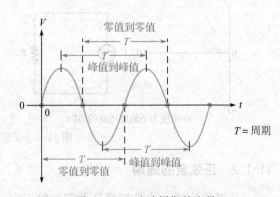

图 11-7　正弦波周期的度量

同步练习 如果一个正峰值出现在 1 ms,下一个正峰值出现在 2.5 ms,那么周期是多少?

11.1.3　正弦波的频率

> 频率(f)是正弦波在 1 s 内完成的循环数。

1 s 内完成的循环越多,频率越高。频率(f)以赫[兹]为单位,**1 赫[兹]**(符号 Hz)等于每秒内完成 1 个循环。60 Hz 是每秒完成 60 个循环。图 11-8 画出了两个正弦波,其中图 11-8a 中的正弦波 1 s 内完成 2 个完整循环;图 11-8b 中的正弦波在 1 s 内完成 4 个循环。因此图 11-8b 中的正弦波频率是图 11-8a 正弦波频率的两倍。

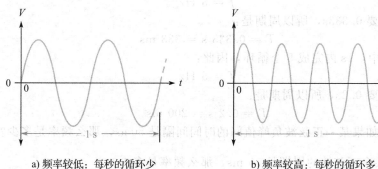
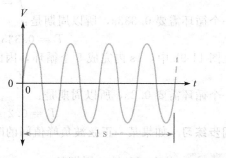

a) 频率较低：每秒的循环少   b) 频率较高：每秒的循环多

图 11-8 频率示意图

人物小贴士

海因里希·鲁道夫·赫兹 (Heinrich Rudolf Hertz，1857—1894) 德国物理学家，第一个发送和接收电磁(无线电)波的人。他在实验室里证实了电磁波并测量了其参数，还证明了电磁波的反射和折射性质与光的反射和折射性质相同。频率的单位是以他的名字命名的，即赫[兹](符号为 Hz)。赫[兹]在 1960 年取代旧的单位每秒循环数(cps)，但旧单位对频率的含义更具说明性。(图片来源：德国博物馆，由 AIP Emilio Segrè Visual Archives 提供。)

11.1.4 频率与周期的关系

频率(f)与周期(T)的关系公式如下：

$$f = \frac{1}{T} \tag{11-1}$$

$$T = \frac{1}{f} \tag{11-2}$$

f 和 T 互为倒数，知道其中一个就可以用计算器上的 x^{-1} 或 $1/x$ 键计算出另一个。这种倒数关系是有意义的，这是因为周期较长的正弦波在 1 s 内的循环次数比周期较短的少。

例 11-3 图 11-9 中哪个正弦波的频率更高？确定两种波形的频率和周期。

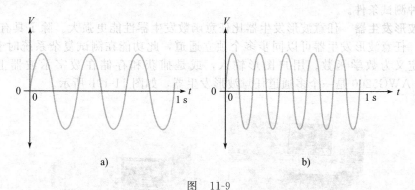

a)   b)

图   11-9

解 因为图 11-9b 中的正弦波在 1 s 内完成的循环次数比图 11-9a 中的多，所以图 11-9b 中的正弦波频率更高。

在图 11-9a 中，1s 内完成 3 个循环，因此：

$$f = 3 \text{ Hz}$$

一个循环需要 0.333s，所以周期是：

$$T = 0.333 \text{ s} = 333 \text{ ms}$$

在图 11-9b 中，1s 内完成 5 个循环，因此：

$$f = 5 \text{ Hz}$$

一个循环需要 0.2s，所以周期是：

$$T = 0.2 \text{ s} = 200 \text{ ms}$$

同步练习 如果某一正弦波负峰值间的时间间隔是 50 μs，那么频率是多少？

例 11-4 某个正弦波的周期是 10 ms，那么频率是多少？

解 利用式(11-1)，频率为：

$$f = \frac{1}{T} = \frac{1}{10 \text{ ms}} = \frac{1}{10 \times 10^{-3} \text{ s}} = 100 \text{ Hz}$$

同步练习 某一正弦波在 20 ms 内经过了 4 个循环，那么频率是多少？

例 11-5 正弦波的频率是 60 Hz，那么周期是多少？

解 利用式(11-2)，周期为：

$$T = \frac{1}{f} = \frac{1}{60 \text{ Hz}} = 16.7 \text{ ms}$$

同步练习 如果 $T = 15$ μs，那么 f 是多少？

11.1.5 电子信号发生器

电子信号发生器是产生正弦波的一种电子仪器，用于测试或控制电子电路和系统。所有信号发生器基本上都由**振荡器**组成，振荡器是一个产生重复波形的电子电路。有各种各样的信号发生器，从在有限频率范围内产生一种波形的专用信号发生器，到产生频率范围广和波形种类多的可编程信号发生器。所有的信号发生器都可以调整振幅和频率。

函数发生器和任意函数发生器 函数发生器是产生多种波形的信号发生器。传统的函数发生器通常可以产生正弦波、方波和三角波以及脉冲波。与传统函数发生器相比，任意函数发生器能产生更多种波形，并具有附加功能，包括多个输出通道和多种输出模式（如重复、突发或模拟某些常见信号的功能）。Tektronix AFG1022 任意函数发生器如图 11-10a 所示。它具有双通道输出，50 种内置波形，频率范围宽。这样的发生器允许用户模拟多种测试条件。

任意波形发生器 任意波形发生器比任意函数发生器性能更强大。除了具有所有标准波形输出，任意波形发生器可以同步多个独立通道，此功能在测试复杂系统时非常有用。输出可以定义为数学函数、用户图形输入，或是捕获和存储在数字示波器上的波形。Tektronix AWG5200 是一个多通道任意波形发生器，如图 11-10b 所示。

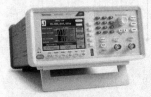

a) 任意函数发生器　　　　　　　　b) 任意波形发生器

图 11-10　典型的电子信号发生器(Tektronix, Inc. 版权所有，经许可转载)

学习效果检测

1. 描述正弦波的一个循环。
2. 正弦波在什么时候改变极性？
3. 正弦波在一个循环内有多少个最高点？
4. 如何度量正弦波的周期？
5. 定义**频率**，并说明其单位。
6. 当 $T=5\ \mu s$ 时确定 f。
7. 当 $f=120\ Hz$ 时，确定 T。
8. 任意函数发生器和任意波形发生器的区别是什么？

11.2　正弦电压和电流

表示正弦波大小的量值有 5 种：瞬时值、峰值、峰峰值、有效值和平均值。

学完本节内容后，你应该能够确定正弦电压和电流的各种量值，具体就是：

* 计算任意时刻的瞬时值。
* 计算峰值。
* 计算峰峰值。
* 计算有效值或方均根值（rms）。
* 解释为什么在一个完整的循环内平均值总是零。
* 求半个周期的平均值。

11.2.1　瞬时值

图 11-11 说明在任意时刻，正弦波电压（或电流）都有一个确定值，称其为**瞬时值**。沿着曲线，在不同点瞬时值是不同的。在正周期内，瞬时值为正数；在负周期内，瞬时值为负数。电压和电流的瞬时值分别用小写字母 v 和 i 表示。图 11-11a 曲线只显示电压，但是当 v 被 i 代替时，同样适用于电流。图 11-11b 给出了瞬时值的一个例子，在 $t=1\ \mu s$ 时，瞬时电压为 3.1 V，在 $t=2.5\ \mu s$ 时为 7.07 V，在 $t=5\ \mu s$ 时为 10 V，在 $t=10\ \mu s$ 时为 0 V，在 $t=11\ \mu s$ 时为 -3.1 V，以此类推。

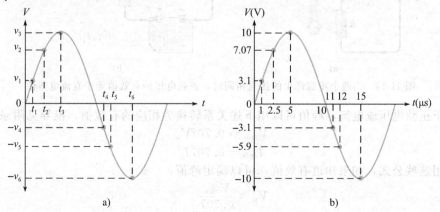

图 11-11　瞬时值

11.2.2　峰值

正弦波的**峰值**是电压（或电流）相对于零的正或负的最大值。因为正、负峰值幅值相等，所以可以用单峰值表示正弦波，如图 11-12 所示。对于给定的正弦波，峰值为常数，用 V_p 或 I_p 表示，也称为**振幅**。振幅可以从正弦波的平均值（本例为 0 V）开始来度量。

11.2.3 峰峰值

图 11-13 表示了正弦波的**峰峰值**，它是从正峰到负峰的电压或电流值。它是峰值的两倍，如下式所示，峰峰值电压或电流值用 V_{pp} 或 I_{pp} 表示。

$$V_{pp} = 2V_p \qquad (11-3)$$
$$I_{pp} = 2I_p \qquad (11-4)$$

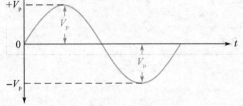

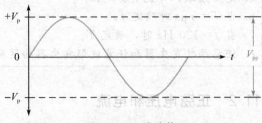

图 11-12 峰值　　　　　　　　　图 11-13 峰峰值

11.2.4 有效值

rms 表示方均根值，也就是有效值。大多数交流电压表显示电压的有效值，墙上插座的 120 V 指的也是有效值。**有效值**实际上是对正弦波热效应的一种度量。例如，在图 11-14a 中，当正弦交流电压源连接到电阻上时，电阻消耗的功率会产生一定的热量。图 11-14b 表示当同一电阻接入直流电压源时，调整直流电压源的大小可以使电阻产生的热量与连接到交流电源时产生的热量相同。

> 正弦电压的有效值等于在同一时间内，使电阻产生的热量与正弦电压产生的热量相同的直流电压值。

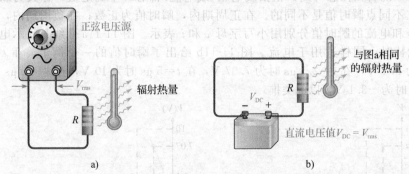

a)　　　　　　　　　　　　　　b)

图 11-14 当两个步骤产生的热量相同时，正弦电压的有效值等于直流电压值

对于正弦电压或电流，峰值可以用下述关系转换为相应的有效值，推导见附录 B。

$$V_{rms} = 0.707V_p \qquad (11-5)$$
$$I_{rms} = 0.707I_p \qquad (11-6)$$

利用这些公式，如果知道有效值，可以确定峰值。

$$V_p = \frac{V_{rms}}{0.707}$$

$$V_p = 1.414V_{rms} \qquad (11-7)$$

类似地：

$$I_p = 1.414I_{rms} \qquad (11-8)$$

为了获得峰峰值，只需将峰值加倍即可。

$$V_{pp} = 2.828V_{rms} \qquad (11-9)$$
$$I_{pp} = 2.828I_{rms} \qquad (11-10)$$

11.2.5 平均值

正弦波在一个周期内的平均值总是零，这是因为正半周和负半周与时间轴围成的面积的绝对值相等，总面积为零。

正弦波的平均值是在半个周期内而不是在整个周期内定义的，这对于某些场合(例如测量电源中电压的类型)是有用的。**平均值**指半个周期曲线下的总面积除以曲线沿横轴的弧度数，用正弦波电压和电流的峰值表示如下，推导结果见附录 B。

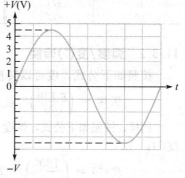

$$V_{avg} = \left(\frac{2}{\pi}\right)V_p$$

$$V_{avg} = 0.637V_p \qquad (11\text{-}11)$$

$$I_{avg} = \left(\frac{2}{\pi}\right)I_p$$

$$I_{avg} = 0.637I_p \qquad (11\text{-}12)$$

例 11-6 确定图 11-15 中正弦波的 V_p、V_{pp}、V_{rms} 和半个周期的 V_{avg}。

解 直接从图中读取 $V_p = 4.5$ V，由此计算其他值。

$V_{pp} = 2V_p = 2 \times 4.5$ V $= 9$ V

$V_{rms} = 0.707V_p = 0.707 \times 4.5$ V $= 3.18$ V

$V_{avg} = 0.637V_p = 0.637 \times 4.5$ V $= 2.86$ V

图 11-15

同步练习 如果 $V_p = 25$ V，确定正弦电压的 V_{pp}、V_{rms} 和 V_{avg}。

学习效果检测

1. 计算以下每种情况下的 V_{pp}：
   (a)$V_p = 1$ V　　　　(b)$V_{rms} = 1.414$ V　　　　(c)$V_{avg} = 3$ V
2. 计算以下每种情况下的 V_{rms}：
   (a)$V_p = 2.5$ V　　　　(b)$V_{pp} = 10$ V　　　　(c)$V_{avg} = 1.5$ V
3. 计算以下每种情况下半个周期的 V_{avg}：
   (a)$V_p = 10$ V　　　　(b)$V_{rms} = 2.3$ V　　　　(c)$V_{pp} = 60$ V

11.3 正弦波相位角的度量

如你所见，正弦波可以沿着横轴按时间来度量；然而因为完成一个周期或一个周期内任何部分的时间取决于频率，所以经常用相位角来确定正弦波上的某一点，该相位角可以以度或弧度为单位来表示。

学完本节内容后，你应该能够描述正弦波的相位角关系，具体包括：

- 说明如何用角度来度量正弦波。
- 定义弧度。
- 将弧度转换成度。
- 确定正弦波的相位角。

正弦电压可以由交流发电机产生。交流发电机中转子的旋转与输出的正弦电压之间存在直接关系，转子的位置角与正弦波的相位角关系密切。

11.3.1 角度的度量

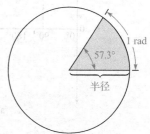

度是角度的一种度量单位，用"°"表示。1°等于一个圆或一圈的 1/360。**弧度**(rad)是沿圆周的角度度量单位，1 rad 是指弧长等于圆的半径时，该弧长对应的圆心角，1 rad 约等于 57.3°，如图 11-16 所示。

图 11-16　角度度量中弧度(rad)与度(°)的关系

> 希腊字母 π(pi)表示任意圆的周长与直径之比，其值约为 3.1416。

因为科学计算器中有一个直接输入 π 值的按键，所以不需要输入 π 的各位数字。

表 11-1 列出了几个度和相应的弧度值，这些角度度量如图 11-17 所示。

表 11-1

度(°)	弧度(rad)	度(°)	弧度(rad)	度(°)	弧度(rad)
0	0	135	$3\pi/4$	270	$3\pi/2$
45	$\pi/4$	180	π	315	$7\pi/4$
90	$\pi/2$	225	$5\pi/4$	360	2π

11.3.2 弧度/度(°)转换

按照如下公式，度可以转换成弧度：

$$弧度 = \left(\frac{\pi\ rad}{180°}\right) \times 度(°) \quad (11\text{-}13)$$

同样，按照如下公式，弧度也可以转换成度(°)：

$$度(°) = \left(\frac{180°}{\pi\ rad}\right) \times 弧度 \quad (11\text{-}14)$$

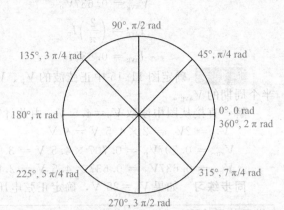

图 11-17 角度度量从 0°开始，逆时针方向进行

例 11-7

(a)将 60°转换为弧度。

(b)将 π/6 rad 转换为度(°)。

解

(a)弧度数 $= \left(\frac{\pi\ rad}{180°}\right) \times 60° = \frac{\pi}{3}rad$

(b)角度数 $= \left(\frac{180°}{\pi\ rad}\right) \times \left(\frac{\pi}{6}rad\right) = 30°$

同步练习

(a)将 15°转换为弧度。

(b)将 5π/8 rad 转换为度(°)。

11.3.3 正弦波的角度

正弦波的相位角以 360°或 2π rad 作为一个周期；半个周期为 180°或 π rad；四分之一周期为 90°或 π/2 rad，等等。图 11-18a 是以度(°)表示的正弦波的一个周期；图 11-18b 是以弧度表示的对应点。

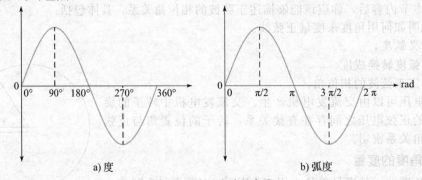

a) 度   b) 弧度

图 11-18 正弦波的角度

11.3.4 正弦波的相位角

正弦波的**相位**是用相位角度来度量的，用来确定正弦波上的某点相对于指定参考点在

角度方面的位置。图 11-19 显示的是作为参考正弦波在一个周期内的波形，注意横轴的第一个正向交点（过零）在 0°（0 rad）处，正峰值在 90°（π/2 rad）处；负向过零交点在 180°（π rad）处，负峰值在 270°（3 π/2 rad）处，在 360°（2 π rad）完成一个循环。当正弦波相对于这个参考波形向左或向右移动时，就会发生相移或称相位差⊖。

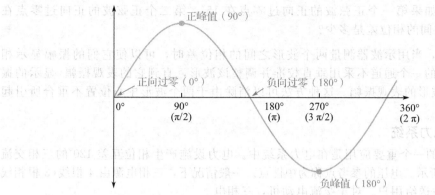

图 11-19　参考正弦波

图 11-20 说明了正弦波的相移。在图 11-20a 中，正弦波 B 相对于正弦波 A 向右移动 90°（π/2 rad），因此正弦波 A 与正弦波 B 的相位差为 90°。就时间而言，因为沿水平轴向右时间增加，正弦波 B 正峰值出现的时间比正弦波 A 正峰值出现的时间晚，所以正弦波 B **滞后**正弦波 A 90°或 π/2 rad。换句话，正弦波 A 超前正弦波 B 90°。

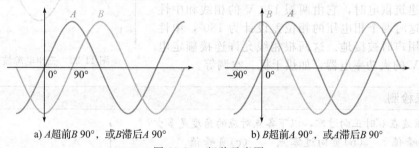

a) A 超前 B 90°，或 B 滞后 A 90°　　　　b) B 超前 A 90°，或 A 滞后 B 90°

图 11-20　相移示意图

在图 11-20b 中，正弦波 B 相对于正弦波 A 向左移动了 90°。因此正弦波 A 与正弦波 B 之间存在 90°的相位差，此时正弦波 B 正峰值出现的时间早于正弦波 A，因此正弦波 B **超前**正弦波 A 90°。

例 11-8　图 11-21a 和 b 中两个正弦波的相位差是多少？

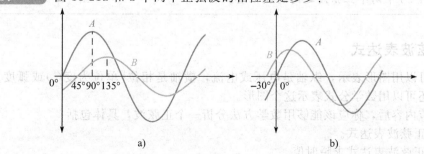

a)　　　　　　　　　　　　　b)

图　11-21

⊖　相对我国教材，本书"相位角"一词含义多样，包括初相位、相位差，甚至阻抗角等各种相对角度，需根据上下文来理解。——译者注

解 在图 11-21a 中，正弦波 A 在 0°时正向过零，正弦波 B 在 45°时正向过零，因此两个波形之间相位差是 45°，并且正弦波 B 滞后正弦波 A。

在图 11-21b 中，正弦波 B 在 −30°时正向过零，正弦波 A 在 0°时正向过零，因此两个波形之间相位差是 30°，并且正弦波 B 超前正弦波 A。

同步练习 如果第一个正弦波的正向过零点在 15°，第二个正弦波的正向过零点在 23°，那么它们之间的相位差是多少？

实际应用中，当用示波器测量两个波形之间的相位差时，可以使它们的振幅显示相同，即将示波器的一个通道不采用垂直校准并调整该波形，直到它的表观振幅（显示的振幅）等于另一个波形的表观振幅。这种方法可以消除由于两个波形中心位置不重合所引起的测量误差。

11.3.5 多相电力系统

正弦波相移的一个重要应用是在电力系统中。电力设施产生相位互差 120°的三相交流电，如图 11-22 所示。电压的参考点称为中性点。一般情况下，三相电源由 4 根线（3 根相线和 1 根中性线）输送给用户。对于交流电动机，三相电源具有重要优点。三相电动机比等容量的单相电动机效率更高、结构更简单。电动机将在 11.8 节进一步讨论。

三相系统可以被电力公司分成 3 个独立的单相系统。如果只提供三相中的一相以及中性线，输出就是标准的 120 V 电压，即单相电源。单相电源为住宅和小型商业建筑供电时，它由两根 120 V 的相线和中性线组成，这时两个相电压的相位差设计为 180°，中性线在进入用户时被接地。这两根相线允许连接额定电压为 240 V 的大功率电器，如烘干机、空调等。

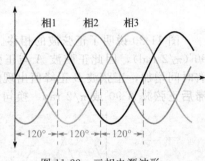

图 11-22 三相电源波形

学习效果检测

1. 当正弦波在 0°时正向过零，以下各点对应的角度是多少？
   (a)正峰值   (b)负向过零点   (c)负峰值
   (d)第 1 个周期结束

2. 在＿＿＿＿度(°)或者＿＿＿＿弧度时，完成半个循环周期。

3. 在＿＿＿＿度(°)或者＿＿＿＿弧度时，完成一个完整的循环周期。

4. 确定图 11-23 中两个正弦波之间的相位差。

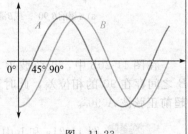

图 11-23

11.4 正弦波表达式

正弦波可以用图形表示，纵轴是电压或电流，横轴是相位[单位为度(°)或弧度]。你将会看到，还可以用数学公式表示这个图形。

学完本节内容后，你应该能够用数学方法分析一个正弦波，具体包括：

- 写出正弦波表达式。
- 利用正弦波表达式求瞬时值。

正弦波在一个周期内的一般图形如图 11-24 所示。正弦波振幅（A）是纵轴上电压或电流的最大值；相位角是沿着横轴的数值。设变量 y 是一个瞬时值，表示给定相位角 θ 下的电压或电流，符号 θ 是希腊字母。

所有正弦波都遵循一个特定的数学表达式，图 11-24 中的正弦波曲线的一般表达式为：

$$y = A \sin \theta \tag{11-15}$$

这个表达式说明正弦波上的任意点可由瞬时值（y）表示，等于最大值 A 乘以该点相位角 θ 的正弦值（sin）。例如，某一正弦电压的峰值为 10 V，可以计算横轴上 60°处的瞬时电压，令 $y=v$、$A=V_p$，得

$$v = V_p \sin \theta = 10 \text{ V} \times \sin 60° = 10 \text{ V} \times 0.866 = 8.66 \text{ V}$$

图 11-25 显示了曲线的瞬时值。可以在大多数计算器上计算出任何角度的正弦函数值，首先输入角度值，然后按下 SIN 键。注意，必须确认计算器的角度单位设置的是度（°）还是弧度。

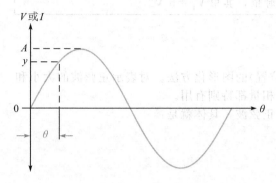

图 11-24　正弦波的一个周期，包括振幅和相位　　　　图 11-25　正弦波电压在 $\theta=60°$时的瞬时值

存在相移时正弦波的表达式

当正弦波向参考点的右侧（滞后）移动某一相位角 ϕ 时，波形如图 11-26a 所示，一般表达式为：

$$y = A \sin(\theta - \phi) \tag{11-16}$$

其中，y 为电压或电流瞬时值；A 为峰值（振幅）。当正弦波向参考点左侧（超前）移动某一相位角 ϕ 时，波形如图 11-26b 所示，一般表达式为：

$$y = A \sin(\theta + \phi) \tag{11-17}$$

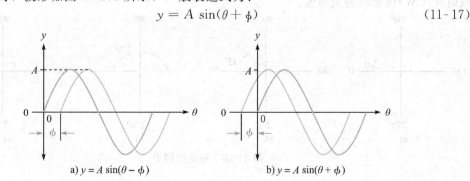

a) $y = A \sin(\theta - \phi)$　　　　　b) $y = A \sin(\theta + \phi)$

图 11-26　存在相移的正弦波

例 11-9　确定图 11-27 中每个电压波形在横轴上离参考点 90°处的瞬时值。

解　以正弦波 A 为参考，正弦波 B 相对于 A 向左移动了 20°，所以 B 超前 A。正弦波 C 相对于 A 向右移动了 45°，所以 C 滞后 A。

$$v_A = V_p \sin \theta$$
$$= 10 \text{ V} \times \sin 90° = 10 \text{ V} \times 1 = 10 \text{ V}$$

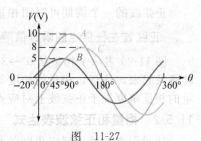

图 11-27

$$v_B = V_p \sin(\theta + \phi_B)$$
$$= 5\text{ V} \times \sin(90° + 20°) = 5\text{ V} \times \sin 110° = 5\text{ V} \times 0.9397 = 4.70\text{ V}$$
$$v_C = V_p \sin(\theta - \phi_C)$$
$$= 8\text{ V} \times \sin(90° - 45°) = 8\text{ V} \times \sin 45° = 8\text{ V} \times 0.7071 = 5.66\text{ V}$$

同步练习　正弦电压的峰值为 20 V，在它正向过零后的 65°时瞬时值是多少？

学习效果检测

1. 如图 11-25 所示，计算正弦电压在 120°时的瞬时值。
2. 确定超前参考点 10°的正弦电压在 45°时的瞬时值，其中 $V_p = 10$ V。
3. 求超前参考点 25°的正弦电压在 90°时的瞬时值，其中 $V_p = 5$ V。

11.5　相量概述

相量提供了一种同时表示大小和方向（角位置）的图形化方法。对表示正弦波的大小和相位角，以及后面几章讨论的电抗电路分析，相量都特别有用。

学完本节内容后，你应该能够用相量表示正弦波，具体就是：

- 定义相量。
- 解释相量与正弦波表达式的关系。
- 画出相量图。
- 讨论角速度。

你可能已经熟悉矢量。在数学和自然科学中，矢量是具有大小和方向的量，例如力、速度和加速度。描述矢量最简单的方法是给一个量指定大小和角度（方向）。

在电气电子技术中，**相量**是旋转矢量。相量的例子如图 11-28 所示。相量的"箭头"长度表示量的大小，角度 θ（相对于 0°）表示相量的方位，图 11-28a 为正角度。图 11-28b 中的相量大小为 2，角度为 45°；图 11-28c 中相量大小为 3，角度为 180°；图 11-28d 中相量大小为 1，角度为 −45°（或 +315°）。注意，从参考点（0°）逆时针（CCW）度量时为正角度，顺时针（CW）度量时为负角度。

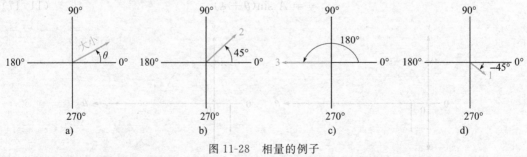

图 11-28　相量的例子

11.5.1　正弦波的相量表示

正弦波的一个周期可以用相量旋转 360° 来表示。

> 正弦波在任意点的瞬时值等于相量顶端到横轴的垂直距离。

图 11-29 表示了相量从 0°～360°如何描绘正弦波。可以将这个概念与交流发电机的旋转联系起来。注意，相量的长度等于正弦波的峰值（查看 90° 和 270° 时的点），从 0° 开始测量的相量角度等于正弦波上对应点的相角。

11.5.2　相量和正弦波表达式

让我们查看某一特定角度的相量。图 11-30 显示在 45°位置时的电压相量，及其在正

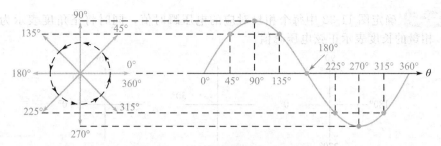

图 11-29　用相量的旋转表示正弦波

弦波上的对应点。在此点正弦波的瞬时值与相量的位置和长度有关。如前所述，相量顶端到横轴的垂直距离表示该点正弦波的瞬时值。

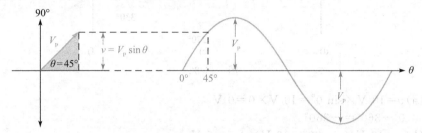

图 11-30　正弦波表达式的直角三角形推导

　　注意，当从相量顶端向下画一条垂直到横轴的直线时，形成一个直角三角形，如图 11-30 所示。相量的长度是三角形的斜边，垂线是对边。根据三角函数可知，

> 直角三角形的对边等于斜边乘以角度 θ 的正弦值。

　　相量的长度是正弦电压的峰值 V_p，因此三角形的对边（即瞬时值）可以表示为：

$$v = V_p \sin \theta$$

　　回顾一下，这个公式是前面提到的计算正弦电压瞬时值的公式。类似公式也适用于正弦电流。

$$i = I_p \sin \theta$$

11.5.3　正角度和负角度

　　相量在任何时刻的位置可以用正角度表示，也可以用等价的负角度表示。正角度从 0° 开始按逆时针方向度量；负角度从 0° 开始按顺时针方向度量。对于某一正角度 θ，对应的负角度为 $\theta-360°$，如图 11-31a 所示。图 11-31b 给出了一个具体例子，此种情况下相量的角度可以表示为 +225° 或 -135°。

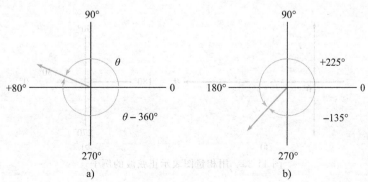

图 11-31　正角度和负角度

例 11-10 确定图 11-32 中每个相量对应的电压瞬时值，同时将正角度表示为等价的负角度，相量的长度表示正弦电压峰值。

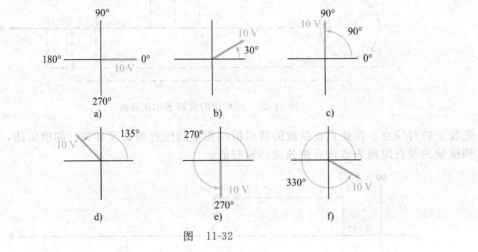

图 11-32

解 (a)$v=10\text{ V}\times\sin 0°=10\text{ V}\times 0=0\text{ V}$
$$0°-360°=-360°$$

(b)$v=10\text{ V}\times\sin 30°=10\text{ V}\times 0.5=5\text{ V}$
$$30°-360°=-330°$$

(c)$v=10\text{ V}\times\sin 90°=10\text{ V}\times 1=10\text{ V}$
$$90°-360°=-270°$$

(d)$v=10\text{ V}\times\sin 135°=10\text{ V}\times 0.707=7.07\text{ V}$
$$135°-360°=-225°$$

(e)$v=10\text{ V}\times\sin 270°=10\text{ V}\times(-1)=-10\text{ V}$
$$270°-360°=-90°$$

(f)$v=10\text{ V}\times\sin 330°=10\text{ V}\times(-0.5)=-5\text{ V}$
$$330°-360°=-30°$$

同步练习 如果一个相量在 45°位置，长度为 15 V，则对应的正弦波瞬时值是多少？ ◼

11.5.4 相量图

相量图可以用来表示两个或多个频率相同的正弦波之间的相对关系。由于两个或多个相同频率的正弦波之间或正弦波与参考正弦波之间的相位差始终保持不变，因此可以用固定位置的相量来表示完整的正弦波。例如，图 11-33a 中的两个正弦波可以用图 11-33b 所示的相量图来表示。从中可以看到，正弦波 B 超前正弦波 A 30°。从它们的长度可以看出，正弦波 B 的振幅小于正弦波 A。

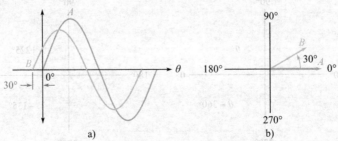

图 11-33 用相量图表示正弦波的例子

例 11-11 用相量图表示图 11-34 中的正弦波。

解 用相量图表示正弦波，结果如图 11-35 所示。每个相量的长度代表正弦波的峰值。

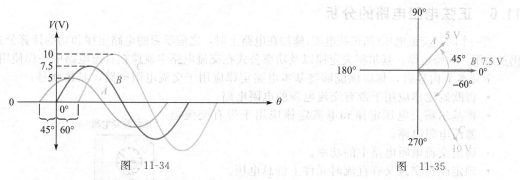

图 11-34

图 11-35

同步练习 画一相量图用来表示正弦波，其峰值为 5 V，且比图 11-34 中的正弦波 C 滞后 25°。

11.5.5 相量的旋转角速度

如前所述，当相量旋转 360° 或 2π rad 时，就可以画出正弦波的一个周期。旋转越快，所画的正弦波的变化速度也就越快。因此周期和频率与相量的旋转速度有关，旋转速度被称为**角速度**，用希腊 ω 来表示。

当相量旋转 2π rad 时，一个完整的周期就描绘出来了。因此相量经过 2π rad 所需要的时间就是正弦波的周期。由于相量旋转 2π rad 的时间等于周期 T，因此旋转的角速度可以表示为：

$$\omega = \frac{2\pi}{T}$$

因为 $f = 1/T$，所以又得：

$$\omega = 2\pi f \tag{11-18}$$

当相量以角速度 ω 旋转时，相量在任何时刻的角度便是 ωt，因此可以用如下关系表示相量的角度：

$$\theta = \omega t \tag{11-19}$$

用 $2\pi f$ 代替 ω 得到 $\theta = 2\pi f t$。根据角度与时间的关系，正弦电压瞬时值 $v = V_p \sin \theta$ 的公式便可以写为：

$$v = V_p \sin 2\pi f t \tag{11-20}$$

如果知道频率和峰值，便可以计算正弦曲线上任意时刻的瞬时值。$2\pi f t$ 的单位是弧度，所以你的计算器必须具有弧度模式。

例 11-12 当 $V_p = 10$ V、$f = 50$ kHz 时，在正向过零点后 3 μs 处的正弦电压值是多少？

解
$$v = V_p \sin 2\pi f t$$
$$= 10 \text{ V} \times \sin[2\pi \times (50 \text{ kHz}) \times (3 \times 10^{-6} \text{ s})] = 8.09 \text{ V}$$

同步练习 当 $V_p = 50$ V、$f = 10$ kHz 时，正向过零后 12 μs 处的正弦电压值是多少？

学习效果检测

1. 什么是相量？
2. 频率为 1500 Hz 的正弦波，相量旋转的角速度是多少？
3. 某相量的旋转角速度为 628 rad/s，对应的频率是多少？
4. 画一相量图表示图 11-36 中的两个正弦波，相量的长度为正弦波的峰值。

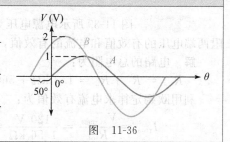

图 11-36

11.6 正弦电阻电路的分析

当一个时变交流电压(如正弦电压)施加在电路上时,之前学习的电路定律和功率计算公式仍然适用。欧姆定律、基尔霍夫定律以及功率公式在交流电路中就像在直流电路中一样使用。

学完本节内容后,你应该能够将基本电路定律应用于交流电阻电路,具体就是:

- 将欧姆定律应用于带有交流电源的电阻电路。
- 将基尔霍夫电压定律和电流定律应用于带有交流电源的电阻电路。
- 确定交流电阻电路中的功率。
- 确定既有交流又有直流时元件上的总电压。

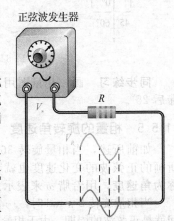

正弦波发生器

电路如图 11-37 所示,如果在电阻两端施加正弦电压,就会产生正弦电流。电压为零则电流也为零,电压最大则电流也最大。当电压极性改变时电流反向,因此电压和电流是同步变化的。

当在交流电路中使用欧姆定律时,记住电压和电流的量值表示必须一致,也就是说都是峰值,或者都是有效值,或者都是平均值,等等。基尔霍夫电压定律和电流定律不仅适用于直流电路,也适用于交流电路。图 11-38 说明电阻电路中有正弦电压源的基尔霍夫电压定律。电源电压是所有电阻电压的和,与在直流电路中一样。

图 11-37 正弦电压产生正弦电流

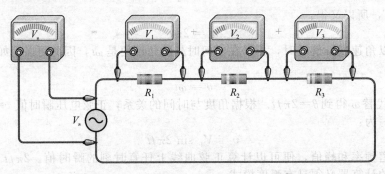

图 11-38 交流电路中基尔霍夫电压定律示例

交流电阻电路的功率与直流电路中的相同,但必须使用电流和电压的有效值。回顾一下,正弦电压的有效值与相同数值的直流电压热效应相同。交流电阻电路的功率公式表述如下:

$$P = V_{rms} I_{rms}$$

$$P = \frac{V_{rms}^2}{R}$$

$$P = I_{rms}^2 R$$

例 11-13 图 11-39 所示电源电压为有效值,确定每个电阻两端电压的有效值和电流的有效值,并计算总功率。

解 电路的总电阻为:

$$R_{tot} = R_1 + R_2 = 1.0 \text{ k}\Omega + 560 \text{ }\Omega = 1.56 \text{ k}\Omega$$

利用欧姆定律求电流有效值为:

$$I_{rms} = \frac{V_{s(rms)}}{R_{tot}} = \frac{120 \text{ V}}{1.56 \text{ k}\Omega} = 76.9 \text{ mA}$$

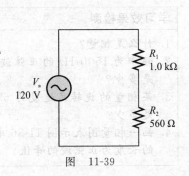

图 11-39

每个电阻两端电压的有效值为：

$$V_{1(\text{rms})} = I_{\text{rms}}R_1 = 76.9 \text{ mA} \times 1.0 \text{ k}\Omega = 76.9 \text{ V}$$

$$V_{2(\text{rms})} = I_{\text{rms}}R_2 = 76.9 \text{ mA} \times 560 \text{ }\Omega = 43.1 \text{ V}$$

总功率为：

$$P_{\text{tot}} = I_{\text{rms}}^2 R_{\text{tot}} = (76.9 \text{ mA})^2 \times 1.56 \text{ k}\Omega = 9.23 \text{ W}$$

同步练习　设电压源峰值为 10 V，重复回答上述例子中的问题。

Multisim 仿真

使用 Multisim 文件 E11-13A 和 E11-13B 校验本例的计算结果，并核实你对同步练习的计算结果。

例 11-14　图 11-40 中的所有电压和电流值都是有效值。

(a)求图 11-40a 中未知电压的峰值。

(b)求图 11-40b 中总电流的有效值。

(c)如果 $V_{\text{rms}} = 24$ V，求图 11-40b 中的总功率。

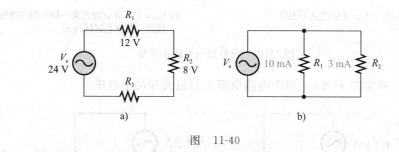

图　11-40

解　(a)利用基尔霍夫电压定律求 V_3。

$$V_S = V_1 + V_2 + V_3$$

$$V_{3(\text{rms})} = V_{S(\text{rms})} - V_{1(\text{rms})} - V_{2(\text{rms})} = 24 \text{ V} - 12 \text{ V} - 8 \text{ V} = 4 \text{ V}$$

将有效值转为峰值：

$$V_{3(\text{p})} = 1.414 V_{3(\text{rms})} = 1.414 \times 4 \text{ V} = 5.66 \text{ V}$$

(b)利用基尔霍夫电流定律求 I_{tot}。

$$I_{\text{tot(rms)}} = I_{1(\text{rms})} + I_{2(\text{rms})} = 10 \text{ mA} + 3 \text{ mA} = 13 \text{ mA}$$

(c)$P_{\text{tot}} = V_{\text{rms}} I_{\text{rms}} = 24 \text{ V} \times 13 \text{ mA} = 312 \text{ mW}$

同步练习　串联电路中 3 个电阻的电压分别是：$V_{1(\text{rms})} = 3.50$ V，$V_{2(\text{p})} = 4.25$ V，$V_{3(\text{avg})} = 1.70$ V。计算电源电压的峰峰值。

交直流电压的叠加

你会发现，在许多实际电路中同时存在直流和交流电压。例如在放大器电路中，交流电压信号叠加在直流电压上，这是第 8 章所学叠加定理的一个常见应用。图 11-41 是直流电源和交流电源串联。通过测量电阻上的电压可知，将这两个电压代数相加就好像在直流电压上再"骑乘"一个交流电压。

如果 V_{DC} 大于正弦电压峰值，则叠加后极性总是不变，因此不是交变电压。这种电压的振幅随时间周期性地变化，但极性始终不变，通常称为脉动直流。也就是说，正弦波位于直流电平上，

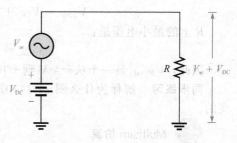

图 11-41　直流和交流电压叠加

如图 11-42a 所示。如果 V_{DC} 小于正弦波峰值，如图 11-42b 所示，正弦波在下半周的某段时间内为负，因此是交替的。在这两种情况下，正弦波达到的最大电压等于 $V_{DC}+V_p$，达到的最小电压等于 $V_{DC}-V_p$。

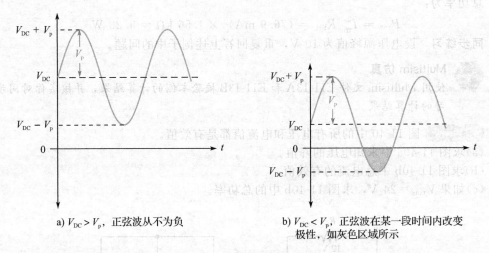

a) $V_{DC}>V_p$，正弦波从不为负

b) $V_{DC}<V_p$，正弦波在某一段时间内改变极性，如灰色区域所示

图 11-42　带直流电平的正弦波

例 11-15 确定图 11-43 中每个电路电阻上的最大和最小电压。

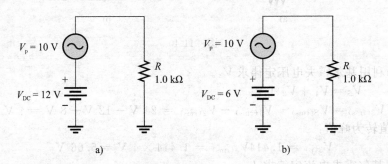

图　11-43

解　在图 11-43a 中，R 上的最大电压为：
$$V_{max} = V_{DC}+V_p = 12\ V + 10\ V = 22\ V$$
R 上的最小电压是：
$$V_{min} = V_{DC}-V_p = 12\ V - 10\ V = 2\ V$$
因此，$V_{R(tot)}$ 是一个从 $+2\ V$ 到 $+22\ V$ 的非交变电压，如图 11-44a 所示。

在图 11-43b 中，R 上的最大电压为：
$$V_{max} = V_{DC}+V_p = 6\ V + 10\ V = 16\ V$$
R 上的最小电压是：
$$V_{min} = V_{DC}-V_p = -4\ V$$
因此，$V_{R(tot)}$ 是一个从 $-4\ V$ 到 $+16\ V$ 的交变电压，如图 11-44b 所示。

同步练习　解释为什么图 11-44a 中的波形是不交变的，而图 11-44b 中的波形则是交变的。

 Multisim 仿真

使用 Multisim 文件 E11-15A 和 E11-15B 校验本例计算结果。

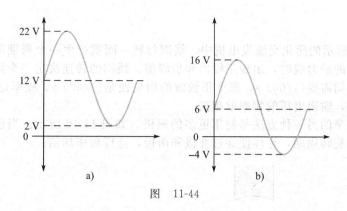

图　11-44

学习效果检测

1. 正弦电压半个周期的平均值是 12.5 V，该电压施加在 330 Ω 电阻上，则电路的电流峰值是多少？
2. 电阻串联电路的峰值电压分别为 6.2 V、11.3 V 和 7.8 V，则电源电压的有效值是多少？
3. 当 $V_p = 5$ V 的正弦波叠加到 +2.5 V 的直流电压上时，则所得到的总电压的最大正值是多少？
4. 问题 3 中总电压极性是否会变的？
5. 如果问题 3 中的直流电压为 −2.5 V，则所得总电压的最大正值是多少？

11.7　交流发电机

交流发电机（AC 发电机）产生交流电，将动能转化为电能。虽然它与直流发电机类似，但交流发电机比直流发电机效率更高。交流发电机广泛应用于车辆、船舶，以及最后输出是直流的其他应用中。

学完本节内容后，你应该能够描述交流发电机如何发电，具体就是：

- 认识交流发电机的主要部件，包括转子、定子和集电环。
- 解释为什么旋转磁场交流发电机的输出来自定子。
- 描述集电环的用途。
- 解释如何使用交流发电机产生直流电。

11.7.1　简化的交流发电机

直流发电机和交流发电机（产生交流电）都是基于电磁感应原理的，当磁场和导体之间有相对运动时，就会产生电压。对于简化的交流发电机，它有一个可旋转的环形电枢穿过永久磁极，旋转环形电枢产生交流电压。交流发电机不采用直流发电机的分裂环，而是采用称为集电环的实心环连接转子，从而输出交流电压。如图 11-45 所示，除了集电环外，简化的交流发电机与直流发电机（参见图 10-35）形式相同。

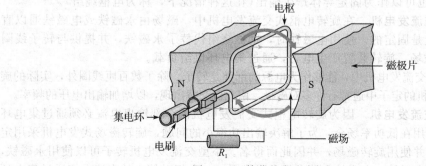

图 11-45　简化的交流发电机

11. 7. 2 频率

在图 11-45 所示的简化交流发电机中,线圈每转一圈就产生一个周期的正弦波。当线圈切割数量最大的磁力线时,出现正峰值和负峰值。线圈的转速决定一个周期的时间和频率。如果旋转一周需要(1/60) s,那么正弦波的周期便是(1/60) s、频率是 60 Hz。因此,线圈旋转得越快,输出电压的频率就越高。

获得更高频率的另一种方法是使用更多的磁极。如图 11-46 所示。当使用四极而不是两极时,在半个旋转周期,导体便穿过北极和南极,这样频率加倍。

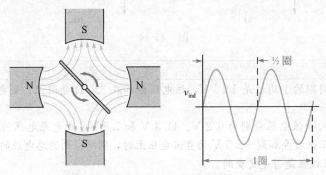

图 11-46 在相同转速下,四极产生的电压频率是两极的两倍

交流发电机可以有多个磁极,根据需要磁极可多达 100 个。频率与磁极数和转子转速的关系由下式给出:

$$f = \frac{Ns}{120} \tag{11-21}$$

其中,f 是频率,单位为 Hz;N 是磁极数;s 是转速,用每分钟旋转的周期数表示,即 r/min。

例 11-16 假设一台大型交流发电机的涡轮以 300 r/min(每分钟 300 转)的速度转动,并有 24 个磁极,则输出电压的频率是多少?

解

$$f = \frac{Ns}{120} = \frac{24 \times 300 \text{ r/min}}{120} = 60 \text{ Hz}$$

同步练习 转子必须以多大速度旋转才能产生 50 Hz 的输出电压?

11. 7. 3 实际的交流发电机

简化的交流发电机使用单匝线圈,产生的电压较小。在实际的交流发电机中,数百匝线圈缠绕在磁心上制作成转子。也就是说,实际交流发电机的转子是由紧固在一起的绕组组成的,而不是永磁铁。根据交流发电机类型,转子绕组既可以提供磁场(在这种情况下,称为励磁绕组),也可以作为固定导体产生输出(在这种情况下,称为电枢绕组)。

旋转电枢式交流发电机 在旋转电枢式交流发电机中,磁场由永磁铁或电磁铁通以直流电来产生,位置是固定的。使用电磁铁时,励磁绕组代替了永磁铁,并提供与转子线圈相互作用的固定磁场。旋转装置产生电力,通过集电环供给负载。

在旋转电枢式交流发电机中,能够作为电源的部件是转子。除了数百匝线圈外,实际的旋转电枢式交流发电机的定子中通常有许多对磁极,南北极交替出现,以增加输出电压的频率。

旋转磁场式交流发电机 因为旋转电枢式交流发电机的全部输出电流必须通过集电环和电刷,所以一般用在低功率场合。为了解决输出功率小的问题,旋转磁场式发电机采用定子绕组进行输出,并使用旋转磁场,并因此而得名。小型交流发电机转子可以使用永磁铁,但大多数使用的是电磁铁,电磁铁上缠有很多匝线圈。一个相对较小的直流电流通过集电环流经转子驱动电磁铁。当定子绕组切割旋转磁场时，在定子上便产生感应电压，能够输出电能。此时定子是电枢。

图 11-47 显示了旋转磁场式交流发电机如何产生三相正弦波。(为简单起见，转子采用永磁铁。)当转子的北极和南极交替切割定子绕组时，在每个绕组中便产生了交流电压。如果北极产生正弦波正的部分，南极产生负的部分，那么旋转一圈便产生一个周期的正弦波。每个绕组都输出正弦波电压，但是由于绕组之间相隔120°，因此 3 个正弦波相位相差120°，产生如图 11-47 所示的三相电压。三相交流发电机产生三相电压，因为效率高，所以广泛应用于电力工业中。如果某个场合需要直流电，那么使用三相交流电压更容易转换为直流电，满足所需。

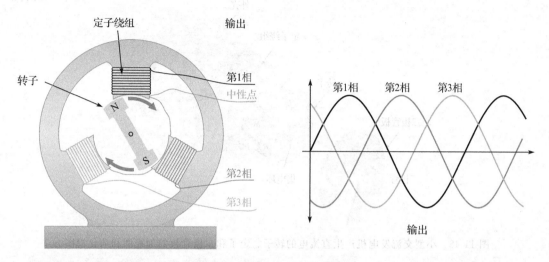

图 11-47 图示的转子是产生强磁场的永磁铁。当定子绕组切割磁场时，就会在该绕组上产生一个正弦波电压。中性点是三相电压的参考点

11.7.4 转子电流

交流发电机的一个重要优点是可以控制绕线转子。通过控制绕线转子的电流可以控制磁场的强弱。对于绕线转子，必须向转子提供直流电，这种电流通常通过电刷和集电环流到转子上。集电环由不断开的材料制成(不像换向器是分段的)。因为电刷只需要流过用于磁化转子的电流，而同容量直流发电机的电刷需要通过所有输出电流，所以交流发电动机的电刷寿命更长，体积更小。

在绕线转子交流发电机中，流经电刷和集电环的电流是直流，用来产生旋转磁场。直流通常是来自发电机输出的一部分，也就是将定子输出的电压变换成直流。大型交流发电机(如发电厂)可能有一个称为**励磁机**的单独直流发电机，为转子上的励磁绕组提供电流。励磁机可对发电机输出电压的变化做出快速响应，以使交流发电机的输出电压保持稳定，这是大型发电机必须要考虑的特性。一些励磁机利用发电机旋转磁极与励磁机旋转电枢相对静止并且励磁机的转子和旋转整流器与发电机在同一轴上的关系，将交流励磁机发出的中频交流电经同轴的旋转整流器整流成直流电，然后直接送至同轴的发电机励磁绕组，从而省掉了电刷与集电环。这样便成为无电刷系统。无电刷系统解决了大型交流发电机的清洗、修理和更换电刷时的主要维护问题。

11.7.5 应用

几乎所有的现代汽车、卡车、拖拉机和其他车辆都使用交流发电机。在汽车里，输出通常是来自定子绕组的三相交流电，然后通过安装在交流发电机外壳内的二极管转换为直流电。(在交流发电机中，二极管是固态器件，只允许电流朝一个方向流过。)交流发电机

内部的电压调节器控制着输送给转子的电流，在发动机转速变化或负载变化时，电压调节器使输出电压保持相对恒定。因为交流发电机更高效、更可靠，在汽车和大多数其他应用中已取代直流发电机。

图 11-48 所示是小型交流发电机的重要部件，可以在汽车上找到。与第 10 章学习的自励发电机一样，转子开始运行时有一个很小的剩磁，因此转子开始旋转时，定子会产生一个交流电压。这个交流电由一组二极管转换成直流电，直流电的一部分用于向转子提供电流，其余部分用于负载。转子所需的电流远小于交流发电机产生的总电流，因此它可以很容易地为负载提供所需的电流。

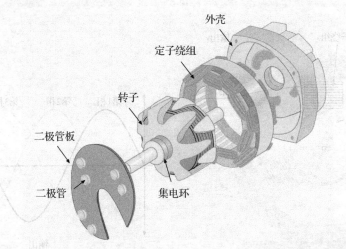

图 11-48 小型交流发电机产生直流电的转子、定子和二极管板的剖视图和简化视图

三相电压除了发电效率更高外，每个绕组使用两个二极管，还可以很容易地产生稳定的直流输出。由于车辆的充电系统和负载需要直流电，因此交流发电机的输出通过二极管板上的二极管阵列转换为车辆内部需要的直流电。这样一个汽车中标准的三相交流发电机内部通常有 6 个二极管用来将输出转换为直流电。（有些交流发电机有 6 个独立的定子绕组和 12 个二极管。）

学习效果检测

1. 影响交流发电机频率的两个因素是什么？
2. 在旋转磁场式交流发电机中，从定子获得输出的好处是什么？
3. 什么是励磁机？
4. 汽车交流发电机中二极管的作用是什么？

11.8 交流电动机

电动机是一种电磁装置，在电力应用中是最常见的交流负载。交流电动机用于控制家用电器，如热泵、冰箱、洗衣机、烘干机和真空吸尘器。在工业上，交流电动机应用于移动和加工材料、制冷和加热设备、加工操作、泵，等等。本节介绍交流电动机的两种主要类型，感应电动机和同步电动机。

学完本节内容后，你应该能够解释交流电动机如何将电能转换为旋转运动，具体就是：
- 列举感应电动机和同步电动机的主要区别。
- 解释交流电动机中的磁场如何旋转。
- 解释感应电动机如何产生转矩。

11.8.1 交流电动机的分类

交流电动机的两个主要类型是感应电动机和同步电动机。有几个因素决定某一场合最适合使用哪种类型的电机，这些因素包括转速、功率、额定电压、负载特性（如所需的起动转矩）、效率、维护和工作环境（如水下或高温工作）等。

感应电动机之所以如此命名，是因为磁场在转子中靠电磁感应产生电流，从而产生一个与定子磁场相互作用的磁场。通常情况下，转子没有电气连接，所以不会有出现磨损的集电环或电刷。转子电流是由电磁感应引起的，变压器也是如此工作的（在第 14 章讨论），所以人们说感应电动机是依据变压器原理来工作的。

在**同步电动机**中，转子与定子的磁场以相同的速度同步旋转。同步电动机用于需要保持恒定速度的场合。同步电动机不能自起动，必须利用外部电源或内置的起动绕组获得起动转矩。和交流发电机一样，同步电动机使用集电环和电刷为转子提供电流。

11.8.2 定子的旋转磁场

同步电动机和感应电动机定子绕组的安装方式类似，都可以使定子产生旋转磁场。定子旋转磁场相当于在一个圆中转动的磁铁，只是旋转磁场是用电流产生的且没有运动部件。

如果定子本身不运动，定子的磁场如何旋转呢？旋转磁场是由变化的交流电产生的。如图 11-49 所示，让我们看看三相定子的旋转磁场。请注意，在不同时间 3 个相中的某一相"占主导地位"。当第 1 相在 90°位置时，该相绕组中的电流最大，其他绕组中的电流较小，因此定子磁场将朝向第 1 相定子绕组。当第 1 相电流减小时，第 2 相电流增大，定子磁场向第 2 相绕组旋转。当电流达到最大值时，磁场将会朝向第 2 相绕组。当第 2 相电流减小，第 3 相电流增大时，磁场向第 3 相绕组旋转。当磁场再朝向第 1 相绕组时，整个过程重复了一遍。因此磁场的旋转速度由所加电压的频率决定。通过更详细地分析，可以看出磁场的大小不变，只有磁场方向发生改变。虽然三相电动机的旋转磁场不需要外部起动器或额外的起动绕组，但大型三相电动机通常有一个外部**起动器**，它将电动机和主电源隔离，起短路和过载保护作用，并使电动机逐步起动（即软起动），以避免起动电流过大。

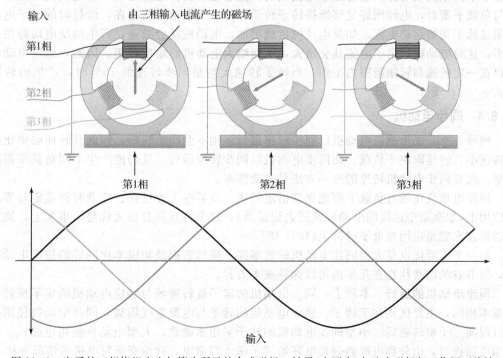

图 11-49 定子的三相绕组产生如箭头所示的合成磁场。转子（未画出）与这个磁场相互作用而旋转

当定子磁场旋转时，同步电动机的转子与定子磁场同步旋转，但感应电动机的转子转动滞后于定子旋转磁场。定子磁场的运动速度称为电动机的同步转速。

11.8.3　感应电动机

单相和三相感应电动机的工作原理基本相同。两种类型都利用前面所述的旋转磁场，但是单相电动机需要起动绕组或用其他方法来产生起动转矩，而三相电动机可以自起动。当单相电动机采用起动绕组时，随着电动机转速的增加，可以利用机械离心开关将绕组从电路中断开。

感应电动机中转子的核心部件是铝制框架，铝制框架构成转子环流的导体。（一些较大的感应电动机使用铜棒。）铝制框架在外观上类似于宠物松鼠的锻炼轮（20世纪早期很常见），因此被恰当地称为**鼠笼**，如图11-50所示。铝制鼠笼本身就是电气回路，铝条嵌在铁磁材料中，铁磁材料形成转子的低磁阻磁路。此外转子的散热片可以和鼠笼铸成一体。整个装配必须保持平衡，使其工作时不会振动。

感应电动机的运行　当电动机的鼠笼转子切割定子磁场时，鼠笼中就会产生感应电流，这个电流产生磁场，并与定子旋转磁场发生相互作用，转子便开始转动。转子试图"赶上"旋转磁场，但这是不可能的，会始终存在转差。**转差**是定子同步转速与转子转速之差。转子永远无法达到定子磁场的同步转速，这是因为如果转子转速等于同步速度，就不会切割磁场了，转矩会降到零。没有了转矩，转子便不能转动。

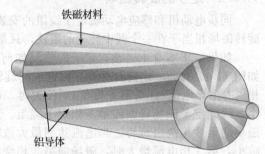

图 11-50　鼠笼转子示意图

（图中标注：铁磁材料、铝导体）

最初，在转子开始运动之前，没有反电动势，所以定子电流很大。当转子加速时，会在定子中产生反电动势，它与定子电流相反。随着电动机转速的增加，当电动机产生的转矩与负载平衡时，电流刚好足够维持转子转动。由于反电动势的存在，运行时的定子电流会明显低于初始起动电流。如果电动机负载增加，电动机就会减速，产生的反电动势便会减小，这时电动机的定子电流就会增大，从而增大电动机的输出转矩。因此，感应电动机可以在一定转速和转矩范围内工作。当转子转速大约是同步转速的75%时，产生的转矩最大。

11.8.4　同步电动机

回顾一下，如果感应电动机以同步转速运行，则不会产生转矩，因此其转速必须比同步转速小，转速取决于负载。而同步电动机以同步转速运行，且仍能产生不同负载所需的转矩。改变同步电动机转速的唯一方法是改变频率。

同步电动机在所有负载下都能保持恒定转速，在某些工业过程、涉及时钟或定时要求的应用中（如驱动望远镜的电动机或图表记录器），这个特点具有很大优势。事实上，同步电动机首次就是应用在电子时钟上（1917年）。

另一个重要优点是大型同步电动机的效率高。虽然它们最初成本比同等的感应电动机高，但节省的电费往往在几年内可以弥补成本差异。

同步电动机的运行　本质上，同步电动机的定子旋转磁场与感应电动机的定子旋转磁场基本相同，主要区别在于转子。感应电动机的转子与电源电气隔离，同步电动机使用磁铁以跟随定子旋转磁场。小型同步电动机的转子采用永磁铁，大型电动机使用电磁铁。当使用电磁铁时，由外部电源通过集电环给转子输入直流电，就像交流发电机的情况一样。

学习效果检测

1. 感应电动机和同步电动机的主要区别是什么？
2. 当定子旋转磁场转动时，它的大小会发生什么变化？
3. 电动机起动器的作用是什么？
4. 鼠笼的作用是什么？
5. 电动机术语中转差是什么意思？

11.9 非正弦波

正弦波在电子学中很重要，但绝不是交流或时变波形中的唯一类型。另外两种主要波形是脉冲波和三角波。

学完本节内容后，你应该能够识别非正弦波的特征，具体就是：

- 阐述脉冲波的特性。
- 定义占空比。
- 理解三角波和锯齿波的特性。
- 认识波形的谐波含量。

11.9.1 脉冲波

脉冲可以描述为从一个电压或电流电平(**基准电平**)到振幅电平的非常快的跳变(**前沿**)，经过一段时间后通过非常快的跳变(**后沿**)再回到最初基准电平。电平的跳变也称为过渡。一个理想脉冲由两个相反的等幅跳变组成。当前沿或后沿是正向时，称为**上升沿**；当前沿或后沿是负向时，称为**下降沿**。

图 11-51a 是一个理想的正脉冲，由两个相等但相反的瞬时跳变组成，它们之间的时间间隔称为脉冲宽度。图 11-51b 是一个理想的负脉冲。从基准电平到脉冲高度是其电压(或电流)幅度。

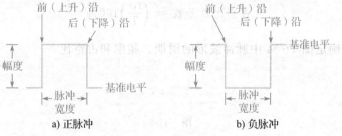

图 11-51 理想脉冲

为了简化分析，在许多应用中，将所有脉冲看作理想脉冲(由瞬时跳变和完美的矩形组成)。然而实际脉冲并不理想，所有脉冲都具有与理想脉冲不同的某些特性。

实际脉冲不可能瞬间从一个电平跳到另一个电平，变化(跳变)总是需要时间的，如图 11-52a 所示。正如你所看到的，脉冲的上升沿从低电平到高电平需要一段时间，称为上升时间 t_r。

上升时间是脉冲从其幅度的 10% 上升到幅度的 90% 所需要的时间。

脉冲的下降沿从高电平到低电平所需时间称为下降时间 t_f。

下降时间是脉冲从其幅度的 90% 下降到幅度的 10% 所需要的时间。

因为上升沿和下降沿的边缘不是垂直的，所以也需要精确定义非理想脉冲的脉冲宽度 t_w。

脉冲宽度是上升沿和下降沿幅度的 50% 的两点之间的时间。

脉冲宽度的含义如图 11-52b 所示。

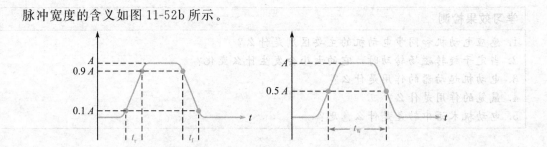

a) 上升和下降时间   b) 脉冲宽度

图 11-52 非理想脉冲

重复脉冲 任何以固定间隔重复出现的波形都是**周期性**的。周期脉冲波形的一些例子如图 11-53 所示。注意在每种情况下，脉冲按一定间隔重复。**脉冲重复的速度叫作脉冲重复频率 (PRF)或脉冲重复率(PRR)**，是波形的基频。频率可用赫［兹］或每秒脉冲数表示。从一个脉冲到下一个脉冲对应点的时间间隔为周期 T，频率与周期的关系与正弦波相同，即 $f=1/T$。

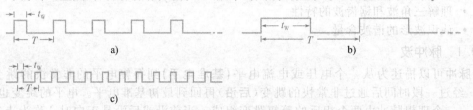

图 11-53 重复脉冲波形

重复脉冲波形中的一个重要参数是占空比。

> 占空比是脉冲宽度(t_W)与周期(T)的比值，通常用百分比表示。

$$占空比百分数 = \left(\frac{t_W}{T}\right)100\% \tag{11-22}$$

例 11-17 确定图 11-54 中脉冲波形的周期、频率和占空比。

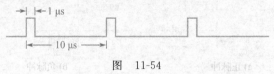

图 11-54

解

$$T = 10\ \mu s$$
$$f = \frac{1}{T} = \frac{1}{10\ \mu s} = 100\ kHz$$
$$占空比百分数 = \left(\frac{1\ \mu s}{10\ \mu s}\right) \times 100\% = 10\%$$

同步练习 某一脉冲波形的频率为 200 kHz，脉冲宽度为 0.25 μs，确定占空比。 ■

方波 方波是占空比为 50% 的脉冲波，因此脉冲宽度等于周期的一半。方波如图 11-55 所示。

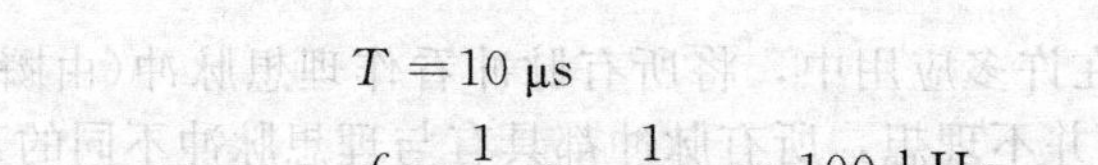

| ½T | ½T |

图 11-55 方波波形

脉冲波形的平均值　脉冲波形的平均值(V_{avg})等于其基准电平值加上占空比与幅度的乘积。以正脉冲的低电平或负脉冲的高电平为基准电平,公式如下:

$$V_{avg} = 基准电平 + (占空比) \times (幅度) \tag{11-23}$$

下面的例子说明平均值的计算方法。

例 11-18　确定图 11-56 中每个波形的平均值。

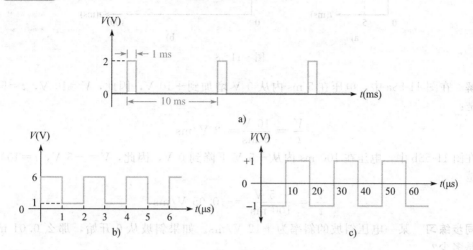

图　11-56

解　在图 11-56a 中,基准电平为 0 V,幅度为 2 V,占空比为 10%,平均值为:

$$V_{avg} = 基准电平 + (占空比) \times (幅度)$$
$$= 0\ V + 0.1 \times 2\ V = 0.2\ V$$

图 11-56b 中波形的基准电平为 +1 V,幅度为 5 V,占空比为 50%,平均值为:

$$V_{avg} = 基准电平 + (占空比) \times (幅度)$$
$$= 1\ V + 0.5 \times 5\ V = 1\ V + 2.5\ V = 3.5\ V$$

图 11-56c 中方波的基准电平为 −1 V,幅度为 2 V,平均值为:

$$V_{avg} = 基准电平 + (占空比) \times (幅度)$$
$$= -1\ V + 0.5 \times 2\ V = -1\ V + 1\ V = 0\ V$$

这是一个交变方波,它和交变正弦波一样,平均值是零。

同步练习　如果将图 11-56a 中波形的基准电平移动到 1 V,平均值是多少?

11.9.2　三角波和锯齿波

三角波和锯齿波是由电压或电流的斜坡形成的。**斜坡**是指电压或电流的线性增加或减少。图 11-57 显示的是正向和负向斜坡,图 11-57a 中斜坡的斜率为正,图 11-57b 中斜坡的斜率为负。电压斜坡的斜率为 $\pm V/t$,单位是 V/s;电流斜坡的斜率为 $\pm I/t$,单位是 A/s。

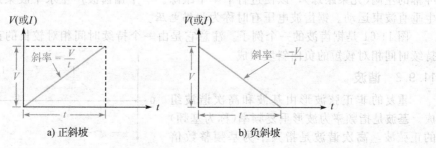

图 11-57　电压斜坡

例 11-19 图 11-58 中电压斜坡的斜率是多少?

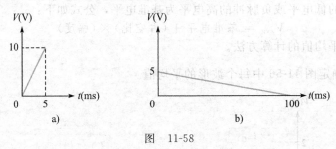

图 11-58

解 在图 11-58a 中,电压在 5 ms 内从 0 V 增加到 +10 V,因此,$V = 10$ V,$t = 5$ ms,斜率是:

$$\frac{V}{t} = \frac{10 \text{ V}}{5 \text{ ms}} = 2 \text{ V/ms}$$

在图 11-58b 中,电压在 100 ms 内从 +5 V 下降到 0 V,因此,$V = -5$ V,$t = 100$ ms,斜率是

$$\frac{V}{t} = \frac{-5 \text{ V}}{100 \text{ ms}} = -0.05 \text{ V/ms}$$

同步练习 某一电压斜坡的斜率为 +12 V/ms。如果斜坡从 0 开始,那么 0.01 ms 时电压是多少?

三角波 图 11-59 显示的是**三角波**,它由斜率相等的正向和负向斜坡组成。波形周期是从一个峰值到下一个相应峰值的时间。图 11-59 所示的这个特殊三角波形交替变化,平均值为零。

图 11-60 描绘的是一个平均值非零的三角波。三角波的频率与正弦波相同,即 $f = 1/T$。

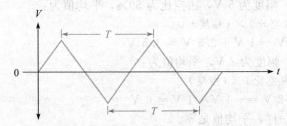

图 11-59 平均值为零的交变三角波

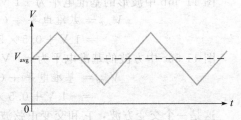

图 11-60 平均值非零的非交变三角波

锯齿波 锯齿波实际上是由两个斜坡组成的特殊三角波,其中一个斜坡的持续时间比另一个斜坡长。锯齿波应用于许多电子系统中,例如,由锯齿波电压和电流控制电子束扫描阴极射线管(CRT)使电视屏幕产生图像,或控制模拟示波器产生信号图像。慢斜坡将电子束从左到右扫描(光束跟踪),在 CRT 屏幕上产生图像,而快斜坡将光束更快地返回到屏幕的左侧(光束跟踪),以便进行下一个跟踪。一个锯齿波产生水平波束运动,另一个产生垂直波束运动。锯齿波电压有时称为扫描电压。

图 11-61 是锯齿波的一个例子。注意它是由一个持续时间相对较长的正向斜坡和一个持续时间相对较短的负向斜坡组成。

11.9.3 谐波

重复的非正弦波形由基波和高次谐波组成。**基波**是指频率为波形重复频率(称为基频)的正弦波,**高次谐波**是指频率为基频整数倍的高频正弦波。

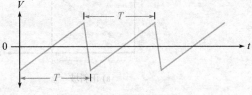

图 11-61 交变锯齿波形

奇次谐波 奇次谐波是指频率为基频的奇数倍谐波。例如，1 kHz 方波由 1 kHz 的基波和 3 kHz、5 kHz、7 kHz 等奇次谐波组成。在这种情况下，频率为 3 kHz 的正弦波称为三次谐波，频率为 5 kHz 的正弦波称为五次谐波，以此类推。

偶次谐波 偶次谐波是频率为基频的偶数倍谐波。例如，某一波形的基频为 200 Hz；二次谐波的频率为 400 Hz；四次谐波的频率为 800 Hz；六次谐波的频率则为 1200 Hz，以此类推。这些都是偶次谐波频率。

复合波 任何纯正弦波的形变(非正弦波)都会产生谐波。非正弦波是基波和谐波的复合波。有些波形只有奇次谐波，有些波形只有偶次谐波，有些波形兼而有之。波的形状由它的谐波含量决定。一般来说，只有基波和前几次谐波对波形形状具有重要影响。

方波是由基波和奇次谐波复合成的。如图 11-62 所示，当基波和各奇次谐波的瞬时值在每一点进行代数相加时，得到的曲线形状近似为方波。在图 11-62a 中，基波和三次谐波产生一个波形，这个波形在开始处类似于方波。在图 11-62b 中，基波、三次谐波和五次谐波产生的波形更接近方波。在图 11-62c 中，当包含七次谐波时，所得到的波形更像方波。随着谐波个数的增加，复合后的波形便逐渐逼近周期性方波。

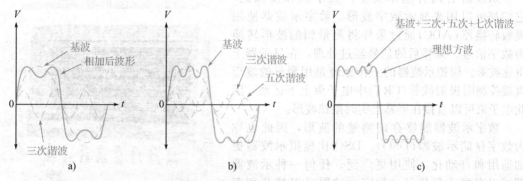

图 11-62 奇次谐波复合产生方波

学习效果检测

1. 说明以下参数：
   （a）上升时间　　　（b）下降时间　　　（c）脉冲宽度
2. 在一定的重复脉冲波形中，脉冲每毫秒出现一次，这个波形的频率是多少？
3. 确定图 11-63a 中波形的占空比、振幅和平均值。
4. 图 11-63b 中三角波的周期是多少？
5. 图 11-63c 中锯齿波的频率是多少？

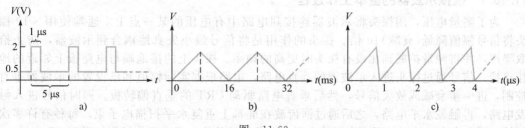

图 11-63

6. 描述基频。
7. 基频为 1 kHz 的二次谐波频率是多少？
8. 周期为 10 μs 的方波的基频是多少？

11.10　示波器

示波器是一种应用广泛的用于观察和测量波形的仪器。

学完本节内容后，你应该能够用示波器测量波形，具体就是：

- 能够识别普通示波器的各种部件。
- 能够测量波形的幅值。
- 能够测量波形的周期和频率。

示波器是一种测量仪器，在其屏幕（显示器）上跟踪被测电气信号的波形。在大多数应用中，显示器显示的信号是时间的函数。通常显示器的纵轴表示电压，横轴表示时间。可以用示波器测量信号的幅值、周期和频率，此外还可以确定脉冲波形的脉冲宽度、占空比、上升时间和下降时间。几乎所有示波器的屏幕都可以同时至少显示两个信号，可以观察它们的时间关系。许多示波器的屏幕能够同时显示 4 个、6 个或 8 个通道的信号。如图 11-64 所示是一个混合信号（数字信号和模拟信号）示波器。

示波器有两种基本类型，数字的和模拟的，它们都可以用来显示数字波形。数字示波器使用模数转换器（ADC）通过采样将测量到的波形转换为数字信号。采样后的信号经过处理，在显示器上重建波形。模拟示波器的工作原理是用测量的波形直接控制阴极射线管（CRT）中电子束上下运动，因此电子束可以直接在屏幕上实时跟踪波形。

数字示波器能够存储测量的波形，因此也称为数字存储示波器（DSO）。DSO 比模拟示波器更加通用和自动化，使用更广泛。任何一种示波器都可以观察重复信号，数字示波器可以捕获和存储重复和非重复波形。它们可以显示可能只发生一次的信号，例如破坏性测试信号。（特殊的模拟示波器也具有存储功能。）数字示波器还可以自动测量（如频率、周期和峰峰电压），可以根据用户选择显示感兴趣的测量值。

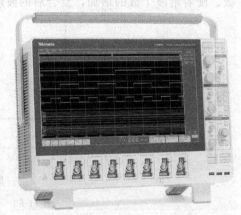

图 11-64　能同时显示 8 个通道信号的高端示波器（Tektronix, Inc. 版权所有，经许可转载）

两种示波器的基本控制可以分为 3 个区域：垂直、水平和触发。如果了解这些部件的基本功能，就可以使用这两种类型的示波器。模拟示波器包括显示控制，数字示波器包括自动测量和存储功能控制，这些都将在下面的段落中详细描述。

11.10.1　模拟示波器的基本工作过程

为了测量电压，用探头将示波器连接到电路中有电压的某一点上。通常使用×10 探头将信号幅值降低（衰减）10 倍。探头的作用是将信号最小失真地耦合到示波器，防止拾取噪声，并将测量扩展到比没有探头时更高的频率。探头上的接地端与电路板上邻近的地相连接。信号通过探头进入示波器的垂直电路，电路根据实际幅值和已设置的示波器垂直控制，进一步衰减或放大信号，然后垂直电路驱动 CRT 的垂直偏转板。同时信号进入触发电路，再触发水平电路，之后通过锯齿波在屏幕上重复水平扫描电子束。每秒有许多次扫描，因此光束以波形的形式在屏幕上形成一条连续的线。基本工作过程如图 11-65 所示。

11.10.2　数字示波器的基本工作过程

数字示波器的某些部分类似于模拟示波器，但是数字示波器比模拟示波器更复杂，它是使用光栅屏幕（点阵结构）而不是 CRT 的荧光显示器。波形的采集和显示之间通常有一个非常小的延迟，这与示波器结构所必须采集和存储数据的数量有关。数字示波器首先获

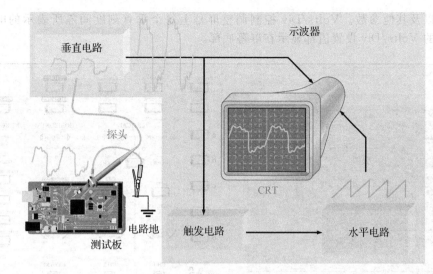

图 11-65　模拟示波器组成框图

取已测量的模拟波形，利用模数转换器(ADC)将其转换为数字格式，之后存储和处理数字数据。然后经过重建和显示电路，最后以原始的模拟形式显示被测信号。图 11-66 是数字示波器的基本组成框图。

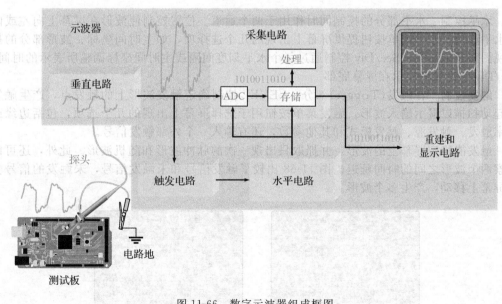

图 11-66　数字示波器组成框图

11.10.3　示波器控制

图 11-67 所示为典型的双通道示波器的前面板示意图，因型号和制造商不同而有所不同，但大多数仪器都有某些共同特点。例如，两套垂直控制部分分别包含一个位置控制、一个通道菜单按钮和一个 Volts/Div 控制，水平控制部分包含一个 Sec/Div 控制。

现在讨论一些主要控制，有关特定示波器的全部详细内容，请参阅用户手册。

垂直控制　在图 11-67 所示的示波器垂直部分中，两个通道(CH1 和 CH2)中的每个通道都有相应控制。位置控制可以使波形在荧屏上垂直向上或向下移动，屏幕右侧的按钮提供了显示的几个选项，例如耦合模式(交流、直流或接地)、Volts/Div 的粗调或细调、信号反转以及其他参数。Volts/Div 控制调整屏幕上每个垂直刻度间隔所表示的电压数，每个通道的 Volts/Div 设置值都显示在屏幕底部。

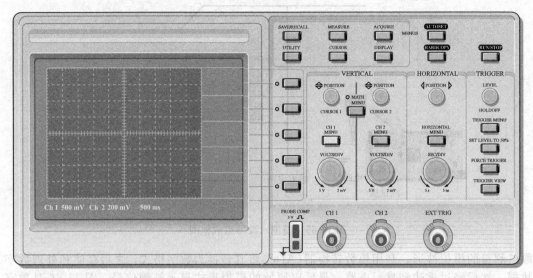

图 11-67　典型的双通道示波器。屏幕下方的数字表示垂直(电压)和水平(时间)刻度上的每个间隔的值，可以使用示波器的垂直和水平控制进行更改

水平控制　水平部分的控制同时作用于两个通道。位置控制使波形在屏幕上向左或向右水平移动，水平菜单按钮提供屏幕上出现的几个选择项，如主时间坐标、波形部分的扩展视图和其他参数。Sec/Div 控制通过每个水平刻度间隔或主时间坐标调整所表示的时间，Sec/Div 的设置值显示在屏幕底部。

触发控制　在触发(Trigger)部分，LEVEL 控制确定触发波形上的触发点，产生触发来起动扫描以显示输入波形。触发菜单按钮用于选择屏幕上出现的几个选项，包括边缘或斜率触发、触发源、触发模式和其他参数，还有输入一个外部触发信号。

触发能稳定屏幕上的波形，并抓取只出现一次的脉冲波形和随机波形。此外，还可以观察两个波形之间的时间延迟。图 11-68 比较了触发信号和未触发信号，未触发的信号会在屏幕上移动，产生多个波形。

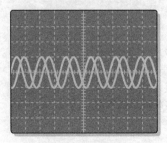

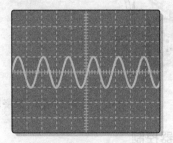

a) 未触发波形的显示　　　　b) 触发后波形的显示

图 11-68　示波器上未触发和触发波形的比较

信号耦合到示波器　耦合是一种将被测信号传输到示波器的方法。在垂直菜单中选择 DC 和 AC 耦合模式。DC 耦合允许显示包括其直流分量的波形，AC 耦合隔离信号的直流分量，因此看到的波形是以 0 V 为基准的。接地模式可以将通道输入连接到地以查看屏幕上以 0 V 为基准的基准线。图 11-69 用带有直流分量的正弦波形说明 DC 和 AC 耦合的区别。

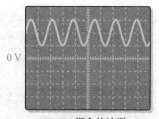
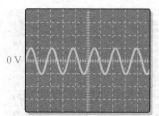

a) DC耦合的波形　　　　　　　b) AC耦合的波形

图 11-69　具有直流分量的波形的两种显示

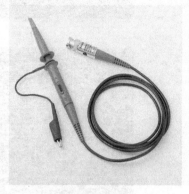

图 11-70 是一个通用标准无源探头，用于将信号连接到示波器。探头侧的短导线是接地导线，将示波器的地和被测电路的邻近地连接起来，这样有助于消除杂散接地电流，降低接地导线电感。所有仪器都有可能由于负载效应而影响被测电路，因此大多数示波器都提供高的输入阻抗以尽量减小负载效应对测量的影响。若探头的串联电阻比示波器的输入阻抗大 10 倍，则称其为×10探头，没有串联电阻的探头称为×1探头。示波器根据所使用探头类型的衰减程度调整其校准。对于大多数测量，应该使用×10 探头，这是因为相对被测电路，它具有更高的电阻性输入阻抗，可以更准确地显示高频信号。但是，如果所测量的信号非常小，×1 探头可能是最好的选择。

图 11-70　示波器电压探头（经 Tektronix, Inc. 许可转载）

可以通过探头校准补偿示波器的输入电容（电容将在第 12 章讨论）。大多数示波器都能为探头补偿校准提供方波。在测量之前，应该确保探头得到适当的补偿，以便消除引入的失真。通常探头上有一个螺钉或其他补偿校准装置。图 11-71显示了在 3 种探头补偿条件下的示波器波形：恰当补偿、欠补偿和过补偿。如果波形出现过补偿或欠补偿，调整探头直至达到恰当补偿为止。

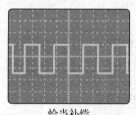
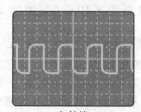
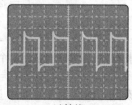

恰当补偿　　　　　　　欠补偿　　　　　　　　过补偿

图 11-71　不同探头补偿条件下的波形

例 11-20　根据数字示波器屏幕显示的波形和屏幕下方显示的 Volts/Div 和 Sec/Div 设置，确定图 11-72 中每个正弦波的峰峰值和周期。正弦波在屏幕上垂直居中。

解　查看图 11-72a 中的纵坐标。

$$V_{pp} = 6 \text{ 刻度} \times 0.5 \text{ V/刻度} = 3.0 \text{ V}$$

从横坐标（一个周期包含 10 个刻度）来看：

$$T = 10 \text{ 刻度} \times 2 \text{ ms/刻度} = 20 \text{ ms}$$

查看图 11-72b 中的纵坐标。

$$V_{pp} = 5 \text{ 刻度} \times 50 \text{ mV/刻度} = 250 \text{ mV}$$

从横坐标来看（一个周期包括 6 个刻度）：

$$T = 6 \text{ 刻度} \times 0.1 \text{ ms/刻度} = 0.6 \text{ ms} = 600 \text{ μs}$$

查看图 11-72c 中的纵坐标。

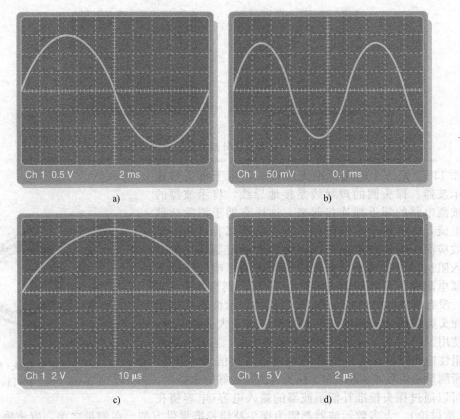

图 11-72

$$V_{pp} = 6.8 \text{ 刻度} \times 2 \text{ V/ 刻度} = 13.6 \text{ V}$$

从横坐标来看(半个周期包含 10 个刻度):

$$T = 20 \text{ 刻度} \times 10 \text{ μs/ 刻度} = 200 \text{ μs}$$

查看图 11-72d 中的纵坐标。

$$V_{pp} = 4 \text{ 刻度} \times 5 \text{ V/ 刻度} = 20 \text{ V}$$

从横坐标来看(一个周期包括 2 个刻度):

$$T = 2 \text{ 刻度} \times 2 \text{ μs/ 刻度} = 4 \text{ μs}$$

同步练习 确定图 11-72 中显示的每个波形的有效值和频率。

学习效果检测

1. 数字示波器和模拟示波器的主要区别是什么?
2. 电压在示波器屏幕上是水平读取还是垂直读取?
3. 示波器上的 Volts/Div 控制的作用是什么?
4. 示波器上的 Sec/Div 控制的作用是什么?
5. 什么时候应该使用×10 探头测量电压?

应用案例

正如在本章所学到的,非正弦波形是各种频率谐波成分的组合,每一个谐波都是具有一定频率的正弦波形。某些正弦波的频率是可以被人类耳朵听到的,单一的可听频率或纯正弦波,被称为音调,频率范围通常为 300 Hz~15 kHz。当通过扬声器听到一个音调时,它的响度或音量取决于电压幅值。你可以利用所学到的正弦波知识和示波器操作知识,测量基本无线电接收机各点信号的频率和幅值。

无线电接收机接收到的实际声音或音乐信号包含许多不同电压和不同频率的谐波，声音或音乐信号是不断变化的，所以它的谐波分量也在变化。但是如果单一频率的正弦波被接收机接收并传输，就会从扬声器中听到一个恒定的音调。

虽然此时还没有详细学习放大器和接收机系统的背景知识，但是可以观察接收机中不同点的信号。典型的 AM 接收机框图如图 11-73 所示，AM 代表振幅调制（简称调幅），其原理将在另一门课程中学习。图 11-74 显示了基本的 AM 信号，现在你只需要知道这些即可。如你所见，正弦波幅值在变化。频率较高的无线电（RF）称为载波，它的幅值由一个频率较低的信号来调制，这个低频信号可以是音频信号。但是通常情况下，音频信号是一个复杂的声音或音乐波形。

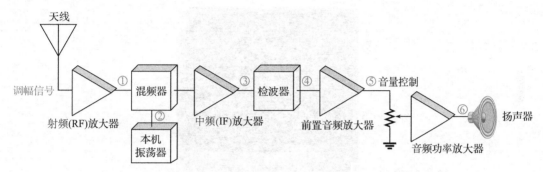

图 11-73　一种无线电接收机的简化框图。圈起来的数字表示测试点

示波器测量

测量图 11-73 所示接收机框图中几个测试点上的信号，这些信号在示波器屏幕上的图形如图 11-75 所示，图中用圆圈标注的数字与图 11-73 所示的数字对应。在所有情况下，屏幕上方的波形来自通道 1，下方波形来自通道 2，屏幕底部的数字显示两个通道的结果。

①的信号是 AM 信号，但因为时基短，所以看不到振幅的变化。波形太过分散，无法看到使振幅变化的调制音频信号，所以只看到一个周期的载波。在③处，因为选择时基会看到一个完整周期的调制信号，但是很难确定较高频率的载波。在 AM 接收机中，中频是 455 kHz。

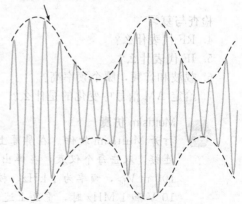

如虚线所示，峰值随音频信号变化

图 11-74　信号调幅（AM）的例子

在实际应用中，③处的调制载波信号由于包含两个频率，很难同步以获得稳定模式，因此在示波器上不易观察到。有时使用调制信号或电视场外部触发来获得稳定的显示。在本例中采用稳定模式来说明所调制波形的形状。

1. 对于图 11-75 中的每个波形，除了③外，都可确定频率和有效值，④处的信号为检波器从较高的中频（455 kHz）中提取的调制音频信号。

放大器分析

2. 所有电压放大器都有一个名为电压增益的参数。电压增益是输出信号振幅对输入信号振幅的倍数。使用这个定义和适当的示波器测量方式，可以确定接收机的前置音频放大器的电压增益。

3. 当电信号被扬声器转换成声音后，声音的高低取决于施加到扬声器上信号的振幅。据此可以解释如何使用音量控制电位器调节音量，确定扬声器电压的有效值。

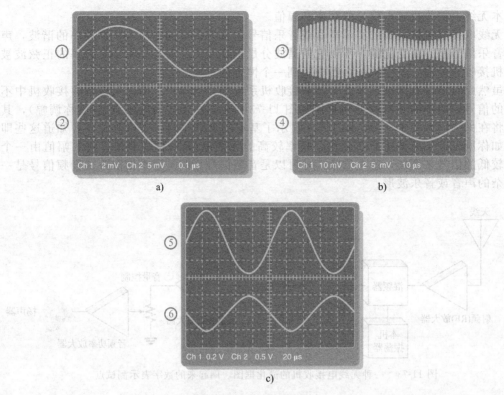

a)

b)

c)

图 11-75 圈起来的数字对应于图 11-73 中的测试点

检查与复习

4. RF 代表什么？

5. IF 代表什么？

6. 载波和音频，哪个频率高？

7. 给定 AM 信号中变化的是什么？

 Multisim 仿真

打开 Multisim 软件。在屏幕上将示波器和函数发生器，按照图 11-76 所示顺序连接，双击每个仪表，在弹出窗口中查看详细设置。选择正弦波，设置振幅为 $100 \text{ m} V_{pp}$，频率为 1 kHz，校验示波器测量值。当正弦信号为 1 V 和 50 kHz、10 V 和 1 MHz 时，重复上述过程。

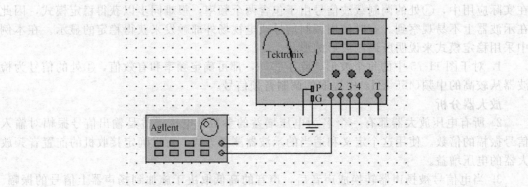

图 11-76

本章总结

- 正弦波是一种基于数学正弦三角函数的时变周期波形。
- 交流电流的方向随着电源电压极性的改变而改变。
- 正弦波的一个周期包括正半周和负半周。
- 正弦波的两个常见来源是交流发电机和电子振荡电路。
- 正弦波的一个周期是 360°，或者 2π 弧度；半个周期是 180°，或者 π 弧度；四分之一周期是 90°，或者 $\pi/2$ 弧度。
- 导体在磁场中旋转可产生正弦电压。
- 相位角是某一正弦波与参考正弦波的角度差，单位为度或弧度。
- 相量的方向表示正弦波相对于 0° 的角度，相量的长度或大小表示振幅。
- 当磁场与导体之间发生相对运动时，交流发电机产生电能。
- 大多数交流发电机的输出由定子提供，转子提供一个旋转磁场。
- 交流电动机主要有感应电动机和同步电动机两种类型。
- 感应电动机的转子随着定子的旋转磁场而转动。
- 同步电动机以恒定转速转动，该转速与定子磁场的转速相同。
- 脉冲由基准电平向振幅电平变化，然后再变化回基准电平。
- 三角波或锯齿波由正向和负向斜坡组成。
- 谐波频率是非正弦波形重复频率的奇数倍或偶数倍。
- 正弦波度量值之间的相互转换关系如表 11-2 所示。
- 示波器是一种能够用图像显示电路中电压随时间变化的波形的仪器。

表　11-2

变换自	变换到	乘以	变换自	变换到	乘以
峰值	有效值	0.707	有效值	峰值	1.414
峰值	峰峰值	2	峰峰值	峰值	0.5
峰值	平均值	0.637	平均值	峰值	1.57

重要公式

11-1　$f=\dfrac{1}{T}$　频率

11-2　$T=\dfrac{1}{f}$　周期

11-3　$V_{pp}=2V_p$　峰峰值电压(正弦波)

11-4　$I_{pp}=2I_p$　峰峰值电流(正弦波)

11-5　$V_{rms}=0.707V_p$　有效值电压(正弦波)

11-6　$I_{rms}=0.707I_p$　有效值电流(正弦波)

11-7　$V_p=1.414V_{rms}$　峰值电压(正弦波)

11-8　$I_p=1.414I_{rms}$　峰值电流(正弦波)

11-9　$V_{pp}=2.828V_{rms}$　峰峰值电压(正弦波)

11-10　$I_{pp}=2.828I_{rms}$　峰峰值电流(正弦波)

11-11　$V_{avg}=0.637V_p$　半个周期的平均电压(正弦波)

11-12　$I_{avg}=0.637I_p$　半个周期的平均电流(正弦波)

11-13　弧度 $=\left(\dfrac{\pi\ rad}{180°}\right)\times$度　度到弧度的转换

11-14　度 $=\left(\dfrac{180°}{\pi\ rad}\right)\times$弧度　弧度到度的转换

11-15　$y=A\sin\theta$　正弦波通用表达式

11-16　$y=A\sin(\theta-\phi)$　滞后参考正弦波

11-17　$y=A\sin(\theta+\phi)$　超前参考正弦波

11-18　$\omega=2\pi f$　角频率

11-19　$\theta=\omega t$　相位角(相位)

11-20　$v=V_p\sin(2\pi ft)$　正弦波电压

11-21　$f=\dfrac{Ns}{120}$　交流发电机输出电压的频率

11-22　占空比百分数 $=\left(\dfrac{t_w}{T}\right)\times100\%$　占空比

11-23　$V_{avg}=$基准电平 $+$(占空比)$\times$(幅度)　脉冲的平均值

对/错判断(答案在本章末尾)

1. 60 Hz 正弦波的周期为 16.7 ms。
2. 正弦波的有效值和平均值相等。
3. 峰值为 10 V 的正弦波与 10 V 直流电源具有相同的热效应。
4. 正弦波的峰值与其振幅相等。
5. 360°的弧度是 2π。
6. 在三相电气系统中,相位彼此相差 60°。
7. 励磁机的作用是向交流发电机转子提供直流电流。
8. 在汽车交流发电机中,通过集电环从转子输出电流。
9. 感应电动机的维护问题是更换电刷。
10. 当需要恒定转速时,可使用同步电动机。
11. 周期波形以固定的间隔重复出现。
12. 示波器探头有助于减少噪声。

自我检测(答案在本章末尾)

1. 交流和直流的区别是
   (a)交流改变大小,直流大小不变
   (b)交流改变方向,直流方向不变
   (c)(a)和(b)都对
   (d)(a)和(b)都不对
2. 在每个周期中,正弦波达到峰值的次数为
   (a)1 次　　(b)2 次
   (c)4 次　　(d)次数取决于频率
3. 频率为 12 kHz 的正弦波比下述哪个频率的正弦波变化更快?
   (a)20 kHz　　(b)15 000 Hz
   (c)10 000 Hz　　(d)1.25 MHz
4. 周期为 2 ms 的正弦波比下述哪个周期的正弦波变化更快?
   (a)1 ms　　(b)0.0025 s
   (c)1.5 ms　　(d)1200 μs
5. 当正弦波的频率为 60 Hz 时,在 10 s 内有
   (a)6 个周期　　(b)10 个周期
   (c)1/16 个周期　　(d)600 个周期
6. 如果正弦波的峰值为 10 V,则峰峰值为
   (a)20 V　　(b)5 V
   (c)100 V　　(d)以上都不是
7. 如果正弦波的峰值为 20 V,则有效值为
   (a)14.14 V　　(b)6.37 V
   (c)7.07 V　　(d)0.707 V
8. 峰值为 10 V 的正弦波,在一个周期内的平均值为
   (a)0 V　　(b)6.37 V
   (c)7.07 V　　(d)5 V
9. 峰值为 20 V 的正弦波,它的半个周期的平均值为
   (a)0 V　　(b)6.37 V
   (c)12.74 V　　(d)14.14 V
10. 一个正弦波在 10°处有正向过零点,另一个正弦波在 45°处有正向过零点,两个波形之间的相位差为
    (a)55°　　(b)35°
    (c)0°　　(d)以上都不是
11. 峰值为 15 A 的正弦波,在其正向过零点之后的 32°处瞬时值为
    (a)7.95 A　　(b)7.5 A
    (c)2.13 A　　(d)7.95 V
12. 相量代表了
    (a)某个量的大小　　(b)某个量的大小和方向
    (c)某个量的相角　　(d)某个量的长度
13. 如果流经 10 kΩ 电阻的电流有效值为 5 mA,则电阻两端的电压有效值为
    (a)70.7 V　　(b)7.07 V
    (c)5 V　　(d)50 V
14. 两个电阻串联后连接到交流电源上,如果一个电阻上的电压有效值为 6.5 V,另一个电阻上的电压有效值为 3.2 V,则电源电压峰值为
    (a)9.7 V　　(b)9.19 V
    (c)13.72 V　　(d)4.53 V
15. 三相感应电动机的一个优点是
    (a)在任何负载下都保持恒定转速
    (b)不需要起动绕组
    (c)有一个绕线转子
    (d)以上全部
16. 电动机定子磁场的同步转速与转子转速之差称为
    (a)差速　　(b)有载
    (c)滞后　　(d)转差
17. 频率为 10 kHz 的脉冲波形的脉冲宽度为 10 μs,其占空比为
    (a)100%　　(b)10%
    (c)1%　　(d)无法确定
18. 方波的占空比
    (a)随频率变化　　(b)随脉冲宽度变化
    (c)(a)和(b)　　(d)均为 50%
19. 正弦波横跨示波器上的 5 个垂直刻度,V/Div 设置为 0.2 V/Div,峰峰电压为
    (a)0.2 V　　(b)0.5 V
    (c)1.0 V　　(d)2.0 V
20. 在示波器上,"LEVEL"控制属于
    (a)触发控制　　(b)垂直控制
    (c)水平控制　　(d)显示控制

电路行为变化趋势判断（答案在本章末尾）

参见图 11-81

1. 如果电源电压增加，那么 R_3 两端的电压将
    (a)增大　　　(b)减小　　　(c)保持不变
2. 如果 R_4 断开，那么 R_3 两端的电压
    (a)增大　　　(b)减小　　　(c)保持不变
3. 如果电源电压的半个周期的平均值降低，那么 R_2 两端电压的有效值将
    (a)增大　　　(b)减小　　　(c)保持不变

参见图 11-83

4. 如果直流电压减小，那么流经 R_L 的电流平均值将
    (a)增大　　　(b)减小　　　(c)保持不变
5. 如果直流电压极性反向，那么流经 R_L 的电流有效值将
    (a)增大　　　(b)减小　　　(c)保持不变

参见图 11-90

6. 如果原型板左上角电阻的色环为蓝色、灰色、棕色、金色，而不是图上所显示的色环，那么示波器测量的通道 2 的电压将

    (a)增大　　　(b)减小　　　(c)保持不变
7. 如果通道 2 的探头从电阻右侧移到电阻左侧，那么所测量电压的振幅将
    (a)增大　　　(b)减小　　　(c)保持不变
8. 如果最右侧电阻的底部引线断开，那么通道 2 的电压将
    (a)增大　　　(b)减小　　　(c)保持不变
9. 如果连接上面两个电阻的导线断开，信号源的负载效应会发生改变，那么通道 1 的电压将
    (a)增大　　　(b)减小　　　(c)保持不变

参见图 11-91

10. 如果最右边电阻的第三个环是橙色而不是红色，那么通道 1 电压将
    (a)增大　　　(b)减小　　　(c)保持不变
11. 如果左上角电阻断开，那么通道 1 的电压将
    (a)增大　　　(b)减小　　　(c)保持不变
12. 如果左下角电阻断开，那么通道 1 的电压将
    (a)增大　　　(b)减小　　　(c)保持不变

分节习题（较难的问题用星号（＊）表示，奇数题答案在本书末尾）

11.1 节

1. 计算以下每个周期值对应的频率：
    (a)1 s　　　　　　(b)0.2 s
    (c)50 ms　　　　　(d)1 ms
    (e)500 μs　　　　(f)10 μs
2. 计算以下每个频率值对应的周期：
    (a)1Hz　　　　　　(b)60 Hz
    (c)500 Hz　　　　(d)1 kHz
    (e)200 kHz　　　(f)5 MHz
3. 正弦波在 10 μs 内经过 5 个循环，周期是多少？
4. 正弦波的频率是 50 kHz，在 10 ms 内完成多少个循环？
5. 10 kHz 正弦波完成 100 个循环需要多长时间？

11.2 节

6. 正弦波的峰值电压为 12 V，确定以下各值：
    (a)有效值　　　　　(b)峰峰值
    (c)平均值
7. 正弦电流的有效值为 5 mA，确定以下各值：
    (a)峰值　　　　　　(b)平均值
    (c)峰峰值
8. 对于图 11-77 中的正弦波，确定峰值、峰峰值、有效值和平均值。

11.3 节

9. 将以下角度值从度转换为弧度：
    (a)30°　　　　　　(b)45°
    (c)78°　　　　　　(d)135°
    (e)200°　　　　　(f)300°

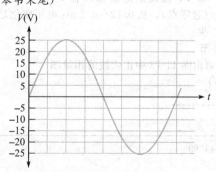

图　11-77

10. 将以下角度值从弧度转换为度(°)：
    (a)π/8 rad　　　　(b)π/3 rad
    (c)π/2 rad　　　　(d)3 π/5 rad
    (e)6 π/5 rad　　　(f)1.8 π rad
11. 正弦波 A 在 30°处正向过零，正弦波 B 在 45°处正向过零，确定两个信号之间的相位差，哪个信号超前？
12. 一个正弦波在 75°处有正峰值，另一个正弦波在 100°处有正峰值，每个正弦波都以 0°为基准，则每个正弦波的相移是多少？它们之间的相位差是多少？
13. 画出如下两个正弦波简图：以正弦波 A 为参考，正弦波 B 滞后 A 90°，两者的振幅相同。

11.4 节

14. 某个正弦波在 0°处有一个正向过零点，有效值

为 20 V，计算其在以下各角度时的瞬时值：

(a)15° (b)33°

(c)50° (d)110°

(e)70° (f)145°

(g)250° (h)325°

15. 相对参考电流相角为 0°的正弦电流，峰值为 100 mA。确定以下各点的瞬时值：

(a)35° (b)95°

(c)190° (d)215°

(e)275° (f)360°

16. 对于有效值为 6.37 V 以 0°为参考点的正弦波，确定其以下各点的瞬时值：

(a)$\pi/8$ rad (b)$\pi/4$ rad

(c)$\pi/2$ rad (d)$3\pi/4$ rad

(e)π rad (f)$3\pi/2$ rad

(g)2π rad

17. 正弦波 A 比正弦波 B 滞后 30°，峰值电压均为 15 V，作为参考的正弦波 A 在 0°处有正向过零点，确定正弦波 B 在 30°、45°、90°、180°、200°和 300°时的瞬时值。

18. 如果正弦波 A 超前正弦波 B 30°，重复问题 17。

* 19. 某个正弦波的频率为 2.2 kHz，有效值为 25 V，假设给定的循环在 $t=0$ s 时开始（过零点），从 0.12~0.2 ms 电压变化是多少？

11.5 节

20. 画出图 11-78 中正弦波的相量图。

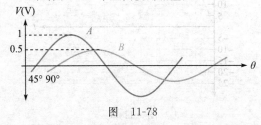

图 11-78

21. 绘制图 11-79 中的相量图所表示的正弦波。相量长度代表峰值。

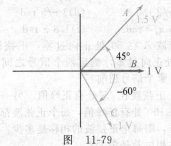

图 11-79

22. 确定每个角速度代表的频率：

(a)60 rad/s (b)360 rad/s

(c)2 rad/s (d)1256 rad/s

23. 从正向过零点开始度量，确定图 11-78 中的正弦波 A 在下列各时刻的值。假设频率为 5 kHz。

(a)30 μs (b)75 μs

(c)125 μs

11.6 节

24. 在图 11-80 中，对电阻电路施加正弦电压。确定以下各值：

(a)I_{rms} (b)I_{avg}

(c)I_p (d)I_{pp}

(e)i 的正峰值

25. 求出图 11-81 所示电路中 R_1 和 R_2 两端半个周期的电压平均值，图中标注的所有值均为有效值。

26. 确定图 11-82 中 R_3 两端电压的有效值。

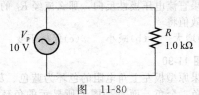

图 11-80

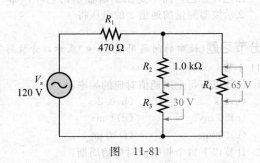

图 11-81

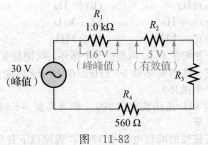

图 11-82

27. 有效值为 10.6 V 的正弦波叠加在 24 V 的直流电源上，叠加后波形的最大值和最小值是多少？

28. 为了使叠加后的电压没有负值，必须在有效值为 3 V 的正弦波上叠加多大的直流电压？

29. 一个峰值为 6 V 的正弦波叠加在 8 V 的直流电压上，如果直流电压降到 5 V，正弦波在什么情况下为负？

* 30. 图 11-83 所示为与直流电源串联的正弦电压源，实际上这两个电压是叠加的，确定负载电阻的功率。

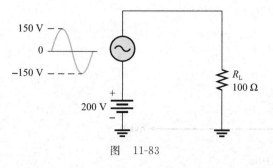

图 11-83

11.7 节

31. 对于简单的两极单相交流发电机，转子上的导电回路以 250 r/s 的速度旋转，则感应输出电压的频率是多少？

32. 某四极交流发电机转速为 3600 r/min，则发电机产生的电压频率是多少？

33. 四极交流发电机必须以多大的转速运行才能产生 400 Hz 的正弦电压？

34. 飞机上的交流发电机的常见频率是 400 Hz，如果转速为 3000 r/min，则 400 Hz 交流发电机有多少极？

11.8 节

35. 单相感应电动机和三相感应电动机的主要区别是什么？

36. 如果励磁线圈中没有运动部件，解释三相电动机中的磁场如何旋转。

11.9 节

37. 根据图 11-84 中的图表，确定 t_r、t_f、t_w 和幅值的近似值。

38. 脉冲波形的重复频率为 2 kHz，脉冲宽度为 1 μs，则占空比是多少？

39. 计算图 11-85 中脉冲波形的平均值。

40. 求图 11-86 中每个波形的占空比。

41. 求图 11-86 中每个脉冲波形的平均值。

42. 图 11-86 中每个波形的频率是多少？

43. 图 11-87 中每个锯齿波的频率是多少？

*44. 图 11-88 是名为阶梯的非正弦波形，确定其平均值。

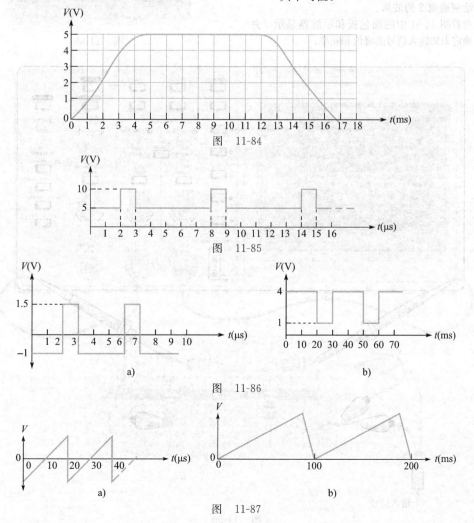

图 11-84

图 11-85

a)

b)

图 11-86

a)

b)

图 11-87

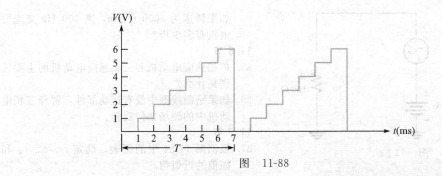

图 11-88

45. 方波的周期为 40 μs，列出前 6 个奇次谐波。

46. 问题 45 中方波的基波频率(基频)是多少？

11.10 节

47. 读出图 11-89 所示示波器屏幕上显示的正弦波峰值和周期。

*48. 根据示波器的设置和屏幕显示，确定图 11-90 中输入信号和输出信号的频率和峰值。所示波形为通道 1。按照示波器上的设置，绘制通道 2 的波形。

*49. 查看图 11-91 中的面包板和示波器显示，并确定未知输入信号的峰值和频率。

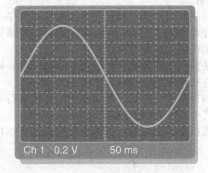

图 11-89

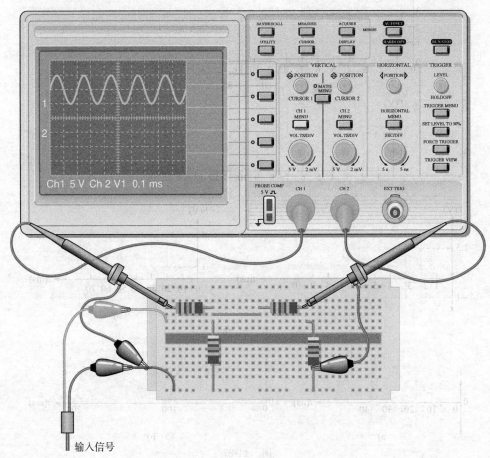

图 11-90

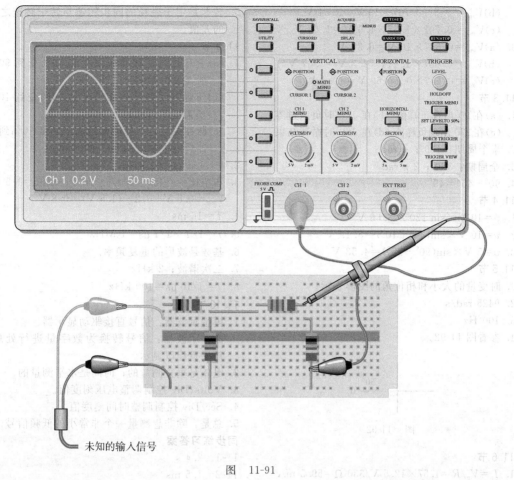

未知的输入信号

图 11-91

Multisim 仿真故障排查和分析
下述问题需要 Multisim。

50. 打开文件 P11-50，测量每个电阻的电压峰值
和有效值。

51. 打开文件 P11-51，测量每个电阻的电压峰值
和有效值。

52. 打开文件 P11-52，确定是否存在故障，如果
存在，则识别故障。

53. 打开文件 P11-53，测量电路中各支路电流的
有效值。

54. 打开文件 P11-54，确定是否存在故障，如果
存在，则识别故障。

55. 打开文件 P11-55，用示波器测量电阻上的总
电压。

56. 打开文件 P11-56，用示波器测量电阻上的总
电压。

参考答案

学习效果检测答案

11.1 节

1. 正弦波的一个周期是从过零点到正峰值，然
后再从过零点到负峰值，最后回到零。

2. 正弦波在过零点处改变极性。

3. 正弦波每个周期有两个最大点(峰值)。

4. 周期是从一个过零点到下一个对应的过零点，
或者从一个峰值到下一个对应峰值所需的时间。

5. 频率是 1 s 内完成的循环数；频率单位是赫
[兹]。

6. $f = 1/T = 200$ kHz

7. $T = 1/f = 8.33$ ms

8. 任意函数发生器具有一定数量的内置波形；
任意波形发生器可以通过数学函数或根据输
入的图形定义输出。

11.2 节

1. (a) $V_{pp} = 2 \times 1$ V $= 2$ V

   (b) $V_{pp} = 2 \times 1.414 \times 1.414$ V $= 4$ V

   (c) $V_{pp} = 2 \times 1.57 \times 3$ V $= 9.42$ V

2. (a) $V_{rms} = 0.707 \times 2.5$ V $= 1.77$ V

(b)$V_{rms}=0.5\times0.707\times10$ V$=3.54$ V

(c)$V_{rms}=0.707\times1.57\times1.5$ V$=1.66$ V

3. (a)$V_{avg}=0.637\times10$ V$=6.37$ V

(b)$V_{avg}=0.637\times1.414\times2.3$ V$=2.07$ V

(c)$V_{avg}=0.637\times0.5\times60$ V$=19.1$ V

11.3 节

1. (a)在 90°出现正峰值 (b)在 180°时负向过零

(c)在 270°出现负峰值 (d)在 360°时循环结束

2. 半个周期：180°；π rad

3. 全周期：360°；2π rad

4. 90°—45°$=45$°

11.4 节

1. $v=10$ V$\times\sin120$°$=8.66$ V

2. $v=10$ V$\times\sin(45$°$+10$°$)=8.19$ V

3. $v=5$ V$\times\sin(90$°-25°$)=4.53$ V

11.5 节

1. 时变量的大小和相位角的图形表示。

2. 9425 rad/s

3. 100 Hz

4. 参看图 11-92。

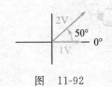

图　11-92

11.6 节

1. $I_p=V_p/R=1.57\times12.5$ V/330 $\Omega=59.5$ mA

2. $V_{s(rms)}=0.707\times25.3$ V$=17.9$ V

3. $+V_{max}=5$ V$+2.5$ V$=7.5$ V

4. 是交变的。

5. $+V_{max}=5$ V-2.5 V$=2.5$ V

11.7 节

1. 极数和转子转速。

2. 电刷不需要传导输出电流。

3. 向大型交流发电机提供转子电流的直流发电机。

4. 二极管将从定子处来的交流电转换为直流电，并产生输出。

11.8 节

1. 区别在于转子。在感应电动机中，转子通过变压器原理获得电流；在同步电动机中，转子是永磁铁或电磁铁，通过集电环和电刷由外部电源提供电流。

2. 大小是恒定的。

3. 电动机起动器将电动机与主电源隔离，保护其不受短路和过载的影响，并逐步起动，能够避免起动时的大电流。

4. 鼠笼由导体组成，在转子中该导体产生电流。

5. 转差是定子磁场的同步转速与转子转速之间的差值。

11.9 节

1. (a)上升时间是脉冲从幅度的 10%变到 90%所需要的时间；

(b)下降时间是脉冲从幅度的 90%变到 10%所需要的时间；

(c)脉冲宽度是从脉冲前沿的中幅度 50%到脉冲后沿中幅度的 50%的时间。

2. $f=1/1$ ms$=1$ kHz

3. 占空比$=(1/5)\times100$%$=20$%；幅值$=1.5$ V；$V_{avg}=0.5$ V$+0.2\times(1.5$ V$)=0.8$ V

4. $T=16$ ms

5. $f=1/T=1/1$ μs$=1$ MHz

6. 基频是波形的重复频率。

7. 二次谐波；2 kHz

8. $f=1/10$ μs$=100$ kHz

11.10 节

1. 模拟示波器：信号直接驱动显示器。

数字示波器：信号转换为数字量进行处理，然后重建以显示。

2. 电压是垂直测量的；时间是水平测量的。

3. Volts/Div 控制调整电压刻度值。

4. Sec/Div 控制调整时间刻度值。

5. 总是，除非想测量一个非常小的低频信号。

同步练习答案

11-1　2.4 s

11-2　1.5 ms

11-3　20 kHz

11-4　200 Hz

11-5　66.7 kHz

11-6　$V_{pp}=50$ V；$V_{rms}=17.7$ V；$V_{avg}=15.9$ V

11-7　(a)$\pi/12$ rad　　(b)112.5°

11-8　8°

11-9　18.1 V

11-10　10.6 V

11-11　在 -85°时 5 V

11-12　34.2 V

11-13　$I_{rms}=4.53$ mA；$V_{1(rms)}=4.53$ V；$V_{2(rms)}=2.54$ V；$P_{tot}=32.0$ mW

11-14　23.7 V

11-15　图 a 中的波形总不为负。图 b 中的波形在周期一部分时间内变为负值。

11-16　250 r/min

11-17　5%

11-18　1.2 V

11-19　120 V

11-20　图 a 为 1.06 V，50 Hz；

图 b 为 88.4 mV，1.67 kHz；

图 c 为 4.81 V, 5 kHz;

图 d 为 7.07 V, 250 kHz

对/错判断答案

1. T	2. F	3. F	4. T
5. T	6. F	7. T	8. F
9. F	10. T	11. T	12. T

自我检测答案

1. (b)	2. (b)	3. (c)	4. (b)

5. (d)	6. (a)	7. (a)	8. (a)
9. (c)	10. (b)	11. (a)	12. (b)
13. (d)	14. (c)	15. (b)	16. (d)
17. (b)	18. (d)	19. (c)	20. (a)

电路行为变化趋势判断答案

1. (a)	2. (a)	3. (b)	4. (b)
5. (c)	6. (b)	7. (a)	8. (a)
9. (a)	10. (a)	11. (b)	12. (a)

B3 4.81 V、1.56 kHz

B4 63、6.80 V、25 kHz

偶数题答案

1.7

3.7

5.C   7.J   9.F

11.V   13.V   15.(b)

17.(d)   19.(d)

自我检测答案

1.(b)   3.(e)   5.(a)   7.(d)

第 12 章
电　容

B.(b)   5.(b)   7.(b)   9.(b)

12.(d)   14.(c)   15.(c)   17.(b)

7.A   9.J

7.T

11.V   15.(b)

17.(d)   19.(d)

电路行为变化的测量答案

1.(b)   3.(b)   5.(b)   7.(b)

3.(b)   5.(b)   7.(b)   9.(b)

1.(a)   13.(c)   15.(c)   17.(b)

▶ **教学目标**
- 描述电容的基本结构和特性
- 讨论电容的各种类型
- 分析电容的串联
- 分析电容的并联
- 分析直流开关电路中的电容
- 分析交流电路中的电容
- 讨论电容的一些应用
- 描述开关电容电路的工作过程

▶ **应用案例预览**

在应用案例中，你将看到电容如何将电压信号耦合于放大器中，还将利用示波器波形对电路进行故障排查。

▶ **引言**

在前面章节中，电阻是唯一的无源电气元件。电容和电感也是基本的无源电气元件，本章学习电容，第 13 章学习电感。

本章将学习电容的构造及其特性，研究电容的物理结构和电气性能，分析电容的串联和并联。其中，电容在直流和交流电路中如何工作是本书学习的重要内容，是研究电抗性电路频率响应和时间响应的基础。

电容是一种可以存储电荷的电气元件，由此产生电场并存储电场能量。电容储能能力的度量是电容值。当正弦信号施加到一个电容上时，它以某种方式响应该信号，并对电流有阻碍作用，阻碍情况取决于信号的频率。这种对电流的阻碍作用称为容抗。

12.1　基本电容器

电容器（简称电容）是一种能够存储电荷的无源电气元件。

学完本节内容后，你应该能够描述电容器的基本结构和特性，具体就是：
- 解释电容如何存储电荷。
- 定义电容值和单位。
- 解释电容如何存储能量。
- 讨论电压额定值和温度系数。
- 解释电容的泄漏电流。
- 说明几何参数和电气参数如何影响电容值。

12.1.1　电容器的基本结构

电容器是存储电荷的电气元件，最简单的结构是由两块平行导电极板构成，极板之间用称为**电介质**的绝缘材料隔离，连接引线被接到极板上。基本电容器如图 12-1a 所示，

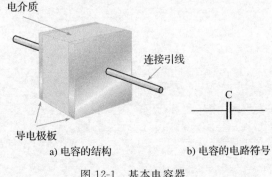

a) 电容的结构　　　　　b) 电容的电路符号

图 12-1　基本电容器

电路符号如图 12-1b 所示。

12.1.2　电容如何存储电荷

　　观察图 12-2a，在中性状态下电容的两个极板上有相同数量的自由电子。再观察图 12-2b，当电容通过电阻连接到电压源时，从极板 A 抽出电子(负电荷)，并且在极板 B 上沉积等量的电子。当极板 A 失去电子而极板 B 获得电子时，极板 A 相对于极板 B 表现为正极性。在这个充电过程中，电子只流经连接引线。因为电介质是绝缘体，所以没有电子能够流过电介质，但电介质却被极化有了极性。当电容两端电压等于电源电压时，电子停止运动，如图 12-2c 所示。如果电容与电源断开，如图 12-2d 所示，电容能够将存储的电荷保持很长一段时间(时间长短取决于电容类型)，在这段时间内极板两端仍有电压。充了电的电容可以作为一个临时电池。

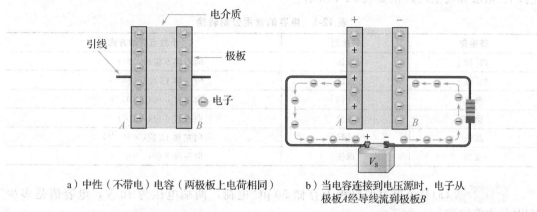

a) 中性 (不带电) 电容 (两极板上电荷相同)　　b) 当电容连接到电压源时，电子从
极板A经导线流到极板B

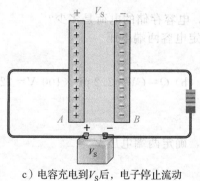

c) 电容充电到V_S后，电子停止流动　　　d) 理想情况下，电容与电压源断
开后极板电荷保持不变

图 12-2　电容存储电荷示意图

⚠ 安全小贴士

　　电容能够在电路断电后长时间存储电荷，在某些情况下是有危险的，因此在接触电容时要小心。如果触碰了连接电容的引线，电容通过你放电，那么你可能会受到电击! 所以在处理电容之前，最好使用带有某种绝缘手柄的短路工具对电容进行放电。

12.1.3　电容值

　　电容值是单位电压下电容极板上存储的电荷量，用符号 C 来表示。**电容值**是电容存储电荷能力的度量。在电压相同的情况下，电容存储的电荷越多，电容值就越大，如下式所示:

$$C = \frac{Q}{V} \tag{12-1}$$

其中，C 是电容值，Q 为电荷量，V 是电压。

重新改写式(12-1)，可得到另外两个公式。

$$Q = CV \tag{12-2}$$

$$V = \frac{Q}{C} \tag{12-3}$$

电容的单位 电容的基本单位是法[拉]，符号为 F。回顾一下，电荷的单位是库[仑]，符号为正体字母 C，不要与表示电容值的斜体字母 C 混淆。

当极板间电压为 1V，且极板存储的电荷刚好是 1C 时，这个电容值就是 1F。

电子设备中的电容大多以微法（μF）和皮法（pF）为单位，$1\,\mu F = 1 \times 10^{-6}\,F$，$1\,pF = 1 \times 10^{-12}\,F$。这两个单位是通常标记电容值的单位，但纳法（nF）通常用于电路图和 Multisim、LTSpice 等仿真软件中。偶尔使用毫法（mF），由于它太大，很少使用。法[拉]、微法和皮法的转换如表 12-1 所示。

表 12-1 电容的常用公制转换

转换自	转换到	小数点移动方式
法[拉]	微法	向右移 6 位（$\times 10^6$）
法[拉]	皮法	向右移 12 位（$\times 10^{12}$）
微法	法[拉]	向左移 6 位（$\times 10^{-6}$）
微法	皮法	向右移 6 位（$\times 10^6$）
皮法	法[拉]	向左移 12 位（$\times 10^{-12}$）
皮法	微法	向左移 6 位（$\times 10^{-6}$）

例 12-1 （a）某个电容的极板上存储 50 μC 电荷，两端电压为 10 V，电容值是多少（以 μF 为单位）？

（b）2.2 μF 电容的极板两端电压是 100 V，电容存储的电荷是多少？

（c）0.68 μF 电容存储的电荷是 20 μC，确定电容两端电压。

解

(a) $C = \dfrac{Q}{V} = \dfrac{50\ \mu C}{10\ V} = 5\ \mu F$ (b) $Q = CV = 2.2\ \mu F \times 100\ V = 220\ \mu C$

(c) $V = \dfrac{Q}{C} = \dfrac{20\ \mu C}{0.68\ \mu F} = 29.4\ V$

同步练习 如果 $C = 5000$ pF、$Q = 1.0$ μC，确定两端电压 V。

例 12-2 将下列电容值转化为 μF。

(a) 0.000 01 F   (b) 0.0047 F

(c) 1000 pF   (d) 220 pF

解

(a) $0.000\ 01\ F \times 10^6 \mu F/F = 10\ \mu F$ (b) $0.0047\ F \times 10^6 \mu F /F = 4700\ \mu F$

(c) $1000\ pF \times 10^{-6} \mu F/pF = 0.001\ \mu F$ (d) $220\ pF \times 10^{-6} \mu F/pF = 0.000\ 22\ \mu F$

同步练习 将 47 000 pF 转为 μF。

例 12-3 将下列数值转为 pF。

(a) 0.1×10^{-8} F   (b) 0.000 022 F

(c) 0.01 μF   (d) 0.0047 μF

解

(a) $0.1 \times 10^{-8}\ F \times 10^{12}\ pF/F = 1000\ pF$ (b) $0.000\ 022\ F \times 10^{12}\ pF/F = 22 \times 10^6\ pF$

(c) $0.01\ \mu F \times 10^6\ pF/\mu F = 10\ 000\ pF$ (d) $0.0047\ \mu F \times 10^6\ pF/\mu F = 4700\ pF$

同步练习 将 100 μF 转为 pF。

12.1.4 电容如何存储能量

存储在两个极板上极性相反的电荷在电容中形成电场，电容以电场的形式存储能量。电场集中在电介质中，正、负电荷之间的电场线表示电场，如图 12-3 所示。虽然电流不会流过电介质，但电介质中的分子本身会被电场极化，在电介质内产生极化区域。被极化的分子同样产生电场，因而降低了电介质中的总电场。好的电介质很容易被极化。

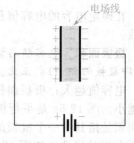
电场线

图 12-3 中的极板由于连接到电池而带电，两个极板之间形成一个电场，存储电场能量。电场中存储的能量与电容大小和电压的平方有关，存储能量的公式如下所示：

$$W = \frac{1}{2}CV^2$$ (12-4)

图 12-3 电容内电场存储能量

其中，电容(C)的单位是 F，电压(V)的单位是 V，能量(W)的单位是 J。

12.1.5 电压额定值

每个电容极板上所能承受的电压是有限的。额定电压规定在不损坏电容的情况下可施加的最大直流电压，如果超过这个值(通常称为击穿电压或工作电压)，会造成电容永久性损坏。

在使用电容之前，必须同时考虑电容值和电压额定值。电容值的选择基于特定电路需求，电压额定值应始终大于工作时的最大电压。

介电强度 电容的击穿电压由所用介电材料的**介电强度**决定。介电强度单位为 V/mil (密耳)(1 mil$=0.001$ in$=25.4\times10^{-6}$ m$=25.4$ μm)，表 12-2 列出了几种材料的典型值，精确值取决于材料的具体成分。

表 12-2 常见介电材料的介电强度

材料	介电强度 (V/mil)	材料	介电强度 (V/mil)
空气	80	特氟隆	1500
油	375	云母	1500
陶瓷	1000	玻璃	2000
纸(石蜡)	1200		

通过一个例子可以很好地解释电容的介电强度。假设某个电容的极板间距为 1 mil，介电材料为陶瓷，因为介电强度是 1000 V/mil，所以这个电容可以承受的最大电压是 1000 V。如果超过这个电压，电介质就可能被击穿，产生电流，从而对电容造成永久性损坏。同理，如果陶瓷电容的极板间距为 2 mil，则其击穿电压便是 2000 V。

12.1.6 温度系数

温度系数表示电容值随温度变化的量值和趋势。正温度系数说明电容值随温度升高而增大或随温度降低而减小，负系数则相反。

温度系数通常以百万分之一/摄氏度(ppm/℃)表示。例如，对于一个 1 μF、温度系数为-150 ppm/℃的电容，意味着温度每升高 1 ℃，电容就会减小 150 pF。

12.1.7 泄漏电流

没有一种绝缘材料是完全绝缘的。任何电容的电介质都会流过非常小的电流，因此，电容的电荷最终会完全泄漏掉。某些类型电容(如大的电解电容)比其他类型电容泄漏得更快。非理想电容的等效电

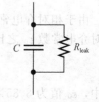
图 12-4 非理想电容的等效电路

路如图 12-4 所示，并联电阻 R_{leak} 表示介电材料的电阻，一般很大（几百千欧或更大），流过它的电流就是泄漏电流。

12.1.8 电容的物理特性

在确定电容的电容值和额定电压时，以下参数非常重要：极板面积、极板间距和介电常数。

极板面积 电容值与极板的物理尺寸（即极板面积 A）成正比。极板面积越大，电容值越大；极板面积越小，电容值越小。图 12-5a 是平行极板电容，极板面积是指其中一个极板的面积。如果极板有相对移动，如图 12-5b 所示，则有效极板面积是指重叠区域的面积。通过改变有效面积，可以制作可变电容。

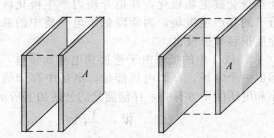

a) 整个极板面积：电容值大　b) 减小极板有效面积：电容值减小

图 12-5　电容值与极板面积（A）成正比

极板间距 电容值与极板间距成反比。如图 12-6 所示，极板间距为 d，极板间距越大，电容越小。

如前所述，击穿电压与极板间距成正比。极板相距越远，击穿电压便越大。

介电常数 如你已知，电容极板之间的绝缘材料叫作电介质。对于给定电荷，介电材料在极化后会降低极板之间的电压，从而增加电容值。在电压一定时，相比于没有电介质的情况，有电介质时能够存储更多的电荷。衡量介质建立电场的能力称为**介电常数**或相对介电常数，用 ε_r 表示（ε 是希腊字母 epsilon）。

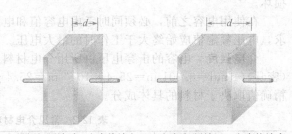

a) 极板相隔越近：电容值越大　b) 极板相隔越远：电容值越小

图 12-6　电容值与极板间距成反比

电容值与介电常数成正比。真空的相对介电常数为 1，空气的相对介电常数非常接近 1。以这些数值作为参考，其他材料的 ε_r 值就是相对于真空的介电常数。在其他所有因素都相同的情况下，$\varepsilon_r = 8$ 的材料可以产生比空气大 8 倍的电容值。

表 12-3 列出了几种常见的介电材料和它们的相对介电常数。实际值可能略有出入，最终取决于材料的具体成分。

表 12-3　常见介电材料及其典型相对介电常数

材　　料	ε_r 典型值	材　　料	ε_r 典型值
空气（真空）	1.0	云母	5.0
纸（石蜡）	2.5	玻璃	7.5
油	4.0	陶瓷	1200

由于相对介电常数是一个相对值，因此无量纲。它是材料的绝对介电常数 ε 与真空的绝对介电常数 ε_0 之比，用以下公式表示：

$$\varepsilon_r = \frac{\varepsilon}{\varepsilon_0} \tag{12-5}$$

其中，ε_0 值为 $8.85 \times 10^{-12} \, \mathrm{F/m}$。

电容计算公式 你已经知道电容值与极板面积 A、介电常数 ε_r 成正比，与极板间距 d 成反比，用这 3 个量计算电容值的精确公式是：

$$C = \frac{A \varepsilon_r (8.85 \times 10^{-12} \text{ F/m})}{d} \qquad (12\text{-}6)$$

其中，A 的单位为平方米（m^2）；d 的单位为米（m）；C 的单位为法拉（F）。真空的绝对介电常数 ε_0 是 8.85×10^{-12} F/m，所以从式(12-5)得出电介质的绝对介电常数（ε）是：

$$\varepsilon = \varepsilon_r (8.85 \times 10^{-12} \text{ F/m})$$

例 12-4 确定平行板电容器的电容值，其极板面积是 0.01 m^2，极板间距 0.5 mil（即为 1.27×10^{-5} m），电介质是云母，相对介电常数是 5.0。

解

利用式(12-6)得，

$$C = \frac{A \varepsilon_r (8.85 \times 10^{-12} \text{ F/m})}{d} = \frac{0.01 \text{ m}^2 \times 5.0 \times 8.85 \times 10^{-12} \text{ F/m}}{1.27 \times 10^{-5} \text{ m}} = 34.8 \text{ nF}$$

同步练习 $A = 3.6 \times 10^{-5} \text{ m}^2$、$d = 1$ mil（即 2.54×10^{-5} m）、电介质是陶瓷，计算电容值 C。

学习效果检测

1. 定义电容值。
2. (a) 1 法[拉]是多少微法？
   (b) 1 法[拉]是多少皮法？
   (c) 1 微法有多少皮法？
3. 将 0.0015 μF 转换为以皮法和法[拉]为单位。
4. 当极板两端电压是 15 V 时，0.01 μF 电容存储了多少焦[耳]的能量？
5. (a) 当电容的极板面积增大时，电容值是增大还是减小？
   (b) 当极板间距增加时，电容值是增大还是减少？
6. 电容的极板被 2 mil 厚的陶瓷介质隔开，则典型的击穿电压是多少？
7. 2 μF 电容在 25 ℃ 下的正温度系数为 50 ppm/℃，当温度升高到 125 ℃ 时，电容值是多少？

12.2 电容器的类型

通常根据介电材料的类型，以及它们如何被极化进行分类。最常见的介电材料有云母、陶瓷、塑料薄膜和电解质（氧化铝和氧化钽）。

学完本节内容后，你应该能够讨论多种类型的电容，具体就是：

- 描述云母、陶瓷、塑料薄膜和电解电容的特性。
- 描述可变电容的种类。
- 识别电容标示。
- 了解电容值的测量。

12.2.1 固定电容

云母电容 云母电容有两种类型：金属箔叠层和银云母。金属箔叠层型的基本结构如图 12-7 所示，其中多层金属箔和云母薄片相互交替叠加，金属箔形成极板，间隔的金属箔连接在一起，以增加极板面积，层数越多面积越大，电容值也越大。云母/金属箔叠层封装在诸如酚醛树脂的绝缘材料中，如图 12-7b 所示。银云母电容的结构与之类似，是用银作为电极材料。

云母电容的电容值范围为 1 pF ～ 0.1 μF，电压额定值为直流 100 ～ 2500V。云母的典型介电常数为 5。

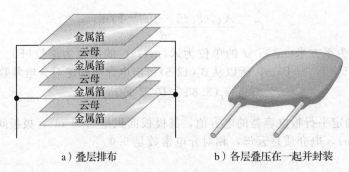

a) 叠层排布　　　　　　b) 各层叠压在一起并封装

图 12-7　一种典型的径向引线的云母电容结构

陶瓷电容　陶瓷电介质的介电常数非常大（典型值为1200），因此可以在物理尺寸较小的情况下获得较大的电容值。陶瓷电容通常是陶瓷碟形（如图 12-8 所示）、多层径向引线结构（如图 12-9所示），或安装在印制电路板中的无引线陶瓷贴片上（如图 12-10 所示）。

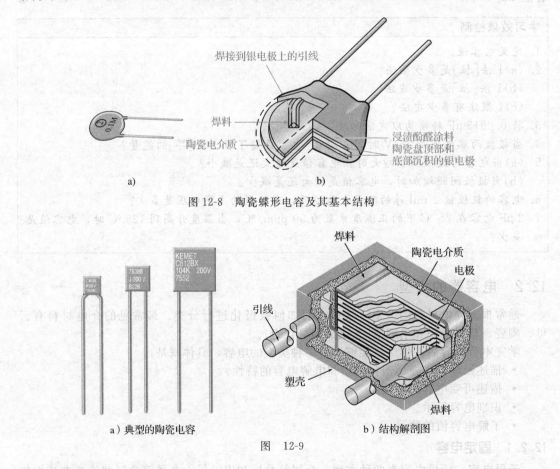

图 12-8　陶瓷蝶形电容及其基本结构

图　12-9

陶瓷电容的大小通常为 1 pF～100 μF，额定电压可达 6 kV。

技术小贴士　科学家们正在研究石墨烯，这是一种碳基材料，可用于改进充电电池和超级电容器的充电性能。因其具有储存大量电荷的能力，所以从办公室复印机到电动汽车，在许多应用中有着重要作用。因为风能和太阳能等可再生能源需要大量储存，所以这项新技术可能会加速新能源的发展。

塑料薄膜电容　塑料薄膜电容常用的介电材料有聚碳酸酯、丙烯、聚酯、聚苯乙烯、聚丙烯和聚酯薄膜，其中一些类型的电容值高达 100 μF，但大多数还是小于 1 μF。

图 12-11 所示为塑料薄膜电容的常见结构。正如图中所示，作为电介质的一层塑料薄膜夹在作为电极的两个薄金属层之间，一根引线连接至内金属箔，另一根引线连接至外，金属箔然后将这些层以螺旋状卷绕并封装在塑壳中。因此封装体积小但极板面积大，从而具有较大的电容值。另一种方法是直接在薄膜电介质上镀上金属以形成极板。

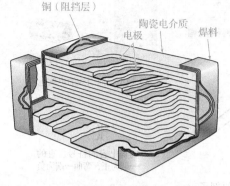

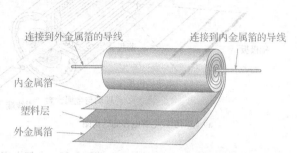

图 12-10　安装在即制电路板表面的陶　　　图 12-11　轴向引线管状塑料薄膜介质电容的基本结构
　　　　　瓷电容的结构剖视图

图 12-12a 是典型的塑料薄膜电容，图 12-12b 是某种塑料薄膜电容的结构剖视图。

电解电容　电解电容是有极性的，一个极是正的，另一个是负。这种电容的电容值范围为 1～200 000 μF，但击穿电压相对较低（最大值一般是 350 V，有些电容的额定电压更低）。电解电容的泄漏电流通常比较大。在本书中，1 μF 或更大的电容被认为是有极性的。

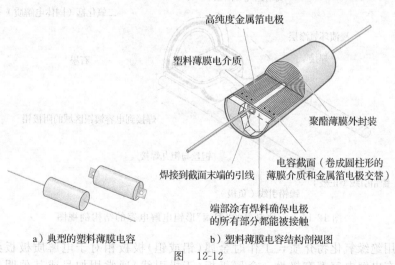

　　　a）典型的塑料薄膜电容　　　　　　b）塑料薄膜电容结构剖视图

图　12-12

近年来，制造商开发了具有大电容值的新型电解电容，但是，这些新型超级电容器的额定电压比小电容值的低，且价格偏贵。超级电容器的电容值有数百法［拉］，可应用于备用电池和需要大电容的小型电动机起动器中。

电解电容比云母或陶瓷电容有更高的电容值，但其额定电压通常较低。最常见类型是铝电解电容。其他类型的电容使用两个相类似的极板，而电解电容中用铝箔作为一个极板，另一个极板是将导电电解质制在诸如塑料薄膜的材料上。这两个"极板"被铝板表面形成的一层氧化铝隔开。图 12-13a 是具有轴向引线的典型铝电解电容的基本结构，图 12-13b 是其他具有径向引线的电解电容；电解电容的符号如图 12-13c 所示。

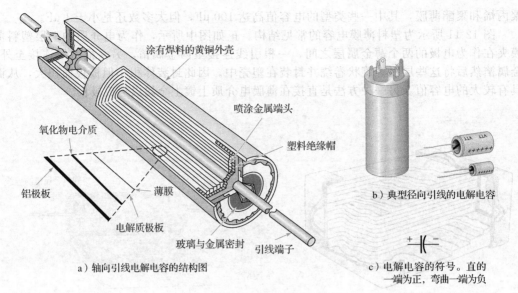

氧化物电介质

涂有焊料的黄铜外壳

喷涂金属端头

塑料绝缘帽

铝极板

薄膜

电解质极板

玻璃与金属密封

引线端子

b）典型径向引线的电解电容

a）轴向引线电解电容的结构图

c）电解电容的符号。直的
一端为正，弯曲一端为负

图 12-13　电解电容的例子

钽电解电容与图 12-13 所示的管状结构相似，也可以是图 12-14 所示的"泪滴"形状。在泪滴状结构中，正极板实际上是一个钽粉颗粒，而不是一张金属箔，电介质为五氧化二钽，负极板用的是二氧化锰。

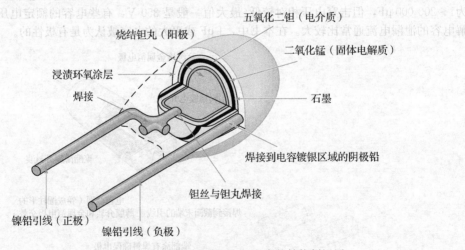

五氧化二钽（电介质）

烧结钽丸（阳极）

二氧化锰（固体电解质）

浸渍环氧涂层

焊接

石墨

焊接到电容镀银区域的阴极铅

钽丝与钽丸焊接

镍铅引线（正极）

镍铅引线（负极）

图 12-14　一种典型的"泪滴"形钽电解电容的结构剖视图

由于采用绝缘氧化物介质，工作时金属（铝或钽）极板相对于电解质极板必须始终为正，因此所有电解电容都有极性。金属极板（正极引线）通常用加号或其他明显标记来表示，并且这种电容必须应用在电压极性不改变的直流或脉动直流电路中。电压极性的改变通常会导致电解电容被完全损坏。

当电解电容在使用过程中没有完全放电并保持剩余电荷时，会出现介质吸收问题。介质吸收是电容电压自发产生的，是指电容在长时间充电后短暂放电，电容电压会再生，这是由于介质中的延迟偶极子放电而产生的。大约 25% 的有缺陷电容会出现这种情况。

⚠️ **安全小贴士**

因为电解电容的特殊连接方式可能造成不同后果，所以应用它时要特别小心，务必正确连接两个电极。如果极性接反，可能发生爆炸，造成人身伤害。

12.2.2　可变电容

当需要手动或自动调整电容值时，电路中可使用可变电容。这些电容值通常小于 300 pF，但在特殊应用中电容值可以更大些。可变电容的符号如图 12-15a 所示，图 12-15b 是一个带旋转控制的可变电容，它通过增加或减少电容极板的重叠面积（即有效面积）来改变电容。

可变电容通常使用带有开槽的螺钉进行调整，可用在电路中对电容进行精细调整，因此称为**微调器**。在这类电容器中，陶瓷或云母是常见的电介质，通过调整极板间距来改变电容值。一般来说，微调电容的电容值小于 100 pF。图 12-16 为一些典型的微调电容。

a) 可变电容的符号　　b) 带旋转控制的可变电容

图　12-15　　　　　　　　　　　　　　　图 12-16　微调电容示例

压控电容器也是一种可变电容，但它是一种半导体器件，其电容特性随两端电压的变化而变化。通常在电子器件课程中详细介绍它。

12.2.3　电容的标示

电容器用印刷在电容上的字母数字或色环来标识其电容值、额定电压和公差等各种参数。

有些电容没有标记电容值单位。这种情况下，所显示的值隐含着单位，可以利用经验来识别。例如，因为更小的单位很难获得，所以标记为 0.001 或 0.01 的陶瓷电容的单位是微法。另一个例子是，一个标有 50 或 330 的陶瓷电容单位是皮法，这是因为这种类型的电容通常都没有单位为微法的较大电容。在某些情况下，对于标注的 3 位数字，前两位是电容值的前两位，第三位是第二位之后零的个数。例如，103 表示 10 000 pF。在一些情况下，单位被标记为 pF 或μF；有时单位微法被标记为 MF 或 MFD。

某些类型的电容用 WV 或 WVDC 标记电压额定值，而在其他类型的电容上则省略。当它被省略时，可根据制造商提供的信息确定额定电压。电容的公差通常标记为百分数，例如 ±10%。温度系数标记为百万分之一，由一个 P 或 N 后跟一个数字组成。例如，N750 表示为 750 ppm/℃ 的负温度系数，P30 表示为 30 ppm/℃ 的正温度系数。NP0 表示正温度系数和负温度系数为零，因此电容值不会随温度变化。某些类型的电容是用色环编码的方式来标注的。有关其他标示方法和色环编码请参阅附录 C。

12.2.4　电容的测量

电容测量仪用于测量电容值，如图 12-17 所示。此外许多 DMM（数字万用表）也有电容测量功能。无论用哪种仪表，在测量电容值之前使电容充分放电是很重要的。大多数电容值经过一段时间的使用后会发生改变，有些电容值变化得更大一些。例如，陶瓷电容在第一年电容值的变化通常为 10% ～ 15%，电解电容尤其容易因电解溶液干燥而使电容值发生明显

图 12-17　一种典型的自动选择量程的电容测量仪（由 B＋K Precision 提供）

变化。电容快速老化是电路设计人员在设计中尽量减少使用电容的一个主要原因。在其他情况下，电容的标示可能不正确，或者存在安装错误。尽管电容值的变化只占缺陷电容的不到 25%，但是在排除电路故障时，通过测量电容值可以迅速消除这一导致故障的原因。

B+K Precision 的 890C 电容测量仪（如图 12-17 所示），可以测量高达 50 000 μF 的电容。一些电容测量仪也可以用来检查电容的泄漏电流。为了检查泄漏电流，必须在电容上施加足够大的电压来模拟工作条件，这些都是由测试仪器自动完成的。超过 40% 的有缺陷电容都有过大的泄漏电流，电解电容尤其容易产生泄漏电流。

学习效果检测

1. 说出常见电容器的种类。
2. 固定电容和可变电容有什么区别？
3. 哪种电容是有极性的？
4. 在电路中安装有极性电容时，必须采取什么预防措施？

12.3 电容串联

当多个电容串联时，总电容值小于任意单个电容值。串联电容根据其电容值按比例进行分压。

学完本节内容后，你应该能够分析电容串联电路，具体就是：

- 计算总电容值。
- 计算各电容上的电压。

12.3.1 总电容值

当电容串联时，相当于极板有效间距增大了，所以总电容值小于串联电路中的最小电容值。串联总电容值的计算类似于电阻并联时总电阻的计算公式（见第 6 章）。

考虑图 12-18a 中的一般电路，有 n 个电容相串联，再与一个电压源和一个开关串联。当开关闭合时，电路中有电流流过，电容充电。因为这是一个串联电路，所以各点的电流都相同，如图 12-18a 所示。由于电流是电荷流动的速率，因此每个电容存储的电荷量等于总电荷，表示为：

$$Q_T = Q_1 = Q_2 = Q_3 = \cdots = Q_n \tag{12-7}$$

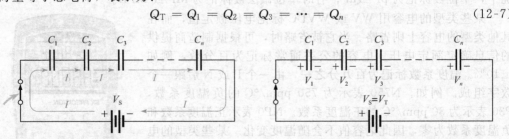

a) 每个电容流经的电流相同，$I = Q/t$　　　　b) 所有电容存储相同数量的电荷，且 $V = Q/C$

图 12-18　电容串联电路

根据基尔霍夫电压定律，充电电容上的电压之和必然等于总电压 V_T，如图 12-18b 所示。用公式表示为：

$$V_T = V_1 + V_2 + V_3 + \cdots + V_n$$

根据式(12-3)，将 $V = Q/C$ 代入上式的每一项中，得：

$$\frac{Q_T}{C_T} = \frac{Q_1}{C_1} + \frac{Q_2}{C_2} + \frac{Q_3}{C_3} + \cdots + \frac{Q_n}{C_n}$$

由于所有电容上的电荷都相等，因此电荷 Q 项被约掉，得到：

$$\frac{1}{C_T} = \frac{1}{C_1} + \frac{1}{C_2} + \frac{1}{C_3} + \cdots + \frac{1}{C_n} \tag{12-8}$$

对式(12-8)两边求倒数，得到总串联电容值的一般计算公式，即：

$$C_T = \frac{1}{\dfrac{1}{C_1} + \dfrac{1}{C_2} + \dfrac{1}{C_3} + \cdots + \dfrac{1}{C_n}} \tag{12-9}$$

记住

串联后的总电容总是小于最小电容值。

两个电容串联 当仅有两个电容串联时，可以使用式(12-8)的特殊形式，即：

$$\frac{1}{C_T} = \frac{1}{C_1} + \frac{1}{C_2} = \frac{C_1 + C_2}{C_1 C_2}$$

左右两边求倒数，得到两个串联电容的总电容值的计算公式。

$$C_T = \frac{C_1 C_2}{C_1 + C_2} \tag{12-10}$$

注意，串联电容的"积以和除"的规则与并联电阻的"积以和除"规则相类似。

等值电容的串联 另一种特殊情况是所有电容值都等于 C，此时由式(12-8)得到：

$$\frac{1}{C_T} = \frac{1}{C} + \frac{1}{C} + \frac{1}{C} + \cdots + \frac{1}{C}$$

右边所有项都相同，相加后得：

$$\frac{1}{C_T} = \frac{n}{C}$$

其中，n 是等值电容的数量。两边取倒数得：

$$C_T = \frac{C}{n} \tag{12-11}$$

等值电容的电容值除以串联的数量便得到总电容值。注意，式(12-11)类似于求 n 个等值电阻并联的总电阻值计算公式。

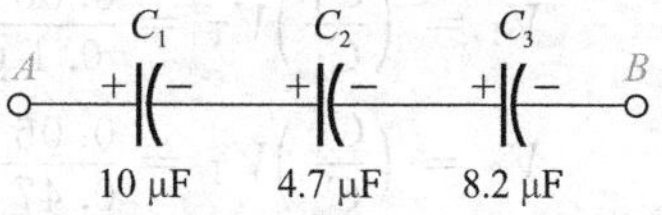

例 12-5 确定图 12-19 中 A 和 B 两点间的总电容。

解 利用式(12-9)得：

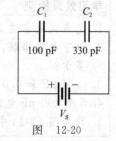

图 12-19

$$C_T = \frac{1}{\dfrac{1}{C_1} + \dfrac{1}{C_2} + \dfrac{1}{C_3}} = \frac{1}{\dfrac{1}{10\ \mu F} + \dfrac{1}{4.7\ \mu F} + \dfrac{1}{8.2\ \mu F}} = 2.30\ \mu F$$

同步练习 如果 4.7 μF 电容与图 12-19 中的现有 3 个电容串联，那么 C_T 是多少？ ∎

例 12-6 如图 12-20 所示，求总电容 C_T。

解 根据式(12-10)得：

$$C_T = \frac{C_1 C_2}{C_1 + C_2} = \frac{100\ pF \times 330\ pF}{430\ pF} = 76.7\ pF$$

也可利用式(12-9)得：

$$C_T = \frac{1}{\dfrac{1}{100\ pF} + \dfrac{1}{330\ pF}} = 76.7\ pF$$

图 12-20

同步练习 在图 12-20 电路中，如果 $C_1 = 470$ pF、$C_2 = 680$ pF，求 C_T。 ∎

例 12-7 对图 12-21 所示的串联电容，求 C_T。

解 因为 $C_1 = C_2 = C_3 = C_4 = C$，利用式(12-11)得：

$$C_T = \frac{C}{n} = \frac{0.022\ \mu F}{4} = 5.50\ nF$$

同步练习 如果图 12-21 中的电容值加倍，再求 C_T。

12.3.2 电容电压

电容串联具有分压作用。如公式 $V=Q/C$ 所示，在电荷相等的情况下，每个串联电容上的电压与其电容值成反比。可以使用如下公式确定任何一个串联电容上的电压：

$$V_x = \left(\frac{C_T}{C_x}\right)V_T \qquad (12\text{-}12)$$

其中，C_x 是任意串联电容（如 C_1、C_2 或 C_3）；V_x 是 C_x 两端的电压；V_T 是串联电容上的总电压。推导如下：由于串联电容上的电荷与总电荷（$Q_x=Q_T$）相同，并且 $Q_x=V_x C_x$ 和 $Q_T = V_T C_T$，因此：

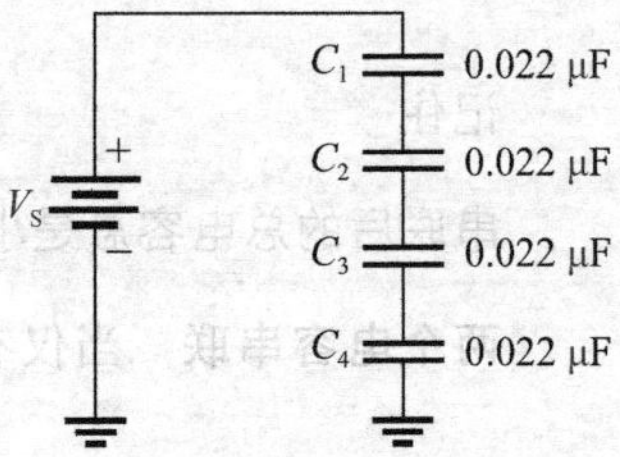

$$V_x C_x = V_T C_T$$

由此求得 V_x：

$$V_x = \frac{C_T V_T}{C_x}$$

串联电容中，电容值最大的电容两端电压最小；电容值最小的电容两端电压最大。

例 12-8 电路如图 12-22 所示，求每个电容两端的电压。

解 计算总电容值。

$$C_T = \frac{1}{\frac{1}{C_1}+\frac{1}{C_2}+\frac{1}{C_3}} = \frac{1}{\frac{1}{0.1\,\mu F}+\frac{1}{0.47\,\mu F}+\frac{1}{0.22\,\mu F}} = 60.0\,\text{nF}$$

从图 12-22 知，$V_S=V_T=25\,\text{V}$，因此，利用式(12-12)计算每个电容两端的电压。

$$V_1 = \left(\frac{C_T}{C_1}\right)V_T = \frac{0.06\,\mu F}{0.1\,\mu F}\times 25\,\text{V} = 15.0\,\text{V}$$

$$V_2 = \left(\frac{C_T}{C_2}\right)V_T = \frac{0.06\,\mu F}{0.47\,\mu F}\times 25\,\text{V} = 3.19\,\text{V}$$

$$V_3 = \left(\frac{C_T}{C_3}\right)V_T = \frac{0.06\,\mu F}{0.22\,\mu F}\times 25\,\text{V} = 6.82\,\text{V}$$

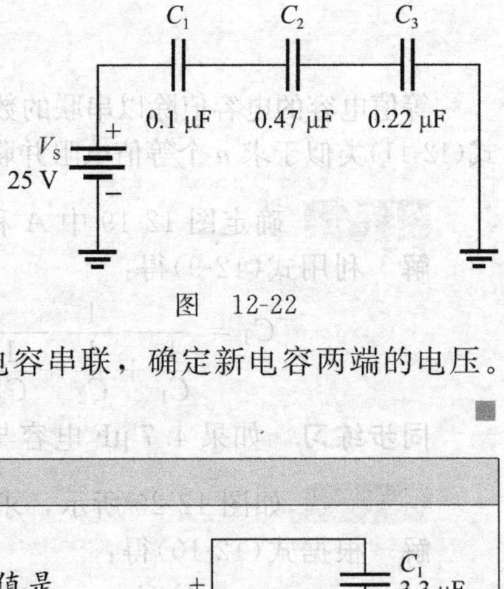

图 12-21

图 12-22

同步练习 另一个 $0.47\,\mu F$ 电容与图 12-22 中现有电容串联，确定新电容两端的电压。假设所有电容串联之前都未充电。

学习效果检测

1. 总串联电容值是小于还是大于最小电容值？
2. 以下电容串联：100 pF、220 pF 和 560 pF，总电容值是多少？
3. $0.01\,\mu F$ 和 $0.015\,\mu F$ 电容串联，计算总电容值。
4. 5 个 100 pF 电容串联，C_T 是多少？
5. 计算图 12-23 中 C_1 两端的电压。

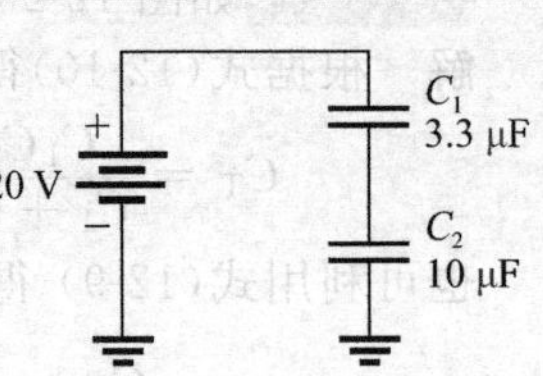

图 12-23

12.4 电容并联

当电容并联时，总电容值是各电容值的和。

学完本节内容后，你应该能够分析电容并联电路，具体就是：

- 计算总电容值。

　　当电容并联时，相当于有效极板面积增加了，所以总电容值是单个电容值的总和。总并联电容值的计算类似于总串联电阻的计算（见第 5 章）。

　　当图 12-24 中的开关闭合时会发生什么呢？来自电源的总充电电流在并联支路的节点处分流，每个支路都有单独的充电电流，因此每个电容可以存储不同的电荷。根据基尔霍夫电流定律，所有充电电流之和等于总电流，因此各电容上的电荷之和等于总电荷，而且所有并联支路两端电压都相等。用这些结果推导得到总并联电容的计算公式，如下所示，此公式适用于 n 个电容并联的一般情况。

$$Q_T = Q_1 + Q_2 + Q_3 + \cdots + Q_n \tag{12-13}$$

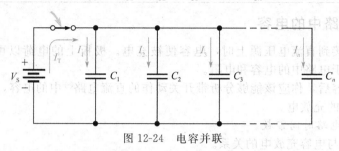

图 12-24　电容并联

根据式(12-2)，将 $Q = CV$ 代入式(12-13)，得到：

$$C_T V_T = C_1 V_1 + C_2 V_2 + C_3 V_3 + \cdots + C_n V_n$$

　　因为 $V_T = V_1 = V_2 = V_3 = \cdots = V_n$，所以电压被约掉，得到：

$$C_T = C_1 + C_2 + C_3 + \cdots + C_n \tag{12-14}$$

式(12-14)是总并联电容值的一般公式，其中 n 是并联电容的数量。记住，并联电容的总电容值是所有并联电容值的和。

　　对于所有电容值（为 C）相同的特殊情况，总并联电容等于 C 乘以并联电容的数量（n），即：

$$C_T = nC \tag{12-15}$$

注意，对于并联电容，式(12-14)和式(12-15)类似于求串联电阻的总电阻。

　　例 12-9　图 12-25 中的总电容是多少？每个电容上的电压是多少？

　　解　总电容：

　　$C_T = C_1 + C_2 = 330 \text{ pF} + 220 \text{ pF} = 550 \text{ pF}$

　　每个并联电容上的电压等于电源电压。

　　$V_S = V_1 = V_2 = 5 \text{ V}$

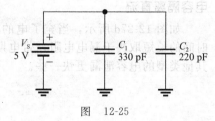

图　12-25

　　同步练习　如果 100 pF 的电容与图 12-25 中的 C_1 和 C_2 并联，C_T 是多少？

　　例 12-10　计算图 12-26 中的 C_T。

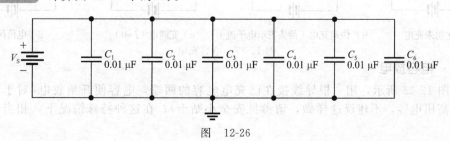

图　12-26

　　解　图中有 6 个相同的电容并联，所以 n=6，总电容为：

$$C_T = nC = 6 \times 0.01\ \mu F = 0.06\ \mu F$$

同步练习 如果图 12-26 中又有 3 个 0.01 μF 的电容并联，那么总电容值是多少？ ■

学习效果检测

1. 如何计算并联总电容？
2. 在某些应用中，需要 0.05 μF 电容，但是唯一可用的电容是 0.01 μF 大电容，怎样才能得到需要的总电容？
3. 以下电容并联：10 pF、56 pF、33 pF 和 68 pF，C_T 是多少？

12.5 直流电路中的电容

当把电容连接到直流电压源上时，电容便被充电。极板上的电荷以可预计的方式积聚，这些都取决于电路中的电容和电阻。

学完本节内容后，你应该能够分析带开关动作的直流电路[⊖]中的电容，具体就是：

- 描述电容的充放电。
- 确定 RC 电路时间常数。
- 时间常数与电容充放电的关系。
- 写出充放电曲线的方程。
- 解释电容隔离直流的原因。

12.5.1 电容充电

对于图 12-27 所示电路，当电容连接到直流电压源上时，电容便开始充电。图 12-29a 中的开关未接通，电容尚未充电，即极板 A 和极板 B 中的自由电子和金属正离子数量相等，两块极板上都没有净电荷。当开关闭合，如图 12-29b 所示，电源使电子移动到极板 B，使极板 B 上有负电荷，极板 B 上的净电子排斥极板 A 上的电子，使极板 A 上留下由金属正离子组成的正电荷。如箭头所示，极板 A 上的电子返回电源。这一过程非常快，极板间的电压很快等于外加电压 V_s，但极性相反如图 12-29c 所示。当电容充满电时，电荷便停止流动，电流消失。

电容隔离直流

如图 12-27d 所示，当充了电的电容与电源断开后，电容将长期维持带电状态，带电时间的长短取决于漏电电阻。带电期间，可能产生严重的电击。电解电容中的电荷通常比其他类型的电容泄漏更快一些。

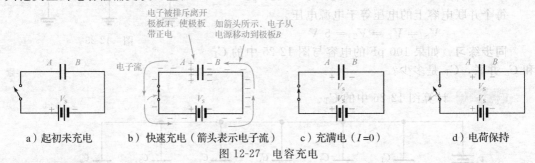

a）起初未充电   b）快速充电（箭头表示电子流）   c）充满电（I=0）   d）电荷保持

图 12-27 电容充电

12.5.2 电容放电

如图 12-28 所示，用一根导线接在已充电电容的两端，电容便开始放电（对于大容量电容或高压电容，不建议这样做，请参见安全小贴士）。在这种特殊情况下，相当于将一

⊖ 与我国教材不同，本书将直流电源作用下的电路叫作直流电路。——译者注

个非常小的电阻(导线本身的电阻)通过开关连接到电容两端。开关接通前，电容已充电至
35 V，如图 12-28a 所示。当开关突然接通时，如图 12-28b 所示，极板 B 上的电子经过电
路移动到极板 A，电容快速放电。由于电子流经的导线存在电阻，因此电容储存的能量便
在导线中释放。最后电容两端电压为零，电容放电完毕，如图 12-28c 所示。

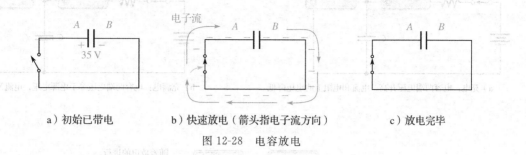

a）初始已带电　　　b）快速放电（箭头指电子流方向）　　　c）放电完毕

图 12-28　电容放电

⚡ **安全小贴士**

高压电路中使用的大电容在断电后能长时间存储致命数量的能量，即使还未靠近，也
会产生令人痛苦的高压电弧，从而导致电击。通常，电容是通过绝缘电阻自然放电的，放
电时间较长。对于大容量电容或高压电容，不建议使用短路线或短路棒，因为这样会损坏
电容本身。在这种情况下，可以使用商用的电容放电工具，但需要根据特定电压和电容确
定额定值。

12.5.3　充放电过程中的电流和电压

注意在图 12-27 和图 12-28 中，放电时的电子流动方向与充电时相反。重要的是要理
解，在充电或放电过程中，因为电介质是一种绝缘材料，所以理想情况下没有电子通过电
容内的电介质，电子只能通过外部电路从一个极板流到另一个极板。

图 12-29a 所示为电阻、电容、直流电压源和开关的串联电路。最初开关是断开的，电容
未充电且极板两端电压为零。开关突然闭合瞬间，电流跳变到最大值，电容开始充电。因为
电容两端的初始电压为零，相当于短路，所以电流初始值最大。根据基尔霍夫电压定律，此
时 R 两端的电压等于电源电压，故初始充电电流为 $I=V_s/R$。随着电容充电，电流逐渐减
小，电容两端的电压(V_C)则增加。电阻两端的电压与充电电流成正比，也逐渐减小。

经过一段时间后，电容充满电。此时电流降为零，电容两端的电压等于直流电源电
压，如图 12-29b 所示。如果开关断开，电容将一直保持充满电的状态(忽略任何泄漏)。

在图 12-29c 中，除去电压源，当开关突然接通时，电容开始放电。初始放电电流最
大，为 V_C/R，但与充电过程中的电流方向相反。随着放电的进行，电流和电容两端的电
压逐渐降低，电阻电压总是与电流成正比。当电容放电结束后，电容两端电压变为零。

记住直流电路中的电容有以下规则：

1. 电压不变时，电容看似开路。

2. 电压瞬间跳变时，电容看似短路。

现在让我们更详细地研究电压和电流是如何随时间变化的。

12.5.4　RC 电路时间常数

在实际情况下，电路中如果没有一定阻值的电阻就不能有电容。电阻可能是来自导线
上的小电阻、戴维南电路等效内阻，也可能是客观存在的实际电阻，因此电容的充电和放
电特性必须始终考虑电阻的影响。电阻的引入，使电容充放电成为与时间有关的现象。

当电容通过电阻充放电时，电容需要一定时间才能充分充电或放电。因为电荷从一点
移动到另一点需要时间，所以电容电压不能瞬间变化。RC 串联电路的时间常数决定电容
充电或放电的速度。

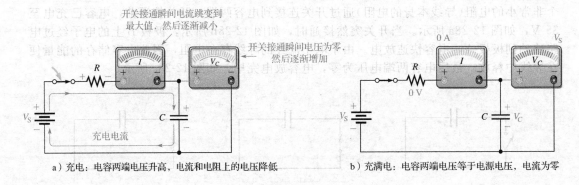

a) 充电：电容两端电压升高，电流和电阻上的电压降低　　b) 充满电：电容两端电压等于电源电压，电流为零

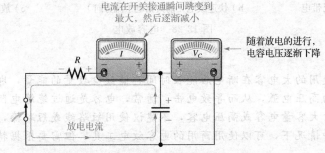

c) 放电：电容电压、电阻电压和放电电流从初始的最大值
逐渐下降。注意放电电流与充电电流方向相反

图 12-29　电容充放电过程中的电流和电压

RC 时间常数是一个固定的时间参量，等于 RC 串联电路中电阻和电容的乘积。

当电阻单位为欧[姆]，电容单位为法[拉]时，时间常数的单位便是秒。时间常数用符号 τ（希腊字母 tau）来表示，计算公式是：

$$\tau = RC \tag{12-16}$$

回顾一下，电流 $I = Q/t$，即电流等于给定时间内移动的电荷量。电阻增大，充电电流便减小，电容的充电时间便增加；电容增加，储存的电荷量也增加，因此对于相同电流，电容充电需要更长的时间。

证明电阻的单位乘以电容的单位等于时间的单位是有用的，这是验证公式是否矛盾的一种常见方法，称为量纲分析（量纲分析虽然不能证明一个方程是否是正确的，却可以发现错误）。根据欧姆定律 $R = U/I$，电阻单位可以写成伏[特]/安[培]。电容定义为 $C = Q/V$，电容单位可以写成库[仑]/伏[特]。那么 RC 乘积的单位便是：

$$RC = \left(\frac{\text{伏[特]}}{\text{安[培]}}\right)\left(\frac{\text{库[仑]}}{\text{伏[特]}}\right) = \frac{\text{库[仑]}}{\text{安[培]}} = \frac{\text{库[仑]}}{\dfrac{\text{库[仑]}}{\text{秒}}} = \text{秒}$$

例 12-11　RC 串联电路中，电阻是 1.0 MΩ、电容为 4.7 μF，则时间常数是多少？

解

$$\tau = RC = (1.0 \times 10^6\,\Omega) \times (4.7 \times 10^{-6}\,\text{F}) = 4.7\,\text{s}$$

同步练习　RC 串联电路中，电阻是 270 kΩ、电容为 3300pF，则时间常数是多少？■

当电容在两个电压值之间充电或放电时，电容上的电荷在一个时间常数内的变化约为电压差的 63%。一个未充电的电容在一个时间常数内会充电到完全充电电压的 63%。当电容放电时，其电压在一个时间常数内下降到大约初始放电值的 100% − 63% = 37%，即变化 63%。

12.5.5　充电和放电曲线

如图 12-30 所示，电容按照非线性曲线充电和放电。图中描述的是每经过一个时间常数时，电容电压占完全充电的近似百分比。如果用精确的数学公式来描述该曲线，该曲线是指数曲线。充电曲线呈指数递增，放电曲线呈指数递减，需要 5 个时间常数才能将电压变为满电的 99%。这 5 个时间常数的总时间通常被认为是电容完全充电或放电时间，称为过渡时间，或暂态时间。

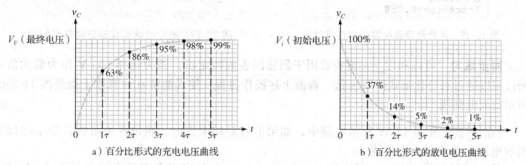

a）百分比形式的充电电压曲线　　　　b）百分比形式的放电电压曲线

图 12-30　RC 电路充放电的电压指数曲线

充放电通用公式　以下公式中给出瞬时电压和瞬时电流按照指数曲线增减的一般表达式。

$$v = V_F + (V_i - V_F)e^{-t/\tau} \tag{12-17}$$

$$i = I_F + (I_i - I_F)e^{-t/\tau} \tag{12-18}$$

其中，V_F 和 I_F 是电压和电流的最终值；V_i 和 I_i 是电压和电流的初始值。小写斜体字母 v 和 i 是 t 时刻电容电压和电流的瞬时值，e 是自然对数的底。计算器上的 e^x 键使计算这个指数项变得很容易。

从零开始充电的情况　如图 12-30a 所示，电压指数曲线从零开始上升（$V_i = 0$），对于这种特殊情况，公式如式（12-19）所示，它是从通用式（12-17）中得出的。

$$v = V_F + (V_i - V_F)e^{-t/\tau} = V_F + (0 - V_F)e^{-t/RC} = V_F - V_F e^{-t/RC}$$

将 V_F 提取出来，有：

$$v = V_F(1 - e^{-t/RC}) \tag{12-19}$$

利用式（12-19），可以计算初始未充电的电容在任何时刻的充电电压值。用 i 代替式（12-19）中的 v，用 I_F 代替 V_F 可以计算充电电流。

例 12-12　使用 TI-84 图形计算器绘制 RC 电路中的充电指数曲线。

解　在式（12-19）中，自变量为 t（时间），因变量为 v（瞬时电压）。在计算器上，y 代表 v，x 代表 t。令 $V_F = 100$ V，在图表中用 100% 表示 V_F。设 $RC = 1$ s。

按 y= 键输入公式，因为时间常数 $RC = 1$ s，所以指数的分母中不需要输入时间常数。图 12-31 为输入公式后的屏幕。

在结果绘制之前，需要设置图形比例。按下 2nd zoom ，选择 RectGC（黑底白字）。选择 GridLine 以显示网格线。

下一步，按 window 设置 x 和 y 坐标的最小和最大值、每个轴上刻度间距和其他参数。图 12-32 显示的是建议的参数设置。

按 graph ，显示的曲线如图 12-33 所示。

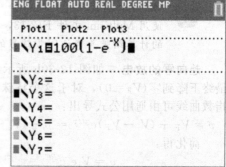

图 12-31　图片经德州仪器公司许可使用

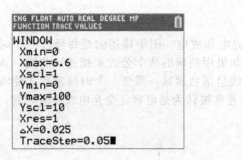

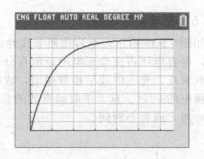

图 12-32 图片经德州仪器公司许可使用　　　　图 12-33 图片经德州仪器公司许可使用

同步练习　可以利用 trace 键查看用于创建图表的特定值。因为选择 100 V 作为最大值，所以可以通过百分比形式读取 y 值。修改上述操作过程，使其能够在计算器上描绘图 12-30b 所示的放电曲线。

例 12-13　在图 12-34 所示电路中，如果电容最初未充电，确定开关闭合后 50 μs 时的电容电压，并绘制充电曲线。

解　时间常数为 $RC=8.2\ \text{k}\Omega\times0.01\ \mu\text{F}=82\ \mu\text{s}$。电容完全充满电的电压为 50 V（即 V_F），初始电压为零。注意，50 μs 小于一个时间常数，因此电容在该时间内的充电量小于满电压的 63%。

$$v_C = V_\text{F}(1-e^{-t/RC}) = 50\ \text{V}\times(1-e^{-50\ \mu\text{s}/82\ \mu\text{s}})$$
$$= 50\ \text{V}\times(1-e^{-0.61}) = 50\ \text{V}\times(1-0.543) = 22.8\ \text{V}$$

电容充电曲线如图 12-35 所示。

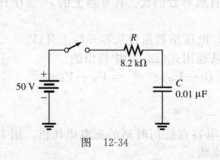

图　12-34

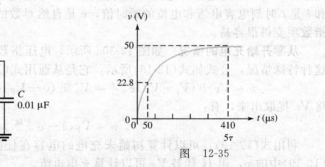

图　12-35

可以使用计算器上的 e^x 键并输入 e 的指数值来计算指数函数。

也可以使用图形计算器计算曲线。公式和显示结果如图 12-36 所示，网格线增量为 10 V（y 轴）和 50 ms（x 轴）。

同步练习　图 12-34 中的开关接通 15 μs 后，计算电容电压。

Multisim 仿真

使用 Multisim 文件 E12-13，验证此例中的计算结果并确认同步练习的计算结果。

趋向零的放电　如图 12-30b 所示，指数曲线最终下降到零（$V_\text{F}=0$），对于这个特殊情况，电压指数曲线可由通用公式导出：

$$v = V_\text{F} + (V_\text{i}-V_\text{F})e^{-t/\tau} = 0 + (V_\text{i}-0)e^{-t/RC}$$

简化得：

$$v = V_\text{i}e^{-t/RC} \qquad (12\text{-}20)$$

其中 V_i 是放电开始时的电压。可使用这个公式计

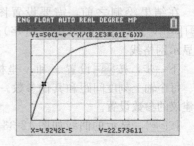

图 12-36 图片经德州仪器公司许可使用

算任何时刻的放电电压，如例 12-14 所示。

例 12-14　计算图 12-37 所示电路中开关闭合 6 ms 后的电容电压，并绘制放电曲线。

解　放电时间常数为 $RC=10\ \text{k}\Omega\times2.2\ \mu\text{F}=22\ \text{ms}$，初始的电容电压为 10 V。注意，6 ms 小于一个时间常数，因此电容放电量将小于最初的 63%，也就是说在 6 ms 时，电容电压将大于初始电压的 37%。

$$v_C = V_i\mathrm{e}^{-t/RC} = (10\ \text{V})\mathrm{e}^{-6\ \text{ms}/22\ \text{ms}} = (10\ \text{V})\mathrm{e}^{-0.27} = 10\ \text{V}\times0.761 = 7.61\ \text{V}$$

电容放电曲线如图 12-38 所示。

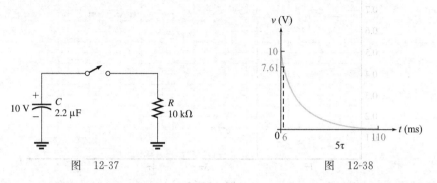

图　12-37　　　　　　　　　　　　　　图　12-38

同步练习　在图 12-37 中，R 改为 2.2 kΩ，计算开关接通 1ms 后的电容电压。

使用归一化通用指数曲线的图解法　图 12-39 所示的归一化通用指数曲线可以提供图解法来分析电容充放电，图解法如例 12-15 所示。

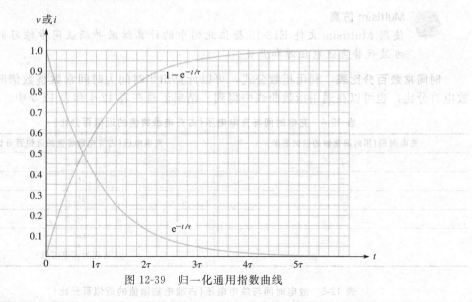

图 12-39　归一化通用指数曲线

例 12-15　图 12-40 中的电容从初始未充电到充电 75 V 需要多长时间？开关接通 2 ms 后，电容电压是多少？使用图 12-39 中的归一化通用指数曲线来回答上述问题。

解　充满电的电压为 100 V，即在图中纵轴的 100%（1.0）处，75 V 为最大值的 75%，或图上的 75% 处，可以看到这个值对应的时间是 1.4 倍时间常数。该电路的时间常数为 $RC=100\ \text{k}\Omega\times0.01\ \mu\text{F}=1\ \text{ms}$，因此开关接通后，电容电压在 1.4 ms 时达到 75 V。

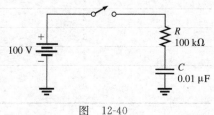

图　12-40

在归一化通用指数曲线上，可以看到在 2 ms 时电容电压约为 87 V（在纵轴的 0.87 处），它对应 2 倍时间常数的时刻。图解过程如图 12-41 所示。

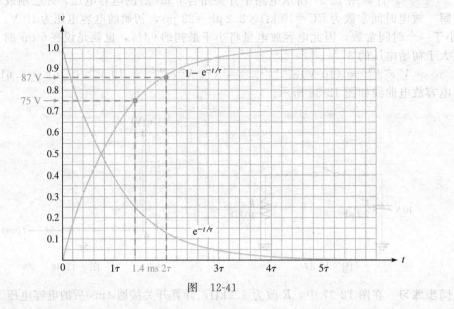

图　12-41

同步练习　利用归一化通用指数曲线，计算图 12-40 中的电容充电到 50 V 所需要的时间，开关接通 3 ms 后电容电压是多少？ ∎

 Multisim 仿真
使用 Multisim 文件 E12-15 验证此例中的计算结果并确认同步练习的计算。用方波代替直流电压源和开关。

时间常数百分比表　利用指数公式，可以计算出当时间为时间常数整数倍时对应的充放电百分比，也可以在通用指数曲线中得到。结果汇总在表 12-4 和表 12-5 中。

表 12-4　充电时间与充电电压（占充电最终值的近似百分比）

充电时间（用时间常数的倍数表示）	充电电压（占充电最终值的近似百分比）
1	63.2
2	86.5
3	95.0
4	98.2
5	99.3 （可视为充电结束）

表 12-5　放电时间与放电电压（占放电初始值的近似百分比）

放电时间（用时间常数的倍数表示）	放电电压（占初始值的近似百分比）
1	36.8
2	13.5
3	5.0
4	1.8
5	0.7 （可视为放电结束）

12.5.6　充放电时间的求解方法

有时需要确定电容充放电到规定电压所需的时间。如果已知 v，则利用式(12-17)和式(12-19)可求解时间 t。$e^{-t/RC}$ 的自然对数(缩写为 ln)的指数项为 $-t/RC$。因此对公式两边取自然对数便可以求出时间。当 $V_F = 0$ 时，利用放电的递减指数公式(见式(12-20))可进行如下运算：

$$v = V_i e^{-t/RC}$$

$$\frac{v}{V_i} = e^{-t/RC}$$

$$\ln\left(\frac{v}{V_i}\right) = \ln e^{-t/RC}$$

$$\ln\left(\frac{v}{V_i}\right) = \frac{-t}{RC}$$

$$t = -RC \ln\left(\frac{v}{V_i}\right) \qquad (12\text{-}21)$$

利用充电的递增指数公式(见式(12-19))也可以进行类似的计算。

$$v = V_F(1 - e^{-t/RC})$$

$$\frac{v}{V_F} = 1 - e^{-t/RC}$$

$$1 - \frac{v}{V_F} = e^{-t/RC}$$

$$\ln\left(1 - \frac{v}{V_F}\right) = \ln e^{-t/RC}$$

$$\ln\left(1 - \frac{v}{V_F}\right) = \frac{-t}{RC}$$

$$t = -RC \ln\left(1 - \frac{v}{V_F}\right) \qquad (12\text{-}22)$$

例 12-16　在图 12-42 中，当开关闭合后电容放电到 25 V 需要多少时间？

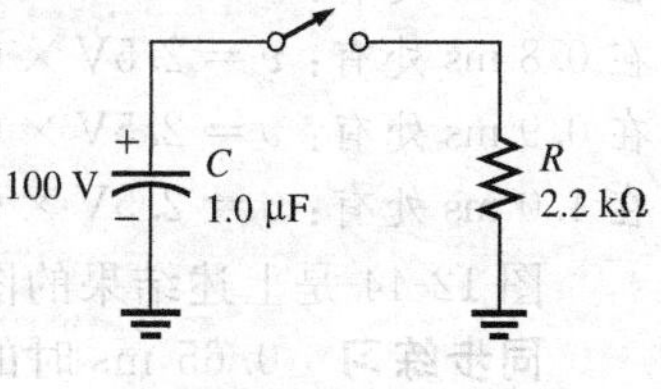

解　利用式(12-21)求所需时间。

$$t = -RC \ln\left(\frac{v}{V_i}\right) = -2.2\ \text{k}\Omega \times 1.0\ \mu\text{F} \times \ln\left(\frac{25\ \text{V}}{100\ \text{V}}\right)$$

$$= -2.2\ \text{ms} \times \ln(0.25) = -2.2\ \text{ms} \times (-1.39) = 3.05\ \text{ms}$$

还可利用计算器的 LN 键计算 ln(0.25)。

同步练习　图 12-42 中的电容放电到 50 V 需要多长时间？

图　12-42

12.5.7　方波电源的响应

可以用一个常见例子显示充电和放电指数曲线，即把一个周期比时间常数大许多的方波施加到 RC 电路上。方波可模拟开关的通断动作，但与开关不同，当方波信号降到零时，信号发生器可作为放电路径。

当方波向上跳变时，电容两端电压按指数规律上升(充电)并接近方波的最大值，上升时间与时间常数有关；当方波跳回到零时，电容电压按指数规律下降(放电)，下降时间也与时间常数有关。信号发生器的戴维南等效电阻是 RC 时间常数的一部分，但是如果它比 R 小很多，则可忽略不计。例 12-17 是方波周期比时间常数大许多的情况，其他情况将在第 20 章中详细介绍。

例 12-17　如图 12-43 所示，在输入的一个周期内，计算每隔 0.1 ms 电容上的电压，并绘制电容电压波形。假设信号发生器的戴维南等效内阻可忽略不计。

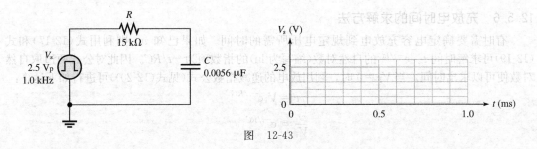

图 12-43

解
$$\tau = RC = 15\ \text{k}\Omega \times 0.0056\ \mu\text{F} = 0.084\ \text{ms}$$

方波周期为 1 ms，约为 12τ。这说明方波每次跳变后要经过大约 6τ 的时间才能再次跳变，因此方波能够使电容完全充电和放电。

对于充电指数曲线，有：
$$v = V_\text{F}(1 - e^{-t/RC}) = V_\text{F}(1 - e^{-t/\tau})$$

在 0.1 ms 处有：$v = 2.5\ \text{V} \times (1 - e^{-0.1\ \text{ms}/0.084\ \text{ms}}) = 1.74\ \text{V}$

在 0.2 ms 处有：$v = 2.5\ \text{V} \times (1 - e^{-0.2\ \text{ms}/0.084\ \text{ms}}) = 2.27\ \text{V}$

在 0.3 ms 处有：$v = 2.5\ \text{V} \times (1 - e^{-0.3\ \text{ms}/0.084\ \text{ms}}) = 2.43\ \text{V}$

在 0.4 ms 处有：$v = 2.5\ \text{V} \times (1 - e^{-0.4\ \text{ms}/0.084\ \text{ms}}) = 2.48\ \text{V}$

在 0.5 ms 处有：$v = 2.5\ \text{V} \times (1 - e^{-0.5\ \text{ms}/0.084\ \text{ms}}) = 2.49\ \text{V}$

对于放电指数曲线，有：
$$v = V_\text{i}(e^{-t/RC}) = V_\text{i}(e^{-t/\tau})$$

公式里的时间是从发生跳变时开始计时的（从实际时间中减去 0.5 ms）。例如，在 0.6 ms 时，指数中的 $t = 0.6\ \text{ms} - 0.5\ \text{ms} = 0.1\ \text{ms}$。

在 0.6 ms 处有：$v = 2.5\ \text{V} \times (e^{-0.1\ \text{ms}/0.084\ \text{ms}}) = 0.760\ \text{V}$

在 0.7 ms 处有：$v = 2.5\text{V} \times (e^{-0.2\ \text{ms}/0.084\ \text{ms}}) = 0.231\ \text{V}$

在 0.8 ms 处有：$v = 2.5\text{V} \times (e^{-0.3\ \text{ms}/0.084\ \text{ms}}) = 0.070\ \text{V}$

在 0.9 ms 处有：$v = 2.5\text{V} \times (e^{-0.4\ \text{ms}/0.084\ \text{ms}}) = 0.021\ \text{V}$

在 1.0 ms 处有：$v = 2.5\text{V} \times (e^{-0.5\ \text{ms}/0.084\ \text{ms}}) = 0.007\ \text{V}$

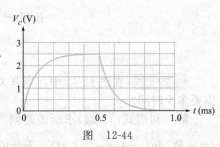

图 12-44

图 12-44 是上述结果的图示。

同步练习 0.65 ms 时的电容电压是多少？

学习效果检测

1. 当 $R = 1.2\ \text{k}\Omega$、$C = 1000\ \text{pF}$ 时，计算时间常数。

2. 如果问题 1 中的电路用 5 V 电源充电，电容电压达到 4.0 V 需要多长时间？

3. 某一电路 $\tau = 1\ \text{ms}$，如果用 10 V 电池充电，在以下时间时（2 ms、3 ms、4 ms 和 5 ms）电容电压各是多少？

4. 电容已充电到 100 V，如果通过一个电阻放电，那么经过一个时间常数时电容的电压是多少？

12.6 正弦交流电路中的电容

如你所知，电容能够阻止直流电。当通以交流电时，电容对交流电也有一定的阻力，用容抗来表示，容抗大小取决于交流电的频率。

学完本节内容后，你应该能够分析正弦交流电路（以下简称交流电路）中的电容，具体就是：

• 解释电容使电压和电流之间产生相移的原因。

• 定义容抗。

- 计算给定电路的容抗。
- 讨论电容的瞬时功率、有功功率和无功功率。

为了充分解释电容在正弦交流电路中产生的作用，必须引入导数的概念。时变量的导数是该量的瞬时变化率。

回顾可知，电流是电荷（电子）流动的速度，因此瞬时电流 i 可以表示为电荷 q 随时间 t 的瞬时变化率，即：

$$i = \frac{\mathrm{d}q}{\mathrm{d}t} \tag{12-23}$$

$\mathrm{d}q/\mathrm{d}t$ 项是 q 对时间的导数，表示 q 的瞬时变化率。另外，就瞬时值而言，$q=Cv$。因此，根据微分学的基本规律，q 对时间的导数是 $\mathrm{d}q/\mathrm{d}t=C(\mathrm{d}v/\mathrm{d}t)$。因为 $i=\mathrm{d}q/\mathrm{d}t$，所以得到以下关系：

$$i = C\left(\frac{\mathrm{d}v}{\mathrm{d}t}\right) \tag{12-24}$$

陈述如下：

> 电容的瞬时电流等于电容值乘以电容电压的瞬时变化率。

这说明，电容两端的电压变化越快，流经的电流就越大。

12.6.1　电容中电流和电压的相位关系

在图 12-45a 中，正弦电压施加在电容两端，我们考虑会产生什么结果。观察图 12-45b，电压波形在过零点处具有最大变化率（$\mathrm{d}v/\mathrm{d}t=$最大），在峰值处变化率为零（$\mathrm{d}v/\mathrm{d}t=0$）。

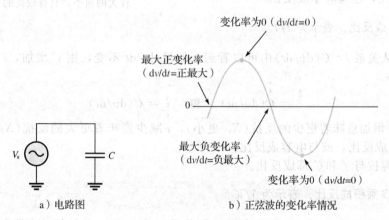

a）电路图　　　　　　　　　　　b）正弦波的变化率情况

图 12-45　施加在电容上的正弦波

一旦通过式（12-24）明确了电容中电流和电压的关系式，就能建立电流和电压之间的相位关系。当 $\mathrm{d}v/\mathrm{d}t=0$ 时，因为 $i=C(\mathrm{d}v/\mathrm{d}t)=C(0)=0$，所以 i 也是零。当 $\mathrm{d}v/\mathrm{d}t$ 为正最大值时，i 为正的最大值；当 $\mathrm{d}v/\mathrm{d}t$ 为负最大值时，i 为负的最大值。

当电容两端加正弦电压时，即 $v(t)=V_p\sin 2\pi ft$，如图 12-46a 所示。正弦函数的变化率是余弦函数，且超前正弦函数 $90°$。由于电流是电压的导数，因此理想情况下，电容中的电流超前电压 $90°$，相量图如图 12-46b 所示。

12.6.2　容抗 X_C

容抗表示电容对正弦电流的一种阻力，单位是欧[姆]，符号是 X_C。

为了得到 X_C 的计算公式，可利用关系 $i=C(\mathrm{d}v/\mathrm{d}t)$ 和图 12-47 中的曲线。电压变化率与频率有关，电压变化越快，频率越高。例如，如图 12-47 所示，在过零处正弦波 A 的斜率比正弦波 B 的斜率大（波形陡）。曲线上某点的斜率表示该点的变化率，图中正弦波 A 的最大变化率较大（$\mathrm{d}v/\mathrm{d}t$ 在过零点处较大），这是因为正弦波 A 的频率高于正弦波 B 的。

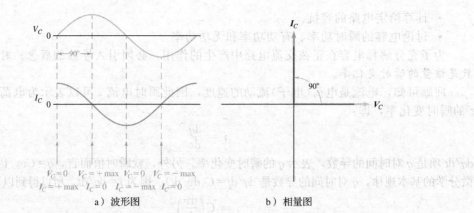

a）波形图　　　　　b）相量图

图 12-46　电容中 V_C 和 I_C 的相位关系。电流总是超前电压 90°

当频率增加时，$\mathrm{d}v/\mathrm{d}t$ 增加，i 也增加。当频率降低时，$\mathrm{d}v/\mathrm{d}t$ 减小，i 减小。

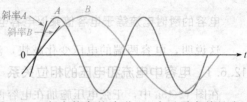

$$i = C\,(\mathrm{d}v/\mathrm{d}t) \quad 和 \quad i = C\,(\mathrm{d}v/\mathrm{d}t)$$

i 增加意味着对电流的反抗小（X_C 小），i 减少意味着对电流的反抗大（X_C 大）。因此，X_C 与 i 成反比，也与频率成反比。

图 12-47　频率较高的波形（A）在过零点处具有较大的斜率，具有较高的变化率

> X_C 与 f 成反比，表示为 $1/f$。

同样，从关系 $i = C(\mathrm{d}v/\mathrm{d}t)$ 中可以看到，如果 $\mathrm{d}v/\mathrm{d}t$ 不变，则 C 增加，i 增加；C 减小，i 也减小。

$$i = C\,(\mathrm{d}v/\mathrm{d}t) \quad 和 \quad i = C\,(\mathrm{d}v/\mathrm{d}t)$$

同样，i 增加意味着更少的反抗（X_C 更小），i 减少意味着更大的反抗（X_C 更大）。因此，X_C 与 i 成反比，或与电容成反比。

这样，容抗与 f 和 C 都成反比。

> X_C 与 fC 乘积成反比，表示为 $1/fC$。

迄今已经确定了 X_C 和 $1/fC$ 之间的比例关系。式(12-25)是计算 X_C 的完整公式。推导过程见附录 B。

$$X_C = \frac{1}{2\pi fC} \tag{12-25}$$

当 f 的单位为赫[兹]，C 的单位为法[拉]时，容抗 X_C 的单位为欧[姆]。注意，2π 在分母中作为比例常数，这一项是从正弦波和旋转运动的关系中推导出来的。

例 12-18　对于图 12-48 所示电路，正弦电压施加在电容两端，正弦波频率是 1kHz，计算容抗。

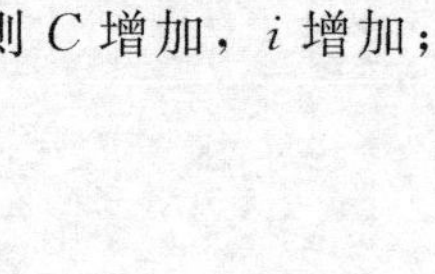

解

$$X_C = \frac{1}{2\pi fC} = \frac{1}{2\pi(1\times 10^3\ \mathrm{Hz})\times(0.0047\times 10^{-6}\ \mathrm{F})} = 33.9\ \mathrm{k}\Omega$$

图 12-48

同步练习　使图 12-48 中的容抗为 $10\ \mathrm{k}\Omega$ 的频率是多少？

Multisim 仿真

使用 Multisim 文件 E12-18 来验证本例的计算结果，并核实你对同步练习的计算结果。

12.6.3 串联电容的容抗

若电容串联于交流电路中,则总电容值小于最小的单个电容值。由于总电容值较小,因此总容抗肯定大于任何单个容抗。结论是:对于串联电容,总容抗是单个容抗的总和。

$$X_{C(\text{tot})} = X_{C1} + X_{C2} + X_{C3} + \cdots + X_{Cn} \tag{12-26}$$

将该式与计算串联总电阻的公式进行比较(见式(5-1)),在这两种情况下,都是简单地将各个阻力相加。

12.6.4 并联电容的容抗

若电容并联于交流电路中,总电容是各并联电容之和。回顾一下,容抗与电容值成反比。因为总并联电容大于任何单个电容,所以总容抗肯定小于任何单个容抗。结论是:对于并联电容,总容抗为:

$$X_{C(\text{tot})} = \cfrac{1}{\cfrac{1}{X_{C1}} + \cfrac{1}{X_{C2}} + \cfrac{1}{X_{C3}} + \cdots + \cfrac{1}{X_{Cn}}} \tag{12-27}$$

将此公式与并联电阻的公式进行比较(见式(6-2)),与并联电阻一样,总阻力(电阻或容抗)是单个阻力倒数之和的倒数。

对于两个并联电容,式(12-27)可简化为"积以和除"的形式。这个公式是有用的,这是因为对于大多数实际电路,并联两个以上的电容是不常见的。

$$X_{C(\text{tot})} = \frac{X_{C1} X_{C2}}{X_{C1} + X_{C2}}$$

例 12-19 图 12-49 中每个电路的容抗各是什么?

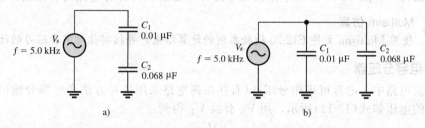

图 12-49

解 两个电路中相同电容的容抗也是相同的。

$$X_{C1} = \frac{1}{2\pi f C_1} = \frac{1}{2\pi \times 5.0 \text{ kHz} \times 0.01 \text{ μF}} = 3.18 \text{ kΩ}$$

$$X_{C2} = \frac{1}{2\pi f C_2} = \frac{1}{2\pi \times 5.0 \text{ kHz} \times 0.068 \text{ μF}} = 468 \text{ Ω}$$

串联电路:对于图 12-49a 中的串联电容,总容抗为 X_{C1} 和 X_{C2} 之和,如式(12-26)所示。

$$X_{C(\text{tot})} = X_{C1} + X_{C2} = 3.18 \text{ kΩ} + 468 \text{ Ω} = 3.65 \text{ kΩ}$$

或者,可以利用式(12-10)首先求出总电容,然后计算总容抗。

$$C_{\text{tot}} = \frac{C_1 C_2}{C_1 + C_2} = \frac{0.01 \text{ μF} \times 0.068 \text{ μF}}{0.01 \text{ μF} + 0.068 \text{ μF}} = 0.0087 \text{ μF}$$

$$X_{C(\text{tot})} = \frac{1}{2\pi f C_{\text{tot}}} = \frac{1}{2\pi \times 5.0 \text{ kHz} \times 0.0087 \text{ μF}} = 3.65 \text{ kΩ}$$

并联电路:对于图 12-49(b)中的并联电容,使用 X_{C1} 和 X_{C2} 的"积以和除"规则来计算总容抗。

$$X_{C(\text{tot})} = \frac{X_{C1} X_{C2}}{X_{C1} + X_{C2}} = \frac{3.18 \text{ kΩ} \times 468 \text{ Ω}}{3.18 \text{ kΩ} + 468 \text{ Ω}} = 408 \text{ Ω}$$

同步练习 对于图 12-49b，首先计算并联总电容，然后再求出并联总容抗。

欧姆定律 容抗的作用类似于电阻，二者的单位都是欧[姆]。因为 R 和 X_C 都是对电流的反抗(阻碍)，所以针对电阻的欧姆定律也适用于容抗。对于图 12-50，表述如下：

$$I = \frac{V_s}{X_C}$$

在交流电路中应用欧姆定律，电流和电压的表示方式必须都相同，即都为有效值、峰值、半周期平均值等。

例 12-20 计算图 12-51 中电流的有效值。

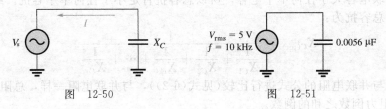

图 12-50   图 12-51

解 首先计算容抗。

$$X_C = \frac{1}{2\pi f C} = \frac{1}{2\pi(10 \times 10^3 \text{ Hz}) \times (0.0056 \times 10^{-6} \text{ F})} = 2.84 \text{ k}\Omega$$

再应用欧姆定律得：

$$I_{rms} = \frac{V_{rms}}{X_C} = \frac{5 \text{ V}}{2.84 \text{ k}\Omega} = 1.76 \text{ mA}$$

同步练习 将图 12-51 所示电路的频率改为 25kHz，再计算电流的有效值。

 Multisim 仿真
　　使用 Multisim 文件 E12-20 校验本例的计算结果，并核实你对同步练习的计算结果。

12.6.5 电容分压器

在交流电路中，电容可用作分压器(有些振荡电路采用这种方法产生部分输出)。串联电容两端的电压如式(12-12)所示，用 V_S 替换 V_T 得到：

$$V_x = \left(\frac{C_T}{C_x}\right)V_s$$

电阻分压器是用电阻比来表示的，可以用电阻分压器的相关概念来认识电容分压器，即用容抗代替电阻。这样，电容分压器中电容两端的电压公式可以写作：

$$V_x = \left(\frac{X_{Cx}}{X_{C(tot)}}\right)V_s \tag{12-28}$$

其中，X_{Cx} 是 C_x 的容抗；$X_{C(tot)}$ 是总容抗；V_x 是电容 C_x 上的电压。在例 12-21 中，式(12-12)或式(12-28)可用于求分压器上的电压。

例 12-21 图 12-52 电路中 C_2 两端的电压是多少？
解 例 12-19 中计算了单个电容的容抗和总容抗，代入式(12-28)得：

$$V_2 = \left(\frac{X_{C2}}{X_{C(tot)}}\right)V_s = \frac{468 \ \Omega}{3.65 \ \text{k}\Omega} \times 10 \text{ V} = 1.28 \text{ V}$$

请注意，较大电容两端的电压占总电压的较小部分。根据式(12-12)可以得到相同的结果。

$$V_2 = \left(\frac{C_T}{C_2}\right)V_s = \frac{0.0087 \ \mu\text{F}}{0.068 \ \mu\text{F}} \times 10 \text{ V} = 1.28 \text{ V}$$

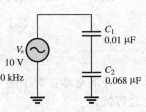

图 12-52

同步练习　利用式(12-28)计算 C_1 两端电压。

12.6.6　电容上的功率

正如本章前面所讨论的，充电电容将能量存储在电介质的电场中，理想电容不会消耗能量，只是暂时储存能量。当对电容施加交流电压时，电容在电压周期的一段时间内存储能量，然后在该周期的另一段时间将存储的能量返回给电源。理想情况下，没有净能量损失。图 12-53 是电容电压和电流在一个周期内产生的功率曲线。

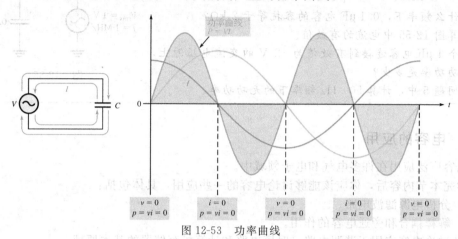

图 12-53　功率曲线

瞬时功率(p)　瞬时功率是 v 和 i 的乘积。在 v 或 i 为零时，p 也为零；当 v 和 i 都为正时，p 为正；当 v 或 i 一个为正，另一个为负时，p 为负；当 v 和 i 都为负时，p 为正。可以看到功率按照正弦规律变化。正功率表示电容存储能量；负功率表示能量从电容返回到电源。请注意，因为能量交替存储并返回到电源，所以功率的频率是电压或电流频率的两倍。

有功功率(P_{true})　理想情况下，一个周期内，在功率为正值的时间内电容器所存储的能量在负值部分全部释放给电源。由于电容器只是存储和交换能量而不消耗能量，因此**有功功率**(实际功率)为零。但对于实际电容器，由于有漏电阻和电极接触电阻的存在，总会消耗一小部分有功功率。

无功功率$^{\ominus}$(P_r)　电容储存或释放能量的最大速度称为**无功功率**。因为在任何瞬间，电容要么从电源中获取能量，要么将能量返回电源，所以无功功率是非零量。无功功率不代表能量损失。可以利用如下几个公式来计算无功功率：

$$P_r = V_{\text{rms}} I_{\text{rms}} \tag{12-29}$$

$$P_r = \frac{V_{\text{rms}}^2}{X_C} \tag{12-30}$$

$$P_r = I_{\text{rms}}^2 X_C \tag{12-31}$$

请注意，这些公式与第 4 章中介绍的电阻功率的形式相同，电压和电流都用有效值表示。无功功率的单位是乏，符号为 VAR。

例 12-22　确定图 12-54 中的有功功率和无功功率。

解　理想电容的有功功率 P_{true} 总是**零**。无功功率的计算方法是先求容抗，然后再利用式(12-30)进行计算。

$$X_C = \frac{1}{2\pi fC} = \frac{1}{2\pi (2 \times 10^3 \text{ Hz}) \times (0.01 \times 10^{-6} \text{ F})} = 7.96 \text{ k}\Omega$$

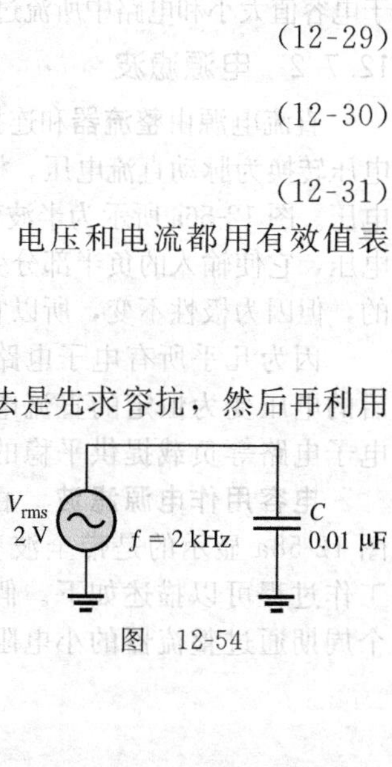

图　12-54

$\ominus$　我国用 Q 表示无功功率，而本书用 P_r 表示无功功率。——译者注

$$P_r = \frac{V_{rms}^2}{X_C} = \frac{(2 \text{ V})^2}{7.96 \text{ k}\Omega} = 503 \times 10^{-6} \text{ VAR} = 503 \text{ }\mu\text{VAR}$$

同步练习 如果图 12-54 所示电路的频率加倍，则有功功率和无功功率各是多少？ ◼

学习效果检测

1. 说明电容中电流和电压之间的相位关系。
2. 当 $f=5$ kHz、$C=50$ pF 时，计算 X_C。
3. 在什么频率下，0.1 μF 电容的容抗等于 2 kΩ？
4. 计算图 12-55 中电流的有效值。
5. 一个 1 μF 电容连接到有效值为 12 V 的交流电压源上，有功功率是多少？
6. 在问题 5 中，计算 500 Hz 频率下的无功功率。

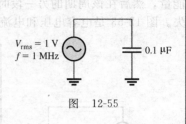

$V_{rms} = 1$ V
$f = 1$ MHz

0.1 μF

图　12-55

12.7 电容的应用

电容广泛应用在许多电气和电子领域中。

学完本节内容后，你应该能够讨论电容的一些应用，具体包括：

- 分析电源滤波电路。
- 解释耦合和旁通电容的作用。
- 讨论电容应用于谐调电路、时序电路和计算机存储器的基本原理。

如果你拿起电路板，打开电源，或者查看电子设备，很可能会发现一种或多种类型的电容。这些电容在直流和交流电路中都有多种用途。

12.7.1 能量储存

电容最基本的作用之一是作为低功耗电路的备用电源，例如计算机中某些类型的半导体存储器。这种特殊应用要求电容值很大，并且可忽略泄漏电流。

储能电容连接在直流电源的输入和地之间。当电路由常规电源供电运行时，电容保持完全充电状态，两端电压等于直流电源电压。如果常规电源断电，则储能电容暂时成为电路的电源。

只要电容有足够多的电荷，就可以向电路提供电压和电流。当电流流经电路时，电荷离开电容，电压便会降低，因此储能电容只能用作临时电源。电容向电路提供足够功率的时间长度取决于电容值大小和电路中所流过的电流，电流越小，电容越大，电容向电路供电的时间就越长。

12.7.2 电源滤波

直流电源由**整流器**和连接在其后的**滤波器**组成。整流器将标准插座上的 120 V、60 Hz 正弦电压转换为脉动直流电压。根据整流器的类型，脉动直流电压可以是半波整流电压或全波整流电压。图 12-56a 所示为半波整流电压，它没有正弦电压的负半周期。图 12-56b 所示为全波整流电压，它使输入的负半部分变为正极性输出。虽然半波和全波整流电压的量值都是随时间变化的，但因为极性不变，所以它们也为直流电压，严格说来应该是脉动直流电压。

因为几乎所有电子电路都需要恒定的电源，为了有助于给电子电路供电，必须将整流后的电压变为恒定的直流电压。滤波器几乎可以消除整流电压的波动，理想情况下可以为电子电路等负载提供平稳的恒定直流电压，如图 12-57 所示。

电容用作电源滤波 由于电容具有存储电荷的能力因而被用作直流电源的滤波器。图 12-58a 显示的是带全波整流器和电容滤波器的直流电源。从充电和放电的角度来看，工作过程可以描述如下。假设电容最初未充电，当第一次接通电源时，在整流电压的第一个周期通过整流器的小电阻向电容快速充电，电容电压将基本沿着整流后的电压曲线一直到峰值。当整流电压通过峰值并开始下降时，电容器通过负载电路中的较大电阻开始缓慢放电，如图 12-58b 所示。电压下降通常较小，为了便于看清，在图中进行了放大。在下一个整流电压周期，通过补充上一个峰值所损失的电荷，电容重新充电至最大值。只要接通电源，这种充放电模式就会持续下去。

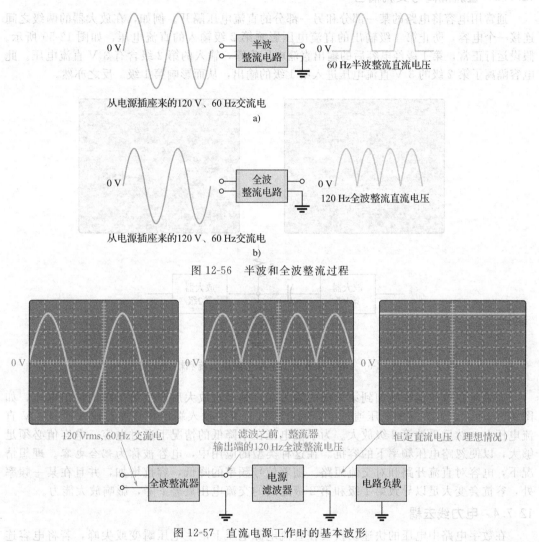

图 12-56　半波和全波整流过程

图 12-57　直流电源工作时的基本波形

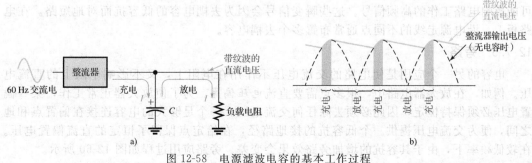

图 12-58　电源滤波电容的基本工作过程

整流器的设计使其只允许电流向电容充电，电容不会通过整流器放电，只会通过阻值相对较大的负载少量放电。由于电容的充放电而引起的电压微小波动称为**纹波电压**。一个好的直流电源在其直流输出上纹波很小。电源滤波电容的放电时间常数取决于电容和负载电阻；因此电容值越大，放电时间越长，纹波电压便越小。

12.7.3 直流隔离与交流耦合

通常用电容将电路的某一部分和另一部分的直流电压隔开。例如，在放大器的两级之间连接一个电容，防止第 1 级输出的直流电压影响第 2 级输入的直流电压，如图 12-59 所示。假设运行正常，第 1 级经电容后的输出直流电压为零，输入的第 2 级含有 3 V 直流电压。此电容隔离了第 2 级的 3 V 直流电压进入第 1 级的输出，从而影响第 1 级。反之亦然。

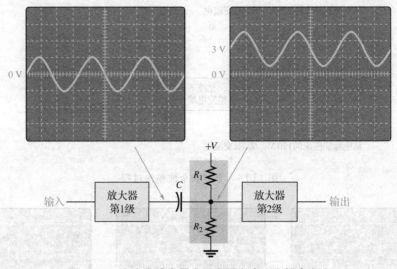

图 12-59　电容在放大器中用来隔离直流和耦合交流

如果正弦电压信号施加到第 1 级的输入端，则经过放大后产生第 1 级的输出电压，如图 12-59所示。放大后的电压通过电容耦合到第 2 级的输入端，并叠加在输入端的 3 V 直流电压上，然后再被第 2 级放大。为了使电压在不降低的情况下通过电容，电容值必须足够大，以便忽略电压频率下的容抗。在这种类型的应用中，电容被称为耦合电容。理想情况下，电容对直流开路和对交流短路。随着信号频率的降低，容抗增加，并且在某一频率处，容抗会变大足以导致第 1 级和第 2 级之间的交流电压显著下降，影响放大能力。

12.7.4 电力线去耦

在数字电路中电压的快速切换会在直流电源电压上产生电压瞬变或尖峰，若将电容连接在电路板的直流电源和地之间，可以去除不受欢迎的电压瞬变或尖峰。瞬变电压中包含可能影响电路工作的高频信号。这些瞬变信号会因为去耦电容的低容抗而对地短路。在电路板上，沿电源走线的不同点通常布置多个去耦电容。

12.7.5 旁路

电容的另一个应用是使电路的交流电压不作用在电阻上，又不影响电阻上的直流电压。例如，在放大器电路中，很多点需要直流电压偏置。为了使放大器正常工作，某些偏置电压必须保持恒定，因此必须去除任何交流电压。一个足够大的电容连接在偏置点和地之间，便为交流电压提供一个低容抗的接地路径，在给定点保留了恒定的直流偏置电压。在较低频率下，由于其容抗的增加旁路效果会变差。旁路应用过程如图 12-60 所示。

12.7.6 信号滤波

电容对滤波器电路至关重要，该类电路用于从有多个不同频率的信号中选择某一特定

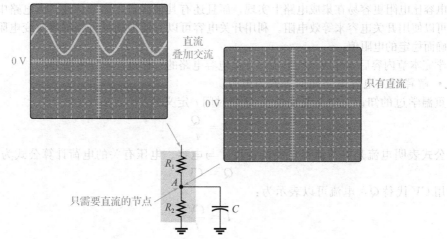

图 12-60 旁路电容应用举例。由于容抗较低，A 点被交流接地

频率的交流信号，或用于选择某一频段并消除其他所有频率的信号。这种应用的一个常见例子是在收音机和电视接收机中，其中需要选择给定电台发送的信号，并消除或过滤掉该地区其他电台发送的所有信号。

当调整收音机或电视机时，实际上是在改变调谐电路中的电容值（一种滤波器），使只有来自预期电台或频道的信号能通过接收电路。电容是与电阻、电感（下一章介绍）以及其他组件一起使用的，滤波器将在第 18 章介绍。

因为电容的容抗取决于频率（$X_C = 1/(2\pi fC)$），所以滤波器的主要特性是选择频率。

12.7.7 定时器电路

电容的另一个重要应用是产生具有一定延迟时间的定时器电路，或产生有特定要求的波形。我们知道可以通过选择适当的 R 和 C 确定电阻电容电路的时间常数。在不同类型的电路中电容的充电时间可以用作电路的延时。然而，电容值的公差往往比其他元件大，所以在要求准确延时的重要场合不能使用 RC 定时电路。定时电路的一个例子就是汽车上的转向指示灯电路，在这个电路中，每隔一定时间转向灯就会点亮或熄灭。

12.7.8 计算机存储器

计算机中的动态存储器使用非常小的电容作为二进制信息的基本存储元件，它包括两个二进制数字 1 和 0。充满电的电容表示 1，放尽电的电容表示 0。存储器由电容阵列和相关电路组成，二进制数以 1 和 0 的形式存储在存储器中。这方面内容将在计算机或数字电路基础课程中学习。

学习效果检测

1. 解释滤波电容如何平滑半波或全波整流直流电压。
2. 解释耦合电容的用途。
3. 耦合电容值必须有多大？
4. 解释去耦电容的用途。
5. 讨论频率与容抗的关系在频率选择电路（如信号滤波）中的重要性。
6. 在定时器应用中，电容的什么特性最重要？

12.8 开关电容电路

电容的另一个重要应用是可编程模拟阵列，它以集成电路（IC）的形式来实现。电容取代电阻，开关电容可以实现多种类型的可编程模拟电路。应用例子包括模数转换器和模拟存储器阵列。电容比电阻更容易在集成电路上实现，而且还有其他优点，如零功耗。当电路中需要电阻时，可以使用开关电容来等效电阻。利用开关电容可以方便地通过重新编程改变电阻值，并获得准确而稳定的电阻值。

学完本节内容后，你应该能够描述开关电容电路的工作过程，具体就是：

- 解释开关电容电路如何等效为电阻。

重温学过的知识，电流是由电荷 Q 和时间 t 定义的：

$$I = \frac{Q}{t}$$

这个公式表明电流是电荷流经电路的速度。与电容、电压有关的电荷计算公式为：

$$Q = CV$$

用 CV 代替 Q，电流可以表示为：

$$I = \frac{CV}{t}$$

基本工作过程

开关电容电路的通用模型如图 12-61 所示，由一个电容、两个任意电压源（V_1 和 V_2）和一个双掷开关组成。在实际电路中，开关是用晶体管实现的。让我们查看在给定的一段时间 T 内的电路。假设 V_1 和 V_2 在时间段 T 内是恒定的，特别感兴趣的是在时间段 T 内，从电源 V_1 流出的电流平均值 I_1。

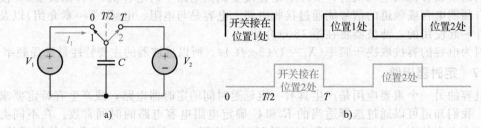

图 12-61 开关电容电路的基本工作过程

在时间段 T 的前半段，开关处于位置 1，如图 12-61 所示。因此在 $t=0$ 至 $t=T/2$ 的时间段内，有一个由 V_1 引起的电流 I_1 给电容器充电。在 T 的后半段，开关处于位置 2，没有来自 V_1 的电流；因此在时间段 T 内来自电源 V_1 的电流平均值为：

$$I_{1(\text{avg})} = \frac{Q_{1(T/2)} - Q_{1(0)}}{T}$$

其中，$Q_{1(0)}$ 是 $t=0$ 时的电荷，$Q_{1(T/2)}$ 是 $t=T/2$ 时的电荷。因此 $Q_{1(T/2)} - Q_{1(0)}$ 是开关接在位置 1 时，从电源 V_1 中转移走的净电荷。

在 $t=T/2$ 时的电容电压等于 V_1，在 $t=0$ 或 T 时的电容电压等于 V_2。使用公式 $Q=CV$ 并代入上一个方程式，可以得到：

$$I_{1(\text{avg})} = \frac{CV_{1(T/2)} - CV_{2(0)}}{T} = \frac{C(V_{1(T/2)} - V_{2(0)})}{T}$$

因为假定 V_1 和 V_2 在 T 期间为常数，所以平均电流可以表示为：

$$I_{1(\text{avg})} = \frac{C(V_1 - V_2)}{T} \qquad (12\text{-}32)$$

图 12-62 是一个等效电路，其中用电阻代替了电容器和开关。

将欧姆定律应用于电阻电路，电流为：

$$I_1 = \frac{V_1 - V_2}{R}$$

将开关电容电路中的 $I_{1(\text{avg})}$ 设置为电阻电路中的电

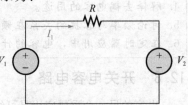

图 12-62 电阻电路

流，即：

$$\frac{C(V_1 - V_2)}{T} = \frac{V_1 - V_2}{R}$$

$V_1 - V_2$ 项相抵消，求解得到等效电阻 R 为：

$$R = \frac{T}{C} \tag{12-33}$$

这一重要结果表明，开关电容电路可以等效为由时间 T 和电容 C 决定的电阻。记住开关在每一个位置的时间是时间段 T 的一半，可以通过改变开关的频率来改变 T。在可编程模拟器件中，开关频率是每个等效电阻的可编程参数，通过设置可以得到精确的电阻值。因为 $T = 1/f$，所以电阻和频率的关系为：

$$R = \frac{1}{fC} \tag{12-34}$$

例 12-23 在放大电路中，用开关电容电路替换输入电阻 R，假设开关电容值为 1000 pF。希望用这个开关电容等效一个 10 kΩ 的电阻，计算开关频率。

解 利用公式 $R = T/C$ 得，

$$T = RC = 10 \text{ k}\Omega \times 1000 \text{ pF} = 10 \text{ μs}$$

说明开关频率必须是：

$$f = \frac{1}{T} = \frac{1}{10 \text{ μs}} = 100 \text{ kHz}$$

占空比为 50%，这样开关处于每个位置的时间为周期的一半。

同步练习 若要等效一个 5.6 kΩ 的电阻，1000 pF 的电容必须以什么频率来切换？■

学习效果检测
1. 开关电容如何等效成电阻？
2. 什么因素决定一个给定的开关电容电路可以等效为一个电阻？
3. 在实际应用中，用什么器件作为开关？

应用案例

某些类型的放大器用电容隔离直流电压并耦合交流信号，在许多其他应用中也使用电容，但在本应用案例中，重点关注放大电路中的耦合电容，该内容已在 12.7 节有所介绍。本应用案例中不必了解放大器相关知识。

所有放大器电路都包含晶体管，这些晶体管需要直流电压以建立适当的工作点来放大交流信号，这些直流电压被称为偏置电压。图 12-63a 所示为放大器中常用的一种直流偏置电路，由 R_1 和 R_2 构成分压器，然后它在放大器的输入端建立适当的直流电压。

当放大器被施加交流电压信号时，输入耦合电容 C_1 防止交流电源的内阻影响直流偏置电压。如果没有电容，交流电源内阻将与 R_2 并联，这会大大地改变直流电压值。

选择耦合电容使其在交流信号频率下的容抗(X_C)比偏置电阻小很多，因此耦合电容能有效地将来自电源的交流信号耦合到放大器的输入端。输入耦合电容的电源侧只有交流，放大器侧既有交流又有直流(信号电压通过分压器叠加在直流偏置电压上)，如图 12-63a 所示。电容 C_2 是输出耦合电容，将放大后的交流信号耦合到输出端的另一级放大器上。

使用示波器检查图 12-63b 中的电路，有 3 个这样相似的放大电路。如果电压不正确，判断最有可能的故障。假设在分压偏置电路中放大器没有受到直流负载影响。

印制电路板和原理图

1. 检查图 12-63b 中印刷电路板上的元件接线，确保与图 12-63a 所示的放大器原理图一致。

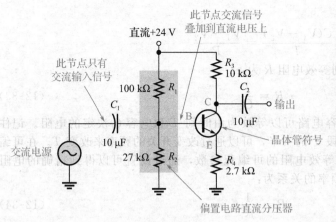

a) 放大器示意图   b) 放大器电路板

图 12-63   电容耦合放大器

测试板 1

用示波器探头将电路板连接到示波器通道 1,如图 12-64 所示。将正弦电压源的输入信号连接到电路板,频率设置为 5 kHz,有效值为 1 V。

2. 检查示波器上显示的电压和频率是否正确。如果示波器测量不正确,请指出电路中最有可能出现的故障。

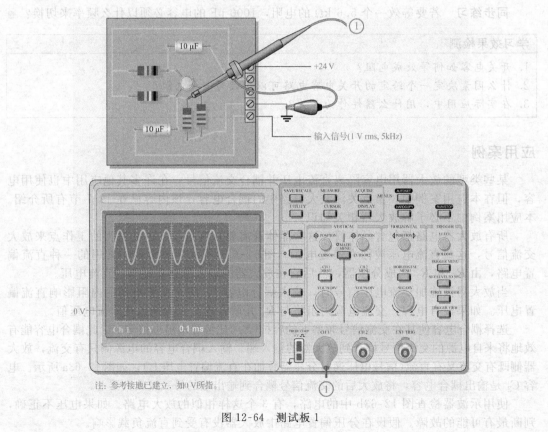

图 12-64   测试板 1

测试板 2

如图 12-64 所示,用示波器探头将测试板 2 连接到示波器通道 1。来自正弦电压源的输入信号与测试板 1 相同。

3. 判断图 12-65 中示波器显示的波形是否正确。如果不正确，请指出电路中最有可能出现的故障。

测试板 3

如图 12-64 所示，用示波器探头将测试板 3 连接到示波器通道 1。来自正弦电压源的输入信号与以前相同。

4. 判断图 12-66 中显示的波形是否正确。如果不正确，请指出电路中最有可能出现的故障。

检查与复习

5. 解释为什么在将交流电源连接到放大器上时需要接入耦合电容？

6. 图 12-63 中的电容 C_2 是一个输出耦合电容。当交流输入信号施加到放大器上时，在节点 C 和电路输出端，你所预期的测量结果是什么？

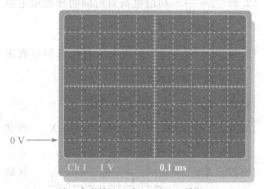

注：参考接地已建立，如 0 V 所指。

图 12-65　测试板 2

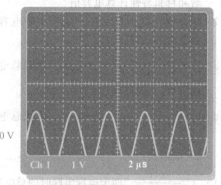

注：参考接地已建立，如 0 V 所指。

图 12-66　测试板 3

本章总结

- 电容由两块平行的导电极板，以及板极之间的电介质组成，电介质是绝缘材料。
- 电容在极板之间的电场中储存能量。
- 当 1 库[仑]电荷储存在电容的极板中，两端电压为 1 伏[特]时，该电容的电容值为 1 法[拉]。
- 电容值与极板面积成正比，与极板间距成反比。
- 介电常数表示介电材料建立电场的能力。
- 介电强度是确定电容击穿电压的一个因素。
- 电容能阻断恒定直流电。
- RC 串联电路的时间常数是电阻乘以电容。
- 在 RC 电路中，对于充电或放电电容的电压和电流，每经过一个时间常数的时间都会发生 63% 的变化。
- 电容完全充电或完全放电需要 5 个时间常数的时间，这个时间叫作过渡时间（或暂态时间）。
- 电压和电流的充放电都遵循指数曲线。
- 串联的总电容值小于最小的电容值。
- 并联电容值相加得总电容值。
- 电容电流超前电压 90°。
- 容抗 X_C 与频率和电容值成反比。
- 串联电容的总容抗是单个容抗的总和。
- 并联电容的总容抗是单个容抗的倒数之和的倒数。
- 理想电容的有功功率为零，即理想电容不会因为转换成热而损失能量。
- 在某些集成电路中使用开关电容电路来等效电阻。

重要公式

12-1　$C=\dfrac{Q}{V}$　利用电荷和电压求电容值

12-2　$Q=CV$　利用电容和电压求电荷

12-3　$V=\dfrac{Q}{C}$　利用电荷和电容求电压

12-4　$W=\dfrac{1}{2}CV^2$　电容存储的电场能量

12-5　$\varepsilon_r=\dfrac{\varepsilon}{\varepsilon_0}$　相对介电常数

12-6　$C=\dfrac{A\varepsilon_r(8.85\times10^{-12}\text{ F/m})}{d}$　利用几何参数和材料特性计算电容值

12-7　$Q_T=Q_1=Q_2=Q_3=\cdots=Q_n$　串联电容的总电荷（一般形式）

12-8　$\dfrac{1}{C_T}=\dfrac{1}{C_1}+\dfrac{1}{C_2}+\dfrac{1}{C_3}+\cdots+\dfrac{1}{C_n}$　串联总电容的倒数（一般形式）

12-9　$C_T=\dfrac{1}{\dfrac{1}{C_1}+\dfrac{1}{C_2}+\dfrac{1}{C_3}+\cdots+\dfrac{1}{C_n}}$　串联总电容（一般形式）

12-10　$C_T=\dfrac{C_1C_2}{C_1+C_2}$　两个电容串联时的总电容

12-11　$C_T=\dfrac{C}{n}$　相同电容串联的总电容

12-12　$V_x=\left(\dfrac{C_T}{C_x}\right)V_T$　电容串联分压

12-13　$Q_T=Q_1+Q_2+Q_3+\cdots+Q_n$　并联电容的总电荷（一般形式）

12-14　$C_T=C_1+C_2+C_3+\cdots+C_n$　并联电容的总电容（一般形式）

12-15　$C_T=nC$　n 个相同电容并联的总电容

12-16　$\tau=RC$　时间常数

12-17　$v=V_F+(V_i-V_F)\mathrm{e}^{-t/\tau}$　指数电压（一般形式）

12-18　$i=I_F+(I_i-I_F)\mathrm{e}^{-t/\tau}$　指数电流（一般形式）

12-19　$v=V_F(1-\mathrm{e}^{-t/RC})$　初始值为 0 且按指数上升的电压

12-20　$v=V_i\mathrm{e}^{-t/RC}$　最终值为 0 且按指数下降的电压

12-21　$t=-RC\ln\dfrac{v}{V_i}$　根据按指数下降的电压求对应的时间（$V_F=0$）

12-22　$t=-RC\ln\left(1-\dfrac{v}{V_F}\right)$　根据按指数上升的电压求对应的时间（$V_i=0$）

12-23　$i=\dfrac{\mathrm{d}q}{\mathrm{d}t}$　利用电荷对时间的导数求电容的瞬时电流

12-24　$i=C\left(\dfrac{\mathrm{d}v}{\mathrm{d}t}\right)$　利用电压对时间的导数求电容的瞬时电流

12-25　$X_C=\dfrac{1}{2\pi fC}$　容抗的计算

12-26　$X_{C(tot)}=X_{C1}+X_{C2}+X_{C3}+\cdots+X_{Cn}$　串联电容的总容抗

12-27　$X_{C(tot)}=\dfrac{1}{\dfrac{1}{X_{C1}}+\dfrac{1}{X_{C2}}+\dfrac{1}{X_{C3}}+\cdots+\dfrac{1}{X_{Cn}}}$　并联电容的总容抗

12-28　$V_x=\left(\dfrac{X_{Cx}}{X_{C(tot)}}\right)V_s$　电容分压公式

12-29　$P_r=V_{rms}I_{rms}$　电容无功功率的计算

12-30　$P_r=\dfrac{V_{rms}^2}{X_C}$　电容无功功率的计算

12-31　$P_r=I_{rms}^2X_C$　电容无功功率的计算

12-32　$I_{1(avg)}=\dfrac{C(V_1-V_2)}{T}$　开关电容电路的平均电流

12-33　$R=\dfrac{T}{C}$　开关电容的等效电阻

12-34　$R=\dfrac{1}{fC}$　开关电容的等效电阻

对/错判断（答案在本章末尾）

1. 电容值与电容极板面积成正比。
2. 1200 pF 的电容与 1.2 μF 的电容相同。
3. 当两个电容与一个电压源串联时，较小的电容上将得到较大的电压。
4. 当两个电容串联时，总电容值小于最小电容值。
5. 当两个电容与一个电压源并联时，较小的电容上有较大的电压。
6. 电容对恒定的直流开路。
7. 电压瞬间变化时电容看起来是短路的。
8. 当电容在两个电压之间充电或放电时，电容上的电荷在一个时间常数内变化电压差值的 63%。
9. 容抗与频率成正比。
10. 串联电容的总容抗是单个容抗的乘积除以它们的和。
11. 电容中的电压超前电流。
12. 无功功率的单位是 VAR。

自我检测(答案在本章末尾)

1. 下面哪项能准确地描述电容?
   - (a)极板是导电的。
   - (b)电介质是极板之间的绝缘体。
   - (c)有恒定的直流电流能够流过充满电的电容。
   - (d)实际的电容器与电源断开时可永久存储电荷。
   - (e)以上答案都不能。
   - (f)以上答案都能。
   - (g)仅(a)和(b)能。

2. 下列哪个陈述是正确的?
   - (a)有电流流经充电电容的电介质。
   - (b)当电容连接到直流电压源时,将充电到该电源值。
   - (c)理想电容可通过与电压源断开来放电。

3. 0.01 mF 的电容大于
   - (a)0.000 01 F
   - (b)100 000 pF
   - (c)1000 pF
   - (d)以上所有电容

4. 1000 pF 的电容小于
   - (a)0.01 μF
   - (b)0.001 μF
   - (c)0.000 000 01 F
   - (d)(a)和(c)

5. 当电容上的电压增加时,存储的电荷将
   - (a)增加
   - (b)减少
   - (c)保持不变
   - (d)波动

6. 当电容两端的电压加倍时,存储的电荷将
   - (a)保持不变
   - (b)减半
   - (c)增加 4 倍
   - (d)加倍

7. 电容额定电压的增加靠的是
   - (a)增加极板间距
   - (b)减小极板间距
   - (c)增加极板面积
   - (d)(b)和(c)

8. 电容值增加靠的是
   - (a)减小极板面积
   - (b)增加极板间距
   - (c)减小极板间距
   - (d)增加极板面积
   - (e)(a)和(b)
   - (f)(c)和(d)

9. 1 μF、2.2 μF 和 0.047 μF 电容串联,总电容值小于

10. 4 个 0.022 μF 电容并联,总电容值为
    - (a)0.022 μF
    - (b)0.088 μF
    - (c)0.011 μF
    - (d)0.044 μF

11. 一个未充电的电容、一个电阻、一个开关和一节 12V 电池串联,开关接通时电容两端的电压为
    - (a)12 V
    - (b)6 V
    - (c)24 V
    - (d)0 V

12. 在问题 11 中,当电容充满电时,其两端电压为
    - (a)12 V
    - (b)6 V
    - (c)24 V
    - (d)-6 V

13. 在问题 11 中,电容完全充满电的时间大约是
    - (a)RC
    - (b)$5RC$
    - (c)$12RC$
    - (d)无法预测

14. 电容两端施加正弦电压,当电压频率增加时,电流
    - (a)增加
    - (b)减少
    - (c)保持不变
    - (d)断开

15. 电容和电阻串联到正弦波发生器上,设置频率使容抗等于电阻,因此每个元件上的电压相等。如果频率降低,则
    - (a)$V_R > V_C$
    - (b)$V_R > V_C$
    - (c)$V_R = V_C$

16. 两个等值电容串联,在任何频率下,总容抗是
    - (a)每个容抗的一半
    - (b)等于每个容抗
    - (c)每个容抗的两倍

17. 开关电容电路用于
    - (a)增加电容
    - (b)模拟电感
    - (c)模拟电阻
    - (d)产生正弦波电压

电路行为变化趋势判断(答案在本章末尾)

参见图 12-74

1. 如果电容最初不带电,且开关处于接通位置,那么 C_1 上的电荷将
   - (a)增多
   - (b)减少
   - (c)保持不变

2. 如果开关接通时 C_4 短路,那么 C_1 上的电荷将
   - (a)增多
   - (b)减少
   - (c)保持不变

3. 如果开关接通且 C_2 未能断开,那么 C_1 上的电荷将
   - (a)增多
   - (b)减少
   - (c)保持不变

参见图 12-75

4. 假设开关闭合,C 充满电。当开关打开时,C 两端电压将

   - (a)增大
   - (b)减小
   - (c)保持不变

5. 如果开关闭合时 C 未能断开,那么 C 两端电压将
   - (a)增大
   - (b)减小
   - (c)保持不变

参见图 12-78

6. 如果开关闭合,电容充电,然后开关再断开,那么电容两端电压将
   - (a)增大
   - (b)减小
   - (c)保持不变

7. 如果 R_2 断开,那么电容充满电的时间将
   - (a)增大
   - (b)减小
   - (c)保持不变

8. 如果 R_4 断开,那么电容可以充电的最大电压将
   - (a)增大
   - (b)减小
   - (c)保持不变

9. 如果 V_S 减小，那么电容完全充满电所需的时间将
   (a)增大　　(b)减小　　(c)保持不变

参见图 12-81b

10. 如果交流电源的频率增加，那么总电流将

   (a)增大　　(b)减小　　(c)保持不变
11. 如果 C_1 断开，那么通过 C_2 的电流将
   (a)增大　　(b)减小　　(c)保持不变
12. 如果 C_2 值变为 $1\ \mu F$，那么通过它的电流将
   (a)增大　　(b)减小　　(c)保持不变

分节习题（较难的问题用星号(＊)表示，奇数题答案在本书末尾）

12.1 节

1. (a)当 $Q=50\ \mu C$、$V=10\ V$ 时，求电容值。
   (b)当 $C=0.001\ \mu F$、$V=1\ kV$ 时，求电荷量。
   (c)当 $Q=2\ mC$、$C=200\ \mu F$ 时，求电压值。
2. 将以下电容值从微法转为皮法：
   (a)$0.1\ \mu F$　(b)$0.0025\ \mu F$　(c)$4.7\ \mu F$
3. 将以下电容值从皮法转为微法：
   (a)$1000\ pF$　(b)$3500\ pF$　(c)$250\ pF$
4. 将以下电容值从法［拉］转为微法：
   (a)$0.000\ 001\ F$　　(b)$0.0022\ F$
   (c)$0.000\ 000\ 001\ 5\ F$
5. 一个 $1000\ \mu F$ 的电容充电到 $500\ V$，它能储存多少能量？
6. 能够在 $100\ V$ 的极板电压下储存 $10\ mJ$ 的能量，该电容值有多大？
7. 计算下列每种材料的绝对介电常数 ε。ε_r 值参见表 12-3。
   (a)空气　　(b)油
   (c)玻璃　　(d)聚四氟乙烯
8. 云母电容的方形极板边长为 $3.8\ cm$，间隔为 $2.5\ mil$，电容值是多少？
9. 一个电容的正方形极板边长为 $1.5\ cm$，云母介质厚 $0.2\ mm$，计算电容值。
＊10. 一名学生想用两块正方形极板制作一个 $1F$ 的电容，用于科学展览项目。他计划使用 8×10^{-5} m 厚的纸作为电介质（$\varepsilon_r=2.5$）。科学展览会将在体育馆举行，他的电容能否安装在体育馆？如果可以，极板的尺寸是多少？
11. 一名学生想制作一个电容，决定用边长 $30\ cm$ 的导电极板、8×10^{-5} m 厚的纸作为电介质（$\varepsilon_r=2.5$），电容值是多少？
12. 在环境温度（$25\ ℃$）下，某个 $1000\ pF$ 电容的温度系数为 $-200\ ppm/℃$，则在 $75\ ℃$ 下电容值是多少？
13. $0.001\ \mu F$ 电容的温度系数为 $+500\ ppm/℃$，温度升高 $25\ ℃$，电容值变化多少？

12.2 节

14. 在金属箔叠层结构的云母电容中，极板面积是如何增加的？
15. 对于云母和陶瓷电容，哪个介电常数高？
16. 说明如何在图 12-67 中的 R_2 两端连接电解电容。

17. 列举两种类型的电解电容，电解电容与其他电容有何不同？
18. 识别图 12-68 所示剖视图中陶瓷电容的各部分名称。

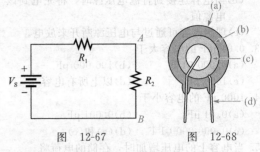

图　12-67　　　　图　12-68

19. 识别图 12-69 中陶瓷电容的参数值。

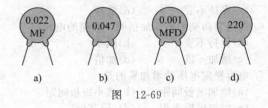

图　12-69

12.3 节

20. 5 个 $1000\ pF$ 的电容串联，总电容值是多少？
21. 求出图 12-70 中各电路的总电容值。
22. 求出图 12-70 所示各电路中每个电容上的电压。

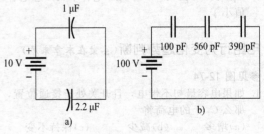

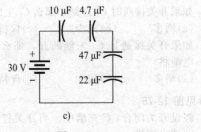

图　12-70

23. 两个电容(一个 1 μF，另一个值未知)串联，12 V 电源给它们充电。1 μF 电容充电到 8 V，另一个充电到 4 V。未知电容值是多少？

24. 在图 12-71 中，串联电容存储的总电荷为 10 μC，计算每个电容上的电压。

12.4 节

25. 计算图 12-72 中每个电路的总电容 C_T。

26. 在图 12-72 中，每个电容上的电荷是多少？

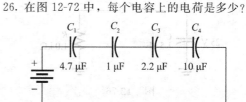

图　12-71

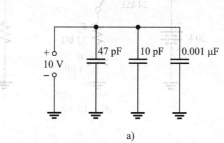

a)

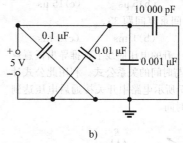

b)

图　12-72

27. 确定图 12-73 中每个电路的总电容 C_T。

28. 图 12-73 所示各电路中节点 A 和 B 两点间的电压是多少？

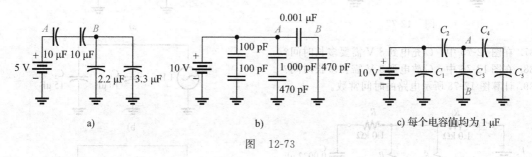

a) 　　　　　　b) 　　　　　　c) 每个电容值均为 1 μF

图　12-73

*29. 图 12-74 所示电路中的电容最初未充电。
(a) 开关接通后，电源提供的总电荷是多少？
(b) 每个电容上的电压是多少？

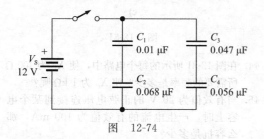

图　12-74

12.5 节

30. 确定下列各 RC 串联组合的时间常数：
(a) $R=100\ \Omega$，$C=1\ \mu F$
(b) $R=10\ M\Omega$，$C=47\ pF$
(c) $R=4.7\ k\Omega$，$C=0.0047\ \mu F$
(d) $R=1.5\ M\Omega$，$C=0.01\ \mu F$

31. 确定以下每种 RC 串联组合中的电容充满电所需要的时间：

(a) $R=56\ \Omega$，$C=47\ \mu F$
(b) $R=3300\ \Omega$，$C=0.015\ \mu F$
(c) $R=22\ k\Omega$，$C=100\ pF$
(d) $R=56\ k\Omega$，$C=1000\ pF$

32. 在图 12-75 所示电路中，电容最初未充电，计算开关接通后在下列时间的电容电压：
(a) 10 μs　　　(b) 20 μs　　　(c) 30 μs
(d) 40 μs　　　(e) 50 μs

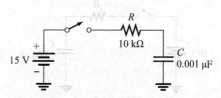

图　12-75

33. 在图 12-76 中，电容已充电至 25 V。当开关接通后，在以下时间电容电压是多少？
(a) 1.5 ms　　　(b) 4.5 ms
(c) 6 ms　　　　(d) 7.5 ms

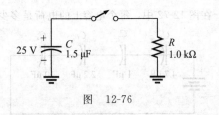

图 12-76

34. 针对以下时间重复问题 32。
    (a)2 μs   (b)5 μs   (c)15 μs
35. 针对以下时间重复问题 33。
    (a)0.5 ms   (b)1 ms   (c)2 ms
*36. 在按指数上升的电压曲线上，推导出任意点
    上的电压与时间的关系公式。利用此公式计
    算图 12-77 所示电路中开关接通后电压达到
    6 V 所需时间。

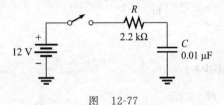

图 12-77

37. 在图 12-75 中，C 充电到 8 V 需要多长时间？
38. 在图 12-76 中，C 放电到 3 V 需要多长时间？
39. 计算图 12-78 所示电路的时间常数。

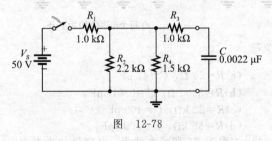

图 12-78

*40. 在图 12-79 中，电容最初未充电。当开关
    接通 10 ms 时，电容瞬时电压为 7.2 V。
    求电阻 R 的值。

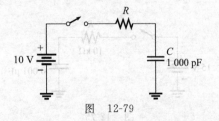

图 12-79

*41. (a)图 12-80 中的电容原来未充电，首先让
      开关在 1 处保持 10 ms，再拨到 2 处并
      一直保持。绘制电容电压的完整波形。
     (b)如果开关在 2 处保持 5 ms 后又拨到 1
        处，并一直留在 1 处，波形将如何？

12.6 节

42. 求图 12-81 中每个电路的总容抗是多少？
43. 将图 12-73 中每个直流电压源用有效值为
    10 V、频率为 2 kHz 的交流电源替代，计算
    每种情况下的总容抗。

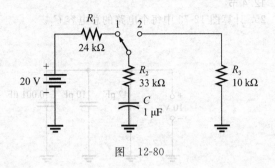

图 12-80

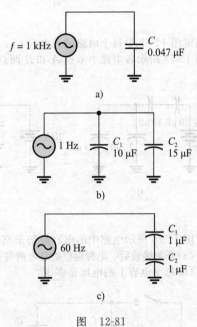

图 12-81

44. 在图 12-81 所示的每个电路中，使 X_C 为 100 Ω
    所需要的频率是多少？使 X_C 为 1 kΩ 呢？
45. 当有效值为 20 V 的正弦电压连接到某个电
    容上时，产生电流的有效值为 100 mA，那
    么容抗是多少？
46. 将 10 kHz 的电压施加到 0.0047 μF 电容上，
    测量电流有效值是 1 mA，那么电压是多少？
47. 计算问题 46 中的有功功率和无功功率。
*48. 计算图 12-82 中每个电容上的交流电压和
    每条支路中的电流。
49. 确定图 12-83 中的 C_1 值。
*50. 如果图 12-82 中的 C_4 断开，确定其他电
    容两端的电压。

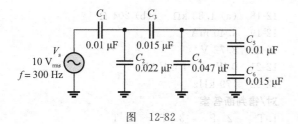

图　12-82

51. 利用式(12-25)说明容抗的单位是欧[姆]。

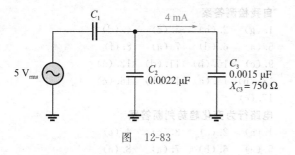

图　12-83

12.7 节

52. 理想情况下，为了消除放大电路中 10 kHz 的交流电压，旁路电容的容抗应该是多少？

53. 如果另一个电容与图 12-58 中的电源滤波器上的现有电容并联，则纹波电压会如何？

12.8 节

54. 在开关电容电路中，100 pF 电容以 8 kHz 的频率进行切换，等效电阻是多少？

55. 开关电容电路中的电容值为 2200 pF，并以周期为 10 μs 的速率进行切换，计算等效电阻。

Multisim 故障排查和分析

下述问题需要仿真。

56. 打开文件 P12-56，测量每个电容两端的电压。

57. 打开文件 P12-57，测量电流。频率降低一半，再测量电流；频率加倍，再测量电流。解释你的测量结果。

58. 打开文件 P12-58，找到断路的电容(如果有)。

59. 打开文件 P12-59，找到短路的电容(如果有)。

参考答案

学习效果检测答案

12.1 节

1. 电容值是储存电荷的能力(容量)。

2. (a)1 000 000 μF, 1 F　　(b)1×10^{12} pF, 1 F

   (c)1 000 000 pF , 1 μF

3. 0.0015 μF=1500 μF;

   0.0015 μF=0. 000 000 001 5 F

4. $W = \frac{1}{2}CV^2 = 1.125$ μJ

5. (a)C 增加　　(b)C 减少

6. (1000 V/mil)×(2 mil)=2 kV

7. $C = 2.01$ μF

12.2 节

1. 电容可按介电材料分类。

2. 固定电容的电容值不能改变；可变电容的电容值可以改变。

3. 电解电容有极性。

4. 当连接有极性的电容时，确保电压额定值足够，并将电容的正极连接到电路的正极。

12.3 节

1. 串联 C_T 比最小的 C 小

2. $C_T = 61.2$ pF

3. $C_T = 0.006$ μF

4. $C_T = 20$ pF

5. $V_{C1} = 15.0$ V

12.4 节

1. 并联时单个电容值相加

2. 利用 5 个 0.01 μF 电容并联得到 C_T

3. $C_T = 167$ pF

12.5 节

1. $\tau = RC = 1.2$ μs

2. 1.93 μs

3. $v_{2ms} = 8.65$ V; $v_{3ms} = 9.50$ V; $v_{4ms} = 9.82$ V; $v_{5ms} = 9.93$ V

4. $v_C = 36.8$ V

12.6 节

1. 电容电流超前电压 90°

2. $X_C = 1/(2\pi f C) = 637$ kΩ

3. $f = 1/(2\pi X_C C) = 796$ Hz

4. $I_{rms} = 628$ mA

5. $P_{true} = 0$ W

6. $P_r = 452$ mVAR

12.7 节

1. 一旦电容充电到峰值电压，在下一个峰值前放电很少，从而使整流电压平滑。

2. 耦合电容允许交流电压从一点传递到另一点，但会隔离恒定的直流电压。

3. 耦合电容必须足够大，使某一频率下的电抗可以忽略不计，使信号不受阻碍地通过。

4. 去耦电容使电力线上的电压在发生瞬变时对地短路。

5. X_C 与频率成反比，所以它对交流信号的滤波能力也与频率成反比。

6. 充电时间。

12.8 节

1. 在等效电阻中移动与电流相对应的等量电荷。

2. 开关频率和电容值。

3. 晶体管。

同步练习答案

12-1   200 kV

12-2   0.047 μF

12-3   100×10⁶ pF

12-4   62.7 pF

12-5   1.54 μF

12-6   278 pF

12-7   0.011 μF

12-8   2.83 V

12-9   650 pF

12-10   0.09 μF

12-11   891 μs

12-12   8.36 V

12-13   8.13 V

12-14   ≈0.74 ms; 95 V

12-15   1.52 ms

12-16   0.419 V

12-17   3.39 kHz

12-18   (a) 1.83 kΩ   (b) 204 Ω

12-19   4.40 mA

12-20   8.72 V

12-21   0 W; 1.01 mVAR

12-22   179 kHz

对/错判断答案

1. T   2. F   3. T   4. T

5. F   6. T   7. T   8. T

9. F   10. F   11. F   12. T

自我检测答案

1. (g)   2. (b)   3. (c)   4. (d)

5. (a)   6. (d)   7. (a)   8. (f)

9. (c)   10. (b)   11. (d)   12. (a)

13. (b)   14. (a)   15. (b)   16. (c)

17. (c)

电路行为变化趋势判断答案

1. (a)   2. (c)   3. (c)   4. (c)

5. (a)   6. (b)   7. (a)   8. (a)

9. (c)   10. (a)   11. (c)   12. (b)

第13章
电 感

▶ **教学目标**
- 介绍电感的基本结构和特点
- 讨论各种类型的电感
- 分析串联与并联电感
- 分析直流电源作用且有开关动作的电感
- 分析正弦交流电路中的电感
- 讨论电感的一些应用

▶ **应用案例预览**

在应用案例中，通过示波器的波形得到电路的时间常数，确定线圈的电感。

▶ **引言**

你已经学习了电阻和电容，本章将学习第三种基本无源元件——**电感**。

本章讨论电感的基本结构和电气性能，分析串联和并联电感。本章重点研究电感在直流和正弦交流电路中是如何工作的，它们分别是从时间响应和频率响应的角度来研究含电抗电路的基础。你还将学习如何检查有故障的电感。

基本上可以说电感是一个基于电磁感应原理的线圈，你已经在第10章学习了电磁感应原理。电感系数（常简称电感）是描述线圈特性的一个参数，线圈具有阻碍电流变化的能力。电感的电磁原理是当有电流流经导体时，在导体周围会产生磁场。设计成具有电磁感应特性的电气元件称为电感（这里指电感元件）、线圈，或在某些高频应用中称为扼流圈。所有这些术语都指同一种元件。

13.1 基本电感

电感是由线圈组成的一种无源电气元件，具有电磁感应特性。线圈通常缠绕在铁心上以增加电感。

学完本节内容后，你应该能够描述电感的基本结构和特性，具体就是：
- 定义电感，说明其单位。
- 讨论感应电压。
- 解释电感如何存储能量。
- 说明影响电感的物理参数。
- 讨论线圈电阻和线圈电容。
- 阐述法拉第电磁感应定律。
- 阐述楞次定律。

如图13-1所示，当一段导线缠绕成线圈后，就形成了一个电感。线圈和电感这两个术语可以互换。通过线圈的电流产生磁场，线圈中每个线匝周围的磁力线相互增强，结果在线圈内部和周围形成了较强磁场，产生一个N极和一个S极。

为了理解线圈中总磁场的形成过程，首先讨论

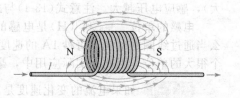

图 13-1 多匝导线形成一个电感。当电流通过电感时，产生三维电磁场，环绕着线圈

两个相邻环形导线周围磁场的相互作用。当环形导线紧密贴合在一起时，由于相邻环形导线之间的磁力线方向相反，互相抵消，如图 13-2a 所示。相邻导线周围的磁力线在外层偏转成一条单独回路，如图 13-2b 所示。线圈中多个相邻环形导线之间的影响相互叠加，即每增加一圈环形导线，磁场强度就会增加一些。尽管有很多条磁力线，但为了简单起见，只显示一条即可。图 13-3 是电感的符号示意图。

a) 分离的　　　　　　b) 紧密相邻环形导线间的磁力线　　　　　　图 13-3　电感符号
　　　　　　　　　　　　因反向而互相抵消

图 13-2　两个相邻环形导线中磁力线的相互作用

人物小贴士

约瑟夫·亨利(Joseph Henry，1797—1878)　亨利在纽约奥尔巴尼的一所小学校开始了他的教授生涯，后来成为史密森学会的第一任主任，是自富兰克林以来第一个从事基础科学实验的美国人。他是第一个将缠绕在铁心上的线圈叠加在一起的人。在 1830 年，比法拉第早一年，首次观察到电磁感应现象，但是没有公开发表。亨利因为发现自感现象而获得很高荣誉，电感的单位就是以他的名字命名的。（图片来源：史密森学会提供，照片号 59054。）

13.1.1　电感

电流流经线圈形成磁场。当电流发生改变时，磁场也随之改变。电流增加磁场增强，电流减少磁场减弱，因此变化的电流会在线圈周围产生变化的磁场。反之，变化的磁场会使线圈产生**感应电压**以阻碍电流的变化。这种特性用自感表示，但通常称为电感或电感系数，用符号 L 表示。

电感是衡量电流发生变化时线圈产生感应电压的能力，感应电压的方向是阻碍电流变化的方向。

线圈的电感(L)和电流的时间变化率($\mathrm{d}i/\mathrm{d}t$)共同决定了感应电压(v_{ind})。电流的变化影响着磁场的变化，然后变化的磁场又产生感应电压。感应电压与 L、$\mathrm{d}i/\mathrm{d}t$ 成正比，如下式所示：

$$v_{ind} = L\left(\frac{\mathrm{d}i}{\mathrm{d}t}\right) \tag{13-1}$$

这个公式表明电感越大，感应电压越大，此外还表明线圈中电流变化越快($\mathrm{d}i/\mathrm{d}t$ 越大)，感应电压越大。注意式(13-1)与式(12-24)的相似性：$i = C(\mathrm{d}v/\mathrm{d}t)$。

电感的单位　亨[利](H)是电感的基本单位。根据定义，如果线圈的电感是 1H，那么当通过线圈的电流以每秒 1A 的速度变化时，在线圈上感应的电压便是 1V。亨[利]是一个很大的单位，因此在实际应用中，毫亨(mH)和微亨(μH)更常见。

例 13-1　如果电流的变化速度是 2 A/s，则在 1H 电感上感应的电压是多少？

解

$$v_{ind} = L\left(\frac{\mathrm{d}i}{\mathrm{d}t}\right) = 1\ \mathrm{H} \times 2\ \mathrm{A/s} = 2\ \mathrm{V}$$

同步练习　变化速度是 40 mA/ms 的电流产生 1.0 V 的感应电压，则电感是多少？ ■

储能特性　电感将能量存储在由电流产生的电磁场中，存储的能量为：

$$W = \frac{1}{2}LI^2 \tag{13-2}$$

正如你所看到的，存储的能量正比于电感和电流的平方。当电流（I）的单位是安［培］，电感（L）的单位是亨［利］时，能量（W）的单位便是焦［耳］。

13.1.2　磁心材料与几何结构对电感的影响

在计算线圈的电感时，以下参数非常重要：磁心材料的磁导率、线圈匝数、磁心长度和磁心的横截面积。

磁心材料对电感的影响　电感基本上是一卷金属线，包裹着称为**磁心**的磁性或非磁性材料。磁性材料有铁、镍、钢、钴或它们的合金，这些材料的磁导率比真空大数百或数千倍，属于铁磁性材料。铁氧体（10.2 节中介绍过）是制作电感最常使用的铁磁材料之一。磁心使磁力线更集中以产生更强的磁场和更大的电感。非磁性材料有空气、纸板、塑料和玻璃，这些材料的导磁性几乎与真空相同，因此这些材料作为磁心的电感被归为空心电感。这些磁心对电感几乎没有影响，但可用来缠绕线圈并提供结构支撑。有些电感没有磁心，是真正的空心电感。

如第 10 章所述，磁心材料的磁导率（μ）决定了产生磁场的容易程度。磁导率的单位为 H/m。电感与磁心材料的磁导率成正比。

几何结构对电感的影响　如图 13-4 所示，电感与线圈匝数、长度、横截面积有关。它与磁心长度成反比，与横截面积成正比，此外电感与匝数的平方成正比。关系如下：

$$L = \frac{N^2 \mu A}{l} \tag{13-3}$$

其中，L 为电感，单位：亨［利］（H）；N 为线圈匝数；μ 为磁导率，单位：亨［利］每米（H/m）；A 为横截面积，单位：平方米（m^2）；l 为磁心长度，单位：米（m）。

例 13-2　计算图 13-5 中线圈的电感，设磁心的磁导率是 0.25×10^{-3} H/m。

图 13-4　电感的几何结构

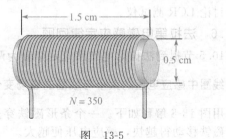

图　13-5

解　首先计算长度和面积。

$$l = 1.5 \text{ cm} = 0.015 \text{ m}$$
$$A = \pi r^2 = \pi(0.25 \times 10^{-2} \text{m})^2 = 1.96 \times 10^{-5} \text{ m}^2$$

线圈电感为：

$$L = \frac{N^2 \mu A}{l} = \frac{(350)^2 \times (0.25 \times 10^{-3} \text{ H/m}) \times (1.96 \times 10^{-5} \text{ m}^2)}{0.015 \text{ m}} = 40 \text{ mH}$$

同步练习　线圈匝数为 90 匝，缠绕在长 1.0 cm、直径为 0.8 cm 的磁心上，磁导率是 0.25×10^{-3} H/m，计算此线圈的电感。 ■

13.1.3　线圈电阻

当线圈由某种材料（如绝缘铜心导线）制成时，线圈都有一定的电阻。因为线圈由多匝导线构成，所以总电阻可能较大。这种固有电阻称为直流电阻或线圈电阻（R_W）。

尽管这个电阻沿导线长度分布，但实际上它可以看作与线圈电感串联，如图 13-6 所示。在许多应用中，线圈电阻很小，可以忽略不计，这时线圈可视为理想电感。在一些场合下，则必须考虑线圈电阻。

13.1.4 线圈电容

当两个导体并排放置时，其间总是存在电容，因此线圈中的多匝导线之间必然存在一定的杂散电容，称为线圈电容（C_W），这是一种与生俱来的副作用。在许多应用中，线圈电容非常小，不会造成明显影响。在另一些应用中，特别是在高频情况下，线圈电容的影响可能变得比较大。

考虑线圈电阻（R_W）和线圈电容（C_W）的电感等效电路如图 13-7 所示。各个电容与线匝并联，线圈各匝之间总的杂散电容与线圈电感、线圈电阻并联，如图 13-7b 所示。

a) 线圈电阻沿其长度分布　　b) 等效电路　　　a) 每匝之间的杂散电容等效为并联电容（C_W）　　b) 等效电路

图 13-6　线圈电阻　　　　　　　　　　　　图 13-7　线圈电容

⚠️ **安全小贴士**

因为磁场快速变化会产生很高的感应电压，当电流突然为零或者突然跃变时，就会发生上述情况，所以使用电感时必须小心。

13.1.5 电感的测量

可以通过几种方法测量电感，包括方波响应、电桥测量或利用名为 LCR 测试仪的特殊仪表。LCR 测试仪可测量电感（L）、电容（C）或电阻（R）。为了测量电感，一些仪表还可以显示特定测试频率下的阻抗。通过这种测量，可以计算和显示电感值。16.9 节将进一步讨论 LCR 测试仪。

13.1.6 法拉第电磁感应定律回顾

10.5 节提到法拉第电磁感应定律分为两部分，第一部分阐述如下：

> 线圈中感应电压的大小与线圈的磁场变化率成正比。

用图 13-8 解释如下。一个条形磁铁穿过线圈，连接在线圈两端的电压表测量感应电压，磁铁移动得越快，感应电压便越大。

当多匝线圈放置在不断变化的磁场中，线圈上也会产生感应电压。感应电压与线圈匝数 N 和磁场变化率成正比。磁场的变化率表示为 $\mathrm{d}\Phi/\mathrm{d}t$，其中 Φ 为磁通。比值 $\mathrm{d}\Phi/\mathrm{d}t$ 的单位是韦［伯］/秒（Wb/s）。法拉第电磁感应定律指出，线圈上的感应电压等于匝（圈）数乘以磁场变化率，如式（10-8）所示，现将此式重写如下。

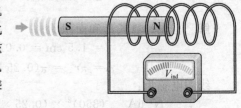

图 13-8　变化的磁场产生感应电压

$$v_{\mathrm{ind}} = N\left(\frac{\mathrm{d}\phi}{\mathrm{d}t}\right)$$

例 13-3 当 500 匝线圈放置在变化率为 5 Wb/s 的磁场中，利用法拉第定律求出感应电压。

解
$$v_{\mathrm{ind}} = N\left(\frac{\mathrm{d}\phi}{\mathrm{d}t}\right) = (500\ \mathrm{t}) \times (5\ \mathrm{Wb/s}) = 2.5\ \mathrm{kV}$$

同步练习 1000 匝线圈的感应电压是 500 V，则所在磁场的变化率是多少？ ∎

13.1.7 楞次定律

楞次定律曾在第 10 章介绍过，重述如下：

> 当通过线圈的电流发生变化时，由于电磁场变化而产生感应电压，感应电压的极性总是阻碍电流的变化。

图 13-9 说明了楞次定律。在图 13-9a 中，电流恒定且受 R_1 的限制。因为磁场没有变化，所以没有感应电压。在图 13-9b 中，开关突然闭合，R_2 与 R_1 并联，电阻减小，电流有增大趋势，磁场开始增强，但感应电压会阻止电流的增大。感应电压的极性是左边为正，右边为负。

在图 13-9c 中，感应电压逐渐降低，电流逐渐增加。在图 13-9d 中，电流达到由并联电阻确定的恒定值，感应电压变为零。在图 13-9e 中，开关突然断开，在这一瞬间，感应电压要阻碍电流的减小，并且在开关触点之间可能产生电弧，感应电压的极性是右边为正，左边为负。在图 13-9f 中，感应电压逐渐降低，使电流减小到由 R_1 确定的值。请注意，感应电压的极性总是阻碍电流的变化。例如，电流增加时，回路中感应电压的极性与电池电压的极性相反，从而阻碍电池电流的增加。

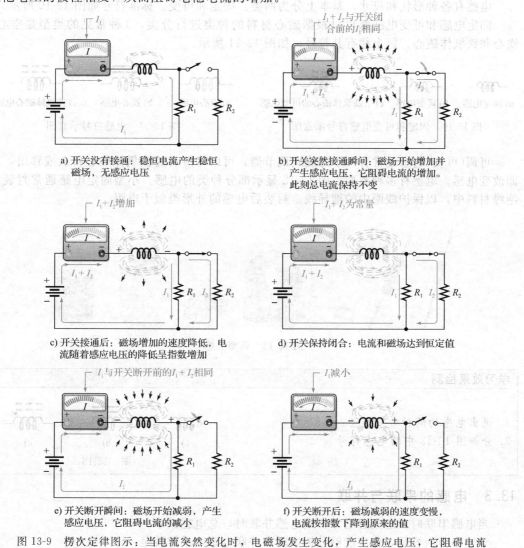

a) 开关没有接通：稳恒电流产生稳恒磁场，无感应电压

b) 开关突然接通瞬间：磁场开始增加并产生感应电压，它阻碍电流的增加。此刻总电流保持不变

c) 开关接通后：磁场增加的速度降低，电流随着感应电压的降低呈指数增加

d) 开关保持闭合：电流和磁场达到恒定值

e) 开关断开瞬间：磁场开始减弱，产生感应电压，它阻碍电流的减小

f) 开关断开后：磁场减弱的速度变慢，电流按指数下降到原来的值

图 13-9　楞次定律图示：当电流突然变化时，电磁场发生变化，产生感应电压，它阻碍电流的变化

学习效果检测

1. 列出与线圈电感有关的参数。
2. 流经 15 mH 电感的电流以 500 mA/s 的速率变化，感应电压是多少？
3. 描述在以下情况下，L 如何变化？
　　(a)N 增加　　　(b)磁心长度增加　　　(c)磁心横截面积减小　　　(d)铁心被空气替代
4. 解释为什么电感有线圈电阻？
5. 解释为什么电感有线圈电容？

13.2　电感的类型

电感通常根据磁心材料的种类进行分类。

学完本节内容后，你应该能够描述电感的各种类型，具体就是：

- 描述固定电感的基本类型。
- 区分固定电感和可变电感。

电感有各种形状和尺寸，基本上分为两类：固定和可变。标准符号如图 13-10 所示。

固定电感和可变电感都可以根据磁心材料的种类进行分类，3 种常见的类型是空心、铁心和铁氧体磁心。每个都有其符号，如图 13-11 所示。

a) 固定电感　　b) 可变电感　　c) 带铁氧体磁心的可变电感　　　　a) 空心电感　　b) 铁心电感　　c) 铁氧体磁心电感

图 13-10　固定和可变电感符号示意图　　　　　　图 13-11　电感符号示意图

可调(可变)电感通常有一个螺旋式调节器，可以将滑动的铁氧体磁心移入或移出，从而改变电感。电感有多种类型，图 13-12 显示部分种类的电感。小型固定电感通常封装在绝缘材料中，以保护线圈中的细导线。封装后电感的外形类似于电阻。

图 13-12　典型电感

学习效果检测

1. 说出电感的两种常见类型。
2. 分辨图 13-13 中的电感符号。

　　a)　　　　b)　　　　c)

图 13-13

13.3　电感的串联与并联

当电感串联时，总电感增加；当电感并联时，总电感减小。

学完本节内容后，你应能够分析串联和并联电感，具体就是：

- 计算总串联电感。
- 计算总并联电感。

13.3.1 总串联电感

如图 13-14 所示,当电感串联时,总电感 L_T 是单个电感的总和。n 个电感串联的 L_T 用公式表示如下:

$$L_T = L_1 + L_2 + L_3 + \cdots + L_n \quad (13\text{-}4)$$

注意,总串联电感的计算方法类似于总串联电阻(见第 5 章)和总并联电容值(见第 12 章)的计算过程。

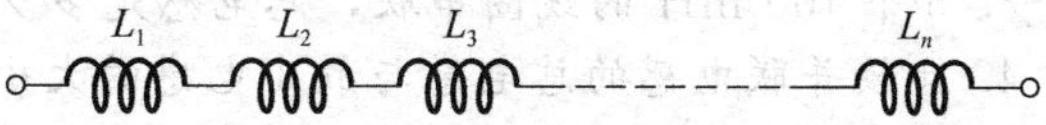

图 13-14 电感串联

例 13-4 对于图 13-15 所示电路,计算串联电感的总电感。

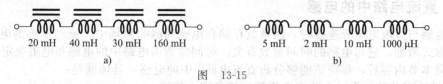

20 mH 40 mH 30 mH 160 mH   5 mH 2 mH 10 mH 1000 μH
a)   b)

图 13-15

解 对图 13-15a 所示电路,有:

$$L_T = 20 \text{ mH} + 40 \text{ mH} + 30 \text{ mH} + 160 \text{ mH} = 250 \text{ mH}$$

对图 13-15b 所示电路,有:

$$L_T = 5 \text{ mH} + 2 \text{ mH} + 10 \text{ mH} + 1 \text{ mH} = 18 \text{ mH}$$

注意:$1000 \text{ μH} = 1 \text{ mH}$。

同步练习 当 3 个 50 μH 的电感串联时,总电感是多少?

13.3.2 总并联电感

如图 13-16 所示,当电感并联时,总电感小于最小电感值。总电感的倒数等于单个电感倒数之和,写成通式就是:

$$\frac{1}{L_T} = \frac{1}{L_1} + \frac{1}{L_2} + \frac{1}{L_3} + \cdots + \frac{1}{L_n} \quad (13\text{-}5)$$

可以对式(13-5)两边求倒数计算总电感 L_T。

$$L_T = \frac{1}{\left(\dfrac{1}{L_1}\right) + \left(\dfrac{1}{L_2}\right) + \left(\dfrac{1}{L_3}\right) + \cdots + \left(\dfrac{1}{L_n}\right)} \quad (13\text{-}6)$$

总并联电感的计算过程类似于总并联电阻(见第 6 章)和总串联电容(见第 12 章)的计算过程。对于电感的串-并联组合,计算总电感的方法与串-并联电阻电路中求总电阻的方法相同(见第 7 章)。

例 13-5 求图 13-17 中的 L_T。

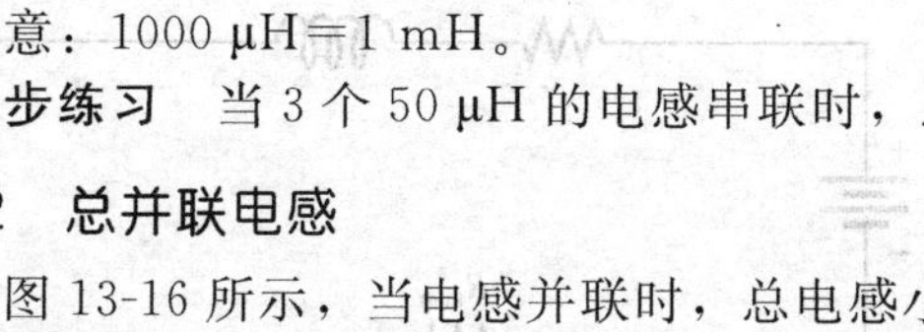

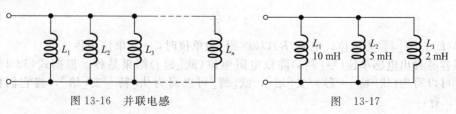

图 13-16 并联电感 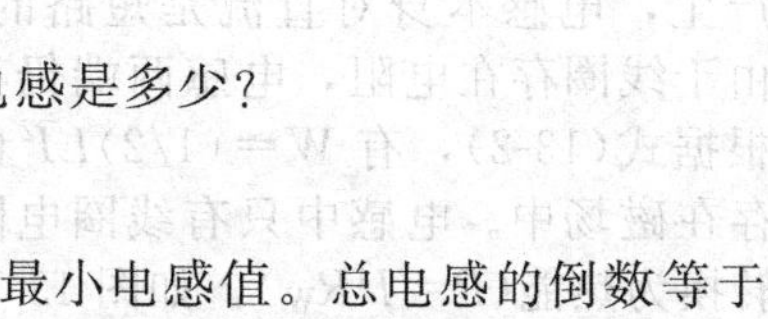   图 13-17

解 根据式(13-6)计算总电感。

$$L_T = \frac{1}{\left(\dfrac{1}{L_1}\right) + \left(\dfrac{1}{L_2}\right) + \left(\dfrac{1}{L_3}\right)} = \frac{1}{\dfrac{1}{10 \text{ mH}} + \dfrac{1}{5 \text{ mH}} + \dfrac{1}{2 \text{ mH}}} = 1.25 \text{ mH}$$

同步练习 如果电感值为 50 μH、80 μH、100 μH、150 μH 的电感并联，计算 L_T。 ∎

学习效果检测

1. 说明串联电感的组合规则。
2. 100 μH、500 μH 和 2 mH 电感串联后，L_T 是多少？
3. 5 个 100 mH 的线圈串联，总电感是多少？
4. 比较并联电感的总电感与最小电感的大小关系。
5. 总并联电感的计算方法与总并联电阻的计算方法类似。（T 或 F），即（对或错）
6. 计算下列串联电感的 L_T 值:
   (a) 40 μH 和 60 μH   (b) 100 mH、50 mH 和 10 mH

13.4 直流电路中的电感

当电感与直流电压源连接时，能量就存储在电感周围的磁场中。流经电感的电流以可预见的方式增加，它与电路的时间常数有关。时间常数由电路中的电感和电阻决定。

学完本节内容后，你应该能够分析直流电路 ⊖ 中的电感，具体就是:

- 描述当开关动作时电感中电流的增加和减小规律。
- 定义 RL 时间常数。
- 说明感应电压。
- 写出电感电流的指数表达式。

当流经电感的是恒定电流时，没有感应电压产生，电感本身对直流是短路的。然而，由于线圈存在电阻，电感两端仍有电压。根据式(13-2)，有 $W = (1/2)LI^2$ 的能量储存在磁场中。电感中只有线圈电阻将电能转换为热能($P = I^2R_W$)，如图 13-18 所示。通常电感用细线绕制，如果电流过大，电感则会被烧毁，所以电感消耗的功率不得超过其额定值。在图 3-18 中，外接电阻可以限制电流，使其不至于过大。

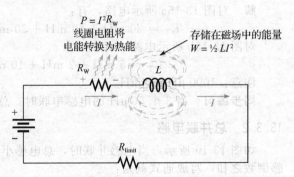

图 13-18 直流电路中，电感的能量存储和热量转换。限流电阻 R_{limit} 也以热量的形式消耗能量

13.4.1 RL 时间常数

由于电感的基本作用是产生一个阻碍电流变化的感应电压，因此电感中的电流不能瞬间突变。电流从一个值变到另一个值需要一定的时间，电流变化的速率由 RL 时间常数决定。

> RL 时间常数是一个固定的时间间隔，它等于电感与电阻之比。

公式是:

$$\tau = \frac{L}{R} \tag{13-7}$$

当电感(L)以亨[利]为单位，电阻(R)以欧[姆]为单位时，τ 的单位为秒。

很容易看出电感单位(亨[利])除以电阻单位(欧[姆])结果是秒。根据式(13-1)可知，亨[利]可以写为(伏[特]·秒)/安[培]，欧[姆]可以写为伏[特]/安[培]，将它们代入式(13-7)，有:

⊖ 本章直流电路是指在直流电源作用下的电路，电压和电流并非完全是大小不变的直流量。——译者注

$$\frac{L}{R} = \frac{(亨[利])}{(欧[姆])} = \frac{\left(\dfrac{伏[特]\cdot 秒}{安[培]}\right)}{\left(\dfrac{伏[特]}{安[培]}\right)} = 秒$$

例 13-6 RL 串联电路中电阻为 $1.0\ k\Omega$，电感为 $2.5\ mH$，则时间常数是多少？

解 $\tau = \dfrac{L}{R} = \dfrac{2.5\ mH}{1.0\ k\Omega} = \dfrac{2.5 \times 10^{-3}\ H}{1.0 \times 10^3\ \Omega} = 2.5 \times 10^{-6}\ s = 2.5\ \mu s$

同步练习 当 $R = 2.2\ k\Omega$、$L = 500\ \mu H$ 时，计算时间常数。

13.4.2 电感电流

电流上升过程 RL 串联电路中施加直流电压后，电流在第一个时间常数内增加到饱和值的 63% 左右。电感电流的增加类似于 RC 电路中充电电容电压的增加，它们都遵循指数规律，并随着时间上升到表 13-1 和图 13-19 所示的近似百分比，这个百分比是指当前电流与最终电流比值的百分数。

表 13-1 电流上升过程中，时间与电流百分比的对照关系

经历的时间	电流占最终电流的百分比
1τ	63.2
2τ	86.5
3τ	95.0
4τ	98.2
5τ	99.3（100% 视为充电结束）

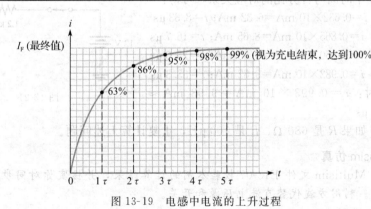

图 13-19 电感中电流的上升过程

5 个时间常数内，电流的变化如图 13-20 所示。实际上，电流经过 5τ 后基本达到最终值，电流停止变化，此时电感对恒定电流相当短路（线圈电阻除外），因此电流的最终值为：

$$I_F = \frac{V_S}{R} = \frac{10\ V}{1.0\ k\Omega} = 10\ mA$$

例 13-7 计算图 13-21 中的 RL 时间常数，然后计算在不同时间常数时的电流，从开关闭合时刻开始计时。

解 RL 时间常数为：

$$\tau = \frac{L}{R} = \frac{10\ mH}{1.2\ k\Omega} = 8.33\ \mu s$$

在每个时间常数时，该处的电流与最终电流有百分比关系。最终的电流是：

$$I_F = \frac{V_S}{R} = \frac{12\ V}{1.2\ k\Omega} = 10\ mA$$

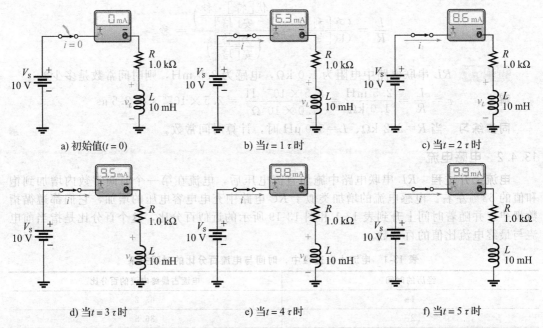

a) 初始值(t = 0)   b) 当t = 1 τ 时   c) 当t = 2 τ 时

d) 当t = 3 τ 时   e) 当t = 4 τ 时   f) 当t = 5 τ 时

图 13-20　电感电流按指数增加示意图。在开关闭合后，每经过一个时间常数，电流约增加剩下
的 63%。线圈产生的感应电压(v_L)阻碍电流的增加

利用表 13-1 中时间与百分比的对应关系，可得：

当 $t=1\tau$ 时：$i=0.632\times10$ mA$=6.32$ mA；$t=8.33$ μs

当 $t=2\tau$ 时：$i=0.865\times10$ mA$=8.65$ mA；$t=16.7$ μs

当 $t=3\tau$ 时：$i=0.950\times10$ mA$=9.50$ mA；$t=25.0$ μs

当 $t=4\tau$ 时：$i=0.982\times10$ mA$=9.82$ mA；$t=33.3$ μs

当 $t=5\tau$ 时：$i=0.993\times10$ mA$=9.93$ mA$\approx$ 10mA；$t=41.7$ μs

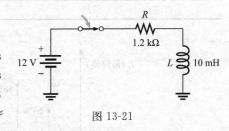

图 13-21

同步练习　如果 R 是 680 Ω、L 是 100 μH，重复计算上述问题。　■

 Multisim 仿真

使用 Multisim 文件 E13-07 校验本例的计算结果，并核实你对同步练习的计算
结果。利用方波代替直流电压源和开关。

电流下降过程　从表 13-2 和图 13-22 中的近似百分比值可以看出，电感电流呈指数下降。
前 5 个时间常数内电流的变化如图 13-23 所示。当电流达到最终值 0 A 时，电流停止
变化。开关断开之前，因为理想的 L 被看作短路，由 R_1 确定流经 L 的电流是 10 mA。开
关断开时，电感产生的初始感应电压使流经 R_2 的电流继续是 10 mA，随后每经过一个时
间常数，电流便减小剩下部分的 63%。

表 13-2　电流下降过程中，时间与电流百分比对照关系

经历的时间	电流占最初电流的百分比
1τ	36.8
2τ	13.5
3τ	5.0
4τ	1.8
5τ	0.07（视为放电结束）

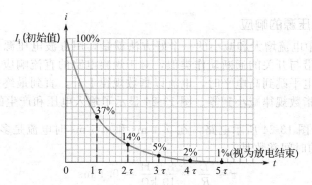

图 13-22 电感中电流的下降过程

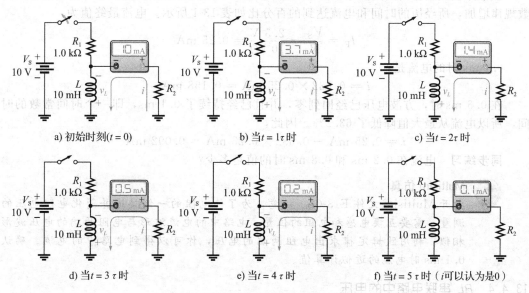

a) 初始时刻($t = 0$)　　　　b) 当 $t = 1\tau$ 时　　　　c) 当 $t = 2\tau$ 时

d) 当 $t = 3\tau$ 时　　　　e) 当 $t = 4\tau$ 时　　　　f) 当 $t = 5\tau$ 时（i 可以认为是0）

图 13-23　电感电流的下降过程

技术小贴士　为了测量 RL 串联电路的电流波形，可测量电阻两端电压，再应用欧姆定律来得到电流波形。如果电阻未接地，如图 13-24 所示，可以使用另一种方法测量电阻两端的电压波形。使用示波器的两个探头，将这两个探头的信号输入端分别连接到电阻的两端，然后选择示波器上的"ADD"和"Invert"。示波器的两个通道设置成相同的 VOLTS/Div。这时示波器上显示的是两个探头测量电压的差，这就是电阻上的电压。或者将电感与电阻互换位置，然后再测量电阻上的电压（参见例 13-8 中的 Multisim 问题）。

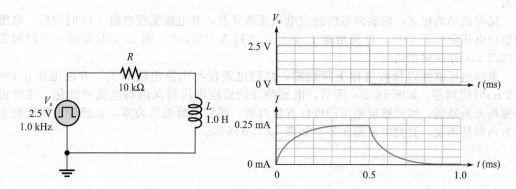

图 13-24　方波输入时理想电感中的电流响应

13.4.3 对方波电压源的响应

说明 RL 电路中电流增大和减小的一个好方法就是，用方波电压源作为输入。因为方波的上升沿和下降沿与开关的通断动作类似，对于观察电路的直流响应，方波信号是很有用的。当方波从低电平跳到高电平时，电流以指数规律上升，直到最终值。当方波跳回到零电平时，电流以指数规律减小到零。图 13-24 显示了输入电压和产生的电流波形。

例 13-8 对于图 13-24 所示电路，在 0.1 ms 和 0.6 ms 时电流是多少？

解 RL 电路的时间常数是：

$$\tau = \frac{L}{R} = \frac{1.0 \text{ H}}{10 \text{ k}\Omega} = 0.1 \text{ ms}$$

如果方波发生器的周期足够长，足以让电流在 5τ 内基本达到最终值，则电流将以指数规律增加，所经历的时间和电流达到的百分比如表 13-1 所示。电流最终值为：

$$I_F = \frac{V_S}{R} = \frac{2.5 \text{ V}}{10 \text{ k}\Omega} = 0.25 \text{ mA}$$

0.1 ms 时的电流是：

$$i = 0.632 \times 0.25 \text{ mA} = 0.158 \text{ mA}$$

在 0.6 ms 时，方波电压已经回到零，并且已经持续了 0.1 ms，即一个时间常数的时间，所以电流从最大值降低了 63.2%。因此，

$$i = 0.25 \text{ mA} - 0.632 \times 0.25 \text{ mA} = 0.092 \text{ mA}$$

同步练习 电流在 0.2 ms 和 0.8 ms 时的值是多少？

Multisim 仿真

打开 Multisim 文件 E13-08。注意，为了使电阻的一侧接地并简化电阻电压的测量，需要互换电感和电阻的位置。电路中的电流波形与电阻两端的电压波形相似。利用欧姆定律求出电阻两端的电压，你可以得到电路中的电流。确认 0.1 ms 时电流的近似计算值。

13.4.4 RL 串联电路中的电压

如你所知，当电感电流发生变化时，会产生感应电压。让我们查看一下在方波输入的一个完整周期内，图 13-25 所示串联电路中电感两端的感应电压如何变化。请记住，信号发生器输出高电平类似于接通直流电源；当电平跳回到零时，相当于在电源两端"自动"并联一条低电阻（理想情况下为零）路径。

电路中的电流表显示任何时刻流经电路中的电流，V_L 是电感两端电压。在图 13-25a 中，方波从零跳变到最大值 2.5 V，根据楞次定律，电感周围产生磁场，电感上感应电压的方向是阻碍电流变化的方向。由于感应电压与方波电压相等但方向相反，故电路中没有电流。

随着磁场的建立，电感两端的感应电压逐渐降低，有电流流经电路。1τ 时间后，电感的感应电压降低了 63%，电流增加了 63%，达到 0.158 mA。图 13-25b 显示一个时间常数（0.1 ms）结束时的情况。

电感电压继续以指数规律下降到零，此时电流仅与电路电阻有关。方波电压在 $t = 0.5$ ms 时回到零，如图 13-25c 所示，电感两端的感应电压再次阻碍电流的变化。这时由于磁场开始减弱，因此感应电压的极性发生对调。尽管电源电压为零，但感应电压能使电流方向保持不变，直到电流降至零，如图 13-25d 所示。

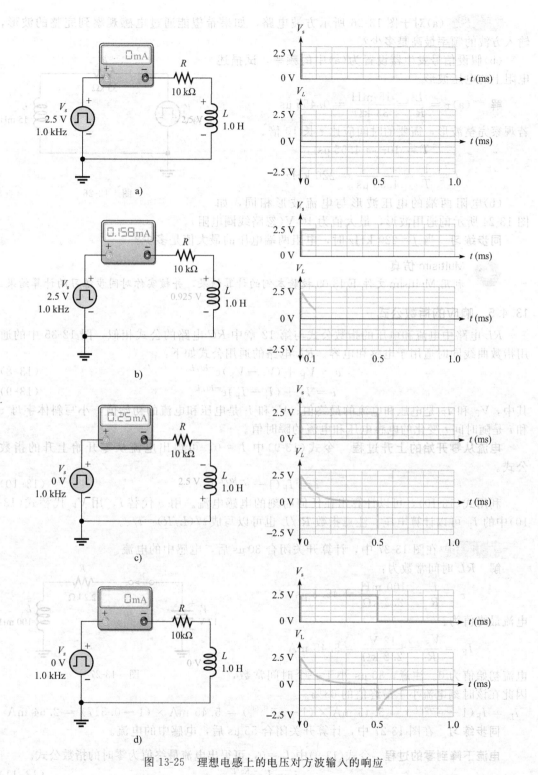

图 13-25　理想电感上的电压对方波输入的响应

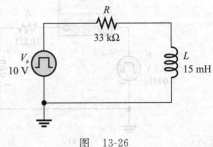

例 13-9 （a）对于图 13-26 所示方波电路，如果希望能通过电感观察到完整的波形，输入方波的频率最高是多少？

　　（b）假设信号发生器设置为（a）中的频率，试描述电阻上的电压波形。

　　解 （a）$\tau = \dfrac{L}{R} = \dfrac{15\ \text{mH}}{33\ \text{k}\Omega} = 0.455\ \mu\text{s}$

若观察完整波形，需要的时间应比 τ 长 10 倍。

$$T = 10\tau = 4.55\ \mu\text{s}$$

$$f = \frac{1}{T} = \frac{1}{4.55\ \mu\text{s}} = 220\ \text{kHz}$$

图　13-26

　　（b）电阻两端的电压波形与电流波形相同，如图 13-24 所示的通用波形，最大值为 10 V（忽略线圈电阻）。

　　同步练习 当 $f = 220$ kHz 时，电阻两端电压的最大值是多少？ ■

 Multisim 仿真

　　利用 Multisim 文件 E 13-09 校验本例的计算结果，并核实你对同步练习的计算结果。

13.4.5 响应的指数公式

　　RL 电路中电流和电压的指数公式与第 12 章中 RC 电路的公式相似，图 12-35 中的通用指数曲线同时适用于电感和电容。RL 电路的通用公式如下：

$$v = V_{\text{F}} + (V_{\text{i}} - V_{\text{F}})\text{e}^{-Rt/L} \tag{13-8}$$

$$i = I_{\text{F}} + (I_{\text{i}} - I_{\text{F}})\text{e}^{-Rt/L} \tag{13-9}$$

其中，V_{F} 和 I_{F} 是电压和电流的最终值；V_{i} 和 I_{i} 是电压和电流的初始值，小写斜体字母 v 和 i 是随时间 t 变化的电感电压和电流的瞬时值。

　　电流从零开始的上升过程 令式（13-9）中 $I_{\text{i}} = 0$，可得出电流从零开始上升的指数公式。

$$i = I_{\text{F}}(1 - \text{e}^{-Rt/L}) \tag{13-10}$$

　　利用式（13-10），可以计算出在任何时刻的电感电流。用 v 代替 i，用 V_{F} 代替式（13-10）中的 I_{F} 可以计算电压。注意指数 Rt/L 也可以写成 $t/(L/R) = t/\tau$。

　　例 13-10 在图 13-27 中，计算开关闭合 30 μs 后，电感中的电流。

　　解 RL 时间常数为：

$$\tau = \frac{L}{R} = \frac{100\ \text{mH}}{2.2\ \text{k}\Omega} = 45.5\ \mu\text{s}$$

电流最终值为：

$$I_{\text{F}} = \frac{V_{\text{S}}}{R} = \frac{12\ \text{V}}{2.2\ \text{k}\Omega} = 5.45\ \text{mA}$$

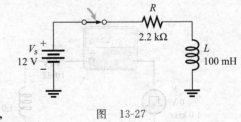

图　13-27

电流初始值为 0。注意，30 μs 小于一个时间常数，因此在该时刻电流小于最终值的 63%。

$$i_{\text{L}} = I_{\text{F}}(1 - \text{e}^{-Rt/L}) = 5.45\ \text{mA} \times (1 - \text{e}^{-0.66}) = 5.45\ \text{mA} \times (1 - 0.517) = 2.64\ \text{mA}$$

　　同步练习 在图 13-27 中，计算开关闭合 55 μs 后，电感中的电流。 ■

　　电流下降到零的过程 令式（13-9）中 $I_{\text{F}} = 0$，可得出电流最终值为零时的指数公式。

$$i = I_{\text{i}}\text{e}^{-Rt/L} \tag{13-11}$$

该公式可用于计算任意时刻的电感电流，如例 13-11 所示。

　　例 13-11 对于图 13-28 所示电路，在方波输入的一个完整周期内，每隔 1 μs 的时间电流是多少？画出电流波形。

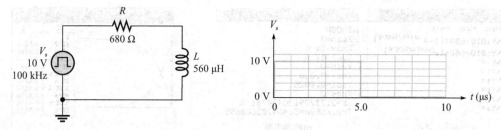

图　13-28

解
$$\tau = \frac{L}{R} = \frac{560 \text{ μH}}{680 \text{ Ω}} = 0.824 \text{ μs}$$

当 $t=0$ 时输入方波从 0 V 跳到 10 V，电流最终值是：

$$I_F = \frac{V_S}{R} = \frac{10 \text{ V}}{680 \text{ Ω}} = 14.7 \text{ mA}$$

对于上升的电流：

$$i = I_F(1 - e^{-Rt/L}) = I_F(1 - e^{-t/\tau})$$

当 $t=1$ μs 时：$i = 14.7 \text{ mA} \times (1 - e^{-1 \text{ μs}/0.824 \text{ μs}}) = 10.3 \text{ mA}$

当 $t=2$ μs 时：$i = 14.7 \text{ mA} \times (1 - e^{-2 \text{ μs}/0.824 \text{ μs}}) = 13.4 \text{ mA}$

当 $t=3$ μs 时：$i = 14.7 \text{ mA} \times (1 - e^{-3 \text{ μs}/0.824 \text{ μs}}) = 14.3 \text{ mA}$

当 $t=4$ μs 时：$i = 14.7 \text{ mA} \times (1 - e^{-4 \text{ μs}/0.824 \text{ μs}}) = 14.6 \text{ mA}$

当 $t=5$ μs 时：$i = 14.7 \text{ mA} \times (1 - e^{-5 \text{ μs}/0.824 \text{ μs}}) = 14.7 \text{ mA}$

在 $t=5$ μs 时，方波由 10 V 回跳到 0 V，电流按指数规律下降。

对于下降的电流：

$$i = I_i(e^{-Rt/L}) = I_i(e^{-t/\tau})$$

初始值是 5 μs 时的电流值，即 14.7 mA。

当 $t=6$ μs 时：$i = 14.7 \text{ mA} \times (1 - e^{-1\text{μs}/0.824\text{μs}}) = 4.37 \text{ mA}$

当 $t=7$ μs 时：$i = 14.7 \text{ mA} \times (1 - e^{-2\text{μs}/0.824\text{μs}}) = 1.30 \text{ mA}$

当 $t=8$ μs 时：$i = 14.7 \text{ mA} \times (1 - e^{-3\text{μs}/0.824\text{μs}}) = 0.38 \text{ mA}$

当 $t=9$ μs 时：$i = 14.7 \text{ mA} \times (1 - e^{-4\text{μs}/0.824\text{μs}}) = 0.11 \text{ mA}$

当 $t=10$ μs 时：$i = 14.7 \text{ mA} \times (1 - e^{-5\text{μs}/0.824\text{μs}}) = 0.03 \text{ mA}$

上述结果的波形如图 13-29 所示。

可以使用图形计算器简化计算过程并绘制图形。分别输入 Y_1 和 Y_2 的公式，Y_1 表示方波输入时间的上升电流；Y_2 表示方波跳回到零时的下降电流。图 13-30a 显示的是本例输入的公式，图 13-30b 显示的是绘图参数，其所绘图形与图 13-29 相近。使用 window 键绘图，使用 2nd window 设置绘图参数。

可以通过在 mode 菜单中选择"GRAPH-TABLE"来查看数值表和响应曲线。图 13-31 分别显示了上升电流和下降电流。右边的表为上升电流曲线(Y_1)每隔 0.5 μs 的电流值，直至 5 μs(X 变量表示时间)。

同步练习 图 13-29 在 0.5 μs 时的电流是多少？

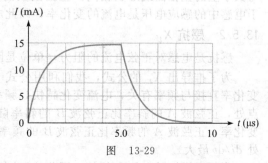

图　13-29

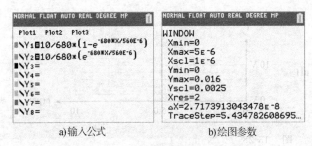

a)输入公式　　　　　　b)绘图参数

图 13-30　用图形计算器求解例 13-11

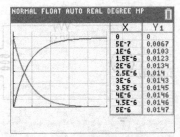

图 13-31　上升(蓝色)和下降(红色)
电流曲线及数值表(经德
州仪器公司许可使用)

　Multisim 仿真

使用 Multisim 文件 E13-11 校验本例的计算结果，并核实你对同步练习的计算结果。

学习效果检测

1. 一个线圈电阻为 60 Ω 的 15 mH 电感，当 10 mA 恒定电流通过时，电感两端电压是多少？

2. 20 V 的直流电源经过开关连接到 RL 串联电路上，开关闭合瞬间 i 和 v_L 的值是多少？

3. 对于问题 2 中的电路，开关闭合 5τ 后，v_L 是多少？

4. 在 RL 串联电路中，$R=1.0$ kΩ、$L=500$ μH，时间常数是多少？电路通过开关连接 10 V 后，0.25 μs 后的电流是多少？

13.5　正弦交流电路中的电感

交流电通过电感时，电感会产生称为感抗的阻力，其大小与交流电的频率有关。导数的概念在第 12 章中已经介绍过，电感上感应电压的表达式已在式(13-1)中陈述，本节将再次使用这些概念。

完成本节内容后，你应该能够分析正弦交流电路中的电感，具体就是：

- 解释电感引起电压和电流之间产生相移的原因。
- 定义感抗。
- 计算给定电路中的感抗。
- 讨论电感的瞬时功率、有功功率和无功功率。

13.5.1　电感中电流和电压的相位关系

从感应电压的公式(13-1)中可以看出，通过电感的电流变化越快，感应电压就越大。例如，如果电流变化率为零，则电压也为 0，因为 $v_{ind}=L(di/dt)=L(0)=0$ V。当 di/dt 为最大正值时，v_{ind} 也为最大正值；当 di/dt 为最大负值时，v_{ind} 也为最大负值。

流经电感的正弦电流在数学上表示为 $i(t)=I_p\sin(2\pi ft)$。在图 13-32a 中，电流波形与数学上的正弦曲线形状相同。正弦函数的变化率是余弦函数，比正弦函数超前 90°。由于电感中的感应电压是电流的变化率，因此电感电压超前电流 90°，如图 13-32b 所示。

13.5.2　感抗 X_L

感抗是电感对正弦电流的阻力，单位是欧[姆]，符号是 X_L。

为了推导出 X_L 的公式，我们利用公式 $v_{ind}=L(di/dt)$ 和图 13-33 中的曲线。电流的变化率直接与频率有关，电流变化越快，频率越高。例如，从图 13-33 中可以看到在过零点处，正弦波 A 的斜率比正弦波 B 的斜率陡。请记住，曲线上某一点的斜率表示该点的变化率，正弦波 A 的频率比正弦波 B 的频率高，正像图中所示的最大变化率情况(过零点处 di/dt 最大)。

当频率增加时，di/dt 增加，因此 v_{ind} 也增加。当频率降低时，di/dt 减小，因此 v_{ind} 也减

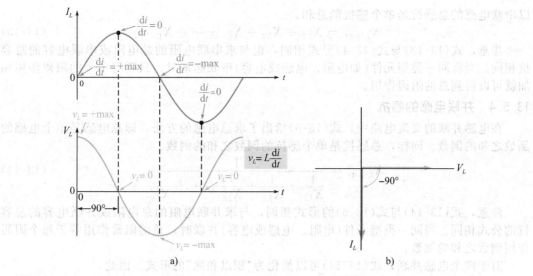

图 13-32　电感中 V_L 和 I_L 的相位关系。电流总是滞后电压 90°

小。感应电压直接与频率成正比。

$$v_{\text{ind}} = L(\text{d}i/\text{d}t) \quad \text{和} \quad v_{\text{ind}} = L(\text{d}i/\text{d}t)$$

感应电压的增加意味着阻力更大（X_L 更大）。因此 X_L 与感应电压成正比，与频率成正比。

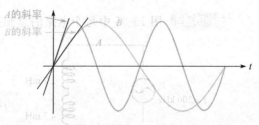

> X_L 与 f 成正比。

图 13-33　斜率表示变化率。正弦波 A 在过零点处的变化率大于 B，因此 A 的频率高

现在，如果 $\text{d}i/\text{d}t$ 是常数而电感是变化的，则 L 增加后 v_{ind} 也增加，L 减小后 v_{ind} 也减小。

$$v_{\text{ind}} = L(\text{d}i/\text{d}t) \quad \text{和} \quad v_{\text{ind}} = L(\text{d}i/\text{d}t)$$

同样，v_{ind} 增加意味着阻力更大（X_L 更大），因此 X_L 与电感成正比。结果是：

> X_L 与 f 和 L 都成正比。

因此感抗 X_L 的计算公式（在附录 B 中推导）是：

$$X_L = 2\pi fL \tag{13-12}$$

当 f 的单位是赫[兹]，L 的单位是亨[利]时，感抗 X_L 的单位是欧[姆]。与容抗一样，2π 项在公式中是一个常数因子，它来自正弦波与旋转运动的关系。

例 13-12　对于图 13-34 所示电路，正弦电压施加在电路上，频率是 10 kHz，计算感抗。

解　10 kHz 写为 10×10^3 Hz，5 mH 写为 5×10^{-3} H，因此感抗是：

$$X_L = 2\pi fL = 2\pi \times (10 \times 10^3 \text{ Hz}) \times (5 \times 10^{-3} \text{ H}) = 314 \ \Omega$$

同步练习　如果频率升至 35 kHz，则图 13-34 中的 X_L 是多少？

图　13-34

13.5.3　串联电感的感抗

如式（13-4）所示，串联电感的总电感是单个电感的总和。因为感抗与电感成正比，所以串联电感的总感抗是单个感抗的总和。

$$X_{L(\text{tot})} = X_{L1} + X_{L2} + X_{L3} + \cdots + X_{Ln} \qquad (13\text{-}13)$$

注意，式(13-13)与式(13-4)形式相同，也与求串联电阻的总电阻或串联电容的总容抗相同。当将同一类型元件(如电阻、电感或电容)串联起来时，只需将单个的阻碍作用相加就可以得到总的阻碍作用。

13.5.4 并联电感的感抗

在电感并联的交流电路中，式(13-6)给出了求总电感的方法，即总电感是单个电感的倒数之和的倒数。同样，总感抗是单个感抗的倒数之和的倒数。

$$X_{L(\text{tot})} = \cfrac{1}{\cfrac{1}{X_{L1}} + \cfrac{1}{X_{L2}} + \cfrac{1}{X_{L3}} + \cdots + \cfrac{1}{X_{Ln}}} \qquad (13\text{-}14)$$

注意，式(13-14)与式(13-6)的形式相同，与求并联电阻的总电阻或并联电容的总容抗的公式相同。当同一类型元件(电阻、电感或电容)并联时，总的阻碍作用等于每个阻碍作用倒数之和的倒数。

对于两个电感并联，式(13-14)可以简化为"积以和除"的形式。因此，

$$X_{L(\text{tot})} = \frac{X_{L1} X_{L2}}{X_{L1} + X_{L2}}$$

例 13-13 图 13-35 中每个电路的总感抗是多少？

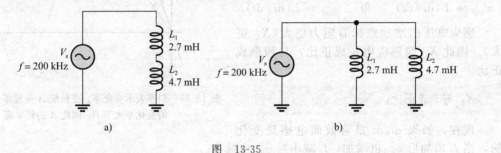

图 13-35

解 两个电路中同名电感的感抗相同，根据式(13-12)可知：

$$X_{L1} = 2\pi f L_1 = 2\pi \times 200 \text{ kHz} \times 2.7 \text{ mH} = 3.39 \text{ k}\Omega$$
$$X_{L2} = 2\pi f L_2 = 2\pi \times 200 \text{ kHz} \times 4.7 \text{ mH} = 5.91 \text{ k}\Omega$$

对于图 13-35a 中的串联电感，总感抗为 X_{L1} 和 X_{L2} 之和，根据式(13-13)可知：

$$X_{L(\text{tot})} = X_{L1} + X_{L2} = 3.39 \text{ k}\Omega + 5.91 \text{ k}\Omega = 9.30 \text{ k}\Omega$$

对于图 13-35b 中的并联电感，总感抗为 X_{L1} 和 X_{L2} 之积除以它们的和。

$$X_{L(\text{tot})} = \frac{X_{L1} X_{L2}}{X_{L1} + X_{L2}} = \frac{3.39 \text{ k}\Omega \times 5.91 \text{ k}\Omega}{3.39 \text{ k}\Omega + 5.91 \text{ k}\Omega} = 2.15 \text{ k}\Omega$$

也可以首先求出总电感，然后代入式(13-12)，再求出总感抗，从而得到串联或并联电感的总感抗。

同步练习 如果图 13-35 中 $L_1 = 1$ mH，L_2 不变，则每个电路的总感抗是多少？ ■

欧姆定律 电感的感抗类似于电阻。事实上，X_L、X_C 和
R 都以欧[姆]为单位。由于感抗阻碍电流，与电阻电路和电容
电路一样，欧姆定律也适用于电感电路，如图 13-36 所示。

$$I = \frac{V_s}{X_L}$$

在交流电路中应用欧姆定律时，必须以相同方式表示
电流和电压，即都是有效值或都是峰值。

图 13-36

例 13-14 计算图 13-37 中的电流有效值。

解 10 kHz 写为 10×10^3 Hz，100 mH 写为 100×10^{-3} H，计算 X_L。

$$X_L = 2\pi fL = 2\pi \times (10 \times 10^3 \text{ Hz}) \times (100 \times 10^{-3} \text{ H}) = 6.28 \text{ k}\Omega$$

应用欧姆定律确定电流有效值。

$$I_{\text{rms}} = \frac{V_{\text{rms}}}{X_L} = \frac{5 \text{ V}}{6.28 \text{ k}\Omega} = 796 \text{ μA}$$

同步练习 图 13-37 中 $V_{\text{rms}} = 12$ V、$f = 4.9$ kHz、$L = 680$ mH，计算电流有效值。

 Multisim 仿真

使用 Multisim 文件 E13-14 校验本例的计算结果，并核实你对同步练习的计算结果。

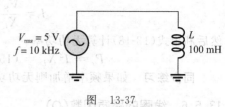

图 13-37

13.5.5 电感的功率

如前所述，当电流流经电感时，电感在其磁场中存储能量。理想电感(没有线圈电阻的电感)不消耗能量，只存储能量。当交流电压施加到理想电感上时，在一个周期的一段时间内，电感存储能量，然后在周期的另一段时间内，电感将存储的能量送回到电源。理想电感中的净能量不会因热量转换而损失。图 13-38 显示了一个周期内电感电流、电压和功率曲线。

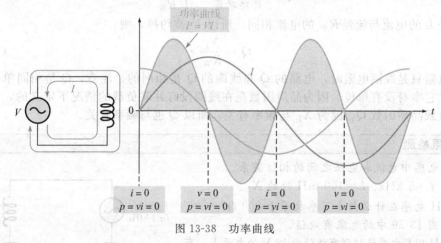

图 13-38 功率曲线

瞬时功率(p) 瞬时功率是 v 和 i 的乘积。在 v 或 i 为零时，p 也为零。当 v 和 i 都为正时，p 为正；当 v 和 i 中一个为正，另一个为负时，p 为负。当 v 和 i 都为负时，p 为正。如图 13-38 所示，功率按照正弦曲线变化。功率为正表示电感存储能量，为负表示能量从电感送回到电源。注意，功率的变化频率是电压或电流的两倍，因为能量交替地被存储和送回到电源。

有功功率(P_{true}) 理想情况下，在一个功率周期中，电感在正功率部分存储的所有能量，在负功率部分又全部返回到电源，因此有功功率为零。实际上，由于实际电感的线圈电阻，总是消耗一些功率，但这部分功率很小，通常可以忽略不计。计算公式为：

$$P_{\text{true}} = (I_{\text{rms}})^2 R_W \tag{13-15}$$

无功功率(P_r) 电感存储或返回能量的最大速率称为**无功功率**，单位为 **VAR**(无功伏安)。无功功率是一个非零值，因为在任何时刻都在存储能量或向电源回送能量，不表示由于热量转换而造成的能量损失。以下公式用于计算电感的无功功率：

$$P_r = V_{\text{rms}} I_{\text{rms}} \tag{13-16}$$

$$P_r = \frac{V_{\text{rms}}^2}{X_L} \tag{13-17}$$

$$P_r = I_{rms}^2 X_L \tag{13-18}$$

例 13-15 电感为 10 mH 的线圈接入频率为 1 kHz、有效值为 10 V 的信号电路中，线圈电阻忽略不计，计算无功功率(P_r)。

解 首先计算感抗和电流有效值。

$$X_L = 2\pi f L = 2\pi \times 1\ \text{kHz} \times 10\ \text{mH} = 62.8\ \Omega$$

$$I = \frac{V_S}{X_L} = \frac{10\ \text{V}}{62.8\ \Omega} = 159\ \text{mA}$$

然后利用式(13-18)计算无功功率。

$$P_r = I^2 X_L = (159\ \text{mA})^2 \times 62.8\ \Omega = 1.59\ \text{VAR}$$

同步练习 如果频率增加则无功功率会发生什么变化？

13.5.6 线圈的品质因数(Q)

品质因数(Q)是电感的无功功率与线圈自身电阻或线圈外部串联电阻中的有功功率之比，是 L 中的功率与 R_W 中的功率之比。在第 17 章研究谐振电路时，品质因数是很重要的参数。Q 的计算公式如下：

$$Q = \frac{\text{无功功率}}{\text{有功功率}} = \frac{I^2 X_L}{I^2 R_W}$$

流经 L 的电流与流经 R_W 的电流相同，所以 I^2 被约掉，则：

$$Q = \frac{X_L}{R_W} \tag{13-19}$$

当电阻只是线圈电阻时，电路的 Q 和线圈的 Q 是相同的。注意，Q 是相同单位的比值，因此它本身没有单位。因为品质因数是在线圈没有并联负载的情况下定义的，所以也称为无负载品质因数 Q。因为 X_L 与频率有关，所以 Q 也与频率有关。

学习效果检测

1. 说明电感中电流和电压之间的相位关系。
2. 计算 $f = 5$ kHz、$L = 100$ mH 时的 X_L。
3. 50 μH 电感在什么频率下感抗等于 800 Ω？
4. 计算图 13-39 中的电流有效值。
5. 50 mH 理想电感连接到有效值为 12 V 的电源上，有功功率是多少？频率为 1 kHz 时的无功功率是多少？

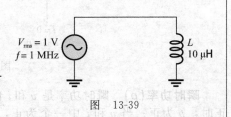

$V_{rms} = 1\ \text{V}$
$f = 1\ \text{MHz}$

L
$10\ \mu\text{H}$

图 13-39

13.6 电感的应用

电感不像电容那样常用，由于尺寸、成本和非理想特性(含内阻)等原因，其应用更为有限。此外，电感难以用集成电路工艺制作，并且小电感值的电感占用面积较大，因此成本更高。大电感需要磁心，但其不能被集成。电感的两个常见应用，一个是降噪和调谐电路；另一个是开关电源(将在 16.8 节中介绍)。

完成本节内容后，你应该能够讨论电感的一些应用，具体就是：

- 讨论噪声进入电路的两种方式。
- 描述电磁干扰(EMI)的抑制。
- 说明如何使用铁氧体磁珠。
- 讨论调谐电路的基本原理。

13.6.1 噪声抑制

电感最重要的应用之一就是抑制不必要的噪声。这些应用使用的电感通常缠绕在闭合磁心上，以防止电感本身成为噪声辐射源。噪声包括两种类型：传导噪声和辐射噪声。

传导噪声 许多系统都有公共导电回路以连接系统的不同部分，这样高频噪声便能从系统的一个部分传递到另一个部分。图13-40a是两个电路通过公共导线连接的情况。高频噪声的传递路径在公共接地处，形成的回路称为接地回路。在测量系统中，接地回路带来了特殊问题，即传感器与记录系统的距离较远，地面的噪声电流会影响被测信号。

如果有用的信号变化缓慢，可以在信号线上安装一个称为纵向扼流圈的特殊电感，如图13-40b所示。纵向扼流圈是一种变压器（见第14章），在每条信号线上起着电感的作用。接地回路可看作高阻抗路径，从而降低噪声。低频信号则因为扼流圈的低阻抗而顺利通过。

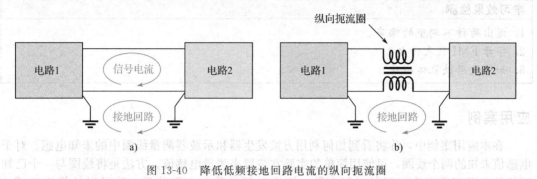

图13-40 降低低频接地回路电流的纵向扼流圈

由于有高频元器件，因此开关电路也可能产生高频噪声（高于10 MHz）（回顾11.9节介绍过脉冲波形包含许多高频谐波）。某些种类的电源由于使用高速开关电路，因此也是一种传导和辐射噪声源。

由于感抗随着频率的增加而增加，因此电感可以很好地阻隔来自这些电源的电气噪声，使电源只能输送直流。电感通常安装在电源线上以抑制传导噪声，使一个电路对另一个电路不会产生不利影响。一个或多个电容也可与电感一起使用，从而增强抑制作用。

辐射噪声 噪声也可以通过电磁场进入电路，噪声源可能是相邻电路或附近电源。有几种方法可以降低辐射噪声的影响。通常，第一步是确定产生噪声的原因，使用屏蔽或滤波技术将其隔离。

电感广泛应用在滤波器中，用来抑制辐射噪声。必须仔细选择用于抑制辐射噪声的电感，以免电感本身成为噪声辐射源。对于高频（>20 MHz）情况，缠绕在高渗透性环形磁心上的电感会将磁通限制在磁心上，所以被广泛使用。

13.6.2 射频扼流圈

用来隔离高频的电感称为射频（RF）扼流圈，用于抑制传导或辐射噪声。射频扼流圈是一种特殊的电感，通过对高频构成高阻抗路径来阻止高频进入或离开系统的某些部分。通常，扼流圈与需要抑制射频的线路串联。根据干扰频率，需要不同类型的扼流圈。一种常见的电磁干扰（EMI）滤波器将信号线缠绕在环形铁心上，之所以采用环形结构，是因为这可以使磁场集中，扼流圈本身就不会成为噪声源。

另一种常见的射频扼流圈是铁氧体磁珠，如图13-41所示。所有导线都有电感，铁氧体磁珠是一种小的铁磁材料，它串在导线上以增加导线电感。磁珠的阻抗是材料、频率以及磁珠大小的函数，是一种高效、廉价的高频"扼流圈"。铁氧体磁珠在高频通信系统中很常见。有时将几个磁珠串联在一起以增加有效电感。除了可以在电线上使用滑动的磁珠，贴片的铁氧体磁珠还可以串联在PCB上，以抑制高频传导噪声，类似于传统的扼流圈。

图13-41 典型的铁氧体磁珠

13.6.3 调谐电路

在通信系统中，电感与电容配合使用能够选频。调谐电路允许选中某个窄带频率信号，而抑制其他频率信号。电视和无线电接收机中的调谐器都基于此原理，它可以从多个频道或电台中选择其中一个。

选频基于的原理是，当电容和电感在串联或并联时，其电抗取决于频率及两个元件的连接方式。因为电容和电感对电压或电流的相移作用相反，所以把它们综合起来可以对选定的频率产生期望的效果。RLC 调谐电路见第 17 章。

学习效果检测
1. 说出两种不期望的噪声。
2. 字母 EMI 代表什么？
3. 如何使用铁氧体磁珠？

应用案例

在本应用案例中，你将看到如何利用方波发生器和示波器测量线圈中的未知电感。对于电感值未知的两个线圈，可使用简单的实验室装置来测量电感值。方法是将线圈与一个已知阻值的电阻串联起来，测量时间常数。知道时间常数和电阻值后，就可以计算出电感 L 的值。

确定时间常数的方法是，将方波施加在电路上，测量电阻两端电压。每当方波输入电压升高时，电感开始通电；每当方波跳回到零时，电感开始断电。电阻电压按指数规律上升，上升到接近最终值时所需的时间是 5 个时间常数，具体操作如图 13-42 所示。为了确保线圈电阻忽略不计，必须预先测量线圈电阻，以确保所选择的外接电阻远远大于线圈电阻。

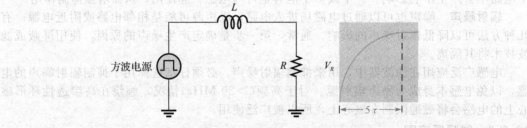

图 13-42 时间常数测量电路

线圈电阻

用欧姆表测量图 13-43 所示电路中的线圈电阻，假设结果为 85 Ω。在时间常数测量中，为了使线圈和电源电阻可以忽略不计，电路中串联了一个 10 kΩ 电阻。

1. 如图 13-43 所示，如果夹子连接到 10 Vdc 上，则 $t=5\tau$ 后电路电流是多少？

线圈 1 的电感

参见图 13-44。为了测量线圈 1 的电感，在电路上施加一个方波电压。调节方波振幅为 10V，调节频率使电感在每个方波脉冲期间完全充电；示波器设置为可以查看完整的响应波形，如图 13-44 所示。

2. 计算电路时间常数的近似值。

3. 计算线圈 1 的电感。

线圈 2 的电感

参见图 13-45，其中用线圈 2 代替线圈 1。为了计算电感，在面包板电路上施加一个 10 V 方波。调整方波频率，使电感在每个方波脉冲期间完全充电；示波器设置为能够查看完整的响

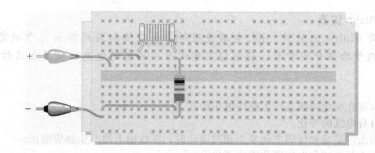

图 13-43 测量时间常数的面包板

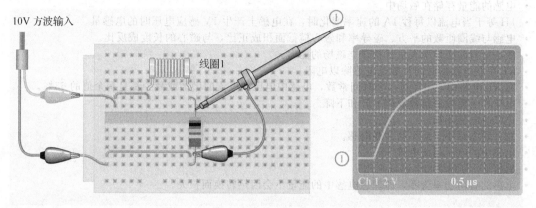

图 13-44 被测线圈 1

应波形。

4. 确定电路时间常数近似值。

5. 计算线圈 2 的电感。

6. 指出使用此方法的难点。

7. 说明如何使用正弦输入电压代替方波来测量电感。

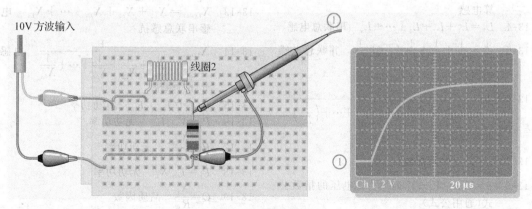

图 13-45 被测线圈 2

检查与复习

8. 图 13-44 中可以使用的方波频率最大是多少？

9. 图 13-45 中可以使用的方波频率最大是多少？

10. 如果频率超过了问题 8 和问题 9 中确定的最大值，会发生什么情况？解释测量结果会受到怎样影响。

Multisim 仿真

打开 Multisim 软件。*RL* 电路使用所示电阻值和应用案例 3 中确定的电感。通过测量验证时间常数。使用应用案例 5 中确定的电感，重复上述仿真。

本章总结

- 电感是度量电流在变化时线圈产生感应电压的能力。
- 电感阻碍其自身电流的变化。
- 法拉第定律指出，磁场和线圈之间发生相对运动时，在线圈上便产生感应电压。
- 感应电压的大小与电感和电流变化率成正比。
- 楞次定律指出，感应电压的极性总是阻碍电流的变化。
- 电感的能量存储在磁场中。
- 1H 等于当电流以每秒 1A 的速率变化时，在电感上产生 1V 感应电压时的电感量。
- 电感与线圈匝数的平方、磁导率和磁心横截面积成正比，与磁心的长度成反比。
- 磁心材料的磁导率表示材料建立磁场的能力。
- *RL* 串联电路的时间常数是电感除以电阻。
- 在 *RL* 电路中，每经过一个时间常数，电感中电压和电流的增加或减少都是剩余值的 63%。
- 电压和电流按照指数规律上升和下降。
- 串联时电感相加。
- 总并联电感小于最小的并联电感。
- 电感中的电压超前电流 90°。
- 感抗 X_L 与频率和电感成正比。
- 电感的有功功率为零，即理想电感中的能量不会因热转换而损失。

重要公式

13-1 $v_{ind} = L\left(\dfrac{di}{dt}\right)$ 感应电压

13-2 $W = \dfrac{1}{2}LI^2$ 电感存储的能量

13-3 $L = \dfrac{N^2 \mu A}{l}$ 由几何结构和材料磁导率计算电感

13-4 $L_T = L_1 + L_2 + L_3 + \cdots + L_n$ 串联总电感

13-5 $\dfrac{1}{L_T} = \dfrac{1}{L_1} + \dfrac{1}{L_2} + \dfrac{1}{L_3} + \cdots + \dfrac{1}{L_n}$ 并联总电感的倒数

13-6 $L_T = \dfrac{1}{\left(\dfrac{1}{L_1}\right) + \left(\dfrac{1}{L_2}\right) + \left(\dfrac{1}{L_3}\right) + \cdots + \left(\dfrac{1}{L_n}\right)}$ 并联总电感

13-7 $\tau = \dfrac{L}{R}$ 时间常数

13-8 $v = V_F + (V_i - V_F)e^{-Rt/L}$ 电压的指数公式（通用公式）

13-9 $i = I_F + (I_i - I_F)e^{-Rt/L}$ 电流的指数公式（通用公式）

13-10 $i = I_F(1 - e^{-Rt/L})$ 电流从零开始按指数上升

13-11 $i = I_i e^{-Rt/L}$ 电流按指数下降到零

13-12 $X_L = 2\pi fL$ 感抗

13-13 $X_{L(tot)} = X_{L1} + X_{L2} + X_{L3} + \cdots + X_{Ln}$ 电感串联总感抗

13-14 $X_{L(tot)} = \dfrac{1}{\dfrac{1}{X_{L1}} + \dfrac{1}{X_{L2}} + \dfrac{1}{X_{L3}} + \cdots + \dfrac{1}{X_{Ln}}}$ 电感并联总感抗

13-15 $P_{true} = (I_{rms})^2 R_W$ 有功功率

13-16 $P_r = V_{rms} I_{rms}$ 无功功率

13-17 $P_r = \dfrac{V_{rms}^2}{X_L}$ 无功功率

13-18 $P_r = I_{rms}^2 X_L$ 无功功率

13-19 $Q = \dfrac{X_L}{R_W}$ 品质因数

对/错判断（答案在本章末尾）

1. 电感阻碍电流的任何变化。
2. 一个 10 mH 的电感等于一个 1000 μH 的电感。
3. 电感与线圈匝数的平方成正比。
4. 电感中没有电阻。
5. 理想情况下，电感对直流短路。
6. 线圈中感应电压与线圈磁场变化率成正比。
7. 感抗与频率成反比。
8. 串联电感的总感抗是单个感抗的总和。
9. 电感中的电压滞后于电流。
10. 感抗的单位是欧[姆]。

自我检测（答案在本章末尾）

1. 一个 0.05 μH 的电感大于
   (a) 0.000 000 5 H　　(b) 0.000 005 H
   (c) 0.000 000 008 H　(d) 0.000 05 mH

2. 一个 0.33 mH 的电感小于
   (a) 33 μH　　　　　　(b) 330 μH
   (c) 0.05 mH　　　　　(d) 0.0005 H

3. 若流经电感的电流增加，存储在磁场中的能量
   (a) 减少　　　　　　　(b) 保持不变
   (c) 增加　　　　　　　(d) 增加一倍

4. 当流经电感的电流增加一倍时，存储的能量
   (a) 增加两倍　　　　　(b) 增加四倍
   (c) 减半　　　　　　　(d) 不变

5. 下面哪些办法可以减小线圈电阻？
   (a) 减少匝数　　　　　(b) 使用较粗的导线
   (c) 改变磁心材料　　　(d) 答案 (a) 或 (b)

6. 下面哪些办法可以增加铁心线圈的电感？
   (a) 增加匝数　　　　　(b) 移除铁心
   (c) 增加铁心长度　　　(d) 使用较粗的导线

7. 4 个 10 mH 的电感串联，总电感是
   (a) 40 mH　　　　　　(b) 2.5 mH
   (c) 40 000 μH　　　　(d) 答案 (a) 和 (c)

8. 1 mH、3.3 mH 和 0.10 mH 电感并联，总电感是
   (a) 4.4 mH　　　　　　(b) 比 3.3 mH 大
   (c) 比 0.1 mH 小　　　(d) 答案 (a) 和 (b)

9. 一个电感、一个电阻和一个开关串联后接到 12 V 电池上，在开关闭合瞬间，电感电压是
   (a) 0 V　　　　　　　(b) 12 V
   (c) 6 V　　　　　　　(d) 4 V

10. 正弦电压加到电感上，当电压频率增加时，电流将
    (a) 减少　　　　　　　(b) 增加
    (c) 保持不变　　　　　(d) 瞬间变为 0

11. 一个电感和一个电阻串联后接到正弦电压源上，调整频率使感抗等于电阻，如果频率增加，则
    (a) $V_R > V_L$　　　　(b) $V_L < V_R$
    (c) $V_R = V_L$　　　　(d) $V_L > V_R$

12. 将欧姆表连接到电感两端，指针显示无限大，则电感
    (a) 是好的　　　　　　(b) 断开
    (c) 短路　　　　　　　(d) 呈电阻性

电路行为变化趋势判断（答案在本章末尾）

参见图 13-48

1. 开关在位置 1，如果将它切换到位置 2，那么 A 和 B 之间的电感将
   (a) 增大　　(b) 减小　　(c) 保持不变

2. 如果开关从位置 3 切换到位置 4，那么 A 和 B 之间的电感将
   (a) 增大　　(b) 减小　　(c) 保持不变

参见图 13-51

3. 如果 R 由 1.0kΩ 变为 10kΩ，开关闭合，那么电流达到最大值的时间将
   (a) 增长　　(b) 缩短　　(c) 保持不变

4. 如果 L 由 10mH 变为 1mH，开关闭合，那么时间常数将
   (a) 增大　　(b) 减小　　(c) 保持不变

5. 如果电压源从 +15V 降到 +10V，那么时间常数将
   (a) 增大　　(b) 减小　　(c) 保持不变

参见图 13-54

6. 如果电压源的频率增加，那么总电流将
   (a) 增大　　(b) 减小　　(c) 保持不变

7. 如果 L_2 断开，那么流经 L_1 的电流将
   (a) 增大　　(b) 减小　　(c) 保持不变

8. 如果电源频率减小，那么流经 L_2 和 L_3 的电流之比将
   (a) 增大　　(b) 减小　　(c) 保持不变

参见图 13-55

9. 如果电压源频率增加，那么 L_1 两端的电压将
   (a) 增大　　(b) 减小　　(c) 保持不变

10. 如果 L_3 开路，那么 L_2 两端电压将
    (a) 增大　　(b) 减小　　(c) 保持不变

分节习题（较难的问题用星号（＊）表示，奇数题答案在本书末尾）

13.1 节

1. 将以下电感单位改为以毫亨（mH）为单位。
   (a) 1 H　　　　　　　(b) 250 μH
   (c) 10 μH　　　　　　(d) 0.0005 H

2. 将以电感单位改为以微亨（μH）为单位。
   (a) 300 mH　　　　　(b) 0.08 H

   (c) 5 mH　　　　　　(d) 0.000 45 mH

3. 当 $di/dt = 10$ mA/μs，$L = 5$ μH 时，线圈两端电压是多少？

4. 25 mH 线圈两端的感应电压是 50 V，则电流的变化率是多少？

5. 当流经 100 mH 线圈的电流以 200 mA/s 的速

率变化时，线圈两端的感应电压是多少？

6. 如果线圈缠绕在横截面积为 10×10^{-5} m^2、长度为 0.05 m 的圆柱形铁心上，它需要缠绕多少匝才能制成 30 mH 电感？设磁导率为 1.2×10^{-6} H/m。

7. 当电流为 20 mA 时，4.7 mH 电感存储的能量是多少？

8. 电感 2 的匝数是电感 1 的两倍，其他都相同，比较这两个电感的大小。

9. 比较两个电感值的大小，这两个电感除了电感 2 缠绕在铁心上（相对磁导率＝150）、电感 1 缠绕在低碳钢心上（相对磁导率＝200），其他都相同。

10. 一名学生在一支直径 7 mm 的铅笔上缠绕100 匝电线，如图 13-46 所示。铅笔是非磁性材料，具有与真空相同的磁导率（$4\pi\times10^{-6}$ H/m）。计算所制成线圈的电感。

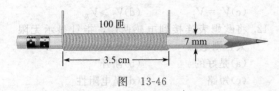

图 13-46

13.3 节

11. 5 个电感串联在一起，最小值为 5 μH。如果每个电感是前一个电感的两倍，并且电感按升序连接，那么总电感是多少？

12. 假设需要 50 mH 的总电感，现在有一个 10 mH 的线圈和一个 22 mH 的线圈，还需要多大的电感？

13. 计算图 13-47 中的总电感。

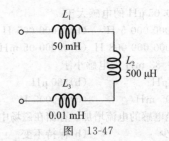

图 13-47

14. 当图 13-48 中的开关合在每个位置时，A 点和 B 点之间的总电感各是多少？

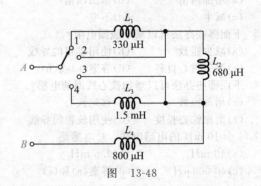

图 13-48

15. 计算以下线圈并联后的总电感：75 μH、50 μH、25 μH 和 15 μH。

16. 有一个 12 mH 的电感且是最小电感。现需要 8 mH 电感，需要用多大的电感与12 mH 电感并联才能获得 8 mH 电感？

17. 计算图 13-49 中每个电路的总电感。

18. 计算图 13-50 中每个电路的总电感。

图 13-49

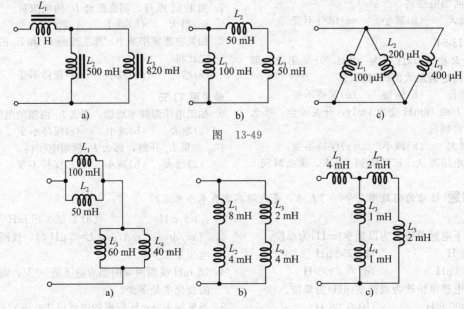

图 13-50

13.4 节

19. 计算以下 RL 串联电路的时间常数：
    (a)R＝100 Ω，L＝100 μH
    (b)R＝4.7 kΩ，L＝10 mH
    (c)R＝1.5 MΩ，L＝3 H

20. 在 RL 串联电路中，确定以下每种情况下电流上升到最大值所需的时间：
    (a)R＝56 Ω，L＝50 μH
    (b)R＝3300 Ω，L＝15 mH
    (c)R＝22 kΩ，L＝100 mH

21. 在图 13-51 所示电路中，最初没有电流，计算开关接通后在下列时刻的电感电压：
    (a)10 μs　　(b)20 μs　　(c)30 μs
    (d)40 μs　　(e)50 μs

22. 在图 13-51 中，计算问题 21 中所列出的每个时刻电感中的电流。

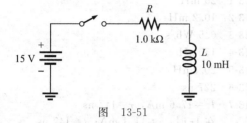

图 13-51

23. 计算图 13-52 所示电路的时间常数。

*24. 对于图 13-52 中的理想电感，计算以下各时刻的电流：
    (a)10 μs　(b)20 μs　　(c)30 μs

25. 计算在以下各时刻问题 21 中的电感电压。
    (a)2 μs　　(b)5 μs　　(c)15 μs

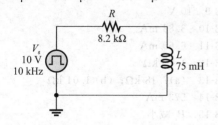

图 13-52

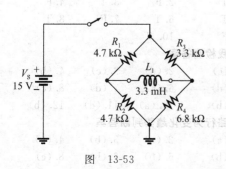

图 13-53

*26. 在以下时刻计算问题 24 中电感的电流：
    (a)65 μs　　(b)75 μs　　(c)85 μs

27. 在图 13-51 所示电路中，开关接通后，感应电压何时达到 5 V？

28. (a)当方波上升时，图 13-52 中感应电压的极性是什么？
    (b)方波降为零之前的电流是多少？

29. 计算图 13-53 所示电路的时间常数。

*30. (a)在图 13-53 中，开关接通 1.0 μs 后电感电流是多少？
    (b)5τ 之后的电流是多少？

*31. 对于图 13-53 中的电路，假设开关接通超过 5τ 后再打开，打开 1.0 μs 后，电感电流是多少？

13.5 节

32. 当频率为 5 kHz 的电压施加在端子上时，计算图 13-49 中每个电路的总感抗。

33. 当电路施加 400 Hz 电压时，求出图 13-50 中每个电路的总感抗。

34. 计算图 13-54 所示电路的总电流有效值，流过 L_2 和 L_3 的电流是多少？

35. 在图 13-50 所示的每个电路中，当输入电压的有效值为 10 V 时，哪个频率将产生有效值是 500 mA 的总电流？

36. 计算图 13-54 所示电路的无功功率。

37. 计算图 13-55 所示电路中的 I_{L2}。

38. 根据式(13-12)说明感抗的单位是欧[姆]。

13.6 节

39. 当铁氧体磁珠在 f＝31.5 MHz 时感抗为 270 Ω，计算其电感。

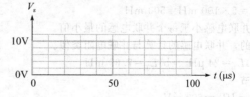

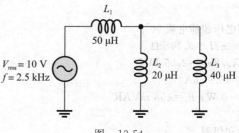

图 13-54

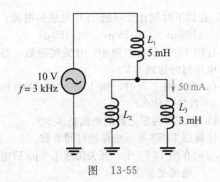

图 13-55

参考答案

学习效果检测答案

13.1 节

1. 电感取决于线圈的匝数、磁导率、横截面积和磁心长度。
2. $v_{ind} = 7.5$ mV
3. (a)当 N 增加时，L 增加。
   (b)当磁心长度增加时，L 减小。
   (c)当磁心横截面积减小时，L 减小。
   (d)当铁心被空气磁心取代时，L 减小。
4. 所有导线都有一定的电阻，而且由于线圈是由多匝导线组成的，因此线圈总是存在电阻。
5. 线圈中相邻的线匝类似电容的极板。

13.2 节

1. 两类电感：固定的和可变的。
2. (a)空心 (b)铁心 (c)可变铁氧体磁心

13.3 节

1. 串联时电感相加
2. $L_T = 2.60$ mH
3. $L_T = 5 \times 100$ mH $= 500$ mH
4. 总并联电感小于每个并联电感的最小值。
5. 是的，并联电感的计算与并联电阻类似。
6. (a)$L_T = 24$ μH (b)$L_T = 7.69$ mH

13.4 节

1. $V_L = IR_w = 600$ mV
2. $i = 0$ A，$v_L = 20$ V
3. $v_L = 0$ V
4. $\tau = 500$ ns，$i_L = 3.93$ mA

13.5 节

1. 电感电压超前电流 90°。
2. $X_L = 2\pi fL = 3.14$ kΩ
3. $f = X_L/2\pi L = 2.55$ MHz
4. $I_{rms} = 15.9$ mA
5. $P_{true} = 0$ W；$P_r = 458$ mVAR

13.6 节

1. 传导和辐射。
2. 电磁干扰。

 Multisim 故障排查和分析
Multisim 仿真故障排查

下述问题需要使用 Multisim 软件。

40. 打开文件 P13-40，测量每个电感上的电压。
41. 打开文件 P13-41，测量每个电感上的电压。
42. 打开文件 P13-42，测量电流。若频率加倍，再次测量电流。将原频率减半，再测量电流。解释所观察的结果。
43. 打开文件 P13-43，如果有故障则分析故障。
44. 打开文件 P13-44，如果有故障则查找故障。

3. 铁氧体磁珠被放置在导线上以增加导线电感，从而形成射频扼流圈。

同步练习答案

13-1 25 mH
13-2 10.2 mH
13-3 0.5 Wb/s
13-4 150 μH
13-5 20.3 μH
13-6 227 ns
13-7 $I_F = 17.6$ mA，$\tau = 147$ ns
　　在 1τ 时：$i = 11.1$ mA；$t = 147$ ns
　　在 2τ 时：$i = 15.1$ mA；$t = 294$ ns
　　在 3τ 时：$i = 16.7$ mA；$t = 441$ ns
　　在 4τ 时：$i = 17.2$ mA；$t = 588$ ns
　　在 5τ 时：$i = 17.4$ mA；$t = 735$ ns
13-8 在 0.2 ms 时，$i = 0.218$ mA
　　在 0.8 ms 时，$i = 0.035$ mA
13-9 10 V
13-10 3.83 mA
13-11 6.69 mA
13-12 1.10 kΩ
13-13 (a)7.18 kΩ；(b) 1.04 kΩ
13-14 573 mA
13-15 P_r 减小

对/错判断答案

1. T	2. F	3. T	4. F
5. T	6. T	7. F	8. T
9. F	10. T		

自我检测答案

1. (c)	2. (d)	3. (c)	4. (b)
5. (d)	6. (a)	7. (d)	8. (c)
9. (b)	10. (a)	11. (d)	12. (b)

电路行为变化趋势判断答案

1. (a)	2. (b)	3. (b)	4. (b)
5. (b)	6. (b)	7. (b)	8. (c)
9. (c)	10. (a)		

第14章 变压器

教学目标

- 解释互感
- 描述变压器的结构和工作原理
- 描述变压器如何升压和降压
- 讨论二次侧负载电阻的影响
- 讨论变压器反射电阻的概念
- 讨论变压器阻抗匹配
- 描述实际变压器
- 描述变压器的几种类型
- 故障排查

应用案例预览

在应用案例中,你将学习如何排查直流电源的故障。直流电源是利用变压器将交流电压从标准电源插座上耦合进来,然后再进行许多变换和处理得到的。通过测量不同点的电压,你可以判断直流电源是否存在故障,并能够指出发生故障的位置。

引言

第13章中学习了自感(即电感),本章将学习变压器工作的基础原理——互感。变压器应用广泛,如电源、配电以及通信中的信号耦合等。

当两个或多个线圈相互靠近时,便产生互感现象,变压器运行就是基于互感原理的。一个简单变压器是通过两个线圈的互感产生电磁耦合的。因为两个磁耦合线圈之间没有电气接触,所以在完全电气隔离情况下,可以实现能量从一个线圈传递到另一个线圈。对于变压器,通常采用术语**绕组**或**线圈**描述一次侧和二次侧。

14.1 互感

当两个线圈彼此靠近时,因为两个线圈之间存在互感,所以其中一个线圈中电流所产生的变化磁场将在另一个线圈上产生感应电压。

学完本节内容后,你应该能够理解互感,具体就是:

- 讨论磁耦合。
- 说明电气隔离。
- 说明耦合系数。
- 确定影响互感的因素,并列出公式。

第10章曾提到,随着电流的增大、减小或方向改变,线圈周围的电磁场将增强、削弱或反向。

对于图14-1所示电路,当线圈2非常靠近线圈1时,那么穿过线圈2的磁力线会发生变化,两个线圈发生磁耦合并产生感应电压。利用两个线圈的磁耦合,可实现**电气隔离**,即两个电路之间没有共同的导电回路。

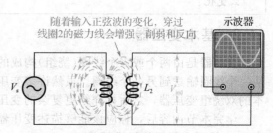

图14-1 流经线圈1的变化电流在线圈2中产生感应电压(这是通过链接线圈2的变化电磁场实现的)

如果流经线圈 1 的电流是正弦波，则线圈 2 中感应的电压波形也是正弦波。由于线圈 1 流过电流，因而在线圈 2 上产生感应电压，其大小取决于两线圈之间的**互感系数**。它简称互感(L_M)，是两个线圈间的电感。互感是由每个线圈的电感和两个线圈之间的耦合系数(k)决定的。为了最大限度地实现耦合，两个线圈应缠绕在同一个磁心上。

14.1.1　耦合系数

耦合系数 k 是指由线圈 1 产生的并与线圈 2 交链的磁通(ϕ_{1-2})和线圈 1 产生的磁通(ϕ_1)的比值。

$$k = \frac{\phi_{1-2}}{\phi_1} \tag{14-1}$$

例如，如果线圈 1 产生的全部磁通量中有一半与线圈 2 交链，则 $k=0.5$。k 值大说明，在线圈 1 中电流相同的情况下，线圈 2 产生的感应电压更大。注意 k 没有单位，而磁通的单位是韦[伯]，符号为 Wb。

耦合系数 k 的大小取决于线圈之间的距离以及缠绕线圈的磁心材料。为了增加耦合，线圈应缠绕在同一个磁心上。此外，磁心的结构和形状也是影响耦合系数的因素。

14.1.2　互感(系数)计算公式

如图 14-2 所示，影响互感的 3 个因素为 k、L_1 和 L_2。互感的计算公式是：

$$L_M = k\sqrt{L_1 L_2} \tag{14-2}$$

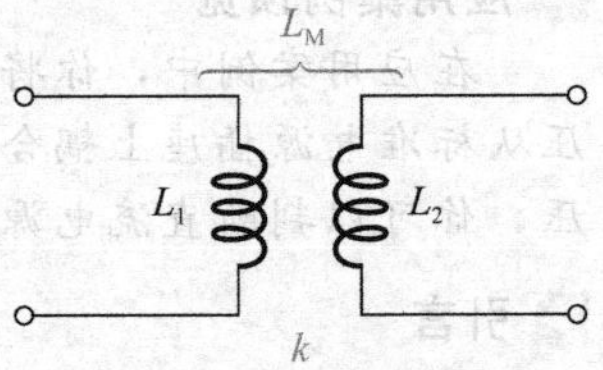

例 14-1　一个线圈产生的总磁通是 50 μWb，其中 20 μWb 与线圈 2 交链，则耦合系数 k 是多少？

解

$$k = \frac{\phi_{1-2}}{\phi_1} = \frac{20\ \mu\text{Wb}}{50\ \mu\text{Wb}} = 0.4$$

同步练习　当 $\phi_1 = 500\ \mu\text{Wb}$、$\phi_{1-2} = 375\ \mu\text{Wb}$ 时，计算 k 的值。

图 14-2　两个线圈的互感

例 14-2　两个线圈缠绕在同一个磁心上，耦合系数是 0.3，线圈 1 的电感是 10 μH，线圈 2 的电感是 15 μH，则 L_M 是多少？

解　　$L_M = k\sqrt{L_1 L_2} = 0.3\sqrt{10\ \mu\text{H} \times 15\ \mu\text{H}} = 3.67\ \mu\text{H}$

同步练习　当 $k=0.5$、$L_1 = 1\ \text{mH}$ 和 $L_2 = 600\ \mu\text{H}$ 时，计算互感。

学习效果检测

1. 术语**电气隔离**的意思是什么？
2. 定义互感(系数)。
3. 两个 50 mH 线圈的 $k=0.9$，则 L_M 是多少？
4. 如果 k 增加，当流经一个线圈的电流发生变化时，另一个线圈中的感应电压会发生什么变化？

14.2　基本变压器

变压器是由两个或多个线圈(绕组)构成的电气元件或设备，线圈之间的磁耦合使电能从一个线圈输送到另一个线圈。虽然许多变压器有两个以上的绕组，但本节内容仅限于基本的双绕组变压器，之后再介绍更复杂的变压器。

学完本节内容后，你应该能够描述变压器结构以及工作过程，具体就是：

- 认识变压器的组成部分。
- 讨论磁心材料的重要性。
- 说明一次绕组和二次绕组。

- 定义匝数比。
- 讨论绕组绕向对电压极性的影响。

基本变压器的结构原理如图 14-3a 所示。其中一个线圈称为**一次绕组**，另一个称为**二次绕组**。电源接入一次绕组，负载接入二次绕组，如图 14-3b 所示。一次绕组是输入绕组，二次绕组是输出绕组。通常变压器接电源一侧也称为初级，产生感应电压的另一侧也称为次级。

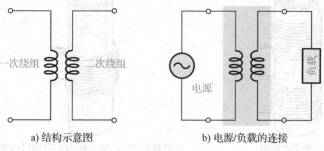

a) 结构示意图　　　　　　　　b) 电源/负载的连接

图 14-3　基本变压器

变压器绕组缠绕在磁心上，磁心既是用于安装绕组的物理结构，又是磁路，以便磁通集中在绕组磁心内。磁心材料一般有 3 种：空气、铁氧体和铁，每种类型的电路符号如图 14-4 所示。

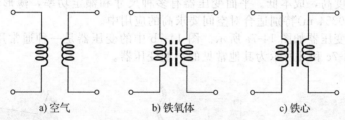

a) 空气　　　　　　b) 铁氧体　　　　　　c) 铁心

图 14-4　不同磁心类型的电路符号

铁心变压器通常应用于音频（AF）和电力领域。铁心由相互绝缘的铁心片叠压而成，绕组缠绕在铁心上，如图 14-5 所示。这种结构能够为磁通提供容易通过的路径，从而能够加强绕组间的耦合。图 14-5 是铁心变压器的两种基本结构。图 a 所示为心式变压器，它的两个绕组分别缠绕在不同的铁心柱上；图 b 所示为壳式变压器，它的两个绕组缠绕在同一个铁心柱上。每种结构类型都有其优点，通常心式结构具有更大的绝缘空间，因而耐压等级高；壳式结构在铁心中产生更多的磁通，因而所需匝数更少。

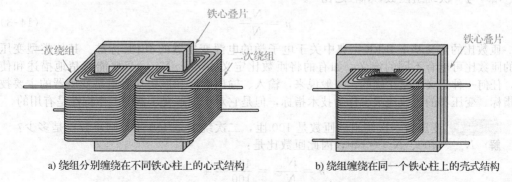

a) 绕组分别缠绕在不同铁心柱上的心式结构　　　　b) 绕组缠绕在同一个铁心柱上的壳式结构

图 14-5　多层绕组的铁心变压器结构

空心和铁氧体磁心变压器通常应用于高频。绕组缠绕在绝缘外壳上，绝缘外壳是中空的（空气）或是铁氧体，如图 14-6 所示。导线一般涂覆绝缘漆以防绕组短路。一次绕组和二次绕组之间的**磁耦合**大小由磁心材料和绕组位置决定。在图 14-6a 中，因为两个绕组分开，所以是松耦合的，而在图 14-6b 中两个绕组重叠因而耦合紧密。当一次绕组中的电流一定，耦合得越紧，则二次绕组上的感应电压越大。

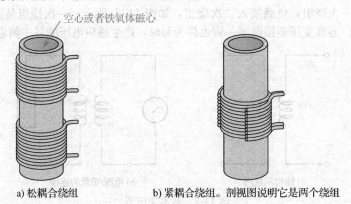

空心或者铁氧体磁心

a) 松耦合绕组　　　　　　b) 紧耦合绕组。剖视图说明它是两个绕组

图 14-6　圆柱形磁心变压器

高频变压器比电力变压器往往具有较少的绕组和较小的电感。近年来，流行的高频变压器是平面变压器，该变压器由印制电路板组装，绕组实际在电路上堆叠布线而不是绕线，这样生产精度高，成本低。平面变压器有多种尺寸和额定功率，薄形结构（通常小于 0.5 in，1 in＝0.0254 m）特别适合对空间要求高的应用中。

典型的平面变压器如图 14-7a 所示。图 14-7b 中的变压器是一种通常用于电源中的低压变压器，图 14-7c 和 d 所示为其他常见的小型变压器。

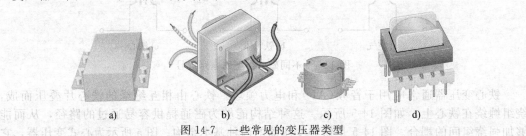

a)　　　　　　b)　　　　　　c)　　　　　　d)

图 14-7　一些常见的变压器类型

14.2.1　匝数比

对理解变压器工作特性最有用的参数就是匝数比。本书**匝数比**（n）定义为二次绕组匝数（N_{sec}）与一次绕组匝数（N_{pri}）之比[⊖]。

$$n = \frac{N_{sec}}{N_{pri}} \tag{14-3}$$

匝数比的定义基于 IEEE 字典中关于电子学的电源变压器的 IEEE 标准。其他类型变压器的匝数比可能有不同的定义，如有的将匝数比定义为 N_{pri}/N_{sec}。只要能清楚地描述和使用，任何一种定义都是正确的。一般说来，输入、输出电压和额定功率也是变压器的主要技术指标。变压器的匝数比很少作为技术指标，但是它对于理解变压器的工作特性是有用的。

例 14-3　变压器一次绕组的匝数是 100 匝，二次绕组是 400 匝，则匝数比是多少？

解　$N_{sec} = 400$、$N_{pri} = 100$，因此匝数比是：

$$n = \frac{N_{sec}}{N_{pri}} = \frac{400}{100} = 4$$

同步练习　变压器匝数比是 10，如果 $N_{pri} = 500$，那么 N_{sec} 是多少？　■

⊖　与我国的定义相反。——译者注

14.2.2 绕组的缠绕方向

变压器的另一个重要参数是绕组缠绕磁心的方向。如图 14-8 所示，绕组缠绕方向决定二次绕组上的电压(二次电压)相对于一次绕组上电压(一次电压)的极性。有时在示意图上用圆点表示相对极性⊖，如图 14-9 所示。

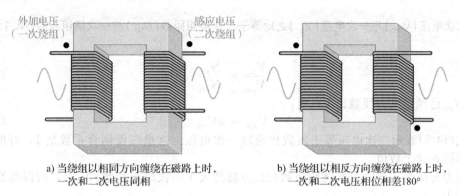

外加电压
(一次绕组)

感应电压
(二次绕组)

a) 当绕组以相同方向缠绕在磁路上时，
一次和二次电压同相

b) 当绕组以相反方向缠绕在磁路上时，
一次和二次电压相位相差180°

图 14-8　绕组缠绕方向决定电压的相对极性

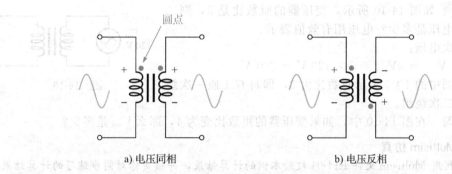

圆点

a) 电压同相

b) 电压反相

图 14-9　用圆点标记一次和二次电压的相对极性

学习效果检测

1. 变压器的工作原理是什么？
2. 定义匝数比。
3. 为什么变压器绕组的方向很重要？
4. 变压器一次绕组为 500 匝，二次绕组为 250 匝，匝数比是多少？
5. 平面变压器中的绕组与其他变压器中的有什么不同？

14.3 升压变压器和降压变压器

升压变压器中二次绕组的匝数比一次绕组多，用来升高电压；降压变压器则相反，一次绕组的匝数比二次绕组多，用于降低电压。

学完本节内容后，你应该能够叙述变压器如何升压和降压，具体就是：

- 解释升压变压器如何工作。
- 用匝数比定义升压变压器。
- 阐述一次电压、二次电压与匝数比的关系。
- 解释降压变压器如何工作。

⊖ 在我国叫同名端。——译者注

- 用匝数比描述降压变压器。
- 描述直流隔离。

14.3.1 升压变压器

当变压器的二次电压大于一次电压时被称为**升压变压器**。电压增加的量取决于匝数比。

二次电压(V_{sec})与一次电压(V_{pri})之比等于二次绕组匝数(N_{sec})与一次绕组匝数(N_{pri})之比。

$$\frac{V_{\text{sec}}}{V_{\text{pri}}} = \frac{N_{\text{sec}}}{N_{\text{pri}}} \tag{14-4}$$

$N_{\text{sec}}/N_{\text{pri}}$已经定义为匝数比 n，则：

$$V_{\text{sec}} = nV_{\text{pri}} \tag{14-5}$$

式(14-5)表示二次电压等于匝数比乘以一次电压。这里假设耦合系数是 1，好的铁心变压器接近这个数值。

因为升压变压器的二次绕组匝数(N_{sec})总是大于一次绕组匝数(N_{pri})，所以匝数比总是大于 1。

例 14-4 如图 14-10 所示，变压器的匝数比是 3，则二次绕组上的电压是多少？电压用有效值表示。

解 二次电压：
$$V_{\text{sec}} = nV_{\text{pri}} = 3 \times 120\ \text{V} = 360\ \text{V}$$

注意，图中的 1∶3 表示匝数比为 3，即每有 1 匝一次绕组就有 3 匝二次绕组。

同步练习 在图 14-10 中，如果变压器的匝数比变为 4，那么 V_{sec} 是多少？

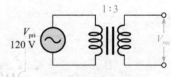

图 14-10

Multisim 仿真
利用 Multisim 文件 E14-04 校验本例的计算结果，并核实你对同步练习的计算结果。

14.3.2 降压变压器

二次电压小于一次电压的变压器称为**降压变压器**。电压降低的量与匝数比有关，式(14-5)也适用于降压变压器。

因为降压变压器的二次绕组匝数总是比一次绕组匝数少，所以匝数比总是小于 1。

例 14-5 如图 14-11 所示，变压器的匝数比是 0.2，则二次绕组上的电压是多少？

解 二次绕组电压为：
$$V_{\text{sec}} = nV_{\text{pri}} = 0.2 \times 120\ \text{V} = 24\ \text{V}$$

同步练习 在图 14-11 中，如果变压器的匝数比变为 0.48，则二次电压是多少？

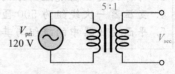

图 14-11

Multisim 仿真
利用 Multisim 文件 E14-05 校验本例的计算结果，并核实你对同步练习的计算结果。

14.3.3 直流隔离

如图 14-12a 所示电路，如果变压器的一次侧是直流电，则二次侧不会有任何电压或电流。这是因为一次绕组中电流的变化是二次绕组产生感应电压的必要因素，如图 14-12b 所示。所以，变压器可以隔离二次电路与一次电路的直流联系。用作隔离的变压器的匝数比为 1。

隔离变压器通常用作交流线路调节装置的一部分。除隔离变压器，线路调节装置还包括浪涌保护、抗干扰滤波器，有时还包括自动调压器。线路调节有助于隔离敏感设备，如基于微处理器的控制器。医院的病人监护设备配有专用线路调节器,以提供高可靠的电气隔离和防冲击保护。

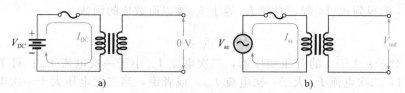

图 14-12 隔离直流和耦合交流

因为变压器可以传递(耦合)交流信号,隔离直流信号,所以在放大器前后级之间利用小型变压器隔离直流偏置信号,这种小型变压器称为耦合变压器。耦合变压器广泛应用于高频,通过设计并联调谐电路(谐振电路)的一次和二次绕组,使耦合变压器只能通过选定频段(调谐电路在第 17 章讨论)。典型的带耦合变压器的放大电路如图 14-13 所示。通常情况下,可以通过调整耦合变压器的铁心来微调频率响应。耦合变压器也常用于将放大器的输出信号耦合到扬声器。

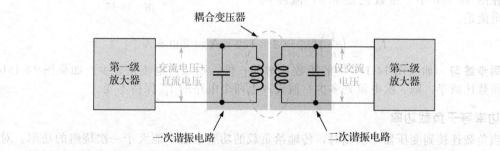

图 14-13 利用耦合变压器隔离直流的多级放大器,此外耦合变压器还易于通过高频信号,此高频信号在调谐电路确定的频带内

学习效果检测

1. 升压变压器的作用。
2. 如果匝数比是 5,则二次电压比一次电压大多少?
3. 当变压器一次绕组两端施加 240 V 交流电压,匝数比是 10,则二次电压是多少?
4. 降压变压器的作用。
5. 当变压器一次绕组两端施加 120 V 交流电压,匝数比是 0.5,则二次电压是多少?
6. 将 120 V 的一次电压降压到 12 V,则匝数比是多少?

14.4 二次侧负载

当电阻负载连接在变压器二次绕组两端,负载(二次)电流和一次电流的关系与匝数比有关。学完本节内容后,你应该能够讨论二次侧负载的影响,具体就是:

- 计算升压变压器带载时流经二次侧的电流。
- 计算降压变压器带载时流经二次侧的电流。
- 讨论变压器功率。

如图 14-14 所示,电阻负载连接到二次绕组两端,由于二次绕组中有感应电压,所以有电流流过二次电路。可以看出,一次电流 I_{pri} 与二次电流 I_{sec} 之比等于匝数比,如下式所示:

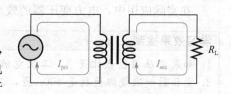

图 14-14 变压器二次侧的感应电流

$$\frac{I_{\text{pri}}}{I_{\text{sec}}} = n \tag{14-6}$$

由式(14-6)得到式(14-7)，发现 I_{sec} 等于 I_{pri} 乘以匝数比的倒数。

$$I_{\text{sec}} = \left(\frac{1}{n}\right)I_{\text{pri}} \tag{14-7}$$

因此，对于 n 大于 1 的升压变压器，二次电流 I_{sec} 小于一次电流 I_{pri}；对于降压变压器，n 小于 1，二次电流 I_{sec} 大于一次电流 I_{pri}。或者说，当二次电压大于一次电压时，二次电流会小于一次电流；反之亦然。

例 14-6 图 14-15 所示的两个理想变压器二次绕组带有负载，如果每个变压器的一次电流是 100 mA，则流经负载的电流各是多少？

解 在图 14-15a 中，匝数比是 10，流经负载的电流是：

$$I_{\text{sec}} = \left(\frac{1}{n}\right)I_{\text{pri}} = 0.1 \times 100 \text{ mA} = 10 \text{ mA}$$

在图 14-15b 中，匝数比是 0.5，流经负载的电流是：

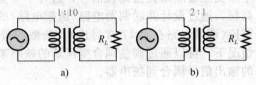

图 14-15

$$I_{\text{sec}} = \left(\frac{1}{n}\right)I_{\text{pri}} = 2 \times 100 \text{ mA} = 200 \text{ mA}$$

同步练习 如果图 14-15a 中的匝数比增加一倍，则二次电流是多少？如果图 14-15b 中的匝数比减半，则二次电流是多少？假设以上两个电路的 I_{pri} 保持不变。

一次功率等于负载功率

当负载连接到变压器二次侧时，传输给负载的功率永远不能大于一次绕组的功率。对于理想变压器，由一次侧输送来的功率等于二次侧输送至负载的功率。当考虑损耗时，一部分功率由变压器消耗，而不是负载，因此负载功率总是小于一次侧输送的功率。

功率取决于电压和电流，并且变压器不能增加功率，因此如果电压升高，则电流便降低，反之亦然。理想变压器的二次功率等于一次功率，与匝数比无关，如下式所示。一次侧的功率是：

$$P_{\text{pri}} = V_{\text{pri}} I_{\text{pri}}$$

传递给负载的功率是：

$$P_{\text{sec}} = V_{\text{sec}} I_{\text{sec}}$$

根据式(14-7)和式(14-5)有：

$$I_{\text{sec}} = \left(\frac{1}{n}\right)I_{\text{pri}}$$

$$V_{\text{sec}} = nV_{\text{pri}}$$

代入，有：

$$P_{\text{sec}} = \left(\frac{1}{n}\right)nV_{\text{pri}}I_{\text{pri}}$$

相同变量相约得：

$$P_{\text{sec}} = V_{\text{pri}}I_{\text{pri}} = P_{\text{pri}}$$

在实际应用中，电力变压器的效率非常高。

学习效果检测

1. 如果变压器匝数比是 2，二次电流比一次电流大还是小？大或小多少？
2. 变压器一次绕组匝数是 1000 匝，二次绕组是 250 匝，I_{pri} 是 0.5 A，那么 I_{sec} 是多少？
3. 在问题 2 中，为了使二次电流是 10 A，那么一次电流必须是多少？

14.5 反射电阻

电阻等于电压除以电流(根据欧姆定律)。因为变压器可同时改变电压和电流,所以从一次侧"看见"的电阻不一定等于实际的负载电阻,实际负载根据匝数比被"反射"到一次侧。这个反射电阻是一次侧电源实际上看到的,并且决定了一次电流的大小。

学完本节内容后,你应该能够讨论变压器反射电阻的概念,具体就是:

- 定义反射电阻。
- 解释匝数比如何影响反射电阻。
- 计算反射电阻。

反射电阻的概念如图 14-16 所示,变压器二次侧负载(R_L)通过变压器作用反射到一次侧。理想情况下,一次侧电源的负载看起来是一个电阻(R_{pri}),其值由匝数比和实际负载电阻确定。电阻 R_{pri} 称为**反射电阻**。

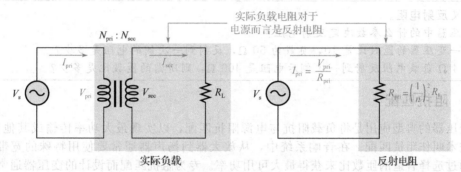

图 14-16 变压器电路中的反射电阻

图 14-16 中的一次侧等效电阻是 $R_{pri} = V_{pri}/I_{pri}$,二次侧电阻是 $R_L = V_{sec}/I_{sec}$。由式(14-4)和式(14-6)可知,$V_{sec}/V_{pri} = n$ 和 $I_{pri}/I_{sec} = n$。利用这些关系式,根据 R_L 确定 R_{pri} 的公式如下:

$$\frac{R_{pri}}{R_L} = \frac{V_{pri}/I_{pri}}{V_{sec}/I_{sec}} = \left(\frac{V_{pri}}{V_{sec}}\right)\left(\frac{I_{sec}}{I_{pri}}\right) = \left(\frac{1}{n}\right)\left(\frac{1}{n}\right) = \left(\frac{1}{n}\right)^2$$

得到 R_{pri}。

$$R_{pri} = \left(\frac{1}{n}\right)^2 R_L \tag{14-8}$$

式(14-8)说明,反射到一次电路的电阻(即反射电阻)等于匝数比倒数的平方乘以负载电阻。

例 14-7 如图 14-17 所示,负载电阻是 100 Ω,变压器匝数比是 4,那么从电源处看到的反射电阻是多少?

解 根据式(14-8)得到反射电阻。

$$R_{pri} = \left(\frac{1}{n}\right)^2 R_L = \left(\frac{1}{4}\right)^2 R_L = \frac{1}{16} \times 100 \text{ Ω} = 6.25 \text{ Ω}$$

等效电路如图 14-18 所示,从电源处看见的是一个 6.25 Ω 的电阻,就像电源直接连接到这个电阻上一样。

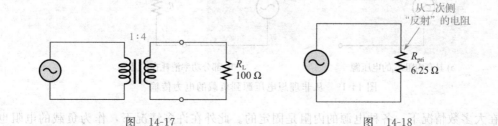

图 14-17   图 14-18

同步练习 在图 14-17 中，如果变压器的匝数比是 10，R_L 为 600 Ω，那么反射电阻是多少？

例 14-8 在图 14-17 中，如果变压器匝数比是 0.25，那么反射电阻是多少？

解 反射电阻为：

$$R_{\text{pri}} = \left(\frac{1}{n}\right)^2 R_L = \left(\frac{1}{0.25}\right)^2 \times 100\ \Omega = 4^2 \times 100\ \Omega = 1600\ \Omega$$

这个结果说明了匝数比的作用。

同步练习 为了使图 14-17 中的反射电阻是 800 Ω，要求匝数比是多少？

在升压变压器($n>1$)中，反射电阻小于实际负载电阻；在降压变压器($n<1$)中，反射电阻大于负载电阻。这个结论在例 14-7 和例 14-8 中已分别加以说明。

学习效果检测

1. 定义**反射电阻**。
2. 变压器中的什么参数决定反射电阻？
3. 某一变压器的匝数比是 10，负载为 50 Ω，反射到一次侧的电阻是多少？
4. 将 4 Ω 负载电阻反射到一次侧后电阻是 400 Ω，则所需的匝数比是多少？

14.6 阻抗匹配

变压器的典型应用是将负载阻抗与电源阻抗匹配，以实现最大功率传输或其他目的，这种技术叫作阻抗匹配。在音响系统中，从放大器到扬声器通常要使用特殊的宽带变压器，通过选择合适的匝数比来获得最大可用功率。专为阻抗匹配而设计的变压器通常着眼于输入和输出阻抗。这里介绍一种特殊的阻抗匹配变压器——平衡变压器。

学完本节内容后，你应该能够讨论如何使用变压器的阻抗匹配，具体就是：

- 讨论最大功率传输原理。
- 定义阻抗匹配。
- 解释阻抗匹配的作用。
- 描述平衡-不平衡变压器。

已在 8.7 节讨论了最大功率传输原理，指出当负载电阻等于电源内阻时，从电源到负载可以传输最大功率。在交流电路中将电流的总阻力称为阻抗，是电阻、电抗或两者的组合。**阻抗匹配**这一术语是表示电源阻抗和负载阻抗存在某种相等关系，在本节我们仅讨论电阻情况。

图 14-19a 是包含固定内阻的交流电源。由于内部电路的原因，所有电源都有一些固定的内阻。图 14-19b 是负载与电源连接的电路图。在这种情况下，通常是希望尽可能多地向负载输送功率。重要的是要保证阻抗匹配变压器的额定功率要符合该功率要求。

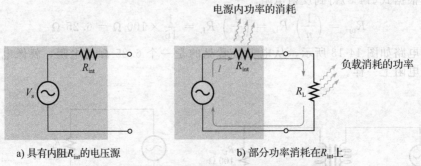

a) 具有内阻R_{int}的电压源　　b) 部分功率消耗在R_{int}上

图 14-19 从非理想电压源到负载的电力传输

在大多数情况下，各种电源的内阻是固定的。此外在许多情况下，作为负载的电阻也是固定的，不能改变。如果你将一个给定的负载连接到给定的电源上，记住只有在偶然情况下，它们的电阻才会相等，即匹配。否则，这样一种特殊类型的宽带变压器就派上用场了，使用变压器提供的反射电阻特性，使负载电阻看起来与电源内阻相同，这种技术被称为阻抗匹配，这种变压器被称为阻抗匹配变压器。

图 14-20 是阻抗匹配变压器的具体示例。在本例中，内阻为 75 Ω 的电源驱动 300 Ω 负载，阻抗匹配变压器需要使负载电阻从电源端看起来等于 75 Ω 电阻，以便向负载提供最大功率。要选择正确的变压器，需要知道匝数比是如何影响阻抗的。当已知 R_{L} 和 R_{pri} 时，可以利用式(14-8)确定匝数比 n，以实现阻抗匹配。

$$R_{\mathrm{pri}} = \left(\frac{1}{n}\right)^2 R_{\mathrm{L}}$$

等号左右对调并两边同时除以 R_{L}，

$$\left(\frac{1}{n}\right)^2 = \frac{R_{\mathrm{pri}}}{R_{\mathrm{L}}}$$

然后开平方，

$$\frac{1}{n} = \sqrt{\frac{R_{\mathrm{pri}}}{R_{\mathrm{L}}}}$$

两边取倒数，得到以下计算匝数比的公式，

$$n = \sqrt{\frac{R_{\mathrm{L}}}{R_{\mathrm{pri}}}} \tag{14-9}$$

为将 300Ω 负载变换为 75Ω 负载，以便实现阻抗匹配，阻抗匹配变压器的匝数比应该是：

$$n = \sqrt{\frac{300\ \Omega}{75\ \Omega}} = \sqrt{4} = 2$$

因此，在这个例子中必须使用匝数比为 2 的阻抗匹配变压器。

图 14-20　利用变压器匹配电源和负载以传输最大功率的例子

例 14-9 放大器内阻为 800 Ω，为了给 8 Ω 扬声器提供最大功率，采用的阻抗匹配变压器的匝数比必须是多少？

解 反射电阻必须等于 800 Ω，这样根据式(14-9)确定匝数比是：

$$n = \sqrt{\frac{R_{\mathrm{L}}}{R_{\mathrm{pri}}}} = \sqrt{\frac{8\ \Omega}{800\ \Omega}} = \sqrt{0.01} = 0.1$$

图 14-21 给出了电路图和等效反射电路。

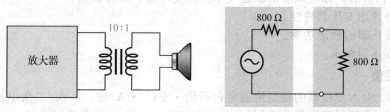

放大器等效电路　扬声器/变压器等效电阻

图　14-21

同步练习　图 14-21 中的匝数比必须是多少才能为两个并联的 8Ω 扬声器提供最大功率？

通常阻抗匹配变压器的规格表中只是简单地显示用于匹配目的的一次和二次阻抗，而不是匝数比。例如用于将高阻抗输出放大器与低阻抗扬声器匹配的阻抗匹配变压器，在规格表上显示了一次阻抗、与之匹配的二次阻抗、额定功率，以及频率范围和物理特性。

平衡-不平衡变压器　阻抗匹配的又一个应用是高频天线。除了阻抗匹配，许多发射天线还需要将来自发射机的不平衡信号转换为平衡信号。一个平衡信号由两个等幅信号组成，相位相差 180°，不平衡信号是指接地信号。一种特殊类型的变压器将发射机的不平衡信号转换为天线的平衡信号，称为平衡-不平衡变压器，如图 14-22 所示。

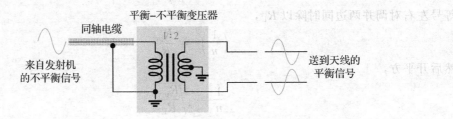

图 14-22　平衡-不平衡变压器将不平衡信号转换为平衡信号的示意图

发射机通常通过同轴电缆连接到平衡-不平衡变压器，同轴电缆一般是由屏蔽层和被绝缘层包围的导体组成。来自发射机的信号以地为参考，同轴电缆的屏蔽层接地，因此信号是一个不平衡信号，如图 14-22 所示。同轴电缆中的屏蔽层可将辐射噪声干扰降至最低。

同轴电缆有阻抗，所以需要设置平衡-不平衡变压器的匝数比，使同轴电缆的阻抗和天线阻抗相匹配。例如，如果发射天线的阻抗为 300Ω，同轴电缆的阻抗为 75Ω，为了使阻抗匹配，则平衡-不平衡变压器的匝数比应为 2。平衡-不平衡变压器也可将平衡信号转换为不平衡信号。

学习效果检测

1. 阻抗匹配的含义是什么？
2. 负载电阻和电源内阻匹配的好处是什么？
3. 变压器匝数比为 0.5，二次绕组两端接 100 Ω 的电阻，则反射电阻是多少？
4. 平衡-不平衡变压器的作用是什么？

14.7　变压器额定值和特性参数

我们已经从理想角度学习了变压器的工作过程，即忽略线圈电阻、线圈电容和非理想的磁心特性，将变压器效率视为 100%。为了学习基本概念和了解变压器的许多应用，使用理想模型是很有效的。然而实际变压器还有几个不理想的特性。

学完本节内容后，你应该能够叙述一个实际变压器，具体就是：

- 描述非理想变压器特性。
- 解释变压器的额定功率。
- 定义变压器效率。

14.7.1　额定值

额定功率　电力变压器的额定值通常包括伏·安(V·A)数、一次/二次电压和工作频率。例如，某一变压器额定值为 2 kV·A、500/50、60 Hz，其中 **2 kV·A 是指额定视在功率**，500 和 50 是二次电压和一次电压额定值，60 Hz 是额定工作频率。

对于特定的应用，变压器额定值有助于选择合适的变压器。假设二次电压是 50 V，在这种情况下负载电流为：

$$I_{\text{L}} = \frac{P_{\text{sec}}}{V_{\text{sec}}} = \frac{2 \text{ kV} \cdot \text{A}}{50 \text{ V}} = 40 \text{ A}$$

另一方面，如果二次电压是 500 V，那么：

$$I_{\text{L}} = \frac{P_{\text{sec}}}{V_{\text{sec}}} = \frac{2 \text{ kV} \cdot \text{A}}{500 \text{ V}} = 4 \text{ A}$$

以上是二次侧在任何一种情况下能产生的最大电流。

额定功率以伏·安（视在功率）而不是瓦（有功功率）为单位的原因是：如果变压器负载是纯电容或纯电感，则传送给负载的有功功率为零。但是如果视在功率为 2 kV·A、60 Hz、$V_{\text{sec}} = 500$V、$X_C = 100$ Ω，则二次电流为 5 A。该电流超过了二次绕组能承受的最大电流，变压器可能损坏。因此，用有功功率作为变压器的额定功率是毫无意义的。

额定电压和额定频率　除额定视在功率，大多数电力变压器的额定电压和额定频率都标注在变压器上。额定电压包括一次电压（设计好的）和二次电压，其中二次电压是指在额定负载连接到二次侧并且一次侧连接到额定输入电压时的二次侧输出电压。通常设备上有一个小示意图，显示每个绕组和它的额定电压。变压器的频率通常已规定好。对于电力变压器，额定频率通常为 50/60 Hz，如果变压器在错误频率下运行可能会被损坏，因此必须注意额定频率。以上都是选择电力变压器时至少需要了解的技术指标。

14.7.2　其他非理想特性参数

线圈电阻　实际变压器的一次绕组和二次绕组都有线圈电阻。电感的线圈电阻已在第 13 章加以介绍。实际变压器的线圈电阻指的是与绕组串联的电阻，如图 14-23 所示。

实际变压器的线圈电阻会降低二次侧的负载电压，从一次电压和二次电压中减去由线圈电阻引起的电压降，结果是负载电压，它低于由式 $V_{\text{sec}} = nV_{\text{pri}}$ 计算出的电压。在许多情况下，这种影响相对较小，可以忽略不计。

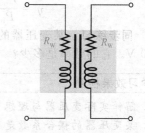

图 14-23　实际变压器的线圈电阻

磁心损耗　实际变压器的铁心中总是有一些能量转换，这种转换通常是铁氧体和铁心的发热，空心不存在这种转换。能量转换的部分原因是一次电流方向的改变使磁场方向持续变化，这种原因造成的能量转换称为**磁滞损耗**。根据法拉第定律，剩余的转换为热的能量是当磁通变化在磁心中产生感应电压后进而产生涡流导致的。涡流在磁心阻抗中以环形形式呈现，从而产生热量。铁心的叠层结构可大大减少发热，铁心薄片之间相互绝缘，减小了涡流和涡流损耗。

漏磁　在理想变压器中，假设由一次绕组电流产生的所有磁通都通过铁心传递到二次绕组上，反之亦然。而在实际变压器中，一些磁力线会从磁心中泄漏，并通过周围空气回到绕组的另一端，图 14-24 是一次电流产生的磁场泄漏的情况。漏磁会降低二次绕组的感应电压。

实际到达二次绕组的磁通量取决于变压器的耦合系数。例如，如果 10 条磁力线中有 9 条仍在磁心内，则耦合系数为 0.90 或 90%。大多数铁心变压器具有很高的耦合系数（大于 0.99），而铁氧体磁心和空心变压器的耦合系数较低。

线圈电容　第 13 章已经学到，相邻线匝之间总是有一些杂散电容，这些杂散电容最终形成与变压器

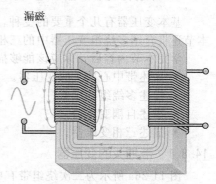

图 14-24　实际变压器中的漏磁

绕组并联的等效电容，如图 14-25 所示。

变压器工作在低频（如工频）时，因为容抗（X_C）很大，所以杂散电容的影响较小。但在较高频率下，容抗很小，在一次绕组和二次负载上会产生旁路效应，导致通过一次绕组和负载的电流减小。因此随着频率的增加，该效应会使负载电压减小。

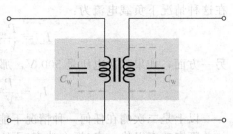

图 14-25　实际变压器的线圈电容

变压器效率　回想一下，对于理想变压器，输送给负载的功率等于输送到一次侧的功率。因为变压器的非理想特性将产生功率损耗，所以输出功率总是小于输入功率。变压器的**效率(η)**是指输出有功功率与输入有功功率之比的百分数。

$$\eta = \left(\frac{P_{\text{out}}}{P_{\text{in}}}\right)100\% \tag{14-10}$$

大多数电力变压器带载时的效率可以超过 95%。

例 14-10　某变压器的一次电流为 5 A，一次电压为 4800 V；二次电流为 90 A，二次电压为 240 V。计算变压器的效率。

解　输入功率为：

$$P_{\text{in}} = V_{\text{pri}}I_{\text{pri}} = 4800\ \text{V} \times 5\ \text{A} = 24\ \text{kV} \cdot \text{A}$$

输出功率为：

$$P_{\text{out}} = V_{\text{sec}}I_{\text{sec}} = 240\ \text{V} \times 90\ \text{A} = 21.6\ \text{kV} \cdot \text{A}$$

效率为：

$$\eta = \frac{P_{\text{out}}}{P_{\text{in}}} \times 100\% = \frac{21.6\ \text{kV} \cdot \text{A}}{24\ \text{kV} \cdot \text{A}} \times 100\% = 90\%$$

同步练习　某变压器的一次电流是 8 A，电压是 440 V；二次电流是 30 A，电压是 100 V。它的效率是多少？

学习效果检测

1. 解释实际变压器与理想变压器的区别。
2. 某变压器的耦合系数是 0.85，这意味着什么？
3. 某变压器的功率额定值为 10 kV·A，如果二次电压是 250 V，变压器能承受的负载电流是多少？

14.8　带抽头变压器和多绕组变压器

基本变压器有几个重要的变种，包括带抽头的变压器、多绕组变压器和自耦变压器。本节还将介绍多绕组变压器中的三相变压器。

学完本节内容后，你应该能够描述几种类型的变压器，具体就是：

- 描述带中心抽头的变压器。
- 描述多绕组变压器。
- 描述自耦变压器。
- 描述三相变压器。

14.8.1　带抽头的变压器

图 14-26a 所示为二次绕组带有中心抽头的变压器示意图。**中心抽头(CT)**相当于有两个二次绕组，每个二次绕组上的电压为总电压的一半。

如图 14-26b 所示，在任何时刻二次绕组两端和中心抽头之间的电压都相等，但极性相反。例如，在正弦电压的某一时刻，整个二次绕组的极性如图 14-26b 所示（顶端为＋，底端为－）。在中心抽头处，电压比二次绕组的顶端低，但比二次绕组的底端高，因此相对于中心抽头，二次抽头的顶端为正，底端为负。这种中心抽头的特性多用于稳压电源中的整流电路，即将交流转换为直流，如图 14-27 所示。

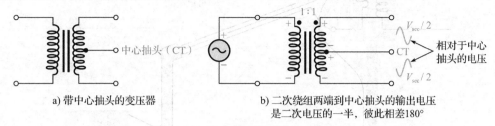

a) 带中心抽头的变压器　　　　　　b) 二次绕组两端到中心抽头的输出电压
　　　　　　　　　　　　　　　　　　是二次电压的一半，彼此相差180°

图 14-26　中心抽头变压器的工作过程

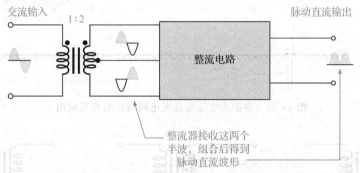

图 14-27　用于交流到直流变换的带中心抽头变压器

有些变压器在二次绕组电气中心以外还有抽头，构成多抽头变压器。此外在某些应用中，一次和二次绕组都可能具有单个和多个抽头。例如阻抗匹配变压器，它的一次绕组通常带有中心抽头。这些变压器类型的示意如图 14-28 所示。

电力公司在配电系统中使用许多带抽头的变压器。电源通常以三相的形式产生和传输，在某一地点，需要将三相电转换为单相电以供居民使用。图 14-29 为电力杆式变压器，在此之前三相高压电源已转换为单相电源（取出一相），但是仍然需要转换为 120 V/240 V 的电压以供给住宅用户，因此需要使

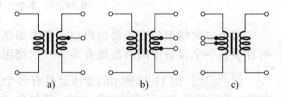

图 14-28　其他带抽头的变压器

用单相带抽头的变压器。通过在一次侧选择合适的抽头，电力公司可对输送给用户的电压进行微调。二次侧的中心抽头是电流回路的中性线。在建筑物内电线用颜色来区分，对于 120 V Romex 电缆，多护套电缆的相线为黑色（如果有第二根相线，则为红色），中性线为白色或灰色，安全接地线为绿色或裸露⊖。

14.8.2　多绕组变压器

有些变压器设计成可以在交流 120 V 或交流 240 V 线路上运行。这些变压器通常有两个一次绕组，每个一次绕组设计为 120 V。当两个绕组串联时，变压器可用于交流 240 V，如图 14-30 所示。

多个二次绕组可以绕在同一个磁心上。带有多个二次绕组的变压器通常用于从一个输入电压中获得多个大小不等的输出电压，这种变压器多用于电源电路中，如电子仪器中的电源，电子仪器工作时需要若干个不同电压等级的电源。

⊖　这里介绍的是美国居民用电情况，与我国实际情况不同。——译者注

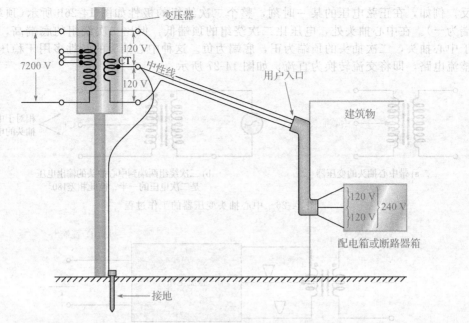

图 14-29 多抽头变压器在配电网络中的典型应用

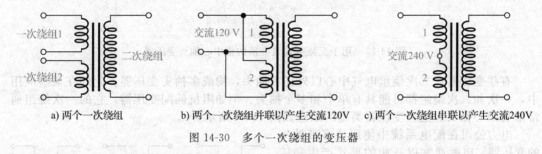

a) 两个一次绕组   b) 两个一次绕组并联以产生交流120V   c) 两个一次绕组串联以产生交流240V

图 14-30 多个一次绕组的变压器

多个二次绕组的变压器的典型示意图如图 14-31 所示，该变压器有 3 个二次绕组。有时你会在一个设备中同时发现有多个一次绕组、多个二次绕组和多个抽头的变压器。

例 14-11 图 14-32 所示的变压器具有多个二次绕组，其中一个二次绕组带有中心抽头。如果一次侧接于 120 V 交流电压，试计算每个二次侧的电压和带中心抽头变压器的电压。

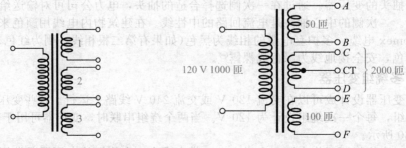

图 14-31 多个二次绕组的变压器   图 14-32

解

$$V_{AB} = n_{AB}V_{\text{pri}} = 0.05 \times 120 \text{ V} = 6.0 \text{ V}$$

$$V_{CD} = n_{CD}V_{\text{pri}} = 2 \times 120 \text{ V} = 240 \text{ V}$$

$$V_{(CT)C} = V_{(CT)D} = \frac{240 \text{ V}}{2} = 120 \text{ V}$$

$$V_{EF} = n_{EF} V_{pri} = 0.1 \times 120 \text{ V} = 12 \text{ V}$$

同步练习 如果一次绕组为 500 匝，请重复计算上述问题。

14.8.3 自耦变压器

在**自耦变压器**中，一个绕组同时作为一次绕组和二次绕组。绕组在适当处有抽头，以提供升高或降低电压所需的匝数比，一次和二次绕组的匝数可以部分或全部相同。

自耦变压器与传统变压器的不同之处在于，它的输入和输出共用一个绕组，一次和二次绕组之间没有电气隔离。由于自耦变压器的视在功率小于传输给负载的功率（见例 14-12），因此在容量相同的情况下，自耦变压器通常比传统变压器体积更小、质量更轻。许多自耦变压器利用滑动接触装置作为可调抽头以改变输出电压，因此自耦变压器也被称为调压器。图 14-33 显示了几种类型的自耦变压器。自耦变压器可用于起动感应电动机和输电线路的电压调节中。

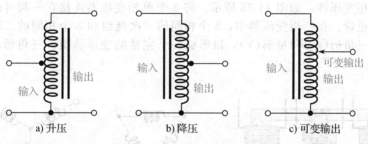

a) 升压　　　　　　b) 降压　　　　　　c) 可变输出

图 14-33　自耦变压器的类型

例 14-12 某一自耦变压器将 240 V 电源电压变为 170 V 负载电压，负载是 8 Ω 电阻。计算用 kV·A 作为单位的输入和输出功率，并且说明绕组实际的视在功率比这个值小。假设变压器是理想的。

解 电压和电流如图 14-34 所示。

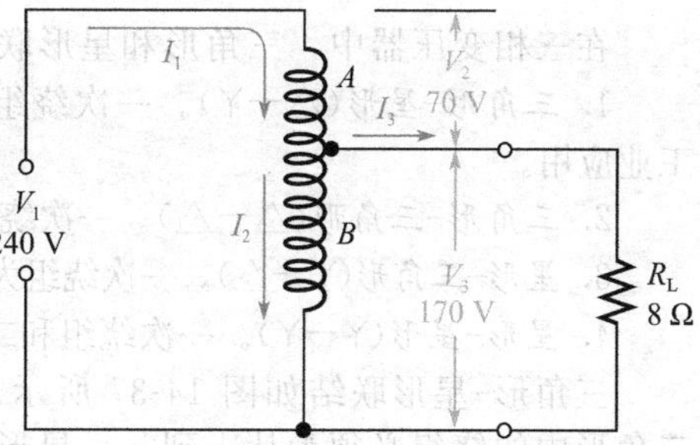

负载电流 I_3 为：

$$I_3 = \frac{V_3}{R_L} = \frac{170 \text{ V}}{8 \text{ Ω}} = 21.3 \text{ A}$$

输入功率是总电源电压（V_1）乘以从电源流出的总电流（I_1）。

$$P_{in} = V_1 I_1$$

输出功率是负载电压 V_3 乘以负载电流 I_3。

$$P_{out} = V_3 I_3$$

对于理想变压器 $P_{in} = P_{out}$，因此有：

$$V_1 I_1 = V_3 I_3$$

得到 I_1：

$$I_1 = \frac{V_3 I_3}{V_1} = \frac{170 \text{ V} \times 21.3 \text{ A}}{240 \text{ V}} = 15.1 \text{ A}$$

根据基尔霍夫电流定律，在抽头处有：

$$I_1 = I_2 + I_3$$

求得流经绕组 B 的电流 I_2。

$$I_2 = I_1 - I_3 = 15.1 \text{ A} - 21.3 \text{ A} = -6.2 \text{ A}$$

负号表示 I_2 与 I_1 的相位相反，这些电流应理解为相量值

图　14-34

输入和输出功率：

$$P_{in} = P_{out} = V_3 I_3 = 170\ V \times 21.3\ A = 3.62\ kV \cdot A$$

绕组 A 的功率：

$$P_A = V_2 I_1 = 70\ V \times 15.1\ A = 1.05\ kV \cdot A$$

绕组 B 的功率

$$P_B = V_3 I_2 = 170\ V \times 6.2\ A = 1.05\ kV \cdot A$$

可见，对每个绕组所要满足的额定视在功率都比输送到负载的功率小。

同步练习 当负载变为 4 Ω 时，自耦变压器额定视在功率应是多少？单位用 kV·A 表示。 ∎

14.8.4 三相变压器

第 11 章介绍了关于发电机和电动机的三相功率。三相电源是发电、传输和使用的最常见方式。三相变压器广泛应用于配电系统中。虽然三相电源广泛应用于商业和工业领域，但一般不用于居民住宅。

三相变压器由 3 对绕组组成，每一对都缠绕在一个铁心柱上。实际上它们是 3 个共用一个铁心的单相变压器，如图 14-35 所示。将 3 个单相变压器连接在一起可以获得相同的效果，但价格更贵。在三相变压器中，3 个相同的一次绕组和 3 个相同的二次绕组有两种连接方式，即三角形（△）和星形（Y），以形成一个完整的变压器组。三角形和星形联结如图 14-36 所示。

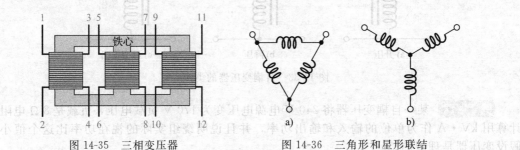

图 14-35　三相变压器　　　　图 14-36　三角形和星形联结

在三相变压器中，三角形和星形联结可以有多种组合。

1. 三角形-星形（△—Y）。一次绕组为三角形，二次绕组为星形。该结构常用于商业和工业应用。

2. 三角形-三角形（△—△）。一次绕组和二次绕组都是三角形。该结构在工业中也很常见。

3. 星形-三角形（Y—△）。一次绕组为星形，二次绕组为三角形。该结构应用在高压传输中。

4. 星形-星形（Y—Y）。一次绕组和二次绕组均为星形。该结构用于高压、低功率应用中。

三角形-星形联结如图 14-37 所示。当它连接变压器时必须注意绕组极性的正确性。三角形中的绕组必须为从＋到－；星形中连接到中心点的每个绕组的极性必须相同。

星形联结的优点在于，中心连接点处可以连接到中性线，而三角形联结没有中性点。在三相输电改为住宅用单相用电的特殊应用中，使用带有中心抽头三角形联结的 Y—△ 变压器，如图 14-38 所示，这种连接称为四线三角形，用于没有单相电压的地方。

学习效果检测

1. 某变压器有两个二次绕组，从一次绕组到第一个二次绕组的匝数比是 10，到第二个二次绕组的匝数比是 0.1，如果一次绕组接交流 240V，则二次绕组上的电压分别是多少？

2. 说出相比于传统变压器，自耦变压器的一个优点和一个缺点。

3. 一般以什么形式产生和输送电力？

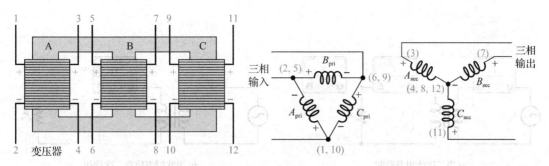

图 14-37　三角形-星形联结。一次绕组为 A_{pri}、B_{pri} 和 C_{pri}，二次绕组为 A_{sec}、B_{pri} 和 C_{pri}。括号中的数字对应于变压器引线

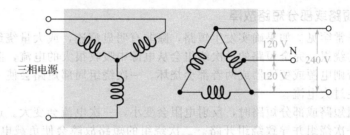

图 14-38　一种带抽头的星形-三角形变压器，用于将三相电压转换为单相住宅电压

14.9　故障排查

变压器在额定工况下运行时是可靠的。变压器的常见故障是一次绕组或二次绕组开路，此类故障的一个原因是设备在超出额定值的条件下运行。当变压器发生故障时，很难维修，最简单的方法是更换变压器。本节将介绍一些变压器故障及其相关征兆。

学完本节内容后，你应能够排查变压器故障，具体就是：

- 发现开路的一次或二次绕组。
- 发现短路或部分短路的一次或二次绕组。

14.9.1　一次绕组开路故障

当一次绕组开路时，一次侧会没有电流，因此二次绕组中也没有感应电压或电流，如图 14-39a 所示，用欧姆表检查的方法如图 14-39b 所示。

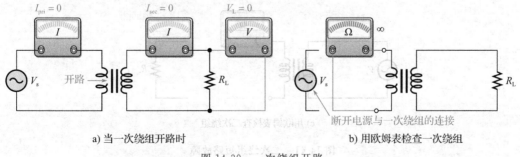

a) 当一次绕组开路时　　　　　　　　b) 用欧姆表检查一次绕组

图 14-39　一次绕组开路

14.9.2　二次绕组开路故障

当二次绕组开路时，二次回路中没有电流，因此负载上没有电压。此时一次电流非常小（只有很小的磁化电流）。这种情况如图 14-40a 所示，用欧姆表检查的方法如图 14-40b 所示。

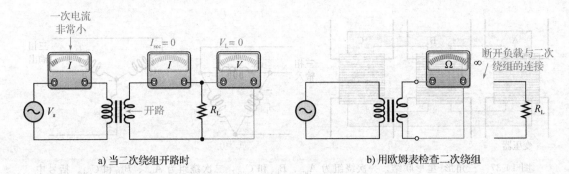

a) 当二次绕组开路时   b) 用欧姆表检查二次绕组

图 14-40 二次绕组开路

14.9.3 绕组短路或部分短路故障

绕组短路非常罕见。如果确实发生短路，除非有明显痕迹，或大量绕组被短路，否则很难发现短路的绕组。完全短路的一次绕组会从电源中吸收很大的电流，除非电路中有断路器或熔丝，否则电源或变压器或两者都会烧坏。一次绕组局部短路会使一次电流高于正常值，甚至产生过大电流。

在二次绕组短路或部分短路时，反射电阻会变小，一次电流会变大。通常，这种过大的电流会烧坏一次绕组并导致绕组开路。二次绕组的短路故障会使负载电流为零（完全短路）或小于正常值（部分短路），如图 14-41a 和 b 所示。用欧姆表检查的方法如图 14-41c 所示。

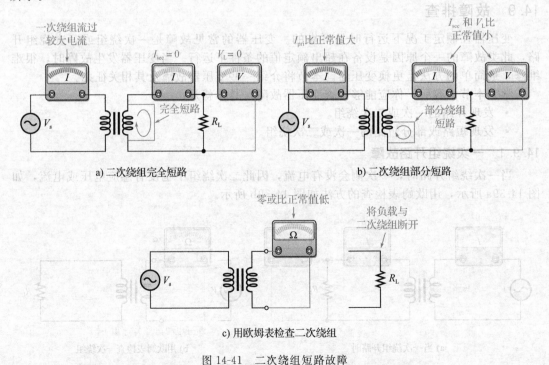

a) 二次绕组完全短路   b) 二次绕组部分短路

c) 用欧姆表检查二次绕组

图 14-41 二次绕组短路故障

学习效果检测

1. 列出变压器出现的两种可能故障，说明最有可能发生的故障。
2. 变压器发生故障的常见原因是什么？

应用案例

变压器的一个常见应用是使用在直流电源电路中。用变压器改变交流电压并耦合到电源电路中，然后转换为直流电压。你需要对 4 个相同的由变压器耦合的直流电源进行故障排查，并根据一系列测量确定它的故障性质(如果有的话)。

图 14-42 是电源电路示意图，图中的变压器(T_1)将电源插座上的 120 V 交流电压降至 10 V，然后由二极管桥式整流电路进行整流，再经滤波和稳压后获得 6 V 的直流输出电压。二极管整流电路将交流电变成全波脉动直流电压，再由电容 C_1 滤波平滑。稳压电路是用集成电路工艺制造的，滤波后的电压输入到稳压电路，当负载和线路电压在允许范围内变化时，稳压电路能够提供恒定的 6 V 直流电。电容器 C_2 的作用也是滤波。你将在以后的课程中了解这些电路。图 14-42 中圆圈内的数字对应于电源板上的测量点。

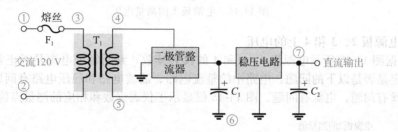

图 14-42 变压器耦合的直流稳压电源

电源电路板

有 4 个相同的电源板需要排查故障，如图 14-43 所示。电源线接变压器 T_1 的一次绕组，由熔丝进行保护，二次绕组与包含整流电路、滤波电路和稳压电路的电路板相连。测量点用带圆圈的数字表示。

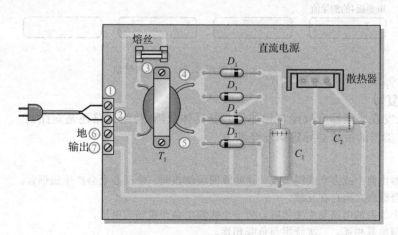

图 14-43 电源电路板(顶视图)

测量电源板 1 上的电压

将电源插入墙上标准插座，使用具有自动量程选择的便携式万用表测量电压。

1. 根据图 14-44 所示的仪表读数判断电源是否正常工作。如果不是，确定是否是以下问题：电路板包含的整流电路、滤波电路和稳压电路有问题；变压器有问题；熔丝有问题；电源有问题。仪表输入上的带圆圈数字对应于图 14-43 中电源板上的数字。

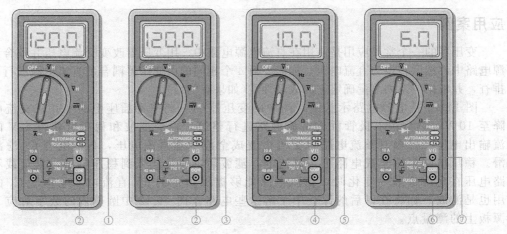

图 14-44　电源板 1 的测量电压

测量电源板 2、3 和 4 上的电压

2. 根据图 14-45 所示电源板 2、3 和 4 的仪表读数，判断每个电源是否正常工作。如果不是，确定是否是以下的问题：电路中的整流电路、滤波电路和稳压电路有问题；变压器有问题；熔丝有问题；电源有问题。图 14-45 仅显示了仪表读数和相应的测量点位置。

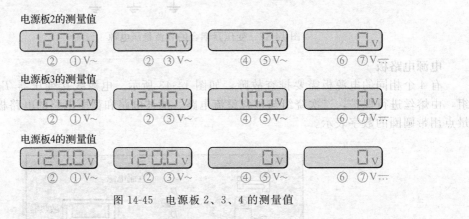

图 14-45　电源板 2、3、4 的测量值

检查与复习

3. 如果发现变压器有故障，你如何判断具体故障(绕组开路还是短路)？
4. 什么类型的故障会导致熔丝烧断？

本章总结

- 普通变压器由两个或多个线圈组成，这些线圈缠绕在同一个磁心上会产生磁耦合。
- 两个磁耦合线圈之间存在互感。
- 当流经一个线圈的电流发生变化时，另一个线圈上会产生感应电压。
- 一次绕组与电源相连，二次绕组与负载相连。
- 一次绕组匝数和二次绕组匝数决定了匝数比。
- 一次和二次电压的相对极性由绕组的相对缠绕方向决定。
- 升压变压器的匝数比大于 1。
- 降压变压器的匝数比小于 1。
- 在理想变压器中，从电源上得到的功率(输入功率)等于输送给负载的功率(输出功率)。
- 在实际变压器中，传递给负载的功率总是小于电源输入给一次侧的功率。
- 若电压升高，则电流降低；反之亦然。
- 对电源而言，变压器二次绕组上的负载会产生反射电阻，其值与匝数比平方的倒数有关。

- 通过选择适当的匝数比，某些变压器可以将负载电阻与电源内阻相匹配，以给负载传输最大功率。
- 平衡-不平衡变压器是变压器的一种，用于将平衡线(如双绞线)转换为不平衡线(如同轴电缆)；反之亦然。
- 典型变压器对直流电压无响应。
- 实际变压器中，电能转换为热能是由线圈电阻、磁滞损耗和涡流损耗引起的。
- 三相变压器通常用于配电网。

重要公式

14-1　$k=\dfrac{\phi_{1-2}}{\phi_1}$　耦合系数

14-2　$L_M=k\sqrt{L_1L_2}$　互感

14-3　$n=\dfrac{N_{sec}}{N_{pri}}$　匝数比

14-4　$\dfrac{V_{sec}}{V_{pri}}=\dfrac{N_{sec}}{N_{pri}}$　电压比

14-5　$V_{sec}=nV_{pri}$　二次电压

14-6　$\dfrac{I_{pri}}{I_{sec}}=n$　电流比

14-7　$I_{sec}=\left(\dfrac{1}{n}\right)I_{pri}$　二次电流

14-8　$R_{pri}=\left(\dfrac{1}{n}\right)^2R_L$　反射电阻

14-9　$n=\sqrt{\dfrac{R_2}{R_{pri}}}$　阻抗匹配时的匝数比

14-10　$\eta=\left(\dfrac{P_{out}}{P_{in}}\right)100\%$　变压器效率

对/错判断(答案在本章末尾)

1. 变压器以互感原理为基础。
2. 基本变压器中的两个绕组分别称为一次绕组和三次绕组。
3. 变压器仅用于交流电压。
4. 变压器的匝数比决定了输出电压与输入电压的比值。
5. 如果变压器一次侧有直流，二次侧也会有直流。
6. 当负载连接到变压器时，理想情况下负载的功率等于一次侧的功率。
7. 阻抗匹配基于反射电阻的原理。
8. 变压器的额定视在功率的单位为瓦。
9. 变压器可以有两个以上的绕组。
10. 三相变压器绕组有星形或三角形联结。

自我检测(答案在本章末尾)

1. 变压器应用于
(a)直流电压　　(b)交流电压
(c)直流和交流电压

2. 变压器的匝数比影响以下哪个因素
(a)一次电压　　(b)直流电压
(c)二次电压　　(d)以上都不是

3. 某一匝数比是 1 的变压器，如果线圈反方向地缠绕在磁心上，则二次电压
(a)与一次电压同相　(b)比一次电压小
(c)比一次电压大　(d)与一次电压反相

4. 当变压器匝数比是 10，一次电压是交流 6 V 时，二次电压是
(a)60 V　　(b)0.6 V
(c)6 V　　(d)36 V

5. 当变压器的匝数比是 0.5，一次电压是交流 100 V 时，二次电压是
(a)200 V　　(b)50 V
(c)10 V　　(d)100 V

6. 某变压器一次绕组匝数为 500 匝，二次绕组匝数为 2500 匝，匝数比是
(a)0.2　　(b)2.5
(c)5　　(d)0.5

7. 如果一个匝数比是 5 的理想变压器的一次输入功率是 10 W，则二次侧输送给负载的功率是
(a)50 W　　(b)0.5 W
(c)0 W　　(d)10 W

8. 某一带载变压器的二次电压是一次电压的三分之一，则二次电流是
(a)一次电流的三分之一
(b)一次电流的三倍
(c)等于一次电流
(d)小于一次电流

9. 当变压器二次绕组连接 1.0 kΩ 负载电阻，且匝数比为 2 时，电源"看见"的反射电阻是
(a)250 Ω　　(b)2 kΩ
(c)4 kΩ　　(d)1.0 kΩ

10. 在问题 9 中，如果匝数比为 0.5，则电源"看见"的反射电阻是

(a)1.0 kΩ   (b)2 kΩ

(c) 4 kΩ   (d)500 Ω

11. 若使内阻为 50 Ω 的电源与 200 Ω 负载相匹配，变压器的匝数比是

(a) 0.25   (b) 0.5

(c) 4   (d) 2

12. 为了使功率从电源处最大地输送至负载，在变压器耦合电路中有

(a)$R_L > R_{int}$ (b)$R_L < R_{int}$

(c)$(1/n)^2 R_L = R_{int}$ (d)$R_L = nR_{int}$

13. 当一个 12V 电池连接到匝数比为 4 的变压器一次侧时，二次电压为

(a)0 V   (b)12 V

(c)48 V   (d)3 V

14. 某一变压器匝数比为 1，耦合系数是 0.95。当一次电压是 1V 时，二次电压是

(a) 1 V   (b) 1.95 V

(c) 0.95 V

电路行为变化趋势判断（答案在本章末尾）

参见图 14-47c

1. 如果交流电源发生短路，那么 R_L 两端的电压将

(a)增大   (b)减小   (c)保持不变

2. 如果直流电源发生短路，那么 R_L 两端的电压将

(a)增大   (b)减小   (c)保持不变

3. 如果 R_L 内部开路，那么它两端的电压将

(a)增大   (b)减小   (c)保持不变

参见图 14-49

4. 如果熔丝断开，那么 R_L 两端电压将

(a)增大   (b)减小   (c)保持不变

5. 如果匝数比变为 2，那么通过 R_L 的电流将

(a)增大   (b)减小   (c)保持不变

6. 如果电源频率增加，那么 R_L 两端电压将

(a)增大   (b)减小   (c)保持不变

参见图 14-53

7. 如果电源电压增加，那么扬声器的声音将

(a)增大   (b)减小   (c)保持不变

8. 如果匝数比增加，那么扬声器的声音将

(a)增大   (b)减小   (c)保持不变

参见图 14-54

9. 一次侧接入有效值是 10 V 的电压，如果左边开关从位置 1 拨到位置 2，那么 R_1 顶端到地的电压将

(a)增大   (b)减小   (c)保持不变

10. 如果一次侧接入有效值是 10V 的电压，两个开关均在位置 1 处，如果 R_1 开路，那么 R_1 两端电压将

(a)增大   (b)减小   (c)保持不变

分节习题（较难的问题用星号（＊）表示，奇数题答案在本书末尾）

14.1 节

1. 当 $k = 0.75$、$L_1 = 1 \mu H$、$L_2 = 4 \mu H$ 时，互感是多少？

2. 当 $L_M = 1 \mu H$、$L_1 = 8 \mu H$、$L_2 = 2 \mu H$ 时，计算耦合系数。

14.2 节

3. 变压器的一次绕组有 250 匝，二次绕组有 1000 匝，匝数比是多少？当一次绕组有 400 匝，二次绕组有 100 匝时，匝数比又是多少？

4. 某一变压器的一次绕组有 250 匝，为了使电压加倍，二次绕组必须有多少匝？

5. 对于图 14-46 中的每个变压器，绘制二次电压与一次电压的关系图，并标注量值。

14.3 节

6. 将 240 V 升至 720 V，匝数比必须是多少？

7. 变压器的一次绕组接 120 V 交流电，如果匝数比为 5，那么二次电压是多少？

8. 对于匝数比为 10 的变压器，一次电压必须为多少才能得到 60 V 的二次电压？

9. 将 120 V 降低到 30 V，匝数比必须是多少？

10. 变压器一次绕组两端的电压为 1200 V，如果匝数比为 0.2，那么二次电压是多少？

11. 对于匝数比为 0.1 的变压器，一次电压必须为多少才能得到 6 V 的二次电压？

12. 在图 14-47 中，每个电路负载两端的电压是多少？

13. 确定图 14-48 中未显示读数的仪表的读数值。

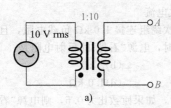

a)

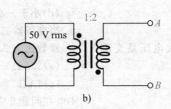

b)

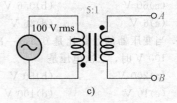

c)

图 14-46

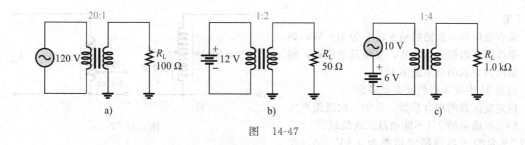

图 14-47

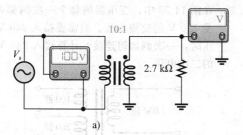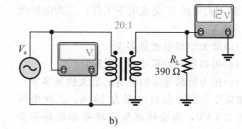

图 14-48

14.4 节

14. 确定图 14-49 中 I_{sec}、R_L 的值。

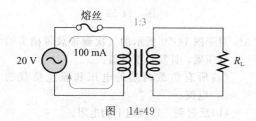

图 14-49

15. 求图 14-50 中的以下数值。

　(a) 一次电流　　(b) 二次电流
　(c) 二次电压　　(d) 负载功率

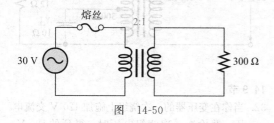

图 14-50

14.5 节

16. 图 14-51 中从电源处看见的电阻是多少?

17. 为了使反射到一次回路的电阻为 300 Ω,图 14-52 所示电路中的匝数比必须是多少?

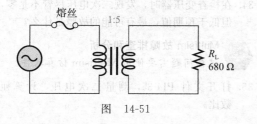

图 14-51

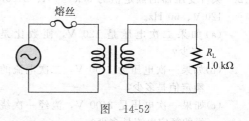

图 14-52

14.6 节

18. 对于图 14-53 中的电路,为使 4 Ω 扬声器获得最大功率,计算所需的匝数比。

19. 在图 14-53 中,4 Ω 扬声器得到的最大功率是多少?

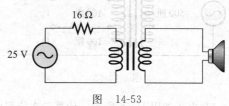

图 14-53

* 20. 在图 14-54 所示电路中,已知电源内阻为 10 Ω,为了使功率最大地传输到每个负载,计算开关在每个位置时需要的匝数比。如果一次绕组有 1000 匝,计算二次绕组的匝数。

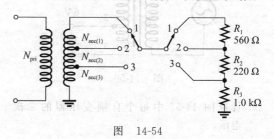

图 14-54

14.7 节

21. 某台变压器一次侧的输入功率为 100 W，如果线圈电阻损失 5.5 W，忽略其他损耗，则输出到负载的功率是多少？

22. 问题 21 中变压器的效率是多少？

23. 确定变压器的耦合系数，其中一次绕组产生的总磁通量的 2% 不能通过二次绕组。

* 24. 某台变压器的额定功率为 1 kV·A，在 60 Hz、120 V 交流电下工作，二次电压为 600 V。

   （a）最大负载电流是多少？

   （b）可以驱动的最小 R_L 是多少？

   （c）作为负载连接的电容的最大值是多少？

25. 如果要求最大负载电流为 10 A、二次电压为 2.5 kV，则变压器额定功率必须是多少千伏安(kV·A)？

* 26. 某台变压器的额定值为 5 kV·A、2400/120 V、60 Hz。

   （a）如果二次电压是 120 V，匝数比是多少？

   （b）如果一次电压为 2400 V，二次电流的额定值是多少？

   （c）如果一次电压是 2400 V，流经一次绕组的额定电流是多少？

14.8 节

27. 计算图 14-55 中的每个未知电压。

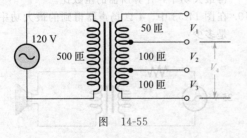

图 14-55

28. 二次电压如图 14-56 所示，计算二次绕组各抽头与一次绕组的匝数比。

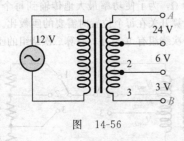

图 14-56

29. 计算图 14-57 中每个自耦变压器的二次电压。

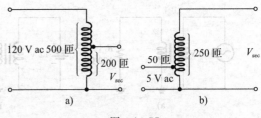

图 14-57

30. 在图 14-58 中，变压器的每个一次侧都可承受 120 V 的交流电压。当需要接入 240 V 电压时，一次侧如何连接？计算接入 240 V 时的二次电压。

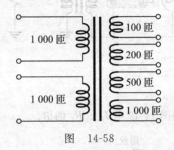

图 14-58

* 31. 对于图 14-59 所示的二次侧带载带抽头的变压器，计算以下各值：

   （a）所有负载两端的电压和流经负载的电流。

   （b）反射到一次绕组上的电阻。

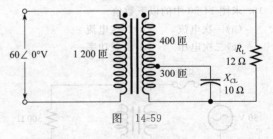

图 14-59

14.9 节

32. 当你在变压器的一次绕组上施加 120 V 交流电压，并检查二次绕组电压时，得到的是 0 V，进一步检查表明没有一次或二次电流。列出可能的故障原因，下一步应该检查什么？

33. 如果变压器的一次绕组短路，会发生什么情况？

34. 在检查变压器时，发现二次电压尽管不是零，但低于预期值，最有可能的故障是什么？

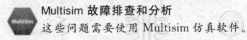 **Multisim 故障排查和分析**
这些问题需要使用 Multisim 仿真软件。

35. 打开文件 P14-35，测量二次电压，计算匝数比。

36. 打开文件 P14-36，通过测量判断是否有绕组
　　开路。

37. 打开文件 P14-37，判断电路是否有故障。

参考答案

学习效果检测答案

14.1 节

1. 电气隔离是指两个电路之间没有导电通路的
　情况。

2. 互感是两个线圈之间的电感。

3. $L_M = k \sqrt{L_1 L_2} = 45\ \text{mH}$

4. 当 k 增大时，感应电压增大。

14.2 节

1. 变压器的运行是基于互感原理的。

2. 匝数比是二次绕组匝数与一次绕组匝数之比。

3. 绕组的相对绕向决定了电压的相对极性。

4. $n = 250/500 = 0.5$

5. 在印制电路板上制作绕组。

14.3 节

1. 升压变压器的二次电压大于一次电压。

2. V_{sec} 比 V_{pri} 大 5 倍。

3. $V_{sec} = nV_{pri} = 10 \times 240\ \text{V} = 2400\ \text{V}$

4. 降压变压器的二次电压小于一次电压。

5. $V_{sec} = 0.5 \times 120\text{V} = 60\ \text{V}$

6. $n = 12\ \text{V}/120\ \text{V} = 0.1$

14.4 节

1. I_{sec} 比 I_{spri} 小一半。

2. $I_{sec} = (1000/250) \times 0.5\text{A} = 1\ \text{A}$

3. $I_{pri} = (250/1000) \times 10\ \text{A} = 2.5\ \text{A}$

14.5 节

1. 反射电阻是二次侧的电阻乘以匝数比平方的倒
　数，看起来就像是一次侧的电阻一样。

2. 匝数比决定反射电阻。

3. $R_{pri} = (0.1)^2 \times 50\ \Omega = 0.5\ \Omega$

4. $n = 0.1$

14.6 节

1. 阻抗匹配使负载电阻等于电源电阻。

2. 当 $R_L = R_s$ 时，传递给负载的功率最大。

3. $R_{pri} = (100/50)^2 100\ \Omega = 400\ \Omega$

4. 将不平衡信号转换成平衡信号并实现阻抗
　匹配。

14.7 节

1. 由于耦合低于 100%、线圈电容、线圈电阻、漏
　磁、涡流和其他非理想特性的存在，实际变压
　器的效率不像理想变压器那样是 100%。

2. 当 $k = 0.85$ 时，一次绕组产生磁通量的 85%
　通过二次绕组。

3. $I_L = 10\ \text{kV} \cdot \text{A}/250\ \text{V} = 40\ \text{A}$

14.8 节

1. $V_{sec} = 10 \times 240\ \text{V} = 2400\ \text{V}$,
　$V_{sec} = 0.2 \times 240\ \text{V} = 48\ \text{V}$

2. 优点：同一额定值的自耦变压器比传统
　变压器体积小、质量轻。
　缺点：自耦变压器没有电气隔离。

3. 三相

14.9 节

1. 变压器故障：绕组开路是最常见的，绕
　组短路则不常见。

2. 超过额定值运行将导致故障。

同步练习答案

14-1　0.75

14-2　387 μH

14-3　5000 匝

14-4　480 V

14-5　57.6 V

14-6　5 mA；400 mA

14-7　6 Ω

14-8　0.354

14-9　0.0707 或 14.14∶1

14-10　85.2%

14-11　$V_{AB} = 12\ \text{V}$, $V_{CD} = 480\ \text{V}$, $V_{(CT)C} = V_{(CT)D} = 240\ \text{V}$, $V_{EF}\ 24\ \text{V}$

14-12　加倍，达到 2.11 kV · A

对/错判断答案

1. T　　2. F　　3. T　　4. T

5. F　　6. T　　7. T　　8. F

9. T　　10. T

自我检测答案

1. (b)　　2. (c)　　3. (d)　　4. (a)

5. (b)　　6. (c)　　7. (d)　　8. (b)

9. (a)　　10. (c)　　11. (d)　　12. (c)

13. (a)　　14. (c)

电路行为变化趋势判断答案

1. (b)　　2. (c)　　3. (c)　　4. (b)

5. (a)　　6. (c)　　7. (a)　　8. (a)

9. (b)　　10. (a)

第 15 章

RC 正弦交流电路

▶ **教学目标**
- 能用复数来表示正弦量的相量，并用相量分析 RC 正弦交流电路

第一部分：RC 串联电路
- 描述 RC 串联电路中的电压与电流关系
- 计算 RC 串联电路的阻抗
- 分析 RC 串联电路

第二部分：RC 并联电路
- 计算 RC 并联电路的阻抗与导纳
- 分析 RC 并联电路

第三部分：RC 串-并联电路
- 分析 RC 串-并联电路

第四部分：特殊专题
- 计算 RC 电路的功率
- 讨论 RC 电路的基本应用
- RC 电路故障排查

▶ **应用案例预览**

放大器输入部分的 RC 电路的频率响应与第 12 章的分析相似，它是本章一个主要的应用案例。

▶ **引言**

RC 电路包括电阻与电容。本章介绍了 RC 电路的串联、并联，以及它们对正弦交流电压的响应。同时分析了串-并联混合电路。分析了 RC 电路的有功功率、无功功率、视在功率，介绍了 RC 电路的基本应用，如滤波器、放大器耦合、振荡器、波形发生器等。本章还涉及了故障排查方面的内容。

15.1 节介绍了复数，它是分析交流电路的一个重要工具。复数可以为相量的数学描述提供方便途径，使之能够对相量进行加、减、乘、除运算。第 15～17 章都将用到复数的相关知识。

▶ **教学方式选择**

15.1 节介绍复数之后，本章及第 16、17 章都被分为 4 个部分：串联电路、并联电路、串-并联电路，以及特殊专题。这样安排有利于用两种方式学习第 15～17 章。

方式一：先学习复数，再学习 RC 电路(第 15 章)，然后是 RL 电路(第 16 章)，最后是 RLC 电路(第 17 章)。按此思路，你可以很轻松地依次学习第 15～17 章。

方式二：学完复数之后，先学习含有电抗元件(电容、电感)的串联电路，然后是并联电路，其次是串-并联电路，最后为特殊专题。学习 15.1 节之后，先学习每章的第一部分，即第 15～17 章中的串联电路；然后是这几章的第二部分，即第 15～17 章中的并联电路；其次是这几章的第三部分，即第 15～17 章的串-并联电路；最后学习这几章的第四部分，即特殊专题。按此方式也可以完成这 3 章内容的学习。

15.1 复数

复数能让相量执行数学运算，它在交流电路分析中十分有用。借助复数，你可以对正弦交流电路和其他交流电路中相量的幅值和相位角执行加、减、乘、除运算。大多数科学计算器都能够计算复数，具体过程请查阅计算器使用手册。

学完本节内容后，你应该能够用复数表示相量，具体就是：

- 描述复平面。
- 用复数描述一个点。
- 讨论实数与虚数。
- 分别用直角坐标形式和极坐标形式表示相量。
- 复数的直角坐标形式与极坐标形式之间的相互转换。
- 进行复数的代数运算。

15.1.1 正数与负数

正数表示的是坐标轴横轴原点右侧的点，负数为原点左侧的点，如图 15-1a 所示。同理，正数表示的是纵轴原点以上的点，负数为原点以下的点，如图 15-1b 所示。

15.1.2 复平面

复平面上横轴值与纵轴值应有所区别。横轴叫实轴，纵轴叫虚轴，如图 15-2 所示。在计算电路时，虚轴上的数会加上前缀 ±j，以区分实轴上的数。这个前缀称为 j 乘子。数学上，常用 i 代替 j，但电路中 i 已被用于表示电流，故电路中用 j 表示单位虚数。

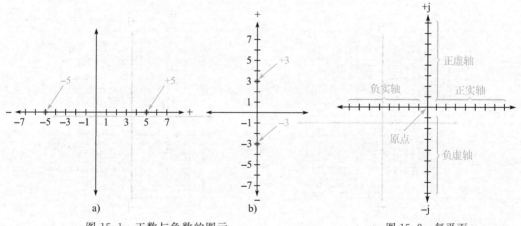

图 15-1　正数与负数的图示　　　　　　　图 15-2　复平面

复平面中角度的位置　复平面中角度的位置如图 15-3 所示。正实轴为 0°。逆时针旋转至 +j 轴为 90°，负实轴为 180°，−j 轴为 270°，旋转一周为 360°，此时会回到正实轴。注意，复平面被分为了 4 个象限。

在复平面上表示一个点　复平面上的点可以用实数、虚数（±j）或二者结合来表示。例如，图 15-4a 中位于正实轴、距离原点 4 格位置的点是**正实数**，表示为 +4。图 15-4b 中位于负实轴、距离原点 2 格位置的点是负实数，表示为 −2。图 15-4c 中位于 +j 轴、距离原点 6 格的点是**正虚数**，表示为 +j6。图 15-4d 中位于 −j 轴、距离原点 5 格的点是负虚数，表示为 −j5。

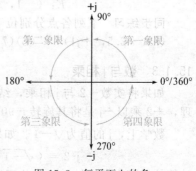

图 15-3　复平面上的角

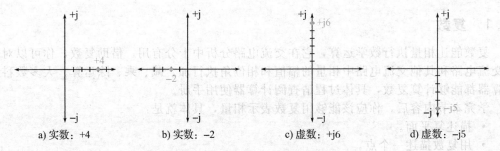

a) 实数: +4   b) 实数: -2   c) 虚数: +j6   d) 虚数: -j5

图 15-4 复平面上的实数与虚数(j)

当某点不在任何轴上,而是落在 4 个象限中的某一位置时,该点被叫作复数,用实数与虚数共同表示。例如,图 15-5 中处于第一象限的点,它对应的实数为 +4、虚数为 +j4,可表示为(+4,+j4)。第二象限的点表示为(-3,+j2)。第三象限的点表示为(-3,-j5)。第四象限的点表示为(+6,-j4)。

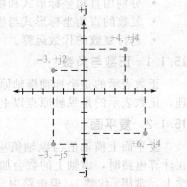

例 15-1   (a)将下列各点绘制在复平面上:(7,j5);(5,-j2);(-3.5,j1);(-5.5,-j6.5)。
(b)给出图 15-6 中每个点的复数形式。
解   (a)各点位置如图 15-7 所示。

图 15-5 在复平面上的点

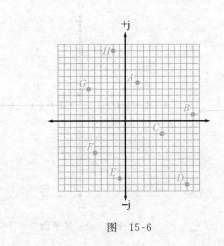

图 15-6

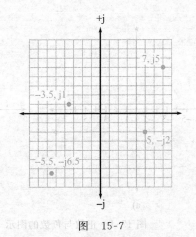

图 15-7

(b)各点坐标是:A:(2,j6) B:(11,j1) C:(6,-j2) D:(10,-j10)
                E:(-1,-j9) F:(-5,-j5) G:(-6,j5) H:(-2,j11)
同步练习 下列各点分别位于第几象限?
(a)(+2.5,+j1)   (b)(7,-j5)   (c)(-10,-j5)   (d)(-11,+j6.8)

15.1.3   数与 j 相乘

如果将实数 +2 与 j 相乘,结果为 +j2。该乘积相当于将 +2 旋转 90°角至 +j 轴。同理,+2 乘以 -j 是将其旋转 -90°至 -j 轴。因此,j 也叫作旋转因子。

数学上,j 的值为 $\sqrt{-1}$。如果 +j2 乘以 j,有:

$$j^2 2 = (\sqrt{-1}) \times (\sqrt{-1}) \times (2) = (-1) \times 2 = -2$$

计算结果落在负实轴上。因此正实数乘以 j^2 会变为负实数。该过程如图 15-8 所示。

15.1.4　直角坐标形式与极坐标形式

　　复数有两种形式可以用来表示相量：直角坐标形式与极坐标形式。在电路分析中，对于不同应用，它们各有优势。一个相量包括幅值和相位角。本节用斜体字母表示幅值大小（如 V 和 I），它们是实数；用对应的黑斜体字母表示完整相量（复数），如 V 和 I。

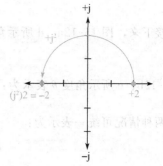

　　直角坐标形式　相量的**直角坐标形式**写作实数（A）与虚数 j(B) 的代数和形式，如下所示：

$$A+jB$$

例如，相量 1+j2、5−j3、−4+j4、−2−j6，它们在复平面中的位置如图 15-9 所示。可见直角坐标形式中，以投射到实轴和虚轴的坐标值相结合的形式描述相量。带有箭头的线段是相量的图示，该箭头　图 15-8　乘子 j 对复平面上点的位置的影响
从原点指向复数的坐标点。

　　极坐标形式　相量还可以用幅值大小（C）以及与正实轴夹角（θ）的**极坐标形式**加以表示，形式如下所示：

$$C\angle\pm\theta$$

例如，$2\angle45°$、$5\angle120°$、$4\angle-110°$、$8\angle-30°$。第一个数字表示幅值，符号"$\angle$"后面是角度。图 15-10 所示的复平面上的相量，其长度代表了相量的大小。记住，所有表示为极坐标形式的相量，都有相应的直角坐标形式。

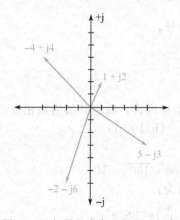

图 15-9　相量的直角坐标形式示例

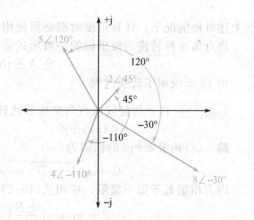

图 15-10　相量的极坐标形式示例

　　将直角坐标形式转换为极坐标形式　相量可以在复平面上的任意象限中，如图 15-11 所示。相位角 θ 等于相量与正实轴间的夹角，角度 ϕ 是位于第二、第三象限的相量与负实轴的夹角，如图 15-11 所示。

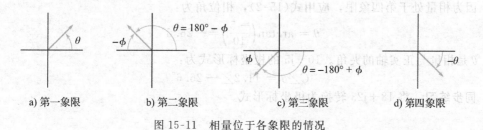

a) 第一象限　　　　b) 第二象限　　　　c) 第三象限　　　　d) 第四象限

图 15-11　相量位于各象限的情况

直角坐标转换到极坐标形式的第一步是确定相量的大小。任意位置的相量，在复平面上都可以看作直角三角形，如图 15-12 所示。三角形的水平边为实部 A，垂直边为虚部 B，斜边为相量的长度 C，也就是幅值。根据勾股定理可表示为：

$$C = \sqrt{A^2 + B^2} \tag{15-1}$$

接下来，图 15-12a、d 所示角度 θ 可表示为反三角函数。

$$\theta = \arctan\left(\frac{\pm B}{A}\right) \tag{15-2}$$

图 15-12b、c 所示角度 θ 表示为：

$$\theta = \pm 180° \mp \phi$$

上述两种情况可统一表示为：

$$\theta = \pm 180° \mp \arctan\left(\frac{B}{A}\right)$$

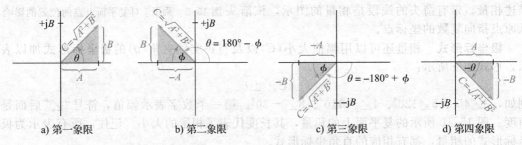

a) 第一象限　　　　b) 第二象限　　　　c) 第三象限　　　　d) 第四象限

图 15-12　复平面上直角三角形关系

在上述每种情况下，计算角度时都必须使用合适的符号。

将直角坐标转换为极坐标的一般形式是

$$\pm A \pm jB = C\angle \pm \theta \tag{15-3}$$

例 15-2 说明了转换过程。

例 15-2　将下列复数由直角坐标形式转换为极坐标形式，确定其幅值和相位角。

(a) 8＋j6　　　　　　　　　　　(b) 10－j5

解　(a) 相量 8＋j6 的幅值为：

$$C = \sqrt{A^2 + B^2} = \sqrt{8^2 + 6^2} = \sqrt{100} = 10$$

因为相量处于第一象限，应用式(15-2)，相位角为：

$$\theta = \arctan\left(\frac{\pm B}{A}\right) = \arctan\left(\frac{6}{8}\right) = 36.9°$$

θ 是相量与正实轴的夹角。8＋j6 的极坐标形式为：

$$C\angle\theta = 10\angle 36.9°$$

(b) 相量 10－j5 的幅值为：

$$C = \sqrt{10^2 + (-5)^2} = \sqrt{125} = 11.2$$

因为相量处于第四象限，应用式(15-2)，相位角为：

$$\theta = \arctan\left(\frac{-5}{10}\right) = -26.6°$$

θ 是相量与正实轴的夹角。10－j5 的极坐标形式为：

$$C\angle\theta = 11.2\angle -26.6°$$

同步练习　将 18＋j23 转换为极坐标形式。

将极坐标形式转换为直角坐标形式 极坐标形式给出了相量的幅值与相位角，如图 15-13 所示。

要获得直角坐标形式，你必须确定三角形的 A、B 边，用下面的计算来完成：

$$A = C \cos \theta \qquad (15\text{-}4)$$
$$B = C \sin \theta \qquad (15\text{-}5)$$

极坐标到直角坐标的转换形式为：

$$C\angle\theta = A + jB \qquad (15\text{-}6)$$

接下来的例子将说明整个转换过程。

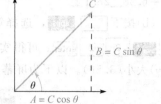

图 15-13 相量的极坐标表示

例 15-3 将下列极坐标形式转换为直角坐标形式：

(a) $10\angle30°$ (b) $200\angle-45°$

解 (a) 相量 $10\angle30°$ 的实部为：

$$A = C \cos \theta = 10 \cos 30° = 10 \times 0.866 = 8.66$$

相量的虚数部分为：

$$jB = jC\sin\theta = j10\sin 30° = j10 \times 0.5 = j5$$

因此，相量 $10\angle30°$ 的直角坐标形式为：

$$A + jB = 8.66 + j5$$

(b) 相量 $200\angle-45°$ 的实部为：

$$A = 200\cos(-45°) = 200 \times 0.707 = 141$$

相量的虚数部分为：

$$jB = j200\sin(-45°) = -j200 \times 0.707 = -j141$$

因此，相量 $200\angle-45°$ 的直角坐标形式为：

$$A + jB = 141 - j141$$

同步练习 将 $78\angle-26°$ 转换为直角坐标形式。

科学计算器可以进行复数计算，包括两种坐标形式的相互转换。下面举例说明如何在 TI-84 Plus CE 计算器中输入复数，以及直角坐标与极坐标之间的转换。你可以在自己的计算器上实际操作一下。

例 15-4 (a) 用 TI-84 计算器，将复数 $5.8 + j3.1$ 转换为极坐标形式。

(b) 用 TI-84 计算器，将复数 $9.5\angle22°$ 转换为直角坐标形式。

解 (a) 用 TI-84 计算器进行形式转换的最简方法（不同计算器的方法不唯一）是用角度菜单。按下 2nd apps 选择角度菜单。选择第 5 项（按 5 键）并分别输入实部与虚部，二者以逗号隔开，步骤如下： 5 . 8 , 3 . 1 enter。可得幅值大小 (6.58)。选择第 6 项，重复上述过程，可得相位角大小 (28.1°)。以下为屏幕显示的结果：

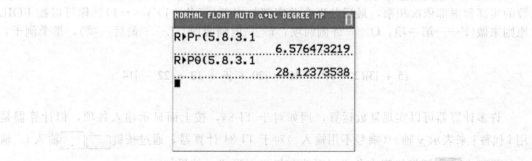

改变 mode 菜单中第3行的选项，可令相位角(28.1°)显示为弧度或角度。因此，5.8+j3.1=6.58∠28.1°。

(b)按下 2nd apps ，选择第7项，并分别输入幅值与相位角，步骤如下：9 . 5 , 2 2 enter 。可得实部(x)大小(8.81)。选择第8项，重复上述过程，可得虚部(y)大小(3.56)。以下为屏幕上的显示结果：因此，9.5∠22°=8.81+j3.56。

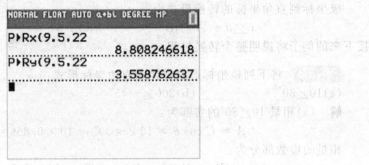

图片经德州仪器公司授权使用

同步练习 用 TI-84 计算器，将复数 7.8−j12.1 转换为极坐标形式(用 (−) 键输入负值) ∎

15.1.5 复数的四则运算

加法 复数在执行加法运算时应转换为直角坐标形式。运算方法是：

实部与实部相加，虚部与虚部相加。

例 15-5 将下列复数相加：(a)(8+j5)+(2+j1)　　(b)(20−j10)+(12+j6)
解 (a)(8+j5)+(2+j1)=(8+2)+j(5+1)=10+j6
(b)(20−j10)+(12+j6)=(20+12)+j(−10+6)=32+j(−4)=32−j4
同步练习 将 5−j11 与 −6+j3 相加。 ∎

减法 和加法一样，复数在执行减法运算时也应转换为直角坐标形式。运算方法是：

实部与实部相减，虚部与虚部相减。

例 15-6 将下列复数相减：(a)(3+j4)−(1+j2)；　　(b)(15+j15)−(10−j8)
解 (a)(3+j4)−(1+j2)=(3−1)+j(4−2)=2+j2
(b)(15+j15)−(10−j8)=(15−10)+j[15−(−8)]=5+j23
同步练习 计算 −10−j9 减去 3.5−j4.5 的值。

乘法 两个直角坐标形式的复数相乘，是将一个复数的实部和虚部，分别与另一个复数的实部和虚部依次相乘，最后分别合并实部与虚部(记住：j×j=−1)。你可以按 FOIL 原则来做(F——第一项，O——外侧两项，I——内侧两项，L——最后一项)，举个例子：

$$(5 + j3)(2 − j4) = 10 − j20 + j6 + 12 = 22 − j14$$

许多计算器可以实现复数运算，例如对于 TI-84，按上面显示输入各项，但计算器是用 i 代替 j 来表示 y 轴。(乘号不用输入。)对于 TI-84 计算器，通过按键 2nd . 输入 i。输出结果可由 mode 键切换到直角坐标形式与极坐标形式。结果如下：

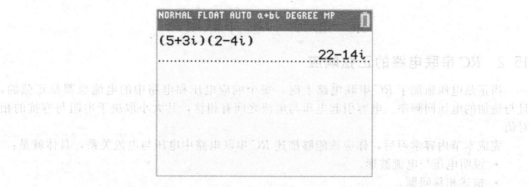

如果你的计算器不能直接进行复数运算，采用极坐标形式进行相乘会更加简单，因此最好在执行乘法运算前将复数转换为极坐标形式。乘法运算方法是：

幅值相乘，角度相加。

例 15-7　将下列复数相乘：(a)$10 \times \angle 45° \times 5 \angle 20°$　　(b)$2 \angle 60° \times 4 \angle -30°$
解　(a)$(10 \angle 45°) \times (5 \angle 20°) = 10 \times 5 \angle (45° + 20°) = 50 \angle 65°$
　　　(b)$(2 \angle 60°) \times (4 \angle -30°) = 2 \times 4 \angle [60° + (-30°)] = 8 \angle 30°$
同步练习　计算 $50 \angle 10° \times 30 \angle -60°$。

　　除法　两个直角坐标形式的复数相除时，是由分子分母同乘以分母的**共轭复数**，再合并同类项并简化来实现的。举个例子：

$$\frac{10 + j5}{2 + j4} = \frac{(10 + j5) \times (2 - j4)}{(2 + j4) \times (2 - j4)} = \frac{20 - j30 + 20}{4 + 16} = \frac{40 - j30}{20} = 2 - j1.5$$

或者利用计算器来计算。

　　如果你的计算器不能进行复数运算，那么采用极坐标形式会使除法变得更简单。所以在除法运算前最好将复数转换为极坐标形式。除法的运算方法是：

分子幅值除以分母幅值得商的幅值，分子角度减去分母角度为商的角度。

例 15-8　将下列复数相除：(a)$100 \angle 50°$ 除以 $25 \angle 20°$；(b)$15 \angle 10°$ 除以 $3 \angle -30°$
解　(a)$\dfrac{100 \angle 50°}{25 \angle 20°} = \left(\dfrac{100}{25}\right) \angle (50° - 20°) = 4 \angle 30°$

　　　(b)$\dfrac{15 \angle 10°}{3 \angle -30°} = \left(\dfrac{15}{3}\right) \angle [10° - (-30°)] = 5 \angle 40°$

同步练习　计算 $24 \angle -30°$ 除以 $6 \angle 12°$ 的复数值。

学习效果检测

1. 将 $2 + j2$ 转换为极坐标形式，该相量位于第几象限？
2. 将 $5 \angle -45°$ 转换为直角坐标形式，该相量位于第几象限？
3. 计算 $1 + j2$ 与 $3 - j1$ 的和。
4. 计算 $12 + j18$ 减去 $15 + j25$ 的值。
5. 计算 $8 \angle 45°$ 乘以 $2 \angle 65°$ 的值。
6. 计算 $30 \angle 75°$ 除以 $6 \angle 60°$ 的值。

第一部分 *RC* 串联电路

15.2 *RC* 串联电路的正弦响应

当正弦电压施加于 *RC* 串联电路上时，每个响应电压和电路中的电流也都是正弦的，且与施加的电压同频率。电容引起电压与电流之间有相移，其大小取决于电阻与容抗的相对值。

完成本节内容学习后，你应该能够描述 *RC* 串联电路中电压与电流关系，具体就是：

- 说明电压与电流波形。
- 描述相移问题。

如图 15-14 所示，电路中电阻电压(V_R)、电容电压(V_C)和电流(I)都是与电源同频率的正弦量。因为电容的存在使电路出现了相移，电阻上的电压和电流超前电源电压，而电容上的电压则滞后电源电压。电流与电容电压间的相位角一直为 90°。这些相位角关系如图 15-14 所示。

电压与电流的幅角关系取决于电阻值与**容抗值**。当电路为纯电阻电路时，电源电压与总电流间的相位差为 0。当为纯电容电路时，电源电压与总电流间的相位差为 90°，且电流超前电压。当电路为电阻与电容的混合电路时，电源电压与总电流间的相位差为 0°～90°，该值取决于电阻与容抗的相对值。

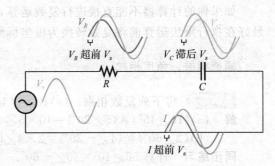

图 15-14 V_R、V_C 和 I 与电源电压的一般相位角关系说明。V_R 和 I 同相而 V_R 和 V_C 相差 90°

学习效果检测

1. 一个频率为 60 Hz 的正弦电压施加于 *RC* 电路上，电容电压的频率为多少？电流频率为多少？
2. *RC* 串联电路中是什么引起了电源电压 V_S 和 I 的相位差？
3. 当 *RC* 串联电路中的电阻大于容抗时，电源电压与总电流的相位差是更接近 0°还是更接近 90°？

15.3 *RC* 串联电路的阻抗

阻抗代表电路对正弦电流的全部阻碍作用，其单位为欧[姆]。*RC* 串联电路的阻抗包括电阻和容抗。它引起了总电流与电源电压间的相位差。因此，阻抗是一个复数，包括幅值与相位角。

完成本节内容后，你应该能够分析 *RC* 串联电路的阻抗，具体就是：

- 定义阻抗。
- 将容抗表示成复数形式。
- 将总阻抗表示成复数形式。
- 绘制阻抗三角形。
- 计算阻抗的幅值(即模)与相位角(即阻抗角)。

在纯电阻电路中，阻抗等于总电阻。在纯电容电路中，阻抗等于总容抗。而在 *RC* 串联电路中，阻抗取决于电阻与容抗。这些情况如图 15-15 所示的说明。阻抗大小用符号 Z 表示。

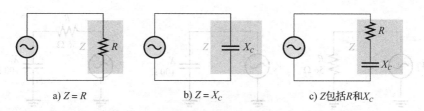

a) $Z=R$　　　　b) $Z=X_C$　　　　c) Z包括R和X_C

图 15-15　阻抗的 3 种情况

容抗是一个相量[⊖]，可以表示为直角坐标形式：

$$X_C = -jX_C$$

其中，黑体字 X_C 同时代表相量的幅值与角度，而非黑体字 X_C 只代表幅值。

对于图 15-16 中的 RC 串联电路，总阻抗为 R 与 $-jX_C$ 的复数和，表示为

$$Z = R - jX_C \qquad (15\text{-}7)$$

在交流电路分析中，X_C 与 R 相差 90°，如图 15-17a
所示。这一关系是因为 RC 串联电路中电容电压滞后
电流 90°，也就滞后电阻电压 90°。因此 **Z** 为 R 与
$-jX_C$ 之和，如图 15-17b 所示。两相量相连形成一个
直角三角形，称为阻抗三角形，如图 15-17c 所示。
相量长度表示幅值，以欧[姆]为单位。RC 电路的相
位角 θ 表示所施加电压与电流的相位差。

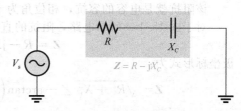

图 15-16　RC 串联电路的阻抗

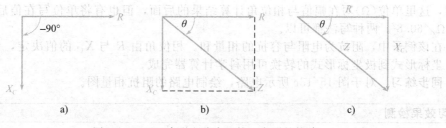

a)　　　　b)　　　　c)

图 15-17　RC 串联电路中阻抗三角形的构建

根据勾股定理，阻抗幅值(斜边长度)可以用电阻与容抗表示为下列形式：

$$Z = \sqrt{R^2 + X_C^2}$$

斜体字母 Z 表示相量 **Z** 的幅值，单位为欧[姆]。

角度 θ 可表示为：

$$\theta = -\arctan\left(\frac{X_C}{R}\right)$$

arctan 表示反正切。你可以通过计算器计算反正切值。综合阻抗的幅值和相位角，可得阻抗的极坐标形式：

$$Z = \sqrt{R^2 + X_C^2} \angle -\arctan\left(\frac{X_C}{R}\right) \qquad (15\text{-}8)$$

例 15-9　写出图 15-18 所示各电路中阻抗的直角坐标形式与极坐标形式。

解　图 15-18a 所示电路中阻抗为：
$Z=R-j0=R=56\ \Omega$(直角坐标形式)
$Z=R\angle 0°=56\angle 0°\ \Omega$(极坐标形式)

⊖　本书将容抗、感抗和复阻抗也称为相量，并且用带方向的相量图来表示，它们的角度被称为相位角。这些不同于我国教材，为尊重原著，翻译时保留了这种做法。请读者着重理解其真实含义，而不是字面意义。——译者注

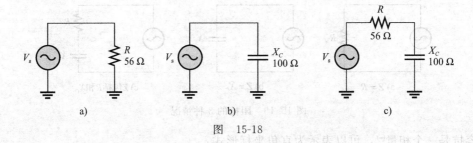

图 15-18

该阻抗就是电阻，相位角为 0°，因为纯电阻不会引起电压与电流间的相位差。

对于图 15-18b 所示电路，阻抗为：

$Z = 0 - jX_C = -j100\ \Omega$（直角坐标形式）

$Z = X_C \angle -90° = 100 \angle -90°\ \Omega$（极坐标形式）

该阻抗就是电容的容抗，相位角为 -90°，因为电容会使电流超前电压 90°。

对于图 15-18c 所示电路，阻抗的直角坐标形式为：

$$Z = R - jX_C = 56\ \Omega - j100\ \Omega$$

极坐标形式为：

$$Z = \sqrt{R^2 + X_C^2} \angle -\arctan\left(\frac{X_C}{R}\right)$$

$$= \sqrt{(56\ \Omega)^2 + (100\ \Omega)^2} \angle -\arctan\left(\frac{100\ \Omega}{56\ \Omega}\right) = 115 \angle -60.8°\ \Omega$$

注意，这里单位（Ω）写在幅值与相位角计算结果的后面，但也有将单位写在值后面的，如 115 $\Omega \angle 60.8°$。两种写法都可以。

在该例子中，阻抗为电阻与容抗的相量和。相位角由 R 与 X_C 的值决定，是固定的。直角坐标形式到极坐标形式的转换可用科学计算器完成。

同步练习 对于图 15-18c 所示电路，绘制电路的阻抗相量图。 ■

学习效果检测

1. 某 RC 电路的阻抗为 150 Ω — j220 Ω。其电阻和容抗分别为多少？
2. 某 RC 串联电路中总电阻为 33 kΩ，容抗为 50 kΩ，写出阻抗的直角坐标形式。
3. 在问题 2 的电路中，阻抗大小为多少？相位角为多少？

15.4 RC 串联电路的分析

利用欧姆定律和基尔霍夫电压定律可分析 RC 串联电路，可计算电压、电流与阻抗。此外，本节还研究了超前与滞后的 RC 电路。

完成本节内容后，你应该能够分析 RC 串联电路，具体就是：

- 应用欧姆定律与基尔霍夫电压定律分析 RC 串联电路。
- 用相量表示电压与电流。
- 说明阻抗大小与阻抗角随频率的变化情况。
- 分析 RC 滞后电路。
- 分析 RC 超前电路。

15.4.1 欧姆定律

在 RC 串联电路中应用欧姆定律时，涉及相量 Z、V 和 I 的使用。尽管直角坐标形式直接表示它们的实部（电阻）与虚部（电抗），但记住黑斜体字母是同时表示幅值与相位角的相量。欧姆定律的 3 种形式如下：

$$V = IZ \tag{15-9}$$

$$I = \frac{V}{Z} \tag{15-10}$$

$$Z = \frac{V}{I} \tag{15-11}$$

如果你没有使用可以进行复数运算的计算器，那么使用复数的极坐标形式更便于进行乘法和除法运算。由于欧姆定律涉及乘法和除法运算，因此通常应以极坐标形式来表示电压、电流和阻抗。接下来的两个例子说明了电源电压与电源电流的关系。例 15-10 中以电流为参考相量；例 15-11 中以电压为参考相量。注意，两种情况下，参考相量都是沿 x 轴方向绘制的。相量的直角坐标形式直接表示相量的实部（电阻）与虚部（电抗），这是画出下列例子中阻抗值的基础。

例 15-10 在图 15-19 中，电流的极坐标形式为 $I = 0.2 \angle 0° \text{ mA}$。确定极坐标形式的电源电压，并绘制相量图，显示电源电压与电流之间的关系。

解 容抗为：

$$X_C = \frac{1}{2\pi f C} = \frac{1}{2\pi \times 1000 \text{ Hz} \times 0.01 \text{ μF}} = 15.9 \text{ kΩ}$$

直角坐标形式总阻抗为：

$$Z = R - jX_C = 10 \text{ kΩ} - j15.9 \text{ kΩ}$$

转换为极坐标形式：

$$Z = \sqrt{R^2 + X_C^2} \angle -\arctan\left(\frac{X_C}{R}\right)$$

$$= \sqrt{(10 \text{ kΩ})^2 + (15.9 \text{ kΩ})^2} \angle -\arctan\left(\frac{15.9 \text{ kΩ}}{10 \text{ kΩ}}\right) = 18.8 \angle -57.8° \text{ kΩ}$$

应用欧姆定律计算电源电压。

$$V_s = IZ = (0.2 \angle 0° \text{ mA}) \times (18.8 \angle -57.8° \text{ kΩ}) = 3.76 \angle -57.8° \text{ V}$$

电源电压与电流之间的角度为 $-57.8°$，幅值为 3.76 V，即电压滞后电流 57.8°，相量图如图 15-20 所示。

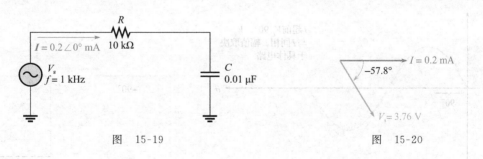

图 15-19　　　　　　　　　　　　　　　　　图 15-20

同步练习 如果 $f = 2 \text{ kHz}$ 且 $I = 0.2 \angle 0° \text{A}$，求图 15-19 中的相量 V_s。

例 15-11 计算图 15-21 所示电路中的电流，并绘制相量图，显示电源电压与电流之间的关系。

解 容抗为：

$$X_C = \frac{1}{2\pi f C} = \frac{1}{2\pi \times 1.5 \text{ kHz} \times 0.022 \text{ μF}} = 4.82 \text{ kΩ}$$

直角坐标形式的总阻抗为：

$$Z = R - jX_C = 2.2 \text{ kΩ} - j4.82 \text{ kΩ}$$

转换为极坐标形式为：

$$Z = \sqrt{R^2 + X_C^2} \angle -\arctan\left(\frac{X_C}{R}\right)$$

$$= \sqrt{(2.2\ \mathrm{k\Omega})^2 + (4.82\ \mathrm{k\Omega})^2} \angle -\arctan\left(\frac{4.82\ \mathrm{k\Omega}}{2.2\ \mathrm{k\Omega}}\right) = 5.30\angle -65.5°\ \mathrm{k\Omega}$$

应用欧姆定律计算电源电流为：

$$\boldsymbol{I} = \frac{\boldsymbol{V}}{\boldsymbol{Z}} = \frac{10\angle 0°\ \mathrm{V}}{5.30\angle -65.5°\ \mathrm{k\Omega}} = 1.89\angle 65.5°\ \mathrm{mA}$$

电流幅值为 1.89 mA，相位角为 +65.5°。这说明电流超前电压，相量图如图 15-22 所示。

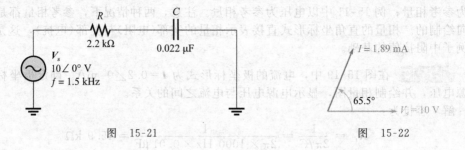

图 15-21　　　　　　　　图 15-22

同步练习　如果图 15-21 所示电路中的频率提高到 5 kHz，再求相量 $\boldsymbol{I}$。

Multisim 仿真
使用 Multisim 文件 E15-11 校验本例的计算结果，并核实你对同步练习的计算结果。

15.4.2　电流与电压的相位关系

在 RC 串联电路中，电流同时流过电阻与电容。电阻上的电压与电流同相，电容上的电压滞后电流 90°。因此，电阻电压 V_R 与电容电压 V_C 相差 90°，波形如图 15-23 所示。

根据基尔霍夫电压定律，电阻电压与电容电压的代数和一定等于电路所施加的电压。然而，V_R 与电容电压 V_C 不同相，V_C 滞后 V_R 90°，如图 15-24a 所示，所以二者必须按相量方式进行相加。

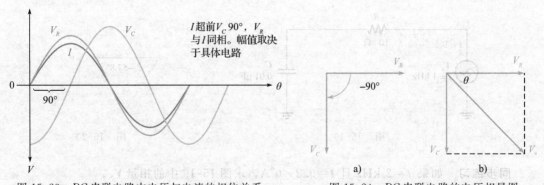

图 15-23　RC 串联电路中电压与电流的相位关系　　　图 15-24　RC 串联电路的电压相量图

如图 15-24b 所示，$\boldsymbol{V}_s$ 是 V_C 和 V_R 的相量和，直角坐标形式如下：

$$\boldsymbol{V}_s = V_R - \mathrm{j}V_C \tag{15-12}$$

转换为极坐标形式为：

$$\boldsymbol{V}_s = \sqrt{V_R^2 + V_C^2} \angle -\arctan\left(\frac{V_C}{V_R}\right) \tag{15-13}$$

其中，电源电压的大小为：

$$V_s = \sqrt{V_R^2 + V_C^2}$$

电源电压与电阻电压的相位角为：

$$\theta = -\arctan\left(\frac{V_C}{V_R}\right)$$

电阻上的电压和电流同相，θ 也表示电源电压与电流的相位差。图 15-25 给出了图 15-23 所示波形图所对应的全部电压与电流的相量图。

15.4.3 阻抗大小与阻抗角随频率的变化情况

正如你已经知道的，电容的容抗与频率成反比。又因为 $Z=\sqrt{R^2+X_C^2}$，所以你可以看到，当 X_C 增加时，即根号下其中的一项增加，总阻抗的幅值也将增加；当 X_C 减小时，总阻抗的幅值也将减小。因此，在 *RC* 串联电路中，Z 的大小与频率的变化趋势相反。

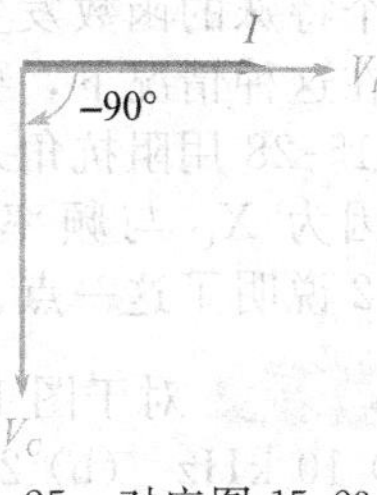

图 15-26 说明了当电源电压有效值保持不变时，*RC* 串联电路中的电压和电流是如何随频率的变化而变化的。在图 15-26a 中，随着频率的增加，X_C 减小，所以电容上的电压也减小。同时，Z 随着 X_C 的减小而减小，这导致电流增大。而电流的增大会使 R 上的电压增加。

在图 15-26b 中，随着频率的降低，X_C 增加，所以更多的电压加在电容两端。同样，Z 随 X_C 的增大而增大，导致电流减小。电流的减小又使 R 上的电压减小。

Z 和 X_C 的变化可以用图 15-27 来观察。频率增加时，Z 上的电压保持不变，因为 V_s 是恒定的。C 上的电压也会降低。电流的增加表明 Z 在减小，这是根据欧姆定律($Z=V_Z/I$)中描述的反比关系而得到的。电流的增大也表明 X_C 在减小($X_C=V_C/I$)。V_C 的减小对应于 X_C 的减小。

图 15-25 对应图 15-23 波形的电压与电流相量图

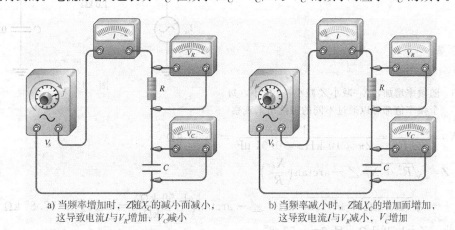

a) 当频率增加时，Z 随 X_C 的减小而减小，这导致电流 I 与 V_R 增加，V_C 减小

b) 当频率减小时，Z 随 X_C 的增加而增加，这导致电流 I 与 V_R 减小，V_C 增加

图 15-26 阻抗随电源频率变化从而影响电压与电流。其中电源电压大小保持恒定

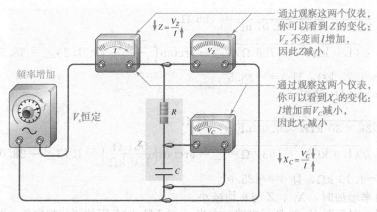

图 15-27 说明 Z 与 X_C 随频率变化的关系

因为 X_C 是 RC 串联电路中引入相位角的原因，所以 X_C 的变化必定会引起相位角的变化。随着频率的增加，X_C 变小，阻抗的相位角（即阻抗角）也减小。频率减小，X_C 增大，阻抗角也增大。因为 I 和 V_R 同相位，所以 V_s 和 V_R 之间的相位差便是总电压与电流间的相位差。通过测量 V_R 的相位，就可以有效地测量 I 的相位。示波器通常用来观测相位角，这是通过测量 V_s 与某个组件上电压的相位角来实现的。你也可以使用**频率扫频仪**这样一个特殊的函数发生器来驱动该电路，使用示波器观察幅值的变化，幅值作为频率的函数。在这种情况下，要将示波器从时域切换成频域。

图 15-28 用阻抗角来说明当频率变化时 X_C、Z 与 θ 的变化情况。当然，R 保持恒定。重点是因为 X_C 与频率变化趋势相反，所以总阻抗大小及阻抗角也会同样发生变化。例 15-12 说明了这一点。

例 15-12 对于图 15-29 所示 RC 串联电路，求下列各频率时总阻抗大小与阻抗角。
(a) 10 kHz　(b) 20 kHz　(c) 30 kHz

解 (a)对 $f = 10$ kHz 情况，

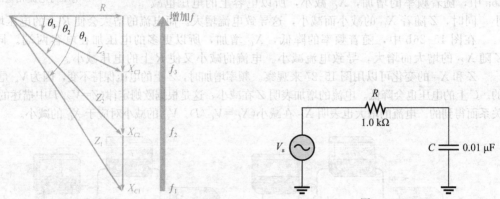

图 15-28　随频率增加，X_C 减小 Z 减小，θ 减小，每个频率值都可以通过不同的阻抗角来观察

图　15-29

$$X_C = \frac{1}{2\pi f C} = \frac{1}{2\pi \times 10 \text{ kHz} \times 0.01 \text{ μF}} = 1.59 \text{ kΩ}$$

$$\boldsymbol{Z} = \sqrt{R^2 + X_C^2} \angle -\arctan\left(\frac{X_C}{R}\right)$$

$$= \sqrt{(1.0 \text{ kΩ})^2 + (1.59 \text{ kΩ})^2} \angle -\arctan\left(\frac{1.59 \text{ kΩ}}{1.0 \text{ kΩ}}\right) = 1.88 \angle -57.8° \text{ kΩ}$$

因此，$Z = 1.88$ kΩ，且 $\theta = -57.8°$。

(b)对 $f = 20$ kHz 情况，

$$X_C = \frac{1}{2\pi \times 20 \text{ kHz} \times 0.01 \text{ μF}} = 796 \text{ Ω}$$

$$\boldsymbol{Z} = \sqrt{(1.0 \text{ kΩ})^2 + (796 \text{ Ω})^2} \angle -\arctan\left(\frac{796 \text{ Ω}}{1.0 \text{ kΩ}}\right) = 1.28 \angle -38.5° \text{ kΩ}$$

因此，$Z = 1.28$ kΩ，且 $\theta = -38.5°$。

(c)对 $f = 30$ kHz 情况，

$$X_C = \frac{1}{2\pi \times 30 \text{ kHz} \times 0.01 \text{ μF}} = 531 \text{ Ω}$$

$$\boldsymbol{Z} = \sqrt{(1.0 \text{ kΩ})^2 + (531 \text{ Ω})^2} \angle -\arctan\left(\frac{531 \text{ Ω}}{1.0 \text{ kΩ}}\right) = 1.13 \angle -28.0° \text{ kΩ}$$

因此，$Z = 1.13$ kΩ，且 $\theta = -28.0°$。

注意，频率增加时，X_C、Z 与 θ 均减小。

同步练习 对于图 15-29 所示电路，求当 $f = 1$ kHz 时总阻抗值与相位角，即阻抗角。　■

可以使用 TI-84 Plus CE 图形计算器来显示 X_C、Z 与 θ 是如何跟随频率变化的。例 15-12 中的值可说明这一点。对于 X_C 和 **Z**，分别输入每个方程中并绘制它们，如图 15-30a 所示。红线表示 X_C 的幅值，蓝线表示 Z 的幅值。使用 [trace] 功能，你可以读出频率、容抗和阻抗的值。你还可以在 [mode] 菜单中选择 GRAPH-TABLE 以查看计算器上图形的表格值（用 [2nd] [window] 设置表参数）。图 15-30b 显示了该结果。注意，在低频下，X_C 对阻抗值起主导作用；而高频下，R 对阻抗值起主导作用。（每格的增量为 $f = 5000$ Hz，$Z = 1000$ Ω。）本例中，你也可以用图形计算器观察相位角是如何受频率影响的。图 15-30c 给出了该结果，图中每格的增量为 $f = 5000$ Hz，$\theta = 10°$。

a) 阻抗（红线）与容抗 （蓝线）随频率变化   b) 显示数据表格   c) 相位角随频率变化

图 15-30 例 15-12 的图示（图片经德州仪器公司许可使用）

15.4.4 *RC* 滞后电路

RC 滞后电路是一种移相电路，其中输出电压滞后于输入电压某一相位角。图 15-31a 显示了一个 *RC* 串联电路，输出电压为电容两端电压，电源电压为输入电压 V_{in}。如你所知，电流和输入电压之间的相位角为 θ，也是电阻电压和输入电压之间的相位角，因为 V_R 和 I 同相位。

由于 V_C 滞后 V_R 90°，因此电容电压与输入电压的相位差为 $-90° + \theta$，如图 15-31b 所示。电容电压为输出电压，它滞后于输入电压，从而形成一个滞后电路。

滞后电路的输入和输出电压波形如图 15-31c 所示。输入与输出电压相位差标记为 ϕ，与输出电压值一样，这些都取决于容抗与电阻的大小关系。

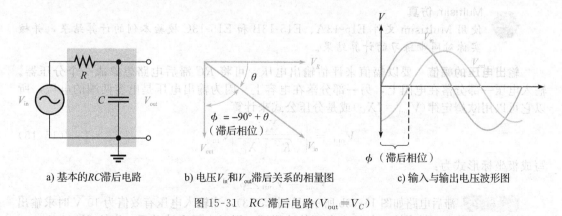

a) 基本的 *RC* 滞后电路   b) 电压 V_{in} 和 V_{out} 滞后关系的相量图   c) 输入与输出电压波形图

图 15-31 *RC* 滞后电路（$V_{out} = V_C$）

输入与输出电压相位差 如前所述，θ 是 I 与 V_{in} 间的相位角。V_{out} 与 V_{in} 间的相位角为 ϕ，分析如下。

输入电压与电流的极坐标形式分别为 $V_{in} \angle 0°$ 和 $I \angle \theta$。输出电压的极坐标形式为：

$$\boldsymbol{V}_{out} = (I \angle \theta)(X_C \angle -90°) = IX_C \angle (-90° + \theta)$$

上式说明输出电压相对于输入电压的角度为$-90°+\theta$。因为$\theta=-\arctan(X_C/R)$，所以输出与输入电压之间的相位角为：

$$\phi=-90°+\arctan\left(\frac{X_C}{R}\right)$$

等价为：

$$\phi=-\arctan\left(\frac{R}{X_C}\right) \tag{15-14}$$

该角度始终为负，说明输出电压滞后输入电压，如图 15-32 所示。

例 15-13 滞后电路如图 15-33 所示，求各电路输出滞后输入的角度。

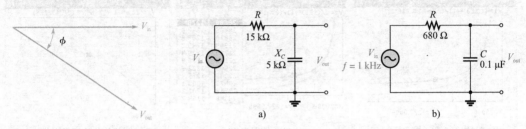

图 15-32 RC 滞后电路电压的相量图　　　　　　　图　15-33

解 对于图 15-33a 所示电路，

$$\phi=-\arctan\left(\frac{R}{X_C}\right)=-\arctan\left(\frac{15\ k\Omega}{5\ k\Omega}\right)=-71.6°$$

输出电压滞后输入电压 71.6°。

对图 15-33b 所示电路，先求容抗，

$$X_C=\frac{1}{2\pi fC}=\frac{1}{2\pi\times1\ kHz\times0.1\ \mu F}=1.59\ k\Omega$$

$$\phi=-\arctan\left(\frac{R}{X_C}\right)=-\arctan\left(\frac{680\ \Omega}{1.59\ k\Omega}\right)=-23.1°$$

输出电压滞后输入电压 23.1°。

同步练习 在滞后电路中，如果频率增加，滞后角将如何变化？

Multisim 仿真

使用 Multisim 文件 E15-13A、E15-13B 和 E15-13C 校验本例的计算结果，并核实你对同步练习的计算结果。

输出电压的幅值 要以幅值来评估输出电压，可将 RC 滞后电路想象成一个分压器。输入电压一部分落在电阻上，另一部分落在电容上。因为输出电压是电容两端的电压，所以它可以用欧姆定律($V_{out}=IX_C$)或是分压公式来计算。

$$V_{out}=\left(\frac{X_C}{\sqrt{R^2+X_C^2}}\right)V_{in} \tag{15-15}$$

写成极坐标形式为：

$$\boldsymbol{V}_{out}=V_{out}\angle\phi$$

例 15-14 滞后电路如图 15-33b 所示(见例 15-13)，当输入电压有效值为 10 V 时求输出电压的极坐标形式。画出输入与输出电压的波形图，用以表示上述关系。容抗 X_C(1.59 Ω)和 ϕ 角(23.1°)同例 15-13。

解 输出电压的极坐标形式为：

$$\boldsymbol{V}_{out}=V_{out}\angle\phi=\left(\frac{X_C}{\sqrt{R^2+X_C^2}}\right)V_{in}\angle\phi$$

$$= \left(\frac{1.59 \text{ k}\Omega}{\sqrt{(680 \ \Omega)^2 + (1.59 \text{ k}\Omega)^2}} \right) \times 10 \angle - 23.1°\text{V} = 9.20 \angle -23.1°\text{V rms}$$

波形如图 15-34 所示，输出电压滞后输入电压 23.1°。

同步练习　在滞后电路中，如果频率增加，输出电压将如何变化？

Multisim 仿真

使用 Multisim 文件 E15-14A 和 E15-14B 校验本例的计算结果，并核实你对同步练习的计算结果。

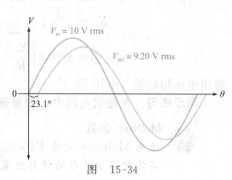

图　15-34

15.4.5　RC 超前电路

RC 超前电路也是一种移相电路，其中输出电压超前输入电压某一相位角。如图 15-35a 所示，当 RC 串联电路的输出电压为电阻两端电压，而非电容两端的电压时，就成为一个超前电路。

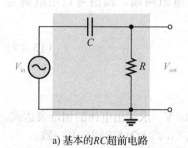

a) 基本的 RC 超前电路

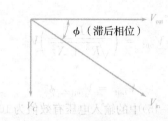

b) 电压 V_{in} 和 V_{out} 超前关系的相量图

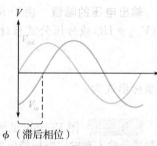

c) 输入与输出电压波形图

图 15-35　RC 超前电路（$V_{out} = V_R$）

输入与输出电压的相位角　在 RC 串联电路中，电流超前电压。如你所知，电阻两端电压与电流同相。因为输出电压为电阻两端电压，所以输出电压超前输入电压，相量图如图 15-35b 所示。波形图如图 15-35c 所示。

和滞后电路一样，超前电路的输入与输出电压的相位角，以及输出电压的幅值都取决于电阻与容抗值。当以输入电压作为参考相位时，因为电阻电压（输出电压）与电流同相，所以输出电压的角度应为 θ（总电流与施加电压的夹角）。本例中 $\phi = \theta$，表达式为：

$$\phi = \arctan\left(\frac{X_C}{R} \right) \tag{15-16}$$

该角度为正，说明输出电压超前输入电压。

例 15-15　求图 15-36 所示各电路中输出电压的相位角。

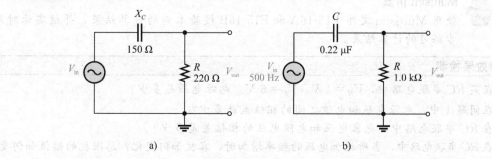

a)　　　　　　　　　　b)

图　15-36

解 对于图 15-36a 所示超前电路，

$$\phi = \arctan\left(\frac{X_C}{R}\right) = \arctan\left(\frac{150\ \Omega}{220\ \Omega}\right) = 34.3°$$

输出电压超前输入电压 34.3°。

对图 15-36b 所示超前电路，先求电容电抗。

$$X_C = \frac{1}{2\pi fC} = \frac{1}{2\pi \times 500\ \text{Hz} \times 0.22\ \mu\text{F}} = 1.45\ \text{k}\Omega$$

$$\phi = \arctan\left(\frac{X_C}{R}\right) = \arctan\frac{1.45\ \text{k}\Omega}{1.0\ \text{k}\Omega} = 55.4°$$

输出电压超前输入电压 55.4°。

同步练习 在超前电路中，如果频率增加，超前的相位角将如何变化？ ■

 Multisim 仿真

使用 Multisim 文件 E15-15A、E15-15B 和 E15-15C 校验本例的计算结果，并核实你对同步练习的计算结果。

输出电压的幅值 由于 RC 超前电路中的输出电压取自电阻两端，幅值可以用欧姆定律（$V_{\text{out}} = IR$）或分压公式来计算。

$$V_{\text{out}} = \left(\frac{R}{\sqrt{R^2 + X_C^2}}\right)V_{\text{in}} \tag{15-17}$$

极坐标形式为：

$$\boldsymbol{V}_{\text{out}} = V_{\text{out}}\angle\phi$$

例 15-16 图 15-36b（见例 15-15）中的输入电压有效值为 10 V。求输出电压的相量表达式。绘制显示输入和输出电压峰值的波形关系。相位角（55.4°）和 X_C（1.45 kΩ）与例 15-15 一致。

解 输出电压的相量极坐标形式为：

$$\boldsymbol{V}_{\text{out}} = V_{\text{out}}\angle\phi = \left(\frac{R}{\sqrt{R^2 + X_C^2}}\right)V_{\text{in}}\angle\phi$$

$$= \left(\frac{1.0\ \text{k}\Omega}{1.76\ \text{k}\Omega}\right)10\angle55.4°\text{V} = 5.69\angle55.4°\ \text{V rms}$$

输入电压的峰值为：

$$V_{\text{in(p)}} = 1.41\ V_{\text{in(rms)}} = 1.41 \times 10\ \text{V} = 14.1\ \text{V}$$

输出电压的峰值为：

$$V_{\text{out(p)}} = 1.41\ V_{\text{out(rms)}} = 1.41 \times 5.68\ \text{V} = 8.04\ \text{V}$$

波形图如图 15-37 所示。

同步练习 在超前电路中，如果频率减小，输出电压将如何变化？ ■

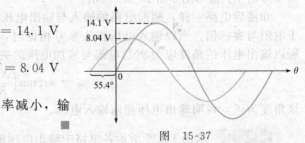

图 15-37

 Multisim 仿真

使用 Multisim 文件 E15-16A 和 E15-16B 校验本例的计算结果，并核实你对同步练习的计算结果。

学习效果检测

1. 在某 RC 串联电路中，$V_R = 4$ V、$V_C = 6$ V。电源电压是多少？

2. 在问题 1 中，电源电压和电流之间的相位差是多少？

3. 在 RC 串联电路中，电容电压和电阻电压的相位差是多少？

4. 在 RC 串联电路中，当所施加电压的频率增加时，容抗如何变化？总阻抗的幅值如何变化？相位角呢？

5. 某 RC 滞后电路由一个 $4.7\,\mathrm{k\Omega}$ 电阻和一个 $0.022\,\mathrm{\mu F}$ 的电容组成。求 $3\,\mathrm{kHz}$ 频率下输入和输出电压之间的相位差。

6. 某 RC 超前电路与问题 5 中的滞后电路具有相同的参数,当输入电压有效值为 $10\,\mathrm{V}$ 时,$3\,\mathrm{kHz}$ 下输出电压是多少?

对选择教学方式二的注释:串联电路的介绍将在第 16 章第一部分继续。

第二部分 RC 并联电路

15.5 RC 并联电路的阻抗与导纳

在本节中,你将学习如何计算 RC 并联电路的阻抗以及相位角。阻抗包括阻抗幅值与阻抗角。同时还介绍了 RC 并联电路中电容的电纳和导纳。

完成本节内容后,你应该能够计算 RC 并联电路的阻抗和导纳,具体就是:

- 用复数形式表示并联电路的总阻抗。
- 定义并计算电导、容纳和导纳。

图 15-38 给出了一个基本的 RC 并联电路,接在一个交流电压电源上。

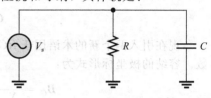

图 15-38 基本 RC 并联电路

总阻抗的表达式用复数表示如下。因为只有电阻和电容两种电路元件,所以总阻抗可由并联公式(积以和除)求得。

$$Z = \frac{(R\angle 0°)(X_C\angle -90°)}{R - jX_C}$$

把分母变成极坐标形式,就得到:

$$Z = \frac{RX_C\angle (0° - 90°)}{\sqrt{R^2 + X_C^2}\angle -\arctan\left(\dfrac{X_C}{R}\right)}$$

现在,将分子中的幅值除以分母的幅值,再将分子中的角度与分母中的角度相减,又得到:

$$Z = \left[\frac{RX_C}{\sqrt{R^2 + X_C^2}}\right]\angle \left(-90° + \arctan\left(\frac{X_C}{R}\right)\right)$$

最后,该表达式可写作:

$$Z = \frac{RX_C}{\sqrt{R^2 + X_C^2}}\angle -\arctan\left(\frac{R}{X_C}\right) \tag{15-18}$$

注意,式(15-18)是并联电路总阻抗的复数形式。

例 15-17 对于图 15-39 所示各电路,求每个电路总阻抗的幅值与角度。

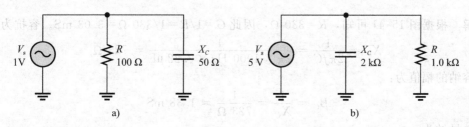

图 15-39

解 对于图 15-39a 所示电路，总阻抗为：

$$Z = \left(\frac{RX_C}{\sqrt{R^2 + X_C^2}} \right) \angle -\arctan\left(\frac{R}{X_C} \right)$$

$$= \left(\frac{100\ \Omega \times 50\ \Omega}{\sqrt{(100\ \Omega)^2 + (50\ \Omega)^2}} \right) \angle -\arctan\left(\frac{100\ \Omega}{50\ \Omega} \right) = 44.7 \angle -63.4° \Omega$$

因此，$Z = 44.7\ \Omega$ 且 $\theta = -63.4°$。

对于图 15-39b 所示电路，总阻抗为：

$$Z = \left(\frac{1.0\ \text{k}\Omega \times 2\ \text{k}\Omega}{\sqrt{(1.0\ \text{k}\Omega)^2 + (2\ \text{k}\Omega)^2}} \right) \angle -\arctan\left(\frac{1.0\ \text{k}\Omega}{2\ \text{k}\Omega} \right) = 894 \angle -26.6° \Omega$$

因此，$Z = 894\ \Omega$ 且 $\theta = -26.6°$。

同步练习 如果频率增加一倍，求图 15-39a 中的总复数阻抗 Z。

电导、电纳和导纳

回忆一下，**电导 G** 是电阻的倒数。电导的极坐标形式为：

$$G = \frac{1}{R \angle 0°} = G \angle 0°$$

现在引入两个新的术语用于 RC 并联电路。**电容电纳**（简称容纳，符号 B_C）是容抗的倒数。容纳的极坐标形式为：

$$B_C = \frac{1}{X_C \angle -90°} = B_C \angle 90° = +jB_C$$

导纳（Y） 是阻抗的倒数，其极坐标形式为：

$$Y = \frac{1}{Z \angle \pm \theta} = Y \angle \mp \theta$$

这些量的单位都是西[门子]（S），即欧[姆]的倒数。

在分析并联电路时，更常使用电导（G）、容纳（B_C）和导纳（Y），而不是电阻（R）、容抗（X_C）和阻抗（Z）。如图 15-40 所示，在 RC 并联电路中，总导纳就是电导和容纳的相量和。即

$$Y = G + jB_C \tag{15-19}$$

例 15-18 求图 15-40 所示电路的总导纳（Y），再转换为总阻抗（Z）。画出导纳的相量图。

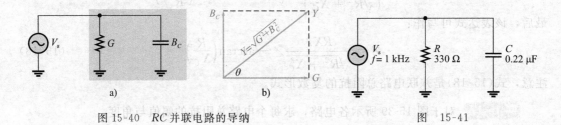

图 15-40 RC 并联电路的导纳　　　　　　　　　图 15-41

解 根据图 15-41 可知，$R = 330\ \Omega$，因此 $G = 1/R = 1/330\ \Omega = 3.03\ \text{mS}$。容抗为：

$$X_C = \frac{1}{2\pi fC} = \frac{1}{2\pi \times 1000\ \text{Hz} \times 0.22\ \mu\text{F}} = 723\ \Omega$$

容纳的幅值为：

$$B_C = \frac{1}{X_C} = \frac{1}{723\ \Omega} = 1.38\ \text{mS}$$

总导纳为：

$$\boldsymbol{Y}_{\text{tot}} = G + jB_C = 3.03 \text{ mS} + j1.38 \text{ mS}$$

极坐标形式为：

$$\boldsymbol{Y}_{\text{tot}} = \sqrt{G^2 + B_C^2} \angle \arctan\left(\frac{B_C}{G}\right)$$

$$= \sqrt{(3.03 \text{ mS})^2 + (1.38 \text{ mS})^2} \angle \arctan\left(\frac{1.38 \text{ mS}}{3.03 \text{ mS}}\right) = 3.33 \angle 24.5° \text{mS}$$

导纳相量图如图 15-42 所示。

将总导纳转换为总阻抗：

$$\boldsymbol{Z}_{\text{tot}} = \frac{1}{\boldsymbol{Y}_{\text{tot}}} = \frac{1}{(3.33 \angle 24.5° \text{mS})} = 300 \angle -24.5 \ \Omega$$

同步练习 如果频率增加到 2.5 kHz，求图 15-41
所示电路的总导纳。

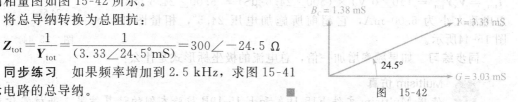

图 15-42

学习效果检测

1. 定义**电导、容纳和导纳**。
2. 如果 $Z = 100 \ \Omega$，则 Y 为多少？
3. 在某 RC 并联电路中，$R = 47 \text{ k}\Omega$、$X_C = 175 \text{ k}\Omega$，求 Y。
4. 问题 3 中，Z 为多少？

15.6 RC 并联电路的分析

利用欧姆定律和基尔霍夫电流定律分析 RC 并联电路，可计算电路的电压和电流。

完成本节内容后，你应该能够分析 RC 并联电路，具体就是：

- 应用欧姆定律与基尔霍夫电流定律分析 RC 并联电路。
- 用相量表示电压与电流。
- 说明阻抗与相位角随频率如何变化。
- 将并联电路转换为等效的串联电路。

为了便于分析并联电路，前面说明的欧姆定律可以使用公式 $\boldsymbol{Y} = 1/\boldsymbol{Z}$ 来改写导纳的形式。记住，黑斜体字母表示相量。

$$\boldsymbol{V} = \frac{\boldsymbol{I}}{\boldsymbol{Y}} \tag{15-20}$$

$$\boldsymbol{I} = \boldsymbol{VY} \tag{15-21}$$

$$\boldsymbol{Y} = \frac{\boldsymbol{I}}{\boldsymbol{V}} \tag{15-22}$$

例 15-19 求图 15-43 所示电路的总电流与相位角。画出相量图，分析 $\boldsymbol{V}_s$ 和 $\boldsymbol{I}_{\text{tot}}$ 之间的关系。

解 容抗为：

$$X_C = \frac{1}{2\pi fC} = \frac{1}{2\pi \times 1.5 \text{ kHz} \times 0.022 \text{ μF}} = 4.82 \text{ k}\Omega$$

容纳大小为：

$$B_C = \frac{1}{X_C} = \frac{1}{4.82 \text{ k}\Omega} = 207 \text{ μS}$$

电导大小为：

$$G = \frac{1}{R} = \frac{1}{2.2 \text{ k}\Omega} = 455 \text{ μS}$$

总导纳为：

$$\boldsymbol{Y}_{\text{tot}} = G + jB_C = 455 \text{ μS} + j \ 207 \text{ μS}$$

转换为极坐标形式。

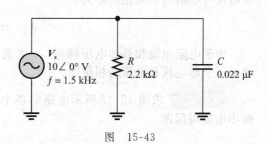

图 15-43

$$\boldsymbol{Y}_{\text{tot}} = \sqrt{G^2 + B_C^2} \angle \arctan\left(\frac{B_C}{G}\right)$$

$$= \sqrt{(455\ \mu\text{S})^2 + (207\ \mu\text{S})^2} \angle \arctan\left(\frac{207\ \mu\text{S}}{455\ \mu\text{S}}\right) = 500 \angle 24.5°\ \mu\text{S}$$

相位角为 24.5°

用欧姆定律求解总电流。

$$\boldsymbol{I}_{\text{tot}} = \boldsymbol{V}_s \boldsymbol{Y}_{\text{tot}} = (10 \angle 0°\text{V}) \times (500 \angle 24.5°\ \mu\text{S}) = 5.00 \angle 24.5°\text{mA}$$

总电流大小为 5.00 mA，它超前所施加电压 24.5°，相量图如图 15-44 所示。

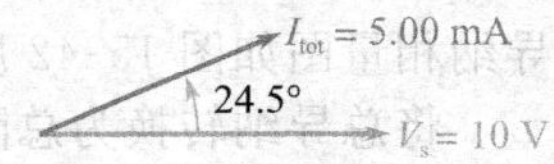

图 15-44

同步练习　如果频率增加一倍，总电流的极坐标形式是什么？

Multisim 仿真

使用 Multisim 文件 E15-19A 和 E 15-19B 校验本例的计算结果，并核实你对同步练习的计算结果。

15.6.1　电流与电压的相位关系

图 15-45a 画出了 RC 并联电路中的所有电流。总电流 I_{tot} 在节点处分为两个支路电流 I_R 和 I_C。施加的电压 V_s 跨接在电阻及电容上，因此 V_s、V_R 和 V_C 具有相同相位与大小。

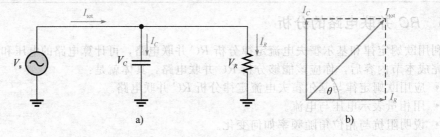

图 15-45　RC 并联电路中的电流。a 中所示的电流方向是瞬时值方向。当然，当电源电压反向时，电流方向也反向

流经电阻的电流与电压同相。流经电容的电流超前电压 90°，因此也超前电阻电流 90°。根据基尔霍夫电流定律，总电流是两个支路电流的相量和，如图 15-45b 中的相量图所示。总电流表示为：

$$\boldsymbol{I}_{\text{tot}} = I_R + jI_C \tag{15-23}$$

方程的极坐标形式为：

$$\boldsymbol{I}_{\text{tot}} = \sqrt{I_R^2 + I_C^2} \angle \arctan\left(\frac{I_C}{I_R}\right) \tag{15-24}$$

其中总电流的大小为：

$$I_{\text{tot}} = \sqrt{I_R^2 + I_C^2}$$

总电流与电阻电流的相位差为：

$$\theta = \arctan\left(\frac{I_C}{I_R}\right)$$

由于电阻电流和外加电压同相，θ 也表示总电流和外加电压之间的相位差。图 15-46 显示了全部电流和电压的相量图。

例 15-20　求图 15-47 所示电路的各个电流，并描述各电流与外加电压的相位关系，画出电流相量图。

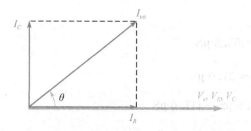

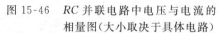

图 15-46　RC 并联电路中电压与电流的
相量图(大小取决于具体电路)

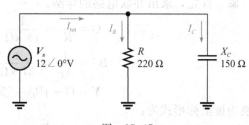

图　15-47

解　电阻电流、电容电流与总电流分别表示为：

$$\boldsymbol{I}_R = \frac{\boldsymbol{V}_s}{\boldsymbol{R}} = \frac{12\angle 0° \text{V}}{220\angle 0° \Omega} = 54.6\angle 0° \text{ mA}$$

$$\boldsymbol{I}_C = \frac{\boldsymbol{V}_s}{\boldsymbol{X}_C} = \frac{12\angle 0° \text{V}}{150\angle -90° \Omega} = 80\angle 90° \text{ mA}$$

$$\boldsymbol{I}_{\text{tot}} = \boldsymbol{I}_R + \text{j}\boldsymbol{I}_C = 54.6 \text{ mA} + \text{j}80 \text{ mA}$$

将 $\boldsymbol{I}_{\text{tot}}$ 转变为极坐标形式：

$$\boldsymbol{I}_{\text{tot}} = \sqrt{I_R^2 + I_C^2}\ \angle\arctan\left(\frac{I_C}{I_R}\right)$$

$$= \sqrt{(54.6 \text{ mA})^2 + (80 \text{ mA})^2}\ \angle\arctan\left(\frac{80 \text{ mA}}{54.6 \text{ mA}}\right) = 96.8\angle 55.7° \text{mA}$$

结果表明，电阻电流为 54.6 mA，与电压同相；电容电流为 80 mA，超前电压 90°；总电流为 96.8 mA，超前电压 55.7°。图 15-48 中的相量图说明了这些关系。

同步练习　在并联电路中，$\boldsymbol{I}_R = 100\angle 0°$mA 且 $\boldsymbol{I}_C = 60\angle 90°$mA，求总电流。

15.6.2　将并联转换为串联

对于每一个并联的 RC 电路，在给定的频率下都有一个等效的 RC 串联电路。当这两个电路在端子处的总阻抗相等时，这两个电路被认为是等效的。也就是说，阻抗的大小和相位角要对应相等。

为获得给定 RC 并联电路的等效串联电路，应先求出并联电路的阻抗和相位角。然后利用 Z 和 θ 的值构建阻抗三角形，如图 15-49 所示。三角形的垂直边和水平边分别表示等效串联电路的电阻和容抗。应用以下三角关系可以求得这些值：

$$R_{\text{eq}} = Z\cos\theta \tag{15-25}$$

$$X_{C(\text{eq})} = Z\sin\theta \tag{15-26}$$

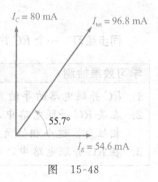

图　15-48

例 15-21　将图 15-50 所示并联电路转换为串联形式。

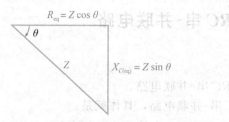

图 15-49　与 RC 并联电路等效的串联电路的阻抗
三角形。Z 和 θ 是在并联电路中求得的。
R_{eq} 和 $X_{C(\text{eq})}$ 是串联等效值

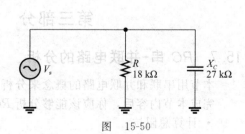

图　15-50

解 首先，求出并联电路的导纳。

$$G = \frac{1}{R} = \frac{1}{18 \text{ k}\Omega} = 55.6 \text{ μS}$$

$$B_C = \frac{1}{X_C} = \frac{1}{27 \text{ k}\Omega} = 37.0 \text{ μS}$$

$$\boldsymbol{Y} = G + jB_C = 55.6 \text{ μS} + j37.0 \text{ μS}$$

转换为极坐标形式为：

$$\boldsymbol{Y} = \sqrt{G^2 + B_C^2} \angle \arctan\left(\frac{B_C}{G}\right)$$

$$= \sqrt{(55.6 \text{ μS})^2 + (37.0 \text{ μS})^2} \arctan\left(\frac{37.0 \text{ μS}}{55.6 \text{ μS}}\right) = 66.8 \angle 33.7° \text{ μS}$$

然后，总阻抗为：

$$\boldsymbol{Z}_{\text{tot}} = \frac{1}{\boldsymbol{Y}} = \frac{1}{66.8 \angle 33.7° \text{ μS}} = 15.0 \angle -33.7° \text{ k}\Omega$$

转换为直角坐标形式：

$$\boldsymbol{Z}_{\text{tot}} = Z\cos\theta - jZ\sin\theta = R_{\text{eq}} - jX_{C(\text{eq})}$$

$$= 15.0 \text{ k}\Omega \cos(-33.6°) - j15.0 \text{ k}\Omega \sin(-33.6°) = 12.5 \text{ k}\Omega - j8.31 \text{ k}\Omega$$

等效 RC 串联电路为 12.5 Ω 电阻串联 8.31 kΩ 容抗，如图 15-51 所示。

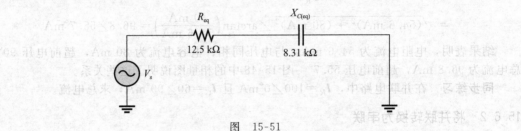

图 15-51

同步练习 一个 RC 并联电路的阻抗为 $\boldsymbol{Z} = 10 \angle -26° \text{ k}\Omega$，将其转换为等效串联电路。

学习效果检测

1. RC 并联电路的导纳为 3.50 mS，外加电压为 6 V，总电流是多少？
2. 在某 RC 并联电路中，电阻电流为 10 mA，电容电流为 15 mA。求总电流的大小和相位角。这个相位角是相对于什么来确定的？
3. 在 RC 并联电路中，电容电流和外加电压的相位差是多少？

对选择教学方式二的注释：并联电路的介绍将在第 16 章第二部分继续。

第三部分　RC 串-并联电路

15.7 RC 串-并联电路的分析

本节用串联和并联电路的概念来分析 RC 串-并联电路。

完成本节内容后，你应该能够分析 RC 串-并联电路，具体就是：

- 计算总阻抗。
- 计算电流与电压。
- 测量阻抗与相位角。

串联元件的阻抗用直角坐标形式最容易表达，而并联元件的阻抗用极坐标形式最容易求得。分析含有串联和并联电路的步骤如例 15-22 所示。首先用直角坐标形式表示电路中串联部分的阻抗，用极坐标形式表示电路中并联部分的阻抗。然后将并联部分的阻抗转换为直角坐标形式，加入到串联阻抗中。一旦你确定了总阻抗的直角坐标形式，就可以将其转换为极坐标形式，以便得到阻抗的大小和相位角，并计算电流。

例 15-22 在图 15-52 所示的 RC 串-并联电路中，求解以下值：
(a) 总阻抗 (b) 总电流 (c) I_{tot} 超前 V_s 的角度

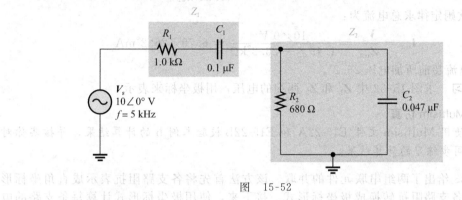

图 15-52

解 (a) 先计算容抗的大小。

$$X_{C1} = \frac{1}{2\pi f C} = \frac{1}{2\pi \times 5 \text{ kHz} \times 0.1 \text{ μF}} = 318 \text{ Ω}$$

$$X_{C2} = \frac{1}{2\pi f C} = \frac{1}{2\pi \times 5 \text{ kHz} \times 0.047 \text{ μF}} = 677 \text{ Ω}$$

可以先求得串联部分的阻抗，然后再求得并联部分的阻抗，最后合并它们而得到总阻抗，为了计算并联部分的阻抗 R_1 和 C_1 的串联阻抗为：

$$Z_1 = R_1 - jX_{C1} = 1.0 \text{ kΩ} - j318 \text{ Ω}$$

为了计算并联部分的阻抗，先计算 R_2 和 C_2 并联部分的导纳，过程如下：

为了计算并联部分的阻抗，

$$G_2 = \frac{1}{R_2} = \frac{1}{680 \text{ Ω}} = 1.47 \text{ mS}$$

$$B_{C2} = \frac{1}{X_{C2}} = \frac{1}{677 \text{ Ω}} = 1.48 \text{ mS}$$

$$Y_2 = G_2 + jB_{C2} = 1.47 \text{ mS} + j1.48 \text{ mS}$$

转换为极坐标形式。

$$Y_2 = \sqrt{G_2^2 + B_{C2}^2} \angle \arctan\left(\frac{B_{C2}}{G_2}\right)$$

$$= \sqrt{(1.47 \text{ mS})^2 + (1.48 \text{ mS})^2} \angle \arctan\left(\frac{1.48 \text{ mS}}{1.47 \text{ mS}}\right) = 2.08 \angle 45.1° \text{mS}$$

那么，并联部分的阻抗为：

$$Z_2 = \frac{1}{Y_2} = \frac{1}{2.08 \angle 45.1° \text{mS}} = 480 \angle -45.1° \text{Ω}$$

转换为直角坐标形式。

$$Z_2 = Z_2 \cos\theta - jZ_2 \sin\theta$$

$$= (480 \text{ Ω})\cos(-45.1°) - j(480 \text{ Ω})\sin(-45.1°) = 339 \text{ Ω} - j340 \text{ Ω}$$

串联部分与并联部分相串联，由 Z_1 和 Z_2 得总阻抗为：

$$Z_{tot} = Z_1 + Z_2$$
$$= (1.0 \text{ k}\Omega - \text{j}318 \ \Omega) + (338 \ \Omega - \text{j}340 \ \Omega) = 1.34 \text{ k}\Omega - \text{j}658 \ \Omega$$

将 Z_{tot} 写作极坐标形式。

$$Z_{tot} = \sqrt{Z_1^2 + Z_2^2} \angle - \arctan\left(\frac{Z_2}{Z_1}\right)$$
$$= \sqrt{(1.34 \text{ k}\Omega)^2 + (640 \ \Omega)^2} \angle - \arctan\left(\frac{658 \ \Omega}{1.34 \text{ k}\Omega}\right) = 1.49 \angle - 26.2° \text{ k}\Omega$$

（b）用欧姆定律求总电流为：

$$I_{tot} = \frac{V_s}{Z_{tot}} = \frac{10 \angle 0°\text{V}}{1.49 \angle - 26.2° \text{k}\Omega} = 6.70 \angle 26.2° \text{mA}$$

（c）总电流超前所加电压 26.2°。

同步练习 求图 15-52 中 Z_1 和 Z_2 两端的电压，用极坐标来表示。

 Multisim 仿真
使用 Multisim 文件 E15-22A 和 E15-22B 校验本例 b 的计算结果，并核实你对同步练习的计算结果。

例 15-23 给出了两组串联元件的并联。该方法首先将各支路阻抗表示成直角坐标形式，然后将各支路阻抗转换成极坐标形式。接下来，使用极坐标形式计算每条支路的电流。一旦你知道了支路电流，就可以把两个直角坐标形式的支路电流相加而得到总电流。在这种特殊情况下，不需要总阻抗。

例 15-23 求图 15-53 所示电路中所有的电流。画出电流相量图。
（a）总阻抗　　（b）总电流　　（c）I_{tot} 超前 V_s 的角度

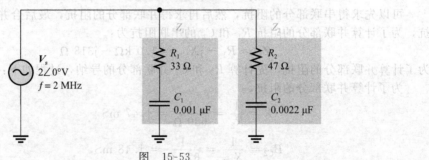

图 15-53

解 先计算 X_{C1} 和 X_{C2}：

$$X_{C1} = \frac{1}{2\pi f C} = \frac{1}{2\pi \times 2 \text{ MHz} \times 0.001 \ \mu\text{F}} = 79.6 \ \Omega$$
$$X_{C2} = \frac{1}{2\pi f C} = \frac{1}{2\pi \times 2 \text{ MHz} \times 0.0022 \ \mu\text{F}} = 36.2 \ \Omega$$

接下来计算各并联支路的阻抗。

$$Z_1 = R_1 - \text{j}X_{C1} = 33 \ \Omega - \text{j}79.6 \ \Omega$$
$$Z_2 = R_2 - \text{j}X_{C2} = 47 \ \Omega - \text{j}36.2 \ \Omega$$

将这些阻抗转换为极坐标形式。

$$Z_1 = \sqrt{R_1^2 + X_{C1}^2} \angle - \arctan\left(\frac{X_{C1}}{R_1}\right)$$
$$= \sqrt{(33 \ \Omega)^2 + (79.6 \ \Omega)^2} \angle - \arctan\left(\frac{79.6 \ \Omega}{33 \ \Omega}\right) = 86.2 \angle - 67.5° \Omega$$

$$\boldsymbol{Z}_2 = \sqrt{R_2^2 + X_{C2}^2} \angle - \arctan\left(\frac{X_{C2}}{R_2}\right)$$

$$= \sqrt{(47\ \Omega)^2 + (36.2\ \Omega)^2} \angle - \arctan\left(\frac{36.2\ \Omega}{47\ \Omega}\right) = 59.3 \angle - 37.6° \Omega$$

计算各支路电流。

$$\boldsymbol{I}_1 = \frac{\boldsymbol{V}_s}{\boldsymbol{Z}_1} = \frac{2 \angle 0° V}{86.2 \angle - 67.5° \Omega} = 23.2 \angle 67.5° \text{mA}$$

$$\boldsymbol{I}_2 = \frac{\boldsymbol{V}_s}{\boldsymbol{Z}_2} = \frac{2 \angle 0° V}{59.3 \angle - 37.6° \Omega} = 33.7 \angle 37.6° \text{mA}$$

要获得总电流，将各支路电流写作直角坐标形式以便于二者相加。

$$\boldsymbol{I}_1 = 8.89\ \text{mA} + \text{j}21.4\ \text{mA}$$

$$\boldsymbol{I}_2 = 26.7\ \text{mA} + \text{j}20.6\ \text{mA}$$

总电流为：

$$\boldsymbol{I}_{\text{tot}} = \boldsymbol{I}_1 + \boldsymbol{I}_2$$

$$= (8.89\ \text{mA} + \text{j}21.4\ \text{mA}) + (26.7\ \text{mA} + \text{j}20.6\ \text{mA}) = 35.6\ \text{mA} + \text{j}42.0\ \text{mA}$$

将 $\boldsymbol{I}_{\text{tot}}$ 转换为极坐标形式。

$$\boldsymbol{I}_{\text{tot}} = \sqrt{(35.6\ \text{mA})^2 + (42.0\ \text{mA})^2} \angle \arctan\left(\frac{42.0\ \Omega}{35.6\ \Omega}\right) = 55.1 \angle 49.7° \text{mA}$$

电流相量图如图 15-54 所示。

同步练习 求图 15-53 所示电路中各元件两端电压，并画出电压相量图。

 Multisim 仿真
使用 Multisim 文件 E15-23A～E15-23G 校验本例的计算结果，并核实你对同步练习的计算结果。

15.7.1 总阻抗幅值 Z_{tot} 的测量

现在，让我们看看如何通过测量来确定例 15-22 中电路的总阻抗 Z_{tot}。首先，按照以下步骤和图 15-55 所示电路测量总阻抗（也可以采用其他方法）。

步骤 1 使用正弦波发生器将电源电压设置为已知值（10 V），频率设置为 5 kHz。如果发生器的刻度盘显示不准确，建议使用交流电压表检查电压和频率计检查频率，而不是依赖发生器控制的标记值。

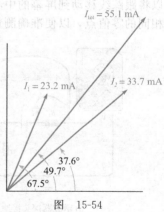

图 15-54

图 15-55 通过测量 V_S 和 I_{tot} 计算 Z_{tot}

步骤2 按图 15-55 所示电路连接交流电流表，并测量总电流。或者使用电压表测量 R_1 两端电压并计算电流。

步骤3 用欧姆定律计算总阻抗。

15.7.2 阻抗角 θ 的测量

要测量阻抗角（即电压与电流间的相位差），必须在示波器屏幕上以适当的时间关系显示电源电压和总电流。示波器中有两种类型的探头用于测量这些值：电压探头和电流探头。电流探头用起来很方便，但它不能像电压探头那样可以直接使用。这里，我们用电压探头和示波器测量相位差。一个典型的示波器电压探头有两个与电路相连的点：探头尖端和接地线。因此，所有被同时测量的电压必须有相同的参考地。

由于只使用电压探头，因此不能直接测量总电流。但是，R_1 上的电压与总电流同相，所以可以用这个电压来测量电流的相位。

在实际测量之前，V_{R1} 的显示存在问题。如果示波器探头跨接在电阻两端（如图 15-56a 所示），则示波器的接地线会将 B 点与地短路，相当于将其余元件从电路中移除，如图 15-56b 所示（假设示波器没有与电源线隔离的功能）。

为了避免这个问题，你可以切换正弦波发生器的输出端子，使 R_1 的一端连接到地，如图 15-57a 所示。现在示波器可以显示 V_{R1}，如图 15-57b 所示。另一个探头连接在电压源上以测量 V_s。现在示波器的通道 1 以 V_{R1} 作为输入，通道 2 以 V_s 作为输入。示波器应该用电源电压触发（本例为通道 2）。

在将探头连接到电路之前，你应该在示波器上对齐这两条水平线，使它们以一条重合线的形式出现在示波器屏幕的中心。要做到这一点，探头尖端应接地，调整垂直位置旋钮以将跟踪线移动到屏幕的中心线上，直到它们叠加在一起。这一过程是为了确保两波形有相同的零值点，以便准确测量阻抗角。

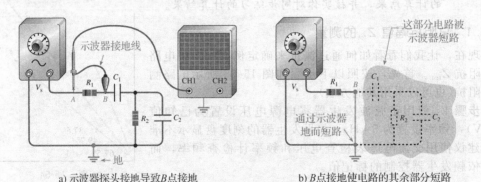

a) 示波器探头接地导致B点接地　　　b) B点接地使电路的其余部分短路

图 15-56　当示波器和电路都接地时，直接测量的效果

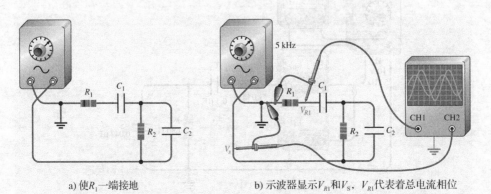

a) 使R_1一端接地　　　b) 示波器显示V_{R1}和V_s，V_{R1}代表着总电流相位

图 15-57　重新选择接地，以便直接测量电压，而不会发生被短路情况

　　一旦在示波器屏幕上稳定了波形，就可以测量电源电压的周期。接下来，使用 Volts/Div 控制来调整波形的振幅，直到它们看起来具有相同的振幅为止。现在，使用 Sec/Div 控制来横向扩展波形，以扩大它们之间的距离。这个水平距离表示两个波形之间的时间差。两个水平线波形之间所占格数乘以 Sec/Div 的设置值，等于它们之间的时间差 Δt。此外，如果你的示波器具有游标功能，还可以用游标来确定时间差。

　　一旦确定了波形之间的时间差 Δt，根据周期 T，就可以用下式计算电流与电压的相位角（即阻抗角的负值）：

$$\theta = \left(\frac{\Delta t}{T}\right) 360° \tag{15-27}$$

　　图 15-58 是用 Multisim 软件中的示波器模拟的情况。在图 15-58a 中，通过调整 Volts/Div 控制使波形高度尽量对齐，并且视觉效果好。这些波形的周期是 200 μs。调整 Sec/Div 控制将波形展开，以便更准确地读出 Δt。如图 15-58b 所示，中心水平线上两个过零点之间有 3 个格，Sec/Div 控制设置为 5.0 μs/Div，因此

$$\Delta t = 3.0 \text{ 格} \times 5.0 \text{ μs/ 格} = 15 \text{ μs}$$

　　相位角差为：

$$\theta = \left(\frac{\Delta t}{T}\right) 360° = \left(\frac{15 \text{ μs}}{200 \text{ μs}}\right) 360° = 27°$$

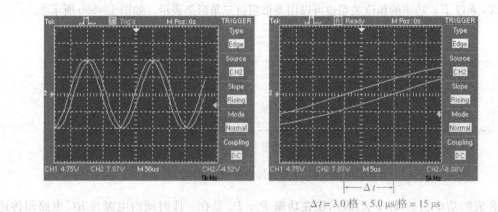

a)　　　　　　　　　　　　　　　　　　b)

图 15-58　在示波器上测定相位角

学习效果检测

1. 图 15-52 中串-并联电路的等效 RC 串联电路是什么？
2. 对于图 15-53 所示电路，总阻抗的极坐标形式是什么？

　　对选择教学方式二的注释：串-并联电路的介绍将在第 16 章第三部分继续。

第四部分　特殊专题

15.8　*RC* 电路的功率

　　在纯电阻的交流电路中，由电源提供的所有能量都由电阻以热的形式耗散。在纯电容的交流电路中，在电压周期的一段时间内，能量由电源输送至电容进行存储；在该周期的其他时间内，能量又由电容返还至电源。这样并没有能量以热的形式耗散。当电阻和电容都存在时，每个周期内，有一部分能量通过电容交替存储和返回至电源，还有部分能量被

电阻所耗散。转换成热量的能量由电阻和容抗共同决定。

完成本节内容后，你应该能够计算 RC 电路的功率，具体就是：

- 解释有功功率和无功功率。
- 画出功率三角形。
- 定义**功率因数**。
- 解释视在功率。
- 计算 RC 电路中的各种功率。

当 RC 串联电路中的电阻大于容抗时，一个周期内，由电阻转换为热的能量比由电容存储的能量要多。反之，当容抗大于电阻时，存储与返回的能量要比转化为热的能量多。

这里重申一下，电阻中的功率被称为有功功率（P_{true}），电容中的功率称为无功功率（P_r）。有功功率的单位为瓦（W），无功功率的单位是乏（VAR）。

$$P_{true} = I^2 R \tag{15-28}$$
$$P_r = I^2 X_C \tag{15-29}$$

上述这些方程应代入电流的有效值。

15.8.1　RC 电路的功率三角形

图 15-59a 给出了 RC 串联电路通用的阻抗三角形。因为功率 P_{true} 和 P_r 的幅值分别来源于 R 和 X_C 乘以 I^2，功率的相位关系也可以用类似阻抗三角形来表示，如图 15-59b 所示$^{\ominus}$。

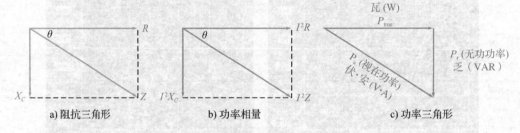

a) 阻抗三角形　　　　b) 功率相量　　　　c) 功率三角形

图 15-59　RC 串联电路中功率三角形的形成

合成的功率相量（即 I^2Z）表示**视在功率** P_a。P_a 是在一段时间内电源与 RC 电路间传递的表观功率。视在功率的单位是伏·安，符号为 V·A。视在功率的表达式是：

$$P_a = I^2 Z \tag{15-30}$$

图 15-59b 中的功率相量图可以画成图 15-59c 所示的功率三角形。利用三角函数运算规则，P_{true} 可以表示为：

$$P_{true} = P_a \cos \theta$$

因为 P_a 等于 I^2Z 或 VI，所以 RC 电路中有功功率可以写为：

$$P_{true} = VI \cos \theta \tag{15-31}$$

其中，V 为外加电压；I 为总电流。

对于纯阻性电路，$\theta = 0°$ 且 $\cos 0° = 1$，所以 P_{true} 等于 VI。对于纯电容电路，$\theta = 90°$ 且 $\cos 90° = 0$，所以 P_{true} 为 0。正如你所知，理想电容不消耗功率。

15.8.2　功率因数

$\cos \theta$ 这一项称为功率因数，记作

$$PF = \cos \theta \tag{15-32}$$

随着外加电压与总电流相位差的增大，功率因数减小，这说明电路的无功作用越来越

$\ominus$　本书用带方向的量表示阻抗和功率，不同于我国教材。——译者注

强。功率因数越小，真正消耗的功率越少。

功率因数在 0(纯电抗电路)到 1(纯阻电路)之间变化。在 RC 电路中，功率因数被称为超前功率因数，因为电流超前电压[⊖]。

例 15-24　求图 15-60 所示电路的功率因数与有功功率。

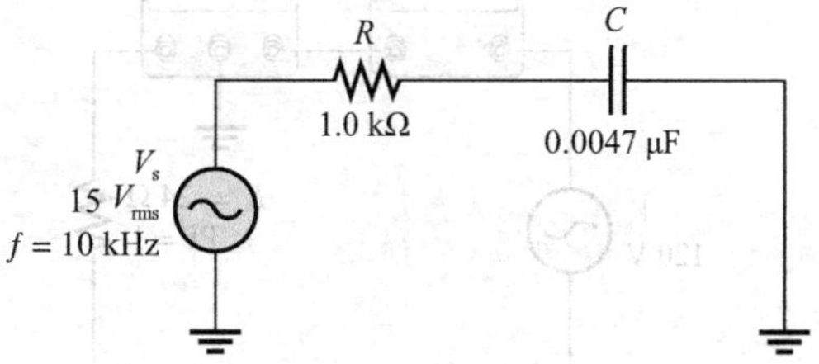

图　15-60

解　容抗为：

$$X_C = \frac{1}{2\pi fC} = \frac{1}{2\pi \times 10 \text{ kHz} \times 0.0047 \text{ μF}}$$
$$= 3.39 \text{ kΩ}$$

电路总阻抗的直角坐标形式为：

$$\mathbf{Z} = R - jX_C = 1.0 \text{ kΩ} - j3.39 \text{ kΩ}$$

转换为极坐标形式。

$$\mathbf{Z} = \sqrt{R^2 + X_C^2} \angle -\arctan\left(\frac{X_C}{R}\right)$$
$$= \sqrt{(1.0 \text{ kΩ})^2 + (3.39 \text{ kΩ})^2} \angle -\arctan\left(\frac{3.39 \text{ kΩ}}{1.0 \text{ kΩ}}\right) = 3.53 \angle -73.6° \text{kΩ}$$

与阻抗相关的角度为 θ，该角度为外加电压与总电流之间的夹角。因此，功率因数为：

$$PF = \cos\theta = \cos(-73.6°) = 0.283$$

电流大小为：

$$I = \frac{V_s}{Z} = \frac{15 \text{ V}}{3.53 \text{ kΩ}} = 4.25 \text{ mA}$$

有功功率为：

$$P_{\text{true}} = V_s I \cos\theta = 15 \text{ V} \times 4.25 \text{ mA} \times 0.283 = 18.1 \text{ mW}$$

同步练习　在图 15-60 所示电路中，如果频率减小一半，功率因数将如何变化？

15.8.3　视在功率的意义

如前所述，视在功率是在电源和负载之间传输的功率，由两个部分组成——有功功率和无功功率。

在所有电气电子系统中，真正被消耗的是有功功率。无功功率只是在电源和负载之间来回交换。理想情况下，为了有效完成工作，所有转移到负载上的功率都应该是有功功率，而非无功功率。然而，在大多数实际情况下，负载都会含有一些电抗，因此必须同时涉及这两种功率。

在第 14 章，讨论了与变压器有关的视在功率的问题。对于任意含有电阻和电抗的负载，总电流有两个分量：有功分量和无功分量。如果只考虑负载中的有功功率，则只需涉及负载从电源中取用的电流的有功分量。为了真实地了解负载所消耗的实际电流，必须考虑视在功率。

像交流发电机这样的电源为负载提供的电流存在最大值。如果超过这个值，电源就可能被损坏。图 15-61a 显示了一个 120 V 的发电机，它可以为负载提供 5 A 的最大电流。假设发电机额定功率为 600 W，连接到一个 24 Ω 的纯电阻负载上(功率因数为 1)。电流表显示当前电流为 5 A，功率表显示功率为 600 W。发电机虽然工作在最大电流和功率下，但运行没有问题。

如果负载变为 18 Ω 的阻抗，功率因数为 0.6，如图 15-61b 所示。电流变为 120 V/18 Ω = 6.67 A，超过了电流最大值。虽然功率表读数仅为 480 W，比发电机额定功率小，但电流过大仍可能损坏发电机。这个例子表明，用有功功率作为额定值有欺瞒性，不适合交流电源。交流发电机的额定功率应该是视在功率，即 600 V·A，而不是有功功率 600 W。所以制造商通常使用的是额定视在功率。

⊖　这与我国的习惯刚好相反。——译者注

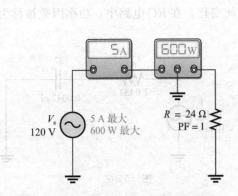

a) 发电机在阻性负载下运行的最大值

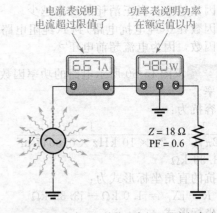

b) 即使功率表表明目前的功率低于最大额定功率,
但由于电流过大,发电机内部仍有被烧坏的危险

图 15-61 当负载为电抗时,使用电源的额定功率是不合适的,应用视在功率

例 15-25 求图 15-62 所示电路的有功功率、无功功率和视在功率。

解 容抗和流经 R、C 的电流分别为:

$$X_C = \frac{1}{2\pi fC} = \frac{1}{2\pi \times 1000 \text{ Hz} \times 0.15 \text{ μF}} = 1061 \text{ Ω}$$

$$I_R = \frac{V_s}{R} = \frac{10 \text{ V}}{470 \text{ Ω}} = 21.3 \text{ mA}$$

$$I_C = \frac{V_s}{X_C} = \frac{10 \text{ V}}{1061 \text{ Ω}} = 9.43 \text{ mA}$$

图 15-62

有功功率为:

$$P_{\text{true}} = I_R^2 R = (21.3 \text{ mA})^2 \times 470 \text{ Ω} = 213 \text{ mW}$$

无功功率为:

$$P_r = I_C^2 X_C = (9.43 \text{ mA})^2 \times 1061 \text{ Ω} = 94.3 \text{ mVAR}$$

视在功率为:

$$P_a = \sqrt{P_{\text{true}}^2 + P_r^2} = \sqrt{(213 \text{ mW})^2 + (94.3 \text{ mVAR})^2} = 233 \text{ mV} \cdot \text{A}$$

同步练习 如果频率变为 2 kHz,图 15-62 中电路的有功功率将如何变化?

学习效果检测

1. RC 电路中哪个元件是消耗功率的?
2. 相位角 θ 为 $45°$,功率因数是多少?
3. 某 RC 串联电路中的参数如下:$R = 330 \text{ Ω}$、$X_C = 460 \text{ Ω}$ 且 $I = 2\text{A}$。求有功功率、无功功率和视在功率。

15.9 RC 电路的基本应用

RC 电路有多种用途,通常是较复杂电路的一部分。3 种典型应用是移相振荡器、选频电路和交流耦合电路。

完成本节内容后,你应该能够讨论一些基本 RC 电路的应用,具体就是:

- 讨论在振荡器中如何应用 RC 电路。
- 讨论 RC 电路怎样作为滤波器来使用。
- 讨论交流耦合电路。

15.9.1　移相振荡器

如你所知，一个串联的 RC 电路会改变输出电压的相位，改变量取决于电阻和电容的值以及输入频率。这种依据频率改变相位的能力在某些反馈振荡器中是至关重要的。**振荡器**是产生周期波形的电路，它是许多电子系统中的重要电路。你将在器件课程中学习振荡器，所以这里的重点是 RC 电路在移相方面的应用。振荡器要求一部分输出以适当的相位返回至输入（称为"反馈"），以加强输入并维持振荡。一般情况下，需要的反馈是具有 180°移相的信号。

单个 RC 电路移相范围小于 90°。可以级联 15.4 节讨论的 RC 滞后电路，以便形成一个复杂的 RC 网络，如图 15-63 所示，图中给出了一个称为移相振荡器的特殊电路。移相振荡器通常使用 3 个完全相同的 RC 电路，以便在某个频率下产生所需的 180°移相，这个频率就是振荡器工作的频率。放大器的输出通过 RC 网络移相后返回到放大器的输入端，以便在输入端得到足够的增益来维持振荡。

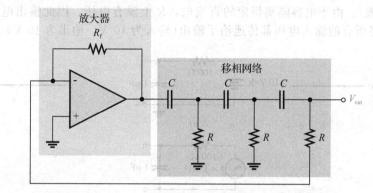

图 15-63　移相振荡器

将多个 RC 电路组合在一起时会产生负载效应，因此整体移相与简单地添加单个 RC 电路产生的移相不同。该电路的详细计算如附录 B 所示。在 RC 电路完全相同的情况下，发生 180°移相的频率由下列方程式给出：

$$f_r = \frac{1}{2\pi\sqrt{6}\,RC} \tag{15-33}$$

分析表明，RC 网络将放大器的信号衰减了，衰减因子为 29；放大器必须通过 −29 倍的增益来弥补这种衰减，以维持振荡（负号是考虑移相的结果）。

例 15-26　求图 15-64 中电路的输出频率。

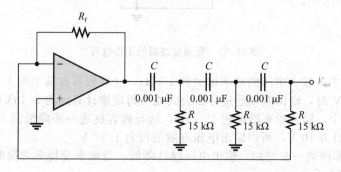

图　15-64

解　$f_r = \dfrac{1}{2\pi\sqrt{6}\,RC} = \dfrac{1}{2\pi\sqrt{6}\times 15\text{ k}\Omega\times 0.001\text{ }\mu\text{F}} = 4.33\text{ kHz}$

同步练习 如果所有电容都变为 0.0027 μF，振荡器的频率为多少？

15.9.2 作为滤波器的 RC 电路

滤波器是一种频率选择电路，允许某些频率的信号从输入端传递到输出端，同时阻塞其他所有频率的信号。也就是说，所选频率之外的所有频率都会被过滤掉。滤波器在第 18 章中有更深入的介绍，这里只作为应用示例。

RC 串联电路具有频率选择特性，因此可用作基本滤波器。一般有两种类型，第一种叫作**低通滤波器**，它通过将电容电压作为输出来实现，如同在滞后电路中的作用一样。第二种叫作**高通滤波器**，它通过将电阻电压作为输出来实现，这和超前电路中的作用一样。

低通滤波器 我们已经看到了在滞后电路中输出幅值和相位角的变化。就其滤波作用而言，我们主要感兴趣的是输出幅值随频率的变化。

图 15-65 用具体数值说明了一个 RC 串联电路的滤波过程。在图 15-65a 中，输入电压的频率为 0（直流）。由于电容隔离恒定的直流电，R 上没有电压，因此输出电压就等于输入电压。电路将所有的输入电压都传递给了输出（输入为 10 V，输出为 10 V）。

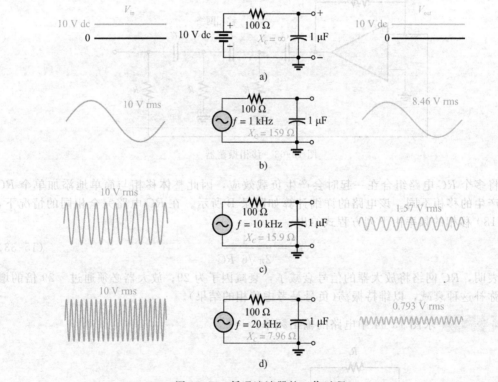

图 15-65 低通滤波器的工作过程

在图 15-65b 中，输入电压的频率增加到 1 kHz，这导致容抗减小到 159 Ω。当输入电压的有效值为 10V 时，输出电压通过分压公式或欧姆定律计算约为 8.46V（有效值）。

在图 15-65c 中，输入频率增加到 10 kHz，这导致容抗进一步降低到 15.9 Ω。因为输入电压的有效值恒为 10 V，所以输出电压有效值仅为 1.57 V。

随着输入频率的进一步增加，输出电压继续降低。当频率变得非常高时，输出电压接近零，如图 15-65d 所示。

电路工作过程描述如下：随着输入频率的增加，容抗会减小。由于电阻恒定，根据分压原理，电容两端的电压（输出电压）也将减小。输入频率增加到某值时，容抗相对于电阻非常小，输出电压相对于输入电压也非常小，甚至可以忽略。在这个频率值下，电路基本上滤除了输入信号。

如图 15-65 所示，直流电流(零频率)完全通过电路。因为随着输入频率的增加，很少的输入电压能够传递给输出电压，所以输出电压随着频率的增加而降低。显然，低频比高频更容易通过电路。因此，该 RC 电路是低通滤波器的一种非常基本的形式。

图 15-65 中的低通滤波器电路的**频率响应**如图 15-66 所示，它表示了输出电压幅值与频率的关系。该图称为响应曲线。请注意，频率刻度是以频率的对数形式表示的，这是为滤波器绘制频率响应常用的方法。

高通滤波器 图 15-67 说明了高通滤波的工作过程，输出取自电阻电压，像超前电路中一样。在图 15-67a 中，输入电压为直流，由于电容的隔直特性，输出为零，因此，R 上没有电压。

在图 15-67b 中，输入信号的频率增加到 100 Hz，有效值为 10 V。输出电压的有效值为 0.627 V。因此，只有一小部分输入电压以这个频率出现在输出端。

在图 15-67c 中，输入频率进一步增加到 1 kHz，由于容抗进一步降低，导致电阻上产生更多电压。该频率下输出电压

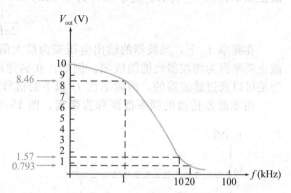

图 15-66 图 15-65 中低通滤波器的频率响应曲线

的有效值为 5.32 V。如你所知，输出电压随频率的增加而增加。当频率增加到容抗与电阻相比可以忽略时，大部分输入电压就会降落在电阻上，如图 15-67d 所示。

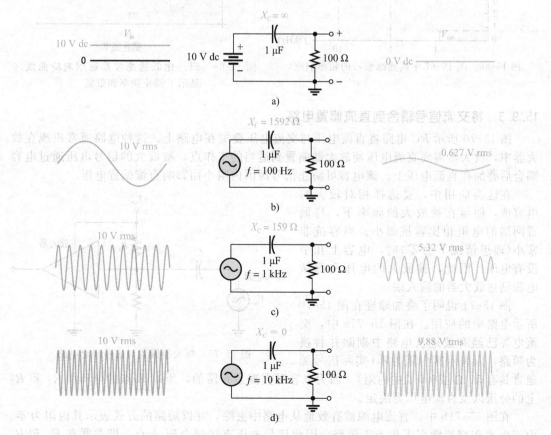

图 15-67 高通滤波器的工作过程

该电路倾向于防止低频信号出现在输出端,但允许高频信号到达输出端。因此,该 RC 电路是高通滤波器的基本形式。

图 15-67 中高通滤波电路的频率响应(即输出电压幅值与频率的关系图)如图 15-68 所示。这个响应曲线表明,输出电压随着频率的增加而增加。频率足够高时,输出电压接近输入电压。

滤波器的截止频率和带宽 在低通或高通 RC 滤波器中,容抗等于电阻时的频率称为**截止频率**,用 f_c 表示。这个条件为 $1/(2\pi f_c C) = R$,求解 f_c 的公式如下:

$$f_c = \frac{1}{2\pi RC} \tag{15-34}$$

在频率 f_c 下,滤波器的输出电压变为最大值的 70.7%。在通过或阻止信号方面,可将截止频率视为滤波器性能的极限。例如,在高通滤波器中,所有在 f_c 以上的频率信号被认为是可以通过滤波器的,而频率在 f_c 以下的信号认为是被阻止的。低通滤波器正相反。

由滤波器传递的频率范围称为**带宽**。图 15-69 说明了低通滤波器的带宽和截止频率。

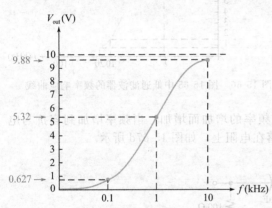

图 15-68 图 15-67 中高通滤波器的频率响应

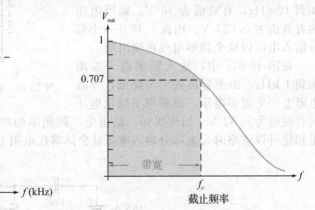

图 15-69 归一化低通滤波器通用响应曲线,显示了截止频率和带宽

15.9.3 将交流信号耦合到直流偏置电路

图 15-70 所示 RC 电路将直流电压与交流电压叠加在电路上。这种电路通常出现在放大器中,放大器需要直流电压使放大器**偏置**到适当的工作点,被放大的信号电压通过电容耦合后叠加在直流电压上。该电容可防止信号源因内阻小而影响直流偏置电压。

在这类应用中,要选择相对较大的电容值,使得在被放大的频率下,与偏置网络的电阻相比容抗很小。当容抗非常小(理想情况下为零)时,电容上几乎没有电压。因此,被放大的电压全部从电源到达放大器的输入端。

图 15-71 说明了叠加原理在图 15-70 所示电路中的应用。在图 15-71a 中,交流电源已经有效地从电路中剔除并替换为短路,以表示其内阻为零(实际信号源

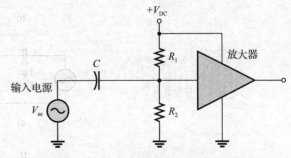

图 15-70 放大器偏置与信号耦合电路

通常具有 50 Ω 或 600 Ω 的内阻)。因为电容对直流是开路的,所以 A 点的电压由 R_1 和 R_2 上的分压以及直流电压源决定。

在图 15-71b 中,直流电源被有效地从电路中去除,并以短路的方式表示其内阻为零。由于电容在交流频率下相当于短路,因此信号电压直接耦合到 A 点,即并联在 R_1 和 R_2

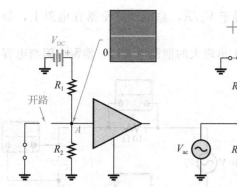 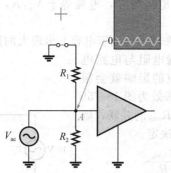 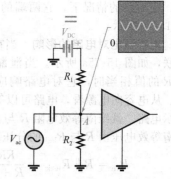

a) 直流等效电路：用短路代替　　　　b) 交流等效电路：用短路代替直流　　c) 直流+交流电路：在 *A* 点叠加各电压
　交流电源。电容隔离直流。　　　　　电源。电容短路交流。所有的 V_{ac}
　R_1 和 R_2 作为直流分压器　　　　　　都耦合到 *A* 点

图 15-71　在 *RC* 偏置和耦合电路中直流和交流电压的叠加

的两端。

图 15-71c 说明交流电压与直流电压叠加后的效果。

学习效果检测

1. 在一个移相振荡器中，*RC* 电路会产生多少度的相位偏移？
2. 当 *RC* 电路被用作低通滤波器时，输出电压是通过哪个元件得到的？

15.10　故障排查

典型的元件故障或老化会对基本 *RC* 电路的频率响应产生影响。

完成本节内容后，你应该能够排查 *RC* 电路的故障，具体就是：

- 找到开路的电阻或开路的电容。
- 找到短路的电容。
- 找到产生漏电的电容。

开路电阻对电路的影响　很容易看出开路电阻如何影响 *RC* 串联电路，如图 15-72 所示。显然，电流没有了流通路径，所以电容电压为零。因此，总电压 V_s 全部降落在开路电阻两端。

开路电容对电路的影响　当电容开路时，电路没有电流，因此，电阻电压为零。总电源电压全部降落在开路的电容两端，如图 15-73 所示。

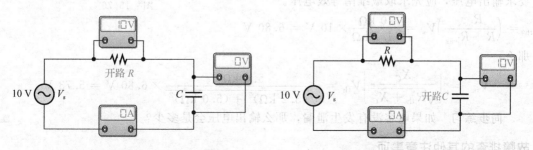

图 15-72　开路电阻对电路的影响　　　　　　图 15-73　开路电容的影响

短路电容对电路的影响　电容很少发生短路。但 SMD（表面贴装器件）多层陶瓷介质电容器可能出现裂纹，随着时间的推移，内部电极（极板）之间的树突状生长会产生直流短路。在短路的情况下，它两端的电压为零，电流等于 V_s/R，总电压完全落在电阻上，如图 15-74 所示。

电容漏电对电路的影响 当在较大的电解电容上出现大的泄漏电流时，泄漏电阻与电容并联，如图 15-75a 所示。当泄漏电阻与电路电阻 R 的值相当时，它对电路响应的影响就会很大。从电容向电源看，电路可以等效为图 15-75b 所示电路。戴维南等效电阻 R 与 R_{leak} 的并联，戴维南等效电压由 R 与 R_{leak} 的分压决定。

$$R_{th} = R \parallel R_{leak} = \frac{RR_{leak}}{R + R_{leak}}$$

$$V_{th} = \left(\frac{R_{leak}}{R + R_{leak}}\right)V_s$$

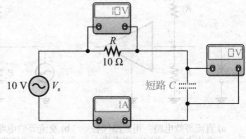

图 15-74 短路电容的影响

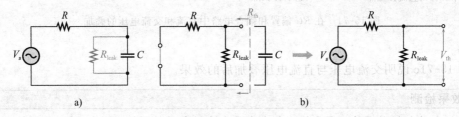

a) b)

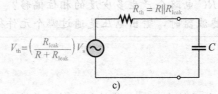

c)

图 15-75 电容漏电对电路的影响

正如你看见的，因为 $V_{th} < V_s$，所以电容两端电压减小。电流时间常数也减小，但电流增加。戴维南等效电路如图 15-75c 所示。

例 15-27 假设图 15-76 中的电容已老化，它的泄漏电阻为 10 kΩ。求泄漏条件下的输出电压。

解 电路等效电阻为：

$$R_{th} = \frac{RR_{leak}}{R + R_{leak}} = \frac{4.7 \text{ k}\Omega \times 10 \text{ k}\Omega}{14.7 \text{ k}\Omega} = 3.20 \text{ k}\Omega$$

要求输出电压，应先求取戴维南等效电压。

$$V_{th} = \left(\frac{R_{leak}}{R + R_{leak}}\right)V_s = \frac{10 \text{ k}\Omega}{14.7 \text{ k}\Omega} \times 10 \text{ V} = 6.80 \text{ V}$$

那么，

$$V_{out} = \left(\frac{X_C}{\sqrt{R_{th}^2 + X_C^2}}\right)V_{th} = \frac{5.0 \text{ k}\Omega}{\sqrt{(3.2 \text{ k}\Omega)^2 + (5.0 \text{ k}\Omega)^2}} \times 6.80 \text{ V} = 5.73 \text{ V}$$

图 15-76

同步练习 如果电容没有发生泄漏，那么输出电压会是多少？

故障排查的其他注意事项

到目前为止，你已经了解了特定元件的故障和相关的电压特征。然而，在很多时候，电路不能正常工作并不是由于元件故障所造成的。导线松动、接触不良或焊接不良，都可能导致开路。电线夹断或焊料飞溅可能会引起短路。像不连接电源或函数发生器这样的简单错误，发生的频率比你想象的要高。电路中错误的元件值（如不正确的电阻值）、频率设置错误的函数发生器，或错误的输出被连接到电路，都可能导致工作不正常。

当你发现电路有问题时，一定要检查一下，确保测量仪器正确地连接到电路和电源插座上。此外，要注意一些明显的东西，比如断了或松动的触点，没有完全插入的连接器，或者可能导致短路的电线或焊料。

要点是，当电路不能正常工作时，你应该考虑所有的可能性，而不仅仅是有故障的元件。下面的示例借助简单电路，说明了使用 APM（分析、规划和测量）排查故障的方法。

例 15-28　图 15-77 所示的电路没有输出电压（电容两端的电压）。正常时你会得到 7.4 V 的输出。该电路是在面包板上构造的，请使用故障排查技巧找到问题所在。

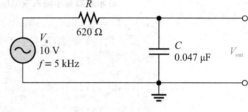

图　15-77

解　将 APM 方法应用于此故障排查问题。

分析：首先考虑电路没有输出电压的可能原因。

1. 没有电源电压、频率太高导致容抗几乎为零。

2. 输出端有短路。要么电容内部短路，要么是在电路中存在物理短路。

3. 在电源和输出之间有开路。这将阻断电流，从而导致输出电压为零。电阻可能开路，由于断开或松动的连接线，或接触不良的电路板等，都可能导致电路被开路。

4. 有不正确的元件值。电阻值可能很大，以至于电流和输出电压小到忽略不计。电容值也可能很大，以至于在输入频率下其容抗接近于零。

规划：你决定对一些问题（例如函数发生器的电源线未插入或频率值设置不正确）进行可视化检查。此外，导线开路、短路，以及不正确的电阻色环或电容标签等问题往往可以肉眼看见。如果在目视检查后什么也没有发现，那么你应通过测量电压来追踪问题的原因。你可能决定用数字示波器、数字万用表进行测量。

测量：假设你发现函数发生器已接入，且频率设置是正确的。此外，在可视化检查期间没有发现任何明显的开路或短路，且元件值也准确。

测量过程的第一步是用示波器检查电源电压。如图 15-78a 所示，假设观察到电路输入电压的频率为 5 kHz、有效值为 10 V 的正弦波。那么电压正确，所以第一个可能的原因被排除。

接下来，断开电源，并用数字万用表（设置在欧姆挡）检查电容是否短路。如果电容性能良好，则在短时间充电后，万用表会显示 OL（过载）。这说明电容是开路的，完好的。如图 15-78b 所示，这样第二个可能的原因也被排除。

由于电压在输入和输出之间的某个地方"丢失"，现在必须寻找电压。重新连接电源，用数字万用表（设置为电压表功能）测量电阻两端的电压。电阻上的电压为零。这意味着没有电流，表明电路中的某个地方存在开路。

现在，开始沿着电路到电源查找电压（也可以从电源开始查找）。你可以用示波器或数字万用表，但最终决定使用万用表。使万用表的一根线接地，另一根用来探测电路。如图 15-78c 所示，电阻右侧导线①点处的电压读数为零。因为你已经测量出了电阻上的电压为零，所以电阻左侧导线的②点处必然为零，如仪表所示。下一步，把表笔移到③点，读出示数为 10 V，你终于找到电压了！因为电阻左侧导线上电压为零，③点上的电压为 10 V，所以插入导线的面包板孔的两个触点中有一个是坏的。可能是触点被推得太远，或被弯曲或折断，故电路的引线没有与它接触。

将电阻引线和导线中的一根或两根移动到同一行的另一个孔中。假设当电阻引线移到上面的孔时，电路输出端（电容两端）有电压。

同步练习　假设检查电容之前，测量电阻上的电压为 10 V。这说明了什么？

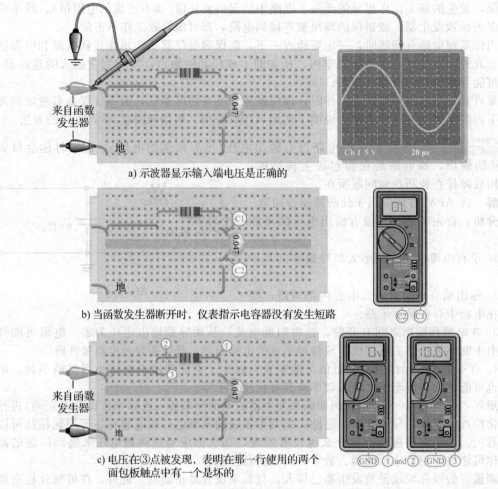

a) 示波器显示输入端电压是正确的

b) 当函数发生器断开时，仪表指示电容器没有发生短路

c) 电压在③点被发现，表明在那一行使用的两个面包板触点中有一个是坏的

图 15-78

学习效果检测

1. 描述电容发生泄漏时对 RC 电路的影响。

2. 在 RC 串联电路中，如果所有外加电压都落在电容上，那么问题是什么？

3. 在 RC 串联电路中，如果电源正常工作，什么故障会导致电容两端电压为零？

应用案例

在第 12 章，研究了带有分压偏置的电容耦合放大器。在此应用中，通过分析类似放大器输入电路的电压幅值和相位来研究它们随频率的变化情况。如果耦合电容上的电压下降过多，则会对放大器的整体性能产生不利影响。

正如你在第 12 章中已经了解到的，图 15-79 中的耦合电容（C_1）将输入信号电压传递给放大器的输入（从 A 点到 B 点），而不影响由电阻分压（R_1 和 R_2）在 B 点产生的直流电平。如果输入频率足够高，使得耦合电容的容抗小到可以忽略不计，那么电容上基本没有交流电压。随着信号频率的降低，容抗开始增大，有更多的信号电压加在电容上。这便降低了放大器的总电压增益，从而降低了其性能。

由图 15-79 可知，从输入电源（A 点）耦合到放大器输入（B 点）的信号电压值，由耦合

电容和直流偏置电阻决定（假设放大器没有负载效应，即输入电阻为无限大）。这些元器件
实际上构成了一个 *RC* 高通滤波器，如
图 15-80 所示。就交流通路而言，两个分压
偏置电阻是并联的，因为电源的内阻为零。
R_2 下端接地，R_1 上端接直流电源，如
图 15-80a 所示。由于 +18 V 直流端子上没有
交流电压，因此 R_1 上端的交流电压为 0 V，
称为交流接地。电路变成一个高通 *RC* 滤波
器，如图 15-80b、c 所示。

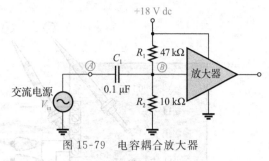

图 15-79　电容耦合放大器

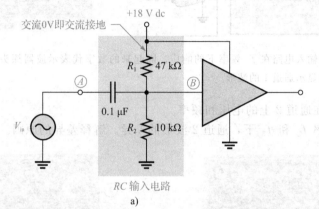

a)

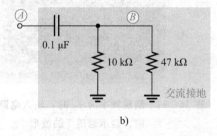

b)

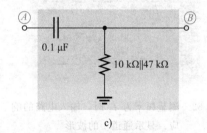

c)

图 15-80　*RC* 输入电路就像一个 *RC* 高通滤波器

放大器输入电路

1. 确定输入电路的等效电阻值。假设放大器（如图 15-81 中白色虚线所示）对输入电路
没有负载效应。

在频率 f_1 下的响应

参见图 15-81。输入电压加到放大器电路板上，显示在示波器的通道 1 上。通道 2 连
接到电路板的某个点上。

2. 确定通道 2 中的探头连接在电路板的哪个点上，频率和电压应该显示出来。

在频率 f_2 下的响应

参考图 15-82 和图 15-81 中的电路板。将示波器通道 1 上显示的输入电压加到放大器
电路板上。

3. 分析应该显示在通道 2 上的电压和频率。

4. 说明在频率 f_1 和 f_2 下，通道 2 波形的差异。解释差异的原因。

在频率 f_3 下的响应

参见图 15-83 和图 15-81 中的电路板。示波器通道 1 上显示的输入电压加到放大器电

路板上。

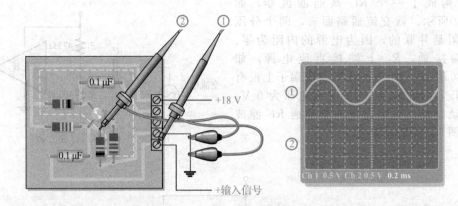

图 15-81　测量输入电路在 f_1 频率下的响应。圈起来的数字代表示波器探头所测量的信号。当前显示通道 1 的波形

5. 分析显示在通道 2 上的电压和频率。

6. 说明在频率 f_2 和 f_3 下，通道 2 波形的差异。解释差异的原因。

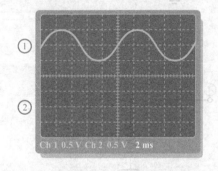

图 15-82　测量频率为 f_2 时，输入电路的响应。显示通道 1 的波形

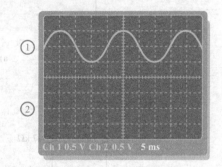

图 15-83　测量频率为 f_3 时，输入电路的响应。显示通道 1 的波形

输入电路的频率响应曲线

7. 确定当图 15-79 中 B 点的信号电压为其最大值的 70.7% 时的频率。

8. 用这个电压值，以及频率分别为 f_1、f_2 和 f_3 时的电压值，绘制频率响应曲线。

9. 这条曲线如何反映了输入电路为高通滤波器？

10. 怎样操作才能通过降低频率使电压下降为最大值的 70.7%，且不影响直流偏置？

检查与复习

11. 说明减小耦合电容对放大器输入电路频率响应的影响。

12. 当交流输入信号的有效值为 10 mV，且耦合电容开路时，求图 15-79 中 B 点电压是多少？

13. 如果电阻 R_1 开路，当交流输入信号的有效值为 10 mV 时，求图 15-79 中 B 点电压是多少？

Multisim 仿真

使用 Multisim 软件，连接图 15-80b 中的等效电路。

• 应用与图 15-81 所示电路相同频率和幅值的输入电压。用示波器测量 B 点的电压，并与应用案例 2 的结果相比较。

- 如图 15-82 所示，应用相同频率和幅值的输入电压。用示波器测量 B 点的电压，并与应用案例 3 的结果进行比较。
- 应用与图 15-83 所示电路相同频率和幅值的输入信号电压。用示波器测量 B 点的电压，并与应用案例 5 的结果进行比较。

教学方法选择 2 注释：特殊专题电路的介绍将在第 16 章第四部分继续。

本章总结

- 复数由实数和虚数组成。虚数等于实数乘以 -1 的平方根。
- 复数的直角坐标形式由实部和虚部组成，以 $A + jB$ 的形式来表示。
- 复数的极坐标形式由幅值和角度组成，以 $C\angle\theta$ 的形式来表示。
- 复数可以进行加、减、乘、除四则运算。
- 当正弦电压作用于 RC 电路时，电流和所有的电压都是正弦波。
- RC 串联或并联电路中的总电流总是超前电源电压。
- 电阻上的电压总是与其电流同相。
- 电容上的电压总是滞后其电流 $90°$。
- 在滞后电路中，输出电压滞后输入电压。
- 在超前电路中，输出电压超前输入电压。
- 在 RC 电路中，阻抗由电阻和容抗共同决定。
- 阻抗以欧[姆]为单位。
- 电路相位角是总电流与外加(电源)电压之间的夹角。
- RC 串联电路的阻抗与频率的变化趋势相反。
- RC 串联电路的相位角与频率的变化趋势相反。
- 对于 RC 并联电路，在任意频率下都有一个等效的串联电路。
- 对于 RC 串联电路，在任意频率下都有一个等效的并联电路。
- 电路的阻抗可以通过测量外加电压和总电流，然后应用欧姆定律来确定。
- 在 RC 电路中，一部分功率是有功功率，一部分功率是无功功率。
- 电阻功率(有功功率)和无功功率组合成的复数的大小称为视在功率。
- 视在功率用伏·安(V·A)表示其单位。
- 功率因数(PF)表明有功功率占视在功率的比例。
- 功率因数为 1 说明电路是纯电阻电路；功率因数为 0 说明电路为纯电抗电路。
- 滤波器能够通过特定频率的信号，并阻止其他频率的信号。
- 移相振荡器使用 RC 网络产生 $180°$ 的相移。

重要公式

复数

15-1 $C=\sqrt{A^2+B^2}$

15-2 $\theta=\arctan\left(\dfrac{\pm B}{A}\right)$

15-3 $\pm A \pm jB = C\angle\pm\theta$

15-4 $A=C\cos\theta$

15-5 $B=C\sin\theta$

15-6 $C\angle\theta=A+jB$

RC 串联电路

15-7 $\mathbf{Z}=R-jX_C$

15-8 $\mathbf{Z}=\sqrt{R^2+X_C^2}\angle-\arctan\left(\dfrac{X_C}{R}\right)$

15-9 $\mathbf{V}=\mathbf{IZ}$

15-10 $\mathbf{I}=\dfrac{\mathbf{V}}{\mathbf{Z}}$

15-11 $\mathbf{Z}=\dfrac{\mathbf{V}}{\mathbf{I}}$

15-12 $\mathbf{V}_s=V_R-jV_C$

15-13 $\mathbf{V}_s=\sqrt{V_R^2+V_C^2}\angle-\arctan\left(\dfrac{V_C}{V_R}\right)$

滞后电路

15-14 $\phi=-\arctan\left(\dfrac{R}{X_C}\right)$

15-15 $V_{out}=\left(\dfrac{X_C}{\sqrt{R^2+X_C^2}}\right)V_{in}$

超前电路

15-16 $\phi=\arctan\left(\dfrac{X_C}{R}\right)$

15-17 $V_{out}=\left(\dfrac{R}{\sqrt{R^2+X_C^2}}\right)V_{in}$

RC 并联电路

15-18　$Z=\left(\dfrac{RX_C}{\sqrt{R^2+X_C^2}}\right)\angle-\arctan\left(\dfrac{R}{X_C}\right)$

15-19　$Y=G+jB_C$

15-20　$V=\dfrac{I}{Y}$

15-21　$I=VY$

15-22　$Y=\dfrac{I}{V}$

15-23　$I_{tot}=I_R+jI_C$

15-24　$I_{tot}=\sqrt{I_R^2+I_C^2}\angle\arctan\left(\dfrac{I_C}{I_R}\right)$

15-25　$R_{eq}=Z\cos\theta$

15-26　$X_{C(eq)}=Z\sin\theta$

15-27　$\theta=\left(\dfrac{\Delta t}{T}\right)360°$

RC 电路的功率

15-28　$P_{true}=I^2R$

15-29　$P_r=I^2X_C$

15-30　$P_a=I^2Z$

15-31　$P_{true}=VI\cos\theta$

15-32　$PF=\cos\theta$

RC 电路的应用

15-33　$f_r=\dfrac{1}{2\pi\sqrt{6}\ RC}$

15-34　$f_c=\dfrac{1}{2\pi RC}$

对/错判断（答案在本章末尾）

1. 虚轴和实轴是复平面的一部分。

2. 一个数乘以 j 等于把这个数旋转 90°。

3. 复数的两种形式分别对应矩形和圆形。

4. 复数不能乘或除。

5. RC 串联电路的阻抗可以表示为复数。

6. 相量可以用来表示复数。

7. 在 RC 串联电路中，电压超前电流。

8. 在含有电容的电路中，阻抗与频率有关。

9. 在 RC 滞后电路中，输出取自电阻两端电压。

10. 导纳是阻抗的倒数。

11. 在 RC 并联电路中，总电流和电压是同相的。

12. 功率因数由电压与电流的相位角决定。

自我检测（答案在本章末尾）

1. 20° 的正角度，等于哪个负角度？
   (a)−160°　　　(b)−340°
   (c)−70°　　　(d)−20°

2. 在复平面中，数字 3+j4 位于
   (a)第一象限　　(b)第二象限
   (c)第三象限　　(d)第四象限

3. 在复平面中，12−j6 位于
   (a)第一象限　　(b)第二象限
   (c)第三象限　　(d)第四象限

4. 复数 5+j5 等于
   (a)5∠45°　　　(b)25∠0°
   (c)7.07∠45°　　(d)7.07∠135°

5. 35∠60° 的复数等于
   (a)35+j35　　(b)35+j60
   (c)17.5+j30.3　(d)30.3+j17.5

6. (4+j7)+(−2+j9) 等于
   (a)2+j16　　(b)11+j11
   (c)−2+j16　　(d)2−j2

7. (16−j8)−(12+j5) 等于
   (a)28−j13　　(b)4−j13
   (c)4−j3　　　(d)−4+j13

8. (5∠45°)(2∠20°) 等于
   (a)7∠65°　　(b)10∠25°
   (c)10∠65°　　(d)7∠25°

9. (50∠10°)/(25∠30°) 等于
   (a)25∠40°　　(b)2∠40°
   (c)25∠−20°　　(d)2∠−20°

10. 2.5−j5.0 的共轭复数是
    (a)5.59∠−63.4°　(b)5.0−j2.5
    (c)j2.5−5.0　　(d)2.5+j5.0

11. 在 RC 串联电路中，电阻上的电压
    (a)与电源电压同相　(b)滞后电源电压 90°
    (c)与电流同相　　(d)滞后电流 90°

12. 在 RC 串联电路中，电容两端的电压
    (a)与电源电压同相　(b)与电流同相
    (c)滞后电阻电压 90°(d)滞后电源电压 90°

13. 当 RC 串联电路中的电压频率增加时，阻抗也随之
    (a)增加　　　(b)减少
    (c)保持不变　　(d)加倍

14. 当 RC 串联电路中的电压频率降低时，相位角将
    (a)增加　　　(b)减少
    (c)保持不变　　(d)不可预测

15. 当 RC 串联电路的频率与电阻都增加一倍时，阻抗将
    (a)加倍　　　(b)减半
    (c)变为原来的 4 倍(d)以下都错

16. 在 RC 串联电路中，通过测量得知，电阻与

电容两端电压的有效值均为 10 V，则电源
电压有效值为

(a)20 V　　　　　(b)14.14 V

(c)28.28 V　　　　(d)10 V

17. 问题 15 中的电压是在某频率下测量的。要
使电阻电压大于电容电压，频率

(a)必须增加　　　(b)必须减小

(c)保持不变　　　(d)增减都没有效果

18. 当 $R = X_C$ 时，相位角为

(a)0°　　　　　　(b)+90°

(c)−90°　　　　　(d)45°

19. 若要将相位角降低到 45°以下，必须满足以
下哪个条件：

(a)$R = X_C$　　　　　(b)$R < X_C$

(c)$R > X_C$　　　　　(d)$R = 10X_C$

20. 当电源电压的频率增加时，RC 并联电路的阻
抗将

(a)增加　　　　　(b)减少

(c)不变

21. 在 RC 并联电路中，电阻电流的有效值为 1 A，
经过电容的电流有效值为 1 A。总电流的有效
值为

(a)1 A　　　　　(b)2 A

(c)2.28 A　　　　(d)1.414 A

22. 功率因数为 1 表示电路相位角为

(a)90°　　　　　(b) 45°

(c)180°　　　　(d)0°

23. 在某负载下，有功功率为 100 W，无功功率
为 100 VAR，那么视在功率为

(a)200 V·A　　　(b)100 V·A

(c)141.4 V·A　　(d)141.4 W

24. 交流电源额定功率的单位通常为

(a)瓦[特]　　　　(b)伏·安

(c)乏　　　　　　(d)这些都不是

电路行为变化趋势判断(答案在本章末尾)

参见图 15-87

1. 如果 C 开路，那么它两端的电压将

(a)增大　　(b)减小　　(c)保持不变

2. 如果 R 开路，那么 C 上的电压将

(a)增大　　(b)减小　　(c)保持不变

3. 如果频率增加，那么 R 上的电压将

(a)增大　　(b)减小　　(c)保持不变

参见图 15-88

4. 如果 R_1 开路，那么 R_2 上的电压将

(a)增大　　(b)减小　　(c)保持不变

5. 如果 C_2 增加到 0.47 μF，那么它两端的电
压将

(a)增大　　(b)减小　　(c)保持不变

参见图 15-94

6. 如果 R 开路，那么电容上的电压将

(a)增大　　(b)减小　　(c)保持不变

7. 如果电源电压增加，那么 X_C 将

(a)增大　　(b)减小　　(c)保持不变

参见图 15-99

8. 如果 R_2 开路，那么 R_2 顶端到地的电压将

(a)增大　　(b)减小　　(c)保持不变

9. 如果 C_2 短路，那么 C_1 上的电压

(a)增大　　(b)减小　　(c)保持不变

10. 如果电源电压的频率增加，那么流经电阻的
电流将

(a)增大　　(b)减小　　(c)保持不变

11. 如果电源电压的频率降低，那么流经电容的
电流将

(a)增大　　(b)减小　　(c)保持不变

参见图 15-104

12. 如果 C_3 开路，那么从 B 点到地的电压将

(a)增大　　(b)减小　　(c)保持不变

13. 如果 C_2 开路，那么 B 点到地的电压将

(a)增大　　(b)减小　　(c)保持不变

14. 如果 C 点到地短路，那么 A 点到地的电
压将

(a)增大　　(b)减小　　(c)保持不变

15. 如果电容 C_3 开路，那么 B 到 D 的电压将

(a)增大　　(b)减小　　(c)保持不变

16. 如果电源频率增加，那么从 C 点到地的电压

(a)增大　　(b)减小　　(c)保持不变

17. 如果电源频率增加，那么电源电流将

(a)增大　　(b)减小　　(c)保持不变

18. 如果 R_2 短路，那么 C_1 上的电压将

(a)增大　　(b)减小　　(c)保持不变

分节习题(较难的问题用星号(＊)表示，奇数题答案在本书末尾)

15.1 节

1. 用复数表示量值的两个特征是什么？

2. 在复平面上定位以下数：

(a)+6　　　　　(b)−2

(c)+j3　　　　　(d)−j8

3. 在复平面上找出由以下各坐标表示的点：

(a)3，j5　　　　(b)−7，j1

(c)−10，−j10

＊4. 求与问题 3 中各点的幅值相同，但旋转 180°
的点的坐标。

*5. 求与问题 3 中各点的幅值相同，但旋转 90°
  的点的坐标。

6. 复平面上的点描述如下。将每个点的复数用
   直角坐标形式来表示：
   (a)原点右侧实轴向上 3 个单位，j 轴向上 5
     个单位。
   (b)原点左侧实轴向上 2 个单位，j 轴向上
     1.5 个单位。
   (c)原点左侧实轴向上 10 个单位，j 轴向下 14
     个单位。

7. 边长分别是 10 和 15 的直角三角形的斜边长
   度是多少？

8. 将下列直角坐标形式的复数转换为极坐标形式：

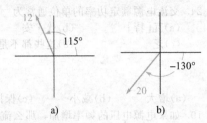

(a)40—j40   (b)50—j200
(c)35—j20   (d)98+j45

9. 将下列极坐标形式的复数转换为直角坐标形式：
   (a)1000∠—50°   (b)15∠160°
   (c)25∠—135°   (d)3∠180°

10. 用负角度代替正角度表示下列极坐标形式的
    复数：
    (a)10∠120°   (b)32∠85°
    (c)5∠310°

11. 确定问题 8 中的每个点所在的象限。

12. 确定问题 10 中每个点所在的象限。

13. 对图 15-84 中的每个相量，用正角度写出它
    们的极坐标形式。

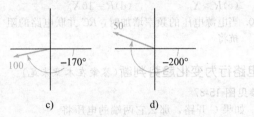

图　15-84

14. 将以下复数相加：
    (a)9+j3 和 5+j8
    (b)3.5—j4 和 2.2+j6
    (c)—18+j23 和 30—j15
    (d)12∠45° 和 20∠32°
    (e)3.8∠75° 和 1+j1.8
    (f)50—j39 和 60∠—30°

15. 将以下复数相减：
    (a)(2.5+j1.2)—(1.4+j0.5)
    (b)(8—j4)—3∠25°
    (c)(—45—j23)—(36+j12)
    (d)48∠135°—33∠—60°

16. 将以下复数相乘：
    (a)4.5∠48° 和 3.2∠90°
    (b)120∠—220° 和 95∠200°
    (c)—3∠150° 和 4—j3
    (d)67+j84 和 102∠40°
    (e)15—j10 和 —25—j30
    (f)0.8+j0.5 和 1.2—j1.5

17. 将以下复数相除：
    (a)$\dfrac{8\angle 50°}{2.5\angle 39°}$ (b)$\dfrac{63\angle -91°}{9\angle 10°}$
    (c)$\dfrac{28\angle 30°}{14-j12}$ (d)$\dfrac{40-j30}{16+j8}$

18. 完成以下运算：
    (a)$\dfrac{2.5\angle 65°-1.8\angle -23°}{1.2\angle 37°}$
    (b)$\dfrac{(100\angle 15°)(85-j150)}{25+j45}$
    (c)$\dfrac{(250\angle 90°+175\angle 75°)(50-j100)}{(125+j90)(35\angle 50°)}$
    (d)$\dfrac{(1.5)^2(3.8)}{1.1}+j\left(\dfrac{8}{4}-j\dfrac{4}{2}\right)$

第一部分：RC 串联电路

15.2 节

19. 一个 8 kHz 的正弦电压施加到一个 RC 串联
    电路上。电阻上电压的频率是多少？电容两
    端电压呢？

20. 在问题 19 的电路中电流波形是什么？

15.3 节

21. 分别用极坐标和直角坐标形式表示图 15-85
    中每个电路的总阻抗。

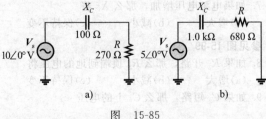

图　15-85

22. 求图 15-86 所示每个电路的阻抗大小和阻
    抗角。

23. 求图 15-87 所示电路在下列各频率时的阻抗
    （用直角坐标来表示）：
    (a)100 Hz   (b)500 Hz
    (c)1 kHz   (d)2.5 kHz

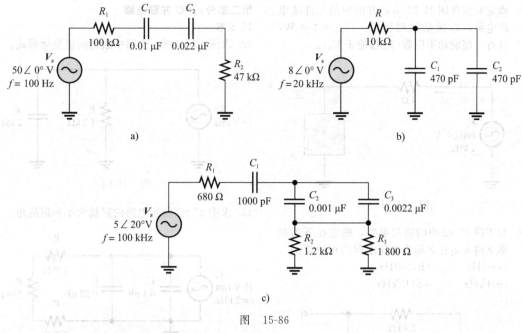

图 15-86

24. 设 $C=0.0047\ \mu F$，重复求解问题 23。

25. RC 串联电路中总阻抗如下，确定串联电路中 R 和 X_C 的值：

(a)$Z=33\ \Omega-j50\ \Omega$

(b)$Z=300\angle-25°\Omega$

(c)$Z=1.8\angle-67.2°k\Omega$

(d)$Z=789\angle-45°\Omega$

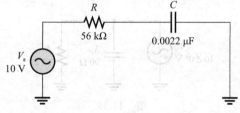

图 15-87

15.4 节

26. 用极坐标形式表示图 15-85 中每个电路的电流。

27. 用直角坐标形式表示图 15-85 中各电路中的电流。

28. 计算图 15-86 中各电路的总电流（用极坐标表示）。

29. 用直角坐标形式表示图 15-86 中各电路的电流。

30. 求图 15-86 中每个电路的电压和电流之间的相位差。

31. 若 $f=5$ kHz，对图 15-87 中电路重复求解问题 30。

32. 对于图 15-88 所示的电路，绘制相量图以表示所有电压和总电流，标注相位角。

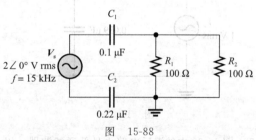

图 15-88

33. 对于图 15-89 所示的电路，求以下各项的极坐标形式：

(a) Z (b)I_{tot} (c)V_R (d)V_C

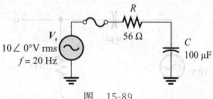

图 15-89

* 34. 为了使总电流达到 10 mA，必须将图 15-90中可变电阻器设置为什么值？电流的相位角是多少？

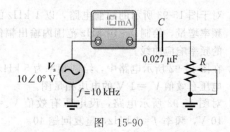

图 15-90

35. 确定安装在图 15-91 所示方框中的元件或串联电路，以满足下列要求：$P_{true} = 400$ W，且有一超前功率因数（I_{tot} 超前于 V_s）。

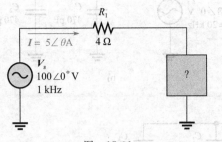

图 15-91

36. 对于图 15-92 中的滞后电路，确定在下列频率下输入电压和输出电压之间的相位差。

(a) 1Hz   (b) 100Hz
(c) 1kHz   (d) 10kHz

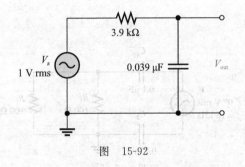

图 15-92

37. 图 15-92 中的滞后电路也是低通滤波器。以 1 kHz 的频率增量，绘制 0～10 kHz 范围内输出电压与频率的响应曲线。

38. 对图 15-93 中的超前电路，重复问题 36。

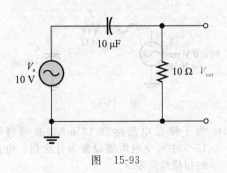

图 15-93

39. 对于图 15-93 所示的超前电路，以 1 kHz 的频率增量，绘制 0～10 kHz 范围内输出幅值的频率响应曲线。

40. 在图 15-92 所示电路中，绘制频率为 5 kHz，电压有效值 $V_s = 1$ V 的电压相量图。

41. 对图 15-93 所示电路，设电压有效值 $V_s = 10$ V，频率 $f = 1$ kHz，重复问题40。

第二部分：RC 并联电路

15.5 节

42. 求图 15-94 所示电路中阻抗的极坐标形式。

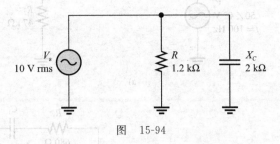

图 15-94

43. 求图 15-95 所示电路的阻抗大小和阻抗角。

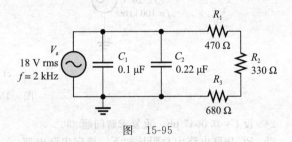

图 15-95

44. 频率如下值时，重复求解问题 43。

(a) 1.5 kHz   (b) 3 kHz
(c) 5 kHz   (d) 10 kHz

15.6 节

45. 对于图 15-96 中的电路，求出所有电流和电压的极坐标形式。

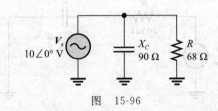

图 15-96

46. 并联电路如图 15-97 所示，求各支路电流和总电流的大小。外加电压与总电流之间的相位差是多少？

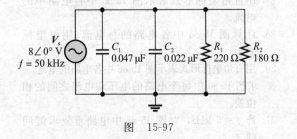

图 15-97

47. 求图 15-98 所示电路的下列各值：

(a) Z (b) I_R

(c) $I_{C(\text{tot})}$　　　(d) I_{tot}
(e) θ

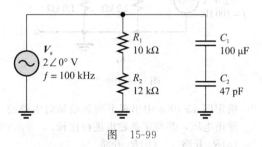

图　15-98

48. 如果 $R = 5.6$ kΩ、$C_1 = 0.047$ μF、$C_2 = 0.022$ μF、$f = 500$ Hz，重复问题 47。

*49. 将图 15-99 中的电路变换为等效的串联电路。

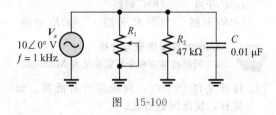

图　15-99

*50. 电路如图 15-100 所示，R_1 必须调整到什么值，才能使总电流与电源电压之间的相位差为 30°。

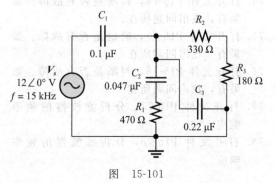

图　15-100

第三部分：RC 串-并联电路
15.7 节

51. 求图 15-101 中各元件上电压相量的极坐标形式。画出电压相量图。

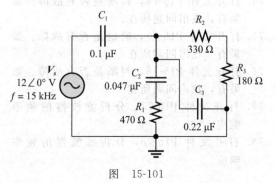

图　15-101

52. 对于图 15-101 中的电路，阻性强还是容性强？

53. 求图 15-101 中流经每个支路的电流和总电流（用极坐标形式表示）。绘制电流相量图。

54. 求图 15-102 所示电路的下列各值：
(a) I_{tot}　　(b) u　　(c) V_{R1}
(d) V_{R2}　　(e) V_{R3}　　(f) V_C

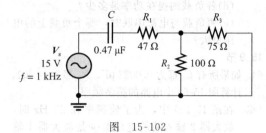

图　15-102

*55. 求图 15-103 中 C_2 为何值时，$V_A = V_B$？

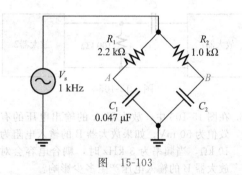

图　15-103

*56. 求图 15-104 中有标注点（A、B、C、D）的电压及其相位。

*57. 求图 15-104 中流经各元件的电流。

*58. 绘制图 15-104 所示电路的电压和电流相量图。

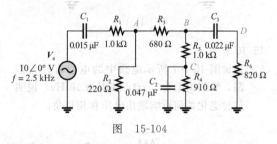

图　15-104

第四部分：特殊专题
15.8 节

59. 在某 RC 串联电路中，有功功率为 2 W，无功功率为 3.5 VAR，求视在功率。

60. 对于图 15-89 所示电路，有功功率和无功功率分别为多少？

61. 图 15-99 所示电路的功率因数是多少？

62. 求图 15-102 中电路的 P_{true}、P_r、P_a 和 PF。

画出功率三角形。

*63. 一个 240 V、60 Hz 的电源驱动两个负载。负载 A 的阻抗值为 50 Ω，功率因数为 0.85；负载 B 阻抗值为 72 Ω，功率因数为 0.95。

(a) 流经各负载的电流为多少？

(b) 各负载的无功功率是多少？

(c) 各负载的有功功率是多少？

(d) 各负载的视在功率是多少？

(e) 两负载与电源串联时，哪个负载上的电压更大？

15.9 节

64. 如果所有 C_s 都为 0.0022 μF，R_s 都为 10 kΩ，计算图 15-63 中电路的振荡频率。

*65. 在图 15-105 中，为了使频率在 20 Hz 时，放大器 2 输入端的电压至少是放大器 1 输出电压的 70.7%，耦合电容应为多大？

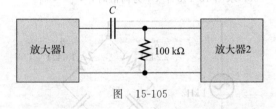

图 15-105

66. 在图 15-106 中，放大器 A 的输出电压的有效值为 50 mV。如果放大器 B 的输入电阻为 10 kΩ，当频率为 3 kHz 时，耦合电容会对放大器 B 的输入电压产生多少影响？

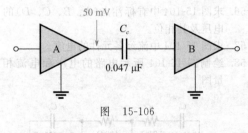

图 15-106

15.10 节

67. 假设图 15-107 所示电路中的电容有较大泄漏，泄漏电阻为 5 kΩ，频率为 10 Hz，说明这种老化如何影响输出电压和相位角。

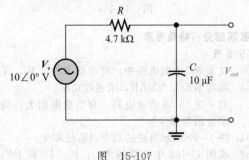

图 15-107

*68. 图 15-108 所示电容中，各电容均有 2 kΩ 的泄漏电阻。在此情况下，求各电路的输出电压。

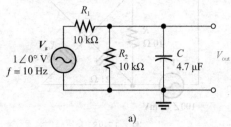

a)

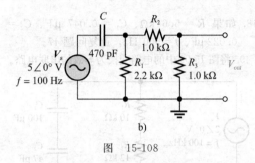

b)

图 15-108

69. 确定图 15-108a 中出现下列各故障时电路的输出电压，并与正确输出进行比较。

(a) R_1 开路　　(b) R_2 开路

(c) C 开路　　(d) C 短路

70. 确定图 15-108b 中出现下列各故障时电路的输出电压，并与正确输出进行比较。

(a) C 开路　　(b) C 短路

(c) R_1 开路　　(d) R_2 开路　　(e) R_3 开路

Multisim 故障排查与分析

以下问题的排除和分析需要使用 Multisim。

71. 打开文件 P15-71，判断是否有故障。如果有，找出问题所在。

72. 打开文件 P15-72，判断是否有故障。如果有，找出问题所在。

73. 打开文件 P15-73，判断是否有故障。如果有，找出问题所在。

74. 打开文件 P15-74，判断是否有故障。如果有，找出问题所在。

75. 打开文件 P15-75，确定是否有故障。如果有，找出问题所在。

76. 打开文件 P15-76，判断是否有故障。如果有，找出问题所在。

77. 打开文件 P15-77，分析滤波器的频率响应。

78. 打开文件 P15-78，分析滤波器的频率响应。

参考答案

学习效果检测答案

15.1 节

1. $2.83\angle45°$；第一象限

2. $3.54-j3.54$，第四象限

3. $4+j1$

4. $3+j7$

5. $16\angle110°$

6. $5\angle15°$

15.2 节

1. 电压频率为 60 Hz。电流频率也为 60 Hz。

2. 容抗引起相移。

3. 相位角接近 0°。

15.3 节

1. $R=150\ \Omega$；$X_C=220\ \Omega$

2. $\boldsymbol{Z}=33\ \text{k}\Omega-j50\ \text{k}\Omega$

3. $Z=\sqrt{R^2+X_C^2}=59.9\ \text{k}\Omega$；$\theta=-\arctan(X_C/R)=-56.6°$

15.4 节

1. $V_s=\sqrt{V_R^2+V_C^2}=7.21\ \text{V}$

2. $\theta=-\arctan(X_C/R)=-56.3°$

3. $\theta=90°$

4. 当 f 增大时，X_C 减小，Z 减小，θ 减小。

5. $\phi=-90°+\arctan(X_C/R)=-62.8°$

6. $V_{\text{out}}=(R/\sqrt{R^2+X_C^2})V_{\text{in}}=8.90\ \text{Vrms}$

15.5 节

1. 电导是电阻的倒数，容纳是容抗的倒数，导纳是阻抗的倒数。

2. $Y=1/Z=1/100\ \Omega=10\ \text{mS}$

3. $\boldsymbol{Y}=1/\boldsymbol{Z}=25.1\angle32.1°\mu\text{S}$

4. $\boldsymbol{Z}=39.8\angle-32.1°\text{k}\Omega$

15.6 节

1. $I_{\text{tot}}=V_sY=21.0\ \text{mA}$

2. $I_{\text{tot}}=\sqrt{I_R^2+I_C^2}=18.0\ \text{mA}$；$\theta=\arctan(I_C/I_R)=56.3°$；$\theta$ 是相对于外加电压的相位角。

3. $\theta=90°$

15.7 节

1. 见图 15-109。

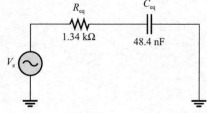

图　15-109

15.8 节

2. $\boldsymbol{Z}_{\text{tot}}=\boldsymbol{V}_s/\boldsymbol{I}_{\text{tot}}=\boldsymbol{Z}_{\text{tot}}=36.3\Omega\angle-49.7°$

15.8 节

1. 功率损耗是由电阻引起的。

2. $PF=\cos\theta=0.707$

3. $P_{\text{true}}=I^2R=1.32\ \text{kW}$；$P_r=I^2X_C=1.84\ \text{kVAR}$；$P_a=I^2Z=2.27\ \text{kV}\cdot\text{A}$

15.9 节

1. 180°

2. 电容两端电压作为输出电压。

15.10 节

1. 泄漏电阻与 C 并联，改变了电路的时间常数。

2. 电容开路。

3. 串联电阻开路或电容短路将导致电容两端输出电压为零。

同步练习答案

15-1　(a)第一象限　(b)第四象限
　　　(c)第三象限　(d)第二象限

15-2　$29.2\angle52.0°$

15-3　$70.1-j34.2$

15-4　$14.4\angle-57.2°$

15-5　$-1-j8$

15-6　$-13.5-j4.5$

15-7　$1500\angle-50°$

15-8　$4\angle-42°$

15-9　见图 15-110。

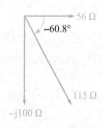

图　15-110

15-10　$\boldsymbol{V}_s=2.56\angle-38.5°\text{V}$

15-11　$\boldsymbol{I}=3.80\angle33.3°\text{mA}$

15-12　$Z=16.0\ \text{k}\Omega$，$\theta=-86.4°$

15-13　滞后相位角增加

15-14　输出电压降低

15-15　超前相位角减小

15-16　输出电压降低

15-17　$\boldsymbol{Z}=24.3\angle-76.0°\Omega$

15-18　$\boldsymbol{Y}=4.60\angle48.8°\text{mS}$

15-19　$\boldsymbol{I}=6.15\angle42.4°\text{mA}$

15-20　$\boldsymbol{I}_{\text{tot}}=117\angle31.0°\text{mA}$

15-21　$R_{\text{eq}}=8.99\ \text{k}\Omega$，$X_{C(\text{eq})}=4.38\ \text{k}\Omega$

15-22 $\boldsymbol{V}_1 = 7.04\angle 8.53°$ V，$\boldsymbol{V}_2 = 3.22\angle -18.9°$V

15-23 $\boldsymbol{V}_{R1} = 766\angle 67.5°$ mV；$\boldsymbol{V}_{C1} = 1.85\angle -22.5°$V；$\boldsymbol{V}_{R2} = 1.59\angle 37.6°$V；$\boldsymbol{V}_{C2} = 1.22\angle -52.4°$V；见图 15-111。

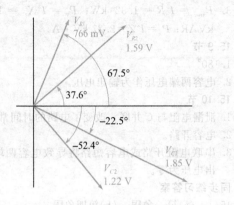

图 15-111

15-24 $PF = 0.146$

15-25 $P_{\text{true}} = 213$ mW

15-26 1.60 kHz

15-27 $V_{\text{out}} = 7.29$ V

15-28 电阻开路

对/错判断答案

1. T	2. T	3. F	4. F
5. T	6. T	7. F	8. T
9. F	10. T	11. F	12. T

自我检测答案

1. (b)	2. (a)	3. (d)	4. (c)
5. (c)	6. (a)	7. (b)	8. (c)
9. (d)	10. (d)	11. (c)	12. (c)
13. (b)	14. (a)	15. (d)	16. (b)
17. (a)	18. (d)	19. (c)	20. (b)
21. (d)	22. (d)	23. (c)	24. (b)

电路行为变化趋势判断答案

1. (a)	2. (b)	3. (a)	4. (a)
5. (b)	6. (c)	7. (c)	8. (a)
9. (a)	10. (c)	11. (b)	12. (a)
13. (a)	14. (b)	15. (a)	16. (b)
17. (a)	18. (a)		

RL 正弦交流电路

▶ 教学目标

第一部分：*RL* 串联电路
- 描述 *RL* 串联电路中电压与电流的关系
- 确定 *RL* 串联电路的阻抗
- 分析 *RL* 串联电路

第二部分：*RL* 并联电路
- 确定 *RL* 并联电路中的阻抗和导纳
- 分析 *RL* 并联电路

第三部分：*RL* 串-并联电路
- 分析 *RL* 串-并联电路

第四部分：特殊专题
- 计算 *RL* 电路中的功率
- 讨论两个 *RL* 电路应用的实例
- *RL* 电路故障排查

▶ 应用案例预览

在本应用案例中，利用 *RL* 电路相关知识，根据测量结果，判定封装模块中的滤波器类型，以及组成滤波器组件的参数值。

▶ 引言

在本章中，将学习 *RL* 串联及并联电路。对于 *RC* 电路及 *RL* 电路的分析，二者是相似的，主要的区别在于相位响应不同：感抗随频率增大而增大，容抗随频率增大而减小。

RL 电路由电阻和电感组成。本章介绍了基本的 *RL* 串联和并联电路及其对正弦交流电压的响应，并对 *RL* 串-并联电路进行了分析。讨论了 *RL* 电路中的有功功率、无功功率和视在功率，介绍了基本 *RL* 电路的一些应用。*RL* 电路的应用包括滤波器和开关稳压电源。本章还讨论了 *RL* 电路的故障排查。

▶ 教学方法选择

如果你选择教学方式一，学习了第 15 章的 *RC* 电路后，接下来应该学习本章的所有内容。

如果你选择教学方式二，分 4 个部分来学习，以第 15 章的 *RC* 电路为开端，那么接下来应该学习本章的相应部分，然后是第 17 章的相应部分。

第一部分　*RL* 串联电路

16.1　*RL* 串联电路的正弦响应

与 *RC* 电路一样，当正弦电压施加于 *RL* 串联电路上时，各响应电压和电流波形也都是正弦波。电感引起电压和电流之间的相位差，大小取决于电阻和感抗的相对值。

学完本节内容后，你应该能够描述 *RL* 串联电路中电流与电压的关系，具体就是：

- 讨论电压和电流的波形。
- 讨论相移问题。

在 RL 电路中，电阻上的电压和电流均滞后电源电压，电感上的电压超前电源电压。理想情况下，电感电压和电流之间的相位差总是 90°。这些相位关系如图 16-1 所示。注意它们与第 15 章讨论的 RC 电路有何不同。

电压和电流的幅值和相位关系取决于电阻值和**感抗**值。当电路为纯感性电路时，电源电压与总电流的相位角为 90°，电流滞后电压。当电路中同时存在电阻和感抗时，相位角介于 0°～90°，具体取决于电阻和感抗的相对值。

前文提到，实际的电感因存在线圈电阻、线圈间的耦合电容等影响因素，而其与理想元件稍有不同。在实际电路中，这些影响可

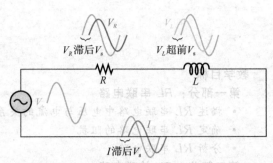

图 16-1　V_R、V_L 和 I 与电源电压相位关系的一般说明。V_R 和 I 同相，V_R 和 V_L 相差 90°

能是十分显著的。为了单独讨论电感效应，本章我们将电感视为理想元件(应用案例除外)。

学习效果检测

1. 一个频率为 1 kHz 的正弦电压施加于 RL 电路上，所产生的电流频率是多少？
2. 当 RL 电路中的电阻大于感抗时，电源电压与总电流相位差是更接近 0° 还是更接近 90°？

16.2　RL 串联电路的阻抗

RL 串联电路的阻抗由电阻和感性电抗(即感抗)组成，是相对于正弦电流的总阻抗，单位是欧[姆]。阻抗也是引起总电流和电源电压间相位差的原因。阻抗由幅值和相位角(即阻抗角)组成，可表示为相量。

学完本节内容后，你应该能够计算 RL 串联电路的阻抗，具体就是：

- 写出感抗的复数形式表达式。
- 写出总阻抗的复数形式表达式。
- 计算阻抗的幅值与相位角。

RL 串联电路的阻抗是由电阻和感抗决定的。感抗用直角坐标形式表示为：

$$\mathbf{X}_L = \mathrm{j}X_L$$

图 16-2 所示为 RL 串联电路中总阻抗为 R 与 $\mathrm{j}X_L$ 的相量和，表示为：

$$\mathbf{Z} = R + \mathrm{j}X_L \tag{16-1}$$

在交流电路分析中，R 和 X_L 的相量图，如图 16-3a 所示，X_L 与 R 间的角度为 +90°。这种关系是由于电感电压超前电流 90°，因此也就超前电阻电压 90°。$\mathbf{Z}$ 是 R 和 $\mathrm{j}X_L$ 的相量和，其相量表示如图 16-3b 所示。各相量关系如图 16-3c 所示，它们形成了一个直角三角形，称为阻抗三角形。每个相量的长度表示该相量的幅值，θ 表示电源电压与 RL 电路中总电流之间的相位差。

根据直角三角形的勾股定理，RL 串联电路的阻抗幅值(即相量长度)可以由电阻与感抗表示为：

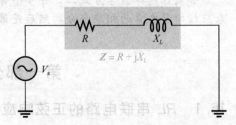

图 16-2　RL 串联电路的阻抗

$$Z = \sqrt{R^2 + X_L^2}$$

阻抗幅值用 Z 表示，单位为欧[姆]。

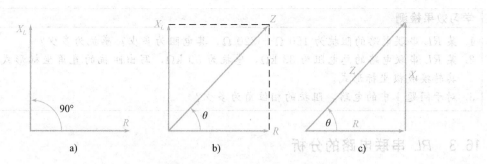

图 16-3 *RL* 串联电路中阻抗三角形的构建

相位角（阻抗角）θ 可表示为：

$$\theta = \arctan\left(\frac{X_L}{R}\right)$$

arctan 表示反正切。你可以通过计算器计算反正切值。结合幅值和相位角，可得阻抗相量的极坐标形式为：

$$\mathbf{Z} = \sqrt{R^2 + X_L^2} \angle \arctan\left(\frac{X_L}{R}\right) \tag{16-2}$$

例 16-1 写出图 16-4 中各电路阻抗的直角坐标形式与极坐标形式。

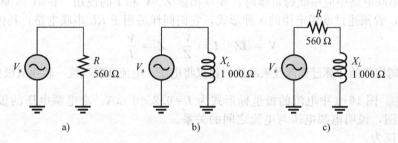

图 16-4

解 对于图 16-4a 所示电路，阻抗为：

$\mathbf{Z} = R + j0 = R = 560\ \Omega$（直角坐标形式（$X_L = 0$））

$\mathbf{Z} = R\angle 0° = 560\angle 0°\ \Omega$（极坐标形式）

该阻抗为电阻，相位角为 0°，因为纯电阻不会引起电压与电流的相位差。

对于图 16-14b 所示电路，阻抗为：

$\mathbf{Z} = 0 + jX_L = j1000\ \Omega$（直角坐标形式（$R = 0$））

$\mathbf{Z} = X_L\angle 90° = 1000\angle 90°\ \Omega$（极坐标形式）

该阻抗为感抗，相位角为 $+90°$，因为电感会引起电流滞后电压 90°。

对于图 16-18c 所示电路，阻抗为：

$\mathbf{Z} = R + jX_L = 560\ \Omega + j1000\ \Omega$（直角坐标形式）

$$\mathbf{Z} = \sqrt{R^2 + X_L^2} \angle \arctan\left(\frac{X_L}{R}\right)$$

$$= \sqrt{(560\ \Omega)^2 + (1000\ \Omega)^2} \angle \arctan\left(\frac{1000\ \Omega}{560\ \Omega}\right) = 1150\angle 60.8°\ \Omega\text{（极坐标形式）}$$

这里阻抗为电阻与感抗的相量和。相位角由 R 与 X_L 的值决定。

同步练习 在 *RL* 串联电路中，电阻 $R = 1.8\ \text{k}\Omega$、$X_L = 950\ \Omega$，用直角坐标形式和极坐标形式表示该电路的阻抗。

学习效果检测

1. 某 RL 串联电路的阻抗为 $150\ \Omega+\mathrm{j}220\ \Omega$，其电阻为多少？感抗为多少？
2. 某 RL 串联电路的总电阻为 $33\ \mathrm{k}\Omega$，感抗为 $50\ \mathrm{k}\Omega$，写出阻抗的直角坐标形式，再将其转换成极坐标形式。
3. 对于问题 1 中的电路，阻抗的相位角为多少？

16.3　RL 串联电路的分析

利用欧姆定律和基尔霍夫电压定律可分析 RL 串联电路，并计算电压、电流与阻抗。此外，本节还研究 RL 超前与滞后电路。

学完本节内容后，你应该能够分析 RL 串联电路，具体就是：

- 应用欧姆定律与基尔霍夫电压定律分析 RL 串联电路。
- 用相量表示电压与电流。
- 说明阻抗与相位角随频率如何变化。
- 分析 RL 滞后电路。
- 分析 RL 超前电路。

16.3.1　欧姆定律

在 RL 串联电路中应用欧姆定律时，涉及相量 $\boldsymbol{Z}$、$\boldsymbol{V}$ 和 $\boldsymbol{I}$ 的使用。在第 15 章的 RC 正弦交流电路中，曾阐述过欧姆定律的 3 种形式，它们同样适用于 RL 串联电路，具体如下：

$$\boldsymbol{V}=\boldsymbol{IZ}\qquad \boldsymbol{I}=\frac{\boldsymbol{V}}{\boldsymbol{Z}}\qquad \boldsymbol{Z}=\frac{\boldsymbol{V}}{\boldsymbol{I}}$$

由于欧姆定律的计算过程涉及乘除法，建议将电压、电流和阻抗统一转换成极坐标形式。

例 16-2　图 16-5 中电流的极坐标形式为 $\boldsymbol{I}=0.2\angle 0°\mathrm{mA}$。求电源电压的极坐标形式，并绘制相量图，说明电源电压与电流之间的关系。

解　感抗为：
$$X_L=2\pi fL=2\pi\times 10\ \mathrm{kHz}\times 100\ \mathrm{mH}=6.28\ \mathrm{k}\Omega$$

阻抗的直角坐标形式为：
$$\boldsymbol{Z}=R+\mathrm{j}X_L=10\ \mathrm{k}\Omega+\mathrm{j}6.28\ \mathrm{k}\Omega$$

转换为极坐标形式。
$$\boldsymbol{Z}=\sqrt{R^2+X_L^2}\ \angle \arctan\left(\frac{X_L}{R}\right)$$
$$=\sqrt{(10\ \mathrm{k}\Omega)^2+(6.28\ \mathrm{k}\Omega)^2}\ \angle \arctan\left(\frac{6.28\ \mathrm{k}\Omega}{10\ \mathrm{k}\Omega}\right)=11.8\angle 32.1°\ \mathrm{k}\Omega$$

应用欧姆定律求电源电压为：
$$\boldsymbol{V}_\mathrm{s}=\boldsymbol{IZ}=(0.2\angle 0°\mathrm{mA})\times(11.8\angle 32.1°\ \mathrm{k}\Omega)=2.36\angle 32.1°\ \mathrm{V}$$

电源电压与电流相位差为 $32.1°$，幅值为 $2.36\ \mathrm{V}$。即电压超前电流 $32.1°$，相量图如图 16-6 所示。

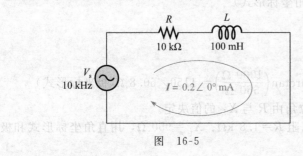

图　16-5　　　　　　　　　　　图　16-6

同步练习　如果图 16-5 中的电源电压为 $5\angle 0°\text{V}$，求电流的极坐标形式。

Multisim 仿真
使用 Multisim 文件 E16-02A、E16-02B 校验本例的计算结果，并核实你对同步练习的计算结果。

16.3.2　电流与电压的相位角关系

在 RL 串联电路中，电流同时流过电阻和电感。由于电阻电压与电流同相，电感电压超前电流 $90°$。因此，电阻电压 V_R 与电感电压 V_L 相位差为 $90°$，波形图如图 16-7 所示。

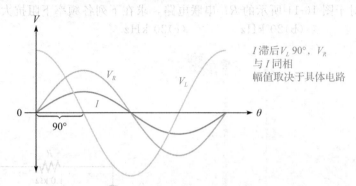

图 16-7　RL 串联电路中电压与电流的相位关系

根据基尔霍夫电压定律，R 与 L 上电压的代数和等于电源电压。但 V_R 与电感电压 V_L 不同相，V_L 超前 V_R $90°$，如图 16-8a 所示。V_s 为 V_R 和 V_L 二者的相量和，如图 16-8b 所示。

$$V_s = V_R + jV_L \tag{16-3}$$

将该等式转换为极坐标形式。

$$V_s = \sqrt{V_R^2 + V_L^2} \angle \arctan\left(\frac{V_L}{V_R}\right) \tag{16-4}$$

其中，电源电压的大小为：

$$V_s = \sqrt{V_R^2 + V_L^2}$$

电源电压与电阻电压的相位差为：

$$\theta = \arctan\left(\frac{V_L}{V_R}\right)$$

由于电阻电压和电流同相，因此 θ 也就是电源电压与电流的相位差。图 16-9 给出了图 16-7 所示波形图的所有电压与电流的相量图。

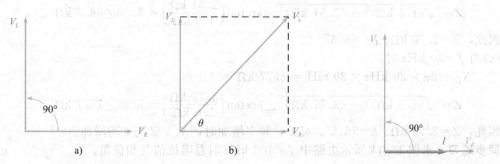

图 16-8　RL 串联电路的电压相量图　　　　图 16-9　图 16-7 所示波形图对应
　　　　　　　　　　　　　　　　　　　　　　　　　的电压与电流的相量图

16.3.3 阻抗大小与相位角随频率的变化

阻抗三角形有助于理解 RL 电路的频率响应。如你所知,感抗与频率成正比。当 X_L 增加时,总阻抗值也增加;当 X_L 减小时,总阻抗值也减小。因此,Z 与频率变化趋势相同。又因为 $\theta = \arctan(X_L/R)$,所以当 X_L 随频率增加时,θ 也增加。

如图 16-10 所示,可以使用阻抗三角形来说明 X_L、Z 和 θ 随频率变化的情况。因为 R 是常数,X_L 与频率成正比,所以总阻抗的大小和相位角都随频率的增加而增加。例 16-3 说明了这一点。

> **例 16-3** 对于图 16-11 所示的 RL 串联电路,求在下列各频率下阻抗大小与阻抗角。
> (a)10 kHz (b)20 kHz (c)30 kHz

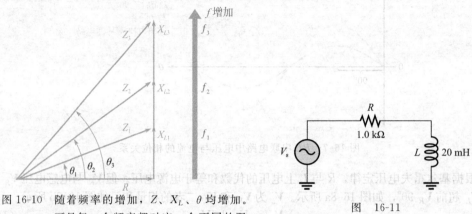

图 16-10 随着频率的增加,Z、X_L、θ 均增加。
可见每一个频率都对应一个不同的阻抗三角形

图 16-11

解 (a)当 $f=10$ kHz 时:

$$X_L = 2\pi fL = 2\pi \times 10 \text{ kHz} \times 20 \text{ mH} = 1.26 \text{ k}\Omega$$

$$\boldsymbol{Z} = \sqrt{R^2 + X_L^2} \angle \arctan\left(\frac{X_L}{R}\right)$$

$$= \sqrt{(1.0 \text{ k}\Omega)^2 + (1.26 \text{ k}\Omega)^2} \angle \arctan\left(\frac{1.26 \text{ k}\Omega}{1.0 \text{ k}\Omega}\right) = 1.61\angle 51.5° \text{ k}\Omega$$

因此,$Z=1.61$ kΩ、$\theta = 51.5°$。

(b)当 $f=20$ kHz 时:

$$X_L = 2\pi \times 20 \text{ kHz} \times 20 \text{ mH} = 2.51 \text{ k}\Omega$$

$$\boldsymbol{Z} = \sqrt{(1.0 \text{ k}\Omega)^2 + (2.51 \text{ k}\Omega)^2} \angle \arctan\left(\frac{2.51 \text{ k}\Omega}{1.0 \text{ k}\Omega}\right) = 2.70\angle 68.3° \text{k}\Omega$$

因此,$Z=2.70$ kΩ、$\theta = 68.3°$。

(c)当 $f=30$ kHz 时:

$$X_L = 2\pi \times 30 \text{ kHz} \times 20 \text{ mH} = 3.77 \text{ k}\Omega$$

$$\boldsymbol{Z} = \sqrt{(1.0 \text{ k}\Omega)^2 + (3.77 \text{ k}\Omega)^2} \angle \arctan\left(\frac{3.77 \text{ k}\Omega}{1.0 \text{ k}\Omega}\right) = 3.90\angle 75.1° \text{k}\Omega$$

因此,$Z=3.90$ kΩ、$\theta = 75.1°$。可见,频率增加时,X_L、Z 与 θ 均增加。

同步练习 求图 16-11 所示电路中 $f=100$ kHz 时总阻抗值与相位角。

可以使用图形计算器来显示 X_L、Z 与 θ 随频率是如何变化的。例 16-3 可说明这一点。对于 X_L 和 Z,分别输入等式中并绘制它们,如图 16-12a 所示。红线表示 X_L 的大小,蓝线表示 Z 的大小。使用 trace 功能,你可以读出频率、电抗或阻抗。通过在 mode 菜单中选择

GRAPH-TABLE，可以查看计算器用来绘制图形的表格数据（用 [2nd] [window] 设置表参数）。图 16-12b 显示了查看结果。注意，在低频下，阻抗的大小主要取决于 R；而在高频下，X_L 的大小决定了阻抗大小。（每格的增量为 $f=5000$ Hz、$Z=1000$ Ω。）也可以利用图形计算器来观察相位角随频率是如何变化的，如图 16-12c 所示，图中每格的增量为 $f=5000$ Hz、$\theta=10°$。

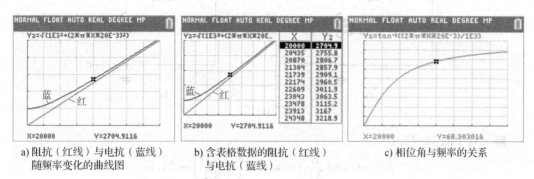

a) 阻抗（红线）与电抗（蓝线）
　随频率变化的曲线图

b) 含表格数据的阻抗（红线）
　与电抗（蓝线）

c) 相位角与频率的关系

图 16-12　例 16-3 电路的图形（图片经德州仪器公司授权许可使用）

16.3.4　*RL* 超前电路

RL 超前电路是一种相移电路，其输出电压超前输入电压一定角度。图 16-13a 所示为 *RL* 串联电路，输出电压为电感两端电压，电源电压为输入电压 V_{in}。注意，对于 *RC* 超前电路，输出电压为电阻两端电压。如你所知，电流和输入电压之间的相位角为 θ，也是电阻电压和输入电压之间的相位角，因为 V_R 和 I 同相位。

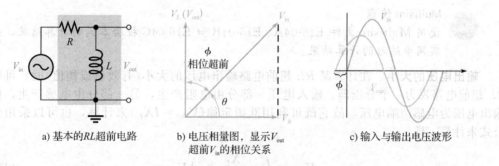

a) 基本的*RL*超前电路

b) 电压相量图，显示V_{out}
　超前V_{in}的相位关系

c) 输入与输出电压波形

图 16-13　*RL* 超前电路（$V_{\text{out}}=V_L$）

由于 V_L 超前 V_R 90°，因此，电感电压与输入电压的相位差为 90°与 θ 之差，如图 16-13b 所示。电感电压为输出电压，超前输入电压，从而形成一个超前电路。

超前电路的输入和输出电压波形如图 16-13c 所示。输入与输出电压的相位差记作 ϕ，与输出电压的大小一样，它们都取决于感抗与电阻的大小关系。

输出和输入电压的相位差　V_{out} 和 V_{in} 之间的相位差为 ϕ。输入电压和电流的极坐标表达式分别是 $V_{\text{in}}\angle 0°$ 和 $I\angle -\theta$。输出电压的极坐标形式为：

$$\boldsymbol{V}_{\text{out}} = (I\angle -\theta)(X_L\angle 90°) = IX_L\angle(90°-\theta)$$

该式表明，输出电压相对于输入电压的相位差为 $90°-\theta$。由于 $\theta=\arctan(X_L/R)$，故输入和输出电压之间的相位差 ϕ 为：

$$\phi = 90° - \arctan\left(\frac{X_L}{R}\right)$$

该式等价于：

$$\phi = \arctan\left(\frac{R}{X_L}\right) \qquad\qquad (16\text{-}5)$$

图 16-14

该角度始终为正，说明输出电压超前输入电压，如图 16-14 所示。

例 16-4 求图 16-15 中每个超前电路的相位超前量。

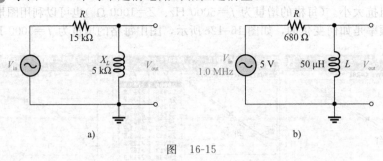

图 16-15

解 对于图 16-15a：

$$\phi = \arctan\left(\frac{R}{X_L}\right) = \arctan\left(\frac{15\ \text{k}\Omega}{5\ \text{k}\Omega}\right) = 71.6°$$

输出电压超前输入电压 71.6°。

对于图 16-15b：首先求得感抗 X_L，然后计算超前量。

$$X_L = 2\pi f L = 2\pi \times 1.0\ \text{MHz} \times 50\ \mu\text{H} = 314\ \Omega$$

$$\phi = \arctan\frac{R}{X_L} = \arctan\left(\frac{680\ \Omega}{314\ \Omega}\right) = 65.2°$$

输出电压超前输入电压 65.2°。

同步练习 某超前电路中，$R = 2.2\ \text{k}\Omega$、$X_L = 1\ \text{k}\Omega$，试计算相位超前量。

Multisim 仿真

使用 Multisim 文件 E16-04A、E16-04B 和 E16-04C 校验本例的计算结果，并核实同步练习的计算结果。

输出电压的大小 在计算某 RL 超前电路输出电压的大小(有效值或幅值)时，可将该 RL 超前电路视为一个分压器。输入电压一部分由电阻产生，另一部分由电感产生。由于输出电压为电感两端电压，故它既可利用欧姆定律($V_{\text{out}} = IX_L$)来计算，也可以采用分压公式来计算，即

$$V_{\text{out}} = \left(\frac{X_L}{\sqrt{R^2 + X_L^2}}\right) V_{\text{in}} \tag{16-6}$$

RL 超前电路的电压相量表达式为：

$$\boldsymbol{V}_{\text{out}} = V_{\text{out}} \angle \phi$$

例 16-5 对于图 16-15b 所示的超前电路(见例 16-4)，当输入电压为 5 V(有效值)时，试求输出电压的相量表达式，并绘制输入和输出电压波形，标出各自峰值。感抗 X_L(314 Ω)和 ϕ(65.2°)见例 16-4。

解 输出电压的相量表达式为：

$$\boldsymbol{V}_{\text{out}} = V_{\text{out}} \angle \phi = \left(\frac{X_L}{\sqrt{R^2 + X_L^2}}\right) V_{\text{in}} \angle \phi$$

$$= \left(\frac{314\ \Omega}{\sqrt{(680\ \Omega)^2 + (314\ \Omega)^2}}\right) \times 5 \angle 65.2° \text{V} = 2.10 \angle 65.2° \text{V}$$

输入、输出电压峰值分别为：

$$V_{in(p)} = 1.414 \, V_{in(rms)} = 1.414 \times 5 \text{ V} = 7.07 \text{ V}$$
$$V_{out(p)} = 1.414 \, V_{out(rms)} = 1.414 \times 2.10 \text{ V} = 2.97 \text{ V}$$

输入、输出电压的波形图如图 16-16 所示，输出电压超前输入电压 65.2°。

同步练习 对某一超前电路来说，当频率增加时，输出电压是增加还是减小？ ■

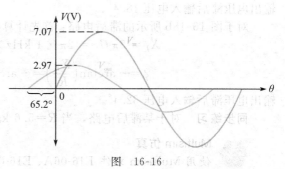

图 16-16

Multisim 仿真

使用 Multisim 文件 E16-05A、E16-05B 校验本例的计算结果，并核实同步练习的计算结果。

16.3.5 *RL* 滞后电路

RL **滞后电路**是输出电压比输入电压滞后一定角度的相移电路。当 *RL* 串联电路的输出电压为电阻两端电压，而非电感两端电压时，如图 16-17a 所示，即形成一个滞后电路。

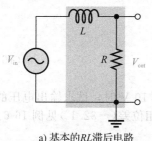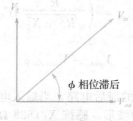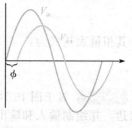

a) 基本的 *RL* 滞后电路　　b) 电压相量图，说明 V_{in} 与 V_{out} 的相位滞后关系　　c) 输入与输出电压的波形图

图 16-17　*RL* 滞后电路($V_{out} = V_R$)

输出和输入电压之间的相位差 在 *RL* 串联电路中，电流滞后于输入电压。因为输出电压为电阻两端电压，所以输出电压滞后输入电压，其相量图如图 16-17b 所示。波形图如图 16-17c 所示。

与超前电路一样，在滞后电路中，输出与输入电压的相位差和输出电压的幅值都取决于电阻和感抗。当以输入电压为参考相量时，输出电压相对于输入电压的相位差 ϕ 等于 θ，这是因为电阻电压(即输出电压)和电流同相。输出电压和输入电压之间的相位差为：

$$\phi = -\arctan\left(\frac{X_L}{R}\right) \tag{16-7}$$

由于输出电压滞后输入电压，因此该角度为负值。

例 16-6 计算图 16-18 中各电路输出电压与输入电压的相位差。

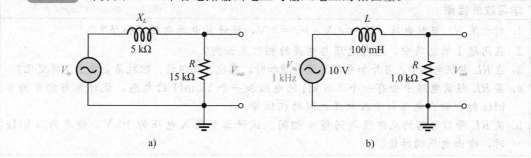

a)　　　　　　　　　　　b)

图　16-18

解 对于图 16-18a 所示的滞后电路：

$$\phi = -\arctan\left(\frac{X_L}{R}\right) = -\arctan\left(\frac{5\ \text{k}\Omega}{15\ \text{k}\Omega}\right) = -18.4°$$

输出电压滞后输入电压 18.4°。

对于图 16-18b 所示的滞后电路：首先计算感抗 X_L，然后计算相位差。

$$X_L = 2\pi f L = 2\pi \times 1\ \text{kHz} \times 100\ \text{mH} = 628\ \Omega$$

$$\phi = -\arctan\left(\frac{X_L}{R}\right) = -\arctan\left(\frac{628\ \Omega}{1.0\ \text{k}\Omega}\right) = -32.1°$$

输出电压滞后输入电压 32.1°。

同步练习 对于某滞后电路，当 $R = 5.6\ \text{k}\Omega$、$X_L = 3.5\ \text{k}\Omega$ 时，试计算相位差？ ■

Multisim 仿真
使用 Multisim 文件 E16-06A、E16-06B 和 E16-06C 校验本例的计算结果，并核实同步练习的计算结果。

输出电压的幅值 RL 滞后电路的输出电压为电阻两端电压，其幅值既可以利用欧姆定律（$V_{\text{out}} = IR$）来计算，也可以采用分压公式求得。

$$V_{\text{out}} = \left(\frac{R}{\sqrt{R^2 + X_L^2}}\right)V_{\text{in}}$$

其相量表达式为：

$$\boldsymbol{V}_{\text{out}} = V_{\text{out}} \angle \phi \tag{16-8}$$

例 16-7 对于图 16-18b 所示的滞后电路，当输入电压为 10 V 时，试求输出电压的相量表达，并绘制输入和输出电压的波形。感抗 X_L（628 Ω）和相位差（−32.1°）见例 16-6。

解 输出电压的相量表达式为：

$$\boldsymbol{V}_{\text{out}} = V_{\text{out}} \angle \phi = \left(\frac{R}{\sqrt{R^2 + X_L^2}}\right)V_{\text{in}} \angle \phi$$

$$= \left(\frac{1.0\ \text{k}\Omega}{1181\ \Omega}\right) \times 10 \angle -32.1°\,\text{V} = 8.47 \angle -32.1°\,\text{V rms}$$

波形图如图 16-19 所示。

同步练习 对于某滞后电路，当 $R = 4.7\ \text{k}\Omega$、$X_L = 6\ \text{k}\Omega$ 时，若输入电压为 20 V（有效值），试计算输出电压？

Multisim 仿真
使用 Multisim 文件 E16-07A、E16-07B 校验本例的计算结果，并核实同步练习的计算结果。

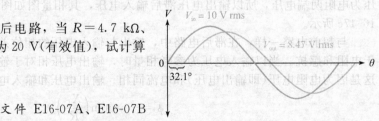

图 16-19

学习效果检测

1. 对于某 RL 串联电路，$V_R = 2\ \text{V}$、$V_L = 3\ \text{V}$，试计算电源电压的幅值？
2. 在问题 1 的电路中，电源电压与电流的相位差如何？
3. 在 RL 串联电路中，当外加电压的频率增加时，感抗、总阻抗、阻抗角会发生怎样变化？
4. 某 RL 超前电路中含有一个 3.3 kΩ 的电阻和一个 15 mH 的电感，试计算当频率为 5 kHz 时，输出电压和输入电压之间的相位差。
5. 某 RL 滞后电路的元件值与问题 4 相同。试计算当输入电压为 10 V、频率为 5 kHz 时，输出电压的幅值。

对选择教学方式二的注释：串联电路将在第 17 章第一部分继续。

第二部分 *RL* 并联电路

16.4 *RL* 并联电路的阻抗与导纳

在本节中，将学习如何确定 *RL* 并联电路的阻抗和相位角。阻抗由幅值和相位角组成。此外，还介绍了 *RL* 并联电路的感纳和导纳。

学完本节内容后，你应该能够求解 *RL* 并联电路的阻抗和导纳，具体就是：

- 用复数表示总阻抗。
- 定义并计算感纳和导纳。

图 16-20 是一个连接到交流电压源的基本 *RL* 并联电路。

利用"积以和除"的规则，推导出 *RL* 并联电路的总阻抗表达式。

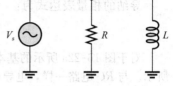

图 16-20 基本 *RL* 并联电路

$$\boldsymbol{Z} = \frac{(R\angle 0°)(X_L \angle 90°)}{R + jX_L} = \frac{RX_L \angle (0° + 90°)}{\sqrt{R^2 + X_L^2} \angle \arctan\left(\dfrac{X_L}{R}\right)}$$

$$= \left(\frac{RX_L}{\sqrt{R^2 + X_L^2}}\right)\angle\left(90° - \arctan\left(\dfrac{X_L}{R}\right)\right)$$

该表达式也可等效为：

$$\boldsymbol{Z} = \left(\frac{RX_L}{\sqrt{R^2 + X_L^2}}\right)\angle \arctan\left(\dfrac{R}{X_L}\right) \tag{16-9}$$

例 16-8 对于图 16-21 所示电路，试计算各电路的总阻抗大小及相位角。

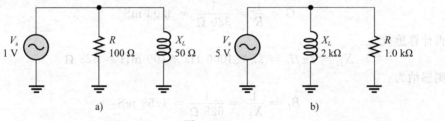

图 16-21

解 对于图 16-21a 所示电路，总阻抗为：

$$\boldsymbol{Z} = \left(\frac{RX_L}{\sqrt{R^2 + X_L^2}}\right)\angle \arctan\left(\dfrac{R}{X_L}\right)$$

$$= \left(\frac{100\ \Omega \times 50\ \Omega}{\sqrt{(100\ \Omega)^2 + (50\ \Omega)^2}}\right)\angle \arctan\left(\dfrac{100\ \Omega}{50\ \Omega}\right) = 44.7\angle 63.4°\ \Omega$$

因此，阻抗大小 $Z = 44.7\ \Omega$，相位角 $\theta = 63.4°$。

对于图 16-21b 所示电路，总阻抗为：

$$\boldsymbol{Z} = \left(\frac{1.0\ \text{k}\Omega \times 2\ \text{k}\Omega}{\sqrt{(1.0\ \text{k}\Omega)^2 + (2\ \text{k}\Omega)^2}}\right)\angle \arctan\left(\dfrac{1.0\ \text{k}\Omega}{2\ \text{k}\Omega}\right) = 894\angle 26.6°\ \Omega$$

因此，$Z = 894\ \Omega$，$\theta = 26.6°$。

注意：在 *RL* 电路中，当角度值为正数时，表示电压超前电流；而在 *RC* 电路中，则表示电压滞后电流。

同步练习 在某并联电路中，$R=10\ \text{k}\Omega$、$X_L=14\ \text{k}\Omega$，试计算总阻抗，并用极坐标来表示。■

电导、电纳与导纳

如前面所述，电导(G)是电阻的倒数，电纳(B)是电抗的倒数，导纳(Y)是阻抗的倒数。对于 RL 并联电路，感纳(B_L)的相量表达式为：

$$\boldsymbol{B}_L=\frac{1}{X_L\angle 90^\circ}=B_L\angle-90^\circ=-\text{j}B_L$$

导纳的相量表达式为：

$$\boldsymbol{Y}=\frac{1}{Z\angle\pm\theta}=Y\angle\mp\theta$$

对于图 16-22a 所示的基本 RL 并联电路，总导纳为电导和感纳的相量和，如图 16-22b 所示。与 RC 电路一样，电导(G)、感纳(B_L)和导纳(Y)的单位都是西[门子](S)。

$$\boldsymbol{Y}=G-\text{j}B_L \qquad (16\text{-}10)$$

例 16-9 电路如图 16-23 所示，计算总导纳，并将其转换为总阻抗。绘制导纳相量图。

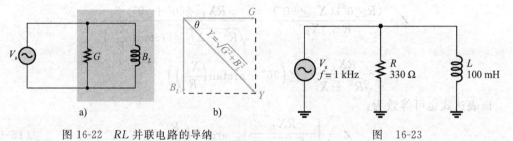

图 16-22 RL 并联电路的导纳

图 16-23

解 首先确定电导大小。由于 $R=330\ \Omega$，故，

$$G=\frac{1}{R}=\frac{1}{330\ \Omega}=3.03\ \text{mS}$$

再计算感抗。

$$X_L=2\pi fL=2\pi\times 1000\ \text{Hz}\times 100\ \text{mH}=628\ \Omega$$

则感纳为：

$$B_L=\frac{1}{X_L}=\frac{1}{628\ \Omega}=1.59\ \text{mS}$$

总导纳为：

$$\boldsymbol{Y}_{\text{tot}}=G-\text{j}B_L=3.03\ \text{mS}-\text{j}1.59\ \text{mS}$$

以极坐标表示为：

$$\begin{aligned}\boldsymbol{Y}_{\text{tot}}&=\sqrt{G^2+B_L^2}\angle-\arctan\left(\frac{B_L}{G}\right)\\&=\sqrt{(3.03\ \text{mS})^2+(1.59\ \text{mS})^2}\angle-\arctan\left(\frac{1.59\ \text{mS}}{3.03\ \text{mS}}\right)\\&=3.42\angle-27.7^\circ\text{mS}\end{aligned}$$

总导纳相量图如图 16-24 所示。

将总导纳转换成总阻抗，表达式如下：

$$\boldsymbol{Z}_{\text{tot}}=\frac{1}{\boldsymbol{Y}_{\text{tot}}}=\frac{1}{3.42\angle-27.7^\circ\ \text{mS}}=292\angle 27.7^\circ\ \Omega$$

图 16-24

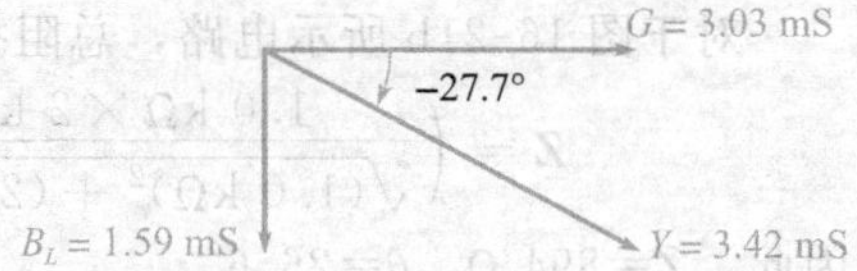

相位角为正值时，表示电压超前电流。

同步练习 当频率 f 增加到 2 kHz 时，图 16-23

所示电路的总导纳是多少？

学习效果检测

1. 如果 $Z=500\ \Omega$，则导纳 Y 的大小是多少？
2. 在某 RL 并联电路中，$R=470\ \Omega$、$X_L=750\ \Omega$。计算导纳 Y。
3. 在问题 2 的电路中，总电流是超前还是滞后电源电压？超前或滞后的角度是多少？

16.5 RL 并联电路的分析

利用欧姆定律和基尔霍夫电流定律可分析 RL 电路，研究 RL 并联电路中电流和电压的关系。

学完本节内容后，你应该能够分析 RL 并联电路，具体就是：

- 用欧姆定律和基尔霍夫电流定律分析 RL 并联电路。
- 将电压和电流表示成相量形式。

接下来的两个例子使用欧姆定律分析 RL 并联电路。

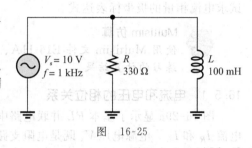

图 16-25

例 16-10 计算图 16-25 所示电路中的 I_R、I_L、I_{tot} 以及相位角。本例中的电路与例 16-9 相同，但电源电压设定为 10 V。绘制电流的相量图。

解 例 16-9 中，电导、电纳和导纳分别为 $G=3.03\ \text{mS}$、$B_L=1.59\ \text{mS}$ 和 $Y_{tot}=3.42\ \text{mS}$。利用电导、电纳和导纳的欧姆定律，可知：

$$I_R = V_s G = 10\ \text{V} \times 3.03\ \text{mS} = 30.3\ \text{mA}$$
$$I_L = V_s B_L = 10\ \text{V} \times 1.59\ \text{mS} = 15.9\ \text{mA}$$
$$I_{tot} = V_s Y_{tot} = 10\ \text{V} \times 3.42\ \text{mS} = 34.2\ \text{mS}$$

由例 16-9 可知，G 与 Y_{tot} 间的相位角为 $-27.7°$。

导纳相量图如图 16-24 所示。电流相量图与导纳相量图相似，电压为比例因子。图 16-26 分别绘出了导纳相量图和电流相量图。

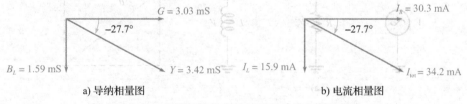

a) 导纳相量图   b) 电流相量图

图 16-26 电流相量是由导纳相量乘以电压得到的

同步练习 如果你用电压乘以电流相量，会得到什么相量图？

例 16-11 求图 16-27 所示电路的总电流和相位角，并以相量图表示 V_s 和 I_{tot} 之间的关系。

解 感抗为：

$$X_L = 2\pi f L = 2\pi \times 15\ \text{kHz} \times 15\ \text{mH}$$
$$= 1.41\ \text{k}\Omega$$

感纳为：

$$B_L = \frac{1}{X_L} = \frac{1}{1.41\ \text{k}\Omega} = 707\ \mu\text{S}$$

电导为：

$$G = \frac{1}{R} = \frac{1}{2.2\ \text{k}\Omega} = 455\ \mu\text{S}$$

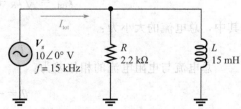

图 16-27

总导纳为：

$$\boldsymbol{Y}_{\text{tot}} = G - \mathrm{j}B_L = 455\ \mu\text{S} - \mathrm{j}707\ \mu\text{S}$$

转换为极坐标形式为：

$$\boldsymbol{Y}_{\text{tot}} = \sqrt{G^2 + B_L^2}\ \angle -\arctan\left(\frac{B_L}{G}\right)$$

$$= \sqrt{(455\ \mu\text{S})^2 + (707\ \mu\text{S})^2}\ \angle -\arctan\left(\frac{707\ \mu\text{S}}{455\ \mu\text{S}}\right) = 841\ \angle -57.3°\ \mu\text{S}$$

导纳相位角为 $-57.3°$。

用欧姆定律计算总电流。

$$\boldsymbol{I}_{\text{tot}} = \boldsymbol{V}_s\boldsymbol{Y}_{\text{tot}} = (10\ \angle 0°\text{V}) \times (841\ \angle -57.3°\ \mu\text{S}) = 8.41\ \angle -57.3°\text{mA}$$

总电流的大小为 8.41 mA，滞后电源电压 57.3°。相量关系如图 16-28 所示。

同步练习 对于图 16-27 所示电路，若频率 f 降低到 8.0 kHz，试求电流相量的极坐标表达式。

图 16-28

Multisim 仿真

使用 Multisim 文件 E16-11A、E16-11B 校验本例的计算结果，并核实你对同步练习的计算结果。

16.5.1 电流和电压的相位关系

图 16-29a 显示了基本 RL 并联电路中的所有电流。总电流 I_{tot} 在节点处分为两个支路电流 I_R 和 I_L。电源电压 V_s 既是电阻支路电压，同时也是电感支路电压，所以 V_s、V_R 和 V_L 同相且大小相同。

通过电阻的电流与电压同相，而通过电感的电流滞后于电压及电阻支路电流，滞后的角度为 90°。根据基尔霍夫电流定律，总电流是两个支路电流的相量和，如图 16-29b 中相量图所示。总电流表示为

$$\boldsymbol{I}_{\text{tot}} = I_R - \mathrm{j}I_L \tag{16-11}$$

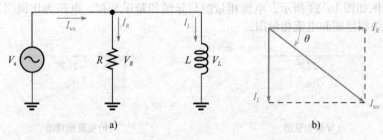

图 16-29 RL 并联电路的电流。图 a 所示的电流方向是瞬时的。在每个周期，电源电压反向时，它也会反向

式 (16-11) 可转换为极坐标形式，即，

$$\boldsymbol{I}_{\text{tot}} = \sqrt{I_R^2 + I_L^2}\ \angle -\arctan\left(\frac{I_L}{I_R}\right) \tag{16-12}$$

其中，总电流的大小为：

$$I_{\text{tot}} = \sqrt{I_R^2 + I_L^2}$$

总电流与电阻电流的相位差为：

$$\theta = -\arctan\left(\frac{I_L}{I_R}\right)$$

因为电阻电流与电源电压同相，所以 θ 也表示总电流和电源电压之间的相位差。图 16-30 给出了完整的电流和电压相量图。

例 16-12 求图 16-31 所示电路中各电流的值，并描述各电流与电源电压的相位关系，画出电流相量图。

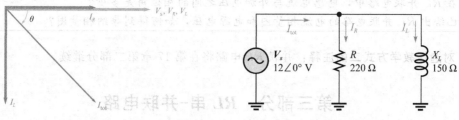

图 16-30 *RL* 并联电路中电流与电压相量图 　　　图 16-31

解 电阻电流、电感电流、总电流的相量值可分别表述为：

$$I_R = \frac{V_s}{R} = \frac{12\angle 0°V}{220\angle 0°\Omega} = 54.5\angle 0°\text{mA}$$

$$I_L = \frac{V_s}{X_L} = \frac{12\angle 0°V}{150\angle 90°\Omega} = 80\angle -90°\text{mA}$$

$$I_{tot} = I_R - jI_L = 54.5\text{ mA} - j80\text{ mA}$$

将总电流转换成极坐标表达式，得到：

$$I_{tot} = \sqrt{I_R^2 + I_L^2}\angle -\arctan\left(\frac{I_L}{I_R}\right)$$

$$= \sqrt{(54.5\text{ mA})^2 + (80\text{ mA})^2}\angle -\arctan\left(\frac{80\text{ mA}}{54.5\text{ mA}}\right) = 96.8\angle -55.7°\text{mA}$$

结果表明，电阻电流为 54.5 mA，与外加电压相位一致。电感电流为 80 mA，滞后电源电压 90°。总电流为 96.8 mA，滞后电源电压 55.7°。三者间的相位关系如图 16-32 所示。■

16.5.2 将并联等效为串联

在 15.6 节中，介绍了如何将给定频率的 *RC* 并联电路转换为等效的 *RC* 串联电路。对于特定频率的 *RL* 并联电路，也可以完成相同的转换过程。为了得到给定 *RL* 并联电路的等效串联电路，首先要求得阻抗。用直角坐标形式表示阻抗，会得到等效串联电阻和等效串联感抗，其表达式如下：

$$R_{eq} = Z\cos\theta \qquad (16\text{-}13)$$

$$X_{L(eq)} = Z\sin\theta \qquad (16\text{-}14)$$

例 16-13 对于例 16-12 中给出的 *RL* 并联电路，求其等效串联电阻和等效串联感抗。　　　图 16-32

解 利用欧姆定律可求得例 16-12 中的阻抗。

$$Z = \frac{V}{I} = \frac{12\angle 0°V}{96.8\angle -55.7°\text{mA}} = 124\angle 55.7°\text{ k}\Omega$$

等效串联电阻和感抗为：

$$R_{eq} = Z\cos\theta = 124\cos(55.7°) = 69.9\ \Omega$$

$$X_{L(eq)} = Z\sin\theta = 124\sin(55.7°) = 102\ \Omega$$

同步练习 如果频率增加，等效电阻会如何变化？

学习效果检测

1. *RL* 电路的导纳为 4 mS，外加电压为 8 V。总电流是多少？

2. 在某 RL 并联电路中，电阻电流为 12 mA，电感电流为 20 mA。求总电流的大小和相位角。这个相位角是相对谁的？

3. 在 RL 并联电路中，电感电流与外加电压之间的相位角是多少？

4. 已给出 RL 并联电路的电流相量图和电源电压，如何得到导纳相量图？

对选择教学方式二的注释：并联 RL 电路将在第 17 章第二部分继续。

第三部分 RL 串-并联电路

16.6 RL 串-并联电路的分析

可以使用串联电路和并联电路的概念来分析 RL 串-并联电路。

学完本节内容后，你应该能够分析 RL 串-并联电路，具体就是：

- 求总阻抗。
- 计算电流和电压。

分析 RL 串-并联电路需要用到较为复杂的数学运算，相关内容已在 15.1 节中有所介绍。对于复数的直角坐标形式或极坐标形式的加、减、乘、除运算，TI-84 Plus CE 等图形计算器均可以直接处理，因此不需要进行繁琐的相互转换。在本节中，我们将详细介绍 RL 串-并联电路的求解过程，以便在无法使用图形计算器的情况下进行求解。

前文已介绍过，串联元件的阻抗宜用直角坐标形式表示，而并联元件的阻抗宜用极坐标形式表示。分析串联和并联元件电路的步骤如例 16-14 所示。首先用直角坐标形式表示串联部分的阻抗，再用极坐标形式表示并联部分的阻抗。之后将并联部分的阻抗转换成直角坐标形式，并与串联部分阻抗相加。最后将直角坐标形式的总阻抗转换成极坐标形式，以便得到幅值和相位，并计算电流。

例 16-14 电路如图 16-33 所示，试计算以下值：(a)$\boldsymbol{Z}_{\text{tot}}$ (b)$\boldsymbol{I}_{\text{tot}}$ (c)θ

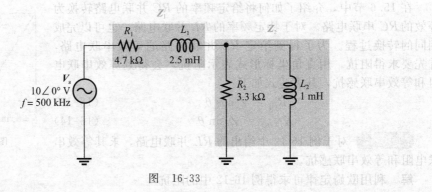

图 16-33

解 (a)首先计算感抗的大小。

$$X_{L1} = 2\pi f L_1 = 2\pi \times 500 \text{ kHz} \times 2.5 \text{ mH} = 7.85 \text{ k}\Omega$$

$$X_{L2} = 2\pi f L_2 = 2\pi \times 500 \text{ kHz} \times 1 \text{ mH} = 3.14 \text{ k}\Omega$$

再分别计算串联部分和并联部分的阻抗，并把它们结合起来得到总阻抗。R_1 和 L_1 串联的总阻抗为：

$$\boldsymbol{Z}_1 = R_1 + jX_{L1} = 4.7 \text{ k}\Omega + j7.85 \text{ k}\Omega$$

要计算并联部分的阻抗，首先计算 R_2 和 L_2 并联组合的导纳。

$$G_2 = \frac{1}{R_2} = \frac{1}{3.3 \text{ k}\Omega} = 303 \text{ }\mu\text{S}$$

$$B_{L2} = \frac{1}{X_{L2}} = \frac{1}{3.14 \text{ k}\Omega} = 318 \text{ μS}$$

$$\boldsymbol{Y}_2 = G_2 - jB_L = 303 \text{ μS} - j318 \text{ μS}$$

转换成极坐标形式为：

$$\boldsymbol{Y}_2 = \sqrt{G_2^2 + B_{L2}^2} \angle -\arctan\left(\frac{B_{L2}}{G_2}\right)$$

$$= \sqrt{(303 \text{ μS})^2 + (318 \text{ μS})^2} \angle -\arctan\left(\frac{318 \text{ μS}}{303 \text{ μS}}\right) = 439\angle -46.4° \text{ μS}$$

再计算并联部分的阻抗。

$$\boldsymbol{Z}_2 = \frac{1}{\boldsymbol{Y}_2} = \frac{1}{439\angle -46.4° \text{ μS}} = 2.28\angle 46.4° \text{ k}\Omega$$

转换成直角坐标形式为：

$$\boldsymbol{Z}_2 = Z_2\cos\theta + jZ_2\sin\theta$$

$$= (2.28 \text{ k}\Omega)\cos(46.4°) + j(2.28 \text{ k}\Omega)\sin(46.4°) = 1.57 \text{ k}\Omega + j1.65 \text{ k}\Omega$$

串联部分与并联部分总体上可视为串联，将 $\boldsymbol{Z}_1$、$\boldsymbol{Z}_2$ 相加即得到总阻抗：

$$\boldsymbol{Z}_{\text{tot}} = \boldsymbol{Z}_1 + \boldsymbol{Z}_2$$

$$= (4.7 \text{ k}\Omega + j7.85 \text{ k}\Omega) + (1.57 \text{ k}\Omega + j1.65 \text{ k}\Omega) = 6.27 \text{ k}\Omega + j9.50 \text{ k}\Omega$$

表达成极坐标形式为：

$$\boldsymbol{Z}_{\text{tot}} = \sqrt{Z_1^2 + Z_2^2} \angle \arctan\left(\frac{Z_2}{Z_1}\right)$$

$$= \sqrt{(6.27 \text{ k}\Omega)^2 + (9.50 \text{ k}\Omega)^2} \angle \arctan\left(\frac{9.50 \text{ k}\Omega}{6.27 \text{ k}\Omega}\right) = 11.4\angle 56.6° \text{ k}\Omega$$

(b)利用欧姆定律求得总电流：

$$\boldsymbol{I}_{\text{tot}} = \frac{\boldsymbol{V}_s}{\boldsymbol{Z}_{\text{tot}}} = \frac{10\angle 0° \text{ V}}{11.4\angle 56.6° \text{ k}\Omega} = 878\angle -56.6° \text{ μA}$$

(c)可知总电流滞后电源电压的相位角为 56.6°。

同步练习 (a)求图 16-33 中串联部分的电压。

(b)求图 16-33 中并联部分的电压。

Multisim 仿真

使用 Multisim 文件 E 16-14A、E 16-14B 校验本例(b)部分的计算结果，并核实同步练习(b)部分的计算结果。

例 16-15 给出的是两串联支路再并联的情况。分析方法是，首先用直角坐标表示出每个支路的阻抗，再将其转换成极坐标形式。然后用极坐标计算出每个支路电流，再将支路电流相加得到总电流。在这种特殊情况下，不需要求总阻抗。

例 16-15 求图 16-34 中各元件上的电压。画出电压相量图和电流相量图。

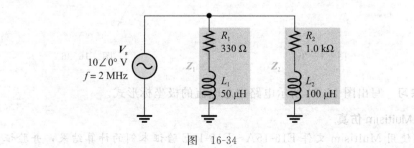

图 16-34

解 首先计算电抗 X_{L1} 和 X_{L2}：

$$X_{L1} = 2\pi f L_1 = 2\pi \times 2\ \text{MHz} \times 50\ \mu\text{H} = 628\ \Omega$$

$$X_{L2} = 2\pi f L_2 = 2\pi \times 2\ \text{MHz} \times 100\ \mu\text{H} = 1.26\ \text{k}\Omega$$

再求得每条支路的阻抗。

$$\boldsymbol{Z}_1 = R_1 + jX_{L1} = 330\ \Omega + j628\ \Omega$$

$$\boldsymbol{Z}_2 = R_2 + jX_{L2} = 1.0\ \text{k}\Omega + j1.26\ \text{k}\Omega$$

将各阻抗转换成极坐标形式：

$$\boldsymbol{Z}_1 = \sqrt{R_1^2 + X_{L1}^2}\angle\arctan\left(\frac{X_{L1}}{R_1}\right)$$

$$= \sqrt{(330\ \Omega)^2 + (628\ \Omega)^2}\angle\arctan\left(\frac{628\ \Omega}{330\ \Omega}\right) = 710\angle 62.3°\ \Omega$$

$$\boldsymbol{Z}_2 = \sqrt{R_2^2 + X_{L2}^2}\angle\arctan\left(\frac{X_{L2}}{R_2}\right)$$

$$= \sqrt{(1.0\ \text{k}\Omega)^2 + (1.26\ \text{k}\Omega)^2}\angle\arctan\left(\frac{1.26\ \text{k}\Omega}{1.0\ \text{k}\Omega}\right) = 1.61\angle 51.5°\ \text{k}\Omega$$

计算各支路电流。

$$\boldsymbol{I}_1 = \frac{\boldsymbol{V}_s}{\boldsymbol{Z}_1} = \frac{10\angle 0°\text{V}}{710\angle 62.3°\Omega} = 14.1\angle -62.3°\text{mA}$$

$$\boldsymbol{I}_2 = \frac{\boldsymbol{V}_s}{\boldsymbol{Z}_2} = \frac{10\angle 0°\text{V}}{1.61\angle 51.5°\text{k}\Omega} = 6.23\angle -51.5°\text{mA}$$

最后利用欧姆定律，计算各元件电压：

$$\boldsymbol{V}_{R1} = \boldsymbol{I}_1\boldsymbol{R}_1 = (14.1\angle -62.3°\ \text{mA}) \times (330\angle 0°\ \Omega) = 4.65\angle -62.3°\ \text{V}$$

$$\boldsymbol{V}_{L1} = \boldsymbol{I}_1\boldsymbol{X}_{L1} = (14.1\angle -62.3°\ \text{mA}) \times (628\angle 90°\ \Omega) = 8.85\angle 27.7°\ \text{V}$$

$$\boldsymbol{V}_{R2} = \boldsymbol{I}_1\boldsymbol{R}_2 = (6.23\angle -51.5°\ \text{mA}) \times (1\angle 0°\ \text{k}\Omega) = 6.23\angle -51.5°\ \text{V}$$

$$\boldsymbol{V}_{L2} = \boldsymbol{I}_2\boldsymbol{X}_{L2} = (6.23\angle -51.5°\ \text{mA}) \times (1.26\angle 90°\ \text{k}\Omega) = 7.82\angle 38.5°\ \text{V}$$

电压与电流相量图分别如图 16-35 和图 16-36 所示。

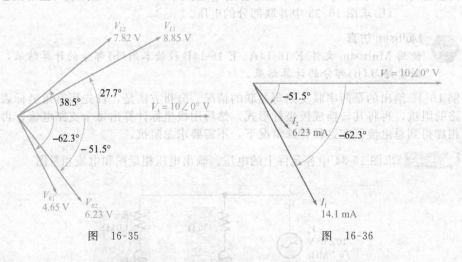

图 16-35　　　　　　　　　　　　　图 16-36

同步练习　写出图 16-34 所示电路中总电流的极坐标形式。

Multisim 仿真

使用 Multisim 文件 E16-15A～E16-15E 验证本例的计算结果，并验证你对同步练习的计算结果。

学习效果检测

1. 对于图 16-34 所示电路，总阻抗的极坐标形式是什么？
2. 求图 16-34 中总电流的直角坐标形式。

对选择教学方式二的注释：*RL* 串-并联电路将在第 17 章第三部分继续。

第四部分 特殊专题

16.7 *RL* 电路的功率

在纯阻性交流电路中，电源提供的所有能量都被电阻以热的形式消耗。在纯感性交流电路中，在一个周期的一部分时间内，电源提供的能量由电感以磁场形式进行存储，并在剩下的时间内返回给电源，结果无净能量转换成热能。当电路中同时存在电阻和电感时，在每个周期内，一部分能量被电感存储并返还，另一部分能量则被电阻消耗。消耗的热能是由电阻和感抗的相对值决定的。

学完本节内容后，你应该能够求解 *RL* 电路的功率，具体就是：
- 解释有功功率和无功功率。
- 绘制功率三角形。
- 解释功率因数的提高（或称功率因数校正）。

在 *RL* 串联电路中，当电阻大于感抗时，对于电源提供的能量，电阻消耗的比电感存储的要多。同样，当感抗大于电阻时，由电感储存和返回的能量比电阻消耗的能量多。

电阻的功率损耗称为**有功功率**。电感中的功率称为**无功功率**，表示为：

$$P_r = I^2 X_L \tag{16-15}$$

16.7.1 *RL* 电路中的功率三角形

RL 串联电路中的功率三角形如图 16-37 所示。**视在功率** P_a 是由有功功率 P_{true} 和无功功率 P_r 组成的。

前文已提及，**功率因数**等于 $\cos\theta$（即 $PF = \cos\theta$），当电源电压与总电流之间的相位差增大时，功率因数便减小，表明电路的无功功率增强。功率因数越小，有功功率越小，无功功率越大。

例 16-16 求图 16-38 所示电路的功率因数、有功功率、无功功率和视在功率。

解 电路总阻抗的直角坐标形式为：

$$Z = R + jX_L = 1.0 \text{ k}\Omega + j2\text{k}\Omega$$

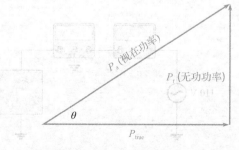

图 16-37 *RL* 电路的功率三角形

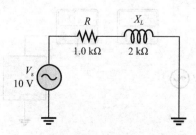

图 16-38

转换为极坐标形式为：

$$Z = \sqrt{R_2^2 + X_L^2} \angle \arctan\left(\frac{X_L}{R}\right)$$

$$= \sqrt{(1.0 \text{ k}\Omega)^2 + (2 \text{ k}\Omega)^2} \angle \arctan\left(\frac{2 \text{ k}\Omega}{1.0 \text{ k}\Omega}\right) = 2.24 \angle 63.4° \text{ k}\Omega$$

电流大小为：

$$I = \frac{V_s}{Z} = \frac{10 \text{ V}}{2.24 \text{ k}\Omega} = 4.47 \text{ mA}$$

由总阻抗的极坐标形式表达式可知，电流相位角 θ 为：

$$\theta = 63.4°$$

故功率因数为：

$$PF = \cos\theta = \cos(63.4°) = 0.447$$

有功功率为：

$$P_{\text{true}} = V_s I \cos\theta = 10 \text{ V} \times 4.46 \text{ mA} \times 0.448 = 20.0 \text{ mW}$$

无功功率为：

$$P_r = I^2 X_L = (4.47 \text{ mA})^2 \times 2 \text{ k}\Omega = 40.0 \text{ mVAR}$$

视在功率为：

$$P_a = I^2 Z = (4.47 \text{ mA})^2 \times 2.24 \text{ k}\Omega = 44.7 \text{ mV} \cdot \text{A}$$

同步练习 在图 16-38 所示电路中，若频率增加，有功功率、无功功率和视在功率会如何变化？

16.7.2 功率因数的意义

正如第 15 章所学，功率因数（PF）非常重要，决定了向负载输送多少有用的功率（有功功率）。功率因数最大值为 1，此时表明负载电流与电压相位一致（纯阻性情况）。当功率因数为 0 时，表明负载电流与电压相位差为 90°（纯电抗情况）。

在含感性负载（如电动机）的工业系统中，必然有一定数量的能量存储在磁场中。一般来说，我们期望功率因数尽可能接近于 1，因为此时意味着从电源转移到负载的大部分功率是有用功率或有功功率。有功功率只有一个传输方向，即从电源到负载，并对负载做功，从而消耗电能。无功功率用来表示在电源和负载之间来回转换的能量，实际上并未消耗。而要想做功，必然要消耗能量。

许多实际负载含有电感，以实现其特定功能，例如变压器、电动机、镇流器和扬声器等。因此，重点考虑感性负载。

要理解功率因数对系统需求的影响，请参见图 16-39。该图给出了一个典型的由电感和电阻并联组成的感性负载。图 16-39a 所示为功率因数相对较低（0.75）的负载；图 16-39b 所示为功率因数相对较高（0.95）的负载。根据功率表的测量值，这两种负载消耗的功率相等。因此，在这两个负载上电能所做的功也是相等的。

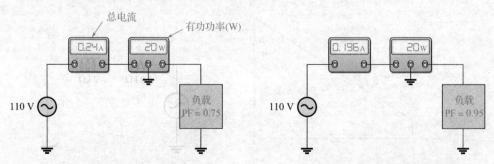

a) 对于给定的有功功率，较低的功率因数意味着更大的总电流，需要更大容量的电源来传输有功功率

b) 对于给定的有功功率，较高的功率因数意味着更小的总电流。要提供与a相同的有功功率，所需电源的容量较小

图 16-39 功率因数对系统要求的影响示意图

虽然图 16-39 中这两种负载所做的功(有功功率)是相等的,但是与图 16-39b 相比,图 16-39a 的功率因数低,因此需要更大的电流,如图中电流表所示。因此,图 16-39a 所示电路需要一个更大容量的电源。相应地,图 16-39a 所示电路也需要更粗的导线来连接电源和负载。在长距离输电的情况下,较大的导线电流将在布线中以热能(I^2R)的形式消耗掉许多电能,这也是不希望功率因数偏低的另一个原因。

图 16-39 表明:高功率因数对向负载传输功率更具优越性。

16.7.3 功率因数的提高(或功率因数校正)

感性负载的功率因数可以通过并联电容来提高,如图 16-40 所示。电容可以提供一个与电感电流相差 180° 的电流,通过抵消作用减小电压与总电流的相位差,从而提高功率因数,原理如图 16-40 所示。

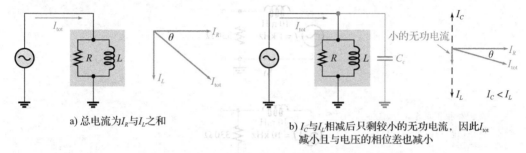

a) 总电流为 I_R 与 I_L 之和

b) I_C 与 I_L 相减后只剩较小的无功电流,因此 I_{tot} 减小且与电压的相位差也减小

图 16-40 利用补偿电容器(C_C)提高功率因数的示例

学习效果检测

1. 在 *RL* 电路中,功率都被哪个元件消耗了?
2. 计算当 $\theta = 50°$ 时的功率因数。
3. 假设一个连接到 120 V 电源的电动机有 12 A 的电流,并为负载提供 1200 W 的有功功率,那么功率因数 PF 是多少?
4. 在工作频率下,某 *RL* 电路含 470 Ω 电阻和 620 Ω 感抗,当 $I = 100$ mA 时,试计算 P_{true}、P_r 和 P_a。

16.8 *RL* 电路的基本应用

本节介绍 *RL* 电路的两种应用:基本选频电路(滤波器)和开关稳压电源,后者广泛应用于电源装置中,因为它的效率很高。开关稳压电源中还包括其他元件,但 *RL* 电路是主要讨论的对象。

学完本节内容后,你应该能够简单应用 *RL* 电路,具体就是:

- 分析 *RL* 电路作为滤波器的工作原理。
- 分析电感在开关稳压电源中的作用。

16.8.1 作为滤波器的 *RL* 电路

与 *RC* 电路一样,*RL* 串联电路也表现出频率选择特性,因此也能起到基本滤波器的作用。

低通滤波器 前文已经介绍了在滞后电路中输出电压的幅值(或有效值)和相位的变化情况。在滤波方面,输出电压的幅值随频率的变化规律是很重要的。

图 16-41 给出了一个 *RL* 串联电路的滤波过程,为了便于说明,电路参数都赋予了具体值。在图 16-41a 中,输入电压的频率为零(直流)。由于在理想情况下,电流恒定时电感相当于短路,因此输出电压等于输入电压(忽略线圈电阻),即输入电压全部传输到输出

端（10 V 输入，10 V 输出）。

在图 16-41b 中，输入电压的频率增加到 1 kHz，这导致感抗增加到 62.8 Ω。当输入电压的有效值仍为 10 V 时，输出电压的有效值经计算约为 9.9 V，这可以利用分压公式或欧姆定律求得。

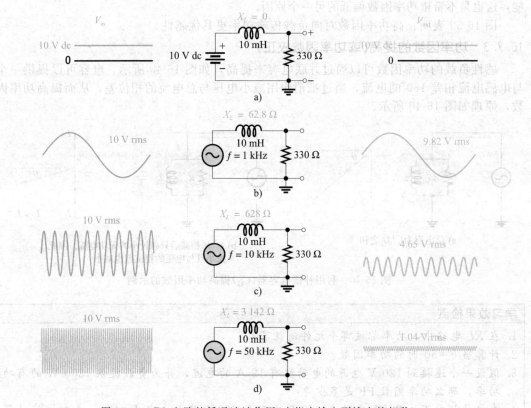

图 16-41　*RL* 电路的低通滤波作用（未指出输入到输出的相移）

在图 16-41c 中，输入频率增加到 10 kHz，导致感抗进一步增加到 628 Ω。输入电压有效值仍保持 10 V，此时输出电压有效值变为 4.65 V。

随着输入频率的进一步增加，比如当 $f = 50$ kHz 时，输出电压继续下降，如图 16-41d 所示。想要观察频率响应，可以将已知量带入分压公式（使用复数），结果如图 16-42 所示。网格线在 x 轴上的增量为 10 kHz，在 y 轴上的增量为 1.0 V。

该电路的工作过程总结如下：随着输入频率的增大，感抗增大。因为电阻是与频率无关的，所以感抗增大，导致电感两端电压增大，电阻两端电压（即输出电压）减小。当输入频率继续增加直到某一值时，感抗会远高于电阻，以至于输出电压小到可以忽略不计。

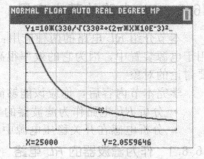

图 16-42　利用 TI-84 Plus CE 图形计算器绘制的图 16-41 所示电路的频率响应（图片经德州仪器公司授权使用）

如图 16-41 所示，直流（频率为零）完全通过该电路。随着输入频率的增加，输出电压减小。也就是说，输出电压随着频率的增加而降低。因此，这种 *RL* 电路是一种低通滤波器的基本类型。

高通滤波器　图 16-43 所示为高通滤波示意图，其输出电压为电感两端电压。在图 16-43a 中，当输入电压为直流（频率为零）时，输出电压为 0 V，因为在理想情况下，电感表现为短路。

在图 16-43b 中，输入电压的频率增加到 1 kHz，有效值仍为 10 V。此时输出电压为 1.87 V（有效值）。即在此频率下，输入电压中只有一小部分传递至输出部分。

在图 16-43c 中，输入电压的频率进一步增加到 10 kHz，由于感抗的增加，电感电压也增加。该频率对应的输出电压为 8.85 V（有效值）。由此可见，输出电压随着频率的增加而增加，当达到一定值时，电抗远大于电阻，大部分输入电压作用在电感上。当频率达 50 kHz 时，其输出电压为 9.95 V，如图 16-43d 所示。

这种电路倾向于阻止低频信号出现在输出端，但允许高频信号通过。因此，它是高通滤波器的一种基本类型。

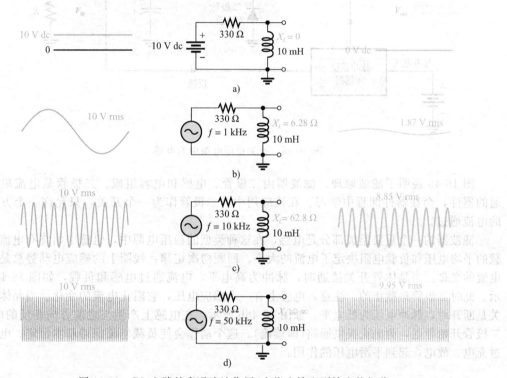

图 16-43　*RL* 电路的高通滤波作用（未指出输入到输出的相移）

对低通滤波器（见图 16-42）的方程进行简单修改，即可借助图形计算器将图 16-43 所示电路的响应绘制成图，其网格线在 *x* 轴上的增量为 10 kHz，在 *y* 轴上的增量为 1.0 V。结果会发现，随着频率的增加，输出电压也增加，在接近输入电压值时，输出电压趋于稳定，如图 16-44 所示。

16.8.2　开关稳压电源

在高频开关电源中，小型电感器是滤波器的重要组成部分。开关电源比任何其他类型的电源更能有效地将交流电转换成直流电，或将直流电转换成另外的直流电。因此，它被广泛应用于计算机和其他电子系

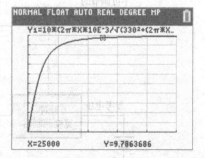

图 16-44　利用 TI-84 Plus CE 图形计算器绘制图 16-43 所示电路的响应（图片经德州仪器公司授权使用）

统中。开关稳压电源可以精确地控制输出的直流电压。图 16-45 给出了一种开关稳压电源示意图。它使用电子开关将不可调节的直流电变成高频脉冲。输出为脉冲的平均值。脉冲宽度由脉冲宽度调制器控制，该调制器快速地打开和关闭晶体管开关，然后由滤波部分进行滤波以产生可调节大小的直流输出电压(图中的波动部分被放大了，以显示脉冲周期)。脉冲宽度调制器可以在输出电压呈下降趋势时增大脉宽，也可以在输出电压呈增加趋势时减小脉宽，从而在变化条件下保持基本恒定的输出电压。

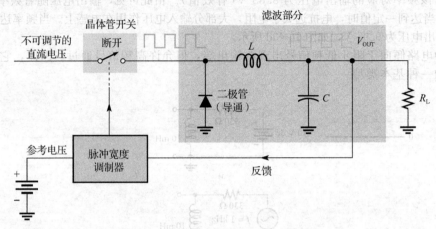

图 16-45 开关稳压电源中的电感

图 16-46 说明了滤波原理。滤波器由二极管、电感和电容组成。二极管是电流单向流通的器件，会在器件课程中学习。在该应用中，二极管作为一个开关，只允许一个方向上的电流通过。

滤波器的一个重要组成部分是电感，在这种类型的稳压电源中，电感中始终有电流。负载的平均电压和负载电阻决定了电流的大小。回顾楞次定律：线圈上的感应电动势总是阻碍电流的变化。当晶体管开关接通时，脉冲为高电平，电流通过电感和负载，如图 16-46a 所示。此时二极管是截止的。注意，电感上有一个感应电压，它阻止电流的变化。当晶体管开关是断开时，脉冲电压为低电平，如图 16-46b 所示，在电感上产生与之前方向相反的电压。二极管开始导通，为电流提供通路(即续流)。这个动作会使负载电流保持基本恒定。电容通过充电、放电，起到平滑电压的作用。

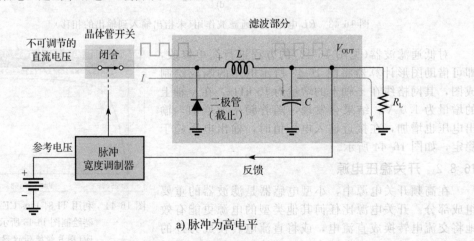

a) 脉冲为高电平

图 16-46 开关稳压电源的工作原理

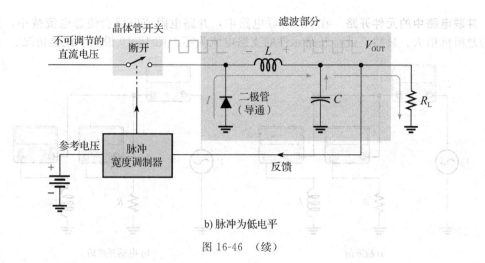

b) 脉冲为低电平

图 16-46　（续）

学习效果检测

1. 当一个 RL 电路用作低通滤波器时，输出电压来自哪个元件？
2. 开关稳压电源的主要优点是什么？
3. 如果输出电压呈下降趋势，开关稳压电源的脉冲宽度会发生什么变化？

16.9　故障排查

典型的元件故障会对基本 RL 电路的频率响应产生影响。

学完本节内容后，你应该能够排除 RL 电路故障，具体就是：

- 定位开路的电感。
- 定位开路的电阻。
- 定位并联电路中的开路故障。

开路电感对电路的影响　对于电感来说，最常见的故障是开路，发生在线圈中由于电流过大而被烧断，或机械接触不良而断开时。开路线圈对 RL 串联电路的影响很容易识别，如图 16-47 所示。显然，由于电流没有通路，因此电阻电压变为零，电源电压全部作用于电感。连接断开或电阻短路，可以通过电源电压全部作用于电感上来看出。若怀疑是线路开路，可从电路中取出一条或两条引线，用欧姆表检查即可。

开路电阻对电路的影响　当电阻开路时，电路中没有电流，电感电压为零。总输入电压等于开路电阻上的电压，如图 16-48 所示。

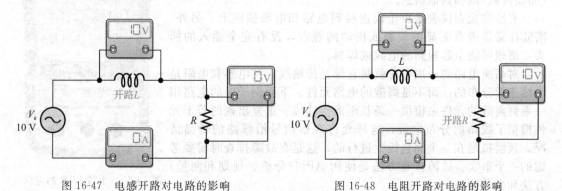

图 16-47　电感开路对电路的影响　　　　图 16-48　电阻开路对电路的影响

并联电路中的元件开路 在 RL 并联电路中，开路电阻或电感会使总电流减小，这是因为总阻抗增大。显然，带有开路元件的支路电流为零。图 16-49 说明了此类情况。

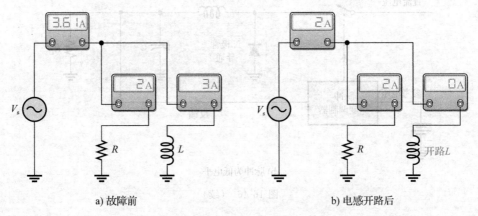

a) 故障前   b) 电感开路后

图 16-49　V_s 为常数时并联电路元件开路对电路的影响

线圈短路对电感的影响 此类情况不算常见，它是由于绝缘层损坏导致线圈之间短路的。这种故障的可能性比线圈开路要小得多，但很难检测。线圈短路会导致电感值减小，因为线圈的电感值与匝数的平方成正比。线圈短路相当于减少了匝数，这可能会对电路产生不利影响，也可能不会，这取决于短路的匝数。

其他故障排查注意事项

电路故障并不总是由元件故障引起的。导线松动、接触不良或焊点不良都可能导致开路。短路则可能是由夹线或焊锡飞溅引起的。其他还包括没有接入电源或函数发生器，或者测量仪器设置不正确，比如在需要交流时，将 DMM(数字万用表)设置为直流。电路中的元件参数值错误(如不正确的电阻值)，函数发生器频率设置有误，输出连接有误，等等。

LCR 测量仪可以快速检查电感值是否有错误。图 16-50 给出了该设备的一个样例，它带有自动量程切换功能。该仪表会产生一个交流信号，施加到被测元件上，用于测量其电压和电流。阻抗是由所测量的电压和电流间接计算出来的，可以显示在屏幕上，也可以将阻抗换算成电感值。要测量一个电感，用户必须将其与电路隔离，并选择一个测试频率。测试频率应尽可能接近正常的工作频率。用户还可以对感性阻抗选择串联或并联等效电路。由此，LCR 测量仪可以在测试频率上获得并显示电感的 Q (品质因数)值和其他信息。

要经常检查仪表是否正确连接到电路和电源插座上。另外，需要注意是否有明显的断裂或松动的触点，没有完全插入的插头，清理可能引起短路的电线或焊料。

对高速电路的一项考虑就是它像是传输线，其电感和电阻是沿线连续分布的，而不是离散的电路元件。下面例子中的电路用一系列离散的元件来模拟一条长距离传输线。重复出现的若干元件模拟了线路的分布电抗，这样允许观察信号沿线路的传播情况。该模拟是在一个面包板上进行的，这是在故障排查时需要考虑的一个事实。故障排查方法是使用 APM(分析、规划和测量)方法和半分割法。

图 16-50　手持 LCR 测量仪

例 16-17 图 16-51 所示的电路没有输出电压。该电路是在一块面包板上构造的，试找出问题所在。

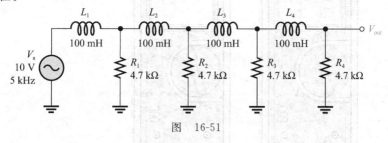

图 16-51

解 将 APM 方法应用于此故障排查。

分析：首先考虑电路无输出电压的可能原因。

1. 电源没有电压，或电源频率太高致使感抗远高于电阻而使电感接近开路。

2. 某个电阻接地。可能是电阻短路，也可能是线路存在物理短路。电阻短路故障并不常见。

3. 在电源和输出端之间存在开路。这将阻止电流通过，导致输出电压为零。可能是电感开路，由于连接线断裂或松动或者面包板接触不良而导致的电路开路。

4. 元件值有误。电阻值可能极小以至于其上的电压可以忽略不计。感抗也可能极大，以至于在输入频率下近似为开路。

5. 如果电路是新构建的，未曾用过，则可能是连接错误。目视检查可能会发现问题所在。

规划：对一些显而易见的可能性，优先进行目视检查，比如函数发生器电源线未插入，或频率设置不正确等。另外导线开路、短路以及不正确的电阻色环或电感值等，往往可在目视检查中发现。如果目视检查没有发现问题，可通过测量电压来查找原因。利用数字示波器和 DMM（数字万用表）进行测量，使用半分割法可以更快地定位故障。

测量：若函数发生器连接正确，频率设置正确且目视检查中没有发现任何可见的开路或短路问题，各元件值也都正确，则开始用测量的办法进行排查。

测量的第一步是用示波器检查电源电压。如图 16-52a 所示，假设观察到的电路输入端有一个频率为 5 kHz，有效值为 10 V 的正弦波，这表示输入的交流电压正确，故第一个可能的原因已经排除。

接下来，断开电源利用 DMM（设置为欧姆挡）检查电阻是否短路。如果有电阻短路（不太可能），DMM 的读数为零或一个非常小的电阻值。假设 DMM 的读数正常，则第二个可能的原因也已排除。

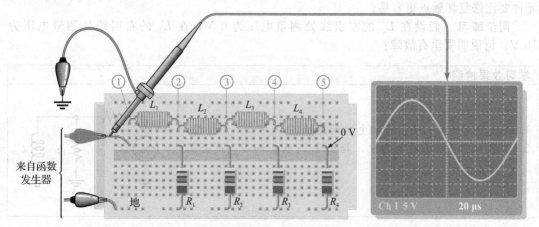

a) 示波器显示输入电压是正确的

图 16-52

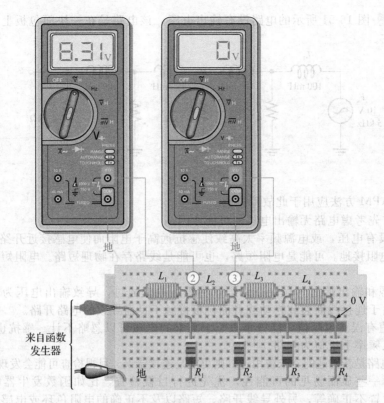

b) ③点电压为零说明故障在③点和电源之间。②点读数为8.31V说明L_2开路

图 16-52 （续）

由于电压在输入和输出之间的某个地方"丢失"了，因此必须查找"丢失"的电压。重新连接电源，使用半分割法测量③点（电路中间）相对于地面的电压。DMM 测试引线置于电感 L_2 右侧引线上，如图 16-52b 所示。假设这一点的电压是零。这说明③点右边的电路可能是正确的，故障在③点和电源之间的电路中。

现在，开始沿线路向电源方向查找电压（也可以从电源处开始查找）。将 DMM 测试引线置于点②点之前，即在电感 L_2 的左引线处，其读数为 8.31 V，如图 16-52b 所示，这表明 L_2 是开路的。幸运的是，在这种情况下，往往是元件有故障而非触点故障，通常更换元件要比修复坏触点更容易。

同步练习　假设在 L_2 的左引线处测量电压为 0 V，在 L_1 的右引线处测量电压为 10 V。请说明哪里有故障？

学习效果检测

1. 描述电感短路对 RL 串联电路的影响？
2. 在图 16-53 所示的电路中，指出 I_{tot}、V_{R_1} 和 V_{R_2} 是否因 L 的开路而增加或减少？

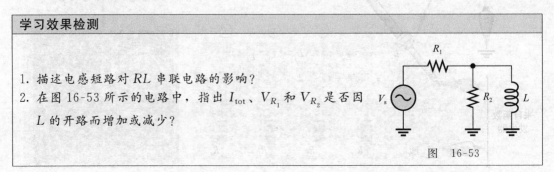

图　16-53

应用案例

从一个正在调试的通信系统中摘取两个密封模块，每个模块有 3 个端子，模块标识为 *RL* 滤波器，但没有给出其他任何信息。要求通过测试，确定滤波器的类型及相应组件的参数。

密封模块的 3 个端子分别标记为 IN、GND 和 OUT，如图 16-54 所示。运用学过的 *RL* 串联电路知识和一些基本的测量知识，确定模块内部电路元件的排布及参数值。

模块 1 的电阻测量

1. 根据图 16-54 所示的仪表读数，确定模块 1 中电阻及绕组电阻值，以及它们的排布。

模块 1 的交流测量

2. 根据图 16-55 所示的仪表读数，确定模块 1 的电感值。

模块 2 的电阻测量

3. 根据图 16-56 所示的仪表读数，确定模块 2 中电阻及绕组电阻值及其排布。

模块 2 的交流测量

4. 根据图 16-57 所示的仪表读数，确定模块 2 的电感值。

检查与复习

5. 如果模块 1 中的电感是开路的，在图 16-55 所示的测试中，将测得何种结果？

6. 如果模块 2 中的电感是开路的，在图 16-57 所示的测试中，将测得何种结果？

关于教学方式选择二的注释：特殊专题请见第 17 章第四部分。

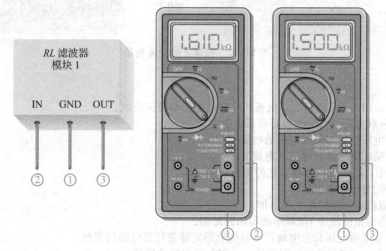

图 16-54 测量模块 1 的电阻

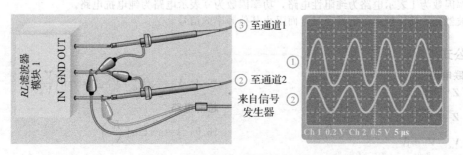

图 16-55 模块 1 的交流测量

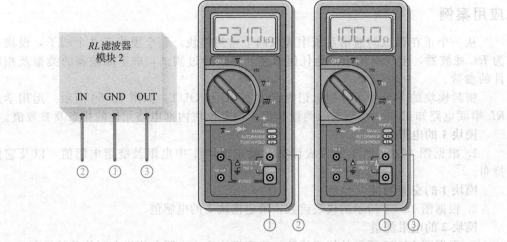

图 16-56 测量模块 2 的电阻

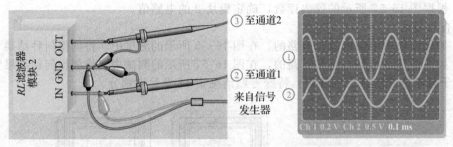

图 16-57 模块 2 的交流测量

本章总结

- 当正弦电压作用于 RL 电路时，电流和所有的电压都是正弦波。
- RL 串联或并联电路的总电流总是滞后电源电压。
- 电阻两端的电压总是与流经电阻的电流同相。
- 理想电感两端的电压总是超前其电流 $90°$。
- 在 RL 电路中，阻抗由电阻和感抗的组合得到。
- 阻抗以欧[姆]为单位来表示。
- RL 电路的阻抗随频率的增加而增加。
- RL 串联电路的相位角(θ)随频率的增加而增加。
- 可以通过测量电源电压和总电流，再利用欧姆定律来计算电路的阻抗。
- 在 RL 电路中，一部分功率是阻性的；一部分是电抗性质的。
- 功率因数表示视在功率中有多少比例的有功功率。
- 功率因数为 1 表示电路为纯阻性电路，功率因数为 0 表示电路为纯电抗电路。
- 滤波器允许特定频率的信号通过，而阻止其他频率的信号。

重要公式

RL 串联电路

16-1 $\mathbf{Z} = R + jX_L$

16-2 $\mathbf{Z} = \sqrt{R^2 + X_L^2} \angle \arctan\left(\dfrac{X_L}{R}\right)$

16-3 $\mathbf{V}_s = V_R + jV_L$

16-4 $\mathbf{V}_s = \sqrt{V_R^2 + V_L^2} \angle \arctan\left(\dfrac{V_L}{V_R}\right)$

超前电路

16-5 $\phi = \arctan\left(\dfrac{R}{X_L}\right)$

16-6 $V_{out} = \left(\dfrac{X_L}{\sqrt{R^2 + X_L^2}} \right) V_{in}$

滞后电路

16-7 $\phi = -\arctan\left(\dfrac{X_L}{R} \right)$

16-8 $V_{out} = \left(\dfrac{R}{\sqrt{R^2 + X_L^2}} \right) V_{in}$

RL 并联电路

16-9 $Z = \left(\dfrac{RX_L}{\sqrt{R^2 + X_L^2}} \right) \angle \arctan\left(\dfrac{R}{X_L} \right)$

16-10 $Y = G - jB_L$

16-11 $I_{tot} = I_R - jI_L$

16-12 $I_{tot} = \sqrt{I_R^2 + I_L^2} \angle -\arctan\left(\dfrac{I_L}{I_R} \right)$

16-13 $R_{eq} = Z \cos\theta$

16-14 $X_{L(eq)} = Z \sin\theta$

RL 电路中的功率

16-15 $P_r = I^2 X_L$

对/错判断(答案在本章末尾)

1. 如果把正弦电压加到 *RL* 串联电路上,电流也是正弦波。

2. *RL* 串联电路的总阻抗是电阻和感抗大小的代数和。

3. 欧姆定律不适用于电抗电路。

4. *RL* 电路的阻抗可以用复数表示为相量。

5. *RL* 串联电路的总阻抗可以表示为 $R + jX_L$。

6. 在 *RL* 串联电路中,电压超前电流。

7. 任何 *RL* 电路的阻抗都随频率的增加而增加。

8. 将 *RL* 串联电路中的阻抗相量乘以电流可得到功率相量。

9. 在 *RL* 并联电路中,总阻抗是电导和电纳的相量和。

10. 在 *RL* 串联滞后电路中,输出电压为电阻两端电压。

11. 电纳是电抗的倒数。

12. 功率因数由电压和电流的大小决定。

自我检测(答案在本章末尾)

1. 在 *RL* 串联电路中,电阻电压
   (a)超前电源电压　　(b)滞后电源电压
   (c)与电源电压同相　(d)与电流同相
   (e)答案(a)及(d)　　(f)答案(b)及(d)

2. 当 *RL* 串联电路上的外加电压频率增加时,阻抗随之
   (a)减少　　　(b)增加　　　(c)不变

3. 当 *RL* 串联电路上的外加电压降低时,阻抗的相位角
   (a)减少　　　(b)增加　　　(c)不变

4. 如果频率加倍,电阻减半,那么 *RL* 串联电路的阻抗将会
   (a)加倍　　　　　　(b)减半
   (c)保持不变　　　　(d)没有具体值不能确定

5. 为了减少 *RL* 串联电路中的电流,频率应该是
   (a)增加　　　(b)减少　　　(c)不变

6. 在 *RL* 串联电路中,测得电阻上电压的有效值为 10 V,电感电压有效值为 10 V,则电源电压的峰值应为
   (a)14.14 V　　　　(b)28.28 V
   (c)10 V　　　　　 (d)20 V

7. 问题 6 中的电压是在一定频率下测量的。为了使电阻电压大于电感电压,频率应该
   (a)增加　　　　　　(b)减少
   (c)加倍　　　　　　(d)不唯一

8. 欲使 *RL* 串联电路中的电阻电压大于电感电压,阻抗的相位角应该
   (a)增加　　(b)减少　　(c)不受相位角影响

9. 当电源电压的频率增加时,*RL* 并联电路的阻抗
   (a)增加　　　(b)减少　　　(c)不变

10. 在 *RL* 并联电路中,电阻支路的电流为 2 mA(有效值),电感支路的电流为 2 mA(有效值)。总电流(有效值)是
    (a)4 mA　　　　　(b)5.66 mA
    (c)2 mA　　　　　(d)2.83 mA

11. 观察示波器上的两个电压波形,调整时间分辨率(时间/分格),使波形的半个周期覆盖 10 个水平分格。一个波形的正向过零点在最左边的分格上,另一个波形的正向过零点在其右边第三个分格上。则这两个波形之间的相位差为
    (a)18°　　　　　　(b)36°
    (c)54°　　　　　　(d)180°

12. 在 *RL* 电路中,下列哪个功率因数对应转化的热能最少?
    (a)1　　　　　　　(b)0.9
    (c)0.5　　　　　　(d)0.1

13. 若负载为纯感性,无功功率为 10 VAR,则视在功率为
    (a)0 V·A　　　　　(b)10 V·A
    (c)14.14 V·A　　　(d)3.16 V·A

14. 某负载的有功功率为 10 W，无功功率为
    10 VAR，则视在功率为

(a)5 V·A   (b) 20 V·A

(c)14.14 V·A   (d) 100 V·A

电路行为变化趋势判断(答案在本章末尾)

参见图 16-60

1. 如果 L 开路，那么 L 上的电压将
   (a)增大   (b)减小   (c)保持不变

2. 如果 R 开路，那么 L 上的电压将
   (a)增大   (b)减小   (c)保持不变

3. 如果频率增加，那么 R 上的电压将
   (a)增大   (b)减小   (c)保持不变

参见图 16-67

4. 如果 L 开路，那么 R 上的电压将
   (a)增大   (b)减小   (c)保持不变

5. 如果 f 增加，那么 R 上的电流将
   (a)增大   (b)减小   (c)保持不变

参见图 16-73

6. 如果 R_1 开路，那么 L_1 上的电流将
   (a)增大   (b)减小   (c)保持不变

7. 如果 L_2 开路，那么 R_2 上的电压将
   (a)增大   (b)减小   (c)保持不变

参见图 16-74

8. 如果 L_2 开路，那么 B 点对地的电压将
   (a)增大   (b)减小   (c)保持不变

9. 如果 L_1 开路，那么 B 点对地的电压将
   (a)增大   (b)减小   (c)保持不变

10. 如果电源电压的频率增加，那么 R_1 上的电
    流将
    (a)增大   (b)减小   (c)保持不变

11. 如果电源电压的频率降低，那么 A 点对地
    的电压将
    (a)增大   (b)减小   (c)保持不变

参见图 16-77

12. 如果 L_2 开路，那么 L_1 上的电压将
    (a)增大   (b)减小   (c)保持不变

13. 如果 R_1 开路，那么输出电压将
    (a)增大   (b)减小   (c)保持不变

14. 如果 R_3 开路，那么输出电压将
    (a)增大   (b)减小   (c)保持不变

15. 如果在 L_1 中发生局部短路，那么电源的电
    流将
    (a)增大   (b)减小   (c)保持不变

16. 如果电源频率增加，那么输出电压将
    (a)增大   (b)减小   (c)保持不变

分节习题(较难的问题用星号(*)表示，奇数题答案在本书末尾)

第一部分：RL 串联电路

16.1 节

1. 一个 15 kHz 的正弦电压作用于一个 RL 串联
   电路，则 I、V_R、V_L 的频率是多少？

2. 问题 1 中 I、V_R、V_L 的波形如何？

16.2 节

3. 用极坐标和直角坐标表示图 16-58 中各电路
   的总阻抗。

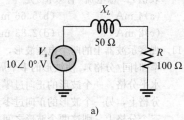

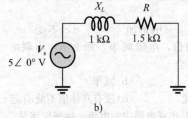

a)   b)

图 16-58

4. 求图 16-59 中各电路的阻抗大小和相位角，
   并绘制阻抗图。

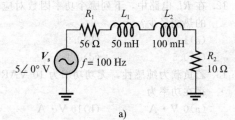

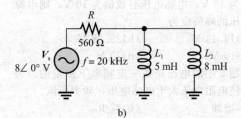

a)   b)

图 16-59

5. 求图 16-60 所示电路在以下频率时的阻抗：
   (a)100 Hz　　　　　(b)500 Hz
   (c)1 kHz　　　　　(d)2 kHz

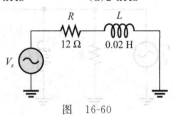

图　16-60

6. 求 *RL* 串联电路中阻抗为下列各值时，*R* 和
   X_L 的值。
   (a)$Z=20\ \Omega+j45\ \Omega$
   (b)$Z=500\angle35°\ \Omega$
   (c)$Z=2.5\angle72.5°\ k\Omega$
   (d)$Z=998\angle45°\ \Omega$

7. 将图 16-61 中的电路简化为单个电阻和电感
   串联的电路。

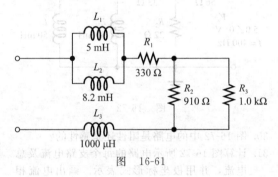

图　16-61

16.3 节

8. 一个 5 V、10 kHz 的正弦电压作用于图 16-61 所
   示的电路上，计算问题 7 中等效电阻两端的
   电压。

9. 使用与问题 8 相同的电压，计算图 16-61 所
   示电路中 L_3 两端电压。

10. 用极坐标形式表示图 16-58 中各电路的电流。

11. 计算图 16-59 中各电路的总电流，并用极坐
    标形式表示。

12. 求图 16-62 所示电路的 θ 值。

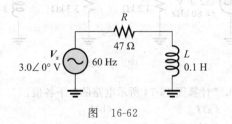

图　16-62

13. 如果图 16-62 中的电感加倍，θ 是增加还是
    减少，变化多少度？

14. 绘制图 16-62 中的 V_s、V_R 和 V_L 波形，并指
    出正确的相位关系。

15. 对于图 16-63 所示电路，计算以下每个频率
    下的 V_R 和 V_L：
    (a)60 Hz　　　　　(b)200 Hz
    (c)500 Hz　　　　　(d)1 kHz

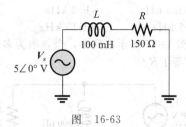

图　16-63

16. 求图 16-64 中电源电压的大小和相位角。

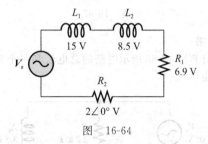

图　16-64

17. 对于图 16-65 所示的滞后电路，试求在以下
    各输入频率下，输出电压相对输入电压的相
    位滞后量。
    (a)1 Hz　　　　　(b)100 Hz
    (c)1 kHz　　　　　(d)10 kHz

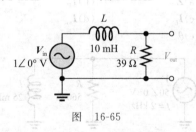

图　16-65

18. 对于图 16-66 所示的超前电路，计算问题 17
    中各频率下的输出电压相对输入电压的相位
    超前量。

19. 对于问题 17 中给出的各频率，用极坐标形
    式将图 16-66 中的输出电压 V_{out} 表示出来。

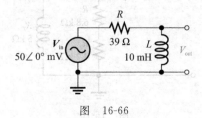

图　16-66

第二部分：RL 并联电路

16.4 节

20. 用极坐标形式表示图 16-67 所示电路的阻抗。

21. 用直角坐标形式表示图 16-67 所示电路的阻抗。

22. 在下列频率下，重复问题 20 中的要求：
    (a)1.5 kHz　　　　(b)3 kHz
    (c)5 kHz　　　　(d)10 kHz

23. 在图 16-67 所示电路中，当频率为多少时，X_L 等于 R？

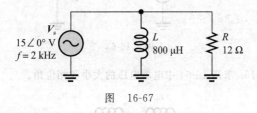

图　16-67

16.5 节

24. 计算图 16-68 所示电路的总电流和每个支路电流。

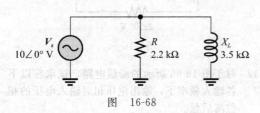

图　16-68

25. 计算图 16-69 所示电路的以下各量。
    (a)Z　　　　　　(b)I_R
    (c)I_L　　　　　　(d)I_{tot}
    (e)θ

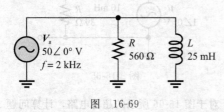

图　16-69

26. 当 $R=56\ \Omega$，$L=330\ \mu$H 时，重复问题 25。

27. 将图 16-70 中的电路转换为等效的串联形式。

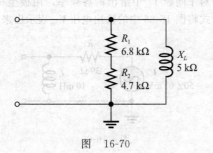

图　16-70

28. 计算图 16-71 所示电路中总电流的大小及相位角。

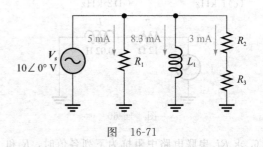

图　16-71

第三部分：RL 串-并联电路

16.6 节

29. 试求图 16-72 中各元件两端电压的极坐标形式，并画出电压相量图。

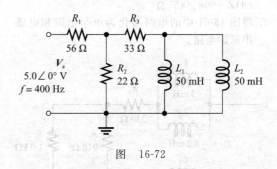

图　16-72

30. 图 16-72 中的电路是阻性还是感性的？

31. 计算图 16-72 所示电路的每个支路电流及总电流，并用极坐标形式表示。画出电流相量图。

32. 对于图 16-73 中的电路，计算如下各值。
    (a)I_{tot}　　　　　(b)θ
    (c)V_{R1}　　　　　(d)V_{R2}
    (e)V_{R3}　　　　　(f)V_{L1}
    (g)V_{L2}

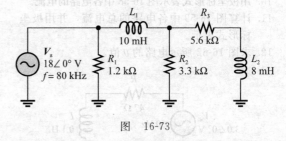

图　16-73

33. *计算图 16-74 所示电路的以下各值：
    (a)I_{tot}　　　　　(b)V_{L1}
    (c)V_{AB}

34. *画出图 16-74 所示电路中所有电压和电流的相量图。

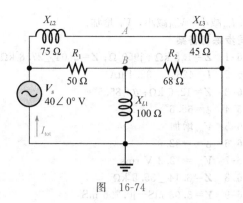

图 16-74

35. 求图 16-75 所示梯形电路从输入到输出的相移和衰减(即 V_{out}/V_{in} 的比值)。

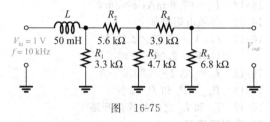

图 16-75

36. * 求图 16-76 所示梯形电路从输入到输出的相移和衰减。

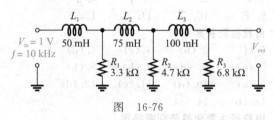

图 16-76

37. * 设计一个理想的含有开关的感性电路,当开关从一端投掷到另一端时,能够由 12 V 直流电产生 2.5 kV 的瞬时电压,而电源电流不超过 1 A。

第四部分:特殊专题

16.7 节

38. 在某 *RL* 电路中,有功功率为 100 mW,无功功率为 340 mVAR,则视在功率为多少?

39. 计算图 16-62 所示电路的有功功率及无功功率。

40. 图 16-68 所示电路的功率因数是多少?

41. 求图 16-73 所示电路的 P_{true}、P_r、P_a 和 PF,并绘制功率三角形。

42. * 试求图 16-74 所示电路的有功功率。

16.8 节

43. 绘制图 16-65 所示电路的响应曲线,显示输出电压与频率的关系,频率以 1 kHz 的间隔从 0 Hz 增加到 5 kHz。

44. 使用与问题 41 相同的步骤,绘制图 16-66 所示电路的响应曲线。

45. 绘制图 16-65 和图 16-66 中各个电路在 8 kHz 频率下的电压相量图。

16.9 节

46. 在图 16-77 所示电路中,当 L_1 开路时,计算各元件的电压。

47. 对于图 16-77 所示电路,计算在以下各种故障模式下的输出电压:

(a)L_1 开路　　　(b)L_2 开路

(c)R_1 开路　　　(d)R_2 短路

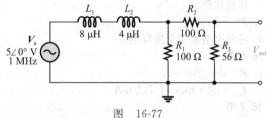

图 16-77

Multisim 故障排查和分析

以下问题的排除和分析需要使用 Multisim。

48. 打开文件 P16-48,判断是否有错误。若有,找出问题所在。

49. 打开文件 P16-49,判断是否有错误。若有,找出问题所在。

50. 打开文件 P16-50,判断是否有错误。若有,找出问题所在。

51. 打开文件 P16-51,判断是否有错误。若有,找出问题所在。

52. 打开文件 P16-52,判断是否有错误。若有,找出问题所在。

53. 打开文件 P16-53,判断是否有错误。若有,找出问题所在。

54. 打开文件 P16-54,分析滤波器的频率响应。

55. 打开文件 P16-55,分析滤波器的频率响应。

参考答案

学习效果检测答案

16.1 节

1. 电流频率为 1 kHz。

2. 相位角接近 0°。

16.2 节

1. $R = 150\ \Omega$;$X_L = 220\ \Omega$

2. 55.7°

3. $\mathbf{Z}=R+jX_L=33\ \text{k}\Omega+j50\ \text{k}\Omega$；$\mathbf{Z}=\sqrt{R^2+X_L^2}$
$\angle\arctan(X_L/R)=59.9\angle 56.6°\text{k}\Omega$

16.3 节

1. $V_s=\sqrt{V_R^2+V_L^2}=3.61\ \text{V}$
2. $\theta=\arctan(V_L/V_R)=56.3°$
3. 当 f 增加时，X_L 增加，Z 增加，θ 增加。
4. $\phi=81.9°$
5. $V_{\text{out}}=9.90\ \text{V}$

16.4 节

1. $Y=\dfrac{1}{Z}=2\ \text{mS}$
2. $Y=\sqrt{G^2+B_L^2}=2.51\ \text{mS}$
3. I 滞后于 V_s；$\theta=32.1°$

16.5 节

1. $I_{\text{tot}}=32\ \text{mA}$
2. $\mathbf{I}_{\text{tot}}=23.3\angle-59.0°\text{mA}$，$\theta$ 是相对与输入电压相位角。
3. $\theta=-90°$
4. 将每个电流相量除以电压。

16.6 节

1. $\mathbf{Z}=494\angle 59.0°\Omega$
2. $\mathbf{I}_{\text{tot}}=10.4\ \text{mA}-j17.4\ \text{mA}$

16.7 节

1. 功率消耗是由电阻导致的。
2. $PF=0.643$
3. $PF=0.833$
4. $P_{\text{true}}=4.7\ \text{W}$；$P_r=6.2\ \text{VAR}$；$P_a=7.78\ \text{V}\cdot\text{A}$

16.8 节

1. 输出为电阻两端电压。
2. 较之于其他类型更高效。
3. 由脉冲宽度调制器调整至更长。

16.9 节

1. 在任意给定频率下，绕组短路都会使 L 和 X_L 减小。

2. I_{tot} 减小、V_{R1} 减小，V_{R2} 增加。

同步练习答案

16-1　$\mathbf{Z}=1.8\ \text{k}\Omega+j950\ \Omega$；$\mathbf{Z}=2.04\angle 27.8°\text{k}\Omega$
16-2　$\mathbf{I}=423\angle-32.1°\mu\text{A}$
16-3　$Z=12.6\ \text{k}\Omega$；$\theta=85.5°$
16-4　$\phi=65.6°$
16-5　V_{out} 增加
16-6　$\phi=-32.0°$
16-7　$V_{\text{out}}=12.3\ \text{V rms}$
16-8　$\mathbf{Z}=8.14\angle 35.5°\text{k}\Omega$
16-9　$Y=3.03\ \text{mS}-j0.796\ \text{mS}$
16-10　功率相量
16-11　$\mathbf{I}=14.0\angle-71.1°\text{mA}$
16-12　$I_{\text{tot}}=67.6\ \text{mA}$；$\theta=36.3°$
16-13　等效电阻增加
16-14　(a) $\mathbf{V}_1=8.04\angle 2.52°\text{V}$
　　　　(b) $\mathbf{V}_2=2.00\angle-10.2°\text{V}$
16-15　$\mathbf{I}_{\text{tot}}=20.2\angle-59.0°\text{mA}$
16-16　P_{true}，P_r 和 P_a 减小
16-17　L_1 和 L_2 之间的连接开路

对/错判断答案

1. T 　　2. F 　　3. F 　　4. T
5. T 　　6. T 　　7. T 　　8. F
9. F 　　10. T 　　11. T 　　12. F

自我检测答案

1. (f) 　　2. (b) 　　3. (c) 　　4. (d)
5. (a) 　　6. (d) 　　7. (b) 　　8. (b)
9. (a) 　　10. (d) 　　11. (c) 　　12. (d)
13. (b) 　　14. (c)

电路行为变化趋势判断答案

1. (a) 　　2. (b) 　　3. (b) 　　4. (c)
5. (c) 　　6. (c) 　　7. (a) 　　8. (c)
9. (a) 　　10. (b) 　　11. (c) 　　12. (b)
13. (a) 　　14. (a) 　　15. (a) 　　16. (b)

第 17 章

RLC 正弦交流电路及谐振

▶ **教学目标**

第一部分：RLC 串联电路
- 确定 RLC 串联电路的阻抗
- 分析 RLC 串联电路
- 分析串联谐振电路

第二部分：RLC 并联电路
- 确定 RLC 并联电路的阻抗
- 分析 RLC 并联电路
- 分析并联谐振电路

第三部分：RLC 串-并联电路
- 分析 RLC 串-并联电路

第四部分：特殊专题
- 计算谐振电路的带宽
- 讨论谐振电路的基本应用

▶ **应用案例预览**

在应用案例中，主要关注调幅收音机中射频放大器的调谐电路。调谐电路在调幅带宽内选通所需频率，以便调谐至所需的电台。

▶ **引言**

第 15 章和第 16 章中学习的分析方法在本章被扩展到电阻、电感和电容元件组合的电路中。研究 RLC 电路的串联、并联以及串-并联混合电路。

电路同时含有电感和电容时可以表现出谐振特性，这在许多应用中很重要。谐振是通信系统中选择频率的基础。例如，基于谐振原理，收音机或电视机能够接收某一特定电台发射的特定频率，同时又能屏蔽其他电台频率的干扰。本章讨论了 RLC 电路产生谐振的条件以及谐振电路的特性。

▶ **教学方式选择**

如果你选择教学方式一，并学习了第 15 章和第 16 章的全部内容，那么接下来应该学习本章的所有内容。

如果你选择教学方式二，分 4 个部分来学习，在学习了第 15 章、第 16 章的相关内容之后，接下来应该学习本章的对应部分，如果需要，接下来应该学习第 15 章的下一个部分。

第一部分　RLC 串联电路

17.1 RLC 串联电路的阻抗

RLC 串联电路包括电阻、电感和电容。因为感抗和容抗对电路相位有相反的影响，所以电路总电抗会小于它们中的任意电抗。

学完本节内容后，你应该能够求解 RLC 串联电路的阻抗，具体就是：

- 计算总电抗。
- 判断电路是感性还是容性的。

RLC 串联电路如图 17-1 所示，它包含电阻、电感和电容。

众所周知，感抗 (X_L) 使总电流滞后电源电压。而容抗 (X_C) 则恰好相反：它使电流超前电压。因此 X_L 和 X_C 往往趋于相互抵消。当二者相等时，恰好完全抵消，总电抗为零。在任何情况下，串联电路中总电抗的大小为：

$$X_{tot} = |X_L - X_C| \qquad (17\text{-}1)$$

$|X_L - X_C|$ 指两电抗之差的绝对值，即无论哪个电抗更大，总电抗都被认为是正的。例如，$3-7=-4$，但是其绝对值是

$$|3-7| = 4$$

在串联电路中，当 $X_L > X_C$ 时，电路呈感性；当 $X_C > X_L$ 时，电路呈容性。

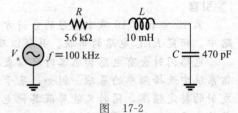

图 17-1　RLC 串联电路

RLC 串联电路的总阻抗的直角坐标形式，如式（17-2）所示，极坐标形式如式（17-3）所示。

$$\mathbf{Z} = R + jX_L - jX_C \qquad (17\text{-}2)$$

$$\mathbf{Z} = \sqrt{R^2 + (X_L - X_C)^2} \angle \pm \arctan\left(\frac{X_{tot}}{R}\right) \qquad (17\text{-}3)$$

式（17-3）中，$\sqrt{R^2 + (X_L - X_C)^2}$ 为幅值，$\arctan(X_{tot}/R)$ 为总电流与外加电压之间的相位差。如果电路呈感性，则相位角为正；如果电路呈容性，则相位角为负。

例 17-1　对于图 17-2 所示 RLC 串联电路，求总阻抗，分别用直角坐标形式和极坐标形式表示。

解　首先确定 X_C 和 X_L。

$$X_C = \frac{1}{2\pi fC} = \frac{1}{2\pi \times 100\ kHz \times 470pF} = 3.39\ k\Omega$$

$$X_L = 2\pi fL = 2\pi \times 100\ kHz \times 10mH = 6.28\ k\Omega$$

本例中，$X_L > X_C$，因此电路中的感性大于容性。

总电抗为：

$$X_{tot} = |X_L - X_C| = |6.28\ k\Omega - 3.39\ k\Omega|$$

$$= 2.89\ k\Omega \quad （感性）$$

阻抗的直角坐标形式为：

$$\mathbf{Z} = R + (jX_L - jX_C) = 5.60\ k\Omega + (j6.28\ k\Omega - j3.39\ k\Omega) = 5.60\ k\Omega + j2.90\ k\Omega$$

极坐标形式为：

$$\mathbf{Z} = \sqrt{R^2 + X_{tot}^2} \angle \arctan\left(\frac{X_{tot}}{R}\right)$$

$$= \sqrt{(5.60\ k\Omega)^2 + (2.90\ k\Omega)^2} \angle \arctan\left(\frac{2.90\ k\Omega}{5.60\ k\Omega}\right) = 6.31 \angle 27.4°\ k\Omega$$

相位角为正，说明电路为感性电路。

同步练习　若频率 f 增加到 200 kHz，求总阻抗 $\mathbf{Z}$ 的极坐标形式。

如你所见，在串联电路中，当感抗大于容抗时，电路表现为感性，故电流滞后电源电压；当容抗更大时，电路表现为容性，电流超前电源电压。

学习效果检测

1. 已知某 *RLC* 串联电路，X_C 为 150 Ω，X_L 为 80 Ω，求总阻抗为多大（以欧［姆］为单位）？电路为感性还是容性？
2. 在问题 1 中，当 $R = 47$ Ω 时，求总阻抗的极坐标形式。总阻抗的大小是多少？相位是多少？电流是超前还是滞后电源电压？

17.2 *RLC* 串联电路的分析

我们知道，容抗与频率成反比，感抗与频率成正比。在这一节中，我们将考察二者都存在时电抗与频率之间的函数关系。

学完本节内容后，你应该能够分析 *RLC* 串联电路，具体就是：

- 求解 *RLC* 串联电路中的电流。
- 求解 *RLC* 串联电路中的电压。
- 求解相位角。

图 17-3 给出了在一个典型的 *RLC* 串联电路中感抗与容抗随频率的变化规律。从一个非常低的频率开始，此时 X_C 大，X_L 小，电路呈容性。随着频率的增加，X_C 减小，X_L 增大，直至 $X_C = X_L$，这时二者相互抵消，电路完全呈现为纯阻性。该情况称为**串联谐振**，这将在 17.3 节中加以讨论。当频率进一步增加时，X_L 逐渐大于 X_C，电路呈感性。例 17-2 说明了阻抗和相位角是如何随电源频率的变化而变化的。

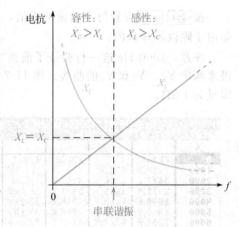

图 17-3 X_L 和 X_C 随频率变化的情况

图 17-3 中 X_L 为直线，而 X_C 是曲线。直线的一般方程是 $y = mx + b$，其中 m 是直线的斜率，b 是与 y 轴交点。公式 $X_L = 2\pi f L$ 符合这个通用要求的直线公式，其中 $y = X_L$（变量）、$m = 2\pi L$（常数）、$x = f$（变量）、$b = 0$，即 $X_L = 2\pi L f + 0$。

X_C 的曲线称为双曲线，一般的双曲线方程是 $xy = k$。容抗的方程为 $X_C = 1/(2\pi f C)$，又可写作 $X_C f = 1/(2\pi C)$，其中 $x = X_C$（变量）、$y = f$（变量）、$k = 1/(2\pi C)$（常数）。

例 17-2 计算图 17-4 中电路频率在 1.0 kHz、2.0 kHz、4.0 kHz 和 8.0 kHz 时阻抗的极坐标形式。注意幅值和相位角随频率的变化。

解 解决这类问题最简单的方法是使用图形计算器。为清楚起见，先不使用图形计算器计算第 1 个频率对应的阻抗。当 $f = 1$ kHz 时，

$$X_C = \frac{1}{2\pi f C} = \frac{1}{2\pi \times 1\ \text{kHz} \times 0.022\ \mu\text{F}} = 7.23\ \text{k}\Omega$$

$$X_L = 2\pi f L = 2\pi \times 1\ \text{kHz} \times 100\ \text{mH} = 628\ \Omega$$

很明显电路为容性，总阻抗为：

$$\mathbf{Z} = \sqrt{R^2 + (X_L - X_C)^2} \angle -\arctan\left(\frac{X_{\text{tot}}}{R}\right)$$

$$= \sqrt{(3.3\ \text{k}\Omega)^2 + (628\ \Omega - 7.23\ \text{k}\Omega)^2} \angle -\arctan\left(\frac{6.60\ \text{k}\Omega}{3.3\ \text{k}\Omega}\right) = 7.38 \angle -63.4°\ \text{k}\Omega$$

负角度表明电路为容性。

用 TI-84 Plus CE 说明使用计算器的解题方法。首先输入关于容抗、感抗、总阻抗和相位角的方程。用 [y=] 键输入图 17-5 所示的方程。Y_1 为关于容抗的方程、Y_2 为关于感抗的

方程、Y_3为关于总阻抗的方程、Y_4为关于相位角的方程。自变量 X 代表频率。使用window菜单设置表格的起点和增量。从 X(频率)=0 开始，增量(Xscl)为 1000。

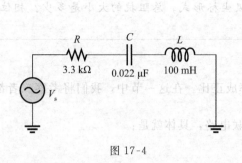

图 17-4

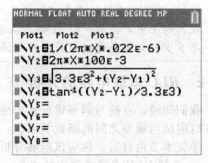

图 17-5 容抗、感抗、总阻抗和相位角的方程(图像经德州仪器公司许可使用)

按2nd graph查看每个变量的表值，如图 17-6 所示。(注意，频率为零时提示错误，这是由于除以零导致的。)

注意，1000 Hz 这一行验证了前面“手动”计算的结果。你可以选择这些方程并按graph键来画出 Y_1、Y_2和 Y_3的曲线。图 17-7 给出了结果，网格线表示 X 轴增量为 1 kHz，Y 轴增量为 1 kΩ。

NORMAL FLOAT AUTO REAL DEGREE MP
PRESS + FOR △Tbl

X	Y1	Y2	Y3	Y4
0	ERROR	0	ERROR	ERROR
1000	7234.3	628.32	7384.4	-63.46
2000	3617.2	1256.6	4057.3	-35.58
3000	2411.4	1885	3341.7	-9.065
4000	1808.6	2513.3	3374.4	12.054
5000	1446.9	3141.6	3709.7	27.183
6000	1205.7	3769.9	4179.1	37.848
7000	1033.5	4398.2	4712.9	45.557
8000	904.29	5026.5	5280.4	51.322
9000	803.81	5654.9	5867.1	55.774
10000	723.43	6283.2	6465.4	59.309

X=0

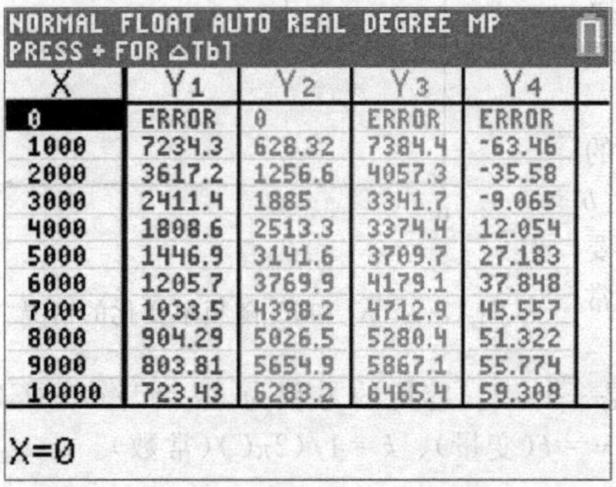

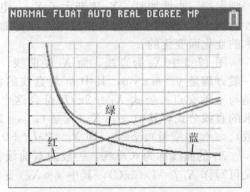

图 17-6 表中对应的列分别为容抗、感抗、总阻抗和相位角值(图像经德州仪器公司许可使用)

图 17-7 容抗(蓝色)、感抗(红色)和总阻抗(绿色)曲线(图像经德州仪器公司许可使用)

利用计算器可以轻松查看特定频率下的响应，也可以寻找总阻抗曲线的最小值。如要找到最小值，请按2nd trace，并选择选项 3，则可找到最小值。还需要你“帮助”计算器选择寻找最小值的范围，按下enter键，计算器便显示最小值，如图 17-8 所示。在本例中，我们找到的最小值是 3300Ω，此时 $X_C=X_L$。(更多详情将在 17.3 节介绍。)

注意，当频率增加时，电路从容性变为感性。相位由电流超前电压变为电流滞后电压，由角度的符号表示超前与滞后。还注意到，阻抗幅值下降达到最小值(即等于电阻值)，然后随频率再次升高。另外，负的相位角随着频率的增加而趋于零；当电路呈现为感性时，相位角变为正，然后随着频率的增加而增大。

同步练习 电感为 50 mH，频率为 7 kHz，试求总阻抗 $\boldsymbol{Z}$ 的极坐标形式。判断该电路是感性还是容性的。■

在 RLC 串联电路中，电容电压和电感电压的相位总是相差 180°，因此，V_C与 V_L相互削弱。这导致电感与电容两端的总电压总是小于二者中的较大值，如图 17-9 所示，波形如图 17-10 所示。

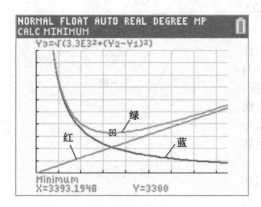

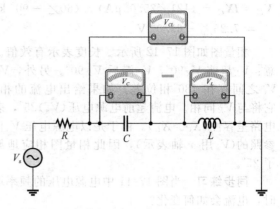

图 17-8　查找阻抗曲线上的最小值（图像经　　　图 17-9　串联电感与电容两端的总电压小于二
　　　　　德州仪器公司许可使用）　　　　　　　　　　者中的较大值

在例 17-3 中，将学习利用欧姆定律求解 *RLC* 串联电路中的电流和电压。

例 17-3　求图 17-11 中各元件的电流和电压。用极坐标表示各量，并画出完整的电压相量图。

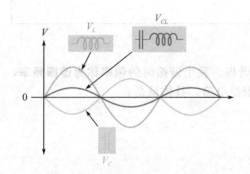

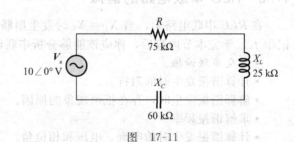

图 17-10　V_{CL} 是 V_C 和 V_L 的代数和。　　　　　　　　图 17-11
　　　　　由于相位的关系，V_C 和 V_L
　　　　　彼此削弱

解　首先求出总阻抗：
$$\mathbf{Z} = R + jX_L - jX_C = 75 \text{ k}\Omega + j25 \text{ k}\Omega - j60 \text{ k}\Omega = 75 \text{ k}\Omega - j35 \text{ k}\Omega$$
为便于应用欧姆定律，将其转换为极坐标形式：
$$\mathbf{Z} = \sqrt{R^2 + X_{\text{tot}}^2} \angle -\arctan\left(\frac{X_{\text{tot}}}{R}\right)$$
$$= \sqrt{(75 \text{ k}\Omega)^2 + (35 \text{ k}\Omega)^2} \angle -\arctan\left(\frac{35 \text{ k}\Omega}{75 \text{ k}\Omega}\right) = 82.8 \angle -25° \text{ k}\Omega$$

式中 $X_{\text{tot}} = |X_L - X_C|$。
根据欧姆定律求得电流：
$$\mathbf{I} = \frac{\mathbf{V}_s}{\mathbf{Z}} = \frac{10 \angle 0° \text{ V}}{82.8 \angle -25° \text{ k}\Omega} = 121 \angle 25.0° \text{ μA}$$
再利用欧姆定律，分别求得 *R*、*L*、*C* 两端电压：
$$\mathbf{V}_R = \mathbf{IR} = (121 \angle 25.0° \text{ μA}) \times (75 \angle 0° \text{ k}\Omega) = 9.06 \angle 25.0° \text{ V}$$

$$V_L = IX_L = (121 \angle 25.0° \, \mu A) \times (25 \angle 90° \, k\Omega)$$
$$= 3.02 \angle 115° \, V$$

$$V_C = IX_C = (121 \angle 25.0° \, \mu A) \times (60 \angle -90° \, k\Omega)$$
$$= 7.25 \angle -65.0° \, V$$

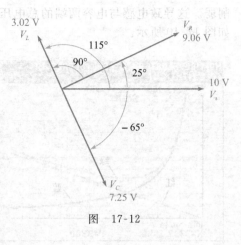

图 17-12

相量图如图 17-12 所示。长度表示有效值。注意：V_L 超前 V_R 90°，V_C 滞后 V_R 90°。另外，V_L 与 V_C 之间存在 180° 相位差。如果给出电流的相位，它将与 V_R 同相。电流超前电源电压（V_s）25°，表明电路呈容性（$X_C > X_L$）。由于是以电源电压 V_s 作为参照的（V_s 用 x 轴表示），因此相量图相应地旋转了 25°。

同步练习 当图 17-11 中电源电压的频率增加时，电流会如何变化？

学习效果检测

1. 在某 RLC 串联电路中：$V_R = 24 \angle 30° \, V$、$V_L = 15 \angle 120° \, V$、$V_C = 45 \angle -60° \, V$，求电源电压。
2. 在某一 RLC 串联电路中，$R = 1.0 \, k\Omega$、$X_C = 1.8 \, k\Omega$、$X_L = 1.2 \, k\Omega$，判断电流是超前还是滞后电源电压？
3. 求解问题 2 中的总电抗。

17.3 RLC 串联电路的谐振

在 RLC 串联电路中，当 $X_C = X_L$ 时发生串联谐振。发生谐振时的频率称为**谐振频率**，记作 f_r。学完本节内容后，你应该能够分析串联谐振电路，具体就是：

- 定义串联谐振。
- 计算谐振发生时的阻抗。
- 解释谐振发生时，存在抵消现象的原因。
- 求解谐振频率。
- 计算谐振发生时的电流、电压和相位角。

图 17-13 说明了串联谐振产生的条件。

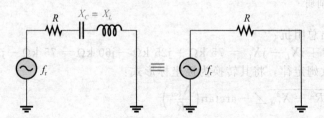

图 17-13 串联谐振。X_C 和 X_L 相互抵消，导致负载为纯电阻性

谐振是指 RLC 串联电路中，容抗和感抗大小相等时，二者相互抵消，形成纯阻性阻抗。RLC 串联电路的总阻抗如式（17-2）所示。

$$Z = R + jX_L - jX_C$$

发生谐振时，$X_L = X_C$，虚部相互抵消。因此，阻抗是纯电阻性的。这些谐振条件如下式所示：

$$X_L = X_C$$

$$Z_r = R$$

例 17-4 RLC 串联电路如图 17-14 所示，试计算发生谐振时的 X_C 及总阻抗 $\mathbf{Z}$。

解 在谐振频率下，$X_L = X_C$，即 $X_L = X_C = 500\ \Omega$。发生谐振时的阻抗为：

$$\mathbf{Z}_r = R + jX_L - jX_C = 100\ \Omega + j500\ \Omega - j500\ \Omega = 100\angle 0°\ \Omega$$

可见发生谐振时，感抗与容抗大小相等，相互抵消，总阻抗与电阻相等。

同步练习 在频率小于谐振频率时，电路是呈感性还是容性？

17.3.1　发生谐振时 X_L 和 X_C 相互抵消

在串联谐振频率（f_r）下，由于容抗与感抗相等，使得电容和电感上的电压大小也相等。因为是串联电路（$IX_C = IX_L$），所以两者通过的电流相同。同时，V_L 和 V_C 的相位角总是相差 $180°$。

在任何给定的周期内，电感和电容两端电压的极性总是相反的，如图 17-15a 和 b 所示。电感和电容上的电压因大小相等、方向相反而相互抵消，A、B 两端的

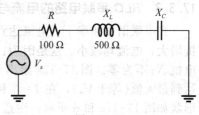

图 17-14

总电压为零，如图 17-15c 所示。从 A 到 B 没有电压降，但仍有电流，因此总电抗一定为零，如图 17-15c 所示。图 17-15d 的电压相量图也表明，V_C 和 V_L 大小相等，相位角相差 $180°$。

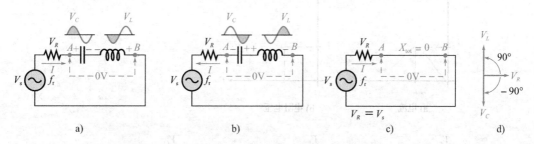

图 17-15　在谐振频率 f_r 下，电感和电容上的电压大小相等，相位相反，结果相互抵消，故 LC 两端电压为 0 V（A 点到 B 点），即在谐振频率下，A 到 B 的部分可以等效为短路

17.3.2　串联谐振频率

对于给定的 RLC 串联电路，谐振只发生在一个特定的频率上。该谐振频率的计算公式推导如下：

$$X_L = X_C$$

代入电抗公式得到：

$$2\pi f_r L = \frac{1}{2\pi f_r C}$$

等式两边同时乘以 $f_r / 2\pi L$，可得，

$$f_r^2 = \frac{1}{4\pi^2 LC}$$

两边取平方根，串联谐振频率 f_r 公式即为，

$$f_r = \frac{1}{2\pi\ \sqrt{LC}} \qquad (17\text{-}4)$$

例 17-5 串联电路如图 17-16 所示，试计算谐振频率 f_r。

解 根据谐振频率公式得：

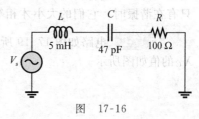

图 17-16

$$f_r = \frac{1}{2\pi\sqrt{LC}} = \frac{1}{2\pi\sqrt{5\ mH \times 47\ pF}} = 328\ kHz$$

同步练习 如果图 17-16 中的 $C = 0.01\ \mu F$，则谐振频率是多少？

 Multisim 仿真

使用 Multisim 文件 E17-05A、E17-05B 校验本例的计算结果，并核实你对同步练习的计算结果。

17.3.3 RLC 串联电路的电流与电压

在串联谐振频率下，电流达到最大值（$I_{max} = V_s/R$）。在该频率以上或以下时，由于阻抗增大，电流均减小。这是因为：在谐振时 X_T 为零，总阻抗为 R。而非谐振时，总串联电抗 X_T 不为零。图 17-17a 给出了电流随频率的变化曲线。电阻电压 V_R 随电流在谐振时达到最大值（等于 V_s），在 $f=0$ 和 $f=\infty$ 时为零，如图 17-17b 所示。V_C 和 V_L 曲线的一般形状如图 17-17c 和 d 所示。注意：当 $f=0$ 时，$V_C = V_s$，因为此时电容相当于断路；当 f 趋于无穷时，V_L 趋于 V_s，因为此时电感相当于断路。在谐振频率以下，电容与电感两端总电压随着频率的增加而减小，在谐振频率处达到最小的零值；而在大于谐振频率时，随频率的增加而增加，如图 17-17e 所示。

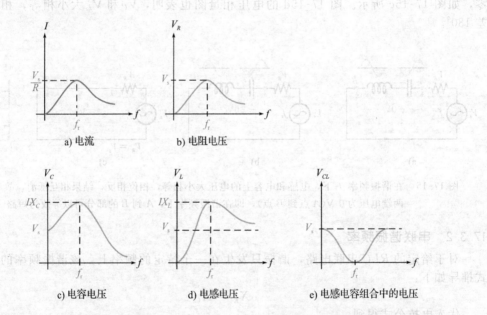

图 17-17 在 RLC 串联电路中，总电流和总电压的幅值是关于频率的函数。V_C 和 V_L 可以比电源电压大得多。曲线的形状取决于电路的参数值

谐振时电感和电容上的电压大小完全相等，相位角相差 $180°$，因此相互抵消。因此，电感和电容上的总电压为零，结果是 $V_R = V_s$，如图 17-18 所示。V_L 和 V_C 均有可能比电源电压大得多，这将在稍后介绍。要记住，无论频率如何，V_L 和 V_C 在极性上总是相反的，只有在谐振时，它们的大小才相等。

例 17-6 电路如图 17-19 所示，计算谐振状态下的 I、V_R、V_L 和 V_C。谐振时 X_L 和 X_C 的值如图所示。

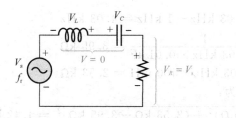

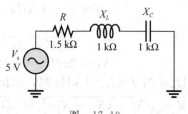

图 17-18 谐振状态下的 RLC 串联电路

图 17-19

解 谐振状态下,电流 I 达最大值,等于 V_s/R:

$$I = \frac{V_s}{R} = \frac{5\ \text{V}}{1.5\ \text{k}\Omega} = 3.33\ \text{mA}$$

利用欧姆定律求得电压值如下:

$$V_R = IR = 3.33\ \text{mA} \times 1.5\ \text{k}\Omega = 5.08\ \text{V}$$
$$V_L = IX_L = 3.33\ \text{mA} \times 1\ \text{k}\Omega = 3.33\ \text{V}$$
$$V_C = IX_C = 3.33\ \text{mA} \times 1\ \text{k}\Omega = 3.33\ \text{V}$$

注意,谐振状态下,电源电压全部作用于电阻。而 V_L 和 V_C 的大小相等,极性相反,导致二者相互抵消,使总电抗电压为零。

同步练习 如果例 17-6 中的频率增加一倍,相位角如何变化?

 Multisim 仿真

使用 Multisim 文件 E17-06A、E17-06B 校验本例的计算结果,并核实你对同步练习的计算结果。

17.3.4 RLC 串联电路阻抗

当频率低于 f_r 时,$X_C > X_L$,电路呈容性;当频率等于 f_r 时,$X_C = X_L$,电路呈纯电阻性;当频率高于 f_r 时,$X_C < X_L$,电路呈感性。注意,这是由例 17-2 观察到的结果。

谐振时阻抗值最小($Z = R$),当频率大于或小于谐振频率时,阻抗值均增大。图 17-20 说明了阻抗随频率的变化趋势。在频率为零时,X_C 和 Z 均为无穷大,X_L 为零,因为电容在 0 Hz 时相当于开路,而电感相当于短路。随着频率的增加,X_C 减小,X_L 增大。当频率低于 f_r 时,$X_C > X_L$,Z 随 X_C 的减小而减小。在 f_r 处,$X_C = X_L$,$Z = R$;在频率大于 f_r 时,$X_L > X_C$,导致 Z 增大。

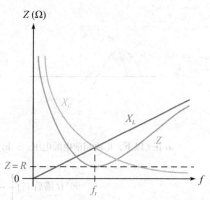

图 17-20 RLC 串联阻抗与频率关系的曲线

例 17-7 电路如图 17-21 所示,计算以下频率对应的阻抗幅值。

(a) 谐振频率 f_r (b) 比谐振频率 f_r 低 1000 Hz   (c) 比谐振频率 f_r 高 1000 Hz

解 (a) 在谐振频率 f_r 下,阻抗值等于电阻 R:

$$Z = R = 100\ \Omega$$

要计算频率大于或小于 f_r 时的阻抗,首先计算谐振频率 f_r:

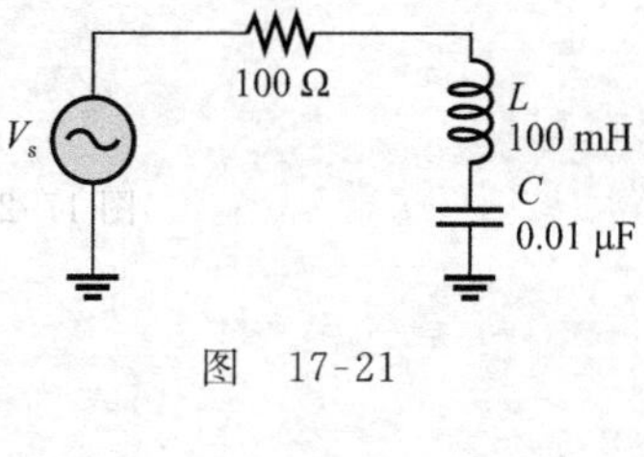

$$f_r = \frac{1}{2\pi\sqrt{LC}} = \frac{1}{2\pi\sqrt{100\ \text{mH} \times 0.01\ \mu\text{F}}} = 5.03\ \text{kHz}$$

(b) 当频率比 f_r 低 1000 Hz 时,频率及相应的电抗为:

图 17-21

$$f = f_r - 1 \text{ kHz} = 5.03 \text{ kHz} - 1 \text{ kHz} = 4.03 \text{ kHz}$$

$$X_C = \frac{1}{2\pi fC} = \frac{1}{2\pi \times 4.03 \text{ kHz} \times 0.01 \text{ μF}} = 3.95 \text{ kΩ}$$

$$X_L = 2\pi fL = 2\pi \times 4.03 \text{ kHz} \times 100 \text{ mH} = 2.53 \text{ kΩ}$$

因此，当 $f = f_r - 1 \text{ kHz}$ 时，阻抗 Z 为：

$$Z = \sqrt{R^2 + (X_L - X_C)^2} = \sqrt{(100 \text{ Ω})^2 + (2.53 \text{ kΩ} - 3.95 \text{ kΩ})^2} = 1.42 \text{ kΩ}$$

(c)当频率比 f_r 高 1 kHz 时：

$$f = 5.03 \text{ kHz} + 1 \text{ kHz} = 6.03 \text{ kHz}$$

$$X_C = \frac{1}{2\pi \times 6.03 \text{ kHz} \times 0.01 \text{ μF}} = 2.64 \text{ kΩ}$$

$$X_L = 2\pi \times 6.03 \text{ kHz} \times 100 \text{ mH} = 3.79 \text{ kΩ}$$

因此，当 $f = f_r + 1000 \text{ Hz}$ 时，阻抗 Z 为：

$$Z = \sqrt{(100 \text{ Ω})^2 + (3.79 \text{ kΩ} - 2.64 \text{ kΩ})^2} = 1.16 \text{ kΩ}$$

在条件(b)下，总阻抗 Z 呈容性；在条件(c)下，总阻抗 Z 呈感性。

同步练习 如果 f 降低到 4.03 kHz 以下，阻抗值如何变化？如果在 6.03 kHz 以上呢？

17.3.5 *RLC* 串联电路的相位角

当频率低于谐振频率时，$X_C > X_L$，电流超前电源电压，如图 17-22a 所示。超前的相位角随频率接近谐振频率而减小，在谐振频率时，相位角为 0°，如图 17-22b 所示。当频率高于谐振频率时，$X_C < X_L$，电流滞后电源电压，如图 17-22c 所示。随频率升高，滞后的相位角接近 90°。图 17-22d 给出了相位角随频率的变化规律。

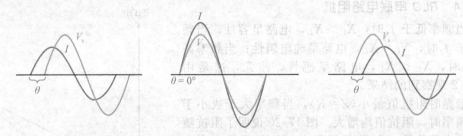

a) 在 f_r 以下，电流超前电源电压   b) 在 f_r 时，电流与电源电压同相   c) 在 f_r 以上，电流滞后电源电压

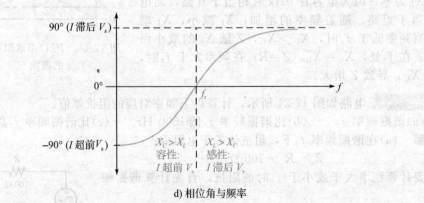

d) 相位角与频率

图 17-22 *RLC* 串联电路中相位角与频率的关系曲线

学习效果检测

1. 串联谐振的条件是什么?
2. 为什么电流在谐振频率处最大?
3. 计算 $C = 1000$ pF、$L = 1000$ μH 条件下的谐振频率。
4. 问题 3 中,在频率为 50 kHz 时电路呈感性还是容性?

对选择教学方式二的注释:含有电抗元件的串联电路至此已全部介绍完毕。关于并联电路的介绍,是从第 15 章第二部分开始的。接下来介绍 *RLC* 并联电路。

第二部分 *RLC* 并联电路

17.4 *RLC* 并联电路的阻抗

本节你将学习 *RLC* 并联电路的阻抗和相位角。此外,还介绍 *RLC* 并联电路的电导、电纳和导纳。

完成本节内容后,你应该能够计算 *RLC* 并联电路的阻抗,具体就是:

- 计算电导、电纳和导纳。
- 判断电路是感性还是容性的。

图 17-23 给出了一个 *RLC* 并联电路。与并联电阻电路相同,其总阻抗可以用倒数来计算。

$$\frac{1}{\mathbf{Z}} = \frac{1}{R\angle 0°} + \frac{1}{X_L\angle 90°} + \frac{1}{X_C\angle -90°}$$

或

$$\mathbf{Z} = \frac{1}{\dfrac{1}{R\angle 0°} + \dfrac{1}{X_L\angle 90°} + \dfrac{1}{X_C\angle -90°}} \tag{17-5}$$

例 17-8 *RLC* 并联电路如图 17-24 所示,求 $\mathbf{Z}$ 的极坐标表达式。

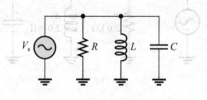

图 17-23 *RLC* 并联电路

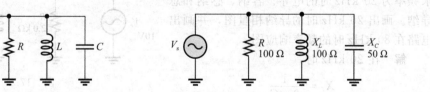

图 17-24

解 利用倒数计算如下:

$$\frac{1}{\mathbf{Z}} = \frac{1}{R\angle 0°} + \frac{1}{X_L\angle 90°} + \frac{1}{X_C\angle -90°} = \frac{1}{100\angle 0°\ \Omega} + \frac{1}{100\angle 90°\ \Omega} + \frac{1}{50\angle -90°\ \Omega}$$

利用极坐标复数的倒数规则得,

$$\frac{1}{\mathbf{Z}} = 10\angle 0°\ \text{mS} + 10\angle -90°\ \text{mS} + 20\angle 90°\ \text{mS}$$

注意:在执行倒数运算时,角度的符号发生了变化。

接下来,将每一项转换成直角坐标后进行合并。

$$\frac{1}{\mathbf{Z}} = 10\ \text{mS} - \text{j}10\ \text{mS} + \text{j}20\ \text{mS} = 10\ \text{mS} + \text{j}10\ \text{mS}$$

取倒数得到 $\mathbf{Z}$,再转换成极坐标形式。

$$\boldsymbol{Z} = \frac{1}{10 \text{ mS} + j10 \text{ mS}} = \frac{1}{\sqrt{(10 \text{ mS})^2 + (10 \text{ mS})^2} \angle \arctan\left(\frac{10 \text{ mS}}{10 \text{ mS}}\right)}$$

$$= \frac{1}{14.14 \angle 45° \text{ mS}} = 70.7 \angle -45° \ \Omega$$

角度为负，说明电路呈容性。但是 $X_L > X_C$，你可能对此有疑惑。这是因为，在并联电路中，阻抗越小对总电流的影响越大，因为它的电流越大。与并联电阻电路的情况类似，电抗越小，吸收的电流越大，对总阻抗 Z 的影响也就越大。

在该电路中，总电流相位角超前总电压 45°。

同步练习 对于图 17-24 所示电路，若频率增加，阻抗将增加还是减少？ ■

电导、电纳和导纳

电导 (G)、容纳 (B_C)、感纳 (B_L) 和导纳 (Y) 的概念在第 15 和 16 章进行了讨论。在此重述一下相量形式：

$$\boldsymbol{G} = \frac{1}{R \angle 0°} = G \angle 0° \tag{17-6}$$

$$\boldsymbol{B}_C = \frac{1}{X_C \angle -90°} = B_C \angle 90° = jB_C \tag{17-7}$$

$$\boldsymbol{B}_L = \frac{1}{X_L \angle 90°} = B_L \angle -90° = -jB_L \tag{17-8}$$

$$\boldsymbol{Y} = \frac{1}{Z \angle \pm \theta} = Y \angle \pm \theta = G + jB_C - jB_L \tag{17-9}$$

式 (17-9) 的极坐标形式为：

$$\boldsymbol{Y} = \sqrt{G^2 + (B_C - B_L)^2} \angle \arctan\left(\frac{B_C - B_L}{G}\right)$$

如你已知，这些量的单位都是西[门子](S)。

例 17-9 对于图 17-25 中的 RLC 电路，求频率为 20 kHz 时的电导、容纳、感纳和总导纳。画出 20 kHz 时的导纳相量图，并画出电路在 80 kHz 时的频率响应图。

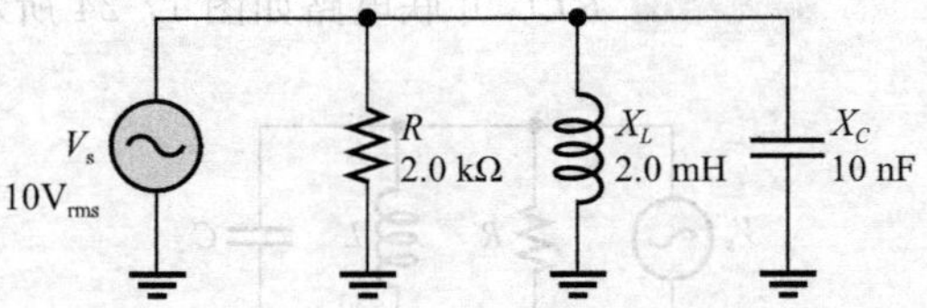

图 17-25

解 在 20 kHz 时，

$$X_C = \frac{1}{2\pi fC}$$

$$B_C = \frac{1}{X_C} = 2\pi fC = 2\pi \times 20 \text{ kHz} \times 10 \text{ nF} = 1.26 \text{ mS}$$

$$X_L = 2\pi fL$$

$$B_L = \frac{1}{X_L} = \frac{1}{2\pi fL} = \frac{1}{2\pi \times 20 \text{ kHz} \times 2.0 \text{ mH}} = 3.98 \text{ mS}$$

$$G = \frac{1}{R} = \frac{1}{2.0 \text{ k}\Omega} = 0.50 \text{ mS}$$

$$\boldsymbol{Y} = \sqrt{G^2 + (B_C - B_L)^2} \angle \arctan\left(\frac{B_C - B_L}{G}\right)$$

$$= \sqrt{0.50 \text{ mS}^2 + (1.26 \text{ mS} - 3.88 \text{ mS})^2} \angle \arctan\left(\frac{1.26 \text{ mS} - 3.98 \text{ mS}}{0.50 \text{ mS}}\right)$$

$$= 2.77 \text{ mS} \angle -79.6°$$

根据 20 kHz 时的计算值，可以绘制导纳相量图，如图 17-26 所示。

根据前文提及的步骤，已解决了20 kHz 时的电路响应问题。利用 TI-84 Plus CE 图形计算器来计算频率响应。

要在图形计算器上求解频率响应，请输入图 17-27a 所示的方程。Y_1 表示 B_C，Y_2 表示 B_L，Y_3 表示 G，Y_4 表示 Y。注意，Y_4 用前面的结果（Y_1、Y_2 和 Y_3 的）。要将这些量插入到一个新方程中，按下 [alpha] [trace] 并选择所需的变量。所有方程的自变量为频率，用 X 表示。Y_5 为相位角，但未在图 17-27b 中显示。（将光标移到等号处，按 [enter] 取消选择。）若要查看方程的图形，请在 [window] 中设置绘图参数，按下 [graph] 生成图形。图 17-27b 所示为 80 kHz 时的图形。网格线 X 轴步长为 10 kHz，Y 轴步长为 1 mS。

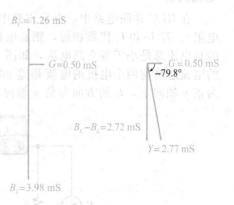

图 17-26　20 kHz 时导纳相量图

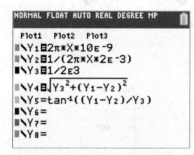

a）B_C、B_L、G、Y、θ 计算公式

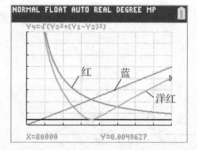

b）B_C（蓝色）、B_L（红色）、G（黑色）、Y（洋红色）的图形。底部的读数显示 Y 在80 kHz 时的计算结果为4.0627 mS

图　17-27

同步练习　在 40 kHz 频率下，图 17-25 所示电路呈感性还是容性？

学习效果检测

1. 某 RLC 并联电路，容抗为 600 Ω、感抗为 1000 Ω。该电路呈容性还是感性？
2. 某并联电路中，$R=1.0$ kΩ，$X_C=500$ Ω，$X_L=1.2$ kΩ，试求其导纳。
3. 求问题 2 中的阻抗是多少。

17.5　*RLC* 并联电路的分析

前文已述，并联电路中电抗越小作用越大，因为它会产生更大的支路电流。

学完本节内容后，你应该能够分析 *RLC* 并联电路，具体就是：

- 解释电流在相位方面的关系。
- 计算阻抗、电流和电压。

容抗与频率成反比，感抗与频率成正比。当 *RLC* 并联电路处于低频时，感抗小于容抗，因此，电路呈感性。随着频率的增加，X_L 增加，X_C 减少，直到频率达到某值时，$X_L=X_C$，即发生**并联谐振**。此后随着频率的进一步增加，X_C 变得比 X_L 小，电路转变为容性。

电流关系

在 RLC 并联电路中，电容支路中的电流和电感支路中的电流总是相差 180°（忽略线圈电阻）。若 I_C 和 I_L 代数相加，则总电流实际上是它们的大小之差。因此，电感和电容并联的总电流总是小于各支路电流，如图 17-28 所示，波形如图 17-29 所示。当然，电阻支路的电流总是与两个电抗的电流相差 90°，如图 17-30 的电流相量图所示。注意，I_C 的方向为正 y 轴向上，I_L 的方向为负 y 轴向下。

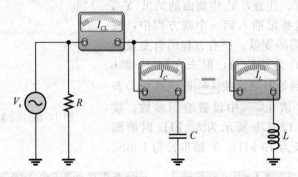

图 17-28　电容和电感并联的总电流为两支路电流之差

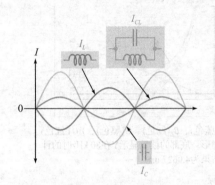

图 17-29　I_C 和 I_L 相互削弱

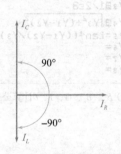

图 17-30　RLC 并联电路中电流相位图

总电流可以表示为：

$$\boldsymbol{I}_{\text{tot}} = \sqrt{I_R^2 + (I_C - I_L)^2} \angle \arctan\left(\frac{I_{CL}}{I_R}\right) \tag{17-10}$$

式中 I_{CL} 为 $I_C - I_L$，表示流入电容和电感支路的总电流。

在例 17-9 中，导纳相量图是在频率为 20 kHz 时绘制的。在本例中，要绘制电流相量，只需将每个相量乘以施加的电压（10 V），此时总电流 $V_S Y = 10\ \text{V} \times 2.77\ \text{mS} = 27.7\ \text{mA}$。

例 17-10　求图 17-31 所示电路中各支路的电流及总电流，并绘图分析它们之间的关系。

解　利用欧姆定律，求各支路电流，并以极坐标形式表示：

$$\boldsymbol{I}_R = \frac{\boldsymbol{V}_S}{\boldsymbol{R}} = \frac{5\angle 0°\ \text{V}}{2.2\angle 0°\ \text{k}\Omega} = 2.27\angle 0°\ \text{mA}$$

$$\boldsymbol{I}_C = \frac{\boldsymbol{V}_S}{\boldsymbol{X}_C} = \frac{5\angle 0°\ \text{V}}{5\angle -90°\ \text{k}\Omega} = 1\angle 90°\ \text{mA}$$

$$\boldsymbol{I}_L = \frac{\boldsymbol{V}_S}{\boldsymbol{X}_L} = \frac{5\angle 0°\ \text{V}}{10\angle 90°\ \text{k}\Omega} = 0.5\angle -90°\ \text{mA}$$

根据基尔霍夫电流定律，总电流是各支路电流的相量和：

$$\boldsymbol{I}_{\text{tot}} = \boldsymbol{I}_R + \boldsymbol{I}_C + \boldsymbol{I}_L$$

$$= 2.27\angle 0° \text{ mA} + 1\angle 90° \text{ mA} + 0.5\angle -90° \text{ mA}$$
$$= 2.27 \text{ mA} + \text{j}1 \text{ mA} - \text{j}0.5 \text{ mA} = 2.27 \text{ mA} + \text{j}0.5 \text{ mA}$$

转换成极坐标形式为:

$$\boldsymbol{I}_{\text{tot}} = \sqrt{I_R^2 + (I_C - I_L)^2} \angle \arctan\left(\frac{I_{CL}}{I_R}\right)$$

$$= \sqrt{(2.27 \text{ mA})^2 + (0.5 \text{ mA})^2} \angle \arctan\left(\frac{0.5 \text{ mA}}{2.27 \text{ mA}}\right) = 2.33\angle 12.4° \text{ mA}$$

总电流为 2.32 mA,超前电源电压 12.4°。该电路的电流相量图如图 17-32 所示。

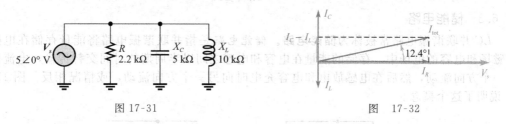

图 17-31   图 17-32

同步练习   对于图 17-31 所示电路,若频率增加,总电流将增加还是减小?

学习效果检测

1. 某三支路的并联电路,$R = 150 \ \Omega$、$X_C = 100 \ \Omega$、$X_L = 50 \ \Omega$。试计算 $V_s = 12$ V 时各支路的电流。
2. 某 *RLC* 并联电路的总阻抗是 $2.8\angle -38.9°$ kΩ,该电路呈容性还是感性?

17.6 *RLC* 并联电路的谐振

本节我们将首先讨论理想 *LC* 并联电路(无线路电阻)的谐振条件。然后再讨论含电阻的实际情况。

学完本节内容后,你应该能够分析 *RLC* 并联谐振电路,具体就是:

* 分析理想电路中的并联谐振。
* 分析非理想电路中的并联谐振。
* 解释阻抗如何随频率变化。
* 确定谐振时的电流和相位角。
* 确定并联谐振频率。

17.6.1 理想并联电路的谐振条件

理想情况下,当 $X_C = X_L$ 时发生并联谐振,此时的频率称为谐振频率,这与串联电路相同。当 $X_C = X_L$ 时,两个支路电流(I_C 和 I_L)大小相等,相位相反。因此,二者相互抵消,总电流为零,如图 17-33 所示。

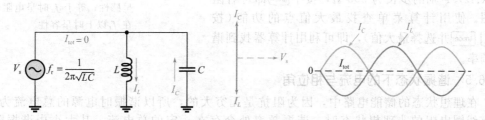

a) 谐振状态下的并联电路 ($X_C = X_L$, $Z = \infty$)   b) 电流相量图   c) 电流波形图

图 17-33 理想 *LC* 并联电路的谐振

由于总电流为零，理想 LC 并联电路的阻抗可视为无穷大，因此，理想谐振条件可描述为：

$$X_L = X_C$$
$$Z_r = \infty$$

17.6.2 并联谐振频率

对于理想的并联谐振电路，其谐振频率的计算公式与串联电路相同：

$$f_r = \frac{1}{2\pi \sqrt{LC}}$$

17.6.3 储能电路

LC 并联谐振电路常被称为**储能电路**。储能电路是指并联谐振电路将能量存储在电感的磁场和电容的电场中。存储的能量在电容和电感之间以半周期的时间交替传输，电流先向一个方向流动，然后在电感放电和电容充电时向另一个方向流动，或情况相反。图 17-34 说明了这个概念。

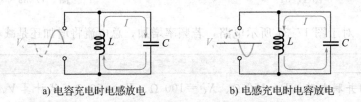

a) 电容充电时电感放电　　　b) 电感充电时电容放电

图 17-34　理想并联谐振储能电路的储能

17.6.4 阻抗随频率的变化

理想状态下，并联谐振电路的阻抗是无穷大。在实际应用中，阻抗在谐振频率处最大，在较低和较高频率处阻抗减小，如图 17-35 所示。

在非常低的频率下，X_L 非常小，X_C 非常大，所以总阻抗基本上为电感支路的阻抗。随着频率的升高，阻抗也随之增大，感抗占主导地位（因为它小于 X_C），直至达到谐振频率。在该频率处，$X_L \approx X_C$，阻抗最大。当频率高于谐振频率时，容抗起主导作用（因为它小于 X_L），阻抗减小。

回想一下例 17-9 阐述过的导纳曲线，导纳是频率的函数。通过计算导纳曲线的倒数，可以很容易地得到阻抗曲线。图 17-36a 给出了例 17-9 的方程，其中添加了阻抗方程，即 Y_6（已选择）。通过改变绘制参数，可设置网格线 X 轴的步长为 10 kHz，Y 轴的步长为 500 Ω，按下 graph 即可看阻抗图。使用计算菜单查找最大值点的功能（按 2nd trace 并选择最大值），即可利用计算器找到谐振频率。

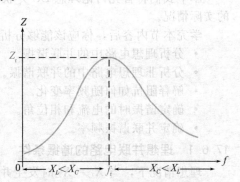

图 17-35　并联谐振电路的一般阻抗曲线。频率在 f_r 以下时，电路呈感性；等于 f_r 时呈电阻性；在 f_r 以上时呈容性

17.6.5 谐振状态下的电流与相位角

在理想状态的储能电路中，因为阻抗是无穷大的，所以谐振时电源的总电流为零。在有线圈电阻的非理想状态时，谐振频率处会存在一定的总电流，其大小由谐振阻抗决定。

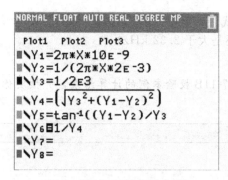 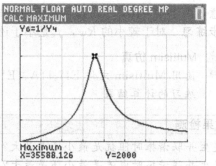

a) 例17-9中带有Y_6附加项的方程组　　b) 例17-9的阻抗曲线

图 17-36　例 17-9 用到的公式及阻抗图(图片已经德州仪器公司授权使用)

$$I_{\text{tot}} = \frac{V_s}{Z_r} \qquad (17\text{-}11)$$

在谐振频率下，由于阻抗为纯电阻性，因此并联谐振电路的相位角为0°。

17.6.6　绕组电阻对并联谐振频率的影响

考虑绕组电阻时，谐振状态可以描述为：

$$2\pi f_r L\left(\frac{Q^2+1}{Q^2}\right) = \frac{1}{2\pi f_r C}$$

式中 Q 为线圈的**品质因数**，即 X_L/R_W，利用 Q 求解 f_r 可得，

$$f_r = \frac{1}{2\pi\sqrt{LC}}\sqrt{\frac{Q^2}{Q^2+1}} \qquad (17\text{-}12)$$

当 $Q \geqslant 10$，带有 Q 的开平方项接近于1。

$$\sqrt{\frac{Q^2}{Q^2+1}} = \sqrt{\frac{100}{101}} = 0.995 \cong 1$$

因此，只要 Q 等于或大于10，非理想的并联谐振频率与串联谐振频率近似相等。

$$f_r \approx \frac{1}{2\pi\sqrt{LC}} \ (Q \geqslant 10)$$

用电路元件值精确地表示谐振频率为：

$$f_r = \frac{\sqrt{1-(R_W^2 C/L)}}{2\pi\sqrt{LC}} \qquad (17\text{-}13)$$

该精确公式很少用到，而近似公式 $f_r = 1/(2\pi\sqrt{LC})$ 已完全可以满足大多数实际应用的要求。式(17-13)的推导见附录B。

例 17-11 对于图 17-37 所示电路，求在谐振状态下的精确频率及 Q 值。

图　17-37

解　利用式(17-13)求出谐振频率。

$$f_r = \frac{\sqrt{1-(R_W^2 C/L)}}{2\pi\sqrt{LC}} = \frac{\sqrt{1-\left[(100\ \Omega)^2(0.047\ \mu F)/0.1\ H\right]}}{2\pi\sqrt{0.047\ \mu F \times 0.1\ H}} = 2.32\ \text{kHz}$$

要计算品质因数 Q，首先求出 X_L。

$$X_L = 2\pi f_r L = 2\pi \times 2.32\ \text{kHz} \times 0.1\ H = 1.45\ \text{k}\Omega$$

$$Q = \frac{X_L}{R_W} = \frac{1.45\ \text{k}\Omega}{100\ \Omega} = 14.5$$

注意，由于 $Q>10$，也可以使用近似公式：$f_r \cong 1/(2\pi\sqrt{LC})$。

同步练习 对于较小的 R_W，f_r 是小于还是大于 2.32 kHz？

Multisim 仿真

使用 Multisim 文件 E17-11A、E17-11B 校验本例的计算结果，并核实你对同步练习的计算结果。

学习效果检测

1. 在发生并联谐振时阻抗是最小还是最大？
2. 在发生并联谐振时电流是最小还是最大？
3. 对于理想状态下的并联谐振，假设 $X_L = 1500\ \Omega$，X_C 应为多少？
4. 某并联储能电路的元件值如下：$R_W = 4\ \Omega$、$L = 50$ mH、$C = 10$ pF。试计算 f_r。
5. 如果 $Q = 25$、$L = 50$ mH、$C = 1000$ pF，f_r 是多少？
6. 在问题 5 中，如果 $Q = 2.5$，f_r 是多少？

对选择教学方式二的注释：含电抗元件的并联电路至此已全部介绍完毕。关于串-并联电路的介绍开始于第 15 章第三部分。

第三部分 RLC 串-并联电路

17.7 RLC 串-并联电路的分析

本节将通过具体的例子分析电阻、电感和电容串联与并联组合的电路。讨论将串-并联电路转换为等效并联电路的问题，并讨论非理想并联电路中的谐振问题。

学完本节内容后，你应该能够分析 RLC 串-并联电路，具体就是：

- 求取电流和电压。
- 将串-并联电路转换成等效的并联形式。
- 分析非理想（带线圈电阻）并联电路的谐振。
- 考察负载电阻对储能电路的影响。

下面两个例子说明了一种分析电阻、电感和电容串联和并联组合电路的方法。

例 17-12 电路如图 17-38 所示，求电容两端电压的极坐标形式。判断该电路是感性还是容性的？

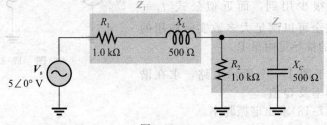

图 17-38

解 本例中使用了分压公式。R_1 和 X_L 串联阻抗为 Z_1，直角坐标形式为：
$$Z_1 = R_1 + jX_L = 1000\ \Omega + j500\ \Omega$$
转换为极坐标形式为：
$$Z_1 = \sqrt{R_1^2 + X_L^2}\angle\arctan\left(\frac{X_L}{R_1}\right)$$

$$= \sqrt{(1000\ \Omega)^2 + (500\ \Omega)^2}\angle\arctan\left(\frac{500\ \Omega}{1000\ \Omega}\right) = 1118\angle 26.6°\ \Omega$$

R_2 和 X_C 的并联阻抗为 Z_2，极坐标形式为：

$$\boldsymbol{Z}_2 = \left(\frac{R_2 X_C}{\sqrt{R_2^2 + X_C^2}}\right)\angle - \arctan\left(\frac{R_2}{X_C}\right)$$

$$= \left[\frac{(1000\ \Omega)(500\ \Omega)}{\sqrt{(1000\ \Omega)^2 + (500\ \Omega)^2}}\right]\angle - \arctan\left(\frac{1000\ \Omega}{500\ \Omega}\right) = 447\angle - 63.4°\ \Omega$$

转换为直角坐标形式为：

$$\boldsymbol{Z}_2 = Z_2\cos\theta + \mathrm{j}Z_2\sin\theta$$

$$= (447\ \Omega)\cos(-63.4°) + \mathrm{j}447\sin(-63.4°) = 200\ \Omega - \mathrm{j}400\ \Omega$$

总阻抗 $\boldsymbol{Z}_{\mathrm{tot}}$ 的直角坐标形式为：

$$\boldsymbol{Z}_{\mathrm{tot}} = \boldsymbol{Z}_1 + \boldsymbol{Z}_2 = (1000\ \Omega + \mathrm{j}500\ \Omega) + (200\ \Omega - \mathrm{j}400\ \Omega) = 1200\ \Omega + \mathrm{j}100\ \Omega$$

转换为极坐标形式为：

$$\boldsymbol{Z}_{\mathrm{tot}} = \sqrt{(1200\ \Omega)^2 + (100\ \Omega)^2}\angle\arctan\left(\frac{100\ \Omega}{1200\ \Omega}\right) = 1204\angle 4.76°\ \Omega$$

利用分压公式，可得 $\boldsymbol{V}_C$：

$$\boldsymbol{V}_C = \left(\frac{\boldsymbol{Z}_2}{\boldsymbol{Z}_{\mathrm{tot}}}\right)\boldsymbol{V}_\mathrm{s} = \left(\frac{447\angle - 63.4°\ \Omega}{1204\angle 4.76°\ \Omega}\right)\times 5\angle 0°\ \mathrm{V} = 1.86\angle - 68.2°\ \mathrm{V}$$

因此，V_C 是 1.86 V，滞后电源电压 68.2°。

$\boldsymbol{Z}_{\mathrm{tot}}$ 中的虚部，或极坐标形式中的正角，均表示该电路的感性大于容性。但由于角度很小，仅呈现轻微感性。你可能会心存疑问，因为 $X_C = X_L = 500\ \Omega$。然而，由于电容与电阻并联，其对总阻抗的影响实际上比电感小。图 17-39 显示了 V_C 与 V_s 的相量关系，虽然 $X_C = X_L$，但因为 R_2 与 X_C 并联，总阻抗虚部不为零，所以该电路并非处于谐振状态。由总阻抗 $\boldsymbol{Z}_{\mathrm{tot}}$ 相位角为 4.76° 而非 0°，也可以看出这一点。

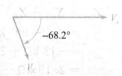

图 17-39

同步练习 如果 R_1 增加至 2.2 kΩ，求电容两端电压的极坐标形式。

Multisim 仿真
使用 Multisim 文件 E17-12 校验电容两端电压。

例 17-13 求图 17-40 所示电路中 B 点的对地电压。

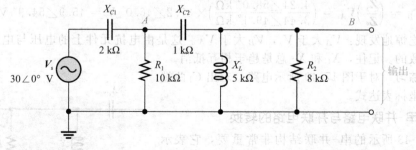

图 17-40

解 B 点处的电压 (V_B) 是开路端输出电压，可用分压公式求得。首先要知道 A 点的电压 (V_A)，因此第一步需要求出 A 点对地的阻抗。

X_L 和 R_2 并联后与 X_{C2} 串联，然后再与 R_1 并联。A 点对地的阻抗记作 $\boldsymbol{Z}_A$。可通过以下步骤求出 $\boldsymbol{Z}_A$。R_2 和 X_L 并联阻抗为 $\boldsymbol{Z}_1$。

$$\boldsymbol{Z}_1 = \left(\frac{R_2 X_L}{\sqrt{R_2^2 + X_L^2}} \right) \angle \arctan\left(\frac{R_2}{X_L} \right)$$

$$= \left(\frac{(8 \text{ k}\Omega)(5 \text{ k}\Omega)}{\sqrt{(8 \text{ k}\Omega)^2 + (5 \text{ k}\Omega)^2}} \right) \angle \arctan\left(\frac{8 \text{ k}\Omega}{5 \text{ k}\Omega} \right) = 4.24 \angle 58.0^\circ \text{ k}\Omega$$

接下来，将 $\boldsymbol{Z}_1$ 与 $\boldsymbol{X}_{C2}$ 串联，求出 $\boldsymbol{Z}_2$。

$$\boldsymbol{Z}_2 = \boldsymbol{X}_{C2} + \boldsymbol{Z}_1$$

$$= 1 \angle -90^\circ \text{ k}\Omega + 4.24 \angle 58^\circ \text{ k}\Omega = -j1 \text{ k}\Omega + 2.25 \text{ k}\Omega + j3.6 \text{ k}\Omega$$

$$= 2.25 \text{ k}\Omega + j2.6 \text{ k}\Omega$$

转换成极坐标形式，可得：

$$\boldsymbol{Z}_2 = \sqrt{(2.25 \text{ k}\Omega)^2 + (2.6 \text{ k}\Omega)^2} \angle \arctan\left(\frac{2.6 \text{ k}\Omega}{2.25 \text{ k}\Omega} \right) = 3.44 \angle 49.1^\circ \text{ k}\Omega$$

最终，将 $\boldsymbol{Z}_2$ 与 $\boldsymbol{R}_1$ 并联，得到 $\boldsymbol{Z}_A$。

$$\boldsymbol{Z}_A = \frac{\boldsymbol{R}_1 \boldsymbol{Z}_2}{\boldsymbol{R}_1 + \boldsymbol{Z}_2} = \frac{(10 \angle 0^\circ \text{ k}\Omega)(3.43 \angle 49.1^\circ \text{ k}\Omega)}{10 \text{ k}\Omega + 2.25 \text{ k}\Omega + j2.6 \text{ k}\Omega}$$

$$= \frac{34.3 \angle 49.1^\circ \text{ k}\Omega}{12.25 \text{ k}\Omega + j2.6 \text{ k}\Omega} = \frac{34.3 \angle 49.1^\circ \text{ k}\Omega}{12.5 \angle 12.0^\circ \text{ k}\Omega} = 2.74 \angle 37.1^\circ \text{ k}\Omega$$

简化后的电路如图 17-41 所示。

接下来利用分压公式，求出图 17-41 中
A 点的电压，总阻抗应为：

$$\boldsymbol{Z}_{\text{tot}} = \boldsymbol{X}_{C1} + \boldsymbol{Z}_A$$

$$= 2 \angle -90^\circ \text{ k}\Omega + 2.74 \angle 37.1^\circ \text{ k}\Omega$$

$$= -j2 \text{ k}\Omega + 2.19 \text{ k}\Omega + j1.66 \text{ k}\Omega$$

$$= 2.19 \text{ k}\Omega - j0.344 \text{ k}\Omega$$

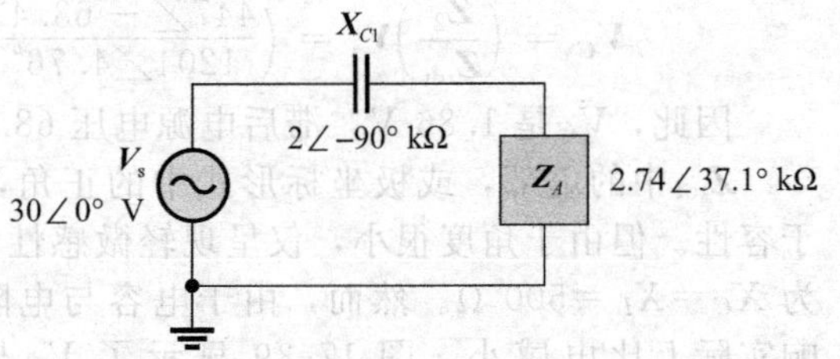

转换成极坐标形式，可得：

$$\boldsymbol{Z}_{\text{tot}} = \sqrt{(2.19 \text{ k}\Omega)^2 + (0.344 \text{ k}\Omega)^2} \angle -\arctan\left(\frac{0.344 \text{ k}\Omega}{2.19 \text{ k}\Omega} \right) = 2.21 \angle -8.9^\circ \text{ k}\Omega$$

图 17-41

因此 A 点电压为：

$$\boldsymbol{V}_A = \left(\frac{\boldsymbol{Z}_A}{\boldsymbol{Z}_{\text{tot}}} \right) \boldsymbol{V}_s = \left(\frac{2.74 \angle 37.1^\circ \text{ k}\Omega}{2.22 \angle -8.9^\circ \text{ k}\Omega} \right) \times 30 \angle 0^\circ \text{ V} = 37.2 \angle 46.0^\circ \text{ V}$$

接下来，将 $\boldsymbol{V}_A$ 代入，求出 B 点电压（$\boldsymbol{V}_B$），电路如图 17-42 所示。$\boldsymbol{V}_B$ 即为开路端输出电压。

$$\boldsymbol{V}_B = \left(\frac{\boldsymbol{Z}_1}{\boldsymbol{Z}_2} \right) \boldsymbol{V}_A = \left(\frac{4.24 \angle 58.0^\circ \text{ k}\Omega}{3.44 \angle 49.1^\circ \text{ k}\Omega} \right) \times 37.2 \angle 46.0^\circ \text{ V} = 45.9 \angle 54.9^\circ \text{ V}$$

你会吃惊地发现：V_A 大于 V_s，V_B 大于 V_A。这是由电抗元件上的电压与电流的相位关系而导致的。记住，X_C 和 X_L 总是趋于相互抵消。

同步练习 对于图 17-40 所示电路，求出 C_1 两端电压的极坐标表达式。

17.7.1 串-并联电路与并联电路的转换

图 17-43 所示的串-并联结构非常重要，它表示一个具有电感支路和电容支路的并联电路，同时在电感支路中，绕组电阻被视为电感支路的串联电阻。

使用等效的并联电路研究图 17-43 中的串-并联电路，更便于理解。如图 17-44 所示。

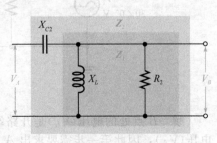

图 17-42

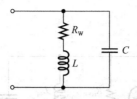 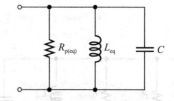

图 17-43 RLC 串-并联电路$(Q=X_L/R_\mathrm{W})$　　图 17-44 图 17-43 所示电路的等效并联电路

等效电感 L_eq 和等效并联电阻 $R_\mathrm{p(eq)}$ 由以下公式给出：

$$L_\mathrm{eq} = L\left(\frac{Q^2+1}{Q^2}\right) \tag{17-14}$$

$$R_\mathrm{p(eq)} = R_\mathrm{W}(Q^2+1) \tag{17-15}$$

其中 Q 为线圈的品质因数，为 X_L/R_W。这些公式的推导较为复杂，在此不做阐述。注意在等式中当 $Q \geqslant 10$ 时，L_eq 的值与 L 的值近似相等，如 $L=10$ mH、$Q=10$，则

$$L_\mathrm{eq} = 10 \text{ mH} \times \left(\frac{10^2+1}{10^2}\right) = 10 \text{ mH} \times 1.01 = 10.1 \text{ mH}$$

两个电路等效意味着在给定的频率下，当两个电路的电压值相同时，两个电路的总电流的大小和相位角也相同。通常来讲，等效电路会使电路分析更加方便。

例 17-14 将图 17-45 中的串-并联电路转换成给定频率下的等效并联电路。

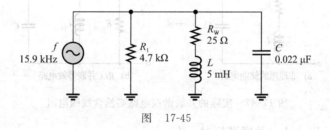

图 17-45

解 求感抗。

$$X_L = 2\pi f L = 2\pi \times 15.9 \text{ kHz} \times 5 \text{ mH} = 500 \text{ }\Omega$$

线圈的品质因数 Q 为：

$$Q = \frac{X_L}{R_\mathrm{W}} = \frac{500 \text{ }\Omega}{25 \text{ }\Omega} = 20$$

因为 $Q>10$，所以：

$$L_\mathrm{eq} \approx L = 5 \text{ mH}$$

等效并联电阻为：

$$R_\mathrm{p(eq)} = R_\mathrm{W}(Q^2+1) = 25 \text{ }\Omega \times (20^2+1) = 10 \text{ k}\Omega$$

该等效电阻与 R_1 并联，如图 17-46a 所示。组合后，总的并联电阻$(R_\mathrm{p(tot)})$为 3.2 kΩ，如图 17-46b 所示。

同步练习 电路如图 17-45 所示，求 $R_\mathrm{W}=10$ Ω 时的并联等效电路。 ■

17.7.2 非理想电路的并联谐振条件

在 17.6 节中我们讨论了理想状态下的并联 LC 电路的谐振。本节讨论含线圈电阻的储能电路的谐振。图 17-47 显示了一个非理想状态下的储能电路及其 RLC 并联等效电路。

回想一下，当电路中没有其他电阻时，谐振电路的品质因数 Q 就是线圈的 Q。

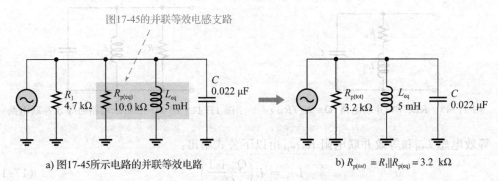

a) 图17-45所示电路的并联等效电路   b) $R_{p(tot)} = R_1 \| R_{p(eq)} = 3.2 \text{ k}\Omega$

图 17-46

$$Q = \frac{X_L}{R_W}$$

等效电感和等效并联电阻的表达式如式(17-14)和式(17-15)所示，重写如下：

$$L_{eq} = L\left(\frac{Q^2 + 1}{Q^2}\right)$$

$$R_{p(eq)} = R_W(Q^2 + 1)$$

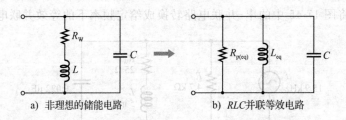

a) 非理想的储能电路   b) RLC并联等效电路

图17-47   实际的并联谐振电路必然含线圈电阻

当 $Q \geqslant 10$ 时，$L_{eq} \approx L$。并联谐振时，有：

$$X_{L(eq)} = X_C$$

在并联等效电路中，$R_{p(eq)}$ 与一个理想线圈和一个电容并联，所以电感、电容支路在谐振时相当于一个具有无穷大阻抗的理想储能电路，如图17-48所示。因此，非理想储能电路谐振时的总阻抗可以简单地表示为等效并联电阻。

$$Z_r = R_W(Q^2 + 1) \tag{17-16}$$

式(17-16)的推导过程见附录B。

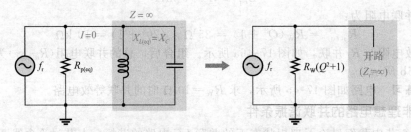

图17-48   谐振时，并联的 LC 部分相当于开路，电源只作用于 $R_{p(eq)}$

例 17-15   对于图17-49所示电路，计算其在谐振频率($f_r \approx 17\ 794$ Hz)处的阻抗。

解   在利用式(17-16)计算阻抗之前，需要先求出感抗，并求出品质因数 Q：

$$X_L = 2\pi f_r L = 2\pi \times 17\ 794 \text{ Hz} \times 8 \text{ mH} = 894\ \Omega$$

$$Q = \frac{X_L}{R_W} = \frac{894\ \Omega}{50\ \Omega} = 17.9$$

$$Z_r = R_W(Q^2 + 1) = 50\ \Omega \times (17.9^2 + 1) = 16.1\ \text{k}\Omega$$

同步练习　假设 $R_W = 10\ \Omega$，再求 Z_r。

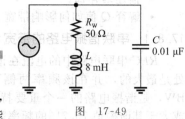

图　17-49

17.7.3　外部负载电阻对储能电路的影响

在实际应用中，外部负载电阻与非理想储能电路并联，如图 17-50a 所示。显然，外部电阻(R_L)将耗散更多的能量，从而降低电路的整体品质因数 Q。外部电阻与线圈的等效并联电阻($R_{p(eq)}$)并联，两者共同确定了总并联电阻($R_{p(tot)}$)，如图 17-50b 所示。

$$R_{p(tot)} = R_L \parallel R_{p(eq)}$$

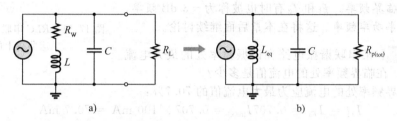

图 17-50　带有并联负载电阻的储能电路及其等效电路

并联 RLC 电路的总品质因数记为 Q_O，这与串联电路的品质因数 Q 有所不同。

$$Q_O = \frac{R_{p(tot)}}{X_{L(eq)}} \tag{17-17}$$

如你所见，储能电路的负载效应相当于降低了总品质因数 Q。（无外部负载时，为线圈的品质因数 Q。）

学习效果检测

1. 某谐振电路的线圈有 $100\ \mu\text{H}$ 的电感、$2\ \Omega$ 的绕组电阻，它与 $0.22\ \mu\text{F}$ 电容并联。如果 $Q = 8$，求该电路的并联等效电路。
2. 某电路带有 $20\ \mu\text{H}$ 电感，绕组电阻为 $10\ \Omega$，求其在 $1\ \text{kHz}$ 频率下的等效并联电感和电阻。

对选择教学方式二的注释：含电抗元件的串-并联电路就介绍到这里。对特殊专题的介绍开始于第 15 章第四部分。

第四部分　特 殊 专 题

17.8　谐振电路的带宽

RLC 串联电路在谐振时，由于感抗与容抗相互抵消，因此电路中的电流达到最大值。RLC 并联电路在谐振时，由于电感电流和电容电流相互抵消，因此电路中的总电流达到最小值。这些特性都与带宽有关。

学完本节内容后，你应能够计算谐振电路的带宽，具体就是：

- 讨论串联和并联谐振电路的带宽。
- 说明带宽的计算公式。
- 描述半功率频率。

- 描述选择性。
- 解释 Q 值如何影响带宽。

17.8.1 串联谐振电路的带宽

RLC 串联电路中的电流在谐振频率(也称为中心频率)处是最大的，并在该频率两侧下降。带宽，有时缩写为 BW，是谐振电路的一个重要特性参数。带宽是电流等于或大于其谐振值 70.7% 的频率范围。

图 17-51 显示了 RLC 串联电路频率响应曲线上的带宽。注意，f_1 是电流为 $0.707I_{max}$ 且小于 f_r 的频率，通常被称为下临界频率。f_2 是电流为 $0.707I_{max}$ 且大于 f_r 的频率，称为上临界频率。f_1 和 f_2 有时也被称为 $-3\ dB$ 频率、截止频率或半功率频率。这将在本章后面继续讨论。

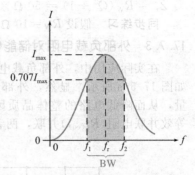

图 17-51　RLC 串联电路频率响应曲线上的带宽

例 17-16 某串联谐振电路在谐振频率处的最大电流为 $100\ mA$。在临界频率处的电流值是多少?

解 临界频率处的电流应为最大电流值的 70.7%：

$$I_{f1} = I_{f2} = 0.707I_{max} = 0.707 \times 100\ mA = 70.7\ mA$$

同步练习 某串联谐振电路在临界频率处的电流为 $25\ mA$，求其谐振电流是多少? ■

17.8.2 并联谐振电路的带宽

对于并联谐振电路，阻抗在谐振频率处达到最大，所以总电流是最小的。带宽可以根据阻抗曲线来定义，其方式与串联电路中使用电流曲线来定义的方式相同。当然，f_r 是 Z 最大时的频率；f_1 为 $Z = 0.707Z_{max}$ 时的下临界频率；f_2 则是上临界频率。带宽即为 f_1 和 f_2 之间的频率范围，如图 17-52 所示。

前文述及，在并联谐振电路中，发生谐振时导纳为最小值。因为导纳是阻抗的倒数，你也可以用导纳曲线来确定带宽。在这种情况下，临界频率是 $Y = 1.41Y_{min}$。

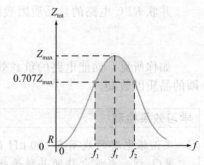

图 17-52　RLC 并联电路中 Z_{tot} 与频率响应曲线上的带宽

17.8.3 带宽的公式

串联或并联谐振电路的带宽是两个临界频率之间的频率范围(即 f_2 和 f_1 之差)，在该临界频率处，响应曲线(I 或 Z)为最大值的 0.707。

$$BW = f_2 - f_1 \tag{17-18}$$

理想状态下，f_r 应为带宽频率范围的中间值，计算如下：

$$f_r = \frac{f_1 + f_2}{2} \tag{17-19}$$

例 17-17 例 17-9 所示电路的下临界频率为 $31.8\ kHz$，上临界频率为 $39.8\ kHz$。根据这些信息，确定带宽和理想状态下的中心(谐振)频率。

解

$$BW = f_2 - f_1 = 39.8\ kHz - 31.8\ kHz = 8.0\ kHz$$

$$f_r = \frac{f_1 + f_2}{2} = \frac{39.8\ kHz + 31.8\ kHz}{2} = 35.8\ kHz$$

同步练习 某谐振电路的带宽为 $2.5\ kHz$，其中心频率为 $8\ kHz$，那么其上临界频率和下临界频率分别是多少? ■

17.8.4　半功率频率

如前所述，上临界频率和下临界频率有时被称为**半功率频率**。该词来源于这样一个事实：在这些频率下的输出功率是谐振频率下功率的一半。下面的例子说明了串联电路就是如此。同样的结果也适用于并联电路。

发生谐振时：

$$P_{\max} = I_{\max}^2 R$$

在 f_1 或 f_2 频率下：

$$P_{f1} = I_{f1}^2 R = (0.707 I_{\max})^2 R = (0.707)^2 I_{\max}^2 R = 0.5 I_{\max}^2 R = 0.5 P_{\max}$$

17.8.5　谐振电路的选择性

图 17-51 和图 17-52 中的响应曲线也称为选择性曲线。**选择性**决定了谐振电路对特定频率的响应和对其他频率的区别。带宽越窄，选择性越好。

理想情况下，谐振电路能够响应其带宽内的所有频率，完全消除带宽外的其他频率。而实际情况并非如此，频率超出带宽的信号并没有完全被消除，只是幅值被大幅缩小。频率离临界频率越远，衰减越大，如图 17-53a 所示。理想的选择性曲线如图 17-53b 所示。

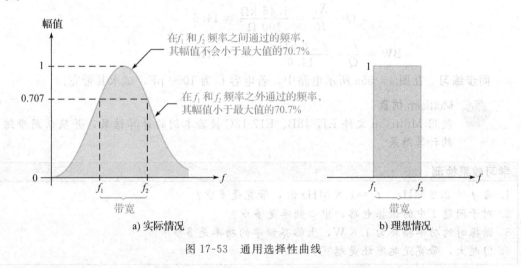

a) 实际情况　　　　　　　　b) 理想情况

图 17-53　通用选择性曲线

影响选择性的另一个因素是响应曲线斜率的陡度。在临界频率处曲线下降得越快，电路的选择性就越好，因为它往往只对带宽内的频率有响应。图 17-54 对 3 种不同选择性的响应曲线进行了比较。

17.8.6　品质因数 Q 对带宽的影响

电路的 Q 值越高，带宽越窄；Q 值越低，带宽越宽。谐振电路的带宽以 Q 表示的公式如下：

$$\text{BW} = \frac{f_r}{Q} \qquad (17\text{-}20)$$

例 17-18　试求图 17-55 所示电路的带宽。

解　对于图 17-55a，按以下步骤求取带宽：

$$f_r = \frac{1}{2\pi \sqrt{LC}} = \frac{1}{2\pi \sqrt{200\ \mu H \times 47\ pF}} = 1.64\ \text{MHz}$$

$$X_L = 2\pi f_r L = 2\pi \times 1.64\ \text{MHz} \times 200\ \mu H = 2.06\ \text{k}\Omega$$

$$Q = \frac{X_L}{R} = \frac{2.06\ \text{k}\Omega}{10\ \Omega} = 206$$

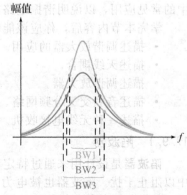

图 17-54　选择性曲线的对比。最外层曲线的选择性最好

$$BW = \frac{f_r}{Q} = \frac{1.64 \text{ MHz}}{206} = 7.96 \text{ kHz}$$

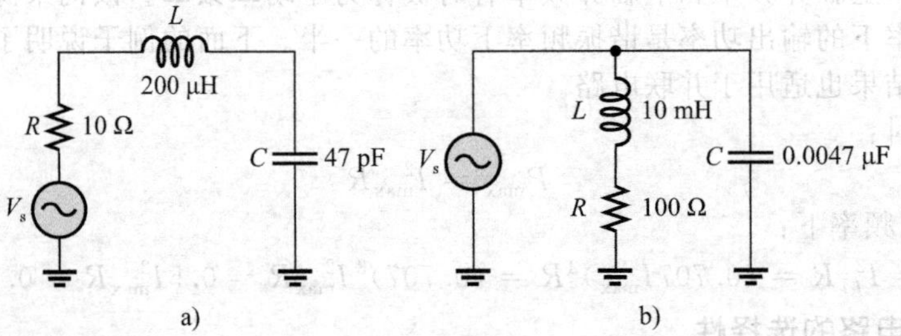

图 17-55

对于图 17-55b，按以下步骤求带宽：

$$f_r = \frac{\sqrt{1-(R_W^2 C/L)}}{2\pi \sqrt{LC}} \approx \frac{1}{2\pi \sqrt{LC}} = \frac{1}{2\pi \sqrt{10 \text{ mH} \times 0.0047 \text{ μF}}} = 23.2 \text{ kHz}$$

$$X_L = 2\pi f_r L = 2\pi \times 23.2 \text{ kHz} \times 10 \text{ mH} = 1.46 \text{ kΩ}$$

$$Q = \frac{X_L}{R} = \frac{1.46 \text{ kΩ}}{100 \text{ Ω}} = 14.6$$

$$BW = \frac{f_r}{Q} = \frac{23.2 \text{ kHz}}{14.6} = 1.59 \text{ kHz}$$

同步练习 在图 17-55a 所示电路中，若电容 C 为 1000 pF，试求其带宽。

Multisim 仿真

使用 Multisim 文件 E17-18B、E17-18C 校验本例的计算结果，并确认同步练习的计算结果。

学习效果检测

1. 当 $f_2 = 2.2 \text{ MHz}$、$f_1 = 1.8 \text{ MHz}$ 时，带宽是多少？
2. 对于问题 1 中的谐振电路，中心频率是多少？
3. 谐振时的功率损耗为 1.8 W，上临界频率的功率是多少？
4. Q 越大，带宽是越窄还是越宽？

17.9 谐振电路的应用

谐振电路应用广泛，尤其是在通信系统中。在本节我们将简要地介绍一些在通信系统中的常见应用，以说明谐振电路在电子通信中的重要性。

学完本节内容后，你应该能够讨论谐振电路的应用，具体就是：

- 描述调谐放大器的应用。
- 描述天线耦合。
- 描述调谐放大器。
- 描述音频交叉分频网络。
- 描述一种无线电接收机。

17.9.1 陷波器

陷波器是设计用来通过特定频率并阻挡其他频率的谐振电路。它们通常用于通信系统中以阻止干扰。陷波器也被电力公司用来通信。电力线的频率(50 或 60 Hz)可以顺利通过，但高频通信信号被阻塞。陷波器是电力载波通信(PLCC)系统的一部分。在电力设施中，陷波器基本上是安装在电力线上的并联谐振电路，用来阻止通信信号传到变电站的配电部分。图 17-56 说明了 PLCC 应用中的基本陷波器。

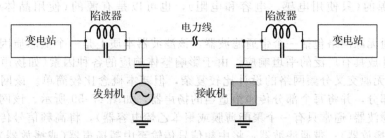

图 17-56　PLCC 中的基本陷波器

17.9.2　调谐放大器

调谐放大器是放大指定频段信号的电路。通常，并联谐振电路与放大器配合使用，以达到选频效果。一般情况下，若输入信号的频率范围在放大器带宽以内，则将被接收并放大。谐振电路只允许频带相对狭窄的频率通过。可变电容器可以调节谐振频率，以便选择所需的信号频率，如图 17-57 所示。

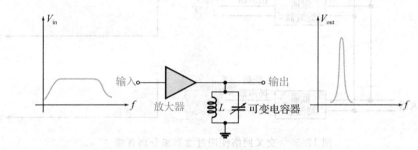

图 17-57　基本调谐带通放大器

17.9.3　输入到接收机的天线

无线电信号从发射机发出，以电磁波的形式在大气中传播。当电磁波切割接收天线时，会产生微小电压。在较广泛的电磁频率范围内，只有某一个频率或某一频带的信号可以被接收。

图 17-58 给出了一个典型的电路示意图，其中利用变压器将天线信号耦合到接收机的输入端。可变电容器连接到变压器二次侧部分，形成并联谐振电路。

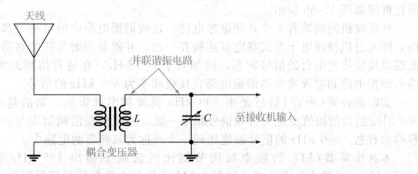

图 17-58　天线的谐振耦合

17.9.4　音频交叉分频网络

大多数立体声系统都有专门为音频频谱的特定部分设计的扬声器。音频交叉分频网络是一种滤波网络，将音频信号分成不同的频带，同时保持扬声器整体的平坦响应。交叉网络可以是无源的（只使用电感、电容和电阻），也可以是有源的（使用晶体管和运算放大器）。

一个三通无源网络包括一个带通滤波器，该滤波器本质上是一个低品质因数的谐振滤波器，被设计成具有广泛的平坦响应。由于影响整体响应的各种因素（如扬声器阻抗随频率的变化），无源交叉分频网络的设计比较复杂，但基本概念比较简单。该网络将音频频谱分成 3 个部分，并将每个部分传递给适当的扬声器，如图 17-59 所示。该网络有 3 个滤波器：高通滤波器（通常只有一个聚酯薄膜或聚苯乙烯电容器），将高频信号传输至高频扬声器（或高频播放器）；带通滤波器，将中频信号传输至中频扬声器（或播放器）；低通滤波器，传输低频信号至低频扬声器（或低频播放器）。

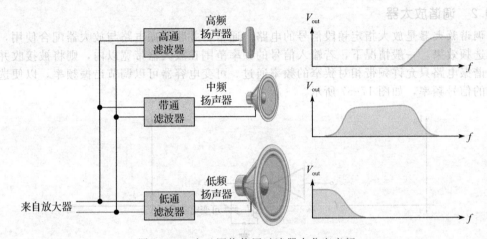

图 17-59　交叉网络使用过滤器来分离音频

17.9.5　超外差式收音机

谐振电路（滤波器）应用的另一个例子是通用 AM（调幅）接收机。AM 广播频段的范围为 535～1605 kHz。每个 AM 站都被分配了 10 kHz 的带宽。调谐电路被设计成只接收指定频率的电台信号，而过滤其他频率的信号。要过滤指定电台之外的信号，调谐电路必须有好的选择性，只接收 10 kHz 带宽内的信号，而过滤所有其他频率的信号。然而，选择性过于苛刻也是不可取的。如果带宽太窄，一些较高频率的调制信号也将被过滤，导致保真度降低。理想情况下，谐振电路必须能够滤除期望通带外的信号。超外差调幅接收机的简化框图如图 17-60 所示。

在接收机的前端有 3 个并联谐振电路。这些谐振电路中的每一个都是由电容联动调谐的，即通过机械或电子方式将电容连接在一起，并随着调谐旋钮的转动而同时改变。调谐前端以接收指定电台的信号频率，例如对于 600 kHz，在所有切割天线的电磁波频率中，输入谐振电路和射频放大器谐振电路只接收频率为 600 kHz 的信号。

实际的音频（声音）信号是由 600 kHz 载波频率携带的，靠的是调幅技术，也就是 600 kHz 信号的幅值变化与音频信号频率一致。将载波幅值调制成与音频信号相一致的过程称为打包。600 kHz 的信号被施加到一个被称为混频器的电路中。

本机振荡器（LO）的频率被调节到比所选频率高出 455 kHz 的频率（本例中为 1055 kHz）。通过外差或拍频的过程，AM 信号和本机振荡器信号混合在一起，600 kHz 的 AM 信号由混频器转换为 455 kHz 的 AM 信号（1055 kHz−600 kHz＝455 kHz）。

455 kHz 是标准 AM 接收机的中频（IF）频率。无论选择哪个广播电台，混频后都被转换为 455 kHz。455 kHz 的调幅信号被中频放大器放大。中频放大器的输出作用到音频检

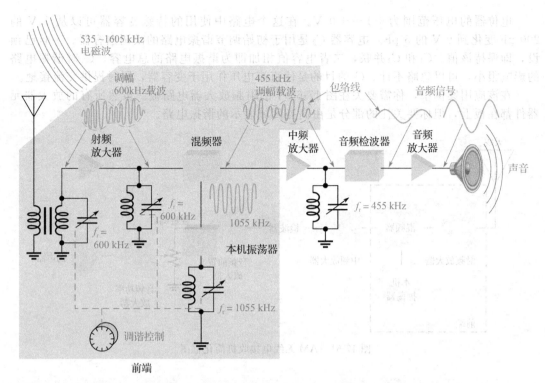

图 17-60　超外差调幅广播接收机的简化示意图，展示了调谐电路的应用

波器，该检波器去除中频信号，只留下音频信号的包络。最后，音频信号被音频放大器放大，并作用于扬声器，发出声音。

学习效果检测
1.　电力线上的陷波器有什么功能？
2.　一般来说，当信号从天线耦合到接收机输入端时，为什么需要对滤波器进行调谐？
3.　什么是交叉网络？
4.　联动调谐是什么意思？

应用案例

在第 11 章的应用案例中，借助无线电接收机学习了交流电路的基本测量。本章的应用案例将继续借用无线电接收机来阐述谐振电路的应用。我们将着重介绍接收机的"前端"，即包含谐振电路的那一部分。一般来说，前端包括射频放大器、本机振荡器和混频器。在本应用案例中，射频放大器是重点。在接下来的介绍中，并不需要掌握放大电路的相关知识。

AM 无线电接收机的基本框图如图 17-61 所示。在这个特定的系统中，"前端"包括用于通过调谐选定电台并将所选频率转换为标准中频(IF)的电路。AM 无线电台的传输频率范围为 535～1605 kHz。射频放大器的作用是过滤其他信号，只接收天线收到的指定信号，并将其放大到更高的电平。

射频放大器的原理图如图 17-62 所示。并联谐振调谐电路由 L、C_1、C_2 三部分组成。这个特殊的射频放大器在输出端没有谐振电路。C_1 是一个变容器，是一个半导体器件，这将在以后的课程中学习。此时你需要知道的是变容器基本上是一个可变电容器，它的电容值是通过改变直流电压来调节的。在这个电路中，直流电压来自用于调谐接收机的电位器。

电位器的电压范围为 +1～+9 V。在这个电路中使用的特殊变容器可以从 1 V 的 200 pF 变化到 9 V 的 5 pF。电容器 C_2 是用于初始调节谐振电路的微调电容器。一旦已预设，即保持该值。C_1 和 C_2 并联，二者电容值相加即为谐振电路的总电容。C_3 对谐振电路的影响很小，可以忽略不计。C_3 的目的是使直流电压作用于变容器，同时提供交流接地。

在该应用案例中，你需要关注图 17-63 中的射频放大器电路板。虽然所有的放大器元器件都在板上，但你要关注的部分是由高亮区域表示的谐振电路。

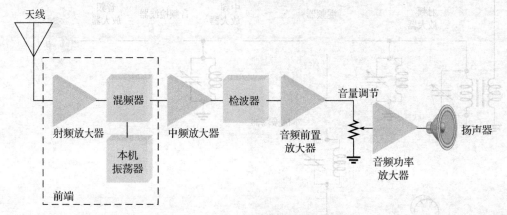

图 17-61 AM 无线电接收机简化框图

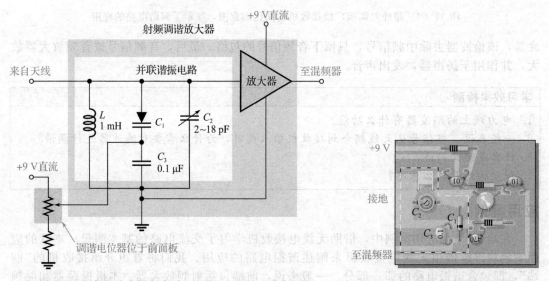

图 17-62 射频放大器的部分原理图，显示了调谐电路

图 17-63 射频放大器电路板

谐振电路中的电容

1. 计算并设置电容 C_2，确保在变容器可调范围内能够完整覆盖 AM 频段。C_3 可忽略不计。调谐电路的谐振频率范围应比 AM 全频段范围更宽些，以确保当变容器有最大电容时，谐振频率低于 535 kHz；在有最小电容时，谐振频率高于 1605 kHz。

2. 使用你已经计算出的 C_2 值确定变容器的电容值，使电路分别产生 535 kHz 和 1605 kHz 的谐振频率。

测试谐振电路

3. 建议使用图 17-64 所示测试平台中的仪器测试谐振电路。"点对点"连接电路板和测试仪器，然后进行检查。

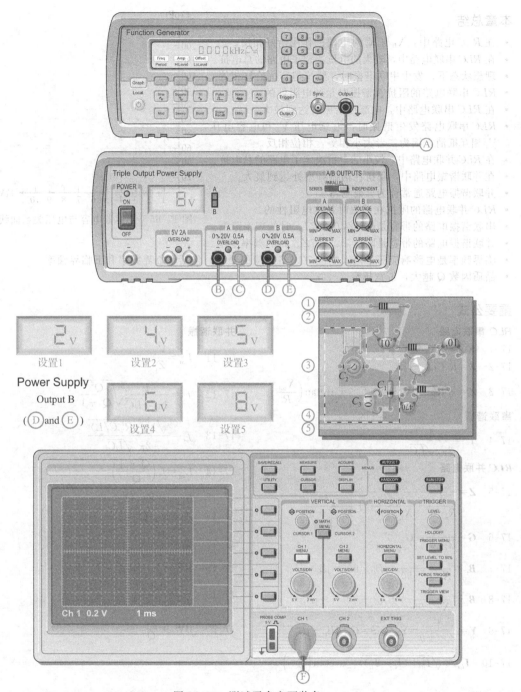

图 17-64　测试平台主要装备

4. 图 17-65 给出了变容器的电容值与其电压的关系曲线，利用该曲线，计算各种设置下的谐振频率，设置详见直流电源的 B 输出端（最右边的输出终端）。直流电源的 A 输出端用于为放大器提供 9 V 电源，B 输出端用于模拟电位器电压。

检查与复习

5. AM 的频率范围是多大？

6. 说明射频放大器的用途。

7. 如何选择 AM 波段中的特定频率？

本章总结

- 在 RLC 电路中，X_L 与 X_C 对电路的作用恰好相反。
- 在 RLC 串联电路中，较大的电抗决定了电路的总电抗。
- 理想状态下，发生串联谐振时，感抗与容抗恰好相等。
- RLC 串联电路的阻抗在谐振时是纯电阻性的。
- 在 RLC 串联电路中，电流在谐振时达到最大。
- RLC 串联电路发生谐振时，电感电压 V_L 和电容电压 V_C 相互抵消，因为二者大小相等，相位相反。
- 在 RLC 并联电路中，较小的电抗决定了电路的总电抗。
- 在并联谐振电路中，阻抗在谐振频率处达到最大。
- 并联谐振电路通常称为储能电路。
- RLC 并联电路的阻抗在谐振时是纯电阻性的。
- 串联谐振电路的带宽是电流 $\geq 0.707 I_{\max}$ 时的频率范围。
- 并联谐振电路的带宽是阻抗 $\geq 0.707 Z_{\max}$ 时的频率范围。
- 临界频率是电路响应等于最大响应 70.7% 对应的频率，包括上临界频率和下临界频率。
- 品质因数 Q 越大，带宽越窄。

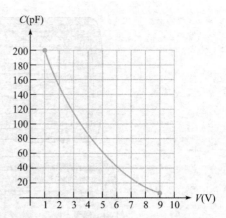

图 17-65　变容器电容与电压关系曲线

重要公式

RLC 串联电路

17-1　$X_{\text{tot}} = |X_L - X_C|$

17-2　$Z = R + jX_L - jX_C$

17-3　$Z = \sqrt{R^2 + (X_L - X_C)^2} \angle \pm \arctan\left(\dfrac{X_{\text{tot}}}{R}\right)$

串联谐振

17-4　$f_r = \dfrac{1}{2\pi \sqrt{LC}}$

RLC 并联电路

17-5　$Z = \dfrac{1}{\dfrac{1}{R\angle 0°} + \dfrac{1}{X_L \angle 90°} + \dfrac{1}{X_C \angle -90°}}$

17-6　$G = \dfrac{1}{R\angle 0°} = G\angle 0°$

17-7　$B_C = \dfrac{1}{X_C \angle -90°} = B_C \angle 90° = jB_C$

17-8　$B_L = \dfrac{1}{X_L \angle 90°} = B_L \angle -90° = -jB_L$

17-9　$Y = \dfrac{1}{Z\angle \pm \theta} = Y \angle \mp \theta = G + jB_C - jB_L$

17-10　$I_{\text{tot}} = \sqrt{I_R^2 + (I_C - I_L)^2} \angle \arctan\left(\dfrac{I_{CL}}{I_R}\right)$

并联谐振

17-11　$I_{\text{tot}} = \dfrac{V_s}{Z_r}$

17-12　$f_r = \dfrac{1}{2\pi \sqrt{LC}} \sqrt{\dfrac{Q^2}{Q^2 + 1}}$

17-13　$f_r = \dfrac{\sqrt{1 - (R_W^2 C/L)}}{2\pi \sqrt{LC}}$

17-14　$L_{\text{eq}} = L\left(\dfrac{Q^2 + 1}{Q^2}\right)$

17-15　$R_{p(\text{eq})} = R_W(Q^2 + 1)$

17-16　$Z_r = R_W(Q^2 + 1)$

17-17　$Q_O = \dfrac{R_{p(\text{tot})}}{X_{L(\text{eq})}}$

17-18　$BW = f_2 - f_1$

17-19　$f_r = \dfrac{f_1 + f_2}{2}$

17-20　$BW = \dfrac{f_r}{Q}$

对/错判断（答案在本章末尾）

1. RLC 串联电路的总电抗是容抗与感抗之差。
2. RLC 串联电路的总阻抗是 R、X_C 和 X_L 的代数和。
3. 当 $X_L = X_C$ 时发生串联谐振。
4. 在谐振频率以下，RLC 串联电路主要呈容性。
5. 在 RLC 并联电路中，当 $X_L > X_C$ 时，电路呈感性。

6. 在 RLC 并联电路中，导纳相量乘以外加电源即可得到电流相量。
7. RLC 串联电路在谐振频率时呈电阻性，且电流最小。
8. 在理想的 RLC 并联电路中，谐振时总电流为零。
9. 在发生并联谐振时，RLC 电路的总阻抗最大。

10. 在并联谐振频率以下时，电路呈现容性。

11. 并联谐振电路的带宽是上临界频率和下临界频率之差。

12. 当带宽较窄时，谐振电路的选择性较好。

13. 电力线上的陷波器允许通信信号通过，并传送到变电站。

14. 音频交叉分频网络使用不同的滤波器来分离音频信号，以便传送给不同的扬声器。

自我检测(答案在本章末尾)

1. RLC 串联电路在谐振时的总电抗为
   (a)零　　　　　　(b)等于电阻
   (c)无限大　　　　(d)容性的

2. RLC 串联电路在谐振时电源电压与电流相位差为
   (a)$-90°$　　　　(b)$+90°$
   (c)$0°$　　　　　(d)取决于电抗

3. RLC 串联电路中元件参数为 $L=15$ mH、$C=0.015$ μF、$R_w=80$ Ω，谐振时阻抗为
   (a)15 kΩ　　　　(b)80 Ω
   (c)30 Ω　　　　　(d)0 Ω

4. 在谐振频率以下的 RLC 串联电路中，电流
   (a)与施加的电压同相
   (b)滞后施加的电压
   (c)超前施加的电压

5. 当 RLC 串联电路中电容值增加时，谐振频率将
   (a)不受影响　　　(b)增加
   (c)保持不变　　　(d)减小

6. 在某串联谐振电路中，$V_C=150$ V、$V_L=150$ V、$V_R=50$ V。电源电压为
   (a)150 V　　　　(b)300 V
   (c)50 V　　　　　(d)350 V

7. 某串联谐振电路的带宽为 1 kHz，当用 Q 值较低的线圈替换现有线圈时，带宽会
   (a)增加　　　　　(b)减小
   (c)保持不变　　　(d)选择性更好

8. 在 RLC 并联电路中，在低于谐振频率时，电流将
   (a)超前电源电压
   (b)滞后电源电压
   (c)与电源电压同相

9. 在发生理想并联谐振时，流入电感支路和电容支路的总电流应为
   (a)最大　　　　　(b)较低
   (c)较高　　　　　(d)零

10. 若要降低并联谐振电路的谐振频率，应如何改变电容？
    (a)增加　　　　　(b)减少
    (c)不动　　　　　(d)用电感代替

11. 在下面哪种情况下，并联电路的谐振频率与串联电路的谐振频率近似相等？
    (a)Q 值非常低　　(b)Q 值非常高
    (c)没有电阻　　　(d)(b)或(c)

12. 如果减小并联电阻，那么并联谐振电路的带宽将
    (a)消失　　　　　(b)变窄
    (c)变尖　　　　　(d)变宽

电路行为变化趋势判断(答案在本章末尾)

参见图 17-67

1. 如果 R_1 断开，那么总电流将
   (a)增大　　(b)减小　　(c)保持不变

2. 如果 C_1 断开，那么 C_2 上的电压将
   (a)增大　　(b)减小　　(c)保持不变

3. 如果 L_2 断开，那么它两端的电压将
   (a)增大　　(b)减小　　(c)保持不变

参见图 17-70

4. 如果 L 断开，那么 R 上的电压将
   (a)增大　　(b)减小　　(c)保持不变

5. 如果频率调节到谐振值，那么通过 R 的电流将
   (a)增大　　(b)减小　　(c)保持不变

参见图 17-71

6. 如果 L 增加到 100 mH，那么谐振频率将
   (a)增大　　(b)减小　　(c)保持不变

7. 如果 C 增加到 100 pF，那么谐振频率将
   (a)增大　　(b)减小　　(c)保持不变

8. 如果 L 断开，那么 C 上的电压将
   (a)增大　　(b)减小　　(c)保持不变

参见图 17-73

9. 如果 R_2 断开，那么 L 上的电压将
   (a)增大　　(b)减小　　(c)保持不变

10. 如果 C 短路，那么 R_1 上的电压将
    (a)增大　　(b)减小　　(c)保持不变

参见图 17-86

11. 如果 L_1 断开，那么从 a 点到 b 点的电压将
    (a)增大　　(b)减小　　(c)保持不变

12. 如果增加电源电压的频率，那么从 a 点到 b 点的电压将

(a)增大　　　(b)减小　　　(c)保持不变

13. 如果增加电源电压的频率，那么流过 R_1 的电流将
    (a)增大　　　(b)减小　　　(c)保持不变

14. 如果降低电源电压的频率，那么 C 上的电压将
    (a)增大　　　(b)减小　　　(c)保持不变

分节习题(较难的问题用星号(∗)表示，奇数题答案在本书末尾)

第一部分　串联电路

17.1 节

1. 某 RLC 串联电路有以下参数值：$R=10\ \Omega$、$C=0.047\ \mu F$、$L=5\ mH$、电源频率为5 kHz。求阻抗的极坐标形式，总电抗是多少？

2. 求图 17-66 中阻抗的极坐标形式。

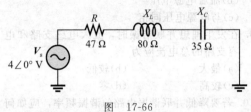

图　17-66

3. 如果图 17-66 中电源电压的频率增加 1 倍，那么阻抗的大小如何变化？

4. 对于图 17-66 所示的电路，计算净电抗以使总阻抗等于 100 Ω。

17.2 节

5. 对于图 17-66 所示电路，求出 I_{tot}、V_R、V_L 和 V_C 的极坐标形式。

6. 画出图 17-66 所示电路的电压相量图。

7. 求图 17-67 所示电路在 $f=25$ kHz 时的以下各值：
    (a)I_{tot}　　　　　　(b)P_{true}
    (c)P_r　　　　　　　(d)P_a

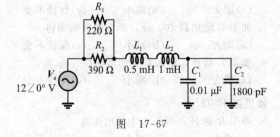

图　17-67

17.3 节

8. 对于图 17-66 所示电路，谐振频率是高于还是低于图中电抗值所对应的频率？

9. 对于图 17-68 所示电路，发生谐振时电阻 R 上的电压是多少？

10. 对于图 17-68 所示电路，计算谐振频率下的 X_L、X_C、Z 和 I。

11. 某串联谐振电路的最大电流为 50 mA，此时

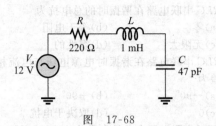

图　17-68

电感上有 100 V 的电压，外加电压为 10 V。那么阻抗 Z 是多少？X_L 和 X_C 是多少？

12. 某 RLC 电路如图 17-69 所示，计算谐振频率。

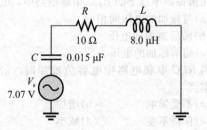

图　17-69

13. 在图 17-69 中，半功率频率处的电流是多少？

14. 电路如图 17-69 所示，分别计算临界频率及谐振频率下的电压和电流相位角。

15. 设计一个电路，使开关选择以下串联谐振频率：
    (a)500 kHz　　　　(b)1000 kHz
    (c)1500 kHz　　　　(d)2000 kHz

第二部分　并联电路

17.4 节

16. 用极坐标形式表示图 17-70 所示电路的阻抗。

17. 图 17-70 所示电路是容性的，还是感性的？给出解释。

18. 对于图 17-70 所示电路，在什么频率下会改变其电抗特性？(从感性到容性，或相反)？

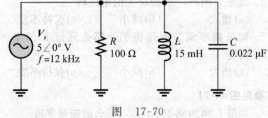

图　17-70

17.5 节

19. 对于图 17-70 所示电路，求出所有电流和电压的极坐标形式。

20. 对于图 17-70 所示电路，在 50 kHz 频率下，求电路的总阻抗。

21. 对于图 17-70 所示电路，将频率改为 100 kHz，重复问题 19。

17.6 节

22. 理想并联(两个支路中都没有电阻)谐振电路的阻抗是多少?

23. 对于图 17-71 所示储能电路，求谐振状态下的 Z_r 以及谐振频率 f_r。

24. 对于图 17-71 所示储能电路，谐振时从电源吸收的电流是多少? 谐振频率下的电感电流和电容电流各是多少?

25. 对于图 17-71 所示电路，求谐振状态下的 P_{true}、P_r 和 P_a。

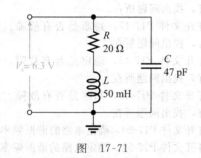

图 17-71

第三部分 串-并联电路

17.7 节

26. 电路如图 17-72 所示，求各电路的总阻抗。

27. 对于图 17-72 中的每个电路，求电源电压和总电流之间的相位角。

28. 求图 17-73 中每个元件两端的电压，并用极坐标形式表示。

29. 将图 17-73 中的电路转换为等效的串联形式。

30. 在图 17-74 中，通过 R_2 的电流是多少?

31. 在图 17-74 中，电流 I_2 与电源电压之间的相位角是多少?

*32. 求图 17-75 所示电路的总电阻和总电抗。

*33. 对于图 17-75 所示电路，求通过每个元件的电流及电压。

34. 对于图 17-76 所示电路，是否存在合适的电容值，使 $V_{ab} = 0$ V? 如果没有，请解释。

*35. 对于图 17-76 所示电路，如果 C 为 0.22 μF，100 Ω 电阻连接于 a、b 之间，则流过 100 Ω 电阻的电流是多少?

*36. 图 17-77 所示电路中有多少个谐振频率? 为什么?

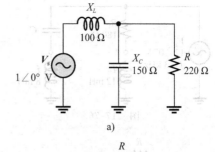

a)

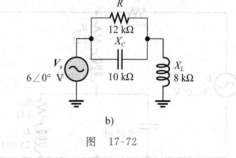

b)

图 17-72

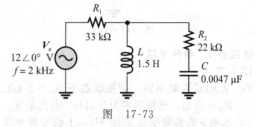

图 17-73

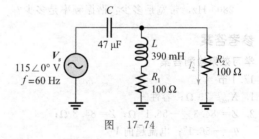

图 17-74

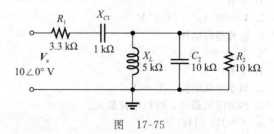

图 17-75

*37. 求图 17-77 所示电路的谐振频率，并计算每个频率下的输出电压。

*38. 使用单个线圈和开关切换的电容，设计一个并联谐振电路以便能够产生以下谐振频率: 8 MHz、9 MHz、10 MHz 和 11 MHz。假设线圈电感为 10 μH，绕组电阻为 5 Ω。

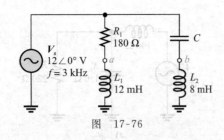

图 17-76

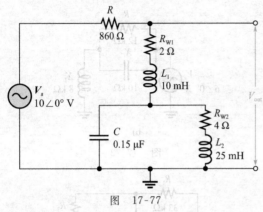

图 17-77

第四部分 特殊专题

17.8 节

39. 某 RLC 并联电路,谐振状态下 $X_L=2$ kΩ、$R_w=25$ Ω,谐振频率为 5 kHz。求其带宽。

40. 如果下临界频率是 2400 Hz,上临界频率是 2800 Hz,带宽是多少?谐振频率是多少?

41. 在某 RLC 电路中,谐振时功率为 2.75 W。在下临界频率时功率是多少?

*42. 某储能电路的带宽必须是 800 Hz,绕组电阻是 10 Ω,欲获得 8 kHz 的谐振频率,则电感、电容应为多少?

43. 某并联谐振电路的品质因数 Q 为 50,带宽 BW 为 400 Hz。若 Q 值翻倍,f_r 不变,其带宽变为多少?

Multisim 故障排查与分析

以下问题的排查和分析需要使用 Multisim。

44. 打开文件 P17-44,判断是否有故障。如果有,找出问题所在。

45. 打开文件 P17-45,判断是否有故障。如果有,找出问题所在。

46. 打开文件 P17-46,判断是否有故障。如果有,找出问题所在。

47. 打开文件 P17-47,判断是否有故障。如果有,找出问题所在。

48. 打开文件 P17-48,确定是否有故障。如果有,找出问题所在

49. 打开文件 P17-49,判断是否有故障。如果有,找出问题所在。

50. 打开文件 P17-50,确定电路的谐振频率。

51. 打开文件 P17-51,确定电路的谐振频率。

参考答案

学习效果检测答案

17.1 节

1. $X_{tot}=70$ Ω;容性

2. $Z=84.3\angle-56.1°$ Ω;$Z=84.3$ Ω;$\theta=-56.1°$;电流超前 V_s

17.2 节

1. $V_s=38.4\angle-21.3°$ V

2. 电流超前电压

3. $X_{tot}=600$ Ω

17.3 节

1. 对于串联谐振,$X_L=X_C$。

2. 因为阻抗最小,所以电流最大。

3. $f_r=159$ kHz

4. 电路为容性。

17.4 节

1. 电路为容性。

2. $Y=1.54\angle49.4°$ mS

3. $Z=651\angle-49.4°$ Ω

17.5 节

1. $I_R=80$ mA,$I_C=120$ mA,$I_L=240$ mA

2. 电路为容性。

17.6 节

1. 阻抗在并联谐振时最大。

2. 电流最小。

3. $X_C=1500$ Ω

4. $f_r=225$ kHz

5. $f_r=22.5$ kHz

6. $f_r=20.9$ kHz

17.7 节

1. $R_{p(eq)}=130$ Ω,$L_{eq}=102$ μH,$C=0.22$ μF

2. $L_{(eq)}=20.1$ mH,$R_{p(eq)}=1.59$ kΩ

17.8 节

1. BW$=f_2-f_1=400$ kHz

2. $f_r=2$ MHz

3. $P_{f2}=0.9$ W

4. 较大的 Q 意味着较窄带宽。

17.9 节

1. 陷波器在阻隔高频通信信号的同时,能够通过特定频率的信号。

2. 调谐滤波器用于选择感兴趣的窄带频率。

3. 交叉分频网络是一种滤波网络，将不同的音频信号分配到不同的扬声器，同时保持整体具有平坦的响应。

4. 联动调谐是通过一个通用控制器同时改变几个电容器(或电感器)的值来完成的。

同步练习答案

17-1　$Z = 12.7 \angle 82.3° \text{ k}\Omega$

17-2　$Z = 3.50 \angle 19.5° \text{ k}\Omega$

17-3　电流会随着频率的增加而增加，到一定程度后会减小。

17-4　电路容性更强

17-5　$f_r = 22.5 \text{ kHz}$

17-6　$45°$

17-7　Z 增加；Z 增加

17-8　Z 降低

17-9　感性

17-10　I_{tot} 增加

17-11　变大

17-12　$V_C = 0.931 \angle -65.8° \text{ V}$

17-13　$V_{C1} = 27.1 \angle -81.1° \text{ V}$

17-14　$R_{P(eq)} = 25.1 \text{ k}\Omega$，$L_{eq} = 5 \text{ mH}$；$C = 0.022 \text{ μF}$

17-15　$Z_r = 80.0 \text{ k}\Omega$

17-16　$I = 35.4 \text{ mA}$

17-17　$f_1 = 6.75 \text{ kHz}$；$f_2 = 9.25 \text{ kHz}$

17-18　$BW = 7.96 \text{ kHz}$

对/错判断答案

1. T	2. F	3. T	4. T
5. F	6. T	7. F	8. T
9. T	10. F	11. T	12. T
13. F	14. T		

自我检测答案

1. (a)	2. (c)	3. (b)	4. (c)
5. (d)	6. (c)	7. (a)	8. (b)
9. (d)	10. (a)	11. (b)	12. (d)

电路行为变化趋势判断答案

1. (b)	2. (a)	3. (a)	4. (c)
5. (c)	6. (b)	7. (b)	8. (c)
9. (a)	10. (a)	11. (d)	12. (a)
13. (b)	14. (a)		

第 18 章

无源滤波器

▶ **教学目标**
- 分析 RC、RL 低通滤波器的工作原理
- 分析 RC、RL 高通滤波器的工作原理
- 分析带通滤波器的工作原理
- 分析带阻滤波器的工作原理

▶ **应用案例预览**

在本应用案例中，你将根据示波器的测量结果绘制滤波器的频率响应图，并识别滤波器的类型。

▶ **引言**

滤波器的概念已在第 15、16 和 17 章中说明 RC、RL 和 RLC 电路的应用时有过介绍。本章是对前面内容的扩展，提供关于滤波器的更多重要话题。

本章讨论无源滤波器。无源滤波器使用各种电阻、电容和电感的组合。在稍后的章节中，你将学习使用无源元件与放大器组合的有源滤波器。你已经了解了如何使用基本的 RC、RL 和 RLC 电路作为滤波器。现在，会了解到根据响应特性可以将无源滤波器分为四大类：低通、高通、带通和带阻。在每个类别中，都存在若干共同的类型以供考查。

18.1 低通滤波器

低通滤波器允许较低频率的信号从输入传输到输出，同时阻止较高频率的信号。

学完本节内容后，你应该能够分析 RC 和 RL 低通滤波器的工作原理，具体就是：

- 用分贝表示滤波器的电压比和功率比。
- 确定低通滤波器的临界频率(截止频率)。
- 解释实际和理想的低通响应曲线之间的差异。
- 解释降滚特性。
- 生成低通滤波器的波德图。
- 讨论低通滤波器产生的相移。

图 18-1 是低通滤波器的框图和一般响应曲线。在特定条件下滤波器所通过的频率范围称为滤波器的**通频带**。通频带的最高频率被称为临界频率 f_c，如图 18-1b 所示。**临界频率(f_c)** 为滤波器输出电压为最大值的 70.7% 时对应的频率。滤波器的临界频率也称为截止频率或 -3 dB 频率，因为在这个频率下的输出电压较通频带的电压下降了 3 dB。分贝(dB)是滤波器测量中常用的单位。

18.1.1 分贝

分贝这个单位最初来源于人耳对声音强度的对数响应。分贝是功率比值或电压比值的对数值。下面的公式是以功率比表示的分贝数：

$$dB = 10 \lg\left(\frac{P_{out}}{P_{in}}\right) \tag{18-1}$$

其中 lg 表示以 10 为底的对数。

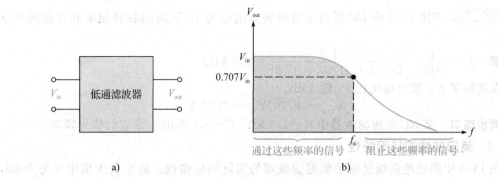

图 18-1 低通滤波器的框图和一般响应曲线

根据对数的性质，衍生出了下面的电压比分贝公式。（方程假设 V_{in} 和 V_{out} 是通过相同电阻测量的。）

$$\text{dB} = 20 \lg \left(\frac{V_{out}}{V_{in}} \right) \tag{18-2}$$

例 18-1 在一定频率下，滤波器的输出电压为 5 V，输入电压为 10 V。用分贝表示电压比。

解

$$20 \lg \left(\frac{V_{out}}{V_{in}} \right) = 20 \lg \left(\frac{5 \text{ V}}{10 \text{ V}} \right) = 20 \lg 0.5 = -6.02 \text{ dB}$$

同步练习 用分贝表示电压比 $V_{out}/V_{in} = 0.85$。

18.1.2 *RC* 低通滤波器

基本的 *RC* 低通滤波器如图 18-2 所示。注意输出电压是电容两端的电压。

当输入为直流（0 Hz）时，因为 X_C 无穷大，所以输出电压等于输入电压。随着输入频率的增加，X_C 减小，因此 V_{out} 也减小，直至达到某一频率时 $X_C = R$。这就是滤波器的临界频率 f_c。

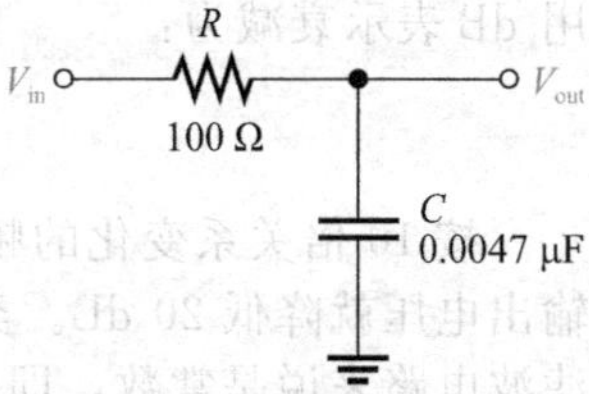

$$X_C = \frac{1}{2\pi f_c C} = R$$

求解 f_c。

$$f_c = \frac{1}{2\pi RC} \tag{18-3}$$

图 18-2

在任意频率下，利用分压公式，输出电压大小可以表示为：

$$V_{out} = \left(\frac{X_C}{\sqrt{R^2 + X_C^2}} \right) V_{in}$$

因为在临界频率下 $X_C = R$，所以此频率下的输出电压可表示为：

$$V_{out} = \left(\frac{R}{\sqrt{R^2 + R^2}} \right) V_{in} = \left(\frac{R}{\sqrt{2R^2}} \right) V_{in} = \left(\frac{R}{R\sqrt{2}} \right) V_{in} = \frac{1}{\sqrt{2}} V_{in} = 0.707 V_{in}$$

这些计算说明，当 $X_C = R$ 时，输出是输入的 70.7%。根据定义，此时频率为临界频率。

临界频率处的输出电压与输入电压的比值可表示为下式：

$$V_{out} = 0.707 V_{in}$$

$$\frac{V_{out}}{V_{in}} = 0.707$$

$$20 \lg \left(\frac{V_{out}}{V_{in}} \right) = 20 \lg 0.707 = -3.01 \text{ dB}$$

例 18-2 求图 18-2 中 RC 低通滤波器输入电压为 10 V 时的临界频率和在此频率下的 V_{out}。

解 $f_c = \dfrac{1}{2\pi RC} = \dfrac{1}{2\pi \times 100\ \Omega \times 0.0047\ \mu F} = 339\ kHz$

在该频率下，输出电压比 V_{in} 低 3 dB。

$$V_{out} = 0.707 V_{in} = 7.07\ V$$

同步练习 某 RC 低通滤波器中 $R = 1.0\ k\Omega$、$C = 0.022\ \mu F$。求它的临界频率。

18.1.3 响应曲线的降滚特性

图 18-3 中的蓝色曲线显示了低通滤波器的实际响应曲线。输出最大值定义为 0 dB，并作为基准点。0 dB 对应 $V_{in} = V_{out}$，因为 $20\lg(V_{out}/V_{in}) = 20\lg 1 = 0\ dB$。输出在临界频率处从 0 dB 降至 -3 dB，然后几乎以一个固定的速度继续下降。这种下降模式称为频率响应的**降滚特性**。红色曲线表示理想的输出响应，临界频率内被认为是"平直"的，然后以固定速度下降。

正如你所看到的，当频率增加到临界频率 f_c 时，低通滤波器的输出电压降低了 3 dB。当频率持续增加到 f_c 以上时，输出电压持续下降。事实上，在 f_c 基础上每增加 10 倍频率，输出就减少 20 dB，如下面的步骤所示。

我们取一个为 10 倍临界频率的频率($f = 10f_c$)。既然在 f_c 处 $R = X_C$，那么在 $10f_c$ 上有 $R = 10X_C$，因为 X_C 与 f 成反比关系。

衰减率是指电压的减小，用 V_{out}/V_{in} 的比值表示，推演如下：

$$\frac{V_{out}}{V_{in}} = \frac{X_C}{\sqrt{R^2 + X_C^2}} = \frac{X_C}{\sqrt{(10X_C)^2 + X_C^2}}$$

$$= \frac{X_C}{\sqrt{100X_C^2 + X_C^2}} = \frac{X_C}{\sqrt{X_C^2(100+1)}} = \frac{X_C}{X_C\sqrt{101}} = \frac{1}{\sqrt{101}} \approx \frac{1}{10} = 0.1$$

用 dB 表示衰减为：

$$20\lg\left(\frac{V_{out}}{V_{in}}\right) = 20\lg 0.1 = -20\ dB$$

按 10 倍关系变化的频率称为 **10 倍频**。所以，对于一个 RC 电路，频率每增加 10 倍，输出电压就降低 20 dB。类似的结果可以推广至高通滤波器。降滚特性对于基本 RC 或 RL 滤波电路来说是常数，即 -20 dB/10 倍频。图 18-4 显示了以对数刻度画出的理想频率响应，其中水平轴上的每个间隔表示频率增加了 10 倍。这种响应曲线称为**波德图**。波德图有两种，幅值图(如图 18-4 所示)和相位图。注意，V_{out}/V_{in} 的比值(单位：dB)绘制在 y 轴上，频率绘制在 x 轴上。

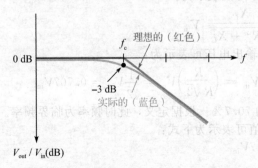

图 18-3 低通滤波器的实际响应曲线与理想响应曲线

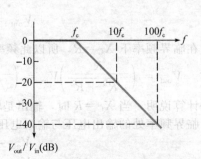

图 18-4 低通滤波器的频率响应(波德图)

例 18-3 为图 18-5 所示滤波器绘制一个包含 3 个 10 倍频的波德图。使用半对数坐标纸。

解 该低通滤波器的临界频率为：

$$f_c = \frac{1}{2\pi RC} = \frac{1}{2\pi \times 1.0 \text{ k}\Omega \times 0.0047 \text{ μF}} = 33.9 \text{ kHz}$$

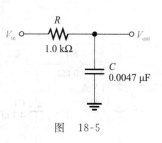

图 18-5

在图 18-6 所示的半对数坐标上，用红线表示理想波德图，实际响应曲线用蓝色表示。首先注意水平刻度是对数刻度，垂直刻度是线性刻度。频率在对数刻度上，滤波器输出（单位为 dB）在线性刻度上。

当频率在 f_c（33.9 kHz）以下时输出为平直的。当频率高于 f_c 时，输出以 -20 dB/10 倍频的速度下降。因此，对于理想曲线，频率每增加 10 倍，输出就减少 20 dB。实际情况与此略有不同。在临界频率下，输出实际上是 -3 dB 而不是 0 dB。

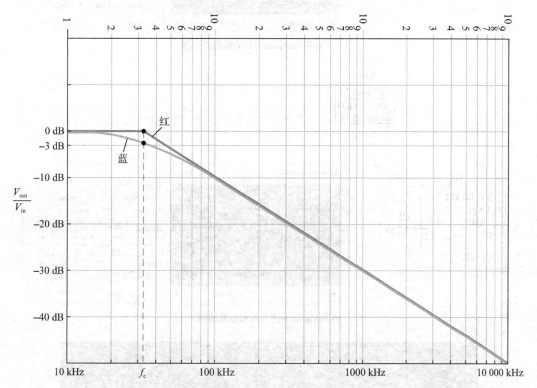

图 18-6 图 18-5 的波德图。红线代表理想响应曲线，蓝线代表实际响应曲线

如果有条件使用 Multisim 软件，那么使用一种叫作波德图绘图仪的虚拟仪器很容易获得波德图。图 18-7 显示了波德图绘图仪在 1 kHz～10 MHz 范围内的波德图，以及与电路输入输出端相连接的情况。无须将交流电源设置为任何特定频率。移动绘图仪的垂直光标（在显示器的左侧）可在图上读取频率，以及任何频率下输出与输入幅值的比值（单位为分贝）与相位。在图 18-7a 中，光标被设置为接近截止频率。通过选择相位按钮，你也可以绘制输入和输出之间的相位，如图 18-7b 所示。

你还可以使用 LTSpice 获得波德图。图 18-7c 显示了使用 LTSpice 的仿真结果，其幅值和相位都在同一图中。

同步练习 如果图 18-5 中的 C 减小到 0.001 μF，电路的截止频率和降滚速率如何变化？

18.1.4 RL 低通滤波器

基本 RL 低通滤波器如图 18-8 所示，注意输出电压是电阻两端电压。

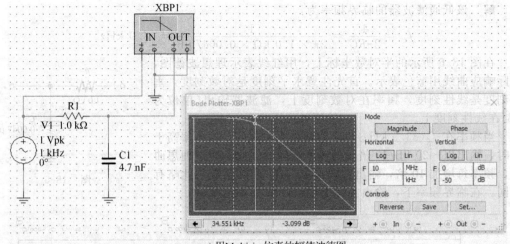

a) 用Multisim仿真的幅值波德图

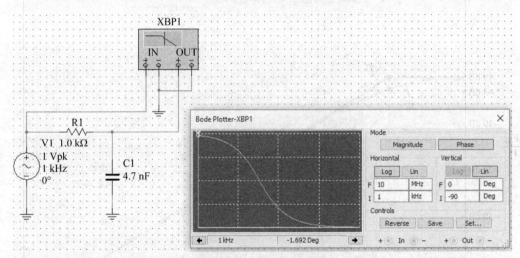

b) 用Multisim仿真的相位波德图

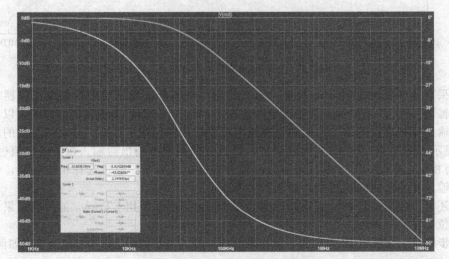

c) 用LTSpice仿真的幅值和相位波德图

图 18-7　图 18-5 所示电路的计算机仿真波德图

　　当输入为直流(0 Hz)时，理想情况下输出电压等于输入电压，因为 X_L 为短路(如果忽略 R_W)。随着输入频率的增加，X_L 增加，因此 V_{out} 逐渐减小，直至临界频率。此时，$X_L = R$，频率为：

$$2\pi f_c L = R$$

$$f_c = \frac{R}{2\pi L}$$

$$f_c = \frac{1}{2\pi (L/R)} \tag{18-4}$$

和 RC 低通滤波电路完全一样，此时 $V_{out} = 0.707 V_{in}$，因此在临界频率处的输出电压比输入电压低 -3 dB。

例 18-4　为图 18-9 中的滤波器绘制一个包含 3 个 10 倍频的波德图。使用半对数坐标纸。

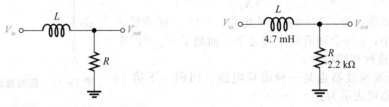

图 18-8　RL 低通滤波电路　　　　　　　　图　18-9

　　解　该低通滤波器的临界频率为：

$$f_c = \frac{1}{2\pi (L/R)} = \frac{1}{2\pi \times 4.7 \text{ mH}/2.2 \text{ k}\Omega} = 74.5 \text{ kHz}$$

　　在图 18-10 上，半对数波德图的红线表示理想的波德图。实际响应曲线用蓝线表示。首先请注意，水平刻度是对数的，而垂直刻度是线性的。频率在对数刻度上，滤波器输出为分贝值，在线性刻度上。

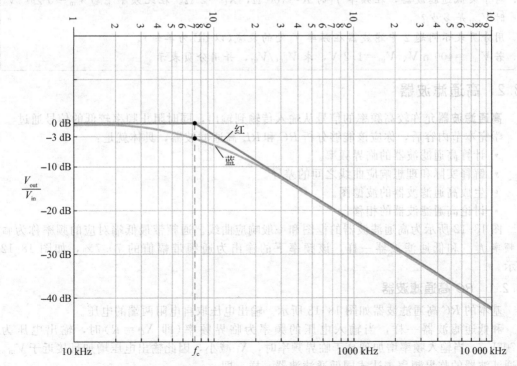

图 18-10　图 18-9 所示电路的波德图。红线为理想响应曲线，蓝线为实际响应曲线

频率在 f_c(74.5 kHz)以下时输出是平直的。当频率增加到高于 f_c 时，输出以 -20 dB/10 倍频的速度下降。因此，对于理想曲线，频率每增加 10 倍，输出就减少 20 dB。在实际中这些现象会有些许不同。在实际临界频率处输出为 -3 dB 而不是 0 dB。

同步练习 如果图 18-9 中 L 减小到 1 mH，电路的临界频率和降滚速率如何变化？

 Multisim 仿真

使用 Multisim 文件 E18-04A 和 E18-04B 校验本例的计算结果，并核实你对同步练习的计算结果。

18.1.5 低通滤波器的相移

RC 低通滤波器是一种滞后电路。回顾第 15 章，它的输入到输出的相移可表示为：

$$\phi = -\arctan\left(\frac{R}{X_C}\right)$$

在临界频率处，$X_C = R$，因此 $\phi = -45°$。随着输入频率的减小，ϕ 也会随着频率接近于 0 而趋于 0°。图 18-11 说明了这种相移特性。

RL 低通滤波器也是一种滞后电路。回顾一下第 16 章，其相移可表示为：

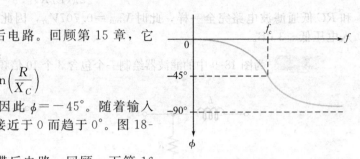

图 18-11 低通滤波器的相移特性

$$\phi = -\arctan\left(\frac{X_L}{R}\right)$$

与 RC 滤波器一样，输入到输出的相移在临界频率处为 $-45°$，在 f_c 以下频率处相移减小。

学习效果检测

1. 对于某低通滤波器，如果 $f_c = 2.5$ kHz，那么它的通频带是多少？
2. 对于某低通滤波器，在频率 f_1 时 $R = 100$ Ω，$X_C = 2$ Ω。在此频率下当 $V_{in} = 5 \angle 0°$ V 时 V_{out} 是多少？
3. 用分贝表示问题 2 中滤波器在频率 f_1 处的衰减(以 dB 为单位)。
4. 若 $V_{out} = 400$ mV、$V_{in} = 1.2$ V，求 V_{out}/V_{in}，并用分贝表示。

18.2 高通滤波器

高通滤波器允许较高频率的信号从输入传输到输出，同时阻止频率较低的信号通过。

学完本节内容后，你应该能够分析 RC 和 RL 高通滤波器，具体就是：

- 计算高通滤波器的临界频率。
- 解释实际和理想响应曲线之间的差异。
- 生成高通滤波器的波德图。
- 讨论高通滤波器的相移。

图 18-12 所示为高通滤波器的框图和一般响应曲线。通频带最低端对应的频率称为临界频率 f_c。和低通滤波器一样，该频率下的输出为通频带幅值的 70.7%，如图 18-12 所示。

18.2.1 *RC* 高通滤波器

基本的 RC 高通滤波器如图 18-13 所示。输出电压取自电阻两端的电压。

和低通滤波器一样，当输入电压的频率为临界频率(即 $X_C = R$)时，输出电压为 $0.707V_{in}$。当输入频率增加到高于临界频率时，X_C 减小，因此输出电压增加且接近于 V_{in}。高通滤波器的临界频率表达式同低通滤波器一样，即：

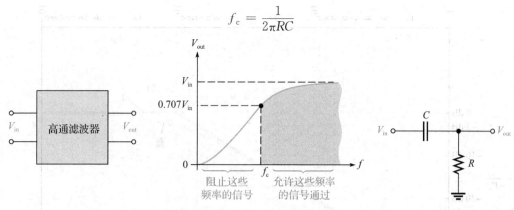

图 18-12 高通滤波器框图与响应曲线

图 18-13 RC 高通滤波器

频率在 f_c 以下时，输出电压以 -20 dB/10 倍频的速率衰减。图 18-14 显示了高通滤波器的实际与理想响应曲线。

例 18-5 为图 18-15 中的滤波器绘制包含 3 个 10 倍频的波德图。使用半对数坐标纸。

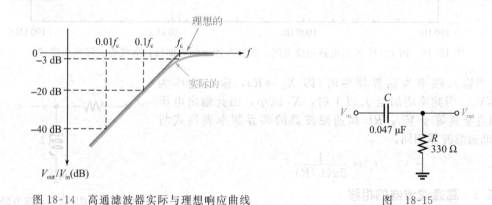

图 18-14 高通滤波器实际与理想响应曲线

图 18-15

解 该高通滤波器的临界频率为：

$$f_c = \frac{1}{2\pi RC} = \frac{1}{2\pi \times 330\ \Omega \times 0.047\ \mu F} = 10.3\ kHz \approx 10\ kHz$$

理想的波德图如图 18-16 中半对数坐标线上的红线所示，实际响应曲线用蓝线表示。注意水平刻度是对数的，垂直刻度是线性的。频率是在对数刻度上的，滤波器输出在线性刻度上，单位为 dB。

频率在 f_c（接近 10 kHz）以上时输出是平直的。当频率减小至低于 f_c 时，输出以 -20 dB/10 倍频的速度下降。因此，对于理想曲线，每次频率减小 10 倍，输出减少 20 dB。在实际中这些现象会有些许不同。在实际临界频率处输出为 -3 dB 而不是 0 dB。

同步练习 如果高通滤波器的输入频率降低至 10 Hz，输出与输入的比值为多少？用分贝表示。

 Multisim 仿真
使用 Multisim 文件 E18-05 校验本例计算结果，并核实你对同步练习的计算结果。

18.2.2 *RL* 高通滤波器

基本 *RL* 高通滤波器如图 18-17 所示。注意输出电压是电感两端的电压。

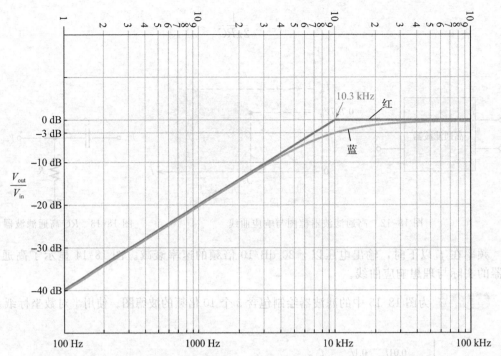

图 18-16   图 18-15 所示电路的波德图。红线为理想响应曲线，蓝线为实际响应曲线

当输入频率为临界频率时（即 $X_L = R$），输出电压为 $0.707V_{in}$。当频率增加至 f_c 以上时，X_L 减小，因此输出电压增加直至其等于 V_{in}。RL 高通滤波器的临界频率表达式与 RL 低通滤波器相同。

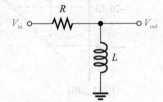

$$f_c = \frac{1}{2\pi(L/R)}$$

18.2.3   高通滤波器的相移

RC 和 RL 高通滤波器都是一种超前电路。回顾第 15 章和 16 章，对于 RC 超前电路，输入到输出的相移可表示为：

图 18-17 RL 高通滤波电路

$$\phi = \arctan\left(\frac{X_C}{R}\right)$$

RL 超前电路的相移可表示为：

$$\phi = \arctan\left(\frac{R}{X_L}\right)$$

在临界频率处，$X_L = R$，因此 $\phi = 45°$。当频率增加时，ϕ 会减小至接近于 0，如图 18-18 所示。

例 18-6　(a)在图 18-19 中，确定 C 的值以使在输入频率为 10 kHz 时 R 比 X_C 大约 10 倍。

　　　　　　(b)如果输入是含 10 V 直流电平的 5 V 正弦波，输出电压的幅值和相移会怎样？

解　(a)按下式确定 C 的值。

$$X_C = 0.1R = 0.1 \times 680\ \Omega = 68\ \Omega$$

$$C = \frac{1}{2\pi f X_C} = \frac{1}{2\pi \times 10\ \text{kHz} \times 68\ \Omega} = 0.234\ \mu\text{F}$$

取最接近的标称值：$C = 0.22\ \mu\text{F}$

$$X_C = \frac{1}{2\pi f C} = \frac{1}{2\pi \times 10 \text{ kHz} \times 0.22 \text{ μF}} = 72 \text{ Ω}$$

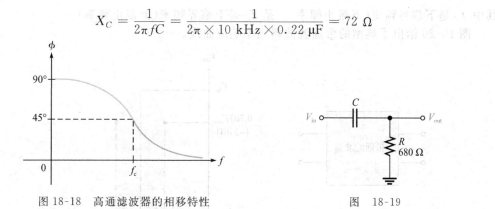

图 18-18　高通滤波器的相移特性　　　　　图　18-19

(b)利用分压公式求解正弦输出的幅值。

$$V_{\text{out}} = \left(\frac{R}{\sqrt{R^2 + X_C^2}} \right) V_{\text{in}} = \left(\frac{680 \text{ Ω}}{\sqrt{(680 \text{ Ω})^2 + (72 \text{ Ω})^2}} \right) \times 5.0 \text{ V} = 4.97 \text{ V}$$

相位偏移：

$$\phi = \arctan\left(\frac{X_C}{R} \right) = \arctan\left(\frac{72 \text{ Ω}}{680 \text{ Ω}} \right) = 6.1^\circ$$

在 $f = 10$ kHz 时(比临界频率高 10 倍频)，正弦输出的大小几乎等于输入，相移非常小。10 V 直流电平被滤除，在输出端不存在。

同步练习　如果 R 变为 220 Ω，重复回答上述问题(a)(b)。

Multisim 仿真

使用 Multisim 文件 E18-06A 和 E18-06B 校验本例的计算结果，并核实你对同步练习的计算结果。

学习效果检测

1. 高通滤波器的输入电压为 1.0 V，在临界频率上 V_{out} 是多少？
2. 对于某 RL 高通滤波器，$V_{\text{in}} = 10\angle 0^\circ$ V、$R = 1.0$ kΩ、$X_L = 15$ kΩ，求 V_{out}。
3. 假设一个基本的 RC 高通滤波器在 200 kHz 时衰减 -20 dB。该滤波器的临界频率是多少？

18.3　带通滤波器

带通滤波器允许一定频带内的频率信号通过，而阻止通频带两边的所有频率。

学完本节内容后，你应该能够分析带通滤波器，具体就是：

- 定义带宽。
- 说明如何使用低通和高通滤波器实现带通滤波器。
- 分析串联谐振带通滤波器。
- 分析并联谐振带通滤波器。
- 计算带通滤波器的带宽和输出电压。

带通滤波器的带宽是指电流(或输出电压)的频率范围，在此频率范围内，输出电压等于或大于其谐振时输出电压的 70.7%。

带宽通常缩写为 BW，可按下式计算：

$$\text{BW} = f_{c2} - f_{c1}$$

其中 f_{c1} 是下临界频率(下截止频率),是 f_{c2} 是上临界频率(上截止频率)。

图 18-20 给出了典型的带通滤波器频率响应曲线。

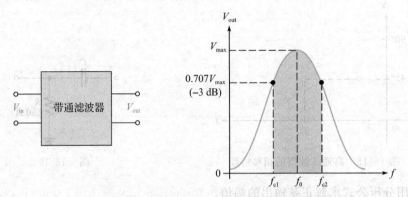

图 18-20　典型的带通滤波器频率响应曲线

18.3.1　用低通和高通滤波器组成带通滤波器

用低通滤波器和高通滤波器可组成带通滤波器,如图 18-21 所示。但第二个滤波器对第一滤波器的负载效应(即第二个滤波器是第一个滤波器的负载)必须予以考虑。

如果低通滤波器的临界频率 $f_{c(l)}$ 高于高通滤波器的临界频率 $f_{c(h)}$,则响应存在重叠的情况。因此,除了 $f_{c(l)}$ 与 $f_{c(h)}$ 之间的所有频率的信号都被抑制,如图 18-22 所示。

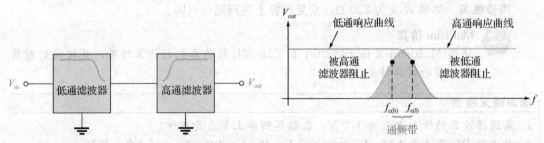

图 18-21　由低通与高通滤波器组成的带通滤波器　　图 18-22　低通与高通滤波器的响应曲线重叠

例 18-7 临界频率 $f_c=2.0$ kHz 的高通滤波器和 $f_c=2.5$ kHz 的低通滤波器组成带通滤波器。假设不考虑负载影响,该带通滤波器的带宽是多少?

解　$BW = f_{c(l)} - f_{c(h)} = 2.5$ kHz $- 2.0$ kHz $= 500$ Hz

同步练习　如果带通滤波器的下限频率 $f_{c(l)}=9.0$ kHz,带宽为 1.5 kHz,求其上限频率 $f_{c(h)}$?

18.3.2　串联谐振带通滤波器

基本的串联谐振带通滤波器如图 18-23 所示。正如你在第 17 章所学的,串联谐振电路在谐振频率 f_r 处具有最小阻抗和最大电流。因此在谐振频率附近,大部分输入电压都加在了电阻两端,因而 R 两端的输出电压具有带通特性,且在谐振频率处输出电压达到最大。谐振频率又叫作中心频率(f_0)。带宽由电路的谐振频率和品质因数 Q 决定,第 17 章已进行过讨论。回想一下,$Q=X_L/R$,其中 R 为电路的电阻。

Q 值越大,带宽越窄。Q 值越小,带宽越宽。谐振电路的带宽与 Q 的关系为:

$$BW = \frac{f_0}{Q} \tag{18-5}$$

例 18-8 求在中心频率(f_0)处输出电压的大小和图 18-24 中滤波器的带宽。

解　在 f_0 处，X_C 和 X_L 相互抵消，谐振电路的 LC 串联部分的阻抗等于线圈电阻 R_W。总电路电阻为 $R_L + R_W$。根据分压公式：

$$V_{out} = \left(\frac{R_L}{R_L + R_W}\right)V_{in} = \left(\frac{100\ \Omega}{110\ \Omega}\right) \times 10\ V = 9.09\ V$$

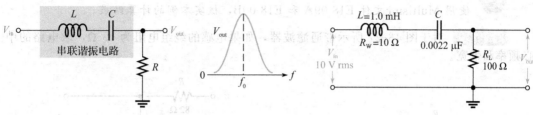

图 18-23　串联谐振带通滤波器　　　　　　　　　图　18-24

中心频率为：

$$f_0 = \frac{1}{2\pi\sqrt{LC}} = \frac{1}{2\pi\sqrt{1.0\ mH \times 0.0022\ \mu F}} = 107\ kHz$$

在 f_0 处，感抗为：

$$X_L = 2\pi fL = 2\pi \times 107\ kHz \times 1.0\ mH = 674\ \Omega$$

总电阻为：

$$R_{tot} = R_L + R_W = 100\ \Omega + 10\ \Omega = 110\ \Omega$$

因此电路的品质因数 Q 为：

$$Q = \frac{X_L}{R_{tot}} = \frac{674\ \Omega}{110\ \Omega} = 6.13$$

带宽为：

$$BW = \frac{f_0}{Q} = \frac{107\ kHz}{6.13} = 17.5\ kHz$$

同步练习　如果用一个 1.0 mH 的电感（绕组电阻为 18 Ω）替换图 18-24 中的线圈，带宽会怎样变化？

Multisim 仿真

使用 Multisim 文件 E18-08A 和 E18-08B 核实本例的计算结果。

18.3.3　并联谐振带通滤波器

由并联谐振电路构成的带通滤波器如图 18-25 所示。回想一下，并联谐振电路在谐振时阻抗最大。图 18-25 所示电路如同一个分压器。谐振时，LC 并联部分的阻抗比电阻大得多，因此在谐振（中心）频率附近，大部分输入电压都落在 LC 并联电路上，产生最大的输出电压。

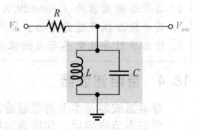

对于谐振频率以外的频率，储能电路的阻抗下降，更多的输入电压加在 R 两端。因此，储能电路两端的输出电压下降，产生带通特性。

图 18-25　并联谐振带通滤波器

在非常高的频率下，需要考虑到电感并不是纯电感，线匝之间还有寄生电容。因此，所有电感都如同并联谐振电路一般，有一个"自谐振"频率。当为高频谐振滤波器选择电感时，你应该选择一个"自谐振"频率远高于截止频率的电感。

例 18-9　假设 $R_W = 0\ \Omega$，求图 18-26 中滤波器的中心频率是多少？

解　滤波器的中心频率为谐振频率。

$$f_0 = \frac{1}{2\pi\sqrt{LC}} = \frac{1}{2\pi\sqrt{10\ \mu H \times 100\ pF}} = 5.03\ MHz$$

同步练习 如果 C 变为 1000 pF，求图 18-26 所示电路的 f_0。

 Multisim 仿真
使用 Multisim 文件 E18-09A 和 E18-09B，核实本例的计算结果。

例 18-10 对于图 18-27 所示带通滤波器，如果电感的绕组电阻为 15 Ω，求电路的中心频率和带宽。

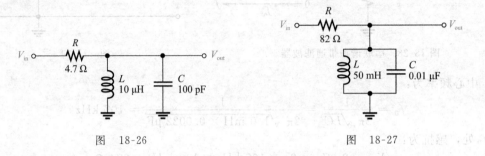

图 18-26   图 18-27

解 从式(17-13)可知，非理想状态的储能电路的谐振(中心)频率为：

$$f_0 = \frac{\sqrt{1-(R_W^2 C/L)}}{2\pi\sqrt{LC}} = \frac{\sqrt{1-(15\ \Omega)^2(0.01\ \mu F)/50\ mH}}{2\pi\sqrt{50\ mH \times 0.01\ \mu F}} = 7.12\ kHz$$

线圈谐振时的 Q 为：

$$Q = \frac{X_L}{R_W} = \frac{2\pi f_0 L}{R_W} = \frac{2\pi \times 7.12\ kHz \times 50\ mH}{15\ \Omega} = 149$$

滤波器的带宽为：

$$BW = \frac{f_0}{Q} = \frac{7.12\ kHz}{149} = 47.7\ Hz$$

注意，既然 $Q>10$，可用简化公式 $f_0 = 1/(2\pi\sqrt{LC})$ 近似计算 f_0。

同步练习 如果已知 Q 值，用更简单的公式重新计算 f_0。

学习效果检测

1. 某带通滤波器的 $f_{c(h)} = 29.8$ kHz，$f_{c(l)} = 30.2$ kHz，其带宽是多少？
2. 某并联谐振带通滤波器：$R_w = 15\ \Omega$、$L = 50\ \mu H$、$C = 470$ pF，近似计算其中心频率。
3. 什么原因导致电感有自谐振频率？

18.4 带阻滤波器

带阻滤波器基本上与带通滤波器的作用相反。带阻滤波器允许阻带以外的频率通过。
学完本节内容后，你应该能够分析带阻滤波器，具体就是：
- 说明如何用低通和高通滤波器实现带阻滤波器。
- 分析串联谐振带阻滤波器。
- 分析并联谐振带阻滤波器。
- 计算带阻滤波器的带宽和输出电压。

图 18-28 给出了一般带阻滤波器的频率响应曲线。

18.4.1 用低通和高通滤波器组成带阻滤波器

带阻滤波器可以由低通滤波器和高通滤波器来组成，如图 18-29 所示。
如果使低通滤波器临界频率 $f_{c(l)}$ 低于高通滤波器临界频率 $f_{c(h)}$，则会形成图 18-30 所示的带阻滤波器频率特性。

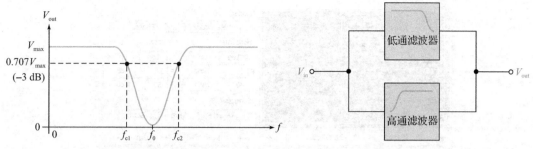

图 18-28　一般带阻滤波器的频率响应曲线　　图 18-29　用低通与高通滤波器构成带阻滤波器

18.4.2　串联谐振带阻滤波器

图 18-31 所示串联谐振电路用于带阻滤波器。工作原理如下：在谐振频率处，串联部分阻抗最小，因此输出电压也最小。输入电压的大部分落在 R 上。在谐振频率以上和以下的频率，阻抗都会增加，使输出电压变大。

图 18-30　带阻滤波器频率响应曲线　　　　　　图 18-31　串联谐振带阻滤波器

例 18-11　求图 18-32 中电路频率为 f_0 时，输出电压的大小和带宽。

解　因为在 $X_L = X_C$ 时发生谐振，它们相互抵消，LC 串联支路只有 R_W。输出电压由分压公式求得：

$$V_{out} = \left(\frac{R_W}{R + R_W} \right) V_{in} = \left(\frac{0.50 \ \Omega}{56.5 \ \Omega} \right) \times 100 \ \text{mV} = 885 \ \mu\text{V}$$

为求带宽，首先计算中心频率与电路的品质因数 Q。

$$f_0 = \frac{1}{2\pi \sqrt{LC}} = \frac{1}{2\pi \sqrt{1.0 \ \text{mH} \times 0.01 \ \mu\text{F}}} = 50.3 \ \text{kHz}$$

$$Q = \frac{X_L}{R_{(tot)}} = \frac{2\pi f L}{R + R_W} = \frac{2\pi \times 50.3 \ \text{kHz} \times 1.0 \ \text{mH}}{56.5 \ \Omega} = \frac{316 \ \Omega}{56.5 \ \Omega} = 5.56$$

$$\text{BW} = \frac{f_0}{Q} = \frac{50.3 \ \text{kHz}}{5.56} = 9.05 \ \text{kHz}$$

为观察波德图的幅值或相位，你可以用 Multisim 搭建一个电路，使用波德图绘图仪连接到输入和输出上。Multisim 允许选择幅值与相位。要查看详细信息，请将绘图仪上的"设置…"菜单中的分辨率更改为 1000 点。选择初值（I）为 40 kHz，终值（F）为 60 kHz。设置结果如图18-33a 所示。你还可以使用 LTSpice 搭建电路，在同一波德图上同时观察幅值与相位。图 18-33b 显示了用 LTSpice输出的两个响应曲线图。

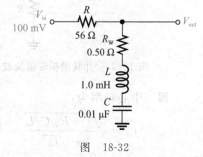

图　18-32

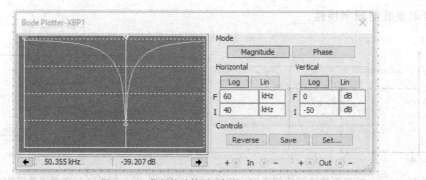

a) 用Multisim获得的波德图（幅值）

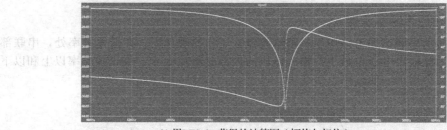

b) 用LTSpice获得的波德图（幅值与相位）

图 18-33 图 18-32 所示电路的波德图

同步练习 假设你希望将峰值频率移动到 50.0 kHz，以便产生最大的阻碍，那应该如何改变电路来满足上述要求。

Multisim 仿真

使用 Multisim 文件 E18-11A 和 E18-11B 核实本例的计算结果，并核实你对同步练习的计算结果。

18.4.3 并联谐振带阻滤波器

图 18-34 所示为带阻滤波器结构中的并联谐振电路。在谐振频率处，LC 并联部分的阻抗最大，因此输入电压的大部分落在它两端，R 上的电压就会很小。当频率在谐振频率以上或以下时，LC 并联部分的阻抗减小，输出电压增加。

例 18-12 计算图 18-35 所示滤波器的中心频率。画出输出频率响应曲线，并指出最大和最小电压。

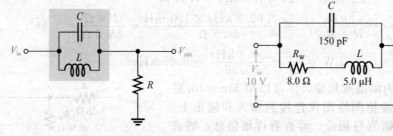

图 18-34 并联谐振带阻滤波器   图 18-35

解 中心频率为：

$$f_0 = \frac{\sqrt{1 - R_W^2 C/L}}{2\pi \sqrt{LC}} = \frac{\sqrt{1 - (8.0\ \Omega)^2 (150\ \text{pF})/5.0\ \mu\text{H}}}{2\pi \sqrt{5.0\ \mu\text{H} \times 150\ \text{pF}}} = 5.81\ \text{MHz}$$

在中心(谐振)频率处有：

$$X_L = 2\pi f_0 L = 2\pi \times 5.79\ \text{MHz} \times 5.0\ \mu\text{H} = 183\ \Omega$$

$$Q = \frac{X_L}{R_W} = \frac{183\ \Omega}{8.0\ \Omega} = 22.8$$

$$Z_r = R_W(Q^2 + 1) = 8.0\ \Omega \times (22.8^2 + 1) = 4.17\ \text{k}\Omega \quad (\text{纯电阻})$$

接下来，用分压公式求出输出电压的最小值。

$$V_{\text{out(min)}} = \left(\frac{R_L}{R_L + Z_r}\right)V_{\text{in}} = \left(\frac{560\ \Omega}{4.73\ \text{k}\Omega}\right) \times 10\ \text{V} = 1.18\ \text{V}$$

在频率为零时，储能电路阻抗为 R_W，因为 $X_C = \infty$ 和 $X_L = 0\ \Omega$。所以，输出电压最大值出现在谐振时。

$$V_{\text{out(max)}} = \left(\frac{R_L}{R_L + R_W}\right)V_{\text{in}} = \left(\frac{560\ \Omega}{568\ \Omega}\right) \times 10\ \text{V} = 9.86\ \text{V}$$

随着频率越来越高于 f_0，X_C 接近于 $0\ \Omega$，输出电压接近于输入电压 V_{in}(10 V)。图 18-36 给出了在 2~10 MHz 之间由 Multisim 绘制的波德图。

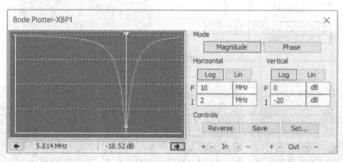

图　18-36

同步练习　如果图 18-35 中 $R_L = 1.0\ \text{k}\Omega$，则输出电压的最小值为多少？

Multisim 仿真

使用 Multisim 文件 E18-12A 和 E18-12B 核实本例的计算结果，并校验你同步练习的计算结果。

学习效果检测

1. 带阻滤波器与带通滤波器有何不同？
2. 请说出 3 种构造带阻滤波器的方法。
3. 解释如何将串联谐振带阻滤波器转换成带通滤波器。

应用案例

在此应用案例中，你将根据一系列示波器测量值绘制两种类型滤波器的频率响应，并判别滤波器的类型。滤波器封装在模块中，如图 18-37 所示。你只需关注滤波器的响应特性，而不必关注内部元件。

滤波器测量与分析

1. 参见图 18-38，基于示波器的 4 次测量，绘制波德图，指出所使用的频率，并确定滤波器的类型。

2. 参见图 18-39，基于示波器的 6 次测量，

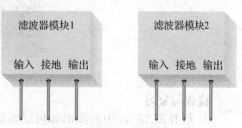

图 18-37　滤波器模块

绘制波德图,指出所使用的频率,并确定滤波器的类型。

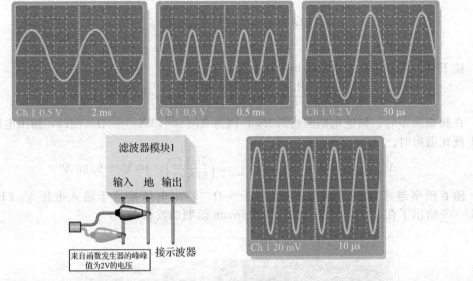

图 18-38

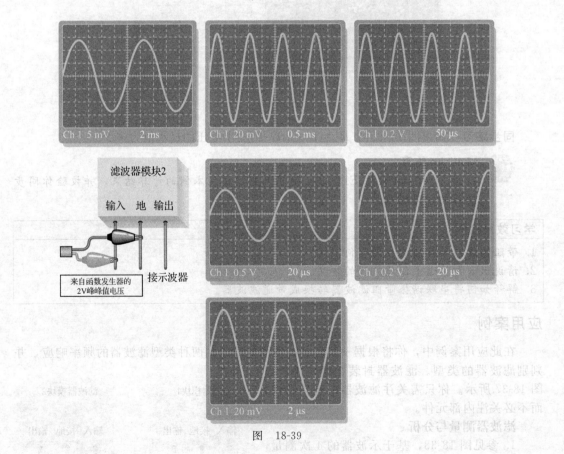

图 18-39

检查与复习

3. 解释图 18-38 中的波形如何反映滤波器的类型。

4. 解释图 18-39 中的波形如何反映滤波器的类型。

本章总结

- 4 类无源滤波器按其频率响应特性分别是：低通滤波器，高通滤波器，带通滤波器，带阻滤波器。
- 在 RC 低通滤波器中，输出电压为电容两端电压，输出电压滞后输入电压。
- 在 RL 低通滤波器中，输出电压为电阻两端电压，输出电压滞后输入电压。
- 在 RC 高通滤波器中，输出电压为电阻两端电压，输出电压超前输入电压。
- 在 RL 高通滤波器中，输出电压为电感两端电压，输出电压超前输入电压。
- 基本 RC 或 RL 滤波器的降滚速率都是 -20 dB/10 倍频。
- 带通滤波器允许上、下临界频率之间的信号通过，而阻隔其他频率的信号。
- 带阻滤波器阻隔上、下临界频率之间的信号，而允许其他频率的信号通过。
- 谐振滤波器的带宽由电路的品质因数(Q)和谐振频率决定。
- 临界频率也称为 -3 dB 频率、截止频率。
- 在临界频率处，输出电压为其最大值的 70.7%。

重要公式

18-1　$dB = 10 \lg \left(\dfrac{P_{out}}{P_{in}} \right)$　功率比(分贝)

18-2　$dB = 20 \lg \left(\dfrac{V_{out}}{V_{in}} \right)$　电压比(分贝)

18-3　$f_c = \dfrac{1}{2\pi RC}$　RC 电路临界频率

18-4　$f_c = \dfrac{1}{2\pi (L/R)}$　RL 电路临界频率

18-5　$BW = \dfrac{f_0}{Q}$ 带宽

对/错判断(答案在本章末尾)

1. 低通滤波器的带宽从 0 Hz 到临界频率。
2. 分贝是表示一个频率与另一个频率之比的单位。
3. 在 RC 低通滤波器中，输出取自电容两端电压。
4. 降滚特性是指低通滤波器的输出电压在临界频率以上时随频率减小的速率。
5. 衰减率是指输入电压与输出电压之比。
6. 在 RL 高通滤波器中，输出取自电感两端电压。
7. 高通滤波器的作用相当于滞后电路。
8. 如果带通滤波器的输出电压在谐振频率处为 1 V，则在临界频率处为 0.707 V。
9. 带通滤波器的谐振频率有时称为中心频率。
10. 谐振带阻滤波器的输出在谐振频率处最大。
11. 同一串联谐振电路既可用于带通滤波器，也可用于带阻滤波器。
12. 带阻滤波器的带宽 BW 由品质因数 Q 决定。

自我检测(答案在本章末尾)

1. 某低通滤波器的最大输出电压为 10 V。临界频率时的输出电压为
   - (a)10 V
   - (b)0 V
   - (c)7.07 V
   - (d) 1.414 V

2. 在 RC 低通滤波器上施加峰峰值为 15 V 的正弦电压。如果在输入频率下电抗为零，那么输出电压的峰峰值为
   - (a)15 V
   - (b)0 V
   - (c)10.6 V
   - (d)7.5 V

3. 将问题 2 中相同的信号应用于 RC 高通滤波器。如果在输入频率下电抗为零，那么输出电压的峰峰值为
   - (a)15 V
   - (b)0 V
   - (c)10.6 V
   - (d)7.5 V

4. 在临界频率处，滤波器的输出电压幅值相对于通带来说下降了
   - (a)0 dB
   - (b)-3 dB
   - (c)-20 dB
   - (d)-6 dB

5. 如果 RC 低通滤波器的输出在 $f=1$ kHz 时比其最大值低 12 dB，则在 $f=10$ kHz 时，输出比其最大值低
   - (a)3 dB
   - (b)10 dB
   - (c)20 dB
   - (d)32 dB

6. 在无源滤波器中，V_{out}/V_{in} 这一比值称为
   - (a)降滚速率
   - (b)增益
   - (c)衰减率
   - (d)临界减小率

7. 临界频率以上的频率每增加 10 倍时，低通滤波器的输出就减小
   - (a)20 dB
   - (b)3 dB
   - (c)10 dB
   - (d)0 dB

8. 在临界频率处，通过高通滤波器的相移为
   (a)90°   (b)0°
   (c)45°   (d)取决于电抗
9. 在串联谐振带通滤波器中，Q 值越高
   (a)谐振频率越高   (b)带宽越窄
   (c)阻抗越大   (d)带宽越宽
10. 在串联谐振时，有
    (a)$X_C = X_L$ (b)$X_C > X_L$
    (c)$X_C < X_L$
11. 在某并联谐振带通滤波器中，谐振频率为
    10 kHz。如果带宽为 2 kHz，那么下临界频
    率为
    (a)5 kHz   (b)12 kHz
    (c)9 kHz   (d)无法确定

12. 在带通滤波器中，谐振频率处的输出电压为
    (a)最小值
    (b)最大值
    (c)最大值的 70.7%
    (d)最小值的 70.7%
13. 在带阻滤波器中，临界频率处的输出电压为
    (a)最小值   (b)最大值
    (c)最大值的 70.7%
    (d)最小值的 70.7%
14. 当 Q 值足够高时，并联谐振滤波器的谐振
    频率会
    (a)远大于串联谐振滤波器的谐振频率
    (b)远小于串联谐振滤波器的谐振频率
    (c)等于串联谐振滤波器的谐振频率

电路行为变化趋势判断(答案在本章末尾)

根据图 18-40a
1. 如果输入电压的频率增加，那么 V_{out} 将
   (a)增大   (b)减小   (c)保持不变
2. 如果 C 增加，那么输出电压将
   (a)增大   (b)减小   (c)保持不变

根据图 18-40d
3. 如果输入电压的频率增加，那么 V_{out} 将
   (a)增大   (b)减小   (c)保持不变
4. 如果 L 增加，那么输出电压将
   (a)增大   (b)减小   (c)保持不变

根据图 18-42
5. 如果开关从位置 1 切换到位置 2，那么临界
   频率将
   (a)增大   (b)减小   (c)保持不变

6. 如果开关从位置 2 切换到位置 3，那么临界
   频率将
   (a)增大   (b)减小   (c)保持不变

根据图 18-43a
7. 如果输入电压的频率增加，那么 V_{out} 将
   (a)增大   (b)减小   (c)保持不变
8. 如果 R 增加到 180 Ω，那么输出电压
   (a)增大   (b)减小   (c)保持不变

根据图 18-44
9. 如果开关从位置 1 切换到位置 2，那么临界
   频率将
   (a)增大   (b)减小   (c)保持不变
10. 如果开关在位置 3 而 R_5 断开，那么 V_{out} 将
    (a)增大   (b)减小   (c)保持不变

分节习题(较难的问题用星号(*)表示，奇数题答案在本书末尾)

18.1 节
1. 某低通滤波器中 $X_C = 500$ Ω，$R = 2.2$ kΩ。当
   输入是 10 V 有效值时，输出电压(V_{out})为
   多少？
2. 某低通滤波器的临界频率为 3 kHz。以下频率
   哪些可以通过，哪些不可以通过：
   (a)100 Hz   (b)1 kHz
   (c)2 kHz   (d)5 kHz
3. 当 $V_{in} = 10$ V 时，求图 18-40 中各滤波器在指
   定频率处的输出电压(V_{out})。
4. 求图 18-40 中各滤波器的 f_c 是多少？求频率
   在 f_c、$V_{in} = 5$ V 时的输出电压。
5. 对于图 18-41 所示滤波器，当临界频率为下
   列各值时，电容 C 应为多少？
   (a)60 Hz   (b)500 Hz
   (c)1 kHz   (d)5 kHz

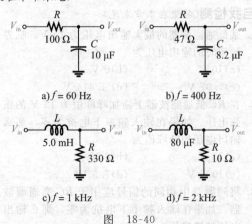

a)$f = 60$ Hz   b)$f = 400$ Hz

c)$f = 1$ kHz   d)$f = 2$ kHz

图 18-40

*6. 对于图 18-42 所示滤波电路，求开关处于各
   位置时的临界频率。

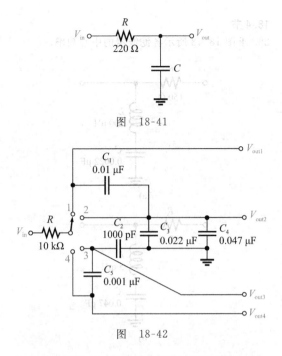

图 18-41

图 18-42

7. 画出问题 5 中对应各种临界频率的幅值波德图。

8. 求下列各种情况下的电压比，用 dB 表示：
   (a)$V_{in}=1$ V，$V_{out}=1$ V
   (b)$V_{in}=5$ V，$V_{out}=3$ V
   (c)$V_{in}=10$ V，$V_{out}=7.07$ V
   (d)$V_{in}=25$ V，$V_{out}=5$ V

9. RC 低通滤波器的输入电压为 8 V。求在下列衰减值下的输出电压：
   (a)-1 dB   (b)-3 dB
   (c)-6 dB   (d)-20 dB

10. 对于基本 RC 低通滤波器，在下列频率下计算输出电压，用相对于 0 dB 的数值表示（$f_c=1.0$ kHz）：
    (a)10 kHz   (b)100 kHz
    (c)1 MHz

11. 如果 $f_c=100$ kHz，请再次求解问题 10。

18.2 节

12. 如果是高通滤波器，请再次求解问题 11。

13. 高通滤波器中有 $X_c=500$ Ω，$R=2.2$ kΩ。当 $V_{in}=10$ V(有效值)时，输出电压(V_{out})为多少？

14. 高通滤波器的临界频率为 50 Hz。判断下列哪些频率可通过，哪些被抑制：
    (a)1 Hz   (b)20 Hz
    (c)50 Hz   (d)60 Hz
    (e)30 kHz

15. 当 $V_{in}=10$ V 时，求图 18-43 中各滤波器在特定频率下的输出电压。

16. 图 18-43 中各滤波器的临界频率 f_c 是多少？求各滤波器在 f_c 处的输出电压($V_{in}=10$ V)。

17. 绘制图 18-43 中各滤波器的波德图。

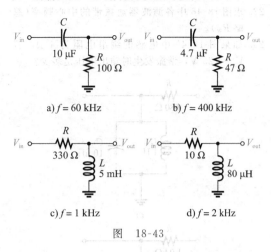

a)$f=60$ kHz   b)$f=400$ kHz

c)$f=1$ kHz   d)$f=2$ kHz

图 18-43

*18. 求图 18-44 中开关在各位置时的临界频率 f_c。

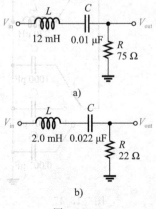

图 18-44

18.3 节

19. 求图 18-45 中各滤波器的中心频率。

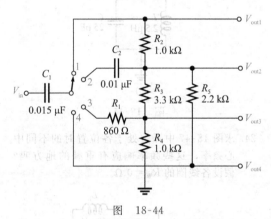

a)

b)

图 18-45

20. 假设图 18-45 中的电感有 10 Ω 电阻，求各滤波器的带宽。

21. 求图 18-45 中各滤波器的上限与下限临界频

率，假设响应曲线是关于 f_0 对称的。

22. 求图 18-46 中各滤波器通频带的中心频率（忽略 R_W）。

23. 如果图 18-46 中电感的绕组电阻为 4 Ω，若 $V_{in}=120$ V，谐振发生时输出电压是多少？

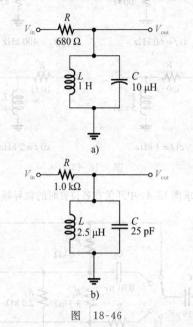

图 18-46

*24. 求图 18-47 中开关处于各位置时的不同中心频率，这些频率响应有重叠的地方吗？假设各线圈的 $R_W=0$ Ω。

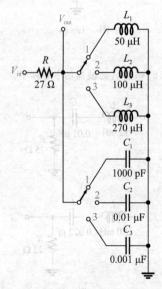

图 18-47

*25. 用并联谐振电路设计一个带通滤波器，应满足下列要求：BW = 500 Hz、Q = 40、$I_{C(max)}=20$ mA、$V_{C(max)}=2.5$ V。

18.4 节

26. 求图 18-48 所示各滤波器的中心频率。

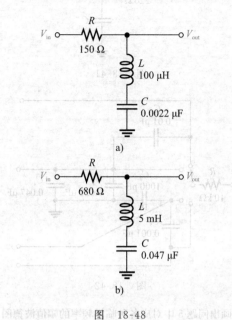

图 18-48

27. 求图 18-49 中各带阻滤波器的中心频率。

28. 如果图 18-49 所示电路的线圈电阻为 8 Ω，若 $V_{in}=50$ V，则发生谐振时输出电压是多少？

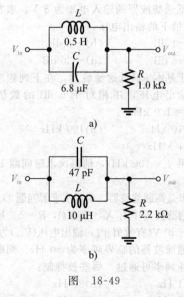

图 18-49

*29. 求图 18-50 中 L_1 和 L_2 的值以保证电路能够通过 1200 kHz 的信号，并阻止 456 kHz 的信号。

30. 若用谐振带阻滤波器阻隔 60 Hz 的工频噪声，如图 18-51 所示，为了构造该滤波器，你需要什么尺寸的电容？

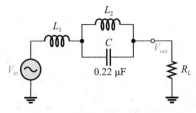

图　18-50

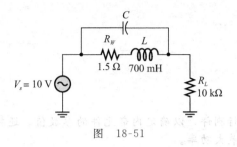

图　18-51

Multisim 分析与故障排查

以下问题的排查和分析需要使用 Multisim。

31. 打开文件 P18-30，判断是否有错误。如果有，找出问题所在。

32. 打开文件 P18-31，判断是否有错误。如果有，找出问题所在。

33. 打开文件 P18-32，判断是否有错误。如果有，找出问题所在。

34. 打开文件 P18-33，判断是否有错误。如果有，找出问题所在。

35. 打开文件 P18-34，判断是否有错误。如果有，找出问题所在。

36. 打开文件 P18-35，判断是否有错误。如果有，找出问题所在。

37. 打开文件 P18-36，求滤波器的中心频率。

38. 打开文件 P18-37，求滤波器的带宽。

参考答案

学习效果检测答案

18.1 节

1. 通频带为 0~2.5 kHz
2. $V_{out}=100\angle-88.9°$ mV rms
3. -34.0 dB
4. $20\lg(V_{out}/V_{in})=-9.54$ dB

18.2 节

1. $V_{out}=0.707$ V
2. $V_{out}=9.98\angle3.81°$ V
3. 2.0 MHz

18.3 节

1. BW$=30.2$ kHz-29.8 kHz$=400$ Hz
2. $f_0\approx1.04$ MHz
3. 自谐振频率是由电感线匝间的电容引起的，它相当于并联谐振电路。

18.4 节

1. 带阻滤波器用来阻止而非通过某个频率范围的信号。
2. 高通/低通滤波器组合，串联谐振电路，并联谐振电路。
3. 取电阻两端电压，而不是谐振部分的电压。

同步练习答案

18-1 -1.41 dB
18-2 7.23 kHz
18-3 f_c 增加到 159 kHz。降滚速率保持在 -20 dB/10 倍频。

18-4 f_c 增加到 350 kHz。降滚速率保持在 -20 dB/10 倍频。
18-5 -60 dB
18-6 $C=0.723$ μF；$V_{out}=4.98$ V；$\phi=5.7°$
18-7 10.5 kHz
18-8 带宽增加到 18.8 kHz
18-9 1.59 MHz
18-10 7.12 kHz(无显著差异)
18-11 放置一个小的微调电容($200\sim300$ pF)与 C_1 并联
18-12 1.93 V

对/错判断答案

1. T　　2. F　　3. T　　4. T
5. F　　6. T　　7. F　　8. T
9. T　　10. F　　11. T　　12. T

自我检测答案

1. (c)　　2. (b)　　3. (a)　　4. (b)
5. (d)　　6. (c)　　7. (a)　　8. (c)
9. (b)　　10. (a)　　11. (c)　　12. (b)
13. (c)　　14. (c)

电路行为变化趋势判断答案

1. (b)　　2. (b)　　3. (b)　　4. (b)
5. (b)　　6. (a)　　7. (b)　　8. (a)
9. (a)　　10. (c)

第 19 章
交流电路分析中的电路定理

▶ **教学目标**
- 将叠加定理应用于交流电路分析
- 应用戴维南定理简化电抗性交流电路分析
- 应用诺顿定理简化电抗性交流电路分析
- 将最大功率传输定理应用于交流电路

▶ **应用案例预览**

在应用案例中,你将对一个带通滤波模块进行测评,以确定内部元件的参数值。还将应用戴维南定理来计算最佳负载阻抗,以便传输最大功率。

▶ **引言**

本章将着重介绍电路定理在含有电抗元件(电感与电容)的正弦交流电路(常简称交流电路)分析中的应用。

本章介绍的电路定理会简化某些电路的分析,这些分析方法并不会取代欧姆定律和基尔霍夫定律。在某些情况下,这些定理通常与欧姆定律和基尔霍夫定律并用。

叠加定理帮助你有效分析含有多个电源的电路。戴维南定理和诺顿定理提供了化简电路的有效方法,这些方法能够将电路化简成非常简单的等效电路,更加易于分析。最大功率传输定理着眼于这样的应用:对给定的电源,负载为何值它才能向负载提供最大的功率。

19.1 叠加定理

本节将叠加定理应用于含有多个交流电源和电抗元件的电路中。

学完本节内容后,你应该能够运用叠加原理分析正弦交流电路,具体就是:

- 叙述叠加定理。
- 列出应用叠加定理的步骤。

本节阐述叠加定理并复习一下用正弦交流阻抗替换直流电阻的方法。在正弦交流电路中,叠加定理需要计算复数的代数和。除此之外,它的应用方法与在直流电路的情况下相同。注意,这种计算复数代数和的方法仅适用于所有电源的频率都完全相同的电路。

在含有多个电源的电路中,任何支路的电流或电压(响应)都能通过计算每个电源单独作用时产生的支路电流或电压来获得。每个电源单独作用时,所有其他电源都用其内部阻抗代替。该支路的总电流或总电压就是每个电源单独作用产生的电流或电压(响应)的代数和。

在例 19-1 中回顾了应用叠加定理的具体步骤,该例含有两个理想的电压源。

例 19-1 应用叠加定理计算图 19-1 所示电路中电阻 R 的电流,假设电压源的内阻抗均为零。

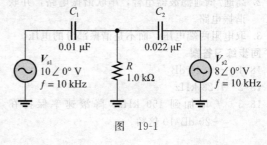

图 19-1

解 步骤 1:用内阻抗(此例为零)代替 V_{s2},计算由 V_{s1} 在电阻 R 上产生的电流,电路如图 19-2 所示。

$$X_{C1} = \frac{1}{2\pi f C_1} = \frac{1}{2\pi \times 10 \text{ kHz} \times 0.01 \text{ μF}} = 1.59 \text{ kΩ}$$

$$X_{C2} = \frac{1}{2\pi f C_2} = \frac{1}{2\pi \times 10 \text{ kHz} \times 0.022 \text{ μF}} = 723 \text{ Ω}$$

从 $\boldsymbol{V}_{s1}$ 看进去的阻抗是：

$$\boldsymbol{Z} = \boldsymbol{X}_{C1} + \frac{\boldsymbol{R}\boldsymbol{X}_{C2}}{\boldsymbol{R} + \boldsymbol{X}_{C2}} = 1.59\angle-90° \text{ kΩ} + \frac{(1.0\angle0° \text{ kΩ} \times 723\angle-90° \text{ Ω})}{1.0 \text{ kΩ} - \text{j}723 \text{ Ω}}$$

$$= 1.59\angle-90° \text{ kΩ} + 586\angle-54.1° \text{ Ω}$$

$$= -\text{j}1.59 \text{ kΩ} + 344 \text{ Ω} - \text{j}475 \text{ Ω} = 344 \text{ Ω} - \text{j}2.07 \text{ kΩ}$$

变成极坐标形式为：

$$\boldsymbol{Z} = 2.09\angle-80.6° \text{ kΩ}$$

流过 $\boldsymbol{V}_{s1}$ 的总电流是：

$$\boldsymbol{I}_{s1} = \frac{\boldsymbol{V}_{s1}}{\boldsymbol{Z}} = \frac{10\angle0° \text{ V}}{2.09\angle-80.6° \text{ kΩ}} = 4.77\angle80.6° \text{ mA}$$

使用分流公式计算流过电阻 R 的电流。

$$\boldsymbol{I}_{R1} = \left(\frac{X_{C2}\angle-90°}{R - \text{j}X_{C2}}\right)\boldsymbol{I}_{s1} = \left(\frac{723\angle-90° \text{ Ω}}{1.0 \text{ kΩ} - \text{j}723 \text{ Ω}}\right) \times 4.77\angle80.6° \text{ mA}$$

$$= 2.80\angle26.4° \text{ mA}$$

步骤 2：用内阻抗（此题为零）代替 $\boldsymbol{V}_{s1}$，计算由 $\boldsymbol{V}_{s2}$ 在电阻 R 上产生的电流，电路如图 19-3 所示。

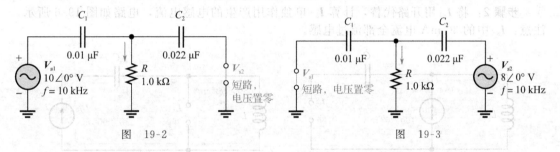

图　19-2　　　　　　　　　图　19-3

从 $\boldsymbol{V}_{s2}$ 看进去的阻抗是：

$$\boldsymbol{Z} = \boldsymbol{X}_{C2} + \frac{\boldsymbol{R}\boldsymbol{X}_{C1}}{\boldsymbol{R} + \boldsymbol{X}_{C1}} = 723\angle-90° \text{ Ω} + \frac{(1.0\angle0° \text{ kΩ}) \times (1.59\angle-90° \text{ kΩ})}{1.0 \text{ kΩ} - \text{j}1.59 \text{ kΩ}}$$

$$= 723\angle-90° \text{ Ω} + 847\angle-32.1° \text{ Ω}$$

$$= -\text{j}723 \text{ Ω} + 717 \text{ Ω} - \text{j}450 \text{ Ω} = 717 \text{ Ω} - \text{j}1174 \text{ Ω}$$

写成极坐标形式为：

$$\boldsymbol{Z} = 1376\angle-58.6° \text{ Ω}$$

流过 $\boldsymbol{V}_{s2}$ 的总电流是：

$$\boldsymbol{I}_{s2} = \frac{\boldsymbol{V}_{s2}}{\boldsymbol{Z}} = \frac{8\angle0° \text{ V}}{1376\angle-58.6° \text{ Ω}} = 5.82\angle58.6° \text{ mA}$$

使用分流公式计算流过电阻 R 的电流。

$$\boldsymbol{I}_{R2} = \left(\frac{X_{C1}\angle-90°}{R - \text{j}X_{C1}}\right)\boldsymbol{I}_{s2}$$

$$= \left(\frac{1.59\angle-90° \text{ kΩ}}{1.0 \text{ kΩ} - \text{j}1.59 \text{ kΩ}}\right) \times 5.82\angle58.6° \text{ mA} = 4.92\angle26.4° \text{ mA}$$

步骤 3：把以上计算的电阻电流转换成直角坐标形式，然后复数相加便得到流过电阻 R 的总电流。

$$\boldsymbol{I}_{R1} = 2.80\angle26.4.6° \text{ mA} = 2.51 \text{ mA} + \text{j}1.25 \text{ mA}$$

$$\boldsymbol{I}_{R2} = 4.92\angle26.4° \text{ mA} = 4.41 \text{ mA} + \text{j}2.19 \text{ mA}$$

$$I_R = I_{R1} + I_{R2} = 6.92 \text{ mA} + \text{j}3.44 \text{ mA} = 7.72\angle 26.4 \text{ mA}$$

同步练习 如果图 19-1 中 $V_{s2} = 8\angle 180°\text{V}$，重新计算电流 I_R。

 Multisim 仿真
使用 Multisim 文件 E19-01A 和 E19-01B 校验本例的计算结果，并核实你对同步练习的计算结果。

例 19-2 求图 19-4 中的电感电流，假设电流源都是理想的。

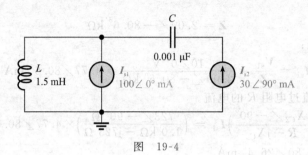

图 19-4

解 步骤 1: 将 I_{s2} 用开路代替，计算 I_{s1} 单独作用产生的电感电流，电路如图 19-5 所示。从图中可以明显看到，100 mA 的电流全部流过电感。

步骤 2: 将 I_{s1} 用开路代替，计算 I_{s2} 单独作用产生的电感电流，电路如图 19-6 所示。注意: I_{s2} 中的 30 mA 电流全部流过电感。

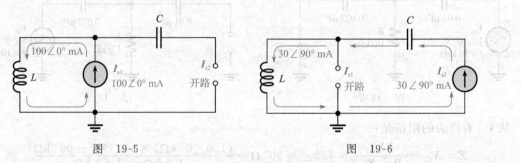

图 19-5   图 19-6

步骤 3: 将上述两个电源单独作用产生的电感电流以相量形式进行叠加，便得到在两个电源共同作用下的电感总电流。

$$I_L = I_{L1} + I_{L2}$$
$$= 100\angle 0° \text{ mA} + 30\angle 90° \text{ mA} = 100 \text{ mA} + \text{j}30 \text{ mA}$$
$$= 104\angle 16.7° \text{ mA}$$

同步练习 求图 19-4 中流过电容的电流。

例 19-3 说明了电路中同时含有交流电压源和直流电压源的分析方法，这种情况在放大器应用中是比较常见的。

例 19-3 电路如图 19-7 所示，求负载电阻 R_L 上流过的总电流，假设电源都是理想的。

解 步骤 1: 计算电压源 V_{s1} 产生的流过负载电阻 R_L 的电流，直流电压源 V_{s2} 设为零，电路如图 19-8 所示。从 V_{s1} 看进去，等效阻抗是:

$$Z = X_C + \frac{R_1 R_L}{R_1 + R_L}$$
$$X_C = \frac{1}{2\pi \times 1.0 \text{ kHz} \times 0.22 \text{ μF}} = 723 \text{ Ω}$$

$$Z = 723\angle -90° \ \Omega + \frac{(1.0\angle 0° \ \text{k}\Omega)(2.0\angle 0° \ \text{k}\Omega)}{3.0\angle 0° \ \text{k}\Omega}$$

$$= -\text{j}723 \ \Omega + 667 \ \Omega = 984\angle -47.3° \ \Omega$$

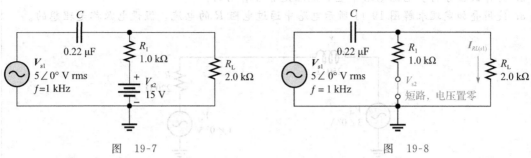

图　19-7　　　　　　　　　图　19-8

流过交流电源的总电流是:

$$I_{\text{s1}} = \frac{V_{\text{s1}}}{Z} = \frac{5\angle 0° \ \text{V}}{984\angle -47.3° \ \Omega} = 5.08\angle 47.3° \ \text{mA}$$

使用分流公式,由 V_{s1} 产生的流过电阻 R_L 的电流是:

$$I_{RL(\text{s1})} = \left(\frac{R_1}{R_1 + R_L}\right)I_{\text{s1}} = \left(\frac{1.0 \ \text{k}\Omega}{3.0 \ \text{k}\Omega}\right)\times 5.08\angle 47.3° \ \text{mA} = 1.69\angle 47.3° \ \text{mA}$$

步骤 2:计算直流电压源产生的流过电阻 R_L 的电流。将 V_{s1} 设为零(因为其内阻抗为零),电路如图 19-9 所示。因为电容 C 对直流是开路的,所以从 V_{s2} 看进去的阻抗(即电阻)是:

$$Z = R_1 + R_L = 3.0 \ \text{k}\Omega$$

因此,V_{s2} 产生的流过 R_L 的电流是:

$$I_{RL(\text{s2})} = \frac{V_{\text{s2}}}{Z} = \frac{15 \ \text{V}}{3.0 \ \text{k}\Omega} = 5.0 \ \text{mA dc}$$

步骤 3:根据叠加定理流过 R_L 的总电流是,在 5.0 mA 直流的基础上再叠加(骑上)一个交流电流,交流电流的相量是 $1.69\angle 47.3°$ mA,波形如图 19-10 所示。

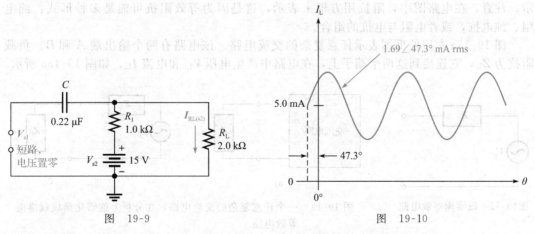

图　19-9　　　　　　　　　图　19-10

同步练习　如果图 19-9 中 V_{s2} 变为 9 V,再计算流过 R_L 的电流。

 Multisim 仿真
使用 Multisim 文件 E19-03A 和 E19-03B 校验本例计算结果,并核实你对同步练习的计算结果。

学习效果检测

1. 当应用叠加定理时，为什么必须知道两个交流电源的相位关系？
2. 为什么在分析多电源电路中叠加定理是非常有用的？
3. 使用叠加定理求解图 19-11 所示电路中通过电阻 R 的电流，假设电源都是理想的。

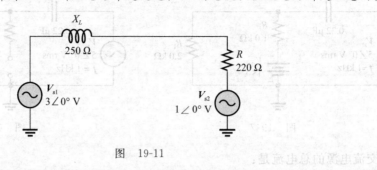

图 19-11

19.2 戴维南定理

本节将学习在线性交流电路中如何应用戴维南定理。回顾一下，在直流电路中，戴维南等效电路包含一个直流电源和一个串联的等效电阻。而在交流电路中，该电源变成交流电源，串联的等效电阻变成串联的等效阻抗。因此，你将使用复数来分析交流电路。

学完本节内容后，你应该能够应用戴维南定理简化电抗性交流电路的分析，具体就是：

- 描述戴维南等效电路的形式。
- 计算戴维南等效电路中的交流电压源。
- 计算戴维南等效电路中的阻抗。
- 列出在交流电路中应用戴维南定理的步骤。

19.2.1 等效性

在交流电路中，**戴维南等效电路**的形式如图 19-12 所示。不管原始电路多么复杂，对于两个确定的端子，总可以简化成这样的形式。等效电压源用 V_{th} 表示，等效阻抗用 Z_{th} 表示。注意，在电路图中，阻抗用方框来表示，这是因为等效阻抗可能是多种形式：纯电阻、纯电抗，或者电阻与电抗的组合。

图 19-13a 左边的框图表示任意复杂的交流电路。该电路有两个输出端 A 和 B。负载阻抗为 Z_L，它连接到这两个端子上，在电路中产生电压 V_L 和电流 I_L，如图 19-13a 所示。

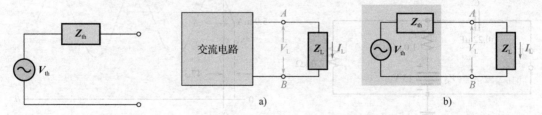

图19-12　戴维南等效电路　　图 19-13　一个任意复杂的交流电路，在分析上能够化简成戴维南等效电路

利用戴维南定理，方框中的电路可以化简成等效形式，如图 19-13b 中的阴影区域。术语等效的意思是，当相同的负载分别连接到原始电路和戴维南等效电路时，对这两个电路来说，负载上的电压是相同的，电流也是相同的。因此，如果只关注负载，这两个电路没有差别。不管连接的是原始电路还是戴维南等效电路，负载上都有相同的电流与电压。注意：对交流电路来说，等效电路只能对应一种特定的频率。当频率发生改变时，就必须

重新计算等效电路。

19.2.2 戴维南等效电压(V_{th})的计算

就像你已经看到的那样，V_{th} 是构成完整戴维南等效电路的一部分。

> 戴维南等效电压定义为两个指定端子之间的开路电压。

为了明确这一点，我们假设一个交流电路中有一个电阻 R 连接到所指定的两个端子之间，即 A 和 B 之间，如图 19-14a 所示。我们希望求出从 R 看进去的戴维南等效电路。那么，V_{th} 就是将电阻 R 移走之后跨接在 A、B 之间的电压，如图 19-14b 所示。被等效的电路是从开路的 A、B 端向左看进去的，电阻 R 被视为外部电阻。

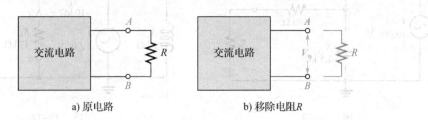

a) 原电路　　　　　　　　　　b) 移除电阻R

图 19-14　如何计算 V_{th}

下面 3 个例子说明如何计算 V_{th}。

例 19-4 电路如图 19-15 所示，对于阴影部分的电路，求从 A、B 端看进去的戴维南等效电压 V_{th}。

解 移去 R_L，计算 A 到 B 的电压 V_{th}。此时，A 到 B 的电压与 X_L 上的电压相同。该电压可由分压公式来确定。

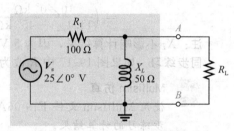

图 19-15

$$V_L = \left(\frac{X_L \angle 90^\circ}{R_1 + jX_L}\right)V_s = \left(\frac{50 \angle 90^\circ\ \Omega}{100\ \Omega + j50\ \Omega}\right)V_s$$

$$= \left(\frac{50 \angle 90^\circ\ \Omega}{112 \angle 26.6^\circ\ \Omega}\right) \times 25 \angle 0^\circ\ V = 11.2 \angle 63.4^\circ\ V$$

$$V_{th} = V_{AB} = V_L = 11.2 \angle 63.4^\circ\ V$$

同步练习 如果图 19-15 中的 R_1 变成 47 Ω，再求 V_{th}。

 Multisim 仿真

使用 Multisim 文件 E19-04A 和 E19-04B 校验本例计算结果，并核实你对同步练习的计算结果。

例 19-5 电路如图 19-16 所示，对于阴影部分的电路，求从 A、B 端看进去的戴维南等效电压 V_{th}。

解 A 和 B 之间的戴维南等效电压，就是将 R_L 移去后，A、B 之间的电压。由于 A、B 之间开路，因此 R_2 上没有电压。这样，V_{AB} 与 V_{C2} 相同，可以用分压公式求得。

$$V_{AB} = V_{C2} = \left(\frac{X_{C2} \angle -90^\circ}{R_1 - jX_{C1} - jX_{C2}}\right)V_s = \left(\frac{1.5 \angle -90^\circ\ k\Omega}{1.0\ k\Omega - j3.0\ k\Omega}\right) \times 10 \angle 0^\circ\ V$$

$$= \left(\frac{1.5 \angle -90^\circ\ k\Omega}{3.16 \angle -71.6^\circ\ k\Omega}\right) \times 10 \angle 0^\circ\ V = 4.74 \angle -18.4^\circ\ V$$

$$V_{th} = V_{AB} = 4.74 \angle -18.4^\circ\ V$$

同步练习 如果图 19-16 中电阻 R_1 变为 2.2 kΩ，再求 V_{th}。

Multisim 仿真

使用 Multisim 文件 E19-05A 和 E19-05B 校验本例的计算结果，并核实同步练习的计算结果。

例 19-6 电路如图 19-17 所示．对于阴影部分的电路，求从 A、B 端看进去的戴维南等效电压 $\boldsymbol{V}_{\text{th}}$。

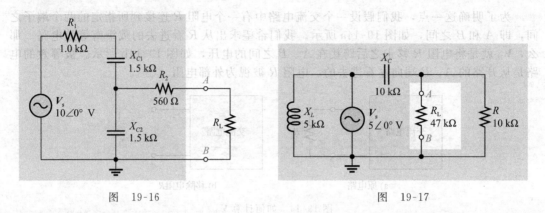

图 19-16   图 19-17

解 首先移去 R_{L}，然后计算开路处的电压，该电压就是 $\boldsymbol{V}_{\text{th}}$。将分压公式应用到 X_C 和 R 的串联部分，计算 $\boldsymbol{V}_{\text{th}}$ 为：

$$\boldsymbol{V}_{\text{th}} = \boldsymbol{V}_R = \left(\frac{R\angle 0^\circ}{R - \text{j}X_C}\right)\boldsymbol{V}_{\text{s}} = \left(\frac{10\angle 0^\circ \text{k}\Omega}{10\ \text{k}\Omega - \text{j}10\ \text{k}\Omega}\right) \times 5\angle 0^\circ\ \text{V}$$

$$= \left(\frac{10\angle 0^\circ\ \text{k}\Omega}{14.1\angle -45^\circ\ \text{k}\Omega}\right) \times 5\angle 0^\circ\ \text{V} = 3.54\angle 45^\circ\ \text{V}$$

注： X_L 不影响计算结果，因为 5 V 电压源并接在 X_C 和 R 的串联电路中。

同步练习 如果图 19-17 中 R 改为 22 kΩ，R_{L} 改为 39 kΩ，再计算 $\boldsymbol{V}_{\text{th}}$。 ◼

 Multisim 仿真

使用 Multisim 文件 E19-06A 和 E19-06B 校验本例的计算结果，并核实你对同步练习的计算结果。

19.2.3 戴维南等效阻抗(Z_{th})的计算

前面的例子说明了如何计算 $\boldsymbol{V}_{\text{th}}$。现在我们来计算戴维南等效阻抗 $\boldsymbol{Z}_{\text{th}}$，这是完整戴维南等效电路的第二部分。正如戴维南定理所定义的那样：

> 在给定电路中，戴维南等效阻抗是指定两个端子之间的总阻抗，并且所有电源都用它们的内阻抗代替。

为了计算两点之间的 $\boldsymbol{Z}_{\text{th}}$，用短路代替全部电压源(其内阻抗以串联形式保留在电路中)；用开路代替所有电流源(其内阻抗以并联形式保留在电路中)。然后计算这两点之间的总阻抗。下面 3 个例子说明了 $\boldsymbol{Z}_{\text{th}}$ 的计算方法。

例 19-7 对于图 19-18 所示电路，从 A、B 端向阴影看进去，求 $\boldsymbol{Z}_{\text{th}}$。该电路与例 19-4 中的是同一个电路。假设 $\boldsymbol{V}_{\text{s}}$ 是理想的。

解 首先用内阻抗代替 $\boldsymbol{V}_{\text{s}}$(本例中内阻抗为零)，如图 19-19 所示。

从 A、B 看进去，R_1 和 X_L 是并联的，因此等效阻抗为：

$$\boldsymbol{Z}_{\text{th}} = \left(\frac{(R_1\angle 0^\circ)(X_L\angle 90^\circ)}{R_1 + \text{j}X_L}\right) = \frac{(100\angle 0^\circ\ \Omega) \times (50\angle 90^\circ\ \Omega)}{100\ \Omega + \text{j}50\ \Omega}$$

$$= 44.7\angle 63.4° \ \Omega$$

同步练习 如果 R_1 变为 47 Ω，再计算 $\mathbf{Z}_{th}$。

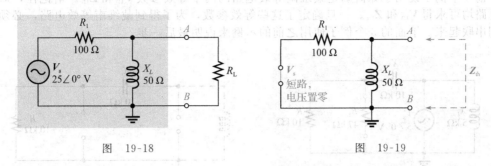

图 19-18 图 19-19

例 19-8 电路如图 19-20 所示，从 A、B 端向阴影部分看进去，求 $\mathbf{Z}_{th}$。本例中的电路与例 19-5 的相同。

解 首先用内阻抗代替电压源(此处内阻抗为零)，如图 19-21 所示。

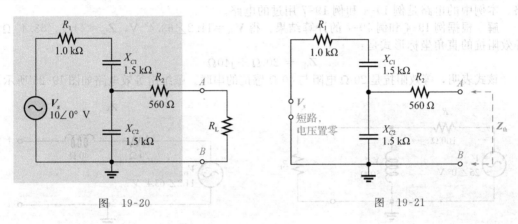

图 19-20 图 19-21

从 A、B 端看进去，R_1 和 C_1 串联之后再与 C_2 并联，并联的结果再与 R_2 串联。因此 $\mathbf{Z}_{th}$ 计算如下：

$$\mathbf{Z}_{th} = R_2\angle 0° + \frac{(X_{C2}\angle -90°)(R_1 - jX_{C1})}{R_1 - jX_{C1} - jX_{C2}}$$

$$= 560\angle 0° \ \Omega + \frac{(1.5\angle -90° \ k\Omega) \times (1.0 \ k\Omega - j1.5 \ k\Omega)}{1.0 \ k\Omega - j3.0 \ k\Omega}$$

$$= 560\angle 0° \ \Omega + 855\angle -74.7° \ \Omega$$

$$= 785\Omega - j824\Omega = 1139\angle -46.4° \ \Omega$$

同步练习 如果图 19-20 中电阻 R_1 变为 2.2 $k\Omega$，再求 $\mathbf{Z}_{th}$。

例 19-9 电路如图 19-22 所示。求从 A、B 看进去的 $\mathbf{Z}_{th}$。该电路与例 19-6 中的一致，电源为理想的。

解 用内阻抗代替电压源(内阻抗为零)，X_L 实际上不起作用。从开路端看进去，R 和 C 是并联的，如图 19-23 所示。$\mathbf{Z}_{th}$ 的计算过程如下：

$$\mathbf{Z}_{th} = \frac{(R\angle 0°)(X_C\angle -90°)}{R - jX_C} = \frac{(10\angle 0° \ k\Omega) \times (10\angle -90° \ k\Omega)}{10 \ k\Omega - j10 \ k\Omega}$$

$$= \frac{(10\angle 0° \ k\Omega) \times (10\angle -90° \ k\Omega)}{14.1\angle -45° \ k\Omega} = 7.07\angle -45° \ k\Omega$$

同步练习 如果图 19-22 中电阻 R 变为 22 $k\Omega$，R_L 变为 39 $k\Omega$，再求 $\mathbf{Z}_{th}$。

19.2.4 戴维南等效电路的计算

前 6 个例子说明了如何确定戴维南等效电路的两个等效参数 $\mathbf{V}_{\text{th}}$ 和 $\mathbf{Z}_{\text{th}}$。请记住，对任何电路均可求得 $\mathbf{V}_{\text{th}}$ 和 $\mathbf{Z}_{\text{th}}$。一旦确定了这些等效参数，为了得到戴维南等效电路，必须将它们串联起来。下面的 3 个例子使用之前的示例来说明最后一步。

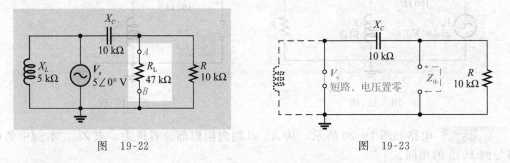

图 19-22　　　　　　　　　图 19-23

例 19-10　电路如图 19-24 所示。从 A、B 端向阴影部分看进去，画出戴维南等效电路。本例中的电路是例 19-4 和例 19-7 用过的电路。

解　根据例 19-4 和例 19-7 的计算结果，得 $\mathbf{V}_{\text{th}}=11.2\angle 63.4° \text{ V}$，$\mathbf{Z}_{\text{th}}=44.7\angle 63.4° \text{ }\Omega$。等效阻抗的直角坐标形式是：

$$\mathbf{Z}_{\text{th}} = 20 \text{ }\Omega + \text{j}40\Omega$$

该式表明，等效阻抗是 20 Ω 电阻与 40 Ω 感抗的串联。戴维南等效电路如图 19-25 所示。

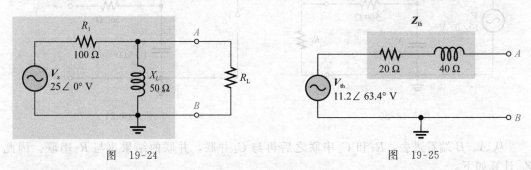

图 19-24　　　　　　　　　图 19-25

同步练习　如果图 19-24 中 $R_1=47 \text{ }\Omega$，画出此时的戴维南等效电路。　　■

例 19-11　电路如图 19-26 所示。从 A 和 B 端看进去，画出阴影部分电路的戴维南等效电路。这是例 19-5 和例 19-8 中使用过的电路。

解　根据例 19-5 和例 19-8 可知，$\mathbf{V}_{\text{th}}=4.74\angle -18.4° \text{ V}$，$\mathbf{Z}_{\text{th}}=11.4\angle -46.4° \text{ k}\Omega$。$\mathbf{Z}_{\text{th}}$ 的直角坐标形式为：

$$\mathbf{Z}_{\text{th}} = 785 \text{ }\Omega - \text{j}825 \text{ }\Omega$$

戴维南等效电路如图 19-27 所示。

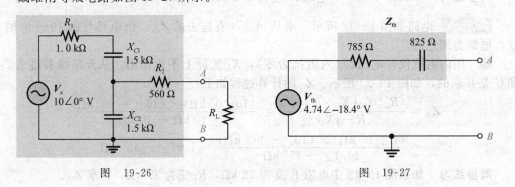

图 19-26　　　　　　　　　图 19-27

同步练习 如果图 19-26 中电阻 $R_1 = 2.2$ kΩ，再画出戴维南等效电路。

例 19-12 电路如图 19-28 所示。从 A 和 B 端看进去，确定阴影部分电路的戴维南等效电路。这是例 19-6 和例 19-9 使用过的电路。

解 根据例 19-6 和例 19-9 可知，$V_{th} = 3.54\angle 45°$ V，$Z_{th} = 7.07\angle -45°$ kΩ。等效阻抗的直角坐标形式为：

$$Z_{th} = 5.0 \text{ kΩ} - j5.0 \text{ kΩ}$$

戴维南等效电路如图 19-29 所示。

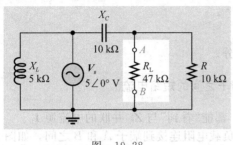

图 19-28

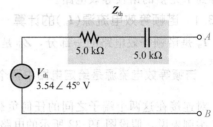

图 19-29

同步练习 如果图 19-28 中的 R 改为 22 kΩ，R_L 改为 39 kΩ，再画出戴维南等效电路。

19.2.5 戴维南定理小结

记住，无论它所取代的原始电路是什么形式，戴维南等效电路始终是一个阻抗串联一个电压源。戴维南定理的意义在于，对于任何外部负载，都可以用等效电路代替原电路。对于连接在戴维南等效电路端子之间的任何负载，其电流和电压与连接到原始电路时所对应的电流和电压相同。

下面总结了应用戴维南定理的一般步骤。

步骤 1： 断开要确定戴维南等效电路的两个端子。这是通过从电路中移除元件来完成的。

步骤 2： 确定这两个开路端子之间的电压 V_{th}。

步骤 3： 确定从两个开路端子看进去的等效阻抗 Z_{th}，此时要用短路代替理想电压源；用开路代替理想电流源。

步骤 4： 将 V_{th} 和 Z_{th} 串联起来，便得到完整的戴维南等效电路。

学习效果检测

1. 在交流电路中，戴维南等效电路的两个基本元件是什么？
2. 对于某一电路，若 $Z_{th} = 25$ Ω $- j50$ Ω，$V_{th} = 5\angle 0°$ V，画出它的戴维南等效电路。
3. 对图 19-30 所示电路，画出从 A 和 B 端看进去的戴维南等效电路，假设 V_s 是理想的。

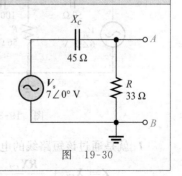

图 19-30

19.3 诺顿定理

与戴维南定理一样，诺顿定理提供了另外一种将复杂电路简化为更简单、更易于分析的等效形式的方法。它们的基本区别在于，**诺顿定理**给出的是一个等效电流源（而不是电压源)和等效阻抗的并联(而不是串联)形式。

学完本节内容后,你应该能够应用诺顿定理简化电抗性交流电路,具体就是:

- 描述诺顿等效电路的形式。
- 计算诺顿等效电路中的交流电源。
- 计算诺顿等效电路中的阻抗。

诺顿等效电路的形式如图 19-31 所示。不管原始电路多么复杂,它都可以简化成这种等效形式。等效电流源规定为 I_n,等效阻抗规定为 Z_n。

诺顿定理告诉你如何计算 I_n 和 Z_n。一旦确定了它们,只需简单地把它们并联起来,便得到了完整的诺顿等效电路。

19.3.1 诺顿等效电流源(I_n)的计算

I_n 是诺顿等效电路的一部分,Z_n 是另一部分。

> 诺顿等效电流源是给定电路中两个确定端子之间的短路电流。

对连接在这两个端子之间的任何负载来说,都能"看到"与 Z_n 并联的电流源 I_n。

举例来说,假设图 19-32 所示的电路有一个负载电阻连接到端子 A 和 B 之间,如图 19-32a 所示,我们希望从端子 A 和 B 上确定电路的诺顿等效电流源 I_n。为了计算 I_n,只需计算端子 A 和 B 之间的短路电流,如图 19-32b 所示。例 19-13 具体说明了如何确定 I_n。

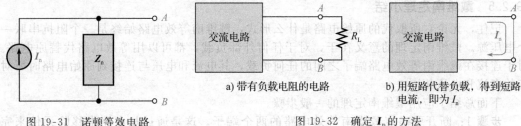

图 19-31 诺顿等效电路

a) 带有负载电阻的电路　　　b) 用短路代替负载,得到短路电流,即为 I_n

图 19-32 确定 I_n 的方法

例 19-13 电路如图 19-33 所示,求从负载电阻看进去的诺顿等效电流源 I_n,图中阴影区域就是要计算诺顿等效电路的部分。

解 将 A、B 端子短路,如图 19-34 所示。

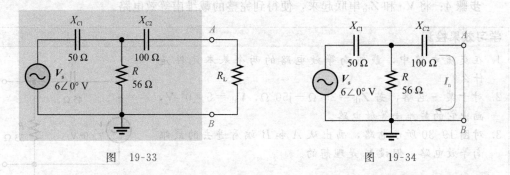

图 19-33

图 19-34

I_n 就是通过该短路线的电流,计算过程如下。首先,从电压源看进去的总等效阻抗是:

$$Z = X_{C1} + \frac{R X_{C2}}{R + X_{C2}} = 50\angle -90°\ \Omega + \frac{(56\angle 0°\ \Omega) \times (100\angle -90°\ \Omega)}{56\ \Omega - j100\ \Omega}$$

$$= 50\angle -90°\ \Omega + 48.9\angle -29.2°\ \Omega$$

$$= -j50\ \Omega + 42.6\ \Omega - j23.9\ \Omega = 42.6\ \Omega - j73.9\ \Omega$$

转换成极坐标是:

$$Z = 85.3\angle-60.0° \ \Omega$$

接下来，计算流过电压源的总电流。

$$I_s = \frac{V_s}{Z} = \frac{6\angle0°\ V}{85.3\angle-60.0°\ \Omega} = 70.3\angle60.0°\ mA$$

最后，利用分流公式得到 I_n（即通过 A、B 之间短路线的电流）。

$$I_n = \left(\frac{R}{R+X_{C2}}\right)I_s = \left(\frac{56\angle0°\ \Omega}{56\ \Omega-j100\ \Omega}\right)\times 70.3\angle60.0°\ mA = 34.4\angle121°\ mA$$

这就是诺顿等效电流源的电流。

同步练习 如果图 19-33 中 V_s 变为 $2.5\angle0°$ V，R 变为 33 Ω，重新计算 I_n。

19.3.2 诺顿等效阻抗（Z_n）的计算

Z_n 与 Z_{th} 完全相同，它是给定电路中两个指定端子之间开路时，从这两个开路端子看进去的总阻抗，此时所有电源都用其内阻抗代替。

例 19-14 计算图 19-33（同例 19-13 中的电路）中从开路的 A、B 端看进去的等效阻抗 Z_n。

解 首先，用内阻抗为零的导线代替电压源 V_s，如图 19-35 所示。

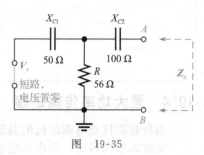

图 19-35

从端子 A 和 B 之间看进去时，R 和 C_1 是并联的，其结果再与 C_2 串联。因此有：

$$Z_n = X_{C2} + \frac{RX_{C1}}{R+X_{C1}} = 100\angle-90°\ \Omega + \frac{(56\angle0°\ \Omega)\times(50\angle-90°\ \Omega)}{56\ \Omega-j50\ \Omega}$$

$$= 100\angle-90°\ \Omega + 37.3\angle-48.2°\ \Omega$$

$$= -j100\ \Omega + 24.8\ \Omega - j27.8\ \Omega = 24.8\ \Omega - j128\ \Omega$$

诺顿等效阻抗是阻值为 24.8 Ω 的电阻与容抗为 128 Ω 的电容串联。

同步练习 如果图 19-33 中的 $R=33\ \Omega$，重新计算 Z_n。

例 19-13 和例 19-14 说明了如何确定诺顿等效电路中两个等效元件的参数。请记住，对任何给定的交流电路，都可以确定出这些值。一旦你知道了 I_n 和 Z_n，只需简单地将它们并联起来便形成完整的诺顿等效电路，如例 19-15 所示。

例 19-15 对图 19-33 所示电路（同例 19-13 中的电路），画出完整的诺顿等效电路。

解 根据例 19-13 和例 19-14 的计算结果可知，$I_n = 34.4\angle121°$ mA，$Z_n = 24.8\ \Omega - j128\ \Omega$。因此它的诺顿等效电路如图 19-36 所示。

同步练习 如果图 19-33 中 $V_s = 2.5\angle0°$ V、$R = 33\ \Omega$，再画出诺顿等效电路。

19.3.3 诺顿定理小结

对于任何连接在诺顿等效电路端子之间的负载，其通过的电流和两端的电压，都与连接到原始电路时对应相等。应用诺顿定理的一般步骤总结如下：

步骤 1：用短路代替连接到诺顿电路中两个端子之间的负载。

步骤 2：计算短路电流，即 I_n。

步骤 3：断开这两个端子，计算这两个端子之间的等效阻抗，此时所有电源都用其内阻抗替换。这个等效阻抗就是 Z_n。

步骤 4：将 I_n 与 Z_n 并联起来，便得到了诺顿等效电路。

19.3.4 诺顿电路与戴维南电路的等效

诺顿等效电路和戴维南等效电路之间存在简单的对应关系。你可能已经注意到 $Z_{th} = Z_n$。将戴维南定理应用于诺顿等效电路，或将诺顿定理应用于戴维南等效电路，就可以很容易地证明，$V_{th} = I_n \times Z_n$ 和 $I_n = V_{th}/Z_{th}$。

学习效果检测

1. 对于某给定电路，它的 $I_n = 5\angle 0$ mA、$Z_n = 150\ \Omega + \text{j}100\ \Omega$，画出诺顿等效电路。
2. 求出图 19-37 所示电路从负载 R_L 看进去的诺顿等效电路。

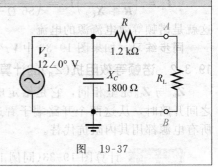

图 19-37

19.4 最大功率传输定理

当负载阻抗是电源阻抗的共轭复数时，可以将最大功率传输给负载。

完成本节内容后，你应该能够在交流电路中应用最大功率传输定理，具体就是：

- 阐述最大功率传输定理。
- 确定从给定电路中传输最大功率的负载阻抗。

$R\text{-}\text{j}X_C$ 的**共轭复数**为 $R+\text{j}X_L$，反之亦然，其中电阻大小相等，而电抗绝对值相等，符号相反。从输出端子上看进去，电源阻抗实际上就是戴维南等效阻抗。当 Z_L 是 Z_{out} 的共轭复数时，负载便从电源那里获得最大功率，此时电路的总功率因数为 1。带有电源内阻抗和负载的等效电路如图 19-38 所示。

例 19-16 说明了最大传输功率发生在阻抗共轭匹配时。

例 19-16 在图 19-39 中，端子 A 和 B 左侧的电路向负载 Z_L 供电。这种情况可以看作模拟功率放大器向复数负载传输功率的情形。这是用戴维南电路等效的一个复杂的交流电路。计算并绘制频率从 10 kHz 变化到 100 kHz 时，电源传递给负载的功率曲线(频率增量为10 kHz)。

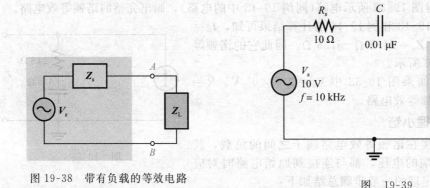

图 19-38 带有负载的等效电路

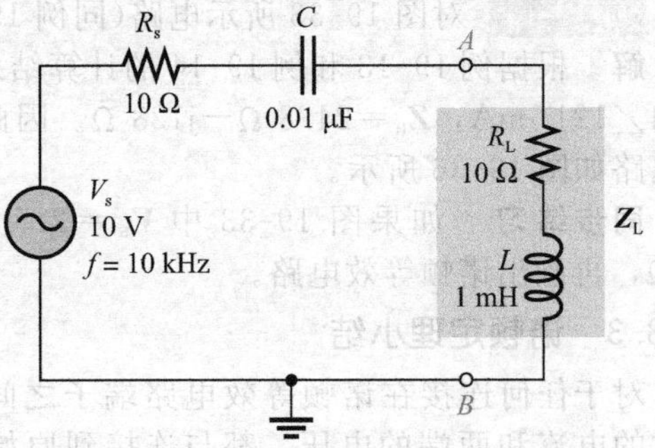

图 19-39

解 详细说明第一个频率(10 kHz)的分析方法，然后使用计算器(TI-84 Plus CE)求解其他频率情况。

$f = 10$ kHz 时，

$$X_C = \frac{1}{2\pi fC} = \frac{1}{2\pi \times 10\ \text{kHz} \times 0.01\ \mu\text{F}} = 1.59\ \text{k}\Omega$$

$$X_L = 2\pi fL = 2\pi \times 10 \text{ kHz} \times 1 \text{ mH} = 62.8 \ \Omega$$

总阻抗的幅值是:

$$Z_{tot} = \sqrt{(R_s + R_L)^2 + (X_L - X_C)^2} = \sqrt{(20 \ \Omega)^2 + (1.53 \text{ k}\Omega)^2} = 1.53 \text{ k}\Omega$$

电流是:

$$I = \frac{V_s}{Z_{tot}} = \frac{10 \text{ V}}{1.53 \text{ k}\Omega} = 6.54 \text{ mA}$$

功率是:

$$P_L = I^2 R_L = (6.54 \text{ mA})^2 \times (10 \ \Omega) = 428 \ \mu W$$

对其余的频率,将 X_C、X_L、Z_{tot}、I 和 P_L 的表达式输入到 TI-84 Plus CE 计算器中,如图 19-40 所示。若要输入公式,请按 y= 键。在本例中,表达式顺序表示为 X_C、X_L、Z_{tot}、I 和 P_L。自变量是频率,即表达式中的 X。由于我们对前 4 个参数不太感兴趣,因此可以通过选择=符号并按 enter 键取消对它们的选择。显示屏上显示的唯一图形便是功率与频率的函数关系图。

输入公式后,按 window 键设置绘图的比例因子。按下 graph 键将显示输出功率与频率的函数关系图,结果如图 19-41 所示。

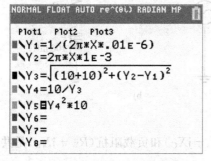

图 19-40　负载功率与频率关系的表达式(图片由德州仪器公司授权使用)

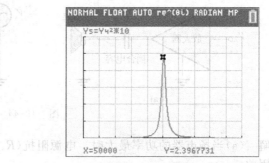

图 19-41　图 19-39 所示电路中功率与电路频率的函数关系图。50 kHz 时功率显示负载功率约为 2.40 W(图片由德州仪器公司授权使用)

你可以通过按下 2nd graph 看到其他频率下的功率值列表,如图 19-42 所示。

TI-84 Plus CE 允许你在曲线上找到精确的最大值点。按下 2nd trace 并选择 maximum (最大值),计算器将要求你提供一个包含最大值的左边界和右边界。计算器将使用这些点来优化最大值计算结果。在本例中,最大功率出现在 50.3 kHz 处,功率值为 2.5 W。图 19-43 显示了分析结果。在该频率下,负载阻抗是电源输出阻抗的共轭复数,即在 50.3 kHz 时 $X_L = X_C$。

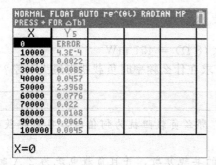

图 19-42　负载功率作为频率的函数(图片由德州仪器公司授权使用)

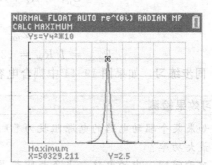

图 19-43　最大功率的计算(图片由德州仪器公司授权使用)

同步练习 如果 RC 串联电路中 $R=47\ \Omega$、$C=0.022\ \mu F$，那么在 $100\ kHz$ 频率下，阻抗的共轭复数是多少？

Multisim 仿真
使用 Multisim 文件 E19-16A 和 E19-16B，校验本例的计算结果。

例 19-17 说明了使负载获得最大功率的频率，它出现在电源阻抗和负载阻抗为共轭复数的时候。

例 19-17 （a）求图 19-44a 中放大器向扬声器传输最大功率时的频率。放大器和耦合电容是电源部分，扬声器是负载部分，等效电路如图 19-44b 所示。

（b）如果 $\boldsymbol{V}_s=3.8\ V$（有效值），则在该频率下放大器向扬声器输送多少瓦的功率？

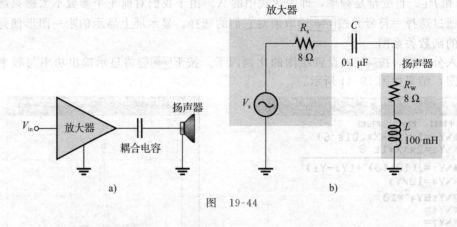

图 19-44

解 （a）当扬声器的功率最大时，电源阻抗 (R_s-jX_C) 和负载阻抗 (R_W+jX_L) 是共轭复数，因此

$$X_C = X_L$$

$$\frac{1}{2\pi fC} = 2\pi fL$$

求解 f 得到：

$$f^2 = \frac{1}{4\pi^2 LC}$$

$$f = \frac{1}{2\pi\sqrt{LC}} = \frac{1}{2\pi\sqrt{100\ mH \times 0.1\ \mu F}} \approx 1.59\ kHz$$

（b）计算传输到扬声器的功率。

$$Z_{tot} = R_s + R_W = 8\ \Omega + 8\ \Omega = 16\ \Omega$$

$$I = \frac{V_s}{Z_{tot}} = \frac{3.8\ V}{16\ \Omega} = 238\ mA$$

$$P_{max} = I^2 R_W = (238\ mA)^2 \times (8\ \Omega) = 451\ mW$$

同步练习 如果图 19-44 中耦合电容是 $1\ \mu F$，求在什么频率时负载获得最大功率？

学习效果检测

1. 如果某个驱动电路的电源阻抗为 $50\ \Omega-j10\ \Omega$，那么负载阻抗为何值时，负载将获得最大功率？

2. 对于问题 1 中的电路，当负载阻抗是电源阻抗的共轭复数，并且负载电流为 2 A 时，电源向负载输送的功率为多少？

应用案例

在本应用案例中，有一个密封的带通滤波器模块，它已从系统和两个示意图中移除。两个示意图都表明带通滤波器是采用低通与高通滤波器的组合来实现的。不确定哪个示意图对应真正的带通滤波器模块，不过可以肯定的是，其中必有一个与真正的带通滤波器相对应。通过某些测量，你将能够确定哪个示意图代表真正的带通滤波器，这样滤波器电路就可以被复制出来。此外，能够确定最大功率传输所对应的合适负载。包含在密封模块和两个示意图中的滤波器电路如图 19-45 所示，其中一个示意图对应于真正的带通滤波电路。

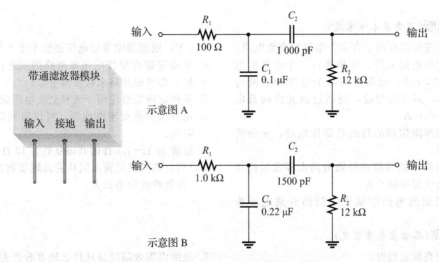

图 19-45　滤波器模块及其内部构造示意图

滤波器测量与分析

1. 根据图 19-46 所示，用示波器测量的滤波器输出波形确定图 19-45 中哪个示意图代表密封模块中的滤波器电路。峰峰值为 10 V 的电压加在了输入端。

2. 根据图 19-46 中的测量波形，确定带通滤波器是否在其近似中心频率下工作。

3. 利用戴维南定理，确定当负载连接到滤波器输出端时，在中心频率处负载将获得最大功率。假设电源内阻抗为零。

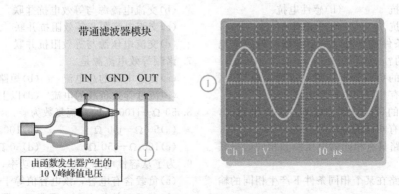

图 19-46　滤波器的响应波形

本章总结

- 叠加定理对分析交流和直流多电源电路都很有用。
- 戴维南定理提供了将任何线性交流电路简化为等效电路的一种方法，该等效电路由等效电压源与等效阻抗串联构成。
- 在戴维南和诺顿定理中使用的术语等效性是指，当给定的负载连接到等效电路时，其两端的电压和通过的电流与连接到原始电路时对应相等。
- 诺顿定理提供了将任何交流电路简化为等效电路的另一种方法，该等效电路由等效电流源与等效阻抗并联构成。
- 当负载阻抗是驱动该负载的电源内阻抗的共轭复数时，负载获得的功率最大。

对/错判断(答案在本章末尾)

1. 叠加定理可以应用于含多个电源的交流电路。
2. 对给定的电路元件，如果来自一个电源的电流为 100 mA，而来自另一个电源的电流为 60 mA，但方向相反，则通过该元件的总电流为 160 mA。
3. 应用戴维南定理的目的是简化电路，使分析更容易。
4. 交流电路中的戴维南等效电路由等效阻抗和等效电压源串联组成。
5. 如果某交流电路中端子之间的开路电压为

5 V，则戴维南等效电压必然小于 5 V。
6. 要确定带有交流电压源电路的戴维南等效阻抗，必须用开路来替换该电源。
7. 诺顿定理能够应用于含有交流电流源的电路。
8. 用开路替换交流电流源，可以得到诺顿等效阻抗。
9. 复数 10 Ω—j12 Ω 的共轭复数为 12 Ω+j10 Ω。
10. 当负载阻抗是输出阻抗的共轭复数时，传输到负载的功率最大。

自我检测(答案在本章末尾)

1. 在应用叠加定理时，
   (a)同时考虑所有电源
   (b)同时考虑所有电压源
   (c)一次考虑一个电源，所有其他电源都用短路代替
   (d)一次考虑一个电源，所有其他电源都用它们的内阻抗代替
2. 戴维南交流等效电路包括一个等效的交流电压源和一个等效的
   (a)容性电抗   (b)感性电抗
   (c)串联阻抗   (d)并联阻抗
3. 下面哪个条件成立时，一个电路与另一个电路是等效的?
   (a)当相同的负载分别连接到这两个电路时，负载具有相同的电压和电流
   (b)当不同的负载分别连接到这两个电路时，负载具有相同的电压和电流
   (c)两个电路具有相同的电压源和相同的串联阻抗
   (d)两个电路在某个相同条件下产生相同的输出电压
4. 戴维南等效电压为
   (a)开路电压   (b)短路电压
   (c)等效负载上的电压   (d)以上都不是

5. 戴维南等效阻抗是从什么地方看进去的阻抗?
   (a)输出短路时从电源看进去的阻抗
   (b)输出开路时从电源看进去的阻抗
   (c)从两个指定的开路端子看进去的阻抗，此时所有电源均由其内部阻抗代替
   (d)从两个指定的开路端子看进去的阻抗，此时所有电源均由短路代替
6. 诺顿交流等效电路是由什么组成的?
   (a)交流电流源与等效阻抗串联
   (b)交流电流源与等效阻抗并联
   (c)交流电流源与等效阻抗并联
   (d)交流电压源与等效阻抗并联
7. 诺顿等效电流源是
   (a)流过电源的总电流   (b)短路电流
   (c)流过等效负载的电流   (d)以上都不是
8. 50 Ω+j100 Ω 的共轭复数为
   (a)50 Ω—j50 Ω   (b)100 Ω+j50 Ω
   (c)100 Ω—j50 Ω   (d)50 Ω—j100 Ω
9. 为了从容性电源上获得最大功率，
   (a)负载含有电容，该电容值等于电源电容值
   (b)负载阻抗的大小必须等于电源内阻抗
   (c)负载必须是比电源内阻更大的电阻
   (d)负载阻抗必须是电源内阻抗的共轭复数
   (e)答案(a)和(d)

电路行为变化趋势判断(答案在本章末尾)

参见图 19-50

1. 如果直流电压源被短路，那么 A 点相对于地的电压将
   (a)增大　　　　(b)减小　　　　(c)保持不变

2. 如果 C_2 断开，那么 R_5 上的交流电压将
   (a)增大　　　　(b)减小　　　　(c)保持不变

3. 如果 C_2 断开，那么 R_5 上的直流电压将
   (a)增大　　　　(b)减小　　　　(c)保持不变

参见图 19-52

4. 如果 V_2 降低到 0 V，那么 R_L 上的电压将
   (a)增大　　　　(b)减小　　　　(c)保持不变

5. 如果电压源的频率增加，那么通过 R_L 的电流将
   (a)增大　　　　(b)减小　　　　(c)保持不变

参见图 19-53

6. 如果电压源的频率增加，那么 R_1 上的电压将
   (a)增大　　　　(b)减小　　　　(c)保持不变

7. 如果 R_L 内部断开，则它上的电压
   (a)增大　　　　(b)减小　　　　(c)保持不变

参见图 19-54

8. 如果电源频率增加，那么 R_3 上的电压将
   (a)增大　　　　(b)减小　　　　(c)保持不变

9. 如果电容值减小，那么通过电源的电流将
   (a)增大　　　　(b)减小　　　　(c)保持不变

参见图 19-57

10. 如果 R_2 开路，那么电流源的电流将
    (a)增大　　　　(b)减小　　　　(c)保持不变

11. 如果两个电压源的频率以完全相同的方式增加，那么 X_{C2} 将
    (a)增大　　　　(b)减小　　　　(c)保持不变

12. 如果移去负载，那么 R_7 上的电压将
    (a)增大　　　　(b)减小　　　　(c)保持不变

13. 如果移去负载，那么 R_2 上的电压将
    (a)增大　　　　(b)减小　　　　(c)保持不变

分节习题(较难的问题用星号(∗)表示，奇数题答案在本书末尾)

19.1 节

1. 利用叠加定理，计算图 19-47 中通过 R_3 的电流。

2. 利用叠加定理，计算图 19-47 中 R_2 支路的电流和电压。

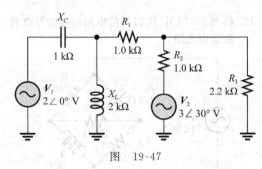

图　19-47

3. 利用叠加定理，计算图 19-48 中通过 R_1 的电流。

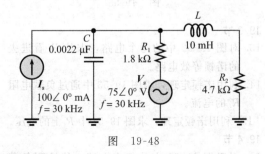

图　19-48

4. 利用叠加定理，分别求出图 19-49 中每个电路中通过 R_L 的电流。

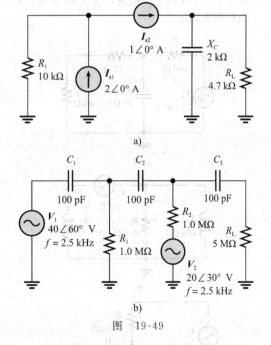

a)

b)

图　19-49

∗5. 求图 19-50 中每个点(A、B、C、D)的节点电压，假设所有电容器的 $X_C=0$。绘制每个点的电压波形。

∗6. 利用叠加定理求出图 19-51 中的电容电流。

∗7. 利用叠加定理求出图 19-51 中的电阻电流。

19.2 节

∗8. 对于图 19-50 所示电路，利用戴维南定理，求

从 R_6 看进去的等效电路，假设所有 $X_C = 0$。

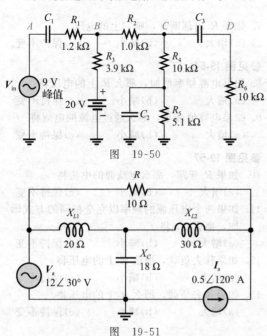

图 19-50

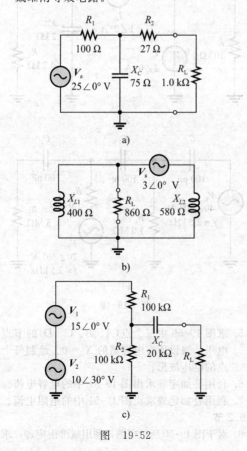

图 19-51

9. 对图 19-52 中的每个电路，求从 R_L 看进去的戴维南等效电路。

a)

b)

c)

图 19-52

10. 利用戴维南定理，求图 19-53 中通过负载 R_L 的电流。

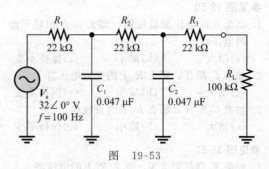

图 19-53

*11. 利用戴维南定理，求图 19-54 中 R_4 两端的电压。

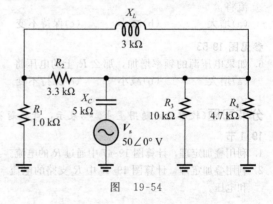

图 19-54

*12. 将图 19-55 中 R_3 以外的电路简化为等效的戴维南电路。

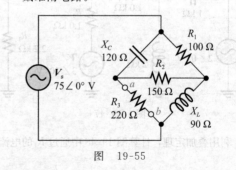

图 19-55

19.3 节

13. 对图 19-52 中的每个电路，求从 R_L 看进去的诺顿等效电路。

14. 利用诺顿定理，求图 19-53 中通过负载电阻 R_L 的电流。

*15. 利用诺顿定理，求图 19-54 中 R_4 上的电压。

19.4 节

16. 对于图 19-56 中的每个电路，传输到负载 R_L 的功率为最大。试求每个电路中负载阻抗的适当值。

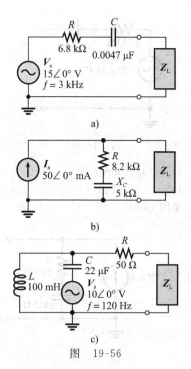

a)

b)

c)

图 19-56

*17. 对图 19-57 所示电路，求负载获得最大功率所需要的阻抗 Z_L。

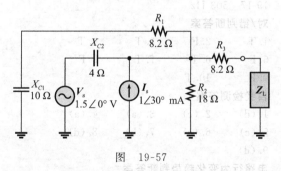

图 19-57

18. 对于图 19-58 所示电路，求负载获得最大功率所需要的阻抗 Z_L，请求出此最大功率。

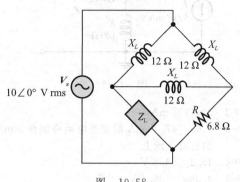

图 19-58

*19. 在图 19-55 中的 R_2 处连接负载，并实现最大功率传输，求负载类型，并用直角坐标表示负载阻抗。

Multisim 分析与故障排查

以下问题的排查和分析需要使用 Multisim。

20. 打开文件 P19-20，判断电路是否存在故障。如果存在，找出问题所在。
21. 打开文件 P19-21，判断电路是否存在故障。如果存在，找出问题所在。
22. 打开文件 P19-22，判断电路是否存在故障。如果存在，找出问题所在。
23. 打开文件 P19-23，判断电路是否存在故障。如果存在，找出问题所在。
24. 打开文件 P19-24，通过测量，确定从 A 点看进去的戴维南等效电路。
25. 打开文件 P19-25，通过测量，确定从 A 点看进去的诺顿等效电路。

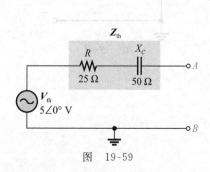

图 19-59

参考答案
学习效果检测答案
19.1 节
1. 交流电压源相量相加，相量包括幅值和角度。
2. 使用叠加定理可以一次分析只含一个电源的电路。
3. $I_R = 6.01\angle-48.7° \text{ mA}$

19.2 节
1. 在交流电路中，戴维南等效电路包括等效电压源和等效串联阻抗。
2. 见图 19-59。
3. $Z_{th} = 21.5 \ \Omega - \text{j}15.7 \ \Omega$；$V_{th} = 4.14\angle53.7° \text{ V}$

19.3 节
1. 见图 19-60。
2. $Z_n = R\angle0° = 1.2\angle0° \text{ k}\Omega$；$I_n = 10\angle0° \text{ mA}$

19.4 节
1. $Z_L = 50 \ \Omega + \text{j}10 \ \Omega$
2. $P_L = 200 \text{ W}$

同步练习答案
19-1 $2.16\angle-153° \text{ mA}$

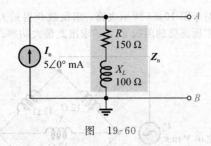

图 19-60

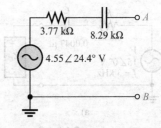

图 19-63

19-2 30∠90° mA

19-3 1.69∠47.3° mA 的交流电流叠加在 3 mA 的直流电流上

19-4 18.2∠43.2°V

19-5 4.03∠−36.3°V

19-6 4.55∠24.4°V

19-7 34.2∠43.2° Ω

19-8 1.37∠−47.8° kΩ

19-9 9.10∠−65.6° kΩ

19-10 见图 19-61。

19-13 11.7∠135° mA

19-14 117∠−78.7° Ω

19-15 见图 19-64。

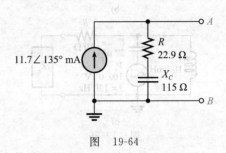

图 19-64

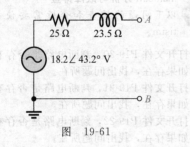

图 19-61

19-16 47 Ω+j72.3 Ω

19-17 503 Hz

对/错判断答案

1. T   2. F   3. T   4. T

5. F   6. T   7. T   8. F

9. F   10. T

自我检测答案

1. (d)   2. (c)   3. (a)   4. (a)

5. (c)   6. (c)   7. (b)   8. (d)

9. (d)

电路行为变化趋势判断答案

1. (c)   2. (a)   3. (c)   4. (b)

5. (a)   6. (a)   7. (a)   8. (a)

9. (b)   10. (c)   11. (b)   12. (b)

13. (a)

19-11 见图 19-62。

19-12 见图 19-63。

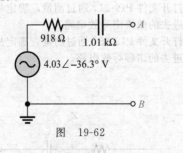

图 19-62

第 20 章

积分器与微分器对脉冲输入的响应

- 解释 RC 积分器的工作原理
- 分析施加单脉冲输入的 RC 积分器
- 分析施加重复脉冲输入的 RC 积分器
- 分析施加单脉冲输入的 RC 微分器
- 分析施加重复脉冲输入的 RC 微分器
- 分析 RL 积分器的工作原理
- 分析 RL 微分器的工作原理
- 讨论时间响应与频率响应的关系
- 排查 RC 积分器和 RC 微分器的故障

▶ **应用案例预览**

在本章的应用案例中，将完成延时电路的接线；根据设计说明确定元件参数；设置仪器以便正确测试电路。

▶ **引言**

在第 15 章和第 16 章，介绍了 RC 和 RL 电路在正弦电压作用下的响应。本章将研究具有脉冲输入的 RC 和 RL 电路的时间响应（以下常简称响应）。在本章开始之前，你应该复习一下 12.5 节和 13.4 节中的内容，回顾电容和电感中电压和电流的指数变化规律，这对本章研究的脉冲响应至关重要。本章直接使用了第 12 章和第 13 章给出的计算响应的指数公式。

电路对脉冲输入的响应很重要。在脉冲与数字电路领域，技术人员经常关注电路如何在一段时间内对电压或电流的快速变化产生响应。电路时间常数与输入脉冲特性（例如脉冲宽度和脉冲周期）的关系，决定了电路中电压的波形。

本章使用的术语"积分器"和"微分器"，指的是在某些特定条件下能够近似表示积分运算和微分运算关系的电路。数学上，积分是求和；微分是瞬时变化率。

20.1 RC 积分器

就时间响应而言，在电容上获取输出电压的 RC 串联电路是一种被称为**积分器**的典型电路。回想一下，就频率响应而言，该电路是一个基本的低通滤波器。积分器一词源于电路能够执行近似的积分运算。

学完本节内容后，你应该能够解释 RC 积分器的工作原理，具体就是：

- 描述电容的充放电过程。
- 解释电容如何对电压或电流的瞬时变化做出反应。
- 描绘输出电压波形。

20.1.1 电容的充电和放电

当将理想的脉冲发生器连接到 RC 积分器的输入端时，如图 20-1 所示，电容通过对脉冲输入的响应进行充电和放电。当输入从低电平变为高电平时，电容通过电阻被充电，电压趋于脉冲的高电平。这种充电过程类似

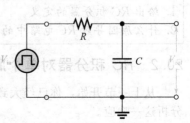

图 20-1 与脉冲发生器相连的 RC 积分器

于通过开关将电池连接到 RC 电路，如图 20-2a 所示。当脉冲从高电平回落到低电平时，电容通过电阻和电源放电。与电阻的阻值相比，脉冲电源的内阻可以忽略不计，因此脉冲电源相当于短路。这个放电过程类似于用闭合的开关替换脉冲电源，如图 20-2b 所示。

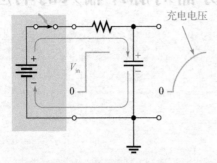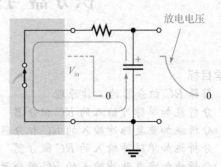

a) 当输入脉冲变为高电平时，相当于用开关　　　b) 当输入脉冲变为低电平时，脉冲电源相当于
接通一组串联电池，从而对电容充电　　　　　　闭合的开关，从而为电容提供放电路径

图 20-2　脉冲电源对电容充电和放电时的等效动作

正如你在第 12 章中所学到的那样，电容将按指数曲线充电和放电，其充电和放电的速率取决于 RC 电路时间常数 τ，即 RC 之积。

对于理想脉冲，它的两个边沿都被视为是陡直的，即没有上升时间和下降时间。掌握电容的如下两个基本规律有助于理解 RC 电路对脉冲输入的响应：

1. 对于电流的快速瞬间变化，电容相当于短路；而对于直流电压则相当于开路。
2. 电容两端的电压不能瞬间改变，只能按指数规律渐渐变化。

20.1.2　电容电压

在 RC 积分器中，输出电压是电容上的电压。电容在脉冲高电平期间充电。如果脉冲的高电平时间足够长，电容将被完全充电至脉冲的电压幅值（即高电平值），如图 20-3 所示。电容在脉冲的低电平期间放电。如果脉冲的低电平时间足够长，电容将完全放电至零，如图 20-3 所示。当下一个脉冲到来时，它将再次被充电。

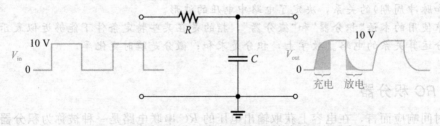

图 20-3　在脉冲响应中电容完全充电和完全放电的示意图

学习效果检测

1. 给出 RC 积分器的定义。
2. 什么原因导致 RC 电路中的电容被充电和放电？

20.2　RC 积分器对单个脉冲输入的响应

从上一节开始，你已经大致了解了 RC 积分器如何对脉冲输入产生响应。本节将详细分析这一响应。

学完本节内容后，你应该能够分析带有单个脉冲输入的 RC 积分器，具体就是：

- 讨论电路时间常数的重要性。

- 说明瞬态时间的含义。
- 当脉冲宽度等于或大于 5 倍的时间常数时,确定 RC 电路的响应。
- 当脉冲宽度小于 5 倍的时间常数时,确定 RC 电路的响应。

在分析 RC 电路对单个脉冲输入的响应时,有两个条件需要考虑:

1. 脉冲宽度 t_W 大于或等于 5 倍的时间常数,即 $t_W \geqslant 5\tau$。
2. 脉冲宽度 t_W 小于 5 倍的时间常数,即 $t_W < 5\tau$。

回想一下,5 倍的时间常数被认为是电容完全充电或完全放电所需要的时间,这个时间通常被称为瞬态响应时间或**瞬态时间**。如果脉冲宽度大于或等于 5 倍的时间常数,电容将完全充电;当脉冲回落到低电平时,电容被完全放电。

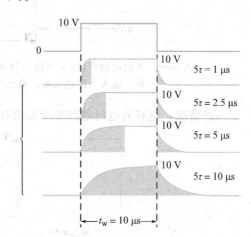

图 20-4 给出了输入脉冲和对应的 RC 瞬态响应波形,其中包括了 4 种 RC 瞬态时间,而输入脉冲的宽度只有一种,即 $t_W = 10\ \mu s$。请注意,随着瞬态时间变短,输出电压的波形越来越接近输入脉冲的波形。在每种情况下,输出电压都达到了输入脉冲的幅值。

图 20-5 表明当时间常数不变时,输入脉冲的宽度如何影响积分器的输出。请注意,随着脉冲宽度的增加,输出电压的形状越来越接近输入脉冲的形状。这意味着与脉冲宽度相比,瞬态时间相对变短。

图 20-4 RC 积分器输出电压随时间常数变化的情况。阴影区域表示电容正在充电或放电

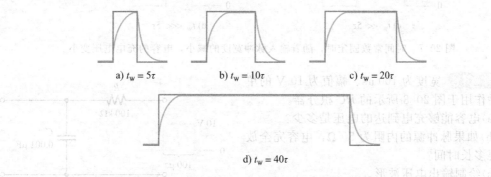

a) $t_W = 5\tau$ b) $t_W = 10\tau$ c) $t_W = 20\tau$

d) $t_W = 40\tau$

图 20-5 时间常数不变时,RC 积分器的输出电压形状随输入脉冲宽度的变化而变化。深色为输入脉冲波形,浅色为输出电压波形

现在让我们来看一下输入脉冲的宽度小于 RC 积分器的 5 倍时间常数时的情况,即 $t_W < 5\tau$。如你所知,电容在脉冲的高电平持续时间内充电。由于脉冲宽度小于电容完全充满电所需的时间 5τ,因此输出电压在脉冲结束前不会达到输入电压的幅值,电容被部分充电,如图 20-6 所示。图中给出的是几个不同 RC 时间常数所对应的波形。请注意,对于较大的时间常数,其输出电压较低,因为电容的充电更加不充分。当然,在具有单脉冲输入的这个例子中,电容在脉冲结束后总会被完全放电。

当时间常数远大于输入脉冲的宽度时,在一个脉冲宽度内电容充电很少。因此,输出电压几乎可以忽略不计,如图 20-6 所示。

图 20-7 说明了当时间常数不变,而输入脉冲宽度不断减小时的响应。随着输入脉冲宽度的减小,输出电压越来越低,因为电容的充电时间变短。然而,在脉冲消失之后,对

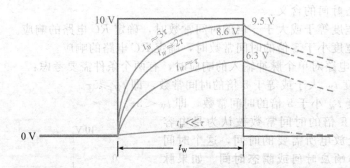

图 20-6　不同时间常数（大于输入脉冲的宽度）的 RC 电路中输入脉冲与输出电压波形。输入为深色波形，输出为浅色波形

于每种情况，电容放电回落到零所需的时间大致相同，该时间为 5τ。

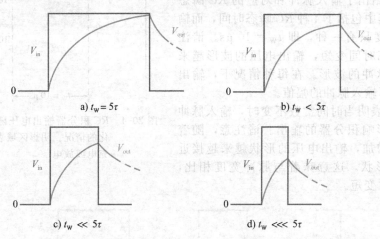

图 20-7　时间常数固定时，随着输入脉冲宽度的减小，电容的充电电压变小

例 20-1　宽度为 $100\ \mu s$、幅值为 $10\ V$ 的单个脉冲作用于图 20-8 所示的 RC 积分器。

（a）电容能够充电到达的电压是多少？

（b）如果脉冲源的内阻为 $50\ \Omega$，电容完全放电需要多长时间？

（c）绘制输出电压波形。

解　（a）电路的时间常数是：

$$\tau = RC = 100\ k\Omega \times 0.001\ \mu F = 100\ \mu s$$

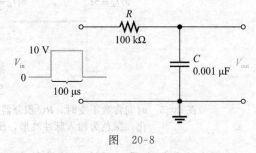

图　20-8

注意：本例中脉冲宽度恰好等于时间常数。

因此，电容将在一个时间常数内大约充电至输入脉冲幅值的 63%，因此输出电压将达到：

$$V_{out} = 0.63 \times 10\ V = 6.3\ V$$

（b）当脉冲结束后，电容通过电源放电。可以忽略与 $100\ k\Omega$ 串联的 $50\ \Omega$ 的电源电阻。因此，放电时间近似为：

$$5\tau = 5 \times 100\ \mu s = 500\ \mu s$$

（c）输出电压波形即充放电曲线如图 20-9 所示。

同步练习　如果图 20-8 中的输入脉冲宽度增加到 $200\ \mu s$，电容充电的最大电压将增加到多少？

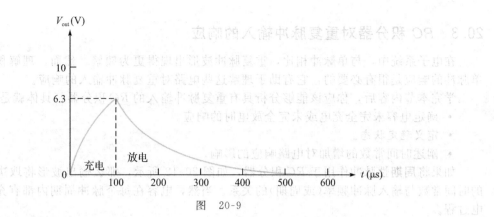

图 20-9

Multisim 仿真

使用 Multisim 文件 E20-01A 和 E20-01B 校验本例的计算结果，并核实你对同步练习的计算结果。

例 20-2 当单脉冲施加到图 20-10 所示电路的输入端时，电容的充电电压将到达多少？

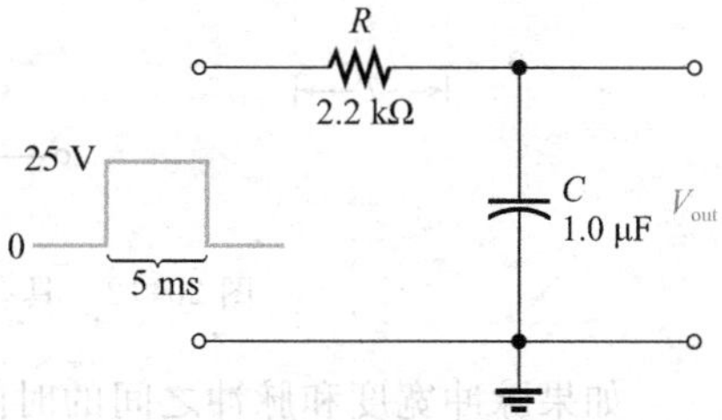

解 计算电路的时间常数。

$$\tau = RC = 2.2 \text{ k}\Omega \times 1.0 \text{ μF} = 2.2 \text{ ms}$$

由于脉冲宽度为 5 ms，它是时间常数的 2.27（5 ms/2.2 ms＝2.27）倍，因此电容不能被完全充电。使用式（12-19）来计算电容将要充电到达的电压。当 V_F＝25 V 且 t＝5 ms 时，电容被充电的电压计算如下：

$$v = V_F(1 - e^{-t/RC})$$
$$= 25 \text{ V} \times (1 - e^{-5 \text{ ms}/2.2 \text{ ms}})$$
$$= 25 \text{ V} \times (1 - 0.103) = 25 \text{ V} \times 0.897 = 22.4 \text{ V}$$

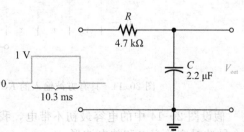

图 20-10

以上计算说明了在脉冲持续的 5 ms 内，电容充电至 22.4 V 的过程。当脉冲回到零时，电容电压将在 5 个时间常数内放电完毕，电压回零。

同步练习 如果脉冲宽度增加到 10 ms，计算图 20-10 所示电路中电容电压将充电到多少？

学习效果检测

1. 当单脉冲施加到 RC 积分器时，必须存在什么条件才能使输出电压达到脉冲的全部幅值？

2. 对于具有单个脉冲输入的图 20-11 所示电路，求出最大输出电压，并计算电容完全放电所需要的时间。

3. 对于图 20-11 所示电路，绘制输出电压相对于输入脉冲的近似波形。

4. 如果积分器时间常数等于输入脉冲宽度，电容是否会被完全充电？

5. 输出电压波形近似为矩形输入脉冲波形的条件是什么？

图 20-11

20.3 RC 积分器对重复脉冲输入的响应

在电子系统中，与单脉冲相比，重复脉冲波形出现得更为频繁。然而，理解积分器对单脉冲的响应是很有必要的，它有助于理解这些电路对重复脉冲输入的响应。

学完本节内容后，你应该能够分析具有重复脉冲输入的 RC 积分器，具体就是：

- 确定电容未完全充电或未完全放电时的响应。
- 定义稳定状态。
- 阐述时间常数的增加对电路响应的影响。

如果将**周期性**脉冲作用于 RC 积分器，如图 20-12 所示，那么输出波形将取决于电路的时间常数与输入脉冲频率（或周期）的关系。当然，电容在每个脉冲周期内都有充电和放电过程。

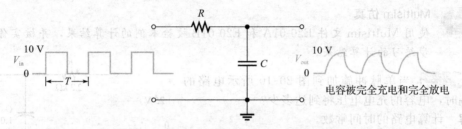

图 20-12 具有重复脉冲输入的 RC 积分器（$T=10\tau$）

如果脉冲宽度和脉冲之间的时间间隔均等于或大于 5 倍的时间常数，则电容将在输入脉冲的每个周期（符号为 T）内完全充电并完全放电。这种情况如图 20-12 所示。

当脉冲宽度和脉冲之间的时间间隔都小于 5 倍的时间常数时，就像图 20-13 所示电路中的方波那样，这时电容将不会被完全充电和完全放电。我们现在就来研究这种情况对 RC 积分器输出电压的影响。

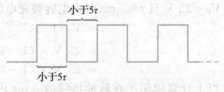

图 20-13 输入波形不允许 RC 积分器中的电容完全充电或放电

为便于说明，我们仍然使用 RC 积分器，其充电和放电的时间常数等于 10 V 方波的脉冲宽度，如图 20-14 所示。选择这样的时间关系是为了简化分析，便于说明积分器在这些条件下的基本行为。此时，我们可以不关心精确的时间常数值是多少，因为我们已经知道 RC 电路在一个时间常数时间内大约充电到满电的 63%。

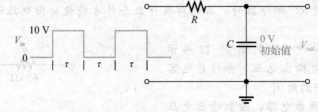

图 20-14 具有方波输入的 RC 积分器，其周期等于两个时间常数

假设图 20-14 中的电容最初不带电，我们逐个脉冲地分析输出电压。图 20-15 显示了 5 个脉冲对应的充电和放电波形。

第 1 个脉冲 在第 1 个脉冲期间，电容充电。输出电压达到 6.32 V（即 10 V 的 63.2%），如图 20-15 所示。

第 1 个和第 2 个脉冲之间 电容放电，电压降至该期间开始时电压的 36.8%（即

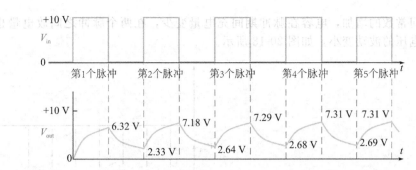

图 20-15　图 20-14 所示积分器的输入和输出波形，电容初始不带电

$0.368(6.32\ \text{V})=2.33\ \text{V}$）。

第 2 个脉冲　电容从 2.33 V 开始充电，能够达到的最大值是 10 V。充电电压可能的变化范围为 10 V－2.33 V＝7.67 V。因此，电容电压将增加 7.67 V 的 63.2%（即 4.85 V）。故在第 2 个脉冲结束时，输出电压为 2.33 V＋4.85 V＝7.18 V，如图 20-15 所示。请注意，电容电压在一个充电时间内平均值正在增加。

第 2 个和第 3 个脉冲之间　电容在此期间放电，因此在第 2 个脉冲放电结束时，电压降至该期间初始电压的 36.8%（即 0.368×7.18 V＝2.64 V）。

第 3 个脉冲　在第 3 个脉冲到来时，电容电压从 2.64 V 开始增加。电压的增加量为从 2.64 V 到 10 V 增量的 63.2%（即 0.632×(10 V－2.64 V)＝4.65 V）。因此，第 3 个脉冲结束时，电容电压是 2.64 V＋4.65 V＝7.29 V。

第 3 个和第 4 个脉冲之间　由于电容放电，因此该期间电容电压下降。到第 3 个脉冲放电结束时，电压将下降到该期间初值的 36.8%（即 0.368×7.29 V＝2.68 V）。

以此类推，当第 5 个脉冲结束时，电容电压为 7.31 V。

20.3.1　稳态响应

通过前面的讨论可知，输出电压的平均值随着时间逐渐增大，然后渐渐平稳。大约经过 5τ 的时间后，输出电压的平均值基本恒定。该过程所需时间就是电路的瞬态响应时间。输出电压的平均值一旦达到输入电压的平均值，电路就达到了**稳定状态**，即获得了**稳态响应**。只要这种周期性的输入继续，周期性的输出也会继续下去。基于前面讨论获得了各期间电压值，图 20-16 表明了达到稳定状态的情形。

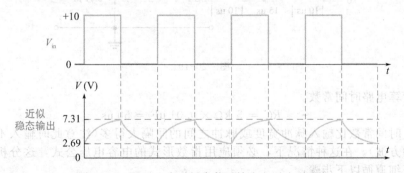

图 20-16　经过 5 个时间常数后输出电压达到稳态

上述示例电路的瞬态时间是从第 1 个脉冲开始到第 3 个脉冲结束的时间。这是因为第 3 个脉冲结束时，电容电压是 7.29 V，这大约是后续某个脉冲结束时最大电压的 99%。

20.3.2　增加时间常数对响应的影响

如果用可变电阻增加积分器的时间常数 RC，输出电压会发生什么变化呢？如图 20-17 所示。随着时间常数的增加，电容在脉冲期间充电量变少，在两个脉冲之间放电量也变少。结果是输出电压的波动变小，如图 20-18 所示。

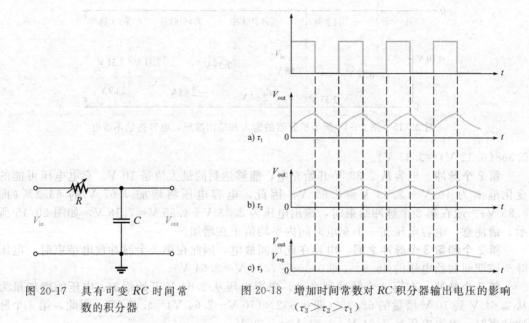

图 20-17 具有可变 RC 时间常数的积分器

图 20-18 增加时间常数对 RC 积分器输出电压的影响（$\tau_3 > \tau_2 > \tau_1$）

因为时间常数与脉冲宽度相比非常大，所以输出电压接近恒定的直流电压，如图 20-18c 所示，该值就是输入电压的平均值。对于占空比为 50% 的方波，它是方波幅值的一半。

例 20-3 电路如图 20-19 所示，分析施加到 RC 积分器上的前两个脉冲对应的输出电压波形。假设电容最初未充电，可变电阻设置为 5 kΩ。

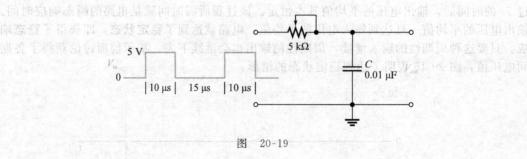

图 20-19

解 计算电路时间常数。

$$\tau = RC = 5\ \text{k}\Omega \times 0.01\ \mu\text{F} = 50\ \mu\text{s}$$

显然，时间常数比输入脉冲宽度或脉冲之间的间隔大得多（注意此时输入不是充放电时间相等的方波）。在这种情况下，必须应用指数形式的电容电压公式，这分析起来相对困难，需仔细遵循以下步骤：

1. **第 1 个脉冲** 在此期间，电容充电，使用指数递增公式计算电容充电时的电压。注意，V_F 是 5 V，t 等于脉冲宽度，即 10 μs。因此，

$$v_C = V_F(1 - e^{-t/RC}) = 5\ \text{V} \times (1 - e^{-10\ \mu\text{s}/50\ \mu\text{s}}) = 906\ \text{mV}$$

此结果见图 20-20a。

2. **第 1 个和第 2 个脉冲间隔** 在此期间电容放电，使用指数递减公式计算放电电压。注意，电容开始放电的电压就是上一个脉冲充电结束时的电压，即 V_i 是 906 mV，放电的

时间为 15 μs。因此，放电电压为：

$$v_C = V_i e^{-t/RC} = 906 \text{ mV} \times e^{-15 \mu s/50 \mu s} = 671 \text{ mV}$$

此结果见图 20-20b。

3. 第 2 个脉冲 在第 2 个脉冲开始时，输出电压为 671 mV。在第 2 个脉冲期间，电容将再次被充电，但充电不是从零开始的。它已经从之前的充电和放电过程中获得了 671 mV 的电压。要处理这种情况，必须使用通用的指数公式，即

$$v = V_F + (V_i - V_F) e^{-t/\tau}$$

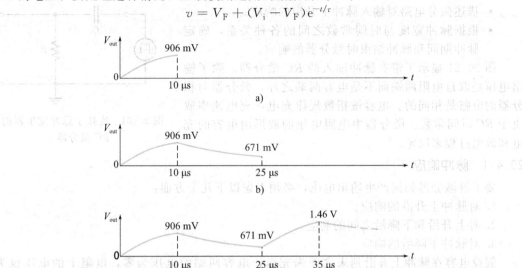

图 20-20

使用该公式，你可以计算出第 2 个脉冲结束时电容两端的电压，如下所示：

$$v_C = V_F + (V_i - V_F) e^{-t/RC}$$
$$= 5 \text{ V} + (671 \text{ mV} - 5 \text{ V}) e^{-10 \mu s/50 \mu s}$$
$$= 5 \text{ V} - 3.44 \text{ V} = 1.46 \text{ V}$$

此结果见图 20-20c。

请注意，输出电压波形会在连续的输入脉冲上累积变大。大约 5τ 时间后，它将达到稳定状态，并将在不变的最大值和不变的最小值之间波动，其平均值等于输入电压的平均值。

同步练习 确定第 3 个脉冲开始时的输出电压 V_{out}。

 Multisim 仿真

使用 Multisim 文件 E20-03 验证此示例中的计算结果，并核实对同步练习的计算结果。

学习效果检测

1. 当周期性脉冲波形施加到输入端时，满足什么条件才能够使 RC 积分器中的电容被完全充电和完全放电？
2. 对于 RC 积分器，如果电路时间常数与输入方波的脉冲宽度相比极小，则输出波形会是什么样子的？
3. 当 5τ 大于输入方波脉冲的宽度时，输出达到恒定的平均值所需的时间叫什么？
4. 定义稳态响应。
5. 当输入电压为周期远小于 τ 的方波时，分析 RC 积分器的输出。

20.4 RC 微分器对单个脉冲输入的响应

就时间响应而言，在电阻上获取输出电压的 RC 串联电路称为**微分器**。回想一下，就频率响应而言，它是一个高通滤波器。术语微分器来自数学的微分计算，这种类型的电路在某些条件下，在输出和输入之间能够产生近似的微分关系。

学完本节内容后，你应该能够分析具有单个脉冲输入的 RC 微分器，具体就是：

- 描述微分电路对输入脉冲上升沿的响应。
- 根据脉冲宽度与时间常数之间的各种关系，确定脉冲期间和脉冲结束时微分器的响应。

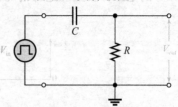

图 20-21 显示了带有脉冲输入的 RC 微分器。除了输出电压是取自电阻两端而不是电容两端之外，微分器与积分器的电路是相同的。电容按指数规律充电，充电速率取决于 RC 时间常数。微分器中电阻电压的波形由电容的充电和放电过程来决定。

图 20-21 连接了脉冲发生器的 RC 微分器

20.4.1 脉冲响应

要了解微分器如何产生输出电压，必须考虑以下几个方面：

1. 对脉冲上升沿的响应。
2. 对上升沿和下降沿之间的响应。
3. 对脉冲下降沿的响应。

假设电容在脉冲上升沿到来之前未充电，电容两端的电压为零，电阻上的电压也为零，如图 20-22a 所示。

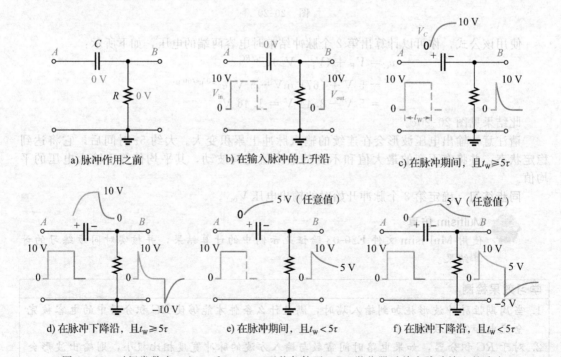

a) 脉冲作用之前   b) 在输入脉冲的上升沿   c) 在脉冲期间，且 $t_w \geqslant 5\tau$

d) 在脉冲下降沿，且 $t_w \geqslant 5\tau$ e) 在脉冲期间，且 $t_w < 5\tau$ f) 在脉冲下降沿，且 $t_w < 5\tau$

图 20-22 时间常数在 $t_w \geqslant 5\tau$ 和 $t_w < 5\tau$ 两种条件下，RC 微分器对单个脉冲输入的响应

对输入脉冲上升沿的响应 我们仍然假设在输入端施加 10 V 脉冲。当出现上升沿时，A 点变为 +10 V。回想一下，电容两端的电压不能瞬间改变，因此电容出现瞬间短路。在

A 点立即变为 $+10$ V 的同时，B 点也必然变为 $+10$ V。以保证在出现上升沿的瞬间电容两端电压为零(其电压为 A 点与 B 点间的电压)。

B 点相对于地的电压等于电阻两端的电压(即输出电压)。因此，对输入脉冲上升沿响应的结果是，输出电压突然变为 $+10$ V，如图 20-22b 所示。

当 $t_w \geqslant 5\tau$ 时对脉冲高电平的响应 当脉冲处于上升沿和下降沿之间的高电平时，电容一直在充电。当脉冲宽度大于或等于 5 倍的时间常数时，电容有足够时间被完全充电。

当电容两端的电压呈指数规律增加时，电阻两端的电压则呈指数规律下降，直到电容达到满电为止(在本例为 $+10$ V)，此时电阻电压达到零。电阻电压的降低是因为电容电压与电阻电压之和必须等于外加电压，以便符合基尔霍夫电压定律，即 $v_C + v_R = v_{in}$。这期间的响应如图 20-22c 所示。

当 $t_w \geqslant 5\tau$ 时对脉冲下降沿的响应 让我们来考查一下脉冲结束时电容充满电的情况，参见图 20-22d。在脉冲下降沿，输入突然从 $+10$ V 回到 0。在下降沿之前的瞬间，电容已被充电至 10 V，因此 A 点为 $+10$ V，B 点为 0 V。由于电容两端的电压不会突变，因此当 A 点从 $+10$ V 下降为 0 时，B 点必须从 0 下降到 -10 V 以产生 10 V 的电压变化，以便使闭合回路中的电压之和等于零，从而满足基尔霍夫电压定律。在下降沿的瞬间，电容两端电压保持 10 V。

电容现在开始按指数规律放电。结果使得电阻电压按指数规律由 -10 V 变为 0，如图 20-22d 中的曲线所示。

当 $t_w < 5\tau$ 时对脉冲高电平的响应 当脉冲宽度小于 5 倍的时间常数时，电容没有足够时间被完全充电，所充得的部分电压取决于时间常数与脉冲宽度之间的关系。

由于电容电压未达到 $+10$ V 的全值电压，因此电阻电压在脉冲结束时不会变为 0。例如，如果电容在脉冲期间充电至 $+5$ V，则电阻电压将降至 $+5$ V，如图 20-22e 所示。

当 $t_w < 5\tau$ 时对脉冲下降沿的响应 现在让我们来考查一下在脉冲结束时电容仅部分充电的情况。例如，如果电容充电至 $+5$ V，则下降沿到来之前的瞬间电阻电压也为 $+5$ V，因为电容电压加上电阻电压必须等于 $+10$ V，如图 20-22e 所示。

下降沿到来时，A 点的电压从 $+10$ V 变为 0。结果是 B 点的电压从 $+5$ V 变为 -5 V，如图 20-22f 所示。当然，这种降低是因为电容电压在下降沿到来的瞬间不会发生突然改变，而基尔霍夫电压定律要求闭合回路的电压之和等于零。在下降沿过后，电容立即开始放电，直至为 0。结果使得电阻电压从 -5 V 变为 0，如图 20-22f 所示。

20.4.2 总结 *RC* 微分器对单脉冲的响应

总结本节内容的一个好方法是考查微分器的完整输出波形，并让时间常数从一个极端变化到另一个极端，即从 5τ 远小于脉冲宽度变化到 5τ 远大于脉冲宽度。这些情况如图 20-23 所示。在图 20-23a 中，输出电压由窄的正和负"尖峰"组成。在图 20-23e 中，输出电压接近于输入电压。在图 20-23b、c 和 d 中说明了在这两种极端之间的响应变化过程。

技术小贴士 当你使用交流(ac)耦合将脉冲电压输入示波器时，可能会观察到类似于图 20-23e 所示的波形。在这种情况下，示波器耦合电路中的电容充当了微分电路中的额外电容，导致所显示的脉冲波形下垂。为避免这种情况，你可以采用直接耦合(dc)将波形输入示波器，并调整探头补偿。

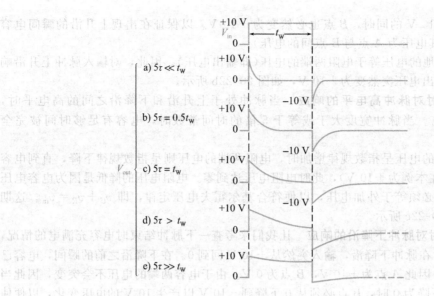

图 20-23 时间常数对 RC 微分器输出电压波形的影响

例 20-4 微分器如图 20-24 所示，绘制输出电压波形。

解 计算时间常数。

$$\tau = RC = 1.8 \ \mu s$$

在这种情况下，由于 $t_W > 5\tau$，因此在脉冲结束前电容达到满电状态。

在脉冲上升沿，电阻电压跳变至 $+5 \ V$；到脉冲结束时，它按指数规律降至 0。在下降沿，电阻电压跳至 $-5 \ V$，然后再按指数规律回到 0。电阻电压就是输出电压，其形状如图 20-25 所示。

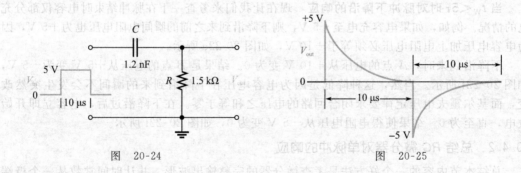

图 20-24

图 20-25

同步练习 如果在图 20-24 中将 C 更改为 120 pF，再绘制输出电压波形。

 Multisim 仿真

使用 Multisim 文件 E20-04A 和 E20-04B 验证此例中的计算结果，并确认你对同步练习的分析。为了模拟单个脉冲，可选择脉冲宽度为给定值但占空比较小（长周期）的输入波形。

例 20-5 分析图 20-26 中 RC 微分器的输出电压波形。调节变阻器使 R_1 和 R_2 的总电阻为 $2.0 \ k\Omega$。

解 计算时间常数。

$$\tau = R_{tot} C = 2.0 \ k\Omega \times 1.0 \ \mu F = 2.0 \ ms$$

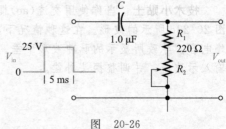

图 20-26

在脉冲上升沿，电阻电压立即跳变至 +25 V。由于脉冲宽度为 5 ms，因此电容充电时间只有 2.5 倍的时间常数，未能达到完全充满电的状态。必须使用指数递减公式计算到脉冲结束时的输出电压，即：

$$v_{\text{out}} = V_i e^{-t/RC} = 25 \text{ Ve}^{-5 \text{ ms}/2 \text{ ms}} = 25 \text{ V} \times 0.0821 = 2.05 \text{ V}$$

其中 $V_i = 25$ V，$t = 5$ ms。该计算过程给出了 5 ms 脉冲宽度结束时的电阻电压。

在脉冲下降沿，电阻电压立即从 +2.05 V 下降到 −22.95 V（有 25 V 的变化），产生的输出电压波形如图 20-27 所示。

同步练习　如果调节变阻器使总电阻为 1.5 kΩ，再分析图 20-26 中脉冲结束时的输出电压波形。

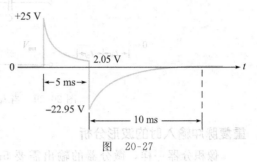

图 20-27

Multisim 仿真

使用 Multisim 文件 E20-05A 和 E20-05B 验证此示例中的计算结果，并确认同步练习的计算结果。为了模拟单个脉冲，可选择脉冲宽度为给定值但占空比较小（长周期）的输入波形。

学习效果检测

1. 当 $5\tau = 0.5 t_W$ 时，画出脉冲幅值为 10 V 时的微分器输出波形。

2. 对微分器来说，在什么条件下，输出脉冲波形最接近于输入脉冲？

3. 当 5τ 远小于输入脉冲宽度时，微分器的输出电压是什么样的？

4. 如果微分器中的电阻电压在 15 V 输入脉冲结束前的瞬间降到 +5 V，那么当输入电压为下降沿时，电阻电压将变成多少？

20.5　RC 微分器对重复脉冲输入的响应

上一节介绍了 RC 微分器对单个脉冲输入的响应，在本节将其扩展为对重复脉冲输入的响应。学完本节内容后，你应该能够：

- 分析具有重复脉冲输入的 RC 微分器。
- 分析脉冲宽度小于 5 倍时间常数时的响应。

如果将周期性脉冲施加到 RC 微分电路，也有两种情况：$t_W \geqslant 5\tau$ 和 $t_W < 5\tau$。图 20-28 画出了当 $t_W = 5\tau$ 时的输出电压波形。随着时间常数的减小，输出的正负部分变得更窄。请注意，输出电压的平均值为零。平均值为零意味着波形具有面积相等的正负部分。波形的平均值就是其**直流分量**。由于电容能够阻止直流电流通过，因此输入的直流分量不会到达输出端，故输出电压的平均值为零。

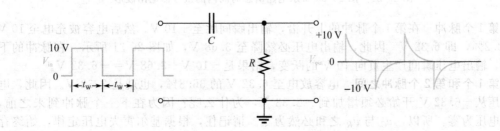

图 20-28　当 $t_W = 5\tau$ 时微分器的响应

图 20-29 画出了当 $t_W < 5\tau$ 时的稳态输出电压。随着时间常数的增加，正和负的倾斜部分变得更加平坦。对于非常大的时间常数，输出电压接近输入电压的波形，但平均值为零。

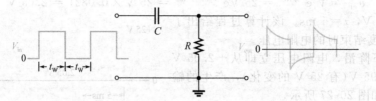

图 20-29 当 $t_W < 5\tau$ 时微分器的响应

重复脉冲输入时的波形分析

像积分器一样，微分器的输出需要 5τ 的时间才能达到稳定状态。我们举一个例子，令时间常数等于输入脉冲宽度。此时，我们不用关心时间常数具体是多少，因为我们已经知道，在一个脉冲期间（也就是 1 个时间常数的时间），电阻电压将大约下降到其最大值的 37%。

假设图 20-30 中的电容最初不带电，然后逐个脉冲地考查输出电压。随后的分析结果如图 20-31 所示。

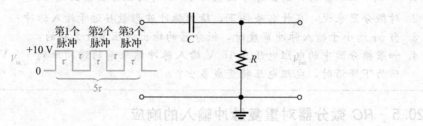

图 20-30 $\tau = t_W$ 时的 RC 微分器

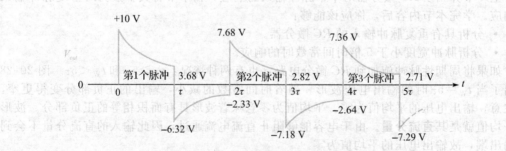

图 20-31 图 20-30 所示电路瞬态时间内的微分器输出波形

第 1 个脉冲 在第 1 个脉冲的上升沿，输出瞬间跳至 +10 V。然后电容被充电至 10 V 的 63.2%，即 6.32 V。因此，输出电压必然降至 3.68 V，如图 20-31 所示。在脉冲的下降沿，输出电压瞬间产生负向 10 V 的跃变，结果是 $-10\ \mathrm{V} + 3.68\ \mathrm{V} = -6.32\ \mathrm{V}$。

第 1 个和第 2 个脉冲之间 电容放电至 6.32 V 的 36.8%，也就是 2.33 V。因此，电阻电压从 $-6.32\ \mathrm{V}$ 开始必须增加到 $-2.33\ \mathrm{V}$，为什么呢？因为在下一个脉冲到来之前，输入电压为零。所以，v_C 与 v_R 之和必然为零。请记住，根据基尔霍夫电压定律，始终存在 $v_C + v_R = v_{in}$。

第 2 个脉冲 在第 2 个脉冲的上升沿，输出电压从 $-2.33\ \mathrm{V}$ 跃变到 7.68 V 产生瞬时正向 10 V 的增加。然后在脉冲结束时，电容充电电压为 $0.632\times(10\ V-2.33\ V)=4.85\ V$。因此，电容电压从 2.33 V 增加到 $2.33\ V+4.85\ V=7.18\ V$。输出电压则降至 $0.368\times 7.68\ V=2.82\ V$。

在第 2 个脉冲的下降沿，输出电压瞬间产生 $2.82\ V-10\ V=-7.18\ V$ 的负向跃变，跃变量为 $-10\ V$，如图 20-31 所示。

第 2 个和第 3 个脉冲之间　电容放电至 7.18 V 的 36.8%，即 2.64 V。因此，输出电压从 $-7.18\ V$ 开始增加到 $-2.64\ V$，因为电容电压和电阻电压相加必然是零。

第 3 个脉冲　在第 3 个脉冲的上升沿，输出电压瞬间从 $-2.64\ V$ 跃变到 $+7.36\ V$，有 $+10\ V$ 的电压增量。然后电容开始充电，获得的新增电压是 $0.632\times(10\ V-2.64\ V)=4.65\ V$，因此电容被充电至 $2.64\ V+4.65\ V=7.29\ V$。结果使得输出电压降至 $0.368\times 7.36 V=2.71\ V$。在脉冲的下降沿，输出电压立即从 $+2.71\ V$ 降至 $-7.29\ V$，即产生 $-10\ V$ 的电压跃变。

在第 3 个脉冲之后，大约经过了 5 倍的时间常数，输出电压便接近其稳定状态。它将周期性地从大约 $+7.3\ V$（正向最大值）变化到大约 $-7.3\ V$（负向最大值），且平均值为零。

学习效果检测

1. 当周期性脉冲作用到输入端时，满足什么条件可以使得 RC 微分器能够完全充电和完全放电？
2. 如果电路的时间常数与输入方波的脉冲宽度相比极小，微分器的输出电压波形会是什么样子？
3. 稳态期间微分器输出电压的平均值是多少？

20.6　RL 积分器对脉冲输入的响应

在时间响应方面，在电阻上获取输出电压的 RL 串联电路也被称为积分器。RL 积分器不像 RC 积分器那样常见，这是成本原因，以及电感并不像电容那样接近理想元件。本节虽然只讨论了 RL 积分器对单个脉冲输入的响应，但它很容易扩展到重复脉冲，就像在 RC 积分器中所进行的分析一样。

学完本节内容后，你应该能够分析 RL 积分器的工作过程，具体就是：

- 计算 RL 积分器对单个脉冲输入的响应。

图 20-32 是 RL 积分器电路图。输出电压取自电阻上的电压，在相同条件下，它与 RC 积分器的输出电压波形相同。回想一下，在 RC 积分器中，输出电压为电容上的电压。

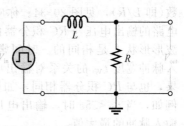

图 20-32　连接了脉冲发生器的 RL 积分器

如你所知，理想脉冲的每个边沿都被视为是陡直的。掌握电感的两个基本特性将有助于分析 RL 电路对脉冲输入的响应：

1. 电感对突然变化的电流相当于开路，而对直流则相当于短路（指理想电感）。

2. 电感中的电流不能突变，只能渐渐变化。

RL 积分器对单个脉冲输入的响应

当脉冲发生器连接到积分器的输入端，并且电压脉冲从低电平变为高电平时，电感可防止电流突然变化。电感起到开路的作用，所以在脉冲出现上升沿的瞬间，所有输入电压都加在了电感两端，这种情况如图 20-33a 所示。

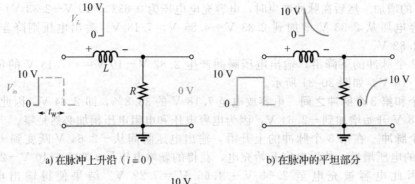

a) 在脉冲上升沿（$i=0$）　　　　　　b) 在脉冲的平坦部分

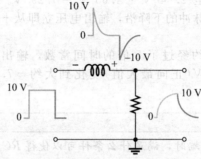

c) 在脉冲的下降沿和下降沿之后

图 20-33　RL 积分器的脉冲响应（$t_\mathrm{W}>5\tau$）

在上升沿之后，电流按指数规律逐渐增加，输出电压随着电流的增加而增加，如图 20-33b 所示。如果脉冲宽度大于瞬态时间，则电流可以达到最大值（即 V_p/R），本例中 $V_\mathrm{p}=10$ V。

当输入脉冲从高电平变为低电平时，在线圈两端产生极性相反的感应电压，以便保持电流等于 V_p/R。输出电压开始呈指数下降，如图 20-33c 所示。

对于时间常数和脉冲宽度之间的各种关系，输出电压波形的确切形状取决于时间常数（即 L/R），见图 20-34。你应该注意，RL 电路的输出电压与 RC 积分器的输出电压在波形形状上是相同的。时间常数 L/R 与输入脉冲宽度 t_W 的关系对输出电压的影响效果，也与 RC 积分器相同，如图 20-4 所示。例如，当 $t_\mathrm{W}<5\tau$ 时，输出电压将不会达到输入脉冲的最大值。

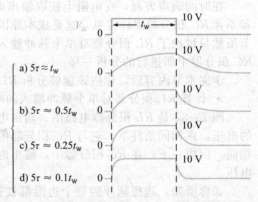

a) $5\tau \approx t_\mathrm{W}$

b) $5\tau \approx 0.5t_\mathrm{W}$

c) $5\tau \approx 0.25t_\mathrm{W}$

d) $5\tau \approx 0.1t_\mathrm{W}$

图 20-34　RL 积分器输出电压波形随时间常数的变化情况

例 20-6　当施加单个脉冲时，分析图 20-35 中 RL 积分器的最大输出电压。调整变阻器使总电阻为 50 Ω，并且电感是理想的。

解　计算时间常数。
$$\tau = \frac{L}{R} = \frac{100 \text{ mH}}{50 \text{ Ω}} = 2 \text{ ms}$$

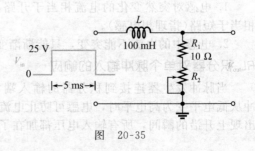

图　20-35

由于脉冲宽度为 5 ms，因此电感充电时间只有时间常数的 2.5 倍。使用指数公式(13-8)计算输出电压，其中 $V_i=0$，$\tau=L/R$。

$$
\begin{aligned}
v_{out(max)} &= V_F(1-e^{-t/\tau}) = 25\ \text{V} \times (1-e^{-5\ \text{ms}/2\ \text{ms}}) \\
&= 25\ \text{V} \times (1-e^{-2.5}) = 25\ \text{V} \times (1-0.082) \\
&= 25\ \text{V} \times 0.918 = 23.0\ \text{V}
\end{aligned}
$$

同步练习 对于图 20-35 所示电路，在脉冲结束时，变阻器 R_2 的最大电阻设置为何值，输出电压可以达到 25 V？ ■

例 20-7 单个脉冲作用于图 20-36 所示的 RL 积分器。分析各时段的输出电压波形，并讨论电流 i、电阻电压 v_R 和电感电压 v_L 的值。

解 电路时间常数是：

$$\tau = \frac{L}{R} = \frac{5.0\ \text{mH}}{1.5\ \text{k}\Omega} = 3.33\ \mu\text{s}$$

由于 $5\tau=16.7\ \mu\text{s}$ 小于 t_W，因此脉冲期间电流将达到最大值并保持到脉冲结束。

在脉冲的上升沿，

$$i = 0\ \text{A}$$
$$v_R = 0\ \text{V}$$
$$v_L = 10\ \text{V}$$

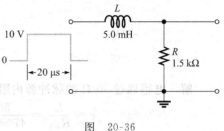

图 20-36

电感最初相当于开路，因此所有输入电压都加在了电感上，故 $v_L=10\ \text{V}$。

在脉冲期间，电流 i 按指数规律在 $16.7\ \mu\text{s}$ 后增加到

$$\frac{V_p}{R} = \frac{10\ \text{V}}{1.5\ \text{k}\Omega} = 6.67\text{mA}$$

输出电压 v_R 按指数规律在 $16.7\ \mu\text{s}$ 后增加到 10 V。

电感电压 v_L 按指数规律在 $16.7\ \mu\text{s}$ 后减小到 0。

在脉冲的下降沿，

$$i = 6.67\ \text{mA}$$
$$v_R = 10\ \text{V}$$
$$v_L = -10\ \text{V}$$

脉冲下降沿之后

$$\text{电流 } i \text{ 按指数规律在 } 16.7\ \mu\text{s} \text{ 后下降到 } 0$$
$$\text{电压 } v_R \text{ 按指数规律在 } 16.7\ \mu\text{s} \text{ 后下降到 } 0$$
$$\text{电压 } v_L \text{ 按指数规律在 } 16.7\ \mu\text{s} \text{ 后增加到 } 0$$

完整波形如图 20-37 所示。

同步练习 如果图 20-36 中输入脉冲的幅值增加到 20 V，那么最大输出电压是多少？ ■

Multisim 仿真

使用 Multisim 文件 E20-07A 和 E20-07B 验证此示例中的计算结果，并确认对同步练习的计算。要模拟单个脉冲，可选择脉冲宽度为给定值但占空比较小的波形。

例 20-8 宽度为 1 ms，幅值为 10 V 的单个脉冲作用于图 20-38 所示的 RL 积分器。分析输出电压在脉冲期间达到的值。如果脉冲源的内阻为 30 Ω，那么输出电压衰减到 0 需要多长时间？绘制输出电压波形。假设电感是理想的。

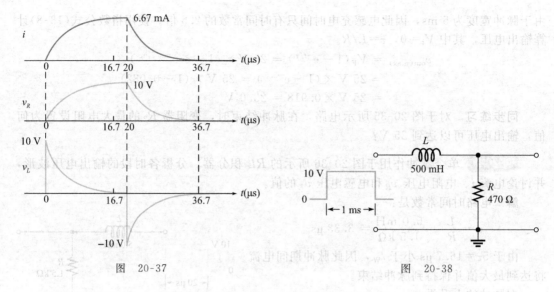

图 20-37

图 20-38

解 电感通过 $30\ \Omega$ 的脉冲源内阻和 $470\ \Omega$ 的外部电阻充电，时间常数是：

$$\tau = \frac{L}{R_{tot}} = \frac{500\ \text{mH}}{470\ \Omega + 30\ \Omega} = \frac{500\ \text{mH}}{500\ \Omega} = 1.0\ \text{ms}$$

请注意，在本例中脉冲宽度恰好等于时间常数 τ。因此，总电阻电压在脉冲结束时将大约达到输入脉冲幅值的 63.2%，即 $6.32\ \text{V}$。该电压在脉冲源内阻和外部电阻 R 之间分配。应用分压规律，输出电压将为：

$$(470\ \Omega/500\ \Omega) \times 6.32\ \text{V} = 5.94\ \text{V}$$

脉冲消失后，电感通过 $30\ \Omega$ 的脉冲源内阻和 $470\ \Omega$ 的外部电阻放电。输出电压需要 5τ 的时间才能完全衰减到零。

$$5\tau = 5 \times 1\ \text{ms} = 5\ \text{ms}$$

输出电压如图 20-39 所示。

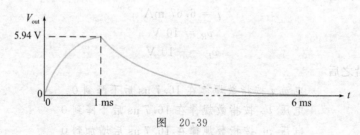

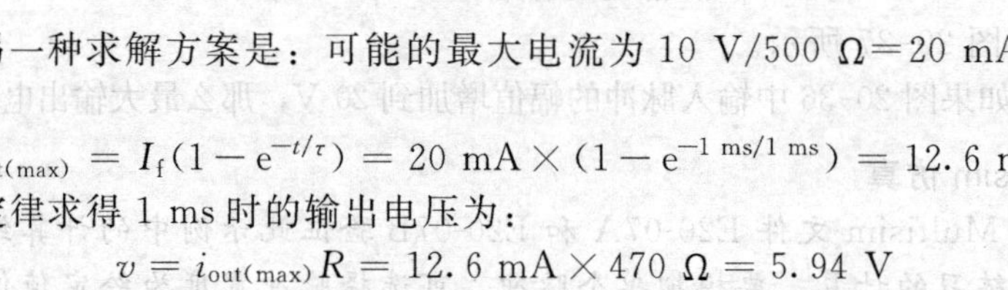

图 20-39

该问题的另一种求解方案是：可能的最大电流为 $10\ \text{V}/500\ \Omega = 20\ \text{mA}$，所以在 $1\ \text{ms}$ 时输出电流为：

$$i_{out(max)} = I_f(1 - e^{-t/\tau}) = 20\ \text{mA} \times (1 - e^{-1\ \text{ms}/1\ \text{ms}}) = 12.6\ \text{mA}$$

利用欧姆定律求得 $1\ \text{ms}$ 时的输出电压为：

$$v = i_{out(max)}R = 12.6\ \text{mA} \times 470\ \Omega = 5.94\ \text{V}$$

同步练习 如果脉冲源的内阻为 $50\ \Omega$，那么最大输出电压是多少？

Multisim 仿真

使用 Multisim 文件 E20-08A 和 E20-08B 验证此示例中的计算结果，并确认对同步练习的计算。要模拟单个脉冲，请选择脉冲宽度为给定值但占空比较小的波形。

学习效果检测

1. 在 RL 积分器中，哪个元件上的电压是输出电压？
2. 当单个脉冲作用于 RL 积分器时，必须满足什么条件才能使输出电压达到输入电压的幅值？
3. 在什么条件下 RL 积分器的输出电压与输入脉冲电压具有相似的波形？

20.7 RL 微分器对脉冲输入的响应

在电感上获取输出电压的 RL 串联电路，在时间响应方面也被称为微分器。本节虽然只讨论这种微分器对单个脉冲输入的响应，但它可以扩展到对重复脉冲输入的响应，正如前面讨论的 RC 微分器那样。

学完本节内容后，你应该能够分析 RL 微分器的工作过程，具体就是：

* 分析 RL 微分器对单个脉冲输入的响应。

RL 微分器对单个脉冲输入的响应

图 20-40 所示为 RL 微分器，脉冲发生器连接到它的输入端。

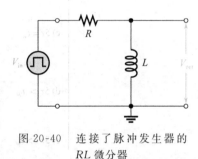

图 20-40 连接了脉冲发生器的 RL 微分器

最初，在脉冲到来之前，电路中没有电流。当输入脉冲从低电平变为高电平时，电感阻碍电流突然变化。如你所知，它的感应电压与输入电压相等但极性相反。电感看起来像是开路，所以在脉冲出现上升沿的瞬间，全部 10 V 的输入电压都加在了电感上，如图 20-41a 所示。

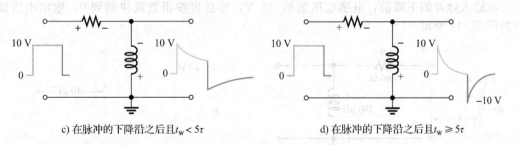

a) 在脉冲上升沿

b) 在脉冲的平坦部分

c) 在脉冲的下降沿之后且 $t_w < 5\tau$

d) 在脉冲的下降沿之后且 $t_w \geqslant 5\tau$

图 20-41 RL 微分器在两种时间常数条件下的响应

在脉冲持续期间，电流呈指数增长，电感电压则呈指数下降，如图 20-41b 所示。如你所知，下降的速率取决于时间常数 L/R。当输入脉冲的下降沿到来时，电感产生图 20-41c 所示的感应电压，以此保持其电流在脉冲下降瞬间不变。该感应电压为负值，如图 20-41c 和 d 所示。

有两种可能情况，分别如图 20-41c 和 d 所示。在图 20-41c 中，5τ 大于脉冲宽度，因此输出电压没有足够时间衰减到 0。而在图 20-41d 中，5τ 小于或等于脉冲宽度，因此

输出电压在脉冲结束之前衰减到 0。这种情况下，在输入脉冲的下降沿，输出电压产生
-10 V 的跃变。

请记住，就输入和输出波形而言，RL 积分器和微分器分别与 RC 积分器和微分器对
应相同。

图 20-42 总结了各种时间常数与脉冲宽度关系下，RL 微分器的输出电压波形。

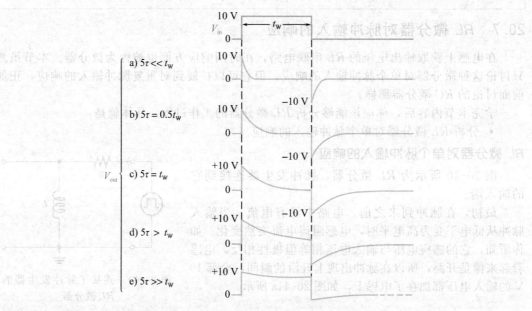

图 20-42　输出电压随 RL 时间常数变化总结

例 20-9　电路如图 20-43 所示，画出 RL 微分器的输出电压波形。

解　计算时间常数。

$$\tau = \frac{L}{R} = \frac{200\ \mu H}{100\ \Omega} = 2.0\ \mu s$$

在这种情况下刚好存在 $t_w = 5\tau$，因此输出电压将在脉冲结束时衰减到 0。

在脉冲上升沿，电感电压跳至 $+5$ V，然后按指数规律在下降沿到来之前瞬间衰减至 0。

在输入脉冲的下降沿，电感电压跳至 -5 V，然后再按指数规律回到 0。输出电压波
形如图 20-44 所示。

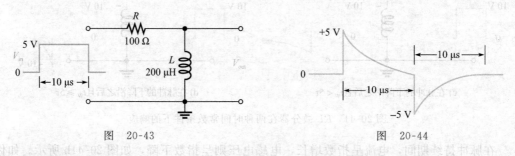

图　20-43　　　　　　　　　　　　　　　　　　图　20-44

同步练习　如果图 20-43 中的脉冲宽度减小到 $5\ \mu s$，再绘制输出电压波形。　■

例 20-10　分析图 20-45 中 RL 微分器的输出电压波形。

解　计算时间常数。

$$\tau = \frac{L}{R} = \frac{20\ mH}{10\ k\Omega} = 2.0\ \mu s$$

在脉冲上升沿，电感电压立即跳至 +25 V。由于脉冲宽度为 5 μs，因此电感的充电电压仅为 2.5τ 的时间，必须使用式(13-8)的指数表达式计算电感电压。将 $V_F = 0$ 和 $\tau = L/R$ 代入该公式，得到在脉冲刚刚结束时电感电压为：

$$v_L = V_i e^{-t/\tau} = 25 \text{ V e}^{-5 \text{ μs}/2 \text{ μs}} = 25 \text{ V e}^{-2.5} = 2.05 \text{ V}$$

在脉冲下降沿，输出电压立即从 +2.05 V 下降到 -22.95 V，即发生 -25 V 的跃变。完整的输出波形如图 20-46 所示。

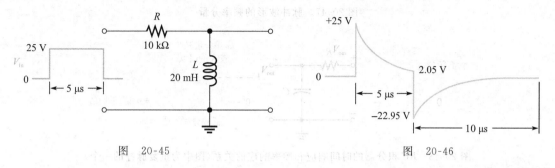

图 20-45   图 20-46

同步练习 如果图 20-45 所示电路在脉冲结束时输出电压刚好达到 0，那么电阻 R 必须是多少？

 Multisim 仿真

使用 Multisim 文件 E20-10A 和 E20-10B 验证此示例中的计算结果，并确认对同步练习的计算。要模拟单个脉冲，请选择脉冲宽度为给定值但占空比较小的波形。

学习效果检测

1. 在 RL 微分器中，哪个元件上的电压是输出电压？
2. 在什么条件下，输出电压波形最接近输入脉冲波形？
3. 如果 RL 微分器中的电感电压在 +10 V 输入脉冲结束时降至 +2 V，那么在脉冲的下降沿，输出的负电压应该是多少？

20.8 时间响应与频率响应的关系

时间响应和频率响应之间存在确定的关系。脉冲波形的快速上升沿和下降沿包含较高频率分量。脉冲波形的较平坦部分(脉冲的顶部和基线)表示缓慢变化或有较低频率分量。脉冲波形的平均值是其直流分量。

学完本节内容后，你应该能够解释时间响应与频率响应的关系，具体就是：

- 根据频率分量描述脉冲波形。
- 解释 RC 和 RL 积分器如何充当滤波器。
- 解释 RC 和 RL 微分器如何充当滤波器。
- 理解上升时间和下降时间与频率相关的公式。

脉冲波形的特征与频率分量之间的关系如图 20-47 所示。

20.8.1 积分器

RC 积分器 在频率响应方面，RC 积分器用作低通滤波器。如你所知，RC 积分器以指数方式来近似靠近脉冲的边沿。靠近程度取决于时间常数与脉冲宽度和周期的关系。对脉冲边沿的这种指数形式靠近，使得积分器倾向于降低脉冲波形中的较高频率分量，如图 20-48 所示。

RL 积分器 与 RC 积分器类似，RL 积分器也可用作低通滤波器，这是因为电感串联在输入和输出之间。对低频分量，电感的电抗 X_L 很小，几乎没有阻碍作用。X_L 随着频率

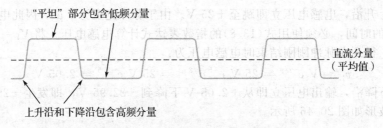

图 20-47 脉冲波形的频率分量

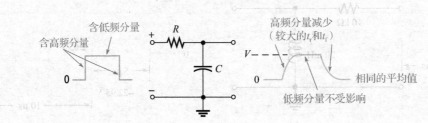

图 20-48 RC 积分器的时间响应和频率响应的关系(图中为重复脉冲的一个)

的增加而增加，因此在较高的频率分量下，总电压的大部分都加在了电感上，因此在电阻上产生的输出电压非常小。如果输入是直流电压，则电感就像是短路($X_L = 0$)。在高频分量下，电感就像是开路，如图 20-49 所示。

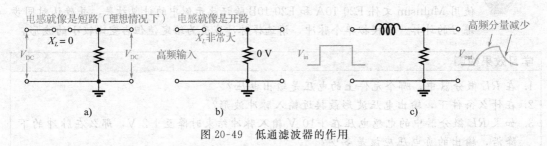

图 20-49 低通滤波器的作用

20.8.2 微分器

RC 微分器 就频率响应而言，RC 微分器用作高通滤波器。如你所知，微分器倾向于将脉冲的平坦部分变得倾斜。也就是说，它倾向于减小脉冲波形中的较低频率分量。此外，它完全消除了输入脉冲中的直流分量，因此输出电压的平均值为零。RC 微分器的这些表现如图 20-50 所示。

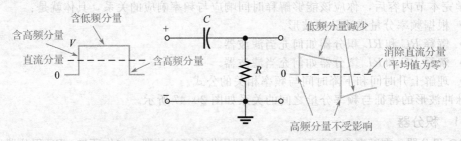

图 20-50 RC 微分器的时间响应和频率响应的关系(图中为重复脉冲的一个)

RL 微分器 像 RC 微分器一样，RL 微分器也用作高通滤波器。由于电感接在输出端，因此在较低频率下产生的输出小于在较高频率下产生的输出。输出端的直流电压为零（忽略绕组电阻）。输入电压中的高频分量大部分加在电感上。图 20-51 说明了高通滤波器的滤波作用。

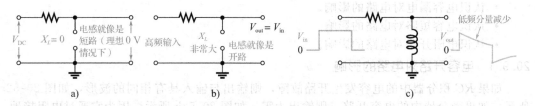

图 20-51 高通滤波器的作用

20.8.3 关于频率响应与时间响应的公式

利用下面的公式，可以将脉冲的上升时间 t_r 与该脉冲的最高频率 f_h 相关联：

$$t_r = \frac{0.35}{f_h} \tag{20-1}$$

该公式也适用于计算下降时间 t_f。

重新改写式(20-1)，可以得到由上升时间计算最高频率的公式，即：

$$f_h = \frac{0.35}{t_r} \tag{20-2}$$

以及由下降时间计算最高频率的公式。

$$f_h = \frac{0.35}{t_f} \tag{20-3}$$

式(20-1)~式(20-3)是基于特定类型的低通滤波器响应得出的。在某些情况下，例如高端数字示波器，公式中的常数为 0.45 而不是 0.35。其实，在任何情况下，这些公式都应看作是近似的。

技术小贴士 如果要使用示波器测量快速上升的脉冲，则需要了解示波器的带宽，否则测出的不是你所感兴趣的信号的上升时间，而是示波器和探头的上升时间。例如，带宽为 100 MHz 的示波器/探头组合，它的上升时间约为 3.5 ns。理想情况下，示波器的上升时间应比待测信号的上升时间快 4 倍，否则会影响测试结果的准确性。

例 20-11 上升和下降时间等于 10 ns 的脉冲中包含的最高频率是多少？

解

$$f_h = \frac{0.35}{t_r} = \frac{0.35}{10 \times 10^{-9} \text{ s}} = 0.035 \times 10^9 \text{ Hz}$$
$$= 35 \times 10^6 \text{ Hz} = 35 \text{ MHz}$$

同步练习 在上升时间 $t_r = 20$ ns 和下降时间 $t_f = 15$ ns 的脉冲中，最高频率分量是多少？

学习效果检测

1. 哪种类型的滤波器是积分器？
2. 哪种类型的滤波器是微分器？
3. 在 t_r 和 t_f 等于 1 μs 的脉冲波形中，最高频率分量是多少？

20.9 故障排查

在本节，用带有脉冲输入的 RC 电路说明在特定情况下常见的组件故障。这些概念很容易推广到 RL 电路。

学完本节内容后，你应该能够排查 RC 积分器和 RC 微分器的故障，具体就是：

- 认识电容开路对电路的影响。
- 认识电容漏电对电路的影响。
- 认识电容短路对电路的影响。
- 认识电阻开路对电路的影响。

20.9.1 电容开路对电路的影响

如果 RC 积分器中的电容发生开路故障，则输出与输入具有相同的波形，如图 20-52a 所示。如果微分器中的电容开路，则输出为零，如图 20-52b 所示，因为它通过电阻接地。

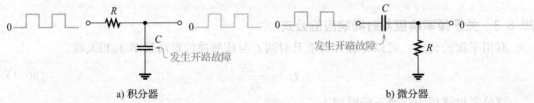

a) 积分器　　　　　　　　b) 微分器

图 20-52　电容开路对电路的影响

20.9.2 电容漏电对电路的影响

如果 RC 积分器中的电容发生漏电故障，则会出现以下 3 种情况：(a)时间常数将由于漏电电阻 R_{leak} 的出现而减小。当使用戴维南定理时，从电容看进去，漏电电阻 R_{leak} 与 R 是并联的；(b)经过较短的充电时间后，输出电压(电容电压)的波形便偏离正常值；(c)输出电压的幅值减小，因为 R 和 R_{leak} 成为分压器，输出电压只能是输入电压的一部分。这些影响如图 20-53a 所示。

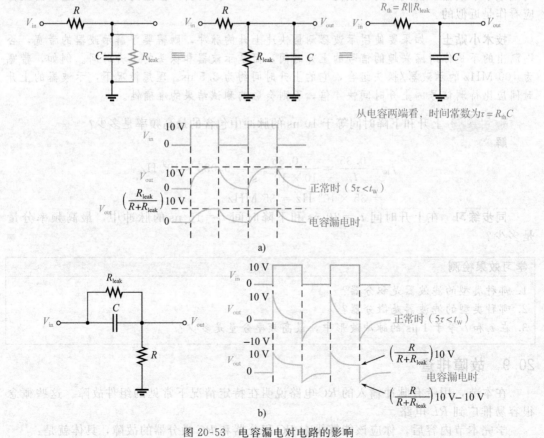

图 20-53　电容漏电对电路的影响

如果微分器中的电容发生了漏电,则时间常数也会减小,就像积分器一样(因为它们都是 RC 串联电路)。当电容充满电时,输出电压(R 上的电压)由 R 和 R_{leak} 的分压结果决定,如图 20-53b 所示。

20.9.3 电容短路对电路的影响

如果 RC 积分器中的电容发生短路故障,则输出被接地,如图 20-54a 所示。如果 RC 微分器中的电容发生短路故障,则输出电压与输入电压相同,如 20-54b 所示。

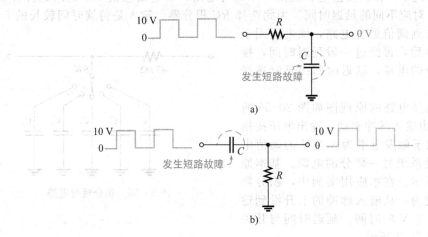

图 20-54 电容短路对电路的影响示例

20.9.4 电阻开路对电路的影响

如果 RC 积分器中的电阻发生开路故障,则电容没有充电和放电路径。理想情况下,它将保持其电荷不变。但在实际中,电荷会在电容内部逐渐泄漏,或通过连接到输出端的测量仪器或其他电路而缓慢放电,如图 20-55a 所示。

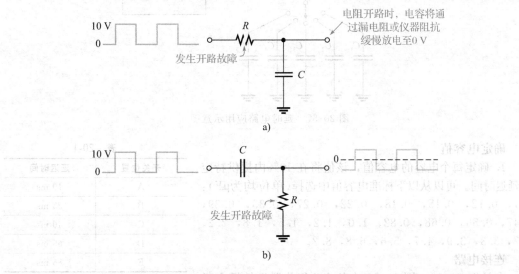

图 20-55 电阻开路对电路的影响

如果微分器中的电阻发生开路故障,除了直流电平,输出电压看上去就像是输入电压,因为电容现在只能通过示波器的极高输入电阻进行充电和放电,如图 20-55b 所示。

学习效果检测

1. RC 积分器在方波输入时输出为零，这可能是什么原因？
2. 如果 RC 微分器中的电容发生短路故障，当输入方波脉冲时，它的输出会是什么？

应用案例

在本应用案例中，你需要搭建和测试一个延时电路。该电路包括 1 个延时选择开关，它有 5 个位置，对应不同的延迟时间。为此选择 RC 积分器。输入是持续时间较长的 5 V 脉冲，输出连接到阈值触发电路，该电路用于在原始脉冲产生后，再经过一段延迟时间，接通系统另一部分的电源，延迟时间由延时选择开关来选定。

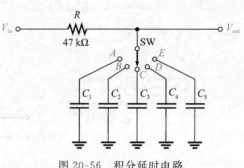

图 20-56　积分延时电路

积分延时选择电路的原理图如图 20-56 所示。RC 积分器由输入脉冲驱动，输出电压按指数规律增加，用于触发电平为 3.5 V 的阈值电路，触发后接通系统另一部分的电源。基本原理如图 20-57 所示。在本应用案例中，积分器的延迟时间规定为，从输入脉冲的上升沿到输出电压上升到 3.5 V 的时间。延迟时间与开关位置的关系如表 20-1 所示。

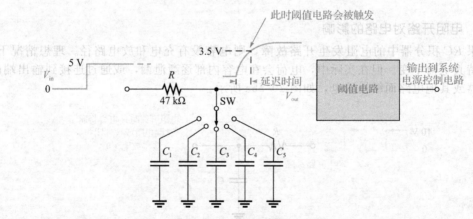

图 20-57　延时电路应用示意图

确定电容值

1. 确定每个电容的电容值，该值将在 10% 内提供特定的延迟时间。可以从以下标准电容值中选择（单位均为μF）：0.1，0.12，0.15，0.18，0.22，0.27，0.33，0.39，0.47，0.56，0.68，0.82，1.0，1.2，1.5，1.8，2.2，2.7，3.3，3.9，4.7，5.6，6.8，8.2。

连接电路

参见图 20-58。图 20-56 中的 RC 积分器组件插在了电路板上，但还没有互连。

2. 使用带圆圈的数字，建立一个点对点的布线列表以便正确连接电路板上的组件。

3. 使用适当的带圆圈的数字表示如何连接仪器，以便测试电路。

表 20-1

开关位置	延迟时间
A	10 ms
B	25 ms
C	40 ms
D	65 ms
E	85 ms

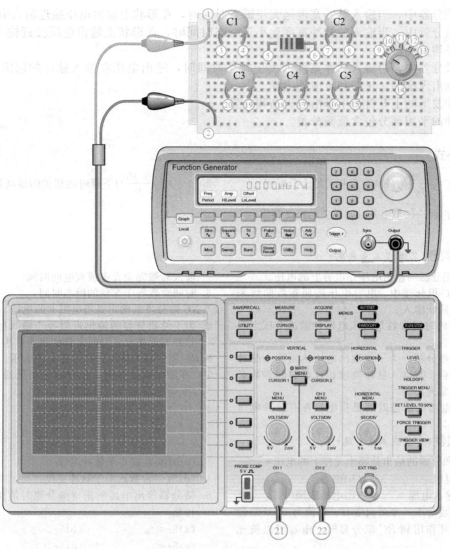

图 20-58　可选延迟时间的积分电路

电路测试

4. 选定函数发生器的输出函数、幅值和最小频率，以便能够用于测试图 20-58 中所有输出的延迟时间。

5. 设置示波器，以便能够测量图 20-58 中规定的每个延迟时间。

检查与复习

6. 若想为图 20-57 所示的电路增加额外的时间延迟，必须进行哪些更改？

7. 如果延时电路需要 100 ms 的额外延迟时间，如何选择组件？

本章总结

- 在 RC 积分电路中，输出电压是电容上的电压。
- 在 RC 微分电路中，输出电压是电阻上的电压。
- 在 RL 积分电路中，输出电压是电阻上的电压。
- 在 RL 微分电路中，输出电压是电感上的电压。
- 在积分器中，当输入脉冲宽度(t_W)远小于瞬态时间(5τ)时，输出电压接近输入电压的稳态平均值。

- 在积分器中，当输入脉冲宽度远大于瞬态时间时，在形状上输出电压接近输入电压。
- 在微分器中，当输入的脉冲宽度远小于瞬态时间时，在形状上输出电压接近输入电压，但平均值为零。
- 在微分器中，当输入脉冲宽度远大于瞬态时间时，输出电压在输入脉冲的前沿和后沿时刻出现窄的、正向和负向的尖峰。
- 脉冲波形的上升沿和下降沿包含高频分量。
- 脉冲的平坦部分包含低频分量。

重要公式

20-1 $t_r = \dfrac{0.35}{f_h}$ 与最高频率相关的上升时间

20-2 $f_h = \dfrac{0.35}{t_r}$ 与上升时间相关的最高频率

20-3 $f_h = \dfrac{0.35}{t_f}$ 与下降时间相关的最高频率

对/错判断（答案在本章末尾）

1. RC 积分器的输出电压是电容上的电压。
2. 在 RC 积分器中，电容电压按照指数曲线来响应阶跃输入。
3. 电路的时间常数是输入电压和输出电压之间的延迟。
4. 对于微分器，为了使输出电压达到输入脉冲的幅值，与输入脉冲宽度相比，时间常数必须非常大。
5. RC 电路的瞬态时间是指电容在有脉冲电压输入时被完全充电或放电的时间。
6. 时间常数等于 5 倍的瞬态时间。
7. RC 微分器的输出是指电阻上的电压。
8. 为了使积分器的输出近似等于输入脉冲，与脉冲宽度相比，时间常数必须非常小。
9. RL 积分器的输出是指电感上的电压。
10. 在频率响应方面，积分器充当低通滤波器；而微分器充当高通滤波器。

自我检测（答案在本章末尾）

1. RC 积分器的输出是哪个元件上的电压？
   (a)电阻　　(b)电容
   (c)输入电源　　(d)电感线圈
2. 当宽度等于一个时间常数、幅值为 10 V 的脉冲电压作用到 RC 积分器时，电容可以被充电至
   (a)10 V　　(b)5 V
   (c)6.3 V　　(d)3.7 V
3. 当宽度等于一个时间常数、幅值为 10 V 的脉冲电压作用到 RC 微分器时，电容可以被充电至
   (a)6.3 V　　(b)10 V
   (c)0 V　　(d)3.7 V
4. 在 RC 积分器中，在什么条件下输出脉冲与输入脉冲非常相似？
   (a)时间常数远大于脉冲宽度
   (b)时间常数等于脉冲宽度
   (c)时间常数小于脉冲宽度
   (d)时间常数远小于脉冲宽度
5. 在 RC 微分器中，在什么条件下输出脉冲与输入脉冲非常相似？
   (a)时间常数远大于脉冲宽度
   (b)时间常数等于脉冲宽度
   (c)时间常数小于脉冲宽度
   (d)时间常数远小于脉冲宽度
6. 微分器输出电压的正负部分绝对值相等的条件是
   (a)$5\tau < t_w$　　(b)$5\tau > t_w$
   (c)$5\tau = t_w$　　(d)$5\tau > 0$
   (e)(a)和(c)　　(f)(b)和(d)
7. RL 积分器的输出是指哪个元件上的电压？
   (a)电阻　　(b)电感线圈
   (c)输入电源　　(d)电容
8. 在 RL 积分器中最大可能的电流值是
   (a)$I = V_p/X_L$
   (b)$I = V_p/Z$
   (c)$I = V_p/R$
9. 在什么条件下，RL 微分器的电流能够达到可能的最大值？
   (a)$5\tau = t_w$　　(b)$5\tau < t_w$
   (c)$5\tau > t_w$　　(d)$\tau = 0.5t_w$
10. 如果你有一个 RC 微分器和一个 RL 微分器，它们的时间常数相同，并联后接到同一输入脉冲电源，那么
   (a)RC 微分器具有最宽的输出脉冲
   (b)RL 微分器的输出峰值最窄

(c)一个微分器的输出是按指数规律递增的，而另一个则是按指数规律递减的

(d)你无法通过观察输出波形来区别是哪一种微分器

电路行为变化趋势判断(答案在本章末尾)

参见图 20-60

1. 如果 R_2 断开，那么输出电压的幅值将
   (a)增大　　　　(b)减小　　　　(c)保持不变

2. 如果 C 的值加倍，那么时间常数将
   (a)增大　　　　(b)减小　　　　(c)保持不变

3. 如果 R_1 的值减小，那么输出电压的幅值将
   (a)增大　　　　(b)减小　　　　(c)保持不变

参见图 20-63

4. 如果 R_3 断开，那么输出电压的幅值将
   (a)增大　　　　(b)减小
   (c)保持不变

5. 如果用一个 1000 pF 的电容取代电容 C，那么输出电压将
   (a)增大　　　　(b)减小
   (c)保持不变

6. 如果 R_1 为 3.3 kΩ 而不是 2.2 kΩ，那么时间常数将
   (a)增大　　　　(b)减小　　　　(c)保持不变

参见图 20-66

7. 如果 L 增加，那么输出电压的上升时间将
   (a)增大　　　　(b)减小　　　　(c)保持不变

8. 如果输入脉冲的宽度增加到 10 μs，那么输出脉冲的幅值将
   (a)增大　　　　(b)减小　　　　(c)保持不变

参见图 20-68

9. 如果 R_1 断开，那么输出电压的最大值将
   (a)增大　　　　(b)减小　　　　(c)保持不变

10. 如果 R_2 短路，那么输出电压的最大值将
    (a)增大　　　　(b)减小　　　　(c)保持不变

分节习题(较难的问题用星号(＊)表示，奇数题答案在本书末尾)

20.1 节

1. RC 积分电路中 $R = 2.2$ kΩ，$C = 0.047$ μF。电路的时间常数是多少？

2. RC 积分电路中电阻和电容取如下组合，计算每种组合下电容充满电所需要的时间：
   (a)$R = 56$ Ω，$C = 47$ μF
   (b)$R = 3300$ Ω，$C = 0.015$ μF
   (c)$R = 22$ kΩ，$C = 100$ pF
   (d)$R = 5.6$ MΩ，$C = 10$ pF

20.2 节

3. 将 20 V 脉冲施加到 RC 积分器上，脉冲宽度等于时间常数。在脉冲期间电容能够充电到什么电压？假设电容最初不带电。

4. 当脉冲宽度 t_w 为以下值时，重复习题 3 的要求。
   (a)2τ　　　　(b)3τ
   (c)4τ　　　　(d)5τ

5. 绘制积分器输出电压的近似波形，其中 5τ 远小于 10 V 输入方波的脉冲宽度。若 5τ 远大于脉冲宽度，重新绘制积分器输出电压的近似波形。

6. 对于图 20-59 所示积分器，确定具有单个输入脉冲的 RC 积分器的输出电压。对于重复脉冲输入的情况，该电路需要多长时间才能达到稳定状态？

7. (a)求图 20-60 所示电路的时间常数 τ 是多少？
   (b)绘制输出电压波形。

8. 如果脉冲宽度增加到 1.25 s，绘制图 20-60

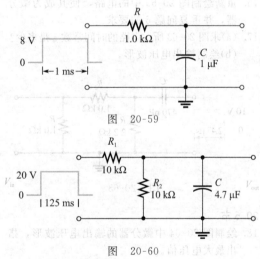

图 20-59

图 20-60

所示电路的输出电压波形。

9. 如果脉冲宽度减小到 23.5 ms，重复问题 8 的要求。

20.3 节

10. 计算图 20-61 所示电路的瞬态时间。

11. 绘制图 20-61 中积分器的输出电压波形，并指出最大电压。

12. 如果图 20-60 中 V_{in} 的脉冲宽度更改为 47 ms，但频率相同，再绘制输出电压波形。

13. 占空比为 25%、幅值为 1 V、频率为 10 kHz 的脉冲电压作用于 $\tau = 25$ μs 的积分器。绘制前 3 个脉冲的输出电压波形。设电容最初未充电。

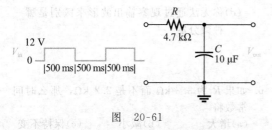

图 20-61

14. 对于图 20-62 所示 RC 积分器，输入为图中所示的方波电压。积分器的稳态输出电压是多少？

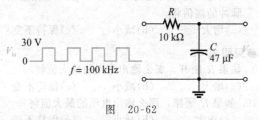

图 20-62

20.4 节

15. 对 RC 微分器重复问题 5 中的要求。

16. 重新绘制图 20-59 中的电路，使其成为微分器，并重复问题 6 的要求。

17. (a)求图 20-63 所示电路的时间常数 τ 是多少？
    (b)绘制输出电压波形。

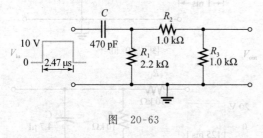

图 20-63

20.5 节

18. 绘制图 20-64 中微分器的输出电压波形，指出最大电压值。

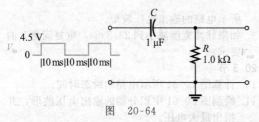

图 20-64

19. 方波输入电路如图 20-65 所示，微分器的稳态输出电压是多少？

20.6 节

20. 计算图 20-66 所示 RL 积分器的输出电压，对该电路施加单个输入脉冲。

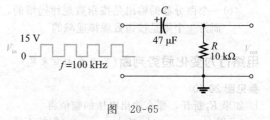

图 20-65

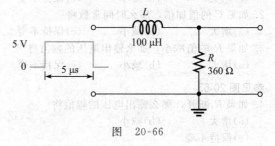

图 20-66

21. 绘制图 20-67 所示积分器的输出电压波形，指出最大电压。

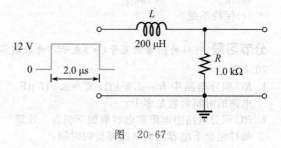

图 20-67

22. 计算图 20-68 所示电路的时间常数。该电路是积分器还是微分器？

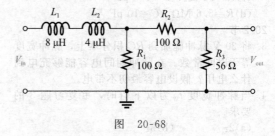

图 20-68

20.7 节

23. (a)求图 20-69 所示电路的时间常数 τ 是多少？
    (b)绘制输出电压波形。

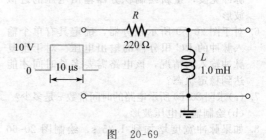

图 20-69

24. 如果宽度为 $t_w = 25\ \mu s$、周期为 $T = 60\ \mu s$ 的周期性脉冲作用于图 20-69 中的电路，试绘制输出电压波形。

20.8 节

25. 在时间常数 $\tau = 10\ \mu s$ 的积分器输出电压中，最高频率分量是多少？假设 $5\tau < t_w$。

26. 某个脉冲波形的上升时间为 55 ns，下降时间为 42 ns。波形中的最高频率分量是多少？

20.9 节

27. 在图 20-70a 所示电路中，对于图 20-70b~d 所示的每组输入与输出组合，确定电路中最可能出现的故障（如果有的话）。图中 V_{in} 是方波，周期为 8 ms。

28. 在图 20-71a 所示电路中，对于图 20-71b~d 所示的每组输入与输出组合，确定电路中最可能出现的故障（如果有的话）。图中 V_{in} 是方波，周期为 8 ms。

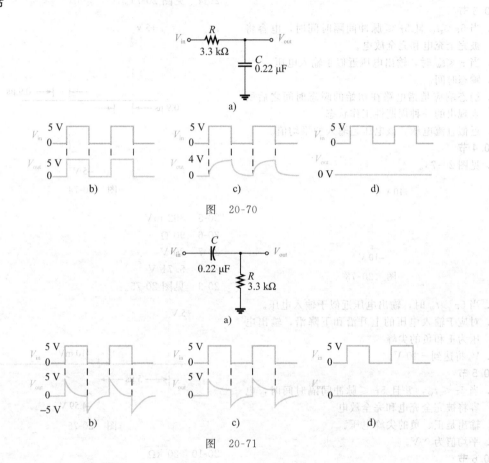

图　20-70

图　20-71

 Multisim 分析与故障排查
下面这些问题需要借助 Multisim 来完成。

29. 打开文件 P20-29 并确定是否存在故障。如果是，找到故障原因。

30. 打开文件 P20-30 并确定是否存在故障。如果是，找到故障原因。

31. 打开文件 P20-31 并确定是否存在故障。如果是，找到故障原因。

32. 打开文件 P20-32 并确定是否存在故障。如果是，找到故障原因。

参考答案

学习效果检测答案

20.1 节

1. 积分器是一个串联的 RC 电路，其输出电压是电容两端的电压。

2. 施加到输入端的电压引起电容充电。输入端短路会导致电容放电。

20.2 节

1. 对于积分器，若输出电压达到输入电压的幅值，则需要满足条件 $5\tau \leqslant t_w$。

2. $V_{out(max)} = 630\ mV$；$t_{disch} = 51.7\ ms$

3. 见图 20-72。

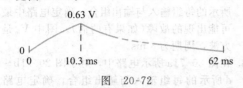

图 20-72

4. 不,电容不会完全充电。

5. 当 $5\tau \ll t_w$ 时,输出电压与输入电压波形相似。

20.3 节

1. 当 $5\tau \leqslant t_w$ 且 $5\tau \leqslant$ 脉冲间隔时间时,电容将被完全充电和完全放电。

2. 当 $\tau \ll t_w$ 时,输出电压近似于输入电压。

3. 瞬态时间。

4. 稳态响应是指电路在初始的瞬态时间之后所表现出的一种周期性工作状态。

5. 近似直流电压,该电压是输入的平均值。

20.4 节

1. 见图 20-73。

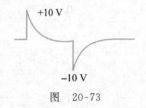

图 20-73

2. 当 $5\tau \gg t_w$ 时,输出电压近似于输入电压。

3. 对应于输入电压的上升沿和下降沿,输出电压为正和负的尖峰。

4. V_R 将达到 -10 V。

20.5 节

1. 当 $5\tau \leqslant t_w$,并且 $5\tau \leqslant$ 脉冲间隔时间时,电容将被完全充电和完全放电。

2. 输出是正、负的尖峰电压。

3. 平均值为 0 V。

20.6 节

1. 输出电压是电阻两端的电压。

2. 当 $5\tau \leqslant t_w$ 时,输出电压达到输入电压的幅值。

3. 当 $5\tau \ll t_w$ 时,输出电压具有与输入电压相似的波形。

20.7 节

1. 输出是电感两端的电压。

2. 当 $5\tau \gg t_w$ 时,输出电压与输入电压波形相似。

3. V_L 将达到 -8 V。

20.8 节

1. 积分器是低通滤波器。

2. 微分器是高通滤波器。

3. $f_{max} = 350$ kHz

20.9 节

1. 电阻开路或电容短路,将导致输出电压为零。

2. 如果电容发生短路,则输出电压与输入电压相同。

同步练习答案

20-1 8.65 V

20-2 24.7 V

20-3 1.08 V

20-4 见图 20-74。

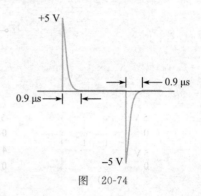

图 20-74

20-5 892 mV

20-6 90 Ω

20-7 20 V

20-8 5.71 V

20-9 见图 20-75。

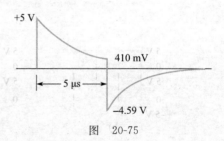

图 20-75

20-10 20 kΩ

20-11 23.3 MHz

对/错判断答案

1. T	2. T	3. F	4. F
5. T	6. F	7. T	8. T
9. F	10. T		

自我检测答案

1. (b)	2. (c)	3. (a)	4. (d)
5. (a)	6. (e)	7. (a)	8. (c)
9. (b)	10. (d)		

电路行为变化趋势判断答案

1. (a)	2. (a)	3. (a)	4. (a)
5. (b)	6. (a)	7. (a)	8. (c)
9. (c)	10. (a)		

第 21 章
电力应用中的三相系统

▶ **教学目标**
- 讨论三相发电机在电力应用中的优势
- 分析三相发电机的连接
- 分析带有三相负载的三相发电机
- 讨论三相系统中的功率测量

▶ **引言**

在第 11 章中，介绍了三相交流发电机的基本概念。本章将进一步研究三相正弦电路。本章介绍了三相系统在电力应用中的优势，以及电源与负载的各种连接类型和三相功率的测量。

21.1 电力应用中的发电机

第 11 章介绍了三相发电机（交流发电机）。本节讨论使用三相发电机代替单相发电机为负载供电的优点。

学完本节内容后，你应该能够讨论三相发电机在电力应用中的优点，具体就是：
- 解释铜成本。
- 比较单相和三相系统的铜成本。
- 解释恒定瞬时功率的优点。
- 解释恒速旋转磁场的优点。

当使用三相而不是单相发电机时，可以减小从发电机向负载传输电流所需的铜线的尺寸。导体的数量和每个导体承载的负载量称作总铜截面，三相系统的总铜截面小于单相系统的总铜截面。一般将铜截面视为衡量输送一定功率所需铜的度量。

图 21-1 是连接到电阻负载的单相发电机的简图，其中线圈符号代表发电机绕组。

例如，在绕组中感应出单相正弦电压，并施加到 60 Ω 负载上，如图 21-2 所示，产生的负载电流是：

$$I_{RL} = \frac{120\angle 0° \text{ V}}{60\angle 0° \text{ Ω}} = 2.0\angle 0° \text{ A}$$

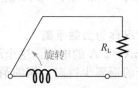

图 21-1　连接到电阻负载的单相发电机简图

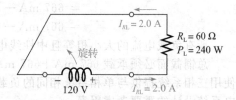

图 21-2　单相实例

发电机必须向负载提供的总电流为 $2.0\angle 0°$ A。这意味着每个承载往返负载电流的导线必须能够承载 2.0 A 的电流。因此，总铜截面电流为 4.0 A。负载总功率为：

$$P_{L(tot)} = I_{RL}^2 R_L = 240 \text{ W}$$

图 21-3 给出了连接到 3 个 180 Ω 电阻负载的三相发电机的简图。需要一个等效的单

相系统来为 3 个并联的 180 Ω 电阻供电,从而产生 60 Ω 的有效负载电阻。在图 21-3 中,线圈代表发电机绕组,空间上彼此间隔 120°。

R_{L1} 两端的电压为 $120\angle 0°$ V,R_{L2} 两端的电压为 $120\angle 120°$ V,R_{L3} 两端的电压为 $120\angle -120°$ V,如图 21-4a 所示。从每个绕组到各自负载的电流如下[一]:

$$I_{RL1} = \frac{120\angle 0° \text{ V}}{180\angle 0° \text{ Ω}} = 667\angle 0° \text{ mA}$$

$$I_{RL2} = \frac{120\angle 120° \text{ V}}{180\angle 0° \text{ Ω}} = 667\angle 120° \text{ mA}$$

$$I_{RL3} = \frac{120\angle -120° \text{ V}}{180\angle 0° \text{ Ω}} = 667\angle -120° \text{ mA}$$

负载总功率是:

$$P_{L(tot)} = I_{RL1}^2 R_{L1} + I_{RL2}^2 R_{L2} + I_{RL3}^2 R_{L3} = 240 \text{ W}$$

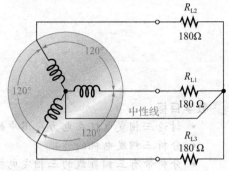

图 21-3 连接到 3 个 180 Ω 电阻负载的三相发电机简图

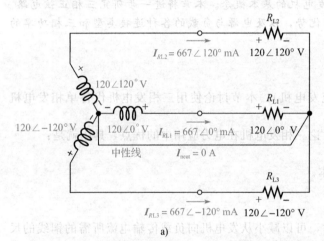

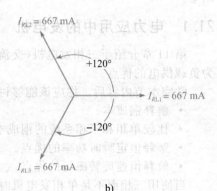

图 21-4 三相系统示例

这与前面讨论的单相系统提供的负载总功率相同。

注意,这时需要四根导线(包括中性线)来承载负载中的电流。3 个相线中,流经每个相线的电流为 667 mA,如图 21-4a 所示。参考图 21-4b 中的相量图可知,中性线导体中的电流是 3 个负载电流的相量和,并且等于零。

$$I_{RL1} + I_{RL2} + I_{RL3} = 667\angle 0° \text{ mA} + 667\angle 120° \text{ mA} + 667\angle -120° \text{ mA}$$
$$= 667 \text{ mA} - 333 \text{ mA} + \text{j}577 \text{ mA} - 333 \text{ mA} - \text{j}577 \text{ mA}$$
$$= 667 \text{ mA} - 667 \text{ mA} = 0 \text{ A}$$

所有负载电流的大小相等且中性线电流为零,这种情况称为**负载平衡**[二]。

总铜截面必须承载 667 mA + 667 mA + 667 mA + 0 mA = 2 A 的电流。这个结果表明,使用三相系统提供与单相系统相同的负载功率时,所需要的铜要少得多。铜的消耗量是配电系统设计的重要考虑因素。

例 21-1 比较单相和三相 120 V 系统中表征电流承载能力的总铜截面,有效负载电阻为 12 Ω。

[一] 原著中三相电的相序对应我国教材的负序,与普遍使用的正序相反。——译者注

[二] 原著中的"平衡"一词,对应我国教材的"对称"一词。在翻译中使用原著中的"平衡"。——译者注

解　单相系统中的负载电流为：

$$I_{RL} = \frac{120 \text{ V}}{12 \text{ Ω}} = 10 \text{ A}$$

连接至负载的导线必须承载 10 A 电流，从负载返回的导线也必须承载 10 A 电流。因此，在总铜截面上流过的电流为 $2 \times 10 \text{ A} = 20 \text{ A}$。

在三相系统中，对于 12 Ω 的有效负载电阻，三相发电机为 3 个负载电阻供电，每个负载电阻为 36 Ω。每个负载电阻的电流是：

$$I_{RL} = \frac{120 \text{ V}}{36 \text{ Ω}} = 3.33 \text{ A}$$

送电给平衡负载的三根导线中的每一根导线只需承载 3.33 A 电流，而中性线电流为零。

因此，在总铜截面上流过的电流为 $3 \times 3.33 \text{ A} \approx 10 \text{ A}$，这只是相同负载功率的单相系统中铜截面电流的一半。

同步练习　比较单相和三相 240 V 系统表征电流承载能力的总铜截面，设有效负载电阻为 100 Ω。

与单相系统相比，三相系统的第二个优点是三相系统在负载中产生恒定的瞬时功率。如图 21-5 所示，负载功率随正弦电压的平方除以电阻而波动。它以电压的两倍频率，从最大值 $V_{RL(max)}^2 / R_L$ 变为最小值零。

在三相系统中，一个负载电阻的功率波形与其他负载的功率波形相差 120°，如图 21-6 所示。观察功率的波形，3 个瞬时功率值的和总是恒定的，并且等于 $1.5\, V_{RL(max)}^2 / R_L$。恒定的负载功率意味着机械能到电能的转换是匀速的，这是许多电力应用中需重点考虑的因素。

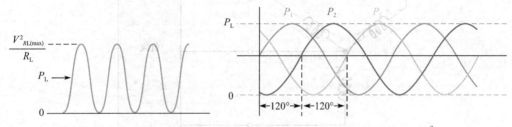

图 21-5　单相负载功率（正弦平方曲线）　　　图 21-6　三相负载功率（$P_L = V_{RL(max)}^2 / R_L$）

在许多应用中，交流发电机用于驱动交流电动机，以便通过电动机的旋转将电能转换成机械能。驱动发电机运行的原始能量可以来自水力或蒸汽等。图 21-7 描述了这个基本概念。

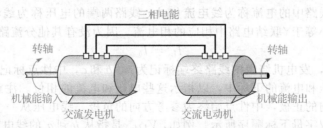

图 21-7　机-电-机能量转换的简单例子

当三相发电机连接到电动机绕组时，在电动机内产生磁场，并且以三相正弦波的频率旋转，称为旋转磁场。旋转磁场以恒定转速拉动电动机的转子，产生恒速旋转，这是三相系统的优点。旋转磁场简化了电动机的设计。

单相系统不适用于许多应用，因为它产生的磁通密度是脉动的，并且在每个循环周期都要调转方向，不能提供旋转磁场。单相电动机需要一些特殊装置才能起动，而三相电动机则不需要任何起动装置。

学习效果检测
1. 列出三相系统相对于单相系统的 3 个优点。
2. 在机械能到电能的转换中，哪个优点最重要？
3. 在电能到机械能的转换中，哪个优点最重要？

21.2 三相发电机的联结类型

在前面的章节中，已经提到过Y联结。本节进一步学习发电机的Y联结（星形联结），并引入第二种连接类型，即△联结（三角形联结）。

学完本节内容后，你应该能够分析三相发电机的联结形式，具体就是：

- 分析Y联结的发电机。
- 分析△联结的发电机。

21.2.1 Y联结的发电机

Y联结系统可以是三线制，也可以是四线制。如图 21-8 所示，四线制使用中性线，连接到三相负载上。回想一下，当负载平衡时，中性线中的电流为零。因此，中性线是不必要的。然而，在负载不平衡情况下，中性线可以提供电流的返回路径，是必不可少的，此时中性线中的电流具有非零值。

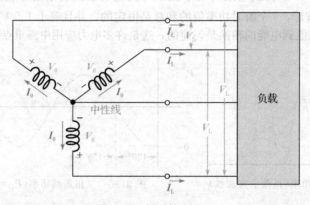

图 21-8 Y联结发电机

发电机绕组两端的电压称为**相电压(V_θ)**，通过绕组的电流称为**相电流(I_θ)**。将发电机绕组连接到负载线路中的电流称为**线电流(I_L)**，线路两端的电压称为**线电压(V_L)**。注意，每个线电流的大小等于Y联结电路中相应的相电流，因为没有其他分流路径，即

$$I_L = I_\theta \tag{21-1}$$

在图 21-9 中，发电机绕组的线路终端标记为 a、b 和 c，中性点标记为 n。这些字母作为相序添加到电压和电流的下标中，以指示这些电压和电流的相位。注意，绕组末端始终为相电压参考方向的正极，中性点始终为参考方向的负极。线电压从一个绕组端子到另一个绕组端子，如双字母下标顺序所示。例如，$V_{L(ba)}$ 是指从 b 到 a 的线电压。

图 21-10a 给出了相电压的相量图。若以 $V_{\theta a}$ 为参考相量，角度为零，相量图则如图 21-10b 所示。各相电压的相量表达式（极坐标形式）如下：

$$V_{\theta a} = V_{\theta a} \angle 0°$$
$$V_{\theta b} = V_{\theta b} \angle 120°$$
$$V_{\theta c} = V_{\theta c} \angle -120°$$

有 3 个线电压：分别在 a 和 b 之间、b 和 c 之间、c 和 a 之间。可以看出，每个线电压的大小等于相电压大小的 $\sqrt{3}$ 倍，并且每个线电压和最近的相电压之间存在 30° 的相位差。

$$V_L = \sqrt{3}V_\theta \tag{21-2}$$

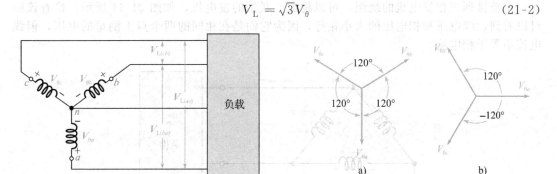

图 21-9 Y联结系统中的相电压和线电压

图 21-10 相电压相量图

因为所有相电压的大小相等，所以线电压的相量为：

$$\boldsymbol{V}_{L(ba)} = \sqrt{3}V_\theta \angle 150°$$

$$\boldsymbol{V}_{L(ac)} = \sqrt{3}V_\theta \angle 30°$$

$$\boldsymbol{V}_{L(cb)} = \sqrt{3}V_\theta \angle -90°$$

线电压相量图如图 21-11 所示，为便于对比，还画出了相电压的相量图。注意，每个线电压和最近的相电压之间存在 30° 的相位差，并且线电压彼此相隔 120°。

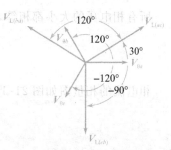

图 21-11 Y联结三相系统中相电压和线电压的相量图

例 21-2 某Y联结交流发电机绕组的瞬时位置如图 21-12 所示。如果每个相电压的有效值为 120 V，请计算每个线电压的大小，并绘制相量图。

解 每个线电压的大小为：

$$V_L = \sqrt{3}V_\theta = \sqrt{3} \times 120\text{ V} = 208\text{ V}$$

相量图如图 21-13 所示。

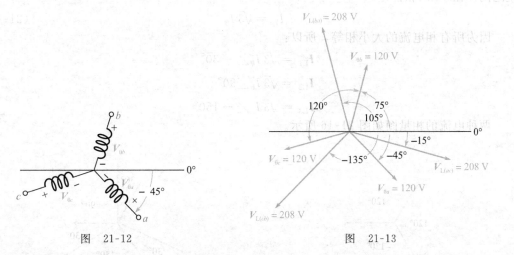

图 21-12

图 21-13

同步练习 如果图 21-13 中的电压顺时针旋转 45°，计算线电压大小。

21.2.2 △联结的发电机

在Y联结的发电机中，四线系统的输出端子上有两种电压：相电压和线电压。在Y联结的发电机中，线电流等于相电流。在分析Y联结的发电机时，请记住这些特性。

重新排列三相发电机的绕组,可以构成△联结的发电机,如图 21-14 所示。检查该图可以看到,线电压和相电压的大小相等,因为它们是在相同的两个点上测量的电压,但线电流不等于相电流。

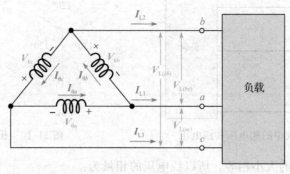

图 21-14 △联结的发电机

虽然这是一个三线系统,但只有一种电压可用,表示为:

$$V_L = V_\theta \tag{21-3}$$

所有相电压的大小都相等,因此,线电压的相量形式为:

$$\boldsymbol{V}_{L(ac)} = V_\theta \angle 0°$$
$$\boldsymbol{V}_{L(ba)} = V_\theta \angle 120°$$
$$\boldsymbol{V}_{L(cb)} = V_\theta \angle -120°$$

相电流的相量图如图 21-15 所示,每个相电流的极坐标式如下:

$$\boldsymbol{I}_{\theta a} = I_{\theta a} \angle 0°$$
$$\boldsymbol{I}_{\theta b} = I_{\theta b} \angle 120°$$
$$\boldsymbol{I}_{\theta c} = I_{\theta c} \angle -120°$$

可以看出,每个线电流的大小等于相电流大小的 $\sqrt{3}$ 倍,并且每个线电流和最近的相电流之间存在 30° 的相位差。

$$I_L = \sqrt{3}\, I_\theta \tag{21-4}$$

因为所有相电流的大小相等,所以:

$$\boldsymbol{I}_{L1} = \sqrt{3}\, I_\theta \angle -30°$$
$$\boldsymbol{I}_{L2} = \sqrt{3}\, I_\theta \angle 90°$$
$$\boldsymbol{I}_{L3} = \sqrt{3}\, I_\theta \angle -150°$$

两种电流的相量图如图 21-16 所示。

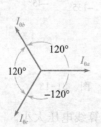

图 21-15 △联结系统的相电流相量图

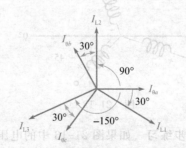

图 21-16 相电流和线电流的相量图

例 21-3 图 21-17 所示的三相△联结发电机接平衡负载,每个相电流的大小为 10 A。当 $\boldsymbol{I}_{\theta a} = 10 \angle 30°$ A 时,计算以下内容:(a)其他相电流的极坐标表达式;(b)每个线电流的极坐标表达式；(c)完整的电流相量图。

解 (a)相电流彼此相隔120°，因此，

$$\boldsymbol{I}_{\theta b} = 10\angle(30° + 120°) = 10\angle150° \text{ A}$$

$$\boldsymbol{I}_{\theta c} = 10\angle(30° - 120°) = 10\angle-90° \text{ A}$$

(b)线电流与最近的相电流存在30°相位差，因此，

$$\boldsymbol{I}_{L1} = \sqrt{3}\,\boldsymbol{I}_{\theta a}\angle(30° - 30°) = 17.3\angle0° \text{ A}$$

$$\boldsymbol{I}_{L2} = \sqrt{3}\,\boldsymbol{I}_{\theta b}\angle(150° - 30°) = 17.3\angle120° \text{ A}$$

$$\boldsymbol{I}_{L3} = \sqrt{3}\,\boldsymbol{I}_{\theta c}\angle(-90° - 30°) = 17.3\angle-120° \text{ A}$$

(c)完整的电流相量图如图 21-18 所示。

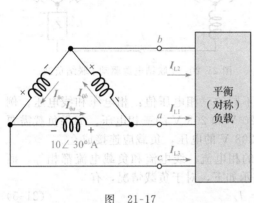

图 21-17

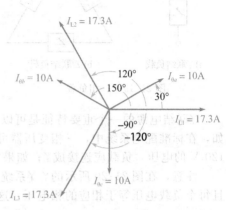

图 21-18

同步练习 如果 $\boldsymbol{I}_{\theta a} = 8.0\angle60°$ A，重复本例的(a)和(b)部分的计算。 ∎

学习效果检测

1. 在某三线Y联结发电机中，相电压为 1.0 kV。计算线电压的大小。

2. 在问题 1 中提到的Y联结发电机中，如果所有相电流均为 5.0 A，那么线电流是多大？

3. 在△联结发电机中，相电压为 240 V，线电压是多大？

4. 在△联结发电机中，相电流为 2.0 A，计算线电流。

21.3 三相电源与负载的连接

本节我们将介绍三相电源与负载的 4 种连接方式。与发电机的联结形式一样，负载也可以是Y或△。

学完本节内容后，你应该能够分析由电源和负载组成的三相系统，具体就是：

- 分析Y-Y联结的电源/负载。
- 分析Y-△联结的电源/负载。
- 分析△-Y联结的电源/负载。
- 分析△-△联结的电源/负载。

Y联结的负载如图 21-19a 所示，△联结的负载如图 21-19b 所示。方块 $\boldsymbol{Z}_a$、$\boldsymbol{Z}_b$ 和 $\boldsymbol{Z}_c$ 表示负载阻抗，它们可以是电阻性的、电抗性的，或两者兼有。有 4 种电源/负载连接方式，分别为：

1. Y联结电源驱动Y联结负载(Y-Y系统)

2. Y联结电源驱动△联结负载(Y-△系统)

3. △联结电源驱动Y联结负载(△-Y系统)

4.△联结电源驱动△联结负载(△-△系统)

21.3.1 Y-Y系统

图 21-20 画出了Y电源驱动Y负载的连接方式。负载可以是三相平衡负载，例如 $Z_a = Z_b = Z_c$ 的三相电动机的负载，也可以是 3 个独立的单相负载，例如，Z_a 是照明电路、Z_b 是加热器、Z_c 是一台空调压缩机。

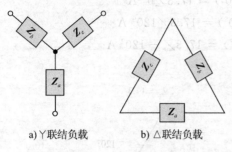

a)Y联结负载   b)△联结负载

图 21-19　三相负载

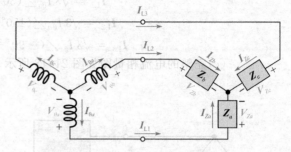

图 21-20　Y联结电源驱动Y联结负载

Y联结电源的一个重要特征是可以获得两组不同的三相电压值：相电压和线电压。例如，在标准配电系统中，三相变压器可以提供 120 V 和 208 V 的三相电压。如果负载需要 120 V 的电压，负载应连接成Y；如果负载需要 208 V 的电压，负载应连接成△。

注意，在图 21-20 所示的Y-Y系统中，每相的相电流、线电流和负载电流都相等。而且每个负载电压等于相应的相电压。这些关系表示如下，对于负载情况，有

$$I_\theta = I_L = I_Z \tag{21-5}$$
$$V_\theta = V_Z \tag{21-6}$$

其中，V_Z 和 I_Z 分别是负载电压和电流。

技术小贴士　对于具有三相电动机和其他负载的工厂，通常会有定期的预防性维护(PM)程序，并保留所有维护记录。预防性维护的目的是避免因设备停机而酿成大的事故。这在具有冷却风扇、润滑要求、空气过滤器等高湿度、高温度或多尘埃环境中尤为重要。应定期检查电气设备，通常包括热成像检查，以便在发生故障之前识别发热的元件。一些行业需要连续地监测和记录某些参数，例如电气系统的节点电压，以便解决超出正常检修计划的维护问题。

对于平衡负载，所有相电流相等，中性线电流为零。对于不平衡负载，相电流是不同的，因此中性线电流是非零的。虽然负载的微小不平衡很常见，但是严重不平衡会破坏三相系统的优点。

例 21-4　在图 21-21 所示的Y-Y系统中，计算以下内容：(a)负载电流；(b)线路电流；(c)相电流；(d)中性线电流；(e)负载电压。

解　该系统具有平衡负载，即 $Z_a = Z_b = Z_c = 22.4 \angle 26.6° \ \Omega$。

(a)负载电流是：

$$I_{Za} = \frac{V_{\theta a}}{Z_a} = \frac{120 \angle 0° \ V}{22.4 \angle 26.6° \ \Omega} = 5.36 \angle -26.6° \ A$$

$$I_{Zb} = \frac{V_{\theta b}}{Z_b} = \frac{120 \angle 120° \ V}{22.4 \angle 26.6° \ \Omega} = 5.36 \angle 93.4° \ A$$

$$I_{Zc} = \frac{V_{\theta c}}{Z_c} = \frac{120 \angle -120° \ V}{22.4 \angle 26.6° \ \Omega} = 5.36 \angle -147° \ A$$

(b)线电流是：

$$I_{L1} = 5.36 \angle -26.6° \ A$$

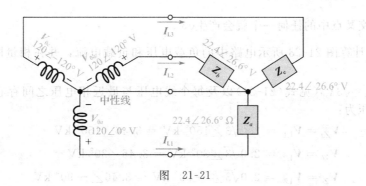

图 21-21

$$I_{L2} = 5.36\angle 93.4° \text{ A}$$
$$I_{L3} = 5.36\angle -147° \text{ A}$$

(c)相电流是:

$$I_{\theta a} = 5.36\angle -26.6° \text{ A}$$
$$I_{\theta b} = 5.36\angle 93.4° \text{ A}$$
$$I_{\theta c} = 5.36\angle -147° \text{ A}$$

(d)中性线电流是:

$$I_{\text{neut}} = I_{Za} + I_{Zb} + I_{Zc} = 5.36\angle -26.6° \text{ A} + 5.36\angle 93.4° \text{ A} + 5.36\angle -147° \text{ A}$$
$$= (4.80 \text{ A} - \text{j}2.40 \text{ A}) + (-0.33 \text{ A} + \text{j}5.35 \text{ A}) + (-4.47 \text{ A} - \text{j}2.95 \text{ A}) = 0 \text{ A}$$

如果负载阻抗不相等(不平衡负载),则中性线电流将具有非零值。

(e)负载电压等于相应的电源相电压:

$$V_{Za} = 120\angle 0° \text{ V}$$
$$V_{Zb} = 120\angle 120° \text{ V}$$
$$V_{Zc} = 120\angle -120° \text{ V}$$

同步练习 如果 Z_a 和 Z_b 与图 21-21 中的相同,但 $Z_c = 50\angle 26.6°$ Ω,确定中性线电流。■

21.3.2 Y-△系统

图 21-22 给出了Y电源驱动△负载的连接方式。这种连接方式的一个重要特征是,每相负载上都承担着线电压。

$$V_Z = V_L \tag{21-7}$$

在电源侧,线电流等于相应的相电流。每个线电流在负载侧被分为两个负载电流,如图 21-22 所示。对于平衡负载($Z_a = Z_b = Z_c$),线电流与负载相电流的关系为:

$$I_L = \sqrt{3}\,I_Z \tag{21-8}$$

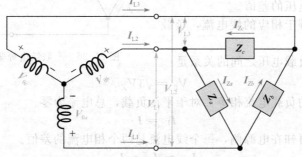

图 21-22 Y联结电源驱动△联结负载

你可能想知道式(21-8)中的 $\sqrt{3}$ 是如何产生的。将基尔霍夫电流定律应用于平衡的△联结负载的 3 个交叉点中的任何一个就会产生 $\sqrt{3}$。

例 21-5 计算图 21-23 所示电路中的负载电压和负载电流,并在相量图中表示它们之间的关系。

解 由 $V_{\text{L}}=\sqrt{3}V_\theta$(见式(21-2))以及每个线电压与最近相电压之间存在 30° 相位差,得到负载相电压为:

$$\boldsymbol{V}_{Za} = \boldsymbol{V}_{\text{L1}} = 2.0\sqrt{3}\angle 150° \text{ kV} = 3.46\angle 150° \text{ kV}$$

$$\boldsymbol{V}_{Zb} = \boldsymbol{V}_{\text{L2}} = 2.0\sqrt{3}\angle 30° \text{ kV} = 3.46\angle 30° \text{ kV}$$

$$\boldsymbol{V}_{Zc} = \boldsymbol{V}_{\text{L3}} = 2.0\sqrt{3}\angle -90° \text{ kV} = 3.46\angle -90° \text{ kV}$$

负载电流为:

$$\boldsymbol{I}_{Za} = \frac{\boldsymbol{V}_{Za}}{\boldsymbol{Z}_a} = \frac{3.46\angle 150° \text{ kV}}{100\angle 30° \text{ }\Omega} = 34.6\angle 120° \text{ A}$$

$$\boldsymbol{I}_{Zb} = \frac{\boldsymbol{V}_{Zb}}{\boldsymbol{Z}_b} = \frac{3.46\angle 30° \text{ kV}}{100\angle 30° \text{ }\Omega} = 34.6\angle 0° \text{ A}$$

$$\boldsymbol{I}_{Zc} = \frac{\boldsymbol{V}_{Zc}}{\boldsymbol{Z}_c} = \frac{3.46\angle -90° \text{ kV}}{100\angle 30° \text{ }\Omega} = 34.6\angle -120° \text{ A}$$

相量图如图 21-24 所示。

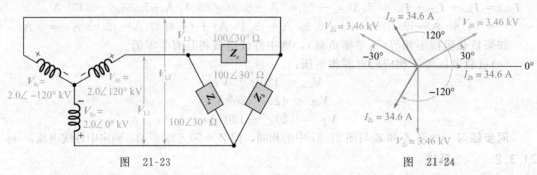

图 21-23   图 21-24

同步练习 如果电源相电压为 240 V,重新计算图 21-23 所示电路中的负载电流。 ■

21.3.3 △-Y系统

图 21-25 画出了△电源驱动Y负载的连接方式。从图中可以看到,线电压等于电源中相应的相电压。此外,根据图中的电压极性关系,还可以看到,电源的每一个相电压等于相应两个负载电压的差值。

每个负载电流等于相应的线电流,负载电流之和为零。

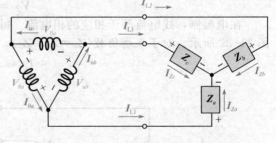

图 21-25 △联结电源驱动Y联结负载

电源相电压与负载电压之间的关系是

$$V_\theta = \sqrt{3}V_Z \tag{21-9}$$

线电流和相应的负载电流相等。对于平衡负载,总电流为零。

$$\boldsymbol{I}_{\text{L}} = \boldsymbol{I}_Z \tag{21-10}$$

根据图 21-25 可知在电源侧,每个线电流是两个相电流的差值。

$$\boldsymbol{I}_{\text{L1}} = \boldsymbol{I}_{\theta a} - \boldsymbol{I}_{\theta b}$$

$$\boldsymbol{I}_{\text{L2}} = \boldsymbol{I}_{\theta c} - \boldsymbol{I}_{\theta a}$$

$$\boldsymbol{I}_{\text{L3}} = \boldsymbol{I}_{\theta b} - \boldsymbol{I}_{\theta c}$$

例 21-6　对于图 21-26 所示电路，计算平衡负载中的电流和电压，以及线电压的大小。

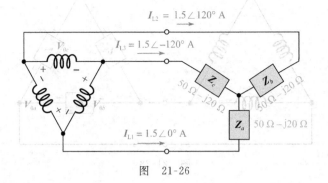

图　21-26

解　负载电流等于对应的线电流。

$$\boldsymbol{I}_{Za} = \boldsymbol{I}_{L1} = 1.5\angle 0° \text{ A}$$
$$\boldsymbol{I}_{Zb} = \boldsymbol{I}_{L2} = 1.5\angle 120° \text{ A}$$
$$\boldsymbol{I}_{Zc} = \boldsymbol{I}_{L3} = 1.5\angle -120° \text{ A}$$

负载电压为：

$$\boldsymbol{V}_{Za} = \boldsymbol{I}_{Za}\boldsymbol{Z}_a = (1.5\angle 0° \text{ A}) \times (50\ \Omega - \text{j}20\ \Omega) = (1.5\angle 0° \text{ A}) \times (53.9\angle -21.8°\ \Omega)$$
$$= 80.9\angle -21.8° \text{ V}$$
$$\boldsymbol{V}_{Zb} = \boldsymbol{I}_{Zb}\boldsymbol{Z}_b = (1.5\angle 120° \text{ A}) \times (53.9\angle -21.8°\ \Omega) = 80.9\angle 98.2° \text{ V}$$
$$\boldsymbol{V}_{Zc} = \boldsymbol{I}_{Zc}\boldsymbol{Z}_c = (1.5\angle -120° \text{ A}) \times (53.9\angle -21.8°\ \Omega) = 80.9\angle -142° \text{ V}$$

线电压的大小为：

$$V_{L} = V_{\theta} = \sqrt{3}V_Z = \sqrt{3} \times 80.9 \text{ V} = 140 \text{ V}$$

同步练习　如果线电流的大小为 1.0 A，那么负载电流是多少？

21.3.4　△-△系统

图 21-27 画出了△电源驱动△负载的连接方式。注意，对于任意给定的一相，负载相电压、线电压和电源相电压都相等。

$$V_{\theta a} = V_{L1} = V_{Za}$$
$$V_{\theta b} = V_{L2} = V_{Zb}$$
$$V_{\theta c} = V_{L3} = V_{Zc}$$

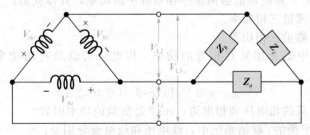

图 21-27　△联结电源驱动△联结负载

当负载平衡时，所有电压都相等，并且可以写出一般表达式。

$$V_{\theta} = V_{L} = V_{Z} \tag{21-11}$$

对于平衡负载和相等的电源相电压，负载线电流和负载相电流的关系为：

$$I_{L} = \sqrt{3}I_{Z} \tag{21-12}$$

例 21-7　计算图 21-28 中的负载电流和线电流。

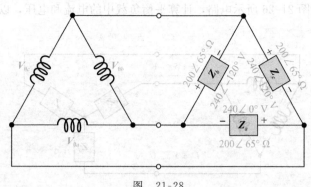

图 21-28

解
$$V_{Za} = V_{Zb} = V_{Zc} = 240 \text{ V}$$

负载电流的大小为:

$$I_{Za} = I_{Zb} = I_{Zc} = \frac{V_{Za}}{Z_a} = \frac{240 \text{ V}}{200 \text{ }\Omega} = 1.20 \text{ A}$$

线电流的大小为:

$$I_L = \sqrt{3}\, I_Z = \sqrt{3} \times 1.20 \text{ A} = 2.08 \text{ A}$$

同步练习 如果负载电压为 120 V 且阻抗为 600 Ω,确定图 21-28 中负载相电流和线电流的大小。

学习效果检测
1. 列出三相电源/负载的 4 种连接方式。
2. 在某 Y-Y 系统中,电源相电流均为 3.5 A。平衡负载条件下每个负载的电流是多少?
3. 在给定的 Y-△ 系统中,$V_L = 220$ V,计算 V_Z。
4. 当电源相电压为 60 V 时,计算平衡的 △-Y 系统的线电压。
5. 计算线电流为 3.2 A 的平衡 △-△ 系统中的负载电流。

21.4 三相功率

本节研究三相系统的功率,并介绍测量功率的方法。

学完本节内容后,你应该能够测量三相系统中的功率,具体就是:

- 使用三表法测量三相功率。
- 使用两表法测量三相功率。

平衡三相负载中的每相具有相等的功率。因此,负载总有功功率是每相功率的 3 倍,即:

$$P_{L(tot)} = 3\,V_Z I_Z \cos\theta \quad \text{(有功功率)} \tag{21-13}$$

其中,V_Z 和 I_Z 是负载的相电压和相电流;$\cos\theta$ 是负载的功率因数。

回想一下,在平衡的 Y 联结系统中,线电压和线电流分别是:

$$V_L = \sqrt{3}\,V_Z \quad \text{及} \quad I_L = I_Z$$

而在平衡的 △ 联结系统中,线电压和线电流分别是:

$$V_L = V_Z \quad \text{及} \quad I_L = \sqrt{3}\,I_Z$$

当将这些关系中的任何一个代入式(21-13)中,得到 Y 和 △ 联结系统的总有功功率为:

$$P_{L(tot)} = \frac{3}{\sqrt{3}} V_L I_L \cos\theta = \sqrt{3}\, V_L I_L \cos\theta \tag{21-14}$$

例 21-8 在某 △ 联结的平衡负载中,线电压为 250 V,阻抗为 $50\angle 30°$ Ω。计算负载总功率。

　　解　在△联结系统中，$V_L = V_Z$，且 $I_L = \sqrt{3}\,I_Z$。负载电流为：

$$I_Z = \frac{V_Z}{Z} = \frac{250\ \text{V}}{50\ \Omega} = 5.0\ \text{A}$$

$$I_L = \sqrt{3}\,I_Z = \sqrt{3} \times 5.0\ \text{A} = 8.66\ \text{A}$$

功率因数是：

$$\cos\theta = \cos 30° = 0.866$$

负载总功率为：

$$P_{L(\text{tot})} = \sqrt{3}\,V_L I_L \cos\theta = \sqrt{3} \times 250\ \text{V} \times 8.66\ \text{A} \times 0.866 = 3.25\ \text{kW}$$

　　同步练习　如果 $V_L = 120$ V 且 $\boldsymbol{Z} = 100\angle 30°\ \Omega$，确定负载总功率。

功率的测量

　　使用瓦特表在三相系统中测量功率。瓦特表使用两个线圈组成的电动力型机心。一个线圈用于测量电流，另一个用于测量电压。图 21-29 给出了瓦特表原理图和测量负载功率时的连接图。与电压线圈串联的电阻器起限流作用，它将电压线圈的电流限制为很小的值，并且该电流与线圈两端的电压成比例。

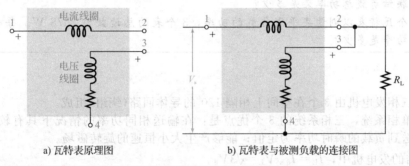

a) 瓦特表原理图　　　　　　b) 瓦特表与被测负载的连接图

图 21-29

　　三表法　如图 21-30 所示，在Y或△的平衡与非平衡三相负载中，通过连接 3 个瓦特表可以很容易测量三相功率。这被称为三表法。

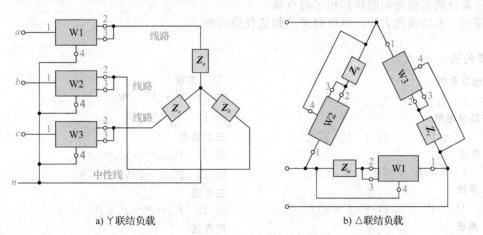

a) Y联结负载　　　　　　　　b) △联结负载

图 21-30　三表法测量三相功率

通过对 3 个瓦特表读数求和来确定总功率。

$$P_{\text{tot}} = P_1 + P_2 + P_3 \tag{21-15}$$

如果负载是平衡的，则总功率为任何一个功率表读数的 3 倍。

在许多三相负载中，特别是在△联结中，由于负载内部的连接点有时候不能使用，因此，使电压线圈与负载的一相并联，或者让电流线圈与负载的一相串联都变得不容易实现，难以连接瓦特表。

两表法 另一种测量三相功率的方法是仅使用两个瓦特表，连接方法如图 21-31 所示。注意，每个功率表的电压线圈都跨接到线电压上，并且将电流线圈串联到线电流中。可以看出，两个瓦特表读数的代数和等于Y或△联结负载的总功率。

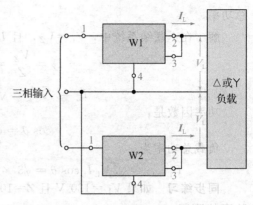

图 21-31　测量三相功率的两表法

$$P_{tot} = P_1 \pm P_2 \tag{21-16}$$

学习效果检测

1. $V_L = 30$ V，$I_L = 1.2$ A，功率因数为 0.257。平衡的Y联结负载的总功率是多少？平衡的△联结负载总功率又是多少？
2. 连接 3 个瓦特表以测量某平衡负载的功率，3 个表的总读数为 2678 W。每个瓦特表测量的功率是多少？

本章总结

- 简单的三相发电机由 3 个在空间上相隔 120°的导体回路（绕组）组成。
- 相对于单相系统，三相系统的 3 个优点是：在输送相同功率的情况下具有较小的铜截面；输送到负载的瞬时功率为定值；能够产生大小恒速的旋转磁场。
- 在Y联结的发电机中，$I_L = I_\theta$、$V_L = \sqrt{3}V_\theta$。
- 在Y联结的发电机中，每个线电压与最近的相电压之间存在 30°的相位差。
- 在△联结的发电机中，$V_L = V_\theta$、$I_L = \sqrt{3}I_\theta$。
- 在△联结的发电机中，每个线电流与最近的相电流之间存在 30°的相位差。
- 平衡负载是指每相阻抗都相等的负载。
- 使用三表法或两表法，可以测量三相负载的功率。

重要公式

Y联结发电机

21-1　$I_L = I_\theta$　　　21-2　$V_L = \sqrt{3}V_\theta$

△联结发电机

21-3　$V_L = V_\theta$　　　21-4　$I_L = \sqrt{3}I_\theta$

Y-Y系统

21-5　$I_\theta = I_L = I_Z$　　21-6　$V_\theta = V_Z$

Y-△系统

21-7　$V_Z = V_L$　　　21-8　$I_L = \sqrt{3}I_Z$

△-Y系统

21-9　$V_\theta = \sqrt{3}V_Z$　　21-10　$I_L = I_Z$

△-△系统

21-11　$V_\theta = V_L = V_Z$

21-12　$I_L = \sqrt{3}I_Z$

三相功率

21-13　$P_{L(tot)} = 3V_Z I_Z \cos\theta$

21-14　$P_{L(tot)} = \sqrt{3}V_L I_L \cos\theta$

三表法

21-15　$P_{tot} = P_1 + P_2 + P_3$

两表法

21-16　$P_{tot} = P_1 \pm P_2$

对/错判断（答案在本章末尾）

1. 对于相同的总输出功率，三相系统的铜截面　　可以小于单相系统的铜截面。

2. 当所有负载电流和中性线电流相等时，会出现平衡（对称）负载的情况。

3. 三相系统为负载提供恒定的瞬时功率。

4. Y联结系统可以有三根或四根导线。

5. 发电机绕组两端的电压称为线电压。

6. 在△联结的发电机中，线电流和相电流相等。

7. 电源与负载的连接方式可以是Y-Y、△-Y、Y-△或△-△。

8. 三表法和两表法是两种测量三相功率的方法。

9. 瓦特表使用由 3 个线圈组成的电动力型机心。

10. 如果三相负载是平衡的，则总功率由 3 个瓦特表中的任何一个来表示。

自我检测(答案在本章末尾)

1. 在三相系统中，一组电压的相位彼此相差
   (a)90°　　　　　　(b)30°
   (c)180°　　　　　 (d)120°

2. 交流发电机的两个主要部分是
   (a)转子和定子　　　(b)转子和稳定器
   (c)调节器和集电环　(d)磁铁和电刷

3. 三相系统相对于单相系统的优点是
   (a)导体铜截面较小　(b)转子转速较慢
   (c)瞬时恒定功率　　(d)过热的可能性较小
   (e)(a)和(c)　　　　(f)(b)和(c)

4. 由某 240 V 电压，Y联结的发电机产生的相电流为 12 A。相应的线电流为
   (a)36 A　　　　　　(b)4.0 A
   (c)12 A　　　　　　(d)6.0 A

5. 某△联结的发电机产生 30 V 的相电压，线电压为

   (a)10 V　　　　　　(b)30 V
   (c)90 V　　　　　　(d)这些都不是

6. 某△-△系统产生的相电流为 5 A，线电流为
   (a)5.0 A　　　　　　(b)15 A
   (c)8.66 A　　　　　 (d)2.87 A

7. 某Y-Y系统产生 15 A 的相电流。每条线路的负载电流为
   (a)26 A　　　　　　(b)8.66 A
   (c)5.0 A　　　　　　(d)15 A

8. 如果△-Y系统的电源相电压为 220 V，则负载电压为
   (a)220 V　　　　　　(b)381 V
   (c)127 V　　　　　　(d)73.3 V

分节习题(较难的问题用星号(＊)表示，奇数题答案在本书末尾)

21.1 节

1. 单相发电机产生 100 V 电压，驱动由 200 Ω 电阻和 175 Ω 容抗组成的负载。计算负载电流的大小。

2. 在问题 1 中确定相对于发电机电压的负载电流相位。

3. 在四线系统中，某三相不平衡负载相电流分别为 2.0∠20° A、3.0∠140° A、1.5∠−100° A，计算中性线电流。

21.2 节

4. 计算图 21-32 中的线电压。

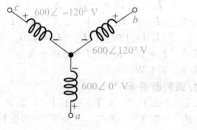

图　21-32

5. 计算图 21-33 中的线电流。

6. 为图 21-33 所示电路绘制完整的电流相量图。

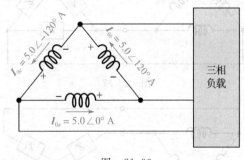

图　21-33

21.3 节

7. 计算图 21-34 中Y-Y系统的以下电量值：
   (a)线电压　　　　　(b)相电流
   (c)线电流　　　　　(d)负载电流
   (e)负载电压

8. 对图 21-35 所示的系统重复问题 7，并计算中性线电流。

9. 对图 21-36 所示的系统重复问题 7。

10. 对图 21-37 所示的系统重复问题 7。

11. 计算图 21-38 所示系统的线电压和负载电流。

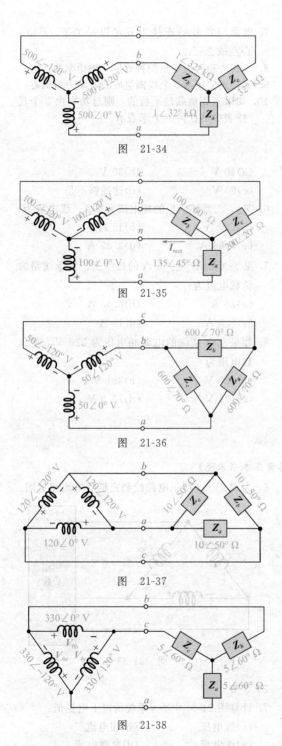

图 21-34

图 21-35

图 21-36

图 21-37

图 21-38

21.4 节

12. 平衡三相系统中每相的功率为 1200 W，总功率是多少？

13. 计算图 21-34～图 21-38 所示电路的负载功率。

14. 求图 21-39 中的负载总功率。

*15. 对图 21-39 所示系统使用三表法测量功率，每个瓦特表的读数会是多少？

*16. 使用两表法重复问题 15。

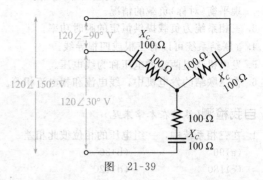

图 21-39

参考答案

学习效果检测答案

21.1 节

1. 多相系统的优点是铜导线截面电流较小；负载瞬时功率恒定；有大小恒定的旋转磁场。

2. 恒定的瞬时功率。

3. 大小恒定的旋转磁场。

21.2 节

1. $V_L = 1.73$ kV   2. $I_L = 5.0$ A

3. $V_L = 240$ V   4. $I_L = 3.46$ A

21.3 节

1. 电源与负载的连接关系有Y-Y，Y-△，△-Y 和△-△。

2. $I_L = 3.5$ A   3. $V_Z = 220$ V

4. $V_L = 60$ V   5. $I_Z = 1.85$ A

21.4 节

1. $P_Y = 16.0$ W；$P_\triangle = 16.0$ W

2. $P = 893$ W

同步练习答案

21-1 对于单相系统为 4.8 A；对于三相系统为 2.4 A。

21-2 208 V

21-3 (a)$I_{\theta b} = 8.0\angle 180° $ A，$I_{\theta c} = 8.0\angle -60°$ A
    (b)$I_{L1} = 13.9\angle 30°$ A，$I_{L2} = 13.9\angle 150°$ A，
    $I_{L3} = 13.9\angle -90°$ A

21-4 $2.96\angle 33.4°$ A

21-5 $I_{Za} = 4.16\angle 120°$ A，$I_{Zb} = 4.16\angle 0°$，
    $I_Z = 4.16\angle -120°$ A

21-6 $I_{L1} = I_{Za} = 1.0\angle 0°$ A，$I_{L2} = I_{Zb} = 1.0\angle 120°$ A，$I_{L3} = I_Z = 1.0\angle -120°$ A

21-7 $I_Z = 200$ mA，$I_L = 346$ mA

21-8 374 W

对/错判断答案

1. T   2. F   3. T   4. T   5. F

6. F   7. T   8. T   9. F   10. F

自我检测答案

1. (d)   2. (a)   3. (e)   4. (c)

5. (b)   6. (c)   7. (d)   8. (c)

标准电阻值表

电阻公差(%)

0.1% 0.25% 0.5%	1%	2% 5%	10%	0.1% 0.25% 0.5%	1%	2% 5%	10%	0.1% 0.25% 0.5%	1%	2% 5%	10%	0.1% 0.25% 0.5%	1%	2% 5%	10%	0.1% 0.25% 0.5%	1%	2% 5%	10%	0.1% 0.25% 0.5%	1%	2% 5%	10%
10.0	10.0	10	10	14.7	14.7	—	—	21.5	21.5	—	—	31.6	31.6	—	—	46.4	46.4	—	—	68.1	68.1	68	68
10.1	—	—	—	14.9	—	—	—	21.8	—	—	—	32.0	—	—	—	47.0	—	47	47	69.0	—	—	—
10.2	10.2	—	—	15.0	15.0	15	15	22.1	22.1	22	22	32.4	32.4	—	—	47.5	47.5	—	—	69.8	69.8	—	—
10.4	—	—	—	15.2	—	—	—	22.3	—	—	—	32.8	—	—	—	48.1	—	—	—	70.6	—	—	—
10.5	10.5	—	—	15.4	15.4	—	—	22.6	22.6	—	—	33.2	33.2	33	33	48.7	48.7	—	—	71.5	71.5	—	—
10.6	—	—	—	15.6	—	—	—	22.9	—	—	—	33.6	—	—	—	49.3	—	—	—	72.3	—	—	—
10.7	10.7	—	—	15.8	15.8	—	—	23.2	23.2	—	—	34.0	34.0	—	—	49.9	49.9	—	—	73.2	73.2	—	—
10.9	—	—	—	16.0	—	16	—	23.4	—	—	—	34.4	—	—	—	50.5	—	—	—	74.1	—	—	—
11.0	11.0	11	—	16.2	16.2	—	—	23.7	23.7	—	—	34.8	34.8	—	—	51.1	51.1	51	—	75.0	75.0	75	—
11.1	—	—	—	16.4	—	—	—	24.0	—	24	—	35.2	—	—	—	51.7	—	—	—	75.9	—	—	—
11.3	11.3	—	—	16.5	16.5	—	—	24.3	24.3	—	—	35.7	35.7	—	—	52.3	52.3	—	—	76.8	76.8	—	—
11.4	—	—	—	16.7	—	—	—	24.6	—	—	—	36.1	—	36	—	53.0	—	—	—	77.7	—	—	—
11.5	11.5	—	—	16.9	16.9	—	—	24.9	24.9	—	—	36.5	36.5	—	—	53.6	53.6	—	—	78.7	78.7	—	—
11.7	—	—	—	17.2	—	—	—	25.2	—	—	—	37.0	—	—	—	54.2	—	—	—	79.6	—	—	—
11.8	11.8	—	—	17.4	17.4	—	—	25.5	25.5	—	—	37.4	37.4	—	—	54.9	54.9	—	—	80.6	80.6	—	—
12.0	—	12	12	17.6	—	—	—	25.8	—	—	—	37.9	—	—	—	56.2	—	—	—	81.6	—	—	—
12.1	12.1	—	—	17.8	17.8	—	—	26.1	26.1	—	—	38.3	38.3	—	—	56.6	56.6	56	56	82.5	82.5	82	82
12.3	—	—	—	18.0	—	18	18	26.4	—	—	—	38.8	—	—	—	56.9	—	—	—	83.5	—	—	—
12.4	12.4	—	—	18.2	18.2	—	—	26.7	26.7	—	—	39.2	39.2	39	39	57.6	57.6	—	—	84.5	84.5	—	—
12.6	—	—	—	18.4	—	—	—	27.1	—	27	27	39.7	—	—	—	58.3	—	—	—	85.6	—	—	—
12.7	12.7	—	—	18.7	18.7	—	—	27.4	27.4	—	—	40.2	40.2	—	—	59.0	59.0	—	—	86.6	86.6	—	—
12.9	—	—	—	18.9	—	—	—	27.7	—	—	—	40.7	—	—	—	59.7	—	—	—	87.6	—	—	—
13.0	13.0	13	—	19.1	19.1	—	—	28.0	28.0	—	—	41.2	41.2	—	—	60.4	60.4	—	—	88.7	88.7	—	—
13.2	—	—	—	19.3	—	—	—	28.4	—	—	—	41.7	—	—	—	61.2	—	—	—	89.8	—	—	—
13.3	13.3	—	—	19.6	19.6	—	—	28.7	28.7	—	—	42.2	42.2	—	—	61.9	61.9	62	—	90.9	90.9	91	—
13.5	—	—	—	19.8	—	—	—	29.1	—	—	—	42.7	—	—	—	62.6	—	—	—	92.0	—	—	—
13.7	13.7	—	—	20.0	20.0	20	—	29.4	29.4	—	—	43.2	43.2	43	—	63.4	63.4	—	—	93.1	93.1	—	—
13.8	—	—	—	20.3	—	—	—	29.8	—	—	—	43.7	—	—	—	64.2	—	—	—	94.2	—	—	—
14.0	14.0	—	—	20.5	20.5	—	—	30.1	30.1	30	—	44.2	44.2	—	—	64.9	64.9	—	—	95.0	95.3	—	—
14.2	—	—	—	20.8	—	—	—	30.5	—	—	—	44.8	—	—	—	65.7	—	—	—	96.5	—	—	—
14.3	14.3	—	—	21.0	21.0	—	—	30.9	30.9	—	—	45.3	45.3	—	—	66.5	66.5	—	—	97.6	97.6	—	—
14.5	—	—	—	21.3	—	—	—	31.2	—	—	—	45.9	—	—	—	67.3	—	—	—	98.8	—	—	—

注：表中的阻值可以乘上相应的倍数，例如0.1、1、10、100、1k、10k，以及100k等。（具体由电阻类型决定。）

附录 $\mathbb{B}$
公 式 推 导

B-1 电桥测温仪输出电压的推导(见式(7-3))

所有电阻值均为 R，平衡电桥的 $V_{out}=0$。当出现微小的不平衡时：

$$V_B = \frac{V_S}{2} \quad \text{且} \quad V_A = \left(\frac{R}{2R+\Delta R_{THERM}}\right)V_S$$

$$\Delta V_{OUT} = V_B - V_A = \frac{V_S}{2} - \left(\frac{R}{2R+\Delta R_{THERM}}\right)V_S$$

$$= \left(\frac{1}{2} - \frac{R}{2R+\Delta R_{THERM}}\right)V_S$$

$$= \left(\frac{2R+\Delta R_{THERM}-2R}{2(2R+\Delta R_{THERM})}\right)V_S$$

$$= \left(\frac{\Delta R_{THERM}}{4R+2\Delta R_{THERM}}\right)V_S$$

假设 $2\Delta R_{THERM} \ll 4R$，则有

$$\Delta V_{OUT} \approx \left(\frac{\Delta R_{THERM}}{4R}\right)V_S = \Delta R_{THERM}\left(\frac{V_S}{4R}\right)$$

B-2 正弦波的有效值(rms)推导 (见式(11-5))

缩写"rms"代表了求该值的方均根过程。在此过程中，我们首先求正弦波电压的平方。

$$v^2 = V_p^2 \sin^2\theta$$

接下来，通过将曲线半个周期与水平轴围成的面积除以 π 来获得 v^2 的平均值(见图 B-1)，通过积分和三角恒等式求得该面积。

图 B-1　正弦波半波与水平轴围成的面积

$$V_{avg}^2 = \frac{\text{面积}}{\pi} = \frac{1}{\pi}\int_0^\pi V_p^2\sin^2\theta d\theta$$

$$= \frac{V_p^2}{2\pi}\int_0^\pi(1-\cos2\theta)d\theta = \frac{V_p^2}{2\pi}\int_0^\pi 1\,d\theta - \frac{V_p^2}{2\pi}\int_0^\pi(-\cos2\theta)d\theta$$

$$= \frac{V_p^2}{2\pi}\left(\theta - \frac{1}{2}\sin2\theta\right)_0^\pi = \frac{V_p^2}{2\pi}(\pi-0) = \frac{V_p^2}{2}$$

最后计算 V_{avg}^2 的平方根，即 V_{rms}：

$$V_{rms} = \sqrt{V_{avg}^2} = \sqrt{V_p^2/2} = \frac{V_p}{\sqrt{2}} = 0.707V_p$$

B-3 半周期正弦波的平均值推导(见式(11-11))

正弦波的平均值是利用半个周期来计算的，因为整个周期的平均值为零。正弦波的表达式为：

$$v = V_p\sin\theta$$

半周期的平均值是曲线与水平轴围成的面积，然后除以曲线在水平轴上投影的长度(见图 B-2)，即：

$$V_{\text{avg}} = \frac{\text{面积}}{\pi}$$

我们使用积分来计算面积，从而得到半周期平均值：

$$V_{\text{avg}} = \frac{1}{\pi} \int_0^\pi V_p \sin\theta \, d\theta = \frac{V_p}{\pi}(-\cos\theta) \Big|_0^\pi$$

$$= \frac{V_p}{\pi}[-\cos\pi - (-\cos 0)] = \frac{V_p}{\pi}[-(-1) - (-1)]$$

$$= \frac{V_p}{\pi}(2) = \frac{2}{\pi} V_p = 0.637 V_p$$

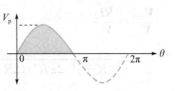

图 B-2 正弦波半周期面积

B-4 电抗的推导(见式(12-25)和式(13-12))

电容电抗的推导

$$\theta = 2\pi f t = \omega t$$

$$i = C\frac{dv}{dt} = C\frac{d(V_p\sin\theta)}{dt} = C\frac{d(V_p\sin\omega t)}{dt} = \omega C(V_p\cos\omega t)$$

$$I_{\text{rms}} = \omega C V_{\text{rms}}$$

$$X_C = \frac{V_{\text{rms}}}{I_{\text{rms}}} = \frac{V_{\text{rms}}}{\omega C V_{\text{rms}}} = \frac{1}{\omega C} = \frac{1}{2\pi f C}$$

电感电抗的推导

$$v = L\frac{di}{dt} = L\frac{d(I_p\sin\omega t)}{dt} = \omega L(I_p\cos\omega t)$$

$$V_{\text{rms}} = \omega L I_{\text{rms}}$$

$$X_L = \frac{V_{\text{rms}}}{I_{\text{rms}}} = \frac{\omega L I_{\text{rms}}}{I_{\text{rms}}} = \omega L = 2\pi f L$$

B-5 式(15-33)的推导

相移振荡器中的反馈电路由 3 个 RC 网络组成，如图 B-3 所示。对于图中各回路，利用回路分析方法可以得出衰减的表达式。所有电阻值都相等，所有电容值也都相等。

$$(R - j1/2\pi f C)\boldsymbol{I}_1 - R\boldsymbol{I}_2 + 0\boldsymbol{I}_3 = \boldsymbol{V}_{\text{in}}$$

$$-R\boldsymbol{I}_1 + (2R - j1/2\pi f C)\boldsymbol{I}_2 - R\boldsymbol{I}_3 = 0$$

$$0\boldsymbol{I}_1 - R\boldsymbol{I}_2 + (2R - j1/2\pi f C)\boldsymbol{I}_3 = 0$$

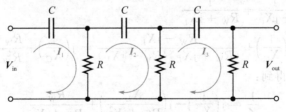

图 B-3 相移振荡器的反馈电路

为求得 $\boldsymbol{V}_{\text{out}}$，我们必须通过行列式求出 $\boldsymbol{I}_3$。

$$\boldsymbol{I}_3 = \frac{\begin{vmatrix} (R - j1/2\pi f C) & -R & \boldsymbol{V}_{\text{in}} \\ -R & (2R - j1/2\pi f C) & 0 \\ 0 & -R & 0 \end{vmatrix}}{\begin{vmatrix} (R - j1/2\pi f C) & -R & 0 \\ -R & (2R - j1/2\pi f C) & -R \\ 0 & -R & (2R - j1/2\pi f C) \end{vmatrix}}$$

$$I_3 = \frac{R^2 V_{\mathrm{in}}}{(R - \mathrm{j}1/2\pi fC)(2R - \mathrm{j}1/2\pi fC)^2 - R^2(2R - \mathrm{j}1/2\pi fC) - R^2(R - 1/2\pi fC)}$$

$$\frac{V_{\mathrm{out}}}{V_{\mathrm{in}}} = \frac{RI_3}{V_{\mathrm{in}}}$$

$$= \frac{R^3}{(R - \mathrm{j}1/2\pi fC)(2R - \mathrm{j}1/2\pi fC)^2 - R^3(2 - \mathrm{j}1/2\pi fRC) - R^3(1 - 1/2\pi fRC)}$$

$$= \frac{R^3}{R^3(1 - \mathrm{j}1/2\pi fRC)(2 - \mathrm{j}1/2\pi fRC)^2 - R^3[(2 - \mathrm{j}1/2\pi fRC) - (1 - \mathrm{j}1/2\pi fRC)]}$$

$$= \frac{R^3}{R^3(1 - \mathrm{j}1/2\pi fRC)(2 - \mathrm{j}1/2\pi fRC)^2 - R^3(3 - \mathrm{j}1/2\pi fRC)}$$

$$\frac{V_{\mathrm{out}}}{V_{\mathrm{in}}} = \frac{1}{(1 - \mathrm{j}1/2\pi fRC)(2 - \mathrm{j}1/2\pi fRC)^2 - (3 - \mathrm{j}1/2\pi fRC)}$$

分离分母中的实部和虚部得到：

$$\frac{V_{\mathrm{out}}}{V_{\mathrm{in}}} = \frac{1}{\left(1 - \dfrac{5}{4\pi^2 f^2 R^2 C^2}\right) - \mathrm{j}\left(\dfrac{6}{2\pi fRC} - \dfrac{1}{(2\pi f)^3 R^3 C^3}\right)}$$

要使相移放大器产生振荡，通过 RC 电路的相移必须等于 180°。为了满足该条件，振荡频率 f_{r} 的虚部必须为零，即：

$$\frac{6}{2\pi f_{\mathrm{r}} RC} - \frac{1}{(2\pi f_{\mathrm{r}})^3 R^3 C^3} = 0$$

$$\frac{6(2\pi)^2 f_{\mathrm{r}}^2 R^2 C^2 - 1}{(2\pi)^3 f_{\mathrm{r}}^3 R^3 C^3} = 0$$

$$6(2\pi)^2 f_{\mathrm{r}}^2 R^2 C^2 - 1 = 0$$

因此得到的振荡频率为：

$$f_{\mathrm{r}}^2 = \frac{1}{6(2\pi)^2 R^2 C^2}$$

$$f_{\mathrm{r}} = \frac{1}{2\pi\sqrt{6}\,RC}$$

B-6 非理想并联电路谐振频率的推导(见式(17-13))

$$\frac{1}{Z} = \frac{1}{-\mathrm{j}X_C} + \frac{1}{R_{\mathrm{W}} + \mathrm{j}X_L}$$

$$= \mathrm{j}\left(\frac{1}{X_C}\right) + \frac{R_{\mathrm{W}} - \mathrm{j}X_L}{(R_{\mathrm{W}} + \mathrm{j}X_L)(R_{\mathrm{W}} - \mathrm{j}X_L)} = \mathrm{j}\left(\frac{1}{X_C}\right) + \frac{R_{\mathrm{W}} - \mathrm{j}X_L}{R_{\mathrm{W}}^2 + X_L^2}$$

虚部和实部分别合并得到：

$$\frac{1}{Z} = \mathrm{j}\left(\frac{1}{X_C}\right) - \mathrm{j}\left(\frac{X_L}{R_{\mathrm{W}}^2 + X_L^2}\right) + \frac{R_{\mathrm{W}}}{R_{\mathrm{W}}^2 + X_L^2}$$

为使虚部为零，应该有：

$$\frac{1}{X_C} = \frac{X_L}{R_{\mathrm{W}}^2 + X_L^2}$$

展开得到：

$$R_{\mathrm{W}}^2 + X_L^2 = X_L X_C$$

$$R_{\mathrm{W}}^2 + (2\pi f_{\mathrm{r}} L)^2 = \frac{2\pi f_{\mathrm{r}} L}{2\pi f_{\mathrm{r}} C}$$

$$R_{\mathrm{W}}^2 + 4\pi^2 f_{\mathrm{r}}^2 L^2 = \frac{L}{C}$$

$$4\pi^2 f_r^2 L^2 = \frac{L}{C} - R_W^2$$

f_r^2 为：

$$f_r^2 = \frac{\left(\dfrac{L}{C}\right) - R_W^2}{4\pi^2 L^2}$$

分子分母同乘以 C，得到：

$$f_r^2 = \frac{L - R_W^2 C}{4\pi^2 L^2 C} = \frac{L - R_W^2 C}{L(4\pi^2 LC)}$$

将 L 从分子中提出来并与分母相约。

$$f_r^2 = \frac{1 - (R_W^2 C/L)}{4\pi^2 LC}$$

等号两侧求平方根得到：

$$f_r = \frac{\sqrt{1 - (R_W^2 C/L)}}{2\pi \sqrt{LC}}$$

B-7 非理想储能电路的谐振阻抗的推导(见式(17-16))

下面的表达式是从式(17-13)推导得出 $1/\mathbf{Z}$ 开始的。

$$\frac{1}{\mathbf{Z}} = j\left(\frac{1}{X_C}\right) - j\left(\frac{X_L}{R_W^2 + X_L^2}\right) + \frac{R_W}{R_W^2 + X_L^2}$$

谐振时，$\mathbf{Z}$ 是纯电阻性的，因此它没有虚部，仅剩下实部。谐振时 $\mathbf{Z}$ 的表达式如下：

$$Z_r = \frac{R_W^2 + X_L^2}{R_W}$$

分成两项得到：

$$Z_r = \frac{R_W^2}{R_W} + \frac{X_L^2}{R_W} = R_W + \frac{X_L^2}{R_W}$$

提出 R_W 又得到：

$$Z_r = R_W\left(1 + \frac{X_L^2}{R_W^2}\right)$$

因为 $X_L^2/R_W^2 = Q^2$，故有：

$$Z_r = R_W(Q^2 + 1)$$

附录 C
电容的颜色标识和代码标识

C.1 颜色标识

一些电容具有色环。电容使用的颜色标识与电阻使用的色环基本相同。公差部分的标识可能有所不同。基本的色环见表 C-1，典型的电容色环的示例见图 C-1。

表 C-1 电容典型色环的构成（PF）

颜色	值	倍率	公差
黑	0	1	20%
棕	1	10	1%
红	2	100	2%
橘	3	1000	3%
黄	4	10 000	
绿	5	100 000	5%（EIA）
蓝	6	1 000 000	
紫	7		
灰	8		
白	9		
金		0.1	5%（JAN）
银		0.01	10%

注：EIA 代表电子工业协会，JAN 代表陆军–海军联合部队，是军事标准。

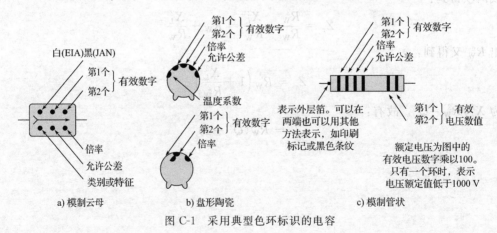

a) 模制云母 b) 盘形陶瓷 c) 模制管状

图 C-1 采用典型色环标识的电容

C.2 代码标识

C.2.1 标识方法

如图 C-2 所示，电容具有某些识别特征。
- 壳体纯色（灰白色、米色、灰色、棕褐色或棕色）。
- 端部电极完全封闭。
- 各种尺度型号：
  1. 1206 型：长 0.125 in、宽 0.063 in（3.2 mm×1.6 mm），厚度和颜色可变。

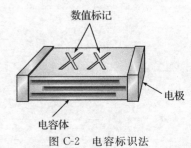

图 C-2 电容标识法

2. 0805 型：长 0.080 in、宽 0.050 in(2.0 mm×1.25 mm)，厚度和颜色可变。

3. 不同尺度单种颜色(通常为半透明的棕褐色或棕色)。长度范围为 0.059 in (1.5 mm)～0.220 in(5.6 mm)，宽度范围为 0.032 in(0.8 mm)～0.197 in (5.0 mm)。

- 3 种不同标识方法：

1. 标准两位代码(一位字母和一位数字组成)。

2. 其他两位代码(字母和数字或两位数字组成)。

3. 标准一位代码(不同颜色的字母)。

C.2.2 标准两位代码

参见表 C-2。

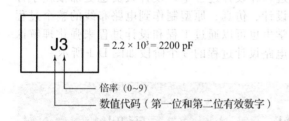

示例：S2＝4.7×100＝470 pF

b0＝3.5×1.0＝3.5 pF

表 C-2 电容的标准两位代码标识法

	值*						倍率
A	1.0	L	2.7	T	5.1	0＝×1.0
B	1.1	M	3.0	U	5.6	1＝×10
C	1.2	N	3.3	m	6.0	2＝×100
D	1.3	b	3.5	V	6.2	3＝×1000
E	1.5	P	3.6	W	6.8	4＝×10 000
F	1.6	Q	3.9	n	7.0	5＝×100 000
G	1.8	d	4.0	X	7.5	等
H	2.0	R	4.3	t	8.0	
J	2.2	e	4.5	Y	8.2	
K	2.4	S	4.7	y	9.0	
a	2.5	f	5.0	Z	9.1	

* 注：字母分大小写。

C.2.3 其他两位代码

参见表 C-3。

- 100 pF 以下数值直接读取

- 100 pF 及以上时字母/数字代码

表 C-3 电容器的其他两位代码标识法

	值*						倍率
A	10	J	22	S	47	1＝×10
B	11	K	24	T	51	2＝×100
C	12	L	27	U	56	3＝×1000
D	13	M	30	V	62	4＝×10 000
E	15	N	33	W	68	5＝×100 000
F	16	P	36	X	75	等
G	18	Q	39	Y	82	
H	20	R	43	Z	91	

* 注：只用大写字母。

C.2.4 标准一位代码

参见表 C-4。

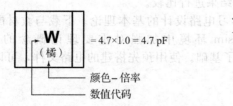

示例：R(绿)＝3.3×100＝330 pF

7(蓝)＝8.2×1000＝8200 pF

表 C-4 电容的标准一位代码标识法

	值*					倍率
A	1.0	K	2.2	W	4.7	黄＝×10
B	1.1	L	2.4	X	5.1	黑＝×10
C	1.2	N	2.7	Y	5.6	绿＝×100
D	1.3	O	3.0	Z	6.2	蓝＝×1000
E	1.5	R	3.3	6	6.8	紫罗兰＝×10 000
H	1.6	S	3.6	4	7.5	红＝×100 000
I	1.8	T	3.9	7	8.2	
J	2.0	V	4.3	9	9.1	

附录 D

NI Multisim 电路仿真[⊖]

仿真、原型以及电路测试

理论、设计和原型

随着电子电路和电子系统变得越来越先进，在设计过程中，设计人员也更加依赖于计算机。对于工程师和技术人员而言，从电路设计、仿真、原型制作到电路布线的整个过程中，采用系统化的设计方法是至关重要的。学生也可以通过工程和设计过程来强化理解课堂中讲述的概念和理论知识。对学生来说，电路设计过程的 3 个阶段如图 D-1 所示。

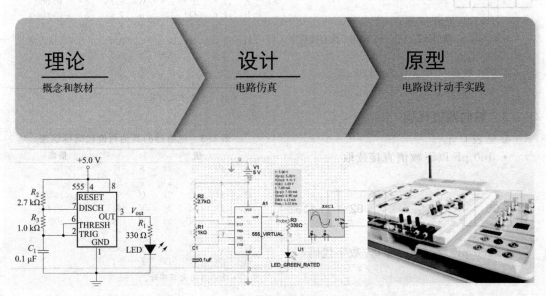

图 D-1 学生设计一个实际电路的 3 个步骤

美国国家仪器公司的电子教学平台是旨在满足学生和教育者需求的对接教育平台。该平台包括 NI Multisim 仿真软件、NI 教育实验室虚拟仪器套件（NI ELVIS）原型工作站和 NI LabVIEW 图形化编程环境。NI Multisim 提供直观的原理图绘制手段，能够进行 SPICE 仿真，并与 NI ELVIS 相集成，能够帮助学生探索电路理论并设计电路以验证理论。NI ELVIS 是一个原型制作平台，能够帮助学生快速轻松地创建自己的电路。使用 NI LabVIEW，学生可以测量实际信号并和仿真结果进行比较。

1. **理论探索**　通过这本书和相应课程学习电路设计的基本理论。下载与教材配套的 Multisim 电路文件，在简单易用的 Multisim 环境中加强对重要理论概念的理解。Multisim 电路文件为深入理解电路性能奠定了基础。使用预先搭建的电路文件，可以对每一章中例题和习题中的电路进行仿真和分析。

⊖　© 2019 版权：美国国家仪器公司保留所有权利。LabVIEW、Multisim、NI、Ultiboard 是美国国家仪器公司的商标和商品名。其他产品和公司名称是各自公司的商标或商品名。
注：本附录中的信息可能与你的 Multisim 版本不同。

2. 设计和仿真 电路仿真提供了电路的交互式视图。可以从零开始搭建电路，并在理想的实验室仿真环境中利用内置的电路仪器和探头来测试和分析电路性能。使用 Multisim 中的 3D 面包板，可以将电路图转化为实物图。

3. 原型设计测量和比较 动手制作并搭建实际电路是至关重要的。从 Multisim 中的 3D 面包板转换到 NI ELVIS 上的实际面包板，可以无缝地完成原型电路设计的整个过程。在 LabVIEW 环境中，将实际测量结果与仿真结果进行比较，这可以加强对理论知识的理解，充分了解电路性能，并为进行工程分析奠定基础。

NI Multisim

Multisim 集成了工业标准 SPICE 仿真和交互式图形环境，能够及时地、可视化地分析电子电路的性能。Multisim 的教育版是与教师合作开发的，包括 30 多个直观的虚拟仿真仪器、20 多个易于配置分析的交互式组件。实践证明，它们能够强化理论知识，并帮助学生应对实际电路设计的挑战。

结合书中示例使用 Multisim 利用书中示例来熟悉 Multisim 环境。首先，启动 Multisim 并打开一个新的原理图窗口（**文件≫新建≫原理图**）。通过组件工具栏在窗口中放置组件并进行电路设计。单击组件工具栏，打开组件浏览器。选择组件系列，通过双击，选择需要放置在电路窗口中的某个电路组件。

双击选定组件后，就会在光标位置出现随光标移动的组件图标。再次单击电路图中的某个位置可以放置该组件。如果你不熟悉 Multisim，则可以使用 **BASIC _ VIRTUAL** 组件库，组件值可以任意给定。以一个简单的 Multisim 电路为例，如图 D-2 所示的 *RLC* 电路。该电路连接了一个 1 kΩ 电阻、一个 47 mH 电感和一个 10 nF 电容。所有这些元件都可以在基本组件数据库中找到。

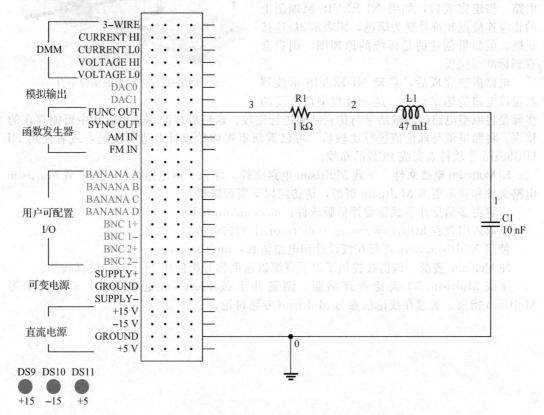

图 D-2 *RLC* 电路的 Multisim 仿真原理图

下一步是将组件连接在一起。只需用左键单击连接的起点端，然后再用左键单击连接的终点端。Multisim 会自动为两个端点间的虚拟连线选择最佳路径。应确保全部电路绘制完成后，可以对电路进行仿真。你可以将仿真结果与实物电路进行比较。

为了分析电路，在仿真运行时，可以使用探头测量电路的电压和其他参数，也可以使用虚拟示波器对我们举例时用到的 *RLC* 电路的输出信号进行分析。

NI ELVIS

NI ELVIS 是一个基于项目学习的解决方案，结合了仪器、嵌入式设计和用于工程基础与系统设计的网络连接。学生可以使用集成的仪器和直观的界面来设计、搭建电路，并进行电路故障排查。

NI ELVIS 提供了一个面包板原型环境和内置的设备，包括：示波器、函数和任意波形发生器、数字万用表、可变电源、波特图分析仪、IV 分析仪、逻辑分析仪和图形发生器。面包板是可拆卸的，因此面包板可以不用与 NI ELVIS 设备连接而独立使用。NI ELVIS 还提供了基于 LabVIEW 的软件接口以与虚拟仪器进行交互。

结合本书使用 NI ELVIS　回到我们介绍 Multisim 时举例用到的 *RLC* 电路，你可以完成原型电路的搭建。借助原型电路板的硬件，你可以在标准原型电路板上快速搭建电路，并使用实验室仪器进行测试并完成设计。

此外，可以重做一次上述的仿真，但是这一次使用的是 Multisim 中的 Virtual 3D NI ELVIS(3D 虚拟平台)作为原型电路板。如果利用 3D NI ELVIS 搭建原型电路，请单击**工具≫显示面包板**，打开 3D 面包板。放置组件并搭建电路。搭建完成后，如果 NI ELVIS 原理图上的相应连接点和符号变为绿色，则表示 3D 连接正确。但如果创建的是传统的原理图，则只会看到标准面包板。

电路搭建完成后，启动 NI ELVIS 示波器测量该电路的输出信号。这一过程中最重要的

图 D-3　NI ELVIS 实验平台

步骤是将原型电路的测量结果与仿真结果进行比较。这可以帮助你找出设计中可能存在的错误。将测量值与理论值进行比较后，可以重新审视你的设计并进行改进，或者使用 NI Ultiboard 等软件来完成 PCB 的布线。

NI Multisim 电路文件　下载 Multisim 电路文件，深入了解电路特性。要下载 Multisim 电路文件和获取更多 Multisim 资源，请访问以下资源链接。

了解更多信息并下载免费评估版软件：ni. com/multisim

获取入门教程 http://www. ni. com/tutorial/11996/en/

使用 Multisim Live 进行在线设计和电路仿真：multisim. com

NI Multisim 资源　该链接提供了以下资源以帮助你开始使用 Multisim 仿真软件。

下载 Multisim 30 天免费评估版、浏览并下载 Multisim 起步指南、3 小时学习 Multisim 指南、通过在线论坛参与 Multisim 专题讨论。

奇数号习题答案

第1章

1. (a)3×10^3 (b)7.5×10^4
   (c)2×10^6

3. (a)8.4×10^3 (b)9.9×10^4
   (c)2×10^5

5. (a)3.2×10^4 (b)6.8×10^{-3}
   (c)8.7×10^{10}

7. (a)0.000 002 5   (b)500
   (c)0.39

9. (a)4.32×10^7 (b)$5.000\ 85\times10^3$
   (c)6.06×10^{-8}

11. (a)2.0×10^9 (b)3.6×10^{14}
    (c)1.54×10^{-14}

13. (a)4.20×10^2 (b)6×10^{12}
    (c)11×10^4

15. (a)89×10^3 (b)450×10^3
    (c)12.04×10^{12}

17. (a)345×10^{-6} (b)25×10^{-3}
    (c)1.29×10^{-9}

19. (a)7.1×10^{-3} (b)101×10^6
    (c)1.50×10^6

21. (a)22.7×10^{-3} (b)200×10^6
    (c)848×10^{-3}

23. (a)345 μA   (b)25 mA
    (c)1.29 nA

25. (a)3 μF   (b)3.3 MΩ
    (c)350 nA

27. (a)7.5×10^{-12} A   (b)3.3×10^9 Hz
    (c)2.8×10^{-7} W

29. (a)5000 μA   (b)3.2 mW
    (c)5 MV   (d)10 000 kW

31. (a)50.68 mA   (b)2.32 MΩ
    (c)0.0233 μF

33. (a)3   (b)2
    (c)5   (d)2
    (e)3   (f)2

第2章

1. 4.64×10^{-18} C
3. 80×10^{12} C
5. (a)10 V   (b)2.5 V
   (c)4 V
7. 12 V

9. 10 V
11. 电磁感应
13. 100 mA
15. 0.2 A
17. 0.15 C
19. (a)200 mS   (b)40 mS
    (c)10 mS
21. (a)27 kΩ±5%   (b)1.8 kΩ±10%
    (c)120 Ω±5%   (d)3.6 kΩ±10%
23. 330 Ω：橙，橙，棕，金
    2.2 kΩ：红，红，红，金
    56 kΩ：绿，蓝，橙，金
    100 kΩ：棕，黑，黄，金
    39 kΩ：橙，白，橙，金
25. (a)27 kΩ±10%   (b)100 Ω±10%
    (c)5.6 MΩ±5%   (d)6.8 kΩ±10%
    (e)33 Ω±10%   (f)47 kΩ±5%
27. (a)黄，紫，银，金
    (b)红，紫，黄，金
    (c)绿，棕，绿，金
29. (a)棕，黄，紫，红，棕
    (b)橙，白，红，金，棕
    (c)白，紫，蓝，棕，棕
31. 4.7 kΩ
33. 通过灯 2
35. 电路(b)。
37. 在图 2-68b 中，开关是一个 DPST(双刀单掷)
    开关。
39. 见图 P-1。

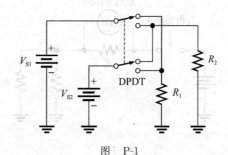

图 P-1

41. 见图 P-2。
43. 位置 1：V1=0 V, V2=V_s
    位置 2：V1=V_s, V2=0 V

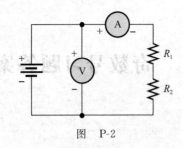

图　P-2

45. 见图 P-3。

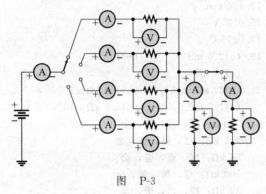

图　P-3

47. 250 V

49. (a)20 Ω　　　　(b)1.50 MΩ

　　(c)4500 Ω

51. 见图 P-4。

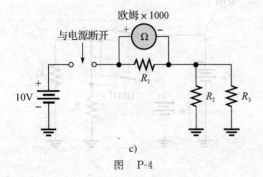

a) 和 b)

c)

图　P-4

第 3 章

1. (a)电流变为 3 倍　　(b)电流减少 75%

　(c)电流减半　　(d) 电流增加 54%

(e)电流变为 4 倍　　(f)电流不变

3. $V = IR$

5. 图是一条直线，表示 V 和 I 之间的线性关系。

7. $R_1 = 0.5$ Ω, $R_2 = 1.0$ Ω, $R_3 = 2$ Ω

9. 见图 P-5。

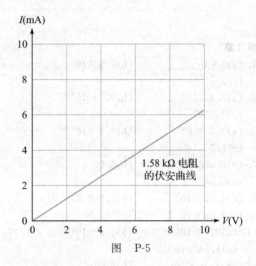

1.58 kΩ 电阻
的伏安曲线

图　P-5

11. 电压降低了 4 V(从 10 V 降到 6 V)。

13. 见图 P-6。

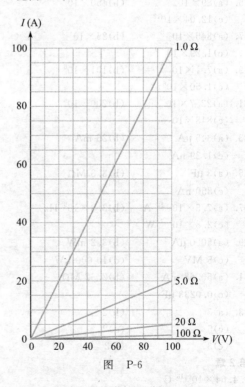

图　P-6

15. 电阻随电压的增加而增加。

17. (a)5 A　　　　(b)1.5 A

　　(c)500 mA　　(d)2 mA

　　(e)44.6 μA

19. 0.606 A

21. 532 μA

23. 对。现在的电流是 0.642 A，超过了熔丝的额定值。

25. 1.5 A

27. 11.1 mA

29. (a)36 V (b)280 V

(c)1700 V (d)28.2 V

(e)56 V

31. 81 V

33. (a)59.9 mA (b)5.99 V

(c)4.61 mV

35. (a)2 kΩ (b)3.5 kΩ

(c)2 kΩ (d)100 kΩ

(e)1.0 MΩ

37. 150 Ω

39. (a)360 Ω (b)180 Ω

(c)如果变阻器设置为 0 Ω，则电源可能短路。

41. 5

43. $R_A = 560$ kΩ；$R_B = 2.2$ MΩ；

$R_C = 1.8$ kΩ；$R_D = 33$ Ω

45. $V = 18$ V；$I = 5.453$ mA；

$R = 3.3$ kΩ

第 4 章

1. 伏［特］＝焦［耳］/库［仑］

安［培］＝库［仑］/秒

伏・安 = 焦［耳］/库［仑］× 库［仑］/秒 = 焦［耳］/秒＝瓦［特］

3. 350 W

5. 20 kW

7. (a)1 MW (b)3 MW

(c)150 MW (d)8.7 MW

9. (a)2 000 000 μW (b)500 μW

(c)250 μW (d)6.67 μW

11. 8640 J

13. 2.02 kW/天

15. 0.00186 kW・h

17. 37.5 Ω

19. 360 W

21. 100 μW

23. 40.2 mW

25. (a)0.480 W・h (b)相等

27. 2 W，为了提供安全裕度。

29. 至少 12 W，允许 20% 的安全裕度。

31. 7.07 V

33. 50 544 J

35. 4 A

37. 100 mW，80%

39. 0.08 kW・h。

41. $V = 5$ V；$I = 5$ mA；

$R = 1$ kΩ

第 5 章

1. 见图 P-7。

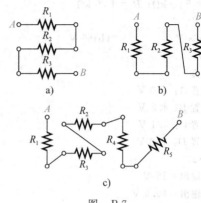

图　P-7

3. 170 kΩ

5. R_1，R_7，R_8 和 R_{10} 串联。

R_2，R_4，R_6 和 R_{11} 串联。

R_3，R_5，R_9 和 R_{12} 串联。

7. (a)1560 Ω (b)103 Ω

(c)13.7 kΩ (d)3.671 MΩ

9. 67.2 kΩ

11. 3.9 kΩ

13. 17.8 MΩ

15. $I = 100$ mA

17. 见图 P-8，通过 R_2，R_3，R_4 和 R_9 的电流使用该装置来测量。

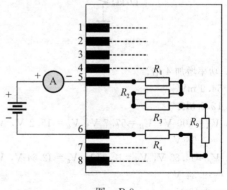

图　P-8

19. (a)625 μA (b)4.26 μA

21. (a)34 mA (b) 16 V

(c)0.545 W

23. $R_1 = 330$ Ω，$R_2 = 220$ Ω，$R_3 = 100$ Ω，$R_4 = 470$ Ω

25. (a)331 Ω
   (b)位置 B：9.15 mA
      位置 C：14.3 mA
      位置 D：36.3 mA
   (c)否

27. $R_1 = 5.0$ kΩ；$R_2 = 1.0$ kΩ

29. 14 V

31. (a)23 V   (b)85 V

33. 4 V

35. 22 Ω

37. 位置 A：4.0 V
   位置 B：4.5 V
   位置 C：5.4 V
   位置 D：7.2 V

39. 4.82%

41. A 输出 = 15 V
   B 输出 = 10.6 V
   C 输出 = 2.62 V

43. $V_R = 6$ V，$V_{2R} = 12$ V，$V_{3R} = 18$ V，
   $V_{4R} = 24$ V，$V_{5R} = 30$ V

45. $V_2 = 1.79$ V，$V_3 = 1$ V，$V_4 = 17.9$ V

47. 见图 P-9。

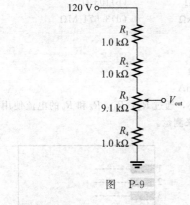

120 V

R_1
1.0 kΩ

R_2
1.0 kΩ

R_3
9.1 kΩ → V_{out}

R_4
1.0 kΩ

图 P-9

49. 功率增加 4 倍。

51. 54.9 mW

53. 12.5 MΩ

55. $V_A = 100$ V，$V_B = 57.7$ V，$V_C = 15.2$ V，$V_D = 7.58$ V

57. $V_A = 14.82$ V，$V_B = 12.97$ V，$V_C = 12.64$ V，$V_D = 9.34$ V

59. −2.18 V

61. (a)R_4 开路   (b)A 和 B 之间短路

63. 表 5-1 是正确的。

65. 对。引脚 4 和 R_{11} 的上端之间短路。

67. $R_T = 7.481$ kΩ

69. $R_3 = 22$ Ω

71. R_1 短路。

第 6 章

1. 见图 P-10。

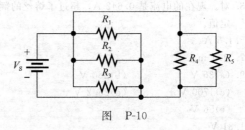

图 P-10

3. R_1，R_2，R_5，R_9，R_{10} 和 R_{12} 并联。
   R_4，R_6，R_7 和 R_8 并联。
   R_3 和 R_{11} 并联。

5. 100 V

7. 位置 A：$V_1 = 15$ V，$V_2 = 0$ V，$V_3 = 0$ V，
      $V_4 = 15$ V
   位置 B：$V_1 = 15$ V，$V_2 = 0$ V，$V_3 = 15$ V，
      $V_4 = 0$ V
   位置 C：$V_1 = 15$ V，$V_2 = 15$ V，$V_3 = 0$ V，
      $V_4 = 0$ V

9. 1.35 A

11. $R_2 = 22$ Ω，$R_3 = 100$ Ω，$R_4 = 33$ Ω

13. 11.4 mA

15. (a)6.4 A   (b)6.4 A

17. (a)359 Ω   (b)25.6 Ω
   (c)819 Ω   (d)997 Ω

19. 567 Ω

21. 24.6 Ω

23. (a)510 kΩ   (b)245 kΩ
   (c)510 kΩ   (d)193 kΩ

25. 1.5 A

27. 50 mA；当一个灯泡烧坏时，其他灯泡仍
   亮着。

29. 53.7 Ω

31. $I_2 = 167$ mA，$I_3 = 83.3$ mA，
   $I_T = 300$ mA，
   $R_1 = 2$ kΩ，$R_2 = 600$ Ω

33. 位置 A：2.25 mA
   位置 B：4.75 mA
   位置 C：7 mA

35. (a)$I_1 = 6.88$ μA，$I_2 = 3.12$ μA
   (b)$I_1 = 5.25$ mA，$I_2 = 2.39$ mA，
      $I_3 = 1.59$ mA，$I_4 = 772$ μA

37. $R_1 = 3.3$ kΩ，$R_2 = 1.8$ kΩ，$R_3 = 5.6$ kΩ，$R_4 = 3.9$ kΩ

39. (a)1 mΩ   (b)5 μA

41. (a)68.8 μW   (b)52.5 mW

43. $P_1 = 1.25$ W，$I_2 = 75$ mA，$I_1 = 125$ mA，$V_S = 10$ V，$R_1 = 80$ Ω，$R_2 = 133$ Ω

45. 625 mA, 3.13 A

47. 8.2 kΩ 电阻器开路。

49. 在以下位置之间连接欧姆表：

引脚 1-2

正确读数：$R=1.0$ kΩ $\|$ 3.3 kΩ $=767$ Ω

R_1 开路：$R=3.3$ kΩ

R_2 开路：$R=1.0$ kΩ

引脚 3-4

正确读数：$R=270$ Ω $\|$ 390 Ω $=159.5$ Ω

R_3 开路：$R=390$ Ω

R_4 开路：$R=270$ Ω

引脚 5-6

正确读数：

$R=1.0$ MΩ $\|$ 1.8 MΩ $\|$ 680 kΩ $\|$ 510 kΩ $=$
201 kΩ

R_5 开路：$R=1.8$ MΩ $\|$ 680 kΩ $\|$ 510 kΩ $=$
251 kΩ

R_6 开路：$R=1.0$ MΩ $\|$ 680 kΩ $\|$ 510 kΩ $=$
226 kΩ

R_7 开路：$R=1.0$ MΩ $\|$ 1.8 MΩ $\|$ 510 kΩ $=$
284 kΩ

R_8 开路：$R=1.0$ MΩ $\|$ 1.8 MΩ $\|$ 680 kΩ $=$
330 kΩ

51. 引脚 3 和 4 间短路：

(a)$R_{1-2}=(R_1 \| R_2 \| R_3 \| R_4 \| R_{11} \| R_{12})$
$+(R_5 \| R_6 \| R_7 \| R_8 \| R_9 \| R_{10})=$
940 Ω

(b)$R_{2-3}=R_5 \| R_6 \| R_7 \| R_8 \| R_9 \| R_{10}=$
518 Ω

(c)$R_{2-4}=R_5 \| R_6 \| R_7 \| R_8 \| R_9 \| R_{10}=518$ Ω

(d)$R_{1-4}=R_1 \| R_2 \| R_3 \| R_4 \| R_{11} \| R_{12}=422$ Ω

53. R_2 开路。

55. $V_S=3.30$ V

第 7 章

1. 见图 P-11。

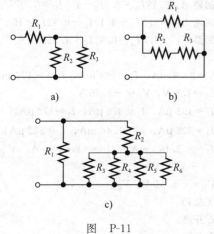

图　P-11

3. (a)R_1 和 R_4 串联，R_2 和 R_3 串联，之后并联。

(b)R_1 与 R_2、R_3 和 R_4 的并联组合串联。

(c)R_2 和 R_3 的并联组合与 R_4 和 R_5 的并联组合
是串联的，然后与 R_1 并联。

5. 见图 P-12。

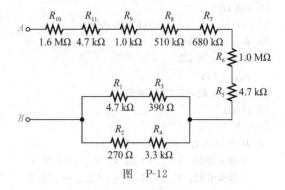

图　P-12

7. 见图 P-13。

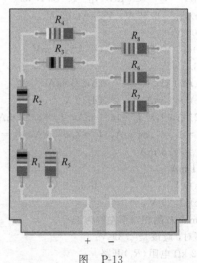

图　P-13

9. (a)133 Ω　　　　　　(b)779 Ω

(c)852 Ω

11. (a)$I_1=I_4=11.3$ mA, $I_2=I_3=5.64$ mA,

$V_1=633$ mV, $V_2=V_3=564$ mV,

$V_4=305$ mV

(b)$I_1=3.85$ mA, $I_2=563$ μA,

$I_3=1.16$ mA, $I_4=2.13$ mA,

$V_1=2.62$ V,

$V_2=V_3=V_4=383$ mV

(c)$I_1=5$ mA, $I_2=303$ μA, $I_3=568$ μA,

$I_4=313$ μA, $I_5=558$ μA, $V_1=5$ V,

$V_2=V_3=1.88$ V, $V_4=V_5=3.13$ V

13. SW1 闭合，SW2 打开：220 Ω

SW1 闭合，SW2 闭合：200 Ω

SW1 打开，SW2 打开：320 Ω

SW1 打开，SW2 闭合：300 Ω

15. $V_A=100$ V，$V_B=61.5$ V，$V_C=15.7$ V，
$\quad V_D=7.87$ V

17. 测量 A 处相对于地的电压和 B 处相对于地的
电压。差是 V_{R2}。

19. 303 kΩ

21. (a)110 kΩ   (b)110 mW

23. $R_{AB}=1.32$ kΩ
$\quad R_{BC}=1.32$ kΩ
$\quad R_{CD}=0$ Ω

25. 7.5 V 空载，7.29 V 带载

27. 47 kΩ

29. 8.77 V

31. $R_1=1000$ Ω；$R_2=R_3=500$ Ω；
下抽头带载：$V_{lower}=1.82$ V，$V_{upper}=4.55$ V
上抽头带载：$V_{lower}=1.67$ V，$V_{upper}=3.33$ V

33. (a)$V_G=1.75$ V，$V_S=3.25$ V
(b)$I_1=I_2=6.48$ μA，$I_D=I_S=2.17$ mA
(c)$V_{DS}=2.55$ V，$V_{DG}=4.05$ V

35. 1000 V

37. (a)0.5 V 范围   (b)大约 1 mV

39. 33.3%

41. (a)271 Ω   (b)221 mA
(c)58.7 mA   (d)12 V

43. 621 Ω，$I_1=I_9=16.1$ mA，$I_2=8.27$ mA，
$I_3=I_8=7.84$ mA，$I_4=4.06$ mA，$I_5=I_6=I_7=3.78$ mA

45. 971 mA

47. (a)9 V   (b)3.75 V
(c)11.25 V

49. 6 mV(右侧相对于左侧为正)

51. 不对，应该是 4.39 V。

53. 2.2 kΩ 电阻(R_3)开路。

55. 3.3 kΩ 电阻(R_4)开路。

57. $R_T=296.744$ Ω

59. $R_3=560$ kΩ

61. R_5 短路。

第 8 章

1. $I_S=6$ A，$R_S=50$ Ω

3. 200 mΩ

5. $V_S=720$ V，$R_S=1.2$ kΩ

7. 845 μA

9. 1.13 mA

11. 1.6 mA

13. $V_{max}=3.72$ V；$V_{min}=1.32$ V

15. 90.7 V

17. $I_{S1}=2.28$ mA，$I_{S2}=1.35$ mA

19. 116 μA

21. $R_{TH}=88.6$ Ω，$V_{TH}=1.09$ V

23. 100 μA

25. (a)$I_N=110$ mA，$R_N=76.7$ Ω
(b)$I_N=11.1$ mA，$R_N=73$ Ω
(c)$I_N=50$ μA，$R_N=35.9$ kΩ
(d)$I_N=68.8$ mA，$R_N=1.3$ kΩ

27. 17.9 V

29. $I_N=953$ μA，$R_N=1175$ Ω

31. $I_N=-48.2$ mA，$R_N=56.9$ Ω

33. 11.1 Ω

35. $R_{TH}=48$ Ω，$R_4=160$ Ω

37. (a)$R_A=39.8$ Ω，$R_B=73$ Ω，$R_C=48.7$ Ω
(b)$R_A=21.2$ kΩ，$R_B=10.3$ kΩ，$R_C=14.9$ kΩ

39. R_1 电阻换为 10 Ω。

41. $I_N=383$ μA；$R_N=9.674$ kΩ

43. $I_{AB}=1.206$ mA；$V_{AB}=3.432$ V；
$\quad R_L=2.846$ kΩ

第 9 章

1. $I_1=371$ mA；$I_2=-143$ mA

3. $I_1=0$ A，$I_2=2$ A

5. (a)-16 470   (b)-1.59

7. $I_1=1.24$ A，$I_2=2.05$ A，$I_3=1.89$ A

9. $X_1=0.371\ 428\ 571\ 429(I_1=371\ mA)$
$\quad X_2=-0.142\ 857\ 142\ 857(I_2=-143\ mA)$

11. $I_1-I_2-I_3=0$

13. $V_1=5.66$ V，$V_2=6.33$ V，$V_3=325$ mV

15. -1.84 V

17. $I_1=-5.11$ mA，$I_2=-3.52$ mA

19. $V_1=5.11$ V，$V_3=890$ mV，$V_2=2.89$ V

21. $I_1=15.6$ mA，$I_2=-61.3$ mA，$I_3=61.5$ mA

23. -11.2 mV

25. 注：所有 R_s(系数)的单位均为 kΩ。
回路 A：$5.48I_A-3.3I_B-1.5I_C=0$
回路 B：$-3.3I_A+4.12I_B-0.82I_C=15$
回路 C：$-1.5I_A-0.82I_B+4.52I_C=0$

27. 4.76 V

29. $I_1=20.6$ mA，$I_3=193$ mA，$I_2=-172$ mA

31. $V_A=1.5$ V，$V_B=-5.65$ V

33. $I_1=193$ μA，$I_2=370$ μA，$I_3=179$ μA，
$I_4=328$ μA，$I_5=1.46$ mA，$I_6=522$ μA，
$I_7=2.16$ mA，$I_8=1.64$ mA，$V_A=-3.70$ V，
$V_B=-5.85$ V，$V_C=-15.7$ V

35. 无故障。

37. R_4 开路。

39. F_2 开路。

41. R_4 开路。

第 10 章

1. 减少

3. 37.5 μWb

5. 1000 G

7. 597

9. 150 At

11. (a)电磁场　　　　(b)弹簧

13. 电磁场和永久磁场相互作用产生的力。

15. 改变电流

17. 材料 A

19. 磁场强度，位于磁场中导体的长度，导体的旋转速率。

21. 楞次定律定义了感应电压的极性。

23. (a)向外　　　(b)向下　　　(c)向左

25. 换向器和电刷将回路与外部电路连接起来。

27. 图 P-14。

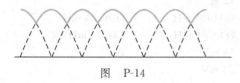

图　P-14

29. (a)168 W　　　　(b)14 W

31. 81%

第 11 章

1. (a)1 Hz　　　　　(b)5 Hz
   (c)20 Hz　　　　(d)1 kHz
   (e)2 kHz　　　　(f)100 kHz

3. 2 μs

5. 10 ms

7. (a)7.07 mA
   (b)0 A(一个周期)，4.5 mA(半个周期)
   (c)14.14 mA

9. (a)0.524 或 $\pi/6$ rad
   (b)0.785 或 $\pi/4$ rad
   (c)1.361 或 $39\pi/90$ rad
   (d)2.356 或 $3\pi/4$ rad
   (e)3.491 或 $10\pi/9$ rad
   (f)5.236 或 $5\pi/3$ rad

11. 15°，A 超前

13. 见图 P-15。

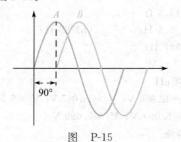

图　P-15

15. (a)57.4 mA　　　　(b)99.6 mA
    (c)−17.4 mA　　　(d)−57.4 mA
    (e)−99.6 mA　　　(f)0 mA

17. 30°：13.0 V
    45°：14.5 V
    90°：13.0 V
    180°：−7.5 V
    200°：−11.5 V
    300°：−7.5 V

19. 22.1 V

21. 见图 P-16。

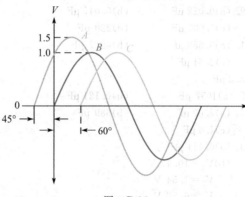

图　P-16

23. (a)156 mV　　　　(b)1 V
    (c)0 V

25. $V_{1(avg)}=49.6$ V，$V_{2(avg)}=31.5$ V

27. $V_{max}=39$ V，$V_{min}=9$ V

29. −1 V

31. 250 Hz

33. 200 r/s

35. 单相电动机需要起动绕组；三相电动机不需要

37. $t_r \approx 3.0$ ms，$t_f \approx 3.0$ ms，$t_W \approx 12.0$ ms，
    Ampl.≈5 V

39. 5.84 V

41. (a)−0.375 V　　　(b)3.01 V

43. (a)50 kHz　　　　(b)10 Hz

45. 75 kHz，125 kHz，175 kHz，225 kHz，
    275 kHz，325 kHz

47. $V_p=600$ mV，$T=500$ ms

49. $V_{p(in)}=4.44$ V，$f_{in}=2$ Hz

51. $V_1=16.717 V_{pp}$；$V_1=5.911$ V_{rms}；
    $V_2=36.766$ V_{pp}；$V_2=13.005$ V_{rms}；
    $V_3=14.378$ V_{pp}；$V_3=5.084$ V_{rms}

53. $I_{R1}=12.5$ mA_{rms}；$I_{R2}=4.545$ mA_{rms}

55. $V_{min}=2.015$ V_p；$V_{max}=21.985$ V_p

第 12 章

1. (a)5 μF　　　(b)1 μC　　　(c)10 V

3. (a)0.001 μF　　　(b)0.0035 μF
　(c)0.000 25 μF

5. 125 J

7. (a)8.85×10^{-12} F/m
　(b)35.4×10^{-12} F/m
　(c)66.4×10^{-12} F/m
　(d)17.7×10^{-12} F/m

9. 49.8 pF

11. 0.0249 μF

13. 12.5 pF 增加

15. 陶瓷

17. 铝，钽；它们被极化。

19. (a)0.022 μF　　　(b)0.047 μF
　(c)0.001 μF　　　(d)220 pF

21. (a)0.688 μF　　　(b)69.7 pF
　(c)2.64 μF

23. 2 μF

25. (a)1057 pF　　　(b)0.121 μF

27. (a)2.62 μF　　　(b)689 pF
　(c)1.6 μF

29. (a)0.411 μC
　(b)$V_1=10.47$ V
　　$V_2=1.54$ V
　　$V_3=6.52$ V
　　$V_4=5.48$ V

31. (a)13.2 ms　　　(b)247.5 μs
　(c)11 μs　　　　(d)280 μs

33. (a)9.20 V　　　(b)1.24 V
　(c)0.458 V　　　(d)0.168 V

35. (a)17.9 V　　　(b)12.8 V
　(c)6.59 V

37. 7.62 μs

39. 3.00 μs

41. 见图 P-17。

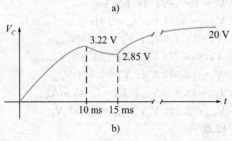

图　P-17

43. (a)30.4 Ω　　　(b)116 kΩ
　(c)49.7 Ω

45. 200 Ω

47. 0 W，3.39 mVAR

49. 0.005 41 μF

51. $X_C=1/($赫[兹]×法[拉]$)$
　$=1/[(1/$秒$)\times($库[伦]$/$伏[特]$)]$
　$=1/[$库[伦]$/($秒×伏[特]$)]$
　$=$伏[特]$/($库[伦]$/$秒$)$
　$=$伏[特]$/$安[培]$=$欧[姆]

53. 波纹减小了

55. 4.55 kΩ

57. 1 kHz，$I_C=1.383$ mA；
　500 Hz，$I_C=0.691$ mA
　2 kHz，$I_C=2.773$ mA

59. C_4短路

第 13 章

1. (a)1000 mH　　　(b)0.25 mH
　(c)0.01 mH　　　(d)0.5 mH

3. 50 mV

5. 20 mV

7. 0.94 μJ

9. 2 号电感值是 1 号电感值的 3/4。

11. 155 μH

13. 50.5 mH

15. 7.14 μH

17. (a)1.31 H　　　(b)50 mH
　(c)57.1 μH

19. (a)1 μs　　　(b)2.13 μs
　(c)2 μs

21. (a)5.52 V　　　(b)2.03 V
　(c)747 mV　　　(d)275 mV
　(e)101 mV

23. 9.15 μs

25. (a)12.3 V　　　(b)9.10 V
　(c)3.35 V

27. 11.0 μs

29. 0.722 μs

31. 136 μA

33. (a)144 Ω　　　(b)10.1 Ω
　(c)13.4 Ω

35. (a)55.5 Hz　　　(b)796 Hz
　(c)597 Hz

37. 26.1 mA

39. 1.36 μH

41. $V_1=12.953$ V；$V_2=11.047$ V；$V_3=5.948$V；
　$V_4=5.099$ V；$V_5=5.099$ V

43. L_5开路

第 14 章

1. 1.5 μH

3. 4；0.25

5. (a)100 V rms；同相
   (b)100 V rms；反相
   (c)20 V rms；反相

7. 600 V

9. 0.25(4 : 1)

11. 60 V

13. (a)10 V (b)240 V

15. (a)25 mA (b)50 mA
    (c)15 V (d)750 mW

17. 1.83

19. 9.76 W

21. 94.5 W

23. 0.98

25. 25 kV・A

27. $V_1 = 12.0$ V，$V_2 = 24.0$ V，
    $V_3 = 24.0$ V，$V_4 = 48.0$ V

29. (a)48 V (b)25 V

31. (a)$V_{RL} = 35$ V，$I_{RL} = 2.92$ A，
    $V_C = 15$ V，$I_C = 1.5$ A
    (b)34.5 Ω

33. 一次电流过大，可能烧毁电源或变压器，除非一次侧采用熔断器保护。

35. 匝数比为 0.5

37. R_2 开路

第 15 章

1. 大小，角度

3. 见图 P-18。

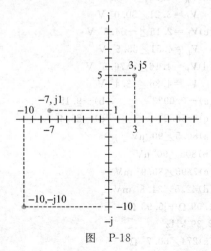

图 P-18

5. (a)−5，+j3 和 5，−j3
   (b)−1，−j7 和 1，+j7
   (c)−10，+j10 和 10，−j10

7. 18.0

9. (a)643−j766 (b)−14.1+j5.13
   (c)−17.7−j17.7 (d)−3+j0

11. (a)第 4 (b)第 4
    (c)第 4 (d)第 1

13. (a)12∠115° (b)20∠230°
    (c)100∠190° (d)50∠160°

15. (a)1.1+j0.7 (b)−81−j35
    (c)5.28−j5.27 (d)−50.4+j62.5

17. (a)3.2∠11° (b)7∠−101°
    (c)1.52∠70.6° (d)2.79∠−63.5°

19. 8 kHz，8 kHz

21. (a)270 Ω−j100 Ω，288∠−20.3° Ω
    (b)680 Ω−j1000 Ω，1.21∠−55.8° kΩ

23. (a)56 kΩ−j723 kΩ
    (b)56 kΩ−j145 kΩ
    (c)56 kΩ−j72.3 kΩ
    (d)56 kΩ−j28.9 kΩ

25. (a)$R = 33$ Ω，$X_C = 50$ Ω
    (b)$R = 272$ Ω，$X_C = 127$ Ω
    (c)$R = 698$ Ω，$X_C = 1.66$ kΩ
    (d)$R = 558$ Ω，$X_C = 558$ Ω

27. (a)32.5 mA+j12.0 mA
    (b)2.32 mA+j3.42 mA

29. (a)98.3 μA+j154 μA
    (b)466 μA+j395 μA
    (c)0.472 mA+j1.92 mA

31. −14.5°

33. (a)97.3∠−54.9° Ω
    (b)103∠54.9° mA
    (c)5.76∠54.9° V
    (d)8.18∠−35.1° V

35. $R_X = 12$ Ω，$C_X = 13.3$ μF 串联

37. 0 Hz 1 V
    1 kHz 723 mV
    2 kHz 464 mV
    3 kHz 329 mV
    4 kHz 253 mV
    5 kHz 205 mV
    6 kHz 172 mV
    7 kHz 148 mV
    8 kHz 130 mV
    9 kHz 115 mV
    10 kHz 104 mV

39. 0 Hz 0 V
    1 kHz 5.32 V
    2 kHz 7.82 V
    3 kHz 8.83 V
    4 kHz 9.29 V

5 kHz	9.53 V
6 kHz	9.66 V
7 kHz	9.76 V
8 kHz	9.80 V
9 kHz	9.84 V
10 kHz	9.87 V

41. 见图 P-19。

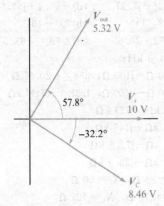

图 P-19

43. 245 Ω, −80.5°
45. $V_C = V_R = 10\angle0°$ V
    $I_{tot} = 184\angle37.1°$ mA
    $I_R = 147\angle0°$ mA
    $I_C = 111\angle90°$ mA
47. (a)6.59∠−48.8° Ω
    (b)10∠0° mA
    (c)11.4∠90° mA
    (d)15.2∠48.8° mA
    (e)−48.8°(I_{tot}超前V_s)
49. 18.4 kΩ 电阻与 196 pF 电容串联。
51. $V_{C1} = 8.42\angle−2.9°$ V,
    $V_{C2} = 1.58\angle−57.5°$ V
    $V_{C3} = 3.65\angle6.8°$ V, $V_{R1} = 3.29\angle32.5°$ V
    $V_{R2} = 2.36\angle6.8°$ V, $V_{R3} = 1.29\angle6.8°$ V
53. $I_{tot} = 79.5\angle87.1°$ mA,
    $I_{C2R1} = 6.99\angle32.5°$ mA
    $I_{C3} = 75.7\angle96.8°$ mA,
    $I_{R2R3} = 7.16\angle6.8°$ mA
55. 0.103 μF
57. $I_{C1} = I_{R1} = 2.27\angle74.5°$ mA
    $I_{R2} = 2.04\angle72.0°$ mA
    $I_{R3} = 246\angle84.3°$ μA
    $I_{R4} = 149\angle41.2°$ μA
    $I_{R5} = 180\angle75.1°$ μA
    $I_{R6} = I_{C3} = 101\angle135°$ μA
    $I_{C2} = 101\angle131°$ μA

59. 4.03 V · A
61. 0.914
63. (a)$I_{LA} = 4.8$ A, $I_{LB} = 3.33$ A
    (b)$P_{rA} = 606$ VAR, $P_{rB} = 250$ VAR
    (c)$P_{trueA} = 979$ W, $P_{trueB} = 759$ W
    (d)$P_{aA} = 1151$ V · A, $P_{aB} = 799$ V · A
    (e)负载 A
65. 0.0796 μF
67. V_{out}减少到 2.83 V 且 θ 为 −56.7°。
69. (a)无输出电压
    (b)320∠−71.3° mV
    (c)500∠0° mV   (d)0 V
71. 无故障
73. R_1开路
75. 无故障
77. $f_c = 48.114$ Hz；低通滤波器

第 16 章

1. 15 kHz
3. (a)100 Ω+j50 Ω; 112∠26.6° Ω
   (b)1.5 kΩ+j1 kΩ; 1.80∠33.7° kΩ
5. (a)17.4∠46.4° Ω   (b)64.0∠79.2° Ω
   (c)127∠84.6° Ω   (d)251∠87.3° Ω
7. 806 Ω, 4.11 mH
9. 0.370 V
11. (a)43.5∠−55° mA
    (b)11.8∠−34.6° mA
13. 从 38.7°增加到 58.1°。
15. (a)$V_R = 4.85\angle−14.1°$ V
    $V_L = 1.22\angle75.9°$ V
    (b)$V_R = 3.83\angle−40.0°$ V
    $V_L = 3.21\angle50.0°$ V
    (c)$V_R = 2.16\angle−64.5°$ V
    $V_L = 4.51\angle25.5°$ V
    (d)$V_R = 1.16\angle−76.6°$ V
    $V_L = 4.86\angle13.4°$ V
17. (a)−0.0923   (b)−9.15°
    (c)−58.2°   (d)−86.4°
19. (a)80.5∠90° μV
    (b)805∠90° μV
    (c)7.95∠80.9° mV
    (d)42.5∠31.8° mV
21. 4.99 Ω+j5.93 Ω
23. 2.39 kHz
25. (a)274∠60.7° Ω
    (b)89.3∠0° mA
    (c)159∠−90° mA
    (d)182∠−60.7° mA
    (e)60.7°(I_{tot}滞后V_s)

27. 1.83 kΩ 电阻与 4.21 kΩ 感性电抗串联

29. $\boldsymbol{V}_{R1}=3.78\angle-3.4°$ V

    $\boldsymbol{V}_{R2}=1.26\angle10.1°$ V

    $\boldsymbol{V}_{R3}=0.585\angle-52.2°$ V

    $\boldsymbol{V}_{L1}=\boldsymbol{V}_{L2}=1.11\angle37.8°$ V

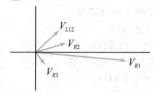

图 P-20　电压相量图

31. $\boldsymbol{I}_{R1}=67.3\angle-3.3°$ mA

    $\boldsymbol{I}_{R2}=57.3\angle10.1°$ mA

    $\boldsymbol{I}_{R3}=17.7\angle-52.2°$ mA

    $\boldsymbol{I}_{L1}=\boldsymbol{I}_{L2}=8.86\angle-52.2°$ mA

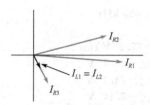

图 P-21　电流相量图

33. (a)$588\angle-50.5°$ mA

    (b)$22.0\angle16.1°$ V

    (c)$8.63\angle-135°$ V

35. $\theta=52.5°$(V_out 滞后 V_in)，0.143

37. 见图 P-22。

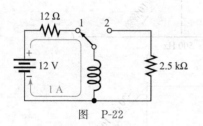

图　P-22

39. 117 mW，93.4 mVAR

41. $P_{\text{true}}=290$ mW；$P_r=50.8$ mVAR；

    $P_a=296$ mV·A；PF=0.985

43. 利用公式，$V_{\text{out}}=\left(\dfrac{R}{Z_{\text{tot}}}\right)V_{\text{in}}$，见图 P-23。

频率(kHz)	X_L	Z_{tot}	V_{out}
0	0 Ω	39.0 Ω	1 V
1	62.8 Ω	73.9 Ω	528 mV
2	126 Ω	132 Ω	296 mV
3	189 Ω	193 Ω	203 mV
4	251 Ω	254 Ω	153 mV
5	314 Ω	317 Ω	123 mV

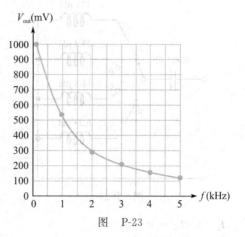

图　P-23

45. 见图 P-24。

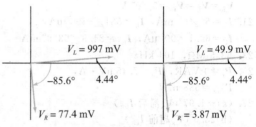

图　P-24

47. (a)0 V　　　　(b)0 V

    (c)$1.62\angle-25.8°$ V

    (d)$2.15\angle-64.5°$ V

49. L_1 泄漏(吸收额外电流)

51. L_1 开路

53. 无故障

55. $f_c\approx52.649$ kHz；高通滤波

第 17 章

1. $520\angle-88.9°$ Ω；520 Ω 容性

3. 阻抗增加到 150 Ω

5. $\boldsymbol{I}_{\text{tot}}=61.4\angle-43.8°$ mA

    $\boldsymbol{V}_R=2.89\angle-43.8°$ V

    $\boldsymbol{V}_L=4.91\angle46.2°$ V

    $\boldsymbol{V}_C=2.15\angle-134°$ V

7. (a)$35.8\angle65.1°$ mA

    (b)181 mW

    (c)390 mVAR

    (d)430 mV·A

9. 12V

11. $Z=200$ Ω，$X_C=X_L=2$ kΩ

13. 500 mA

15. 见图 P-25。

17. 相位角为$-4.43°$表明电路呈现弱容性

19. $\boldsymbol{I}_R=50\angle0°$ mA

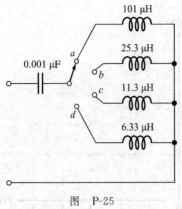

图　P-25

$$I_L = 4.42\angle -90° \text{ mA}$$
$$I_C = 8.29\angle 90° \text{ mA}$$
$$I_{\text{tot}} = 50.2\angle 4.43° \text{ mA}$$
$$V_R = V_L = V_C = 5\angle 0° \text{ V}$$

21. $I_R = 50\angle 0° \text{ mA}$, $I_L = 531\angle -90° \text{ μA}$,
$I_C = 69.1\angle 90° \text{ μA}$, $I_{\text{tot}} = 84.9\angle 53.9° \text{ mA}$

23. 53.5 MΩ, 104 kHz

25. $P_r = 0$ VAR, $P_a = 7.45 \text{ μV·A}$,
$P_{\text{true}} = 538 \text{ mW}$

27. (a) $-1.97°(V_s$ 滞后 $I_{\text{tot}})$
(b) $23.0°(V_s$ 超前 $I_{\text{tot}})$

29. 49.1 kΩ 电阻与 1.38 H 电感串联

31. $45.2°(I_2$ 超前 $V_s)$

33. $I_{R1} = I_{C1} = 1.09\angle -25.7° \text{ mA}$

$$I_{R2} = 767\angle 19.3° \text{ μA}$$
$$I_{C2} = 767\angle 109.3° \text{ μA}$$
$$I_L = 1.53\angle -70.7° \text{ mA}$$
$$V_{R2} = V_{C2} = V_L = 7.67\angle 19.3° \text{ V}$$
$$V_{R1} = 3.60\angle -25.7° \text{ V}$$
$$V_{C1} = 1.09\angle -116° \text{ V}$$

35. $52.2\angle 126° \text{ mA}$

37. $f_{r(\text{串联})} = 4.11 \text{ kHz}$
$V_{\text{out}} = 4.83\angle -61.0° \text{ V}$
$f_{r(\text{并联})} = 2.6 \text{ kHz}$
$V_{\text{out}} \approx 10\angle 0° \text{ V}$

39. 62.5 Hz

41. 1.38 W

43. 200 Hz

45. C_1 泄漏

47. C_1 泄漏

49. 无故障

51. $f_c \approx 339.625 \text{ kHz}$

第 18 章

1. $2.22\angle -77.2° \text{ V rms}$

3. (a) $9.36\angle -20.7° \text{ V}$
(b) $7.18\angle -44.1° \text{ V}$
(c) $9.96\angle -5.44° \text{ V}$
(d) $9.95\angle -5.74° \text{ V}$

5. (a) 12.1 μF　　(b) 1.45 μF
(c) 0.723 μF　　(d) 0.144 μF

7. 见图 P-26。

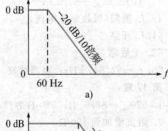
a)

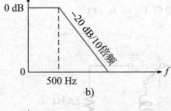
b)

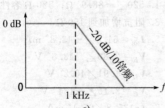
c)

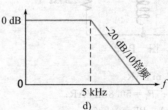
d)

图　P-26

9. (a) 7.13 V　　(b) 5.67 V
(c) 4.01 V　　(d) 0.800 V

11. (a) 0 dB　　(b) -3 dB(0 dB 理想状态下)
(c) -20 dB

13. $9.75\angle 12.8° \text{ V}$

15. (a) $3.53\angle 69.3° \text{ V}$
(b) $4.85\angle 61.0° \text{ V}$
(c) $947\angle 84.6° \text{ mV}$

(d) $995\angle 84.3° \text{ mV}$

17. 见图 P-27。

19. (a) 14.5 kHz　(b) 24.0 kHz

21. (a) 15.06 kHz, 13.94 kHz
(b) 25.3 kHz, 22.7 kHz

23. (a) 117 V　　(b) 115 V

25. $C = 0.064 \text{ μF}$, $L = 989 \text{ μH}$, $f_r = 20 \text{ kHz}$

27. (a) 86.3 Hz　　(b) 7.34 MHz

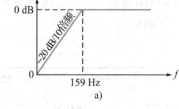

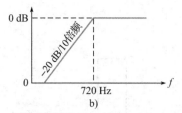

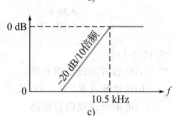

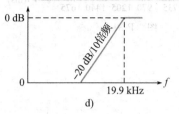

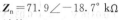

图 P-27

29. $L_1 = 0.08\ \mu H$，$L_2 = 0.554\ \mu H$

31. C_1 开路。

33. R_3 开路。

35. L_2 开路。

37. $f_0 = 107.4\ kHz$。

第 19 章

1. $1.22\angle 28.6° \ mA$

3. $81.0\angle -11.9° \ mA$

5. $V_{A(dc)} = 0\ V$，$V_{B(dc)} = 16.1\ V$，
   $V_{C(dc)} = 15.1\ V$，$V_{D(dc)} = 0\ V$，$V_{A(peak)} = 9\ V$，
   $V_{B(peak)} = 5.96\ V$，
   $V_{C(peak)} = V_{D(peak)} = 4.96\ V$

7. $766\angle -71.7° \ mA$

9. (a) $\boldsymbol{V}_{th} = 15\angle -53.1° \ V$
   $\boldsymbol{Z}_{th} = 63\ \Omega - j48\ \Omega = 79.2\angle -37.3° \ \Omega$
   (b) $\boldsymbol{V}_{th} = 1.22\angle 0° \ V$
   $\boldsymbol{Z}_{th} = j237\ \Omega = 237\angle 90° \ \Omega$
   (c) $\boldsymbol{V}_{th} = 12.1\angle 11.9° \ V$
   $\boldsymbol{Z}_{th} = 50\ k\Omega - j20\ k\Omega = 53.9\angle -21.8° \ k\Omega$

11. $16.9\angle 88.2° \ V$

13. (a) $\boldsymbol{I}_n = 189\angle -15.8° \ mA$
   $\boldsymbol{Z}_n = 63\ \Omega - j48\ \Omega$
   (b) $\boldsymbol{I}_n = 5.15\angle -90° \ mA$
   $\boldsymbol{Z}_n = j237\ \Omega$
   (c) $\boldsymbol{I}_n = 224\angle 33.7° \ \mu A$
   $\boldsymbol{Z}_n = 50\ k\Omega - j20\ k\Omega$

15. $16.8\angle 88.5° \ V$

17. $9.18\ \Omega + j2.90\ \Omega$

19. $95.2\ \Omega + j42.7\ \Omega$

21. C_1 泄漏

23. 无故障

25. 仿真：
   $\boldsymbol{I}_n = 171.1\angle -21.0° \ \mu A_{PEAK}$

$\boldsymbol{Z}_n = 71.9\angle -18.7° \ k\Omega$

计算：
   $\boldsymbol{I}_n = 167.4\angle -21.0° \ \mu A$
   $\boldsymbol{Z}_n = 67.8\angle -21.4° \ k\Omega$

第 20 章

1. $103\ \mu s$

3. $12.6\ V$

5. 见图 P-28。

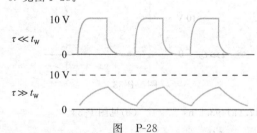

图 P-28

7. (a) $23.5\ ms$
   (b) 见图 P-29。

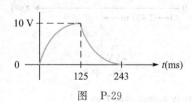

图 P-29

9. 见图 P-30。

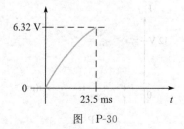

图 P-30

11. 见图 P-31。

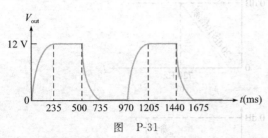

图 P-31

13. 见图 P-32。

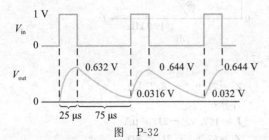

图 P-32

15. 见图 P-33。

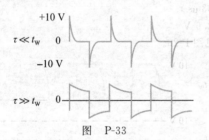

图 P-33

17. (a)493.5 ns (b)见图 P-34。

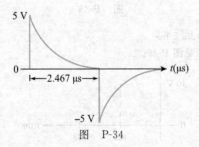

图 P-34

19. 平均值为零的近似方波。

21. 见图 P-35。

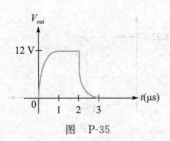

图 P-35

23. (a)4.55 μs (b)见图 P-36。

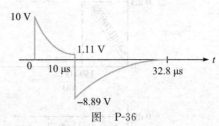

图 P-36

25. 15.9 kHz

27. (a)电容开路或电阻短路。
   (b)C 泄漏或 $R > 3.3$ kΩ 或 $C > 0.22$ μF
   (c)电阻开路或电容短路

29. C_1 开路

31. R_1 开路

第 21 章

1. 376 mA

3. $1.32 \angle 121°$ A

5. $\boldsymbol{I}_{La} = 8.66 \angle -30°$ A
   $\boldsymbol{I}_{Lb} = 8.66 \angle 90°$ A
   $\boldsymbol{I}_{Le} = 8.66 \angle -150°$ A

7. (a)$\boldsymbol{V}_{L(ab)} = 866 \angle -30°$ V
   $\boldsymbol{V}_{L(ca)} = 866 \angle -150°$ V
   $\boldsymbol{V}_{L(bc)} = 866 \angle 90°$ V
   (b)$\boldsymbol{I}_{\theta a} = 500 \angle -32°$ mA
   $\boldsymbol{I}_{\theta b} = 500 \angle 88°$ mA
   $\boldsymbol{I}_{\theta c} = 500 \angle -152°$ mA
   (c)$\boldsymbol{I}_{La} = 500 \angle -32°$ mA
   $\boldsymbol{I}_{Lb} = 500 \angle 88°$ mA
   $\boldsymbol{I}_{Lc} = 500 \angle -152°$ mA
   (d)$\boldsymbol{I}_{Za} = 500 \angle -32°$ mA
   $\boldsymbol{I}_{Zb} = 500 \angle 88°$ mA
   $\boldsymbol{I}_{Zc} = 500 \angle -152°$ mA
   (e)$\boldsymbol{V}_{Za} = 500 \angle 0°$ V
   $\boldsymbol{V}_{Zb} = 500 \angle 120°$ V
   $\boldsymbol{V}_{Zc} = 500 \angle -120°$ V

9. (a)$\boldsymbol{V}_{L(ab)} = 86.6 \angle -30°$ V
   $\boldsymbol{V}_{L(ca)} = 86.6 \angle -150°$ V
   $\boldsymbol{V}_{L(bc)} = 86.6 \angle 90°$ V
   (b)$\boldsymbol{I}_{\theta a} = 250 \angle 110°$ mA
   $\boldsymbol{I}_{\theta b} = 250 \angle -130°$ mA
   $\boldsymbol{I}_{\theta c} = 250 \angle -10°$ mA
   (c)$\boldsymbol{I}_{La} = 250 \angle 110°$ mA
   $\boldsymbol{I}_{Lb} = 250 \angle -130°$ mA
   $\boldsymbol{I}_{Lc} = 250 \angle -10°$ mA
   (d)$\boldsymbol{I}_{Za} = 144 \angle 140°$ mA
   $\boldsymbol{I}_{Zb} = 144 \angle 20°$ mA
   $\boldsymbol{I}_{Zc} = 144 \angle -100°$ mA
   (e)$\boldsymbol{V}_{Za} = 86.6 \angle -150°$ V

$$V_{Zb} = 86.6\angle 90° \text{ V}$$
$$V_{Zc} = 86.6\angle -30° \text{ V}$$
11. $V_{L(ab)} = 330\angle -120° \text{ V}$
　　$V_{L(ca)} = 330\angle 120° \text{ V}$
　　$V_{L(bc)} = 330\angle 0° \text{ V}$
　　$I_{Za} = 38.2\angle -150° \text{ A}$
　　$I_{Zb} = 38.2\angle -30° \text{ A}$

$$I_{Zc} = 38.2\angle 90° \text{ A}$$
13. 图 21-34：636 W
　　图 21-35：149 W
　　图 21-36：12.8 W
　　图 21-37：2.78 kW
　　图 21-38：10.9 kW
15. 24.2 W

术　语　表 ⊖

精(准)确度　衡量一个测量值代表真实值的程度或可接受的程度。

导纳(Y)　衡量含电抗元件的电路允许电流通过的能力；是阻抗的倒数。单位是西[门子](S)。

交流发电机　把动能转换成交流电能的发电机。

电流表　一种用来测量电流的仪表。

安[培](A)　电流的单位。

额定安·时(A·h)数　电池的额定容量，由电池的电流(A)和电池为负载供电时间(h)的乘积来决定。

安匝(数)　单匝线圈中的电流。

幅值　从平均值中测得的电压或电流的最大值。

角速度　相量的旋转速率，与相量所代表的正弦波的频率有关。

阳极　电子流出的有极性元器件的一端。对于原电池，阳极是负极(电子由负极流向正极)；对于二极管，阳极是正极。

视在功率　有功功率和无功功率的一种组合。单位为伏·安(V·A)。

额定视在功率　表示变压器额定容量的方法，单位为伏·安(V·A)。

电枢　发电机或电动机中产生电能(感应电动势)的线圈。在直流发电机中，电枢是转子；但在交流发电机中，电枢可以是转子，也可以是定子；在电动机中，电枢是转子。

原子　具有该元素性质的最小粒子(不可再分的基本微粒)。

原子序数　原子核内质子的数目。

衰减　输出信号相对于输入信号的降低，导致电路的输出电压与输入电压之比小于1。

自耦变压器　一次和二次侧公用一个绕组的变压器。

平均值　正弦波在半个周期内的平均值。它为峰值的 0.637。

美国线规　(American Wire Gauge)导线直径的标准。

反电动势(电动势)　在旋转的电枢绕组中产生的与所加外部电压方向相反的电压。

平衡-不平衡变换器　一种变压器，用于将平衡线(如双绞线)转换成不平衡线(如同轴电缆)，或反之。

平衡电桥　一种桥式电路。当它处于平衡状态时，输出端电压为零。

平衡负载　三相系统中三相负载电流相等且中性线电流为零的一种状态。

带通滤波器　一种滤波器。它允许频率在两个临界频率之间的信号通过，并阻止频率不在此范围内的其他信号通过。

带阻滤波器　一种滤波器。它阻止频率在两个临界频率之间的信号通过，并允许频率不在此范围的其他信号通过。

带宽　滤波器的频率范围。电流(或输出电压)大于或等于谐振时电流(或输出电压)的 70.7% 的频率范围。

基线　脉冲波形的基准电平；无脉冲输入时电压的基准线。

电池　利用化学反应将化学能转化为电能的一种电源。

偏置　给电子装置加上直流电压，使其工作在所需的模式(状态)下。

泄漏电流　电路总电流减去总负载电流后剩下的电流。

波特图　滤波器或电路中的频率响应曲线。幅值波特图的纵轴为输出与输入电压的比值，单位为分贝(dB)；横轴为频率，采用对数坐标刻度。相位波特图的纵轴为输出与输入相位差，单位为角度的单位(通常为度)，横轴为频率。

支路　并联电路中的电流路径之一；连接两个节点的电流路径。

支路电流　支路中的实际电流。

支路电流法　利用欧姆定律和基尔霍夫定律求出电路中各支路未知电流的一种分析方法。

电容　电容器存储电荷的能力。

容抗　电容对正弦电流的阻碍作用。单位为欧[姆](Ω)。

容纳(B_C)　电容允许电流通过的能力；是容抗的倒数。单位是西[门子](S)。

电容器　由绝缘材料隔开的两块导电极板所组成的具有电容特性的电气元件。

阴极　电子流入的有极性元器件的一端。对于原电池，阴极是正极；对于二极管，阴极是负极。

中心频率(f_0)　带通或带阻滤波器的谐振频率。

中心抽头(CT)　变压器绕组中点引出的电气接头。

电荷　由于电子过剩或不足而呈现出的电特性。电荷可以是正的也可以是负的。

⊖　原著按英文字母顺序排列，翻译时仍保留了这种顺序。——译者注

扼流圈　一种电感器，用于阻挡或阻断高频电流。

电路　为实现预期功能而设计的电气元器件的有序互连。电路一般是由电源、负载以及实现互连的电流路径所组成的。

断路器　一种可复位的保护装置，用于切断电路中的过大电流。

圆密耳(CM)　导线横截面积的单位。

闭合电路　具有完整电流路径的电路。

系数　出现在变量前面的常数。

耦合系数(k)　一个与变压器有关的常数。它是二次磁通量与一次磁通量之比。理想值为1，表示一次绕组的所有磁通都耦合到二次绕组中。

公共端　参考地。

共轭复数　两个复数的实部完全相同，虚部大小相等、符号相反。

复平面　由4个象限组成的区域，可以表示一个复数量的大小和方向。

电导(G)　电路允许电流通过的能力；电阻的倒数。单位是西[门子](S)。

导体　一种电流易于流过的材料，例如铜。

接触器　一种电气控制开关，其功能类似于继电器，一般用于通断负载上的大电流（15A 或更大）。

铁心　用于固定电感形成绕组结构的部件。铁心的材料影响电感的电磁特性。

库[仑](C)　电荷的单位，相当于 6.25×10^{18} 个电子的总电荷量。

库仑定律　表述两个电荷之间存在相互作用力的定律，该力与两个电荷电量的乘积成正比，与它们之间距离的平方成反比。

临界频率(f_c)　滤波器输出电压为最大值的 70.7% 时的频率。

电流　电荷（电子）流动的速率。

分流器　支路电流与支路电阻成反比的并联电路。

电流源　为变化负载提供恒定电流的装置。

截止频率(f_c)　滤波器输出电压为最大输出电压的 70.7% 时的频率；临界频率的另一种表述。

周期　周期波形的一次循环所需要的时间。

直流分量　脉冲波形的平均值。

10 倍频　频率或其他参数的 10 倍变化。

分贝　功率与功率之比或电压与电压之比的对数，可用来表示滤波器的输入与输出关系。

度　角的单位，1°相当于一个圆周的 1/360。

行列式　由一组联立方程的系数和常数构成的矩阵的一种解。

电介质　电容器极板间的绝缘材料。

介电常数　表征介电材料建立电场的能力。

介电强度　介电材料承受电压而不损坏的能力的度量。

微分电路　一种电路，输出信号近似为输入信号的一阶导数。

数字万用表　一种集电压、电流和电阻测量为一体的电子仪表。

DMM　数字万用表，一种集电压、电流和电阻测量为一体的电子仪表。

占空比　脉冲波形的特性参数，用于表示一个周期内，脉冲为高电平的时间（脉冲宽度）所占的百分比，即脉冲宽度与周期的比值，用分数或百分数表示。

有效值　表征正弦波的热效应的数值；也称为方均根值。

效率　输出功率与输入功率之比，通常用百分数表示。

电气　任何利用电压和电流来达到预期功能的相关应用。

电气绝缘　两个电路之间不存在共同的导电通路的情况。

电击　电流流过人体时的生理效应。

电磁场　在导体周围，由导体中的电流产生的一组磁力线所形成的物理场。

电磁　导体中电流产生磁场的现象。

电磁感应　当导体与电磁场之间有相对运动时，导体中产生电压的现象或过程。

电子　物质中电荷的基本粒子。电子带负电荷。

电子技术　与半导体或真空器件中自由电子的运动和控制有关的技术。

直流稳压电源　一种电压源，它将墙上插座内的交流电压转换成适合电子器件使用的恒定的直流电压。

元素　构成宇宙的独特物质之一。每个元素都有一个特有的原子结构。

能量　做功的能力。

工程记数法　一种用 1 位、2 位或 3 位数字乘以 10 的幂指数来表示任意数字的记数方法，幂指数只能取可以被 3 整除的数。

等效电路　在给定负载上产生的电压和电流与原电路相同的电路。

误差　某些量的真实值或最佳可接受值与实际测量值之间的差值。

励磁机　一种专用的直流发电机，用于向大型发电机或交流发电机的励磁线圈提供电流。一般情况下，励磁电流是自动控制的。

指数　底数的乘方项。

下降沿　脉冲由高电平向低电平跃变的边沿。

下降时间(t_f)　脉冲从其幅值的 90% 下降到 10% 所需要的时间。

法[拉](F)　电容的单位。

法拉第定律　由该定律可知线圈所感应的电压等于线圈匝数乘以磁通量的变化率。

铁氧体　一种晶体化合物，由氧化铁和其他材料组成，广泛用于磁铁、变压器、电感器以及其他电子设备中。

励磁绕组 交流发电机转子上的绕组。

滤波器 一种电路。它允许特定的频率通过并阻断所有其他的频率。

自由电子 脱离母原子的价电子，在物质的原子结构中可以自由地从一个原子移动到另一个原子。

频率 周期函数变化率的度量；在1s内完成的循环数。频率的单位是赫[兹](Hz)。

频率响应 在电路中，输出电压(或电流)随频率的变化。

燃料电池 将电化学能直接转换成直流电压的装置。

函数发生器 一种电子仪器，产生正弦波、三角波以及任意脉冲形式的电信号。

基频 波形的重复速率。

熔断器 当电路出现过电流而熔断的保护装置。

高斯(G) CGS单位中磁通密度的单位。

信号发生器 一种产生电信号的电源。

地 电子电路中的公共点或参考点。

接地面 作为电路回流的参考点导电面。

半功率频率 谐振电路输出功率为最大输出功率的50%时的频率(输出电压为最大输出电压的70.7%)；临界或截止频率的另一种表述。

半分割法 一种故障排除方法。它从电路或系统的中间开始，根据第一个测量值，再朝着输出或输入方向进行检测，以发现故障。

霍尔效应 当材料中的电流垂直于磁场时，导体或半导体上的电流就会发生变化。这个电流的变化在材料中又产生一个小的横向电压，称为霍尔电压。

谐波 包含在复合波形中的频率分量，是基频(基波频率)的整数倍。

亨[利](H) 电感的单位。

赫[兹] 频率的单位。1赫[兹]即每秒完成一个周期。

高通滤波器 一种滤波器，允许临界频率以上的所有频率通过，阻止低于该临界频率的所有频率通过。

马力 功率单位，相当于746W。詹姆斯·瓦特首先用它将马的功率和蒸汽机的功率进行了比较。

磁滞 磁性材料的特性，其磁感应强度的变化滞后于所加的磁场强度的变化。

虚数 用复平面纵轴上的数来表示。它相当于一个实数乘以-1的平方根。

阻抗 对正弦电流的总阻碍作用。单位为欧[姆]。

阻抗匹配 负载电阻与电源内阻匹配以实现最大功率传输的技术。

感应电流 导体在磁场中运动时，导体中感应出的电流。

感应电压 由于磁场变化而产生的电压。

电感 电感器的特性，电流的变化使电感器产生阻碍电流变化的电压。

感应电动机 利用变压器原理使转子受到激励以产生转矩并转动的交流电动机。

感抗 电感对正弦电流的阻碍作用。单位为欧[姆](Ω)。

感纳 电感允许电流通过的能力；感抗的倒数。单位为西[门子](S)。

电感器 由具有电感特性的线圈构成的电气元件(装置)，也称为线圈。

瞬时功率 电路中任意给定时刻的功率值。

瞬时值 波形在某一时刻的电压或电流值。

绝缘体 正常情况下不允许电流流过的材料。

积分器 电路的输出近似为输入信号(对时间)的数学积分的电路。

离子 带正电荷或负电荷的原子。

焦[耳](J) SI单位制(国际单位制)中能量的单位。

节点 两个或两个以上组件的连接点。

千瓦·时 电力公司使用的一种较大的电能度量单位(kW·h)。

基尔霍夫电流定律 该定律表明流入某节点的总电流等于流出该节点的总电流，即流入和流出某节点电流的代数和为零。

基尔霍夫电压定律 该定律表明：沿某闭合回路的电压降之和等于该闭合回路中的电源电压；或对电路中任何闭合回路，所有电压的代数和为零。

滞后 指波形的相位或时间关系，其中一个波形在相位或时间上落后另一个波形。

超前 指波形在相位或时间上领先另一波形的相位或时间的关系。

前沿 脉冲的上升沿。

楞次定律 该定律表明，当线圈中的电流发生变化时，变化的磁场所产生的感应电动势的方向总是阻碍电流的变化，使电流不能突变。

线性 特性曲线为直线。

线电流 为负载供电的线路电流。

磁力线 磁场中从北极到南极的磁感应线。

线电压 相线和相线之间的电压(火线和火线之间的电压)。

负载 接在电路输出端上的一种元件(电阻或其他元件)，从电源获取电流；即电流流过该元件时做功。

压力传感器 利用应变片把机械力转换成电信号的传感器。

回路 电路中闭合的电流路径。

回路电流 假想的绕回路流动的电流，纯粹用于数学分析，通常不表示实际的物理电流。

回路电流法 一种电路分析方法，利用基尔霍夫电压定律对各回路中元件电压之间的关系列出方程。所得到的方程可以用各种方法求解以得到电流值。

低通滤波器 一种滤波器，它允许临界频率以下的所有频率通过，并阻止该临界频率以上的所有频率通过。

磁耦合　两个线圈之间的磁相互作用，由于一个线圈的磁力线不断变化，因此在第二个线圈产生切割磁力线的效果。

磁场　从磁体的北极指向南极的力场。

磁场强度　单位长度磁性材料中磁动势的大小，也叫磁化力。

磁通量　永磁铁或电磁铁南北两极之间的力线。

磁通密度　单位面积内垂直于磁场的磁通量。

磁流体(MHD)发电机　当导电流体通过一个非常强的电磁铁的横向磁场时，能够产生电压的装置。

磁动势(mmf)　产生磁场的原因，用安匝数表示。

幅值(大小)　某个量的值，如电压的伏特数或电流的安培数。

矩阵　一组数据。

最大功率传输　当负载电阻等于电源内阻时，实现从电源到负载的最大功率传输。

公制词头　一种词缀，用工程计数法表示 10 的乘方数。

电动机起动器　一种装置，用于将电动机与主电源隔离，具有短路和过载保护功能，使电动机能逐渐加速起动，以避免起动时产生大电流。

万用表　测量电压、电流和电阻的仪表。

互感　两个独立线圈之间产生的磁感应，例如在变压器中。

中子　原子核中不带电的粒子。

节点　电路中两个或多个组件连接的点。

诺顿定理　一种将二端线性网络简化为等效电路的方法，该等效电路由一个电流源和与之并联的电阻或阻抗构成。

原子核　包含质子和中子的原子中心部分。

欧[姆](Ω)　电阻的单位。

欧姆表　测量电阻的仪器。

欧姆定律　该定律表明电流与电压成正比，而与电阻成反比。

开路　没有完整电流通路的电路。

运算放大器　一种广泛使用的高增益放大器，是许多模拟电路的基本组成部分。它有两个输入端，分别为同相输入端(＋)和反相输入端(－)，以及一个输出端。

振荡器　一种电子电路。它在没有外部输入信号的情况下，利用正反馈产生时变周期信号。

示波器　一种测量仪器，在屏幕上显示出被测电信号的波形。

并联　两个电路组件之间的关系，当它们连接在同一对节点之间时存在这种关系。

并联谐振　并联 *RLC* 电路中，产生的条件为感抗和容抗相等，阻抗为最大的情况。

通频带　滤波器允许通过的频率范围。

峰峰值　从波形的最小值到最大值测得的电压或电流值。

峰值　波形在其最大正、负点处的电压或电流值。

周期(*T*)　周期性波形完成一个完整周期所需要的时间。

周期性　以固定时间间隔的重复为特征。

磁导率　表征在材料中建立磁场的难易程度的物理量。

相位角　时变量相对于参考相位的角位移。

相电流(*I*$_\theta$)　发电机每相绕组中的电流。

相电压(*V*$_\theta$)　发电机每相绕组两端的电压。

相量　同时表示正弦波的大小(幅值)和方向的复数量。

光敏电阻　阻值随光照强度的变化而变化的一种可变电阻。

光伏效应　光能直接转化为电能的过程。

压电效应　晶体的一种特性，通过改变施加的机械应力在晶体两端能够产生电压。

极坐标形式　由大小和角度组成的复数的一种表示形式。

电位器　一种三端可变电阻器。

功率　表征做功快慢的物理量，单位时间内所做的功称为功率。单位是瓦[特]。

功率因数　视在功率(伏·安)与有功功率(瓦[特])之间的关系。视在功率乘以功率因数等于有功功率。

10 的幂　一种以 10 为底的幂，是 10 的多少次方的意思。

额定功率　电阻器在不因过热而损坏的情况下所能耗散的最大功率。

稳压电源　一种将交流电压转换成直流电压的电子设备。

一次绕组　变压器的输入绕组，也称为初级绕组。

质子　原子核中带正电荷的粒子。

脉冲　一种波形。电压或电流每间隔一段时间完成从低到高和从高到低的两种跳变。

脉冲重复频率　重复脉冲波形的基频；脉冲重复的频率，以赫[兹]或每秒内的脉冲数表示。

脉冲宽度(*t*$_w$)　对于非理想脉冲波形，是从脉冲前沿中等于幅值 50% 的位置到脉冲后沿中等于幅值 50% 的位置的时间间隔；对于理想的脉冲波形，为两次反向跳变中间的时间间隔。

品质因数(*Q*)　谐振电路中有功功率与无功功率之比或电感器中感抗与绕组电阻之比。

弧度　角的度量单位。一个完整的 360° 旋转包含 2π 弧度(rad)。1 rad＝57.3°。

斜坡波　一种波形，其特征是电压或电流按线性随时间增加或减少。

***RC* 滞后电路**　一种相移电路，其中电容两端的输出电压滞后输入电压一定角度。

***RC* 超前电路**　一种相移电路，其中电阻两端的输出电压超前输入电压一定角度。

RC 时间常数　由 R 和 C 的值决定的固定时间间隔，它决定了串联 RC 电路的时间响应。时间常数等于电阻值和电容值的乘积。

无功功率　容容或电感通过交替存储和释放电能的方式与交流电源进行能量交换的速率。单位是 VAR。

实数　复平面水平轴上的数。

直角坐标形式　复数的一种表示形式，由实部和虚部组成。

整流器　将交流电转换成脉动直流的电子电路，是稳压电源的一部分。

参考地　一种接地方法，将印制电路板或设备金属底盘上的比较大的导电区域用作公共点或基准点。

反射负载　负载阻抗反射到变压器的一次回路中。

反射电阻　二次回路中的电阻反射到一次回路中。

调节　为了使输出不因电网电压的改变而改变（即保持输出的稳定）所进行的不断检测并自动调整输出的过程。

继电器　一种由电磁控制的机械装置，通过励磁电流使触点接通或断开。

磁阻　表征磁路中某种材料对磁通的阻碍作用。

电阻　对电流的阻碍作用，单位是欧［姆］（Ω）。

电阻器　经专门设计具有一定电阻值的电气元件。

分辨率　数字万用表可以测量的最小增量。

谐振　串联 RLC 电路中容抗和感抗大小相等的一种情况；由于它们相互抵消，总阻抗为纯阻性。

谐振频率　发生谐振时的频率；也称为中心频率。

剩磁　表征材料在磁化后，在不存在磁化力的情况下，保持磁化状态的能力。

变阻器　双端可变电阻器。

纹波电压　由于滤波器中电容的轻微充放电作用而引起的滤波整流器输出直流电压的变化。

上升时间（t_r）　脉冲从其幅值的 10% 变为 90% 所需要的时间。

上升沿　脉冲的正向跳变过程。

RL 滞后电路　一种相移电路，其电阻上的输出电压滞后输入电压一定角度。

RL 超前电路　一种相移电路，其电感上的输出电压超前输入电压一定角度。

RL 时间常数　一个固定的时间参数，由 R 和 L 值的大小来决定，其大小为 L/R，该常数决定了电路的时间响应。

降滚速率　滤波器频率响应降低的速率。

方均根值　表征一个正弦电压热效应大小的数值，也称为有效值。它是最大值的 0.707。rms 代表均方根。

转子　发电机或电动机中的旋转部件。

锯齿波　是由斜坡组成的电子信号波形，是三角波的一种特殊情况，其中一个斜面比另一个斜面短得多。

电路图　用图形符号绘制的电气或电子电路的线路图。

科学记数法　一种把任何数都表示为 1～10 范围内的数字乘以 10 的 n 次方的记数方法。

二次绕组　变压器的输出绕组；也称为次级绕组。

塞贝克效应　在存在温度梯度的两种不同材料交界处产生电压的现象。

选择性　表征谐振电路能够有效地让期望频率通过，并阻止所有其他频率通过的性能参数。一般来说，带宽越窄，选择性越好。

自激发电机　一种励磁绕组从输出电流中获得励磁电流的发电机。

半导体　导电能力介于导体和绝缘体之间的材料，例如硅和锗。

串联　电路中元件之间的一种连接关系，所有元件依次相互连接形成一条单一的电流通路。

串联谐振　在串联 RLC 电路中，感抗和容抗相等并相互抵消，总阻抗最小的一种情况。

电子层　电子绕原子核旋转的轨道。

短路　电路的一种状态，两点之间存在阻值为零或阻值可以忽略不计的电阻路径状态；通常是由于疏忽造成的。

国际单位制(SI)　用于所有工程和科学工作的标准化国际单位制，SI 来自法语 LeSystemeInternationald'unite 的缩写。

西［门子］(S)　电导的单位。

联立方程　包含 n 个未知数的 n 个方程的集合，其中 n 是一个值为 2 或 2 以上的数。

正弦波　波形的一种，满足正弦波的数学表达式 $y = A\sin\theta$。

转差率　电动机定子磁场的同步转速与转子转速之间的差值，再除以同步转速。

螺线管　一种电磁控制装置，通过磁化电流带动轴或柱塞做机械运动。

电磁阀　一种电控阀，用于控制空气、水、蒸汽、油、制冷剂和其他液体。

电源　产生电能的装置。

扬声器　将电信号转换成声波的电磁装置。

鼠笼　感应电动机(异步电动机)转子内的铝框，构成转子电流的导电体。

定子　发电机或电动机中固定在外部壳体上的部分。

稳定状态　在初始瞬态结束后达到的平衡状态。

降压变压器　二次电压小于一次电压的变压器。

升压变压器　二次电压大于一次电压的变压器。

刚性电压　负载电阻至少比分压器电阻大 10 倍时的电压。

应变片　一种可变电阻，其电阻值随所加外力的改变而改变。

叠加定理　分析含有多个电源电路的一种方法。

扫描发生器　一种特殊类型的函数发生器。它产生频率可以线性变化而幅值恒定的正弦波。通常用于测试电路的频率响应。

开关 用于接通和断开电流通路的电气元件。

同步电动机 是一种交流电动机,其中转子的转速与定子旋转磁场的转速相同。

储能电路 并联谐振电路。

温度系数 一个常数,是指在温度发生一定量的变化时,某物理量随温度的相对变化量。

端口等效(电源等效) 当任何给定的负载电阻分别接到两个等效的电源上(二端网络上)时,产生的负载电压和负载电流相同。

特[斯拉](T) 磁通密度的国际标准单位。

热敏电阻 一种对温度敏感的可变电阻。

热电偶 一种热电式电压源,常用来测量温度。

戴维南定理 一种将二端线性电路简化为等效电路的方法,该等效电路由一个电压源和与之串联的电阻或阻抗所构成。

时间常数 一个固定的时间参量,通过 R 和 C,或 R 和 L 值的大小来计算,该常数决定了电路的时间响应。

公差 元件参数值允许变动的范围。

下降沿 脉冲从高到低的跳变。

变送器 能感知物理参数的变化(例如阻值的变化),并将这种变化转化为电气量的器件。

变压器 由两个或两个以上线圈(绕组)构成的电气装置,这些线圈(绕组)彼此之间通过磁耦合,实现从一个线圈到另一个线圈的功率传输。

瞬态时间 大约等于 5 个时间常数的时间。

三角波 由两个斜坡组成的信号波形。

触发 某些电子设备或仪器的激活(起动)信号。

微调电容器 小型可变电容器。

故障排查 在电路或系统中隔离、查找并排除故障的系统过程。

有功功率 电路中耗散的功率,通常以热能的形式耗散。

匝数比(n) 二次绕组匝数与一次绕组匝数之比。

不平衡电桥 处于不平衡状态的桥式电路,电桥的电压可以表明电桥的平衡状态,电压的大小取决于偏离平衡状态的程度(与偏移量成正比)。

价 与原子的外层或轨道有关。

价电子 位于原子最外层的电子。

乏 (VAR,无功伏安)无功功率的单位。

变容器 一种半导体器件,通过改变其端电压可改变电容值。

伏[特] 电压或电动势的单位。

电压 就是将单位正电荷从电路中一点移至另一点所吸收或放出的能量。

分压器 由多个串联电阻组成的电路,可以从该电路引出一个或多个输出电压。

电压降 电阻器上由于能量损失而引起的电压下降。

电压源 为变化负载提供恒定电压的装置。

伏特表 用来测量电压的仪器。

瓦[特](W) 功率单位。1W 是指在 1s 内所消耗的能量为 1J。

瓦特定律 描述功率与电流、电压和电阻之间关系的定律。

陷波器 一种谐振电路,设计用来通过某些频率并阻挡其他频率。它们通常应用于通信系统中以消除干扰。电力部门也利用陷波器,使电力线可以兼作变电站之间的通信线路。

波形 显示电压或电流随时间变化规律的图形。

韦[伯](Wb) 磁通的国际单位,1 Wb 相当于 10^8 条磁通线。

惠斯通电桥 一种由 4 个桥臂组成的桥式电路,利用电桥的平衡状态可以精确地测量未知电阻。电阻的偏差可以用不平衡状态来测量。

绕组 电感器中的多匝绕线。

滑动触点 电位器中的滑动触点。